Handbuch

der

Metallhüttenkunde.

Von

Dr. Carl Schnabel,
Königl. Oberbergrath und Professor.

Zweiter Band.

Zink — Cadmium — Quecksilber — Wismuth — Zinn — Antimon — Arsen — Nickel — Kobalt — Platin — Aluminium.

Zweite Auflage.

Mit 534 Abbildungen im Text.

Berlin.
Verlag von Julius Springer.
1904.

ISBN-13: 978-3-642-48537-4 e-ISBN-13: 978-3-642-48604-3
DOI: 10.1007/978-3-642-48604-3

Softcover reprint of the hardcover 1st edition 1904

Vorwort zur zweiten Auflage.

Bei der Herausgabe der zweiten Auflage bin ich bestrebt gewesen, den Fortschritten in der Metallurgie des Zinks, Cadmiums, Quecksilbers, Wismuths, Zinns, Antimons, Arsens, Nickels, Kobalts, Platins und Aluminiums seit dem Jahre 1896 nach Möglichkeit — d. i. soweit die metallurgische Literatur hierzu ein Anhalten bot und soweit die betreffenden Apparate, Verfahren und Betriebsergebnisse nicht geheim gehalten werden — Rechnung zu tragen.

Wie in dem ersten Bande der Metallhüttenkunde, sind auch in diesem Bande die für die Kenntniss der Entwickelung des Metallhüttenwesens wichtigen älteren Hüttenprozesse und Apparate gebührend berücksichtigt worden.

Berlin, im December 1903.

Der Verfasser.

Inhalts-Verzeichniss.

Zink.

Cadmium.

Quecksilber.

Wismuth.

Zinn.

Arsen.

Nickel.

Kobalt.

Platin.

Aluminium.

Nachtrag.

Zink.

Physikalische Eigenschaften.

Das Zink besitzt eine weisse in das Blaugraue spielende Farbe und auf der Spaltungsfläche des frisches Bruches einen lebhaften Glanz. Es krystallisirt im hexagonalen System. Die Beschaffenheit des Bruches hängt von der Temperatur ab, bei welcher das Metall ausgegossen wurde, ohne Rücksicht auf rasches oder langsames Erkalten desselben. Er ist grossblättrig, wenn das flüssige Metall vor dem Ausgiessen bis zur Rothglut erhitzt war, dagegen feinkörnig, wenn das ausgegossene geschmolzene Metall eine seinen Schmelzpunkt nicht übersteigende Temperatur hatte. Wenn es bis 160° erhitzt und gebogen wird, vernimmt man ein ähnliches, aber leiseres Geräusch wie das Zinngeschrei.

Das spec. Gewicht des ungewalzten Zinks ist nach Brisson 6,861, nach Karsten 6,9154, nach Matthiessen 7,149. Das spec. Gewicht des bei seiner Schmelztemperatur ausgegossenen und langsam abgekühlten Zinks fand Bolley zu 7,145, Rammelsberg zu 7,128, des bei Rothglut ausgegossenen und langsam abgekühlten Zinks, Bolley zu 7,120, Rammelsberg zu 7,101. Das spec. Gewicht des bei seiner Schmelztemperatur ausgegossenen und rasch abgekühlten Zinks fand Bolley zu 7,158, Rammelsberg zu 7,147 des bei Rothglut ausgegossenen und rasch abgekühlten Zinks, Bolley zu 7,109, Rammelsberg zu 7,037[1]).

Durch Walzen wird das spec. Gewicht des Zinks auf 7,2 bis 7,3 erhöht.

Bei gewöhnlicher Temperatur ist das Zink spröde, so dass sich Blöcke und Platten desselben leicht zerbrechen lassen. Zwischen 100 und 150° dagegen wird es so dehnbar, dass es sich zu dünnen Blechen walzen und zu Draht ausziehen lässt. Bei 205° ist es wieder derartig spröde, dass es sich pulvern lässt. Bei einer seinem Schmelzpunkte nahen Temperatur gegossen ist es dehnbarer als bei höherer Temperatur gegossen. In der Härte steht es zwischen Kupfer und Zinn oder noch genauer zwischen Silber und Platin.

[1]) Stölzel, Metallurgie, S. 752. Braunschweig 1874.

Die absolute Festigkeit von gegossenem Zink ist nach Karmarsch 197,5 kg per qcm, von Blech und Draht nach Karmarsch 1385 bis 1560 kg per qcm. Nach Wertheim riss Zink im gegossenen Zustande bei einer Belastung von 1,5 kg auf 1 mm Durchmesser des betreffenden Stückes, im gezogenen Zustande bei einer Belastung von 1250 kg auf 1 mm Durchmesser des betreffenden Stückes.

Die specifische Wärme des Zinks beträgt nach Regnault 0,09555 für die Temperatur von 0 bis 100° C. Nach anderen Ermittelungen beträgt sie 0,0927 zwischen 0° und 100° und 0,1015 von 100 bis 300°.

Das Zink dehnt sich von 0 bis 100° um $^1/_{340}$ seiner Länge aus. (Nach Calvert und Johnson ist der Coefficient für die lineare Ausdehnung des gehämmerten Zinks = 0,002 193.)

Die Wärmeleitungsfähigkeit des Zinks ist, wenn die des Silbers zu 100 angenommen wird, nach Wiedemann und Franz 19, nach Calvert und Johnson bei gegossenem Zink 60,8 bis 62,8, bei gewalztem Zink 64,1.

Die Leitungsfähigkeit des Zinks für den elektrischen Strom ist, wenn man die Leitungsfähigkeit des Silbers zu 100 annimmt, nach Becquerel 24,06, nach Matthiessen 27,39, nach Weiller[1]) 29,90.

Das Zink schmilzt nach Daniell bei 412°, nach Roberts-Austen bei 415°, nach Heycock und Neville bei 419°, nach Person bei 434°. In heller Rothglut verdampft es. Sein Siedepunkt liegt nach Becquerel bei 891° C., nach Deville und Troost bei 1040° C., nach Violle bei 929,6°, nach Roberts-Austen bei 940°, nach Thum bei 1000°, nach Komorek bei 1050°. Berthelot (Compt. rend. CXXXI, VI, 380 bis 382) bestimmte den Siedepunkt als zwischen 913 und 927° liegend. Er steigt bei Zunahme des Drucks über 760 mm Quecksilber für jedes Centimeter um 1,5° C. (Barus). Das Silber (Schmelzpunkt bei 954°) schmilzt in Zinkdämpfen nicht. Die Zinkdämpfe lassen sich durch Abkühlung zu flüssigem Zink condensiren. Je mehr die Zinkdämpfe durch andere Gase verdünnt sind, um so schwieriger ist die Condensation derselben. Sinkt die Temperatur der Dämpfe unter den Schmelzpunkt des Zinks, so erstarren sie zu Staub und bilden den sogenannten „Zinkstaub". Nach Lynen (Zink-Destillirofen mit gemeinsamer Condensationskammer, London 1893) erfolgt die Condensation der bei der Zinkgewinnung aus Erzen erhaltenen Zinkdämpfe zwischen 415 und 550°. Nach Hempel (Berg- und Hüttenm. Ztg. 1893, No. 41 und 42) liessen sich durch Reduction von Zinkweiss im Schachtofen hergestellte Zinkdämpfe erst bei einer unter 470° liegenden Temperatur aus den sie begleitenden Gasen ausscheiden.

An der Luft bis 500° (nach Daniell bis zu 505°) erhitzt, verbrennt das Zink mit heller grünlich- und bläulich-weisser Flamme zu Zinkoxyd. In fein vertheiltem Zustande (Zinkschwamm) kann es sich in Folge rascher Oxydation von selbst entzünden.

---

[1]) Journ. of Frankl. Inst. 1892 April, S. 263.

Das Zink des Handels ist gewöhnlich durch Blei, Cadmium und Eisen, in manchen Fällen auch durch geringe Mengen von Zinn, Kupfer, Arsen, Antimon, Silicium, Schwefel, Kohlenstoff und Chlor verunreinigt. Auch Thallium, Indium und Gallium sind in dem Zink nachgewiesen worden.

Der Einfluss der in dem Zink enthaltenen fremden Metalle auf die Eigenschaften desselben ist von Karsten[1]), sowie von Eliot und Storer[2]) untersucht worden.

Blei ist in den meisten Zinksorten des Handels enthalten. Karsten fand den Bleigehalt des schlesischen Zinks zu 0,24 bis 2,36%. Eliot und Storer fanden im Zink von New-Jersey nur 0,079% Blei, in aus Kieselzinkerz hergestelltem Blei aus Pennsylvanien überhaupt kein Blei.

Die Aufnahmefähigkeit des Zinks für das Blei hängt von der Temperatur ab. Sie ist um so grösser, je höher die Temperatur ist. Nach neueren über diesen Gegenstand ausgeführten Versuchen von Roessler und Edelmann nimmt das Zink bei seiner Schmelztemperatur 1,7% Blei, bei 650° dagegen 5,6% Blei auf. Nach Romanoff und Spring nimmt das Zink bei 900° 25,5% Blei, bei 650° 7% Blei auf. Ist mehr Blei vorhanden, als der Aufnahmefähigkeit des Zinks für dasselbe bei der betreffenden Temperatur entspricht, so scheidet sich der Ueberschuss im flüssigen Zustande aus.

Ein grösserer Bleigehalt macht das Zink mürbe. Bei $1\frac{1}{2}$% Blei liess sich Zink noch auswalzen, ohne rissig zu werden, dagegen wurde es mürbe und weicher. Bei 3% Bleigehalt hörte die Walzbarkeit noch nicht auf, doch traten die gedachten Eigenschaften in höherem Maasse hervor.

Man sucht sich vor dem Walzen des Zinks des Bleigehaltes desselben durch Umschmelzen und Absetzenlassen des Bleis nach Möglichkeit zu entledigen. Auch die guten Eigenschaften des Messings werden durch einen grösseren Bleigehalt beeinträchtigt.

Cadmium findet sich, da die meisten Zinkerze dieses Metall enthalten, in den meisten Zinksorten. Da das Cadmium indessen erheblich flüchtiger ist als das Zink, so ist es nur in sehr geringen Mengen im Handelszink enthalten.

Nach Versuchen von Mentzel aus dem Jahre 1829 auf der Lydogniahütte in Oberschlesien soll das Cadmium, sobald gewisse Mengen davon im Zink vorhanden sind, die Weichheit des letzteren beeinträchtigen.

In den geringen Mengen, in welchen das Cadmium im Handelszink enthalten ist, übt es keinen nachteiligen Einfluss auf die Eigenschaften desselben aus.

---

[1]) Karsten's Archiv 1842. Bd. XVI. S. 597.

[2]) On the impurities of commercial zinc with reference to the residue insoluble in Dilute Acid, to Sulphur and to Arsenic. Memoirs Americ. Acad. Art. and Sciences. New. Series Vol. VIII. 1860.

Eisen kann bis zu mehreren Procenten im Zink enthalten sein, geht aber selten über 0,2 % hinaus. Karsten fand als höchsten Eisengehalt 0,24 %, Percy 1,4 %[1]). Eliot und Storer fanden im Zink von New-Jersey 0,21 % Eisen, in Berliner Zinkblechen 0,05 bis 0,07 % Eisen. Oudemans fand in einer strengflüssigen Masse von weissem, glänzendem, zackigem Bruch, welche sich bei wochenlangem Schmelzen von Zink in eisernen Kesseln angesammelt hatte, 4,6 % Eisen. Nach Jensch enthielt Zink, welches aus Flugstaub der oberschlesischen Eisenhochöfen mit 17 bis 22 % Zinkgehalt hergestellt war, 0,71 % Eisen. Das beim Raffiniren des Zinks sich bildende Hartzink enthält gleichfalls grössere Mengen von Eisen.

In geringen Mengen (nach Karsten bis 0,2 %) beeinträchtigt das Eisen die Eigenschaften des Zinks nicht. In grösseren Mengen dagegen macht es das Zink härter und zum Walzen unbrauchbar.

Zinn ist von Eliot und Storer in amerikanischem (New-Jersey) und englischem (Vivian) Zink nachgewiesen worden. In einem Freiberger Zink sind 0,07 % Zinn nachgewiesen worden. Nach Karsten genügt ein Zusatz von 1 % Zinn, um das Zink in den Temperaturen, in welchen es geschmeidig ist, spröde zu machen.

Kupfer ist von Eliot und Storer in dem Zink von New-Jersey nachgewiesen worden. Zink aus Missouri zeigte 0,0013 bis 0,1123 % Kupfer, Zink von Oberschlesien 0,0002 % Kupfer. Karsten fand, dass 1/2 % Kupfer das Zink härter und spröde macht. Beim Walzen erhält Zink von einem derartigen Kupfergehalte Kantenrisse und kann nicht gefalzt werden, ohne zu brechen.

Arsen kommt in geringen Mengen in manchen Zinksorten vor. So sind 0,0603 % in einem Zink aus Missouri nachgewiesen worden. Grössere Mengen von Arsen sollen das Zink spröde machen. In der nämlichen Weise sollen auch grössere Mengen von Antimon wirken. Besondere Nachrichten hierüber liegen nicht vor.

Schwefel konnte von Karsten in keiner der zahlreichen von ihm untersuchten Zinkproben nachgewiesen werden. Dagegen fanden Eliot und Storer in einer ganzen Reihe von Zinksorten kleine Mengen von Schwefel, ebenso auch Alfred Taylor. Die Menge des Schwefels soll bis 0,0741 % betragen. Nach Funk (Zeitschr. für anorgan. Chemie 1896, p. 49) soll sich der Schwefel als bei der Destillation übergegangenes Schwefelzink im Zink befinden. Ueber den Einfluss des Schwefels auf die Eigenschaften des Zinks liegen Untersuchungen nicht vor. In den im Zink gefundenen geringen Mengen scheint der Schwefel keinerlei nachtheiligen Einfluss auszuüben.

Kohlenstoff wurde von Funk bis zu dem Betrage von 0,1775 % im Zink gefunden. Nach demselben ist der Kohlenstoff nicht chemisch

[1]) Percy-Knapp, S. 560.

mit dem Zink verbunden, sondern dem Metalle nur mechanisch beigemengt. Rodwell[1]) fand in den schwarzen Flocken, welche beim Auflösen von Handelszink in Schwefelsäure als Rückstand verbleiben, Bleisulfat, Kohlenstoff und eine Spur Eisen.

Ein geringer Kohlenstoffgehalt scheint ohne jegliche Einwirkung auf die Eigenschaften des Zinks zu sein. Untersuchungen über den Einfluss grösserer Mengen von Kohlenstoff auf die Eigenschaften des Zinks liegen nicht vor.

Chlor ist von C. Künzel in einem belgischen Zink, welches aus Gekrätzen von verzinktem Eisen hergestellt war, in Mengen von 0,2 bis 0,3 % nachgewiesen worden. Dieses Zink, welches Eisen und Blei nur in Spuren enthielt, liess sich nicht walzen.

Silicium ist bis zu 0,1374 % in Zink aus Missouri gefunden worden. Der Einfluss desselben auf die Eigenschaften des Zinks ist nicht untersucht worden.

Chemische Eigenschaften.

In trockener Luft ändert sich das Zink bei gewöhnlicher Temperatur nicht. In feuchter Luft dagegen überzieht es sich bei Anwesenheit von Kohlensäure mit einer dünnen Schicht von wasserhaltigem basischen Zink-Carbonat. Diese Schicht ist so dicht, dass sie das unter derselben befindliche Metall vor weiteren Angriffen der Atmosphärilien schützt.

Durch luftfreies Wasser wird das compacte Zink bei gewöhnlicher Temperatur nicht angegriffen, wohl aber wird es durch Wasser bei Anwesenheit von Luft und Kohlensäure in das gedachte wasserhaltige basische Carbonat verwandelt.

Durch kaltes sowohl wie durch kochendes reines Wasser wird das compacte, chemisch reine Zink nicht angegriffen. Das durch kleine Mengen fremder Metalle verunreinigte Zink des Handels dagegen wird durch kochendes Wasser unter Entbindung von Wasserstoff oberflächlich in Zinkhydroxyd verwandelt, welches letztere dann eine schützende Hülle gegen die weitere Einwirkung des Wassers bildet.

Wird das Zink an der Luft erhitzt, so entzündet es sich bei 500° (nach Daniell bei 505° C.) und verbrennt mit leuchtender, grünlich- und bläulich-weisser Flamme zu Zinkoxyd, welches theils als Kruste auf der Oberfläche des verbrennenden Metalles schwimmt, theils in der Gestalt schneeweisser Flocken (lana philosophica) erscheint.

Das auf Rothglut erhitzte Zink zersetzt das Wasser, indem es sich unter Entbindung von Wasserstoff aus dem letzteren in Zinkoxyd verwandelt. Das fein vertheilte Zink wirkt schon bei gewöhnlicher Temperatur in sehr schwachem Maasse zersetzend auf das Wasser ein. Durch die Anwesenheit von Säuren und Alkalien wird die Zersetzung begünstigt.

---

[1]) Chem. News, Jan. 1861, No. 57.

Das Zink des Handels löst sich in den meisten Säuren. In verdünnter Schwefelsäure und Salzsäure löst es sich unter Entwicklung von Wasserstoff auf. Nach Bolley wird bei niedriger Temperatur geschmolzenes Zink langsamer aufgelöst als bei Rothglut geschmolzenes Zink.

Chemisch reines Zink löst sich leicht in Salpetersäure, während es von anderen Säuren, mögen sie verdünnt oder concentrirt sein, nur sehr wenig angegriffen wird.

Der Grund dieses Verhaltens des chemisch reinen Zinks gegen Säuren ist nach Werren[1]) der, dass das Metall im Augenblicke des Eintauchens in die Säure von einer Wasserstoffhülle umgeben wird. Durch Kochen wird diese Hülle zerrissen und das Zink löst sich. In kalter Salpetersäure löst sich das Zink leicht, weil dieselbe den ausgeschiedenen Wasserstoff oxydirt. Die Auflöslichkeit des Zinks in Schwefelsäure wird durch Zusatz von Chromsäure und Wasserstoffsuperoxyd befördert. Das unreine Zink löst sich desshalb leicht in Säuren, weil der Wasserstoff sich nicht am Zink, sondern an den elektronegativeren fremden Metallen ausscheidet.

Durch Kohlensäure wird das Zink bei Rothglut unter Bildung von Kohlenoxyd in Zinkoxyd verwandelt.

Wässrige Alkalien greifen das Zink unter Entwicklung von Wasserstoff an, aber viel langsamer als Säuren. Die Einwirkung derselben ist energischer, wenn das Zink mit Eisen oder Platin zu einer galvanischen Kette verbunden ist. So wird das Zink von Kalilauge leicht gelöst, wenn als Lösegefäss ein Eisenkessel angewendet wird.

Das Zink schlägt alle dehnbaren schweren Metalle ausser Eisen und Nickel aus den Lösungen derselben metallisch nieder. Dagegen wird es selbst durch kein schweres Metall, auch nicht durch Aluminium, aus seinen Lösungen metallisch ausgeschieden.

Schwefel verbindet sich in der Rothglut mit dem Zink zu Schwefelzink. Die Verbindung erfolgt indess unvollständig, da das Zink, wenn es auch fein gepulvert und innig mit Schwefelpulver gemengt ist, von dem an der Oberfläche desselben gebildeten unschmelzbaren Schwefelzink eingehüllt wird. Durch rasches Erhitzen mit Zinnober sowie durch Schmelzen mit Schwefelkalium lässt sich das Zink vollständig in Schwefelzink verwandeln.

Durch Zusammenschmelzen mit Bleioxyd wird das Zink in Zinkoxyd verwandelt, während das Bleioxyd zu Blei reducirt wird.

Durch Zusammenschmelzen mit Carbonaten der Alkalimetalle wird das Zink unter Bildung von Kohlenoxyd in Zinkoxyd verwandelt. Behandelt man das Zink in der nämlichen Weise mit Sulfaten der Alkalimetalle, so erhält man unter Entweichen von Schwefliger Säure neben dem Zinkoxyd Zinksulfat.

---

[1]) Ber. d. chem. Ges. 1891. 24. 1785.

Mit dem Phosphor lässt sich das Zink in schwacher Rothglut in verschiedenen Verhältnissen zu Phosphorzink vereinigen.

Mit dem Arsen vereinigt sich das Zink in mässiger Hitze in den verschiedensten Verhältnissen zu Legirungen. Das Zink wird um so strengflüssiger, je grössere Mengen von Arsen es enthält. Legirungen, welche grössere Mengen von Arsen enthalten, lassen sich überhaupt nicht mehr schmelzen.

Das Zink bildet mit einer grossen Reihe von Metallen Legirungen. Zu erwähnen sind die Legirungen des Zinks mit Aluminium, Antimon, Wismuth, Gold, Eisen, Blei, Quecksilber, Silber und Zinn.

Mit Aluminium legirt sich das Zink leicht in allen Verhältnissen und macht dasselbe hart. Bei einem Zinkgehalte der Legirung von mehr als 3 % wird dieselbe spröde. Näheres über die Zink-Aluminium-Legirungen siehe in dem Werke von Richards, „Aluminium", London 1896.

Mit Antimon legirt sich das Zink leicht in allen Verhältnissen. Die Legirungen dieser Art sind spröde.

Wismuth und Zink legiren sich beim Zusammenschmelzen beider Metalle. Beim Erkalten trennt sich die Legirung in 2 Lagen, von welchen die untere ein zinkhaltiges Wismuth (85,7 bis 91,4 % Wismuth und 14,3 bis 8,6 % Zink) und die obere ein wismuthhaltiges Zink (97,6 % Zink und 2,4 % Wismuth) darstellt.

Kupfer und Zink vereinigen sich in allen Verhältnissen. Die in den Gewerben verwendeten Legirungen dieser Art sind als „Messing" bekannt. Mit der Zunahme des Kupfergehaltes nimmt die Ductilität dieser Legirungen zu. Der Kupfergehalt derselben geht bis 85 %.

Gold und Zink legiren sich leicht in allen Verhältnissen.

Mit dem Eisen bildet das Zink harte und spröde Legirungen.

Mit Blei schmilzt das Zink zu Legirungen zusammen, welche sich beim Erkalten in zinkhaltiges Blei und in bleihaltiges Zink scheiden. Das Handelszink stellt gewöhnlich eine Zink-Blei-Legirung mit 1 % Blei dar.

Quecksilber und Zink legiren sich leicht zu einem weissen, spröden Amalgam, welches bei einem Ueberschusse von Quecksilber teigig wird.

Silber und Zink vereinigen sich leicht bei höheren Temperaturen, weniger leicht bei niedrigeren Temperaturen zu Legirungen.

Zinn und Zink legiren sich leicht in allen Verhältnissen.

Ferner legirt sich das Zink mit Magnesium, Nickel, Kobalt, Tellur und Natrium.

Auch mit mehr als zwei Metallen bildet das Zink eine grosse Reihe von Legirungen.

Die für die Gewinnung des Zinks wichtigen chemischen Reactionen der Verbindungen dieses Metalles.

Zinkoxyd (Zn O).

Bis jetzt ist nur eine Verbindung des Zinks mit dem Sauerstoff, das Zinkoxyd (Zn O) bekannt. Nach neueren Untersuchungen ist es indess nicht ausgeschlossen, dass das Zink auch noch anderweite Verbindungen mit dem Sauerstoff bildet.

Das Zinkoxyd findet sich in der Natur als Rothzinkerz. Auf künstlichem Wege erhält man es durch Verbrennen von Zink, durch Erhitzen von fein vertheiltem Zink mit Salpeter, Kaliumchlorat, Arseniksäure, durch Glühen von Zinkcarbonat, von Zinkhydroxyd, von schwefligsaurem, schwefelsaurem und salpetersaurem Zink sowie durch die oxydirende Röstung von Schwefelzink.

Dasselbe stellt ein weisses oder schwach gelbliches Pulver dar. Beim Erhitzen wird es citronengelb, erhält aber beim Erkalten die weisse Farbe wieder.

Das Zinkoxyd ist für sich unschmelzbar und in nicht zu hohen Temperaturen ziemlich feuerbeständig. In starker Glühhitze ist es flüchtig. Nach Versuchen von Stahlschmidt (Berg- u. Httm. Ztg. 1875. S. 69) ist reines Zinkoxyd schon beim Schmelzpunkte des Silbers (970°) in merklichem Maasse flüchtig. Bei Kupferschmelzhitze (1054°) ist die Flüchtigkeit schon erheblich grösser (15 %). In der Weissglut verflüchtigt sich das Zinkoxyd rasch. Das durch Rösten von Zinkblende erhaltene Zinkoxyd ist beim Schmelzpunkte des Silbers noch nicht flüchtig, wohl aber in beträchtlichem Maasse beim Schmelzpunkte des Kupfers.

Das Zinkoxyd ist unlöslich in reinem Wasser. Säuren lösen es leicht auf, ebenso Lösungen von Aetzkali, Aetznatron, Ammoniak und kohlensaurem Ammoniak. Mit Schwefliger Säure verbindet es sich zu Zinksulfit.

Obwohl das Zinkoxyd gewöhnlich die Rolle einer Base spielt, so verbindet es sich doch auch mit anderen Basen (mit Alkalien, alkalischen Erden und mit Thonerde).

Mit Wasser verbindet sich das Zinkoxyd nicht direkt zu Zinkhydroxyd. Wohl aber erhält man das Hydroxyd (Zn O, H_2 O oder Zn $(OH)_2$) als weissen, amorphen Niederschlag durch Zusatz von Natron- oder Kalihydrat, von Kalkhydrat oder von Magnesiahydrat zu Lösungen von Zinksalzen. In einem Ueberschusse von Kali- und Natronhydrat löst es sich auf. Durch Erhitzen wird das Zinkhydroxyd in Zinkoxyd verwandelt.

Durch Kohle und Kohlenoxyd wird das Zinkoxyd in starker Rothglut zu Zink reducirt. Die Reduction beginnt nach Versuchen von

Hempel[1]) schon unter dem Siedepunkt des Zinks und ist bei einer über dem Siedepunkte des Zinks liegenden Temperatur (helle Rothglut bis Weissglut) beendigt.

Nach Untersuchungen von Schüpphaus und Lungurtz[2]) beginnt die Reduction des Zinkoxyds bei 910° (also unter dem Siedepunkt des Zinks, welcher bei 920° liegt). Die Reduction ist bei 1300° beendet. Nach Versuchen von O. Boudouard[3]) liegt die Reductionstemperatur zwischen 1125 und 1150°.

Auf chemischem Wege hergestelltes, aus sehr feinen Theilchen bestehendes Zinkoxyd ist leichter reducirbar als das durch Calciniren bzw. Rösten von Erzen hergestellte Zinkoxyd. Im Allgemeinen ist das durch Totröstung von Zinkblende hergestellte Zinkoxyd wieder schwerer reducirbar als das durch Brennen von Galmei (Zinkcarbonat) hergestellte Zinkoxyd.

Bei der Reduction des Zinkoxyds durch Kohle wird Kohlenoxydgas gebildet, während bei der Reduction desselben durch Kohlenoxydgas Kohlensäure entsteht. Das Kohlenoxyd ist bei allen Temperaturen ohne jegliche Einwirkung auf das Zink, dagegen verwandelt die Kohlensäure das Zink in der Rothglut in Zinkoxyd. Die Menge des in einem gegebenen Falle beim Vorhandensein eines Gemenges von Kohlenoxyd und Kohlensäure durch die letztere oxydirten Zinks dürfte einerseits von dem Mengenverhältniss zwischen Kohlensäure und Kohlenoxydgas, andrerseits von der Temperatur abhängen. (Siehe Reduction des Zinkoxyds durch Wasserstoff.)

Wird Zinkoxyd mit einer hinreichenden Menge von Kohle bis zur Reductionstemperatur erhitzt, so wird zuerst durch die Kohle Zink ausgeschieden. Das hierbei gebildete Kohlenoxydgas wirkt aber auch seinerseits reducirend auf das Zinkoxyd ein, indem es sich in Kohlensäure verwandelt. Die letztere findet nicht Gelegenheit, oxydirend auf das Zink einzuwirken, weil sie durch die glühende Kohle sofort wieder zu Kohlenoxyd reducirt wird. So lange daher eine hinreichende Menge glühender Kohle vorhanden ist, werden nur Zink und Kohlenoxyd gebildet. Etwa in geringer Menge durch Oxydation von Zink entstandenes Zinkoxyd wird durch Kohle und Kohlenoxyd wieder zu Zink reducirt. Diese Vorgänge dürften auch bei der Herstellung des Zinks aus Zinkoxyd im Grossen stattfinden. Da hierbei auch das Kohlenoxyd in der dargelegten Weise reducirend wirkt, so ist eine sehr innige Mischung des Zinkoxyds mit Kohle und eine Zerkleinerung dieser Körper zum feinsten Pulver nicht erforderlich. Nach Boudouard (a. a. O.) enthielt das bei der Reduction des Zinkoxyds durch Kohle entwickelte Gas 99 Vol.-Proc. Kohlenoxyd und 1 Vol.-Proc. Kohlensäure.

---

[1]) Berg- u. Hüttenm. Zeitung 1893. No. 41 u. 42.

[2]) Journ. Soc. Chem. Ind. Nov. 30. 1899. p. 987.

[3]) Recherches sur les équilibres chimiques. Annales de chimie et de physique. Band 24. S. 74. Paris 1901.

Durch Wasserstoff wird das Zinkoxyd in der Rothglut zu Zink reducirt. Durch den hierbei entstandenen Wasserdampf wird das Zink in grösserem oder geringerem Maasse wieder oxydirt. Nach Versuchen von Deville[1]) und von Dick[2]) erhält man hauptsächlich Zink, wenn man grössere Mengen von Wasserstoff in raschem Strome über das glühende Zinkoxyd leitet, dagegen wird fast das gesammte Zink wieder oxydirt, wenn Wasserstoff in einem langsamen Strome über das Zinkoxyd geführt wird. Die oxydirende Einwirkung des Wasserdampfes auf das Zink dürfte sowohl von dem Mengenverhältniss des Wasserdampfes zum Wasserstoff, als auch von der Temperatur abhängen. Deville ist der Ansicht, dass die Temperatur hierbei die Hauptrolle spielt, indem bei starkem Wasserstoffstrome eine Temperatur-Erniedrigung stattfinden soll, welche bei schwachem Strome nicht eintritt. Bei dieser niedrigeren Temperatur kann der Wasserdampf nicht oxydierend auf das Zink einwirken, wie es bei höherer Temperatur der Fall ist. In wie weit diese Ansicht zutrifft, ist durch weitere Versuche zu entscheiden.

Schwefel wirkt auf Zinkoxyd in der Hitze derartig ein, dass Schwefelzink und Schweflige Säure entstehen.

Eisen[3]) reducirt in hoher Temperatur das Zinkoxyd zu Zink.

Mit Kieselsäure lässt sich das Zinkoxyd in der Weissglut zu Zinksilicaten vereinigen.

Nach Versuchen von Percy[4]) konnte das Bisilicat auch in strengster Weissglut nicht zum Schmelzen gebracht werden, während das Singulosilicat und die unter demselben liegenden Silicirungsstufen bei dieser Temperatur zu mehr oder weniger durchscheinenden Schlacken von weissgelber und grünlich-gelber Farbe zusammenschmolzen. Das natürliche Zinksilikat schmolz bei der nämlichen Temperatur zu einer undurchsichtigen, steinartigen Masse mit grau-grüner Farbe zusammen. An den Aussenwänden der Zink-Destillir-Muffeln, welche letzteren von Zinkdämpfen durchdrungen werden, entstehen nach Stelzner und Schulze (Jahrbuch für das Berg- und Hüttenwesen im Königreich Sachsen 1881, Berg- und Hüttenm. Ztg. 1886. S. 150) häufig Incrustationen von Zinksilicaten. In einem Falle enthielt ein solches Silicat 56,11 % ZnO, 0,81 % Fe_2O_3 und 42,77 % SiO_2. In den blauen Theilen der Muffelwände fanden sie neben Zink-Thonerde-Spinell und Tridymit auch einen aus Zinksilicat bestehenden Glasfluss.

Mit Thonerde verbindet sich das Zinkoxyd in hoher Temperatur zu Aluminaten. Beim Erhitzen einer innigen Mischung von Zinkoxyd und wasserfreier Thonerde im Aequivalent-Verhältnisse von 1 zu 6 erhielt

---

1) Annales de Chimie et de Physique [3] T. XLIII. p. 479.

2) Percy-Knapp, S. 491.

3) Percy-Knapp, S. 491.

4) Percy-Knapp, S. 492.

Percy[1]) eine gesinterte graue steinige Masse, welche Flintglas ritzte. In den blau gefärbten Wänden der Zink-Destillirgefässe fanden Wohlfahrt, Stelzner und Schulze (l. c.) blauen Zink-Thonerde-Spinell, in welchem ein kleiner Theil Zinkoxyd durch Eisenoxydul vertreten war, von der Formel $Zn O, Al_2 O_3$ mit 42,60 % Zn O, 1,12 % Fe O und 55,61 % $Al_2 O_3$. In der Natur findet sich das Zink-Aluminat als „Gahnit".

Mit Eisenoxyd verbindet sich das Zink zu Zink-Ferrat ($Zn O, Fe_2 O_3$ oder $Zn Fe_2 O_4$). Es bildet sich in einem gewissen Maasse beim Erhitzen von Zinkoxyd und Eisenoxyd zur Rothglut. Es ist daher möglich, dass es sich beim Rösten eisenhaltiger Blende bildet.

Mit dem achtfachen Gewichte Bleioxyd erhitzt, schmilzt das Zinkoxyd zu einer dünnflüssigen blassgelben Masse zusammen[2]). Beim Erhitzen mit dem 6- bis 7fachen Gewichte Bleioxyd ist die geschmolzene Masse dickflüssig. Bei weiterer Verminderung des Bleioxyds wird die Masse strengflüssig und schliesslich unschmelzbar.

Das Verhalten des Schwefelzinks zum Zinkoxyd ist beim Schwefelzink dargelegt.

Das Zinkoxyd schmilzt mit fixen Carbonaten der Alkalimetalle zu flüssigen, farblosen und durchsichtigen Massen zusammen, wenn sein Gewicht nicht über $1/_5$ der ganzen Masse hinausgeht[3]).

Durch eine Lösung von Eisenchlorid wird das Zinkoxyd als Chlorzink in Lösung gebracht, während sich eine äquivalente Menge von Eisen als Hydroxyd ausscheidet. Ebenso wird das Zinkoxyd durch Ferrisulfatlösung als Zinksulfat unter Ausscheidung von Eisenhydroxyd in Lösung gebracht.

Schwefelzink (Zn S).

Schwefelzink findet sich in der Natur als Zinkblende. Künstlich lässt sich diese Verbindung sowohl auf trockenem als auch auf nassem Wege herstellen. Auf trockenem Wege erhält man sie durch Erhitzen von Zinkoxyd mit Schwefel, durch Erhitzen von Zinkoxyd in einem Strome von Schwefelwasserstoff, durch Erhitzen von Zinkspähnen mit Zinnober, durch Erhitzen von Zinkfeilspähnen oder von Zinkgranalien mit Polysulfiden der Alkalimetalle, durch Erhitzen von Zinksulfat und Kohle bei Weissglut. Durch Erhitzen von Schwefel und Zink gelingt die Bildung von Schwefelzink, wie bereits dargelegt ist, nur unvollkommen, dagegen hat man durch wiederholtes Zusammenpressen von Zink und Schwefel Schwefelzink hergestellt.

Auf nassem Wege erhält man Schwefelzink als amorphes, weisses Pulver durch Niederschlagen desselben aus Zinklösungen mit Schwefelwasserstoff bzw. Schwefel-Ammonium.

---

[1]) l. c. S. 494.

[2]) Berthier, T. I. p. 515.

[3]) Berthier, II. p 567.

Das Schwefelzink ist unschmelzbar. Nach Versuchen von Percy[1]) scheint es in hohen Temperaturen in merkbarer Weise flüchtig zu sein.

Mit anderen Schwefelmetallen lässt es sich in einem gewissen Maasse zu Steinen zusammenschmelzen. Es macht die Steine strengflüssig. Auch von Schlacken wird es in einem gewissen Maasse (wahrscheinlich mechanisch) aufgenommen und macht dieselben, wenn nicht grosse Mengen von Eisenoxydul in denselben enthalten sind, strengflüssig.

Schwefelzink lässt sich durch Erhitzen unter Luftabschluss nicht zersetzen. Auch durch die Hitze des elektrischen Stromes wird es nach Mourlot[2]) nicht zersetzt.

Wird gepulvertes Schwefelzink bei Luftzutritt bis zur Rothglut erhitzt, so entsteht unter Entwicklung von Schwefliger Säure Zinkoxyd und Zinksulfat. Das letztere zersetzt sich bei Erhöhung der Temperatur zur Kirschrothglut in Schwefelsäure, Schweflige Säure und Sauerstoff und basisches Zinksulfat. Wird die Temperatur zu heller, der Weissglut sich nähernder Rothglut gesteigert, so zerfällt auch das basische Zinksulfat in Zinkoxyd, Schwefelsäure-Anhydrid, Schweflige Säure und Sauerstoff.

Beim Erhitzen von Schwefelzink in Wasserdampf entstehen Zinkoxyd und Schwefelwasserstoff. Die Zersetzung des Schwefelzinks ist jedoch eine unvollkommene und erfordert eine Erhöhung der Temperatur bis zur Weissglut.

Beim Glühen des Schwefelzinks mit Kohle oder in mit Kohle gefütterten Tiegeln soll dasselbe nach Percy[3]) vollständig verschwinden und nur, falls es eisenhaltig war, einen Rückstand von zinkfreiem Schwefeleisen hinterlassen. Es ist nicht gesagt, ob sich das Schwefelzink als solches verflüchtigt oder ob es durch die Kohle (unter Bildung von Schwefelkohlenstoff) reducirt wird, in welchem Falle man metallisches Zink erhalten haben müsste. Jedenfalls bedürfen die betreffenden Versuche der Aufklärung.

Erhitzt man Schwefelzink mit Kohle und Kalk, so erhält man Zink und Schwefelcalcium[4]). Die Zersetzung ist aber unvollständig und soll nach Berthier von der Temperatur abhängen.

Durch Eisen wird das Schwefelzink bei heller Rothglut unter Bildung von Schwefeleisen und Zinkdämpfen zersetzt. Wahrscheinlich wird sich hierbei eine kleine Menge von Schwefelzink mit dem Schwefeleisen verbinden und so der Zersetzung entgehen.

Durch Zinn wird das Schwefelzink in heller Rothglut nach Versuchen von Percy[5]) nur unvollständig zersetzt.

---

[1]) Percy-Knapp, S. 495.

[2]) Compt. rend. 1897. 124. I. 768.

[3]) l. c. S. 498.

[4]) Berthier, Tr. d. Essays. T. II. p. 570.

[5]) l. c. S. 498.

Antimon scheint nach Versuchen von Percy[1]) das Schwefelzink in der Hitze nicht zu zersetzen. Blei[2]) scheint nach Percy nur sehr unvollkommen auf die Zersetzung des Schwefelzinks einzuwirken. Durch Kupfer wird das Schwefelzink nach Versuchen von Percy[3]) in der Weissglut unter Bildung von Kupferstein zerlegt.

Wasserstoff ist nach Berthier[4]) ohne Einwirkung auf Schwefelzink. Nach Morse (Chemiker-Zeitung 1889. S. 179) lässt sich Schwefelzink durch Erhitzen im Wasserstoffstrom scheinbar sublimiren. Dieser Umstand soll seine Ursache darin haben, dass das Schwefelmetall unter dem Einflusse von überschüssigem Wasserstoff unter Entstehung von Schwefelwasserstoff reducirt wird und dass das verflüchtigte Metall bei niedrigerer Temperatur den Schwefel des Schwefelwasserstoffs wieder aufnimmt.

Zinkoxyd und Schwefelzink sollen sich nach Berthier in der Hitze in den verschiedensten Verhältnissen zu schmelzbaren Oxysulfureten verbinden.

Percy folgert auf Grund ziemlich unvollkommener Versuche[5]), dass sich Schwefelzink und Zinkoxyd in hoher Temperatur in ähnlicher Weise zersetzen wie die Oxyde des Kupfers und Schwefelkupfer. Hiernach würde bei entsprechenden Mengen-Verhältnissen von Zinkoxyd und Schwefelzink das gesammte Zink unter Bildung von Schwefliger Säure ausgeschieden werden können. (Bei einem Ueberschusse von Zinkoxyd würde Zinkoxyd, bei einem Ueberschusse von Schwefelzink ein Theil des letzteren im Rückstande verbleiben.) Man würde auf diese Weise, falls die Ansicht von Percy zutrifft, erhebliche Mengen von Zink gewinnen können. Bisher ist es aber noch nicht gelungen, auf diese Weise Zink zu gewinnen.

Schwefelzink und Kupferoxydul scheinen sich nach gleichfalls unvollständigen Versuchen von Percy[6]) unvollkommen zu einem Regulus vom Ansehen des Kupfers und einem Steine zu zersetzen.

Schwefelzink und Bleioxyd zerlegen sich nach Berthier[7]), wenn sie in entsprechenden Mengen-Verhältnissen erhitzt werden, derartig, dass Blei, Zinkoxyd und Schweflige Säure entstehen. Wenn sich das entstandene Zinkoxyd in einem Ueberschusse von Bleioxyd auflösen soll, ist nach Berthier die 25 fache Gewichtsmenge des Zinkoxyds an Blei erforderlich. Bei diesem Verhältnisse erhält man eine harzbraune glasige Schlacke. Beim Erhitzen eines Gemisches von 24,08 g Blende mit 55,78 g Bleiglätte erhielt Berthier 29,2 g schwarzgraues Hartblei mit 1,8 % Schwefel und

---

[1]) l. c. S. 498.

[2]) l. c. S. 498.

[3]) l. c. S. 498.

[4]) Annales de Mines [3] T. XI. p. 46.

[5]) Percy-Knapp S. 497.

[6]) l. c. S. 499.

[7]) Tr. d. Essays. T. I. p. 403.

0,8 % Zink. Ueber dem Blei befand sich eine aus den Schwefelmetallen und Oxyden des Bleies und Zinks sowie aus Schwefel bestehende Masse.

Die Kohlensäure übt auch bei der Rothglut keinerlei Einwirkung auf Schwefelzink aus.

Beim Erhitzen von Schwefelzink und Salpeter erhält man Zinkoxyd und Kaliumsulfat.

Beim Zusammenschmelzen von Schwefelzink mit kohlensauren Alkalien in der Rothglut erhält man Gemenge von Zinkoxyd, Zinksulfat und Sulfiden der Alkalimetalle.

Schwefelzink und Kalk zersetzen sich nach Berthier[1]) nur in Gegenwart von Kohlenstoff und zwar derartig, dass Zink und Schwefelcalcium gebildet wird. Die Menge des erhaltenen Zinks soll von der Temperatur abhängen. Durch Glühen von 6,32 g Calciumcarbonat und 6,03 g Schwefelzink in sehr hoher Temperatur wurden über $^5/_6$ des Zinks verflüchtigt, während der 4,6 g wiegende Rückstand nur wenig Schwefelzink enthielt. Percy[2]) erhitzte 35 g Blende mit 35 g Kalk ohne Kohle in einem Kalktiegel, welcher in einen Graphittiegel eingesetzt und von demselben durch eine Zwischenlage von Kalk getrennt war, bei Weissglut und erhielt eine hellbraune, poröse, unvollkommen geschmolzene Masse von 27 g Gewicht, welche an heisses Wasser etwas lösliches Schwefelmetall (Calciumpolysulfid) abgab und sich in Salzsäure unter Entwicklung von Schwefelwasserstoff auflöste. In der Lösung fand sich Zink. Aus dem letzteren Versuche ist nicht zu ersehen, ob die Zersetzung von Schwefelzink und Kalk eine einigermaassen vollständige ist. Nach Prost[3]) zersetzt Kalk bei 75 % Ueberschuss über die theoretisch erforderliche Menge und bei 1250° C. das Schwefelzink vollständig, während beim Vorhandensein der gerade erforderlichen Menge von Kalk die Zersetzung bei 1200° erfolgt.

Das Schwefelzink löst sich nicht in Wasser, wohl aber in verdünnten Mineralsäuren. Das beste Lösungsmittel ist Salpetersäure. Durch heisse concentrirte Schwefelsäure wird es unter Entbindung von Schwefliger Säure und Ausscheidung von Schwefel gelöst.

Chlorwasser und Chlor wirken in der Kälte wenig energisch auf das Schwefelzink ein. Energischer dagegen wirkt Chlorgas bei 30 bis 40° und in der Hitze ein, indem Zinkchlorid und Chlorschwefel gebildet werden nach der Gleichung:

$$2\,ZnS + 6\,Cl = 2\,ZnCl_2 + S_2Cl_2.$$

Nach Dorsemagen soll schon bei 30 bis 40° Schwefel ausgeschieden werden. Nach Ashcroft soll erst bei Temperaturen über 600° Schwefel ausgeschieden werden nach der Gleichung:

$$ZnS + 2\,Cl = ZnCl_2 + S$$ [4]).

---

1) Tr. d. Essays. T. II. p. 570.

2) l. c. S. 501.

3) Bull. de l'Assoc. Belge des Chimistes X. 6. p. 246 bis 263.

4) Ashcroft, On Sulphide Ore Treatment.

Durch eine wässerige Lösung von Chlorblei wird das Schwefelzink unter Bildung von Chlorzink und Schwefelblei zersetzt, während Schwefelblei mit geschmolzenem Chlorzink sich in Schwefelzink und Chlorblei umsetzt.

Zinksilicat

findet sich in der Natur als Willemit ($Zn_2 Si O_4$) und mit Wasser verbunden als Kieselzinkerz oder Hemimorphit ($Zn_2 Si O_4 + H_2 O$). Auf künstliche Weise erhält man es, wie erwähnt, durch Erhitzen von Zinkoxyd und Kieselsäure bei Weissglühhitze. Zinkbisilicat kann gleichfalls durch Erhitzen von Zinkoxyd und Kieselsäure hergestellt werden. Die Zinksilicate sind, wie schon erwähnt, sehr schwer schmelzbar. Das Bisilicat konnte Percy bei der intensivsten Weissglut nicht zum Schmelzen bringen.

Aus dem Zinksilicat und zwar aus dem künstlichen sowohl wie aus dem natürlichen Silicat lässt sich durch Erhitzen mit Kohle bis zur Weissglut das Zink vollständig ausscheiden.

Nach Versuchen von Percy[1]) lässt sich das Zink aus dem Silicate auch dann vollständig ausscheiden, wenn man dasselbe in fein gepulvertem Zustande ohne Beimengung von Kohle in einem mit Kohle gefütterten Tiegel glüht. Die Reduction in einem derartigen Tiegel erfolgt unvollständig, wenn das Zinksilicat in erbsengrossen Stücken verwendet wird.

Wird Zinksilicat in hoher Temperatur mit Kohle und Kalk geglüht, so erfolgt gleichfalls eine vollständige Ausscheidung des Zinks.

Zinkcarbonat.

Mit Kohlensäure bildet das Zink eine ganze Reihe von Carbonaten und Hydrocarbonaten, von welchen das neutrale Carbonat, $Zn CO_3$, sich in der Natur als Zinkspath oder Smithsonit und ein basisches Hydrocarbonat von der Formel $3 Zn O, CO_2 + 2 H_2 O$ als Hydrozinkit oder Zinkblüthe findet.

Das neutrale Zinkcarbonat erhält man durch Behandlung der Lösung eines Zinksalzes mit einem Alkalicarbonat unter Druck oder nach Roscoe und Schorlemmer durch Zusatz von saurem Kaliumcarbonat im Ueberschuss zu einer Zinksulfatlösung. Das neutrale Hydrocarbonat ($2 Zn CO_3, H_2 O$) erhält man durch Digeriren eines basischen Zinkcarbonats mit Ammoniumbicarbonat. Das neutrale Carbonat löst sich in kohlensäurehaltigem Wasser auf. Eine Lösung von Kohlensäure in Wasser nimmt bei 5 Atmosphären Druck $^1/_{189}$ ihres Gewichtes an neutralem Carbonat auf.

Die verschiedenen basischen Hydrocarbonate des Zinks erhält man durch Zusatz von neutralen Carbonaten bzw. Bicarbonaten und Sesquicarbonaten von Kalium und Natrium in verschiedenen Mengen zu Lösungen neutraler Zinksalze. Ferner erhält man basische Hydrocarbonate des Zinks

---

[1]) l. c. S. 493.

durch Austreiben des Ammoniaks aus Lösungen des Zinkoxyds in Ammoniumcarbonat-Lösungen.

Aus den Carbonaten und Hydrocarbonaten des Zinks wird die Kohlensäure durch Erhitzen ausgetrieben.

Zinksulfat.

Das Zink bildet mit der Schwefelsäure eine Reihe von Sulfaten, von welchen sich das neutrale Sulfat mit 7 Molecülen Wasser ($ZnSO_4 + 7H_2O$) in der Natur als Zinkvitriol oder Goslarit findet. Künstlich erhält man die Sulfate des Zinks durch Auflösen von Zink, Zinkoxyd und Zinkcarbonat in Schwefelsäure sowie durch oxydirende Röstung von Schwefelzink bei nicht zu hoher Temperatur. Der Zinkvitriol des Handels ist, wie der natürlich vorkommende Zinkvitriol, neutrales Zinksulfat mit 7 Molecülen Wasser ($ZnSO_4 + 7H_2O$). Man erhält ihn durch Krystallisirenlassen einer wässerigen Lösung von Zinksulfat bei einer Temperatur unter 30° C. Derselbe ist sehr leicht löslich in Wasser. Bei 100° C. verliert er 6 Molecüle Wasser und das letzte bei 200° C.

Das neutrale Salz mit 6 Mol. Wasser ($ZnSO_4 + 6H_2O$) erhält man durch Krystallisirenlassen der Zinksulfatlösung bei 30° C., mit 5 Mol. Wasser ($ZnSO_4 + 5H_2O$) durch Krystallisirenlassen der Lösung zwischen 40 und 50° C. Das Salz mit 4 Mol. Wasser ($ZnSO_4 + 4H_2O$) erhält man zusammen mit dem gewöhnlichen Zinkvitriol, wenn man eine saure und concentrirte wässerige Zinksulfatlösung bei 0° krystallisiren lässt. Das Salz mit 2 Mol. Wasser erhält man als ein krystallinisches Pulver beim Zusatz von concentrirter Schwefelsäure zu einer kochenden Zinksulfatlösung. Das Salz mit 1 Mol. Wasser erhält man durch Erhitzen des gewöhnlichen Zinkvitriols (mit 7 Mol. Wasser) auf 100° C.

Das neutrale wasserfreie Zinksulfat, $ZnSO_4$, welches eine spröde, weisse Masse darstellt, erhält man durch Röstung von Zinkblende bei niedriger Temperatur. Es zieht Wasser an, bis es 7 Molecüle davon aufgenommen und sich in $ZnSO_4 + 7H_2O$ verwandelt hat. Durch Erhitzen auf eine hohe Temperatur lässt sich das neutrale Sulfat in Zinkoxyd überführen, indem es sich zuerst unter Abgabe von Schwefliger Säure und Sauerstoff in basische Sulfate umwandelt und bei weiterer Erhöhung der Temperatur die gesammte Schwefelsäure theils als Anhydrid, theils zerlegt in Schweflige Säure und Sauerstoff, verliert. Ingalls[1]) erhitzte 10 g neutrales Zinksulfat 1 Stunde lang bei 900° C. und fand im Rückstande noch 2,68 % Schwefel. Durch weiteres einstündiges Erhitzen bei der nämlichen Temperatur wurde der Schwefel vollständig entfernt. Ferner erhitzte er 10 g neutrales Zinksulfat zwei Stunden lang bei Dunkelrothglut (700° C.) und fand im Rückstande noch 14,78 % Schwefel.

Es existirt eine ganze Reihe von basischen Sulfaten, z. B. $ZnSO_4$,

---

[1]) Production and Properties of Zinc. New-York and London 1902. p. 155.

ZO, $ZnSO_4$, $3\,ZnO$, $ZnSO_4$, $4\,ZnO$, welche sich zum Theil bei der oxydirenden Röstung der Zinkblende durch Zersetzung des neutralen Zinksulfats bilden. Auch ein saures Zinksulfat von der Formel: $ZnSO_4$, $H_2SO_4 + 8\,H_2O$ ist durch von Kobell[1]) nachgewiesen worden.

Durch Kohle wird das Zinksulfat in der Hitze zersetzt. Bei Rothglut erhält man unter Entweichen von Schwefliger Säure und Kohlenoxyd ein Gemenge von Zinkoxyd und Kohle. Bei entsprechend hoher Temperatur wird das Zinkoxyd durch die Kohle zu Zink reducirt. Erhitzt man ein Gemenge von Zinksulfat und Kohle rasch zur Weissglut, so wird dasselbe unter Entwicklung von Kohlenoxyd zu Schwefelzink reducirt. Ingalls[2]) erhitzte ein Gemenge von 10 g neutralem Zinksulfat und 1 g Holzkohle 2 Stunden lang bei Dunkelrothglut und fand im Rückstande noch 9,58 % Schwefel.

Durch Erhitzen mit einer äquivalenten Menge von Schwefelzink wird das Zinksulfat zerlegt, indem sich Zinkoxyd und Schweflige Säure bilden nach der Gleichung:

$$ZnS + 3\,ZnSO_4 = 4\,ZnO + 4\,SO_2.$$

Ingalls[3]) erhitzte 4 g Schwefelzink mit der äquivalenten Menge von neutralem Zinksulfat 1 Stunde 10 Minuten lang bei einer Temperatur, welche von der Rothglut allmählich bis zur Weissglut gesteigert wurde, und erhielt einen Rückstand mit 0,76 % Schwefel.

Durch schwere Metalle lässt sich das Zink aus den Lösungen des Sulfats nicht niederschlagen.

Durch den elektrischen Strom lässt sich aus Lösungen des Zinksulfats das Zink an der Kathode ausscheiden, während das Säureradical an die Anode geht.

Zinksulfit.

Mit Schwefliger Säure bildet das Zink ein neutrales und ein saures Sulfit.

Das neutrale Sulfit ($ZnSO_3$) entsteht durch Einwirkung von Schwefliger Säure und Wasser (H_2SO_3) auf Zink oder Zinkoxyd. Das durch Behandlung von angefeuchtetem Zinkoxyd mit Schwefliger Säure erhaltene neutrale Zinksulfit hat die Formel $ZnSO_3 + 2\,H_2O$. Dieses Salz ist nahezu unlöslich in Wasser und wird bei 200° in Zinkoxyd, Schweflige Säure und Wasser zerlegt. An der Luft geht es verhältnissmässig schnell in Zinksulfat über. Es löst sich leicht in einem Ueberschuss von Schwefliger Säure in Wasser, indem es in Zinkbisulfit übergeht. Beim Kochen der Lösung entweicht 1 Molecül Schweflige Säure unter Ausscheidung des neutralen Zinksulfits.

Chlorzink ($ZnCl_2$).

Zinkchlorid erhält man durch Erhitzen von Zinkoxyd in Chlorgas bis zur Rothglut, durch Verbrennen von Zink in Chlorgas, durch Ein-

---

[1]) Journ. für pract. Chemie XXVIII. 492.

[2]) l. c. p. 155.

[3]) l. c. p. 155.

wirkenlassen von Chlor auf angefeuchtetes Zink, durch Erhitzen eines Gemenges von wasserfreiem Zinksulfat mit Chlornatrium oder Chlorcalcium, durch Auflösen von Zink, Zinkoxyd oder Zinkcarbonat in Salzsäure, Eindampfen der Lösung zur Trockne und Sublimiren des wässerigen Chlorzinks ($Zn\,Cl_2$, H_2O) oder durch Zusatz von Zink zu dem geschmolzenen Chloride eines elektronegativen Metalls. Chlornatrium und Zinksulfatlösung setzen sich in Chlorzink uad Natriumsulfat um. Aus der Lösung lässt sich das Natriumsulfat durch Kälte ausscheiden. Durch Behandlung von Zinkoxyd mit Eisenchloridlösung erhält man Zinkchlorid unter Ausscheidung von Eisenhydroxyd.

Das Zinkchlorid schmilzt bei 262° zu einer braunen Flüssigkeit, welche bei 718 bis 719° siedet. Es verflüchtigt sich unzersetzt bei Rothglut. In Wasser ist es sehr leicht löslich. Aus der Lösung des Chlorzinks lässt sich ebensowenig wie aus anderen Zinklösungen das Zink durch schwere Metalle niederschlagen.

Durch den elektrischen Strom lässt sich aus Zinkchloridlösungen das Zink an der Kathode, das Chlor an der Anode ausscheiden. Auch aus geschmolzenem Zinkchlorid lässt sich das Zink durch den elektrischen Strom ausscheiden.

Das Zinkchlorid ist sehr hygroskopisch und hält das Wasser sehr fest. Aus concentrirten wässerigen Lösungen erhält man es mit einem Molecül Wasser ($Zn\,Cl_2 + H_2O$). Die Entfernung des Wassers bis auf weniger als 3 bis 5 % ist sehr schwierig, da hierbei Salzsäure entweicht und basisches Chlorzink entsteht. Im Vacuum soll sich das Wasser entfernen lassen, ohne dass basisches Chlorzink entsteht.

Basisches Chlorzink oder Zinkoxychlorid erhält man durch Auflösen von Zinkoxyd oder metallischem Zink in einer concentrirten Lösung von Zinkchlorid, durch Verdünnen wässeriger Lösungen von Zinkchlorid bis zu einem bestimmten Grade, neben Zinkhydroxyd beim Ausfällen von Zinkhydroxyd aus Zinkchloridlösungen durch Kalkmilch oder Magnesia sowie in einer gewissen Menge neben Chlorzink bei der chlorirenden Röstung der Zinkerze. Die Oxychloride des Zinks sind bei hoher Temperatur flüchtig. Es ist auch nicht ausgeschlossen, dass sie in hoher Temperatur theilweise in Zinkoxyd und Chlor zerlegt werden. Von den verschiedenen Oxychloriden des Zinks sind die von den Formeln $Zn\,Cl_2$, $3\,Zn\,O$, $Zn\,Cl_2$, $6\,Zn\,O$, $Zn\,Cl_2$, $9\,Zn\,O$ näher untersucht worden.

Wenn das Zinkchlorid frei von Wasser, von Blei und anderen Chloriden ist, lässt es sich in Gefässen aus Eisen schmelzen.

Legirungen des Zinks.

Das Zink legirt sich, wie bereits dargelegt, mit vielen Metallen.

Es hat eine grössere Verwandtschaft zum Silber und zum Gold als das Blei. Aus geschmolzenem silberhaltigen Blei lässt sich daher das Silber mit Hülfe von Zink ausziehen. Man erhält in diesem Falle ein Gemisch verschiedener Legirungen von Zink, Blei und Silber, aus welchem sich der grösste Theil des Bleis aussaigern lässt. Bei Abwesenheit von Kupfer in dem silberhaltigen Blei und in dem Zink, sowie bei Zusatz einer geringen Menge von Aluminium zu dem Zink kann man sogar eine ziemlich reine Zink-Silber-Legirung erhalten. Ebenso lässt sich das Gold durch Zink aus gold- und silberhaltigem Blei ausziehen. Aus der Zink-Blei-Silber-Legirung bzw. der Zink-Blei-Silber-Gold-Legirung lässt sich das Zink durch Abdestilliren, durch Oxydation, durch Verschlackung, sowie durch Behandlung derselben mit Schwefelsäure entfernen.

Aus der Zink-Silber-Legirung lässt sich das Zink durch Elektrolyse durch Abdestilliren, sowie durch Auflösen in verdünnter Schwefelsäure entfernen.

Man bedient sich daher des Zinks, um silberarmes Blei in silberreiches Blei zu verwandeln und das Silber in einer Legirung bzw. einem Legirungsgemisch von Blei, Zink und Silber oder aber in einer Zink-Silber-Legierung anzusammeln.

Durch Erhitzen von Zinklegirungen bis zum Siedepunkte des Zinks lässt sich das letztere in Dampfform abscheiden und durch Condensation der Dämpfe gewinnen.

Leitet man Wasserdampf in eine flüssige rothglühende Blei-Zink-Silber-Legirung oder in eine Blei-Zink-Legirung, so wird derselbe durch das Zink der Legirung zersetzt, indem sich unter Entbindung von Wasserstoff Zinkoxyd bildet, während eine Blei-Silber-Legirung bzw. Blei zurückbleiben.

Auch durch Zusammenschmelzen der gedachten Zinklegirungen mit Bleioxyd lässt sich das Zink als Oxyd ausscheiden.

Durch Schmelzen von Blei-Zink-Legirungen und Blei-Zink-Silber-Legirungen mit Chlornatrium lässt sich das Zink in Chlorzink überführen, während Blei bzw. eine Blei-Silber-Legirung zurückbleibt.

Aus Zinklegirungen lässt sich mit Hülfe der Elektrolyse bei Anwendung eines geeigneten Elektrolyten und einer passenden Stromdichte das Zink in Lösung bringen und an der Kathode niederschlagen (Elektrolyse von Zink-Silber-Legirungen).

Zinkerze.

Die wichtigsten Zinkerze sind die Zinkblende, der Zinkspath und das Kieselzinkerz. Die übrigen Erze, Zinkblüthe, Rothzinkerz, Franklinit besitzen wegen ihres beschränkten Vorkommens nicht die metallurgische Bedeutung wie die erstgedachten Erze.

Zinkblende oder Sphalerit (ZnS).

Die Zinkblende bildet gegenwärtig das Hauptmaterial für die Zinkgewinnung. Sie besteht selten ausschliesslich aus Schwefelzink, sondern enthält meistens noch Eisen, Mangan, Cadmium sowie geringe Mengen von

Silber. Seltener enthält sie Quecksilber, Gold, Blei und Zinn. Der Zinkgehalt der reinen Zinkblende beträgt 67,15%. Der Eisengehalt schwankt gewöhnlich zwischen 1 und 18%. Der Cadmiumgehalt geht bis 5% hinauf.

Man unterscheidet die Blendearten in gemeine Blende, welche wenig oder gar kein Eisen enthält, in Marmatit mit 10% und mehr Eisen in dem Verbindungszustande von Fe S, in Wurtzit, eine in Oruro in Bolivia und in Przibram in Böhmen aufgefundene eisenhaltige Blende von der Formel 6 Zn S + Fe S, und in Przibramit, eine cadmiumhaltige Blende mit bis 5% Cadmium.

Die Zinkblende findet sich in den meisten Ländern. In Europa sind zu nennen Deutschland (Oberharz, Unterharz, Erzgebirge, Schlesien, Westphalen, Rheinland, Hessen-Nassau, Baden), Oesterreich-Ungarn (Kärnthen, Ungarn, Tyrol, Böhmen), Italien (Sardinien, Lombardei, Piemont), Belgien (Corphalie, Engis, Bleyberg, Welkenraedt), England (Wales, Cornwall, Cumberland, Insel Man, Anglesea, Denbigh, Shropshire), Frankreich (Bretagne, Gascogne, Languedoc, Provence), Spanien (Provinz Santander, Murcia), Schweden (Ammeberg, Copparberg), Russland (Allagir, Kutais, Petrowsk), Griechenland. In Afrika findet sich Blende in Algier; in Australien in Neu-Süd-Wales (Broken-Hill und Tasmania); in Asien in Sibirien (Altai); in Nord-Amerika in den Vereinigten Staaten (Arkansas, Utah, Missouri, Kansas, Pennsylvania, Wisconsin, Colorado, New-Jersey, New-Mexiko, Tennessee, Virginia, Kentucky, Iowa), in Canada, in Mexico und Süd-Amerika (Huanchaca).

Die Blende ist häufig von Pyrit, Kupferkies, Bleiglanz, Arsen- und Antimonverbindungen sowie von Quarz, Kalkspath, Bitterspath, Spatheisenstein, in manchen Fällen auch von Glimmer, Chlorit und Hornblende begleitet.

Zinkspath, edler Galmei oder Smithsonit ($ZnCO_3$).

Derselbe bildete früher das Hauptmateriel für die Zinkgewinnung. Gegenwärtig ist indess ein grosser Theil der eigentlichen Galmeilagerstätten abgebaut. Andere Zinkerzlagerstätten, welche in den oberen Teufen Galmei führten, wurden in grösseren Teufen als Blendelagerstätten aufgeschlossen. Es ist daher die Verhüttung von Galmei erheblich zurückgegangen.

Der Zinkspath ist selten reines Zinkcarbonat, sondern enthält meistens Carbonate des Cadmiums, Eisens und Mangans in isomorpher Beimischung. Der aus reinem Zinkcarbonat bestehende Galmei enthält 52% Zink, während bei dem fremde Carbonate enthaltenden Galmei der Zinkgehalt bis unter 40% herabgeht. Der Cadmiumgehalt kann bis zu mehreren Procenten hinaufgehen.

Der Galmei findet sich in Europa in Deutschland (Oberschlesien, Rheinland, Westphalen, Baden), Oesterreich-Ungarn (Kärnthen), Belgien (Moresnet, Bleyberg, Wekenraedt, Corphalie, Philippeville), Frankreich (Bretagne, Gascogne, Languedoc), Russland (Polen), Griechenland (Laurion), Italien (Sardinien, Piemont), Spanien (Provinz Santander, Murcia, Cordoba,

Granada, Cartagena, Almeria, Castillon), in der Türkei (Brussa, Smyrna), in Amerika in den Vereinigten Staaten (Missouri, Virginia, New-Jersey, Tennessee, Arkansas, Pennsylvania, Wisconsin, New-Mexico), in Afrika in Algier und Tunis.

Dem Galmei sind gewöhnlich Thon, Brauneisenstein, Rotheisenstein, Bleiglanz, Dolomit und Kalkstein beigemengt.

Der sog. weisse Galmei enthält als Hauptgemengtheil Thon, der sog. rothe Galmei dagegen Eisenoxyd, Eisenhydroxyd und Manganoxyd.

Kieselzinkerz, Kieselgalmei, Calamin oder Hemimorphit ($Zn_2 Si O_4 + H_2 O$).

Dieses Erz enthält 53,7% Zink und ist häufig dem edlen Galmei beigemengt. In grösseren Mengen findet es sich in Altenberg bei Aachen, in Sardinien (Iglesias), Spanien, Tunis (Zaghouan) und in den Vereinigten Staaten von Nord-Amerika (New-Jersey, Pennsylvania, Missouri, Wisconsin, Kansas, Virginia).

Willemit oder Hebetin ($Zn_2 Si O_4$).

Dieses Erz ist ein wasserfreies Zinksilicat und findet sich mit Kieselzinkerz gemengt in grösseren Mengen in Altenberg bei Aachen und in den Vereinigten Staaten von Nord-Amerika (Stirling Hill und Franklin Furnace, New-Jersey). Es enthält 58% Zink.

Zinkblüthe oder Hydrozinkit ($Zn CO_3 + 2 Zn H_2 O_2$)

enthält 57,1% Zink und findet sich in geringeren Mengen auf vielen Zinkerzlagerstätten. In grösseren Mengen kommt die Zinkblüthe in den Provinzen Santander und Guipuzcoa in Spanien vor. In geringeren Mengen findet sie sich zu Bleiberg und Raibl in Kärnthen.

Rothzinkerz oder Zinkit ($Zn O$)

enthält im reinen Zustande 80,25% Zink. Dieses Erz ist durch Eisenoxyd roth gefärbt und enthält auch stets Manganoxyd. Der Mangangehalt geht bis zu 12%. Es findet sich mit Willemit und Franklinit gemengt, in grosser Menge in Stirling Hill und Franklin Furnace im Staate New-Jersey der Vereinigten Staaten von Nord-Amerika.

Franklinit [$(Fe, Zn, Mn) O, (Fe, Mn)_2 O_3$]

enthält 11 bis 21% Zink und findet sich in grossen Mengen in Stirling Hill und Franklin Furnace im Staate New-Jersey in Nord-Amerika.

Als metallurgisch unwichtig sind noch zu erwähnen der Voltzit ($Zn O + 4 Zn S$), welcher zu Pontgibaud in Frankreich und zu Joachimsthal in Böhmen gefunden wurde, der Goslarit ($Zn SO_4 + 7 H_2 O$), welcher als Zersetzungsproduct der Zinkblende in alten Grubenbauen vorkommt, und der Ferrogoslarit, ein Zink-Eisen-Sulfat, welches sich in Missouri und Kansas in Nord-Amerika findet.

Zinkhaltige Hüttenerzeugnisse.

Ausser den Erzen bilden auch zinkhaltige Hüttenerzeugnisse das Material für die Zinkgewinnung. Als solche sind anzuführen der sog. Ofengalmei (das sind Zinkoxyd enthaltende Ofenbrüche, welche sich bei der Zugutemachung zinkhaltiger Blei-, Kupfer-, Silber- und Eisenerze bilden), zinkhaltiger Flugstaub, Zinkstaub, zinkhaltige Krätzen, geröstete zinkhaltige Silbererze. Als Nebenerzeugniss gewinnt man das Zink aus Zink-Silber-Legirungen, Zink-Blei-Silber-Legirungen und Zink-Kupfer-Blei-Silber-Legirungen.

Die Gewinnung des Zinks.

Die Gewinnung des Zinks aus Erzen und Hütten-Erzeugnissen lässt sich

1. auf trockenem Wege;
2. unter Zuhülfenahme des nassen Weges bis zu einem gewissen Grade (vereinigter trockener und nasser Weg);
3. unter Zuhülfenahme des elektrometallurgischen Weges bewirken.

Metallisches Zink erhält man nur auf dem trockenen und elektrometallurgischen Wege. Auf nassem Wege kann man, da das Zink aus seinen Lösungen durch die bei gewöhnlicher Temperatur beständigen Metalle nicht als Metall ausgeschieden werden kann, nur Verbindungen des Zinks (Zinkoxyd) herstellen, aus welchen das Metall auf trockenem Wege ausgeschieden werden muss. Der nasse Weg der Zinkgewinnung kann daher nur als Hülfsprozess für den trockenen Weg in Betracht kommen.

Die Gewinnung des Zinks aus Erzen und Hütten-Erzeugnissen auf trockenem Wege geschieht, soweit das Zink nicht schon als Oxyd, Silicat oder als Legirung in den Erzen bzw. Hütten-Erzeugnissen vorhanden ist, durch Ueberführung desselben in den Verbindungszustand des Oxyds und durch Reduction des Oxyds bzw. Silicats mit Hülfe von Kohle. Hütten-Erzeugnisse, welche Gemenge von Zinkoxyd und metallischem Zink darstellen, werden direct der Reduction unterworfen. Aus Legirungen mit Metallen, welche weniger flüchtig sind als das Zink, wird dasselbe einfach abdestillirt.

Die directe Gewinnung des Zinks aus Schwefelzink durch Erhitzen dieser Verbindung mit Kohle und Kalk hat sich nicht bewährt.

Die Gewinnung des Zinks auf dem vereinigten trockenen und nassen Wege bewirkt man durch Ueberführung des Zinks aus Erzen und Hütten-Erzeugnissen in die Form wässriger Lösungen, die Ueberführung des Zinks der Lösungen in Zinkoxyd und die Reduction des letzteren durch Kohle.

Die Gewinnung des Zinks auf elektrometallurgischem Wege geschieht durch Ueberführung des Zinks aus Erzen und Hütten-Erzeugnissen in die Form wässriger Lösungen und durch Ausscheidung des Zinks aus denselben mit Hülfe des elektrischen Stromes. Auch ist die Elektrolyse von geschmolzenen, entwässerten Zinksalzen vorgeschlagen worden.

Ist das Zink in der Gestalt von Legirungen vorhanden, so verwendet man dieselben als Anoden des Stromkreises.

Von den gedachten Methoden der Zinkgewinnung wendet man bislang grundsätzlich den trockenen Weg an, sobald die Erze bzw. Hütten-Erzeugnisse einen hinreichenden Zinkgehalt besitzen. Trotz der grossen weiter unten zu besprechenden Mängel desselben ist es bis jetzt nicht gelungen, ihn mit Vortheil durch den vereinigten nassen und trockenen oder durch den elektrometallurgischen Weg zu ersetzen.

Der vereinigte trockene und nasse Weg ist versuchsweise auf arme Erze angewendet worden, hat sich aber wegen einer Reihe von Mängeln und hoher Kosten bis jetzt nicht Bahn zu brechen vermocht. Er ist nur in solchen Fällen zur definitiven Anwendung gelangt, in welchen es sich nicht um die Gewinnung von metallischem Zink, sondern um die Trennung des Zinks von anderen werthvollen Metallen oder Metallverbindungen und um die Gewinnung desselben als Nebenerzeugniss in der Form von verkäuflichen Verbindungen desselben (Zinksulfat, Zinkchlorid, basisches Zinkcarbonat, Zinkoxyd) handelt. Es ist indess nicht völlig ausgeschlossen, dass er auch bei der eigentlichen Zinkgewinnung als Hülfsprozess des trockenen Weges zur Herstellung von zinkreichen Verbindungen aus zinkarmen Erzen oder Hütten-Erzeugnissen Anwendung finden kann. Auch ist er für die Gewinnung von Legirungen vorgeschlagen worden.

Der elektrometallurgische Weg ist für eigentliche Zinkerze (welche ausser dem Zink kein anderes gewinnbares Metall enthalten) bis jetzt nur versuchsweise zur Anwendung gelangt. Wenn auch die technische Ausführbarkeit desselben für derartige Erze durch eine längere Betriebsperiode nachgewiesen ist, so ist er doch, wenn nicht ausnahmsweise Verhältnisse vorliegen, zur Zeit ausser Stande, mit dem trockenen Wege der Zinkgewinnung in Wettbewerb zu treten.

Für Legirungen, welche lösliche Anoden des Stromkreises bilden, hat er längere Zeit in Anwendung gestanden. Auch zur Gewinnung des Zinks aus Kiesabbränden sowie zur Gewinnung des Zinks aus Gemengen von silberhaltigen Zink- und Bleierzen, welche sich durch Aufbereitung nicht vollkommen trennen lassen, ist er angewendet worden.

Reinigung des Zinks.

Das auf trockenem bzw. auf dem vereinigten trockenen und nassen Wege gewonnene Zink ist in den meisten Fällen noch durch fremde Elemente (Blei, Eisen) verunreinigt, welche die technische Verwendung desselben in der oben dargelegten Weise beeinträchtigen. Es bedarf daher vor der Verwendung einer Reinigung von denselben, des sog. Raffinirens. Das Raffiniren wird auf trockenem Wege ausgeführt.

Die Gewinnung des Zinks auf trockenem Wege.

Die Gewinnung des Zinks aus Erzen.

Die bis jetzt übliche Gewinnung des Zinks auf trockenem Wege aus Erzen beruht auf der Eigenschaft von Kohlenstoff und kohlenstoffhaltigen Körpern, aus Zinkoxyd und Silicaten des Zinks in hoher Temperatur das Zink im metallischen Zustande auszuscheiden. Die in neuerer und neuester Zeit gemachten Vorschläge, die Zerlegung des Schwefelzinks durch Eisen zu bewirken, sind nicht zur Ausführung gelangt.

Die Erze, welche den Gegenstand der Zinkgewinnung bilden, sind Zinkoxyd (Rothzinkerz, Franklinit), Silicate des Zinks (Kieselzinkerz, Willemit), Carbonate des Zinks (Galmei, Zinkblüthe) und Schwefelzink (Zinkblende). Die aus Zinkoxyd und Zinksilicat bestehenden Erze enthalten das Zink bereits in einem für die Reduction geeigneten Verbindungszustande; die das Zink als Carbonat enthaltenden Erze lassen sich durch Brennen oder Calciniren, die das Zink als Schwefelmetall enthaltenden Erze durch oxydirende Röstung in Zinkoxyd überführen. Nun erfolgt die vollständige Reduction des Zinkoxyds erst in hoher Temperatur. Dieselbe beginnt schon unter dem Siedepunkt des Zinks, bei mässiger Rothglut, ist aber erst in heller, der Weissglut sich nähernder Rothglut vollendet. Es ist daher erforderlich, die Temperatur bei der Zinkgewinnung über den Siedepunkt des Zinks zu steigern, so dass das Zink im gasförmigen Zustande ausgeschieden wird und zu flüssigem Zink condensirt werden muss.

Der chemische Vorgang bei der Zinkgewinnung aus Zinkoxyd und Zinksilicat besteht darin, dass beim Erhitzen dieser Körper mit Kohle bis zu der erforderlichen Temperatur das Zink unter Bildung von Kohlenoxyd ausgeschieden wird. Das Kohlenoxyd wirkt aber auch seinerseits auf das Zinkoxyd unter Bildung von Kohlensäure reducirend ein. Die Kohlensäure, welche ihrerseits bei Rothglut das Zink oxydirt, wird sofort nach ihrer Entstehung durch die Kohle, welche im Ueberschusse vorhanden sein muss, wieder zu Kohlenoxyd reducirt, welches letztere wieder in der gedachten Weise reducirend auf das Zinkoxyd einwirkt. Die Oxydation des Zinks durch die Kohlensäure ist daher bei der Anwesenheit einer hinreichenden Menge von Kohle ausgeschlossen. In welchem Maasse das Kohlenoxyd zur Reduction des Zinkoxyds beiträgt, ist uns bis jetzt unbekannt. Je inniger das Zinkoxyd mit Kohle gemengt ist, desto besser erfolgt die Reduction desselben.

Das dampfförmige Zink muss zu flüssigem Zink condensirt werden. Da die Zinkdämpfe durch Luft, Wasserdampf und Kohlensäure oxydirt werden, so dürfen dieselben mit diesen Gasen nicht in Berührung kommen. Die Condensation der Zinkdämpfe zu flüssigem Zink, welche den schwierigsten Theil der Zinkgewinnung ausmacht, ist nur zwischen bestimmten

Temperaturgrenzen und nur dann möglich, wenn die Zinkdämpfe nicht zu stark durch andere Gase verdünnt sind. Sinkt die Temperatur unter den Schmelzpunkt des Zinks (415°), so erstarren die Zinkdämpfe zu staubförmigem Zink; übersteigt die Temperatur erheblich 550°, so bleibt das Zink gasförmig.

Sind die Zinkdämpfe mit fremden Gasen gemengt, so wird ihre Condensation zu flüssigem Zink erschwert. Bei einem gewissen Grade der Verdünnung durch fremde Gase lassen sich die Zinkdämpfe überhaupt nicht mehr zu flüssigem Zink verdichten, sondern sie erstarren bei der Abkühlung zu staubförmigem Zink.

Die Temperatur, bei welcher die durch Reduction des Zinkoxyds mit Kohle im Grossen erhaltenen Zinkdämpfe, welche durch Kohlenoxyd verdünnt sind, zu flüssigem Zink verdichtet werden können, liegt zwischen 415 und 550°.

Die Nothwendigkeit, bei der Zinkgewinnung eine den Siedepunkt des Zinks übersteigende Temperatur anzuwenden, die leichte Oxydirbarkeit der Zinkdämpfe durch Luft, Kohlensäure und Wasserdampf, und besonders die Schwierigkeit der Verflüssigung der durch andere Gase verdünnten Zinkdämpfe machen die Zinkgewinnung zu einem der schwierigsten und unvollkommensten metallurgischen Prozesse.

Die leichte Oxydirbarkeit der Zinkdämpfe erfordert die Ausführung der Reduction bei Abschluss der Luft; die für die Zinkreduction erforderliche hohe Temperatur bedingt die Verwendung eines guten feuerfesten Materials zur Herstellung der Reductions-Apparate.

Die letzteren sind zur Zeit geschlossene Gefässe (Röhren, Muffeln) aus feuerfestem Thon mit einem verhältnissmässig geringen Fassungsraum und von beschränkter Haltbarkeit, so dass der Betrieb derselben mit einem hohen Brennstoff- und Arbeitsaufwand verbunden ist. Da es nicht gelingt, die Zinkdämpfe vollständig zu condensiren; da auch die Wände der Reductionsgefässe in einem bestimmten Grade durchlässig für Gase sind und ausserdem leicht Risse erhalten; da das Material der Retorten stets eine gewisse Menge von Zink in der Form des Aluminates zurückhält und da stets gewisse Mengen von Zink in den Rückständen verbleiben, so ist die Zinkgewinnung mit bedeutenden Verlusten an Zink (im günstigsten Falle gegen 10 % des Zinkgehaltes der Erze, in manchen Fällen 25 bis 30 %) verbunden. Aus den dargelegten Gründen lassen sich Erze, deren Zinkgehalt unter eine gewisse Grenze herabgeht, nicht mehr mit Vortheil auf trockenem Wege zu Gute machen.

Es ist daher erklärlich, dass man schon seit langer Zeit bestrebt gewesen ist, diesen mangelhaften Prozess der Zinkgewinnung zu verbessern.

Da das Zink wegen seiner elektropositiven Eigenschaften durch kein anderes der bei gewöhnlicher Temperatur beständigen Metalle aus seinen Lösungen metallisch ausgefällt wird, so ist eine Umgehung des Destillationsprozesses nur durch die Elektrolyse oder durch die Reduction des Zinkoxyds bzw. Schwefelzinks bei einem Druck, welcher die Ausscheidung des Zinks im flüssigen Zustande bewirkt, möglich. Bis jetzt hat sich aber die Gewinnung des Zinks aus Erzen mit Hülfe der Elektrolyse dem Destillationsprozesse, wie er gegenwärtig betrieben wird, noch nicht überlegen gezeigt. Auch die Versuche zur Gewinnung des Zinks im flüssigen Zustande unter Druck haben bis jetzt noch nicht zur Einführung dieser Gewinnungsmethode geführt.

Die zahllosen Versuche, die Reduction des Zinkoxyds in Flammöfen und Schachtöfen auszuführen, haben, soweit sie sich auf die Gewinnung des Zinks im metallischen Zustande beziehen, nur negative Ergebnisse geliefert. Bei Anwendung von Flammöfen erhielt man nur Zinkoxyd. Bei Anwendung von Schachtöfen erhielt man wohl Zinkdämpfe; dieselben waren aber (auch bei Anwendung hoch erhitzter Luft) durch Kohlenoxyd und Stickstoff in solchem Maasse verdünnt, dass es nicht möglich war dieselben zu flüssigem Zink zu condensiren. Man konnte nur staubförmiges Zink aus denselben ausscheiden. Die Schachtöfen wird man daher voraussichtlich nur zur Verarbeitung von Erzen auf zinkreiche Zwischen-Erzeugnisse (Gemenge von staubförmigem Zink mit geringen Mengen von Zinkoxyd) benutzen können, aus welchen letzteren das Zink durch Verarbeitung derselben in Retorten zu gewinnen ist.

Somit haben sich bis jetzt die Verbesserungen in der Zinkgewinnung auf trockenem Wege, soweit sie sich nicht auf die Röstung der Zinkblende und die Unschädlichmachung bzw. Verwerthung der Röstgase beziehen, lediglich auf den Destillationsprozess in geschlossenen Gefässen beschränken müssen. Als solche Verbesserungen sind zu erwähnen die Einführung der Gasfeuerung, die Benutzung von Naturgas zur Feuerung (Kansas, Indiana), die Verbesserung des feuerfesten Materials der Destillirgefässe, die Herstellung dichter Destillirgefässe unter Anwendung von Druck, die Vergrösserung der Destilliröfen, eine bessere Condensation der Zinkdämpfe und die Entfernung der Rauchgase aus den Arbeitsräumen der Zinkhütten.

Wir haben nun bei der Zinkgewinnung, wie sie gegenwärtig betrieben wird, zu unterscheiden:

1. Die Vorbereitung der Erze für den Reductionsprozess durch Brennen bzw. Rösten derselben.
2. Den Reductionsprozess oder die Verarbeitung der gebrannten bzw. gerösteten Erze auf Zink.

1. Die Vorbereitung der Erze für den Reductionsprozess.

Die Zinkerze, welche das Zink im Zustande des Oxyds enthalten, bedürfen keiner Vorbereitung für den Reductionsprozess.

Die Silicate des Zinks bilden nur selten den Gegenstand der selbstständigen Verhüttung auf Zink, da sie sich meistens in Begleitung von Galmei finden und desshalb die nämliche Behandlung wie dieser erfahren. Finden sie sich selbstständig, so ist aus ihnen, falls sie wasserhaltig sind, das Wasser (durch Brennen) auszutreiben, da dasselbe beim Reductionsprozesse oxydirend auf das Zink einwirkt. Eine weitere Vorbereitung ist nicht erforderlich, da das Zink aus seinen Silicaten durch Kohle reducirt wird. Wasserfreie Silicate bedürfen höchstens eines Mürbebrennens.

Die das Zink als Carbonat und als Schwefelmetall enthaltenden Zinkerze, der Galmei (Zinkblüthe eingeschlossen) und die Blende müssen vor dem Reductionsprozess in Zinkoxyd übergeführt werden.

Aus dem Galmei würde sich auch ohne vorgängige Ueberführung desselben in Zinkoxyd das Zink reduciren lassen, indessen würde in diesem Falle der Reductionsprozess durch die Austreibung von Kohlensäure und Wasser aus dem Galmei und die hierdurch hervorgerufenen Wärmeverluste nicht nur in nachtheiliger Weise verzögert werden, sondern Kohlensäure und Wasserdampf würden auch oxydirend auf die Zinkdämpfe einwirken. Zur Vermeidung dieser Nachtheile ist ein Austreiben des Wassers und der Kohlensäure aus dem Galmei durch eine zersetzende Röstung, welche „Brennen“ oder „Calciniren“ genannt wird, unumgänglich nöthig. Durch das Brennen erzielt man auch den grossen Vortheil einer Auflockerung des Galmeis. Hierdurch wird die Reduction des Zinks erheblich gefördert, indem dem Kohlenoxydgas Gelegenheit gegeben ist, in das Innere des aufgelockerten Galmeis einzudringen und daselbst reducirend zu wirken.

Die Zinkblende muss, da eine directe Ausscheidung des Zinks aus derselben mit Hülfe von Kalk und Kohle bisher unmöglich gewesen ist, die vorgeschlagene Zerlegung derselben durch Eisen aber bis jetzt noch nicht zur Ausführung gekommen ist, durch eine oxydirende Röstung, welche mit einer zersetzenden Röstung zur Zerlegung des entstandenen Zinksulfats verbunden ist, in Zinkoxyd übergeführt werden.

Zerkleinern der Zinkerze.

Von den gedachten Erzen bedarf die Zinkblende zum Zwecke der vollkommenen Abröstung einer Zerkleinerung auf 1 bis 2 mm Korngrösse. Diese Zerkleinerung muss auch bei Bruchstücken von Blende eintreten, welche vor der eigentlichen Abröstung eine Vorröstung in Haufen, Stadeln oder Schachtöfen erfahren haben.

Soweit die Blende nicht von den Aufbereitungsanstalten im Zustande von Schliech angeliefert worden ist, geschieht die Zerkleinerung der Stücke, nöthigenfalls nach vorgängigem Vorbrechen derselben mit Hülfe von Brechmaschinen, durch Walzwerke oder Kollermühlen. Besonders gut und haltbar hat sich das Schwarzmann'sche Frictionswalzwerk (Oberschlesien) bewährt.

Da der Galmei in Stückform gebrannt werden kann, so bedarf er erst nach dem Brennen einer Zerkleinerung. Die belgische Zinkreductionsmethode erfordert eine weitgehendere Zerkleinerung als die schlesische Reductionsmethode. Für harte Erze (Kieselgalmei, Willemit) kommen Walzwerke, für milde Erze Kollermühlen, Kugelmühlen und Schleudermühlen zur Anwendung.

Für die durch die gedachten Apparate in die erforderliche Form gebrachten Erze haben wir nun als Vorbereitungsprozesse für die Reduction des Zinks aus denselben zu betrachten

a) das Brennen oder Calciniren des Galmeis,

b) die Röstung der Zinkblende.

a) Das Brennen oder Calciniren des Galmeis.

Durch das Brennen oder Calciniren des Galmeis bezweckt man die Entfernung von Kohlensäure und Wasser aus demselben bzw. die Ueberführung des Zinkcarbonats in Zinkoxyd und die Auflockerung des Erzes. Sind dem Galmei anderweite wasserhaltige Körper und Carbonate beigemengt, so sollen aus denselben gleichfalls Wasser bzw. Kohlensäure entfernt werden. Man erreicht diesen Zweck durch eine sogen. zersetzende Röstung, d. i. durch Erhitzen des Galmeis bis zu derjenigen Temperatur, bei welcher das Zinkcarbonat in Zinkoxyd und Kohlensäure zerfällt bzw. bis zu Temperaturen, bei welchen auch die fremden Carbonate ihre Kohlensäure abgeben. Aus dem Galmei lässt sich die Kohlensäure schon bei mässiger Rothglut austreiben, während die vollständige Zersetzung des Calciumcarbonats erst in heller Rothglut erfolgt. Der Gewichtsverlust des reinen Zinkcarbonats beim Brennen beträgt bei vollständiger Entfernung der Kohlensäure und des Wassers 35,5 %. Das Kieselzinkerz verliert bei vollständiger Austreibung seines Wassergehaltes 7,5 % an Gewicht. Gewöhnlich hält der gebrannte Galmei noch mehr oder weniger grosse Mengen von Kohlensäure, bis 17 %, zurück.

Da das durch Brennen des Galmeis hergestellte Zinkoxyd aus der Luft allmählich, der Kalk aber sehr schnell Kohlensäure anzieht, so ist es erforderlich, den gebrannten Galmei bald nach dem Brennen, kalkhaltigen Galmei aber unmittelbar nach dem Brennen der Reduction zu unterwerfen.

Das Brennen des Galmeis kann in Haufen, Stadeln, Schachtöfen und Flammöfen geschehen.

Das Brennen in Haufen und Stadeln, welches Galmei in Stückform erfordert, wird man wegen der hierdurch bewirkten unvollständigen Zersetzung des Galmeis, sowie wegen der unvollkommenen Ausnutzung der Brennstoffe grundsätzlich ausschliessen.

Dasselbe ist bei Weitem kostspieliger als das Rösten der Schwefelmetalle in Haufen und Stadeln, da bei den letzteren der grösste Theil der für die Röstung erforderlichen Wärme durch die Oxydation des Schwefels geliefert wird, während die zum Austreiben von Wasser und

Kohlensäure aus dem Galmei erforderliche Wärme nur durch die Verbrennung von fremdem Brennstoff erzeugt werden kann.

Das Brennen in Haufen mit Anwendung von Holz als Brennstoff stand nach Thum (Bemerkungen über Zink-Industrie B.- u. H. Ztg. 1876, No. 17, S. 138) in Nordspanien, das Brennen in Stadeln (nach demselben) in den holzarmen Gebirgen Südspaniens in Anwendung.

Den Stückgalmei brennt man in Schachtöfen oder Schacht-Flammöfen, den in zerkleinertem Zustande vorhandenen Galmei in Schacht- oder Heerdflammöfen.

Die Schacht-Flammöfen besitzen insofern den Vorzug vor den Schachtöfen, als in ihnen die Asche des Brennstoffs den gebrannten Galmei nicht verunreinigen kann, wie es bei der unmittelbaren Berührung der Brennstoffe mit dem Galmei in Schachtöfen der Fall ist.

Das Brennen des Galmeis in Schachtöfen.

Das Brennen des Galmeis in Schachtöfen ist mit einem verhältnissmässig geringen Aufwand an Brennstoff (3—6% vom Gewichte des Galmeis) verbunden, gestattet ein hohes Durchsetzquantum und erfordert einen geringen Arbeitsaufwand, dagegen hat es den Nachtheil der Verunreinigung des gebrannten Galmeis durth die Asche der Brennstoffe. Auch kann wohl bei zu hoher Temperatur eine Reduction von Zink eintreten.

Als Brennstoffe verwendet man magere, aschenarme Steinkohlen, aschenarme Braunkohlen, aschenarmes Koksklein, sowie Holzkohlenklein. Dieselben werden in abwechselnden Lagen mit dem Galmei in den Ofen aufgegeben. Mit dem Stückgalmei lässt sich auch eine gewisse Menge Erzklein (15—20%) aufgeben.

Die Brennöfen weichen nicht wesentlich von den Kalkbrennöfen ab. Die älteren Oefen sind ausgebaucht und besitzen ein starkes Raugemäuer. Neu zu erbauenden Oefen wird man zweckmässig anstatt des Rauhgemäuers einen Blechmantel geben. Ihre Höhe beträgt je nach der Natur des Galmeis 3 bis 6 m, ihr Durchmesser 1,3 bis 3 m. Die Sohle derselben ist entweder eben oder mit einem Abrutschkegel versehen.

Das tägliche Durchsetzquantum (24 Stunden) schwankt je nach der Natur des Galmeis (und seinen Gemengtheilen) und der Grösse der Oefen. Es ist um so geringer, je reicher der Galmei an Calciumcarbonat und an Zinkblende ist. Unter günstigen Umständen kann es bei Anwendung grosser Oefen 25 bis 30 t betragen.

Der Brennstoffverbrauch schwankt gleichfalls nach der Natur und den Beimengungen des Galmeis zwischen 3 und 6% vom Gewichte des rohen Erzes.

Das Brennen des Galmeis in Schachtöfen stand in Anwendung in Moresnet, Belgien, Dortmund, Laurion, in Lehigh (Pennsylvanien), sowie im Bezirke von Iglesias in Sardinien.

Auf dem Altenberg bei Moresnet unweit Aachen diente zum

Brennen eines Gemenges von Galmei und Kieselzinkerz ein Schachtofen von der nachstehenden Einrichtung (Fig. 1)[1]).

k ist der Kernschacht, r das Raugemäuer, v der Abrutschkegel; g sind Gewölbe (deren 4 vorhanden sind), durch welche man zu den Ziehöffnungen z gelangt. Der Schacht besitzt an der Gicht 2,2 m Durchmesser, in der Mitte 2,95 m und an den Ziehöffnungen 1,7 m. Der Abrutschkegel ist 1,05 m hoch. Die Höhe des Ofens von der Spitze des Abrutschkegels bis zur Gicht beträgt 5,35 m (Thum).

In diesen Oefen brannte man Galmei, welchem Kieselzinkerz eingemengt war, mit mageren Steinkohlen und Koksklein. Die Erzlagen, welche mit den Brennstofflagen abwechselten, waren 15 cm stark. In

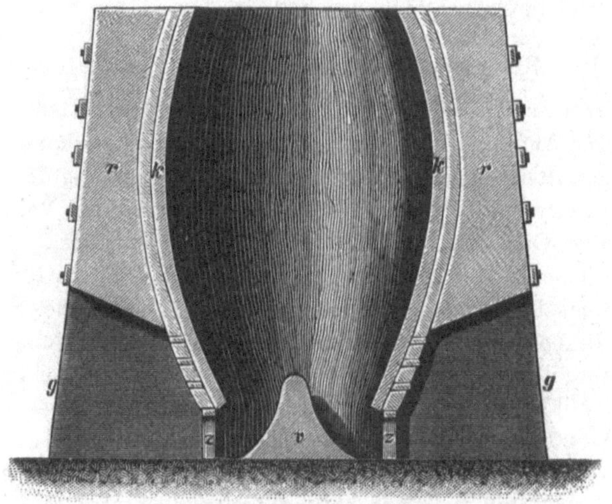

Fig. 1.

24 Stunden wurde 6 Male gezogen. Das Durchsetzquantum in dieser Zeit betrug 25 t. Der Brennstoff-Verbrauch belief sich auf 3 bis 4% vom Erzgewicht. Der Gewichts-Verlust beim Brennen belief sich auf 27% vom Gewichte des rohen Erzes. Aus dem gebrannten Erze wurden Kieselgalmei sowohl wie eisenschüssiger Galmei durch Klauben und Handscheidung entfernt und nach vorgängiger Zerkleinerung nochmals gebrannt.

Zu Monteponi bei Iglesias in Sardinien, wo Schachtöfen vorhanden waren, welche anstatt des Abrutschkegels einen Kegelrost besassen[2]), verwendete man als Brennstoff Holzkohlenklein und verbrauchte davon 4 bis 6% vom Gewichte der Erze.

---

[1]) Thum, Zinkhüttenbetrieb der Altenberger Gesellschaft. B.- u. H. Ztg. 1859. S. 405; 1860. S. 4 (Kerl, Metallhüttenkunde. 1881. S. 433.)

[2]) Oesterr. Zeitschr. 1886. No. 40.

Das Brennen des Galmeis in Schacht-Flammöfen.

Das Brennen des **Stückgalmeis** in Schacht-Flammöfen liefert einen Galmei, welcher nicht durch die Asche der Brennstoffe verunreinigt ist — höchstens enthält er geringe Mengen von Flugasche —; auch ist die Gefahr der Reduction und Verflüchtigung von Zink geringer als bei der unmittelbaren Berührung des Galmeis mit dem Brennstoff, dagegen erfordert es etwas mehr Brennstoff als das Brennen in Schachtöfen. Es lassen sich nur unverkohlte Brennstoffe und Gas als Heizmaterialien verwenden.

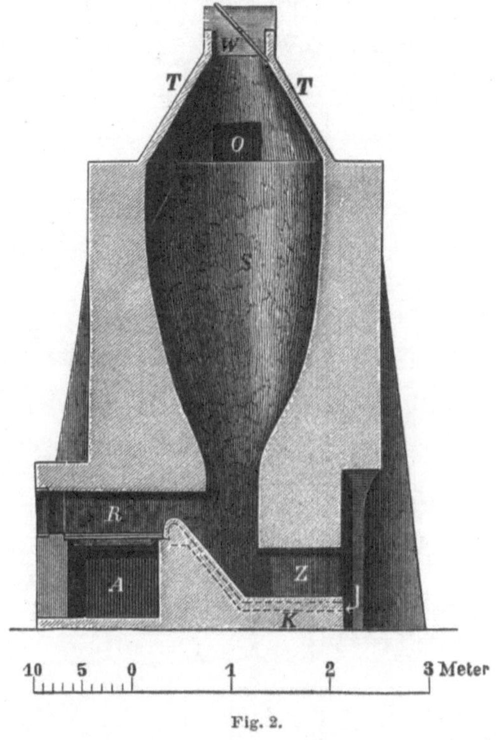

Fig. 2.

Der Verbrauch an rohen Brennstoffen beträgt je nach ihrer Natur und der Art der Erze 6 bis 9% vom Gewichte der letzteren im rohen Zustande. Die Oefen sind ähnlich eingerichtet wie die Kalkbrennöfen mit Flammenfeuerung. Sie besitzen kreisrunden Horizontal-Querschnitt und sind nach unten hin zusammengezogen. Ihre Höhe beträgt 2,5 bis 5 m, der Durchmesser im oberen weitesten Theile des Schachtes 1½ bis 1¾ m, der Durchmesser im engsten Theile desselben (an der Feuerung) 0,5 bis 0,6 m. Die Zahl der Feuerungen, welche sich seitlich im unteren Theile der Oefen befinden, beträgt 1 bis 2. Das Durchsetzquantum in 24 Stunden schwankt je nach der Grösse des Ofens, der Natur der Erze und der Zahl der Feuerungen zwischen 6 und 14 t.

Derartige Oefen stehen im südlichen Spanien in Anwendung.

Die Einrichtung eines solchen Ofens mit nur einer Feuerung ist aus Fig. 2 ersichtlich[1]). S ist der Ofenschacht, R die Rostfeuerung, Z die Oeffnung zum Ausziehen des gebrannten Galmeis. Der Aschenfall A der Feuerung ist geschlossen. Die Verbrennungsluft tritt durch einen Canal K im Mauerwerk des Ofens, in welchem sie eine Vorwärmung erfährt,

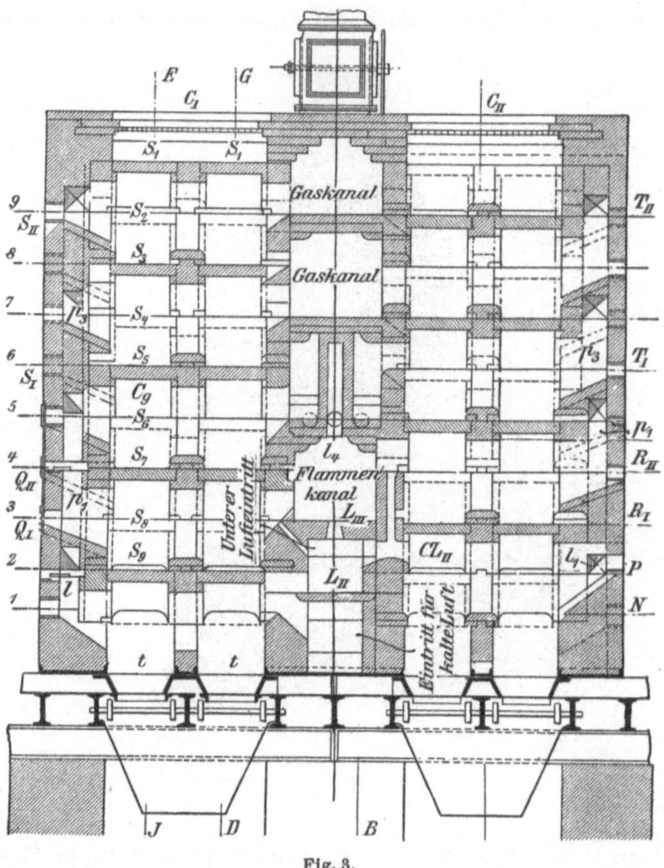

Fig. 3.

unter den Rost. Das Einführen des zu brennenden Galmeis in den Ofen geschieht durch die Oeffnung O. Die Gicht des Ofens ist mit einem kegelförmigen Dach T bedeckt, welches seinerseits in eine kurze Esse W mündet und an seinem oberen Ende ein Register zur Regulirung des Zuges besitzt.

In einem solchen Ofen mit einer Feuerung stellt man in 24 Stunden 5 bis 8 t gebrannten Galmei bei einem Verbrauch an Steinkohlen von

[1]) Berg.- u. H. Ztg. 1862. S. 360.

8 bis 9% vom Gewichte des gebrannten Erzes her. (Der rohe Galmei verliert durch das Brennen mindestens 20% seines Gewichtes.) In einem Ofen von gleicher Grösse mit zwei Feuerungen stellt man in 24 Stunden bis zu 10 t gebrannten Galmei bei dem nämlichen Steinkohlen-Verbrauch her. Die Belegschaft des Ofens in 24 Stunden beträgt 6 Mann.

Für das Brennen von zerkleinertem Galmei ist in der neuesten Zeit der Schachtflammofen von Spirek, welcher dem (im Kapitel über

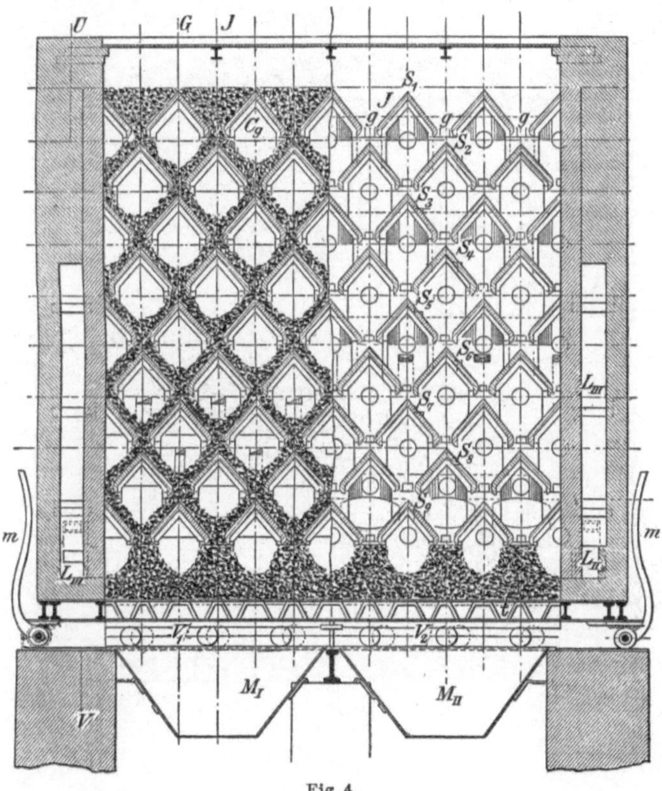

Fig. 4.

das Quecksilber des Näheren beschriebenen) Spirek'schen Schachtflammofen für die Quecksilbergewinnung aus Zinnober nachgebildet ist, zu Ponte di Nossa in Italien zur Anwendung gelangt. Die Einrichtung desselben ist aus den Figuren 3, 4 und 5 ersichtlich. (The Min. Ind. 1902. p. 684.) Der Ofen ist mit Dächern aus feuerfestem Thon ausgesetzt, auf welchen das Erz ruht. In dem Maasse, wie dasselbe vom Boden des Ofens entfernt wird, rutscht das auf den darüber befindlichen Dächern ruhende Erz nach. Der Zwischenraum zwischen zwei benachbarten Dächern wird an seinem unteren Ende durch das Erz selbst verschlossen. Das Erz gelangt bei jedem Abziehen auf eine tiefere Reihe von Dächern, bis es endlich nach Freilegung der Oeffnungen auf der Sohle des Ofens durch Verschieben einer die Oeffnungen verschliessenden (und mit correspondierenden Oeffnungen versehenen) auf Rollen laufenden Blechplatte $V_1 V_2$ vermittelst eines Hebels m in die Kasten M_I M_{II} stürzt. Durch die Anordnung der an ihrem unteren Ende mit einer kleinen senkrechten Fortsetzung aus feuer festem Thon versehenen Dächer entstehen Zellen, deren freie Zwischenräume durch das Erz geschlossen werden. Diese Zellen werden der Länge nach von der dem Roste des Ofens (Fig. 5) entströmenden Flamme

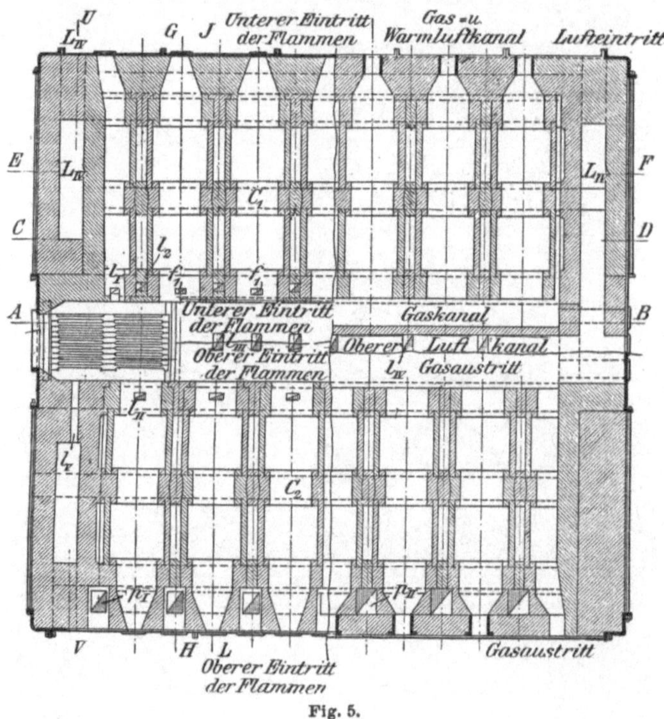

Fig. 5.

bzw. von den Feuergasen durchzogen. Die Flamme gelangt von dem Roste aus durch zwei an der Mittelmauer des Ofens befindliche über einander gelegene Canäle in die Zellen. Die Verbrennungsluft wird in besonderen Canälen vorgewärmt. Durch die Mittelmauer wird der Ofen in zwei Abteilungen getrennt. Nachdem die Flamme die ihr zunächst liegende Reihe der Zellen durchzogen hat, tritt sie am Ende derselben durch Canäle im Mauerwerk in die Höhe, gelangt aus diesen in die nächst höhere Reihe von Zellen, durchströmt dieselben der Länge nach in umgekehrter Richtung, tritt durch einen Canal im Mauerwerk wieder in die nächst höheren Zellen und wandert so weiter nach oben, bis sie durch Canäle in der Mittelwand des Ofens austritt. Durch die

Flamme wird in den Dächern eine grosse Menge von Wärme angehäuft. Das auf denselben ruhende Erz wird daher sowohl von unten durch die Berührung mit den Dachplatten als auch von oben durch die Feuergase und die von den darüber befindlichen Dachplatten ausgestrahlte Wärme erhitzt. Will man das Eisenoxyd des Galmeis reducieren und den letzteren dadurch für eine magnetische Aufbereitung geeignet machen, so werden dem Erze Kohlen zugesetzt und der obere Flammen-Canal wird geschlossen, ebenso der Luftzutritt im unteren Theile des Ofens.

In Ponte di Nossa wurden in einem derartigen Ofen in 4 Monaten 1145 t Galmei (Zinkcarbonat) bei 8,5% Kohlenverbrauch gebrannt. Die Bedienung des Ofens in der 8stündigen Schicht bestand aus 3 Arbeitern und 2 Knaben[1]).

Nach den neuesten Nachrichten[2]) wurde in 5 Monaten (vom 1. August 1902 bis 1. Januar 1903) 1525,800 t Galmei mit durchschnittlich 33,2% Zink gebrannt. Der Zinkgehalt des gebrannten Galmeis betrug 42,9%. Der Kohlenverbrauch betrug 7,45% vom Gewichte des rohen Galmeis. Die Kosten des Calcinirens von 1 t Galmei betrugen 4,68 Lire. Diese Ergebnisse haben den Bau eines zweiten Ofens veranlasst.

Das Brennen des Galmeis in Heerd-Flammöfen.

In den Heerd-Flammöfen wird grundsätzlich nur Erzklein gebrannt. Stücke müssen vorher zerkleinert oder in Schachtöfen gebrannt werden. Die Heerd-Flammöfen erfordern mehr Brennstoff und Arbeitsaufwand als die Schachtöfen und Schacht-Flammöfen, erreichen aber bei guter Einrichtung das Durchsetzquantum der Schacht-Flammöfen, d. i. 8 bis 10 t in 24 Stunden.

Es stehen sowohl feststehende Flammöfen als auch Flammöfen mit beweglicher Arbeitskammer, sowohl Flammöfen, welche unabhängig von den Zink-Reductionsöfen (Destillir-Oefen) betrieben werden, als auch Flammöfen, welche durch die Abhitze der Zink-Reductionsöfen geheitzt werden, in Anwendung. Die Flammöfen, welche unabhängig von den Zink-Reductionsöfen betrieben werden, besitzen entweder Rostfeuerung oder Gasfeuerung.

Da, wo der Galmei auf den Bergwerken gebrannt wird, wie es sich empfiehlt, wenn der Brennstoff daselbst billig ist und das Erz auf weite Strecken zu den Hüttenwerken transportirt werden muss, ist man auf einen selbstständigen Betrieb der Brennöfen angewiesen. Da, wo der Galmei auf den Hüttenwerken gebrannt wird, empfiehlt es sich, das Brennen vollständig unabhängig von dem Betriebe der Reductionsöfen zu machen und die Abhitze der letzteren zur Vorwärmung der Verbrennungsluft für die Brennstoffe, event. auch (bei Gasfeuerung) für die Vorwärmung

[1]) Resoconti della Associaizone Mineraria Sarda 1901. Vol. VI.

[2]) Rassegna Mineraria. Torino, 11. Febraio 1903.

der letzteren selbst zu verwenden. Nur in solchen Fällen, in welchen nach erfolgter Vorwärmung der Verbrennungsluft (bzw. der Heizgase) die Feuergase noch eine hinreichende Temperatur besitzen, um aus dem Galmei Wasser und Kohlensäure austreiben zu können, ist ihre Verwendung zum Brennen des Galmeis angebracht.

Die unabhängig von den Zink-Reductionsöfen betriebenen Heerd-Flammöfen.

Feststehende Flammöfen.

Man wird grundsätzlich derartige Flammöfen mit Bewegung der Erze durch Handarbeit anwenden. Nur bei sehr hohen Arbeitslöhnen können feststehende Flammöfen mit Bewegung der Erze durch Maschinenkraft in Betracht kommen.

Das Brennen in feststehenden Flammöfen mit Handbetrieb.

Grundsätzlich sind für das Brennen des Galmeis Oefen mit langgestrecktem Heerde und continuirlichem Betriebe, die sog. Fortschaufelungsöfen anzuwenden. In denselben wird das Erz am kältesten Theile des Ofens (am Fuchs) eingetragen und von hier aus allmählich in bestimmten Zwischenräumen nach dem heissesten Theile des Ofens fortgeschaufelt, bis es schliesslich an der Feuerbrücke in gebranntem Zustande ausgezogen wird.

Die Oefen mit discontinuirlichem Betriebe, die sog. „Krählöfen", in welche die ganze zu brennende Erzmasse auf einmal eingesetzt und aus welchen dieselbe nach Beendigung des Brennens auch auf einmal herausgezogen wird, sind wegen hoher Arbeitslöhne und hohen Brennstoff-Verbrauchs nicht zu empfehlen.

Fortschaufelungsöfen mit nur einem Heerde sind den Oefen dieser Art mit zwei übereinanderliegenden Heerden vorzuziehen, weil bei Oefen der letzteren Art die Arbeit auf dem oberen Heerde unbequem ist und weil bei der Reparaturbedürftigkeit eines der Heerde der ganze Ofen ausser Betrieb gesetzt werden muss. Oefen mit zwei oder noch mehr (drei) übereinanderliegenden Heerden sind daher nur bei theurem Grund und Boden oder beim Mangel an Raum zu rechtfertigen.

Der Heerd liegt entweder horizontal oder besitzt eine gewisse Neigung (Ferraris-Ofen). Von den Fortschaufelungsöfen zur Röstung von Schwefelverbindungen des Eisens, Silbers, Kupfers und Bleis unterscheidet sich der Galmei-Brennofen dadurch, dass er eine geringere Länge und Breite als dieselben besitzt. Es ist hierbei zu berücksichtigen, dass bei der Röstung der gedachten Schwefelmetalle aus den letzteren selbst eine bedeutende Menge Wärme entwickelt wird, dass die für die Oxydation derselben erforderliche Luft durch die Arbeitsthüren zutritt und dass die Luft, sobald sie nicht im Uebermaasse zuströmt, in Folge ihrer Einwirkung auf die Schwefelmetalle wärmeentwickelnd wirkt. Beim Brennen des

Galmeis dagegen wird weder Wärme aus dem Erze selbst entwickelt, noch ist der Zutritt von Luft erforderlich. Es sind daher im Interesse der Ausnutzung der Wärme des Brennstoffs nur so viele Arbeitsöffnungen erforderlich, als das Durchkrählen und Fortschaufeln der Erze unbedingt erheischt. Dabei ist es zwecklos dem Heerde eine übermässige Länge und Breite zu geben, weil das Austreiben der Kohlensäure immer eine verhältnissmässig hohe Temperatur erfordert und eine Wärmeentwicklung aus der Masse, wie sie ja bei Schwefelmetallen schon in der Nähe des Fuchses eintritt, überhaupt ausgeschlossen ist.

Ueber 12 bis 13 m Heerdlänge wird man nicht hinausgehen. Bei Heerden mit doppelter Sohle und einer einzigen Feuerung wird man die beiden Sohlen zusammen gleichfalls nicht länger machen. Bei Anwendung von Gasfeuerung lässt sich die Heerdlänge etwas grösser machen (14 m). So betrug beispielsweise bei dem durch directe Feuerung geheizten Ofen mit doppelter Sohle auf den Werken der Altenberger Gesellschaft die Gesammt-Heerdlänge (oberer und unterer Heerd) 12,2 m; die gleichfalls durch directe Feuerung geheizten Oefen zu Letmathe bei Iserlohn in Westfalen, in welchen früher Galmei gebrannt wurde, hatten zwei übereinanderliegende Heerde mit einer Gesammtlänge von 8,2 m. Der durch Gas geheizte Ofen mit geneigtem Heerde von Ferraris zu Monteponi bei Iglesias in Sardinien hat eine Gesammtlänge von 13,3 m.

Die Breite des Heerdes wird man nicht viel über $2^1/_2$ m machen, weil sich andernfalls das auf dem Heerde befindliche Erzklein bei einseitigen Arbeitsöffnungen nicht mehr gut durchkrählen und fortschaufeln lässt. So hatte der Heerd in Letmathe 1,88 m Breite, der Heerd der Oefen der Altenberger Gesellschaft 2,3 m. Der Gasofen zu Monteponi bei Iglesias hat 2,5 m Breite.

Die Gewölbehöhe der Arbeitskammer nimmt man zu 0,4 bis höchstens 0,6 m. Um die Hitze nach Möglichkeit auszunutzen, kann man dem Heerdgewölbe nach dem Fuchse hin eine kleine Neigung geben oder man kann den Heerd nach dem Fuchse hin im Ganzen oder in einzelnen Absätzen ansteigen lassen. Die Heerdsohle kann aus gewöhnlichen Ziegelsteinen hergestellt werden, nur in der Nähe der Feuerbrücke sind feuerfeste Steine zu verwenden.

Die Arbeitsöffnungen befinden sich in Abständen (von Mitte zu Mitte gerechnet) von 1,83 bis 2,2 m von einander.

Die Menge des Galmeis, welche in 24 Stunden gebrannt werden kann, hängt von der Art der Beimengungen, der Grösse des Ofens und der Art des Brennstoffs ab. Sie schwankt zwischen 3 und 10 t pro Ofen. Der Brennstoff-Verbrauch schwankt zwischen 10 und 15% vom Gewichte des rohen Erzes.

Die Zahl der Arbeiter an einem Ofen beträgt 2 bis 3 in der Schicht.

Die Einrichtung eines Flammofens mit Rostfeuerung auf den Werken der Vieille Montagne ist aus den Figuren 6 und 7 ersichtlich.

Der Ofen hat 2 Heerde H und J. Der Galmei wird zuerst über dem Gewölbe G des oberen Heerdes getrocknet und dann durch die verschliessbaren Oeffnungen o auf den oberen Heerd heruntergelassen. Nach sechsstündigem Verweilen auf demselben gelangt er durch die Oeffnungen p auf den unteren Heerd, von wo er nach weiteren 6 Stunden durch die

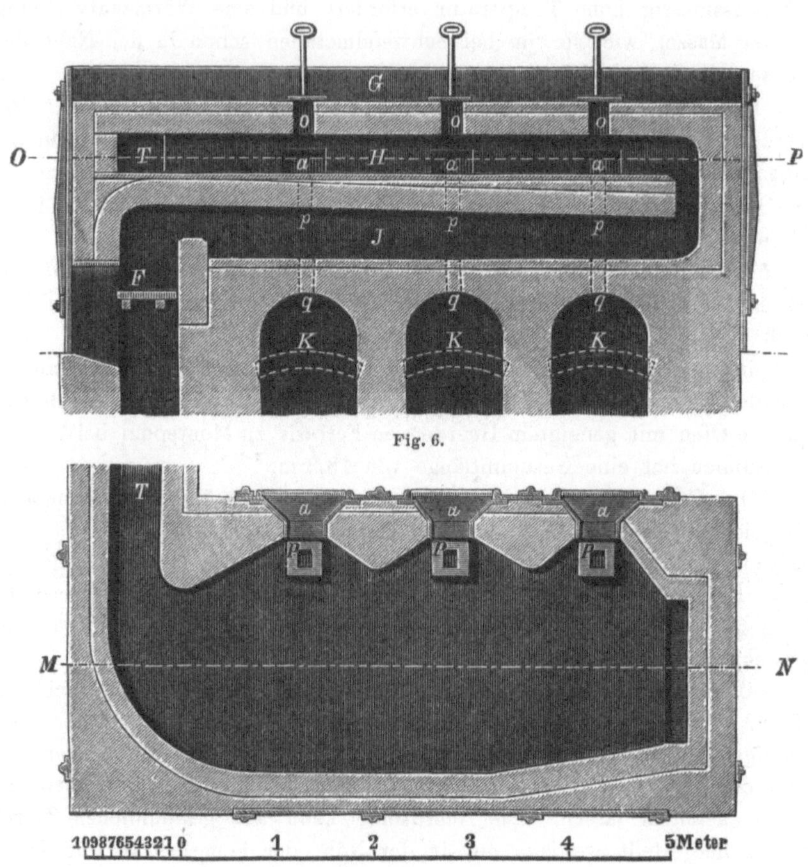

Fig. 6.

Fig. 7.

Oeffnungen q in die Gewölbe K entleert wird. F ist die Rostfeuerung, T der Fuchscanal, durch welchen die Feuergase in die Esse abziehen. a sind die durch Vorsetzbleche verschliessbaren Arbeitsöffnungen. Fig. 7 stellt den oberen Heerd mit den Oeffnungen p zum Herunterlassen des Galmeis auf den unteren Heerd dar. Die Oeffnungen q zum Entleeren des Galmeis in die Kühlgewölbe liegen an der entgegengesetzten Seite des unteren Heerdes. In 24 Stunden werden in diesem Ofen 4 Einsätze im Gesammtgewicht von 8 t bei einem Brennstoff-Aufwand von 824 bis 880 Hectoliter Steinkohlen calcinirt. (Thum. l. c.)

Auf der Hütte bei Cilli in Oesterreich[1]) wird feinkörniger Galmei in Fortschaufelungsöfen, von welchen je zwei mit der einen langen Seite zu einem Massiv vereinigt sind, mit je 4 Arbeitsöffnungen an der anderen langen Seite, calcinirt. Die Feuerung geschieht auf Treppenrosten mit Braunkohle. In 24 Stunden werden 7 Einsätze zu je 600 kg verarbeitet.

Auf Paulshütte bei Rosdzin in Oberschlesien liegen 3 Fortschaufelungsheerde übereinander, von welchen jeder seine eigene Feuerung besitzt. Jeder Heerd ist 5,45 m lang und 2,40 m breit. Auf einem Heerde werden in 24 Stunden 15 t Galmei bei einem Brennstoffaufwand von 1,5 t Steinkohlen gebrannt. Zur Bedienung des Ofens in der Schicht (12 stündig) ist 1 Mann erforderlich.

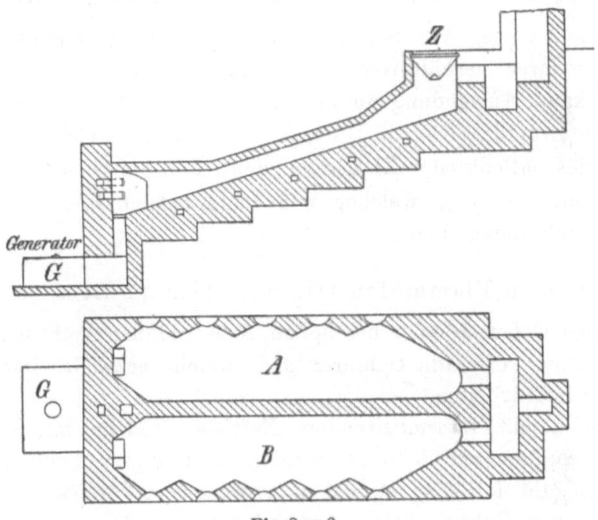

Fig. 8 u. 9.

Die Einrichtung eines Flammofens mit Gasfeuerung (Ferrarisofen) zu Monteponi bei Iglesias in Sardinien ist aus den Figuren 8 und 9 ersichtlich[2]). Es sind je zwei Oefen mit geneigter Sohle A und B mit der Rückwand aneinandergelegt. Der beiden Oefen gemeinschaftliche Gasgenerator G ist nach dem System Boëtius eingerichtet. Die Erze werden am oberen Ende jedes Ofens durch einen Trichter z aufgegeben und von dem oberen nach dem unteren Ende fortgeschaufelt.

In 24 Stunden werden in dem Doppelofen 20 t Erz bei einem Verbrauche an Brennstoff (Cardiff-Kohle) von 15,11 % vom Gewichte des rohen Erzes durchgesetzt. Die Belegschaft beider Oefen besteht aus 5 Mann. Der Gewichtsverlust des Galmeis bei der Röstung beträgt 23 %.

---

[1]) B.- u. H. Ztg. 1894. S. 31.

[2]) Marx, Geognostische und bergmännische Mittheilungen über den Bergbaubezirk von Iglesias auf der Insel Sardinien. Zeitschr. für Berg-, Hütten- und Salinenwesen im Pr. Staate. Band XL.

Das Brennen in feststehenden Flammöfen mit Maschinenbetrieb

dürfte für Galmei, falls demselben nicht grosse Mengen von Zinkblende beigemengt sind, nirgendwo in Anwendung stehen. Sie würden nur bei aussergewöhnlich hohen Arbeitslöhnen in Frage kommen können. In diesem Falle dürfte auf die Oefen von O'Harrah (Bd. I. S. 81), auf den ringförmigen Ofen von Pearce (D. R. P. Kl. 40 No. 70 807 v. 28. Decbr. 1892) und auf den Hufeisenofen von Brown (siehe Blenderöstung) hinzuweisen sein, deren Leistungen bei Weitem grösser sind als die der feststehenden Flammöfen mit Handbetrieb.

Das Brennen in Flammöfen mit beweglichem Heerd.

Brennöfen dieser Art mit feststehenden oder beweglichen Krählen dürften wegen ihrer verhältnissmässig geringen Leistung für das Brennen des Galmeis kaum Anwendung finden. Als solche Oefen sind zu erwähnen der Ofen von Brunton (Allgem. Hüttenkunde S. 474), welcher zum Rösten von Arsenikkies enthaltenden Zinnerzen dient, und der Ofen von Gibbs und Gelstharpe (Bd. I S. 318), welcher zum chlorirenden Rösten von kupferhaltigen Kiesabbränden dient.

Das Brennen in Flammöfen mit beweglicher Arbeitskammer.

Derartige Oefen können bei hohen Arbeitslöhnen in Frage kommen. Dieselben stellen rotirende Cylinder dar, welche entweder intermittirend oder continuirlich arbeiten.

Die Oefen mit intermittirendem Betriebe, welche mit Erfolg zum Rösten von Kupfererzen benutzt werden und deren bekanntester der Brückner-Ofen (Bd. I S. 78) ist, haben, soweit dem Verfasser bekannt ist, zum Brennen von Galmei keine Anwendung gefunden. Von den Oefen mit continuirlichem Betriebe steht der Oxlandofen im Bergwerksdistricte von Iglesias auf der Insel Sardinien mit Erfolg in Anwendung.

Die Einrichtung dieses Ofens in Malfidano ist aus den Figuren 10 und 11 ersichtlich[1]).

a ist der geneigte mit einem Futter aus feuerfesten Steinen versehene, rotirende Cylinder. bb sind auf Gleiträdern ruhende Leitkränze· c ist ein Zahnkranz, in welchen die durch eine Dampfmaschine bewegte Schnecke d eingreift und die Drehung des Cylinders bewirkt. Das Erz wird in einen Trichter aufgegeben und fällt aus demselben auf eine gusseiserne Platte, welche als Deckel des Ofens dient und auf welcher es getrocknet wird. Von hier gelangt es durch den Trichter t in das Rohr p, in welchem es in den Cylinder hinabrutscht. In Folge der langsamen Drehung des Cylinders — er macht in der Stunde nur 15 Umdrehungen — gelangt das Erz allmählich an das untere Ende des Cylinders, an welchem es in calci-

---

[1]) Marx l. c.

nirtem Zustande herausfällt. F ist die Rostfeuerung. Durch 4 im Cylinder angebrachte Schaufeln wird das Zusammenmengen der Erztheilchen befördert.

In 24 Stunden werden 12 t Erz bei einem Brennstoffaufwande (Cardiff-Kohlen) von 12,41% vom Gewichte des rohen Erzes gebrannt. Der Gewichtsverlust des rohen Erzes beträgt 28%. Der Ofen wird in der Schicht von 2 Arbeitern bedient.

In den Figuren 12 und 13 ist die Ofenanlage von Monteponi dargestellt[1]). In den beiden Oefen wird Galmei, mit 2% Kohle gemischt, erhitzt, um das demselben beigemengte Eisenoxyd zu Eisenoxyduloxyd zu reduciren. Der gebrannte Galmei wird nach der Korngrösse klassirt und dann einer nach dem System Ferraris eingerichteten magnetischen Aufbereitung unterworfen, um das Eisen zu entfernen. Hierdurch wird

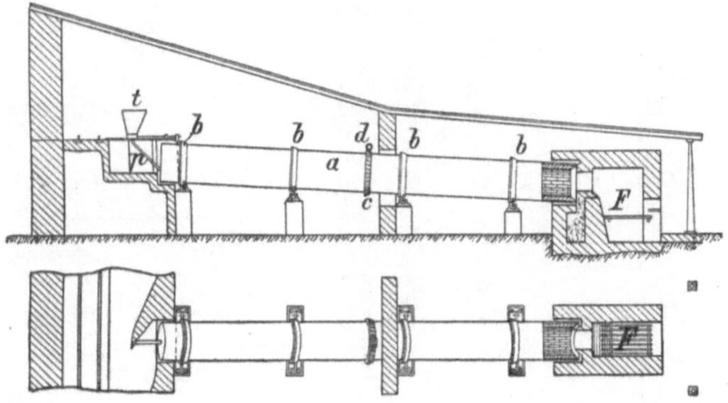

Fig. 10 u. 11.

der Zinkgehalt der Erze von 20,46% auf 45% angereichert. Die Länge des Ofens beträgt 13 m. Das Erz wird durch ein 200 mm weites Rohr in den Ofen eingeführt. Der mit keilförmigen feuerfesten Ziegeln ausgefütterte Ofen hat im Lichten 1 m Durchmesser. Der Ofen ruht auf 8 Rädern. Die Drehung desselben wird durch Schnecke und Zahnrad bewirkt. Die Zahl der Umdrehungen in der Stunde beträgt 16. Die Menge des einzuführenden Erzes wird durch die Stellung des Eintragerohrs und die Aenderung der Spalte zwischen Rohrmündung und Ofen regulirt. Das Erz durchwandert den Ofen in einem Zeitraum von 6 Stunden und fällt am unteren Ende des Ofens zwischen Ofenrand und Feuerung in eine Kammer, in welcher es sich abkühlt. c ist die Rostfeuerung mit Unterwindegebläse. Der Planrost hat eine Grösse von 1 qm. Der Brennstoff wird so hoch auf dem Roste aufgeschichtet, daß ein Theil brennbarer Gase in den Ofenraum tritt und hier durch in dem Gemäuer der Feuerung vorgewärmte Luft verbrannt wird. Die Feuerbrücke hat Röhrenform und ragt in den Ofenraum hinein, so dass die Ränder des Ofens vor der Flamme geschützt werden.

---

[1]) Ferraris in Oesterr. Zeitschr. für Berg- u. Hüttenwesen, Jahrgang 1892.

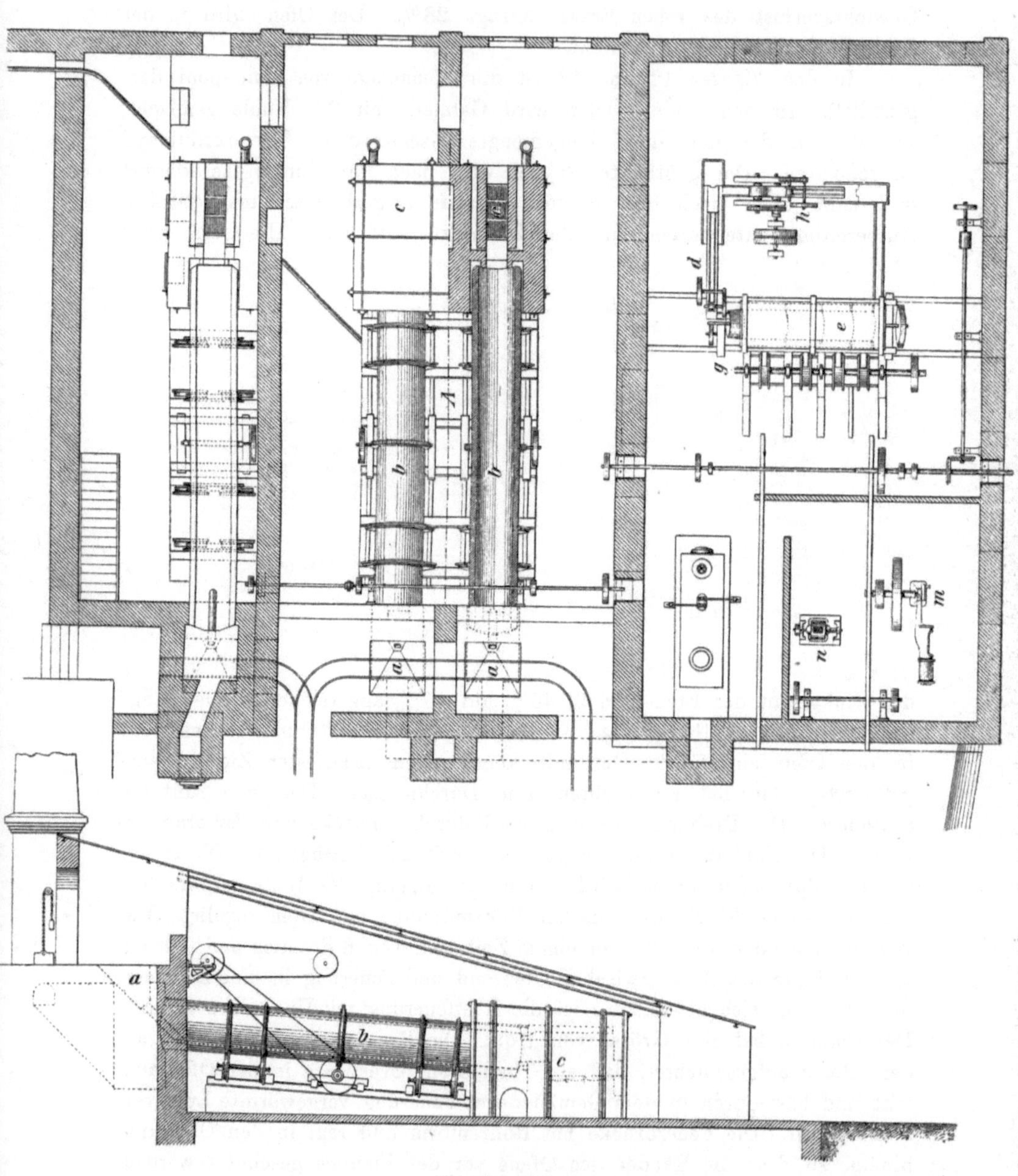

Fig. 12 u. 13.

Die durch die Abhitze der Zink-Reductionsöfen geheizten Heerd-Flammöfen.

Die Flammöfen dieser Art können sowohl mit schlesischen als auch mit belgischen Zink-Reductionsöfen verbunden werden. Bei einer Verbindung mit schlesischen Zink-Reductionsöfen befinden sich dieselben zwischen zwei oder vier Reductionsöfen oder vor denselben, während sie

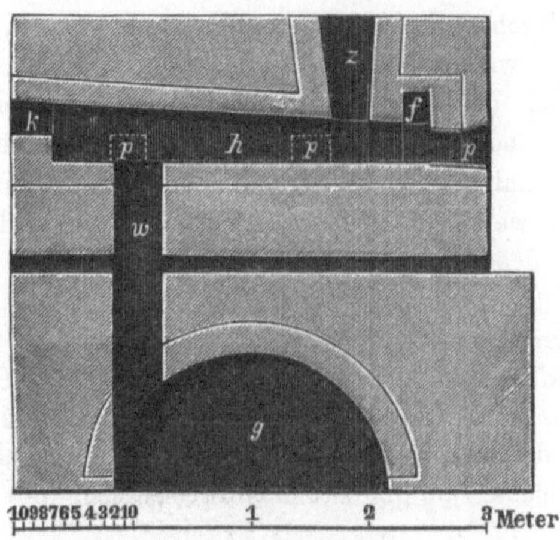

Fig. 14.

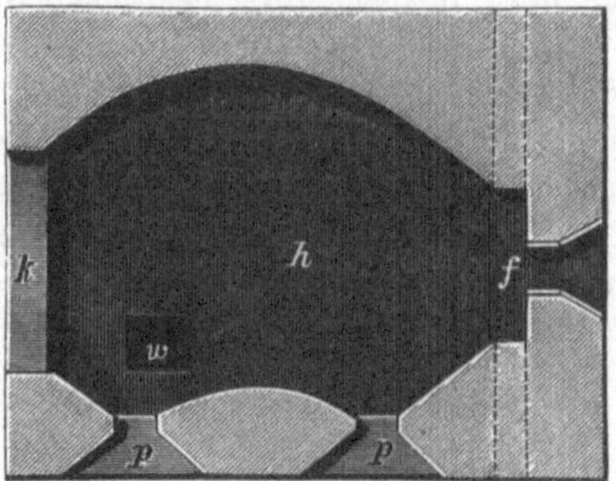

Fig. 15.

bei der Verbindung mit belgischen Zink-Reductionsöfen auf denselben liegen. Die Flammöfen stellen überwölbte Räume von verschiedener Gestalt und Grösse der Heerdfläche dar. Ein mit einem belgischen Zink-Reductionsofen verbundener Flammofen (Calcinirraum), wie er früher zu Moresnet in Anwendung stand, ist aus den Figuren 14 und 15 ersichtlich. Die Feuergase des Reductionsofens treten durch den Schlitz k in den Heerdraum h ein und durch den Fuchs f aus dem letzteren in eine 7 m hohe Esse. Das Einführen der Erze in den Ofen geschieht durch die im

Heerdgewölbe angebrachte Oeffnung z. Die gebrannten Erze werden durch den senkrechten Canal w in ein unter demselben angebrachtes Gewölbe g gestürzt. p sind Arbeitsöffnungen zum Durchkrählen der im Ofen befindlichen Massen. In einem derartigen Ofen werden in 24 Stunden 1,8 bis 2 t Galmei gebrannt.

Die mit den schlesischen Reductionsöfen verbundenen Brenn- oder Calcinirräume besitzen 0,94 bis 4,9 qm Heerdfläche und sind sowohl bei den alten schlesischen Zinköfen, als auch bei einigen neueren Oefen dieser Art vorhanden. Duch Abkühlung der Ofenwände sowohl, als auch durch Störung des Zuges wirken sie indess nachtheilig auf das Ausbringen an Zink ein und sind desshalb bei den neuesten Oefen entweder ganz in Wegfall gekommen oder in einiger Entfernung von denselben angebracht worden. Die Calcinirräume der verschiedenen Arten der schlesischen Oefen sind in den weiter unten befindlichen Zeichnungen derselben ersichtlich gemacht. In denselben wird nicht nur pulverförmiger Galmei, sondern auch Stückgalmei gebrannt.

Die Calcinirräume der alten schlesischen Zinköfen besitzen 4,9 qm Heerdfläche. In denselben werden in 12 Stunden 1,5 t Galmei gebrannt. In den Calcinirräumen der Essenöfen, welche 0,94 qm Grundfläche besitzen, werden in 8 Stunden 425 kg Galmei gebrannt, in den Calcinirräumen der Unterwindöfen, welche 1,56 qm Grundfläche besitzen, in 8 Stunden 700 kg Galmei.

In Lipine, wo Reductionsöfen mit Gasfeuerung und Heizschächten in Anwendung stehen, liegt in der Mitte des Ofenmassivs, nach jeder Seite hin ein kleiner Calcinirofen. Die Länge desselben beträgt 2,20 m, die Breite 0,80 m, die Höhe 0,70 m. In 24 Stunden werden 2250 bis 3000 kg Galmei gebrannt. Die betreffenden Arbeiten werden von der Belegschaft des Reductionsofens verrichtet.

Im grossen Durchschnitte hält der gebrannte oberschlesische Galmei noch 17% Kohlensäure zurück[1]). Die letztere muss, soweit sie nicht vor der Reduction des Zinkoxyds entweicht, durch einen Ueberschuss von Kohle in den Muffeln zu Kohlenoxyd reducirt werden.

b) Die Röstung der Zinkblende.

Die Röstung der Zinkblende bezweckt die Umwandlung des Schwefelzinks in Zinkoxyd mit Hülfe von atmosphärischer Luft. Gleichzeitig sollen die übrigen in der Zinkblende enthaltenen oder derselben beigemengten Schwefelmetalle in Oxyde verwandelt werden. Der Blende beigemengte Carbonate sollen gleichfalls in Oxyde verwandelt werden. Aus beigemengten Arsen- und Antimon-Verbindungen sollen Arsen und Antimon nach Möglichkeit verflüchtigt werden.

---

[1]) Steger, Eisen u. Metall. 1888. S. 67.

Die Röstung ist so zu führen, dass möglichst wenig Schwefel im Röstgute verbleibt, weil Schwefelzink, sei es in der Form von bei der Röstung unzersetzt gebliebener Zinkblende vorhanden oder sei es durch Reduction von Zinksulfat bei dem Reductionsprozesse entstanden, bei der Reduction des Zinks aus dem Röstgute unzerlegt bleibt, so dass der Zinkgehalt desselben für die Zinkgewinnung verloren ist.

Die vollständige Entfernung des Schwefels aus dem Röstgute ist aber nur ausnahmsweise zu erreichen, weil sich bei der Röstung der Zinkblende die letzten Theile von Schwefel nur schwierig aus derselben entfernen lassen und weil sich bei der Röstung die Bildung von Zinksulfat, dessen vollständige Zerlegung erst in heller der Weissglut sich nähernder Rothglut möglich ist, nicht vermeiden lässt. Hierzu kommt noch, dass die Blende häufig von Körpern begleitet ist (Bleiglanz, Schwefelkupfer, Schwefelantimon, Eisen- und Mangansilicate), welche in der Hitze zum Sintern oder Schmelzen geneigt sind. Dieselben hüllen Blendetheilchen ein und entziehen dieselben dadurch der Einwirkung des Sauerstoffs der Luft.

Unter diesen Umständen ist es nicht zu vermeiden, dass auch bei der sorgfältigsten Röstung geringe Mengen von Schwefel (1—2 %) im Röstgute verbleiben.

Im Interesse einer möglichst vollständigen Röstung ist es erforderlich, die Blende in zerkleinertem Zustande (1 bis 2 mm Korngrösse; jedenfalls nicht über 2 mm) der Röstung zu unterwerfen und zur Zerlegung des Zinksulfats (basisches Zinksulfat) am Schlusse derselben eine angemessen hohe Temperatur anzuwenden. Eine hohe Temperatur hat ihrerseits wieder den Nachtheil der Verflüchtigung von Zinkoxyd, der Reduction von Zinkoxyd zu Zink in Folge der Berührung desselben mit den Kohlenstofftheilchen der Flamme und der Herbeiführung von Sinterungen und Schmelzungen. Durch Einmengen von Kohle in das Röstgut lässt sich das Zinksulfat nur unvollständig zerlegen.

Bei der Röstung von pulverförmiger, lediglich aus Schwefelziuk bestehender Zinkblende wird, sobald die Temperatur bis zu schwacher Rothglut gestiegen ist, der Schwefel zu Schwefliger Säure oxydirt und das an diesen Schwefel gebunden gewesene Zink wird in Zinkoxyd verwandelt. Die Schweflige Säure verflüchtigt sich zum Theil, zum Theil wird sie durch die Berührung mit glühenden Theilen der Erzmasse und mit den glühenden Ofenwänden (Contactwirkung) in Schwefelsäure verwandelt, welche letztere sich mit einem Theile des Zinkoxyds zu Zinksulfat verbindet. Es bildet sich um so mehr Zinksulfat, je niedriger die Temperatur ist und je mehr die Zinkblende mit anderen Schwefelmetallen (Bleiglanz, Kupferkies, Antimonglanz, Pyrit) gemengt ist. So wurden nach von dem Verfasser angestellten Versuchen durch Röstung eines innigen Gemenges von gleichen Theilen Zinkblende und Bleiglanz (von Broken Hill in Neu-Süd-Wales) bei schwacher Rothglut 40% von dem Zinkgehalte der Blende in Zinksulfat verwandelt. Von den Schwefelmetallen begünstigt der Pyrit die Zinksulfatbildung am meisten. Durch Erhöhung der Temperatur bis zur Kirschrothglut zerfällt das Zinksulfat (neutrales Zinksulfat) in basisches Zinksulfat und in Schwefelsäure-Anhydrid bzw. in Schweflige Säure und Sauerstoff. Durch weitere Erhöhung der Temperatur bis zu hellster Rothglut wird auch das basische Zinksulfat in Zinkoxyd, Schwefelsäure-Anhydrid, sowie Schweflige Säure und Sauerstoff zerlegt. Schlapp fand bei der Zerlegung von möglichst entwässertem Zinkvitriol durch Hitze in grossem Maassstabe, dass von der Schwefelsäure desselben gegen 30% unzersetzt als Anhydrid entwichen, während der Rest in Schweflige Säure und Sauerstoff zerlegt war.

Findet die Röstung in Flammöfen statt, so wirkt bei der zur Zerlegung des basischen Zinksulfats erforderlichen hohen Temperatur in den Feuergasen vorhandenes Kohlenoxyd reducirend auf das Zinkoxyd ein. Die Feuergase reissen die so entstandenen Zinkdämpfe, welche durch Luft sowohl wie durch Kohlensäure wieder oxydirt werden, mit sich fort, so dass hierdurch Zinkverluste entstehen.

Bei hinreichend lange fortgesetzter Röstung und bei Anwendung einer hinreichend hohen Temperatur ist es nach dem Gesagten möglich, das gesammte Schwefelzink in Zinkoxyd zu verwandeln. Gewöhnlich bleiben aber, wie erwähnt, in Folge der Schwierigkeit der vollständigen Zerlegung des basischen Zinksulfats, sowie der Oxydation der letzten Antheile vom Schwefel (des Schwefelzinks) kleine Mengen von Schwefel in dem Röstgute zurück.

Nach Fischer's Jahresber. 1890 S. 444 zeigte sich bei der Röstung von Zinkblende in einem aus 3 übereinanderliegenden Muffeln bestehenden Hasenclever-Ofen die Abnahme des Schwefels in Procenten des Erzes bzw. Röstgutes (von drei Erzsorten) wie folgt.

Schwefelgehalt in Procenten des Erzes bzw. Röstgutes.

	Erz No. I	Erz No. II	Erz No. III
Blende vor dem Einsetzen in den Ofen	19,2	26,8	26,5
Am Ende der 1. Muffel	17,6	19,1 —19,9	15,9 —21,4
- - - 2. -	12,0	11,2 —14,3	9,9 —12,4
- - - 3. -	3,4	1,02— 1,48	0,75— 1,06
Beim Ausziehen des Röstgutes aus dem Ofen	0,6	0,35— 1,02	—

Die Temperatur der 1. (obersten) Muffel sollte 580° bis 690°, die der beiden unteren (2. und 3.) Muffeln 750 bis 900° betragen. Enthält die Zinkblende, wie es sehr häufig der Fall ist, Schwefeleisen in isomorpher Beimischung, so entsteht bei der Röstung zuerst Eisenoxyduloxyd und Eisensulfat. Das Eisenoxyduloxyd wird bei Erhöhung der Temperatur in Eisenoxyd umgewandelt, während das Eisensulfat in

Schweflige Säure, Sauerstoff und basisches Eisensulfat verwandelt wird, welches letztere bei weiter gesteigerter Temperatur in Eisenoxyd und Schwefelsäure-Anhydrid, z. Th. auch in Schweflige Säure und Sauerstoff, zerfällt. Diese Zerlegung findet weit unter der Zersetzungstemperatur des Zinksulfats statt. Die bei der Zerlegung des Eisensulfats entstandenen gasförmigen Zersetzungserzeugnisse, Schweflige Säure und Sauerstoff einerseits und ganz besonders Schwefelsäure-Anhydrid andererseits, veranlassen die Bildung von Zinksulfat aus Schwefelzink.

Am Schlusse der Röstung ist das Schwefeleisen in Eisenoxyd übergeführt, so dass man als Product derselben ein Gemenge von Eisenoxyd und Zinkoxyd neben geringen Mengen von Zinksulfat bzw. unzersetztem Schwefelzink erhält. Nach Versuchen von Prost soll bei der Röstung das Eisenoxyd mit einem Theile Zinkoxyd eine chemische Verbindung von der Formel $Zn\,Fe_2\,O_4$ bilden (The Min. Ind. 1896. p. 596).

Nach Jensch (Zeitschr. für angewandte Chemie 1894. S. 50) soll der in der tot gerösteten Zinkblende enthaltene sog. „sulfidische“ Schwefel ausschliesslich an Eisen gebunden sein. Eine Abröstung auf 0,5 % Schwefel (d. i. in der Form von Schwefelmetallen vorhandener Schwefel) soll daher nur bei eisenfreien oder bei an Eisen sehr armen Blenden angezeigt erscheinen.

Nun ist die Zinkblende trotz sorgfältiger Aufbereitung derselben häufig mit Pyrit, Kupferkies, Bleiglanz, Antimonglanz, Arsen- und Schwefel-Arsenmetallen, Spatheisenstein, Schwerspath, Quarz, Kalkspath, Bitterspath sowie mit Silicaten gemengt. Auch enthält sie öfters Silber in gewinnbarer Menge.

Der Pyrit wird bei der Röstung in Eisenoxyd verwandelt. Derselbe befördert in Folge seiner leichten Oxydirbarkeit die Einleitung der Röstung und das Erglühen der Röstpost, veranlasst aber die Bildung grösserer Mengen von Zinksulfat. Bleibt bei der Röstung unzersetztes Schwefeleisen zurück, so wirkt dasselbe bei dem Reductionsprozesse nachtheilig, indem es die Wände der Destillirgefässe durchdringt. Beim Vorhandensein von Quarz kann sich in Folge der Einwirkung von reducirenden Gasen oder von Russ auf das Eisenoxyd in der hohen Rösttemperatur leicht ein Eisenoxydulsilicat bilden, welches nicht nur Theilchen der Blende einhüllt, sondern auch beim Reductionsprozesse durch Bildung leichtflüssiger Doppelsilicate zerstörend auf die Wandungen der Destillirgefässe einwirkt.

Kupferkies wird bei der Röstung in ein Gemenge von Kupferoxyd und Eisenoxyd übergeführt und hat die nämlichen Nachtheile wie der Schwefelkies. Das bei der Röstung von Kupferkies gebildete Kupfersulfat zersetzt sich bei einer weit niedrigeren Temperatur als das basische Zinksulfat. Da er ausserdem wegen seines Gehaltes an Schwefelkupfer leicht zum Sintern geneigt ist, so hüllt er, sobald die Temperatur von Anfang an hoch ist, leicht Theilchen von ungerösteter Zinkblende ein.

Bleiglanz wird in ein Gemenge von Bleioxyd und Bleisulfat verwandelt. Da der Bleiglanz leicht sintert, so hüllt er gleichfalls, wenn nicht die Temperatur im Anfange der Röstung niedrig gehalten wird, leicht Blendetheilchen ein. Auch befördert er die Bildung von Zinksulfat (durch Einwirkung von Schwefliger Säure und Sauerstoff sowohl, als von Schwefelsäure-Anhydrid auf Zinkoxyd bzw. Schwefelzink). Das Bleisulfat, welches in der Rösthitze nicht zersetzt wird, schmilzt ebenso wie das Bleioxyd bei der zur Zerlegung des Zinksulfats erforderlichen Temperatur. Beide Körper hüllen Theile des Röstgutes ein. Bei Anwesenheit von Quarz wird Bleisilicat gebildet, welches gleichfalls leicht schmelzbar ist und Theile des Röstgutes einhüllt. Das Bleioxyd wird, so lange es in nicht zu grosser Menge im Röstgut vorhanden ist, beim Reductionsprozess (so lange die Gase in den Destillirgefässen aus Kohlenoxyd bestehen) zu Blei reducirt, welches theils mit dem Zink in die Vorlagen geht, theils in den Rückständen verbleibt. Ist es in grösseren Mengen vorhanden und sind oxydirende Gase (Luft) in den Destillirgefässen, so wird es zum Theil in Bleisilicat verwandelt. Das Bleisilicat giebt beim Reductionsprozess zur Bildung leichtflüssiger Schlacken bzw. zur schnellen Zerstörung der Wandungen der Destillirgefässe Anlass. Ausserdem wird Blei aus demselben reducirt und in das Zink übergeführt. Nach Versuchen von Sander in Prayon-Trooz trat beim Rösten von Zinkblende mit 6 bis 11 % Blei eine Bleiverflüchtigung von 7,88 bis 21,80 % des Bleigehaltes ein. (Berg- u. Hüttenm. Ztg. 1902. S. 562.)

Antimonglanz sintert sehr leicht und hüllt Theilchen von ungerösteter Zinkblende ein. Der Schwefel desselben wird in Schweflige Säure verwandelt und befördert die Bildung von Zinksulfat. Das Antimon wird in Antimonoxyd verwandelt, welches sich theils verflüchtigt, theils antimonsaure Salze bildet. Die letzteren entstehen zum Theil durch Einwirkung des Antimonoxyds auf Sulfate. Die antimonsauren Salze bleiben grösstentheils bei der Röstung unzersetzt und erscheinen daher als solche in dem fertig gerösteten Erz.

Arsen- und Arsen-Schwefelmetalle entlassen den Schwefel als Schweflige Säure und einen Theil des Arsens als Arsenige Säure. Ein anderer Theil des Arsens bildet mit den Metallen, deren Arseniate feuerbeständig sind (Nickel, Kobalt, Eisen, Silber), arsensaure Salze. Man erhält daher als Endproduct der Röstung ein Gemenge von Metalloxyden und Arseniaten. Aus den letzteren wird bei dem Reductionsprozess Arsen reducirt und in das Zink übergeführt.

Spatheisenstein wird durch die Röstung in Eisenoxyduloxyd übergeführt, welches bei dem Reductionsprozesse die Bildung leichtflüssiger Doppelsilicate und dadurch die Zerstörung der Wandungen der Reductionsapparate veranlasst. Ist gleichzeitig Quarz im Erze vorhanden, so kann sich schon während der Röstung ein leichtflüssiges Eisensilicat bilden, welches Theilchen des Erzes einhüllt. Ein Mangangehalt des Spatheisensteins befördert in Folge der Leichtflüssigkeit des Mangansilicats die Entstehung leicht schmelzbarer Doppelsilicate.

Quarz allein wirkt nicht nachtheilig bei der Röstung, da er sich erst in der Weissglut mit dem Zinkoxyd zu Zinksilicat verbindet. Wohl aber giebt er zur Bildung leicht schmelzbarer Silicate Anlass, wenn gleichzeitig Schwefelkies, Kupferkies oder Spatheisenstein dem Erze beigemengt sind.

Schwerspath bleibt bei der Röstung unverändert. Beim Reductionsprozesse wird er zu Schwefelbaryum reducirt, welches nach Thum auf die Bildung von Schwefelzink hinwirken, nach Sander (Berg- u. Hüttenm. Ztg. 1902. S. 466) aber ohne Einfluss auf die Bildung von Schwefelzink sein soll. (Thum, B.- u. H. Ztg. 1876. S. 154.)

Kalkspath wird theils in Kalk, theils in Calciumsulfat übergeführt. Kalk bildet zusammen mit Eisenoxydul beim Reductionsprozess (mit der Kieselsäure der Gefässwände) leichtflüssige Doppelsilicate, welche zerstörend auf die Gefässwände einwirken. Das Calciumsulfat wird bei der Reduction des Zinkoxyds zu Schwefelcalcium reducirt und soll dadurch Anlass zur Bildung zinkreicher Rückstände geben. Nach Thum (B.- u. H. Ztg. 1876. S. 154) scheinen die Sulfurete der alkalischen Erden bei Anwesenheit von freiem Zink und Kohle die Hälfte ihres Schwefels an das Zink abzugeben. Nach anderen Ansichten (Berg- u. Hüttenm. Ztg. 1902) tritt bei Anwesenheit von Calciumsulfat in der Destillirbeschickung keinerlei Verlust an Zink beim Destilliren ein.

Der Bitterspath verhält sich ähnlich wie der Kalkspath.

Schwefelsilber wird in Silbersulfat verwandelt, welches im letzten Stadium der Röstung in Silber, Schweflige Säure und Sauerstoff zerlegt wird. Ein Theil des Silbers wird bei der hohen Rösttemperatur im letzten Theile der Röstung verflüchtigt. Nach Sander (Zeitschr. für angewandte Chemie 1902. No. 15. S. 353) wurde beim Rösten von Zinkblende mit 340 bis 375 g Silber per t ein Silberverlust von 10 bis 12 % vom Silbergehalte der Zinkblende festgestellt.

Sind der Zinkblende leichtflüssige Silicate, besonders Eisen- und Mangansilicate beigemengt, so sintern dieselben im letzten Stadium der Röstung zusammen und umhüllen Blendetheilchen.

Der Gewichtsverlust bei der Röstung der Zinkblende schwankt je nach den Beimengungen derselben und der Höhe der Temperatur zwischen 12 und 20 %.

Die Entfernung des Schwefels aus der zerkleinerten gerösteten Zinkblende (bei der Röstung in Flammöfen und Gefässöfen) lässt sich durch die Kaliumchloratprobe sowohl, als auch durch die Salzsäureprobe feststellen. Ein Rückhalt des Schwefels in der Form von Sulfaten dagegen lässt sich nur gewichtsanalytisch oder durch Titriren mit Chlorbaryum feststellen.

Die Kaliumchloratprobe, welche als die bequemste Probe gilt, wird so ausgeführt, dass der Arbeiter einen eisernen Löffel im Feuer des Röstofens bis zur Rothglut erhitzt und dann gegen 2 g Kaliumchlorat in demselben zum Schmelzen bringt. Auf das geschmolzene Salz streut er nun eine kleine Menge des zu untersuchenden Röstgutes. Erscheinen keine von verbrennendem Schwefel herrührende Funken, so ist die Röstung beendigt. Aber auch das Erscheinen nur weniger vereinzelter Funken gilt als Zeichen einer guten Abröstung, indem in diesem Falle der Schwefel bis auf 1 % entfernt ist.

Die Salzsäureprobe besteht darin, dass man eine kleine Menge Röstgut mit reinem Zink und verdünnter Salzsäure in einem Kölbchen erwärmt. Beim Vorhandensein von Schwefel in dem Röstgute entwickelt sich Schwefelwasserstoff. Die Menge desselben bzw. die Menge des vorhanden gewesenen Schwefels erkennt man an einem mit Bleizuckerlösung getränkten Papierstreifen, welcher je nach der Menge des Schwefelwasserstoffs hellbraun bis dunkelbraun gefärbt wird. Die Schwefelmenge lässt sich durch diese Probe auf $^1/_2$ bis $^1/_4$ % taxiren, wenn man die erhaltenen Färbungen mit den Färbungen vergleicht, welche Blenden von bekanntem Schwefelgehalte auf Papier hervorgebracht haben, und wenn die Proben immer gleichmässig ausgeführt werden.

Die Ausführung der Röstung.

Eine gute Abröstung der Blende lässt sich nur in Flammöfen und in Muffelöfen erreichen.

Haufen, Stadeln und Schachtöfen können nur zum Mürbebrennen und zum Vorrösten der Blende benutzt werden. Der Röstung in diesen Apparaten hat daher stets eine Nachröstung in Flammöfen oder Muffelöfen zu folgen.

Die Flammöfen liefern Röstgase, deren Schweflige Säure mit Verbrennungsgasen gemengt und in hohem Grade verdünnt ist, so dass eine Verwerthung der Schwefligen Säure ausgeschlossen ist. Man wendet die Flammöfen grundsätzlich an, wenn von der Benutzung der Röstgase zur Herstellung von Schwefelsäure wegen Mangels eines Marktes für dieselbe abgesehen werden muss und wenn die Röstgase entweder in die Umgebung der Hüttenwerke entbunden werden dürfen oder durch Verfahren, welche den Betrieb nicht allzu stark belasten, unschädlich gemacht werden können.

Gefässöfen (Muffelöfen) lassen eine ebenso gute Abröstung der Zinkblende zu wie die Flammöfen und erfordern bei richtiger Ausnutzung der durch die Oxydation des Schwefelzinks erzeugten Wärme nicht bedeutend mehr Brennstoff wie die ersteren. Da die Gefässöfen Röstgase von einem solchen Gehalte an Schwefliger Säure liefern, dass dieselben zur Schwefelsäurefabrikation geeignet sind, so wendet man Gefässöfen grundsätzlich an, wenn ein Markt für Schwefelsäure in der Nähe der Hüttenwerke vorhanden ist oder wenn sich die Schweflige Säure in anderer Weise mit Vortheil verwerthen lässt. Vor der Einführung der neueren Gefässöfen standen (und stehen auch noch) mit Flammöfen verbundene Gefässöfen in Anwendung. In den Gefässen bzw. Muffeln dieser combinirten

Oefen wurde Schweflige Säure für die Schwefelsäurefabrikation erzeugt, während auf dem Flammofen-Heerde derselben die Totröstung der Blende erfolgte. Sie sind zu rechtfertigen, wenn wegen beschränkten Marktes für Schwefelsäure nur ein Theil der in den Röstgasen enthaltenen Schwefligen Säure auf Schwefelsäure verarbeitet werden kann.

Haufen und Stadeln lassen sich nur zum Mürbebrennen sehr fester Blenden in solchen Gegenden anwenden, in welchen eine Verwerthung der Röstgase ausgeschlossen ist und in welchen die Umgebungen der Röststätten durch Schweflige Säure beschädigt werden dürfen. In solchen Fällen ist das Brennen als eine Vorbereitung für die Zerkleinerung der Stückerze anzusehen, welcher nach geschehener Zerkleinerung die Totröstung in Flammöfen zu folgen hat.

Schachtöfen lassen sich bei gewissen, gut brennenden Blendesorten zur Vorröstung anwenden, wenn eine Verwerthung der Röstgase in beschränktem Umfange möglich ist. Nach geschehener Vorröstung ist die Stückblende zu zerkleinern und in Flammöfen tot zu rösten. Die in Pulverform vorgeröstete Blende geht direct zur Flammofenröstung. Ist dagegen eine Verwerthung der gesammten Schwefligen Säure, welche bei der Röstung der Blende entbunden wird, möglich, so ist der combinirten Schacht- und Flammofenröstung die Röstung in Gefässöfen vorzuziehen, da auch in diesen Oefen die bei der Oxydation des Schwefelzinks entwickelte Wärme nutzbar gemacht wird.

Wir haben hiernach zu betrachten:

die Röstung in Haufen und Stadeln,
die Röstung in Schachtöfen,
die Röstung in Flammöfen,
die Röstung in vereinigten Flamm- und Gefässöfen,
die Röstung in Gefässöfen.

Die Röstung in Haufen und Stadeln

kann nur ausnahmsweise zum Mürbebrennen von Blende in Gegenden, in welchen eine Belästigung der Vegetation durch die Dämpfe der Schwefligen Säure zu Klagen keinen Anlass giebt, in Anwendung kommen, wie es beispielsweise auf den Gruben der Lehigh-Gesellschaft zu Bethlehem in Pennsylvanien[1]) der Fall war. Daselbst wurde Stückblende auf einem Rost aus Eisenstäben, welcher auf 2 Aussenmauern und einer Mittelmauer ruhte, zu Haufen von 8,5 m Länge, 4,6 m Breite und 2,5 m Höhe vereinigt und durch eine unter dem Roste angebrachte Holzfeuerung gebrannt. Die gebrannte Blende wurde zerkleinert und dann in Flammöfen tot geröstet.

Die Anwendung von Stadeln ist dem Verfasser nicht bekannt geworden.

Gegenwärtig dürfte die gedachte Art des Brennens kaum noch in Anwendung stehen.

---

[1]) Berg- und Hüttenm. Ztg. 1872. S. 53, 61.

Die Röstung in Schachtöfen.

Die Schachtöfen finden Verwendung zum gleichzeitigen Vorrösten und Mürbebrennen von Stückblende sowie zum Vorrösten von Blendeschlich. In beiden Fällen soll die bei der Vorröstung entweichende Schweflige Säure nutzbar gemacht bzw. auf Schwefelsäure verarbeitet werden. Die vorgerösteten Massen sollen ohne Nutzbarmachung der bei der weiteren Röstung entwickelten Schwefligen Säure in Flammöfen entschwefelt werden.

Die Stückblende wird in Kilns oder Kiesbrennern vorgeröstet. Zum Vorrösten von pulverförmiger Blende ist der Ofen von Gerstenhöfer zur Anwendung gelangt.

Die Röstung der Stückblende in Schachtöfen.

Als Röstöfen für Stückblende dienen Kilns oder Kiesbrenner.

Die Kilns sind höhere Schachtöfen, in welchen die zu röstenden Massen entweder auf einem Rost oder auf einer ebenen oder sattelförmigen Sohle ruhen (s. Allg. Hüttenkunde S. 372, Metallhüttenkunde Bd. I. S. 55.) Sie unterscheiden sich von den Kiesbrennern durch ihre grössere Höhe (1,5 bis $4^1/_2$ m) und halten in Folge dessen die Temperatur besser zusammen als die Kiesbrenner. Sie eignen sich daher besonders zur Röstung von Blenden, welche arm an Schwefel (Kiesen) sind. Der Schacht besitzt einen rechteckigen oder quadratischen Horizontalquerschnitt (1—1,5 m breit i. L. und $1^1/_2$—2,5 m lang i. L.). Sobald die Blende entzündet ist, brennt sie in Folge der bei der Oxydation ihrer Bestandtheile entwickelten Wärme von selbst fort und liefert die zur Unterhaltung der Röstung erforderliche Temperatur. Die Entfernung des Schwefels gelingt im günstigsten Falle bis auf einen Rückhalt von 6 bis 8 % im Röstgute. Die Menge des in 24 Stunden in einem Schachte durchgesetzten Erzes beträgt im Durchschnitte 1 t.

In den Kilns zu Freiberg, deren Einrichtung im Bd. I. S. 56 beschrieben ist, werden in 24 Stunden in einem Schachte 1,2 t Blende von 30 % Schwefelgehalt bei 4 maligem Ausziehen des Röstgutes auf 8 % Schwefel abgeröstet. Das Röstgut wird gemahlen und dann in Flammöfen auf 1 % Schwefel abgeröstet.

Die Kiesbrenner sind niedrige Schachtöfen, bei welchen die zu röstenden Erze auf einem aus drehbaren Roststäben bestehenden Roste liegen. Dieselben sind im Bd. I (Metallhüttenkunde) S. 49 ff beschrieben und durch Figuren erläutert. Sie eignen sich zur Vorröstung von gut brennenden Blenden und gestatten eine kleinere Stückgrösse (Bohnen- bis Walnussgrösse) als die Kilns. Die Abröstung des Schwefels erfolgt bis auf 6 bis 8 % im Röstgute.

In Letmathe bei Iserlohn[1]) standen Kiesbrenner von 1,9 bis 2 m

---

[1]) Kerl, Metallhüttenkunde S. 439.

Länge und Breite und 1,30 bis 1,35 m Höhe mit je einer Arbeitsöffnung an den beiden freien Seiten in Anwendung. (Mehrere Oefen waren zu einem Massiv verbunden.) In einem Schachte wurde in 24 Stunden 1 t Zinkblende auf 7 % Schwefel im Röstgute abgeröstet. Das Röstgut wurde in Flammöfen tot geröstet.

In Lipine standen (1895) Kiesbrenner in Anwendung, deren Höhe von der Hüttensohle aus 2,8 m betrug. Der Schacht war quadratisch und hatte 1,25 m Seite. Es waren bis zu 26 Oefen zu einem Massiv verbunden. Die Höhe der Blendeschicht über dem Roste betrug 0,4 m. In 24 Stunden wurden 500 kg Blende von 25 % Schwefel auf 10 % Schwefel abgeröstet. Die Röstgase enthielten 6 Vol.-Procent Schweflige Säure. 1 Arbeiter bediente in der 12stündigen Schicht 10 Oefen. Die geröstete Blende wurde durch Walzen zerkleinert und dann in Flammöfen tot geröstet.

Auf Reckehütte bei Rosdzin in Oberschlesien standen (1895) Kiesbrenner von 1 m Weite und 1 m Tiefe des Schachtes, deren Gesammthöhe 2,50 m betrug, in Anwendung. Die zu röstende Blende besass Nussgrösse und einen Schwefelgehalt von 24 bis 33 %. Die Höhe der Blendeschicht über dem Roste betrug 60 cm. In 24 Stunden wurden in einem Schachte 350 kg Blende auf 7 % Schwefel abgeröstet. Der Gehalt der Röstgase an Schwefliger Säure betrug gegen 7 Vol.-Procent. Es waren 23 bis 30 Schächte zu einem Massiv vereinigt. Die Zahl der Arbeiter an einem derartigen Massiv betrug 2 Mann mit 2 Gehülfen am Tage. Die geröstete Blende wurde auf Walzenmühlen gemahlen und dann in Fortschaufelungsöfen tot geröstet. Die Leistung einer Walzenmühle in 12 Stunden betrug 100 t.

Die Röstung der zerkleinerten Blende in Schachtöfen.

Soweit dem Verfasser bekannt, sind für die Röstung der pulverförmigen Blende bis jetzt nur die Gerstenhöfer'schen Oefen zur definitiven Anwendung gelangt. Diese besonders für kiesige Blenden geeigneten Apparate sind in Bd. I (Metallhüttenkunde) S. 59 des Näheren beschrieben und durch Zeichnungen erläutert. Sie erfordern, wenn das Ergebniss der Röstung günstig ausfallen soll, eine starke Zerkleinerung der Blende, womit wieder der Nachtheil einer starken Flugstaubbildung verbunden ist. Aber auch im günstigsten Falle lässt sich der Schwefel nicht unter 5 bis 6 % im Röstgute abrösten, so dass auch hier eine Nachröstung in Flammöfen geboten ist. Zum Zwecke der Nachröstung lässt sich auch der Gerstenhöfer'sche Ofen durch Anbringen einer seitlichen Feuerung im unteren Theile desselben in einen Flammofen (Schacht-Flammofen) umwandeln. In diesem Falle lassen sich aber die Röstgase nicht mehr zur Schwefelsäure-Fabrikation verwenden, so dass die Anwendung von Heerd-Flammöfen (Fortschaufelungsöfen) zum Totrösten der Blende vorzuziehen ist. Die Einrichtung einer mit dem Gerstenhöfer'schen Ofen verbundenen Hülfsfeuerung ist aus der Figur 16 ersichtlich. T ist der untere Theil des Schachtes mit den Erzträgern t. F ist die Rostfeuerung, von welcher die Feuergase durch den Canal c in den Schacht gelangen. H ist ein Theil der Flugstaubkammer. s ist eine Schnecke zum Entleeren des Röstgutes in den Wagen w. k ist ein Canal, welcher die aus den Rückständen entweichende Schweflige Säure in die Esse führt.

In 24 Stunden lassen sich in einem Gerstenhöfer-Ofen 1 bis 2 t Blende abrösten.

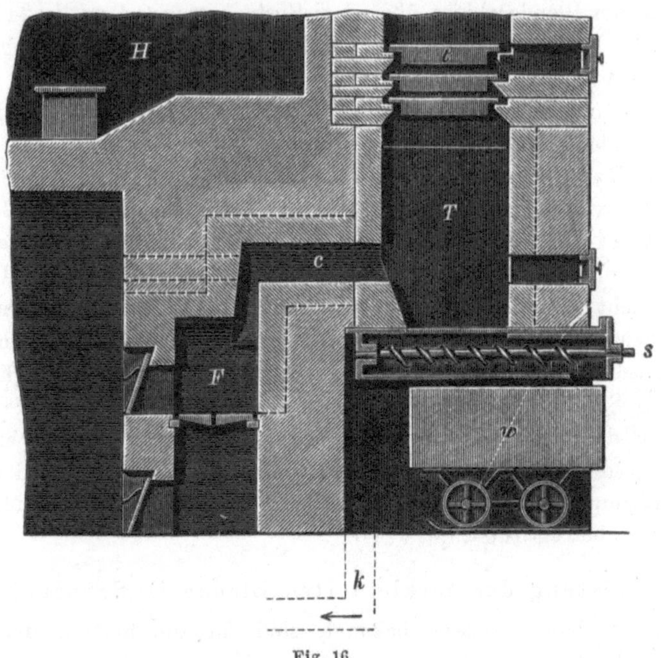

Fig. 16.

Er hat den Nachtheil einer ganz erheblichen Flugstaubbildung und ist aus diesem Grunde nur auf wenigen Werken zur definitiven Anwendung gelangt. Er steht für Blenderöstung auf der Mulden-Hütte bei Freiberg und in Swansea in England im Betriebe.

Die Röstung in Flammöfen.

Die Flammöfen wendet man grundsätzlich zur Röstung der Zinkblende an, wenn von einer Verwerthung der Röstgase zur Schwefelsäure-Fabrikation oder von einer anderweitigen nützlichen Verwendung derselben abgesehen werden muss. In Culturländern darf die in diesen Oefen entbundene Schweflige Säure nur in höchst verdünntem Zustande in die Atmosphäre entbunden werden. Andernfalls ist sie unschädlich zu machen.

Die Flammöfen gestatten eine schnelle und vollständige Abröstung und erfordern weniger Brennstoff und Arbeitslohn als die Gefässöfen.

Die Röstung in Schacht-Flammöfen.

Von Schacht-Flammöfen kommt bis jetzt nur der zum Brennen des Galmeis angewendete, Seite 33 beschriebene Flammofen von Spirek in Betracht. Ueber die technischen und wirthschaftlichen Ergebnisse, welche mit diesen Oefen bei der Blenderöstung zu erzielen sind, ist bisher noch nichts bekannt geworden.

Ob der Stetefeldt'sche Schacht-Flammofen, welcher bei der chlorirenden Röstung der Silbererze hinsichtlich des Brennstoffs-Verbrauchs, der Bedienung und des Durchsatzquantums vorzügliche Dienste leistet, auch für die oxydirende Röstung der Zinkblende geeignet erscheint, ist bis jetzt noch nicht festgestellt worden.

Die Röstung in Heerd-Flammöfen.

Das für eine gute Röstung erforderliche Durchrühren und Fortbewegen des Erzpulvers kann sowohl durch Handarbeit als auch durch Maschinenarbeit bewirkt werden.

Die Arbeitskammer der Heerd-Flammöfen ist entweder unbeweglich oder sie besitzt einen beweglichen Heerd, welcher während des Betriebes gedreht wird, oder die ganze Kammer ist beweglich. Hiernach unterscheiden wir

feststehende Flammöfen,
Flammöfen mit beweglichem Heerde und
Flammöfen mit beweglicher Arbeitskammer (rotirende Cylinder).

Als Brennstoffe benutzt man grundsätzlich feste Brennstoffe. Im Jola-Bezirk der Vereinigten Staaten von Nord-Amerika benutzt man für die Flammöfen mit Handbetrieb sowohl wie mit Maschinenbetrieb mit grossem Vortheil das dort vorhandene Naturgas als Brennstoff.

Die Röstung in feststehenden Heerd-Flammöfen.

Die feststehenden Heerd-Flammöfen unterscheidet man in solche mit Handbetrieb und in solche mit Maschinenbetrieb.

Die feststehenden Flammöfen mit Maschinenbetrieb wird man in Gegenden mit hohen Arbeitslöhnen anwenden, während man an Orten mit billigen Arbeitslöhnen den Flammöfen mit Handbetrieb den Vorzug vor den erstgedachten Oefen sowohl als auch vor den Flammöfen mit beweglichem Heerde und vor den Flammöfen mit beweglicher Erhitzungskammer geben wird.

Die Röstung in feststehenden Heerd-Flammöfen mit Handbetrieb.

Nur in seltenen Fällen werden die Heerd-Flammöfen durch die Abhitze der Zink-Reductionsöfen geheizt. Bei der Sorgfalt, welche auf die Röstung der Blende zu verwenden ist, sowie bei den wechselnden Temperaturen, welche die Röstung der Blende in den verschiedenen Röststadien erfordert, ist eine derartige Ausnutzung der Abhitze nicht zu empfehlen. Grundsätzlich hat man daher die Röstung der Zinkblende unabhängig vom Betriebe der Reductionsöfen zu bewirken.

Die unabhängig von den Zink-Reductionsöfen betriebenen Heerd-Flammöfen mit Handbetrieb.

Diese Oefen sind als sogen. „Fortschaufelungsöfen", d. i. Oefen mit langgestrecktem Heerde und mit continuirlichem Betriebe einzurichten.

Die kleinen Oefen mit discontinuirlichem Betriebe (in welche die ganze zu röstende Erzmasse auf einmal eingesetzt und aus welchen sie nach beendigter Röstung auf einmal herausgezogen wird), die sog. Krählöfen sind wegen geringen Durchsetzquantums, hoher Arbeitslöhne und hohen Brennstoff-Verbrauchs nicht zu empfehlen und dürften auch wohl nirgends mehr in Anwendung stehen.

Den Fortschaufelungsöfen giebt man am besten nur einen Heerd. Die einheerdigen Oefen besitzen gegenüber den Oefen mit mehreren übereinanderliegenden Heerden die Vortheile geringerer Anlagekosten, geringerer Reparaturbedürftigkeit und der bequemeren Arbeit und Beschickung. Oefen mit mehreren übereinanderliegenden Heerden sollte man nur beim Mangel an Raum oder bei sehr hohen Kosten des Grund und Bodens anwenden. Der bei Oefen mit mehreren Sohlen erzielte Wärmegewinn ist nicht erheblich. Derselbe lässt sich auch bei Oefen mit einer Sohle erzielen, wenn man die Feuergase durch unter der Sohle gelegene gewölbte Canäle abführt und den Ofen selbst mit einem schlechten Wärmeleiter abdeckt. Trotz der gedachten Nachtheile hat man bis jetzt die Oefen mit zwei Heerden den einheerdigen Oefen vorgezogen.

Die Länge des Heerdes richtet sich nach dem Schwefelgehalte der Blende. Da der Schwefel als Heizstoff wirkt, so kann der Heerd um so länger sein, je grösser der Schwefelgehalt der Blende ist. Erfahrungsmässig geht man indess bei einheerdigen Oefen nicht über 12 m Länge des Heerdes und bei Oefen mit zwei übereinanderliegenden Heerden nicht über 15 m Gesammtlänge der Summe der Heerde hinaus. Eine grössere Länge des Heerdes bzw. der Summe der Heerde ist ohne Nutzen für den Ausfall der Röstung, vertheuert die Anlagekosten und erfordert mehr Arbeiter.

Die Breite des Heerdes soll so gross sein, dass die Massen bequem durchgekräht und fortbewegt werden können. Besitzt der Ofen nur an der einen langen Seite Arbeitsöffnungen, wie es bei der Blenderöstung im Interesse der Ausnutzung der Wärme vortheilhaft erscheint, so wird man nicht viel über 2,5 m Breite hinausgehen können. Hat er dagegen an den beiden langen Seiten Arbeitsöffnungen, so darf die Breite des Heerdes bis 4 m betragen. Derartige Oefen finden indess nur ausnahmsweise Anwendung, weil durch dieselben eine gleichmässige Abröstung erschwert und der Brennstoff-Aufwand vermehrt wird.

Die Zahl der Arbeitsöffnungen ist nach Möglichkeit zn beschränken, da der Ofen durch dieselben abgekühlt wird. Im Interesse einer guten Ausnutzung der Wärme giebt man daher auch dem Ofen trotz der unbequemeren Arbeit in demselben mit Vorliebe nur Arbeitsöffnungen in der einen langen Seite desselben. Erfahrungsmässig soll die Entfernung zwischen den Mittellinien je zweier benachbarter Arbeitsöffnungen im Interesse einer bequemen Arbeit im Ofen nicht über 2,5 m betragen. Auch sollen die Ausladungen zwischen den Arbeitsöffnungen so klein wie möglich sein.

Die Entfernung zwischen Heerdsohle und Gewölbe macht man nicht viel über 45 cm. Im Interesse der Ausnutzung der Feuerung giebt man wohl dem Heerdgewölbe nach dem Fuchse zu eine gewisse Neigung oder man lässt den Heerd im Ganzen oder in mehreren Terrassen nach dem Fuchse zu ansteigen.

Da sehr hohe Temperaturen für die Röstung nicht erforderlich sind, so wendet man als Regel Rostfeuerung an. Gasfeuerung wendet man nur bei schlechten Brennstoffen oder beim Mangel langflammiger Brennstoffe an.

Die Einrichtung eines einheerdigen Fortschaufelungsofens zum Rösten von Zinkblende weicht, abgesehen von den Dimensionen, nicht von der Einrichtung der in Bd. I S. 78 beschriebenen und durch Zeichnungen erläuterten Fortschaufelungsöfen ab.

In einem einheerdigen Fortschaufelungsofen von 12 m Heerdlänge, $2^1/_2$ bis 3 m Heerdbreite, mit einer 2 m langen, 45 cm weiten Rostfeuerung lassen sich mit einer Belegschaft von 1 Arbeiter in der Schicht in 24 Stunden 3 t Zinkblende bei einem Verbrauche von 1 t Steinkohlen abrösten[1]). Das Erz wird in Portionen von je 750 kg durch eine Oeffnung im Gewölbe in dem Fuchse des Ofens eingesetzt und in Zwischenräumen von je 6 Stunden vorgeschoben. Es liegen demnach 4 Portionen Erz im Ofen und alle 6 Stunden werden 750 kg ausgezogen. In Zwischenräumen von je 15 Minuten wird das Erz durchgekrählt.

Die mehrheerdigen Fortschaufelungsöfen besitzen in der Regel zwei übereinanderliegende Heerde. Mehr als 2 Heerde werden nur ausnahmsweise angewendet.

Die Einrichtung eines doppelheerdigen Fortschaufelungsofens ist aus den Figuren 17 u. 18 ersichtlich[2]). 4 derartige Oefen sind zu einem Massiv verbunden. c ist der Rost, welcher 0,70 m unter der hohlen, durch Luft gekühlten Feuerbrücke d liegt; a ist der untere Heerd, a_1 der obere Heerd, deren Länge je 4,65 m und deren Breite i. L. je 2,5 m beträgt. e ist der Fuchs. Die Feuergase ziehen durch denselben in die Rauchcondensations-Canäle e_1 und dann in den Essencanal f. Zu einem Massiv von je 4 Oefen gehört eine Esse. i ist der Aschenfall. k k sind die

---

[1]) Thum, B.- u. H. Ztg. 1876. S. 202.

[2]) Berg- u. Hüttenm. Ztg. 1877. S. 100.

Arbeitsöffnungen. g ist eine während der Röstung verschlossene Oeffnung, durch welche die abgeröstete Blende in das Gewölbe h hinabgestürzt wird.

In einem solchen Ofen röstet man in 24 Stunden 3 bis 4 t Blende mit je 1 Mann Belegschaft in der Schicht und 30% Brennstoff-Verbrauch ab. Diese Oefen sind auf den meisten Hüttenwerken durch Muffelöfen, welche eine Verwerthung der Röstgase gestatten, verdrängt worden. Sie standen auf den Zinkhütten in Oberschlesien, Rheinland-Westphalen und Belgien in Anwendung. Man setzt in denselben in 24 Stunden je nach

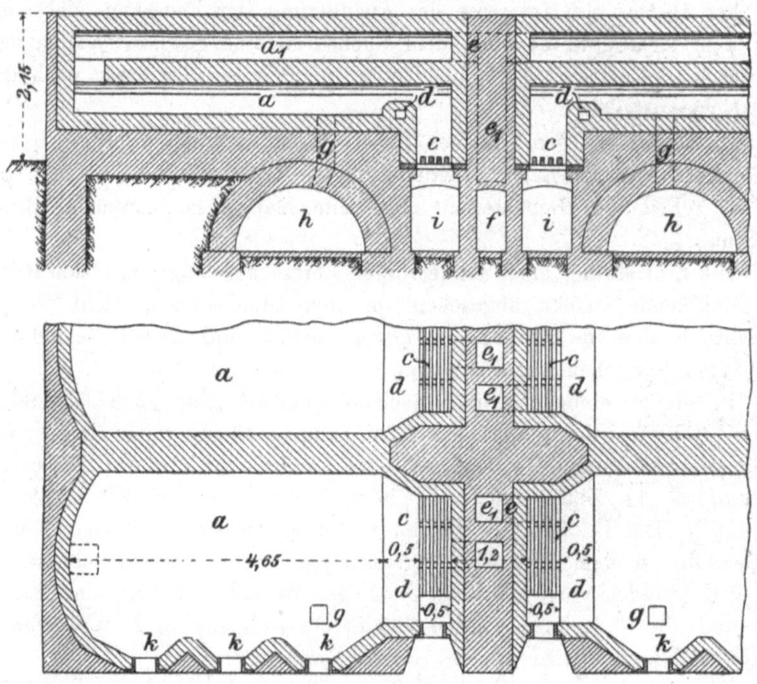

Fig. 17 u. 18.

ihrer Grösse 2,5 bis 6 t Erz bei einem Aufwande von 25 bis 40% Steinkohlen (je nach der Qualität derselben) durch. Bei den kleineren Oefen (mit bis 3 t Durchsetzquantum) genügt 1 Arbeiter in der Schicht, bei den grösseren Oefen sind 2 Mann Belegschaft in der Schicht erforderlich.

In Oberhausen[1]) waren die Heerde des Ofens je 6,50 m lang und 2 m breit. Der Rostquerschnitt betrug 2 × 0,40 m. In 24 Stunden setzte man 3 t Erz mit 600 bis 700 kg fetten Kleinkohlen (11% Aschengehalt) durch. Die Entschwefelung wurde auf 0,57 bis 0,83% Schwefelrückhalt im gerösteten Erze gebracht. Der Zinkverlust bei der Röstung sollte 0,75% nicht übersteigen.

---

[1]) Mahler, Ann. des Mines. 1885. Tome VII. Livre 3. p. 152.

Zu Ammeberg in Schweden[1]) sind ähnlich eingerichtete Oefen, jedoch mit Gasfeuerung vorhanden. In 24 Stunden röstet man 3,100 t Blende auf 1,20 bis 1,25% Schwefel bei einem Verbrauch von 0,545 t Kleinkohlen ab. Zur Bedienung von 4 Oefen sind 20 Arbeiter in 2 12stündigen Schichten erforderlich.

Auf Münsterbusch bei Stolberg wurden in einem Ofen, dessen Heerde je 6,28 m lang und 2,82 m breit waren und auf je einer der entgegengesetzten Seiten 5 Arbeitsöffnungen besassen, in 24 Stunden $2^1/_2$ t Blende in 4 Portionen mit 11 Hectolitern Steinkohlen abgeröstet. Alle 6 Stunden wurde eine Portion Röstgut aus dem Ofen ausgezogen, bzw. ein neuer Einsatz in denselben eingeführt. 3 Stunden nach dem jedesmaligen Einsetzen wurden die sämmtlichen im Ofen befindlichen Röstposten durchgekrählt.

Auf Hohenlohe-Hütte bei Kattowitz in Oberschlesien waren Oefen mit doppelter Sohle und je 5 Arbeitsöffnungen an je einer langen Seite der Sohle vorhanden. Im Ofen befanden sich gleichzeitig 3 Einsätze von je 1 t, 2 Einsätze auf dem oberen Heerde und 1 Einsatz auf dem unteren Heerde. Jeder Einsatz blieb 5 Stunden lang auf seiner Stelle liegen, eher er weiter geschaufelt wurde. Im Ganzen blieb er demnach 15 Stunden lang im Ofen. Alle 5 Stunden wurde ein Einsatz aus dem Ofen herausgezogen und ein neuer Einsatz auf die Sohle des oberen Heerdes gebracht. In 24 Stunden wurden in einem Ofen nahezu 5 t Blende auf 1% Schwefel bei 25% Brennstoff-Verbrauch vom Gewichte des rohen Erzes abgeröstet. Die Röstgase enthielten noch 1 Volum-Procent Schweflige Säure. Sie wurden zur Absorption der letzteren in auf- und absteigender Richtung durch mit Kalkmilch berieselte Thürme und schliesslich in eine 100 m hohe Esse geführt.

Auf Silesia-Hütte bei Lipine standen doppelheerdige Fortschaufelungsöfen in Anwendung. Die Länge des Heerdes auf jeder der beiden Sohlen betrug 5,6 m, die Breite 2 m. Die Zahl der Arbeitsöffnungen auf jeder Sohle betrug 4 bis 5. Im Ofen befanden sich gleichzeitig 3 Einsätze zu je 650 kg. In 24 Stunden wurden in einem Ofen 5100 kg Blende bei einem Verbrauche von 1200 kg minderwerthigen Kohlen geröstet. Die Bedienung des Ofens in der 12stündigen Schicht betrug $2^1/_4$ Mann, von welchen 2 das Rösten und Schüren bewirkten, während ein Arbeiter in $^1/_4$ Schicht das Aufgeben der Blende und die Zufuhr der Kohlen besorgte.

Auf Reckehütte bei Rosdzin (Oberschlesien) standen doppelheerdige Fortschaufelungsöfen in Anwendung, deren Heerdlänge auf jeder Sohle 6 m betrug. Die Heerdbreite betrug 2 m, die Zahl der Arbeitsöffnungen auf jeder Sohle 6. In 24 Stunden wurden 3,5 t Blende bei einem Verbrauch von 1 t Steinkohlen-Gries abgeröstet. Die Belegschaft des Ofens betrug 1 Mann in der 12stündigen Schicht.

---

[1]) Mahler, l. c.

Auf der Hütte zu Cilli in Süd-Oesterreich[1]) wird ein Teil der Blende (schwefelarme Blende) in Fortschaufelungsöfen mit zwei übereinanderliegenden Heerden von je 7,5 m Länge und 2,5 m Breite, mit Arbeitsöffnungen an der einen langen Seite der Heerde geröstet. In 24 Stunden werden 3 Einsätze zu je 750 kg geröstet.

Die Abnahme des Schwefels und die Bildung von Zinksulfat bei der Röstung der Blende in einem doppelheerdigen Fortschaufelungsofen auf den Werken der Vieille Montagne bei Flône in Belgien ist aus der nachstehenden Zusammenstellung ersichtlich. In derselben bezeichnet A das ungeröstete Erz, Z das ausgezogene Röstgut, 2 bis 8 die während der Röstung nach einander genommenen Proben.

Probe	Schwefelzink %	Zinksulfat %	Zinkoxyd %
A	83	0	0
2	70,5	3,7	15,2
3	52,2	3,9	34,6
4	51,5	4,2	38
5	43	11	41,5
6	23,2	12,3	57,8
7	17,7	7,8	65
8	8,6	6,2	75,5
Z	1,9	5,9	81

Eine gleiche Zusammenstellung der Ergebnisse der Röstung der Blende in einem einheerdigen Flammofen auf den Werken der Austro-Belgischen Gesellschaft zu Corphalie in Belgien ist nachstehend aufgeführt.

Probe	Schwefelzink %	Zinksulfat %	Zinkoxyd %
A	64,5	0	0
2	58	3,4	4,6
3	38,0	7,9	19,0
4	17,5	8,4	39,0
5	10,0	2,6	50,5
Z	1,2	2,2	59,7

Oefen mit mehr als 2 Sohlen standen zu La Salle im Staate Illinois[2]) der Vereinigten Staaten von Nord-Amerika in Anwendung. Die einzelnen Heerde bilden, wie bei dem Ofen von Malétra (Bd. I. S. 65), alternirend übereinander angebrachte Platten, über welche das Erz von oben nach unten wandert, während die Flamme und die Feuergase den umgekehrten Weg machen. Der Ofen stellt einen Würfel von 4,5 m Seite dar und zerfällt in fünf nebeneinanderliegende getrennte Abteilungen von

[1]) B.- u. H. Ztg. 1894, No. 4.

[2]) Leob, Jahrb. 1879. Bd. 27. S. 316.

je 0,9 m Breite und 4,5 m Länge. Jede dieser Abtheilungen hat 8 übereinanderliegende Sohlen, über welche das Erz in ähnlicher Weise fortbewegt wird wie bei dem Malétra-Ofen. Ein Ofen (bzw. 5 Abtheilungen) setzte in 24 Stunden 1800 kg Blende durch. In der neuesten Zeit sind in La Salle die weiter unten angegebenen Muffelöfen zur Anwendung gekommen.

Die durch die Abhitze der Zink-Reductionsöfen geheizten Heerd-Flammöfen mit Handbetrieb.

Derartige Oefen sind durch Thum in England gebaut worden, wo sie durch die Abhitze der belgischen Zink-Reductionsöfen geheizt werden. Ein derartiger Ofen mit einer Heerdsohle von 12,5 m Länge und 3 m Breite, sowie 0,6 m Entfernung der Heerdsohle vom Gewölbe, stand zu Bagilt im Betriebe und röstete in 24 Stunden 1500 bis 1600 kg Blende ab.

Diese Oefen haben den grossen Nachtheil der völligen Abhängigkeit des Röstbetriebes vom Betriebe der Reductionsöfen und sind daher nicht zur Anwendung zu empfehlen. Die Abhitze der Reductionsöfen lässt sich vortheilhafter zu anderen Zwecken (Vorwärmen der Verbrennungsluft und Gase zum Heizen der Reductionsöfen) verwenden.

Die Röstung in feststehenden Heerd-Flammöfen mit Maschinenbetrieb.

Oefen dieser Art sind die Oefen mit beweglichen Krählen zum Durchrühren der Blende. Da die bewegten Theile sehr bald reparaturbedürftig werden und nicht unerhebliche Kosten verursachen, so sind derartige Oefen in Gegenden mit hohen Arbeitslöhnen am Platze. Sie stehen besonders in den Vereinigten Staaten von Nord-Amerika in Anwendung.

Versuchsweise hat ein Ofen dieser Art, der Ofen von Ross & Welter, in Oberhausen in Anwendung gestanden [1]).

Derselbe besteht aus drei übereinanderliegenden Heerden, von welchen der unterste Heerd langgestreckt ist wie die Heerde der Fortschaufelungsöfen, während die beiden oberen Heerde kreisförmig sind. In den beiden oberen Heerden bewegen sich an einer stehenden Welle befestigte rotirende mit Zinken versehene Krählarme, ähnlich wie beim Ofen von Parkes (Bd. I S. 95). Das Erz wird durch eine Aufgebevorrichtung auf den obersten Heerd aufgegeben und durch die rotirende Krählvorrichtung, welche sich in der Minute einmal umdreht, durchgerührt und allmählich auf den zweiten Heerd translocirt. Hier wird es wieder durch die Krählvorrichtung (bei einer Umdrehung in der Minute) durchgerührt und allmählich auf den untersten Heerd geschoben, wo es durch Handarbeit durchgerührt und fortbewegt wird.

---

[1]) Mahler, l. c. B.- u. H. Ztg. 1886. S. 180.

Die Krählarme sind an einer Muffe angebracht, durch welche eine senkrechte, hohle, gusseiserne Welle hindurchgesteckt ist. Die letztere wird durch Zahnräder gedreht und überträgt ihre Bewegung auf die Muffe. Durch die hohle Welle streicht Luft zur Abkühlung derselben. In diesem Ofen, welcher durch einen Arbeiter bedient wird, soll man in 24 Stunden 3 t Blende bei einem Verbrauch von 750 kg Kohlen verarbeiten können.

Dieser Ofen dürfte mit dem der Vieille Montagne patentirten Röstofen (Deutsch. R. P. No. 24155) übereinstimmen, nur hat der letztere drei runde Heerde. Die Einrichtung des patentirten Ofens ist aus der Figur 19 ersichtlich. A sind die drei untereinanderliegenden runden Heerde; Y ist der oblonge (Fortschaufelungs-) Heerd. X ist die Rostfeuerung. Die

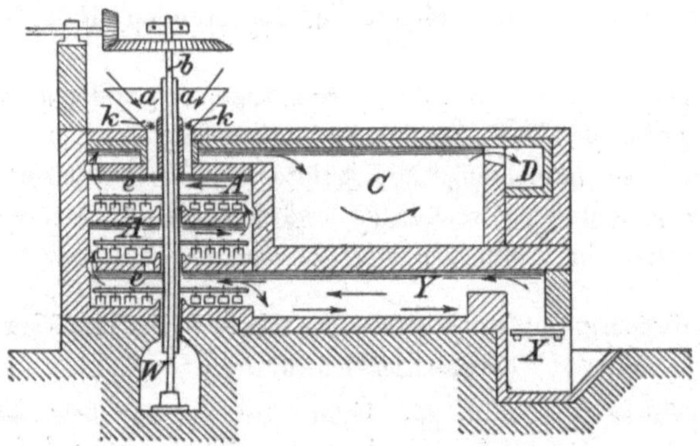

Fig. 19.

Feuergase streichen zuerst über den Heerd Y und dann über die einzelnen runden Heerde, wie es in der Figur durch Pfeile angedeutet ist. Vom obersten Heerde ziehen sie in die Flugstaubkammer C und aus der letzteren in den Essencanal D. Das Erz wird durch den Trichter a aufgegeben und durch cannelirte Walzen auf die oberste Sohle des Ofens gestürzt, von wo es mit Hülfe des Rührwerks allmählich auf die unteren Sohlen und schliesslich auf den oblongen Fortschaufelungsheerd geführt wird. Hier wird es mit Handbetrieb durchgerührt und schliesslich im abgerösteten Zustande herausgezogen. Die Welle b des Rührwerks ist von einem gusseisernen Cylinder umgeben, welcher so an der Welle befestigt ist, dass er sich mit derselben drehen kann. In den zwischen Welle und Cylinder befindlichen Hohlraum tritt von dem Canal W aus Luft zur Abkühlung ein und verlässt denselben an seinem oberen, ausserhalb des Ofens befindlichen Ende. Es lässt sich auch eine hohle Welle anwenden, in welchem Falle (wie bei dem Ofen von Ross & Welter angeführt) die Krählarme an einer aus zwei Theilen bestehenden Muffe befestigt sind. Die Muffe selbst ist mit Hülfe von Splinten an der Welle bzw. an dem gusseisernen Cylinder befestigt. Auf jeder Sohle sind zwei

Krählarme e an der Welle befestigt. In den einen derselben sind in radialer Richtung gezahnte Zinken eingesteckt, während an dem anderen schräg gestellte Platten befestigt sind. Durch die gezahnten Zinken wird das Röstgut umgerührt; die schräg gestellten Platten des anderen Krählarmes dagegen schieben das Röstgut je nach ihrer Stellung entweder nach

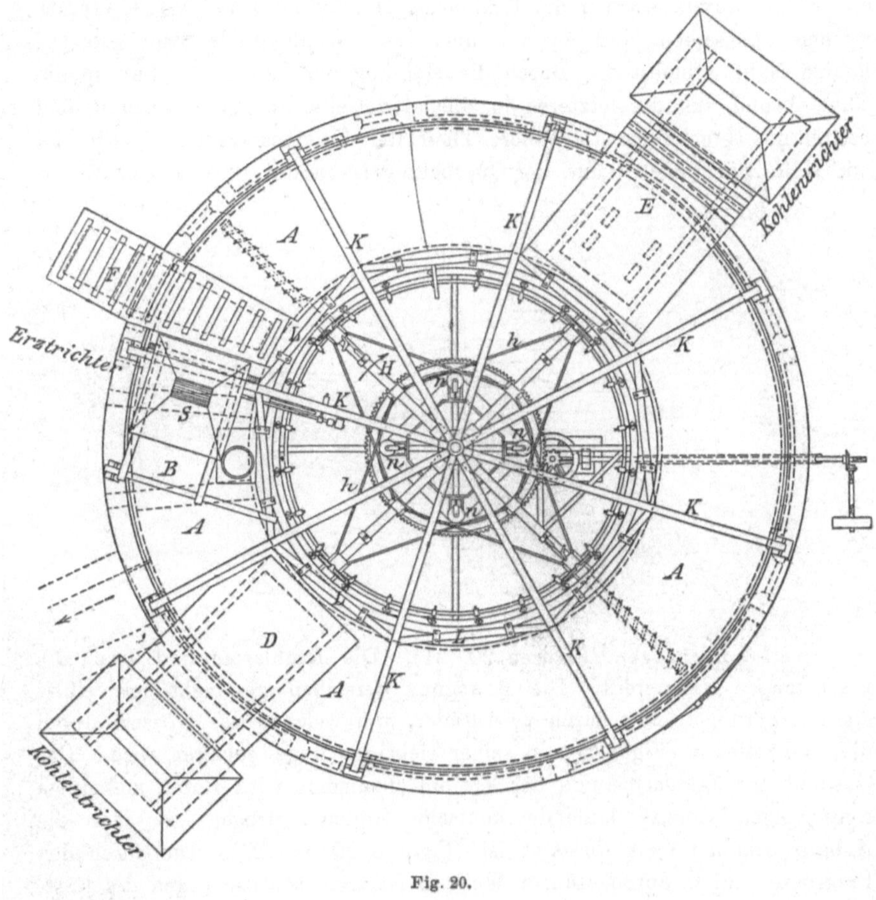

Fig. 20.

der Mitte oder nach der Peripherie des Heerdes, wo es durch daselbst angebrachte Oeffnungen auf die nächste untere Sohle fällt.

In den Vereinigten Staaten von Nord-Amerika stehen die Oefen von Ropp, Wethey (Bd. I S. 84), Pearce und Brown in Anwendung.

Die Einrichtung des Ofens von Pearce ist aus den Figuren 20 bis 28 ersichtlich.

A ist der Heerd. B ist ein keilförmiger Ausschnitt desselben zum Austragen des Röstgutes. C ist ein unter dem Heerde hinlaufender Flugstaubcanal, welchen die Röst- und Verbrennungsgase in umgekehrter Richtung durchziehen wie die durch den Heerdraum ziehenden Gase. D und E sind die beiden Rostfeuerungen. Die Feuergase treten aus denselben über ein Schutzgewölbe in den Heerdraum und ziehen mit den Röstgasen durch einen absteigenden Canal in den Flugstaubcanal C. Aus den Figuren 24 und 25 ist der Schlitz in der Innenmauer des Heerdes ersichtlich, durch welchen die Krählarme H (Figur 20 und 21) hindurchreichen. Dieselben sind an der um eine centrale hohle Säule gelegten hohlen Nabe J befestigt. Durch die Höhlung der Säule wird Luft in die Nabe J und aus der letzteren in die an dieselbe angeschlossenen hohlen Krählarme H geleitet. Der obere Theil der Innenmauer des Heerdes ist mit Hülfe der Bügel k und der Querbalken L an den 8 I-förmigen Eisen-

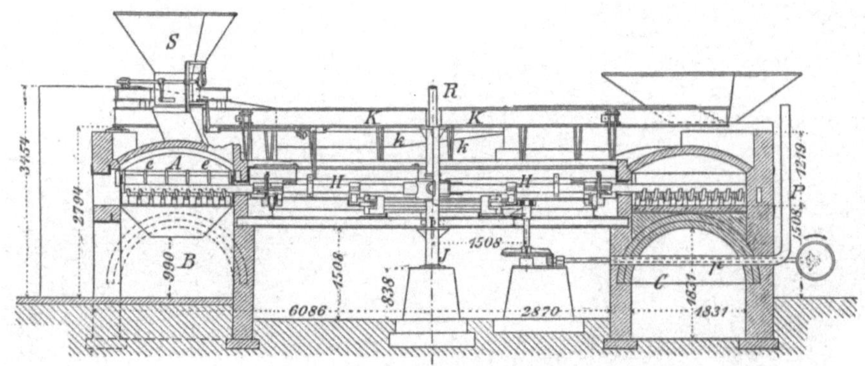

Fig. 21.

trägern K aufgehangen (Figuren 20, 21). Die Krählarme sind durch die Eisenstangen h versteift. Die Bewegung derselben geschieht mit Hülfe eines Zahnradgetriebes durch zwei Räder, von welchen das grössere durch die Gleitrollen n (Figur 20) in seiner richtigen Lage gehalten wird. Das Gewicht der Krählarme und des Treibmechanismus wird durch auf einem ringförmigen Geleise laufende konische Rollen getragen, so dass die Nabe J in keiner Weise belastet ist (Figuren 20 und 21). Die durch den Flugstaubcanal C durchgeführte Welle p ist zum Schutze gegen die Röstgase mit einem Eisenrohr P umgeben. Die Krählarme können der Abnutzung der Zinken entsprechend gestellt werden. Der Wind tritt durch das Rohr R und die hohle Säule in die Nabe J, aus welcher er in die hohlen Krählarme H gelangt. Dieselben besitzen (Figur 22) Oeffnungen und kleine Rohransätze, durch welche der Wind in den Heerdraum ausgeblasen wird. Derselbe kühlt die der Hitze ausgesetzten Theile der Krählarme und auch die Krählzinken, während er selbst vorgewärmt wird und so im Verein mit dem durch die Roste eingeführten Wind die Schwefelmetalle oxydirt. Auch wird noch ein Theil vorgewärmter Luft durch in der äusseren Heerdmauer ausgesparte Canäle in den Heerdraum geleitet. Auf dem ersten Theile des Heerdes, auf welchem das Erz angewärmt wird, ist noch keine Luft erforderlich. Dieselbe wird daher bei dem Aufgebetrichter für das Erz durch Ventile (Figuren 20 und 21) abgeschlossen.

Das Erz wird durch den Trichter S mit Hülfe einer automatischen Vorrichtung (Figur 21) auf den Heerd aufgegeben und durch den Vertheiler e auf die Krähle gebracht. Dasselbe wird durch die Krähle allmählich fortbewegt und bei B in einen Wagen ausgetragen. Durch ein

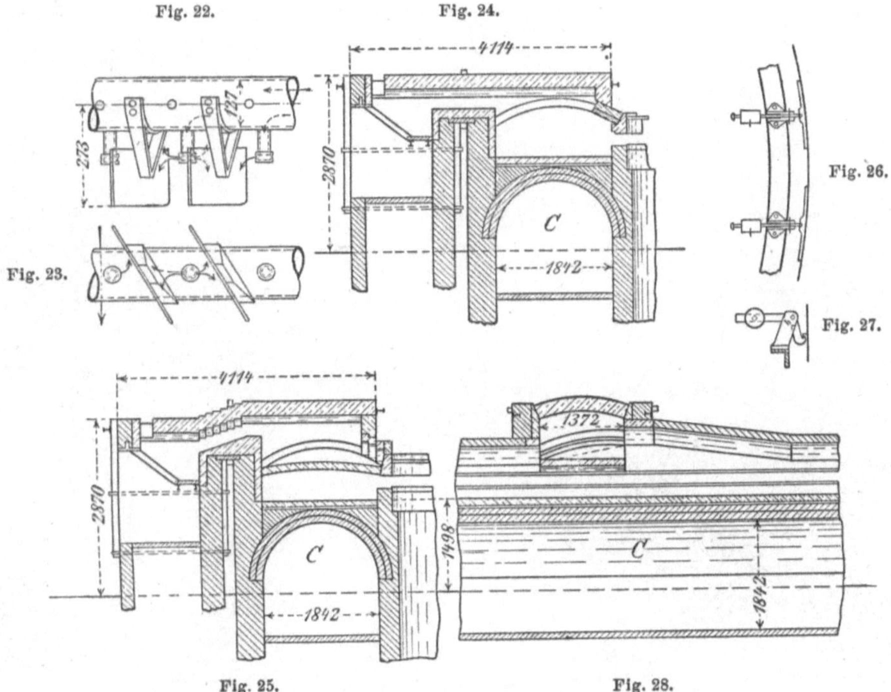

Fig. 22. Fig. 23. Fig. 24. Fig. 25. Fig. 26. Fig. 27. Fig. 28.

0,3048 m hohes Stahlband wird der Schlitz des Heerdes verschlossen (Figuren 26 und 27). Dasselbe bewegt sich mit den Krählarmen und wird durch mit Gewichten versehene zweiarmige Hebel gegen die Wände des Schlitzes gepresst. Die Hebel drehen sich in Ständern welche auf an die Krählarme angeschraubten, einen Ring bildenden Winkeleisen ruhen. Die Feuerungen besitzen Treppenroste (Figuren 24 und 25). Der Brennstoff (Steinkohle) wird durch Trichter, welche mit einer automatischen Aufgebevorrichtung versehen sind, eingeführt. Die Zahl der Krählarme beträgt 4. Zum Betriebe der Maschinen für das Krählen und die Beschaffung des Gebläsewindes sind gegen 2 Pferdekräfte erforderlich.

Der Ofen erfordert in der 12stündigen Schicht 1 Mann Bedienung.

Der Brown'sche Hufeisenofen ist ein unterbrochener Ringofen, welcher in seiner Gestalt einem Hufeisen ähnelt.

Die Einrichtung dieses Ofens, welcher von der Firma Fraser und Chalmers in Chicago angefertigt wird, ist aus den Figuren 29 bis 35 ersichtlich (die eingeschriebenen Zahlen sind metrisches Maass). Figur 29 stellt den Grundriss dar; Figur 30 ist ein Verticalschnitt durch den eigentlichen Ofen; Figur 31 ist ein Verticalschnitt durch den Heerdraum und Essencanal, Figur 32 ein Verticalschnitt durch Essencanal und Fuchs; Figur 33 ist ein Verticalschnitt durch die Rostfeuerung und den Heerdraum; Figur 34 ist ein Verticalschnitt durch den Ofen an seinem hinteren Ende, wo das Austragen des Erzes stattfindet; Figur 35 ist ein Verticalschnitt durch das vordere Ende des Ofens, an welchem das Aufgeben des Erzes stattfindet.

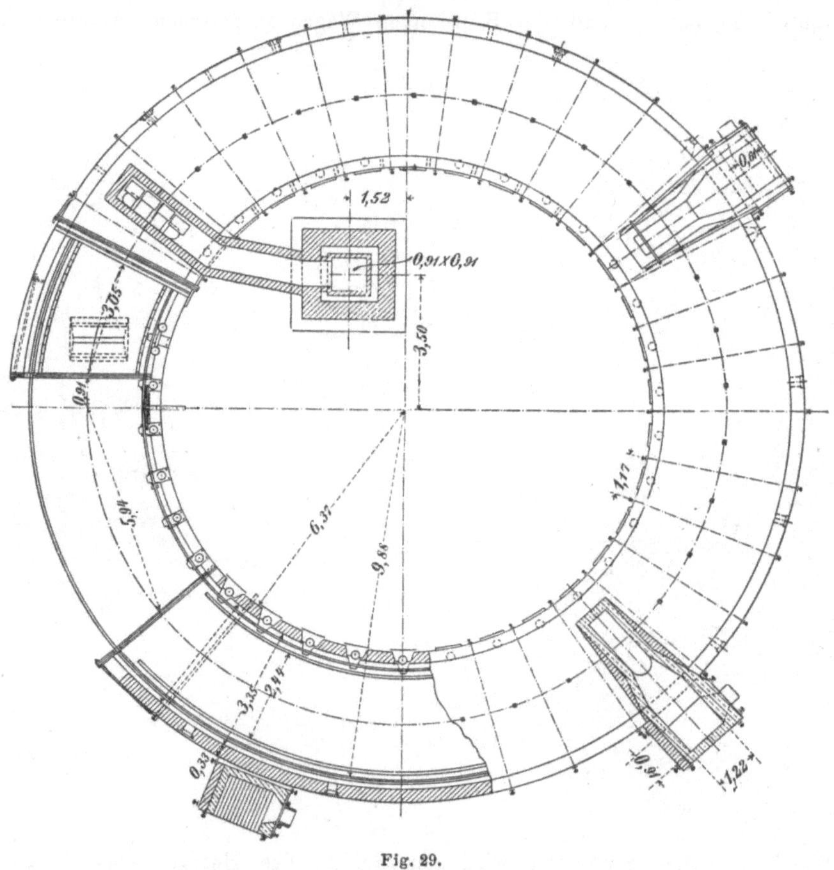

Fig. 29.

Wie aus dem Grundrisse des Ofens ersichtlich ist, nimmt der Arbeits- oder Heerdraum desselben gegen $^4/_5$ der ringförmigen Fläche desselben ein. $^1/_5$ dieser Fläche liegt zwischen den beiden Enden des Ofens. Der über derselben befindliche Raum ist frei und dient dazu, die denselben passirenden Röstkrähle abzukühlen. Zu beiden Seiten des Heerdraumes laufen ringförmige Abtheilungen hin, welche durch einen breiten Spalt mit dem ersteren in Verbindung stehen. In der nach dem Centrum des Ofens gekehrten Abtheilung liegt eine Schiene, auf welcher mit den Röstkrählen verbundene Wagen laufen. In der äusseren Abtheilung befindet sich eine

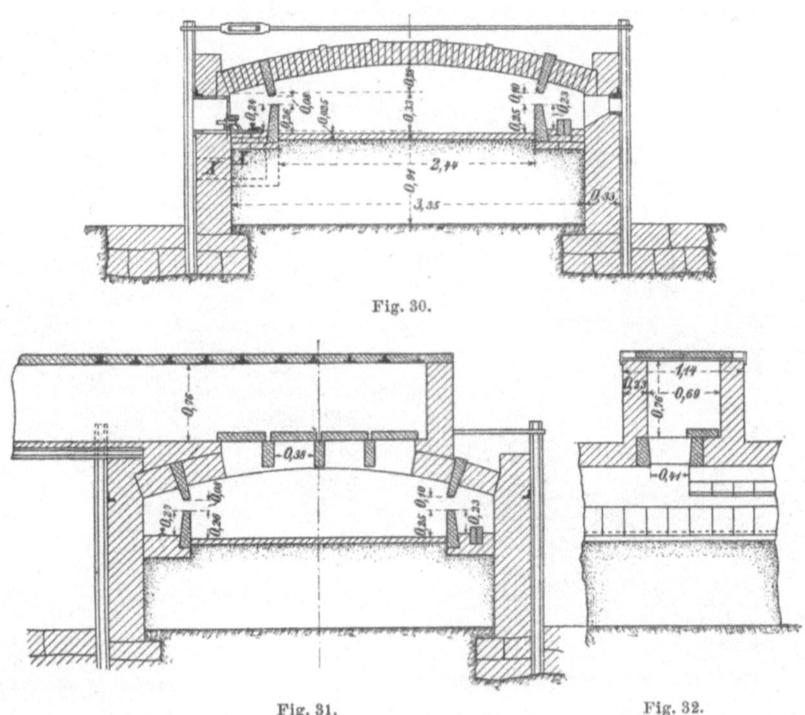

Fig. 30.

Fig. 31. Fig. 32.

Führung aus feuerfestem Thon, auf welcher Wagen mit breiten Rädern laufen, die ihrerseits ebenfalls mit den Röstkrählen verbunden sind. Die Bewegung der Räder bzw. der Röstkrähle geschieht durch ein im Kreise laufendes Kabel ohne Ende, welches durch Leit- und Spannscheiben in seiner Bahn gehalten wird. Die Rostfeuerungen, deren 3 vorhanden sind, befinden sich an der äusseren Peripherie des Ofens. Die Feuergase treten aus dem Feuerraum in einen kurzen, horizontalen Canal und aus dem letzteren durch eine Oeffnung im Gewölbe des Heerdraumes in den letzteren selbst (Figur 33). Sie durchziehen vereinigt den Heerdraum und treten am Ende desselben in der Nähe der Aufgabevorrichtung für das Erz durch mehrere im Gewölbe des Ofens angebrachte Füchse in den Essencanal, welcher sie in die in der Mitte des vom Ofen umschlossenen Raumes errichtete Esse führt (Figuren 29, 31 und 32).

Das Erz wird durch eine automatische Aufgebevorrichtung an dem Fuchsende des Ofens aufgegeben (Figuren 35 und 29). Durch die Röstkrähle, deren sich stets zwei im Ofen befinden, wird es vorwärts geschoben und am anderen Ende des Ofens ausgetragen (Figur 34). Der Ofen ist an beiden Enden durch je zwei in Scharnieren hängende Thüren aus Eisenblech, welche durch die Bewegung der Röstkrähle gehoben werden und dann von selbst wieder niederfallen, geschlossen. Diese Thüren sind in kurzen Abständen von einander angebracht (Figur 34), und zwar so,

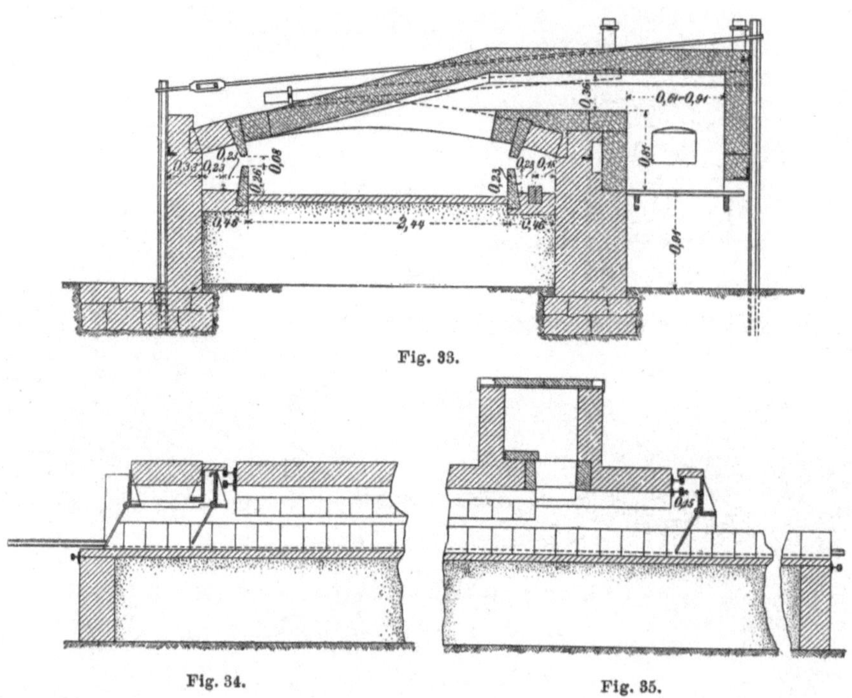

Fig. 33.

Fig. 34. Fig. 35.

dass die eine Thüre den Ofen schliesst, ehe sich die andere öffnet. Hierdurch wird der Eintritt kalter Luft an den Enden des Ofens verhindert. In der äusseren Wand des Ofens sind in bestimmten Abständen Spählöcher angebracht, durch welche gleichzeitig die Oxydationsluft in den Heerdraum gelangen kann. Der Kraftbedarf zum Betriebe des Ofens wird zu $1^1/_2$ Pferden angegeben.

Für Blenderöstung steht dieser Ofen auf den Werken der Collinsville Zinc Co. zu Collinsville Ill. und auf den Glendale Zinc works in South St. Louis Mo. mit Erfolg in Anwendung. Auf den Collinsvillewerken werden in einem Ofen mit 4 Feuerungen in 24 Stunden aus Blende mit 30 % Schwefel 10 t geröstete Blende mit 0,85 bis 1 % Schwefel erhalten. Der Steinkohlenverbrauch (6 t Abfälle in 24 Stunden)

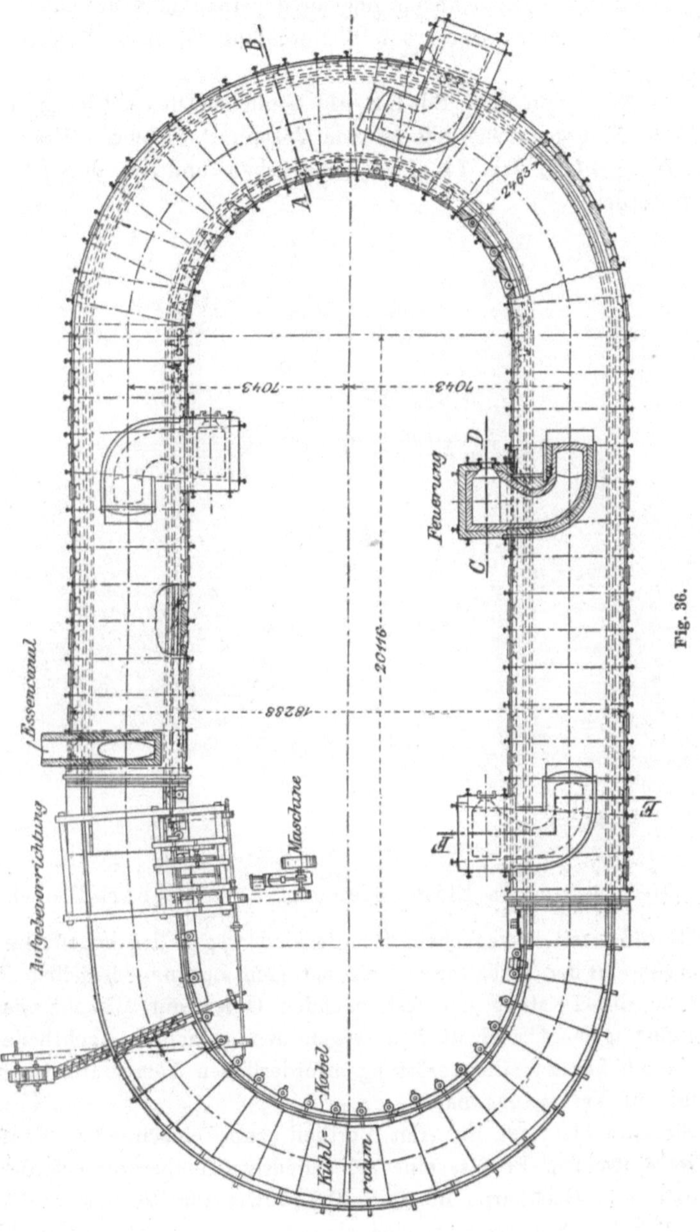

Fig. 36.

daselbst ist wegen der schlechten Beschaffenheit der Kohlen nicht maassgebend.

Die Einrichtung eines elliptischen Hufeisenofens ist aus den Figuren 36, 37, 38 und 39 ersichtlich. Der Röstheerd ist 54,864 m lang und 2,438 m breit. Die Feuerungen befinden sich an der Innenseite des Ofens. Ueber die Anwendung dieses Ofens zur Blendröstung ist dem Verfasser nichts bekannt geworden.

Ein dem Ropp-Ofen (Bd. I, S. 91) ähnlicher Ofen mit langgestrecktem Heerd für Naturgas-Feuerung ist von Joseph P. Cappeau (United States Patent No. 691112, Jan. 14. 1902) angegeben und im Jola-Bezirk eingeführt worden[1]).

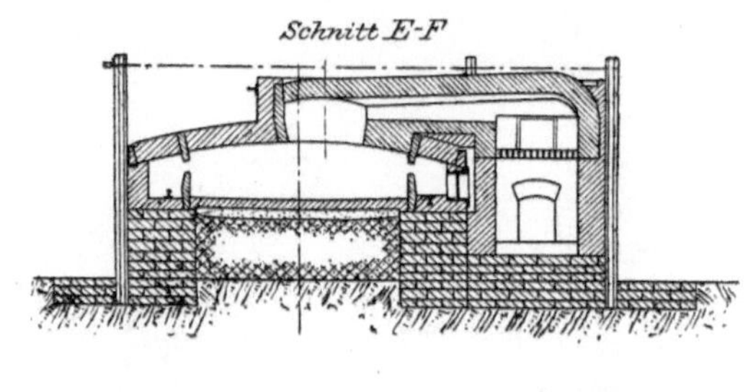

Fig. 37.

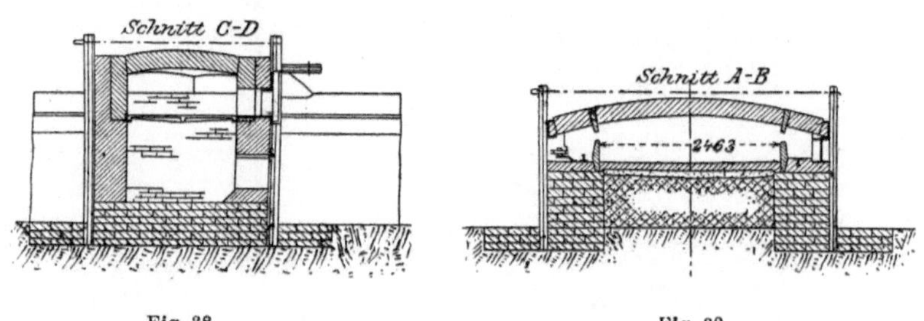

Fig. 38. Fig. 39.

Die Röstung in Flammöfen mit beweglichem Heerd.

Röstöfen mit beweglichem Heerde sind wegen des hohen Brennstoff-Verbrauchs und der verhältnissmässig geringen Leistung derselben im Vergleiche zu der Leistung der feststehenden Oefen nur ausnahmsweise zur Anwendung gelangt und dürften wegen der gedachten Nachtheile, sowie wegen der hohen zur Blenderöstung erforderlichen Temperatur auch kaum Aussicht auf Verbreitung haben.

Sie sind bis jetzt nur mit Vortheil zum chlorirenden Rösten der Kupfererze, welcher Prozess eine sehr niedrige Temperatur erfordert (Ofen von Gibbs und Gelstharpe Bd. I. S. 318), sowie zur Röstung von Arsenikkies enthaltenen Zinnerzen, welche gleichfalls keine hohe Temperatur erfordert (Ofen von Brunton, Allgem. Hüttenkunde S. 474) in Gegenden mit hohen Arbeitslöhnen angewendet worden.

Zur Röstung von Zinkblende haben Kuschel und Hinterhuber einen

[1]) The Mineral Ind. 1902. S. 666.

Ofen angegeben, welcher auf der Johannisthaler Hütte in Unterkrain[1]) angewendet worden ist.

Derselbe stellt einen Ofen mit einem runden, drehbaren Heerde und mit Krählzinken aus feuerfestem Thon, welche durch das Gewölbe des Ofens hindurchgehen und aus dem Krählarm ausgezogen werden können, während des Betriebes aber feststehen, dar. Es sind zwei Krählarme mit je 5 Krählzinken vorhanden. Die Krählzinken der beiden Arme stehen derartig, dass bei der Drehung des Heerdes die Zinken des einen Armes zwischen je zwei von den Zinken des andern Armes hervorgebrachte Furchen zu stehen kommen. Die Krählzinken sind hohl und dienen auch zur Einführung des Erzpulvers in den Ofen. Soll der Ofen beschickt werden, so öffnet man die aus dem Ofengewölbe hervorragenden oberen, während des Betriebes durch Thonpfropfen verschlossenen Enden der einzelnen Zinken, hebt die letzteren in die Höhe und führt durch einen Trichter Erzpulver in dieselben ein. Durch langsame Drehung des Heerdes wird dann das Erz auf demselben vertheilt. Soll der Ofen entleert werden, so wird durch einen im Ofengewölbe befindlichen radialen Schlitz ein aus schräg gestellten Eisenplatten zusammengestelltes Gitter, wie bei dem Ofen von Gibbs und Gelstharpe (Bd. I. S. 318), auf den Heerd herabgelassen, welcher das Röstgut in 4 an dem Rande des Heerdes angebrachte Oeffnungen bzw. in einen Raum unter dem Ofen schiebt.

Der Durchmesser des Heerdes beträgt 4 m. Die Höhe des Heerdraumes beträgt in der Mitte 525 mm, an der Peripherie 175 mm. Das auf demselben befindliche Gewölbe ist 30 cm stark. Die Heizung erfolgt durch 2 nebeneinander befindliche Rostfeuerungen, der Abzug der Feuergase durch 13 den Feuerungen gegenüber befindliche Füchse. Zur Beförderung der Röstung wird im letzten Stadium derselben Wasserdampf eingeführt. In 24 Stunden sollen in diesem Ofen 1 bis 2 t Blende bei einem Verbrauch von 1,2 t Kohlen abgeröstet werden. Die Vollständigkeit der Röstung soll zu wünschen übrig lassen.

Eine weitere Verbreitung hat dieser Ofen wegen der oben angeführten Nachtheile nicht erlangt.

Die Röstung in Flammöfen mit beweglicher Arbeitskammer.

Die Röstöfen dieser Art stellen rotierende Cylinder mit intermittirendem oder continuirlichem Betriebe dar und sind bis jetzt zum oxydirenden Rösten von Kupfererzen und zum chlorirenden Rösten von Silbererzen mit grossem Vortheile in Gegenden mit hohen Arbeitslöhnen angewendet worden.

Zum Rösten von Zinkblende haben sie, soweit dem Verfasser bekannt ist, bis jetzt noch keine Anwendung gefunden. Es unterliegt keinem Zweifel, dass sich auch Zinkblende in diesen Oefen abrösten lässt. Bei

[1]) B.- u. H. Ztg. 1871. S. 320. 1872. S. 200.

der langen Zeit, welche die Blende zur Abröstung erfordert, und bei der hohen Temperatur, welche im letzten Stadium der Röstung erforderlich ist, dürften sich Oefen mit continuirlichem Betriebe (geneigte, mit einem feuerfesten Futter versehene Cylinder aus Guss- oder Schmiedeeisen, welche eine automatische Fütterungsvorrichtung besitzen, Bd. I. S. 109) mehr empfehlen als Oefen mit intermittirendem Betriebe (Brückner-Oefen Bd. I. S. 108). Da es fraglich ist, ob die Röstung in einem dieser Cylinder vollständig bewirkt werden kann, so würden erforderlichen Falles mehrere Cylinder mit einander zu verbinden sein. Diese Oefen können nur in Gegenden mit hohen Arbeitslöhnen in Frage kommen.

Die Unschädlichmachung der bei der Flammofenröstung entbundenen Säuren des Schwefels.

Bei der Röstung der Zinkblende in Flammöfen, mag sie in frischem Zustande oder bereits vorgeröstet in dieselben hineingelangen, spielt die Unschädlichmachung der in den Röstgasen enthaltenen Schwefligen Säure und des gleichzeitig mit derselben in geringer Menge vorhandenen Schwefelsäure-Anhydrids eine wichtige Rolle.

In Ländern, welche der Cultur noch wenig erschlossen sind, sowie in Gegenden, welche bereits durch die Einwirkung der Röstgase auf die Vegetation verwüstet sind, werden die letzteren in unverdünntem Zustande direct in die Atmosphäre entbunden. An allen anderen Orten müssen die Röstgase unschädlich gemacht werden. Beispielsweise dürfen in Preussen, dem Hauptsitze der Zinkgewinnung, nur Gase mit einem so geringen Gehalte an Schwefliger Säure, dass eine schädliche Einwirkung derselben auf die Vegetation nicht mehr zu befürchten ist, in die Atmosphäre entlassen werden.

Die Verwandlung der Schwefligen Säure in Schwefelsäure, die beste und nutzbringendste Art der Unschädlichmachung derselben, lässt sich bei den Röstgasen der Flammöfen nicht ausführen, weil dieselben die Schweflige Säure im Zustande zu grosser Verdünnung (unter 2 Volumprocenten) enthalten und weil denselben Verbrennungsgase von Brennstoffen beigemengt sind, welche bei der Schwefelsäure-Fabrikation auf die Salpetergase schädlich einwirken. Aus diesem Grunde werden gerade die Flammöfen in solchen Fällen zur Blenderöstung angewendet, in welchen die Verwerthung der Schwefligen Säure zur Herstellung von Schwefelsäure wegen mangelnden Absatzes der letzteren ausgeschlossen ist.

Die Verfahrungsarten, nach welchen die in den Röstgasen der Flammöfen enthaltene Schweflige Säure unschädlich gemacht wird, gestatten nur in Ausnahmefällen eine gleichzeitige Verwerthung derselben. In der Regel erhöhen dieselben die Kosten der Röstung in erheblichem Maasse. Alle bisherigen Bestrebungen, die Flammofen-Röstgase nicht nur unschädlich, sondern auch gleichzeitig nutzbar zu machen, sind fruchtlos geblieben, weil sich die betreffenden Verfahren als zu theuer herausstellten. Es bietet sich daher hier für den metallurgischen Erfindungsgeist noch ein weites Feld.

Man hat die Unschädlichmachung der Schwefligen Säure bewirkt bzw. bewirkt dieselbe noch durch Verdünnen der Röstgase mit Luft, durch Absorption derselben mit Hülfe von Wasser, von Schwefelsäure von 50° B., mit Hülfe von Kalkmilch, mit Hülfe von Kalkstein und Wasser, mit Hülfe von Zinkoxyd, von basischem Zinkcarbonat, von Magnesia, von Eisenoxyd, von Ferrisulfat, von Schwefelnatriumlösung, von Schwefelcalciumlösung, von feucht gehaltenem Eisen, durch Einleiten derselben in Halden von Alaunerzen.

Die Verdünnung der Schwefligen Säure durch Luft lässt sich durch Ableiten der Röstgase in hohe Luftregionen vermittelst hoher Essen bewirken. Die Schweflige Säure verbreitet sich dann in weiten Luftschichten und wird durch dieselben derartig verdünnt, dass sie beim Niederfallen nicht mehr nachtheilig auf die Vegetation einwirkt. Diese Verdünnung der Schwefligen Säure ist aber nur dann wirksam zu erreichen, wenn nur bestimmte Mengen von Blende abgeröstet bzw. nur beschränkte Mengen von Röstgasen entwickelt werden. Andernfalls wird sich die schädliche Einwirkung derselben im Laufe der Zeit im weiteren Umkreise der Röst-Anlagen bemerkbar machen. Die Essen stellt man, falls es die Terrain-Verhältnisse gestatten, auf hohe Berge und verbindet sie durch ansteigende Canäle mit den Flammöfen. Die Höhe der Essen schwankt je nach der Lage derselben zwischen 100 und 150 m (Hamborn = 100 m, Freiberg = 140 m).

Da eine Vermehrung der Zugkraft der Esse durch eine Erhöhung derselben über 50 m hinaus nicht mehr zu erreichen ist (Allgemeine Hüttenkunde S. 295), so fallen alle Anlagekosten, welche über die Kosten der Errichtung einer 50 m hohen Esse hinausgehen, der Unschädlichmachung der Schwefligen Säure zur Last. Diese Kosten sind sehr erheblich, belasten aber den Betrieb nur wenig, da ja die eigentliche Unschädlichmachung der Schwefligen Säure nichts kostet.

Werden daher verhältnissmässig geringe Mengen von Röstgasen entbunden, so ist die Unschädlichmachung derselben durch hohe Essen das empfehlenswertheste Verfahren.

Eine Unschädlichmachung der Röstgase mit Hülfe von Wasser ist nur unvollständig zu erreichen, da das Wasser, wenn es in Gestalt eines Regens niederfällt oder durch einen Koksthurm durchtropft, aus verdünnten Gasen nur verhältnissmässig wenig Schweflige Säure absorbirt, aus heissen Gasen aber fast gar keine Schweflige Säure aufnimmt. Die Versuche, welche angestellt wurden, die Röstgase der Flammöfen in mit Wasser berieselten, mit Koks gefüllten Bleithürmen unschädlich zu machen, verliefen nicht nur ungünstig hinsichtlich der Absorption der Schwefligen Säure, sondern erforderten auch die Beseitigung des Flugstaubes, die vorgängige Abkühlung der Gase, grosse Querschnitte der Thürme und kräftige Ventilatoren zur Aufrechterhaltung des Zuges.

Für Flammofenröstgase ist daher die Absorption der Schwefligen Säure mit Hülfe von Wasser allein nicht zur Anwendung gelangt.

Die Unschädlichmachung der Röstgase mit Hülfe von Schwefelsäure von 50° B., welche mit den Röstgasen der Blende-Röstöfen der chemischen Fabrik Rhenania bei Stolberg versucht wurde, hat sich gleichfalls als unvollkommen erwiesen, indem durch die Schwefelsäure wohl das in geringer Menge in den Röstgasen enthaltene Schwefelsäure-Anhydrid, nicht aber die Schweflige Säure absorbirt wurde. Als Absorptionsvorrichtung diente ein mit Koks gefüllter, mit Schwefelsäure berieselter Thurm. Abgesehen von der schlechten Absorption der Schwefligen Säure, traten die nämlichen Uebelstände ein, wie bei der Absorption durch Wasser in Koksthürmen. Es hat daher auch diese Art der Unschädlichmachung der Schwefligen Säure keinerlei Anwendung gefunden.

Durch Kalkmilch lassen sich Schweflige Säure und Schwefelsäure-Anhydrid gut absorbiren. Es bildet sich Calciumsulfit bzw. (aus dem Anhydrid) Calciumsulfat. Das Calciumsulfit verwandelt sich bei Berührung mit der Luft allmählich in Calciumsulfat. Man erhält daher als Erzeugniss der Absorption ein Gemenge von Calciumsulfit und Calciumsulfat. Dasselbe lässt sich, wie Versuche auf Hohenlohe-Hütte bei Kattowitz in Oberschlesien dargelegt haben, als Desinfectionsmittel, als Mittel zur Vertilgung von Ungeziefer, sowie mit animalischem Dünger in einem gewissen Verhältnisse gemengt — bei gut gedüngtem, humusreichem Boden auch ohne Mengung mit animalischem Dünger — als Düngemittel verwenden.

Die Mengen, in welchen das Salz bis jetzt Verwendung gefunden hat, sind aber im Verhältnisse zu den grossen Massen, in welchen es erzeugt wird, so gering, dass es nicht nur als werthlos, sondern auch als ein lästiger, viel Raum beanspruchender Körper erscheinen muss.

Die Absorption der Schwefligen Säure verläuft nach der Gleichung:

$$CaO_2H_2 + H_2SO_3 = CaSO_3 + 2\,H_2O.$$

Sie erfolgt mittelst Contactes und erfordert, wenn sie vollkommen sein soll, einen Ueberschuss des Absorptionsmittels. Sie wird desshalb so ausgeführt, dass man die Röstgase in Thürmen einem Regen von Kalkmilch aussetzt und das hierbei erhaltene Product, welches noch eine grosse Menge freies Kalkhydrat enthält, noch einmal als Absorptionsmittel verwendet.

Die Zusammensetzung des Salzes ist nach Dr. Grosser in Kattowitz die nachstehende:

Ca O	37,75 %
Mg O	1,45 -
$Al_2 O_3$	4,14 -
$Fe_2 O_3$	1,10 -
SO_2	38,40 -
SO_3	2,85 -
CO_2	4,15 -
Lösliche Si O_2 und Rückstand	5,53 -
H_2O	3,40 -
	98,77 %

Hiernach beträgt der Gehalt an Calciumsulfit 72 %, an Calciumsulfat 4,84 %.

Im grossen Durchschnitte enthält das Salz, wie es auf Hohenlohe-Hütte bei Kattowitz in Oberschlesien erhalten wurde, 34 % SO_2 und 5 % SO_3, bzw. 64 % Calciumsulfit und 8,5 % Calciumsulfat[1]), sowie 6 bis 10 % Wasser.

Die Absorption der Schwefligen Säure durch Kalkmilch stand auf mehreren grossen Hüttenwerken in Oberschlesien in Anwendung. Im grössten Maassstabe wurde sie auf Hohenlohe-Hütte bei Kattowitz ausgeführt.

Die Röstgase wurden daselbst mit Hülfe von Essenzug in auf- und absteigender Richtung durch mit Kalkmilch berieselte Thürme gesaugt und traten, nur noch sehr geringe Mengen von Schwefliger Säure mit sich führend, in eine 100 m hohe Esse, durch welche die letzten Antheile von SO_2 in so hohe Luftregionen geführt wurden, dass sie nicht mehr schädlich einwirken konnten.

Die in den Thürmen niederfallenden Massen wurden in Sümpfe geführt, in welchen sich das Salz absetzte. Dasselbe wurde mit Hülfe von Hebevorrichtungen ausgehoben und zu Halden aufgestürzt, während das über demselben befindliche Wasser von Neuem zur Berieselung verwendet wurde. Obwohl das Verfahren kostspielig ist, so erfüllt es doch seinen Zweck und hat bis jetzt, soweit die Röstung der Zinkblende in Flammöfen in Betracht kommt, noch nicht durch andere Verfahren verdrängt werden können.

Durch Wasser und Kalkstein oder Dolomit lässt sich die Schweflige Säure der Flammofengase gleichfalls unschädlich machen. Zu diesem Zwecke füllt man Thürme mit Bruchstücken der gedachten Körper und lässt Wasser durch die Zwischenräume hindurchrieseln. Die Schweflige Säure der von unten in diese Thürme eingeführten Gase bildet Calcium- bzw. Magnesiumsulfit. Die Absorption durch Kalkstein bzw. Dolomit und Wasser ist weniger energisch als durch Kalkmilch und erfordert

---

[1]) Kosmann, Oberschlesien etc. S. 199.

grosse Querschnitte der Thürme, bedeutende Flüssigkeitsmengen und guten Zug. Auf Zinkhütten ist sie desshalb bis jetzt nicht zur Anwendung gelangt.

Zinkoxyd, basisches Zinksulfat und Magnesia sind nur versuchsweise zur Unschädlichmachung der Schwefligen Säure der Blende-Röstflammöfen angewendet worden. Diese Körper bilden mit Zinkoxyd bzw. Magnesia Sulfite, welche sich beim Erhitzen unter Entbindung von concentrirter Schwefliger Säure leicht zersetzen. Es lässt sich daher mit Hülfe derselben die verdünnte Schweflige Säure der Röstgase unter Regeneration des Absorptionsmittels in concentrirte Schweflige Säure verwandeln.

Auch lassen sich die Sulfite durch längeres Lagern an der Luft und Anfeuchten derselben in Sulfate überführen.

Da zur Absorption der Schwefligen Säure eine vorgängige Abkühlung der Röstgase und die Entfernung jeglichen Flugstaubes aus denselben erforderlich war, da ausserdem schon während der Absorption derselben ausser Zinksulfit bzw. Magnesiumsulfit auch erhebliche Mengen von Zinksulfat bzw. Magnesiumsulfat gebildet wurden, welche Salze sich bei der Herstellung von concentrirter Schwefliger Säure durch Glühen derselben nur unvollkommen zersetzen liessen, so ist die Unschädlichmachung der Schwefligen Säure mit Hülfe der gedachten Körper nicht zur definitiven Anwendung gelangt.

Versuche, mit Hülfe von Wasser die verdünnte Schweflige Säure der Röstgase in concentrirte Schweflige Säure zu verwandeln, sind an der schlechten Absorptionskraft des Wassers für verdünnte Schweflige Säure gescheitert. Die Versuche bezweckten, durch Wasser die Schweflige Säure zu absorbiren und sie dann durch Erhitzen des Wassers in concentrirter Form aus dem letzteren auszutreiben. Dieses weiter unten des Näheren dargelegte Verfahren ist nur auf solche Röstgase anwendbar, welche mindestens 4 Volumprocente Schweflige Säure enthalten.

Feucht gehaltenes Eisenoxyd absorbirt die Schweflige Säure langsam unter Bildung von Sulfiten des Eisens, welche in Ferri- und Ferrosulfat übergehen; Ferrisulfat absorbirt sie unter Bildung von Ferrosulfat. Beide Körper sind indess wegen der wenig energischen Absorption und des geringen Werthes der Absorptions-Erzeugnisse nicht zur Anwendung gelangt.

Alle Versuche, aus den Flammofen-Röstgasen Schwefel durch Reduction der Schwefligen Säure mit Hülfe von Kohle herzustellen, haben höchst unbefriedigende Ergebnisse geliefert. Noch unbefriedigender waren die Versuche, durch Einwirkenlassen von Schwefelwasserstoff auf die verdünnten Gase Schwefel abzuscheiden.

Eine Lösung von Schwefelnatrium absorbirt die Schweflige Säure gut unter Bildung von Natriumsulfat und Schwefel, hat sich aber als zu theuer erwiesen.

Lösungen der Polysulfide des Calciums absorbiren die Schweflige Säure der Flammofen-Röstgase gut unter Ausscheidung von Schwefel, sind aber zu theuer. Einfach-Schwefelcalcium als solches ist wegen seiner Schwerlöslichkeit in Wasser als Absorptionsmittel nicht verwendbar.

Kosmann[1]) schlägt vor, Einfach-Schwefelcalcium durch Behandeln desselben mit Kohlensäure und Wasser in Calciumsulfhydrat zu verwandeln, wie es auch Chance bei seinem Verfahren der Verwerthung der Rückstände von der Fabrikation der Leblanc-Soda zur Herstellung von Schwefelwasserstoff bzw. Schwefel thut, und das Calciumsulfhydrat als Absorptionsmittel für die Schweflige Säure der Flammofen-Röstgase zu benutzen.

Durch das Calciumsulfhydrat werden die Säuren des Schwefels unter Bildung von Calciumsulfit bzw. Calciumsulfat und unter Ausscheidung von Schwefel absorbirt nach der Gleichung:

$$Ca\,S_2\,H_2 + 2\,H_2\,SO_3 = Ca\,SO_3 + 3\,S + 3\,H_2O.$$

Man erhält hierbei einen Niederschlag von Calciumsulfit, Calciumsulfat und Schwefel.

Bei der Einwirkung von Kohlensäure auf Schwefelcalcium bildet sich zuerst Calciumsulfhydrat und Calciumcarbonat nach der Gleichung:

$$3\,Ca\,S + H_2\,CO_3 = Ca\,CO_3 + Ca\,S_2\,H_2 + Ca\,S.$$

Bei weiterer Einwirkung von Kohlensäure wird aus dem Calciumsulfhydrat unter Entstehung von Calciumcarbonat Schwefelwasserstoff entwickelt nach der Gleichung:

$$Ca\,S_2\,H_2 + H_2\,CO_3 = Ca\,CO_3 + 2\,H_2\,S.$$

Kosmann unterbricht den Prozess, wenn der grösste Theil des Schwefelcalciums in Sulfhydrat übergeführt worden ist, und leitet den entstehenden Schwefelwasserstoff auf eine weitere Portion Einfach-Schwefelcalcium, welches durch den Schwefelwasserstoff ebenfalls in Sulfhydrat verwandelt wird. Nach Kosmann verläuft dieser Prozess wie folgt:

$$3\,Ca\,S + H_2\,CO_3 = Ca\,CO_3 + Ca\,S_2\,H_2 + Ca\,S$$
$$Ca\,S_2\,H_2 + Ca\,S + H_2\,CO_3 = Ca\,CO_3 + Ca\,S_2\,H_2 + H_2\,S$$
$$Ca\,S + H_2\,S = Ca\,S_2\,H_2\,.$$

Man erhält hiernach aus 4 Molecülen Schwefelcalcium und 2 Molecülen Kohlensäure 2 Molecüle Calciumsulfhydrat und 2 Molecüle Calciumcarbonat oder aus 2 Molecülen Schwefelcalcium 1 Molecül Calciumsulfhydrat.

Die Calciumsulfhydratlauge soll mit Hülfe eines Dampf-Injectors gleichzeitig mit Wasserdampf in die Röstgase eingeblasen werden. Sie absorbirt die Schweflige Säure nach den Gleichungen:

$$Ca\,S_2\,H_2 + H_2\,SO_3 = Ca\,SO_3 + 2\,H_2\,S$$
$$2\,H_2\,S + H_2\,SO_3 = 3\,S + 3\,H_2O.$$

---

[1]) Glückauf, Berg- u. Hüttenmänn. Ztg. in Essen. No. 35 v. 2. Mai 1894.

Durch 1 Molecül Sulfhydrat werden hiernach 2 Molecüle Schweflige Säure unter Entstehung von 1 Molecül Calciumsulfit bzw. Calciumsulfat und unter Ausscheidung von 3 Atomen Schwefel absorbirt.

Da nun zur Herstellung von 1 Molecül Sulfhydrat 2 Molecüle Schwefelcalcium erforderlich sind, so würde man, wenn der Prozess genau der Theorie entsprechend verliefe, mit 1 Molecül Schwefelcalcium 1 Molecül Schweflige Säure unschädlich machen und dabei $1^1/_2$ Atom Schwefel ausscheiden können.

Den Schwefel erhält man mit Calciumsulfit bzw. Calciumsulfat gemengt. Der Schwefel soll aus diesem Gemenge durch Kochen mit Aetzkalk ausgelaugt werden, wodurch man Calciumpolysulfid erhält, welches letztere als Absorptionsmittel für die Schweflige Säure benutzt werden soll. Hierbei wird der grösste Theil des Schwefels unter gleichzeitiger Bildung von Calciumsulfit und Calciumsulfat ausgeschieden. Aus dem so erhaltenen Niederschlage soll der Schwefel abdestillirt werden.

Das gut ausgedachte Verfahren ist bis jetzt nicht zur practischen Ausführung gelangt.

Wenn auch Calciumsulfhydrat und Calciumpolysulfid die Schweflige Säure bei weitem besser absorbiren als Kalkmilch, so ist doch zu bedenken, dass die Herstellung der für den Prozess erforderlichen Kohlensäure (durch Brennen von Kalkstein oder durch Verbrennen von Koks) nicht unerhebliche Kosten verursacht, dass das bei der Herstellung des Sulfhydrats erhaltene Calciumcarbonat nicht verwerthet werden kann und desshalb einen lästigen, viel Raum beanspruchenden Körper bildet, dass die Herstellung des Schwefelcalciums (durch Reduction von Calciumsulfat), soweit dasselbe nicht in Form von Leblanc-Soda-Rückständen zur Verfügung steht, mit nicht unerheblichen Kosten verbunden ist und dass von dem in demselben enthaltenen Calcium nur die Hälfte in Sulfat bzw. Sulfit verwandelt wird, während die andere Hälfte bei der Herstellung des Sulfhydrats in Carbonat verwandelt wird. Aus dem Sulfit bzw. Sulfat lässt sich das Schwefelcalcium regeneriren, nicht aber aus dem Carbonat. Es ist desshalb zur Herstellung des für die Bildung des Sulfhydrats erforderlichen Schwefelcalciums eine unausgesetzte Zufuhr von Calciumsulfat (die Hälfte des in den Prozess gelangten Calciumsulfats) erforderlich. Schliesslich ist erheblich mehr Sulfhydrat erforderlich als die theoretische Berechnung angiebt, da in den unschädlich zu machenden Röstgasen der Flammöfen stets Luft und Kohlensäure enthalten sind, welche gleichfalls auf das Sulfhydrat einwirken. Der Sauerstoff der Luft verwandelt das Sulfhydrat theils in Calciumthiosulfat, theils in Calciumpolysulfid nach den Gleichungen $Ca(SH)_2 + 4\,O = Ca\,S_2\,O_3 + 4\,H_2\,O$ bzw. $Ca(SH)_2 + O = Ca\,S_2 + H_2\,O$. Während das Calciumpolysulfid Schweflige Säure absorbirt, wird das Thiosulfat von derselben nicht angegriffen. Es ist daher alles Sulfhydrat, welches durch die Luft in Thiosulfat verwandelt wird, für die Absorption der Schwefligen Säure verloren. Dabei ist das entstandene Calciumpolysulfid für die Absorption der Schwefligen Säure nicht so wirksam wie das Sulfhydrat, indem 2 Molecüle des ersteren nur 3 Molecüle Schweflige Säure absorbiren und nicht 4 wie das Sulfhydrat.

Kohlensäure wirkt auf das Sulfhydrat so ein, dass sich unter Bildung von Schwefelwasserstoff Calciumcarbonat bildet, so dass das Calcium des Sulfhydrats der Einwirkung der Schwefligen Säure entzogen wird.

Mit Wasser befeuchtetes metallisches Eisen, von Winkler vorgeschlagen, bewährt sich gut für an Schwefliger Säure reichere Gase (wie sie bei der Goldscheidung mit Hülfe von Schwefelsäure erhalten werden), dagegen ist es weniger wirksam bei den verdünnten sauren Gasen, wie sie beim Rösten der Blende in Flammöfen erhalten werden.

In Belgien (Flône) hat man die Röstgase durch Einleiten derselben in Halden von Alaunerzen unschädlich gemacht und dadurch die letzteren aufgeschlossen. Die Anwendung dieses Verfahrens ist aber nur unter bestimmten localen Verhältnissen möglich.

Ueber Versuche zur Unschädlichmachung der Schwefligen Säure finden sich nähere Mittheilungen in den Abhandlungen von Reich, Die bisherigen Versuche etc., Freiberg 1858; Winkler, Freiberger Jahrbuch 1880. S. 50; Schnabel, Preuss. Zeitschrift für Berg-, Hütten- und Salinenwesen 1881. 29. S. 395; Hasenclever, Fischers Jahresberichte 1881. S. 173; 1886. S. 257; Zeitschrift des Vereines deutscher Ingenieure 1886; C. A. Hering, Die Verdichtung des Hüttenrauchs, Stuttgart 1888.

Die Röstung in vereinigten Flamm- und Gefässöfen.

Diese Oefen kommen zur Anwendung, wenn nur ein Theil der bei der Blenderöstung entwickelten Schwefligen Säure auf Schwefelsäure verarbeitet bzw. nützlich verwendet werden, ein anderer Theil derselben aber unbenutzt entweichen soll. In diesem Falle wird die in dem Gefässofen entwickelte Schweflige Säure in Bleikammern geleitet bzw. nützlich verwendet, während die aus dem Flammofen entweichenden Röstgase direct in die Atmosphäre geführt oder vorher unschädlich gemacht werden.

Das Prinzip dieser Oefen ist das, die Gefässe (Muffeln), in welchen der erste Theil der Röstung der Blende verläuft, durch die Feuergase der Flammöfen, in welchen letzteren die Totröstung der Blende erfolgt, zu heizen. Die Gefässe liegen entweder theilweise geneigt oder horizontal.

Der Ofen mit theilweise geneigter Muffel, der sog. Hasenclever-Helbig-Ofen, ist im Jahre 1874 durch Hasenclever und Helbig angegeben und mit grossem Vortheile in Rheinland, Westfalen und Schlesien zur Anwendung gebracht worden. Gegenwärtig ist derselbe aber durch die später zu betrachtenden Gefässöfen, welche eine vollständige Verwerthung der bei der Röstung entwickelten Säuren des Schwefels gestatten, verdrängt worden.

Derselbe stellt, wie die Figuren 40 und 41 darlegen, eine gebrochene Muffel dar, welche über einem Flammofen liegt. Der untere Theil der

Muffel m liegt horizontal, während der sich daran schliessende obere Theil n eine Neigung von 43° besitzt. In dem geneigten Theile befinden sich in Entfernungen von je 50 cm rechtwinklig gegen die lange Axe der Muffel stehende Scheidewände aus gebranntem Thon, welche soweit herabgehen,

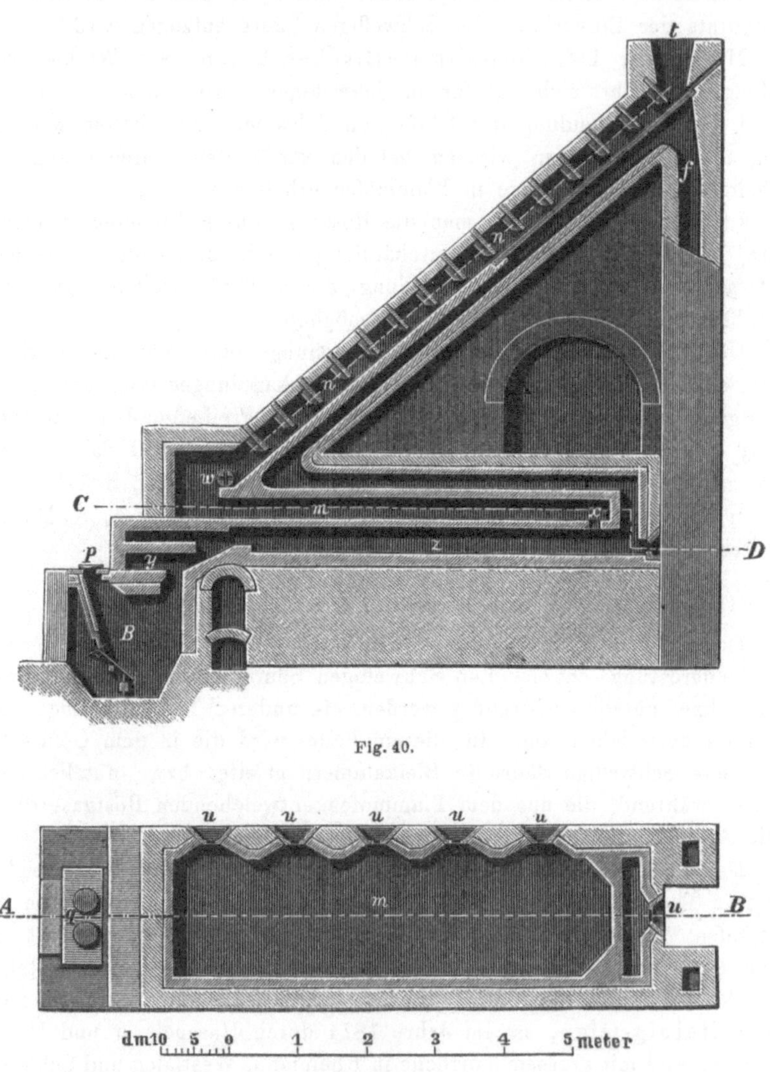

Fig. 40.

Fig. 41.

dass zwischen ihrem unteren Ende und dem Boden der Muffel eine Entfernung von nur einigen Centimetern bleibt. Dieselben haben den Zweck, das am oberen Ende der Muffel aufgegebene und auf dem Boden derselben herabrutschende Erz in einer dünneren Schicht auszubreiten. Damit den Röstgasen durch diese Scheider der Weg nicht verlegt wird, sind in denselben seitliche Oeffnungen derart angebracht, dass die Gase in Form einer Schlangenlinie abwechselnd an der einen und der anderen Seite der Scheiden durch dieselben hindurchstreichen können, wie dies aus Figur 42 ersichtlich ist.

Die pulverförmige Blende wird durch den Trichter t am oberen Ende der Muffel aufgegeben, rutscht auf dem Boden derselben herab und wird in bestimmten Zeiträumen (von 2 bis 5 Minuten) durch die gerippte Walze w, welche durch ein Wasserrädchen getrieben wird, in den unteren horizontal liegenden Theil der Muffel geschafft, wo sie ausgebreitet und weiter abgeröstet wird. Am Ende des horizontalen Theiles der Muffel befindet sich eine Oeffnung x, durch welche die Blende in die Arbeitskammer z des Flammofens herabgelassen wird, wo die Totröstung derselben stattfindet. Die Feuergase und Röstgase des Flammofens erwärmen zuerst die Sohle, dann das Gewölbe des horizontal liegenden Theiles der Muffel und ziehen darauf unter der Sohle des geneigten Theiles derselben hin in den Essencanal f. Die in dem horizontalen Theile der Muffel entwickelten Röstgase ziehen in den geneigten Theil derselben, wo sie sich mit den hier entbundenen Gasen vereinigen und gemeinschaftlich mit denselben am oberen Ende der Muffel in einen Canal treten, welcher sie nach der Schwefelsäurefabrik führt. Am Ende der Muffel hat die Blende 60% ihres Schwefelgehaltes (sie enthält noch 8 bis 10% Schwefel) verloren, während die in der Muffel entbundenen Röstgase mindestens 6 Volumprocente Schweflige Säure enthalten und daher zur Schwefelsäurefabrikation geeignet sind. Auf dem Heerde des Flammofens, welcher einen Fortschaufelungsofen mit Arbeitsöffnungen u an der einen langen Seite desselben darstellt, wird die Blende bis auf 1% Schwefelgehalt entschwefelt. Die Feuerung ist entweder Rostfeuerung oder Gasfeuerung. In der Figur ist Gasfeuerung dargestellt. Als Gaserzeuger dient ein Boëtius-Generator B. Die in den Wandungen desselben erwärmte Luft tritt bei y ein. Der Brennstoff wird bei p eingetragen.

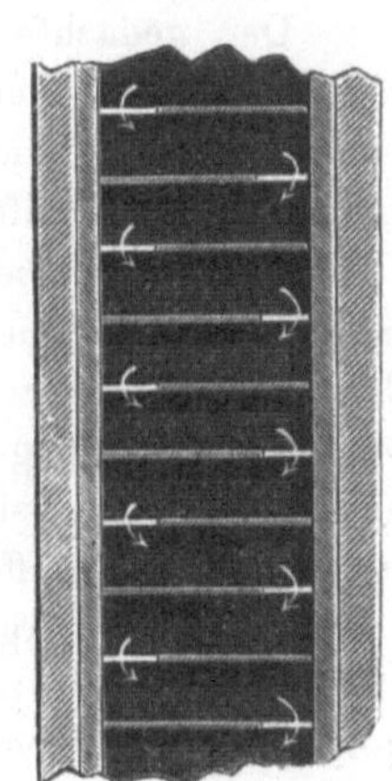

Fig. 42.

Die Temperatur ist in dem geneigten Theile der Muffel noch so hoch, dass der Schmelzpunkt des Antimons (432° C.) erreicht wird.

In dem gedachten Ofen lassen sich in 24 Stunden 3 bis 4 t Zinkblende bei einem Verbrauche von 28 bis 50% vom Gewichte der rohen Erze an Steinkohlen auf 1% Schwefel abrösten.

Auf Reckehütte wurden früher[1]) in einem derartigen Ofen in 24 Stunden 3500 kg Rohblende auf 1% Schwefel bei einem Verbrauche von 2 t Klarkohlen abgeröstet.

---

[1]) B.- u. H. Ztg. 1877. S. 71.

In Oberhausen[1]) hatte der Ofen die nachstehenden Haupt-Abmessungen: Querschnitt des Gasgenerators 0,60 × 1,80 qm, Sohle des horizontal liegenden Theiles der Muffel 1,80 × 7,50 qm, des geneigten Theiles der Muffel 1,80 × 10 qm, des Flammofenheerdes 1,80 × 5,70 qm. Vom Schwefelgehalte der Blende wurden 50 % in der Muffel nutzbar gemacht. Der Schwefelgehalt derselben betrug beim Beginn der Röstung 26,44 %, am Ende des geneigten Theiles der Muffel bei Rothglut 8,20 %, am Ende des horizontal liegenden Theiles der Muffel bei lebhafter Rothglut 6,20 %, am Ende der Röstung 0,55 bis 1,30 %. In 24 Stunden wurden 3,5 t Erz bei einem Verbrauch von 1,050 t Steinkohlen abgeröstet. Zwei Oefen erforderten 5 Arbeiter in der Schicht. Die aus den Muffeln in die Schwefelsäurefabrik geleiteten Röstgase enthielten 5 bis 6 Volumprocente Schweflige Säure.

Der gedachte Ofen hat gegenüber den Flammöfen den Nachtheil höherer Anlagekosten und eines grösseren Arbeitsaufwandes, dagegen den Vortheil der nützlichen Verwendung bzw. der Unschädlichmachung von mindestens der Hälfte der bei der Röstung entwickelten Schwefligen Säure.

Aber auch bei Anrechnung des durch die Schwefelsäuregewinnung erwachsenden Vortheils sind die Kosten der Röstung in diesem Ofen höher, als die Kosten der Röstung im Fortschaufelungs-Röstofen (Flammofen). Dem Muffelofen gegenüber hat er den Nachtheil der Verwerthbarkeit nur eines Theiles der bei der Röstung entwickelten Schwefligen Säure. Er ist desshalb durch Muffel-Röstöfen verdrängt worden.

Ein vereinigter Flamm- und Gefässofen mit horizontal liegenden Muffeln stand auf Reckehütte in Oberschlesien in Anwendung. Derselbe stellte einen Flammofen dar, über welchem sich 2 mit einander verbundene horizontal liegende Muffeln befanden. Die Flamme zog erst über den Heerd des Flammofens, umspülte dann die untere und schliesslich die obere Muffel. Die Feuergase nebst der auf dem Flammofenheerd entwickelten Schwefligen Säure zogen in Thürme, in welchen sie durch einen Regen von Kalkwasser von ihrem Gehalte an Schwefliger Säure und Schwefelsäure-Anhydrid befreit wurden, und dann in die Esse. Die in der untersten Muffel entwickelten Röstgase zogen in die obere Muffel und dann mit den in derselben entwickelten Röstgasen vereinigt in die Schwefelsäurefabrik.

Die rohe Blende wurde am Ende der oberen Muffel aufgegeben, gelangte, nachdem sie dieselbe durchwandert hatte, in die untere Muffel und schliesslich auf den Flammofenheerd.

In diesem Ofen wurden in 24 Stunden 6 t rohe Blende bei einem Verbrauch von 30 % Steinkohlen vom Gewichte der rohen Erze auf weniger als 1 % Schwefel abgeröstet.

Dieser Ofen, welcher aus dem Hasenclever-Ofen entstanden war, lieferte bessere Ergebnisse als der ursprüngliche Hasenclever-Ofen.

---

[1]) Mahler, Ann. des mines. Tome VII. Livre 3. p. 152. 1885.

Die Röstung in Gefässöfen.

Die Notwendigkeit der Unschädlichmachung der bei der Blenderöstung entbundenen Gase und die Schwierigkeit der Unschädlichmachung der bei der Röstung der Blende in Flammöfen entbundenen an Schwefliger Säure armen Gase (unter 2 Volumprocent) haben in der neueren Zeit zur Erfindung von Gefässöfen geführt, in welchen sich die Erzeugung von an Schwefliger Säure reichen (5 bis 8 Volumprocente SO_2) und daher zur Schwefelsäurefabrikation geeigneten Gasen mit einer vollständigen Abröstung der Blende vereinigen lässt.

Diesen Oefen liegt das Princip zu Grunde, die Röstung sowohl mit Hülfe äusserer Erhitzung der Gefässe durch fremden Brennstoff, als auch mit Hülfe innerer Erhitzung derselben durch die bei der Oxydation des Schwefelzinks entwickelte Wärme zu bewirken, die einzelnen Gefässe unter einander zu legen und so mit einander zu verbinden, dass die zu röstende Blende dieselben von oben nach unten durchwandert, während die Röstgase und die die Gefässe erhitzenden Feuergase den umgekehrten Weg machen.

Der erste nach diesen Grundsätzen erdachte Ofen, welcher die Verwerthung der gesammten bei der Röstung der Blende entwickelten Schwefligen Säure für die Schwefelsäurefabrikation ermöglichte, ist von M. Liebig angegeben worden. Ihm folgten Grillo, Hasenclever und eine Reihe anderer Erfinder mit auf dem nämlichen Principe beruhenden, aber anderweitig construirten Oefen.

Diese neueren Gefässöfen haben sich im Gegensatze zu den früher zeitweise angewendeten älteren Gefässöfen so gut bewährt, dass sie an allen Orten, wo nur ein Absatz von Schwefelsäure oder die sonstige Verwerthung von an Schwefliger Säure reichen Röstgasen möglich ist, die Flammöfen sowohl, wie die vereinigten Flamm- und Gefässöfen verdrängt haben.

Die bis jetzt in definitivem Betriebe stehenden Röstöfen dieser Art besitzen feststehende Gefässe bzw. Muffeln. Das Durchrühren der Erze geschieht entweder durch Handbetrieb oder durch Maschinenbetrieb. Gefässöfen mit beweglicher Arbeitskammer (rotirende Cylinder) sind vorgeschlagen und patentirt worden, bis jetzt aber noch nicht in definitiven Betrieb gelangt.

Wir haben daher zu unterscheiden

die Röstung in feststehenden Gefässöfen mit Handbetrieb,
die Röstung in solchen Gefässöfen mit Maschinenbetrieb und
die Röstung in Gefässöfen mit beweglicher Arbeitskammer.

Die Röstung in feststehenden Gefässöfen mit Handbetrieb.

Die wichtigsten Oefen mit Handbetrieb sind der Röstofen von Liebig und Eichhorn und der Röstofen von Hasenclever. Als dritter Ofen dieser Art ist noch der Ofen von Grillo zu nennen.

Der Ofen von Liebig und Eichhorn beruht auf dem Principe, die Blende durch eine Anzahl unter einander liegender Kammern zu führen und die Oxydationsluft in erhitztem Zustande in die unterste Kammer eintreten zu lassen. Die 3 obersten Kammern werden durch die bei der Oxydation des Schwefelzinks entbundene Wärme (ähnlich wie die Platten des Malétra-Ofens) geheizt, die tiefer liegenden Kammern dagegen werden von der Flamme einer Gasfeuerung umspült.

Die Einrichtung des Ofens, wie er patentirt worden ist (Deutsch. R.-Patent No. 21 032), ergiebt sich aus den Figuren 43 und 44. Derselbe stellt einen mit den Muffeln a^1, a^2, a^3, a^4, a^5, b', b'' und b''' ausgesetzten Schacht dar, welche von den an den beiden kurzen Seiten derselben abwechselnd angebrachten Arbeitsthüren c zugänglich sind.

Die Erhitzung der Kammern a^1, a^2, a^3 und a^4 geschieht durch im Generator G erzeugte Generatorgase, welche durch im Gemäuer des Gene-

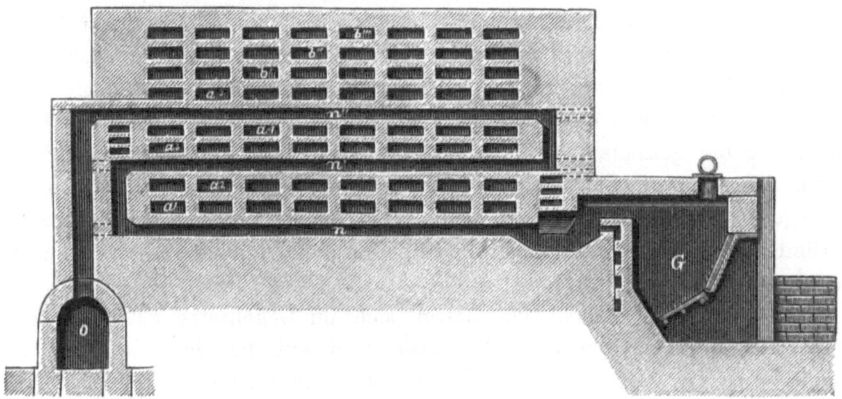

Fig. 43.

rators vorgewärmte Luft verbrannt werden. Die Flamme zieht zuerst durch die Canäle n n, steigt dann in die Höhe und gelangt in die Canäle n′ n′, durchzieht dieselben, steigt dann wieder in die Höhe und tritt in die Canäle n″ n″, aus welchen sie in den Essencanal o gelangt.

Die zur Oxydation des Schwefelzinks erforderliche Luft tritt durch die Oeffnung d ein, gelangt in den Canal e und steigt aus demselben, auf ihrem Wege durch das Mauerwerk der Feuercanäle n n vorgewärmt, in die Muffel a^1, um der Reihe nach die einzelnen Muffeln zu durchziehen bzw. das in denselben vorhandene Schwefelzink zu oxydiren. Die Zinkblende wird durch den Aufgebetrichter f in die oberste Muffel b''' aufgegeben und aus derselben nach einiger Zeit in die nächst untere Muffel vorgeschoben. Aus derselben wird sie in bestimmten Zeitabschnitten in die nächst untere Muffel gebracht und wandert so weiter, bis sie im abgerösteten Zustande aus der untersten Muffel in den Raum g ausgezogen wird. In den drei obersten Muffeln wird der Röstprozess lediglich durch die bei der Oxydation des Schwefelzinks entbundene Wärme unterhalten. In den nach unten zu folgenden Kammern wird dagegen nur noch wenig

Wärme aus der Blende entwickelt. Sie werden daher durch eine besondere Feuerung (Generatorgase) geheizt. Da durch diese Feuerung die untersten Muffeln am stärksten erhitzt werden, so wird das Erz auf seinem Wege nach unten immer höheren Temperaturen ausgesetzt und gelangt schliesslich mit einem Schwefelgehalte von nur noch 0,1% am Ende der untersten Muffel an. Die Röstgase durchziehen die einzelnen Muffeln von unten nach oben und treten schliesslich mit einem Gehalte von 6 bis 8 Volumprocenten an Schwefliger Säure aus der obersten Muffel aus. In den einzelnen Muffeln bleibt das Erz 6 bis 8 Stunden liegen. Es gebraucht gegen

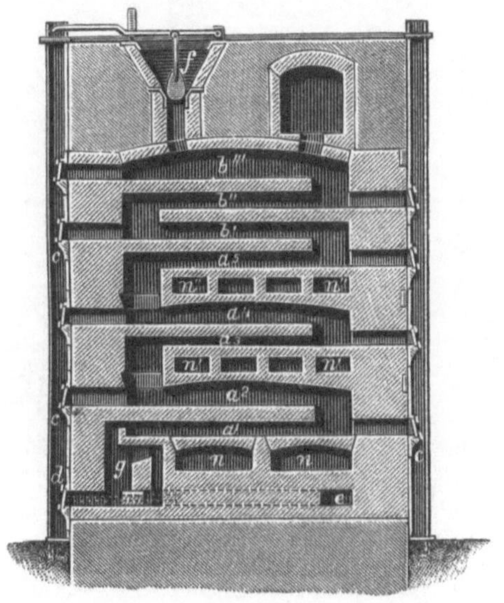

Fig. 44.

48 Stunden, um den Ofen zu durchwandern. Dasselbe enthielt bei einem Versuche zur Feststellung des Grades der Entschwefelung desselben in den verschiedenen Muffeln beim Einführen in die oberste Muffel 27,8% Schwefel, nach sechsstündigem Verweilen in derselben 24,9%, in den vier folgenden Muffeln 17,3 bzw. 13,2, 2,3, 0,2% Schwefel und beim Ausziehen aus der untersten Muffel nur noch 0,1% Schwefel.

In 24 Stunden liefert ein derartiger Ofen nach Eichhorn (Fischers Jahresber. 1889. S. 322) 4,2 bis 4,5 t bis auf 0,1% Schwefel abgeröstetes Erz bei einem Verbrauch von 0,8 t Kohlen und einer Belegschaft von 2 Mann in der 12 stündigen Schicht.

Oefen dieser Art stehen in Letmathe und in Hamborn bei Oberhausen in Anwendung. In Hamborn liefert ein viertheiliges Ofenmassiv in 24 Stunden 5000 kg Röstgut bei 20 bis 25% Kohlenverdrauch (Förderkohlen) und einer Belegschaft von 2 Röstern in der 12 stündigen Schicht.

Die Oefen neuester Construction sind drei- oder viersohlige Fortschaufelungs-Muffelöfen, von welchen die unterste Muffel von unten geheizt wird. Bei einigen Oefen liegt auch zwischen der untersten und der nächst höheren Muffel noch ein Feuerzug, so dass die unterste Muffel von unten und oben, die nächst höhere aber nur von unten geheizt wird.

Der Ofen von Grillo ist aus den Figuren 45, 46 u. 47 ersichtlich. Derselbe besteht aus den Muffeln M_1 bis M_5 und den Feuerzügen Z_1 bis Z_7. Das Erz wird durch den mit Aufgebewalze versehenen Trichter A in die

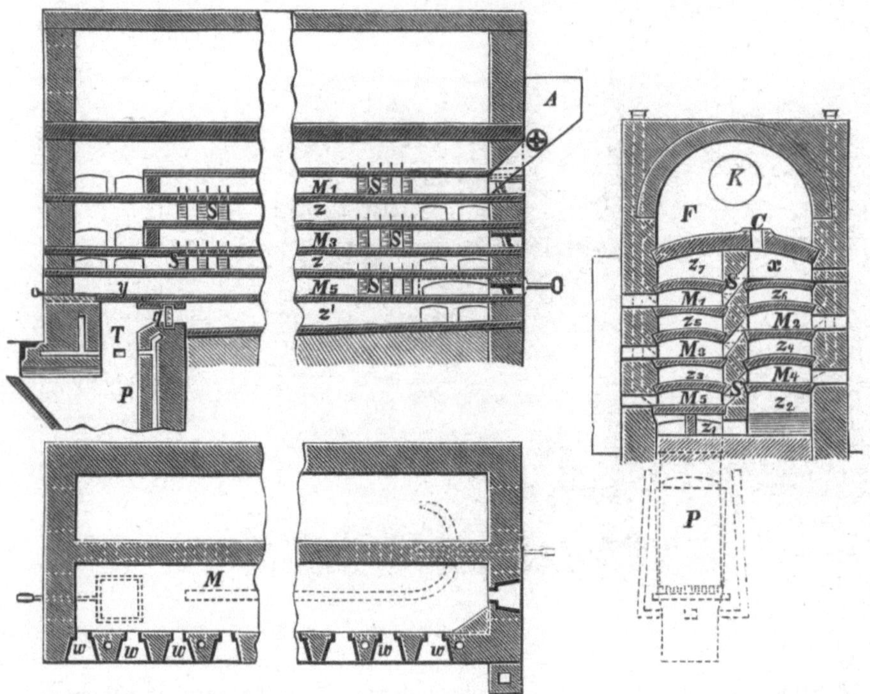

Fig. 45 bis 47.

oberste Muffel eingeführt, in derselben fortgeschaufelt und am Ende derselben durch die schrägen Schlitze S in die nächst untere Muffel gestürzt. Nach Durchwanderung derselben wird es in die nächst tiefere Muffel gestürzt und gelangt so allmählich in die unterste Muffel, an deren Ende es durch eine Arbeitsöffnung ausgezogen wird. Die Röstgase ziehen durch die Schlitze S aus der unteren in die nächst obere Muffel und treten, nachdem sie die sämmtlichen Muffeln von unten nach oben der Reihe nach durchzogen haben, in den Raum x, aus welchem sie durch den senkrechten Canal C in die Flugstaubkammer F und aus dieser durch den Canal K in die Schwefelsäurefabrik gelangen. Die Feuerung ist Gasfeuerung, kann aber auch Rostfeuerung sein. Die im Generator p erzeugten Gase mischen sich bei T mit der im Mauerwerk desselben vorgewärmten Verbrennungsluft. Die Flamme zieht, die Muffeln auf 3 Seiten umspülend, durch die Züge Z_1 bis Z_7 aufwärts, um aus dem höchsten Feuerzuge in den Essencanal zu treten. w w sind Arbeitsöffnungen. Die einzelnen Muffeln sind je 9 m lang. Durch Ausziehen des Schiebers y und Verschliessen des Feuerzuges Z_1 vermittelst des Schiebers q kann der Gefässofen in einen Flammofen verwandelt werden.

Dieser Ofen hat sich nicht so leistungsfähig erwiesen, wie der Ofen von Liebig, und ist deshalb auf der Hütte zu Hamborn, wo er in Anwendung stand, durch den Liebigschen Ofen ersetzt worden.

Der Hasenclever-Ofen besteht aus mehreren (drei bis vier) übereinanderliegenden, durch verticale Canäle mit einander verbundenen Muffeln, welche durch die Flamme einer Rostfeuerung erhitzt werden. Die zu röstende Blende wird durch einen Aufgebetrichter in die oberste Muffel eingelassen und in derselben in der nämlichen Weise wie das Röstgut in den Fortschaufelungsöfen von Zeit zu Zeit vorwärts geschoben. Durch einen senkrechten Canal am Ende dieser Muffel werden sie in eine zweite unter derselben befindliche Muffel gestürzt, in welcher sie wieder in der nämlichen Weise fortgeschaufelt werden, um schliesslich noch in eine dritte Muffel u. s. f. zu gelangen. Am Ende der untersten Muffel wird das Röstgut durch eine Arbeitsöffnung ausgezogen. Die Flamme macht den umgekehrten Weg wie das zu röstende Erz, indem sie von unten nach oben zieht und auf ihrem Wege die Sohlen und Decken der einzelnen Muffeln (oder die untersten Muffeln oder mehrere zusammengekuppelte Muffeln) bestreicht. Die Röstgase lässt man entweder von unten nach oben durch die sämmtlichen Muffeln ziehen oder man lässt sie aus den einzelnen Muffeln durch Oeffnungen in der Hinterwand derselben in senkrechte Canäle treten, aus welchen sie, ebenso wie die Gase, welche die sämmtlichen Muffeln durchströmt haben, in den nach der Schwefelsäurefabrik führenden Sammelkanal gelangen.

Bei schwefelreichen Erzen hat man auch zwei oder drei Muffeln direct übereinandergelegt und die Flamme die Sohle der untersten und die Decke der obersten Muffel bestreichen lassen. Man legt im Interesse einer guten Wärmeausnutzung stets 2 Oefen mit den Hinterseiten aneinander.

Die Einrichtung des Hasenclever-Ofens ist aus den Figuren 48, 49, 50 und 51 ersichtlich, welche zwei vereinigte Oefen darstellen. R R sind die Roste. M M sind die einzelnen Muffeln. F F sind die Feuerzüge, welche von der Flamme von unten nach oben durchzogen werden und deren oberster mit dem Essencanal K zur Ableitung der Feuergase in die Esse in Verbindung steht. T T sind die Aufgebetrichter, durch welche die zu röstende Blende in die oberste Muffel eingeführt wird und dann die einzelnen Muffeln von oben nach unten durchwandert. w w sind Arbeitsöffnungen, welche das Durchrühren und Fortbewegen der Blende ermöglichen. Die Röstgase werden im vorliegenden Falle aus jeder einzelnen

Muffel besonders abgeleitet. Sie treten durch Oeffnungen a in der Hinterwand der Oefen in senkrechte Canäle b und aus diesen in den zur Schwefelsäurefabrik führenden Sammelcanal S. Wie erwähnt, hat man auch von dieser getrennten Abführung der Röstgase abgesehen und dieselben, nachdem sie die sämmtlichen Muffeln durchströmt hatten, aus der obersten Muffel in den gedachten Sammelcanal treten lassen.

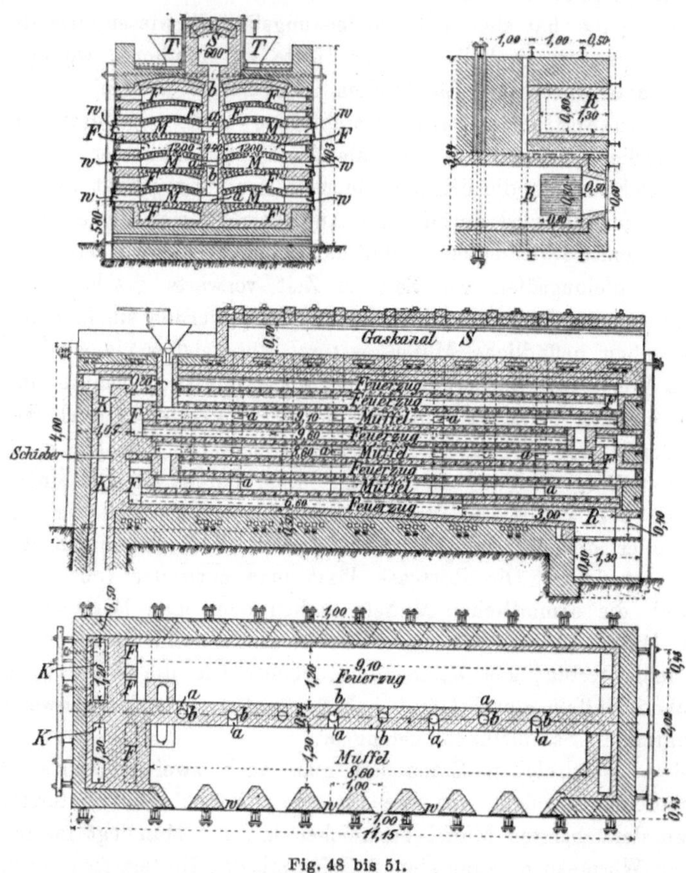

Fig. 48 bis 51.

Ein derartiger Ofen röstet in 24 Stunden gegen 4 t Blende auf 0,6 bis 1,06% Schwefel bei einem Verbrauch von 20—25% guten Steinkohlen vom Gewichte des rohen Erzes ab. Die Belegschaft eines Ofens in der Schicht beträgt 2 Mann.

In der neuesten Zeit ist der gedachte Ofen noch dadurch verbessert worden, dass man unbeschadet einer vollkommenen Abröstung der Zinkblende die einzelnen Muffeln durch in der Mitte derselben aufgeführte senkrechte Wände in 2 Hälften getheilt und die untereinanderliegenden Hälften durch senkrechte Canäle so mit einander verbunden hat, dass die

Blende die untereinanderliegenden Muffelhälften von oben nach unten durchwandern muss. Sie hat also nur die Hälfte des früheren Weges zu machen. Gleichzeitig lässt man die Feuergase bei schwefelreichen Erzen nur die beiden untersten Muffeln erwärmen, während die beiden obersten Muffeln durch die Oxydationswärme des Schwefels der Schwefelmetalle geheizt werden. Durch diese Verbesserungen hat man das Durchsetzquantum des Ofens um 30% vermehrt und den Arbeitsaufwand um 25 bis 30% vermindert.

Der Weg der Feuergase bleibt hierbei unverändert.

Derartig eingerichtete Oefen stehen beispielsweise auf der Guido-Hütte bei Chropaczow, auf den Silesia-Hütten bei Lipine, auf der Reckehütte bei Rosdzin, auf der Hütte zu Münsterbusch bei Stolberg und auf der chemischen Fabrik Rhenania bei Stolberg in Anwendung.

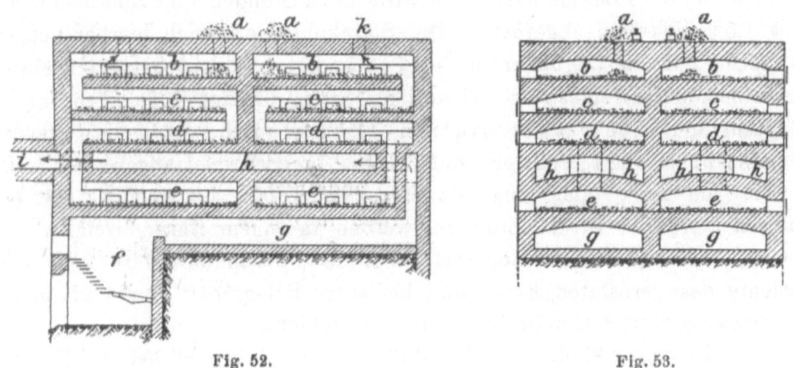

Fig. 52. Fig. 53.

Die Muffeln der neuesten Oefen sind 12,4 m lang und 1,5 m breit. Jede Muffel ist durch Scheiden in zwei Abtheilungen von je 6,25 m Länge getheilt. Das Gewölbe der Muffeln ist in der Mitte 0,23 m und an den Seitenwänden 0,12½ m hoch. Jede Muffel hat 10 Arbeitsöffnungen, d. i. 5 für jede Abtheilung. Dieselben werden durch gusseiserne Schiebethüren verschlossen. Die Oxydationsluft wird in Canälen, welche unter dem untersten Feuerzeug liegen, vorgewärmt.

Die Einrichtung des Ofens auf der Guido-Hütte[1]) ist aus den Figuren 52 und 53 ersichtlich. f ist der Treppenrost. Die Feuergase desselben heizen die beiden Muffelabtheilungen und die Sohle der Muffelabtheilungen d, indem sie durch die Züge g und h in den Essencanal i ziehen. Die Erze werden auf der Decke des Ofens getrocknet und dann durch die Oeffnungen a a in die obersten Muffelabtheilungen b aufgegeben. Von dort gelangen sie in die den betreffenden Ofenhälften entsprechenden Abtheilungen c, d und e und werden nach beendigter Röstung aus den Abtheilungen e ausgezogen. Die Röstgase durchziehen die einzelnen Muffeln

[1]) B.- u. H. Ztg. 1891. S. 450.

von unten nach oben und treten aus den obersten Muffelabtheilungen durch die Oeffnungen k in einen Sammelcanal ein.

Bei einer Belegschaft von zwei Arbeitern in der Schicht (4 in 24 Stunden) werden in 24 Stunden 5 t Zinkblende bei einem Verbrauche von 20% Steinkohlen vom Gewichte des rohen Erzes abgeröstet.

Auf Silesiahütte bei Lipine werden in einem ähnlich eingerichteten Ofen in 24 Stunden 5 t Blende auf 1% Schwefel bei einem Verbrauch von 25% minderwerthiger Steinkohle abgeröstet. Die Zahl der Arbeiter in 24 Stunden beträgt 4 zum Rösten und Schüren und 1/3 zum Aufgeben der Blende und Abladen der Kohlen. Der Gehalt der Röstgase an Schwefliger Säure beträgt 5 Vol.-Procent.

Auf Reckehütte bei Rosdzin in Oberschlesien werden in einem Ofen mit 3 Muffeln, von welchen die unterste von unten und die oberste von oben von der Flamme bestrichen wird, in 24 Stunden 3,5 t Zinkblende auf 1 bis 1,5% Schwefel abgeröstet. Der Steinkohlenverbrauch hierbei beträgt 1,2 t. Die Zahl der Arbeiter in der 12 stündigen Schicht beträgt 2 Mann. Der Gehalt der Röstgase an Schwefliger Säure beträgt 6 Vol.-Procent.

Auf den Stolberger Hütten (Münsterbusch, Rhenania) werden Erze mit 27 bis 28% Schwefel auf 0,5 bis 1% Schwefel abgeröstet, wenn sie frei von Kalk oder Magnesia sind, andernfalls halten sie 2 bis 3% Schwefel zurück. In 24 Stunden werden in einem Block, welcher aus 2 Oefen besteht, 8 t Erz abgeröstet bei 20% Steinkohlenverbrauch vom Gewichte des gerösteten Erzes und bei einer Belegschaft von 4 Mann für den Block, d. i. 2 Mann pro Ofen in der Schicht.

Die Entschwefelung und die Bildung von Zinksulfat bei der Blenderöstung im Hasenclever-Ofen der neuesten Construction ist aus der nachstehenden Zusammenstellung der Ergebnisse von Analysen, welche auf der chemischen Fabrik Rhenania bei Stolberg ausgeführt sind, ersichtlich.

A bedeutet das ungeröstete Erz, Z das ausgezogene Röstgut. 2 bis 14 sind die während des Fortschreitens der Röstung genommenen Proben.

Probe	Schwefelzink %	Zinksulfat %	Zinkoxyd %
A	57,2	0	0
2	53,5	3,5	0,8
3	53	3,8	3,4
4	48,4	4,2	4,6
5	39,9	4,3	12,3
6	35,2	5	16,5
7	34,8	6,9	17
8	25,2	6,3	27,1
9	24,2	5,2	30
10	19,2	5,8	32,6
11	10,0	7,8	40
12	7,9	6,2	44,9
13	1,5	4,7	52,5
14	1,6	2,6	53
Z	1,2	0	55

Der Hasenclever-Ofen hat sich in Rheinland und Schlesien eingebürgert und daselbst die alten Hasenclever-Helbig-Oefen vollständig und die Flammöfen theilweise verdrängt.

Die Röstung in feststehenden Gefässöfen mit Maschinenbetrieb.

Derartige Oefen finden vortheilhaft Anwendung in Gegenden mit hohen Arbeitslöhnen. Sie stellen Gefässöfen mit mechanischen Krählvorrichtungen dar, welchen letzteren entweder eine rotirende oder eine hin- und hergehende Bewegung ertheilt wird.

Der Ofen von Haas (Deutsch. R.-Patent No. 23 080) ist ein Ofen mit rotirenden Röstkrählen. Derselbe unterscheidet sich von dem Mac Dougall-Ofen, welcher Bd. I, Seite 72 ff. beschrieben und durch Figuren erläutert ist, in der Hauptsache dadurch, dass die einzelnen kreisrunden Muffeln nicht durch massive Gewölbe, sondern durch hohle Canäle, in welchen Feuergase circuliren, von einander getrennt sind. Durch die rotirenden Röstkrähle wird das Erz durch 4 untereinanderliegende Kammern hindurchgekrählt und gelangt dann, falls es erforderlich sein sollte, auf die Sohle einer Muffel mit rechteckigem Grundriss, welche zuerst von den Feuergasen umspült wird und in welcher die letzten Antheile von Schwefel aus der Blende entfernt werden.

Die Einrichtung dieses Ofens, wie sie die Patentschrift angiebt und wie sie in der Berg- und Hüttenm. Zeitung 1884 Taf. I, Fig. 12 bis 34 dargestellt ist, legen die Fig. 54, 55, 56 dar. a a sind die (4) untereinanderliegenden Muffeln, durch deren Mitte die mit Krählarmen versehene Welle x hindurchgeht. In zwei übereinanderliegenden Muffeln sind sie einerseits durch die Canäle für die Röstgase b, andererseits durch senkrechte Canäle n zum Translociren des Erzes miteinander verbunden. c sind die Feuerzüge. Dieselben bestehen aus den zwischen den einzelnen Muffeln befindlichen Hohlräumen und aus senkrechten Canälen, welche diese Hohlräume mit einander verbinden. Die Feuergase werden in einem Generator erzeugt und treten durch den Canal d in die Feuerzüge. Sie umspülen dieselben auf ihrem durch Pfeile angedeuteten Wege und treten, nachdem sie die oberste Muffel erhitzt haben, durch einen absteigenden, senkrechten Canal in den horizontalen Canal e, welcher sie in einen Wärmespeicher zur Vorwärmung der Oxydationsluft führt. Die letztere tritt bei f in die unterste Muffel ein und macht mit den hier entwickelten Röstgasen den Weg durch die sämmtlichen Muffeln. Aus der obersten Muffel treten die Röstgase durch den Canal p nach dem Orte ihrer Verwendung. Die Blende wird durch den Canal m in die oberste Muffel eingeführt, durch die Zinken der Krählarme durchgerührt und allmählich in die unteren Muffeln fortbewegt. Die Welle x kann sowohl nach links als auch nach rechts gedreht werden und besitzt in jeder Muffel zwei Krählarme aus Gusseisen. Die in den einen Krählarm eingesetzten Zinken h sind beweglich, während die Zinken i des anderen Armes fest in denselben eingelassen und schräg gestellt sind. Mit Hülfe des Hebels k lassen sich die Zinken h so stellen, dass sie die pulverförmige Blende entweder nach der Mitte oder nach der Peripherie vorschieben. Soll das Erz aus der oberen Muffel in die nächst untere translocirt werden, so stellt man die Zinken h so, dass sie dasselbe nach der Peripherie der Muffel schieben. Es gelangt dann das Erz durch den mit Schieberverschluss versehenen Schlitz n in

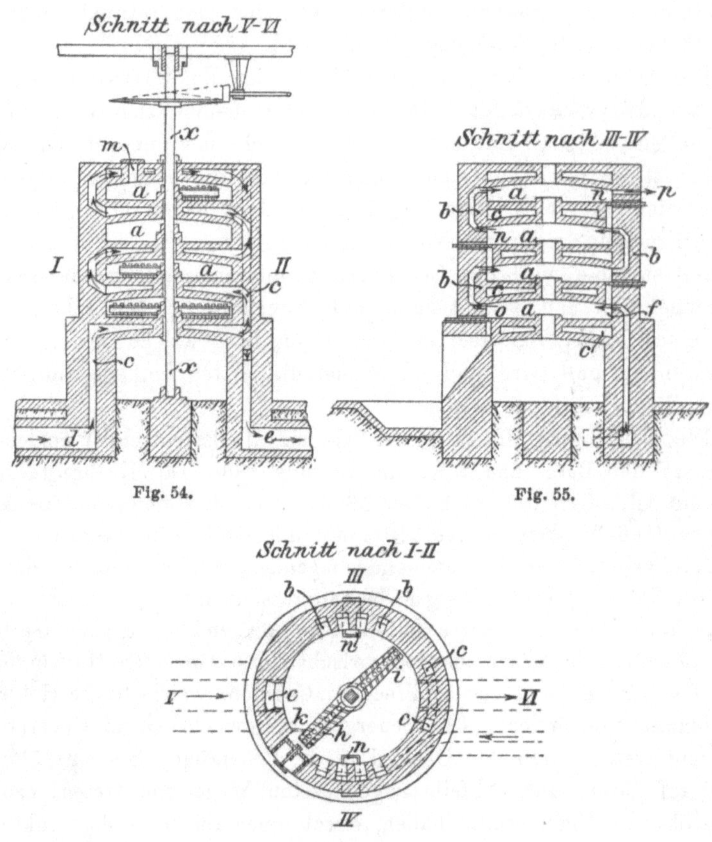

Fig. 54. Fig. 55. Fig. 56.

die untere Muffel und aus dieser später in der nämlichen Weise in die nächst untere und schliesslich in die letzte Muffel. Aus der letzten Muffel wird es in gleicher Weise durch den Schlitz o ausgetragen. Das ausgetragene Röstgut gelangt entweder in den Behälter oder in eine lange, rechteckige Muffel (in der Figur weggelassen), in welcher es tot geröstet wird. Die Röstgase treten aus dieser rechteckigen Muffel in die unterste runde Muffel und machen den nämlichen Weg wie die in der letzteren entwickelten Gase. Die Feuergase umspülen (falls sie vorhanden ist) zuerst die rechteckige Muffel in verschiedenen Canälen und gelangen dann in den Canal c für die runden Muffeln.

Die in diesem Ofen erhaltenen Röstgase enthalten 6 bis 7 Volumprocente Schweflige Säure.

Derartige Oefen sind zu Oberhausen (Vieille Montagne) im Betriebe zur Röstung von Blende mit einem Durchschnittsgehalte von 25% Zink[1]). Die Korngrösse derselben soll nicht unter 2 mm betragen. Die Heerde haben 2,50 m Durchmesser; die Stärke der einzelnen Sohlen beträgt 0,10 m. An der Welle befinden sich für jede Sohle 2 Rührarme.

Von der untersten kreisförmigen Sohle gelangt das Erz auf zwei übereinanderliegende Heerde von je 6 m Länge (mit je 4 Arbeitsthüren), auf welchen die Totröstung mit Handbetrieb erfolgt. Die Gase aus den Muffeln werden auf Schwefelsäure verarbeitet. Zur Bediennng eines Ofens ist ein Arbeiter erforderlich. Das Durchsetzquantum in 24 Stunden beträgt

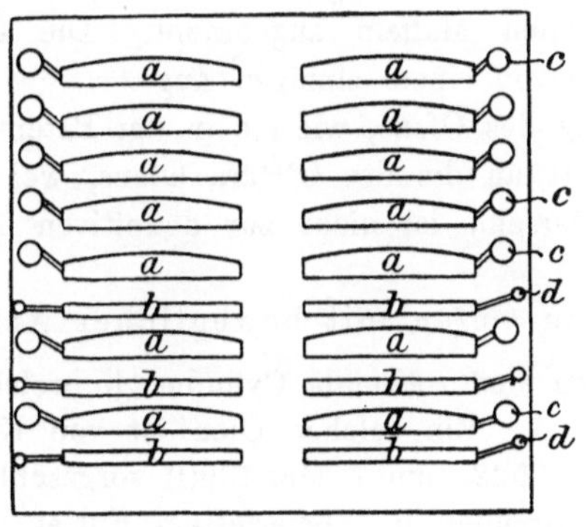

Fig. 57.

3,4 t Blende. Der Brennstoffverbrauch für die Röstung beträgt 17% Steinkohle vom Gewichte des Röstgutes, für die Bewegung des Rührwerks 5% vom Gewichte desselben. Das Röstgut enthält durchschnittlich 1% Schwefel.

Auf dem Werke von Hegeler und Matthiessen zu La Salle im Staate Illinois U. S. A. stehen mehretagige Muffel-Röstöfen mit mechanisch betriebenen Krählvorrichtungen in Anwendung. Ein derartiger Ofen hat 7 übereinanderliegende Muffeln von je 14 m Länge und 1,37 m Breite. Die drei untersten Muffeln werden geheizt. Die Heizung geschieht durch Generatorgas. Die Flamme zieht zuerst unter und dann über den drei untersten Muffeln hin. Je zwei Oefen sind zu einem Massiv vereinigt. Für je zwei nebeneinanderliegende Muffeln ist ein gemeinsamer Röstkrähl vorhanden. Derselbe wird in Zeiträumen von je einer Stunde mit Hülfe einer Stange, welche durch Frictionsscheiben bewegt wird, durch die in den Muffeln ausgebreitete Blende vorwärts und rückwärts bewegt.

[1]) Revue univers. des Mines. 1894. p. 38.

In 24 Stunden werden in einem derartigen Doppelofen 23 t Zinkblende bei einem Verbrauch von 4,8 t Steinkohlenabfall tot geröstet[1]).

In der Fig. 57 sind a die Röstmuffeln, b die Feuerzüge; c sind die Luftzuführungscanäle für die Muffeln, d die Luftzuführungscanäle für die Feuerzüge.

Der Chemischen Fabrik Rhenania zu Stolberg bei Aachen ist ein Hasenclever-Ofen mit mechanischem Rührwerk patentirt worden (Deutsch.-R.-P. 61 043). Dieser Ofen besteht aus vier dicht übereinander liegenden Muffeln, durch welche sich eine in bestimmten Abständen mit Krählern und Schabern versehene Kette ohne Ende bewegt. Durch die Krähler und Schaber wird das Röstgut einestheils durchgekrählt, anderentheils fortbewegt. Das Erz wird in die oberste Muffel eingetragen und dann allmählich in die unteren Muffeln translocirt, bis es in abgeröstetem Zustande aus der untersten Muffel ausgetragen wird. Um die Kette ohne Ende nicht den Feuergasen auszusetzen, sind keine Feuerzüge zwischen den einzelnen Muffeln angebracht. Die Feuergase umspülen daher die Muffeln nur in einem einzigen Zuge.

Die Einrichtung des Ofens, wie sie in der Patentschrift 1892. S. 321 dargelegt ist, erinnert an die des O'Hara-Ofens, welcher in Bd. I. S. 81 beschrieben ist. Derselbe ist nicht zur definitiven Anwendung gelangt.

Die Röstung in Oefen mit beweglicher Arbeitskammer.

Derartige Oefen sind rotirende Cylinder, in welchen die Flamme von dem Erze getrennt ist. Ein solcher Ofen ist von Koehler in Lipine (Deutsch. R.-Patent 57 522 vom 7. Mai 1890) vorgeschlagen worden. Derselbe stellt einen rotirenden mit feuerfestem Futter versehenen Cylinder aus Gusseisen oder Schmiedeeisen mit Gasfeuerung dar.

In dem dem Ofeninnern zugekehrten Theile des Futters sind der Axe des Cylinders parallel laufende Canäle angebracht, durch welche die brennenden Gase hindurchziehen.

In dem der Peripherie des Ofens zugewandten Theile des Futters sind Luftcanäle ausgespart, welche den Heizcanälen parallel laufen. In denselben wird die Oxydationsluft, welche den entgegengesetzten Weg nimmt wie die Röstgase, vorgewärmt und tritt durch ein in der Ofenaxe liegendes Rohr an dem einen Ende des Cylinders ein. Die Röstgase treten durch ein gleichfalls in der Ofenaxe liegendes Rohr am entgegengesetzten Ende des Ofens aus. Die Zinkblende wird in kleinen Portionen durch eine mit Trichter versehene Aufgebevorrichtung selbstthätig in den Ofen an dem einen Ende desselben eingeführt und an dem entgegengesetzten heissesten Ende desselben selbstthätig ausgetragen. Der Ofen ist also ein solcher mit continuirlichem Betriebe.

---

[1]) The Mineral Industry 1894. p. 215.

Im Innern des Cylinders sind mit Ueberfallöffnungen versehene Scheidewände angebracht, welche denselben gewissermaassen in mehrere Kammern eintheilen. Dieselben sollen ein Zurücktreten der in den hinteren Kammern bereits angereicherten Röstgase verhüten.

Ein Ofen dieser Art von 7,5 m Länge, welcher zur Totröstung der Blende dient, steht in Lipine in Oberschlesien in Anwendung. Ein zweiter Ofen dieser Art von 11 m Länge dient in Lipine zur Vorröstung pyrithaltiger Blende, um den Pyrit in Eisenoxyduloxyd überzuführen und das Röstgut dadurch geeignet für die magnetische Aufbereitung zu machen, durch welche aus demselben der grösste Theil des Eisens entfernt wird. Die Betriebsergebnisse beider Oefen sind nicht bekannt geworden.

Ein rotirender Cylinder mit Feuerzügen in der Ofenaxe, der Mac Douglas-Ofen, welcher gleichfalls zum Rösten von Schwefelmetallen vorgeschlagen wurde, ist Bd. I. S. 112 beschrieben und durch Figuren erläutert.

Verwendung der Gefässofen-Röstgase.

Die Röstgase der Gefässöfen werden bis jetzt, von einigen Ausnahmen abgesehen, zur Herstellung von englischer Schwefelsäure, von Schwefelsäure-Anhydrid und von flüssiger Schwefliger Säure verwendet.

Sie lassen sich auch zur Herstellung von Natriumsulfat, von Schwefelwasserstoff, von Natriumthiosulfat, von Schwefel, von Kupferlösungen verwenden.

Die Herstellung der letztgedachten Körper, mit Ausnahme des Schwefels, ist aber wegen des beschränkten Absatzes derselben nur unter bestimmten localen Verhältnissen mit Vortheil ausführbar.

Bei der Verwendung der Röstgase zur Herstellung von Kammersäure, deren Fabricationsweise als bekannt vorausgesetzt wird, lässt man je 3 Hasenclever'sche Doppelöfen auf ein Kammersystem arbeiten, wobei im Interesse eines guten Zuges die Gase der einzelnen Oefen dem Gloverthurm durch getrennte Canäle zugeführt werden. Die betreffenden Canäle sind eng aneinandergebaut und vereinigen sich, wie aus Figur 58 ersichtlich ist, erst vor dem Eintrittsrohr zum Gloverthurm. Um die Arbeiter vor Belästigung durch die Hitze zu schützen, ist zwischen je zwei Doppelöfen ein Zwischenraum von 11 m Weite gelassen.

Die Füllung des Gloverthurmes besteht aus Pressziegelsteinen, sogen. Klinkern, welche ihrerseits auf einem Rost von Sandsteinstreifen ruhen. Das Kammersystem besteht aus 2 Hauptkammern und 2 Nachkammern. Gloverthurm und Gay-Lussacthurm sind im Interesse der leichteren Bedienung und Beaufsichtigung dicht nebeneinander gestellt. Die Gase ziehen zuerst in die erste Hauptkammer, dann in die beiden Hinterkammern und aus der letzten Hinterkammer durch eine lange Bleileitung in den Gay-Lussacthurm, aus welchem sie durch ein verticales Rohr in das Freie gelangen.

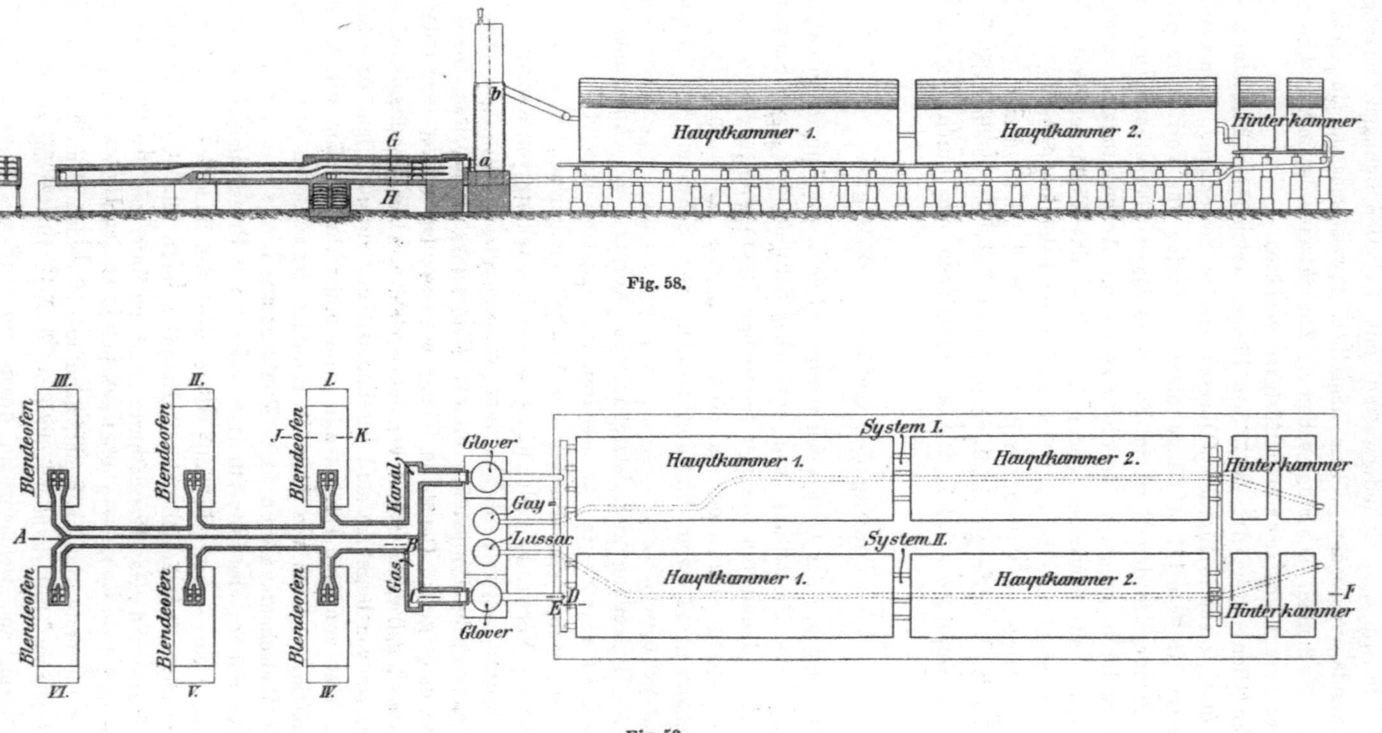

b
G
a
H
Hauptkammer 1.
Hauptkammer 2.
Hinterkammer

III.
II.
I.
J
K
Blendeofen
Blendeofen
Blendeofen
A
Blendeofen
Blendeofen
Blendeofen
VI.
V.
IV.
Kanal
Gas
B
Glover
Gay-
Lussac
Glover
D
E
System I.
Hauptkammer 1.
Hauptkammer 2.
Hinterkammer
System II.
Hauptkammer 1.
Hauptkammer 2.
F
Hinterkammer

Fig. 58.

Fig. 59.

Zwei derartige Systeme von je 7250 cbm Inhalt mit den entsprechenden Doppel-Zinkblende-Röstöfen sind in den Figuren 58, 59, 60 und 61[1]) dargestellt. Zum Schutz gegen Temperaturwechsel und Witterungseinflüsse sind die beiden Systeme mit einer seitlichen Holzverschalung umgeben und besitzen Ziegeldächer. Der Querschnitt der Kammer ist sechseckig. Derselbe gestattet eine Ersparniss an Blei, eine bessere Ausnutzung des Kammerraumes und eine bessere Zugänglichkeit der Decken der Kammern. Das Gewicht der Kammern und der in denselben enthaltenen Schwefelsäure wird durch Steinpfeiler getragen.

Während im vorliegenden Falle der Zug der Kammersysteme durch die über den Gay-Lussacthürmen angebrachten Ausgangsrohre hervorgebracht wird, wendet man auf anderen Werken Schornsteinzug an. In den Vereinigten Staaten sollen Ventilatoren zur Hervorbringung des Zuges in An-

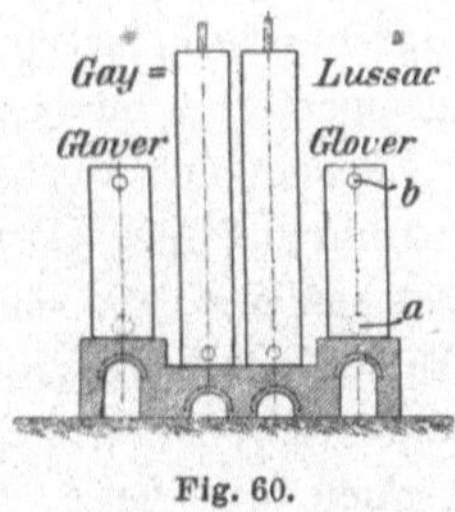

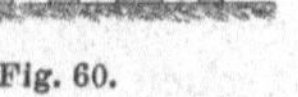
Fig. 60.

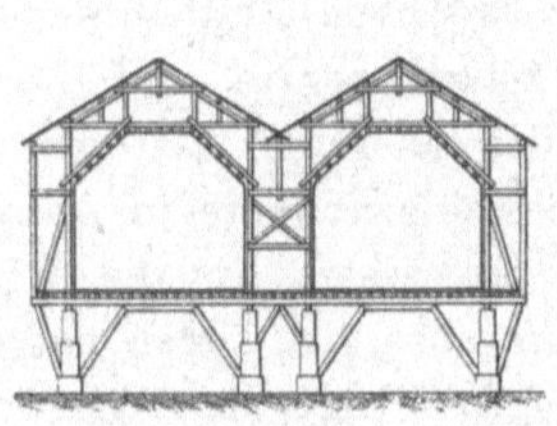
Fig. 61.

wendung stehen, wodurch das Ausbringen an 60° Bé.-Säure pro cbm Kammerraum und 24 Stunden auf 4 kg erhöht worden sein soll.

Der Sauerstoffgehalt der Endgase schwankt um mehrere Procente. In Deutschland hält man ihn zwischen 4 und 8 %. Die Endgase, welche aus dem Gay-Lussac-Thurm austreten, sollen in Preussen nach einer Verfügung der Aufsichtsbehörden im cbm bei Zinkblenderöstung nicht über 8 g SO_3 enthalten.

Der räumliche Inhalt der Kammersysteme schwankt zwischen 1000 und 1200 cbm. In allen Systemen, mit Ausnahme sehr kleiner, kann mit einem günstigen Salpeterverbrauch gearbeitet werden. Die in den gedachten Figuren dargestellten Systeme enthalten, wie erwähnt, 7250 cbm.

In der neuesten Zeit werden die in Gefässöfen erhaltenen Röstgase der Zinkblende auch zur Herstellung von Schwefelsäure-Anhydrid, von hochgrädiger Schwefelsäure und von englischer Schwefelsäure (66° B.) durch Katalyse benutzt.

Die Herstellung des Schwefelsäure-Anhydrids wurde zuerst auf der Muldenhütte bei Freiberg für Röstgase von kiesigen Blei- und Silbererzen durch Winkler eingeführt. Zuerst trocknete man die Röstgase, indem man sie in Thürmen aufsteigen liess, in welchen concentrirte Schwefelsäure

[1]) Chem. Industrie. Jahrgang 1899. No. 2.

herabrieselte, und leitete sie dann in geschlossene, erhitzte Gefässe aus Eisen, in welchen sich platinirter Asbest befand. Durch denselben wurde in Folge der Contactwirkung aus Schwefliger Säure und Sauerstoff Schwefelsäure-Anhydrid gebildet. Die anhydridhaltigen Gase wurden nun in Thürme geleitet, in welchen concentrirte Schwefelsäure herunterrieselte und das Anhydrid absorbirte. Aus der erhaltenen Flüssigkeit wurde das Anhydrid abdestillirt. Die aus den Absorptionsthürmen austretenden Gase enthielten noch grössere Mengen von Schwefliger Säure und wurden zusammen mit den zur Schwefelsäurefabrikation bestimmten Röstgasen in Bleikammern geleitet.

Bei Anwendung dieses Verfahrens wurde höchstens die Hälfte der in den Röstgasen enthaltenen Schwefligen Säure in Anhydrid übergeführt.

Durch Innehaltung einer bestimmten Temperatur in den Contactapparaten, durch sorgfältige Reinigung der Röstgase von allen bei dem Verfahren schädlichen Bestandtheilen, sowie durch zweckmässige Einrichtung der Contactapparate und Anwendung geeigneter Contactsubstanzen ist es in der neuesten Zeit gelungen, 95 % der in den Röstgasen enthaltenen Schwefligen Säure in Anhydrid überzuführen. Die Gase werden gewaschen, entwässert, in die Contactapparate geleitet und dann durch Schwefelsäure absorbirt. Man hat es in der Hand, durch Absorbirenlassen einer beliebigen Menge von Anhydrid durch die Schwefelsäure eine Säure von jeder Grädigkeit herzustellen. Die Bewegung der Gase durch die verschiedenen Apparate muss durch drückende oder saugende Gebläsevorrichtungen bewirkt werden. Bei der beschränkten Verwendung des Anhydrids stellt man hauptsächlich concentrirte Schwefelsäure von 66° B. aufwärts her. Die Herstellung von Kammersäure durch das Contactverfahren ist bis jetzt theurer als durch den Bleikammerprocess. Als Contactsubstanz wird fein vertheiltes Platin angewendet. In Freiberg benutzte man platinirten Asbest. In dem betreffenden Winkler'schen Patente von 1878 wurde „die der Ausfärbung einer Zeugfaser gleichkommende chemische Uebertragung von Contactsubstanzen auf voluminöse, an sich indifferente Unterlagen“ geschützt. — Die Actiengesellschaft für Zinkindustrie, vormals Wilhelm Grillo, und Schröder (D. R. P. 102244) benutzen als Träger des Platins lösliche Salze der Alkalien, der alkalischen Erden und Metallsalze. Die Contactsubstanzen werden dadurch hergestellt, dass man wässrige Lösungen der gedachten Salze und eines Platinsalzes miteinander mischt, die erhaltene Flüssigkeit eindampft, die sich hierbei bildenden Salzkrusten trocknet und dann durch Zerkleinerung auf annähernd gleiche Korngrösse bringt. Das hierbei abfallende Pulver wird von Neuem in Wasser gelöst und wie zuvor behandelt, bis sämmtliches Material in eine angemessene Stück- oder Kornform übergeführt ist. Alsdann wird es in die Contactapparate eingeführt, bei deren Erhitzung sich das Platin in den Salzen in ausserordentlich feiner Vertheilung abscheidet.

Die Herstellung von concentrierter Schwefelsäure aus Zinkblenderöstgasen durch Contactwirkung steht beispielsweise in Anwendung in Hamborn in Bergisch-Gladbach, in Lipine (Oberschlesien), in Mineral Point in den Vereinigten Staaten von Nord-Amerika.

Flüssige Schweflige Säure wird aus den Röstgasen von der Röstung der Zinkblende in Gefässöfen auf der Zinkhütte zu Hamborn bei Oberhausen und auf der Zinkhütte Silesia bei Lipine (Oberschlesien) hergestellt. Bei der nicht ausgedehnten Verwendung der flüssigen Schwefligen Säure (zur Herstellung der Sulfit-Cellulose, zur Kälteerzeugung, zur Fabrikation von Zucker, zum Bleichen) und bei den hohen Kosten der Anlagen zur Herstellung derselben ist nicht zu erwarten, dass die Erzeugung derselben aus Röstgasen eine grössere Verbreitung gewinnen wird. Auf der Guidohütte bei Chropaczow in Oberschlesien, wo das Verfahren längere Zeit in Anwendung stand, ist dasselbe vor Kurzem eingestellt worden. Man hat dort eine Schwefelsäurefabrik eingerichtet. Das betreffende Verfahren ist von Schröder und Hänisch angegeben worden. Da dasselbe die gasförmige Schweflige Säure aus den Röstgasen der Gefässöfen im Zustande grösster Concentration gewinnt, in welchem sie auch zu anderen Zwecken Verwendung finden kann, so verdient es eine nähere Betrachtung.

Das Verfahren (Deutsche Patente 26181, 27581, 36721) besteht darin, die Schweflige Säure aus den Röstgasen durch in einem Koksthurme herabtröpfelndes Wasser zu absorbiren, aus diesem Wasser durch Hitze die Schweflige Säure in concentrirtem Zustande, nur mit einem Theile Wasserdampf vermischt, auszutreiben, aus dem Gasgemisch den Wasserdampf durch concentrirte Schwefelsäure oder Chlorcalcium auszuscheiden und die so erhaltene concentrirte gasförmige Schweflige Säure mit Hülfe eines Compressors zu verflüssigen.

Aus den Gasen der Flammöfen lässt sich nach diesem Verfahren concentrirte Schweflige Säure nicht mit Vortheil darstellen. Die Herstellung concentrirter Schwefliger Säure wird erst bei Gasen, welche mindestens 4 Volumprocente Schweflige Säure enthalten, wie sie in Schachtöfen und Gefässöfen entwickelt werden, lohnend.

Was nun die Ausführung des Verfahrens anbetrifft, so geschieht die Absorption der Schwefligen Säure aus den Röstgasen in mit Wasser berieselten Koksthürmen.

Das Austreiben der Schwefligen Säure aus dem Wasser geschieht in drei verschiedenen Apparaten, in welchen theils die Wärme der Röstgase, theils die latente Wärme des Wasserdampfes, welcher beim Austreiben der Schwefligen Säure aus dem die letztere enthaltenden Wasser entwickelt wird, theils die Wärme des von der Schwefligen Säure befreiten Wassers zur Geltung kommen. Zuerst wird das saure Wasser in ein System von niedrigen, aus Blei hergestellten, Kammern geführt, in welchen eine Vorwärmung desselben durch das die Kammern umgebende entsäuerte, noch heisse Wasser erfolgt. Dann gelangt es in geschlossene Bleipfannen, unter welchen die aus den Oefen austretenden heissen Röstgase hinziehen, ehe sie in den Absorptionsthurm treten und durch Abgabe ihrer Wärme an die Pfannen die in denselben enthaltene Flüssigkeit zum Kochen bringen. Die Schweflige Säure entweicht in Folge dessen aus der kochenden Flüssigkeit und tritt in den Entwässerungsapparat. Die kochende, noch nicht ganz entsäuerte Flüssigkeit wird aus den Bleipfannen in eine sog. Colonne abgelassen, in welcher die letzten Antheile von Schwefliger Säure aus derselben durch directen Wasserdampf entfernt werden und der Wasserdampf durch eingespritztes kaltes Wasser von der Schwefligen Säure geschieden wird. Das entsäuerte heisse Wasser dient zum Vorwärmen des aus dem Absorptionsthurme austretenden sauren Wassers, indem man es aus der Colonne durch ein System von Bleikammern strömen lässt, welche die das saure Wasser enthaltenden Bleikammern umgeben.

Die Scheidung des Wasserdampfes von der aus dem Wasser ausgetriebenen Schwefligen Säure geschieht am besten dadurch, dass man das Gasgemisch in einem mit Koks gefüllten Thurme emporsteigen lässt, in welchem concentrirte Schwefelsänre herabrieselt, welche alles Wasser aufnimmt.

Die auf diese Weise vollständig entwässerte Schweflige Säure wird durch eine Compressionspumpe (aus Bronze) verflüssigt und in eisernen Gefässen von hinreichender Stärke angesammelt. Der zur Verflüssigung anzuwendende Druck beträgt je nach der Jahreszeit 2 bis 3,5 Atmosphären. Die beigemengten, schwer zu verdichtenden Gase werden durch ein im Sammelgefässe angebrachtes Ventil in den Absorptionsthurm für die Röstgase entlassen. Die Versendung der flüssigen Schwefligen Säure geschieht in Gefässen aus Eisen. Dieselbe enthält 99,8 % reine SO_2.

Die aus den Zinkblende-Röstöfen in Hamborn und Lipine austretenden Röstgase enthalten gegen 6 Volumprocente Schweflige Säure. In den Absorptionsthürmen wird die Schweflige Säure aus diesen Gasen bis auf 0,05 Volumprocente absorbirt. Das Wasser, welches aus den Thürmen austritt, enthält 12 kg Schweflige Säure im cbm.

Die Einrichtung der Anlage zur Herstellung flüssiger Schwefliger Säure aus den Röstgasen erhellt aus der nachstehenden Figur 62 [1]).

Die Röstgase gelangen aus den Röstöfen durch den Canal a in den Absorptionsthurm b. Auf dem Wege nach dem letzteren geben sie ihre Hitze an die Bleipfannen e ab. Sie steigen in dem mit Koks gefüllten Bleithurme in die Höhe und werden durch das aus dem Vertheilungskasten V in denselben eingeführte Wasser von ihrer Schwefligen Säure befreit. Die am oberen Ende des Thurmes anlangenden, aus Stickstoff, Sauerstoff und nur noch sehr geringen Mengen von Schwefliger Säure bestehenden Gase

---

[1]) Zeitschr. für angewandte Chemie 1888. S. 448. Lunge, Soda-Industrie Bd. I. S. 264.

werden durch das absteigende Rohr c in den Essencanal bzw. in die Esse geführt.

Das die Schweflige Säure gelöst enthaltende Wasser tritt durch das Rohr d am Fusse des Thurmes zuerst in einen Vorwärm-Apparat. Derselbe ist in der Figur 62 weggelassen, dagegen in der Figur 63 besonders dargestellt. Derselbe besteht aus einer Reihe flacher, übereinanderliegender Bleikammern von je 4 cm Tiefe. Die Bleikammern bilden 2 Systeme. In dem einen System steigt die zu erwärmende saure Flüssigkeit in die Höhe, während in dem anderen Systeme das heisse, entsäuerte Wasser herunterfliesst und seine Wärme an die aufsteigende Flüssigkeit abgiebt. Die Kammern sind zu diesem Zwecke so übereinandergelegt, dass stets auf eine Kammer des einen Systems eine Kammer des anderen Systems folgt.

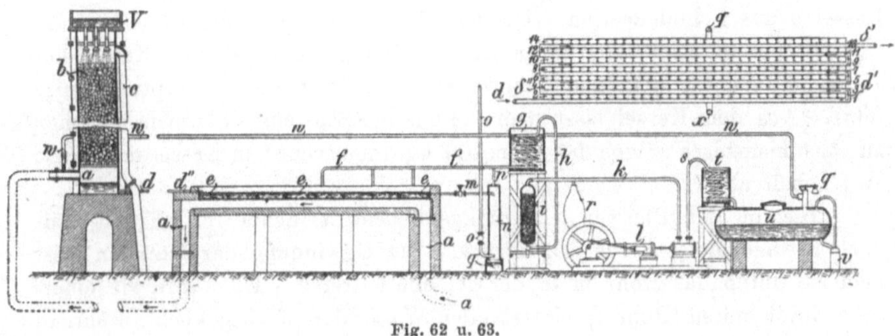

Fig. 62 u. 63.

In den Kammern mit ungeraden Ziffern (1, 3, 5, 7, 9, 11, 13) steigt das saure Wasser in die Höhe, während in den Kammern mit geraden Ziffern (14, 12, 10, 8, 6, 4, 2) das heisse, entsäuerte Wasser herunterfliesst. Die auf einander folgenden Kammern jedes Systems sind unter sich an einer Seite so mit einander verbunden, dass die Verbindung die ganze Seitenlänge der Kammer einnimmt. Die einzelnen Kammern sind durch im Innern derselben angebrachte Bleistreifen, welche in der Stromrichtung der Flüssigkeiten liegen, abgesteift. Das aus dem Absorptionsthurme ausfliessende saure Wasser tritt nun bei d in die Kammer 1, steigt bei d′ in die Kammer 2, bei d″ in die Kammer 3 u. s. f., bis es bei δ' aus der letzten Kammer (13) angewärmt austritt, um bei d″ in die Bleipfannen e zu fliessen. Das entsäuerte heisse Wasser macht den umgekehrten Weg. Dasselbe tritt durch das Rohr q in die oberste Kammer 14, durchfliesst dieselbe und gelangt am Ende derselben durch die in der Figur nicht sichtbare Verbindung in die Kammer 12, aus dieser in die Kammer 10 u. s. f., bis es nach Abgabe des grössten Theiles seiner Wärme am Ende der Kammer 2 durch das Rohr x ausfliesst.

Die so durch das entsäuerte heisse Wasser vorgewärmte saure Flüssigkeit gelangt durch das Rohr d″ in die bedeckten Bleipfannen e, welche sie nach einander durchfliesst. Hier wird sie durch die unter den Pfannen hinströmenden heissen Röstgase zum Sieden erhitzt und entlässt in Folge dessen die Schweflige Säure mit einem Theile Wasserdampf. Das Gasgemisch strömt durch das Rohr f in die mit Wasser gekühlte Schlange g, in welcher ein Theil des Wasserdampfes condensirt wird und durch das gedachte Rohr in die Pfannen bzw. in die Colonne zurückfliesst, und dann durch das Rohr h in den Trockenthurm i, in welchem durch mit concentrirter Schwefelsäure getränkte Koks der letzte Antheil des Wasserdampfes zurückgehalten wird. Aus dem Trockenthurme gelangt die Schweflige Säure durch das Rohr k in den Compressor. Zur Regelung der Compression ist ein Taffet-Sack r in das Rohr k eingeschaltet. Nach der Grösse desselben wird die Bewegung der Pumpe l regulirt. Das Gas wird durch das Rohr s in die Schlange t gedrückt, in welcher es verflüssigt wird. Die flüssige Schweflige Säure fliesst aus der Schlange in einen Kessel u aus Schmiedeeisen. Die von der Flüssigkeit mitgerissenen Gase (Sauerstoff und Stickstoff) treten nach Oeffnung eines auf dem Kessel angebrachten Ventils q in das Rohr w, welches sie in den Absorptionsthurm führt. Aus dem Kessel lässt man die flüssige Schweflige Säure in Flaschen aus Schmiedeeisen v von 50 oder 100 kg Inhalt oder in Kesselwagen von 10 t Inhalt ab.

Die in den Pfannen e zurückgebliebene siedende Flüssigkeit hält noch geringe Mengen von SO_2 zurück. Zur Gewinnung der letzteren lässt man sie durch das Rohr m in die Colonne n treten. Hier wird sie einerseits durch unten (Rohr o) eintretenden Wasserdampf ausgekocht, während andererseits am oberen Ende Wasser eingespritzt wird. Die Schweflige Säure und der Wasserdampf steigen in dem Thurm in die Höhe, werden zum Theil von der herabrieselnden Flüssigkeit condensirt und unten angekommen wieder ausgetrieben. Von den am oberen Ende der Colonne austretenden Gasen wird der Wasserdampf durch das eingespritzte Wasser condensirt, welches letztere wieder nach unten fliesst. Ein Theil der Schwefligen Säure wird hier durch das Wasser absorbirt. Da die Menge desselben aber nur zur Absorption eines verhältnissmässig kleinen Theiles der Schwefligen Säure ausreicht, so entweicht der grösste Theil der letzteren durch das Rohr p in die Schlange g und vereinigt sich daselbst mit der aus den Pfannen e ausgetriebenen Schwefligen Säure. Die in der Colonne herabrieselnde Flüssigkeit verliert allmählich ihre Schweflige Säure und gelangt, durch den Wasserdampf zum Sieden gebracht, frei von Schwefliger Säure auf dem Boden der Colonne an, von wo sie durch das Rohr q in die oben beschriebenen Bleikammern tritt und das aus dem Absorptionsthurme kommende saure Wasser vorwärmt.

Die Colonne, ein im unteren Theile mit Thontellern, im oberen Theile mit Koks gefüllter Thurm hat einige Verbesserungen erfahren (D. R. P. 36 721. D. R. P. 52 025). Die Einrichtung der Colonne D. R. P. 36 721 ist aus Fig. 64 ersichtlich. Durch a treten die heissen Dämpfe ein, durch die Brause b wird Wasser eingespritzt, durch das Rohr d tritt Schweflige

Säure aus. Durch das Rohr e tritt die entsäuerte, bis zum Siedepunkte erhitzte Flüssigkeit aus. Durch die Thonteller wird die herabrieselnde Flüssigkeit aufgehalten und dadurch der Wirkung des aufsteigenden Dampfes mehr ausgesetzt.

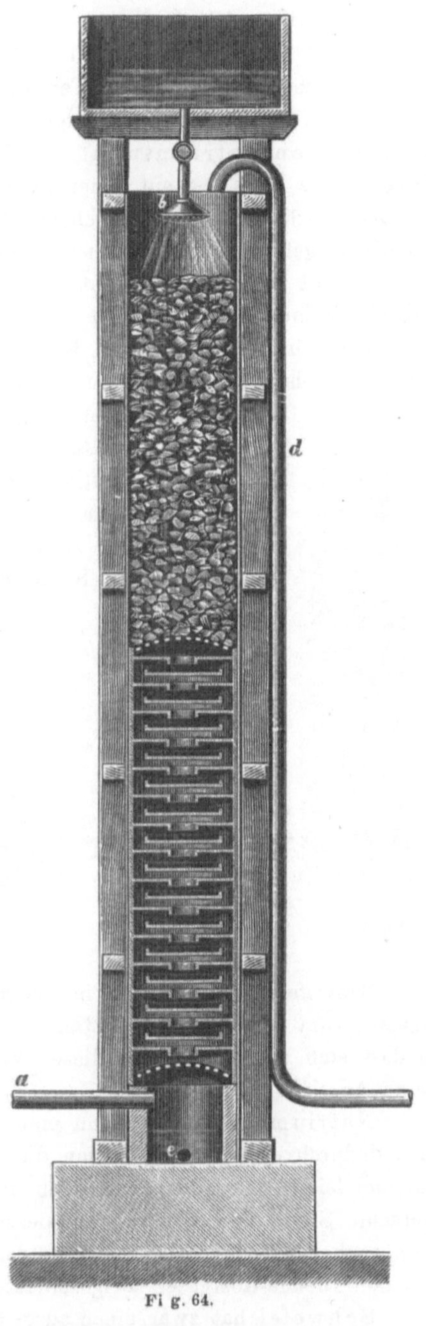

Fig. 64.

Die Flaschen, in welchen die flüssige Schweflige Säure zum Versand gelangt, sind aus den Figuren 65 und 66 ersichtlich. Dieselben besitzen ein Auslassventil c (Schraubenventil), welches beim Versand durch die Kappe a bedeckt wird. Will man SO_2 in Gasform verwenden, so stellt man die Flasche aufrecht (Figur 65), dreht die Spindel des Schraubenventils c mit Hülfe eines Schlüssels und entfernt den Verschluss des Stutzens b. Es tritt dann gasförmige Schweflige Säure durch den Stutzen b aus. Das Gas tritt so lange aus, bis die Temperatur in Folge der Verdunstung der Flüssigkeit auf — 10° sinkt. Ein weiteres Austreten des Gases erfolgt erst, wenn die Flasche von aussen wieder eine hinreichende Menge von Wärme aufgenommen hat.

Will man die Schweflige Säure als Flüssigkeit verwenden, so legt man die Flasche so, dass der Stutzen b sich oben befindet (Figur 66). Es wird dann durch den Druck des Gases flüssige Schweflige Säure durch den Stutzen bzw. durch ein an denselben angeschraubtes Blei- oder Kautschukrohr ausgepresst. Es kann dann der ganze Inhalt der Flasche an SO_2 durch das bis auf den Boden derselben reichende gebogene Rohr n ausgedrückt werden. Die Flaschen werden zur Vermeidung von Explosionen auf einen Druck von 50 Atmosphären geprüft. Die Dampfspannung der Schwefligen Säure beträgt bei $+ 10^{0} = 1{,}26$ Atmosphären, bei $20^{0} = 2{,}24$ Atm., bei $30^{0} = 3{,}51$ Atm., bei $40^{0} = 5{,}15$ Atm. Man verwahrt die Flaschen am besten an Orten auf, deren Temperatur 40^{0} nicht übersteigt.

Die aus Gefässöfen entbundene Schweflige Säure ist auch zur Herstellung von Natriumsulfat aus Kochsalz nach dem Verfahren von Hargreaves, wie es auf einer Reihe englischer Sodafabriken und seit dem Jahre 1890 auch auf der chemischen Fabrik Rhenania zu Stolberg bei Aachen ausgeführt wird, geeignet. Dasselbe besteht darin, dass man die Röstgase mit Luft und Wasserdampf in durch eine Feuerung von aussen erhitzte Cylinder aus Gusseisen leitet, in welchen sich auf einem Eisenroste kugelförmige Stücke von Kochsalz befinden. Es bildet sich hierbei unter Entstehung von Salzsäure Natriumsulfat.

Zur Herstellung von Schwefelwasserstoff sind die gedachten Röstgase gleichfalls verwendbar, indem man sie gemeinschaftlich mit Wasserdampf durch Schachtöfen leitet, in welchen sich glühende Koks befinden. Die letzteren werden durch zeitweises Durchleiten von Luft glühend erhalten. Der Schwefelwasserstoff bildet sich nach der Gleichung:

$$SO_2 + H_2O + 3C = H_2S + 3CO.$$

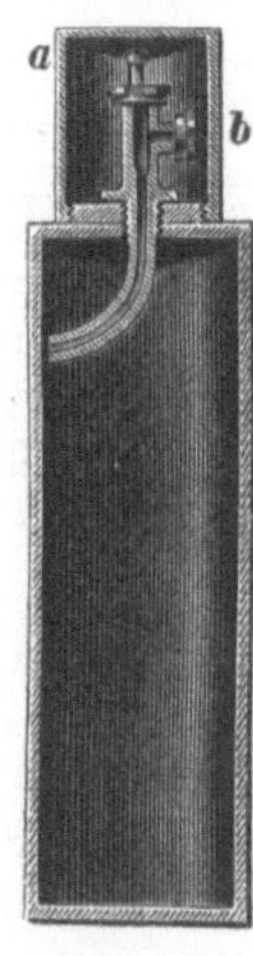

Fig. 65.

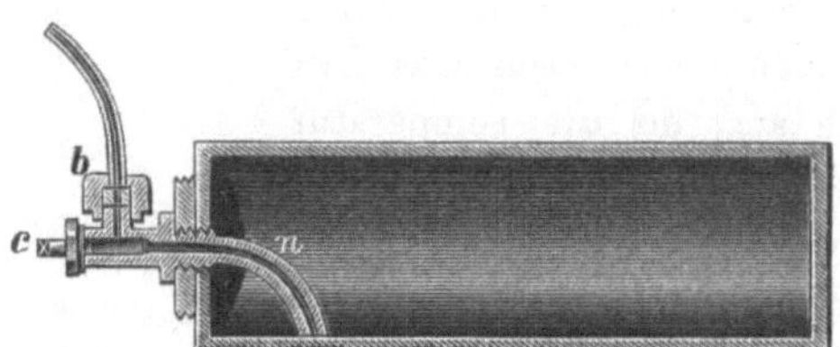

Fig. 66.

Schwefelwasserstoff wird indess nur selten und nur in beschränktem Maasse (zum Ausfällen von Metallen [Cu, Ag] aus Lösungen) angewendet, so dass sich zur Einführung dieses Verfahrens auf Blende-Röste-Anlagen keine Aussicht bietet.

Natriumthiosulfat kann man mit Hülfe der Röstgase der Gefässöfen dadurch erhalten, dass man dieselben in eine Lösung von Schwefelnatrium leitet. Es bildet sich dann unter Ausscheidung von Schwefel das gedachte Salz. Die Verwendung desselben (Extraction von Silber) ist indess auch eine sehr beschränkte, so dass auch die Herstellung dieses Salzes aus den Blende-Röstgasen ausgeschlossen ist.

Schwefel hat zwar einen ausgedehnten Markt, indessen ist die Herstellung desselben aus den Röstgasen der Gefässöfen ziemlich kostspielig und desshalb noch nicht im Grossen ausgeführt worden.

Die Herstellung desselben kann aus den Röstgasen der Gefässöfen direct durch Einleiten derselben in Lösungen der Polysulfide des Schwefelnatriums und Schwefelcalciums oder durch Einwirkenlassen der Röstgase auf Schwefelwasserstoff oder auch indirect nach vorgängiger Ausscheidung der Schwefligen Säure aus denselben und Reduction der letzteren durch Kohle oder Leuchtgas erfolgen.

Aus Polysulfiden der alkalischen Erden wird man nur dann, wenn dieselben als lästige Nebenerzeugnisse anderer Prozesse (verwitterte Rückstände von der Leblanc-Soda-Fabrikation) kostenlos zur Verfügung stehen, Schwefel herstellen.

Mit Hülfe von Schwefelwasserstoff kann man dadurch Schwefel aus den Röstgasen erhalten, dass man beide Gase in Holzthürmen, in welchen Chlorcalciumlauge herabrieselt, emporsteigen lässt. Der Schwefel scheidet sich dann nach der Gleichung

$$2 H_2 S + S O_2 = 3 S + 2 H_2 O$$

aus. Die Gase werden am unteren Ende des Thurmes eingeführt, während die Chlorcalciumlauge, welche die Ausscheidung des Schwefels in körniger Form veranlasst, oben einfliesst und über alternirend gelegte Holzplatten nach dem unteren Ende des Thurmes herabrieselt. Der auf den Platten niedergeschlagene Schwefel tritt mit der Chlorcalciumlauge aus den Thürmen in eine Reihe untereinandergestellter Bottiche, in welchen er sich zu Boden setzt, während man die geklärte Lauge von Neuem auf die Thürme pumpt. Der Schwefel wird nach Schaffner's Methode unter Wasser durch Dampf von $2^1/_2$ Atm. Spannung geschmolzen.

Den Schwefelwasserstoff kann man, falls er nicht als Nebenerzeugniss gewisser Prozesse (Behandeln von Schwefeleisen enthaltenden Schwefelmetallen mit verdünnter Schwefelsäure) erhalten wird, wie oben dargelegt, dadurch herstellen, dass man einen Theil der Röstgase zusammen mit Wasserdampf durch eine Säule glühender Koks leitet. Auch lässt er sich (Verfahren von Chance) durch Behandeln der Rückstände von der Leblanc-Soda-Fabrikation (einfach Schwefelcalcium) mit Kohlensäure herstellen.

Dieses Verfahren ist nur dann zu empfehlen, wenn Schwefelwasserstoff ohne grosse Kosten erhalten werden kann.

Durch Reduction der Schwefligen Säure mit Hülfe von Kohle lässt sich Schwefel nur aus concentrirten Röstgasen, wie sie zur Herstellung der flüssigen Schwefligen Säure nach dem Verfahren von Schröder und Hänisch dienen, herstellen.

Aus den Röstgasen der Gefässöfen lässt er sich daher nicht direct, sondern erst nach vorgängiger Concentration derselben mit Hülfe von Wasser gewinnen. Bei der früher versuchten Gewinnung des Schwefels aus verdünnten Röstgasen verbrannte in Folge des Gehaltes derselben an Luft ein Theil Kohle unnütz und in Folge der Verdünnung der Schwefligen Säure durch indifferente Gase trat nur eine unvollkommene Reduction derselben zu Schwefel ein.

Die Gewinnung des Schwefels aus der mit Hülfe von Wasser in der oben dargelegten Art concentrirten Schwefligen Säure ist Schröder und Hänisch patentirt worden.

Die concentrirte Schweflige Säure wird zuerst durch eine mit glühenden Koks gefüllte Muffel und dann durch eine zweite stehende Muffel, welche glühende indifferente Körper, sogen. Intactstoffe, wie Chamottesteine, Ziegelsteine u. dergl. enthält, geleitet. In der mit Koks gefüllten Muffel wird ungefähr die Hälfte der Schwefligen Säure zu Schwefel reducirt, während in der zweiten Muffel die noch vorhandene SO_2 und die in der ersten Muffel gebildeten Gase Kohlenoxyd, Schwefelkohlenstoff und Kohlenoxydsulfid so auf einander einwirken, dass Kohlensäure und Schwefel entstehen. Die Schwefeldämpfe und die Kohlensäure treten aus der zweiten Muffel in eine Condensationskammer, in welcher der grösste Theil des Schwefels als Flüssigkeit, ein kleiner Theil aber in der Form von Schwefelblumen erhalten wird. Bei auf der Grillo'schen Zinkhütte Neumühl-Hamborn ausgeführten Versuchen wurden auf diese Art 99 Vol.-Proc. Schweflige Säure zu Schwefel reducirt. Die aus der Condensationskammer austretenden Gase enthielten 96 bis 97 Vol.-Proc. Kohlensäure und 2 bis 3 Vol.-Proc. Kohlenoxyd.

Nach dem Patente von Schröder und Hänisch kann die Reduction der Schwefligen Säure anstatt durch Koks auch durch Kohlenoxyd, Leuchtgas oder ein kohlenstoffreiches Gasgemisch erfolgen.

Ueber den ökonomischen Erfolg der Schwefelgewinnung in der gedachten Weise lässt sich ein Urtheil zur Zeit noch nicht abgeben, da sie bisher noch nicht im Grossen ausgeführt worden ist. Die mit Hülfe von Wasser hergestellte concentrirte Schweflige Säure ist bisher ausschliesslich zur Herstellung von flüssiger Schwefliger Säure verwendet worden.

Die Verwendung der aus den Gefässöfen austretenden Röstgase zur Herstellung von Kupferlösungen ist nur unter ganz localen Verhältnissen und auch dann nur in ganz beschränktem Maasse möglich, z. B. zum Ausziehen des Kupfers aus armen oxydischen oder gesäuerten Kupfererzen, zur Auflösung des Kupfers aus Gold oder Silber enthaltendem Cementkupfer. Im ersteren Falle lässt man die Röstgase zusammen mit Wasserdampf und Salpetergasen unter die auf einem Rost von Steinen oder Holz liegenden Erze treten.

Im zweiten Falle bedient man sich der Rössler'schen Vorrichtung. Dieselbe, Fig. 67, ist ein Gefäss aus Schmiedeeisen A, in welchem sich eine Lösung von Kupfervitriol befindet. Durch einen Körting'schen Injector B wird der Rauch, durch einen Vertheilungsring in feine Strahlen zertheilt, in die Flüssigkeit gepresst. Die Schweflige Säure verwandelt sich hierbei in Schwefelsäure, indem das schwefelsaure Kupferoxyd zu schwefelsaurem Kupferoxydul reducirt wird. Die gebildete Schwefelsäure löst das zugesetzte Gold und Silber enthaltende Cementkupfer unter Abscheidung von Gold und Silber auf. Stickstoff und Sauerstoff treten durch das Rohr Z aus. Diese Vorrichtung steht auf der Scheideanstalt in Frankfurt a. M. in Anwendung. Die Gase, welche die Schweflige Säure enthalten, werden beim Auflösen von goldhaltigem Silber in concentrirter kochender Schwefelsäure entwickelt.

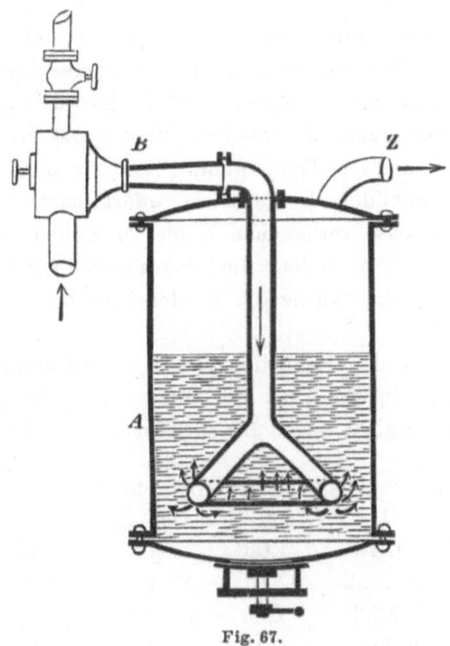

Fig. 67.

Man kann die Röstgase auch nach Winkler auf mit Wasser befeuchtetes metallisches Eisen einwirken lassen und aus der erhaltenen Lösung Eisenvitriol gewinnen.

2. Der Reductionsprozess oder die Verarbeitung der gebrannten bzw. gerösteten Erze auf Zink.

Die Reduction des Zinks aus den vorbereiteten Erzen geschieht durch Erhitzen derselben mit Kohle bis zur Weissglut in Gefässen aus feuerfestem Thon. Das Zink wird hierbei in Dampfform abgeschieden und in Vorlagen aus Thon aufgefangen. Das Reductionsverfahren characterisirt sich hiernach als ein „zusammengesetztes Verdampfungsverfahren" und speciell als ein Destillationsprozess.

Die diesem Verfahren zu unterwerfenden Erze enthalten das Zink als Oxyd oder Silicat. Kleine Mengen des Zinks sind in Folge unvollkommener Röstung der Zinkblende als Schwefelzink und als Zinksulfat vorhanden. Ist Eisen vorhanden, so ist der an Metalle gebundene Schwefel hauptsächlich an Eisen gebunden.

Von fremden Körpern sind in den gebrannten bzw. gerösteten Zinkerzen häufig Oxyde und Silicate des Eisens und Mangans, Schwefeleisen, Bleioxyd, Bleisulfat, Bleisilicat, Thonerdesilicate, Quarz, Calciumsulfat, Baryumsulfat, Antimoniate und Arseniate, Kalk, Magnesia, Cadmiumoxyd und Silber anwesend.

Das Zink wird aus dem Oxyde durch Kohle sowohl als auch durch Kohlenoxyd reducirt. Bei der Reduction des Zinks durch Kohle wird Kohlenoxyd gebildet, welches seinerseits aus Zinkoxyd unter Bildung von Kohlensäure Zink abscheidet. In welchem Maasse das Kohlenoxyd neben der Kohle an der Reduction Theil nimmt, ist uns nicht bekannt. Auf alle Fälle wird die gebildete Kohlensäure sofort nach ihrer Entstehung durch die im Ueberschusse vorhandene Kohle zu Kohlenoxyd reducirt, so dass sie keine Gelegenheit findet, die Zinkdämpfe wieder zu oxydiren. Nur beim Mangel an Kohle würde die Kohlensäure bei Rothglut das Zink in Zinkoxyd verwandeln.

Dass in den aus den Reductionsgefässen austretenden Gasen nach Beginn der Destillation in der That nur sehr geringe Mengen von Kohlensäure enthalten sind, ergiebt sich aus den nachstehenden Analysen derselben[1]).

	Gase aus Röhren (Letmathe)				
	1.	2.	3.	4.	5.
Kohlensäure	0,48	1,06	0,11	1,10	0,82
Kohlenoxyd	n. best.	92,16	97,12	n. best.	98,04
Wasserstoff	5,32	1,83	n. best.	n. best.	0,72
Stickstoff	n. best.	1,01	0,41	n. best.	Spur.

Die unter 5. angeführten Gase entwichen unmittelbar vor Beendigung der Destillation. Vor Beginn der Destillation enthielten die Gase eine grössere Menge Kohlensäure und Wasserstoff sowie auch eine gewisse Menge Methan, wie die nachstehende Analyse derselben[2]) darlegt.

Kohlensäure	15,58
Kohlenoxyd	38,52
Methan	4,17
Wasserstoff	41,70
Stickstoff	Spur.

Das Methan und zum Theil auch der Wasserstoff rühren von der Entgasung der als Reductionsmittel benutzten mageren Steinkohle her. Ein anderer Theil des Wasserstoffs rührt von der Zersetzung des in der Beschickung enthaltenen Wasserdampfes durch die glühende Kohle her. Von dieser Zersetzung rührt auch ein Theil der Kohlensäure und des

---

[1]) Dingl. Polyt. Journ. 237, 390 (Fischer). B.- und H. Ztg. 1880. S. 371.

[2]) l. c.

Kohlenoxyds her. Ein anderer Theil der Oxyde des Kohlenstoffs ist durch die Einwirkung der noch im Gefässe vorhandenen Luft auf die Kohle entstanden.

Die Gase, welche auf der Hütte Münsterbusch bei Stolberg bei dem Reductionsprozesse den Muffeln entströmten, zeigten die nachstehende Zusammensetzung:

	1.	2.
Kohlensäure	0,09	0,11
Kohlenoxyd	95,36	97,42
Wasserstoff	3,72	1,20
Stickstoff	0,61	0,92.

Aus dem Zinksilicat wird das Zink nur durch feste Kohle unter Bildung von Kohlenoxyd reducirt.

Die Zinkdämpfe entweichen mit den bei der Reduction gebildeten Gasen aus den Gefässen in Vorlagen, in welchen sie sich condensiren, während die Gase entweder direct in die Luft oder in Vorrichtungen entweichen, in welchen die von ihnen mitgerissenen metallischen Körper aufgefangen werden.

Das im Zustande der Schwefelverbindung vorhandene Zink wird durch Kohle nicht ausgeschieden. Es verbleibt daher in den Rückständen von der Destillation. Nur bei einem grösseren Gehalte der Erze an Eisenoxyd oder basischen Silicaten des Eisens wird aus diesen Körpern durch die Kohle Eisen reducirt, welches aus dem Schwefelzink das Zink unter Bildung von Schwefeleisen ausscheidet. Die Bildung von Schwefeleisen ist aber nicht erwünscht, weil dieser Körper die Destillirgefässe zerfrisst. Das in den Erzen vorhandene Zinksulfat wird zum grössten Theile zu Schwefelzink reducirt, welches sich ebenso verhält wie das bei der Röstung der Zinkblende unzersetzt gebliebene Schwefelzink.

Eisenoxyd wird zu Eisenoxydul reducirt und bildet mit etwa vorhandener Kieselsäure sowie mit etwa vorhandenen sauren Silicaten Schlacken. Die Eisenoxydulsilicate verbinden sich mit anderen etwa vorhandenen Silicaten zu leichtflüssigen Doppelsilicaten. Auch sind sie im Stande, bei der Berührung mit den Wandungen der Gefässe die Kieselsäure und die Silicate derselben aufzulösen und dadurch zum Undichtwerden und zur raschen Zerstörung der Gefässe beizutragen. Sie umhüllen ferner Theile der Beschickung und veranlassen das in derselben enthaltene Zink dadurch, in den Rückständen zu verbleiben. Basische Eisenschlacken haben die besondere Eigenschaft, Zinkoxyd aufzunehmen und dasselbe dadurch der Reduction zu entziehen. Schliesslich wird beim Mangel an Kieselsäure aus den basischen Eisenschlacken sowohl wie aus dem Eisenoxyd durch die Kohle Eisen ausgeschieden, welches letztere unter Bildung von Schwefeleisen zerlegend auf andere Schwefelmetalle einwirkt.

Manganoxyd wird durch die Kohle zu Oxydul reducirt, welches letztere mit der Kieselsäure eine sehr leichtflüssige Schlacke bildet, welche

Theile der Beschickung einhüllt und dadurch der gewünschten Reaction entzieht. Ein Gehalt der Erze an Manganoxyd oder Mangansilicat wirkt durch Bildung von leichtflüssigen Doppelsilicaten mit den Bestandtheilen der Gefässwände auf eine rasche Zerstörung der letzteren hin.

Schwefeleisen erleidet bei dem Reductionsprocesse keine Veränderung. Dasselbe wirkt dadurch besonders nachtheilig, dass es die Wände der Gefässe durchdringt und dieselben undicht macht.

Bleioxyd wird zu Blei reducirt, welches theils verflüchtigt und mit dem Zink in den Vorlagen aufgefangen wird, theils in den Rückständen verbleibt. So lange es in nicht zu grossen Mengen vorhanden ist, und so lange sich nur reducirende Gase in der Retorte befinden, liegt bei der leichten Reducirbarkeit des Bleioxyds die Gefahr der Bildung von Bleisilicat und damit der schnellen Zerstörung der Retortenwandungen nicht vor. Sind aber grössere Mengen von Bleioxyd in der Beschickung vorhanden und wird die Temperatur hoch gehalten, so kann ein Theil desselben bei der Temperatur der Schlackenbildung noch unreducirt sein und Silicat bilden. Der nämliche Fall tritt auch bei dem Vorhandensein geringer Mengen von Bleioxyd ein, wenn während des Destillationsprozesses grössere Mengen von Luft in die Retorten gelangen. Während man früher der Ansicht war, dass schon geringe Mengen von Blei (2 %) zu einer raschen Zerstörung der Wände der Retorten Anlass gäben, ist gegenwärtig der Nachweis erbracht, dass durch einen Bleigehalt der Beschickung bis 5 % die Haltbarkeit der Retorten nicht wesentlich beeinträchtigt wird.

Bei Innehaltung einer verhältnissmässig niedrigen Temperatur (zum Zwecke der Verhinderung der Verschlackung des Bleis) können auch Erze mit noch höherem Bleigehalt der Destillation unterworfen werden.

So werden zu Ampsin (Laminne Werke) und Corphalie Erze mit 5 bis 8 % Blei und 52 % Zink, zu Bleiberg mit 5 bis 8 % Blei mit gutem Erfolge verarbeitet. Die Retortenrückstände, welche bis 9 % Blei in der Gestalt kleiner Kugeln (von unverschlacktem Blei) enthalten, werden unter Kollermühlen gemahlen und dann auf Setzsiebe gesetzt, wodurch man deren Bleigehalt bis auf 39 % anreichert. Auf Wilhelminenhütte bei Schoppinitz hat man, unbeschadet der Haltbarkeit der Muffeln, Erze mit 10 % Blei verhüttet.

Je niedriger man die Temperatur hält, je grösser also die Menge des nicht verschlackten Bleis ist, um so mehr Zink dürfte in den Rückständen verbleiben.

Bleisulfat wird zu Schwefelblei reducirt, welches letztere durch aus Eisenoxyd reducirtes Eisen derartig zerlegt werden kann, dass sich der grösste Theil des Bleis unter Bildung von Schwefeleisen ausscheidet. Etwa nicht reducirtes Bleisulfat kann durch Kieselsäure in Bleisilicat verwandelt werden.

Bleisilicat wirkt auf die Gefässwände corrodirend ein. Bei Gegenwart von aus Eisenoxyd reducirtem Eisenoxydul kann durch die Kohle das Blei unter Entstehung eines Eisenoxydul-Silicates ausgeschieden werden, welches letztere gleichfalls auflösend auf die Gefässwände wirkt.

Thonerde-Silicate sind, so lange nicht andere Basen anwesend sind, wegen ihrer Schwerschmelzbarkeit nicht nachtheilig bei dem Reductionsprozess. Dagegen bilden sie mit etwa vorhandenen anderen Basen (Eisenoxydul, Manganoxydul, Kalk) leichtschmelzbare Doppelsilicate, welche Theile der Beschickung einhüllen und die Gefässwände angreifen.

Quarz allein wirkt nicht nachtheilig. Sind aber Basen (Eisenoxydul, Kalk, Manganoxydul) vorhanden, welche leichtflüssige Silicate bilden, so verbindet er sich mit denselben zu Schlacken, welche sowohl Theile der Beschickung einhüllen als auch die Gefässwände angreifen.

Calciumsulfat und Baryumsulfat werden durch die Kohle zu Schwefelcalcium bzw. Schwefelbaryum reducirt. Diese Körper sollen auf ein Zurückbleiben von Zink in den Destillationsrückständen hinwirken. Nach Thum [1]) scheinen dieselben bei Gegenwart von freiem Zink und Kohle die Hälfte ihres Schwefels an das Zink abzugeben, nach der Gleichung:

$$2\,KO, SO_3 + Zn + 4\,C = K_2\,S + Zn\,S + 4\,CO_2.$$

Nach den Ansichten anderer Hüttenleute sollen durch Baryumsulfat und Calciumsulfat keinerlei Zinkverluste herbeigeführt werden. So fand Sander [2]) bei Versuchen in Chaudfontaine (Belgien), dass bei Anwesenheit von 9 % Schwerspath in der gerösteten Blende die Rückstände von der Destillation (d. i. die Räumasche der betreffenden Destillirgefässe) nicht reicher an Zink waren als die Rückstände von der Destillation schwerspathfreier Zinkblenden. Auch ein Gehalt an Calciumsulfat bis zu 10 % soll nach Sander nicht schädlich wirken.

Zur Feststellung der Wirkung von Baryumsulfat und Calciumsulfat beim Destillationsprozess erscheinen hiernach noch weitere Versuche geboten.

Antimonsaure Salze werden theils zu Antimonmetallen reducirt, theils wird ein Theil Antimon aus denselben verflüchtigt und kann in das Zink übergehen.

Schwefelantimon wird durch Eisen zerlegt, indem Antimon ausgeschieden und Schwefeleisen gebildet wird.

Arsensaure Salze werden theils zu Arsenmetallen reducirt, theils wird ein Theil Arsen aus denselben verflüchtigt. Das verflüchtigte Arsen geht zum Theil in das Zink über.

Kalk wirkt nur dann nachtheilig, wenn Kieselsäure und Eisenoxyd vorhanden sind. Diese Körper bilden mit dem Kalk — das Eisenoxyd nach vorgängiger Reduction desselben zu Eisenoxydul — leichtflüssige Doppelsilicate, welche in der gedachten Weise nachtheilig beim Reductionsprozesse einwirken.

---

[1]) B.- u. H. Ztg. 1876. S. 154.

[2]) B.- u. H. Ztg. 1902. S. 466.

Magnesia wirkt allein nicht nachtheilig, geht aber beim Vorhandensein von Kieselsäure und Eisenoxyd gleichfalls in die Schlacke. Ist Magnesia in erheblichen Mengen vorhanden, so macht dieser Körper die Schlacke strengflüssig und wirkt der Aufnahme von Zinkoxyd in dieselbe entgegen.

Cadmiumoxyd wird zu Cadmium reducirt und verflüchtigt. Das Cadmium ist leichter reducirbar und flüchtiger als das Zink und schlägt sich daher mit dem zuerst übergehenden staubförmigen Gemenge von Zink und Zinkoxyd nieder. Aus diesem Staube wird es gewonnen.

In der Beschickung enthaltenes Silber wird nur in sehr geringem Maasse verflüchtigt. Die Hauptmenge desselben verbleibt in den Rückständen von der Destillation, aus welchen es durch Verbleiung derselben gewonnen werden kann.

Herstellung der Beschickung für den Reductionsprozess.

Zur Herstellung der Beschickung werden die Erze nur mit der Reductionskohle zusammengemengt oder zusammengemahlen. Zuschläge werden nicht gegeben. Früher hat man wohl dem Zinksilicat Kalk zugeschlagen, ist aber von diesem Zuschlage, welcher bei Anwesenheit von anderen Basen zur Bildung leichtflüssiger Doppelsilicate Anlass giebt, zurückgekommen.

Stehen mehrere Sorten von Zinkerzen zur Verfügung, so gattirt man dieselben derartig, dass man womöglich eine rein kieselige oder eine rein basische Gattirung erhält. Ist das nicht möglich, so muss sie so zusammengesetzt werden, dass Kieselsäure und Basen eine bei der Reductionstemperatur des Zinks möglichst schwerschmelzbare Schlacke bilden, wie es der Fall ist, wenn grössere Mengen von Kalk oder noch besser von Kalk und Magnesia oder von Thonerde und nur geringe Mengen von Kieselsäure oder grössere Mengen von Kieselsäure gegenüber geringen Mengen der gedachten Erdbasen in der Gattirung vorhanden sind. Thonerdesilicate sind strengflüssig, so lange denselben nicht Gelegenheit gegeben ist, mit Kalk- oder Eisen- oder Mangansilicaten leichtflüssige Doppelsilicate zu bilden. Am schädlichsten sind bei einem gleichzeitigen Kieselsäuregehalte die Oxyde des Mangans und Eisens sowie Alkalien. Sehr schädlich ist auch ein Bleigehalt der Erze. Die Wirkung dieser Körper beim Reductionsprozess ist durch Zusatz von eisen- bzw. mangan- und bleifreien Zinkerzen zur Gattirung nach Möglichkeit abzuschwächen.

Die nach diesen Grundsätzen gattirten Erze werden mit einem Ueberschusse von Reductionsmaterial beschickt. Als solches verwendet man sowohl magere (gasfreie), von Pyrit und Schiefer möglichst freie Steinkohle, als auch entgaste Steinkohle, sog. Cinder, oder Koksklein, oder ein Gemenge von rohen und entgasten Steinkohlen. Auch Braunkohlenkoks finden als Reductionsmaterial Anwendung (Freiberg).

Es ist ein Ueberschuss des Reductionsmaterials erforderlich, sowohl um die Erztheile in möglichst innige Berührung mit der Kohle zu bringen als auch um die Bildung einer gewissen Menge von Kohlenoxyd zu veranlassen. Es wird durch das letztere Gas eine gewisse Spannung in den Gefässen hervorgerufen, welche einerseits die die Gefässe umspülenden Feuergase des Ofens verhindert, durch die Poren der Gefässwandungen in die Gefässe einzudringen und durch ihren Gehalt an Kohlensäure und Sauerstoff oxydirend auf die Zinkdämpfe einzuwirken, andererseits die Zinkdämpfe in die Vorlagen treibt und das Eindringen von atmosphärischer Luft in dieselben verhindert. Bei Anwendung von Steinkohlen werden Kohlenwasserstoffe ausgetrieben, welche, soweit sie schwere Kohlenwasserstoffe sind, in der Hitze einen Theil Kohlenstoff ausscheiden und denselben beim Durchdringen der Beschickung in fein vertheiltem Zustande in derselben absetzen. Diesem Vortheile steht aber der Nachtheil gegenüber, dass die Entgasung der Steinkohle Wärme erfordert, dass der aus derselben ausgetriebene Wasserdampf oxydirend auf das Zink wirkt und dass die Zinkdämpfe durch die ausgetriebenen Gase verdünnt werden.

Die Menge des Reductionsmaterials hat man in den letzten Jahrzehnten auf vielen Werken erhöht. Sie beträgt bei Galmei und Kieselzinkerz je nach dem Zinkgehalte ein Drittel bis die Hälfte vom Gewichte der Erze, bei gerösteter Zinkblende wegen der schwereren Reducirbarkeit derselben die Hälfte bis zwei Drittel vom Gewichte der Erze.

Die Korngrösse der Erze und des Reductionsmaterials hängt einerseits von dem Grade der Reducirbarkeit der Erze, andererseits von der Gestalt der Gefässe, in welchen die Reduction ausgeführt wird, ab.

Kieselzinkerz wird schwerer reducirt als Galmei und Blende und erfordert, da es nur durch Kohle, nicht aber durch Kohlenoxyd reducirt wird, eine möglichst innige Berührung mit der ersteren. Es muss daher, ganz unabhängig von der Gestalt der Destillirgefässe, sowohl das Erz als auch das Reductionsmaterial möglichst fein zerkleinert werden. Beide Körper sind entweder zusammen zu mahlen oder nach der Zerkleinerung möglichst innig zusammen zu mengen.

Zinkblende, welche schwerer reducirbar ist als Galmei, wird gleichfalls in stark zerkleinertem Zustande, wie ihn ja schon die Röstung derselben verlangt (1 bis 2 mm Korngrösse) der Reduction unterworfen. Sie wird mit dem gleichfalls zerkleinerten Reductionsstoff innig gemengt.

Galmei (gebranntes Zinkcarbonat) wird verhältnissmässig leicht durch Kohlenoxyd reducirt. Er bedarf daher keiner so innigen Mengung mit dem Reductionsstoff wie der Kieselgalmei. Wird er in Gefässen von verhältnissmässig grosser Fassungskraft, den sog. Muffeln, der Reduction unterworfen, so genügt für ihn sowohl wie für den Reductionsstoff Bohnen- bis Haselnussgrösse. Wird er dagegen in röhrenförmigen Gefässen, den sog. Röhren (welche, im Vergleiche zu den Muffeln, eine geringe Fassungskraft besitzen), zur Reduction gebracht, so bedarf er sowohl wie der Reductionsstoff einer möglichst weitgehenden Zerkleinerung. Dieselbe ist sowohl im Interesse einer guten Füllung der vom Feuer hoch erhitzten Röhren als auch zur Vermeidung von Zinkverlusten erforderlich. Die letzteren entstehen nämlich zum Theil dadurch, dass das Destillirgefäss am Ende der Destillation mit Zinkdämpfen gefüllt bleibt, welche beim Ausräumen der Rückstände verbrennen und so verloren gehen. Je dichter nun das Gefäss gefüllt war, um so weniger Zinkdämpfe können bei der verhältnissmässig grossen Menge von Rückständen am Ende der Destillation in demselben verbleiben.

Das Gemenge von Erz und Reductionsstoff stellt man entweder durch einfaches Zusammenmengen der gedachten Bestandtheile desselben in einem Trog oder auf der Hüttensohle her oder man mahlt die vorher einzeln zerkleinerten Bestandtheile der Beschickung zusammen oder man mengt sie in Thonknetern zusammen. So werden z. B. zu Angleur in Belgien Erze und Kohle zusammen in einer Vapart-Mühle zu 1,5 mm Korngrösse zerkleinert.

Um ein Zerstäuben des pulverförmigen Gemenges beim Einsetzen desselben in die Gefässe, sowie ein Herausblasen desselben aus den Röhren durch den Druck der sich in denselben entwickelnden Gase zu verhüten, feuchtet man dasselbe schwach mit Wasser an. Dasselbe muss jedoch vor Beginn der Zinkdestillation entfernt sein, weil andernfalls die Zinkdämpfe durch den Wasserdampf oxydirt werden.

Die Retorten für den Reductionsprozess.

Die Retorten, in welchen der Reductionsprozess ausgeführt wird, besitzen gegenwärtig die Gestalt von liegenden Röhren oder von sog. Muffeln. Dieselben sind liegende, langgestreckte Retorten, deren Verticalschnitt entweder oval ist, oder ein oben durch einen Gewölbebogen geschlossenes Rechteck darstellt.

Die verschiedenen Retorten mit den entsprechenden Vorlagen sind in den Figuren 68, 69 und 70 dargestellt.

Figur 68 stellt eine Röhre der belgischen Oefen dar. In den letzteren liegen viele Reihen dieser Röhren übereinander.

In Figur 69 ist eine Muffel der rheinisch-westfälischen Oefen dargestellt. In denselben liegen 2 bis 3 Reihen dieser Muffeln übereinander.

Figur 70 erläutert eine Muffel der schlesischen Oefen. Diese Oefen besitzen nur eine einzige Reihe von Muffeln. Die schlesischen Muffeln besitzen einen bedeutend grösseren Fassungsraum als die Muffeln der rheinisch-westfälischen Oefen und die Röhren der belgischen Oefen.

Früher wurden in England auch Tiegel angewendet.

Die Retorten müssen aus einem möglichst feuerfesten Materiale hergestellt sein. Die aus denselben entweichenden Zinkdämpfe werden in den an dieselben angeschlossenen Vorlagen von einem weniger feuerfesten

Materiale aufgefangen und zu einer Flüssigkeit verdichtet. Die Gase, welche mit den Zinkdämpfen in die Vorlagen gelangen und im Wesentlichen aus Kohlenoxyd bestehen, lässt man in an die Vorlagen angeschlossene Vorrichtungen treten, in welchen die von ihnen mitgerissenen metallischen Theile zurückgehalten werden, und führt sie dann am besten durch Canäle oder Röhren in Essen.

Das Material, welches zur Herstellung der Gefässe dient, ist ein Gemenge von feuerfestem Thon und Schamott oder ein Gemenge von feuerfestem Thon, Schamott und Quarz. Als Schamott werden auch Scherben gebrauchter Retorten beigemengt. Koks werden auf den Werken des Westens beigemengt.

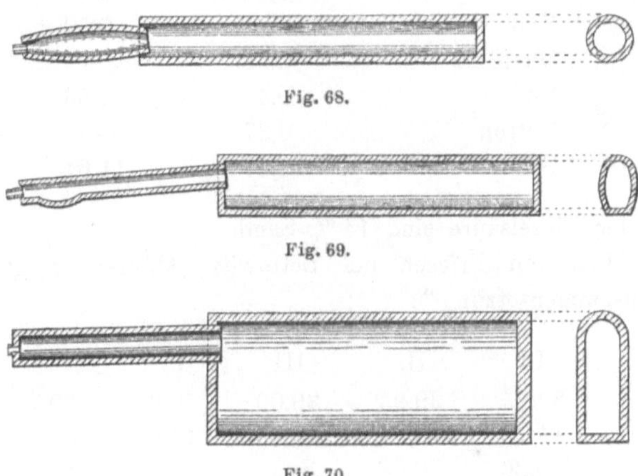

Fig. 68.

Fig. 69.

Fig. 70.

Die grössten Nachtheile dieses Materials sind die, dass der Thon ein schlechter Wärmeleiter ist, keine erheblichen Temperaturschwankungen verträgt, dass er vom Beschickungsmaterial sowohl wie von hohen Hitzegraden angegriffen wird, dass er nicht dicht ist, sondern zahlreiche Schwindrisse enthält und in Folge dessen das Entweichen von Zinkdämpfen gestattet. Steger hat deshalb die Anwendung von aus Magnesiaziegeln hergestellten Muffeln empfohlen [1]).

Zu einer definitiven Einführung derselben ist es indess bis jetzt noch nicht gekommen.

Das zur Zeit angewendete Gemenge von rohem und gebranntem feuerfesten Thon bzw. von geputzten Scherben der gebrauchten Gefässe ist um so widerstandsfähiger gegen Flussmittel, je höher sein Gehalt an Thonerde im Vergleich zum Gehalte an Kieselsäure ist. Es hat sich daher auch bei basischen Beschickungen ein Zusatz von grobgekörntem Quarz zur Muffelmasse (beispielsweise in Oberschlesien) nicht bewährt.

---

[1]) Preuss. Minist.-Zeitschr. 1894. S. 163.

In Oberschlesien verwendet man zur Herstellung der Muffeln Thon von Saarau, den durch seine hervorragende Feuerfestigkeit ausgezeichneten Thon von Briesen bei Lettowitz in Mähren, Thon von Striegau, gemengt mit sandigem Thon von Grojec oder mit Kaolin (von Saarau, Pentsch, Ruppersdorf, Göppersdorf) und mit geputzten Retortenscherben und Neuroder Schiefer.

Der Thon von Saarau hat nach Steger[1]) die nachstehende Zusammensetzung:

	I.	II.
Kieselsäure	49,00	50,41
Thonerde	36,75	32,66
Eisenoxyd	0,80	3,23
Kalk	—	0,50
Magnesia	0,56	—
Kali	0,41	1,56
Natron	0,37	—
Glühverlust	11,87	11,64

Von der Kieselsäure sind 14 % Sand.

Der Thon von Briesen bei Lettowitz (Mähren) zeigte die nachstehende Zusammensetzung[2]):

	I.	II.	III.	IV.	V.	VI.
Al_2O_3	39,25	39,93	39,00	39,60	39,76	39,31
SiO_2	44,76	44,88	45,46	44,64	44,87	45,61
MgO	0,36	0,08	Spur	Spur	Spur	—
CaO	0,26	0,21	—	—	0,76	0,37
Fe_2O_3	0,48	0,99	0,011	0,014	1,14	1,13
K_2O	1,55	0,52	—	Spur	0,67	0,66
Na_2O	—	—	—	Spur	—	—
Glühverlust	13,41	13,03	14,26	14,96	12,95	13,25

Nach der Analyse unter V. enthält der Thon: Reine Thonsubstanz 99,07 %, Quarz 0,32 %, Feldspath 0,61 %, und nach der Analyse unter VI. Thonsubstanz 99,67 % und Feldspath 0,33 %.

Dieser Thon, welcher aus harten Stücken besteht, wird zu Körnern von 1 mm Grösse zerkleinert, angefeuchtet und einige Monate dem Faulen überlassen, wonach er ein ausgezeichnetes Material für die Herstellung der Muffeln bildet.

Der Thon von Striegau[3]) hat die nachstehende Zusammensetzung:

---

[1]) Eisen und Metall 1888. S. 53.

[2]) Steger, Zeitschr. für Berg-, Hütten- u. Salinenwesen i. Preuss. Staate 1896. S. 1 bis 12.

[3]) Steger, l. c. S. 1 bis 12.

	I.	II.	III.
Al_2O_3	27,00	29,00	29,65
SiO_2	68,00	53,86	58,02
MgO		—	0,78
CaO		0,46	1,15
Fe_2O_3	5,00	1,81	8,40
K_2O		—	0,55
Na_2O		—	—
Glühverlust	—	14,87	10,91

Dieser Thon ist plastisch, aber nicht so feuerfest wie der Thon von Saarau. Beim Brennen schwindet er stark, wie es auch beim Thon von Saarau und beim Thon von Briesen der Fall ist.

Der Thon von Grojec[1]) ist zusammengesetzt wie folgt:

Al_2O_3	22,72
SiO_2	65,39
MgO	0,28
CaO	—
Fe_2O_3	0,91
K_2O	0,86
Na_2O	1,84
Glühverlust	7,77

Dieser Thon wird stets in rohem Zustande verwendet. Er schwindet nicht im Feuer. Da er bei Weissglut schmilzt, kann er nur in verhältnissmässig geringen Mengen als Zusatz verwendet werden.

Die Zusammensetzung der schlesischen Kaoline ist aus den nachstehenden Analysen ersichtlich[2]). I. ist ein Kaolin von Pentsch, II. von Ruppersdorf bei Strehlen, III. ist ein geschlämmter und gebrannter Kaolin von Ruppersdorf und IV. ist ein bei 100° getrockneter Kaolin von Göppersdorf.

	I.	II.	III.	IV.
Al_2O_3	29,33	27,23	43,00	36,69
SiO_2	57,59	61,60	54,70	49,42
MgO	0,26	—	—	Spur
CaO	0,74	0,38	0,30	0,09
Fe_2O_3	2,60	1,24	1,70	0,73
K_2O	—	—	0,30	0,43
Na_2O	—	—	—	—
Glühverlust	9,33	9,61	—	12,70

1) Steger, l. c. S. 1 bis 12.

2) Steger, l. c. S. 1 bis 12.

Im Feuer schwinden diese Kaoline, bis das chemisch gebundene Wasser aus ihnen ausgetrieben ist, dehnen sich dann aber in Folge ihres hohen Quarzgehaltes aus.

Die Zusammensetzung von rohem Schiefer von Neurode ist die nachstehende[1]):

Al_2O_3	38,3
SiO_2	43,84
MgO	0,19
CaO	0,19
Fe_2O_3	0,46
K_2O	0,42
Na_2O	—
Glühverlust	17,78

Die Zusammensetzung der gebrannten Neuroder Schiefer ergiebt sich aus den nachstehenden zwei Analysen[2]):

	I.	II.
Al_2O_3	42,69	44,92
SiO_2	55,73	54,00
MgO	0,23	Spur
CaO	0,28	0,48
Fe_2O_3	0,27	0,80
K_2O	0,50	0,60
Na_2O	—	—
Glühverlust	0,43	—

Sie stellen das beste Magerungsmittel für die Thone zur Herstellung der oberschlesischen Muffeln dar, da sie billiger und feuerfester wie Schamott sind.

Die Zusammensetzung gebrannter Schiefer von Rakonitz in Böhmen ergiebt sich aus den nachstehenden beiden Analysen[3]):

	I.	II.
Al_2O_3	45,21	46,39
SiO_2	52,50	51,87
MgO	0,54	0,45
CaO	—	—
Fe_2O_3	0,81	0,52
K_2O	0,51	0,32
Na_2O	—	—
Glühverlust	0,78	—

---

[1]) Steger, l. c. S. 1 bis 12.

[2]) Steger, l. c. S. 1 bis 12.

[3]) Steger, l. c. S. 1 bis 12.

Die in Belgien zur Herstellung der Röhren benutzten guten Thonsorten sind zusammengesetzt wie folgt:

	Thon von Andenne	Thon von Namur	Thon von Natoye	Kieselsäure-reicher Thon von Natoye
$Si\,O_2$	54	63	71	76
$Al_2\,O_3$	26	24	20	18
$Fe_2\,O_3$	2	1	2	Spur
$Ca\,O$	—	1	—	—
$H_2\,O$	20	11	7	6

Weitere Analysen der Thone von Andenne sind unter I., II. und III. und des Thons von Namur unter IV. angeführt[1]).

	I.	II.	III.	IV.
$Al_2\,O_3$	34,78	29,53	17,62	19,49
$Si\,O_2$	49,64	57,95	73,58	71,79
$Mg\,O$	0,41	0,36	0,40	0,06
$Ca\,O$	0,68	1,72	1,24	—
$Fe_2\,O_3$	1,80	1,88	1,29	0,85
$K_2\,O$	0,41	—	—	0,85 (K₂O + Na₂O)
$Na_2\,O$	—	—	—	
Glühverlust	12	8,45	5,50	7,47

Die in den Vereinigten Staaten von Nordamerika benutzten Thonsorten von Woodbridge bzw. Amboy (Staat New-Jersey) und von Cheltenham bei St. Louis (Staat Missouri) haben die nachstehende Zusammensetzung[2]):

	Woodbridge		Cheltenham	
	I.	II.	I.	II.
Glühverlust	16,36	16,27	14,65	14,62
Thonerde	37,32	37,01	30,08	30,47
Kieselsäure	42,85	42,83	50,19	50,16
Eisenoxyd	1,18	1,04	2,79	2,48
Kalk	1,48	1,41	1,31	1,51
Magnesia	0,41	0,46	0,47	0,29
Kali	0,76	0,85	0,65	0,97

Neuere Analysen amerikanischer Thonsorten ergaben die nachstehende Zusammensetzung derselben[3]):

---

1) Steger l. c. S. 1—12.

2) Berg- u. Hüttenm. Jahrbuch der Akademieen zu Leoben, Przibram und Schemnitz. 27. Band. Wien 1879.

3) Engin. and Min. Journ. Nov. 25. 1893. The Mineral Industry 1893. p. 650.

	I. Thon von St. Louis, MO.	II. Thon von Perth Amboy, N. J.
$Si O_2$	50,80	46,90
$Al_2 O_3$	31,53	35,90
$Fe_2 O_3$	1,92	1,10
$K_2 O$	0,40	0,28
$Na_2 O$	—	0,16
$Ti O_2$	1,50	1,30
$H_2 O$	13,80	14,30

In I. waren 12,70 % Kieselsäure ungebunden als Quarz vorhanden, in II. 6,40 %.

Die Zusammensetzung von Scherben belgischer Röhren ist nach Degenhardt die nachstehende[1]):

	blaue Scherben	weisse Scherben
$Si O_2$	41,13	50,10
$Al_2 O_3$	33,48	38,28
$Fe_2 O_3$	2,84	3,42
$Zn O$	21,47	6,10
$Mn O_2$	0,37	0,41
$Ca O$	0,92	1,13
$Mg O$	0,47	0,73

Eine Mischung der geputzten und gemahlenen Muffelscherben von Kunigundenhütte bei Kattowitz, Klara- und Franzhütte bei Schwientochlowitz in Oberschlesien zeigten nach Jensch[2]) die nachstehende Zusammensetzung:

	I.	II.
$Si O_2$	50,20	48,64
$Fe_2 O_3$	30,80	33,58
$Al_2 O_3$	0,61	0,73
$Ca O$	0,48	0,35
$Mg O$	0,56	0,39
$Zn O$	17,64	16,38
$Cd O$	0,005	0,071
Alkalien	0,21	0,30

Die Durchschnittszahlen der Analysen von Muffelscherben der Beuthener und Rosamundehütte in Oberschlesien aus der Zeit von 1885 bis 1890 sind nach Jensch[3]) die nachstehenden:

---

[1]) Steger, Eisen und Metall 1888. S. 66.

[2]) Sammlung chemischer und technischer Vorträge von Dr. Felix B. Ahrens. III. Band. VI. Heft. S. 214.

[3]) l. c. S. 215.

	I.	II.
$Si\,O_2$	46,50	52,14
$Al_2\,O_3$	36,84	28,56
$Fe_2\,O_3$	1,21	0,75
Zn O	14,11	18,21
Cd O	0,08	0,01
Ca O	0,60	0,40
Mg O	0,41	0,35
Alkalien	0,25	nicht bestimmt.

Eine Probe gemahlener Muffelscherben von Godullahütte in Oberschlesien enthielt nach Jensch[1]):

$Si\,O_2$	49,75
$Al_2\,O_3$	31,82
$Fe_2\,O_3$	0,96
Zn O	16,63
Cd O	0,13
Ca O	0,52
Mg O	0,38
Alkalien	0,80

Durch Zusatz von Quarz oder Sand kann der Thon reicher an Kieselsäure, durch Zusatz von Schieferthon reicher an Thonerde gemacht werden.

Bei quarzreichen Erzen setzt man wohl dem Thon gewisse Mengen (bis 10 %) von Quarz zu, bei basischen Erzen dagegen empfiehlt es sich an Quarz möglichst armen Thon anzuwenden oder quarzreichen Thon durch Zusatz von an Thonerde sehr reichen Thonsorten (Schieferthon) quarzarm zu machen. Da die Beschickung gewöhnlich basisch ist, so wird man in den meisten Fällen zur Herstellung der Gefässe ein Material anwenden, welches möglichst reich an Thonerde und möglichst arm an Kieselsäure ist.

Zur Herstellung des feuerfesten Materials wird ein Theil des Thons nach vorgängiger Reinigung getrocknet, ein anderer Theil desselben wird gebrannt (Schamott). Der gebrannte und getrocknete Thon sowohl wie die übrigen noch zuzusetzenden Materialien, wozu besonders gereinigte Stücke bereits gebrauchter Gefässe, event. auch Koks, Quarz, Sand gehören, werden gemahlen (gewöhnlich unter Kollermühlen) und dann mit Wasser angefeuchtet zusammengemengt. Das Mengen geschieht entweder in Knetmaschinen (petrins) oder durch Umschaufeln und Durchtreten der Massen. Den durchgetretenen Thon lässt man wohl noch eine Zeit lang (4—6 Wochen) faulen.

---

[1]) l. c. S. 215.

Die Mengenverhältnisse der verschiedenen Materialien sind je nach der Qualität derselben verschieden. Auf den oberschlesischen Werken besteht die Mischung im grossen Durchschnitt aus 2 Raumtheilen rohem fettem Thon, 1 Raumtheil rohem sandigem Thon und 5 Th. Magerungsmitteln. Als fetten Thon verwendet man die Thone von Briesen, Saarau und Striegau, entweder ungemischt oder Gemische von 2 oder 3 dieser Thonsorten. Als sandigen Thon verwendet man Thon von Striegau oder schlesisches Kaolin oder Gemenge beider Materialien. Als Magerungsmittel dienen geputzte Thonscherben und gebrannte Neuroder Schiefer, in verschiedenen Verhältnissen gemischt. Die Korngrösse der Thone beträgt 1 bis 3 mm. Die Muffelscherben und Neuroder Schiefer werden auf Kollermühlen zerkleinert und bestehen aus fein gemahlenen und gröberen Theilen bis 9 mm Durchmesser. Die gröberen Theile vermehren die Festigkeit der Muffel und machen sie widerstandsfähiger gegen Temperaturwechsel und chemische Einflüsse.

In Belgien, Rheinland und Westfalen sind die Mengenverhältnisse der Materialien auf den verschiedenen Werken verschieden. Auf einigen Werken besteht die Mischung[1]) aus 40 Raumth. ungebranntem, dunkelem, fettem belgischen Thon, 50 Raumth. gebranntem, hellem, sandigem belgischen Thon und aus 10 Raumth. Koks. Auf anderen Werken besteht die Mischung aus 36 Th. der ersten und 54 Th. der zweiten Thonsorte, sowie 10 Th. Koks. Auf dritten Werken besteht sie aus 30 Th. ungebranntem, fettem belgischen Thon, 10 Th. rohem, sandigem belgischen Thon, 50 Th. Retortenscherben und 10 Th. Koks. Diese Mischung ist weniger feuerfest als die vorgedachten Mischungen. Eine anderweite Zusammensetzung der Mischung auf belgischen Werken ist 10 Th. roher Tabier-Thon, 10 Th. gebrannter Tabier-Thon, 8 Th. Retortenscherben, 1 Th. Quarz und 0,5 Th. Koks.

Durch den Zusatz von Koks wird die Feuerfestigkeit des Thons erhöht und das Schwinden desselben beschränkt.

In Belgien und Rheinland-Westfalen erhalten die Retorten vielfach eine äussere Glasur von Thonerde-Natronsilicat zur Verhütung des Durchdringens von Zinkdämpfen durch die Wände derselben.

Auf einigen Werken in Belgien sowie in Spanien (Asturische Gesellschaft, Provinz Santander) setzt man wegen des hohen Gehaltes der Erze an Kieselsäure grosse Mengen von Quarz oder Sand zu quarzreichem Thon, so dass die Gefässe hauptsächlich aus Kieselsäure bestehen. Die letztere ist allerdings Flussmitteln gegenüber weniger widerstandsfähig als die Thonerde. Dagegen steht sie gut im Feuer, lässt die Hitze gut durch und gestattet die Herstellung dünnerer Wände der Gefässe als der Thon.

Die Vorlagen, welche bei der gegenwärtigen Art der Zink-Destillation die Gestalt von cylindrischen, conischen oder ausgebauchten Röhren oder von prismatischen oben überwölbten Kästen besitzen, werden aus weniger

---

[1]) Steger l. c. S. 1—12.

feuerfestem Material als die Destillirgefässe, meistens aus gewöhnlichem Thon unter Zusatz eines Magerungsmittels (gemahlene Retortenscherben, Koksasche, Kohlenasche) hergestellt. An manchen Orten stellt man dieselben aus gleichen Theilen von rohem und gebranntem Thon bzw. von Scherben gebrauchter Muffeln oder Röhren her.

An die eigentlichen Vorlagen sind zum Zwecke der Ausscheidung metallischer Theile aus den Gasen Ballons aus Eisenblech (Allongen) oder prismatische Kästen aus Thon oder mit einem Rost versehene prismatische Kästen aus Thon (Kleemann'scher Rost) angeschlossen. Die gedachten prismatischen Kästen stehen mit Rohrleitungen oder Canälen zur Abführung der Gase in Essen bzw. in anderweite Vorrichtungen zum Auffangen der noch in ihnen enthaltenen metallischen Theile in Verbindung.

Nach der Gestalt und Grösse der Destillirgefässe richtet sich auch die Gestalt der Oefen. Man nennt die Oefen, deren Retorten liegende Röhren sind, „Belgische Oefen", die Oefen, deren Gefässe stehende Röhren sind, „Kärnthener Oefen", die Oefen, deren Gefässe Tiegel sind, „Englische Oefen". Die Oefen mit einer einzigen Reihe von Muffeln von der Gestalt prismatischer oben überwölbter Kästen nennt man „Schlesische Oefen". Die Oefen mit mehreren übereinander angeordneten Reihen von kleineren Muffeln nennt man „Rheinisch-Westfälische Oefen" (man hat sie auch wohl als belgisch-schlesische Oefen bezeichnet).

Die Kärnthener und Englischen Oefen sind gänzlich ausser Gebrauch gekommen und besitzen daher nur noch historischen Werth. Sie sollen desshalb auch nur einer allgemeinen Betrachtung unterzogen werden. Die belgischen, schlesischen und rheinisch-westfälischen Oefen dagegen bedürfen einer genauen Darlegung.

Den Röhren der belgischen Oefen giebt man bei kreisförmigem Querschnitt einen lichten Durchmesser von 15 bis 25 cm und eine Länge von 1 bis 1,45 m. Bei elliptischem Querschnitt ist die lange Axe i. L. 20 bis 22 cm lang, die kurze Axe 16 bis 18 cm. Die Dicke der Wand beträgt 3 cm. Die Länge ist dadurch beschränkt, dass die Röhre nur an ihren beiden Enden unterstützt ist und ihr eigenes Gewicht sowohl wie das Gewicht der Beschickung tragen muss, ohne zu biegen oder zu brechen. Sie liegen mit dem einen Ende auf Vorsprüngen (Consolen) der hinteren Wand des Ofens, mit dem anderen Ende auf Platten von Thon in der Vorderwand des Ofens und sind nach der letzteren hin geneigt, um sie bequem entleeren und flüssige Massen aus ihnen entfernen zu können, wie es aus den Figuren 71 und 72 ersichtlich ist.

Dieselben stellen einen älteren belgischen Ofen mit Planrost dar. c sind die Röhren, f die Vorlagen; g an die letzteren angesteckte Blechtüten, sog. Allongen; d sind die Vorsprünge der Hinterwand und e die Thonplatten der Vorderwand, auf welchen die Röhren ruhen. k sind in der Verlängerung der Thonplatten angebrachte Gusseisenplatten. i sind Steine, auf welchen die Vorlagen ruhen. Die auf dem Roste a erzeugte Flamme umspült die Röhren, indem sie in dem Ofenschachte aufwärts zieht, und tritt schliesslich bei l aus dem Ofenraume aus, um in die Esse zu ziehen.

Die Röhren liegen in 5 bis 8 Reihen so übereinander, dass der grösste Theil der Oberfläche derselben von der Flamme umspült wird. Die Oefen sind entweder einfache Oefen mit nur einem Schacht oder sog. Doppelöfen mit zwei Schächten, welche durch eine senkrechte Scheidewand getrennt sind.

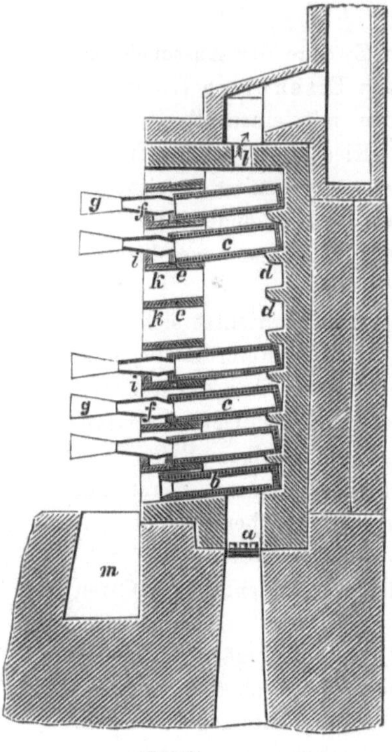

Fig. 71.

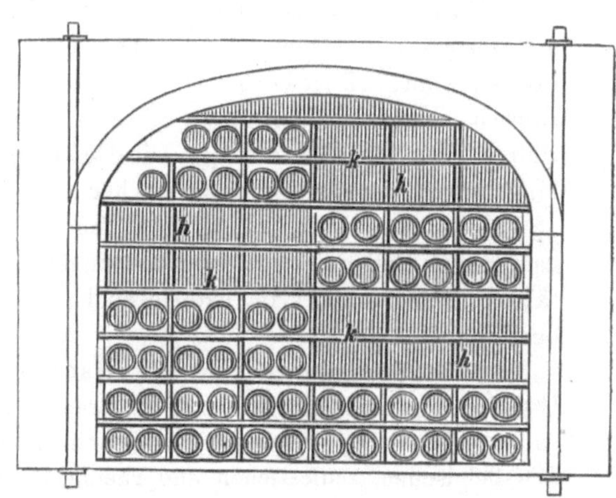

Fig. 72.

Die Muffeln der schlesischen Oefen haben, wie schon erwähnt, die Gestalt prismatischer, oben überwölbter Kästen. Figur 73 stellt einen Vertikalschnitt durch das vordere Ende der Muffel dar. Die hintere Seite ist geschlossen, während die Vorderseite nur während des Betriebes und zwar in ihrer unteren Hälfte durch eine Thonplatte, in ihrer oberen Hälfte durch das eine Ende der Vorlage (bzw. durch eine mit einer Oeffnung zur Aufnahme derselben versehene Platte) geschlossen wird. Die Vorlage ruht auf einem Steg, welcher seinerseits wieder auf Ansätzen liegt.

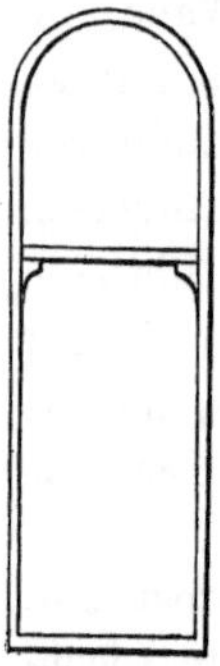

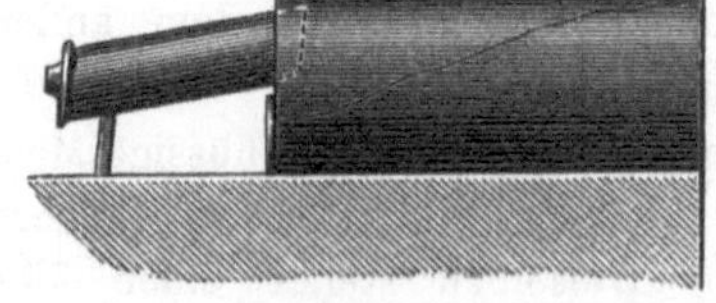

Fig. 74.

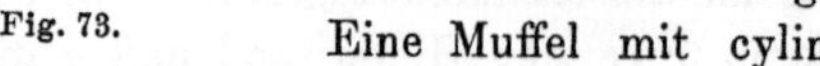

Fig. 73.

Eine Muffel mit cylindrischer Vorlage ist aus Figur 74 ersichtlich. In der neueren Zeit wendet man in Oberschlesien Vorlagen von prismatischer Gestalt an.

Die Höhe der Muffel macht man nicht über 0,65 m (gewöhnlich 0,60 m), die Weite derselben beträgt 14 bis 17 cm. Die Länge schwankt zwischen 1 und 2,15 m. Liegt die Muffel nur an ihrem vorderen und hinteren Ende auf, so macht man ihre Länge nicht über 1,2 m. Eine grosse schlesische Muffel nimmt im Durchschnitte 100 kg calcinirtes Erz auf.

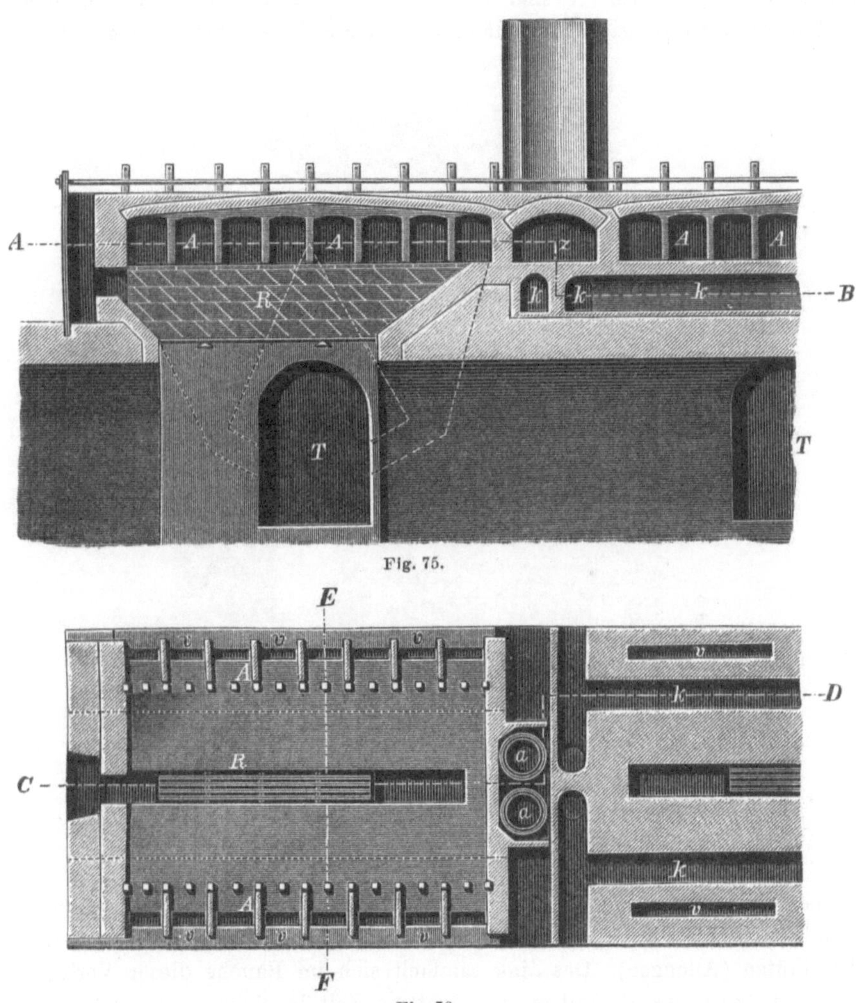

Fig. 75.

Fig. 76.

Die Einrichtung eines älteren schlesischen Ofens mit Rostfeuerung und abwärts ziehender Flamme ist aus den Figuren 75 bis 79 ersichtlich. Es stellt Figur 75 einen Längsschnitt nach C D, Figur 76 einen Horizontalschnitt nach A B, Figur 77 einen Querdurchschnitt nach E F dar.

e sind die Muffeln, welche zu je 16 zu beiden Seiten des Rostes a angeordnet sind. Je zwei Oefen mit je 32 Muffeln sind zu einem Massive miteinander verbunden. Die vom Roste R aufwärts steigende Flamme umspült die Muffeln e und tritt dann durch die in der Sohle des Ofens angebrachten Füchse in die Canäle k, welche die Feuergase in die Esse führen. z ist ein Raum zum Calcinieren des Galmeis oder zum Umschmelzen des Zinks. v sind Canäle, durch welche die in den Muffeln verbliebenen Destillations-Rückstände in Canäle T gestürzt werden. Diese

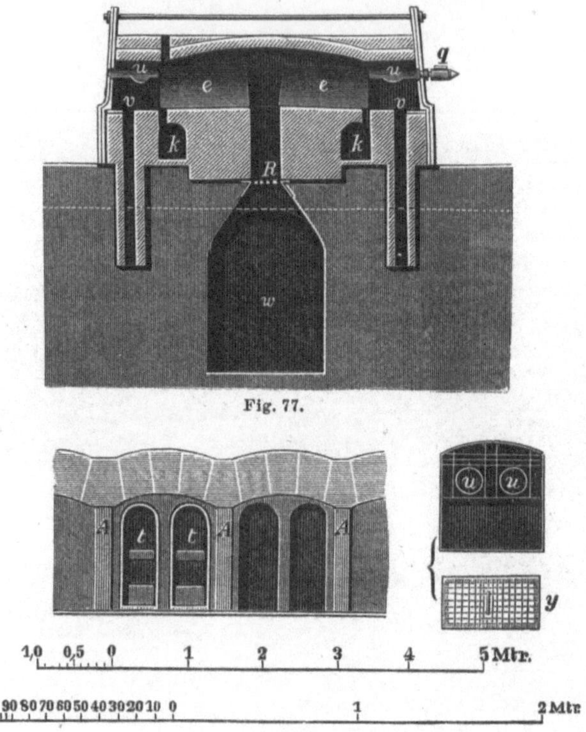

Fig. 77.

Fig. 78 u. 79.

Canäle münden in das der Längsaxe des Ofens parallel laufende Hauptgewölbe w. u sind die Vorlagen der Muffeln, q an dieselben angesetzte Blechtüten (Allongen). Das Zink sammelt sich im Bauche dieser Vorlagen an und wird aus denselben von Zeit zu Zeit in einen nach Entfernung der Allonge vor die Mündung der Vorlagen gehaltenen eisernen Löffel ausgekratzt.

Die Vorlagen befinden sich zu je zweien in Nischen, in welche die vorderen Enden der betreffenden Muffeln hineinragen (um 5 cm). Die Nischen, deren 8 zu jeder Längsseite des Rostes liegen, sind durch Scheidewände A voneinander getrennt. Die Mündung je zweier Muffeln in die Nische ist in etwas grösserem Maassstabe in Figur 78 dargestellt. t sind Stege, auf welchen das hintere Ende der Vorlage aufliegt. Das vordere Ende derselben ruht auf einem in Figur 79 gleichfalls in grösserem Maassstabe dargestellten Eisenrahmen. Der letztere schliesst die Nischen nach vorne ab und wird im unteren Theile durch eine Vorsetzthüre y verschlossen.

Die Einrichtung eines rheinisch-westfälischen Ofens mit Gasfeuerung und 3 Reihen übereinanderliegender Muffeln, welcher im Ganzen 50 bis 55 Muffeln enthält, ist aus der Figur 80 ersichtlich.

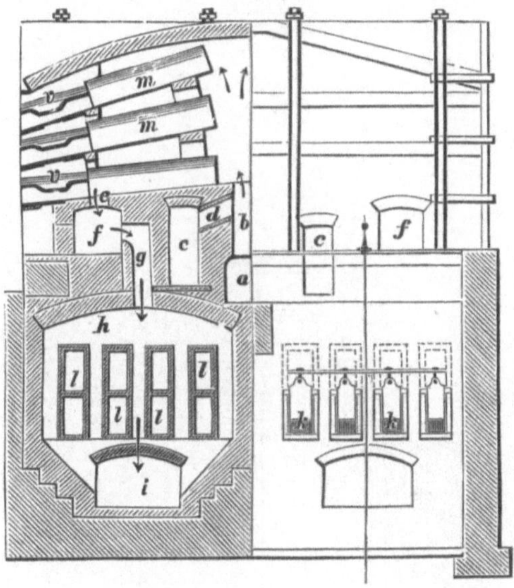

Fig. 80.

m sind die Muffeln. Die beiden oberen Reihen derselben ruhen auf aus sehr feuerfestem Thone hergestellten Bänken. v sind die Vorlagen zur Ansammlung des Zinks. Das Gas (Generatorgas) gelangt aus dem auf der Zeichnung nicht sichtbaren Generator durch den Canal a in den senkrechten Canal b und mischt sich hier mit der Verbrennungsluft, welche durch die Canäle l in den Canal c und aus diesem durch den Canal d nach b strömt.

Die Flamme steigt bis zum Gewölbe des Heizraumes empor, kehrt dann um und fällt durch Oeffnungen e in den Canal f, aus welchem sie durch g in den Canal h und dann in den Essencanal i gelangt. Auf ihrem Wege durch den Canal h umspült sie die Luftzuführungscanäle l, in welchen die Verbrennungsluft vorgewärmt wird.

In England wurden früher[1]) als Destillirgefässe grosse Tiegel

[1]) Percy-Knapp, S. 542.

angewendet, welche aus einem Gemenge von 7 Th. bestem Stourbridge-Thon, 5 Th. II. Sorte dieses Thons, 3 Th. Scherben von Glashäfen und 6 Th. von Scherben gebrauchter Zinkdestillirtiegel hergestellt wurden. Diese Tiegel zeichneten sich durch grosse Haltbarkeit aus. Sie nahmen je 167 kg geröstete Zinkblende auf. Die Tiegel wurden in einen Ofen von der Einrichtung der Glasöfen oder Blaufarbenöfen eingesetzt. Die bei der Destillation entwickelten Zinkdämpfe traten durch eine Oeffnung im Boden des Tiegels in ein senkrecht absteigendes Rohr. In demselben

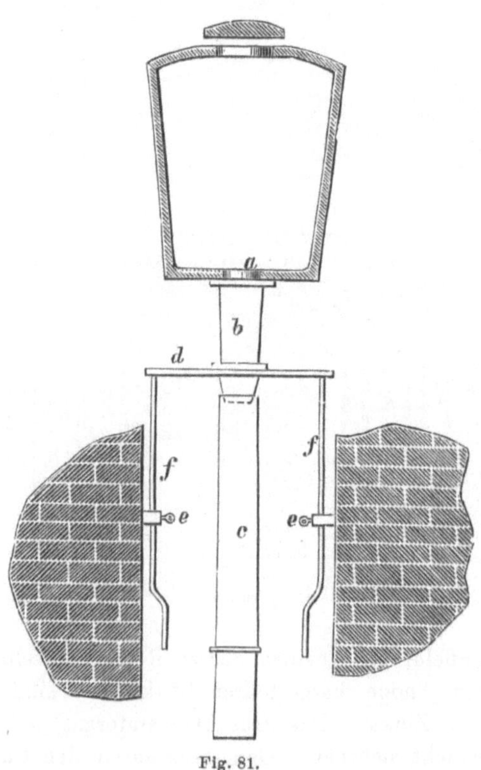

Fig. 81.

condensirten sie sich und tropften in eine am unteren Ende desselben aufgestellte Schüssel aus Eisenblech. Die Destillation war also eine Destillation per descensum.

Die Einrichtung des Tiegels mit angeschlossenem Rohr ist aus der Figur 81 zu ersehen. Das Einfüllen der Beschickung geschieht durch die obere Oeffnung des Tiegels nach Wegnahme des dieselbe verschliessenden Deckels. Man gelangte an diese Oeffnung durch verschliessbare Löcher in der Decke des Ofens. Das Rohr zur Abführung der Zinkdämpfe bestand aus Eisenblech und war aus zwei Theilen b und c zusammengesetzt. Der obere Theil b ruhte vermittelst eines um denselben gelegten Ringes aus Eisenblech auf dem Eisenkreuz d, welches an den senkrechten, durch Oesen e gesteckten Eisenstangen f angenietet war. Die Eisenstangen konnten in den Oesen auf und ab bewegt und durch Stellschrauben in ihrer jeweiligen Lage festgehalten werden.

Durch Emporschieben der Stangen wurde der obere Teil des Rohres, welcher an seinem Ende einen Flansch trug, an die Oeffnung im Boden des Tiegels angeschlossen. Den unteren Theil des Rohres schob man in den oberen Theil desselben ein und befestigte ihn durch Umdrehen in demselben. Unter dem unteren Rohre befand sich eine Schüssel aus Eisenblech zur Aufnahme des Zinks.

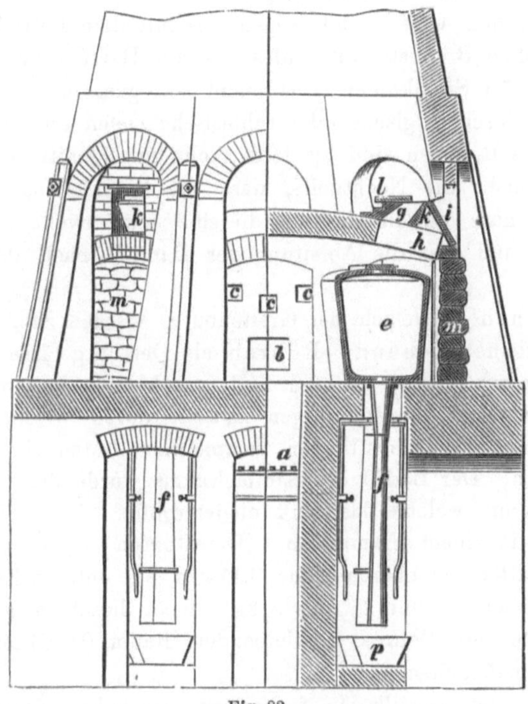

Fig. 82.

Die Einrichtung des englischen Ofens ist aus der Fig. 82 ersichtlich. e sind die Tiegel, welche, 6 an der Zahl, zu beiden Seiten der Rostfeuerung a auf Bänken stehen. Die Feuergase treten, nachdem sie die Tiegel umspült haben, durch Oeffnungen g im Gewölbe des Heizraums in die Esse. b ist die Thüre zum Einführen des Brennstoffs. Die Tiegel werden durch gewölbte Oeffnungen m in den Ofen eingesetzt. Diese Oeffnungen werden während des Betriebes durch bewegliche Mauern aus groben Steinstücken verschlossen. In den letzteren befinden sich durch Registersteine verschließbare Oeffnungen c und die bereits erwähnte Schüröffnung b, welche während des Betriebes durch eine Schaufel Kohlen verschlossen gehalten wird. Die Oeffnungen c dienen zum Verkitten von Rissen in den Tiegeln an der dem Feuer zugekehrten Seite derselben. Das Einführen der Beschickung in die Tiegel geschieht durch die Oeffnungen h, welche während des Betriebes durch den Stein i verschlossen werden. Durch die wirkliche Oeffnung treten die Feuergase in den Fuchs g. Durch eine über demselben befindliche verschiebbare Steinplatte l lässt sich der Fuchs zur Regulierung des Zuges verengern und erweitern. f ist das Rohr zur Abführung der Zinkdämpfe, p die Eisenblechschüssel zur Aufnahme des condensirten Zinks.

Die Rückstände von der Destillation werden durch die im Boden des Tiegels befindliche Oeffnung ausgeräumt.

Die englischen Oefen sind wegen des mit dem Betriebe derselben verbundenen hohen Brennstoffaufwandes — zur Herstellung von 1 t Zink wurden 22 bis 27 t Steinkohlen verbraucht — ganz ausser Anwendung gekommen und durch belgische oder schlesische Oefen ersetzt worden.

Stehende Retorten sind bis jetzt nicht zur definitiven Anwendung gelangt. Sie haben die Nachtheile, dass die Beschickung in ihnen zu dicht liegt, so dass die Zinkdämpfe dieselbe nur unvollkommen durchdringen können und dass die Ableitung der Dämpfe nach dem Vorlagen schwierig ist.

In Kärnthen[1]) (Delach bei Greifenburg) wurden zu Anfang dieses Jahrhunderts kleine stehende Röhren als Destillirgefässe angewendet. Dieselben waren am oberen weiteren Ende geschlossen und mündeten am unteren Ende in einen röhrenförmigen Ansatz, durch welchen die Zinkdämpfe in einen gemeinschaftlichen Sammelraum traten, in welchem sie sich condensirten. Der Boden des Sammelraums wurde durch eine Eisenplatte gebildet, auf welche das Zink niedertropfte. Die Röhren standen zu je 84 Stück in einem Flammofen. Die Röhren besassen eine Länge von 1 m und hatten am oberen Ende 0,114 m, am unteren Ende 0,082 m Durchmesser. Man lud nur $2^1/_2$ bis 3 kg Erz in dieselben und legte den im oberen Theile des Rohres freibleibenden Raum (0,101 m Höhe) mit kleineren Kohlenstückchen aus.

Diese Art der Destillation ist wegen der hohen Kosten derselben längst verlassen worden.

In der neueren Zeit sind stehende Röhren von grösserem Durchmesser (zur Verarbeitung von bleihaltigen Zinkerzen geeignet) durch Chenhall (Oesterr. Zeitschr. 1880. S. 462), Binon und Grandfils (Dingler's Journ. Bd. 235. S. 222, Oesterr. Zeitschr. 1881. S. 325), Keil (B.- u. H. Ztg. 1888. S. 116), P. Choate (Engl. Patent 530 v. J. 1893, Amerikan. Patent 489460), Grützner und Koehler (D. R. P. 58026 vom 25. Sept. 1889) vorgeschlagen worden.

---

[1]) Hollunder, Tagebuch einer met. Reise, Nürnberg 1824. S. 273. Percy-Knapp, S. 550.

Der Ofen von Binon und Grandfils, welcher derartige Röhren mit continuirlichem Betriebe und Vorlagen zum Auffangen des Zinks am oberen Ende derselben sowie mit Oeffnung am unteren Ende zum Ausziehen der Destillationsrückstände und zum Auffangen oder Abstechen des Bleis besitzt, ist aus Figur 83 ersichtlich.

D ist die Röhre von 2,4 m Länge und 40 cm Weite. Dieselbe steht in einer gusseisernen mit Thon gefüllten Rinne E, welche ihrerseits an das obere Ende des stiefelförmigen Rohransatzes F angegossen ist. Die obere Oeffnung der Röhre, durch welche die Beschickung eingetragen wird, ist durch einen Deckel b verschliessbar. K ist die kegelförmige Vorlage zum Auffangen der Zinkdämpfe. In einem Ofen befinden sich 12 bis 16 dieser Röhren. Die Röhren stehen auf den gusseisernen Kästen F, welche ihrerseits durch Mauerpfeiler G gestützt sind. Die Röhren

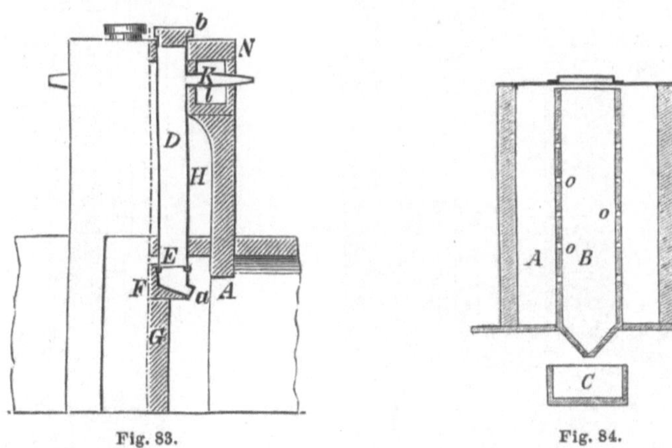

Fig. 83. Fig. 84.

werden durch Gas geheizt, welches in den Zügen H durch vorgewärmte Luft verbrannt wird.

Der Ofen von Grützner und Koehler ist ähnlich eingerichtet wie der Ofen von Binon und Grandfils. Die Abführung der Zinkdämpfe geschieht nicht seitlich, sondern durch eine Oeffnung im Deckel der Retorte. Durch eine zweite Oeffnung im Deckel wird die Beschickung eingeführt. Die Retorten stehen zu mehreren radial zur Ofenaxe zusammen. Jede derselben befindet sich in einem nach der Ofenaxe zu offenen Schacht. Die Heizgase werden in den centralen Theil des Ofens geleitet, von wo aus sie die einzelnen Retorten umspülen.

Choate (Engl. Patent 530 des Jahres 1893, Amerikan. Patent 489460) verdichtet, wie aus Figur 84 ersichtlich, die Zinkdämpfe in einem Cylinder B im Innern der Retorte A. Die Zinkdämpfe treten durch Oeffnungen o in das Rohr B und verdichten sich in demselben zu flüssigem Zink, welches durch eine Oeffnung im unteren conisch gestalteten Ende des Rohrs in ein untergesetztes Gefäss C abfliesst.

Die nur von aussen geheizten Retorten dürften keine genügende Erhitzung der Beschickung gestatten.

Ueber die ökonomischen Resultate der Zinkdestillation in diesen Röhren sowie über die definitive Anwendung der letzteren ist dem Verfasser nichts bekannt geworden.

Der in der neuesten Zeit vorgeschlagene Ofen von Carl Francisci (D.R.P. 107247) besitzt eine stehende, ringförmige Retorte, welche innerlich und äusserlich durch Generatorgas geheizt wird. Die Beschickung derselben geschieht von oben, während die Destillations-Rückstände am unteren Ende derselben durch eine Reihe von Abzugsöffnungen entfernt

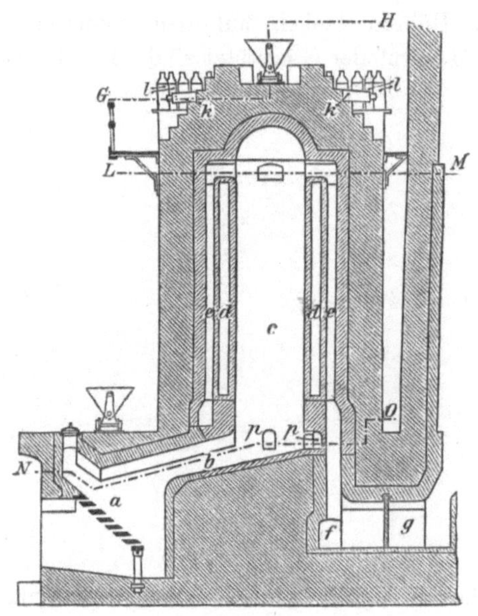

Fig. 85.

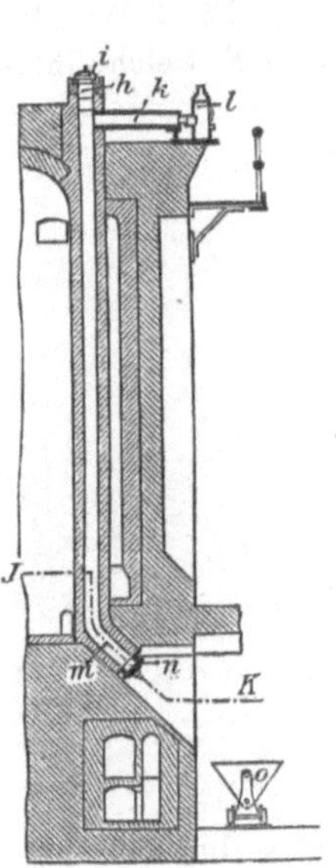

Fig. 86.

werden. Die Zinkdämpfe verdichten sich in den am oberen Ende der Retorte angebrachten Vorlagen. Die Einrichtung des Ofens ist aus den Figuren 85 bis 92 ersichtlich. (Steger, Preuss. Zeitschr. für Berg-, Hütten- und Salinenwesen 1900. S. 404 und 405.) d ist die ringförmige Retorte. a ist der Generator; p sind die durch die verbrannten Gase geheizten Canäle für die Verbrennungsluft. Die brennenden Gase steigen in dem Schachte c der Retorte empor und ziehen dann durch den die Retorte umgebenden ringförmigen Canal e abwärts, um durch den Canal f in den Essencanal g zu ziehen. Die Beschickung wird durch die Oeffnungen h eingeführt, welche während der Destillation durch den Deckel i verschlossen gehalten werden. Das dampfförmige Zink gelangt am oberen Ende der Retorte in Vorlagen k, an welche die Ballons l angeschlossen sind. m sind die während des Betriebes durch Deckel n verschlossenen Canäle für das Ausziehen der Destillations-Rückstände. Figur 92 stellt eine Reihe von 4 Oefen dar.

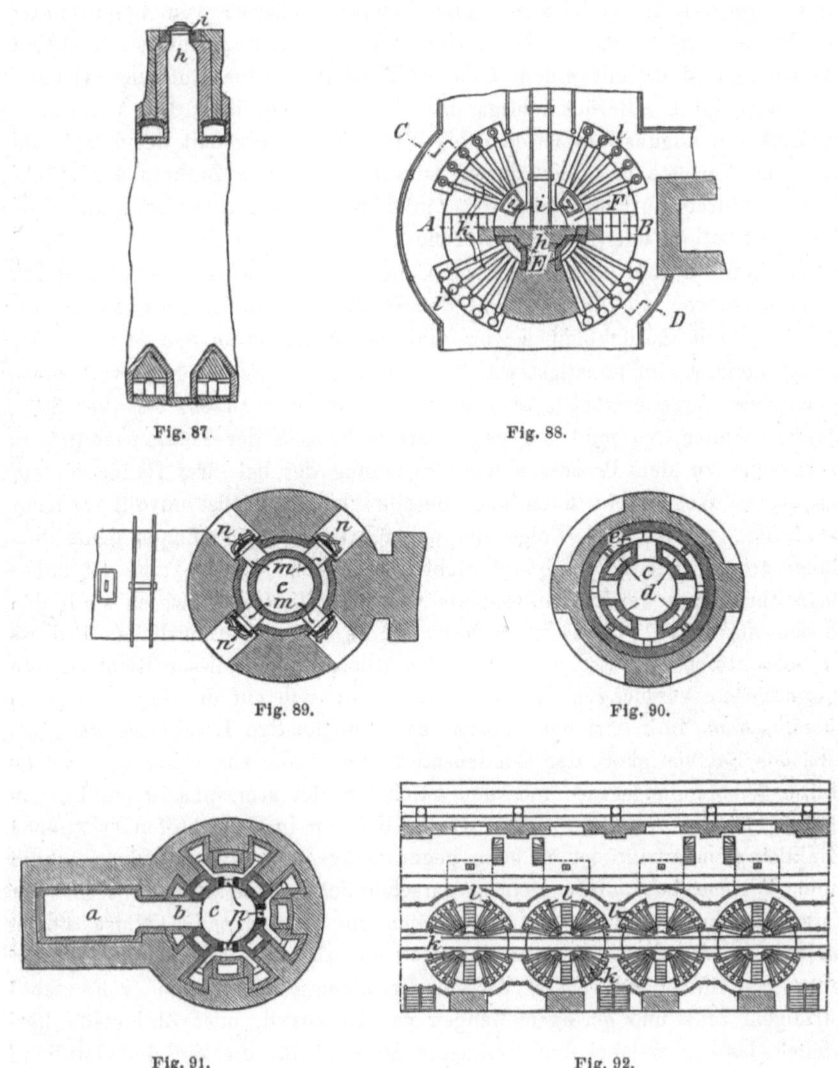

Fig. 87. Fig. 88. Fig. 89. Fig. 90. Fig. 91. Fig. 92.

Die Einrichtung des Ofens gestattet die Verwendung von Magnesiaziegeln. Aus einzelnen Steinen hergestellte Oefen dürften eine Verankerung der Retorten geboten erscheinen lassen.

Allgemeine Beurtheilung des Reductionsprozesses.

Wie sich aus den vorstehenden Darlegungen ergiebt, wird der Reductionsprozess in verhältnissmässig kleinen Gefässen von beschränkter Haltbarkeit, welche einen continuirlichen Betrieb nicht gestatten und theuer herzustellen sind, mit einem hohen Aufwand an Brennstoff und Arbeitslohn ausgeführt. Berücksichtigt man hierbei noch, dass das Ausbringen an Zink ein ungünstiges ist (70 bis 90 % vom Zinkgehalt der Erze), indem die Verluste an Zink durch Zurückbleiben von Zink in den Rückständen, durch Zurückbleiben von Zinkdämpfen in den Gefässen am Ende der Destillation und durch Verbrennen derselben beim Ausräumen der Rückstände, durch unvollkommene Condensation der Zinkdämpfe, durch Entweichen von Zinkdämpfen aus den Gefässen beim Undichtwerden derselben, durch Zurückbleiben von Zink als Aluminat in den Wänden der Destillirgefässe, im günstigsten Falle (bei reicheren Erzen) 10% vom Zinkgehalte der Erze betragen, aber auch (bei ärmeren Erzen) bis über 30 % steigen können, so muß der gegenwärtige Prozess der Zinkgewinnung im Vergleiche zu den Prozessen der Gewinnung der bei ihrer Reduction auf trockenem Wege nicht flüchtigen Metalle als ein höchst unvollkommener betrachtet werden. In Folge der angeführten Mängel können demselben daher arme Zinkerze überhaupt nicht unterworfen werden. Es ist daher begreiflich, dass die Zinkhüttenleute von jeher bestrebt gewesen sind, den discontinuirlichen Prozess in Gefässen durch einen continuirlichen Prozess in Schachtöfen zu ersetzen. Die sämmtlichen nach dieser Richtung hin ausgeführten Versuche haben aber, soweit sie sich auf die Gewinnung von metallischem Zink beziehen, ausnahmslos ungünstige Ergebnisse geliefert. Bei der Schwierigkeit der Condensation des Zinks aus Dämpfen, welche durch Verbrennungsgase und den Stickstoff der atmosphärischen Luft in hohem Maasse verdünnt sind, wie es bei den in Schachtöfen erhaltenen Zinkdämpfen zutrifft, ist es beim gegenwärtigen Standpunkte der Technik und Wissenschaft auch nicht wahrscheinlich, dass das Problem der directen Zinkgewinnung in Schachtöfen in befriedigender Weise gelöst werden wird. Wohl aber werden sich aus zinkarmen Erzen in Schacht- oder Heerdöfen zinkreiche Zwischenerzeugnisse (Gemenge von staubförmigem Zink und geringen Mengen von Zinkoxyd, oder Zinkoxyd) herstellen lassen, welche ein geeignetes Material für die Zinkdestillation in Gefässen abgeben dürften.

Angesichts der Aussichtslosigkeit der directen Zinkgewinnung in Schachtöfen und auch in Flammöfen haben sich die Bestrebungen der letzten Zeit auf die Verbesserungen des Zink-Reductionsprozesses *in seiner bisherigen Gestalt* gerichtet und gute Erfolge gezeitigt. Die letzteren bestehen hauptsächlich in der Einführung der Gasfeuerung, der Anwendung von Naturgas zur Feuerung (Kansas, Indiana), der Vergrösserung der Oefen, der Verbesserung des feuerfesten Materials der Gefässe, der Herstellung von Gefässen mit dichten Wänden durch Anwendung von hydraulischem Druck, der Verbesserung der Einrichtungen für die Condensation der Zinkdämpfe und für die Entfernung des condensirten Zinks aus den Vorlagen, dem Auffangen des nicht condensirten Zinks und in der Entfernung der Rauchgase aus den Arbeitsräumen der Zinkhütten.

Wir haben daher als die einzige bisher betriebene Art der Zinkgewinnung auf trockenem Wege die Zinkdestillation in Gefässen zu betrachten und zwar

1. Die Zinkdestillation in Oefen mit liegenden Röhren (bzw. in belgischen Oefen).
2. Die Zinkdestillation in Oefen mit einer einzigen Reihe grosser Muffeln (bzw. in schlesischen Oefen).
3. Die Zinkdestillation in Oefen mit mehreren übereinander angeordneten Reihen von Muffeln (bzw. in rheinisch-westfälischen Oefen).

Die oben allgemein dargelegte Destillation in Tiegeln oder die englische Art der Destillation, sowie die Destillation in stehenden Röhren oder die Kärnthener Art der Destillation werden gegenwärtig nicht mehr ausgeführt und bedürfen daher keiner näheren Betrachtung.

Vergleichung der Destillation in den verschiedenen Ofenarten.

Die Unterschiede der Destillation in den verschiedenen Ofenarten haben sich seit Einführung der Gasfeuerung ziemlich ausgeglichen. Es giebt Gegenden, in welchen die Destillation in Röhren mit dem gleichen Vortheile ausgeführt wird wie in Muffeln (Rheinland, Westfalen, Belgien).

So lange nur die gewöhnliche Rostfeuerung bei der Zinkdestillation angewendet wurde, hing die Auswahl der Oefen hauptsächlich von der Flammbarkeit der Steinkohlen ab. Die Destillation in Oefen mit Röhren sowie mit mehreren Reihen übereinander angeordneter Muffeln erforderte langflammige Steinkohlen, während die Destillation in Oefen mit nur einer Reihe von Muffeln mit kurzflammigen Steinkohlen ausgeführt werden konnte (selbstverständlich auch mit langflammigen Steinkohlen). Erst in der neueren Zeit wurde es durch besondere Rosteinrichtungen ermöglicht, auch kurzflammiges Brennmaterial zum Heizen von Röhren zu verwenden. So erhält man in den Vereinigten Staaten von Nord-Amerika durch Verbrennung des kurzflammigen Anthracits auf sog. Wetherill-Rosten (welche Gusseisenplatten mit kegelförmigen Oeffnungen darstellen) und durch Einleitung von erhitzter Verbrennungsluft unter dieselben eine lange zur Heizung der Röhren geeignete Flamme. Durch die Einführung der Gasfeuerung, der Naturgasfeuerung, der Halbgasfeuerung und der gedachten

Wetherill-Roste ist die Auswahl der Destilliröfen unabhängig von der Flammbarkeit der Brennstoffe geworden.

Belgische und rheinisch-westfälische Oefen wendet man gegenwärtig grundsätzlich an. Die belgischen Oefen dürften bei sehr schwer reducirbaren Erzen (Kieselgalmei) zu bevorzugen sein, während bei allen anderen Erzen auch rheinisch-westfälische Oefen am Platze sind. In Belgien wendet man belgische und rheinisch-westfälische Oefen, in Rheinland und Westfalen rheinisch-westfälische Oefen an. In Schlesien wendet man bei grobkörniger galmeihaltiger (neben blendhaltiger) Beschickung schlesische Oefen an. Man ist aber bereits auf einigen Werken in Folge der Notwendigkeit, wegen mangelnden Galmeis den Blendegehalt der Beschickung vergrössern zu müssen, zu rheinisch-westfälischen Oefen übergegangen. Die hohen und grossen oberschlesischen Muffeln sind für die Verhüttung dicht liegender feinkörniger Blende weniger geeignet als die rheinisch-westfälischen Muffeln. Man wird daher mit dem Versiegen des Galmeis und der Nothwendigkeit der ausschliesslichen Verhüttung von Blende zur Destillation die kleineren und niedrigeren, dünnwandigen rheinisch-westfälischen Muffeln und die rheinisch-westfälischen Oefen anwenden müssen. Vereinzelt stehen schlesische Oefen in England in Anwendung. Im Uebrigen werden in England belgische Oefen benutzt. In Spanien und in den Vereinigten Staaten stehen belgische Oefen in Anwendung. Im Allgemeinen wird man sehr schwer reducirbare Erze in belgischen Oefen, Erze von hohem und mittlerem Zinkgehalt in belgischen oder rheinisch-westfälischen Oefen verarbeiten. Schlesische Oefen wird man nur ausnahmsweise bei grobkörniger galmeihaltiger Beschickung von niedrigem Zinkgehalte anwenden.

Bis zu welchem Zinkgehalte die Erze überhaupt noch mit Vortheil verarbeitet werden können, hängt, abgesehen von den Zinkpreisen, von dem Arbeitslohn, von den Preisen der Steinkohlen und von den Preisen der feuerfesten Materialien ab. Am theuersten stellen sich die Ausgaben für Kohlen, dann folgen die Ausgaben für Arbeitslöhne und in dritter Linie die Ausgaben für feuerfeste Materialien. So vertheilen sich die Kosten der Destillation für 1 t Röstgut in Oefen mit mehreren übereinanderliegenden kleinen Muffeln unter Zugrundelegung mittlerer rheinischer Verhältnisse nach den Preisen des Jahres 1893 nach Lynen[1]) wie folgt:

Kohlen	M.	15
Arbeitslöhne	-	12
Feuerfestes Material	-	6
Unterhaltung und Diverse	-	7.

In Rheinland-Westfalen verarbeitet man Erze (Blenden) mit mindestens 40 % Zinkgehalt. Unter bestimmten Verhältnissen kann noch

[1]) Zinkdestillirofen mit gemeinsamer Condensationskammer. London 1893.

Galmei mit 20 bis 30 % Zinkgehalt zusammen mit der Blende verhüttet werden.

In Oberschlesien werden noch Galmeisorten mit 8 bis 9 % Zink bei der Blendeverhüttung zugesetzt. Die Blende muss mindestens 30 % Zink enthalten.

Da die Kosten für Kohlen den Haupttheil der Kosten der Zinkgewinnung bilden, so errichtet man die Zinkhütten grundsätzlich in der Nähe der Steinkohlenbergwerke und führt die Erze zu den Kohlen, nicht umgekehrt. Auf 1 Gewichtstheil Zink verbraucht man 4 bis 10 Gewichtstheile Steinkohle.

1. Die Zink-Destillation in belgischen Oefen.

Diese Art der Destillation wird, wie erwähnt, in mit geneigt liegenden Röhren ausgesetzten Schacht-Flammöfen ausgeführt. Das dampfförmige Zink wird in an die Röhren angesetzten Vorlagen von conischer Gestalt, welche mit Vorstecktuten versehen sind, condensirt.

Die Röhren

erhalten erfahrungsmässig bei kreisförmigem Querschnitt eine lichte Weite von 15 bis 25 cm, eine Länge i. L. von 1 bis 1,3 m und eine Wandstärke von 20 bis 40 mm (der innere Fassungsraum der Röhren der Vieille Montagne beträgt 50 bis 70 Cubikdecimeter). Bei elliptischem Querschnitt erhält die grosse Axe eine Länge von 20 bis 22 cm, i. L., die kleine Axe von 16 bis 18 cm. Die Länge i. L. beträgt in diesem Falle bis 1,45 m. Die Wandstärke ist die gleiche wie bei den erstgedachten Röhren. Die Wandstärke von 20 mm hat man in der neuesten Zeit den Röhren gegeben, welche, ähnlich wie die Dinas-Steine, hauptsächlich aus Kieselsäure bestehen. Ausnahmsweise (La Salle in Illinois. U.S.A.) wendete man auch Röhren von rechteckigem Querschnitt und grossen Dimensionen an. Dieselben hatten bei Gasfeuerung den ersten Anprall der Flamme auszuhalten und waren äusserlich 1,52 m lang, 53 cm hoch und 23 cm breit.

Das Material, aus welchem die Röhren hergestellt werden, ist ein Gemenge von stark gebranntem Thon (Schamott) bester Qualität, von getrocknetem und gemahlenem, rohem Thon und von gereinigten Stücken bereits gebrauchter Röhren. In der neuesten Zeit hat man für kieselsäurereiche Erze, besonders in Belgien und Spanien, das Material möglichst quarzreich und arm an Thonerde gemacht (94 % Kieselsäure). Die aus einem quarzreichen Materiale hergestellten Röhren kosten weniger und gestatten geringere Wandstärken (20 mm) als die an Thonerde reichen Röhren. Dabei lassen sie in Folge der verringerten Wandstärke die Hitze gut durchdringen und werden von kieselsäurehaltigen Erzen nur sehr wenig angegriffen.

Die Bestandtheile der besseren Thonsorten für die Röhren sind bereits auf Seite 119 angegeben.

Das Mischungsverhältniss für die verschiedenen Hüttenwerke ist sehr verschieden und richtet sich nach dem Quarz- und Thonerdegehalte der zur Verfügung stehenden Materialien sowie nach den Gangarten der Erze. Auf manchen Werken setzt man den Materialien auch wohl fein gepulverte Koks zu, um die Röhren fest, glatt und undurchdringlich für Zinkdämpfe zu machen. Die aus quarzreichem Materiale hergestellten Röhren versieht man zu diesem Zwecke mit einer aus 60 Gew.-Th. Lehm, 30 Gew.-Th. Glas und 10 Gew.-Th. Soda bestehenden Glasur. Auch die übrigen Retorten werden zu dem gleichen Zwecke vielfach mit einer äusseren Glasur von Thonerde-Natronsilicat versehen. Enthält die Mischung eine zu grosse Menge rohen Thons, so verliert sie an Feuerbeständigkeit; enthält sie zu viel Schamott, so lässt sie sich schwierig formen und die Röhren werden porös und leicht zerbrechlich.

Beispielsweise bestand die Mischung für die Röhren der Werke bei Engis in Belgien lange Zeit hindurch aus: 30 Th. rohem Thon, 27 Th. gebranntem Thon (Schamotte), 15 Th. alten Röhren, 18 Th. Koks, 10 Th. Sand. Ein anderes in Belgien angewendetes Mischungsverhältniss für mit Hülfe von Maschinen hergestellte Röhren war[1]) in Raumtheilen: 100 Th. Koks, 300 Th. Sand, 250 Th. alte Röhren, 350 Th. roher Thon. In England (Morriston) war die Mischung für die durch Luft gekühlten Röhren (Kanonen) 1 Vol. belgischer roher Thon (Andenne), 2 Vol. gebrannter belgischer Thon, 1 Vol. roher, 1 Vol. gebrannter englischer Thon (Stourbridge) oder je 1 Vol. roher und gebrannter belgischer Thon, englischer Rohthon, Bruchstücke von Röhren und belgischer Sand. Für gewöhnliche Röhren bestand eine Mischung aus: 1 Vol. belgischem Thon, 1 Vol. englischem Thon, 3 Vol. gebrauchten Röhren oder 1 belg. Thon, 1 engl. Thon, 1 belg. Brennthon, 1 alten Röhren, 1 gebrauchten feuerfesten Steinen. In den Vereinigten Staaten von Nord-Amerika nimmt man vielfach gleiche Theile von frischem Thon und Schamott. Der letztere Körper wird theils durch Brennen von Thon hergestellt, theils aus den Scherben alter Retorten entnommen.

Die Mischung für das erwähnte, in der neueren Zeit bei sauren Beschickungen angewendete quarzreiche Material ist:

$^1/_3$ Thon von Andenne mit 60 bis 70 % Kieselsäure, $^1/_3$ Sand mit scharfeckigen Körnern und $^1/_3$ Schamott. Der Kieselsäuregehalt der Mischung beträgt 94 %.

Die gedachten Materialien werden nach vorgängiger Zerkleinerung unter Zusatz von 7 bis 8 % Wasser zu einer gleichartigen Masse zusammengeknetet.

---

[1]) Knab, Métallurgie, p. 431.

Die Zerkleinerung geschieht mit Hülfe von Kollermühlen, Carr'schen Desintegratoren oder von Vapart'schen Schleudermühlen. Die Leistung der in Belgien gebräuchlichen Schleudermühlen (Vapart) ist 3 bis $3^1/_2$ t zerkleinerte Masse in der Stunde. Ist das Korn der zerkleinerten Massen zu grob, so werden die Röhren porös; ist es dagegen zu fein, so erweichen die Röhren leicht im Feuer. Der Thon wird zu feinem Mehl zerkleinert, während der Schamott und die Scherben durch ein Sieb von 5 mm Weite durchgehen. Das Korn der zerkleinerten Masse geht im Durchschnitt nicht über 3 mm.

Das Zusammenkneten der verschiedenen Materialien geschieht in den bekannten Thonknetmaschinen. Nur ausnahmsweise geschieht das Kneten durch Handarbeit.

Die durchgeknetete Masse lässt man häufig in Kellern 6 bis 8 Wochen lang faulen, um sie plastischer zu machen. Alsdann wird sie in einzelne Klumpen zertheilt.

Die Herstellung der Röhren kann sowohl durch Handarbeit als auch mit Hülfe von Maschinen bewirkt werden. Grundsätzlich wendet man Maschinen an. Die Herstellung durch Handarbeit ist zur Zeit wohl auf den meisten Werken aufgegeben.

Die Herstellung der Röhren durch H a n d a r b e i t geschieht gewöhnlich mit Hülfe von Formen aus Eisenblech, welche aus mehreren Röhrenaufsätzen bestehen. Die Aufsätze bestehen ihrerseits aus zwei Hälften, deren jede die Gestalt eines halben Hohlcylinders besitzt. Die beiden Cylinderhälften werden so zusammengefügt, dass sie einen Cylinder bilden, in welcher Lage sie durch Ringe und Keile zusammengehalten werden.

In den untersten Theil der Form legt man eine Thonscheibe ein und höhlt dieselbe zur Bildung des Bodens der Röhre mit Hülfe eines Stampfers so aus, dass die Ränder der Scheibe an der Wand des Cylinders emporsteigen.

Der emporgestiegene Theil der Thonscheibe wird nun mit Hülfe eines Klöppels an die Wand der Form angeklopft und dann zur Herstellung der cylindrischen Röhrenwand mit Hülfe einer Schablone ausgebohrt und geglättet. Der obere Rand des so hergestellten Rohrtheils wird mit einem kammartig ausgeschnittenen Brettchen aufgekratzt, worauf die Erhöhung des Rohrs durch Aufkneten von Thonwülsten auf dasselbe folgt.

Sobald die aufgekneteten Wülste eine gewisse Höhe erreicht haben, wird der so entstandene Cylinder mit einem neuen Rohraufsatz umgeben. Es folgt nun wieder das Anklopfen des Thons an die Wand des Aufsatzes und das Ausbohren des neuen Rohrtheils mit Hülfe einer Schablone. Der obere Rand der so verlängerten Röhre wird nun wieder aufgekratzt, worauf wieder das Aufkneten von Thonwülsten, das Umlegen eines neuen Rohraufsatzes um dieselben, das Anklopfen des Thons an die Form und das Ausdrehen folgen. In dieser Weise fährt man fort, bis die Röhre die gewünschte Höhe erreicht hat. Alsdann legt man auf den oberen Rand der Röhre noch einen dünnen Wulst und drückt denselben nach innen, um die Rohrwand hier zu verstärken.

Schliesslich schneidet man den oberen Rand der Röhre glatt ab, polirt denselben sowie das Innere der Röhre und stellt dann die Röhre in der Form in einem gut ventilirten Raume auf. 1 Arbeiter kann in 12 Stunden 18 bis 20 Stück Röhren herstellen. Nachdem die einzelnen Theile der Form sowie die Stützen der Röhre nach und nach entfernt sind (was nach ungefähr 48 Stunden der Fall ist), lässt man sie noch gegen 3 Wochen stehen, um lufttrocken zu werden. Alsdann wird sie 2 bis 3 Monate lang in Trockenkammern, welche durch Oefen oder besser noch durch Caloriferen geheizt werden, zuerst einer Temperatur von 25^0, dann einer allmählich bis 70^0 gesteigerten Temperatur ausgesetzt. Je länger die Röhren in den geheizten Trockenräumen stehen, um so grösser ist ihre Haltbarkeit.

Eine andere, nur selten angewendete Art der Herstellung der Röhren durch Handarbeit besteht darin, dass man einen cylindrischen Eisenkern in die Form stellt und den so entstandenen ringförmigen Zwischenraum zwischen Form und Kern mit dem feuerfesten Material ausstampft.

Die Herstellung der Röhren mit Hülfe von Maschinen lässt sich auf mehrfache Art ausführen.

Die ältere, gegenwärtig nur noch selten angewendete Art besteht darin, dass man den Thon in einer Leinwandhülle in röhrenförmige cylindrische oder elliptische stehende, zum Aufklappen eingerichtete Holzformen presst und dann mit Hülfe von Bohrmaschinen bzw. Schrauben eine kreisförmige oder elliptische Höhlung ausbohrt. Das Einpressen des Thons geschieht durch einen auf und ab bewegten Hammer. Nach dem Einpressen wird die Form mit ihrem Inhalt auf einem Wagen nach der Bohrmaschine gebracht, welche die erforderliche Höhlung herstellt. Alsdann wird die aus zwei Hälften bestehende Form aufgeklappt; die Retorte wird herausgenommen und in die Trockenräume gebracht, wo sie von der sie umgebenden Leinwandhülle befreit und an der Innenseite geglättet wird. In 10 Stunden werden in Angleur auf diese Art durch 3 Mann und 2 Knaben 140 Stück Röhren hergestellt.

Eine zweite, gegenwärtig auf den meisten belgischen Zinkhütten angewendete Art der Herstellung der Retorten besteht darin, dass man den Thon zuerst in die Form von massiven Cylindern bringt und diese dann mit Hülfe von hydraulischen Maschinen zu Retorten presst. Hierbei wird der Boden der Retorte in einem Stücke mit der Röhre hergestellt. Die massiven Cylinder besitzen 0,5 m Durchmesser und 0,6 m Länge. Sie werden dadurch hergestellt, dass man die aus einer gleichmässigen Masse bestehenden Thonklumpen in cylindrische (bzw. elliptische) Formen presst, deren Boden einen hydraulischen Kolben bildet. Ist der Thon in der Form mit Hämmern hinreichend fest geklopft, so wird er durch den hydraulischen Kolben aus der Form herausgepresst und dann mit Hülfe von hydraulischen Pressen in die Gestalt der Retorten gebracht. Es stehen verschiedene Arten von hydraulischen Retorten-Form-Maschinen in Anwendung.

Die eine derselben ist ein stehender Cylinder aus Gussstahl, dessen Innenseite die Gestalt und Grösse der Aussenseite der Retorte hat. In demselben befindet sich ein hohler Kern, von der Gestalt und Grösse der Innenseite der herzustellenden Retorte. Zuerst wirft man zur Herstellung des Bodens der Retorte einen Thonklumpen von oben in den Cylinder. Alsdann schliesst man das obere Ende des Cylinders und drückt nun vermittelst eines hydraulischen Kolbens bei einem Druck von 150 bis 300 Atmosphären den Thon von unten in den Cylinder. Der Boden wird durch Andrücken des Thons an den Deckel des Cylinders gebildet, die Wände durch Einpressen des Thons in den ringförmigen Raum zwischen Cylinder und Kern. Den Druck lässt man gegen 2 Minuten währen. Alsdann nimmt man den Deckel des Cylinders ab und drückt die Retorte durch Aufsteigenlassen des hydraulischen Kolbens aus der Form heraus. Bei der gewünschten Länge schneidet man die Retorte durch einen Draht ab.

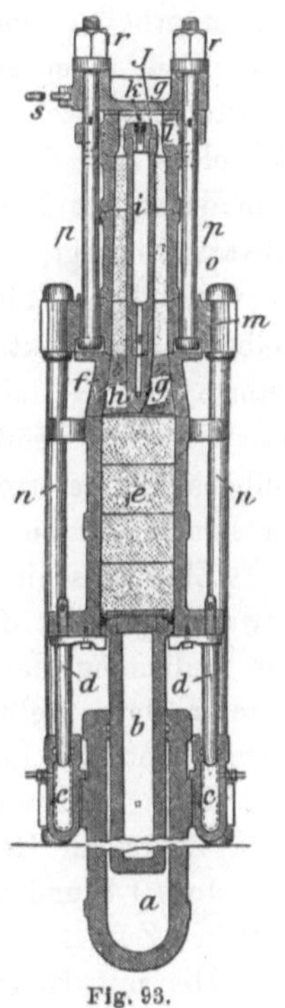

Fig. 93.

Hierhin gehört die in Figur 93 im Verticalschnitt dargestellte Formmaschine von N. J. Dorr in Ampsin[1]). a ist der mit einem Druck von 200 bis 300 Atmosphären betriebene Presscylinder, in welchem sich der Kolben b bewegt. e ist ein Cylinder zur Aufnahme des Thons, in welchem sich gleichfalls der hydraulische Kolben b bewegt. o ist der Retortencylinder mit dem Kern i. Der Kopf des letzteren, J, entspricht dem inneren Querschnitt der Retorte. Durch ein in demselben angebrachtes Ventil k kann Luft in das Innere der Retorte gelangen. l ist eine Lehre am Ende des Cylinders, welche der Retorte die äussere Gestalt giebt. g ist der Deckel des Cylinders. Derselbe wird nach dem Pressen durch die Stange s zur Seite geschoben. Nachdem in den Cylinder e Thon eingeworfen worden ist, presst der Kolben b denselben in den Retortencylinder o und bildet in demselben die Retorte. Der Cylinder e wird mit Hülfe von angegossenen Ohren an den 4 Säulen n geführt und während der Pressung des Thons durch 2 hydraulische Pressen c gegen den Dom f angedrückt. Nach erfolgter Pressung lässt man den Kolben b niedergehen und darauf den Cylinder e auf den Cylinder a sinken, welcher letztere wieder mit

[1]) Steger, Preuss. Zeitschr. S. 418.

frischem Thon gefüllt wird. Der Kern i wird von einem an den Dom f angegossenen Axenkreuz getragen. Der Dom f ist an die Tragschwelle m angeschraubt.

Eine andere Art der Formmaschinen besteht aus einem stehenden hohlen Gussstahlcylinder, in welchem sich ein ringförmiger, genau an die Innenwandung desselben anschliessender Kolben befindet. Innerhalb des ringförmigen Kolbens befindet sich ein cylindrischer Kolben (Mönch), welcher die Gestalt des Innern der anzufertigenden Retorte hat. Beide Kolben arbeiten von unten nach oben. Das obere Ende des Cylinders wird durch einen schweren Deckel aus Gussstahl geschlossen. Soll eine Retorte hergestellt werden, so bringt man von oben einen cylindrischen Thonblock von der erforderlichen Grösse in den Cylinder und verschliesst dann das obere Ende desselben. Zuerst werden beide Kolben gleichzeitig aufwärts bewegt, um den Thon zusammenzupressen. Darauf wird der innere Kolben (Mönch) in den Thon gedrückt, während der ringförmige Kolben zurücksinkt. Durch die Bewegung des inneren Kolbens erhält die Retorte ihre Gestalt. Nach Herstellung derselben wird das obere Ende des Cylinders geöffnet und durch Emporsteigenlassen des ringförmigen Kolbens die Retorte aus dem Apparat herausgepresst. Auch hier beträgt der Druck 150 bis 300 Atmosphären und währt gegen 2 Minuten.

Eine Maschine der ersten Art steht z. B. zu Ampsin in Belgien in Anwendung. Mit derselben werden in 10 Stunden 145 Retorten hergestellt. Zur Bedienung derselben sind 4 Mann in der Schicht erforderlich. Ein weiterer Mann stellt die Thoncylinder her und ein anderer Mann fährt die fertigen Retorten in das Trockenhaus.

Eine Maschine der zweiten Art steht auf der Hütte Münsterbusch bei Stolberg zur Herstellung von Muffeln in Anwendung.

In 10 Stunden werden daselbst 140 bis 150 Retorten (Muffeln) hergestellt. Zur Bedienung der Maschine sind 3 Mann erforderlich.

Die mit Hülfe hydraulischer Maschinen hergestellten Retorten sind besser und haltbarer als die auf andere Art angefertigten Retorten. Vor allen Dingen sind die Wände derselben dicht, so dass sich die Zinkverluste seit Anwendung derselben erheblich vermindert haben.

Das Trocknen der Retorten geschieht in der oben (bei der Anfertigung der Retorten durch Handarbeit) angegebenen Weise.

Die Retorten müssen, ehe sie in die im Betriebe befindlichen Destilliröfen eingesetzt werden, zur Verhütung des Reissens und Durchbiegens eine Zeit lang in Brenn- oder Vorwärmöfen erhitzt werden. Die Erhitzung geht bis zur Rothglut und dauert 12 bis 24 Stunden. Nach Ablauf der Hälfte der Erhitzungszeit werden die Retorten umgedreht.

Die Brennöfen, in welchen die Röhren vor dem Gebrauche erhitzt werden, sind Flammöfen, deren Sohle vielfach durchbrochen ist. In dem über dieser Sohle befindlichen Heizraum werden die Röhren aufgestellt. Der Rost befindet sich entweder unter der durchbrochenen Sohle, so dass die Flamme durch die Oeffnungen der ersteren von unten nach oben zieht, oder er liegt zur Seite derselben und die Flamme zieht über eine Feuerbrücke in den oberen Theil des Heizraums, um den letzteren von oben nach unten zu durchstreichen und durch die Oeffnungen der Sohle in den Essencanal zu ziehen. Ein Ofen der letzteren Art, welcher als sehr zweckmässig und dauerhaft gerühmt und in England den Oefen der ersten Art vorgezogen wird, ist aus den Figuren 94, 95 und 96 ersichtlich. A ist der 2,14 m lange, 1,37 m weite und im Gewölbemittel 1,52 m hohe Heizraum, welcher gegen 25 Röhren fasst. a ist die Feuerung, deren 1,30 m langer und 0,30 m weiter Rost aus zwei gegeneinander geneigten Hälften besteht. b ist die Feuerbrücke, über welche die Flamme in den Heizraum tritt. Die Flamme durchzieht den letzteren von oben nach unten

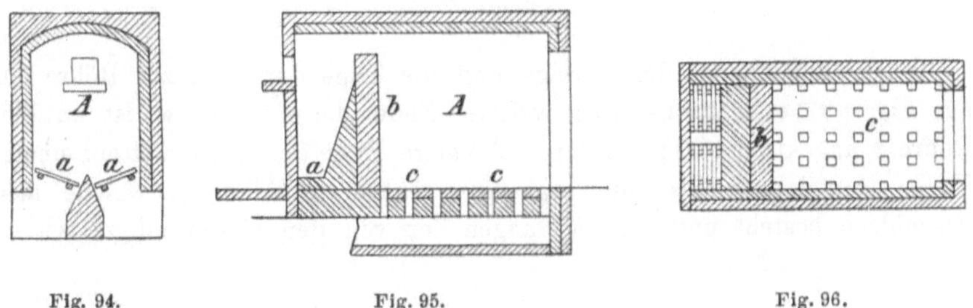

Fig. 94. Fig. 95. Fig. 96.

und gelangt dann durch die in der Sohle befindlichen 0,10 m weiten quadratischen Oeffnungen c in den Zugcanal, welcher die Feuergase in die Esse führt.

Die Vorlagen.

Die Vorlagen, in welchen sich das dampfförmige Zink kondensirt, sind kurze, konische Röhren aus Thon, welcher indess weniger feuerfest ist als der Thon der Röhren. Man stellt dieselben gewöhnlich aus einem Gemenge von gleichen Theilen rohen und gebrannten Thons her. In England besteht die Mischung für die Vorlagen aus 1 Theil belgischem Thon (Andenne), 1 Theil englischem Thon (Stourbridge) und 4 Theilen alten Röhren und Steinen.

Die Mischung wird entweder in der Form von Scheiben um Modelle gelegt und fest an dieselben angeschlagen, oder sie wird in eine conische Metallform eingefüllt, in welche man nach der Füllung einen Mönch eindrückt.

Die so hergestellte Form wird sorgfältig getrocknet, dann innen geglättet und schliesslich gebrannt. Die Vorlagen sind gegen 40 cm lang und besitzen am weiteren Ende 15 cm äusseren Durchmesser, am engeren Ende $7^1/_2$ cm äusseren Durchmesser. Ein Arbeiter ist im Stande, täglich 100 Stück dieser Vorlagen herzustellen. Vor dem Gebrauche werden die Vorlagen mit Kalkmilch ausgestrichen, um in denselben sich bildende Ansätze leicht entfernen zu können. Das weitere Ende der Vorlage steckt man in die Röhre ein und verschmiert den Zwischenraum zwischen Vorlage und Röhrenwand mit Thon. Die Haltbarkeit der Vorlagen beträgt 8 bis 10 Tage. Gereinigte Stücke gebrauchter Vorlagen eignen sich noch zur Erzeugung geringerer Sorten von feuerfesten Steinen.

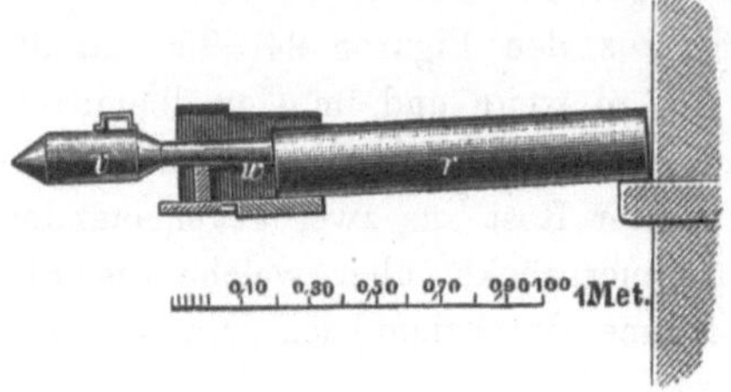

Fig. 97.

Die Befestigung der Vorlage und die Lage derselben zur Röhre ist aus Figur 97 ersichtlich. Das weitere Ende der Vorlage w ist an die Röhre r angekittet. Das vordere schmalere Ende derselben ruht auf einem Stein. An dasselbe ist die sog. Vorstecktute v (Allonge), welche aus Eisenblech besteht und zum Auffangen der von den Gasen mitgerissenen

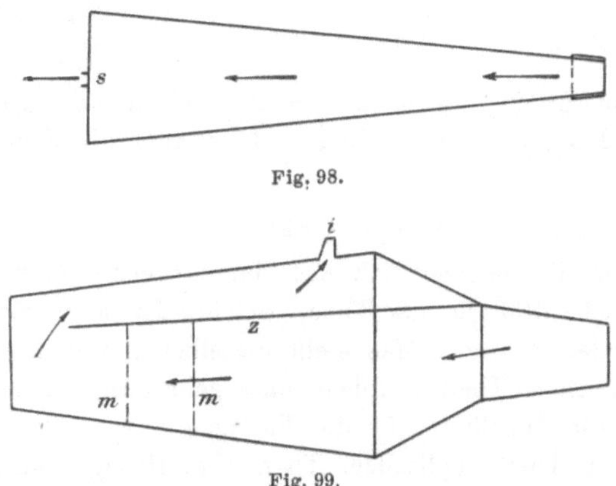

Fig. 98.

Fig. 99.

metallischen Theile dient, angesteckt. Dieselbe wird durch Drähte, welche an der Vorderwand des Ofens befestigt sind, gehalten. Das aus den Röhren entweichende Kohlenoxyd wird bei seinem Austritt aus der Vorstecktute verbrannt.

Andere Formen der Vorstecktute sind aus den Figuren 98 und 99 ersichtlich[1]). In Figur 98 ist S ein Spurloch, durch welches auch die Gase entweichen. Die in Figur 99 dargestellte Tute ist zur Beförderung

---

[1]) Steger in Sammlung chemischer und chemisch-technischer Vorträge von Ahrens. 1. Band. 2. Heft. S. 61. Stuttgart 1896.

des Niederschlagens des Zinkstaubs mit einer Zwischenwand z versehen. Der Gasstrom wird bei i entzündet.

Es lässt sich auch mit Vortheil anstatt der Vorstecktute nach Steger[1]) ein in einen liegenden Unterballon eingesetzter Oberballon mit auf- und absteigenden Armen, wie ihn die Figur 100 darstellt, anwenden. U ist der mit einer Spuröffnung versehene Unterballon, in welchen bei o der Oberballon eingesetzt ist. a_1, a_2 und a_3 sind die Arme. c ist der abnehmbare Deckel des Oberballons. s s sind an einem Stabe sitzende Filzscheiben, welche die aufsteigenden Gase an die Ballonwand drücken und dadurch die Abkühlung derselben befördern. (Die Gase kann man durch das Rohr d entweichen lassen, was indessen bei belgischen Oefen nicht angebracht ist.) Man lässt die Gase am besten durch ein Loch im Deckel c entweichen und bei ihrem Austritt verbrennen. Es empfiehlt sich, die Gase und Dämpfe von je 3 bis 5 Röhren in einen gemeinschaft-

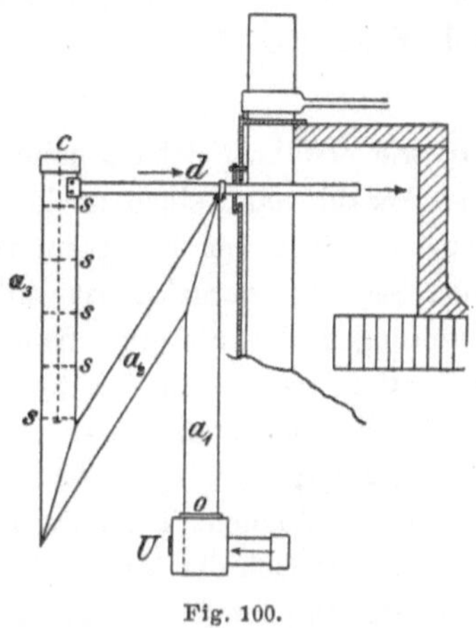

Fig. 100.

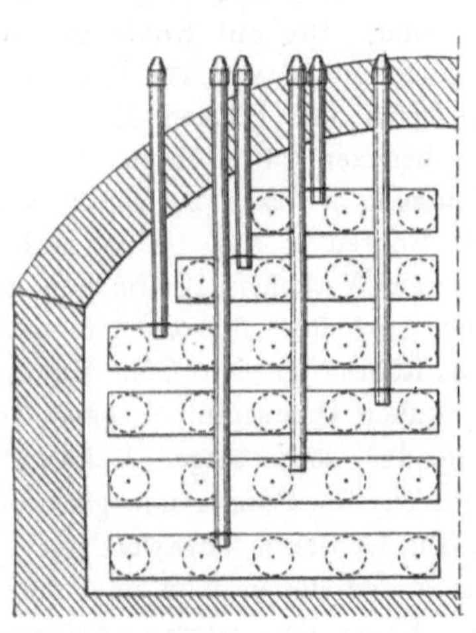
Fig. 101.

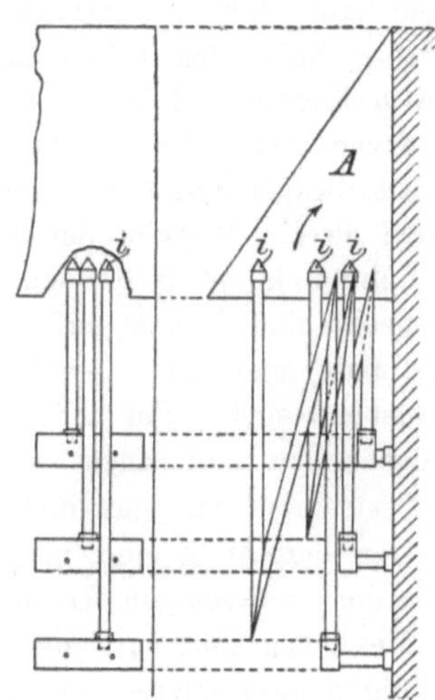

Fig. 102.

lichen Unterballon treten zu lassen, welcher seinerseits mit einem Oberballon versehen ist (Figur 101). Um den Zugang zu den Vorlagen nicht zu behindern, müssen die Unterballons entsprechend schmal sein und die

[1]) l. c. S. 62.

Oberballons müssen so gelegt werden, dass sie das Spuren ermöglichen. Während die Unterballons der drei obersten Reihen gleiche Armlänge besitzen können, müssen die Unterballons der weiteren Reihen mit dem Vorrücken nach unten an Länge zunehmen, so dass in Folge des vergrösserten Abstandes vom Ofen Raum für das Aufstecken der Aufsatzballons gewonnen wird (Figur 102).

Die Destillir-Oefen

sind, wie erwähnt, Schachtflammöfen. Die Röhren liegen in denselben in einer Anzahl von Reihen so übereinauder, dass der grösste Theil der Oberfläche derselben von der Flamme umspült wird. Die Röhren liegen, wie schon Seite 123 dargelegt ist, mit ihrem hintersten Theile anf eingemauerten Vorsprüngen der hinteren Wand des Ofens, während ihr vorderer Theil auf Platten, welche an den heisseren Stellen des Ofens aus Thon, an den weniger heissen Stellen aus Gusseisen bestehen, aufruht. Sie sind nach vorne geneigt, um sie bequem entleeren und flüssige Massen aus denselben entfernen zu können. Die Zahl der Röhren, welche ein Ofen aufnehmen kann, schwankt, je nach der Grösse derselben, von 50 bis 1008. Beispielsweise hat ein älterer Doppelofen zu La Salle im Staate Illinois, Vereinigte Staaten von Nord-Amerika, auf jeder Seite 204 Röhren, zusammen also 408 Röhren; die neueren Doppelöfen daselbst haben 448 bzw. 576, 864 und 1008 Röhren[1]). die mit Naturgas gefeuerten Oefen zu Jola (Kansas) in den Vereinigten Staaten haben 600 bis 660 Röhren, welche in 5 Reihen zu je 60 bis 66 auf jeder Seite des Ofens angeordnet sind. Die mit Kohle gefeuerten Oefen in Kansas und Missouri besitzen je 2 Reihen von 112 Röhren, also im Ganzen 224 Röhren. Die neueren Oefen mit Siemens-Feuerung zu Overpelt, Prayonn und Engis in Belgien besitzen 240 Röhren, die Oefen auf den älteren Werken der Vieille Montagne besitzen 2 Hälften von je 100 Röhren in je 5 Reihen, also 200 Röhren u. s. f. Eine geringere Röhrenzahl findet man auf vielen anderen Werken, auf welchen locale Verhältnisse und die Gewohnheiten der Arbeiter für die Röhrenzahl maassgebend sind. Um möglichst viele Röhren in den Ofen einbringen zu können, hat man ihnen wohl einen ovalen Querschnitt gegeben oder die Brust des Ofens aus ineinandergreifenden sechseckigen Rahmen aus Gusseisen hergestellt und in jedes Sechseck ein Röhrenende gelegt oder anstatt der sechseckigen Rahmen Ringe aus Gusseisen angewendet.

Die Oefen sind entweder einräumig und stellen dann einen einzigen mit Röhren ausgesetzten schachtförmigen Raum dar, oder zweiräumig, in welchem Falle sie durch eine gemauerte verticale Scheidewand in zwei Hälften getrennt sind, deren jede mit Röhren ausgesetzt ist.

Hinsichtlich der Art der Feuerung unterscheidet man die Oefen in solche mit Rostfeuerung, in solche mit directer Feuerung und Gasfeuerung und in solche mit Naturgas-Feuerung. Durch zweckmässige Abänderung der

---

[1]) Ingalls, The Metallurgy of Zinc and Cadmium. London u. New-York 1903.

Rostfeuerung (Wetherill-Roste, Halbgasfeuerung) sowie besonders durch Einführung der Gasfeuerung hat man erhebliche Vortheile hinsichtlich des Brennstoff- und Röhrenverbrauchs bei der Destillation erzielt und ist von der Natur des Brennstoffs unabhängig geworden.

Von Ausnahme-Verhältnissen abgesehen, wird man daher grundsätzlich Gasfeuerung beim Betriebe der belgischen Oefen anwenden.

Wir haben nun zu betrachten

1. die Oefen mit Rostfeuerung,
2. die Oefen mit Rostfeuerung und Gasfeuerung,
3. die Oefen mit Generatorgasfeuerung,
4. die Oefen mit Naturgasfeuerung.

1. Die Oefen mit Rostfeuerung.

Diese Oefen sind entweder einräumig oder zweiräumig. Die Roste sind Planroste oder Treppenroste. Beim Vorhandensein fetter Steinkohlen wendet man die sog. Schlacken- oder Klinkerrostfeuerung an, wobei die frischen Kohlen auf eine Lage Schlacken geworfen werden und die unter den Rost tretende Luft in dieser Schlackenschicht vorgewärmt wird. Die Schlacken werden durch die Zwischenräume zwischen den Roststäben in den Aschenfall herabgestossen. Die Klinkerrostfeuerung gewährt gegenüber der gewöhnlichen Rostfeuerung die Vortheile einer guten Ausnutzung des Brennmaterials, der Vorwärmung der Verbrennungsluft und der Entfernung der Asche in grösseren Zwischenräumen sowie eines grösseren Schutzes der Roststäbe gegen die Hitze.

Für weniger fette Steinkohlen steht die sog. helle Rostfeuerung in Anwendung, bei welcher das Forträumen der Schlacken von oben geschieht.

Anthracit wird auf sog. Wetherill-Rosten (Nord-Amerika) verbrannt. Eine solcher Rost stellt eine mit kegelförmigen Oeffnungen versehene Platte aus Gusseisen dar. Durch die Oeffnungen wird Unterwind zugeführt. Derartige Roste stehen in Bergen-Port und in Bethlehem in den Vereinigten Staaten von Nord-Amerika in Anwendung. Die Roste bestehen daselbst aus 34 mm starken, gusseisernen Platten, welche von den gedachten kegelförmigen Oeffnungen durchbrochen sind. Diese Oeffnungen haben am weiteren Ende 25 mm Durchmesser, am engeren Ende 10 mm Durchmesser. Auf 100 qcm gehen 11 Oeffnungen. Die Platten liegen so auf Trägern aus Gusseisen, dass das engere Ende der Oeffnungen nach oben gekehrt ist. Bei dieser Lage der Platten ist eine Verstopfung der Löcher ausgeschlossen. Der Wind wird durch Ventilatoren geliefert und durch einen unter der Hüttensohle hinlaufenden Canal in den geschlossenen Aschenfall geführt. Ein weiterer Theil Luft wird in den untersten, nicht mit Beschickung versehenen Röhren vorgewärmt und den Verbrennungsgasen zugeführt. Durch diese Feuerung werden 7 übereinanderliegende Reihen von Röhren geheizt.

Bei den einräumigen Oefen rechnet man 1 cbm Inhalt auf 11 bis 12 Röhren und 1 qm totale Rostfläche auf 5 bis 6 cbm Ofen-Inhalt.

Der ursprüngliche belgische Ofen, der sog. Lütticher Ofen, ist 1807 vom Abbé Dony in Lüttich angegeben worden.

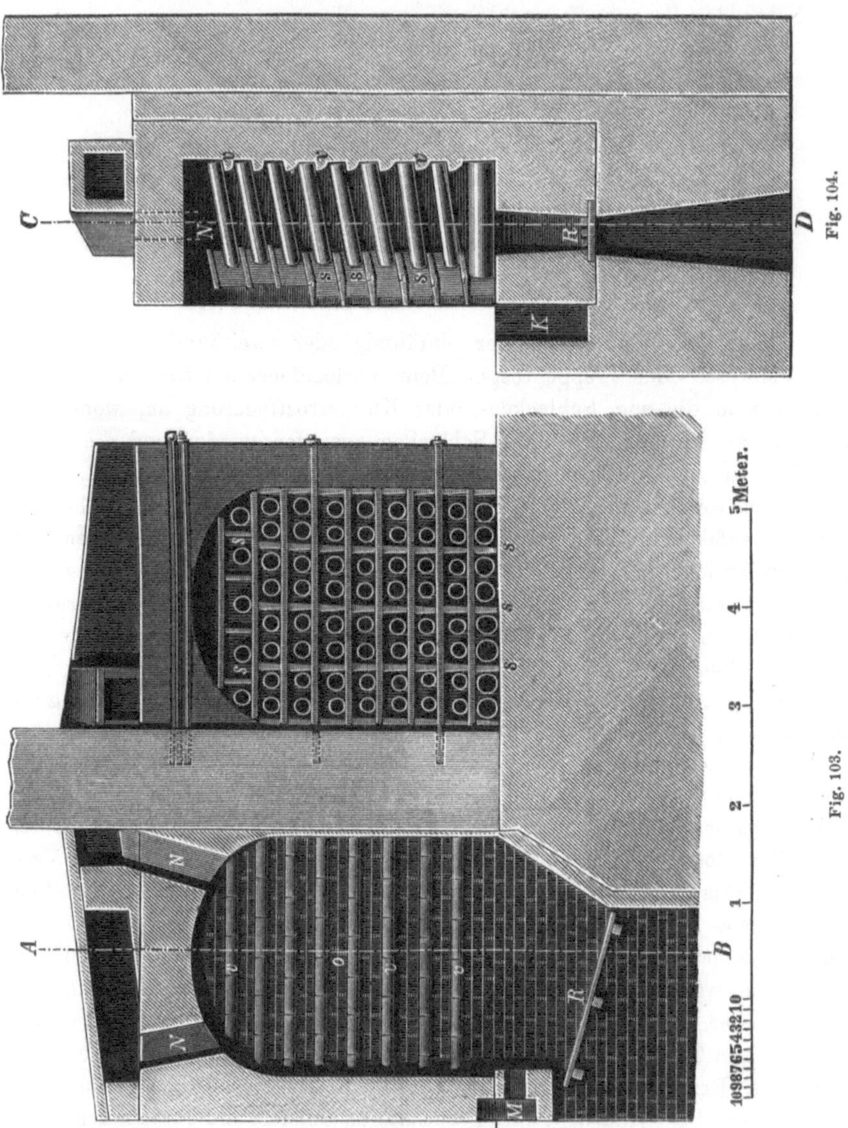

Fig. 104.

Fig. 103.

Die Einrichtung desselben, wie er zu Moresnet bei Aachen im Betriebe stand[1]), ist aus den Figuren 103 und 104 ersichtlich. Der gewölbte Ofenschacht o hat 3,2 m Höhe, 2,45 m Breite und 1,5 m Tiefe.

[1]) B.- u. H. Ztg. 1859. S. 405. 1860. S. 3.

Derselbe enthält in 9 Reihen 69 Röhren. Die zunächst über dem Rost liegenden 8 Röhren, die sog. protecteurs oder Kanonen, enthalten keinerlei Beschickung. Sie haben nur den Zweck, die Wirkung der Stichflamme abzuschwächen und die Flamme gleichmässig auf die übrigen Röhren zu vertheilen. Die übrigen Röhren liegen mit ihrem Hintertheil auf den Vorsprüngen (Consolen) v der Hinterwand, mit ihrem vorderen Ende in den 6 unteren Reihen auf Thonplatten (taques) s, an welche sich Eisenplatten anschliessen, in den 2 oberen Reihen nur auf Eisenplatten. Durch auf die hohe Kante gestellte Steine ist die ganze Vorderwand des Ofens in Nischen eingetheilt, von welchen die der obersten Reihe je 1 Röhre, dagegen die Nischen der sämmtlichen unteren Reihen je 2 Röhren auf-

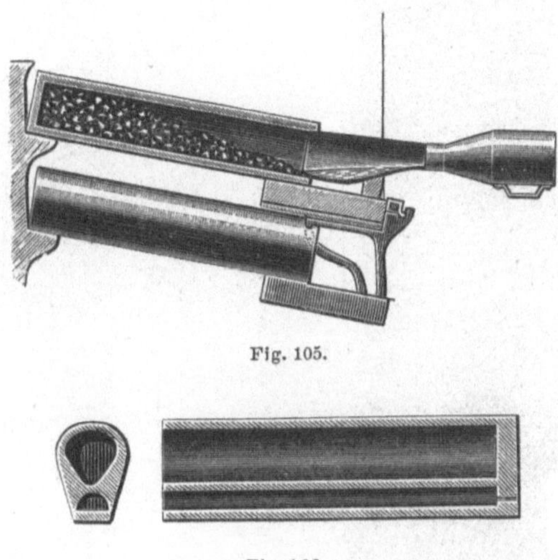

Fig. 105.

Fig. 106.

nehmen. R ist der Rost, M die Schüröffnung. N sind die Füchse, welche die Verbrennungsgase entweder in den Essencanal oder in Oefen zum Calciniren des Galmeis führen. K ist ein Canal zur Aufnahme der Destillations-Rückstände.

Die Lage der Röhren sowie die Vorlage und die Vorstecktute sind aus der Figur 105 ersichtlich.

Auf den Morriston-Hütten (Vivian & Sons) bei Swansea in England[1]) standen 1878 einräumige belgische Oefen in Anwendung, von welchen die grösseren 6 Reihen von je 16 Stück Röhren und 1 Reihe mit 16 Kanonen, also im Ganzen 112 Röhren enthielten. Die Kanonen besassen unter dem Boden einen Luftzug-Canal zur Abkühlung, wie aus Figur 106 ersichtlich ist. Jeder Ofen besass zwei Feuerungen von $1{,}85 \times 0{,}225$ m Weite. Man verarbeitete in diesem Ofen täglich 2 Chargen;

[1]) Borgnet, B.- u. H. Ztg. 1878. S. 388.

nur die 4 unteren Reihen verarbeiteten je 1 Charge. In 24 Stunden setzte man in einem Ofen 1350 kg Galmei und Blende mit 50 bis 51 % Zinkgehalt und 750 kg Reductionskohle (Kohlenstaub) durch und gewann 550 bis 570 kg Zink. Der Kohlenverbrauch betrug 2 t auf 1 t Erz. Die Bedienungsmannschaft bestand aus 3 Arbeitern in der Schicht. In 14 Stunden wurden 4 Röhren verbraucht.

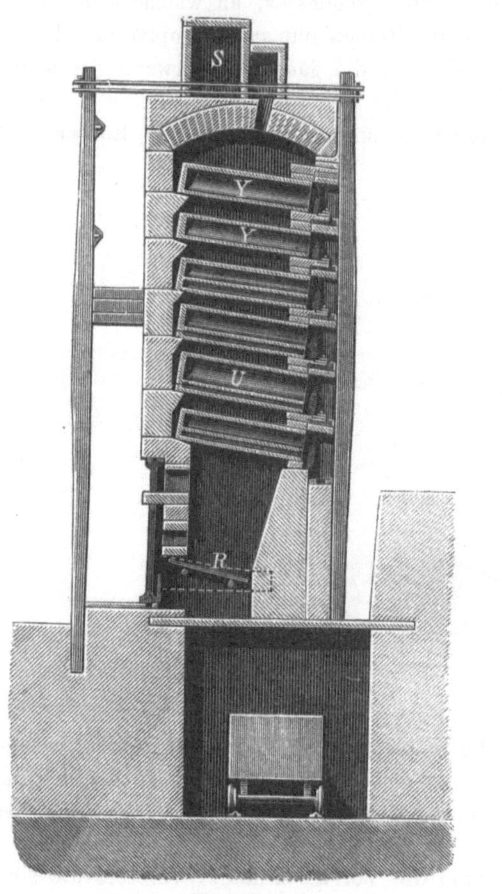

Fig. 107.

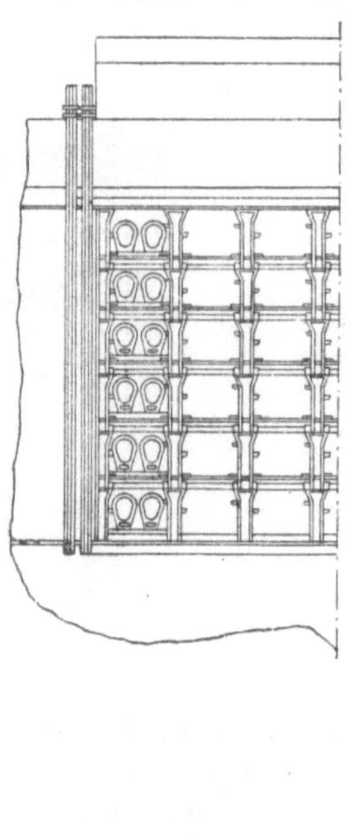
Fig. 108.

In Bezug auf Brennstoff-Verbrauch und Kosten waren diese Oefen unvortheilhaft und wurden durch die auf den nämlichen Werken betriebenen Oefen von Alfred Borgnet (Cornwaller Oefen) bei Weitem übertroffen. Diese Oefen besitzen anstatt eines einzigen, der Längsaxe des Ofens parallel liegenden Rostes fünf senkrecht gegen die Ofenaxe und parallel den Röhren liegende geneigte Roste, welche von der Hinterseite des Ofens aus beschürt werden. In Folge dieser Einrichtung lässt sich die Länge der Oefen erheblich vergrössern. Die Einrichtung der Cornwaller Oefen auf den Morriston-Zinkwerken ist aus den Figuren 107 und 108 ersichtlich. Dieselben enthalten 120 Röhren in 6 übereinanderliegenden Reihen. Die Röhren U der 4 untersten Reihen, die sog. Kanonen, besitzen zum Schutze gegen die Hitze Luftcanäle, wie aus Figur 106 ersichtlich, während die Röhren der zwei obersten Reihen ohne Luftcanäle hergestellt sind. R ist einer der 5 Roste von 0,61 × 0,15 m Fläche. Die Verbrennungsgase ziehen durch 17 Oeffnungen im Gewölbe des Ofens in den Sammelcanal S und aus dem letzteren in die 7 m hohe Esse. Die Vorderwand des Ofens wird durch 11 Gusseisenpfeiler aus einem Stück gebildet, deren jeder 0,10 m stark ist und aus 0,01 m starken Wänden gebildet wird. Den Zwischenraum zwischen den Wänden füllen feuerfeste Säulen aus. In Falzen der Pfeiler sind 0,50 m lange Gusseisenplatten verschiebbar angebracht, auf welchen die aus feuerfester Masse hergestellten Platten zum Auflager des vorderen Theiles der Röhren ruhen. Die Länge des Ofens zwischen den 1,20 m starken Aussenmauern beträgt 6,25 m, die Breite mit Einschluss des Mauerwerks 2,25 m, die Höhe vom Rost bis zum Gewölbe 4,30 m, die vordere Höhe von der ersten Gusseisenplatte bis zum Gewölbefuss 3,10 m. Die Entfernung zwischen den Gusseisenplatten der ersten und zweiten Reihe beträgt 0,512 m, der dritten und vierten Reihe 0,487 m, der fünften und sechsten Reihe 0,437 m. Die Nischen sind 0,50 m breit und fassen je zwei Röhren. Das Gewölbe besteht aus abwechselnden Schichten von besten feuerfesten und von Dinas-Ziegeln und ist 0,25 m stark. Der Ofen ruht auf Eisenschienen. Der Ofen verarbeitet in 24 Stunden 2100 kg Erz mit 49 bis 50 % Zink und 1000 kg Reductionskohlen bei einem Ausbringen von 785 bis 850 kg Zink. Auf 1 t Erz werden 2 t Heizkohlen und 1,6 Stück Röhren verbraucht.

Ein anderer, in England angewendeter Ofen, der sog. Belgisch-Cornwaller Ofen[1]) enthält in 4 Reihen je 10 ovale Kanonen und in 2 Reihen je 18 Röhren, im Ganzen also 108 Röhren. Derselbe besitzt indess keine Querroste, sondern 2 Längsroste von je 2,60 × 0,25 m Fläche. In 24 Stunden verhüttet man in demselben 1500 kg Erze mit 900 kg Reductionskohlen bei einem Ausbringen von 625 bis 650 kg Zink. Auf 1000 kg Erz verbraucht man 2100 kg Heizkohlen. Der tägliche Röhren-Verbrauch eines Ofens beträgt 4 Stück.

Der Cornwaller Ofen hält länger als der alte Lütticher Ofen (5 bis 6 Jahre gegenüber 12 bis 15 Monaten beim Lütticher Ofen), dagegen braucht er, z. Th. in Folge der Kühlung der Röhren, mehr Kohle als der Lütticher Ofen. Der Belgisch-Cornwaller Ofen erfordert mehr Arbeitsaufwand, dagegen weniger Röhren als der Cornwaller Ofen. Er steht den letzteren etwas nach, übertrifft aber bei Weitem den alten Lütticher Ofen.

Ein Ofen mit freier Flammenentfaltung nach dem Siemens'schen Heiz-

---

[1]) B.- u. H. Ztg. 1878. S. 387.

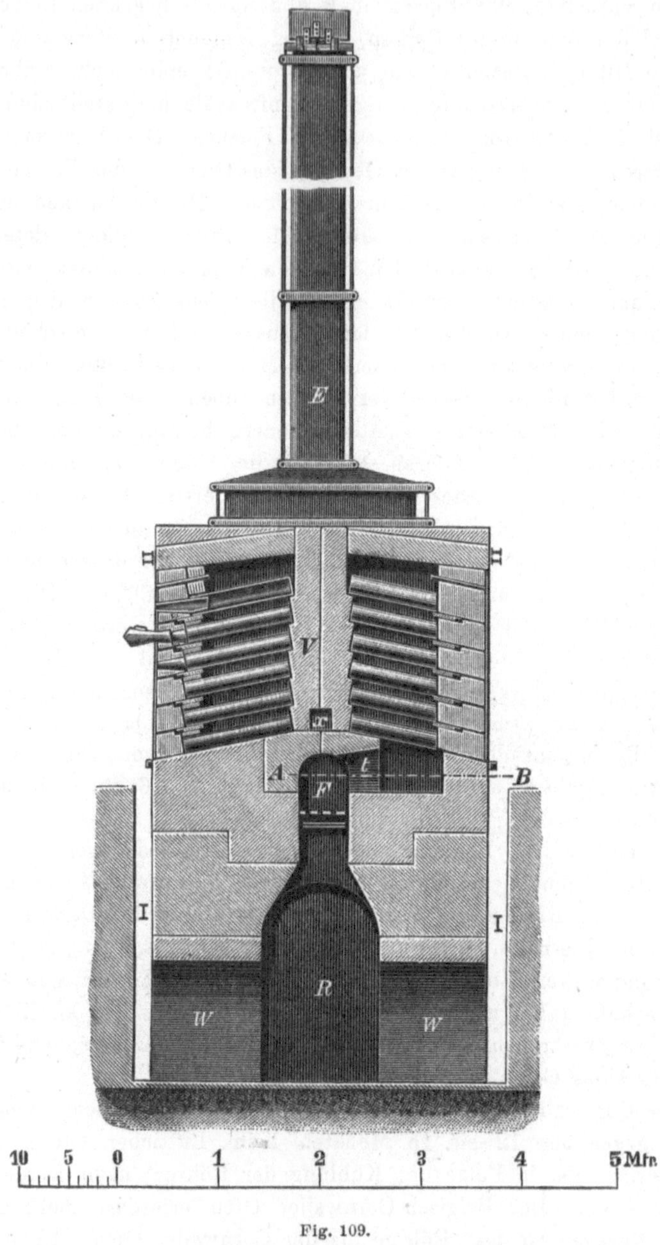

Fig. 109.

verfahren ist der Aktien-Gesellschaft für Glasindustrie vormals Fr. Siemens in Dresden patentirt worden (D. R. P. 50917 vom 3. Sept. 1889). Ueber die Einführung desselben ist nichts bekannt geworden.

Von zweiräumigen Oefen oder Doppelöfen mit Planrost sei der Ofen, welcher 1871 auf den Werken der Gesellschaft Nouvelle Montagne zu Prayon in Anwendung stand, angeführt. Die Einrichtung desselben ist aus den Figuren 109, 110, 111 ersichtlich[1]). V ist die senkrechte Scheidewand, durch welche der Ofen in zwei Abtheilungen getheilt wird. Dieselbe dient gleichzeitig als Stütze für die hinteren Enden der Röhren, während die vorderen Enden derselben in der nämlichen Weise durch Platten gestützt werden, wie bei den einräumigen Oefen. Jede Abtheilung enthält 46 Stück Röhren in 6 Reihen. Die untersten 5 Reihen bestehen aus je 8 Stück Röhren; die oberste Reihe hat nur 5 Röhren.

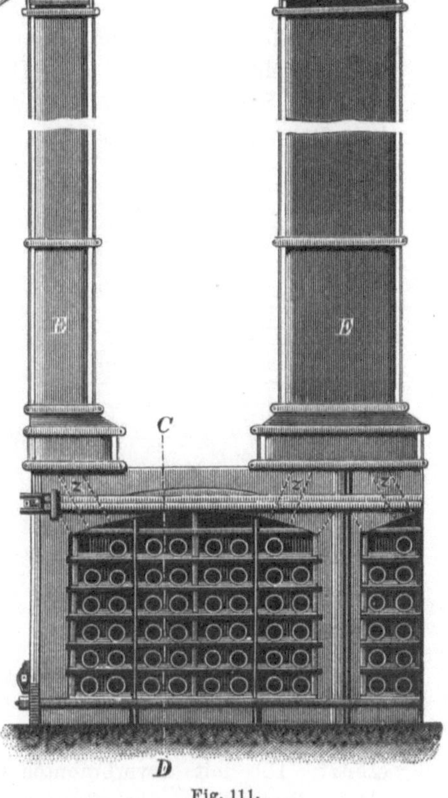

Fig. 111.

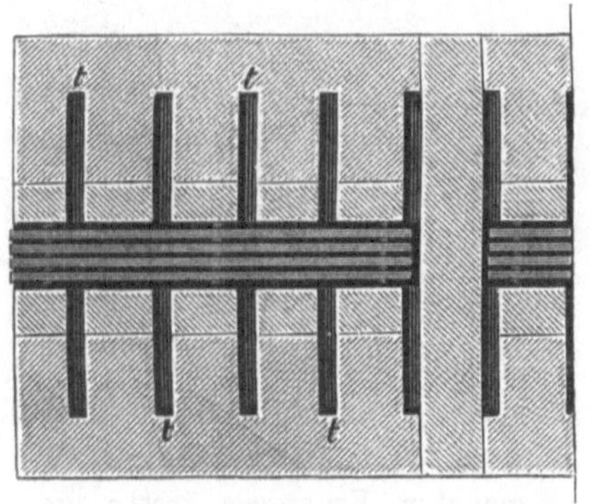

Fig. 110.

F ist die mit Planrost versehene Feuerung. Das Gewölbe derselben trägt die gedachte Scheidewand. Ueber dem Gewölbe befindet sich ein Luftcanal zur Abkühlung. Durch beide Seiten des Gewölbes sind in bestimmten Entfernungen Schlitze t geführt, durch welche die Flamme in die beiden Abtheilungen des Ofens zieht. Jede Abtheilung hat im Ofengewölbe zwei Füchse z, durch welche die Feuergase in die 7 m hohen Essen E ziehen. Die Destillations-Rückstände werden durch den Canal I in das Gewölbe W gestürzt und durch den unter dem Roste befindlichen gewölbten Canal R abgefahren.

[1]) Massart, Revue univers. des Mines 1871. Tome 29. p. 313. Zeitschr. d. Ver. Deutsch. Ing. Bd. 16. S. 10. 165.

Die zweiräumigen Oefen von Kansas und Missouri in den Vereinigten Staaten besitzen an jeder Seite je 112 Röhren in 7 Reihen, im Ganzen also 224 Röhren[1]).

2. Oefen mit vereinigter Rost- und Gasfeuerung.

Eine eigenthümliche Art von Doppelöfen mit vereinigter directer und Gasfeuerung, welche in Belgien und Spanien Anwendung gefunden haben, stellt der Ofen von Hauzeur (Deutsch. R. Patent No. 3729 vom 15. September 1877) dar. Derselbe besitzt zwei Abtheilungen. Die Röhren der ersten Abtheilung werden durch direkte Feuerung

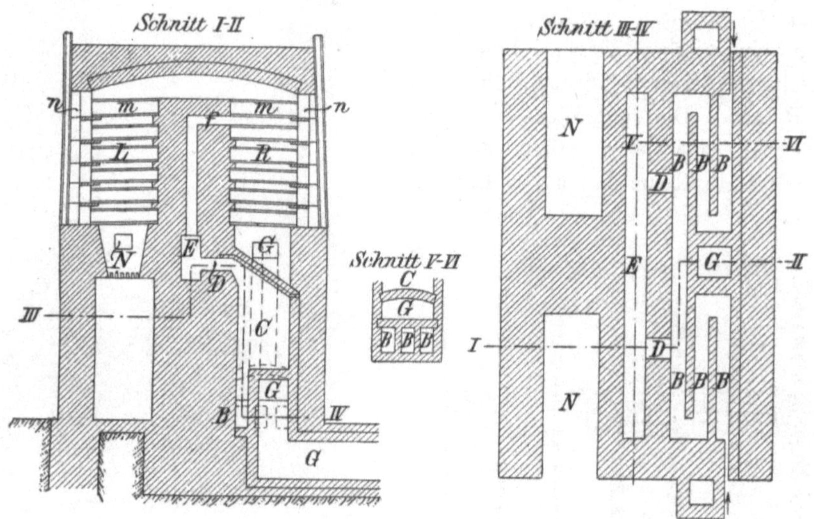

Fig. 112 bis 114.

erhitzt. Die mit unverbrannten Gasen gemengten Feuergase treten am oberen Ende dieser Abtheilung aus und gelangen in die zweite Abtheilung, welche sie von oben nach unten durchziehen. In der zweiten Abtheilung werden die unverbrannten Gase durch zugeführte vorgewärmte Luft vollständig verbrannt. Die Einrichtung dieses Ofens, welcher eine Vereinigung der Rostfeuerung mit der Gasfeuerung darstellt, ist aus den Figuren 112, 113 und 114 ersichtlich[2]).

N ist die Rostfeuerung, in welcher der Brennstoff in Folge beschränkter Luftzuführung nur unvollkommen verbrannt wird. Die Flamme und die unverbrannten Gase ziehen durch die erste Abtheilung L in die zweite Abtheilung R, in welcher durch erwärmte Luft die Verbrennung

[1]) Näheres über die belgischen Oefen mit Rostfeuerung in den Vereinigten Staaten siehe Ingalls, The Metallurgy of Zinc and Cadmium, S. 133. London u. New-York 1903.

[2]) Spirek, Oesterr. Zeitschr. 1881. S. 335. Dingler 235. 221.

der unverbrannten Gase stattfindet. Die Verbrennungsluft für die zweite Abtheilung tritt durch die Canäle B B im Mauerwerk des Ofens ein gelangt aus denselben in die Kammer C und zieht dann durch die horizontalen Canäle D in den in der Mittelmauer aufsteigenden Canal E, um schliesslich angewärmt durch die horizontalen Canäle f in den oberen Theil des Schachtes R zu strömen, wo sie die unverbrannten Gase verbrennt. Die Feuergase ziehen in diesem Schachte abwärts, um durch den Essencanal G in die Esse zu gelangen. Auf diesem Wege geben sie einen grossen Theil ihrer Wärme an das die Luftcanäle umgebende Mauerwerk ab.

3. Die Oefen mit Generatorgas-Feuerung.

Die Oefen mit Generatorgas-Feuerung besitzen gegenüber den Oefen mit directer Feuerung die Vortheile eines geringeren Brennstoff-Verbrauchs, eines geringeren Verbrauchs an Destillirgefässen und eines höheren Ausbringens an Zink. Der geringe Verbrauch an Retorten beruht sowohl auf der durch die Gasfeuerung erzielten gleichmässigen Temperatur im Ofen als auch auf dem Vorhandensein eines schwachen Gas-Ueberdruckes in demselben, welcher das Eindringen von kalter Luft in den Ofen ausschliesst. (Bei der Rostfeuerung tritt ein Ueberschuss von kalter Luft in den Ofen, sobald frischer Brennstoff eingeführt wird.) Die Retorten erhalten in Folge dieser Umstände weniger leicht Risse und halten länger. Hierdurch fällt auch das Ausbringen an Zink höher aus, da weniger Zinkdämpfe aus den Röhren in die Oefen entweichen können.

Die Verbrennungsluft für das Gas wird grundsätzlich vorgewärmt. Man wendet sowohl Gasöfen ohne Wärmespeicher als auch Gasöfen mit Wärmespeicher an. Die Oefen mit Wärmespeicher haben, obwohl sie weniger Brennstoff verbrauchen und höhere Temperaturen erzielen als die Oefen ohne Wärmespeicher, keine allgemeine Anwendung gefunden. Erst in den letzten Jahren haben sie Verbesserungen erfahren und an Verbreitung gewonnen.

Die Gasöfen ohne Wärmespeicher.

Gasöfen ohne Wärmespeicher standen bzw. stehen in Anwendung zu Moresnet bei Aachen, in Belgien und in den Vereinigten Staaten von Nord-Amerika.

Zu Moresnet wurden sowohl Generatoren mit Treppenrost als auch Gröbe-Lürmann'sche Generatoren (s. Allgem. Hüttenkunde Seite 213) angewendet[1]). Die Generatoren der letzteren Art haben sich nicht so gut bewährt wie die Generatoren mit Treppenrost. Es befanden sich daselbst je zwei Oefen zu einem Ofenmassiv vereinigt. Jeder derselben hatte einen besonderen Gasgenerator. Die beiden Oefen lehnten nicht mit den Hinterwänden aneinander, sondern liessen einen als Abzugscanal für die Verbrennungsgase dienenden Raum zwischen sich. Die Gase stiegen aus den Generatoren in die Oefen, wo sie mit heisser, in der untersten Röhrenreihe

[1]) Wochenschr. d. Ver. Deutsch. Ingenieure 1877. S. 14.

vorgewärmter Luft in Berührung kamen und verbrannten. Sie stiegen in den Oefen aufwärts und gelangten am oberen Ende derselben in den gedachten gemeinschaftlichen senkrechten Canal, durch welchen sie abwärts in den Essencanal zogen.

Die in der Nähe von Lüttich angewendeten Gasöfen[1]) sind mehr breit als hoch. Je zwei Oefen haben eine gemeinschaftliche Hinterwand. Jeder Einzelofen hat 2 Gasgeneratoren. Die Verbrennungsluft wird vorgewärmt und im Interesse einer gleichmässigen Erhitzung des ganzen Ofenraumes den Gasen an verschiedenen Stellen des Ofens zugeführt.

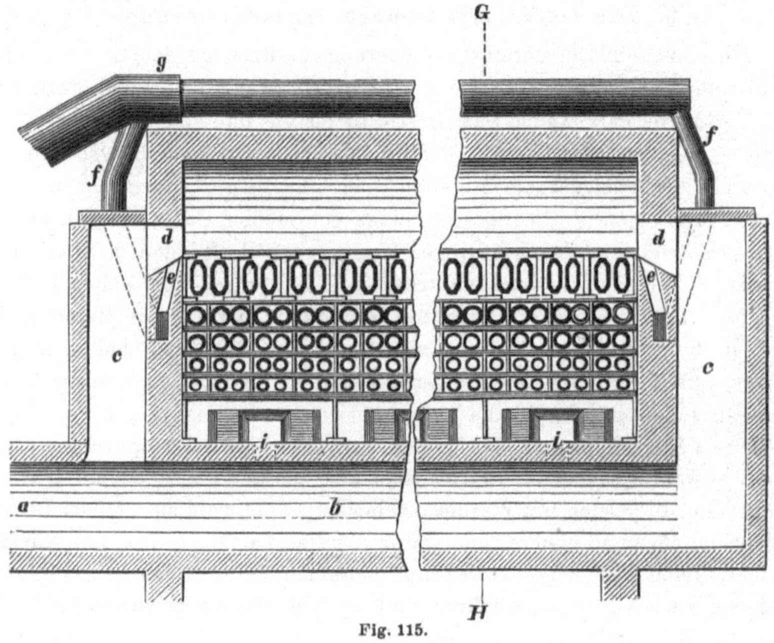

Fig. 115.

Loiseau[2]) führt Gas durch eine Reihe miteinander verbundener (mit Retorten ausgesetzter) Erhitzungsräume. In den ersten Erhitzungsraum lässt er kalte Luft treten, in die folgenden Erhitzungsräume vorgewärmte Luft, welche um so heisser ist, je mehr die Menge der brennbaren Gase (in den folgenden Räumen) sich verringert hat. Durch diese Einrichtung soll in allen Ofentheilen eine möglichst gleichmässige Temperatur erzielt werden, wodurch die in Folge von Temperaturschwankungen im Reductionsraume eintretenden Zinkverluste vermieden werden.

Die Einrichtung des älteren Gasofens auf der Zinkhütte von Matthiessen-Hegeler zu La Salle im Staate Illinois der Ver. Staat. von Nord-Amerika ist aus den Figuren 115 und 116 ersichtlich. Die Oefen

[1]) Wochenschr. d. Ver. Deutsch. Ingenieure 1877. No. 44.

[2]) B.- u. H. Ztg. 1879. S. 171.

sind Doppelöfen, bei welchen die Feuergase von oben nach unten ziehen. In der obersten Reihe liegen 36 Gefässe. Dieselben sind 1,3 m lang, 50 cm hoch und 20 cm i. L. weit. Unter diesen Gefässen liegen 4 Reihen Röhren von je 42 Stück, deren Länge und Durchmesser von den oberen Reihen nach den unteren Reihen hin abnimmt. Jede Seite des Doppelofens enthält demnach 168 Stück Röhren (ausser den in der obersten Reihe liegenden Gefässen).

Die Gase ziehen aus den in der Zeichnung nicht dargestellten, mit Treppenrosten versehenen Generatoren in den Canal b, steigen dann an den beiden kurzen Seiten des Ofens durch die Canäle c aufwärts und treten am oberen Ende derselben durch die Schlitze d in den oberen Theil des Ofens. Hier werden sie durch Gebläseluft, welche aus den Röhren G bzw. g in die Röhren f und aus den letzteren durch die Schlitze e in den Ofen strömt, verbrannt. Die brennenden Gase durchziehen den Ofen von oben nach unten. Die Verbrennungs-Erzeugnisse gelangen durch die Füchse i in die Essencanäle k und l. Ein Theil der Wärme der selben dringt durch die Wände in den Canal b und dient so zur Vorwärmung der frischen Gase.

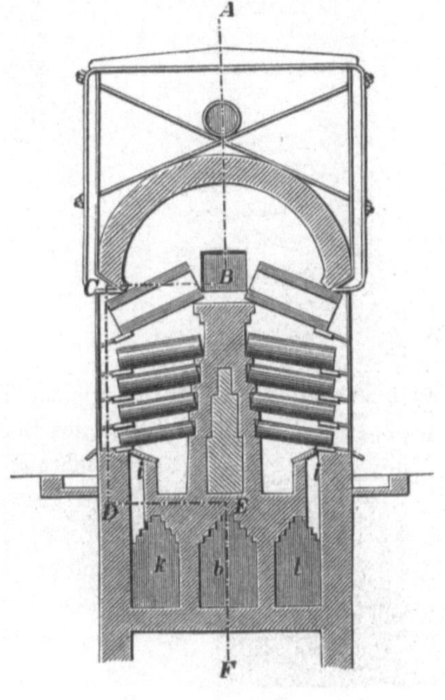

Fig. 116.

Neuere Oefen auf dem gedachten Werke[1]) bestehen aus einer langen Erhitzungskammer, welche der Länge nach von dem Gasstrome durchzogen wird und Oeffnungen zur Einführung heisser Luft besitzt. Je zwei Oefen besitzen eine gemeinschaftliche Hinterwand und sind zu einem Massiv verbunden. Jeder Ofen hat 4 oder 6 Reihen von Retorten. In einer Reihe befinden sich 56 bzw. 72 und 84 Retorten. Das grösste Massiv enthält (in 2 Oefen) 1008 ($2 \times 84 \times 6$) Retorten.

Ein noch nicht zur Anwendung gelangter neuerer Ofen von Hegeler in La Salle Ill., welcher sich auch für Feuerung mit Naturgas eignet[2]), ist aus den Figuren 117 und 118 ersichtlich. Bei demselben tritt die Luft an dem

[1]) D. R. Patent 10 009 v. 19. Oct. 1879.

[2]) United States Patent No. 612 104. Oct. 11. 1898.

einen Ende des Ofens ein, während das Gas an verschiedenen Stellen der Vorderseite des Ofens durch Rohre eingeführt wird. Die Retorten sind in verschiedenen Gruppen angeordnet, deren jede frisches Gas erhält, so dass in

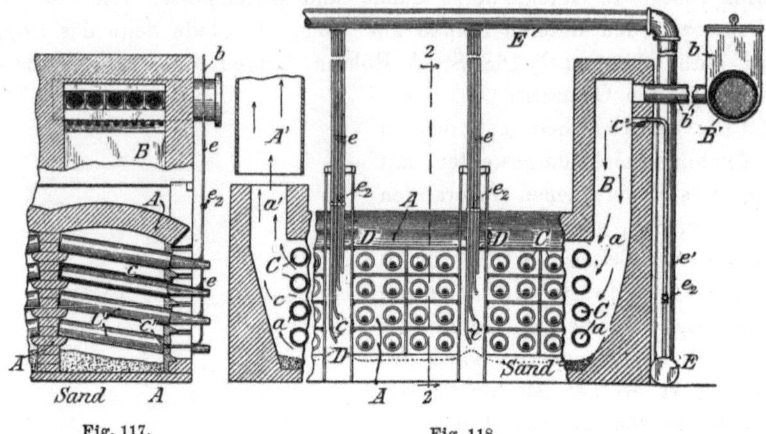

Fig. 117. Fig. 118.

allen Theilen des Ofens die gleiche Temperatur herrscht. Die Luft wird mit Hülfe eines Ventilators in den aus Eisenblech hergestellten, mit einer Regulirvorrichtung b versehenen Canal B' geführt und gelangt aus demselben durch eine Reihe kleinerer Rohre b' in den aus feuerfesten Steinen hergestellten senkrechten Canal B und aus diesem in den Retortenraum des Ofens. Die in demselben angeordneten Retortengruppen sind durch die Zwischenräume D von einander getrennt. Das Gas wird unter entsprechendem Druck durch das Rohr E' in senkrechte Zweigröhren e e geführt und gelangt aus diesen durch in die Löcher c' in der Vorderwand des Ofens geführte Abzweigungen in die Zwischenräume D zwischen den einzelnen Retortengruppen. In den Luftcanal B gelangt gleichfalls Gas durch Rohre e' und die Abzweigungen derselben c'. Die Rohre e und e' sind mit Regulirventilen versehen, um die Menge des zutretenden Gases regeln zu können[1]).

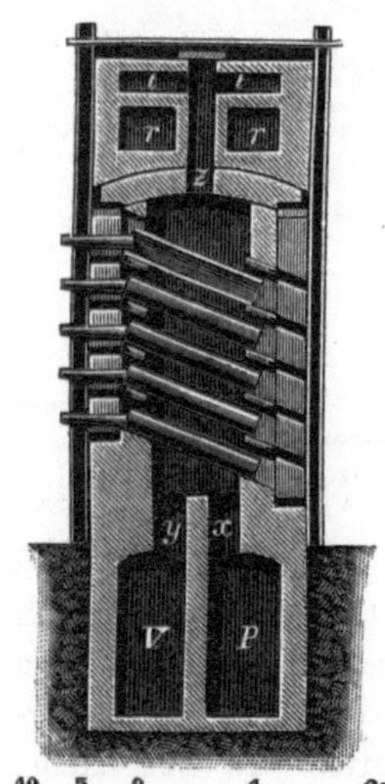

Fig. 119.

Zur Verarbeitung **bleihaltiger Zinkerze** in Röhren hat Thum einen Gasofen angegeben, welcher sich indess noch nicht in der Praxis bewährt zu haben scheint. Die Röhren dieses Ofens, welcher in Figur 119[2]) dargestellt ist, liegen

[1]) Näheres über die mit Gas geheizten belgischen Oefen in den Vereinigten Staaten siehe Ingalls, l. c. S. 450ff.

[2]) Stölzel, Metallurgie S. 799. B.- u. H. Ztg. 1875. S. 1.

geneigt und sind an beiden Enden offen. Sie werden von unten geladen und an der unteren Seite durch einen Thonpfropfen verschlossen. Das Blei sammelt sich im unteren Theile der Röhre an und wird abgestochen, während die Zinkdämpfe am oberen Ende der Röhre austreten und in einer hier angebrachten Vorlage condensirt werden sollen.

Die in einem Generator erzeugten Gase treten aus dem Canal V durch den Schlitz y in den Ofen und mischen sich hier mit der durch den Schlitz x aufsteigenden Verbrennungsluft. Die verbrannten Gase ziehen durch den Fuchs z in den Canal t, während die durch die Canäle r einziehende Verbrennungsluft in den ersteren durch die verbrannten Gase vorgewärmt wird.

Oefen mit geneigten am unteren Ende offenen Retorten, welche einen beständigen Abfluss des Bleis gestatten, sind von Schneider angegeben worden (United States Patent No. 605 802. June 14. 1898).

Von Holstein sind Oefen mit nur einer Retorte angegeben worden, an deren unterem Ende das Blei abgestochen wird (United States Patent No. 554 185. Febr. 14. 1896). Ueber die Anwendung dieser Oefen ist nichts bekannt geworden.

Gasöfen mit Wärmespeicher.

Hierher gehören die Oefen mit Siemens-Feuerung, der Ofen von Neureuther, der Ofen von Ferraris, der Ofen von Dor und der Ofen von Convers und de Saulles.

Die belgischen Oefen mit Siemens-Feuerung standen lange Zeit hindurch vereinzelt in Anwendung, weil die Betriebsergebnisse derselben den gehegten Erwartungen nicht entsprachen. Erst in der neueren Zeit sind sie mehr in Aufnahme gekommen. So sind sie auf verschiedenen belgischen Werken an Stelle der alten Oefen mit Rostfeuerung zur Anwendung gelangt. So stehen in Overpelt, Prayon und Engis zur Zeit derartige Oefen mit je 240 Röhren in einem Massiv in Anwendung. In den Vereinigten Staaten sind Siemens-Oefen in Rich Hill, Mo., Pittsburg, Kan., und in Peru, Ill., errichtet, aber nur in Peru im Betriebe erhalten worden.

Die Einrichtung eines älteren belgischen Ofens mit Siemens-Feuerung ist aus den Figuren 120 und 121 ersichtlich.

Der Ofen ist ein Doppelofen. r r sind die Röhren, W W die Wärmespeicher. Die nach aussen gelegenen Wärmespeicher sind die Gas-Wärmespeicher, die nach innen gelegenen die Luft-Wärmespeicher. Gas und Luft mischen sich in den Räumen P P. Die brennenden Gase steigen in dem einen Erhitzungsraum aufwärts, ziehen dann durch den anderen Heizraum abwärts und gelangen darauf durch die unter demselben befindlichen Wärmespeicher in die Esse. Nach Ablauf einer gewissen Zeit ($^1/_2$ Stunde) wird die Richtung des Gasstroms und des Luftstroms umgekehrt. Es ziehen dann die brennenden Gase in dem zweiten Heizraum aufwärts und im ersten Heizraum abwärts, um durch das zweite Paar von Wärmespeichern in die Esse zu gelangen. Die Umkehrung des Gasstroms erfolgt mit Hülfe der Wechselklappe w (Fig. 121), welche einerseits die Verbindung der frischen Gase mit einem der Gascanäle x, andererseits die Verbindung der verbrannten Gase mit dem Essencanal z herstellt. Eine gleiche neben der Gasumschaltungsvorrichtung befindliche (in der Figur nicht sichtbare) Vorrichtung dient zur Einführung der Luft in einen der Luftcanäle u bzw. zur Abführung der verbrannten Gase aus den Luftwärmespeichern in den Essencanal.

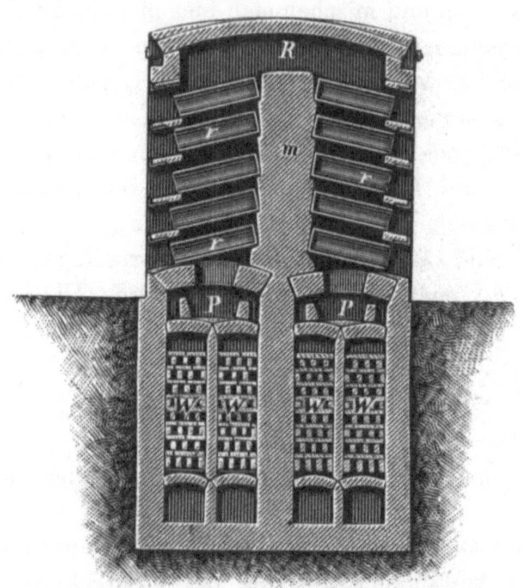

Fig. 120.

Fig. 121.

Ein derartiger Ofen mit 120 Röhren auf jeder Seite (10 Reihen Röhren und eine Reihe Kanonen) steht auf der Hütte der Illinois-Zink-Gesellschaft zu Peru bei La Salle (Staat Illinois Ver. St. von Nord-Amerika) in Anwendung.

Die Actiengesellschaft für Glasindustrie vormals Friedrich Siemens in Dresden (D. R. P. 50 917) hat vorgeschlagen, die Röhren in von einander getrennten Gruppen anzuordnen. Zwischen denselben sollen sich in der Ofensohle auf der einen Seite des Ofens die Eintrittsöffnungen für Gas und Luft, auf der anderen Seite die Austrittsöffnungen für die verbrannten

Gase befinden. Hierdurch soll die freie Entfaltung der Flamme und dadurch ein besseres Ergebniss in Bezug auf die Heizung erzielt werden. Diese Einrichtung soll auch bei der Feuerung mit festem Brennstoff Vortheile gewähren.

Der Ofen von Neureuther[1]) ist ein verbesserter Siemens-Ofen, bei welchem die gesammte Luft- und Gasmenge nicht, wie bei den alten Siemens-Oefen, unter der untersten Röhrenreihe eingeführt wird, sondern sich durch Canäle in der Mittelmauer des Ofens so vertheilt, dass sie in verschiedenen

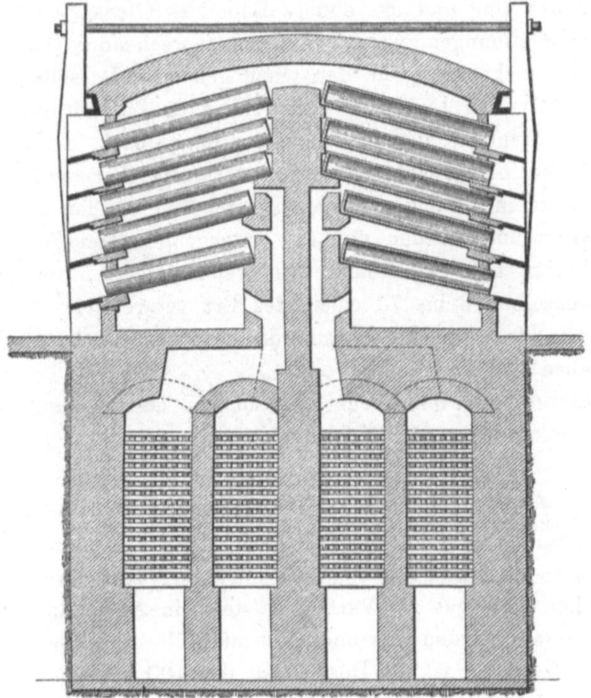

Neureuther-Siemens Regenerative Furnace.

Fig. 122.

Strömen und in verschiedenen Höhen des Ofens in denselben gelangt. Hierdurch sollen die sämmtlichen Retorten gleichmässig erhitzt werden. Die Einrichtung des Ofens ergiebt sich aus der Figur 122.

Der Ofen von Ferraris hat nur Luftwärmespeicher. Der Ofen ist durch eine in der Längsaxe desselben errichtete Mittelmauer in zwei Theile getheilt, welche mit Röhren ausgesetzt sind. Das brennende Gas zieht der Länge nach durch je eine Ofenabtheilung. Die Richtung des Stromes desselben wird von Zeit zu Zeit umgekehrt, so dass auch die Enden des Ofens gleichmässig erhitzt werden. Unter jeder Ofenabtheilung befinden sich 2 Luftwärmespeicher, durch welche sich die verbrannten Gase bzw.

[1]) United States Patent No. 666 390. Jan. 22. 1901.

die zu erhitzende Verbrennungsluft in horizontalen in der Füllung ausgesparten Canälen bewegen. Durch eine horizontale Scheidewand ist jeder Wärmespeicher in 2 Abtheilungen getheilt, welche hintereinander von den Gasen durchzogen werden und zwar von den verbrannten Gasen von oben nach unten, von der vorzuwärmenden Verbrennungsluft von unten nach oben. Das Generatorgas tritt aus dem Generator mit seiner Eigenwärme durch ein mit einem geeigneten Futter versehenes Rohr und durch Canäle in der Mittelmauer des Ofens, in welchen es weiter vorgewärmt wird, abwechselnd an das eine und das andere Ende des Ofens, von wo es durch eine Reihe von Oeffnungen, welche in der entsprechenden Hälfte der Ofenabtheilung angebracht sind, in den Ofen gelangt. Dasselbe mischt sich mit der vorgewärmten Luft der entsprechenden Luftwärmespeicher und durchzieht nun brennend den Ofenraum der Länge nach, um an dem Ende desselben in die hier angebrachten Luftwärmespeicher und dann in den Essencanal zu treten. Nach einer bestimmten Zeit werden Luft- und Gasstrom umgekehrt und machen nun den entgegengesetzten Weg durch den Ofen. Der Ofen hat 180 Röhren (in einem Massiv). In 24 Stunden werden in demselben 6 bis 7 t calcinirtes Erz verarbeitet.

Bei dem Ofen von Dor liegen die Wärmespeicher an den beiden Enden desselben[1]).

Die Beschreibung des Ofens von Convers und de Saulles siehe im „Nachtrag“ am Schlusse des Buches.

4. Die Oefen mit Naturgas-Feuerung.

Oefen mit Naturgas-Feuerung stehen in den Vereinigten Staaten von Nord-Amerika in den Bezirken von Jola und Cherryvale, Kan., und Marion, Ind., in welchen Naturgas zur Verfügung steht, in Anwendung[2]).

In Cherryvale werden Gas und Luft mit Hülfe von Essenzug aus dem Ofen geführt. Der Ofen ist ein Doppelofen mit 100 Röhren an jeder Seite, welche in 5 Reihen zu je 20 Röhren angeordnet sind. Das Gas wird durch Eisenrohre unter 4 Unzen Druck in den Ofen geführt. Die Feuergase durchziehen den Ofen der Länge nach und treten an dem dem Eintritt des Gases entgegengesetzten Ende des Ofens aus.

In Jola sind die Oefen mit Einführung von Gas und Luft durch Essenzug durch Oefen mit künstlichem Zug ersetzt worden[3]). Die Oefen sind Doppelöfen mit 600 bis 660 Röhren, welche in jeder Hälfte des Ofens in je 5 Reihen zu je 60 bis 66 Röhren angeordnet sind. Die Oefen sind ähnlich eingerichtet wie die neueren Oefen von La Salle, Ill. Das Gas wird von den Hauptleitungen, welche sich an der Vorderseite jeder Ofenhälfte hinziehen, durch Zweigrohre und Löcher unter 4 bis 6 Unzen Druck lediglich

---

[1]) British Patent No. 22 694. 1891.

[2]) The Min. Ind. 1900. S. 651. The Min. Ind. 1902. S. 667.

[3]) Ingalls, The Metallurgy of Zinc and Cadmium, p. 475.

an den Vorderseiten und zwar an verschiedenen Stellen derselben eingeführt, wo es sich mit Luft, welche durch Blower zugeführt wird, mischt und verbrennt. (Siehe Nachtrag am Schlusse des Buches.)

Auf den Werken der Lanyon Zinc Co. besitzen die nach dem Muster der Jola-Oefen erbauten Doppelöfen nur 400 Röhren, welche an jeder Seite in 5 Reihen zu je 40 Röhren angeordnet sind. Diese Oefen sollen sich gut bewährt haben.

Vor den sämmtlichen Oefen befinden sich fahrbare Schutzschilder zum Schutze der Arbeiter beim Besetzen und Entleeren der Oefen. (Siehe Nachtrag am Schlusse des Buches.)

Herstellung der Beschickung.

Wie bereits oben angegeben, werden die Erze im Falle des Vorhandenseins verschiedener Sorten derselben so gattirt, dass die Beimengungen derselben sich zu Verbindungen vereinigen, welche bei der Destillationstemperatur weder schmelzen noch mit dem Materiale der Röhren schmelzbare Verbindungen eingehen, und dass ein mittlerer Metallgehalt resultirt. Kalkige und eisenhaltige Erze dürfen nicht kieselig sein, weil sonst leichtschmelzige Doppelsilicate entstehen.

Kieselgalmei erhält keinen besonderen Zuschlag, weil das Zinkoxyd aus diesem Silicate, wenn es fein gepulvert ist, durch Kohle allein reducirt wird.

Blende, Kieselgalmei und zinkische Ofenbrüche werden im pulverförmigen Zustande, Zinkspath dagegen, welcher leichter reducirbar ist, in gröberem Korne der Reduction unterworfen. Man mengt diese Erze je nach ihrem Zinkgehalt mit 40 bis 60 % ihres Gewichtes an magerer Kohle oder Koksklein oder mit einem Gemenge aus gleichen Theilen magerer Kohle und Koksklein. Gasreiche Steinkohlen sind zu vermeiden, weil die Entgasung derselben Wärme erfordert und weil die aus ihnen entbundenen Gase die Zinkdämpfe verdünnen und dadurch die Condensation des Zinks erschweren. Der Blende, welche schwerer reducirbar als der Galmei ist, setzt man mehr Reductionskohle zu als dem letzteren.

Das Mengen der zerkleinerten Materialien geschieht entweder in Trögen auf der Hüttensohle oder im Thonkneter oder durch Walzen, in welchem letzteren Falle (Nord-Amerika) eine nochmalige Zerkleinerung des Gemenges stattfindet. Die Beschickung wird schwach angefeuchtet, damit sie durch die beim Beginn der Destillation entwickelten Gase nicht aus dem Ofen herausgeblasen wird. Binon und Grandfils setzen die Beschickung mit Theer angemengt im gepressten Zustande in die Röhren. Schulte[1]) mischt das Erz vor dem Mengen mit Kohle mit 3 bis 5 % Theer.

Betrieb beim Destilliren.

Die Inbetriebsetzung eines Ofens beginnt mit mehrtägigem schwachen Feuern bei leeren Röhren. Dann werden die Röhren bei allmählich ver-

[1]) United States Patent 118 222. Jan. 13. 1903.

stärktem Feuer geladen. Die Anfangs schwache Ladung wird nach und nach vergrössert, bis nach 14 Tagen der normale Betrieb erreicht ist.

Die Einführung der Ladung in die Röhren geschieht nach Wegnahme der Vorlagen mit Hülfe eines an einem langen Stiele befestigten Löffels von der Gestalt eines hohlen halben Cylinders. Die der Hitze am stärksten ausgesetzten Röhren erhalten grössere Ladungen als die weniger stark erhitzten Röhren. Die letzteren beschickt man mit leicht reducirbaren Körpern (Zinkstaub, zinkhaltige Abfälle) sowie mit armen und leicht sinternden Erzen. Die Ladung einer Röhre beträgt bei den neueren Oefen im Durchschnitt 28,5 kg Erz. Nach dem Eintragen der Beschickung (Chargiren) setzt man die Vorlagen mit ihren Stützen an und lutirt den Zwischenraum zwischen Vorlage und Röhre mit Thon. Aus den Röhren tritt einige Zeit nach dem Laden derselben eine Flamme von verbrennendem Kohlenoxydgas aus, welche nach einiger Zeit das helle Licht verbrennender Zinkdämpfe zeigt. Sobald diese Erscheinung eintritt, werden zur Verhütung von Zinkverlusten die Vorstecktuten (Allongen) bzw. Ballons auf die Vorlagen aufgesteckt. In der ersten Zeit condensirt sich, obwohl die Vorlage recht bald auf die erforderliche Temperatur gebracht ist, noch kein flüssiges Zink, sondern es wird in Folge des Gehaltes der Gase an Kohlensäure und Wasserdampf Zinkoxyd gebildet. Auch schlagen sich die Zinkdämpfe in Folge der grossen Verdünnung derselben nicht flüssig, sondern staubförmig nieder. Erst nach dem Verschwinden der erstgedachten Gase beginnt die Condensation der Zinkdämpfe. Ist der Ofengang zu heiss, wodurch in Folge mangelnder Condensation der Zinkdämpfe in den Vorlagen die Bildung grosser Mengen von Zinkstaub in den Vorstecktuten bzw. Ballons veranlasst wird, so stösst man mehrere kleine Öffnungen in die Thonlutirung. Das in den Vorlagen condensirte Zink wird entweder mehrere Male während der Destillation oder nur einmal am Ende der Destillation entfernt. In diesen Fällen nimmt man die Vorstecktuten von den Vorlagen ab und zieht das Zink mit Hülfe von Krätzern (Kratzeisen) aus den Vorlagen in darunter gehaltene oder in Laufkrahnen aufgehängte Giesskellen, aus welchen man es nach Entfernung der Krätzer von der Oberfläche desselben in eiserne Formen zu Platten von 18 bis 20 kg Gewicht giesst. Nach beendigter Destillation, deren Dauer von der Grösse der Röhren und des Ofens, der Lage der Röhren in letzterem, sowie von dem Grade der Reducirbarkeit der Beschickung abhängt und zwischen 12 und 24 Stunden beträgt, werden die Vorlagen abgenommen und die in den Röhren verbliebenen Rückstände mit sogenannten Räumeisen ausgezogen. Nachdem noch etwa vorhandene Ansätze entfernt sind, werden die Röhren von Neuem beschickt. Das Auswechseln schadhafter Retorten geschieht nach beendigter Destillation.

Die Dauer des Beschickens, des Entleerens der Röhren, des Ausbesserns derselben und des Auswechselns schadhafter Röhren hängt von der Grösse und Röhrenzahl des Ofens ab.

Ebenso hängt die Zahl der Bedienungsmannschaften von der Grösse und Röhrenzahl der Oefen ab. Bei denjenigen belgischen Oefen, deren Röhren durchschnittlich 28,5 kg Erz fassen, ist auf je 14 Retorten während 24 Stunden Betriebszeit des Ofens 1 Arbeiter erforderlich. Zur Erzeugung von 1 t Zink in der gedachten Zeit (aus Erzen von 50 % Zinkgehalt) sind 5,8 Arbeiter nöthig.

Nach Ingalls[1]) entfallen während des Manövers (Entleeren und Beschicken der Retorten) bei den neueren Oefen auf 1 Arbeiter 25 bis 33 Retorten.

Die Ladung eines Ofens schwankt je nach der Zahl der Röhren und geht bis zu einer Reihe von Tonnen herauf.

Der Verbrauch an Heizkohlen schwankt je nach der Art der Kohlen und der Feuerung zwischen $1^1/_4$ bis 2 t auf 1 t Erz.

Die Haltbarkeit der Röhren hängt von der Güte der zu ihrer Herstellung verwendeten Materialien und von der Art der Herstellung derselben ab. Die unter Anwendung von hydraulischem Druck hergestellten Röhren halten gegenwärtig durchschnittlich 40 Tage. Der Zinkverlust, welcher früher bis 27 % von dem Zinkgehalte der Erze betrug, schwankt bei den neueren Oefen zwischen 10 und 15 %.

Beispiele für die Zinkgewinnung in Röhren.

Bei den neueren, mit Gasfeuerung betriebenen Oefen in Belgien stellen sich die wirthschaftlichen Ergebnisse des Betriebes bei Weitem günstiger als bei den älteren Oefen. Zur Erzeugung von 1 t Zink werden bei Erzen von 50 % Zinkgehalt 3 bis 4 t Kohle (Heiz- und Reductionskohle) und 200 kg Thon (bei einem Aufgang von 2,5 % Röhren täglich) verbraucht. Bei den ältesten Oefen wurden 7 bis 8 t Kohle auf 1 t Zink verbraucht. Der Zinkverlust beträgt 10 bis 15 %.

Die Verhältnisse der Zinkhütten in Belgien sind von Firket in den Annales des Mines de Belgique 1901 VI (1 u. 11) dargelegt worden.

Die Doppelöfen auf den Werken der Vieille Montagne in Angleur enthalten 100 Röhren an jeder Seite. Ein Ofenmassiv enthält 400 Röhren. Die letzteren werden durch Gas und erwärmte Luft geheizt. Jede Röhre erhält einen Einsatz von 30 kg Erz und 12 kg Kohle und liefert in 24 Stunden ausser einer gewissen Menge Zinkstaub 12 bis 15 kg Zink. Zur Herstellung von 1 kg Zink werden 3,5 bis 4,5 kg Heiz- und Reductionskohle verbraucht. Der Metallverlust beträgt 15 %. Die Röhren halten je nach ihrer Lage und der auf ihre Herstellung verwendeten Sorgfalt 15 Tage bis 4 Monate. Ein Ofen hält 2 bis 3 Jahre aus[2]). Die neuesten Oefen enthalten 320 elliptische Retorten in 4 Reihen.

Von älteren Oefen seien der Lütticher Ofen mit Rostfeuerung und 70 Röhren, sowie der Doppelofen mit Rostfeuerung und 92 Röhren der Nouvelle Montagne zu Prayon erwähnt. Die Betriebsergebnisse beziehen sich auf die siebziger Jahre.

---

[1]) l. c. p. 516.

[2]) Bull. de la soc. de l'industr. min. 1888. 505.

Der Lütticher Ofen, welcher 1,5 m Tiefe, 2,6 m Weite und 3 m Höhe hatte und 70 Röhren von je 1 m Länge, 24 cm äusserem Durchmesser und 19 cm innerem Durchmesser enthielt, setzte bei Erzen von 47 bis 48 % Zinkgehalt in 24 Stunden 1300 kg Beschickung bei einem Aufwand von 700 kg Reductionskohle und 2 t Heizkohlen durch. Die tägliche (24 Stunden) Hervorbringung eines Ofens an Zink betrug 470 bis 484 kg. Der Zinkverlust betrug mit Einschluß des in den Rückständen verbliebenen Zinks 18 %. Die Rückstände mit über 6 % Zink wurden durch Aufbereitung angereichert und dann entweder in den oberen Röhren der belgischen Oefen auf Zink oder in Flammöfen auf Zinkweiss verarbeitet.

Der oben S. 153 beschriebene Doppelofen der Gesellschaft Nouvelle Montagne zu Prayon[1]) mit 92 Röhren erhielt eine Tagescharge von 400 kg Erz (Galmei und Blende) mit 40,32 % Zink, 72 kg reichen Abfällen der Zinkverhüttung (Zinkstaub und Krätzen) und 166 kg Reductionskohle. Während der Nachtschicht enthielt der Ofen bei heisserem Gange 500 kg Erz. Es enthielten die Röhren

der untersten Reihe	11 kg Erz und	3 kg Kohle,	
- 3. -	17 - - -	2,75 - -	
- 4. -	7,6 - - -	3,6 - -	und 3 kg Gekrätz,
- 6. -	5 - - -	5 - - -	5 - -

Das Besetzen der Röhren dauerte $3^1/_4$ Stunden.

Die Destillationsrückstände der oberen Röhren enthielten im Durchschnitt 9,15 % Zink, die der mittleren Röhren 4,67 % Zink und die der unteren Röhren 2,28 % Zink. Der Zinkverlust betrug 11,28 %. Die Röhren der obersten Reihe hielten 90 Tage, die der untersten Reihe nur 6 Tage. Die Dauer der Ofencampagnen betrug 150 bis 180 Tage.

Wie ersichtlich, stehen diese älteren Oefen mit Rostfeuerung den neueren Oefen hinsichtlich Dauer und Leistungsfähigkeit ganz erheblich nach und sind von denselben zum grossen Theile verdrängt worden. Man wird den grossen Oefen mit Gasfeuerung daher grundsätzlich den Vorzug vor den kleineren Oefen mit Rostfeuerung geben[2]).

Die Leistungsfähigkeit der älteren in England gebräuchlichen belgischen Oefen ist bereits oben angegeben worden.

In Sardinien (Monteponi) besitzt der Ferraris-Ofen 180 Retorten, in welchen in 24 Stunden 6 bis 7 t calcinirter Galmei verarbeitet werden. (The min. Ind. 1902, S. 670).

Die im Osten der Vereinigten Staaten von Nord-Amerika belegenen Zinkhütten (Bergen Port, Passaic-Works, Newark, Bethlehem) besitzen belgische Oefen mit Anthracitheizung auf den S. 147 beschriebenen

---

[1]) Massart l. c.

[2]) Beschreibung der Zinkhütten in Belgien siehe Firket, Annales des Mines de Belgique 1901, VI, 1 u. 11.

Wetherill-Rosten[1]). Die Betriebsverhältnisse derselben, wie sie zu Ende der siebziger Jahre bestanden, sind nachstehend dargelegt[2]).

Auf den Bergen Port-Zink-Works (New-Jersey), welche geröstete Blende mit 26 % Eisenoxyd verhütten, hatten die Oefen je 70 Röhren. In 24 Stunden wurden in einem Ofen 1440 kg geröstete Blende mit 860 kg Anthracit als Reductionsmaterial bei einem Aufwand von 2500 kg Anthracit als Heizmaterial durchgesetzt. Der Zinkverlust betrug 24 bis 26 %. Die zwei oberen Röhrenreihen wurden in 24 Stunden nur einmal beschickt, die fünf unteren Reihen zwei Mal. Das condensirte Zink wurde in 24 Stunden 6 Mal aus den Vorlagen herausgeholt. Der Aufwand an Kohle für 1 t Zink betrug 5,5 t Heizkohle und 1,9 t Reductionskohle, zusammen 7,4 t. Der Aufgang an Retorten in 24 Stunden betrug 5 Stück pro Ofen (7,1 %). Die Ursache des verhältnissmässig grossen Aufwandes an Brennstoff und Retorten, sowie die hohen Zinkverluste waren durch den hohen Eisengehalt der Beschickung bedingt. Die Dauer der Ofencampagne betrug 1 Jahr.

Auf den Passaic-Zink-Works in Jersey City (New-Jersey) enthielten die Oefen gleichfalls je 70 Röhren. Die Ladung pro Ofen betrug 1350 kg eines Gemenges von Willemit und Galmei. Die drei unteren Röhrenreihen wurden in 24 Stunden zwei Mal beschickt, die übrigen Röhrenreihen nur einmal. In 24 Stunden wurden bei einem Aufwand von 2250 kg Feuerungskohle 500 kg Zink ausgebracht. Das Zinkausbringen betrug 80 % vom Zinkgehalte der Erze. Auf 1 t Zink wurden 4,5 t Heizkohle und 1,3 t Reductionskohle, zusammen 5,8 t Kohle verbraucht. Der Röhrenaufgang in 24 Stunden betrug 6,4 % von der Zahl der im Ofen befindlichen Röhren. Die Dauer einer Ofencampagne betrug 2 Jahre. Gegenwärtig enthalten die Oefen 216 und 252 Retorten[3]).

Auf den Lehigh-Zink-Works bei Bethlehem in Pennsylvanien enthielten die Oefen je 56 (7×8) Röhren und fassten je 1000 kg Erz (Gemenge von Galmei und Blende). Die oberste Röhrenreihe, welche Zinkstaub und Krätze enthielt, wurde in 24 Stunden nur einmal beschickt, die 6 unteren Röhrenreihen dagegen zwei Mal. Auf 1 t Erz wurden 1,8 t Heizkohle verbraucht. Das Zinkausbringen betrug 73,5 %. Auf 1 t Zink wurden 4,5 t Heizkohlen und 1,7 t Reductionskohlen, zusammen 6,2 t Kohlen verbraucht. Der tägliche Aufgang an Röhren betrug 3,2 %. Die Ofencampagnen dauerten 15 Monate. 1894 enthielten die Oefen 160 und 280 Retorten. Das Ausbringen an Zink betrug 82 %[4]).

Auf der Bertha-Hütte bei Pulaski im Staate Virginia[5]), welche

[1]) Strecker, Das Zinkhüttenwesen in den Vereinigten Staaten von Nord-Amerika. Jahrbuch der K. K. Bergakademien zu Leoben und Pribram und der Kgl. ungarischen Bergakademie zu Schemnitz. 1879. S. 282.

[2]) Strecker l. c.

[3]) Ingalls, l. c. p. 656.

[4]) Ingalls, l. c. p. 655.

[5]) Engin. and Min. Journ. 1893. Vol. 56. No. 22.

aus bleifreiem Galmei ein durch seine Reinheit bekanntes bleifreies Zink (Zn = 99,981 %, Fe = 0,019 %) herstellt, befinden sich 10 wallisisch-belgische Oefen mit Rostfeuerung, von welchen jeder 140 Retorten mit elliptischem Querschnitt von je 1,219 m Länge, 0,254 m bzw. 0,203 m Durchmesser i. L. besitzt. Als Heizkohle dient die langflammige Pocahontas-Kohle, als Reductionskohle eine anthracitische Kohle. Die Beschickung eines Ofens besteht aus 4250 kg calcinirtem Erz und 3000 kg Kohle.

Die Destillation dauert 24 Stunden. Das Zinkausbringen beträgt 80 %. Die Belegschaft eines Ofens besteht aus 5 Mann, welche 24stündige Schichten verfahren.

Auf den Werken der Matthiessen & Hegeler Manufacturing Co. zu La Salle (Illinois)[1]) bestanden Ende der siebziger Jahre zwei Arten von neueren Gasöfen, nämlich kleinere Doppelöfen mit je 136 Röhren und ein grosser Doppelofen mit 408 Röhren. Die Generatoren besitzen schrägliegende, aus feuerfesten Steinen hergestellte Roste. Die Steine liegen ihrerseits auf Trägern aus Gusseisen und lassen den erforderlichen Zwischenraum für den Eintritt der Luft zwischen sich. Diese Einrichtung ist durch die zur Verwendung kommende, stark zur Schlackenbildung geneigte Kohle bedingt. Die Zahl der Röhrenreihen betrug bei allen Oefen 5. Die oberste Reihe wurde durch die S. 156 beschriebenen Gefässe von rechteckigem Querschnitt gebildet. Diese Gefässe fassten zwei bis drei Mal so viel Beschickung als die Röhren. Die Oefen waren in Abtheilungen getheilt, welche je 4 Röhrenreihen zu 7 cylindrischen Röhren und 1 Reihe zu 6 der gedachten prismatischen Gefässe enthielten. Die kleineren Doppelöfen besassen auf jeder Seite 2 dieser Abtheilungen, der grosse Ofen dagegen 6. Die oberste Reihe, welche zuerst von der Flamme getroffen wurde, beschickte man mit Blende, die zweite und dritte mit Galmei und die unterste Reihe mit Zinkstaub und zinkreichen Abfällen. Die Erzeugung des grossen Doppelofens betrug in 24 Stunden 5 bis 6 t Zink. Der Zinkverlust betrug 18 %. Der tägliche (24 St.) Aufgang an Retorten belief sich auf 2,5 %. Die neueren Oefen (S. 157) enthalten 448, 864 und 1008 Retorten[2]).

Die durch Gas geheizten Oefen der Missouri-Zink Co. in St. Louis[3]) enthalten je 160 Röhren. Sie werden mit gebranntem Kieselzinkerz beschickt, dessen Gewicht im ungebrannten Zustande $4^1/_2$ t beträgt. Das Gewicht der hierzu verwendeten Reductionskohle beträgt 1575 kg, der Heizkohle 8 t. Das Ausbringen an Zink beträgt 70,71 %. Der Aufwand an Heizkohle für 1 t Zink beträgt 4,4 t. Der Aufgang an Retorten ist erheblich geringer als bei den mit directer Feuerung betriebenen Oefen.

Die mit Naturgas gefeuerten Oefen zu Jola mit 600 bis 660 Retorten verarbeiten in 24 Stunden je 10,8 bis 11,8 t Erz, welchem 40 bis 50 % Koks und magere Steinkohle als Reductionsmaterial beigemengt werden[4]).

[1]) Strecker l. c.

[2]) Ingalls, l. c. p. 451.

[3]) Strecker l. c.

[4]) Näheres über die Oefen in Amerika siehe Ingalls, l. c. p. 652 pp.

2. Die Zink-Destillation in schlesischen Oefen.

Diese Art der Destillation wird, wie bereits oben dargelegt, in mit einer einzigen Reihe von Muffeln ausgesetzten Flammöfen ausgeführt. Das hierbei erhaltene dampfförmige Zink wird in an die Muffeln angeschlossenen Vorlagen von verschiedener Gestalt verflüssigt.

Die Muffeln

besitzen, wie oben erwähnt, die Gestalt prismatischer, oben überwölbter Kästen. Während die hintere Seite derselben geschlossen ist, ist die Vorderseite offen. Während der Destillation wird dieselbe in der unteren Hälfte durch eine Vorsetzplatte aus Thon, in der oberen Hälfte durch das eine Ende der Vorlage, welches mit Hülfe von Thon dicht angeschlossen wird, verschlossen. Das vordere Ende der Vorlage ruht auf einem Steg, welcher seinerseits auf Vorsprüngen an den beiden langen Seiten der Muffel ruht. Ist die Vorlage an ihrem vorderen Ende röhrenförmig, so wird auch wohl eine mit einem kurzen Rohrstutzen zur Aufnahme des einen Endes der Vorlage versehene Platte als Verschluss der oberen Hälfte des vorderen Endes der Muffel angewendet.

Das vordere Ende der Muffel und die mit einem kurzen Rohrstutzen versehene obere Platte, die sog. Düte, sind aus den Figuren 123, 124 und 125 ersichtlich.

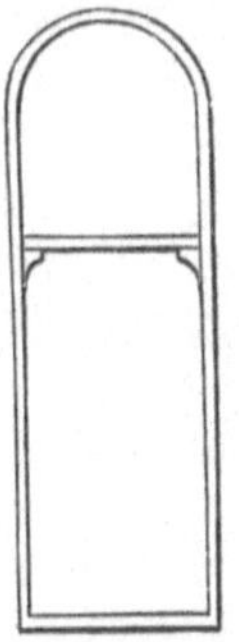

Fig. 124.

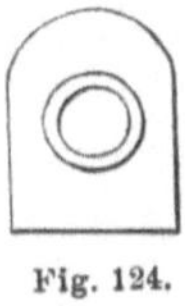

Fig. 123.

Fig. 125.

Wie schon erwähnt, giebt man der Muffel bis 0,65 m Höhe i. L., 15—20 mm Breite i. L. und bis 2,15 m Länge i. L. Die grossen Muffeln macht man in ihrem hinteren Theile in Boden und Wand stärker als im vorderen Theile. In Oberschlesien[1]) wächst die Wandstärke vom vorderen bis zum hinteren Theil der Muffel am Boden von 20 auf 65 mm, an der Kappe von 20 auf 30 mm.

Das Material, aus welchem die Muffeln hergestellt werden, ist ein Gemenge von rohem Thon und Schamott, welcher letztere zum Theil durch gereinigte Muffelscherben ersetzt wird.

Die Zusammensetzung der verschiedenen Theile desselben ist bereits Seite 119 angegeben worden.

Die Anfertigung der Muffeln geschieht in Oberschlesien, wo nur grosse Muffeln benutzt werden, durch Handarbeit. (Kleinere Muffeln, wie sie bei der Destillation in rheinisch-westfälischen Oefen benutzt werden, stellt man gegenwärtig fast ausschliesslich mit Hülfe von Maschinen her.)

Mit Hülfe der Handarbeit können die Muffeln sowohl stehend als auch liegend hergestellt werden.

Bei Anwendung stehender Formen besteht der Formkasten gewöhn-

[1]) Georgi, B.- u. H. Ztg. 1877. S. 72.

lich aus drei Aufsätzen, welche durch Haken und Oesen mit einander verbunden werden. Wie bei der Herstellung der Röhren stellt man zuerst den hinteren Theil der Muffel in dem untersten Theil des Formkastens her, setzt dann das zweite Aufsatzstück des Kastens auf und stellt in demselben den mittleren Theil der Muffel her, worauf man das dritte Aufsatzstück folgen lässt, in welchem der vordere Theil der Muffel hergestellt wird. Zum Schluss klebt man die Vorsprünge für den Steg an das vordere Ende der Muffel. Die Verbindung der einzelnen Thonplatten erfolgt in

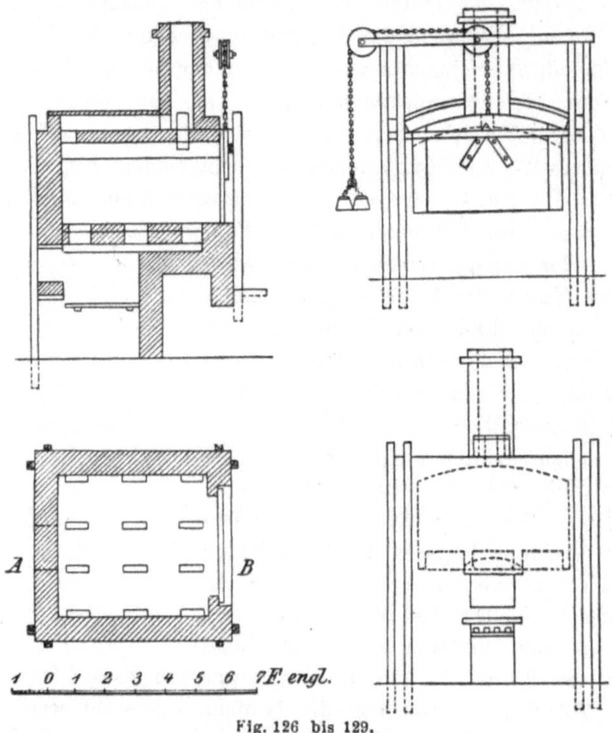

Fig. 126 bis 129.

der nämlichen Weise wie bei der Herstellung der Röhren durch Aufkratzen der aneinanderstossenden Theile derselben mit einem kammartig geschnittenen Brettchen.

Bei der liegenden Herstellung der Muffeln (Oberschlesien)[1]) wird zuerst der Bodentheil durch Ausschneiden eines Hohlraumes in ein parallelepipedisches Stück Thon von der Grösse des Bodens gebildet und das letztere dann mit dem unteren Theile des Modellkastens umgeben. Dann werden Thonblätter von der Höhe eines Modelltheils eingelegt und aneinander geschweisst, indem man das schräg abgeschnittene Ende des eingelegten Blattes verkratzt, mit Wasser befeuchtet und dann das anzu-

[1]) Georgi, B.- u. H. Ztg. 1877. S. 72.

schweissende Blatt mit dem entsprechend abgeschrägten Ende aufsetzt. Die Blätter werden dann an den Modelltheil angedrückt und mit einem eisernen Kolben festgestampft. In dieser Weise fährt man bis zur Fertigstellung der Muffel fort. Gewöhnlich wird die Herstellung von 4 bis 5 Muffeln gleichzeitig in Angriff genommen. Hierdurch erzielt man den Vorteil, dass die Muffel nach Beendigung der Arbeit schon fest genug ist, um das Modell von derselben entfernen zu können.

Wernicke stellt die Muffeln mit dem Boden nach oben her, indem er die Muffelmasse zwischen Boden und Kern einstampft. Diese Art der Herstellung hat keine dauernde Anwendung gefunden, weil die Muffeln in Folge der Verwendung besserer Thonsorten dünnere Wände erhalten haben, bei deren Herstellung das Stampfen keine Vortheile gewährt.

Obwohl für die Herstellung schlesischer Muffeln Maschinen vorgeschlagen worden sind[1]), so haben dieselben doch keine Anwendung gefunden, weil sich die mit Hülfe derselben angefertigten Muffeln nicht bewährt haben. Gründe hierfür sind nicht angegeben worden.

Die Muffeln werden eine Zeit lang (bis 4 Wochen) aufrecht stehend getrocknet (in Vortrockenkammern bei 30—32^0 Wärme), dann erwünschten Falles glasirt und schliesslich bis zum Gebrauche (bis 12 Monate lang) in Trockensälen, in welchen eine Temperatur von 35^0 herrscht, aufbewahrt.

Die Muffeln müssen in rothglühendem Zustande in die Destilliröfen eingesetzt werden. Sie werden daher 12 bis 14 Stunden lang erhitzt und zwar entweder in durch die Abhitze der Destilliröfen erhitzten Räumen oder in besonderen durch Rostfeuerung erhitzten Flammöfen, den sog. Temperöfen.

Die Einrichtung eines Temperofens ist aus den Fig. 126 bis 129 ersichtlich. Ueber dem Roste befindet sich ein mit 12 Oeffnungen versehenes Gewölbe, durch welche die Feuergase in den Glühraum gelangen. Der letztere hat eine mit feuerfesten Steinen ausgemauerte Thüre, welche sich an Gegengewichten über Rollen bewegt.

Auf Paulshütte bei Rosdzin in Oberschlesien werden in einen Temperofen 12 bis 14 Stück Muffeln eingesetzt.

Das Tempern derselben dauert 12 Stunden, wobei 250 kg Steinkohlen verbraucht werden.

Die Muffeln halten 30 bis 40 Tage.

Die Vorlagen

besitzen verschiedenartige Gestalt. Bei den alten schlesischen Oefen stellten sie ein aus mehreren Stücken bestehendes gekrümmtes Thonrohr, welches mit einer Kammer zum Aufsammeln des in ihm condensirten Zinks verbunden ist, dar. Bei den neueren Oefen besitzen sie die Gestalt von cylindrischen Röhren oder von an der unteren Seite ausgebauchten cylindrischen Röhren oder von prismatischen, oben überwölbten Kästen.

---

[1]) Steger, Preuss. Zeitschr. für Berg-, Hütten- u. Salinenwesen 1900. S. 419.

Die Einrichtung einer Vorlage der alten schlesischen Oefen, welche jetzt nicht mehr angewendet wird, ist aus den Fig. 130 und 131 ersichtlich. h ist die Tropfkammer, in welcher das flüssige Zink erstarrt. a ist der obere, aus Thon hergestellte Theil der Vorlage, welcher auf dem Stege der Muffel aufliegt. Bei d besitzt derselbe eine durch eine Thonplatte verschliessbare Oeffnung, durch welche die Beschickung in die Muffel ein-

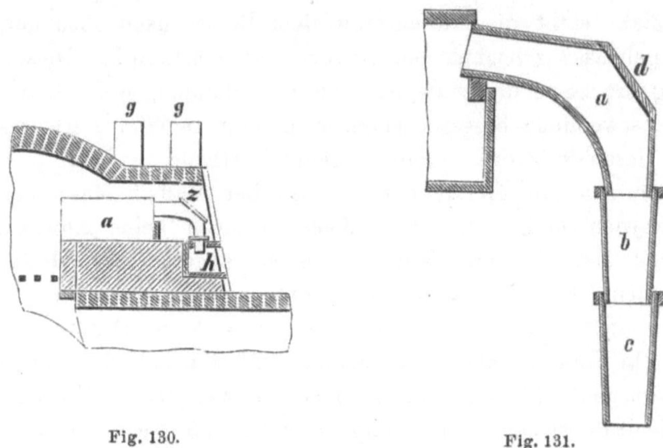

Fig. 130. Fig. 131.

getragen wird. b ist ein aus Gusseisen und c ein aus Eisenblech hergestelltes Rohrstück. Das letztere mündet in die Tropfkammer. Das Zink condensirt sich in dem Knierohr und fliesst durch den senkrechten Theil desselben in die Tropfkammer. Die Anwendung dieser Vorlage macht ein

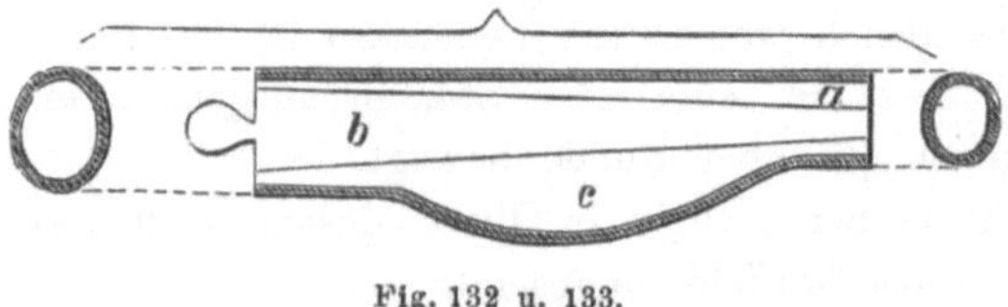

Fig. 132 u. 133.

Umschmelzen des erstarrten Zinks behufs Giessens desselben in Formen erforderlich. Sie ist, wie erwähnt, durch andere Vorlagen verdrängt worden.

Die Vorlagen von der Gestalt nach unten ausgebauchter Röhren sind aus den Figuren 132 und 133 ersichtlich. In dem Bauche derselben sammelt sich das flüssige Zink an und wird von Zeit zu Zeit aus demselben ausgekratzt. An das vordere Ende der Vorlage wird eine Blechtute angesetzt.

Die als Vorlagen dienenden geneigten cylindrischen Röhren (Fig. 134) sind an ihrem vorderen Ende durch eine Thonplatte oder durch eine mit Thon verschmierte in der Mitte mit einem Loche versehene Eisenplatte verschlossen. In der Mitte der Platte befindet sich ein Loch.

Das in der Vorlage angesammelte Zink lässt man nach Lockerung oder Entfernung der Platte in einen vor die Vorlage gehaltenen Löffel aus

Eisen laufen. Zu diesem Zwecke entfernt man den Thonwulst, welcher den unteren Theil der Thonplatte an die Vorlage anschliesst, allmählich. Die nämliche Verschlussvorrichtung besitzen die Vorlagen von der Gestalt prismatischer Kästen. Die Gase entweichen durch ein in der Thonplatte angebrachtes Ansatzrohr in eine Vorstecktute.

Im Interesse einer besseren Condensation der Zinkdämpfe, des Auffangens von Zinkstaub und des Schutzes der Arbeiter gegen die den Vorlagen entströmenden Dämpfe und Gase haben die Vorlagen in der neueren Zeit in Oberschlesien wesentliche Verbesserungen erfahren. Die wichtigsten dieser neueren Vorlagen sind die Kleemann'sche und die Dagner'sche Vorlage.

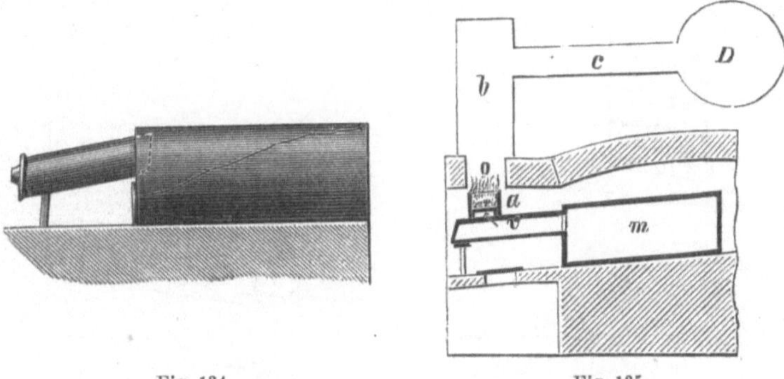

Fig. 134. Fig. 135.

Die in Figur 135 dargestellte Kleemann'sche Vorlage (D. R. P. 8121, 12821, 28596, Zus.-Patent 7411) v besitzt die Gestalt eines geneigten Cylinders, Parallelepipedons oder eines prismatischen oben überwölbten Kastens von 1 m Länge, an dessen vorderem Teile ein Rohrstutzen a von 0,1 m Höhe angebracht ist. An dem oberen Ende desselben befindet sich ein gusseiserner Rost, über welchem eine Lage von Koks oder Cinder in Glut erhalten wird. Das hintere Ende der Vorlage ruht in der Muffel, das vordere offene Ende derselben wird durch eine mit Thon verschmierte Eisenplatte verschlossen, welche letztere durch Thonwülste möglichst dicht an die Vorlage angedrückt wird. In der Mitte der Eisenplatte befindet sich eine Oeffnung, welche durch einen Thonpfropfen verschlossen werden kann. Die ganze Vorlage liegt innerhalb der Kapelle (Nische) des Ofens. Die nicht in der Vorlage niedergeschlagenen metallischen Theile und die hauptsächlich aus Kohlenoxyd bestehenden Gase sind gezwungen, ihren Weg durch den Rost und die glühende Koksschicht zu nehmen. Ein Theil der metallischen Bestandtheile des Rauchs wird in der Koksschicht zurückgehalten, während das Kohlenoxyd in derselben auf die Entzündungstemperatur erhitzt und durch zugeführte Luft verbrannt wird. Eine Reduction des in den Gasen enthaltenen Zinkoxyds findet in der Kokslage nicht statt. Da sich die Brennstoffschicht leicht verstopft, so bedarf sie einer öfteren Lockerung und zeitweiligen Erneuerung. In Folge der Bedeckung des Rostes mit einer glühenden Brennstofflage kann kein Sauerstoff aus der Luft in die Vorlage gelangen. Die verbrannten Gase und die in der Koksschicht nicht zurückgehaltenen metallischen Theile nehmen ihren Weg durch eine Oeffnung im Gewölbe der Nische in einen über den Ofen hinlaufenden Canal oder in ein Sammelrohr, gelangen dann in Vorrichtungen zum Niederschlagen der metallischen Theile und treten schliesslich frei in die Esse. In der vorliegenden Figur treten die verbrannten Gase durch die Oeffnung o und die Canäle b und c in das Sammelrohr D und aus dem letzteren in die Esse. Das Zink wird am unteren Ende der Vorlagen abgestochen.

Diese Vorlagen standen auf Silesia-Hütte bei Lipine in Oberschlesien in Anwendung. Die Gase und Dämpfe traten durch die Brennstoffschicht

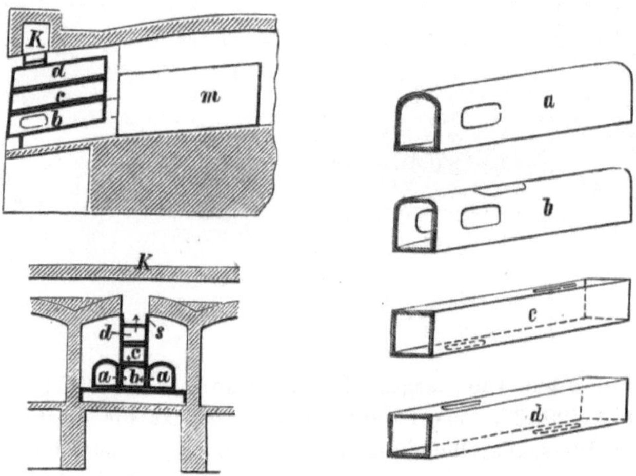

Fig. 136 bis 141.

auf dem Roste in einen gemeinschaftlichen im Ofen befindlichen Längscanal, gelangen dann in eine unterirdische Flugstaubkammer und schliesslich in die Esse.

An der Essenkrone darf sich kein Anflug von Oxyden bilden, weil sonst der Flugstaub nicht vollkommen aufgefangen wird. Die Vorlage besitzt an ihrer Vorderseite ein kleines durch Lehm verschliessbares Spurloch. Tritt aus diesem Spurloch eine Flamme aus, so ist der Durchgang der Dämpfe durch die Brennstoffschicht auf dem Roste durch Ablagern von Metalltheilchen und Oxyden in derselben erschwert und es muss dann das Hinderniss durch Entfernung der gedachten Körper oder durch die Erneuerung des Rostes beseitigt werden.

Diese Vorlage, welche sich auf Silesia-Hütte gut bewährt hat, ist vielfach der Dagner'schen Vorlage gewichen.

Die Dagner'sche Vorlage (D. R. P. No. 8958) dient zur Verdichtung der Zinkdämpfe von je zwei nebeneinanderliegenden Muffeln und besteht aus mehreren neben- bzw. übereinanderliegenden geneigten Kästen, in welchen die metallischen Bestandtheile der Dämpfe zum grössten Theile niedergeschlagen werden.

Die Einrichtung dieser Vorlage ist aus den Figuren 136 bis 141 ersichtlich.

a a sind zwei Vorlagen von 1 m Länge für zwei nebeneinanderliegende Muffeln m. Durch seitliche Oeffnungen in diesen Vorlagen treten die Gase und die Zinkdämpfe, soweit sie nicht in denselben niedergeschlagen sind, in die zwischen ihnen gelegene Vorlage b, gelangen durch eine Oeffnung im oberen Theile derselben in den prismatischen (0,6 m langen) Kasten c, durchziehen denselben der Länge nach und steigen dann in den prismatischen (0,6 m langen) Kasten d, aus welchem sie, nachdem sie ihn gleichfalls der Länge nach durchzogen haben, durch eine mit einem kurzen Ansatzstück versehene Oeffnung in den Canal K austreten. Bei ihrem Austritt aus dem obersten Kasten werden die Gase durch zugeführte Luft verbrannt, so dass in den Canal K die Verbrennungsproducte derselben und die etwa nicht verbrannten Zinkdämpfe treten.

Die vorderen Enden der Vorlagen werden durch Platten aus Eisenblech, welche an beiden Seiten mit Thon verschmiert werden, geschlossen. Dieselben werden durch Thon dicht an die Vorlagen angeschlossen. In der Mitte jeder Platte befindet sich ein kleines rundes durch einen Thonpfropfen verschliessbares Loch.

Durch dieses Loch führt man eiserne Stangen in die einzelnen Theile der Vorlagen ein, um Versetzungen derselben durch Zinkoxyd zu heben.

Die einzelnen Nischen sind vorne durch Platten aus Eisenblech geschlossen.

Das Zink sammelt sich in den unteren Vorlagen im flüssigen Zustande an. In den oberen Vorlagen schlagen sich Zinkoxyd und Zinkstaub nieder. Das Zink wird am vorderen Ende der Vorlagen abgelassen. Aus den anderen Vorlagen werden der Zinkstaub und das Zinkoxyd nach Entfernung der Verschlussplatten ausgeräumt. Auf dem langen Wege, welchen die Gase durch die Vorlagen bzw. Kästen zu machen haben, schlägt sich der grösste Theil der metallischen Bestandtheile derselben nieder. Der Rest derselben mit Einschluss des an der Austrittsöffnung durch Verbrennen der Zinkdämpfe gebildeten Zinkoxyds kommt in den an die Vorlage angeschlossenen Flugstaubcanälen oder in sonstigen Condensationsvorrichtungen zum Absatz. Die Abtheilung b der Vorlage ist 15 cm breit und 20 cm hoch, die Abtheilung c ist 12 cm breit und 10 cm hoch; die Abteilung d ist 10 cm breit und 10 cm hoch. Die verbrannten Gase und Dämpfe gelangen mit den noch in ihnen enthaltenen metallischen Bestandtheilen in Sammelcanäle, Flugstaubkammern und Flugstaubthürme und schliesslich in eine gut ziehende Esse. Auf Pauls- und Wilhelminenhütte bei Schoppinitz treten die Gase durch horizontalliegende Düsen aus. Die Nische (Kapelle) ist hier vorne durch eine Verblendwand abgeschlossen, in deren unterem Theile sich eine kleine Oeffnung befindet. Durch die letztere tritt die für die Verbrennung der Gase erforderliche Luft in die Nische und giebt der Flamme die Richtung nach den Sammelcanälen. Aus diesen Canälen werden sie in ein System von Condensationskammern geleitet. Diese Kammern (deren 7 vorhanden sind und welche eine Gesammtlänge von 110 m besitzen) sind mit verticalen Mauerzungen versehen, wodurch der Weg des Gasstroms verlängert und die demselben gebotene Oberfläche vermehrt wird. In der letzten Kammer werden durch eine Wasserbrause die letzten im Gasstrome enthaltenen festen Theilchen niedergeschlagen, worauf die Gase in eine Esse ziehen. Das aus der letzten Kammer austretende Wasser gelangt auf Koksfilter, in welchen die festen Theile zurückgehalten werden, und fliesst aus dem letzten Filter klar ab. Diese Einrichtung hat sich gut bewährt.

Die Zusammensetzung des bei Anwendung der Dagner'schen Vorlage in den Condensationskammern von Wilhelminenhütte aufgefangenen Zinkstaubs ist die nachstehende:

ZnO	88,20 %
CdO	1,46 -
PbO	4,44 -
SO_3	4,12 -
Mn_3O_4	0,05 -
Rückstand und Fe_2O_3	1,50 -

Die Vorlagen werden aus gewöhnlichem Töpferthon unter Zuschlag gewisser Mengen Schamott bzw. von gereinigten Muffelscherben, auch wohl unter Zuschlag von Zinkasche (Destillationsrückständen) oder von Kokskläre hergestellt. Die Anfertigung derselben geschieht durch Handarbeit, indem man die betreffenden Thonblätter, welche die Länge der Vorlagen besitzen, um Holzkerne von der Gestalt der Vorlagen legt und festdrückt. Sobald die Masse einen hinreichenden Grad der Consistenz erlangt hat, wird der Kern herausgezogen.

Bei Herstellung der mit einem Bauche versehenen Vorlagen, wie sie Fig. 132 darstellt, wird ein aus drei Theilen a, b und c bestehender Kern benutzt, dessen mittlerer keilförmiger Theil b mit einer Handhabe versehen ist und herausgezogen werden kann. Die Thonplatte wird um den Kern herumgelegt und mit der Hand an denselben festgeschlagen. Sobald die Thonmasse die nöthige Festigkeit erlangt hat, zieht man den keilförmigen Theil des Kernes heraus. In Folge dessen fällt der Theil a herab und wird gleichfalls ausgezogen, worauf schliesslich der Theil c des Kernes aus der Vorlage herausgenommen wird.

Die Vorlagen werden entweder (auf der Kappe des Destillationsofens) scharf getrocknet und ungebrannt verwendet oder nach vorgängiger Trocknung entweder durch die Abhitze der Destilliröfen in den Temperräumen der letzteren oder in besonderen Temperöfen gebrannt.

Die Vorlagen halten 2 bis 3 Wochen.

Zum Schutze der Arbeiter gegen die Gase und Dämpfe, welche während des Ausräumens und Beschickens der Muffeln entweichen, sowie auch gegen die während der Destillation aus den Spurlöchern und undichten Stellen der Vorlagen austretenden zinkischen Dämpfe hat sich die auf der Hohenlohehütte bei Kattowitz eingeführte Vorrichtung von Stempelmann gut bewährt. Dieselbe steht daselbst gleichzeitig mit der Dagner'-

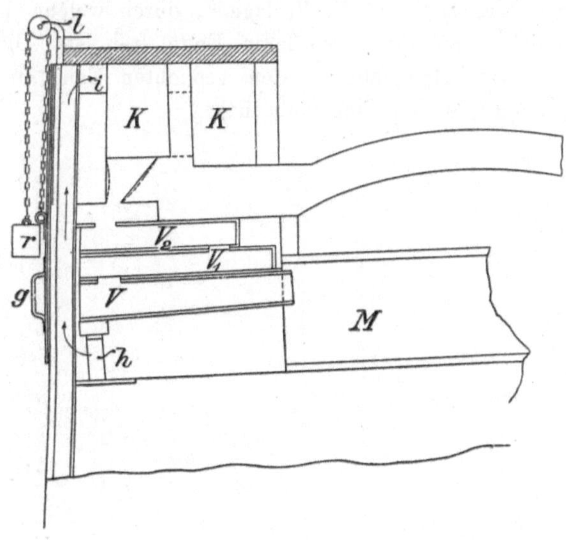

Fig. 142.

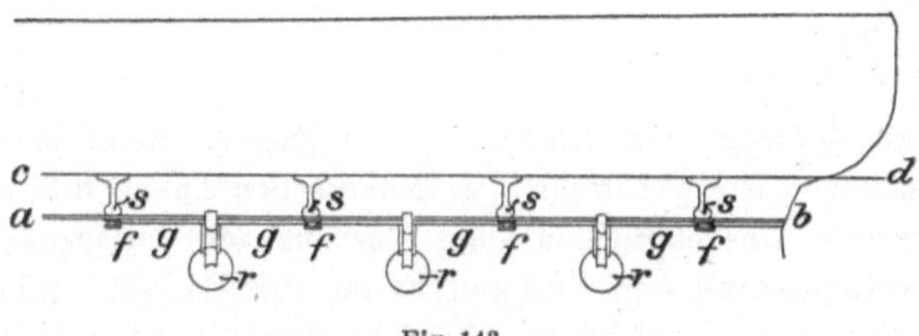

Fig. 143.

schen Vorlage in Gebrauch. Die Einrichtung derselben ist aus den Figuren 142, 143 und 144 ersichtlich[1]). Ueber der obersten Vorlage ist an den Ankern des Ofens ein Blech a b so angebracht, dass ein durch die eigentliche Ofenwand c d, je zwei Ankerschienen s, das gedachte Blech und die Hervorragung des Ofengewölbes begrenzter Canal entsteht. An dem seitlichen oberen Ende i besitzt derselbe eine Oeffnung, durch welche die in ihm aufsteigenden Gase und Dämpfe in den Flugstaubcanal K treten können. Dieser Canal kann durch Herablassen eines mit einer Handhabe g

[1]) Saeger, Hygiene der Hüttenarbeiter. Jena 1895.

versehenen, an einer Kette mit Gegengewicht aufgehängten verschiebbaren Bleches nach unten verlängert werden. Zur Führung des letzteren sind auf das Blech a b eiserne Schuhe f aufgenietet. Soll die Muffel geräumt werden, so wird das verschiebbare Blech so weit herabgelassen, dass die aus der ersteren austretenden Gase und Dämpfe durch die Abzugsöffnung h in den verlängerten Canal treten und durch die Oeffnung i in den Flugstaubcanal K gelangen. Soll die Muffel besetzt werden, so muss das Blech so hoch gezogen werden, dass die Vorlage V, durch welche hindurch das Besetzen geschieht, an ihrem vorderen Ende frei ist. Die Gase und Dämpfe treten dann gleichfalls in den gedachten Canal und gelangen durch die Oeffnung i in den Flugstaubcanal.

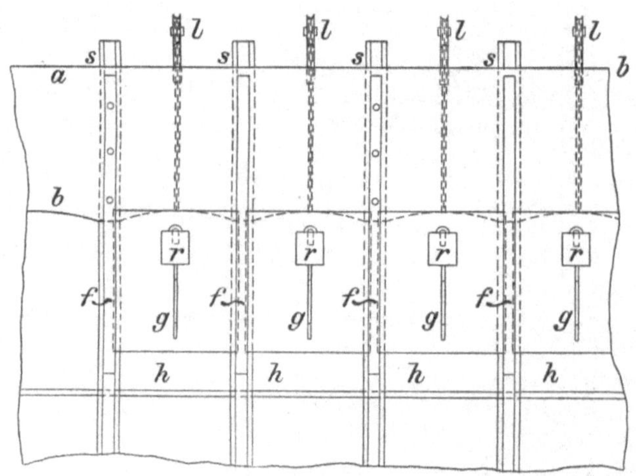

Fig. 144.

Wo die Vorlagen von Kleemann und Dagner nicht in Anwendung stehen, werden zur Zurückhaltung der metallischen Theile des Rauchs und vielfach auch zur Unschädlichmachung des aus den Vorlagen entweichenden Kohlenoxydgases an den vorderen Enden der Vorlagen Ballons oder Allongen aus Blech befestigt, in welchen sich die metallischen Theile der Dämpfe, ein Gemenge von Zinkstaub und Zinkoxyd, die sogen. Poussière ansammelt. Im Falle der Unschädlichmachung des Kohlenoxydgases stehen sie mit Abzugscanälen in Verbindung; andernfalls zieht dieses Gas durch die Spurlöcher am vorderen Ende derselben ab. Die wichtigsten der in Oberschlesien zur Anwendung gekommenen Vorrichtungen sind der zweicylindrige Ballon von Recha, der Ballon von Bugdoll, die stehende Allonge mit Condensationskasten, die Vorrichtung von Palm, von Hawel, von Mielchen und von Steger.

Der Ballon von Recha ist aus Figur 145 ersichtlich. Derselbe besteht aus zwei mit einander verbundenen Blechcylindern A und B. Das Spurloch des Ballons A wird durch eine selbstthätige Klappe z verschlossen. Der Ballon B besitzt einen Reinigungs- und Explosionsdeckel y. Die nicht verdichteten Gase ziehen aus dem letzteren durch das Rohr x ab. Dieselben lassen sich mit Hülfe eines an der Vorderseite des Ofens angebrachten Schirms in die Ofenesse oder über das Dach des Ofens ableiten (D. R. P. 12768).

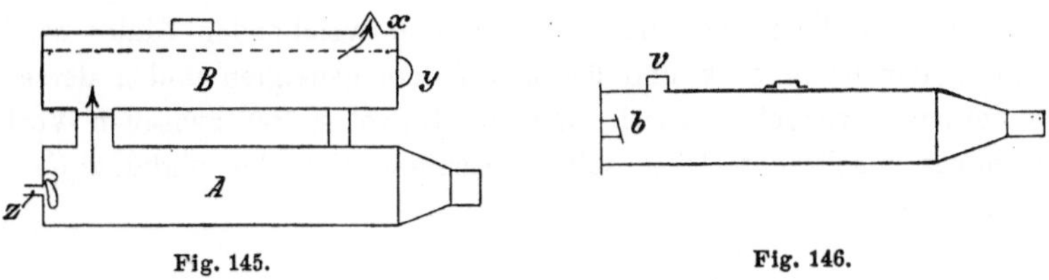

Fig. 145. Fig. 146.

Der Ballon von Bugdoll (D. R. P. No. 11545) ist aus der Figur 146 ersichtlich. Derselbe stellt einen an der Vorderseite geschlossenen Cylinder dar.

Durch eine in derselben angebrachte Klappe b können die in der Allonge niedergeschlagenen Staubtheile entfernt werden. Die Gase und Dämpfe ziehen durch den Stutzen v ab. Der letztere ist durch ein Gasfilter aus feiner Baumwolle verschlossen, in welchem die festen Theile der Gase und Dämpfe zurückgehalten werden.

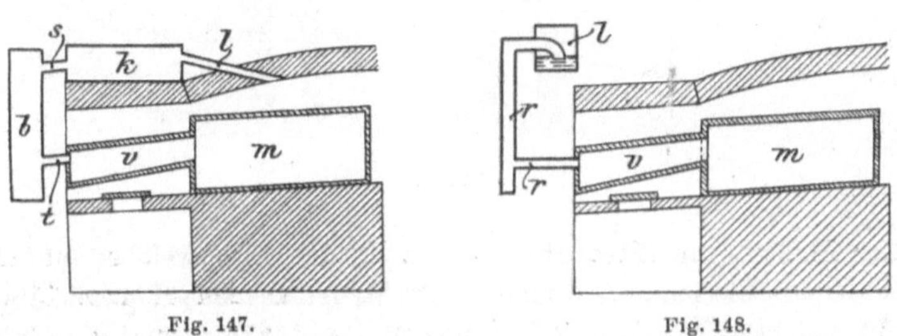

Fig. 147. Fig. 148.

Die stehende Allonge mit Condensationskasten ist aus der Figur 147 ersichtlich. b ist die stehende Allonge, welche einerseits durch das Rohr t mit der Vorlage v, andrerseits durch das Rohr s mit dem Condensationskasten k verbunden ist. Aus dem letzteren ziehen die nicht condensirten Gase und Dämpfe durch das Rohr l in das Innere des Destillirofens, wo sie verbrennen. Durch zwei mit Schiebern versehene Oeffnungen kann die Allonge b entleert werden.

Die Vorrichtung von Palm (D. R. P. No. 9672) erhellt aus der Figur 148. Die aus der Vorlage v entweichenden Gase und Dämpfe treten durch die Röhrenleitung r r in den zum Theil mit Wasser gefüllten Sammelkasten l und strömen gegen das Wasser aus. Aus diesem Kasten gelangen sie noch in mehrere Waschkästen und treten dann in die Feuerung des Destillirofens.

Bei der Vorrichtung von Hawel, Figur 149 (D. R. P. 57 385 und 61 740) ist über je zwei Vorlagen eine Kammer k und über der letzteren der Gasabzugscanal n angebracht. Der Ballon ist sowohl mit der Kammer als auch mit dem Abzugscanal durch Rohrstutzen verbunden. Die Dämpfe gelangen zuerst in die Kammer, dann in den Ballon und schliesslich in den Abzugscanal.

Der grösste Theil des aus der Vorlage entweichenden Zinks condensirt sich in der Kammer k und fliesst auf dem geneigten Boden derselben in die Vorlage z zurück. Durch eine von Hawel später zwischen Vorlage und Kammer angebrachte Düse soll die Condensation der Zinkdämpfe verbessert werden.

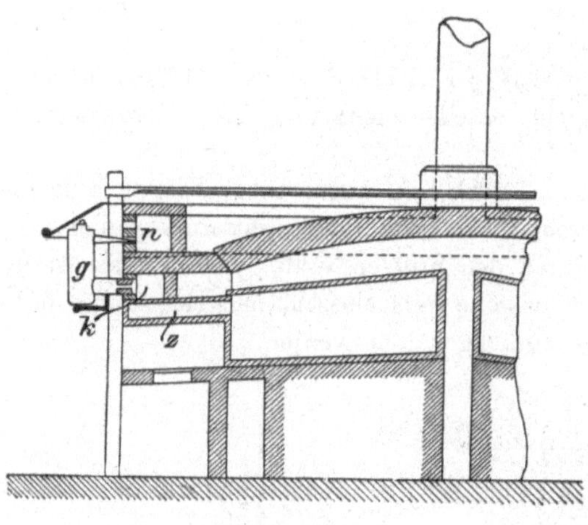

Fig. 149.

Der Ballon von Mielchen (D. R. P. 18 635), welcher auf Hugo-Hütte in Oberschlesien in Anwendung steht, ist aus den Figuren 150, 151 und 152 ersichtlich[1]). Aus 2 Vorlagen d (Fig. 152) treten die Gase und Dämpfe durch 2 Blechrohre c in den mit Reinigungsdeckeln f versehenen Blechcylinder e und gelangen durch die gelochten Bleche g in den Stutzen h, auf welchem sich der eigentliche Ballon befindet. Derselbe besteht aus einem inneren Blechcylinder k, welcher auf dem gelochten Blechteller i steht und an seinem oberen Ende gleichfalls durchlocht ist, und dem über ihn geschobenen Blechcylinder l, welcher mit 9 dicht an den äusseren Ballon anschliessenden spiralförmigen Blechringen umgeben ist. Die Gase und Dämpfe treten durch den durchlochten Deckel des inneren Cylinders in den ringförmigen Raum zwischen dem inneren und äusseren Cylinder, gelangen am unteren Ende desselben in den Raum zwischen dem inneren Cylinder und dem Ballon und durchziehen denselben in der Richtung der Pfeile spiralförmig, um schliesslich durch die

[1]) Saeger, Hygiene der Hüttenarbeiter. Jena 1895.

Oeffnungen W im Deckel des mit Handgriffen z versehenen Ballons auszutreten. Auf dem langen Wege um den äusseren Cylinder kommen die metallischen Bestandtheile des Rauchs nahezu vollständig zum Absatz. Dieser Ballon erfordert die peinlichste Wartung.

Der Ballon von Steger, welcher auf der Lazyhütte bei Beuthen in Anwendung steht, ist aus der Figur 153 ersichtlich. Aus der Vorlage treten die Gase und Dämpfe zuerst in den unteren Ballon U, durchziehen dann die den eigentlichen Ballon bildenden Blechrohre a_1, a_2 und a_3 und

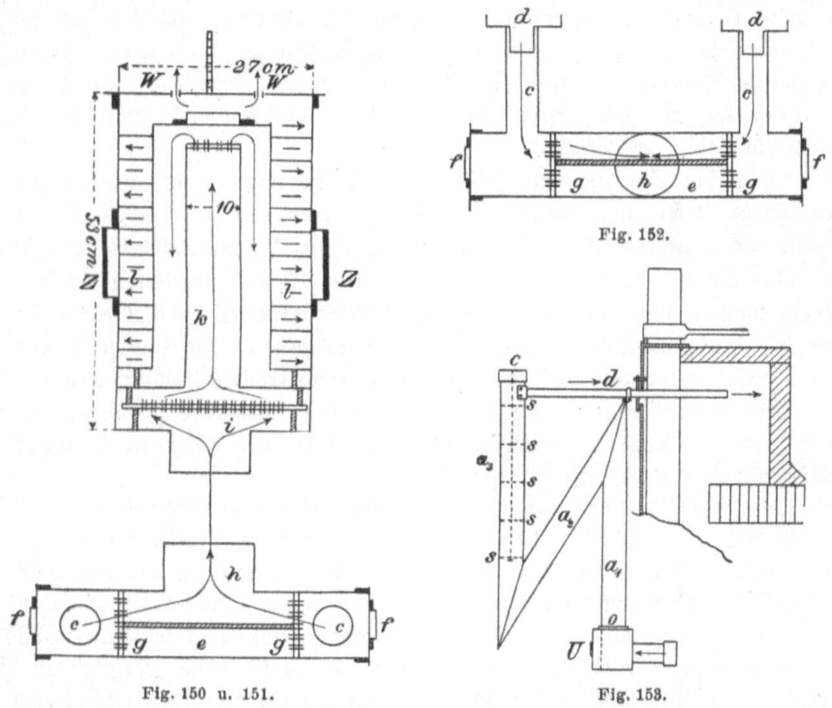

Fig. 150 u. 151.

Fig. 152.

Fig. 153.

treten am oberen Ende des letzteren durch das Rohr d in einen Abzugscanal, in welchem sie verbrannt und nach aussen abgeleitet werden können. In dem Rohr a_3 sind Blechscheiben s angebracht, durch welche die Gase gezwungen werden, am Rande des Rohrs aufzusteigen. Durch die zickzackförmige Anordnung der Rohre werden die Gase gezwungen einen langen Weg zu machen und erleiden gleichzeitig eine wiederholte Aenderung ihrer Richtung. Dabei ist dem Gasstrome eine ausgedehnte Flächenberührung geboten, wozu sich noch in Folge des Materials der Röhren (dünnes Blech) eine starke Abkühlung desselben gesellt. Die Abkühlung wird dadurch vergrössert, dass der Gasstrom durch die Blechringe s an die Wandungen des Rohrs a_3 gedrückt wird. In Folge dieser Einrichtungen ist der Gasstrom so kühl, dass derselbe im Ballon weit unter seiner Entzündungstemperatur bleibt und so Explosionen selbst beim Eindringen von Luft in denselben ausgeschlossen bleiben.

Die Ausbeute an Zinkstaub im Ballon soll eine sehr hohe sein und die anderer Ballons erheblich übertreffen.

Die Destilliröfen.

Bei den alten schlesischen Oefen, welche ausschliesslich mit Rostfeuerung betrieben wurden, stieg die Flamme vom Roste aufwärts, umspülte die Muffeln seitlich und entwich dann theils durch Oeffnungen im Gewölbe des Ofens, theils durch seitliche Oeffnungen. Bei den neueren Oefen, welche mit Rostfeuerung oder mit Gasfeuerung betrieben werden, steigt die Flamme bis zum Gewölbe auf, nimmt dann die umgekehrte Richtung an und zieht, nachdem sie die Muffeln von oben umspült hat, unter die Sohle des Ofens.

Man hat die neueren schlesischen Oefen auch wohl als belgisch-schlesische Oefen bezeichnet. Da diese Bezeichnung aber auch für die Oefen mit mehreren übereinanderliegenden Muffeln angewendet worden ist. so führt dieselbe leicht zu Missverständnissen. Zur Vermeidung von Verwechselungen sind daher, wie bereits früher dargelegt, alle Oefen mit einer einzigen Reihe von Muffeln, mögen dieselben mit aufsteigender oder mit auf- und absteigender (renversirender) Flamme betrieben werden, als schlesische Oefen bezeichnet, während die Oefen mit mehreren Reihen von Muffeln als rheinisch-westfälische Oefen bezeichnet sind.

Die alten schlesischen Oefen wurden früher in Oberschlesien allgemein angewendet, wobei als Brennstoff die dortige kurzflammige Steinkohle diente. Dieselben sind aber gegenwärtig durch die neueren Oefen mit auf- und absteigender Flamme verdrängt worden. Die letzteren, welche für langflammige Steinkohlen, für kurzflammige Steinkohlen bei Anwendung von Unterwind, für Halbgasfeuerung und für Gasfeuerung geeignet sind, nutzen die Wärme bei Weitem vollkommener aus als die alten schlesischen Oefen, welche nur noch historischen Werth besitzen.

Die alten schlesischen Oefen

sind Gefässöfen mit gestrecktem Erhitzungsraum. Sie besitzen in der Längsaxe einen tief liegenden Rost, an dessen beiden langen Seiten (bzw. in der Verlängerung derselben) die Muffeln auf Bänken aufruhen. Die von dem Roste aufsteigende Flamme umspült die Muffeln seitlich und zieht dann theils durch seitliche Oeffnungen in den kurzen Seiten der Oefen in Räume zum Calciniren des Galmeis, zum Tempern der Muffeln und zum Umschmelzen des Zinks theils durch eine Reihe von Füchsen im Deckgewölbe des Ofens in Essencanäle oder direct in niedrige Essen.

Die Einrichtung eines derartigen Ofens ist aus den Figuren 154, 155 und 156 ersichtlich. b ist der Planrost. Derselbe ist 1,66 m lang und liegt 78 cm unter der Ofensohle. Er wird durch ein in der Fig. 154 sichtbares Schürloch mit Steinkohle beschickt. An den beiden langen Seiten desselben (bzw. in der Verlängerung derselben) stehen auf Bänken je 10 Muffeln **a a.** Die Decke (Kappe) des Ofens ist aus feuerfester Masse (Thon) oder aus feuerfesten Steinen hergestellt. Je zwei Muffeln münden mit ihrer Vorderseite in (0,73 m hohe und 0,65 m weite) weite Nischen, die sog. Vorkapellen oder Kapellen, welche durch (1,33 m lange und 0,1 m

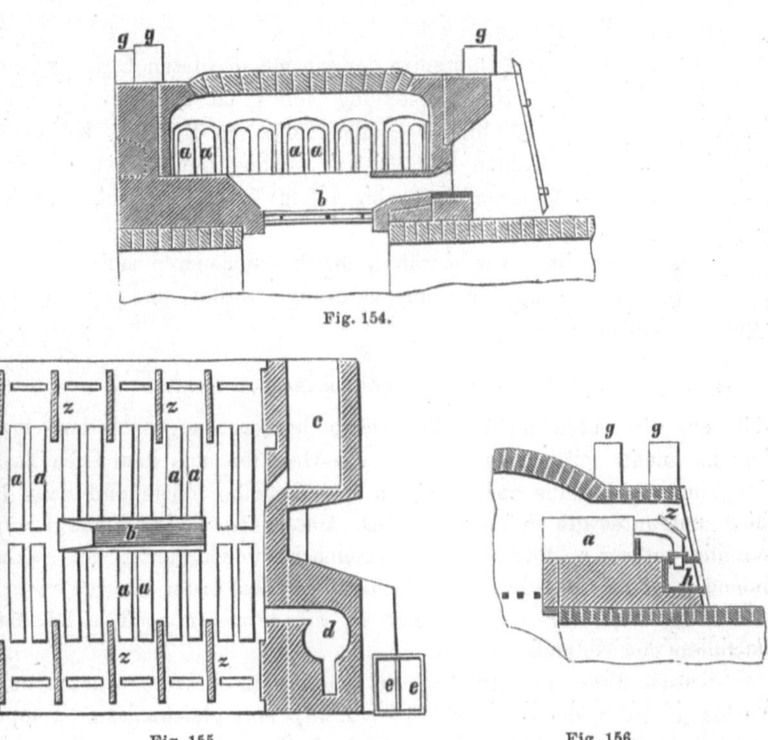

Fig. 154.

Fig. 155.

Fig. 156.

dicke) gemauerte Scheidewände Z von einander getrennt sind. In diesen Kapellen liegen die Vorlagen der Muffeln.

Je zwei dieser Oefen, welche je 20 Muffeln enthalten, sind zusammengebaut. Die Flamme zieht, nachdem sie die Muffeln seitlich umspült hat, durch seitliche Oeffnungen in den kurzen Wänden der Oefen theils in Räume zum Calciniren des Galmeis, theils in die Räume zum Tempern der Muffeln und zum Umschmelzen des Zinks und dann aus diesen Räumen in niedrige Essen. f f sind die zwischen je zwei aneinander gebauten Oefen befindlichen Räume zum Calciniren des Galmeis; e ist der Raum zum Tempern der Muffeln und d der Raum zum Umschmelzen des Zinks. h ist die mit der Vorlage (Tropfröhre) verbundene Tropfkammer, in welcher sich das Tropfzink in erstarrtem Zustande ansammelt. Die Vorderseite der

Tropfkammer ist während des Betriebes durch eine Thüre verschlossen. g g sind die Essen. Die Sohle der Muffeln liegt bei diesen Oefen auf Bänken und wird daher nicht von der Flamme getroffen bzw. geheizt.

In England hat man derartige Oefen bei Anwendung fetter Steinkohlen angewendet. Dieselben besitzen im Gewölbe über dem vorderen Theile der Muffeln zwei Reihen von Füchsen, durch welche die Feuergase in horizontale Essencanäle treten. Eine Heizung von Temperräumen und Galmei-Calcinationsheerden findet hier nicht statt. Die Zahl der Muffeln in einem Ofen beträgt 24.

Bei der geringen Ausnutzung der Wärme in diesen Oefen gebrauchte man in Oberschlesien zur Herstellung von 1 Th. Zink aus verhältnissmässig armen Erzen 17 bis 20 G.-Th. Kohle, in England bei reicheren Erzen und besseren Kohlen $11^1/_2$ G.-Th. Kohle. Der Zinkverlust stieg in Oberschlesien bei ärmeren Erzen bis auf 30 %, in England bei reicheren Erzen bis auf 18 %.

Diese Oefen sind, wie erwähnt, durch die neueren schlesischen Oefen mit auf- und absteigender Flamme verdrängt worden und werden heut zu Tage nicht mehr gebaut.

Die neueren schlesischen Oefen

sind aus den alten schlesischen Oefen hervorgegangen, indem man die Flamme nicht seitlich oder durch das Gewölbe aus dem Ofen austreten liess, sondern dieselbe zuerst bis an das Gewölbe führte und dann herabfallen und unter die Sohle des Ofens treten liess. Die Feuergase zogen von hier entweder durch einen gemeinschaftlichen unter der Sohle hinlaufenden Canal in eine gemeinschaftliche Esse oder in mehrere Essen oder sie wurden vor dem Eintritt in die letzteren noch in Räume zum Calciniren des Galmeis geleitet.

Durch diese Einrichtung hat man eine bessere Ausnutzung der Wärme (6 bis 8 Th. Kohle auf 1 Th. Zink), eine gleichmässige Temperatur im Ofen und damit eine grössere Haltbarkeit der Retorten und ein höheres Ausbringen an Zink sowie eine Vermehrung der Muffelzahl und damit eine grössere Leistungsfähigkeit der Oefen erreicht. Auch wurde dadurch das Eintreten von Rauch in die Hütte sowie die Belästigung der Umgebung der Hütten durch Rauch vermieden.

Die gedachte Art der Flammenführung wurde zuerst auf den Werken der belgischen Gesellschaft Vieille Montagne in Belgien und Westphalen bei Anwendung von Planrosten und fetten (langflammigen) Steinkohlen eingeführt. (Aus diesem Grunde wurden die betreffenden Oefen auch „belgisch-schlesische Oefen" genannt.)

Mit den oberschlesischen kurzflammigen Steinkohlen liess sie sich bei Anwendung von Planrosten nur dann ausführen, wenn die Brennstoffschicht hoch lag, in ihrem unteren Theile eine Schlackenlage (Schlackenrost) bildete und wenn ein Windstrom unter den Rost (Unterwind) oder im Niveau der obersten Brennstoffschicht über den Rost geleitet wurde.

Ein weiterer Fortschritt wurde durch Einführung der Gasfeuerung gemacht, welche die Leistungsfähigkeit der Oefen wesentlich erhöhte und die Rostfeuerung fast ganz verdrängt hat.

Für die schlesischen Oefen wird man daher gegenwärtig grundsätzlich Gasfeuerung anwenden.

Die Zahl der Muffeln beträgt bei den neueren schlesischen Oefen 24 bis 80. Es sind daselbst gewöhnlich 2 Oefen zu einem Block zusammengebaut.

Man unterscheidet die neueren schlesischen Oefen in solche mit Rostfeuerung und in solche mit Gas- (bzw. Halbgas-)feuerung. Die Oefen mit Gasfeuerung unterscheidet man in Oefen ohne Wärmespeicher und in solche mit Wärmespeichern.

Schlesische Oefen mit Rostfeuerung.

Die Oefen dieser Art wurden vor der Einführung der Gasfeuerung häufig angewendet, sind aber zur Zeit auf den meisten Werken durch die mit Gas gefeuerten Oefen verdrängt worden.

Die Einrichtung eines derartigen Ofens, wie er zu Valentin-Cocq in Belgien in Anwendung stand, ist aus den Figuren 157 bis 161 ersichtlich.

e sind die in der Zahl von je 16 zu beiden Seiten des Rostes angeordneten Muffeln. Je zwei dieser Oefen sind mit den betreffenden kurzen Seiten aneinandergebaut. Die von dem Roste emporsteigende Flamme zieht zuerst bis zum Gewölbe und fällt dann, die Muffeln von oben umspülend, durch eine Reihe von Füchsen in die Sohlencanäle K, welche die Feuergase in die Esse führen. Bei den älteren Oefen befinden sich zwischen je zwei derselben Galmei-Calcinirräume Z oder falls man, wie bei den alten schlesischen Oefen, Tropfzink herstellt, auch Räume zum Umschmelzen des Zinks a. In beiden Fällen wird ein Theil der Feuergase vor dem Eintritt in die Esse durch diese Räume geleitet. v sind senkrechte Canäle, durch welche die in den Muffeln verbliebenen Destillationsrückstände in horizontale gewölbte Canäle T gestürzt werden. Die letzteren münden in ein der Längsaxe des Ofens parallel laufendes Gewölbe w. u sind die oben beschriebenen ausgebauchten Vorlagen zum Auffangen des Zinks, q die an dieselben angesetzten Blechtüten zum Auffangen des Zinkstaubs. Die Vorlagen liegen in den bereits beim alten schlesischen Ofen betrachteten Nischen oder Kapellen. t sind die Stege der Muffeln, auf welchen das hintere Ende der Vorlage ruht. Das vordere Ende derselben ruht in Eisenrahmen. Die letzteren schliessen die Nischen nach vorne ab. Im oberen Theile werden sie zugesetzt, im unteren Theile durch eine Vorsatzthüre geschlossen.

An die Stelle der ausgebauchten Vorlagen, aus welchen das Zink ausgekratzt wird, hat man vielfach die oben beschriebenen Vorlagen, aus welchen das Zink abgestochen wird, gesetzt.

In Oberschlesien war es bei Anwendung von kleinstückigen kurzflammigen Kohlen erforderlich, bei Planrosten mit Schlackenrost und Unter-

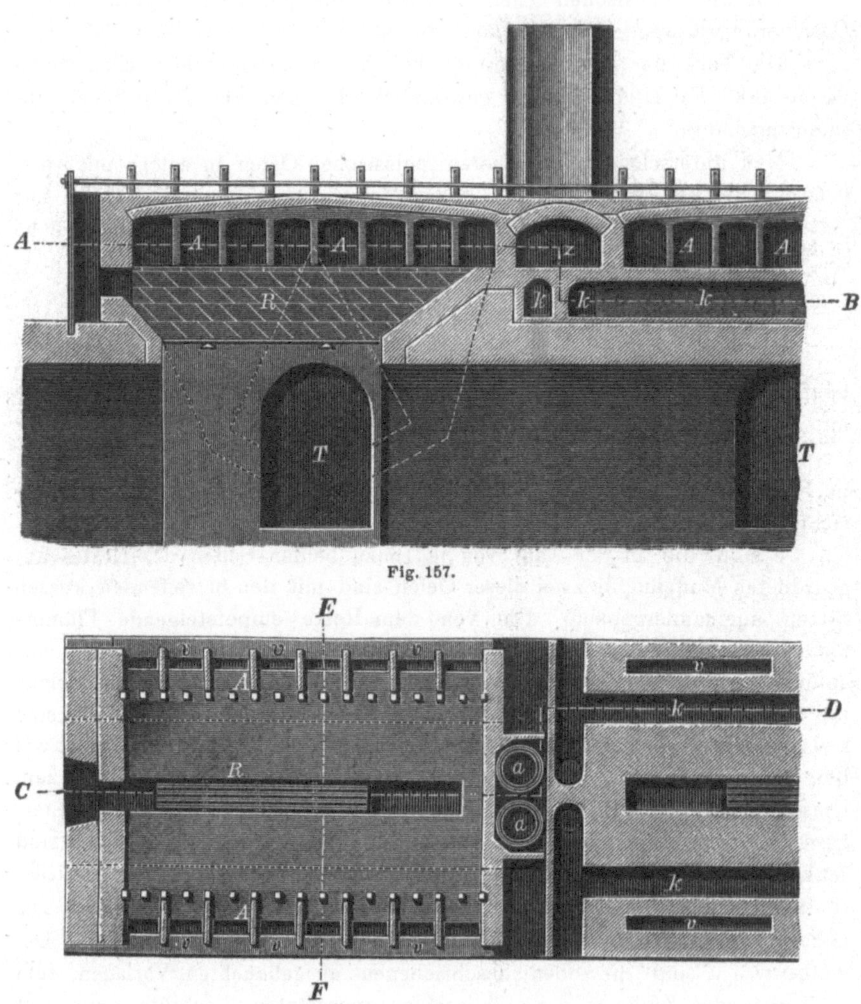

Fig. 157.

Fig. 158.

wind zu arbeiten oder in manchen Fällen Oberwind im Niveau der obersten Brennstoffschicht zuzuführen.

Bei Oefen dieser Art betrug die Zahl der Muffeln 24 bis 28.

Der Schlackenrost wurde 25 cm hoch gehalten. Der Unterwind wurde durch Ventilatoren oder Injectoren geliefert. Derselbe trat durch eine sich unter dem Ofen hinziehende Längsrösche in den geschlossenen Aschenfall der Planrostfeuerung. Der Oberwind trat, im Mauerwerke des Ofens vorgewärmt, durch Canäle in den Muffelbänken in einer Reihe von Zweigen über den Rost. Die Oefen dieser Art sind zur Zeit in Oberschlesien durch die Oefen mit Gasfeuerung verdrängt.

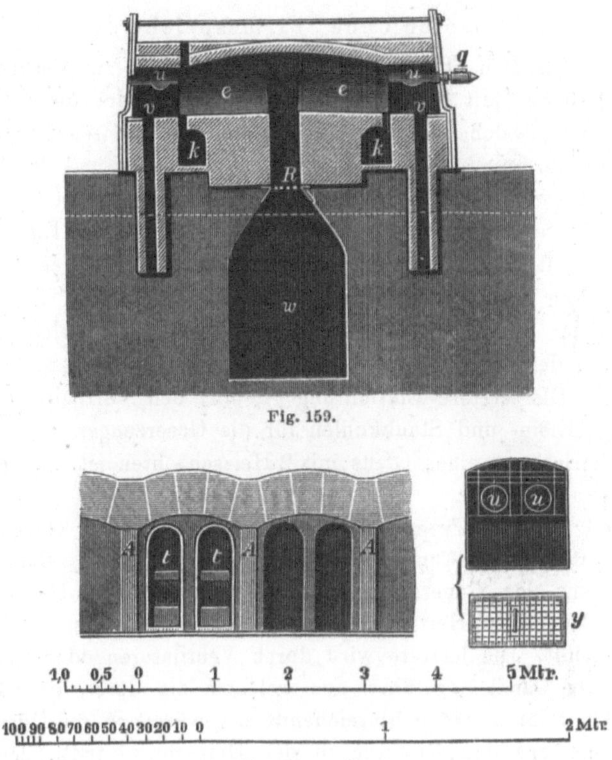

Fig. 159.

Fig. 160 u. 161.

Schlesische Oefen mit Gasfeuerung.

Die Oefen mit Gasfeuerung gestatten die Verwerthung geringwerthiger Brennstoffe und die Erzielung einer hohen Temperatur, die gleichmässige Erhitzung eines grossen Ofenraumes und ein bequemes Schüren der Gaserzeuger. Durch diese Eigenschaften steigt die Leistungsfähigkeit der mit Gas geheizten Oefen in erheblichem Maasse gegenüber den Oefen mit Rostfeuerung. Sie sind daher grundsätzlich anzuwenden. Die abziehenden Feuergase ziehen entweder direct in Essen oder sie geben vorher einen Theil ihrer Wärme zum Calciniren von Galmei und Tempern von Muffeln oder zum Heizen von Wärmespeichern ab. Von Wärmespeichern steht der Siemens'sche Wärmespeicher bzw. die Siemens'sche Feuerung in Anwendung. Die letztere erfordert aber ausser hohen Anlagekosten und einer sorgfältigen Bedienung auch eine sich gleich bleibende und nicht zu schlechte Steinkohle; auch verstopfen sich die Canäle der Regeneratoren leicht durch Zinkoxyd und durch aus dem Theer ausgeschiedenen Kohlenstoff, so dass die Siemens-Feuerung trotz ihrer grossen Vorzüge nicht die von ihr erwartete allgemeine Anwendung beim Zinkhüttenbetrieb gefunden hat.

Gasöfen ohne Wärmespeicher.

Bei den Gasöfen ohne Wärmespeicher wird die zur Verbrennung der Gase erforderliche Luft im Mauerwerk des Ofens oder des Gaserzeugers oder in Canälen, welche von den abziehenden verbrannten Gasen umspült werden, vorgewärmt.

Das Gas wird in Generatoren mit Treppenrost erzeugt und durch sog. Heizschächte in den Ofen geleitet, an deren oberem Ende es durch eingeblasene Luft verbrannt wird. Die Luft wird durch Ventilatoren eingeblasen und in dem Mauerwerke des Ofens vorgewärmt. Die Oefen arbeiten entweder mit Essenzug oder mit Unterwind, in welchem letzteren Falle auch in den geschlossenen Aschenfall der Gasgeneratoren Luft geblasen wird. Die letztere Einrichtung gewährt den Vortheil der Verwendung billiger Klein- und Staubkohlen für die Gaserzeuger.

Die Einrichtung eines Ofens mit 2 Heizschächten ist aus den Figuren 162 und 163 ersichtlich.

G sind die mit Treppenrosten t versehenen zwei Gasgeneratoren, unter deren Rost durch Canäle g Unterwind geleitet wird. Das Generatorgas gelangt aus den Generatoren durch Canäle k in die Heizschächte h. Am oberen Ende der Heizschächte mischt sich das Gas mit erwärmter Verbrennungsluft. Die letztere wird durch Ventilatoren oder Dampfstrahlgebläse in den Canal z geführt, aus welchem sie durch die Canäle y, x und x′ und auf ihrem Wege hinreichend vorgewärmt in die Düsen d bzw. d′ gelangt und aus den letzteren in den Heizschacht tritt. Die Flamme schlägt zuerst zum Gewölbe und zieht dann, die Muffeln umspülend, abwärts durch die Füchse f in die Canäle w, aus welchen sie in die Essen e bzw. in die Hauptesse H tritt. Der Unterwind für den Generator zweigt sich aus dem Canale z in den unter dem Roste des Generators mündenden Canal g ab. m sind die Muffeln, r die Vorlagen, u die Canäle, durch welche die Muffelrückstände in die durch Thüren verschliessbaren Kammern gestürzt werden. o sind die zwischen je zwei Oefen befindlichen Räume zum Calciniren des Galmeis; R R sind Räume zum Tempern der Muffeln.

Ein Doppelofen mit 64 Muffeln (Hohenlohehütte O.-S.) ist aus den Figuren 164 und 165 ersichtlich. Fig. 164 stellt einen Querschnitt durch den Ofen und den Generator, Fig. 165 einen Horizontalschnitt durch den Ofen dar. Der Ofen (welcher 16,1 m lang und 5,62 m breit ist) hat 2 Generatoren S, je einen für 32 Muffeln. Die Generatorgase ziehen durch den Canal K in 4 senkrechte Schächte G und werden in denselben durch Zumischung von Luft verbrannt. Die Verbrennungsluft wird durch Ventilatoren in den Canal Z gedrückt, gelangt aus demselben in kleine, um den Heizschacht herumlaufende Canäle x und aus diesen durch Schlitze F in den Heizschacht. Zur Aufnahme der Flugasche läuft der Heizschacht

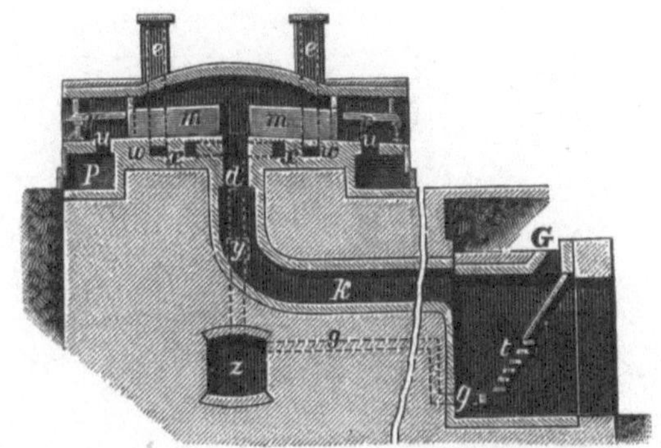

Fig. 162.

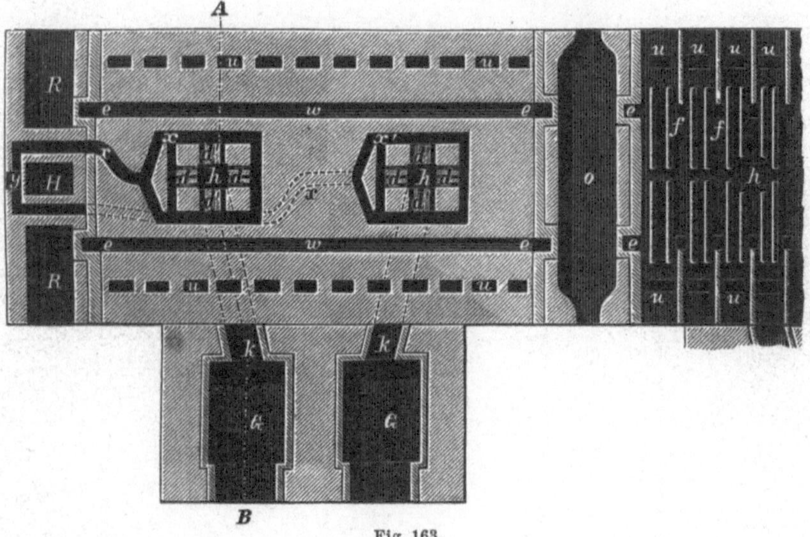

Fig. 163.

nach unten in den Raum u aus. Die Reinigung desselben erfolgt von der Rösche R aus, welche durch einen Canal D mit diesem Raum verbunden ist.

Die Feuergase ziehen, nachdem sie die Muffeln geheizt haben, zum grösseren Theile durch die Canäle w an den beiden Enden des Ofens in die Kammern M bzw. u zum Tempern der Muffeln bzw. Calciniren des Galmeis. Aus diesen Räumen ziehen die Verbrennungsgase durch die Fuchscanäle f in die Esse. Soweit die Feuergase zum Tempern und Cal-

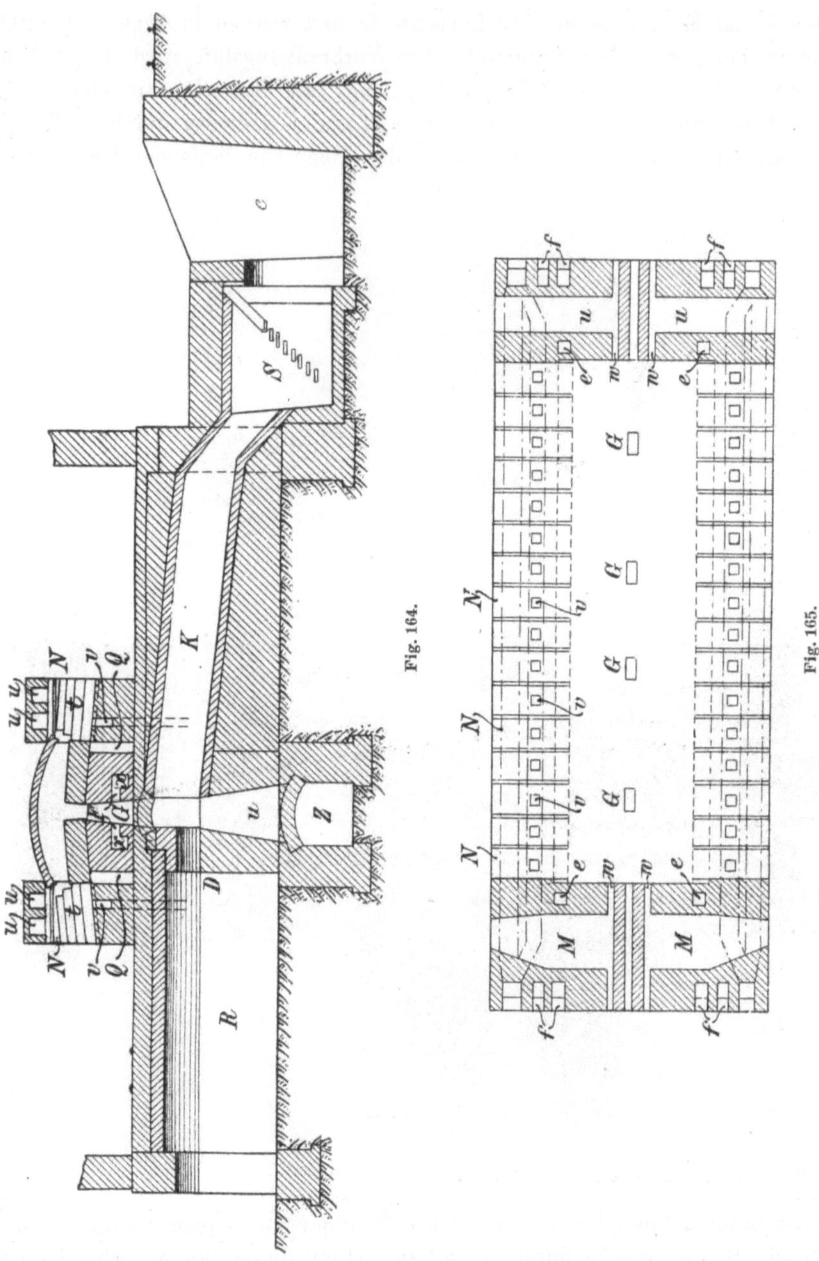

Fig. 164.

Fig. 165.

ciniren keine Anwendung finden, ziehen sie aus dem Ofenraum durch die Füchse e in die Esse. N sind die Nischen, welche die Vorlagen von je zwei Muffeln aufnehmen. Q sind Canäle, in welchen sich die beim Undichtwerden der Muffeln bildende Schlacke ansammelt. Durch die Canäle v werden die Muffelrückstände in die Rösche R gestürzt.

Bei dem schlesischen Zinkofen von Lorenz[1]) treten Gase und Verbrennungsluft nicht durch die Mitte des Gesässes, sondern durch die Stirnwände des Ofens ein. Die Feuergase ziehen durch zwischen den Muffeln angebrachte Oeffnungen im Heerde in Canäle, welche sie in die an den Stirnseiten des Ofens angebrachten Abzugsöffnungen für die Esse führen.

Diese Oefen, bei welchen die Durchbrechung des Heerdes in der Mittelaxe wegfiel, erleichterten zwar die Ausführung von Reparaturen an den Heizschächten, gestatteten aber keine gleichmässige Durchwärmung. Man ist deshalb von ihrer Anwendung (sie standen auf Lazy-Hütte in Oberschlesien im Betriebe) abgekommen.

Gasöfen mit Wärmespeicher.

Die schlesischen Gasöfen mit Wärmespeicher besitzen Siemens-Feuerung. Dieselbe erfordert eine nicht zu kleinstückige Steinkohle. Sie gestattet die gleichmässige Heizung grosser Räume auf eine hohe Temperatur und in Folge dessen eine Ersparung an Brennstoff und Destillirgefässen sowie längere Campagnen gegenüber den ohne Wärmespeicher

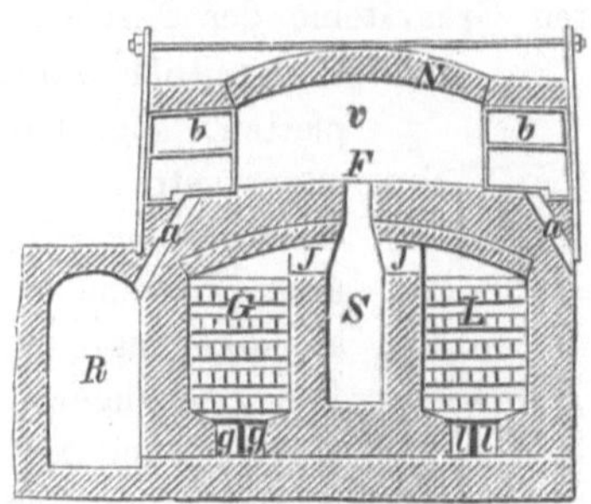

Fig. 166.

arbeitenden Oefen. Ihre hohen Anlagekosten indess, die Nothwendigkeit der Verwendung besserer Kohlen, die Sorgfalt in der Bedienung, die leichte Verstopfung der Canäle in den Wärmespeichern, die Schwierigkeiten der ersten Inbetriebsetzung und der (durch die Regeneratoren verursachte) erhöhte Bedarf au feuerfestem Materiale haben trotz der gedachten Vorzüge ihre Ausbreitung beschränkt.

Die allgemeine Einrichtung eines Zink-Destillirofens mit Siemens-Feuerung ist aus den Figuren 166 und 167 ersichtlich. L sind die Wärmespeicher für die Luft, G für das Gas. g g sind die Canäle für den Eintritt des Gases, l l für den Eintritt der Luft in die betreffenden Wärmespeicher. Gas und Luft treten vorgewärmt durch die Canäle J J in den Mischraum F.

[1]) Steger, Preuss. Zeitschr. für Berg-, Hütten- und Salinenwesen 1900. S. 403.

Die Flamme steigt zuerst in der einen Hälfte des Heizraums v bis zum Gewölbe N, tritt dann in die andere Hälfte und gelangt am Ende derselben in die Wärmespeicher, durchstreicht dieselben und zieht dann in die Esse. Durch die Canäle a werden die Destillations-Rückstände der

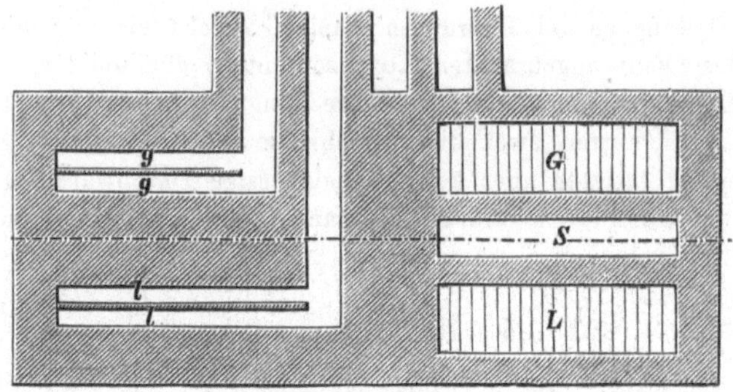

Fig. 167.

Muffeln in die Röschen R gestürzt. S ist eine Tasche zum Auffangen von Flugstaub. b sind in den Figuren 168 und 169 des Näheren dargestellte von Cochlovius (D. R. P. 9128) angegebene Rahmen aus Eisen zum Ersatze der aus Thon hergestellten Grenzsteine der Nischen. (Je zwei Nischen sind seitlich durch 5 cm starke Thonplatten, sog. Grenzsteine, von einander getrennt.) Die Vorderseite a b des Rahmens wird vom Ofenanker gefasst, während sich die Hinterseite d c an den Fuss der Ofenkappe anlegt. Das Deckengewölbe wird durch den oberen Theil a c des Rahmens getragen. Von dem unteren Theil des Rahmens ist das Stück d e in den Herd eingelassen, während sich das Stück e f an die Heerdplatte anlegt. Zur Versteifung des Rahmens ist eine Querschiene h i in denselben eingelegt. Die auf den Ansatz k gelegte Eisenschiene l ersetzt den Block, auf welchem das vordere Ende der Vorlagen ruht.

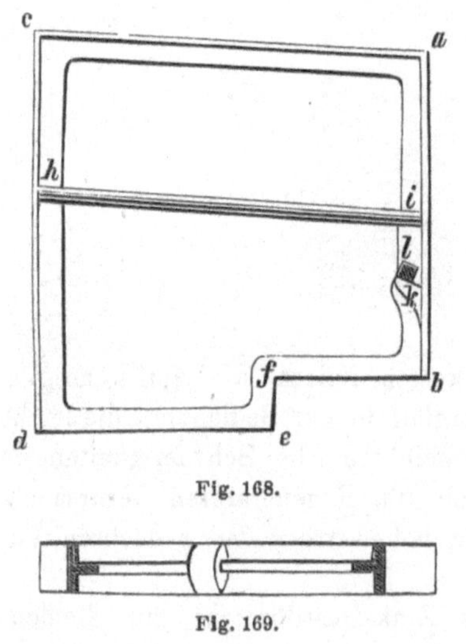

Fig. 168.

Fig. 169.

Die Einrichtung des älteren Zink-Destillirofens zu **Freiberg** ist aus den Figuren 170 bis 174 ersichtlich. Die Wärmespeicher liegen unter dem Ofen parallel der Längsaxe desselben. L ist der eine der Luft-Wärmespeicher, G der eine der Gas-Wärmespeicher. Das unter der anderen Hälfte des Ofens liegende Wärmespeicher-Paar ist in den Figuren nicht sichtbar. W ist die Wechselklappe für den Gasstrom, W′ für den Luftstrom. X sind die Gascanäle, Y die Luftcanäle. Das Gas tritt durch X in den Wärmespeicher G, die Luft durch Y in den Wärmespeicher L. Am oberen Ende des Gaswärmespeichers tritt das Gas in erhitztem Zustande durch 3 Canäle in entsprechende senkrechte Schlitze, während die erhitzte

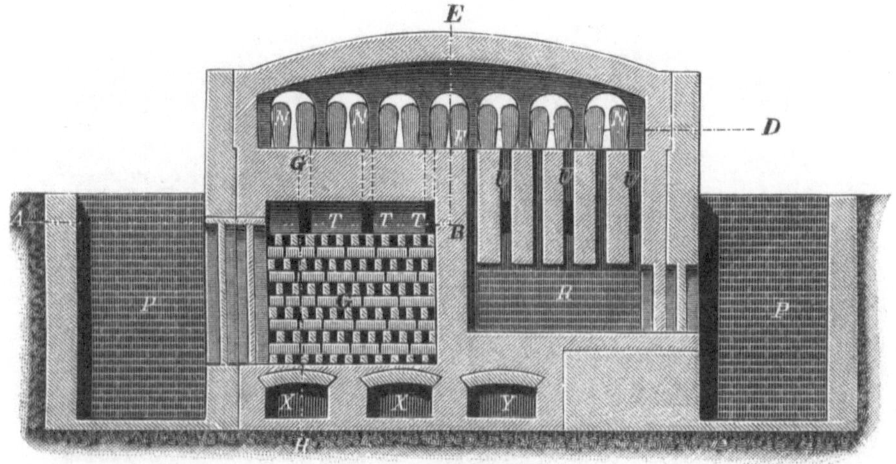

Fig. 170.

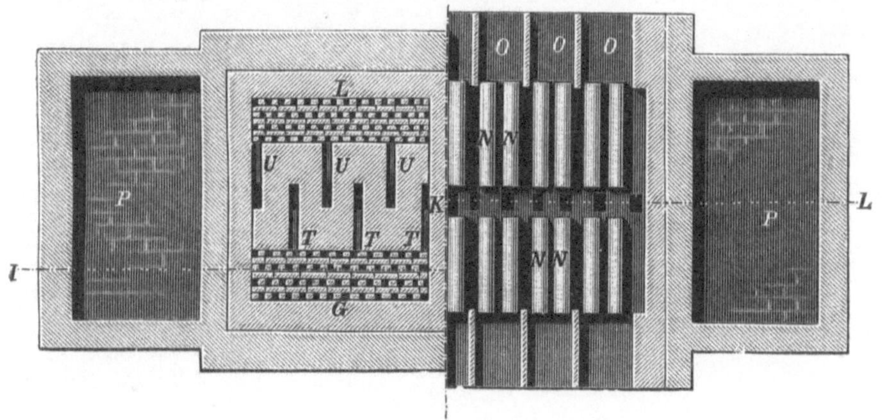

Fig. 171.

Luft am oberen Ende des Luftwärmespeichers durch eine gleiche Zahl von Canälen U in die entsprechenden senkrechten Schlitze gelangt. Am Ende der gedachten Schlitze vermischen sich Luft und Gas. Die hierbei entstehende Flamme umspült zuerst die beiden Muffelreihen auf der einen Hälfte des Heerdes und zieht dann in die zweite Hälfte des Ofens, um, nachdem sie die hier befindlichen Muffeln umspült hat, durch die auf die

Sohle des Ofens mündenden (6) Luft- und Gas-Schlitze in die entsprechen den Wärmespeicher (Luft- und Gas-Wärmespeicher) zu treten und durch dieselben ihren Weg nach dem Essencanal E bzw. der (in den Figuren nicht sichtbaren) Esse zu nehmen. Nach Ablauf einer gewissen Zeit ($^1/_2$ Stunde bis 1 Stunde) wird durch Drehen der Wechselklappen die

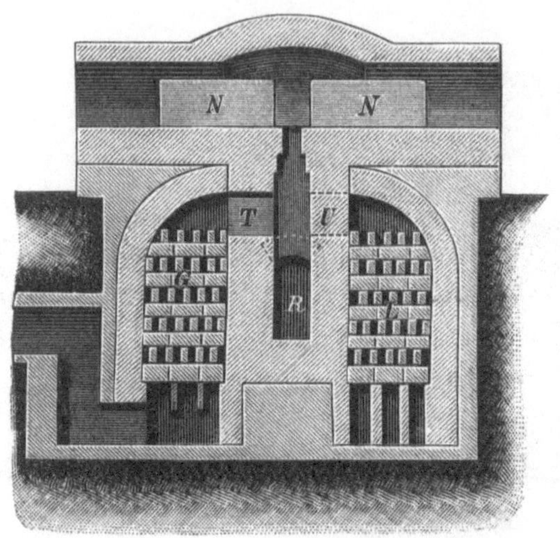

Fig. 172.

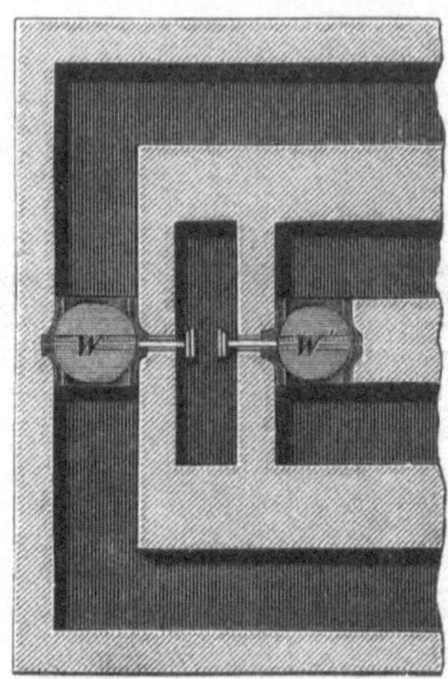

Fig. 173.

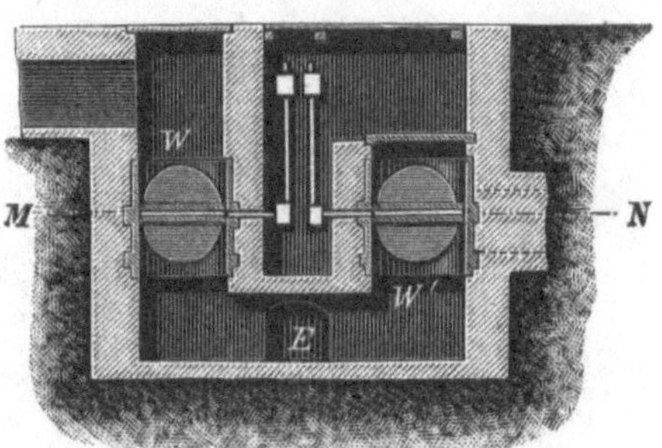

Fig. 174.

Richtung des Luftstroms und des Gasstroms umgekehrt, so dass Gas und Luft jetzt unter der zweiten Hälfte des Ofens aufsteigen und die in derselben befindlichen Muffeln zuerst vorwärmen, um dann durch die erste Hälfte des Ofens ihren Weg nach dem ersten Wärmespeicher-Paar und aus diesem in die Esse zu nehmen. Die Gas- und Luftschlitze sind nach unten hin in Räume R, sogen. „Taschen“, verlängert, in welchen sich die herabfallende Flugasche ansammeln soll. Durch die Räume P gelangt man an das die Wärmespeicher und Taschen nach aussen hin verschliessende

Mauerwerk, um nach der Entfernung desselben die erforderlichen Reparaturen und Reinigungen ausführen zu können. N sind die Muffeln. O sind die Nischen.

Die Zahl der Muffeln für einfache Oefen dieser Art beträgt 28 bis 32, für Doppelöfen 56 bis 80. Auf Bernhardi-Hütte bei Rosdzin beträgt die Zahl der Muffeln für einen Doppelofen 80.

Mit gutem Erfolge stehen Oefen mit Siemens-Feuerung auf Paulshütte, Wilhelminenhütte, Bernhardi-Hütte und Florahütte in Oberschlesien in Anwendung.

Die Gasöfen mit Luftwärmespeichern zu beiden Seiten der Längsaxe des Ofens (Recuperatoren) von Haupt mit Erhitzung des Ofenheerdes auch von unten sowie mit Heizung der Calcinir- und Temperöfen durch die abziehenden Feuergase (D. R. P. 7425. Oesterr. Zeitschr. 1881 S. 336) scheinen nicht zur Anwendung gelangt zu sein.

Herstellung der Beschickung.

Die Herstellung der Beschickung für die Muffeln geschieht nach ähnlichen Grundsätzen wie die Herstellung der Beschickung für die Röhren. Nur wird der Galmei nicht in stark zerkleinertem Zustande, sondern in Stücken von Haselnussgrösse der Destillation unterworfen, so dass die Beschickung in den Muffeln, welche einen viel grösseren räumlichen Inhalt besitzen als die Röhren, locker liegt.

In Oberschlesien wendet man die Reductionskohle in entgastem Zustande als sog. „Cinder" an. Die letzteren werden theils von den Puddelwerken bezogen, theils werden sie unter den Rosten der Gaserzeuger aufgelesen, theils werden sie in besonderen Oefen hergestellt. So werden auf den Hütten Hohenlohe, Kunigunde und Theresia in Oberschlesien die Kohlen (Gries- und Erbskohlen) in Backöfen abgeschweelt, wobei sie etwas verkoken und je nach ihrer Qualität etwas zusammenbacken. Auch auf Pauls- und Wilhelminenhütte bei Schoppinitz in Oberschlesien verwendet man theilweise abgeschweelte Kohlen. Auf manchen Werken werden Kleinkoks verwendet. Bei der Entgasung der Kohlen werden 63 bis 72 % vom Gewichte derselben als Cinder gewonnen.

In der neuesten Zeit ist in Oberschlesien die Menge der Cinder in der Beschickung stetig gestiegen. Durch diese Vermehrung des Cinder-Zusatzes werden die glühenden Kohlentheilchen in innige Berührung mit den Erzen gebracht und gleichzeitig wird die Bildung einer Atmosphäre von Kohlenoxydgas veranlasst, in welcher alle oxydirenden Einwirkungen auf die Zinkdämpfe (Kohlensäure, Wasserdampf, Luft) wegfallen. Beispielsweise beträgt auf Wilhelminenhütte der Zusatz an Cindern nahezu 50 % vom Gewichte der verhütteten Erze bzw. 34,9 % des gesammten bei der Verhüttung verwendeten Brennstoffs.

Der Erzeinsatz in eine Muffel beträgt in Oberschlesien zur Zeit durchschnittlich 103 kg.

Betrieb beim Destilliren.

Die Destilliröfen werden vor der Inbetriebsetzung gehörig ausgetrocknet und dann vorsichtig angefeuert.

Bei den alten schlesischen Oefen wurden, sobald der Ofen die erforderliche Temperatur hatte, die im Temperofen auf Rothglut gebrachten Muffeln in den ersteren eingesetzt. Die Zwischenräume zwischen Muffeln und Pfeilern wurden mit Ziegelstücken und Lehm ausgefüllt, worauf die Vorlagen an den Muffeln befestigt und die unter den Stegen befindlichen Oeffnungen der Muffeln durch die oben erwähnten Vorsetzplatten verschlossen wurden. Man begann nun mit dem allmählichen Eintragen der Beschickung. Die letztere wurde durch eine Oeffnung im Knie des Vorlagerohres mit Hülfe einer rinnenförmigen Ladeschippe eingetragen, welche letztere durch den horizontalen Theil des Vorlagerohres in die Muffel geführt wurde. Die zuerst geringe Ladung der Muffeln wurde allmählich vergrössert, so dass die Muffeln am siebenten Tage ihre volle Ladung hatten. Die dem Feuer zunächst liegenden Muffeln erhielten stärkere Ladungen als die entfernter liegenden Muffeln. Nach dem Eintragen der Beschickung legte man auf die Eintrageöffnung im Knie des Vorlagerohres eine Thonplatte und lutirte dieselbe mit Thon; dann schloss man die vor den Nischen angebrachten Blechthüren und steigerte die Temperatur des Ofens bis zur Weissglut. Bald nach dem Eintragen der Ladung entwickelten sich bei normalem Betriebe Kohlensäure, Kohlenoxyd und Wasserdampf und in den Vorlagen setzte sich in Folge der Einwirkung von Kohlensäure und Wasserdampf auf die Zinkdämpfe sowie in Folge der starken Verdünnung derselben durch die gedachten Gase Zinkstaub ab, welcher zur Verhütung der Verstopfung des Vorlagerohres öfters ausgeräumt werden musste, 2 bis 3 Stunden nach dem Eintragen der Beschickung war nur noch Kohlenoxydgas in den aus der Muffel entweichenden Gasen vorhanden. Da oxydirende Einflüsse jetzt nicht mehr vorhanden waren und die Zinkdämpfe in grösserer Menge in den Gasen vorhanden waren, so begann die Condensation des Zinks und erreichte nach 6 bis 8 Stunden ihr Maximum, auf welchem sie 6 bis 8 Stunden stehen blieb. Dann wurde sie schwächer und war nach mehreren weiteren Stunden beendigt. Die ganze Dauer der Verarbeitung der Ladung einer Muffel betrug (mit Einschluss des Ladens) 24 Stunden. Nach beendigter Destillation wurden die Vorsetzthüren der Nischen geöffnet; die Thonplatten wurden von den Eintragöffnungen entfernt; das noch im horizontalen Theile des Vorlagerohres vorhandene flüssige Zink wurde in die Tropfkammer heruntergekratzt und das in der letzteren erstarrte Metall wurde herausgeholt. Nach der nun folgenden Entfernung der unter dem Stege befindlichen Ausräumplatten mit Hülfe einer Zange wurden die Destillations-Rückstände mit Hülfe von Kratzeisen ausgezogen und etwaige Ansätze in den Muffeln durch Räumeisen abgestossen. Schadhafte Muffeln wurden ausgewechselt und undichte, noch reparaturfähige Muffeln mit Thonbrei verschmiert. Alsdann wurden die Muffeln von Neuem geladen. Man besetzte entweder die beiden Muffelreihen unmittelbar nacheinander oder man schob nach dem Besetzen der einen Muffelreihe im Interesse der Erholung der Arbeiter eine bis 8 Stunden dauernde Pause ein. Durch die letztere wurde aber der gleichmässige Ofengang und das Ausbringen an Zink beeinträchtigt.

Das Destillir-Verfahren bei Anwendung der neueren schlesischen Oefen stimmt bis auf die aus der abweichenden Einrichtung dieser Oefen und der Art der Vorlagen sich ergebenden Abänderungen mit dem beschriebenen Destillir-Verfahren überein.

Das Anwärmen der Oefen geschieht durch ein auf den Rosten bzw. in den Gaserzeugern unterhaltenes Kohlenfeuer. Bei den Oefen mit Siemensfeuerung erfolgt das Anwärmen des Ofens nicht vom Generator aus, sondern durch ein im Ofen selbst auf provisorischen Rosten unterhaltenes Feuer. Die betreffenden Roste werden in zwei diagonal einander gegenüberliegenden Nischen angebracht, während die übrigen Nischen für die Zeit des Anwärmens lose vermauert sind. Nach 3 bis 4 Tagen werden die Muffeln eingesetzt und im Ofen selbst getempert. Nachdem das Feuer weitere 3 bis 4 Tage hindurch allmählich verstärkt worden, entfernt man die Roste und lässt aus dem gleichfalls abgewärmten und darauf befeuerten Generator Gas und mit ihm die zu seiner Verbrennung erforderliche Menge Luft in den Ofen treten. Nachdem auf diese Weise die Gasfeuerung eingeleitet ist, setzt man durch die nun frei gewordenen beiden Nischen die noch fehlenden (den beiden Nischen entsprechenden) Muffeln in rothglühendem Zustande in den Ofen, mauert die Muffeln ein, setzt die Vorlagen an dieselben an und trägt die Beschickung in die Muffeln ein.

Das Einführen der Beschickung in die Muffeln geschieht bei ausgebauchten Vorlagen durch die vordere Oeffnung derselben, bei den Vorlagen von der Gestalt geneigter cylindrischer Röhren oder von parallelepipedischen oben überwölbten Kästen, deren vordere Oeffnung durch eine Thonplatte oder eine mit Thon umgebene Eisenplatte verschlossen ist, nach Abnahme dieser Platte.

Die ersten Einsätze in die Muffeln sind noch gering und bestehen aus leicht reducirbarem Materiale (Zinkstaub, reichen Rückständen). Dieselben werden allmählich bis zur normalen Höhe vergrössert. Dieselbe beträgt bei den grossen schlesischen Muffeln durchschnittlich 100 kg Erz. Die Dauer der Verarbeitung einer Beschickung beträgt auch hier 24 Stunden.

Die Temperatur muss während der Destillation möglichst gleichmässig gehalten werden. Ist sie zu hoch, so entweicht uncondensirtes Zink aus den Vorlagen und verbrennt in Berührung mit der Luft; ist sie zu niedrig, so erstarrt das Zink zu Staub, welcher theils in den Vorlagen bleibt, theils durch den Gasstrom mitgerissen wird. Bei den alten schlesischen Oefen konnte in diesem Falle eine Verstopfung der Vorlageröhren durch festes Zink eintreten.

Erhalten die Muffeln Risse, so treten je nach den Spannungs-Verhältnissen der Gase in der Muffel und im Ofen entweder Zinkdämpfe aus der Mnffel in den Ofen oder es treten Feuergase in die Muffel. Nach beendigter Destillation wird das Zink aus den Vorlagen entfernt; dann erfolgt das Ausräumen der Rückstände, die Reparatur bzw. Erneuerung der Muffeln und dann das Laden der Muffeln. Aus den ausgebauchten Vorlagen wird das Zink ausgekratzt und in einem unter die Vorlage gehaltenen Löffel angesammelt. Aus den geneigten cylindrischen oder parallel-epipedischen Vorlagen wird es nach der Auflockerung bzw. Entfernung der vorderen Platte in vor die Vorlage gebrachte eiserne Löffel abgelassen. Aus diesen Löffeln, welche mit Ausgussschnauzen versehen sind, wird das flüssige Zink in Formen gegossen. Liegen die Muffeln in mehreren Reihen übereinander, so wird das Zink zuerst aus den Vorlagen der oberen Muffelreihen entfernt.

Herter[1]) führt das Zink in transportabele, kippbare, mit einem feuerfesten Futter versehene, von aussen geheizte Gefässe, in welchen sich Blei und Zink trennen und durch einen Stichcanal am Boden getrennt entfernt werden können.

Oekonomische Ergebnisse und Beispiele der Zinkgewinnung in schlesischen Oefen.

Aeltere Oefen mit directer Feuerung.

Alte schlesische Oefen.

In Oberschlesien wurden in den alten schlesischen Oefen mit je 20 Muffeln in 24 Stunden 750 kg Galmei, in Oefen mit 24 und 26 Muffeln 900 bzw. 1000 kg Galmei verarbeitet. Das Zinkausbringen aus dem Erz betrug 14,07 %. Zur Herstellung von 100 kg Zink wurden 724 kg Galmei und 1760 kg Kohlen verbraucht. Die Muffeln hielten 6 bis 8 Wochen.

Neuere schlesische Oefen ohne Gasfeuerung.

Auf Silesiahütte bei Lipine in Oberschlesien[2]) hatten die mit Planrost und Unterwind arbeitenden Oefen je 24 Muffeln von je 0,55 m Höhe und 0,183 m Breite.

Die Beschickung eines Ofens betrug 1867 kg, woraus in 24 Stunden 416 kg Zink ausgebracht wurden. Auf 100 kg Zink wurden 27,32 hl Kohlen und 0,21 Muffeln verbraucht.

Oefen mit Gasfeuerung ohne Wärmespeicher.

Die neueren Oefen dieser Art in Oberschlesien verbrauchen gegenwärtig bei einer Beschickung von 20 % Zinkgehalt und einem durchschnittlichen Einsatze von 103 kg Erz in jede Muffel auf 1 t Zink an Reductions- und Heizkohlen 10 t (darunter gegen 7 t Heizkohlen). Das Ge-

---

[1]) Brit. Patent No. 8175. 1901.

[2]) B.- u. H. Ztg. 1867. S. 340.

wicht der Reductionskohle beträgt gegen 40 % des Erzgewichtes oder 2,8 t auf 1 t Zink. Von diesen Reductionskohlen besteht aber 1 Theil aus Cindern oder Koks der Gaserzeuger. 1870 betrug der Kohlenverbrauch auf 1 t Zink 19,16 t und 1880 = 12,41 t.

An Thon werden auf 1 t Zink etwas weniger als 200 kg verbraucht.

Zur Bedienung von 13 bis 14 Retorten während 24 Stunden ist 1 Arbeiter erforderlich bzw. zur Erzeugung von 1 t Zink in dieser Zeit 4 bis 5 Arbeiter. Der Zinkverlust beträgt 25 bis 30 %. Die Destillationsrückstände enthalten 3 bis 3,5 % Zink. Von den 25 bis 30 % Verlust fallen 12 bis 15 % auf den Zinkgehalt der Rückstände und 10 bis 15 % auf verflüchtigtes Zink. Auf 1 Ofen kommen 500 bis 600 kg Rohzink.

Auf Hohenlohe-Hütte in Oberschlesien besteht die Beschickung für einen der oben abgebildeten Oefen mit 32 Muffeln (Doppelöfen = 64 Muffeln) von je 56 cm Höhe, 15 cm Weite, 1,46 (an den Gasschächten)

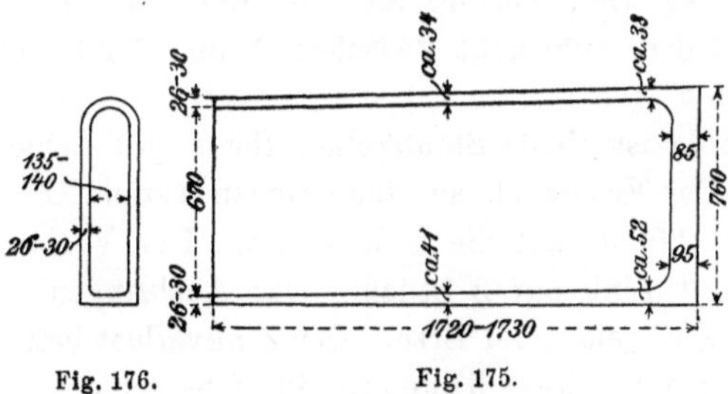

Fig. 176. Fig. 175.

bzw. 1,66 m Länge aus 0,85 t gerösteter Blende mit 42 bis 45 % Zink, 0,25 t Stück- und Waschgalmei mit 26 bis 32 % Zink und 1,05 t Schlammgalmei mit 14 bis 16 % Zink; im Ganzen also aus 2,3 t Erz. In 24 Stunden gewinnt man hieraus 490 kg Rohzink. In 24 Stunden werden zum Heizen der Generatoren 3,35 t Förderkohle oder auf das kg Rohzink 6,83 kg Heizkohle verbraucht.

Auf den Silesia-Hütten bei Lipine[1]) stehen Oefen in Anwendung, welche je zwei Gasschächte und 32 bis 40 Muffeln (je 16 bzw. 20 auf jeder Seite) besitzen. Zu jedem Ofen gehört 1 Generator. Die Zuführung der Verbrennungsluft erfolgt durch einen Ventilator. Dieselbe mischt sich ungefähr 0,5 m unter der Oberkante der Schächte mit dem Gas.

Die Abmessungen der Muffeln und die Wandstärke derselben (in mm) an verschiedenen Stellen sind aus den Figuren 175 und 176 ersichtlich. Die Muffelmasse besteht aus

37 bis 40 Th. rohem Thon

60 bis 63 Th. Muffelscherben und gebranntem Schieferthon.

Die Muffelscherben sind die auf 6 bis 7 mm Korngrösse gemahlenen Rückstände der verbrauchten Muffeln.

---

[1]) Gef. Mittheilungen des Herrn Hüttendirectors Scherbening in Lipine.

Die Beschickung besteht je nach den zur Verfügung stehenden Mengen von Galmei und Blende aus

25 bis 45 Th. Galmei

75 bis 55 Th. gerösteter Blende.

Das Reductionsmaterial besteht aus Cindern. Die Menge desselben beträgt 45 bis 47 % vom Gewichte der Erze. Der Erzeinsatz einer Muffel beträgt 90 kg. Die Destillationszeit beläuft sich auf 16 bis 17 Stunden, die Bearbeitungszeit auf 7 bis 8 Stunden.

Die Haltbarkeit einer Muffel schwankt zwischen 35 und 47 Tagen. Sie wird besonders durch das Alter des Ofens (mehr oder weniger ausgeschmolzenes Gesäss) und durch den Zusatz grösserer Mengen von Zinkblende zu der Beschickung (Zinkblende verlangt eine höhere Temperatur als Galmei) beeinträchtigt.

Das Durchsetzquantum eines Ofens in 24 Stunden beträgt bei 32 Muffeln 2880 kg Erz, bei 40 Muffeln 3600 kg. Der Verbrauch an Heizkohle auf 1 t Erz schwankt zwischen 1 und 1,2 t; auf 1 t Zink beträgt derselbe 5,5 t.

Die Heizkohle ist theils Staubkohle, theils mit Schiefer durchsetzte gröbere Kohle. Der Verbrauch an Reductionsmaterial (Cinder) beträgt auf 1 t Erz 0,45 bis 0,57 t, auf die t Zink 2 t. Der Verbrauch an Muffeln beläuft sich für 1 t Zink auf 2 Stück. Das Ausbringen an Zink beträgt 77 bis 80 % vom Zinkgehalt der Erze. Der Zinkverlust beträgt 20 bis 23 %.

Auf Paulshütte bei Rosdzin in Oberschlesien stehen neben Siemens-Oefen Unterwindöfen mit Gasfeuerung in Anwendung. 1 Ofen hat 1 Gasgenerator und 1 bis 2 Heizschächte. Die Zahl der Muffeln beträgt 32. Es wird mit Hülfe eines Ventilators Luft sowohl unter den Rost des Generators (zur Vergasung der Kohle) als auch unter das Gesäss des Ofens (zur Verbrennung der Gase) geführt. Die Muffelmasse besteht aus 65 % Thon und 35 % Scherben.

Die Erzgattirung besteht aus 30 % gerösteter Blende und 70 % calcinirtem Galmei. Die Reductionskohle (Cinder) beträgt 40 % vom Erzgewicht. In eine Muffel werden 100 kg Beschickung eingesetzt. Die Verarbeitung eines Einsatzes mit Neubesetzen der Muffel dauert 24 Stunden. Die Haltbarkeit der Muffeln beträgt 40 bis 50 Tage. In einem Ofen mit 32 Muffeln werden in 24 Stunden durchschnittlich 3 t Erz verarbeitet und daraus 400 bis 500 kg Zink gewonnen. Der Verbrauch an Heizkohle in dieser Zeit beträgt 4 t, d. i. auf 1 t Erz 1,33 t Steinkohlen, auf 1 Gew.-Th. Zink 8 bis 10 Gew.-Th. Steinkohle. Das Ausbringen an Zink beträgt gegen 13 % vom Gewichte der Erze. Der Zinkverlust beträgt 20 bis 21 %.

Gasöfen mit Wärmespeichern.

Der Destillirofen mit Siemens-Feuerung zu Freiberg hat 32 Muffeln, welche in zwei Reihen zu je 16 Stück liegen. Dieselben sind je 1,58 m lang, 23,5 cm breit und 49 cm hoch. Die Ladung einer Muffel besteht aus 50 kg gerösteter Blende mit 33 % Zink und 25 kg Reductionskohle (Braunkohlenkoks). Der Destillationsprozess dauert 24 Stunden. Man verbraucht hierbei auf 50 kg Blende 1,5 Hectoliter Heizkohle. Wöchentlich liefert der Ofen 2500 kg Zink und 250 kg Zinkstaub mit 90 % Zink. Das Ausbringen an Zink beträgt 70 %. Die Destillationsrückstände enthalten 10 % Zink. Dieselben sind silberhaltig und werden zur Ausgewinnung des Silbers verbleibt.

Auf Paulshütte bei Rosdzin in Oberschlesien stehen Siemens-Oefen mit 60 bis 72 Stück Muffeln von 1,70 bis 1,80 m Länge in Anwendung. Zu jedem Ofen gehören zwei Generatoren. Die Muffelmasse besteht aus 65 % Thon und 35 % Scherben. Die Erzgattirung besteht aus 30 % Blende und 70 % Galmei. Die Reductionskohle (Cinder) beträgt 40 % vom Gewichte der Erzgattirung. Der Einsatz in eine Muffel beträgt 100 bis 110 kg. Die Destillation mit Einschluss der Bearbeitungszeit eines Ofens beträgt 24 Stunden. Die durchschnittliche Haltbarkeit einer Muffel beträgt 40 bis 50 Tage. In 24 Stunden werden in einem Ofen mit 60 Muffeln 6 t Erze verarbeitet und aus denselben gegen 1 t Zink gewonnen. Der Verbrauch an Heizkohle in dieser Zeit beträgt 6,10 t, d. i. auf 1 t Erz 1,016 t, auf 1 t Zink 6,1 t Steinkohlen. Der Verbrauch an Reductionskohle beträgt auf die t Erz 400 kg Cinder, auf die t Zink 2,4 t. Der Verbrauch an Muffeln beträgt auf die t Zink 1,35 Stück. Das Ausbringen an Zink beträgt 13 % vom Gewichte der Erze. Eine bessere Kohle als bei den Unterwindöfen ist bei den Siemens-Oefen nicht erforderlich. Die letzteren arbeiten gleichmässiger und verbrauchen weniger Brennstoff als die Unterwindöfen.

Die Vortheile der Siemens-Oefen ergeben sich aus der nachstehenden Zusammenstellung der Betriebsergebnisse der Unterwind- und Siemens-Oefen auf Paulshütte aus dem Jahre 1895.

	Unterwindofen mit 32 Muffeln	Siemens-Ofen mit 60 Muffeln
Durchsetzquantum pro Ofen und Tag (24 Std.) an Erz	3000 kg	6000 kg
Verbrauch an Heizkohle auf 1 t Erz	1,33 t	1,016 t
Verbrauch an Muffeln auf 5 t Erz .	1,60 Stück	1 Stück
Ausbringen an Zink vom Gewichte der Erze	13 %	13 %

3. Die Zink-Destillation in rheinisch-westfälischen Oefen.

Bei den rheinisch-westfälischen Oefen liegen die Muffeln in zwei oder in drei Reihen übereinander. Zur Heizung dieser Oefen wird gegenwärtig grundsätzlich Gasfeuerung angewendet. Nur beim Vorhandensein langflammiger Steinkohlen findet man noch Rostfeuerung (Belgien).

Die Muffeln besitzen auf den neueren Werken die aus der Fig. 177 ersichtliche Gestalt. Sie sind im Lichten 1200 bis 1400 mm lang, 160 bis 165 mm breit und 255 bis 300 mm hoch. Ihre Wandstärke beträgt durchschnittlich 25 mm. Sie werden mit Hülfe von Maschinen hergestellt. Aeltere mit der Hand hergestellte Muffeln besitzen bis 1700 mm Länge, bis 230 mm Breite und bis 440 mm Höhe.

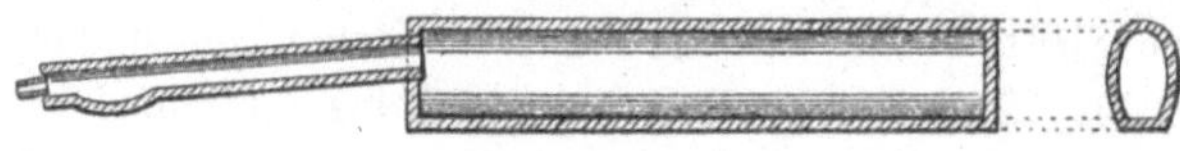

Fig. 177.

Das Material, aus welchem die Muffeln hergestellt werden, sowie das Verhältniss, in welchem die verschiedenen Theile desselben zusammengemengt werden und, die chemische Zusammensetzung dieser Theile sind bereits oben (Seite 122) besprochen worden. Beispielsweise nimmt man auf der Hütte bei Hamborn 60 Th. gebrannten belgischen Thon, 35 Th. ungebrannten belgischen Thon und 5 Th. Koks, auf der Hütte Birkengang bei Stolberg $^2/_3$ gebrannten und $^1/_3$ rohen belgischen Thon, auf der Hütte bei Dortmund 2 Th. Schamott, 1 Th. ungebrannten Thon und $^1/_{10}$ Kokspulver.

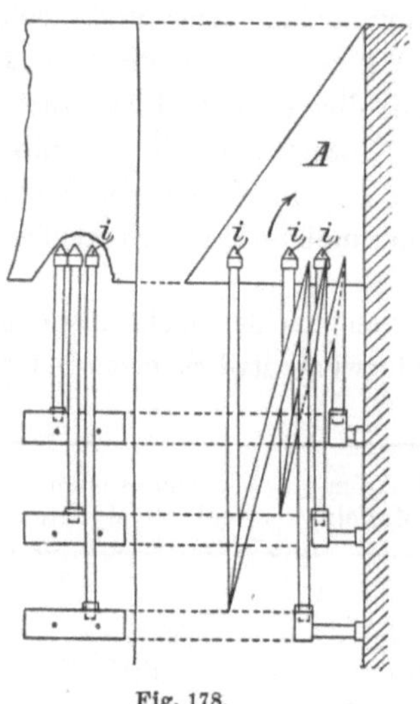

Fig. 178.

Das Zerkleinern, Mengen und Kneten der gedachten Materialien geschieht in der nämlichen Weise wie es oben bei der Anfertigung der Röhren für die belgischen Oefen dargelegt ist.

Die Anfertigung der Muffeln mit Hülfe hydraulischer Maschinen geschieht in der nämlichen Weise, wie die Herstellung der Röhren für die belgischen Oefen und ist bereits Seite 118 besprochen worden. Auch ist daselbst die Einrichtung der Pressmaschinen dargelegt.

Das Trocknen und Erhitzen der Retorten geschieht in der nämlichen Weise, wie es bei den schlesischen Oefen dargelegt ist.

Die Vorlagen besitzen gewöhnlich die Gestalt nach unten ausgebauchter Röhren, wie Figur 132 und 177 darlegen. Die Anfertigung dieser Vorlagen ist Seite 176 dargelegt.

Die an die Vorlagen anzusetzenden Ballons sind die bereits bei den belgischen und schlesischen Oefen beschriebenen liegenden Ballons. Stehende Ballons lassen sich nicht anwenden, weil bei der Lage der Retorten übereinander die stehenden Ballons der unteren Vorlagen die Anbringung derselben an den oberen Vorlagen verhindern würden. Auch

Combinationen von liegenden und stehenden Ballons, wie der Steger'sche Ballon, lassen sich an den Vorlagen anbringen. Die Art und Weise, wie diese Ballons angebracht werden, ist aus der Figur 178 ersichtlich. Die aus den Ballons austretenden Gase gelangen durch die Oeffnungen i in den Canal A, welcher sie nach aussen führt. Sie werden bei ihrem Austritt aus den Oeffnungen i angezündet und verbrannt.

Die Destilliröfen.

Destilliröfen mit Rostfeuerung stehen beispielsweise noch in Belgien in Anwendung. In Deutschland werden gegenwärtig ausnahmslos Destilliröfen mit Gasfeuerung benutzt.

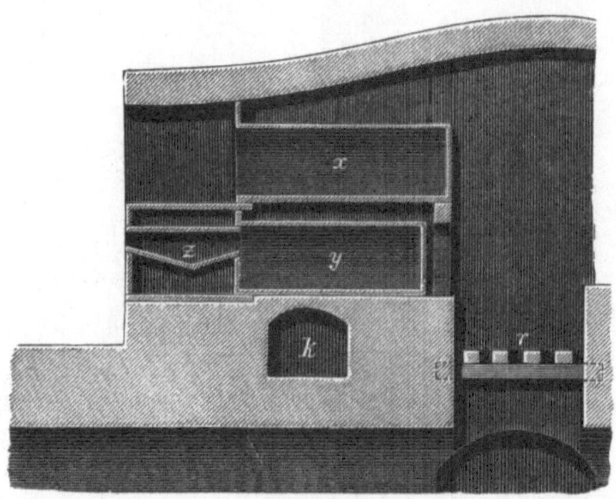

Fig. 179.

Ein älterer Destillirofen mit Rostfeuerung ist aus der Figur 179 ersichtlich. x sind die oberen Muffeln, y die unteren Muffeln, z die Vorlagen. Von dem Roste r zieht die Flamme aufwärts und tritt, nachdem sie die Muffeln umspült hat, durch Canäle k in die Esse. Die oberen Muffeln sind um 10 cm länger als die unteren Muffeln (1,54 m lang, 0,23 m breit und 0,44 m hoch). Zwischen den einzelnen Nischen, welche je 0,90 m Tiefe besitzen, befinden sich aus feuerfesten Steinen hergestellte Bänke.

Bei den mit Gas gefeuerten Oefen findet die Siemens-Feuerung nur vereinzelt Anwendung. Bei den meisten dieser Oefen findet nur eine Vorwärmung der Verbrennungsluft entweder in den Wänden der Gaserzeuger oder, wie es in der neuesten Zeit fast allgemein geschieht, durch die abziehenden Feuergase (in Recuperatoren) statt. Die Zahl der Muffeln eines Ofens geht bis 252.

Die Einrichtung eines Gasofens mit Muffeln, welche in 2 Etagen übereinander angeordnet sind, ist aus den Figuren 180 und 181 ersichtlich. Das Gas wird in einem Boëtius-Generator erzeugt.

In den Canälen l desselben wird die Verbrennungsluft vorgewärmt. Bei o findet die Vermischung des aus dem Generator emporsteigenden Gases mit der Verbrennungsluft statt. Die Flamme steigt zuerst bis an das Gewölbe aufwärts und fällt dann durch die zwischen je zwei Nischen

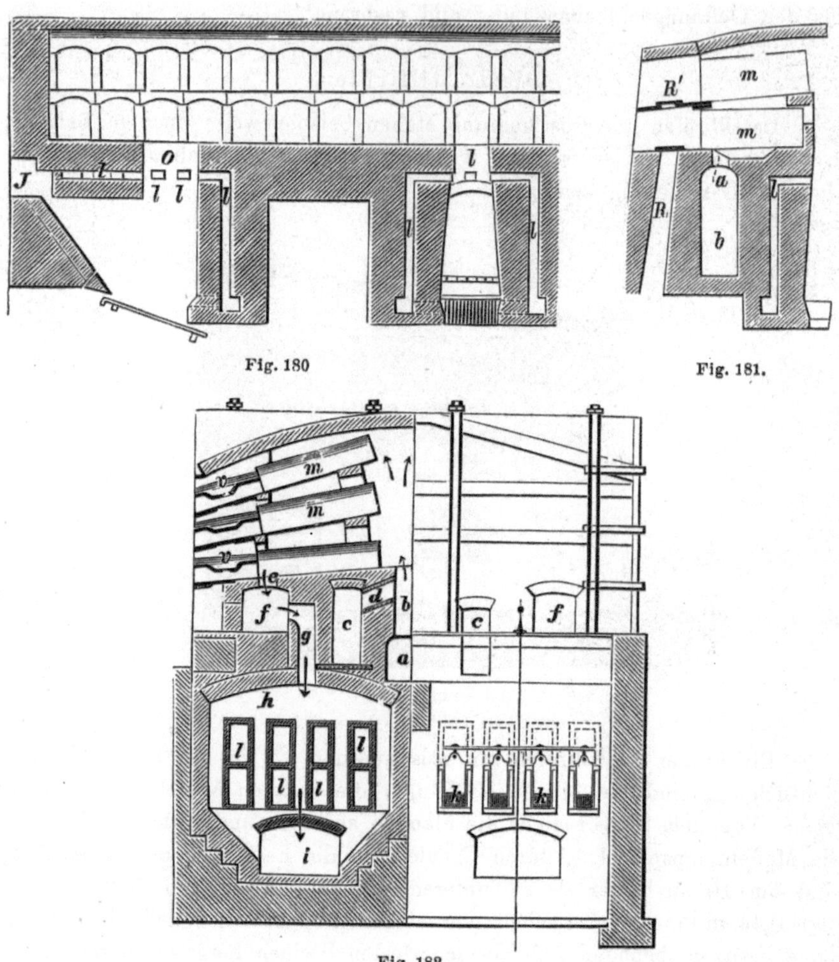

Fig. 180

Fig. 181.

Fig. 182.

angebrachten Füchse a in den Canal b, welcher die verbrannten Gase in die Esse führt. m m sind die in zwei Reihen übereinanderliegenden Muffeln. Die Destillationsrückstände aus den Muffeln werden in den Canal R gestürzt. Beim Entfernen dieser Rückstände aus den unteren Muffeln werden die das obere Ende des senkrechten Canals bedeckenden Platten entfernt, beim Entfernen der Rückstände aus den oberen Muffeln auch die Platten R′. Die Boëtius-Feuerung bewährt sich gut. Sie wird auf den rheinischen Hüttenwerken angewendet.

Die Einrichtung eines Ofens mit drei übereinanderliegenden Reihen von Muffeln ist aus der Figur 182 ersichtlich.

m sind die Muffeln, v die Vorlagen. Die unteren Muffeln ruhen in ihrer ganzen Länge auf dem Heerde und ragen gegen 5 cm in die Nischen hinein. Die Muffeln der beiden oberen Reihen ruhen vorne gleichfalls in der Nische, hinten auf sog. „Banksteinen“ aus sehr feuerfestem Materiale.

Das Gas (Generatorgas) gelangt aus dem in der Figur nicht sichtbaren Generator durch den Canal a in den senkrechten Canal b und wird am oberen Ende desselben durch zugeführte heisse Luft verbrannt. Die

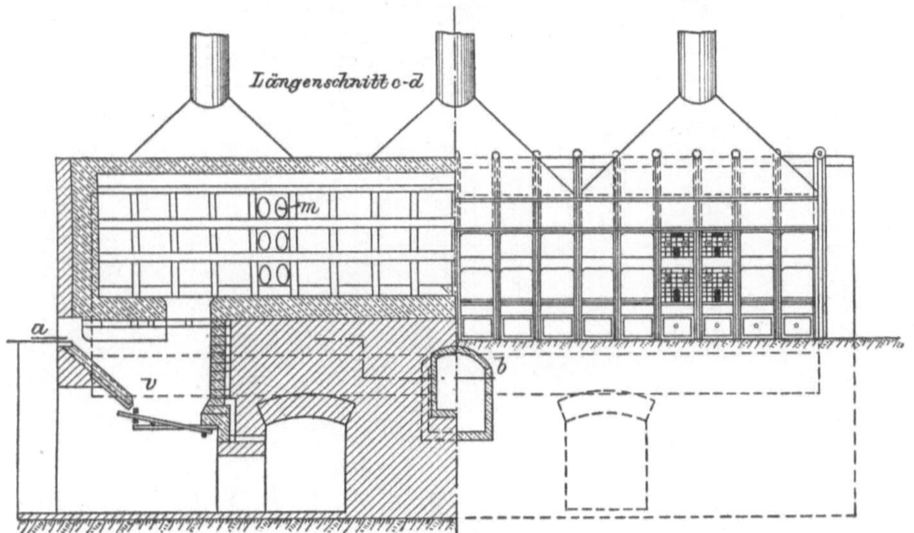

Fig. 183 u. 184.

letztere tritt von aussen in die Canäle l. Durch an der Mündung derselben angebrachte Schieber k kann der Zutritt der Luft regulirt werden. Durch die Canäle l zieht die Luft in den Canal c und aus dem letzteren durch d nach b. Die Flamme tritt, nachdem sie zuerst bis zum Gewölbe emporgestiegen und dann zurückgefallen ist, durch Füchse e in den Canal f, gelangt dann durch den senkrechten Canal g in den grossen horizontalen Canal h und aus dem letzteren in den zur Esse führenden Canal i. Auf ihrem Wege durch den Canal h umspülen die verbrannten Gase die Luftzuführungscanäle l und bewirken dadurch die Vorwärmung der Verbrennungsluft.

Die Einrichtung eines neueren Zinkdestillirofens mit drei Reihen übereinanderliegender ovaler Muffeln ist aus den Figuren 183 bis 187 ersichtlich[1]).

Figur 183 stellt einen Längenschnitt nach c d, Figur 184 die Vorderansicht, Figur 185 einen Querschnitt nach e f, Figur 186 den Grundriss nach a b und Figur 187 den Grundriss nach g h dar.

---

[1]) Dürre, Ziele und Grenzen der Elektrometallurgie, S. 207. Leipzig 1896.

M sind die Muffeln; v die Vorlagen. Das Ofenmassiv enthält an jeder Seite 108, im Ganzen also 216 Muffeln. An jeder der beiden kurzen Seiten des Ofens befindet sich ein Gasgenerator v. Die zum Verbrennen des Generatorgases erforderliche Luft wird, wie die Figuren darlegen, im Mauerwerk des Generators vorgewärmt. Die Verbrennungsgase treten,

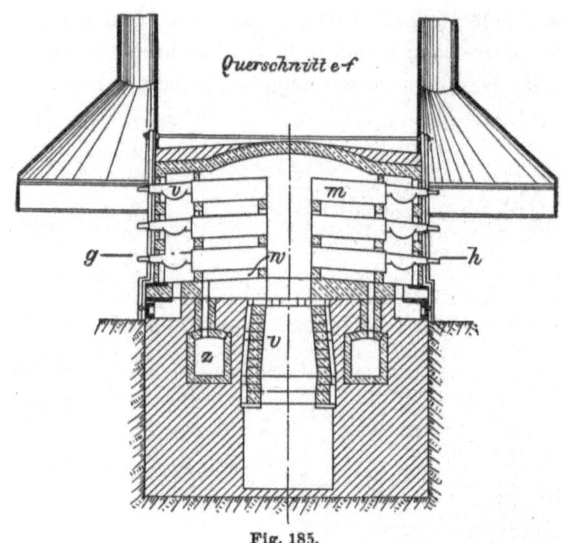

Fig. 185.

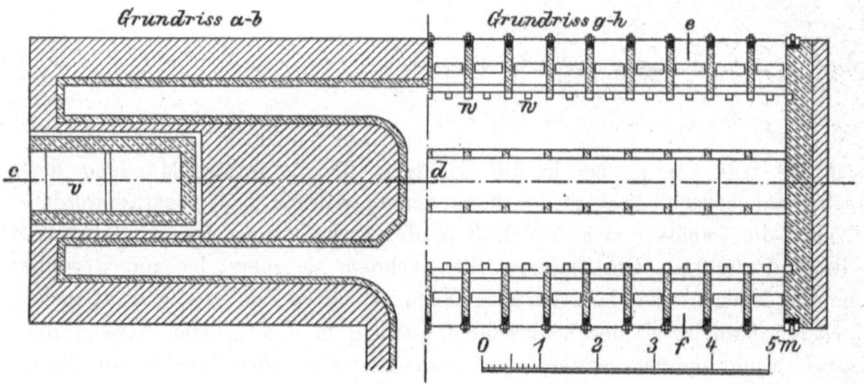

Fig. 186 u. 187.

nachdem sie die Muffeln umspült haben, durch die senkrechten Canäle w in die Sammelcanäle z, welche ihrerseits mit den Essencanälen verbunden sind.

Nolte und Benninghofen[1]) wollen bei Oefen mit directer Feuerung

[1]) Zeitschr. für Berg-, Hütten- u. Salinenwesen i. pr. Staate. XLVIII. Band, S. 404.

und mehreren Reihen von Retorten eine gleichmässige Erhitzung dadurch erzielen, dass sie den sonst oben offenen Generatorraum durch ein Gewölbe abschliessen und an jeder Seite desselben eine Reihe von schmalen Oeffnungen anbringen, durch welche die Heizgase nach vorgängiger Mischung mit Verbrennungsluft ausströmen und zwei Reihen von Flammen bilden, so dass die Wärme gleichmässig auf die Retorten übertragen wird.

Die Herstellung der Beschickung für die rheinisch-westfälischen Oefen geschieht in der nämlichen Weise wie für die belgischen und schlesischen Oefen.

Binon und Grandfils haben die Verwendung einer mit Theer gemengten, gepressten Beschickung vorgeschlagen[1]). Nach der Ansicht derselben soll man durch Einsetzen gepresster Kuchen von der Gestalt der Muffel 50 % mehr Beschickung in dieselbe hineinbringen können als bei der gewöhnlichen Art des Ladens. Schulte[2]) mischt das Erz vor dem Einmengen der Kohle mit 3 % Theer. Auch Picard und Sulman[3]) gebrauchen Theer.

Der Einsatz an Erz in eine Muffel beträgt 28 bis 35 kg. Es werden zuerst die oberen Muffelreihen und dann die unteren Muffelreihen besetzt.

Das Destillirverfahren stimmt mit dem schlesischen Verfahren bis auf die aus der abweichenden Einrichtung der Oefen und der Art der Vorlagen sich ergebenden Abänderungen überein. Die Dauer der Verarbeitung eines Einsatzes beträgt durchschnittlich 24 Stunden.

Bei Erzen mit 50 % Zink und 34 kg Einsatz in die Muffel werden in Rheinland-Westfalen in den neueren Oefen auf 1 t Zink an Reductions- und Heizkohle 3—4 t und an Thon 200 kg verbraucht. Zur Bedienung von 13 bis 14 Retorten ist 1 Arbeiter erforderlich.

Beispiele für die Zinkgewinnung in rheinisch-westfälischen Oefen.

Auf der Hütte der Gesellschaft Berzelius bei Gladbach liegen in den mit Gas gefeuerten Oefen 3 Reihen Muffeln übereinander. Die Luft wird in Recuperatoren vorgewärmt. Ein Ofenmassiv fasst 208 Muffeln, welche in Zeiträumen von je 24 Stunden entleert werden. Die Bedienung für 24 Stunden besteht aus 12 Mann. Die Beschickung besteht aus gerösteter Blende von 52 % Zink und aus Cinders. Jede Muffel erhält eine Ladung von 25 kg Erz und 8 kg Cinders. Die Beschickung des Ofens besteht aus 5,2 t Erz und 1,664 t Cinders. In 24 Stunden werden aus derselben 2,4 t Zink bei 10 bis 13 % Zinkverlust ausgebracht. Die Muffeln halten 45 bis 60 Einsätze aus. Zur Herstellung von 1 kg Zink sind 3,9 kg Heiz- und Reductionskohle erforderlich.

---

1) Berg- u. Hüttenm. Ztg. 1883, S. 198 u. 211. 1882, S. 531. 1881, S. 27.

2) United States Patent 718 222. Jan. 13. 1903.

3) United States Patent 665 774. Jan. 8. 1901.

Auf der Zinkhütte Neumühl-Hamborn bei Oberhausen stehen Gasöfen mit Vorwärmung der Verbrennungsluft in Recuperatoren in Anwendung. Die Oefen sind Doppelöfen, welche an jeder Seite 3 Reihen übereinanderliegender Muffeln besitzen. Jede Reihe enthält 42 Muffeln, so dass der Ofen an jeder Seite 126 Muffeln, im Ganzen also 252 Muffeln enthält. Für einen derartigen Ofen stehen 2 Generatoren, an jeder Kopfseite desselben einer, im Betriebe. Die Muffeln sind durchschnittlich i. L. 1400 mm lang, 160 mm breit und 300 mm hoch. Sie werden aus einer Mischung von ca. 60 Th. gebranntem belgischem Thon, 35 Th. ungebranntem belgischem Thon und 5 Th. Koks hergestellt. Die Beschickung besteht meistens aus gerösteter Blende mit 53 bis 55 % Zink. Die Reductionskohle, welche 40 bis 44 % vom Gewichte des gerösteten Erzes ausmacht, besteht aus Siebgrus der mageren Steinkohle des Ruhrbeckens. Der Einsatz in eine Muffel besteht aus 30 bis 33 kg Erz und 13 kg Reductionskohle, sowie einer geringen Menge von Gekrätz und Vorlagenscherben. Der Gesammteinsatz eines Doppelofens beträgt 7600 bis 8000 kg Erz (ausser dem Gekrätze und den Vorlagenansätzen vom vorhergehenden Tage). Die Destillation dauert 19 Stunden; 5 Stunden sind zum Reinigen und Chargiren erforderlich. Der Verbrauch an Heizkohlen in 24 Stunden pro Ofen beträgt 12 t. Dieselbe ist eine feine Gruskohle (Gasflammkohle) mit 20 % Asche. (Bei guten Förderkohlen, wie sie andere Hüttenwerke in Rheinland und Westfalen verwenden, würde man $^1/_3$ weniger Steinkohle verbrauchen.) Auf 1 t Zink werden 3,6 t Heizkohle und 0,88 t Reductionskohle verbraucht. Die durchschnittliche Haltbarkeit einer Muffel beträgt 30 Tage. Pro Tag und Ofen werden gegen 8 Stück Muffeln verbraucht.

Die Belegschaft eines Ofens beträgt während der 6 Stunden des Entleerens und Ladens der Muffeln (während des „Manoeuvre“) 12 Mann, während der Reductionszeit 2 Mann, welche nach 12 Stunden abgelöst werden.

Auf der Hütte Münsterbusch bei Stolberg stehen Oefen mit Wärmespeichern (Recuperatoren) zur Erwärmung der Luft in Anwendung. Ein Ofenmassiv besitzt 2 Generatoren (an jeder kurzen Seite einen) und 3 übereinanderliegende Reihen von Muffeln zu je 80 Stück, im Ganzen also 240 Muffeln. Die letzteren sind 1,20 bis 1,40 m lang und nehmen je 34 kg geröstetes Erz und 14 kg Kohle auf. Sie werden aus belgischem Thon (60 % Schamott, 40 % roher Thon), welchem Kokspulver zugesetzt ist, hergestellt. Der Zinkgehalt der Beschickung beträgt 52 bis 54 %. Als Reductionsmaterial wird magere Steinkohle benutzt. Auf 100 kg geröstetes Erz setzt man 40 kg Reductionskohle. Die Destillationszeit mit Einschluss der Chargirzeit beträgt 24 Stunden. In dieser Zeit werden in einem Massiv gegen 8 t geröstetes Erz verarbeitet. Bei einem Verbrauch an Heizkohlen von 8,5 bis 9,2 t. Auf 1 t Zink werden gegen 2,5 t Heizkohle und 1 t Reductionskohle verbraucht. Die Haltbarkeit einer Muffel beträgt je nach dem Eisen- und Koksgehalte der Beschickung 40 bis 50 Tage. Die Belegschaft eines Ofenmassivs mit 240 Muffeln beträgt 14 specielle Ofenarbeiter mit 8 Stunden Arbeitszeit, 2 Heizer mit 12 Stunden Arbeitszeit, 2 Spurjungen mit 12 Stunden Arbeitszeit und 1 Fahrer für Erz, Reductionskohle und Rückstände.

Oefen mit Siemens-Feuerung und 3 Reihen übereinanderliegender Muffeln standen auf der Hütte Birkengang bei Stolberg in Anwendung. Je zwei Oefen waren zu einem Massiv verbunden. Der Doppelofen enthielt 108 Muffeln (54 auf jeder Seite). Das Erz war Blende mit 52 bis 53 % Zink. Der Gesammteinsatz eines Doppelofens an Erz betrug 4,9 t. Die Destillation dauerte 24 Stunden. Auf 1 t Erz wurden 1,2 t Heizkohlen verbraucht. Die Belegschaft eines Ofens für 24 Stunden betrug 10 Mann, welche 12 stündige Schichten verfuhren. Die Muffeln hielten im Durchschnitt 40 Tage.

Die Zinkverluste bei der Verarbeitung der Zinkerze in Röhren und Muffeln.

Wie wiederholt erwähnt, sind die Zinkverluste beim Destillationsprozess im Vergleich zu den Verlusten bei der Gewinnung anderer Metalle sehr hoch. Sie betragen 10 bis 25 % vom Zinkgehalte der Erze. Unter 10 % gehen sie nur in Ausnahmefällen herunter.

In Rheinland, Westfalen und Belgien, wo Erze mit durchschnittlich 45 % Zinkgehalt in Röhren und kleinen übereinanderliegenden Muffeln verarbeitet werden, betragen die Verluste im Durchschnitte 12 % vom Zinkgehalte der Erze; in Oberschlesien, wo Erze mit 20 % Zinkgehalt in grossen schlesischen Muffeln verarbeitet werden, betragen sie 25 % vom Zinkgehalte der Erze; in Freiberg, wo Blende mit 30 bis 31 % Zink in schlesischen kleineren Muffeln verhüttet wird, betragen sie gegen 18 %. So beträgt der Zinkverlust auf den Werken der Vieille Montagne zu Angleur in Belgien 10 %, auf dem belgischen Bleiberg 13 bis 14 %, zu Münsterbusch bei Stolberg 10 %, zu Bergisch-Gladbach 10 bis 13 %.

Auf Wilhelminenhütte in Oberschlesien beträgt er 21 %, auf manchen anderen Hütten daselbst bis 25 %.

Die Verluste werden hervorgerufen durch Uebergang von Zink in das Material der Retortenwände, durch Entweichen von Zink durch die Poren der Retortenwände, durch Entweichen von Zink durch in den Retortenwänden entstehende Risse bzw. durch das Brechen der Retorten, durch Entweichen von uncondensirtem Zink aus den Vorlagen der Retorten, durch Zurückbleiben von Zink in den Retorten-Rückständen, durch Entweichen von Zinkdämpfen beim Ausräumen der Rückstände aus den Retorten. Am grössten sind die Verluste durch Zurückbleiben von Zink in den Retortenrückständen (Räumasche), dann folgen die Verluste durch Verflüchtigung.

Frisch in die Oefen eingesetzte Retorten geben erst nach einigen

Tagen das normale Ausbringen an Zink, weil die Wandungen derselben zuerst eine gewisse Menge von Zink aufnehmen. Das letztere verbindet sich mit dem Thon der Retorten zu einem Aluminat, einem künstlichen Zinkspinell. Durch diese Verbindung erhält das Material der Retortenwände die bekannte blaue Farbe. Im Durchschnitt beträgt der Zinkgehalt der Wandungen der ausser Betrieb gesetzten Retorten 6 %; derselbe kann auch, wie es auf den Bethlehem-Zink-Works in Pennsylvanien nachgewiesen wurde, bis 21 % steigen.

Nach Jensch[1]) war der Gehalt an Zinkoxyd in 7 Proben von oberschlesischen Muffelscherben der nachstehende:

I	17,64 %	Zn O
II	16,38 -	-
III	14,11 -	-
IV	18,21 -	-
V	16,63 -	-
VI	13,18 -	-
VII	15,96 -	-
im Mittel	16,02 %	Zn O = 12,87 % Zn.

Durch Zusatz von Koks zu dem Retortenmaterial und starkes Pressen des letzteren ist die Aufnahme von Zink durch die Retortenwände auf den rheinischen und belgischen Werken erheblich beschränkt worden.

Die Retortenwände sind, besonders wenn sie nicht unter starkem Druck hergestellt worden sind, porös und lassen bei der während der Destillation in den Retorten herrschenden Spannung Zinkdämpfe durch ihre Poren durchdringen. Diese Dämpfe treten in den Ofenraum und ziehen mit den Feuergasen ab. Ist die Spannung in den Retorten gering, dagegen die Spannung der Feuergase im Ofenraum gross, so dringen Feuergase und Luft durch die Retortenwände in die Retorten ein und wirken durch ihren Gehalt an Sauerstoff und Kohlensäure oxydirend auf die Zinkdämpfe ein. Zur Vermeidung dieser Uebelstände hat man die Retorten mit einer Glasur versehen. Dieses Mittel hat sich aber weniger wirksam erwiesen als die Herstellung der Retorten unter hydraulischem Druck. In der That ist diese Art der Herstellung der Retorten als eine wichtige Verbesserung zur Beschränkung der Zinkverluste in Folge der Porosität der Retortenwandungen anzuerkennen.

Durch das Zerbrechen oder Reissen der Retorten werden sehr erhebliche Verluste an Zink herbeigeführt, indem in solchen Fällen die Zinkdämpfe aus den Retorten ungehindert in den Ofenraum entweichen und bei Anwendung von Wärmespeichern ein Verstopfen der Canäle derselben bewirken. Die Zinkverluste dieser Art sind um so grösser, je geringer die Haltbarkeit der Retorten ist. Die durchschnittliche Haltbarkeit der

---

[1]) l. c. S. 216.

Röhren sowohl wie der kleinen Muffeln und der grossen schlesischen Muffeln beträgt 40 Tage. (Von 100 im Betriebe befindlichen Retorten zerbrechen täglich in Angleur in Belgien 2, in Ampsin in Belgien 3, auf Münsterbusch bei Stolberg (kleine Muffeln) 2, auf Hohenlohehütte (grosse schlesische Muffeln) 2,5, auf den Silesiahütten bei Lipine (grosse schlesische Muffeln) 2,6. Der Umstand, dass die mit Hülfe von Maschinen unter Druck hergestellten Röhren und kleinen Muffeln in Belgien und Rheinland nicht länger halten als die durch Handarbeit hergestellten grossen schlesischen Muffeln, hat seinen Grund darin, dass die Röhren und kleinen Muffeln nur an den beiden Enden im Ofen aufruhen und eine sehr intensive Hitze auszuhalten haben. Nichtsdestoweniger ist die Haltbarkeit der Röhren und kleinen Muffeln in Folge der Herstellung derselben gegen früher bedeutend gewachsen, indem dieselben früher im Durchschnitte nur 25 Tage hielten.

Der Verlust durch das Entweichen von Zinkdämpfen aus den Vorlagen ist zwar durch Verbesserung derselben (Vorlagen von Kleemann und Dagner) sowie durch Erfindung geeigneter Ballons (Steger) verringert worden, aber doch noch sehr erheblich. Der Verlust durch Entweichen von Zinkdämpfen aus den Retorten während der Entfernung der Rückstände aus denselben lässt sich bis jetzt nicht umgehen.

Man nimmt an, dass der Verlust durch Verflüchtigung von Zink, dessen verschiedene Ursachen dargelegt sind, bis zur Hälfte des Gesammt-Verlustes an Zink ausmachen kann.

Der Verlust an Zink durch Zurückbleiben dieses Metalles in den Destillationsrückständen der Retorten, den sogen. Räumaschen, ist ein sehr hoher, indem dieselben 2 bis 10% Zink enthalten. Dieser Verlust ist um so grösser, je geringer der Zinkgehalt der Erze ist. In Oberschlesien, wo der durchschnittliche Zinkgehalt der zur Verhüttung kommenden Erzbeschickung gegen 20% beträgt, darf der Gehalt der Retortenrückstände an Zink 3 bis 4% nicht überschreiten, während er in Belgien und Rheinland bei einem durchschnittlichen Zinkgehalte der Erzbeschickung von 45% 4 oder 5% betragen kann. Das Zink, welches als Schwefelzink in die Retorten gelangt, wird nicht ausgebracht und vermehrt den Zinkrückhalt der Rückstände. Eine Totröstung der Zinkblende ist daher ein unabweisliches Erforderniss für einen guten Betrieb[1]).

Trotz der gegenwärtig noch immer hohen Zinkverluste wird man indess die zur Verminderung derselben gemachten Fortschritte nicht verkennen, wenn man bedenkt, dass in Rheinland, Westfalen und Belgien (bei Anwendung von Röhren und kleinen Muffeln) bei Erzen mit 40 bis 50% Zink die Verluste an Zink bei gutem Betriebe früher 18 bis 22% betrugen, während sich dieselben gegenwärtig daselbst auf 10 bis 13% belaufen.

Die Verluste in Oberschlesien müssen schon wegen des geringeren Zinkgehaltes der Beschickung bei Weitem höher ausfallen als auf den

---

[1]) Siehe Nachtrag zu Zink.

rheinischen und belgischen Hütten. Nehmen wir den Zinkgehalt der Destillationsrückstände (Räumasche) zu durchschnittlich 4 % an, wie er für die rheinischen und schlesischen Hüttenwerke zutrifft, so gehen in denselben bei 40 % Zinkgehalt der rheinischen Beschickung 10 % Zink verloren, in Oberschlesien dagegen bei einem Mindest-Zinkgehalt der Beschickung von 18 %, — 23 % Zink. —

Grundlagen zur Berechnung der Kosten der Zink-Destillation.

Die Kosten der Zink-Destillation setzen sich zusammen aus den Kosten der Steinkohlen, des Thons, aus dem Arbeitslohn und aus den Reparaturkosten.

Bei Anwendung belgischer Oefen verbraucht man bei Erzen von 50 % Zinkgehalt und beim Besetzen je einer Röhre mit 28,5 kg Erz auf 1 t erzeugtes Zink gegenwärtig 3 bis 4 t Kohle, während man früher 7 bis 8 t Kohlen verbrauchte. Der Verbrauch an feuerfestem Thon beträgt gegen 200 kg auf 1 t Zink (mit Einschluss des Thons für Retorten, Vorlagen, feuerfeste Steine und Ofen-Reparaturen). In 24 Stunden Betriebszeit des Ofens kommt 1 Mann auf 14 Röhren bzw. 5,8 Mann auf 1 t Zink.

Bei Anwendung rheinisch-westfälischer Oefen mit mehreren übereinanderliegenden Reihen kleiner Muffeln mit Einsätzen von 34 kg Erz in eine Muffel in Belgien und Rheinland-Westfalen ist bei Erzen von 40—50 % Zink der Verbrauch an Kohlen und Thon auf 1 t Zink der nämliche wie beim belgischen Verfahren. In 24 Stunden Betriebszeit des Ofens kommt 1 Mann auf 13,3 Muffeln bzw. 4,8 Mann auf 1 t Zink.

Bei Anwendung schlesischer Oefen mit grossen in einer Etage liegenden Muffeln und Einsätzen von 103 kg Erz pro Muffel in Oberschlesien beträgt bei einer Erzbeschickung von 20 % Zinkgehalt gegenwärtig der Kohlenverbrauch auf 1 t Zink (mit Einschluss der Reductionskohlen) 10 t, an Kohlen zur Heizung dagegen 7 t. (Das Gewicht der Reductionskohle beträgt gegen 40 % des Erzgewichtes oder 2,8 t auf 1 t Zink; hiervon besteht aber 1 Theil aus Cindern und Koks aus den Gaserzeugern.) 1870 betrug der Kohlenverbrauch auf 1 t Zink noch 19,16 t und 1880 noch 12,41 t.

Der Verbrauch an Thon ist etwas geringer als bei Anwendung belgischer und rheinisch-westfälischer Oefen (200 kg per t).

In 24 Stunden Betriebszeit des Ofens kommt 1 Mann auf 13,6 Muffeln bzw. 4,5 Mann auf 1 t Zink.

Bei der Angabe der für einen der verschiedenen Oefen in 24 Stunden erforderlichen Bedienungsmannschaft ist zu berücksichtigen, dass der Ofen nach dem Entleeren, Reinigen und Neubesetzen der Retorten, welches einmal in 24 Stunden vorgenommen wird, nur noch des Spurens und Heizens und der Zufuhr der Erze und Kohle bzw. der Abfuhr der Hütten-Erzeugnisse und Rückstände bedarf. Das Entleeren, Reinigen und Neubesetzen der Retorten eines Ofens nimmt beispielsweise bei rheinisch-westfälischen Oefen 6 bis 8 Stunden in Anspruch, so dass die Arbeitszeit der eigentlichen Ofenarbeiter nicht viel über diese Zeit hinausgeht. Bei rheinisch-westfälischen Ofenmassiven mit 200 bis 240 Retorten sind beispielsweise an Bedienungsmannschaft in 24 Stunden erforderlich: 12 bis 14 eigentliche Ofenarbeiter mit 6 bis 8 Stunden Arbeitszeit jeder, 2 Heizer (einer für je 12 Stunden) mit 12 Stunden Arbeitszeit für jeden derselben, 2 Spurjungen (16 bis 18 jährige Arbeiter), einer für je 12 Stunden, und 1 Fahrer zur Zufuhr von Erz, Reductionskohle etc. und zur Abfuhr der Rückstände mit 12 Stunden Arbeitszeit. Hiernach würden auf 240 Retorten in 24 Stunden 17 bis 19 Arbeiter kommen, oder auf 12,6 bis 14 Muffeln 1 Arbeiter.

Aehnlich liegen die Verhältnisse bei Anwendung belgischer und schlesischer Oefen[1]).

Die Gewinnung des Zinks aus Hütten-Erzeugnissen.

Als zinkhaltige Hütten-Erzeugnisse, welche das Material für die Zinkgewinnung bilden, kommen in Betracht: Zinkstaub (poussière), zinkhaltiger Flugstaub, Rückstände aus den Vorlagen der Zinkgewinnung, sogen. Vorlagenbruch, d. h. die mit Zink vollgesogenen Stücke der Vorlagen, sog. Ofengalmei (das sind Zinkoxyd enthaltende Ofenbrüche, welche sich bei der Zugutemachung zinkhaltiger Blei-, Kupfer-, Silber- und Eisenerze bilden), zinkhaltige Krätzen und geröstete zinkhaltige Silbererze. Als Neben-Erzeugnisse erhält man Zink aus Zink-Silber-Legirungen, Zink-Blei-Silber-Legirungen und aus Zink-Kupfer-Blei-Silber-Legirungen. Die Regel ist, die gedachten Körper mit Ausnahme der verschiedenen Legirungen des Zinks, Bleis und der Edelmetalle, aus welchen das Zink als Neben-Erzeugniss gewonnen wird, den Beschickungen für die Zink-Destilliröfen in geeigneter Weise, erforderlichen Falles nach geeigneter Vorbereitung beizumengen. Seltener werden die gedachten Körper für sich in den Retorten der Zink-Destilliröfen verarbeitet, da sie in diesem Falle ein weniger reines Zink liefern. Der Zinkstaub wird auf einigen Werken in besonderen Oefen in eigenthümlicher Weise auf Zink verarbeitet.

Der Zinkstaub (poussière) ist staubförmiges metallisches Zink, welches gewöhnlich gewisse Mengen (8 bis 10 %) von Zinkoxyd sowie Cadmium, Arsen, Antimon, Blei und sonstige aus der Beschickung der Zink-Destilliröfen verflüchtigte Körper beigemengt enthält. Das demselben beigemengte Zinkoxyd ist zu Anfang des Destillations-Prozesses, als die Vorlagen noch Luft und Feuchtigkeit enthielten, sowie nach Entfernung des Zinkstaubs aus den Vorlagen durch Einwirkung der Luft auf das fein zertheilte metallische Zink entstanden. Der Zinkstaub findet sich in den Vorlagen, Ballons und Flugstaub-Condensations-Vorrichtungen der Destilliröfen der Zinkhütten.

---

[1]) Siehe Ingalls, l. c. p. 595.

Man setzt ihn gewöhnlich der Beschickung der Destilliröfen in dem Maasse zu, dass sich die Verunreinigungen desselben auf grössere Zinkmengen vertheilen und dadurch weniger nachtheilig auf die Eigenschaften des Zinks einwirken. Wegen seiner leichten Reducirbarkeit bringt man ihn in diejenigen Destillirgefässe, welche der Hitze am wenigsten ausgesetzt sind.

Macht man den Zinkstaub in den Zink-Destilliröfen für sich zu Gute, so erhält man ein Zink geringerer Qualität, welches entweder grösseren Mengen von reinem Zink beigemischt oder als ein Zink geringerer Qualität in den Handel gebracht wird. Man setzt den Zinkstaub in diesem Falle entweder in die kühleren Gefässe der Destilliröfen, oder man verarbeitet ihn, sobald sich grössere Mengen desselben angesammelt haben, für sich in den gebräuchlichen Destilliröfen, deren Gefässe in diesem Falle für eine Zeit lang nur mit Zinkstaub geladen werden.

Auf den Werken der Nouvelle Montagne bei Engis in Belgien erhielt man nach Massart[1]) in einer 38 tägigen Campagne des belgischen Destillirofens aus 43 800 kg Zinkstaub mit 81 % Zink bei einem Zinkverlust von 5 % 33 726 kg Rohzink bei einem Verbrauch von 912 hl Heizkohle und 152 hl Reductionskohle. Täglich (alle 24 Stunden) setzte man in den Ofen 1200 kg Zinkstaub und 4 hl Kohlen ein. Vor dem Laden wurde der Ofen auf dunkle Rothglut abgekühlt. Während der Destillation wurde nur mässig gefeuert, um ein Teigigwerden der Ladung, wie es bei höherer Temperatur eintritt, zu verhindern. Das condensirte Zink wurde täglich 7 Male aus den Vorlagen herausgeholt. Zur Verhütung des Ausfliessens von Zink aus den Vorlagen mussten die Mündungen derselben von den Vorstecktuten befreit und durch Thonwülste aufgedämmt werden.

Eine besondere Art der Gewinnung des Zinks aus dem Zinkstaub, welche gegenwärtig indess aufgegeben ist, besteht im Ausschmelzen des Zinks aus dem Zinkstaub in den sog. Montefiore-Oefen. Dasselbe ist dadurch ermöglicht, dass sich in höherer Temperatur die einzelnen flüssigen Zinktheilchen durch Zusammenpressen des Zinkstaubs zu einer (allerdings noch kleine Mengen von Zinkoxyd enthaltenden) flüssigen Masse vereinigen lassen, während der grösste Theil des Zinkoxyds ausgeschieden wird.

Das Ausschmelzen geschieht in Oefen, welche zwei Reihen stehender Muffeln von der Gestalt eines an der Fussspitze offenen Stiefels enthalten. Nach dem Einsetzen des Zinkstaubs wird in den Stiefelschacht ein Kolben aus Thon, welcher an einer Stange befestigt ist, eingelassen. Durch den Druck des Kolbens auf den erhitzten Zinkstaub wird das flüssige Zink aus dem letzteren ausgepresst und fliesst durch die Oeffnungen an den Fussspitzen des Stiefels aus.

Die Einrichtung dieser Oefen, welche nach ihrem Erfinder Montefiore-Oefen genannt werden, ist aus den Fig. 188 und 189 ersichtlich.

---

[1]) Revue univers. des Mines. Tome 30. p. 201.

t sind die aus Thon hergestellten Stiefel, welche in zwei Reihen in dem durch Scheider s in zwei Hälften getheilten Heizraume stehen. Dieselben sind 0,73 m hoch und besitzen 0,183 m inneren, sowie 0,235 m äusseren Durchmesser. Der Heizraum ist 2,04 m lang, 1,05 m breit und 0,73 m hoch. a sind die beweglichen Thonkolben von je 0,21 m Höhe und 0,17 m Durchmesser. m sind die Stangen, an welchen die Thonkolben befestigt sind. o sind die Oeffnungen, durch welche das Zink aus den Stiefeln ausfliesst bzw. abgestochen wird. r ist der 1,73 m lange und 0,47 m breite Rost, von welchem aus die Flamme durch die 0,08 m weiten Oeffnungen b in den Heizraum tritt und, nachdem sie die Stiefel umspült hat, durch den Fuchscanal z in die Esse v zieht.

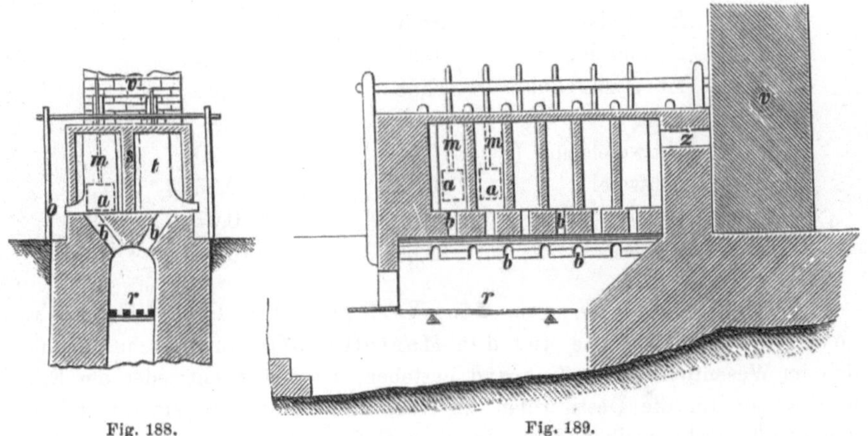

Fig. 188. Fig. 189.

In **Oberschlesien** (Silesia-Hütte) wurde der Ofen nicht durch eine besondere Feuerung, sondern durch die Abhitze der Zinkdestilliröfen geheizt. Die Zahl der in einem Ofen befindlichen Stiefel betrug 8 bis 12 (in der vorstehenden Figur 12). Der Einsatz in einen Stiefel betrug gegen 20 kg Zinkstaub. Nach dreistündigem Feuern war das Zink verflüssigt. Es begann nun das Pressen, wodurch das Zink auf der Sohle des Stiefels angesammelt wurde. Dasselbe wurde durch die gedachten Oeffnungen abgestochen.

In **Belgien** (Corphalie) wurden in einem Ofen der gedachten Art in 12 Stunden 700 bis 900 kg Zinkstaub bei einem Verbrauche von 33 bis 44 hl Steinkohle und einem Zinkausbringen von 85 bis 86 % verarbeitet.

Auf Silesia-Hütte bei Lipine betrug das Zinkausbringen bei einem durch die Abhitze des Zinkdestillirofens geheizten Montefiore-Ofen 85 bis 86 %.

Das Zink aus dem Montefiore-Ofen ist in Folge eines Gehaltes an Zinkoxyd sehr brüchig. In Folge dessen ist das Ausschmelzen des Zinks aus dem Zinkstaub im Montefiore-Ofen durch die gemeinsame Verarbeitung desselben mit den Zinkerzen in den Destilliröfen ersetzt worden.

Auch der zinkhaltige Flugstaub wird der gedachten Beschickung zugesetzt. Enthält derselbe grosse Mengen von Blei, so wird er wohl mit Schwefelsäure behandelt, um das Zink als Zinkvitriol in Lösung zu bringen und als solchen zu gewinnen, während der bleihaltige Rückstand auf Blei verarbeitet wird (Sophien- und Juliushütte bei Goslar).

Zinkhaltiger Flugstaub von oberschlesischen Eisenhochöfen enthielt nach Jensch[1])

	I.	II.
Sand	23,64	25,98
Zinkoxyd	28,22	21,37
Bleioxyd	8,72	6,55
Eisenoxydul	22,96	26,60
Eisenoxyd	Spur	—
Thonerde	0,30	0,62
Manganoxydul	2,58	3,58
Kalk	Spur	—
Schwefelsäure (SO_3)	0,49	0,70
Schwefel	0,52	0,26
Chlor	0,02	0,07
Kohle	11,68	13,79

Die Rückstände aus den Vorlagen der Destillirgefässe sowie die Rückstände aus den Montefiore-Oefen, welche sämmtlich im Wesentlichen aus Zinkoxyd bestehen, setzt man entweder der Erzbeschickung für die Destilliröfen zu oder man verarbeitet sie für sich in den oberen Röhrenreihen der belgischen Oefen.

Der sogen. Vorlagenbruch, das sind die Stücke der Vorlage, welche sich mit Zink vollgesogen haben, enthielt nach Jensch[2]) bei Vorlagen schlesischer Oefen:

76,41 % Zn
0,39 - Pb
0,13 - Cd.

Derselbe wird als Zuschlag zum Erz aufgegeben.

Die Rückstände aus den Destillirgefässen (Röhren und Muffeln), die sogen. Räumaschen, enthalten 3 bis 5 % Zink.

Ausser dem Zink enthalten sie Blei, Eisen, Kalk, Magnesia, Schlacken und den grösseren Theil der Reductionskohle[3]). Man hat versucht, die Räumaschen zu verwaschen, um Zink und Reductionskohle aus denselben zu gewinnen, aber ungünstige Ergebnisse erzielt. Die Kohle liess sich nicht von den eingemengten dünnschäligen Schlacken trennen

---

[1]) Zeitschr. f. angewandte Chemie 1890. S. 14.

[2]) l. c. S. 213.

[3]) Analysen siehe Nachtrag.

und man erhielt nur sehr geringe Mengen zinkhaltiger Producte mit 10 % Zink[1]).

Die Räumasche wird desshalb abgesetzt.

Der sog. Ofengalmei (zinkoxydhaltige Ansätze aus den Oefen von der Zugutemachung zinkhaltiger Blei-, Kupfer-, Silber- und Eisenerze) wird nach vorgängiger Zerkleinerung in geeigneten Verhältnissen der Erzbeschickung zugesetzt.

Der Ofengalmei aus oberschlesischen Eisenhochöfen enthielt nach Jensch:[2])

Kohle	2,02
Sand	12,34
Eisenoxydul	14,82
Manganoxydul	4,17
Thonerde	1,26
Kalk	0,10
Magnesia	0,08
Phosphorsäure	0,16
Schwefel	0,12
Schwefelsäure (SO_3)	0,38
Zinkoxyd	59,42
Bleioxyd	3,93

Die zinkhaltigen Krätzen werden in gleicher Weise behandelt oder zusammen mit Zinkstaub und Rückständen der Vorlagen und Destillirgefässe der Destillation unterworfen.

Zinkhaltige geröstete Silbererze werden in der nämlichen Weise behandelt wie die gebrannten bzw. gerösteten Zinkerze.

Die Legirungen des Zinks mit Blei und Silber bzw. Gold erhält man bei der Gewinnung des Silbers aus dem Werkblei mit Hülfe von Zink. Aus diesen Legirungen gewinnt man das Zink durch Erhitzen derselben bis über den Siedepunkt des Zinks in aus einem Gemenge von Thon und Graphit bestehenden Retorten und Auffangen des verflüchtigten Zinks in Vorlagen. Diese Art der Zinkgewinnung ist bei der Silbergewinnung mit Hülfe von Zink des Näheren dargelegt.

Die Erzeugnisse des Reductionsprozesses.

Die Erzeugnisse des Reductionsprozesses sind: Zink, Zinkstaub und Rückstände aus den Vorlagen und Destillirgefässen.

Das auf den meisten Werken hergestellte Zink (Rohzink) enthält noch Blei, Eisen und sonstige Verunreinigungen.

---

[1]) Steger l. c. S. 54.

[2]) Zeitschr. für angewandte Chemie 1890. S. 14.

Die Zusammensetzung verschiedener Arten von Rohzink ergiebt sich aus den nachstehenden Analysen[1]):

	I.	II.	III.	IV.	V.
Zink	97,41 %	98,054 %	99,378 %	99,982 %	99,281 %
Blei	2,393 -	1,563 -	0,503 -	—	0,633 -
Eisen	0,136 -	0,101 -	0,041 -	0,018 -	0,052 -
Cadmium	Spur	0,282 -	0,078 -	—	0,054 -
Kupfer	—	—	—	—	Spur
Silber	—	—	—	—	Spur
Schwefel	—	—	—	—	Spur

I. ist schlesisches Zink aus dem Jahre 1871, II. Bleiberger Zink (1871), III. Zink aus La Salle (1871), IV. Zink aus Pennsylvanien, V. Zink aus Sagor in Krain (1885).

Rohzink von Paulshütte bei Schoppinitz in Oberschlesien, welches aus Blende allein hergestellt war, hatte die Zusammensetzung unter I der nachstehenden Analyse, und Rohzink der nämlichen Hütte, welches aus Galmei allein hergestellt war, die Zusammensetzung unter II.

	I.	II.
Zink	98,588 %	98,452 %
Blei	1,326 -	1,493 -
Eisen	0,056 -	0,033 -
Cadmium	0,030 -	0,018 -
Arsen	Spuren	0,002 -
Silber	—	0,002 -

Aus einem Gemenge von 75 % Galmei und 25 % Blende auf der nämlichen Hütte hergestelltes Rohzink enthielt:

	I.	II.
Zink	98,441 %	98,182 %
Blei	1,470 -	1,705 -
Cadmium	0,056 -	0,056 -
Eisen	0,033 -	0,057 -
Arsen	Spur	Spur

Rohzink von Rosamundenhütte bei Morgenroth in Oberschlesien enthielt nach Jensch:

	I.	II.
Zink	98,123 %	98,296 %
Blei	1,853 -	1,672 -
Eisen	0,020 -	0,023 -
Cadmium	0,003 -	0,004 -
Arsen	—	—
Rückstand (Kohle)	0,001 -	0,005 -

[1]) Steger, l. c. S. 76.

Rohzink anderer oberschlesischer Werke (schlesisches Vereinszink) enthielt:

	I.	II.
Zink	97,3340 %	98,3631 %
Blei	2,6140 -	1,5240 -
Eisen	0,0300 -	0,0995 -
Arsen	0,0014 -	0,0024 -
Cadmium	0,0206 -	0,0110 -

Aus Flugstaub auf Paulshütte bei Schoppinitz hergestelltes Zink enthielt:

	I.	II.	III.
Zink	97,243 %	98,143 %	97,530 %
Blei	2,171 -	1,742 -	2,409 -
Eisen	0,054 -	0,039 -	0,031 -
Cadmium	0,532 -	0,076 -	0,030 -
Arsen	Spur	—	—

Es enthielt ferner an Verunreinigungen:

das Zink der Hütte Birkengang bei Stolberg:

Blei	1,460 %
Eisen	0,022 -

das Zink der südwestlichen Missouri-Hütten nach Pack:

	I.	II.
Pb	0,0701 %	0,0061 %
Fe	0,7173 -	0,2863 -
As	0,0603 -	0,0590 -
Sb	0,0249 -	—
Cu	0,1123 -	0,0013 -
S	0,0035 -	0,0741 -
Si	0,0346 -	0,1374 -
Kohle	0,1775 -	0,0016 -

Zink von	Le high (New-Jersey)	Passaic Works (New-Jersey)	Bethlehem (Pennsylvania)
Zn	99,378 %	—	—
Cu	0,530 -	—	—
Pb	—	0,027 %	—
Fe	0,041 -	0,020 -	0,0405 %
Cd	0,078 -	—	—
Si	—	—	0,2390 -

Zink von Cilli (Steiermark):

Pb	0,3239 %
Fe	0,0253 -

Zink von Johannisthal (Krain):

Pb	0,536 %
Cd	0,069 -
Fe	0,018 -

Das reinste Zink ist das sogen. Bertha spelter, welches zu Pulaski Va (Vereinigte Staaten von Nord-Amerika) aus Erzen hergestellt wird, welche 47,61 % Zinkoxyd, 29,37 % Kieselsäure, 9,23 % Eisenoxyd und Thonerde, 4,54 % Calciumcarbonat, 2,07 % Magnesiumcarbonat und 8,23 % Wasser enthalten. Dasselbe enthält[1]) 99,981 % Zink, 0,019 % Eisen und nur Spuren von Blei und Schwefel.

Der Zinkstaub (poussière) ist, wie schon erwähnt, staubförmiges Zink, welchem gewisse Mengen von Zinkoxyd, Cadmium, Blei, Arsen, Antimon und von sonstigen aus der Beschickung der Zink-Destilliröfen verflüchtigten Körpern beigemengt sind. Der Gehalt an Zinkoxyd schwankt in weiten Grenzen, je nachdem die Zinkdämpfe verbrannt worden sind oder nicht und je nachdem der Zinkstaub längere oder kürzere Zeit an der Luft gelegen hat, welche letztere auf fein zertheiltes metallisches Zink oxydirend einwirkt. Nachstehende Analysen geben die Zusammensetzung verschiedener Arten von Zinkstaub an.

	Borbeck bei Essen	Carondelet-Werke in Missouri
Zn	97,82 %	29,899 %
Zn O	—	57,740 -
Fe	0,16 -	2,052 -
Pb	0,23 -	Spur
Cu	—	Spur
Cd	} 0,08 -	—
As		0,321 -
Sb	—	0,372 -
S	—	0,026 -
Kohle	—	1,221 -
Unlösl. Rückstand	—	9,608 -

[1]) Moxham, Engin. and Min. Journ. Nov. 25. 1893.

	Anfangs-Poussière[1]) von Theresienhütte bei Laurahütte (O.-Schl.)		Durchschnitts[2])-Poussière von Silesiahütte (O.-Schl.)
Zn	80,00 %	86,684 % Zn	84,463 %
Zn O	8,324 -		4,888 -
Cd	1,651 -		2,654 -
Pb	2,018 -		4,276 -
$Fe_3 O_4$	1,022 -		0,903 -
Al	0,200 -		—
Mn	1,815 -		—
Ca O	2,804 -		2,464 -
Mg O	0,675 -		0,239 -
Rückstand	1,020 -		0,120 -
(mit Kohle)	0,230 -		—

Zinkstaub der Sammelcanäle von Silesia-Hütte (Lipine)[3])

Zn O	54,45	= 43,72 %	Zn
Cd O	3,62	= 3,17 -	Cd
Pb O	12,34	= 11,50 -	Pb
SO_3	3,85 %		
$F_2 O_3$ und Rückstand	25,72 -		

Der Zinkstaub von den Hütten der v. Giesche'schen Erben in Ober-Schlesien, wie er aus Flugstaubcanälen, welche mit der Kleemann'schen Vorlage in Verbindung standen, gewonnen wurde, zeigte nach Kosmann[4]) die nachstehende Zusammensetzung:

Zn O	88,20 %
Cd O	1,46 -
Pb O	4,44 -
SO_3	4,12 -
$Mn_3 O_4$	0,05 -
Rückstand und $Fe_2 O_3$	1,50 -

Flugstaub aus den Canälen der Paulshütte bei Schoppinitz, welcher aus den über den Vorlagen verbrannten Retortengasen niedergeschlagen war, hatte nach Jensch die nachstehende Zusammensetzung:

---

[1]) Kosmann, Preuss. Minist.-Zeitschr. 1883. S. 234.

[2]) Kosmann, l. c.

[3]) Kosmann, l. c.

[4]) Preuss. Zeitschr. 1883. S. 236.

	I.	II.	III.
Zinkoxyd	65,71 %	78,15 %	83,95 %
Cadmiumoxyd	7,11 -	2,09 -	1,68 -
Bleioxyd	3,70 -	4,29 -	3,96 -
Eisenoxyd	0,50 -	3,87 -	0,80 -
Glühverlust	20,42 -	6,56 -	8,71 -
Sand	1,98 -	3,45 -	1,16 -

Spätere Untersuchungen ergaben:

	I.	II.
Zinkoxyd	89,92 %	90,45 %
Bleioxyd	0,86 -	1,38 -
Cadmiumoxyd	3,21 -	2,76 -
Eisenoxyd	2,10 -	1,22 -
Schwefelsäure (SO_3)	0,30 -	0,18 -
Kohlensäure	2,44 -	3,20 -
Unlösliches	0,55 -	0,42 -

Der aus dem Gasstrome der Dagner'schen Vorlage auf dem Wege desselben nach der Esse durch eingespritztes Wasser in Canälen, Thürmen und Kammern niedergeschlagene Flugstaub enthält nach Steger (Zeitschr. d. Oberschl. B.- u. H. Ver. 1885. S. 222):

ZnO	66 —94 %
CdO	1,68— 7,11 -
PbO	3,70— 4,29 -
Fe_2O_3	0,50— 3,87 -
Sand	1,16— 3,45 -

Die Verhüttung des Zinkstaubs ist S. 213 dargelegt worden. Enthält er Cadmium in gewinnbarer Menge, so wird er zur Gewinnung dieses Metalles benutzt. Eine weitere Verwendung findet er unter dem Namen „Zinkgrau" als Anstrichfarbe, besonders für Eisen. Schliesslich wird er als Reductionsmittel (Reduction von Indigo, Nitrobenzol, Salpetersäure) in chemischen Fabriken und Laboratorien benutzt. Auch dient er zur Herstellung von Wasserstoff, indem man ihn mit Kalkhydrat erhitzt. Der chemische Vorgang soll nach der Gleichung

$$Zn + Ca(OH)_2 = ZnO + CaO + H_2$$

verlaufen (Schwarz, Ber. d. deutsch. chem. Gesellschaft 1886. 19. 1140).

Die Rückstände aus den Vorlagen der Destillirgefässe werden in der oben angegebenen Weise verarbeitet.

Die Rückstände aus den Destillirgefässen werden abgesetzt. In manchen Fällen werden sie auch als Wegebaumaterial sowie zur Bereitung von Mörtel benutzt.

Das Raffiniren des Zinks.

Das Zink, wie es aus den Vorlagen der Destilliröfen ausgezogen oder abgestochen wird, enthält in vielen Fällen erhebliche Mengen von Blei, ferner geringe Mengen von Eisen sowie mechanisch eingeschlossene Verunreinigungen. Der Bleigehalt geht bis über 3 % hinaus, während das Eisen selten über 0,2 % hinausgeht. Da durch grössere Mengen von Blei die Walzbarkeit des Zinks und seine Verwendbarkeit für die Herstellung von Messing beeinträchtigt wird, so muss das zum Auswalzen bestimmte Zink nach Möglichkeit vom Blei befreit werden. Ein Raffiniren dieses Zinks, des sog. Werkzinks oder Rohzinks, durch oxydirendes Schmelzen desselben, wie es beim Silber, Kupfer und Blei stattfindet, würde bei der grossen Verwandtschaft des Zinks zum Sauerstoff nicht zum Ziele führen. Wohl aber lässt sich die Reinigung des Zinks durch langsames Umschmelzen desselben und längeres Stehenlassen im geschmolzenen Zustande erreichen. In diesem Falle scheiden sich die mechanisch eingeschlossenen Verunreinigungen, welche leichter als das Zink sind, auf der Oberfläche des Metallbades ab und können mit einem Theile entstandenen Zinkoxyds als Krätzen entfernt werden, während sich Blei, soweit es nicht mit dem Zink legirt bleibt, und ein geringer Theil Eisen in Folge ihrer höheren specifischen Gewichte zu Boden setzen. Von dem untersten Blei enthaltenden Theile des Metallbades kann das gereinigte Zink durch Abschöpfen entfernt werden oder man kann diesen untersten Theil mit Hülfe einer archimedischen Schraube aus dem Metallbade herausschaffen.

Das Zink nimmt je nach der Temperatur verschiedene Mengen von Blei auf. Roessler und Edelmann fanden, dass dasselbe bei 650° 5,6 % Blei aufnimmt. Bei seinem Schmelzpunkt legirt es sich mit 1 bis 1,5 % Blei. Dieser Betrag lässt sich daher durch Absetzenlassen nicht aus dem Zink entfernen. Da die meisten Zinkerze bleihaltig sind, so wird man daher trotz des Raffinirens stets ein bleihaltiges Zink erhalten.

Von dem Eisengehalte des Zinks lässt sich, wie erwähnt, durch das Raffiniren nur ein verhältnissmässig geringer Theil entfernen. So hält beispielsweise das oberschlesische raffinirte Zink noch 0,02 bis 0,03 % zurück, während das Rohzink selten über 0,1 % Eisen enthält. Das Freiberger raffinirte Zink enthält bis 0,04 % Eisen.

Man erhält also bei dem Raffiniren von blei- und eisenhaltigem Zink das raffinirte Zink als eine Zinklegirung mit durchschnittlich 1 % Blei.

Ferner erhält man nicht reines Blei, sondern Blei mit gewissen Mengen von Zink legirt. So erhielt man auf Paulshütte in Oberschlesien auf dem Boden des Raffinirofens eine Bleizinklegirung von der nachstehenden Zusammensetzung:

Zink	4,2400 %
Cadmium	Spuren
Eisen	0,0008 %
Blei	95,7592 -

Das Eisen sammelt sich mit der Zeit in einer Zinkschicht zwischen dem raffinirten Zink und dem Blei an. Man nennt dieses eisenhaltige Zink, welches auch noch Blei enthält, Hartzink oder Bodenzink.

Das Werkzink, welches man im festen Zustande erhielt, wie es bei den alten schlesischen Zinköfen und bei den englischen Zinköfen der Fall war, musste, wenn es in Formen gegossen werden sollte, vorher umgeschmolzen werden. Bei diesem Umschmelzen, welches in Kesseln aus

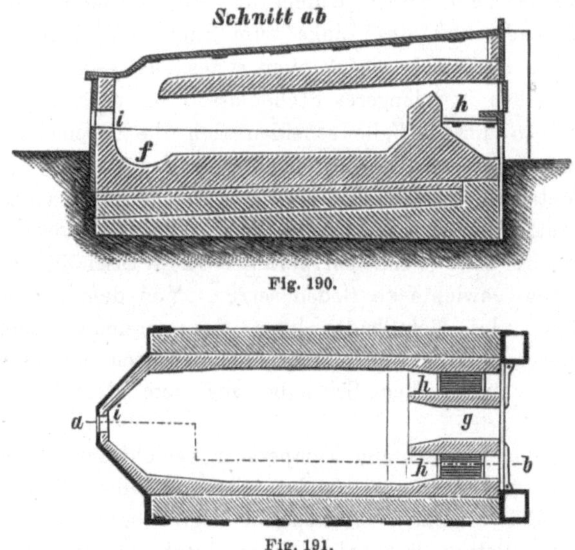

Fig. 190.

Fig. 191.

Gusseisen oder Thon geschah, schieden sich die Verunreinigungen des Zinks aus. Zur Beförderung der Ausscheidung derselben wurde das geschmolzene Zink von Zeit zu Zeit umgerührt. Die an die Oberfläche des Metallbades tretenden Krätzen (Zinkasche), welche ein Gemenge der ausgeschiedenen mechanischen Verunreinigungen mit Zinkoxyd und Zink darstellten, wurden mit einer durchlöcherten Kelle abgeschöpft. Das Zink wurde schliesslich in eiserne Formen gegossen; der untere bleireiche Theil des Metallbades wurde für sich ausgeschöpft.

Die gusseisernen Kessel besassen den Nachtheil, dass sie Eisen in das Zink führten und dasselbe dadurch spröde machten.

Gegenwärtig wendet man zum Raffiniren des Zinks Flammöfen mit Thonsohle an, wie es beispielsweise auf den grösseren Hüttenwerken von Oberschlesien der Fall ist, deren Zink 1,75 bis 2,25 % Blei enthält.

Die Einrichtung eines derartigen Ofens ist aus den Figuren 190 und 191 ersichtlich[1]). Die geneigte rinnenförmige Sohle ist aus magerem Thon hergestellt und auf das Mauerwerk des Ofens aufgestampft. Dieselbe endigt in einem Sumpf f. g ist die Einsetzthüre, durch welche das zu schmelzende Zink in den Ofen geschoben wird. h sind die Roste. i ist eine Oeffnung, durch welche das gereinigte Zink ausgeschöpft wird. Die Flamme durchzieht den Ofen der Länge nach und steigt dann über dem Sumpfe in die Höhe, um nach der Esse zu ziehen. Man lässt sie gewöhnlich noch Räume umspülen, in welchen das auszuwalzende Zink vorgewärmt wird.

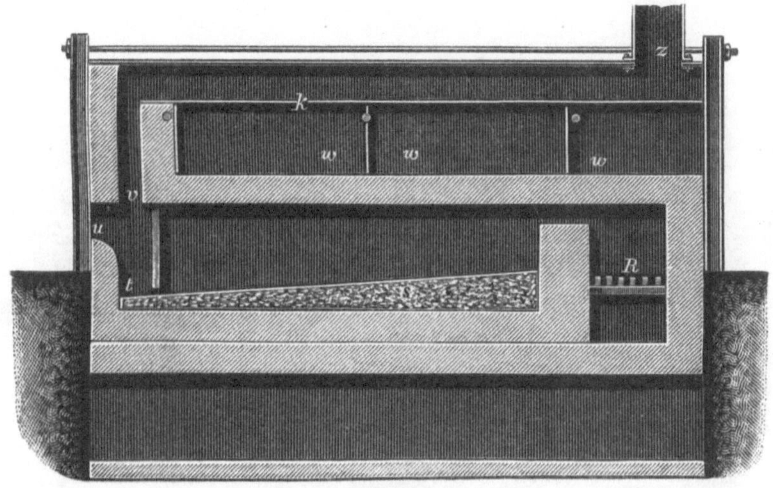

Fig. 192.

Eine andere Ofenconstruction mit nur einem Roste ist aus der Fig. 192 ersichtlich. R ist der Rost; s ist die Thonsohle, t der Sumpf u ist das Schöpfthor; v der Fuchs. w sind die von der Flamme umspülten Kammern zum Vorwärmen der Zinkbarren und Zinkbleche. k ist der zur Esse z führende Canal. Am Fuchsende des Ofens befindet sich eine in das Metallbad tauchende Scheidewand, um die Luft von dem letzteren abzuhalten. Die Oeffnung zum Einsetzen des Zinks in den Ofen befindet sich seitlich von der Feuerbrücke an der einen langen Seite des Ofens.

Der Heerd hat eine Länge von 4,70 m und eine Breite von 2 m. Der tiefste Punkt des Heerdes liegt 0,50 m unter der Schöpföffnung. In einem derartigen Ofen, welcher 28 bis 30 t Zink fasst, können in 24 Stunden 9 bis 10 t Zink bei einem Aufwande von 900 kg Steinkohlen raffinirt werden.

Der dem erstgedachten Ofen ähnliche Ofen auf Hohenlohehütte bei Kattowitz, welcher auf den meisten Hüttenwerken von Oberschlesien in Anwendung steht, ist in den Figuren 193, 194 und 195 dargestellt.

[1]) Berg- und Hüttenm. Ztg. 1873. S. 290.

Fig. 193 stellt einen Längsschnitt, Fig. 194 einen Horizontalschnitt und Fig. 195 einen Querschnitt des 6 m langen und 3,2 m breiten Ofens dar. r r sind die beiden Roste des Ofens. Zwischen denselben befindet sich der nach der Heerdsohle hin geneigte Canal k, in welchen das zu raffinirende Zink eingesetzt wird. Dasselbe gelangt, sobald es eingeschmolzen ist, auf die geneigte Sohle des Heerdes und fliesst auf der letzteren in den Sumpf S. Die Feuergase durchziehen vom Roste aus den Ofen der Länge nach und treten dann durch die in der Decke desselben befindlichen Oeffnungen o in Fuchscanäle, aus welchen sie in die Esse E gelangen. Dieser Ofen fasst 30 t Zink[1]).

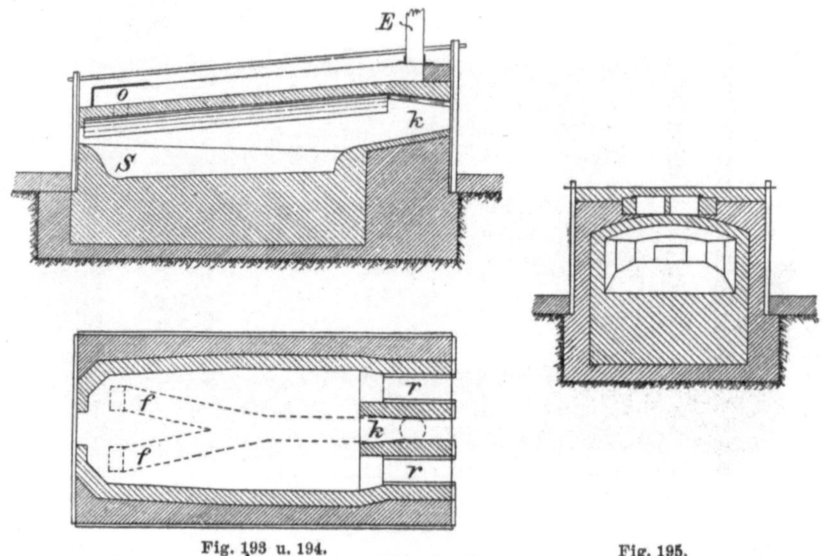

Fig. 193 u. 194. Fig. 195.

Das Einschmelzen des Zinks muss, um eine Oxydation desselben zu vermeiden, bei möglichst niedriger Temperatur und allmählich geschehen. Die Temperatur beim Schmelzen und Raffiniren soll den Schmelzpunkt des Zinks nicht viel überschreiten. Die Flamme muss nach Möglichkeit reducirend gehalten werden. Wenn der Ofen seine volle Füllung geschmolzenen Zinks (20 bis 30 t) erhalten hat, was nach 2 bis 3 Tagen der Fall ist, beginnt man mit dem Ausschöpfen des Zinks und setzt ebensoviel Zink nach, als ausgeschöpft wird, nämlich 9 bis 10 t in 24 Stunden. Aus dem stets auf dem gleichen Niveau erhaltenen Metallbade setzt sich zuerst das Blei ab, dann folgt das Eisen, welches mit dem Zink und einem Theile Blei eine strengflüssige Legirung, das sog. Hartzink oder Bodenzink, bildet, und schliesslich das Zink. Mit Hülfe des Gefühls lassen sich das Zink, das Hartzink und das Blei deutlich von einander unterscheiden. Senkt

[1]) Raffinirofen von Ash s. U. S. A. Pat. No. 702 526. June 17. 1902.

man nämlich eine mit den Händen an dem einen Ende festgehaltene Eisenstange langsam in das Metallbad des Ofens, so fühlt sich die Masse in der Schicht von geschmolzenem Zink weich an; bei weiterem Einsenken fühlt sich die Masse hart an, etwa wie zergehendes Eis; es ist dies die Schicht von Hartzink; schliesslich gelangt man wieder in eine weiche Schicht von geschmolzenem Blei. Auf der Oberfläche scheiden sich die mechanischen Verunreinigungen, welche ein geringeres specifisches Gewicht als das Zink besitzen, aus. Das Ausschöpfen des Zinks geschieht nach der Entfernung der Krätzen von dem Metallbade mit möglichst dünnen, gusseisernen Kellen. Es wird in Barrenform gegossen. Die Barren müssen, wenn das Zink gewalzt werden soll, heiss gehalten werden (130°). Die Menge der Krätzen beträgt bei gutem Betriebe nicht über $1^1/_2$ % des eingesetzten Zinks. Ist die Temperatur zu hoch, so bildet sich auf der Oberfläche des Metallbades ein Gemenge von Zinkoxyd und flüssigem Zink, das sog. verbrannte Zink. Zur Ausscheidung von Antimon und Arsen aus dem Zink schlägt L'Hôte[1]) den Zusatz von Chlormagnesium beim Umschmelzen vor, welches die gedachten Metalle als Chloride entfernen soll. Richards (Amerik. Patent 448 802) empfiehlt zur Ausscheidung der Verunreinigungen aus dem Zink den Zusatz von Aluminium zu dem geschmolzenen Metall. Die Verunreinigungen (ausser Blei) sollen sich hierbei an der Oberfläche ausscheiden.

Von Zeit zu Zeit muss das im Sumpfe angesammelte Blei aus demselben entfernt werden. In diesem Falle wurde früher zuerst das gesammte im Ofen vorhandene Zink und dann das Blei ausgeschöpft. Dieses Verfahren ist auf den meisten Werken durch ein Verfahren ersetzt worden, bei dessen Ausführung das Zink im Ofen bleibt. Man holt nämlich das Blei mit Hülfe eines mit einer archimedischen Schraube versehenen Rohres oder mit Hülfe eines im Boden mit einem Loche versehenen Eisencylinders oder mit Hülfe eines zu Anfang des Betriebes in den Ofen eingesetzten am unteren (offenen) Ende ausgezackten Thoncylinders aus dem Ofen. Dieses Verfahren gestattet einen continuirlichen Betrieb des Raffinirens und ist dem älteren Verfahren vorzuziehen. Der erstgedachte Apparat zum Herausholen des Bleis besteht aus einem eisernen Rohr (Gehäuse) von 1,3 bis 1,4 m Länge und 1,2 m Durchmesser, in welchem sich eine archimedische Spirale befindet. Das Rohr hat in seinem oberen Theile ein Ansatzrohr, durch welches die geschmolzenen Massen abfliessen können, während es an seinem unteren Ende Füsse hat. Die Spirale kann mit Hülfe einer Kurbel gedreht werden. Setzt man den Apparat durch eine besondere Oeffnung im Ofen in den Sumpf desselben und dreht die Kurbel, so steigt das Bodenzink in dem Rohre empor und fliesst durch das Ausgussrohr ab. Dieser Apparat steht beispielsweise in Lipine in Anwendung. Der zweite Apparat ist ein an seinem Boden mit einem Loch versehener

---

[1]) Compt. rend. 98. p. 1491.

Cylinder. Das Loch ist durch Lehm verschlossen. Senkt man den Cylinder in den Sumpf des Ofens und öffnet das Loch im Boden, so steigt das Blei in dem ersteren in die Höhe und wird aus demselben herausgehoben. Der dritte Apparat stellt ein unten ausgezacktes Rohr aus feuerfestem Thon mit offenem Boden dar. Dasselbe wird, ehe sich Blei auszuscheiden beginnt, in den Ofen gestellt und verbleibt während der ganzen Betriebszeit in demselben. Das Blei gelangt durch die Auszackungen in das Rohr und wird, sobald es eine gewisse Höhe erreicht hat, aus demselben ausgeschöpft. Ein derartiger Apparat steht beispielsweise auf Paulshütte und Wilhelminenhütte in Oberschlesien in Anwendung.

Das Hartzink oder Bodenzink wird gelegentlich, beispielsweise bei Ausserbetriebsetzung oder bei Reparaturen des Ofens aus demselben entfernt. In diesem Falle wird zuerst das Zink ausgeschöpft, dann wird das unter der Hartzinkschicht befindliche Blei mit Hülfe der beschriebenen Apparate entfernt und schliesslich wird das eine teigige Masse bildende Hartzink mit durchlöcherten Löffeln ausgeschöpft, wobei das noch vorhandene Blei abtropft.

Der Steinkohlenverbrauch beim Raffiniren beträgt $7^1/_2$ bis 10 % vom Gewichte des umgeschmolzenen Zinks.

In Lipine schmilzt man in 24 Stunden 9 t Rohzink mit $2^1/_2$ % Bleigehalt um und erhält ein raffinirtes Zink mit 0,5 % Bleigehalt. In Hohenlohe-Hütte schmilzt man in 24 Stunden 10 t Rohzink (alle 12 Stunden 5 t) mit 3 bis 4 % Blei um und erhält raffinirtes Zink mit 98,87 % Zink, 1,07 % Blei, 0,02 % Eisen und 0,04 % Schwefel.

Raffinirtes Zink der Paulshütte in Oberschlesien hatte die nachstehende Zusammensetzung[1]):

	I.	II.	III.	IV.
Zink	98,782 %	98,930 %	98,775 %	98,852 %
Blei	1,118 -	1,000 -	1,180 -	1,100 -
Cadmium	0,012 -	0,018 -	0,025 -	0,018 -
Eisen	0,024 -	0,030 -	0,020 -	0,030 -
Antimon	0,022 -	—	—	—
Thallium	—	0,010 -	—	—

Raffinirtes Zink der Beuthener Hütte bei Morgenroth in Oberschlesien enthielt nach Jensch:

	I.	II.
Zink	98,868 %	98,918 %
Blei	1,110 -	1,062 -
Eisen	0,020 -	0,017 -
Arsen	—	—
Cadmium	0,001 -	0,002 -
Rückstand (Kohle)	0,001 -	0,001 -

[1]) Steger, a. a. O S. 78.

Das raffinirte Zink der Lazyhütte bei Beuthen enthielt nach Steger an Verunreinigungen:

Blei	1,1240 %
Eisen	0,0240 -
Cadmium	0,0172 -
Arsen	0,0019 -

Raffinirtes Zink von Freiberg enthielt nach Föhr an Verunreinigungen:

Blei	1,03 %
Eisen	0,04 -
Zinn	0,07 -
Arsen	Spur.

Das Hartzink, welches grössere Mengen von Blei und Eisen enthält, wird entweder der Destillation unterworfen oder es wird an Silberhütten zum Ausziehen des Silbers aus silberhaltigem Blei abgegeben. Man hat es auch elektrolytisch zu verarbeiten gesucht[1]).

Die zinkhaltigen Krätzen (Zinkasche) werden bei der Zink-Destillation der Beschickung zugesetzt. Aus denselben lässt sich ein grosser Theil Zink (bis 60 %) aussaigern, wenn man dieselben vor dem Ausziehen aus dem Ofen mit Salmiak bestreut oder wenn man dieselben im Flammofen nach der Entfernung des Zinks aus demselben mit Salmiak (auf 200 kg = 1/2 kg Salmiak) umrührt.

Versuche und Vorschläge zur Verbesserung der Zinkgewinnung auf trockenem Wege.

Hierhin gehören die Versuche und Vorschläge zur Gewinnung des Zinks in Schachtöfen, in Flammöfen und in rotirenden Muffelöfen.

Die Gewinnung des Zinks in Schachtöfen.

Bei den vielen Mängeln der Zinkgewinnung, wie sie gegenwärtig ausgeführt wird, ist man von jeher bestrebt gewesen, den Destillationsprozess in thönernen Gefässen durch die Destillation in Schachtöfen zu ersetzen. Diese Bestrebungen sind aber, soweit sie sich auf die Gewinnung von compactem Zink beziehen, bisher erfolglos geblieben. Es würde zu weit führen, die zahllosen Versuche und Vorschläge, welche in dieser Richtung gemacht sind — beispielsweise von Dyar, Rochaz, Shear, Duclos, Schmelzer, Swindell, Broomann, Lesoinne, Adrien, Müller und A. Lencauchez (B.- u. H. Ztg. 1862. S. 324), Gillon (B.- u. H. Ztg. 1881. S. 6), Clerc (B.- u. H. Ztg. 1877. S. 83), Glaser (D.R.P. 48449), Neuendahl, Walsh, Eichhorn, Westmann, Rigaud, Baffrey, Kleemann, Sébillot (Preuss. Zeitschr. f. Berg-,

[1]) Den Raffinir-Apparat von Herter siehe Nachtrag.

Hütten- u. Salinenwesen 1900. S. 406) — hier des Näheren zu erörtern. Sie sind sämmtlich, wie die von Hempel[1]) ausgeführten gründlichen Versuche dargelegt haben, an der Schwierigkeit der Condensation der Zinkdämpfe gescheitert. Es lassen sich nämlich Zinkdämpfe, welche mit grösseren Mengen indifferenter Gase gemengt sind, nicht mehr durch Abkühlung zu flüssigem Zink verdichten. Das Zink scheidet sich in diesem Falle staubförmig aus. Nun sind aber bei Anwendung von Schachtöfen zur Zinkgewinnung die Verbrennungsgase (Kohlenoxyd und Stickstoff) mit dem bei der Reduction des Zinkoxyds entstandenen Kohlenoxyd und mit den Zinkdämpfen gemengt. Die Zinkdämpfe sind daher derartig verdünnt, dass sie sich bei der Abkühlung nicht zu einer Flüssigkeit verdichten lassen, sondern in der Gestalt eines feinen Staubes in den Gasen zurückbleiben. Auch bei Anwendung hoch erhitzter Luft zur Verbrennung der Koks im Schachtofen wird in diesem Verhalten der Zinkdämpfe, wie Hempel[2]) nachgewiesen hat, nichts geändert.

Bei dem gegenwärtigen Standpunkte der Wissenschaft und Technik müssen daher alle Bestrebungen zur Herstellung von compactem Zink in Schachtöfen bei gewöhnlichem Luftdruck als aussichtslos bezeichnet werden.

Ob es gelingen wird, unter Anwendung von Druck — event. unter Erzeugung der Hitze durch den elektrischen Strom — das Zink in flüssigem Zustande in Schachtöfen mit Vortheil zu gewinnen, muss dahingestellt bleiben. Die bis jetzt nach dieser Richtung hin bekannt gewordenen Vorschläge haben das Versuchsstadium noch nicht überwunden.

Das staubförmige Zink oxydirt sich leicht in Berührung mit der Luft und wird daher immer gewisse Mengen von Zinkoxyd enthalten, wie es bei dem oben betrachteten Zinkstaub, der sog. poussière, der Fall ist. Auch ist die Oxydation eines Theiles Zink durch im Ofen vorhandene Kohlensäure sowie durch Wasserdampf nicht zu vermeiden. Durch Anwendung eines Ueberschusses von Brennstoff sowie von Beschickungen und Brennstoffen, welche weder Wasser noch Kohlensäure enthalten, sowie durch Anwendung von Erzen, welche frei von Eisenoxyd sind (welches letztere schon in der oberen Hälfte des Ofens durch Kohlenoxyd unter Bildung von Kohlensäure reducirt wird) und durch Anwendung erhitzter Luft lässt sich indess dieser Uebelstand erheblich beschränken, wie dies ja auch bei der Destillation des Zinks in Gefässen der Fall ist.

Wenn es nun auch nicht möglich ist, im Schachtofen compactes Zink herzustellen, so lässt sich doch in demselben Zinkoxyd und, wie Hempel nachgewiesen hat, auch staubförmiges, nur verhältnissmässig geringe Mengen Zinkoxyd enthaltendes Zink gewinnen. Man hat daher im Schachtofen ein Mittel, zinkreiche Zwischenerzeugnisse für die Destillation

[1]) Berg- u. Hüttenm. Ztg. 1893. No. 41 u. 42.

[2]) l. c.

in Retorten herzustellen. In dieser Hinsicht dürfte der Schachtofen, besonders was die Herstellung von staubförmigem Zink anbetrifft, zu weiteren Versuchen ermuthigen.

Nach den Versuchen von Hempel[1]) ist es möglich, im Schachtofen bei Anwendung von erhitztem Wind einen an Zink sehr reichen Zinkstaub zu erhalten und denselben mit Hülfe von Gascentrifugen aus den Gasen niederzuschlagen. Durch Druck lässt sich dieser Zinkstaub auf ein geringes Volumen zusammenpressen und dadurch vor Oxydation schützen. Aus dem so behandelten Zinkstaub kann das Zink sowohl durch Abdestilliren ohne Zusatz von Kohle, als auch mit Hülfe der Elektrolyse gewonnen werden.

Hempel unterwarf den verdichteten Zinkstaub der Destillation ohne Zusatz von Kohle und erhielt $^2/_3$ vom Gewichte desselben als metallisches

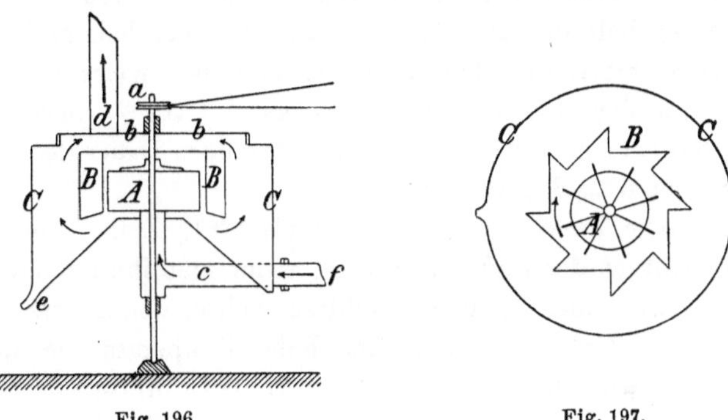

Fig. 196. Fig. 197.

Zink von grosser Reinheit. Der Rückstand enthielt Zinkoxyd sowie das im Schachtofen mit dem Zink verflüchtigte Blei, Silber, Kupfer etc. an Sauerstoff und Schwefel gebunden.

Als Beschickung für den Schachtofen verwendete Hempel Zinkkoks, hergestellt durch Glühen von 1 Th. Zinkoxyd, 3 Th. Kohle und 0,05 Th. gebranntem Kalk in einer Retorte und Erkaltenlassen der zusammengebackenen Masse unter Luftabschluss.

Der Schachtofen war mit einem eisernen Winderhitzer versehen und nach Art des Sefström'schen Ofens eingerichtet.

Die Gase mit den Zinkdämpfen gelangten aus der Gicht des Schachtofens in ein eisernes Rohr, in welchem sie auf 30^0 abgekühlt wurden. Das Absaugen der Gase aus dem Ofen sowohl als auch die Abscheidung des Zinkstaubes aus denselben geschah durch eine Gascentrifuge, deren Einrichtung aus den Figuren 196 und 197 ersichtlich ist. Dieselbe bestand aus dem achtflügligen Rade A, welches durch den Schnurlauf a und eine Transmission mit Hülfe einer Dampfmaschine in Umdrehung

[1]) l. c.

versetzt werden und 1000 bis 3000 Umdrehungen in der Minute machen konnte.

Das Flügelrad bewegte sich in einem gezackten Gehäuse B, welches seinerseits in den weiten Cylinder C eingesetzt war. Das Gehäuse war nach unten offen, nach oben dagegen geschlossen.

Der Cylinder C war nach unten conisch geschlossen und oben mit einem abnehmbaren Deckel b versehen.

Die zinkhaltigen Gase traten durch das Rohr c in den Apparat ein, in welchem der Staub durch die Centrifugalkraft gegen die Zacken des Einsatzes B geschleudert wurde und dann in den conischen Theil des Gehäuses C herabfiel, von wo er durch den Ansatz e entfernt werden konnte. Durch das Rohr d traten die Gase aus und gelangten noch in einen Sack, in welchem der Rest des Zinkstaubes zurückgehalten wurde, so dass die aus dem Sacke austretenden Gase vollständig frei von Staub waren. Der Kohlensäuregehalt der austretenden Gase, welcher bekanntlich mit zunehmender Temperatur im Ofen abnimmt und bei Weissglut gegen 1 % beträgt, war vor dem Gichten der Zinkkoks auf 0,7 % heruntergezogen worden und bewegte sich während der dreistündigen Dauer des Destillirens zwischen 1,8 und 4 % des Gasgemenges.

Der erhaltene Zinkstaub enthielt 72 bis 90 % Zink. Der Zinkstaub oxydirt sich leicht an der Luft und würde, wenn man ihn im staubförmigen Zustande in Röhren oder Muffeln destilliren wollte, den Zusatz von Kohle zur Reduction des Zinkoxyds und eine hohe Temperatur bei der Destillation erfordern. Um die Oxydation zu verhüten, wurde er zu Stücken zusammengepresst. Nach den von Hartig[1]) ausgeführten Versuchen wurde er bei einem Drucke von 30 Atm. auf 13,3 % seines Volumens gebracht, bei 100 Atm. auf 10 %, bei 200 Atm. auf 8,7 % des ursprünglichen Volumens. Hiernach würde, da ein Druck von 100 Atm. leicht mit Schrauben, Kniehebeln oder hydraulischen Pressen hervorgebracht werden kann, ein Zusammenpressen des Zinkstaubes auf $^1/_{10}$ seines ursprünglichen Volumens ohne Schwierigkeiten ausführbar sein. Aus dem so zusammengepressten Zinkstaub erhielt Hempel bei der Destillation ohne jeglichen Zusatz von Kohle $^2/_3$ vom Gewichte desselben als sehr reines metallisches Zink.

Bei der Verarbeitung einer Beschickung, welcher Eisenoxyd und silberhaltiges Blei zugesetzt war, erhielt Hempel einen Zinkstaub von 80 % Zinkgehalt, welcher alles Blei und Silber enthielt. Das Eisen wurde als Regulus von Weisseisen erhalten. Die im Ofen verbliebene Schlacke enthielt 58,3 % Kieselsäure, 10,4 % Thonerde, 8 % Eisenoxyd, 15 % Kalk, 1 % Zink und 1,8 % Schwefel. Auch dieser Zinkstaub wurde gepresst und dann ohne Zusatz von Kohle der Destillation unterworfen. Man erhielt $^2/_3$ vom Gewichte desselben an reinem Zink und einen Rückstand, welcher die nachstehende Zusammensetzung zeigte:

---

[1]) l. c.

SiO_2	41,6
Fe_2O_3	2,93
CaO	0,6
Zn	33,6
S	8,1
$PbS + Ag_2S$	1,05

Ueber die Elektrolyse des gepressten Zinkstaubes liegen Versuche nicht vor. Derselbe würde sich zu löslichen Anoden formen lassen und, da das Zink grösstentheils im metallischen Zustande vorhanden ist, bei seiner Lösung eine erhebliche Menge von Energie in den Stromkreis führen und daher nur eine geringe Spannung des Stromes erfordern.

Auf Grund der gedachten Versuche schlägt Hempel die Gewinnung des Zinks aus Erzen, welche neben Blei und Silber grössere Mengen von Zink enthalten und welche durch Aufbereitung nicht in Zinkerze einerseits und in Blei- und Silbererze andrerseits zerlegt werden können, vor. Der Prozess soll in die nachstehenden drei Operationen zerfallen:

1. Die Herstellung des Zinkstaubes im Schachtofen;
2. das Pressen des erhaltenen Zinkstaubes und
3. die Destillation oder elektrische Raffination des gepressten Zinkstaubes.

Das Erz soll nach vorgängigem Brennen oder Rösten zusammengesintert oder, falls backende Kohle zur Verfügung steht, ohne Sinterung mit der zu verkokenden Kohle zusammengemahlen und dann verkokt werden. Ist das Erz stark eisenhaltig, so muss das Eisen vorher reducirt werden, weil andernfalls, wie es im Eisenhochofen der Fall ist, die Zinkdämpfe im oberen Theile des Ofens durch die hier vorhandene Kohlensäure wieder oxydirt werden würden.

Die aus dem Ofen austretenden, nach der Entfernung der Zinkdämpfe aus denselben im Wesentlichen aus Kohlenoxyd und Stickstoff bestehenden Gase sollen zur Erhitzung des Windes und event. zum Heizen der Destilliröfen und zum Betrieb der Maschinen dienen.

Bei ihrem Austritt aus dem Ofen gelangen die Gase zuerst in durch Luft gekühlte Eisenröhren, in welchen sie auf 50° abgekühlt werden und gleichzeitig einen Theil Zinkstaub fallen lassen. Alsdann treten sie in eine oder in mehrere hintereinander aufgestellte Gascentrifugen, welche letzteren sie der Reihe nach durchlaufen und in welchen fast der gesammte noch in ihnen enthaltene Zinkstaub abgeschieden wird. Hempel schlägt für die Gascentrifugen die nachstehende aus den Figuren 198 und 199 ersichtliche Construction vor. A ist das Flügelrad, B der gezackte Einsatz, C die Sammeltrommel. Der Antrieb des Rades erfolgt von unten. Am zweckmässigsten würde das Rad, wie es bei Centrifugen üblich ist, in einem beweglichen Lager mit Gummiring zu führen sein. Sollte eine zu grosse Umdrehungsgeschwindigkeit des Rades zur Abscheidung alles Staubes in den Centrifugen erforderlich sein, so würden event. noch Sackfilter hinter demselben anzubringen sein, um die letzten Spuren von Zinkstaub auszuscheiden.

Im Interesse der Vermeidung der Bildung von Zinkoxyd soll der Betrieb des Ofens so geführt werden, dass der Kohlensäuregehalt der Austrittsgase 4 % nicht überschreitet.

Die Pressung des Zinkstaubes soll in zwei Operationen bewirkt werden. Zur ersten Pressung soll man sich einer Einrichtung bedienen, in welcher mit Hülfe einer Spindel mit steiler Schraube schnell ein Druck von 10 bis 20 Atmosphären zu erreichen ist. Der letzte Druck soll in einer hydraulischen Presse gegeben werden.

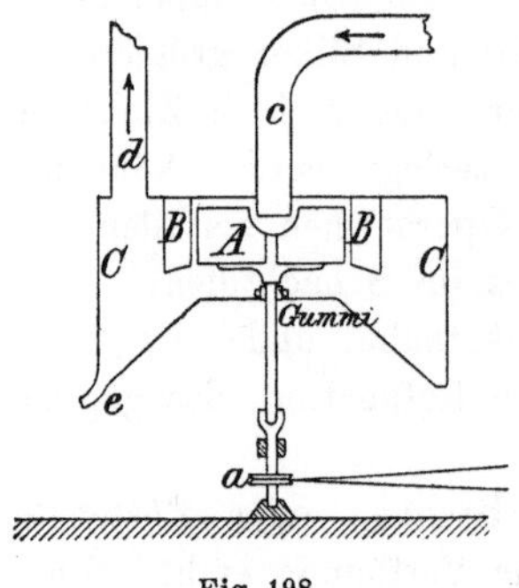

Fig. 198.

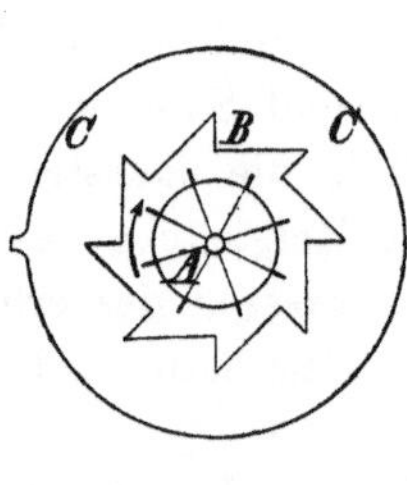

Fig. 199.

Die Destillation des in die Form von Cylindern gepressten Zinkstaubes soll in Röhren erfolgen, die nur um ein Geringes weiter sind als die Zinkstaub-Cylinder.

Die gedachten Vorschläge Hempels sind bis jetzt noch nicht zur Ausführung im Grossen gelangt.

Für Erze mit grösseren Mengen von Blei und Silber dürfte die Ausführung auf Schwierigkeiten stossen, da man im Schachtofen einerseits flüssiges silberhaltiges Blei und eine grössere Menge von Zink enthaltender Schlacke, andererseits einen grössere Mengen von Blei enthaltenden Zinkstaub erhalten würde, dessen Verarbeitung in Retorten schwierig ist.

Die Gewinnung des Zinks unter Druck betreffend, so schlägt Lungwitz (D. R. P. 83 571) vor, Zinkerze im Schachtofen unter so hohem Druck zu schmelzen, dass das Zink in flüssigem Zustande erhalten wird. Dieser Vorschlag beruht darauf, dass die Tension des Zinkdampfes nach Barus bei 1034° geringer als 2 Atmosphären ist. Der anzuwendende Schachtofen ist mit einem Wassermantel umgeben und besitzt einen dichten Gichtverschluss. In den mit Erz und Brennstoff beschickten Ofen soll Luft von 3 Atmosphären Druck eingeführt werden. Das bei diesem Druck entbundene flüssige Zink sammelt sich auf der Sohle des Ofens an und wird zeitweise durch ein Stichloch aus demselben abgelassen.

Eine Anwendung hat dieses Verfahren nicht erlangt.

Schuephaus[1]) hat für die Reduction des Zinkoxyds unter Druck einen elektrischen Ofen mit gusseisernem, mit Thon gefüttertem Tiegel angegeben und eine Reihe von Versuchen mit demselben ausgeführt. Nach Schuephaus beginnt die Reduction des Zinkoxyds durch Kohle bei 910^0. Durch Erhitzen eines Gemisches von Zinkoxyd und Kohle auf eine Temperatur von 1150^0 bei einem Druck von 2 Atmosphären wurde auf dem Boden des Ofens flüssiges Zink erhalten. Ueber die Anwendung dieses Ofens ist nichts bekannt geworden.

Die Gewinnung von Zinkoxyd bzw. eines Gemenges von Zink und Zinkoxyd in Schachtöfen stösst nicht auf technische Schwierigkeiten, wenn die Bildung von Kohlensäure bei der Verbrennung des Brennstoffs durch Einblasen eines Ueberschusses von Luft in den Ofen begünstigt wird und wenn sich überhaupt überschüssige Luft in dem Ofen befindet. Auch bei stark eisenhaltigen Beschickungen wird die Bildung von Kohlensäure dadurch veranlasst, dass Eisenoxyd schon bei schwacher Rothglut durch Kohlenoxyd unter Bildung von Kohlensäure zu Eisen reducirt wird. Das Zink wird in diesen Fällen in dem unteren Theile des Ofens durch die Kohle aus den Erzen reducirt. Durch überschüssige Luft sowohl wie (in dem oberen Theile des Ofens) durch Kohlensäure werden die emporsteigenden Dämpfe wieder oxydirt. Dieser Fall tritt beispielsweise beim Verschmelzen von zinkischen Eisen-, Blei-, Kupfer- oder Silbererzen in Oefen von verhältnissmässig geringer Höhe ein. Dass die Reduction des Zinks hierbei ohne Schwierigkeit verläuft, ergiebt sich aus der weiter unten dargelegten Herstellung von Zinkweiss direct aus den Erzen. Es ist erforderlich, den Zinkstaub abzukühlen und aus den indifferenten Gasen durch Flugstaubcanäle und Filtrir-Vorrichtungen auszuscheiden.

Von den zur Herstellung von Zinkoxyd patentirten Schachtöfen ist, soweit dem Verfasser bekannt, kein einziger zur practischen Ausführung gelangt. Das zur Reduction bestimmte Zinkoxyd wird bisher nur als Neben-Erzeugniss bei der Verhüttung zinkhaltiger Eisenerze (Franklinit) in Schachtöfen, sowie bei der Herstellung von Zinkweiss in Oefen mit Wetherill'schen Rosten gewonnen (siehe Gewinnung von Zinkweiss).

Als Beispiel eines patentirten Schachtofens für die Gewinnung von Zinkoxyd aus Erzen sei der Ofen von Harmet[2]), welcher indess gleichfalls nicht zur practischen Anwendung gelangt ist, angeführt.

Der Ofen (Figur 200) besitzt eine verschlossene Gicht a. Durch die im obersten Theile des Ofens befindlichen Düsen T_1 und T_2 sowie durch die über der Sohle des Ofens befindliche Düse T tritt heisse Luft in den-

---

[1]) Journal of the Society of Chemical Industry. Novbr. 30. 1899. p. 987.

[2]) D. R. P. No. 11 197.

selben ein. Das aus den Erzen reducirte Zink entweicht dampfförmig durch die Canäle i in die Kammern D, wo es durch kalte und feuchte Luft, welche durch die Düsen t eintritt, völlig oxydirt und dann als Zinkoxyd in Kammern aufgefangen werden soll. Die vom Zink befreiten Rückstände sollen vor der Düse T zu einer Schlacke zusammenschmelzen und aus dem Ofen fliessen. Für die Herstellung von metallischem Zink, wobei sich indess die oben angeführten Schwierigkeiten entgegenstellen, sollen die Oefen höher sein. Die Zinkdämpfe sollen in diesem Falle mit einer gewissen Spannung, welche den Zutritt der atmosphärischen Luft ausschliesst, durch mit Holzkohlen gefüllte Kammern und dann in Condensatoren geleitet werden. Aus den oben angeführten Gründen wird man auch hier nur Zinkstaub erhalten.

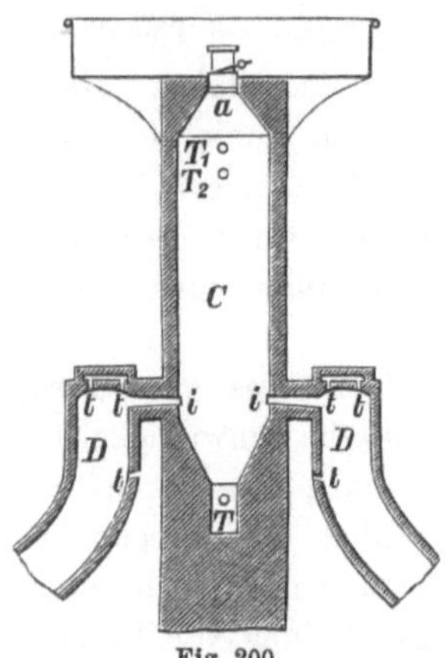

Fig. 200.

Zur Herstellung von Zinkoxyd sind die weiter unten (siehe Zinkweiss) beschriebenen Oefen mit Wetherill'schem Roste besser geeignet als die Schachtöfen.

Von **Biewend** ist ein Schachtofen zur Zerlegung von Zinkblende durch Eisen (D. R. P. No. 81358 vom 7. August 1894) vorgeschlagen worden. Das Eisen soll entweder in metallischer Form zugesetzt oder aus zugeschlagenen Oxyden desselben reducirt werden. Als Brenn- bzw. Reductionsmaterial (für Eisenoxyd) sollen Koks oder Holzkohle angewendet werden. Das ausgeschiedene dampfförmige Zink soll bei hoher Temperatur (800°) in mit glühenden Koks oder Kohlen gefüllte Condensatoren geleitet und in denselben zu einer Flüssigkeit verdichtet werden, während das bei der Zerlegung des Schwefelzinks gebildete Schwefeleisen und die aus der Brennstoff-Asche und den Beimengungen der Zinkblende gebildete Schlacke (ein Calcium-Aluminiumsilicat) in geschmolzenem Zustande aus dem Ofen abgelassen werden sollen. Aus dem Schwefeleisen kann durch Röstung Eisenoxyd hergestellt und nach vorgängiger Reduction zur Zerlegung neuer Mengen von Schwefelzink verwendet werden. Die in den Condensatoren von dem Zink geschiedenen aus Stickstoff und Kohlenoxyd bestehenden Gase sollen als Brennstoff benutzt werden.

Die Möglichkeit der Zerlegung des Schwefelzinks durch Eisen im Schachtofen ist durch die Verhüttung zinkblendehaltiger Eisensteine in Hochöfen erwiesen. Da die ausgeschiedenen Zinkdämpfe aber auch im vorliegenden Falle durch indifferente Gase (Stickstoff und Kohlenoxyd) verdünnt sind, so ist es fraglich, ob selbst bei Anwendung eines mit glühenden Kohlen gefüllten Condensators das Zink sich zu zusammenhängenden Massen verflüssigen lässt. Dass die Verflüssigung des Zinks in einem gewissen Maasse zu ermöglichen sein dürfte, ist durch die Gewinnung von flüssigem Zink in dem sog. Zinkstuhle der früheren Unterharzer Schachtöfen (beim Verschmelzen zinkhaltiger Bleierze) erwiesen. Sollte die Verflüssigung des Zinks nicht angängig sein, so würde man sich auf die Herstellung zinkreicher Zwischenerzeugnisse verlegen müssen.

Bis jetzt sind Versuche in grösserem Maassstabe mit diesem Verfahren noch nicht gemacht worden.

Ein Ofen, welcher die Verbindung eines Gefässofens mit einem Schachtofen darstellt, ist von Schmieder (1903) angegeben worden. Die Einrichtung desselben erhellt aus den Figuren 201, 202, 203 und 204. D ist die Retorte bzw. der Schacht. Dieselbe soll aus Carborund hergestellt werden. Dieselbe wird in den oberen $^2/_3$ ihrer Höhe von Feuergasen umspült und stellt soweit mit dem sie umgebenden ringförmigen Raum S, in welchen Generatorgase und Luft eingeleitet werden, einen Gefässofen dar.

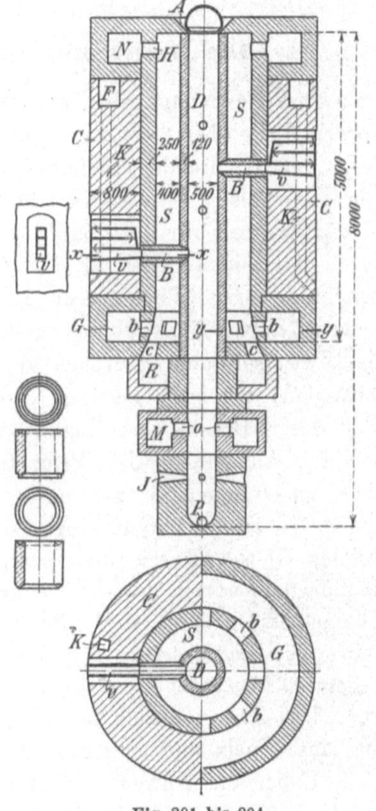

Fig. 201 bis 204.

Die Generatorgase gelangen von dem Generator in den Ringcanal G und treten aus dem letzteren durch die Canäle b in den Raum S. Die Luft zur Verbrennung der Gase tritt aus dem Canal R durch die Oeffnungen C in den Raum S. Die Feuergase ziehen in den Raum aufwärts und treten am Ende desselben durch Canäle H in den Sammelcanal N und aus dem letzteren in die Esse.

Die Beschickung wird durch den mit einem dichten Verschluss versehenen Trichter A am oberen Ende der Retorte aufgegeben. Die Zinkdämpfe und die bei der Reduction entwickelten Gase treten durch die Rohre B in die Vorlagen v, in welchen die ersteren zu flüssigem Zink condensirt werden. Die Reductionsgase und die übrigen staub- oder gasförmigen Erzeugnisse der Reduction gelangen durch senkrechte Canäle K in den Sammelcanal F und aus dem letzteren durch Niederschlagskästen zur Esse. Die Räumasche gelangt in den unteren als Schachtofen zu charakterisirenden Theil der Retorte. Durch 3 Oeffnungen J wird in denselben Luft eingeblasen, welche das in der Räumasche noch enthaltene Zink oxydiren und als Zinkoxyd durch die Oeffnungen O in den Sammelcanal M führen soll, welcher durch Niederschlagskästen mit der Esse in Verbindung steht. Die eingeblasene Luft wird theilweise auch in den oberen Theil des Schachtes steigen und der Stickstoffgehalt derselben sowie das durch den Sauerstoffgehalt derselben gebildete Kohlenoxyd werden die Zinkdämpfe verdünnen.

Erfahrungen über Versuche mit diesem Ofen liegen zur Zeit noch nicht vor. Die Oefen von Armstrong und Nagel siehe Nachtrag.

Die Gewinnung des Zinks in Flammöfen.

Die Gewinnung des Zinks in Flammöfen ist wiederholt versucht worden, hat aber stets zu ungünstigen Ergebnissen geführt, weil man in Folge der oxydirenden Einflüsse in diesen Oefen (durch Luft und Kohlensäure) niemals Metall, sondern stets Zinkoxyd erhielt.

Brackelsberg (D. R. P. 75 090) will die Oxydation des Zinks dadurch vermeiden, dass er ein Gemenge von Erzklein und Kohlen zu Briquettes formt, die letzteren in dem Erhitzungsraum eines Flammofens, welcher durch Generatorgas geheizt wird, zu Pfeilern aufschichtet und die Zwischenräume zwischen denselben mit Steinkohlenbriquettes oder sonstigem kohlenstoffhaltigen Brennmaterial anfüllt. Das Generatorgas wird durch Druck- oder Zugluft verbrannt. Die Feuergase ziehen durch bei der Aufstellung der Briquettes ausgesparte senkrechte Canäle von oben nach unten in den unter dem Erhitzungsraume des Ofens befindlichen Condensationsraum für das Zink und dann in den Generator eines zweiten Ofens. Durch die Feuergase werden die Briquettes auf die Reductionstemperatur des Zinks gebracht. Durch den Ueberschuss von Kohlenstoff im Ofen wird die Kohlensäure zu Kohlenoxyd reducirt. In dem Condensationsraum für das Zink sind durch Wasser gekühlte, mit Schamott überzogene Metallkörper angebracht.

Das Zink soll sich in flüssiger Form auf dem Boden des Condensators ansammeln und zeitweise abgestochen werden.

Ueber die Anwendung dieses Ofens ist bisher nichts bekannt geworden. Wenn auch die Oxydation des Zinks vermieden werden sollte, so sind doch die Zinkdämpfe durch die Verbrennungserzeugnisse der Generatorgase und den Stickstoff der Luft in hohem Maasse verdünnt, so dass auf die Gewinnung von flüssigem Zink nicht zu rechnen sein dürfte. Man wird, wie bei der Gewinnung des Zinks in Schachtöfen, Zinkstaub erhalten.

Die Herstellung von flüssigem Zink in Flammöfen muss daher als aussichtslos bezeichnet werden. Man wird in denselben nur zinkreiche Zwischenerzeugnisse gewinnen können.

Die Herstellung von Zinkoxyd in [Flammöfen ist von Glaser vorgeschlagen worden. (D.R.P. 31716.) Derselbe presst Zinkerze mit Kohle und einem Bindemittel zu Voll- oder Hohlziegeln und erhitzt sie in einem Flammofen durch Heizgase bis zur Reduction des Zinkoxyds. Die Zinkdämpfe sollen durch Luft zu Zinkoxyd verbrannt werden, welches in Flugstaubkammern aufgefangen werden soll. Dieses Verfahren erscheint ausführbar, setzt aber reine Erze voraus.

M. Roux und J. Desmazures (D.R.P. 82097) schlagen vor, Zinkblenden, welche silberhaltigen Bleiglanz enthalten, zuerst unter Luftabschluss in einer Retorte mit Bleiglätte zu schmelzen, wobei sich silberhaltiges Blei ausscheidet und auf dem Boden der Retorte ansammelt. Die zinkhaltigen Rückstände sollen mit Flussmitteln geschmolzen werden, worauf erhitzte Luft durch die flüssige Masse geleitet wird. Durch dieselbe wird das Zink als Oxyd an der Oberfläche der Masse ausgeschieden. Ueber die Ausführung dieses Verfahrens ist nichts bekannt geworden.

Vorschläge zur Verbesserung der Condensation der Zinkdämpfe bei Ausführung der Destillation in Gefässen.

Bekanntlich ist bei der gegenwärtigen Art der Zinkgewinnung die Condensation der Zinkdämpfe der schwächste Theil dieses Prozesses. Ein grosser Theil der Zinkverluste rührt daher, dass ein Theil der Zinkdämpfe in der Vorlage überhaupt nicht zur Condensation gelangt und dass ein anderer Theil derselben wegen zu geringer Spannkraft gegenüber dem Atmosphärendruck nicht aus der Retorte ausgetrieben wird, sondern beim Räumen derselben verbrennt. Die Condensation der Zinkdämpfe vollzieht sich in den engen Temperaturgrenzen zwischen 415⁰ nach unten und 550⁰ nach oben. Ist die Temperatur der Vorlage, in welcher die Condensation erfolgt, unter 415⁰, so geht das Zink aus dem dampfförmigen Zustande (analog der Reifbildung) direct in den festen Zustand über und bildet einen feinen Staub, welcher von den indifferenten Gasen zum Theil fortgerissen wird; ist die Temperatur der Vorlage dagegen über 550⁰, so entweichen die Zinkdämpfe uncondensirt aus derselben.

Diese unvollkommene Condensation beruht auf der Unmöglichkeit, die Temperatur der gegenwärtig angewendeten kleinen Vorlagen, welche in Folge ihres engen Zusammenhanges mit dem Ofen jede Temperaturschwankung desselben mitzumachen gezwungen sind, regeln zu können.

Das Zurückbleiben von Zinkdämpfen in der Retorte am Ende der Destillation ist durch die gegenwärtige Art der Verbindung von Retorte und Vorlage bzw. durch die dadurch hervorgerufene Unmöglichkeit, die Dämpfe mit Hülfe von Essenzug aus der Retorte in die Vorlage treiben zu können, verursacht.

L. Lynen in London[1]) hat nun anstatt der gegenwärtig angewendeten Vorlagen eine mehreren Oefen gemeinsame Condensationskammer construirt, welche die gedachten Uebelstände vermeiden soll.

---

[1]) Zinkdestillation mit gemeinsamer Condensationskammer. L. Lynen, London, 1893. (Gedruckt bei Aug. Siegle. 30 Lime Street.)

Die Einrichtung derselben ist aus den Figuren 205, 206 und 207 ersichtlich. Es sind hier zwei Condensationskammern b vorhanden, um welche sich 4 mit eigener Feuerung versehene Einzelöfen so gruppiren, dass eine Condensationskammer zwischen je zwei Einzelöfen liegt. Die Oefen besitzen Gasfeuerung und je drei übereinanderliegende Reihen von Muffeln a. Dieselben werden an durchlochte Verbindungssteine d anluttirt,

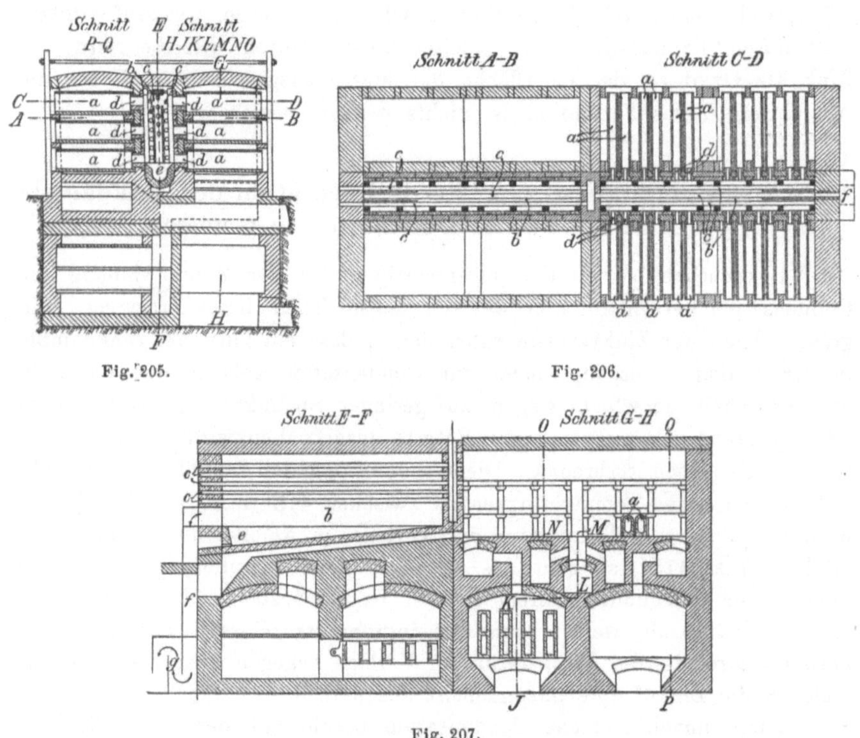

Fig. 205. Fig. 206.

Fig. 207.

so dass die Zinkdämpfe an der hinteren Seite der Muffeln durch den Hohlraum dieser Verbindungssteine in den gemeinsamen Condensator ziehen. Der letztere besitzt einen Sumpf e, aus welchem das Zink abgestochen werden kann. In dem Condensator bleibt stets ein Zinkbad von einer bestimmten Höhe zur Regelung der Temperatur vorhanden. Zur Regelung der Temperatur sind ferner eine Reihe von Röhren c im Condensator vorhanden, durch welche Luft durchgelassen werden und so abkühlend auf den Condensationsraum einwirken kann. Der Condensator steht durch den Canal f mit Flugstaubcanälen g und mit einer Flugstaubkammer in Verbindung, welche zum Auffangen des gebildeten Zinkstaubes dient. Aus der Flugstaubkammer gelangt der Strom der indifferenten Gase in eine an dieselbe angeschlossene Esse. In Folge der Aneinanderschaltung von Retorten, Condensator, Flugstaubkammer und Esse ist man in der Lage, die am

Ende der Destillation in der Retorte verbliebenen Zinkdämpfe unter geringem Zuge aus der Retorte in den Condensator saugen zu können.

Durch die Mauerstärke der Condensatorwandungen, durch das Zinkbad am Boden des Condensators und durch die Durchleitung von Luft durch die Leitungsröhren im Falle einer Ueberhitzung des Condensators soll man in der Lage sein, die Temperatur im Condensator innerhalb der erforderlichen Grenzen halten zu können. Das Zinkbad dient nicht allein zur Regelung der Temperatur, sondern befördert die Condensation auch noch durch Oberflächenattraction. Schliesslich dient es auch noch zur Abscheidung des Bleis auf dem Boden des Condensators und bildet so gewissermaassen einen Raffinirofen.

Am Schlusse der Destillation soll das System unter leisem Zug arbeiten, um die letzte Spur von Zinkdampf aus der Retorte abzusaugen. Da in diesem Falle Luft in die Retorte eingelassen werden muss, so dürfte ein Theil der Zinkdämpfe in Zinkstaub verwandelt werden.

Ueber die Ausführung der Vorschläge von Lynen ist bisher nichts bekannt geworden.

Biewend und die Actiengesellschaft für Zinkindustrie vormals Grillo in Oberhausen (D.R.P. 91896) wollen die Zinkdämpfe in mit stückförmigem Material (Holzkohle, Koks, Quarz, Bimsstein) angefüllten Kammern aus Mauerwerk, in welchen der Weg der Gase durch eingelegte Scheidewände verlängert werden kann, condensiren. Zum Zwecke der Abkühlung sind die Kammern mit doppelten eisernen Wänden umgeben, zwischen welchen Wasser oder Luft circulirt. Die Gase können mit Hülfe einer Umschaltvorrichtung so durch zwei nebeneinander befindliche Kammern geführt werden, dass sie dieselbe bald in der einen, bald in der entgegengesetzten Richtung durchziehen. Hierdurch soll eine gleichmässige Temperatur erhalten und die Bildung von staubförmigem Zink vermieden werden. In diesen Condensatoren wird man, sobald die Zinkdämpfe durch Gase stark verdünnt sind, kein flüssiges Zink, sondern Zinkstaub erhalten.

Vorschläge zur Verbesserung des Materials und der Gestalt der Retorten.

Ein rotirender Muffelofen ist von Richter und Lorenz vorgeschlagen worden[1]). Derselbe stellt einen liegenden mit feuerfestem Futter versehenen Blechcylinder dar, in dessen Mitte die Retorte angeordnet ist. Zum Festhalten der Retorte sind zwischen derselben und dem Blechcylinder Rippen angebracht, zwischen welchen sich die Feuergase bewegen. Der Blechcylinder (und mit ihm die Retorte) wird durch Frictionsrollen in eine rotirende (oder in eine schwingende) Bewegung versetzt. Die an der Retorte angebrachte, mit einem Ballon versehene birnenförmige Vorlage

[1]) Zeitschr. für Berg-, Hütten- u. Salinenw. 1900. S. 411.

macht die Bewegung der ersteren mit. Die Beschickung füllt nur die Hälfte des Retortenraumes aus. Durch die Bewegung der Retorte soll ein besseres Zusammenmischen der einzelnen Theile der Beschickung und eine Abkürzung des Destillir-Prozesses herbeigeführt werden. Eine Anwendung hat dieser Ofen bisher nicht gefunden.

Steger[1]) hat vorgeschlagen, den mit einer Summe von Mängeln behafteten Thon durch Magnesia zu ersetzen und aus Ziegeln von diesem Materiale festliegende Muffeln zu mauern, welche bei Weitem grösser sind als die gegenwärtig für die Zinkdestillation angewendeten Gefässe.

Die Magnesia leitet nach Steger die Wärme $2^1/_2$ bis 3 mal besser als der Thon, ist undurchdringlich für Zinkdämpfe, bedeutend fester als der Thon und hält die höchsten Temperaturgrade aus.

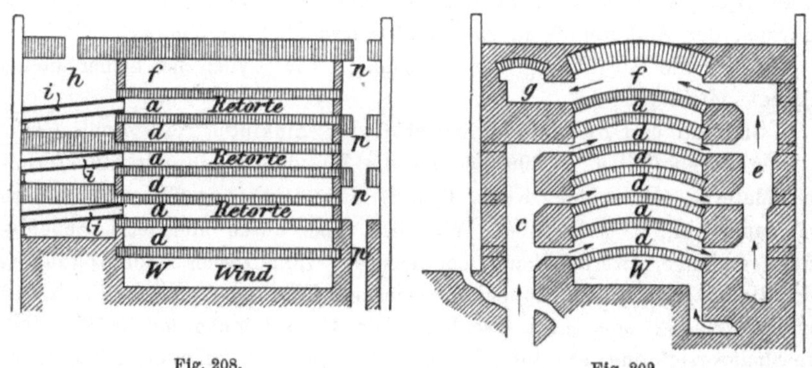

Fig. 208. Fig. 209.

Die Einrichtung des in der Abhandlung von Steger abgebildeten Destillirofens ist aus den Figuren 208 und 209 ersichtlich, von welchen die erste den Längenschnitt, die zweite den Querschnitt des Ofens darstellt.

a sind 3 aus Magnesiaziegeln gemauerte Retorten mit gewölbter Decke und gewölbtem Boden. Zwischen den einzelnen Retorten befinden sich Züge d, in welchen die Heizgase durch zugeführte erhitzte Luft verbrannt werden. Die Heizgase (Generatorgase) steigen aus dem Generator in die Canäle c, aus welchen sie durch Schlitze in die Züge d gelangen. Die Verbrennungsluft wird in der Retorte W vorgewärmt und tritt dann in die Züge d. Die verbrannten Gase ziehen durch Schlitze in den senkrechten Canal e, gelangen am oberen Ende desselben in den Zug f und dann in den Essencanal g. Hiernach werden sowohl die Sohlen als auch die Decken der Destillirgefässe vollständig von der Flamme der Heizgase umspült.

Das Beschicken bzw. Entleeren der Gefässe geschieht an der hinteren Seite derselben. Die Gefässe endigen daselbst in den senkrechten Canal p.

---

[1]) Steger, Preuss. Minist.-Zeitschr. 1894. S. 163.

Die beim Beschicken und Entleeren entweichenden Gase und Dämpfe ziehen in diesem Canale nach oben, während die Destillationsrückstände (Räumasche) nach unten fallen. Die Vorlagen i befinden sich an der Vorderseite der Gefässe in einem senkrechten Canale h, an dessen hinteres Ende die Destillirgefässe gasdicht angeschlossen sind.

Ueber die Abmessungen der Gefässe sind Angaben nicht gemacht. Die Grösse und Wandstärke derselben soll man aus der Wärmeleitungsfähigkeit der Magnesiamasse, aus den Wärmewirkungen der Feuerzüge und aus der Durchwärmungsfähigkeit des Beschickungsmaterials berechnen.

Die von Steger hauptsächlich geltend gemachten Vorzüge der Magnesiagefässe sind die grössere Haltbarkeit derselben, geringere Zinkverluste beim Betriebe, Anwendbarkeit des Beschickungsmaterials in feinster Korngrösse, Wegfall des Auswechselns der Retorten, längere Haltbarkeit der Vorlagen und grössere Abmessungen derselben, schnelleres Beschicken und Entleeren der Gefässe, bei Weitem leichtere und gesundere Arbeit beim Betriebe.

Der Steger'sche Ofen ist auf den Namen des Fabrikbesitzers Francisci in Schweidnitz patentirt (D.R.P. 76285, Belgisches Patent 107606, Englisches Pat. 23979, Oesterreich. Pat. 44/3256, Amerikan. Pat. 526808).

Nach den bis jetzt ausgeführten Versuchen zeigten sich die angewendeten Magnesiasteine sehr empfindlich gegen Temperaturwechsel und von geringer Haltbarkeit. Indess sind die Hoffnungen auf die Herstellung eines geeigneten Materials noch nicht aufgegeben.

Ein in der neuesten Zeit von Francisci vorgeschlagener Ofen, welcher die Gestalt einer stehenden, ringförmigen, innerlich und äusserlich geheizten Retorte besitzt (D. R. P. 107 247) und welcher gleichfalls die Verwendung von Magnesiaziegeln gestattet, ist bereits Seite 132 (mit Abbildung) besprochen worden.

Ein abschliessendes Urtheil über die gedachten Oefen lässt sich erst auf Grund der Ergebnisse eines längeren Betriebes derselben fällen, wie sie gegenwärtig noch nicht vorliegen.

A. Landsberg schlägt Retorten vor, welche aus einer inneren Schicht eines Gemenges von Graphit und feuerfestem Thon und aus einer äusseren Schicht von feuerfestem Thon bestehen.

Die innere Schicht soll die Einwirkung der Beschickung auf die Retortenwand verhindern, während die äussere Schicht den Graphit der inneren Schicht vor der Einwirkung der Flamme des Heizstoffs schützen soll.

Hering hat Muffeln mit continuirlichem Betriebe vorgeschlagen, deren Einrichtung aus Figur 210 und 211 ersichtlich ist[1]).

a ist die über dem Canal b zur Aufnahme der Destillationsrückstände stehende, nach unten offene Muffel. Dieselbe wird unten durch die im Canal b belassenen Destillationsrückstände vom vorhergehenden Räumen

[1]) Zeitschr. für Berg-, Hütten- und Salinenwesen 1900. S. 420.

geschlossen. c ist eine verschliessbare Oeffnung zum Entfernen der Destillationsrückstände aus dem Canal. Die Beschickung gelangt durch die Trichter g und die Schamottröhren i in die Muffeln. Nach dem Beschicken werden die Trichter durch Thonpfropfen verschlossen.

Es erscheint fraglich, ob diese Muffeln nicht der Luft Zutritt gestatten. Eine Anwendung haben dieselben bisher nicht gefunden.

Sadtler (Amerikan. Patent 656 268) schlägt vor, zur Gewinnung des Zinks aus gold-, silber-, blei- und eisenhaltigen Erzen Retorten aus feuerfestem Thon anzuwenden, welche an den Innenflächen sowohl wie an besonders gefährdeten Stellen der Aussenflächen mit gebranntem Dolomit oder Magnesit überzogen sind. Der Ueberzug soll mit Hülfe von Wasserglas bewirkt werden, welches einerseits mit dem feuerfesten Thon, andererseits mit dem basischen Ueberzug verschmolzen wird. Zu diesem Zwecke sollen die Retorten, nachdem sie mit dem Wasserglas und dann mit dem basischen Material bestrichen worden sind, in Brennöfen oder in den Zinkdestilliröfen mehrere Tage hindurch einer Temperatur von 816° C ausgesetzt werden. Das basische Futter soll der Einwirkung von Bleioxyd und Eisenoxydul widerstehen. Gold und Silber verbleiben bei der Destillation im Rückstande und können aus demselben gewonnen werden. Ueber die Anwendung und die Haltbarkeit dieser Retorten ist nichts bekannt geworden.

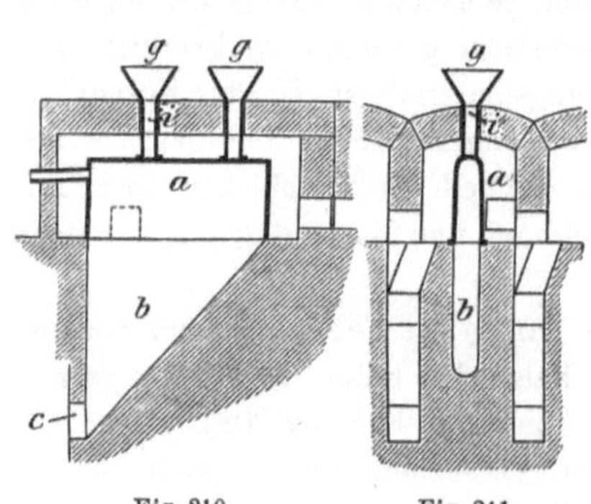

Fig. 210. Fig. 211.

Vorschläge zur Gewinnung des Zinks aus Zinkblende ohne vorgängige Totröstung derselben.

Für die Gewinnung des Zinks aus Zinkblende ohne vorgängige Totröstung derselben sind verschiedene Vorschläge gemacht worden, welche indess nicht zur practischen Ausführung gelangt sind.

Der Vorschlag von Biewend zur Zerlegung der Zinkblende durch Eisen im Schachtofen (D. R. P. 81 358 vom 7. August 1894) ist bereits bei Erwähnung der Versuche zur Gewinnung des Zinks im Schachtofen besprochen worden.

Grillo und Liebig (D. R. P. 92 243) schlagen vor, Zinkblende in einem dicht verschliessbaren, drehbaren, cylindrischen Apparat durch hoch erhitztes flüssiges Eisen zu zerlegen, wobei das ausgeschiedene Zink unter dem Drucke seines Dampfes unter der Decke des entstandenen Schwefeleisens ($ZnS + Fe = FeS + Zn$) verflüssigt und nach der Abkühlung des Apparates abgestochen werden soll.

Landsberg will ein Gemenge von roher und gerösteter Zinkblende, Kalk und Kohle unter Luftabschluss erhitzen, wodurch nach der Gleichung:

$$Zn\,O + Zn\,S + Ca\,O + C = 2\,Zn + Ca\,S + CO_2$$

das Zink dampfförmig ausgeschieden und dann condensirt werden soll.

Christopher James will durch Erhitzen eines Gemenges von roher und gerösteter Zinkblende in der neutralen oder schwach reducirenden Atmosphäre eines Flammofens Zink gewinnen nach der Gleichung

$$2\,Zn\,O + Zn\,S = 3\,Zn + SO_2.$$

Das Verfahren erscheint nicht ausführbar, da eine indifferente oder schwach reducirende Atmosphäre im Flammofen nicht hergestellt werden kann und da die Reaction nicht so verläuft, wie sie in der Gleichung angegeben ist.

Vorschläge zur Gewinnung von Carborundum und Ferrosilicium mit dem Zink.

Nach Dorsemagen[1]) soll man aus an Kieselsäure reichen Zinkerzen (aus Zinkblende nach vorgängiger Röstung) neben dem Zink Carborundum (Siliciumcarbid) gewinnen, wenn man den Erzen oder den Röstproducten derselben bei der Reduction soviel Kohle zusetzt, dass dieselbe nicht nur zur Reduction des Zinkoxyds, sondern auch zur Reduction der Kieselsäure und zur Bildung von Siliciumcarbid ausreicht.

Die Ofenconstruction zur Ausführung dieses Verfahrens ist nicht angegeben, soll aber sehr einfach sein.

Aus Zinkblende enthaltendem Pyrit will Dorsemagen[2]) nach vorgängiger Abröstung Zink und Ferrosilicium herstellen. Zu diesem Zwecke soll das Röstgut mit quarzigen Zuschlägen gattirt und dann mit Kohle im elektrischen Ofen erhitzt werden.

Ueber die Ausführung dieser Vorschläge ist nichts bekannt geworden.

Die Gewinnung des Zinks auf dem vereinigten trockenen und nassen Wege.

Eine directe Herstellung des Zinks auf nassem Wege ist desshalb nicht thunlich, weil das Zink aus seinen Lösungen durch die bei gewöhnlicher Temperatur beständigen schweren Metalle nicht als Metall ausgeschieden werden kann. Sieht man von der Ausscheidung des gedachten Metalls aus seinen Lösungen auf elektrometallurgischem Wege ab, so lassen sich auf nassem Wege nur Verbindungen des Zinks herstellen, aus welchen das Zink auf trockenem Wege ausgeschieden werden muss. Der nasse Weg

---

[1]) Zeitschr. d. Ver. deutsch. Ingenieure 1902. S. 1635.

[2]) a. a. O. S. 1635.

der Zinkgewinnung kann daher nur als Hülfsprozess des trockenen Weges in Betracht kommen, indem man das Zink aus Erzen und Hüttenerzeugnissen in wässrige Lösungen überführt und aus den letzteren Verbindungen des Zinks gewinnt, welche in Zinkoxyd verwandelt werden.

Die Reduction des Zinkoxyds zu Zink erfolgt dann auf trockenem Wege.

Der vereinigte trockene und nasse Weg der Zinkgewinnung hat sich indess bis jetzt für die definitive Einführung als zu theuer herausgestellt. Man hat das Zink aus armen Erzen und aus Hüttenerzeugnissen durch Schwefelsäure, Salzsäure, Ammoniak, Ammoniumcarbonat, Chlormagnesium Chlorcalcium, Carnallit, durch chlorirende Röstung und Auslaugen des gebildeten Chlorzinks in wässrige Lösung gebracht und dasselbe als Zinksulfat bzw. Chlorzink, Zinkoxydammoniak, kohlensaures Zinkoxydammoniak erhalten.

Aus der Sulfatlösung hat man durch Eindampfen derselben und Glühen des erhaltenen Zinksulfats Zinkoxyd unter Entbindung von Schwefelsäureanhydrid und Schwefliger Säure und Sauerstoff hergestellt. Das so erhaltene Zinkoxyd liess sich gut in Muffeln auf Zink verarbeiten. Bisher hat man indess auf diese Weise noch nicht Zinkoxyd in grossem Maassstabe hergestellt, weil das Verfahren zu theuer ist.

Parnell[1]) schlägt vor, Zinksulfat durch Behandlung gerösteter Zinkoxyd enthaltender Erze mit Hülfe von Schwefelsäure zu gewinnen, die Sulfatlösung bis zur beginnenden Verdickung einzudampfen, darauf Schwefelzink in die Masse einzurühren und das Gemenge in einem Muffelofen zu glühen. Hierbei soll sich unter Entweichen von Schwefliger Säure, welche letztere zur Gewinnung von Schwefelsäure zu benutzen ist, Zinkoxyd bilden nach der Gleichung:

$$3\,ZnSO_4 + ZnS = 4\,ZnO + 4\,SO_2.$$

Diese Reaction dürfte indessen nur unvollkommen vor sich gehen, da es nicht gelingt, das gesammte Zink in Zinkoxyd zu verwandeln.

Eine Anwendung hat daher der Parnell'sche Vorschlag auch nicht gefunden.

Nach einem Vorschlage von W. Marsh soll man aus Zinksulfatlauge Zinkhydroxyd durch Magnesia ausfällen. Dieses Verfahren kann aber wegen des hohen Preises der Magnesia keine Anwendung im Grossen finden.

Durch Glühen von entwässertem Zinksulfat mit der entsprechenden Menge von Kohle lässt sich bei Innehaltung der richtigen Temperatur und bei inniger Mischung beider Körper unter Bildung von Kohlenoxyd und Schwefliger Säure Zinkoxyd gewinnen. Dieses Verfahren hat sich aber als zu theuer herausgestellt.

Hoepfner (D. R. P. 106 045) will aus zinkhaltigen Laugen durch

---

[1]) Kärnthner Zeitschr. 1881. S. 32.

Schwefelwasserstoff Schwefelzink fällen und das letztere mit Kalk und Kohle glühen, wobei das Zink unter Bildung von Schwefelcalcium frei werden soll. Das Schwefelcalcium soll zur Herstellung von Schwefelwasserstoff benutzt werden. Die Laugen, aus welchen das Schwefelzink ausgefällt worden ist, sollen zur Lösung des Zinks aus Zinkoxyd enthaltenden Körpern benutzt werden.

Eine Anwendung hat das Verfahren bis jetzt nicht gefunden.

Aus dem Chlorzink, wie es erhalten wird durch Behandlung Zinkoxyd oder Zinkcarbonat enthaltender Körper mit Salzsäure, Chlormagnesium, Chlorcalcium, Carnallit, durch Röstung von Zinkblende mit Kochsalz lässt sich Zinkoxyd auf billige Weise nur durch Behandlung der betreffenden Lösungen mit Kalkmilch gewinnen. Hierbei erhält man aber ausser Zinkoxyd bzw. Zinkhydroxyd auch Zinkoxychlorid.

Auch diese Art der Gewinnung von Zinkoxyd hat sich als ungeeignet für den Grossbetrieb herausgestellt.

Von den Ammoniaksalzen besitzen die Carbonate des Ammoniums[1]) die grösste Lösungsfähigkeit für das Zinkoxyd der Erze und Hütten-Erzeugnisse. Dieselben besitzen auch eine erheblich grössere Lösungsfähigkeit als Ammoniakliquor. Am meisten geeignet haben sich Lösungen mit 7 bis 8 % Ammoniak und 7 bis 8 % Kohlensäure erwiesen. Durch Abdestilliren des Ammoniaks und des grösseren Theiles der Kohlensäure lässt sich das Zink als ein basisches Carbonat ausscheiden, während das Lösungsmittel bis auf eine gewisse Menge Kohlensäure, welche zu ersetzen ist, regenerirt wird. Das basische Zinkcarbonat lässt sich durch Glühen in Zinkoxyd verwandeln.

Dieser Weg ist für die Gewinnung des Zinks aus armen Erzen zu kostspielig und hat nur zur Entfernung des Zinkoxyds aus silberhaltigen Hütten-Erzeugnissen Anwendung gefunden.

Ist hiernach der vereinigte trockene und nasse Weg der Zinkgewinnung für die Gewinnung des Zinks aus armen Erzen aus den angeführten Gründen nicht über das Versuchsstadium hinausgelangt, so ist er doch in solchen Fällen zur definitiven Anwendung gelangt, in welchen es sich nicht um die Gewinnung von metallischem Zink, sondern um die Trennung des Zinks von anderen werthvollen Metallen oder Metall-Verbindungen und um die Gewinnung desselben als Neben-Erzeugniss in der Form von verkäuflichen Verbindungen desselben (Zink-Vitriol, Chlorzink, basisches Zink-Carbonat, Zinkweiss) sowie um die Gewinnung von Zinksalzen aus zinkhaltigen Abfällen (Flugstaub etc.) handelt.

Ob und inwieweit er als Hülfsprozess des trockenen Weges zur Herstellung zinkreicher Verbindungen aus zinkarmen Erzen oder Hütten-Erzeugnissen in der Zukunft Anwendung finden kann, entzieht sich gegenwärtig noch der Beurtheilung.

---

[1]) Schnabel, Preuss. Zeitschr. Bd. XXVIII.

Stahl[1]) hat durch eine Reihe von Versuchen ermittelt, inwieweit das in Kiesabbränden enthaltene Zink durch chlorirende Röstung in Chlorzink übergeführt wird und welche Antheile von Zink bei dieser Art der Röstung verdampfen. Das Zink befindet sich in den Abbränden als Schwefelzink, als Sulfat und Oxyd. Es gelang nicht, das Zink der Kiesabbrände mit 7 bis 11 % Zink durch eine einmalige chlorirende Röstung vollständig in Chlorzink zu verwandeln, auch nicht bei Zusatz von Pyrit, welcher die Sulfatbildung wesentlich befördert. Dagegen war die Chlorirung des Zinks eine nahezu vollständige, wenn die einmal gerösteten und dann ausgelaugten Abbrände einer zweiten chlorirenden Röstung unter Zusatz von Pyrit unterworfen wurden.

Es verdampften bei der Röstung nur 2 bis 3,5 % Zink in der Form von Chlorzink, welches letztere in Condensationsthürmen wieder aufgefangen wurde.

Stahl[2]) schlägt vor, die durch Auslaugung des Röstgutes erhaltenen Laugen, welche als wesentliche Bestandtheile Chlorzink, Natriumsulfat und Chlornatrium enthalten, nach vorgängiger Ausfällung der etwa in denselben vorhandenen anderweiten schweren Metalle und nach vorgängiger Reinigung auf Zinkweiss, Zinksulfid, Lithopone und Blanc fix zu verarbeiten.

Gold, Silber, Kupfer, Blei und Cadmium sollen aus den erwärmten Laugen durch Zinkabfälle ausgefällt werden. Der hierbei erhaltene Metallschlamm soll in bekannter Weise auf die verschiedenen Metalle verarbeitet werden. Aus der von dem Niederschlage getrennten Lauge sollen noch in derselben vorhandenes Blei, Kupfer, Cadmium, Arsen und Antimon sowie Nickel und Kobalt durch Schwefelnatrium als Schwefelmetalle ausgeschieden werden, wobei auch ein Theil Schwefelzink mit niedergeschlagen wird. Der nun erhaltene von der Flüssigkeit getrennte Niederschlag soll auf die in demselben in grösserer Menge enthaltenen Metalle, event. auf Cadmium verarbeitet werden, wobei das Zink in Chlorzink übergeführt wird, welches auf Lithopone verarbeitet werden kann.

Zur Entfernung von Eisen und Mangan soll aus der Lauge zuerst das als Ferroverbindung vorhandene Eisen durch Zusatz einer geringen Menge von Chlorkalk zu der erwärmten Flüssigkeit in die entsprechende Ferriverbindung übergeführt werden. Nachdem nun etwas mehr Sodalösung zugesetzt worden ist, als zur Abstumpfung der noch vorhandenen freien Säure erforderlich ist, soll man aus der wieder erwärmten Lauge durch weiteren Zusatz von Chlorkalk Eisen, Mangan und ein Theil Zink ausfällen. Man erhält nun in der vom Niederschlage getrennten Flüssigkeit eine für die Herstellung von Zinkweiss, Zinksulfid, Lithopone (ein Gemenge von Baryumsulfat und Schwefelzink) und Blanc fix (Baryumsulfat) geeignete Lauge.

---

[1]) B.- u. H. Ztg. 1894. S. 1.

[2]) Berg- u. Hüttenm. Ztg. 1898. S. 1.

Der Niederschlag soll mit Sodalösung und Wasser behandelt werden, um das Chlor als Chlornatrium zu entfernen, und dann als Material für die Zinkgewinnung an Zinkhütten abgegeben werden.

Eine Anwendung dieses Verfahrens ist nicht bekannt geworden.

Von der chemischen Fabrik Marienhütte bei Langelsheim ist vorgeschlagen worden, aus den zink- und barythaltigen Schlacken vom Verschmelzen der zinkhaltigen Bleierze auf den Unterharzer Hüttenwerken Chlorzink und Chlorbaryum zu gewinnen (D. R. P. 112 018). Hiernach sollen zuerst die pulverisirten Schlacken mit Chlorcalcium bei 1200° in einem Flammofen oxydirend geschmolzen werden, um den Baryt unter Bildung von Calciumsulfat in Chlorbaryum überzuführen. Nachdem aus der Schmelze das Chlorbaryum ausgelaugt ist, soll der aus Calciumsulfat und Subsilicaten von Eisen und Zink bestehende Rückstand zuerst in Bleipfannen mit Schwefelsäure von 50° Bé behandelt, dann mit Chlorcalcium gemischt und unter häufigem Umrühren in einem Muffelofen auf 500° erhitzt werden, wodurch das Zink in Chlorid übergeführt wird. Das Eisen soll anfangs gleichfalls Chlorid bilden, welches indess bei der gedachten Temperatur in Eisenoxyd und Salzsäure zerlegt werden soll. (Die Salzsäure soll aufgefangen werden und zur Regeneration von Chlorcalcium dienen.)

Aus der erhitzten Masse soll das Chlorzink ausgelaugt werden, während der aus Calciumsulfat und Eisenoxyd bestehende Rückstand nach dem Mahlen und Trocknen als rother Farbstoff verwerthet werden soll. Es erscheint fraglich, ob das Verfahren, wenn technisch ausführbar, mit wirthschaftlichem Vortheil ausgeführt werden kann.

Die Gewinnung des Zinks auf elektrometallurgischem Wege.

Die Gewinnung des Zinks auf elektrometallurgischem Wege ist neueren Datums.

Bis jetzt ist die Gewinnung des Zinks auf nassem Wege, welche der Gegenstand fortgesetzter eifriger Versuche gewesen ist, nur vereinzelt zur dauernden Anwendung gelangt.

Die Gewinnung des Zinks auf trockenem Wege durch Elektrolyse geschmolzener Verbindungen des Metalles ist bis jetzt noch nicht zur dauernden Anwendung in grossem Maassstabe gelangt, obwohl es auch hier an Vorschlägen nicht gefehlt hat und zur Zeit auch nicht fehlt.

Wir haben daher zuerst die elektrolytische Gewinnung des Zinks auf nassem Wege und dann die Vorschläge zur elektrolytischen Gewinnung des Metalles auf trockenem Wege zu betrachten.

Die elektrolytische Gewinnung des Zinks auf nassem Wege.

Soweit bekannt, beschäftigten sich zuerst mit derselben gegen Ende der siebziger Jahre Luckow in Deutz und zu Anfang der achtziger Jahre Letrange in Paris, ohne dass die Versuche derselben von Erfolg begleitet gewesen wären.

Die Gewinnung des Zinks mit Hülfe der Elektrolyse bietet nicht nur technische Schwierigkeiten, sondern ist auch mit hohen Kosten verbunden.

Die technischen Schwierigkeiten bestehen hauptsächlich in der Vermeidung der Bildung von schwammförmigem Zink, welches sich bei der Elektrolyse von Zinksulfat- und Zinkchloridlaugen, wie sie für den Metallurgen in Betracht kommen, überaus gern ausscheidet. Das schwammförmige Zink (Zinkschwamm) lässt sich nicht zusammenschmelzen, sondern verbrennt grösstentheils bei der zum Schmelzen des Zinks erforderlichen Temperatur. Dieser Fall tritt auch beim Verschmelzen von zusammengepresstem Zinkschaum sowie beim Eintränken desselben in ein Zinkbad ein.

Die Bildung des Zinkschwamms hängt, die Anwendung der geeigneten Stromdichte bei der Elektrolyse vorausgesetzt, mit einem Verbrauch von Sauerstoff und einer Oxydation eines verhältnissmässig geringen Theiles von Zink zusammen, wodurch das Niederschlagen von Oxyd oder basischen Salzen mit dem Zink veranlasst wird. Sie tritt ein, wenn im Elektrolyten fremde Metalle von einem geringeren Lösungsdruck als das Zink selbst vorhanden sind, ferner bei stark verdünnten Lösungen (Verarmung des Elektrolyten an Zinkionen und Concentration von Hydroxylionen), bei Gegenwart gewisser Oxydationsmittel (Wasserstoffsuperoxyd, Nitrate), bei starken Unebenheiten des Zinkniederschlags an der Kathode (der Niederschlag schliesst dann Theilchen des Elektrolyten ein, welche neutral werden und an Zinkionen verarmen), beim Anhaften von Wasserstoffblasen an der Kathode (zwischen welchen sich das Zink in ungleichmässiger Schicht niederschlägt, Flüssigkeitstheile einschliesst und die Erneuerung derselben verhindert).

Man vermeidet die Bildung des Zinkschwamms dadurch, dass man den Elektrolyten frei von fremden Metallen hält, dass man ihn schwach sauer und in gleicher Concentration erhält, dass man ihn dauernd circuliren lässt und die Gasbläschen von der Kathode entfernt.

Die hohen Kosten der Elektrolyse werden verursacht durch den hohen Aufwand an elektrischer Energie (bei Anwendung unlöslicher Anoden ist eine Badspannung von mindestens 2,5 Volt erforderlich, da der Zersetzungswerth von Zinksulfat 2,35 Volt, von Zinkchlorid 2,43 Volt beträgt), durch die theure Gewinnung der Laugen, durch die Anwendung von Maassregeln zur Erzielung eines dichten Zinkniederschlags und durch die vergleichsweise hohen Kosten der Anlage.

In Folge dieser Umstände ist die elektrolytische Gewinnung des Zinks nur sehr vereinzelt zur dauernden Anwendung gelangt.

Sie hat zeitweise auf einer ganzen Reihe von Werken im Betriebe gestanden, ist aber wegen ungünstiger technischer und wirthschaftlicher Ergebnisse wieder aufgegeben worden.

Für die Gewinnung des Zinks aus Chlorzinklaugen steht sie zur Zeit in Anwendung in Winnington in England, für die Gewinnung des Zinks aus Zink-Silber-Legirungen zu Friedrichshütte bei Tarnowitz in Oberschlesien.

Bei dem grossen Interesse, welches die elektrolytische Gewinnung des Zinks bietet, sollen nachstehend die wichtigsten der bisher bekannt gewordenen Versuche zur Ergründung der Entstehung des Zinkschwamms sowie die Vorschläge zur Vermeidung der Bildung desselben dargelegt werden.

Kiliani fand bei seinen Versuchen[1]), die Bedingungen für die Abscheidung von compactem Zink aus Lösungen von Zinkvitriol zu ermitteln, dass auch bei Anwendung löslicher Anoden bei geringer Stromdichte eine Gasentwicklung eintrat und dass hierbei das Zink schwammig ausfiel, dass hingegen bei grossen Stromdichten, so lange die Lösungen nicht stark verdünnt waren, keine Gasentwicklung stattfand, und dass das Zink fest und glänzend ausfiel.

Er fand ferner, dass bei Anwendung stark verdünnter Lösungen unter lebhafter Entwicklung von Wasserstoff das Zink stets schwammförmig ausfiel und zwar sowohl bei schwachen Strömen als auch bei starken Strömen.

Bei geringen Stromdichten schied sich aus den verdünnten Lösungen ausser Zink auch Zinkoxyd ab. So schied sich aus einer einprocentigen Lösung selbst bei einer Spannung von 17 Volt Zinkoxyd ab, wenn nur 0,0755 mg Zink in der Minute auf ein qcm Kathodenfläche niedergeschlagen wurden.

Die Ergebnisse der Versuche von Kiliani[2]) sind in der nachstehenden Tabelle zusammengestellt. Die Versuche beziehen sich auf eine Zinkvitriollösung von 1,38 spec. Gewicht bei Anwendung löslicher Anoden aus Zinkblech. Die Kathoden bestanden gleichfalls aus Zinkblech.

Die in mg Zink pro Minute und 1 qcm Polfläche angegebene Stromdichte ist durch Borchers[3]) in Ampère pro qm umgerechnet und in der zweiten Vertical-Columne aufgeführt worden. Wie sich aus der Tabelle ergiebt, wurden die Zinkniederschläge fest und weiss, wenn auf 1 qcm Polfläche in der Minute 3 mg Zink ausgeschieden wurden.

---

[1]) B.- u. H. Ztg. 1883. S. 251.

[2]) B.- u. H. Ztg. 1883. S. 251.

[3]) Borchers, Elektro-Metallurgie. Braunschweig 1891. S. 96.

Stromdichte in mg Zink pro Minute und 1 qcm Polfläche	Ampère per qm	Gasentwicklung in cc auf 1,5 g niedergeschlagenes Zink	Beschaffenheit des Niederschlages
0,0145	7	2,40	Stark schwammig.
0,0361	18	2,27	desgl.
0,0755	38	0,56	desgl.
0,3196	158	0,43	Der Beschlag wird dichter, nur an den Rändern ist er noch schwammig.
0,6392	316	0,33	Noch leicht abwischbar.
3,7274	1843	—	Sehr fest und weissglänzend, an den Rändern knospenartig auswachsend.
38,7750	19181	—	

Aus einer zehnprocentigen Lösung erhielt Kiliani die besten Niederschläge bei Stromdichten von 0,4 bis 0,2 mg Zink.

Hiernach wären übermässig grosse Stromdichten erforderlich, um einen compacten Zinkniederschlag zu erzeugen.

Da man erfahrungsmässig aus concentrirten Lösungen bei Anwendung verhältnissmässig niedriger Stromdichten nicht immer schwammförmiges Zink erhält, so bedürfen die Versuche von Kiliani der Nachprüfung. Es dürften bei den Versuchen desselben vielleicht bisher noch unbekannte Ursachen der Schwammbildung vorhanden gewesen sein.

Nahnsen[1]) ermittelte bei Versuchen, die passenden Stromdichten und Temperaturen für die Abscheidung von dichtem Zink aus Zinkvitriollösungen festzustellen, dass primärer Wasserstoff (entwickelt durch Zusatz von Schwefelsäure zur Zinkvitriollösung, bei Anwendung von Zinkplatten als Anoden des Stromes), welcher in grosser Menge an der Kathode abgeschieden wurde, das Zink nicht schwammig machte, und nahm desshalb als Ursache des Schwammigwerdens lediglich die Bildung von Zinkoxyd an. Der gleichzeitig mit den schwammigen Niederschlägen an der Kathode auftretende Wasserstoff ist nach ihm secundärer Natur, hervorgerufen durch die Einwirkung des abgeschiedenen Zinks auf das Lösungswasser.

Nahnsen stellte ferner Versuche über die Beschaffenheit des Zinkniederschlages bei verschiedenen Stromdichten und Temperaturen an. Dieselben wurden mit Zinksulfatlösungen, deren spec. Gewicht bei $+18^0 = 1{,}0592$ bzw. 1,1233; 1,1925; 1,2710; 1,3543; 1,4460 betrug, mit löslichen Anoden (Zinkplatten) von je $^1/_2$ qdcm Grösse angestellt. Die Ergebnisse derselben sind in der nachstehenden Tabelle zusammengestellt.

Der Zinkniederschlag ist bei der Stromdichte und bei der Temperatur der Elektrolyten:

---

[1]) B.- u. H. Ztg. 1893. S. 393.

Stromdichte	Temperatur des Elektrolyten			
Amp./qm	+ 0,97°	+ 10,68°	+ 20,72°	+ 30,47°
9,99	fest	schwammig	schwammig	—
49,22	fest	beginnend schwammig	schwammig	—
98,26	fest	fest	beginnend schwammig	schwammig
146,40	—	fest	fest	beginnend schwammig
195,80	—	fest	fest	fest

Andere Zinksalze zeigen nach Nahnsen ähnliche Beziehungen zwischen Temperatur und Stromdichte, aber die Grenz-Stromdichten und Temperaturen sind von denen der Sulfate verschieden. So gab eine Zinknitratlösung mittlerer Concentration bei 100 Ampère per qm Stromdichte noch bei 0° Wasserstoff-Entwicklung, während die letztere bei — 12° nicht mehr beobachtet werden konnte.

Während Kiliani aus einer Zinksulfatlösung von 1,38 spec. Gewicht bei einer Stromdichte von 316 Amp./qm einen Zinkniederschlag erhielt, welcher „noch leicht abwischbar" war, erhielt Nahnsen bei einer Temperatur von + 30° aus einer Zinksulfatlösung von annähernd gleicher Concentration bei 200 Amp./qm Stromdichte einen vollkommen festen Zinkniederschlag.

Bei Anwendung von 500 : 1000 mm grossen Elektroden erhielt er bei einer Temperatur von + 21° schon bei einer Stromdichte von 75 Amp./qm einen untadelhaften Zinkniederschlag. Bei Anwendung von Elektroden von $^1/_2$ bis 1 qm Fläche erhielt er bei noch weit geringeren Stromdichten gutes Zink, als sich nach den Ergebnissen der obigen mit $^1/_2$ qdm grossen Elektroden ausgeführten Versuche hätte erwarten lassen. Die grossen, von Kiliani gefundenen Stromdichten erklärt er aus dem Umstande, dass Kiliani mit kleinen Elektroden gearbeitet hat. Den Grund für den Umstand, dass der Einfluss der Stromdichte und Temperatur auf die Beschaffenheit des Zinkniederschlages mit der Vergrösserung der Elektrodenflächen erheblich abnimmt, findet er in dem Einfluss der Ränder der Elektroden. Die Stromdichte ist an den Rändern der Elektroden grösser als in der Mitte derselben und verringert daher die durchschnittliche Gesammt-Stromdichte. Diese Verringerung soll sich umsomehr geltend machen, je kleiner die Elektroden sind.

Nach der Versuchsreihe von Nahnsen[1]) müssen die Bäder gekühlt werden, um compactes Zink zu erhalten. Diese Ansicht hat sich aber als irrig herausgestellt, da die Wiederholung der Nahnsen'schen Versuche durch Siemens & Halske die Richtigkeit derselben nicht bestätigt hat. Im

[1]) Dingler's Polytechn. Journal, Bd. 281. Heft 4. p. 81.

Gegentheil übte die Erwärmung der Bäder einen günstigen Einfluss bei der Elektrolyse aus.

Coehn[2]) ist der Ansicht, dass die Schwammbildung durch Wasserstoffentwicklung hervorgerufen wird, und will auch bei geringer Stromdichte die Bildung dieses letzteren Körpers an den Kathoden dadurch verhindern, dass er den Strom zeitweise unterbricht. So will er bei der Elektrolyse von Zinksulfat schon bei einer Stromdichte von 50 Ampère per qm einen compacten Niederschlag dadurch erhalten, dass er den Strom in der Minute 50 mal unterbricht. Während der Unterbrechung gelangt der Strom in einem zweiten Bade zur Wirkung. Zum Umschalten des Stromes dienen besondere mechanisch betriebene Vorrichtungen.

Cowper-Coles[3]) will dichte Zinkniederschläge durch eine zeitweise (in Zwischenräumen von je 8 Minuten) Verstärkung der Stromdichte erzielen.

Hoepfner[4]) hält zur Erzielung dichter Niederschläge eine lebhafte Bewegung des Elektrolyten durch rotirende Kathoden für nöthig. Hierdurch werden Wasserstoffbläschen, welche sich an die Kathodenflächen angesetzt haben, beseitigt. Auch wird die Zackenbildung durch abnorm hohe und ungleichmässige Stromdichten verhindert.

Mylius und Fromm[5]) fanden bei Versuchen der elektrolytischen Raffination des Zinks, also bei Anwendung löslicher Anoden und bei Benutzung von Zinksulfat als Elektrolyt, dass die Ursache der Entstehung von Zinkschwamm in der Bildung von Zinkoxyd oder von basischem Zinksulfat liegt. Sie halten den Zinkschwamm für Zink, dessen Krystallisation durch Aufnahme von Sauerstoff gestört wurde. Waren die Bedingungen für die Bildung und Ablagerung von Zinkoxyd nicht vorhanden, so trat eine Schwammbildung nicht ein.

Beim Auflösen von Zinkschwamm in Quecksilber erhielten sie stets einen aus Zinkoxyd oder basischem Salze bestehenden Rückstand, dessen Menge unter 1 % von dem Gewichte des Schwammes betrug.

Wenn bei der Elektrolyse einer Zinksulfatlösung Oxydationsmittel anwesend waren, so trat stets eine Bildung von Zinkschwamm ein, während beim Nichtvorhandensein derartiger Körper Niederschläge von glattem, weissem Zink erhalten wurden. So zeigte eine 10 % neutrale Zinksulfatlösung beim Vorhandensein von 0,01 % Wasserstoffsuperoxyd bei einer Stromdichte von 1 Ampère auf 1 qdm schon nach 2 Minuten Schwammbildung.

Enthielt der gedachte Elektrolyt als Oxydationsmittel 0,1 % Zink-

---

[2]) D. R. P. No. 75 482 von 1893.

[3]) D. R. P. 79 447 von 1894.

[4]) Engl. Patent 13 336 von 1893.

[5]) Zeitschr. für anorganische Chemie, Bd. IX. 1895. S. 144.

nitrat, so bildete sich schon nach einer Minute ein grauschwarzer Beschlag von oxydhaltigem Zink. (Der Niederschlag enthielt Zinknitrit und bedarf noch weiterer Untersuchung.)

Es zeigte ferner eine Kathode aus Zinkblech, welche an einzelnen Stellen mit sauerstoffhaltigem Terpentinöl betupft war, sogleich den Beginn der Bildung von Zinkschwamm durch das Erscheinen von grauschwarzen Flecken an den betupften Stellen. Aus einer 10 % Zinksulfatlösung, in welche Zinksulfat eingeführt war, schlug sich auf der Zinkblech-Kathode bei einer Stromdichte von 1 Ampère auf 1 qdm fünf Minuten nach Beginn der Elektrolyse graues schwammförmiges Zink in einem Streifen längs der Oberfläche der Flüssigkeit nieder.

Die Gegenwart fremder Metalle im Elektrolyten veranlasst die Bildung von Zinkschwamm, indem durch dieselben die Oxydation des Zinks elektromotorisch befördert wird. So liess eine 10 procentige Zinksulfatlösung, welche 0,004 % Arsen (als Ammoniumarsenit) enthielt, schon nach Ablauf einer Minute die Bildung von Zinkschwamm erkennen.

Nach der Ansicht von Mylius und Fromm kann sich aus sauren Zinksulfatlösungen kein Zinkschwamm ausscheiden.

Neutrale concentrirte Zinksulfatlösung löst kleine Mengen von Zinkoxyd auf und man erhält daher während der ersten Stunden der Elektrolyse aus einer solchen Lösung dichte Niederschläge von Zink. Indess wird die Lösung durch Oxydation von Zink bald basisch und es tritt die Bildung von Zinkschwamm ein. Es ist daher erforderlich, die Lösung zur Vermeidung der Bildung von Zinkschwamm schwach sauer zu halten. Es ist ferner erforderlich, dass die Lösung fortwährend bewegt wird, weil andernfalls in Folge der ungleichen Wanderung der Ionen eine Verdünnung derselben an der Kathode eintritt und aus verdünnter basischer Lösung sich stets Zinkschwamm ausscheidet.

Nach Mylius und Fromm kann ferner die Bildung von Zinkschwamm in Folge von Ungleichförmigkeiten in der Beschaffenheit des Elektrolyten eintreten. Dieser Fall liegt z. B. vor, wenn der Zinkniederschlag an der Kathode kapillare Räume zwischen den hervorragenden Zinkkrystallen zeigt. Es werden dann Flüssigkeitstheilchen in diesen Räumen abgeschlossen, welche sich nicht mehr mit der Hauptmenge des Elektrolyten vermischen können. Sie werden neutral, verarmen an Zinkionen und werden somit die Ursache der Bildung von schwammigem Zink. Ist aber einmal an einer Stelle schwammiges Zink vorhanden, so verarmt die dasselbe durchtränkende Lauge in Folge der hier gehemmten Bewegung des Elektrolyten und der ungleichmässigen Vertheilung der Stromdichte sehr schnell an Zink und es tritt eine reichliche Entwickelung von Wasserstoff und damit die weitere Bildung von Zinkschwamm ein.

Auch aus schwach saurer Lösung in Bläschen an der Kathode ausgeschiedener Wasserstoff kann nach Mylius und Fromm die Bildung von Zinkschwamm veranlassen, indem das Zink dann in ungleichmässiger

Schicht niedergeschlagen wird und die Lösung an manchen Theilen der Kathode nur schwierig erneuert werden kann! So beobachteten Förster und Günther[1]), dass aus einer stark angesäuerten und nur wenig bewegten Zinksulfatlösung das Zink sich zunächst in bienenwabenartigen Gebilden um die ziemlich grossen, fest anhaftenden Wasserstoffblasen ansetzte und dass dann nach einiger Zeit eine reichliche Bildung von Zinkschwamm eintrat.

Nach Mylius und Fromm ist daher bei der Raffination des Zinks ein zu grosser Gehalt des Elektrolyten an freier Säure zu vermeiden, weil in diesem Falle an der Kathode neben der Zinkabscheidung eine Entwickelung von Wasserstoff eintritt, dessen Blasen lange am Zink haften bleiben.

F. Förster und O. Günther haben mit neutralen, sauren und basischen Lösungen von Chlorzink bei Anwendung löslicher Anoden (aus oberschlesischem Elektrolytzink) Versuche angestellt und sind zu ähnlichen Ergebnissen gelangt wie Mylius und Fromm mit Lösungen von Zinksulfat. Das als Anode verwendete Elektrolytzink enthielt 0,03 % Blei und 0,05 % Eisen. Der Cadmiumgehalt war aus dem Elektrolyten vor der Elektrolyse entfernt worden. Der Elektrolyt wurde während der Elektrolyse durch ein Rührwerk umgerührt.

Die Elektrolyse neutraler Zinkchloridlösungen mit 54,6 g Zink im Liter wurde mit einer Stromdichte von 1,4 Amp./qdm Kathodenfläche ausgeführt. Von Anfang an fiel das Zink dicht aus. Nach 20 Stunden dagegen war die Lösung durch aus derselben ausgeschiedenes basisches Zinkchlorid trübe geworden und das Zink fiel schwammig aus. Nachdem die Flüssigkeit von dem basischen Zinkchlorid abfiltrirt war, wurde die Elektrolyse fortgesetzt, lieferte aber schon nach wenigen Stunden schwammförmiges Zink.

Versuche, die Bildung von schwammförmigem Zink dadurch zu vermeiden, dass man einer neutralen Zinkchloridlösung einen gewissen Gehalt an Chlor gab, lieferten ein ungünstiges Ergebniss, indem schon nach wenigen Stunden die Bildung von schwammförmigem Zink eintrat. Auch bei Anwendung einer schwach sauren Lösung war dieser Uebelstand nicht zu vermeiden. Der Sauerstoff der Luft wirkte nämlich bei Gegenwart von Chlorzink stark oxydirend auf das Zink ein. In Folge dieses Umstandes schied sich aus der Lösung basisches Zinkchlorid aus und dieselbe verlor ihre Aufnahmefähigkeit für Zinkoxyd, womit die Schwammbildung eintrat. So lange die Lösung noch Zinkoxyd aufzunehmen vermochte und in Folge dessen klar blieb, wurde die Bildung des Zinkschwamms vermieden.

Bei Anwendung saurer Zinkchloridlösungen lieferte die Elektrolyse dichtes Zink. Es war nur erforderlich, die durch die Bildung von Zinkoxyd neutralisirten Säuremengen zeitweise durch neue zu ersetzen.

---

[1]) Zeitschr. für Elektrochemie No. 1, 7. Juli 1898. S. 16.

Die besten Ergebnisse wurden bei einer Lösung mit einem Salzsäuregehalt von $^1/_{20}$ bis $^1/_{30}$ normal erzielt. Ueberstieg der Gehalt an freier Säure $^1/_{10}$ normal, so traten reichlich Wasserstoffbläschen an der Kathode auf und verliehen dem Zinkniederschlag ein narbiges Aussehen. Dieser Uebelstand, welcher sich auch bei schwächer sauren Lösungen in einem gewissen Maasse bemerkbar machte, liess sich dadurch vermeiden, dass man der Lösung dauernd einen geringen Chlorgehalt mittheilte. Die Wirkung des Chlors bestand darin, dass es die Glasbläschen verhinderte, für längere Zeit an der nämlichen Stelle der Kathode festzuhaften und so Ungleichförmigkeiten in der Stromdichte und der Vertheilung des Elektrolyten längs der Kathodenfläche hervorzurufen. Es gelang auch auf diese Weise, aus gewöhnlichem Handelszink arsenfreies Zink herzustellen. Die hierbei benutzte Kathode hatte eine Gesammtoberfläche vom 300 qcm; die Stromstärke betrug 5,5 Amp. bzw. die Stromdichte 1,8 Amp./qdm; die Spannung betrug 0,9 Volt.

Anstatt durch Chlor liess sich das Festhaften der Wasserstoffbläschen auch durch Einblasen von Luft in den Elektrolyten beseitigen, wobei die Luft auch gleichzeitig das Umrühren der Lösung bewirkte. Hierbei wurde jedoch in Folge der starken Oxydation des Zinks der Elektroden die freie Säure viel schneller neutralisirt als bei der Anwendung von Chlor, so dass dem letzteren der Vorzug vor der Luft zu geben ist.

Bei den Versuchen mit basischen Chlorzinklösungen diente als Elektrolyt eine auf 60° erhitzte Lösung mit 150 g Zink und 157,7 g Chlor im Liter (d. i. 4,82 g Zink als Zinkoxyd). Die Stromdichte betrug 1,5 Amp./qdm. Das niedergeschlagene Zink war anfangs dicht; nach einiger Zeit indess trat, von den Rändern ausgehend, eine Bildung von langen, feinen Verästelungen ein und breitete sich allmählich über die ganze Platte aus. Da die Lösung auch mit der Zeit immer stärker alkalisch wurde und sich trübte, so wurden die Versuche eingestellt.

Der Zinkschwamm entstand nach den Versuchen von Förster und Günther nur dann aus Zinkchloridlösungen, wenn dieselben grössere Mengen von aufgeschwemmtem Oxychlorid enthielten und nicht mehr fähig waren, basische Zinksalze aufzunehmen. Auf Grund dieser Versuche gelangten Förster und Günther zu der Ansicht, dass der Zinkschwamm in neutraler oder schwach basischer Zinkchloridlösung (und auch Zinksulfatlösung) entsteht, wenn neben den Zinkionen Wasserstoffionen in solcher Menge entladen werden, dass durch die Concentration der dabei an der Kathode zurückbleidenden Hydroxylionen das Löslichkeitsproduct von basischem Zinkchlorid oder Zinksulfat oder von Zinkhydrat überschritten wird. Scheiden sich diese Verbindungen neben metallischem Zink an der Kathode aus, so stören sie dessen Krystallisation und die Abscheidung eines gleichmässigen Niederschlages und verursachen die Absetzung lockerer schwammiger Massen. Die Bildung von Wasserstoff tritt stets ein bei verdünnten Zinklösungen und bei dem Niederschlagen solcher Metalle an der Kathode, welche elektronegativer sind als das Zink. Die letzteren wirken um so mehr auf die Bildung von Zinkoxyd hin, je weiter sie in der Spannungsreihe vom Zink entfernt stehen. Es ist daher erforderlich, diese Metalle vor der Elektrolyse aus dem Elektrolyten zu entfernen.

Die Bildung des schwammförmigen Zinks lässt sich nach Förster und Günther dadurch verhindern, dass man den Elektrolyten schwach sauer hält. Hierdurch wird die Entstehung von Hydroxylionen in grösserer Concentration ausgeschlossen. Bei Anwendung löslicher Anoden musste die freie Säure fortwährend erneuert werden, weil dieselbe theils durch Wasserstoffentwickelung, theils durch die Lösung von Zink in Folge der Einwirkung des Sauerstoffs der Luft auf dasselbe ununterbrochen beseitigt wird. Es ist ferner erforderlich, dass der sauer gehaltene Elektrolyt an der Kathode fortwährend und mit nicht zu geringer Geschwindigkeit vorbeigeführt wird. Andernfalls können die die Kathode unmittelbar bespülenden Theile desselben neutral oder basisch werden und dadurch die Bildung von Zinkschwamm herbeiführen.

Bei Versuchen von Förster und Günther über den Einfluss von Oxydationsmitteln auf die Schwammbildung in neutraler Zinklösung wurden Wasserstoffsuperoxyd und Ammoniumnitrat als Beförderer der Zinkschwammbildung erkannt. Das Wasserstoffsuperoxyd verlor diese Eigenschaft in schwach saurer Lösung, während Ammoniumnitrat dieselbe in $^1/_{10}$ normal schwefelsaurer Lösung beibehielt. Als Verhinderer der Bildung von Zinkschwamm erwiesen sich die Halogene und überschwefelsaures Ammonium.

Bei Anwesenheit von Kaliumpermanganat in Mengen von 0,1 g in einer neutralen Lösung von 250 g Zinkvitriol in 1 l entstand bei Stromdichten von 1 bis 1,5 Amp./qdm dichtes Zink. Hierbei schied sich Mangansuperoxyd ab. Das letztere vermag Zinkoxyd zu binden und mit sich zu reissen, welcher Umstand nach der Ansicht von Förster und Günther möglicherweise die Ursache sein kann, dass es störend in die Krystallisation des Elektrolytzinks eingreift.

Nach der Ansicht von Siemens & Halske soll das Ausfallen des Zinks in Schwammform durch geringe Mengen von Wasserstoff und Spuren von Zinkwasserstoff ($Zn\,H_2$) verursacht sein.

Zur Beseitigung dieses Uebelstandes (D. R. P. No. 66 592) schlagen sie die Bindung des Wasserstoffs durch freie Halogene oder durch solche Halogenverbindungen vor, welche sich unter Bildung der betreffenden Halogenwasserstoffe mit dem Wasserstoff verbinden. Als solche Körper sollen für Zinkvitriollösung eine schwache Chlor-, Brom- oder Jodlösung oder eine schwache Lösung von freier unterchloriger oder unterbromiger Säure oder Chlor- oder Bromgas in Anwendung kommen. Auch können solche wasserlösliche Chlor- und Bromsubstitutionsproducte organischer Körper Verwendung finden, welche ihr Chlor oder Brom unter Reduction zu niederen Verbindungen an nascenten Wasserstoff abgeben, wie z. B. die wasserlöslichen Chlorhydrine des Glycerins und anderer Glykole. Bei einem Ueberschusse des Chlors in der Zinksulfatlösung bildet sich stets unterchlorige Säure nach der Gleichung:

$$2\,ZnSO_4 + 2\,H_2O + 2\,Cl_2 = ZnCl_2 + Zn(HSO_4)_2 + 2\,HOCl.$$

Die chemischen Vorgänge bei Zusatz der gedachten Körper sind die nachstehenden.

Freies Chlor bildet mit dem Wasserstoff des Zinkwasserstoffs sowohl wie mit dem freien Wasserstoff Salzsäure nach den Gleichungen:

$$ZnH_2 + Cl_2 = Zn + 2\,HCl$$
$$H + Cl = HCl.$$

Da die gedachten Körper nur in sehr geringen Mengen angewendet werden, so wirkt die entstandene Salzsäure in Folge ihrer starken Verdünnung nicht lösend auf die Kathode ein.

Dagegen entwickelt die verdünnte Salzsäure aus der nach der obigen Gleichung entstandenen unterchlorigen Säure freies Chlor nach der Gleichung:

$$HCl + HOCl = H_2O + Cl_2.$$

Auf Zinkwasserstoff und Wasserstoff wirkt die unterchlorige Säure (und auch unterbromige Säure) wie folgt:

$$ZnH_2 + HOCl = Zn + H_2O + HCl$$
$$H_2 + HOCl = H_2O + HCl.$$

Das bei der Einwirkung des Chlors auf Zink gebildete Zinkchlorid wird durch die an der Anode ausgeschiedene und von derselben her diffundirte Schwefelsäure unter Bildung von Salzsäure in Zinksulfat verwandelt nach der Gleichung:

$$ZnCl_2 + H_2SO_4 = ZnSO_4 + 2\,HCl.$$

Die Salzsäure scheidet ihrerseits aus der unterchlorigen Säure wieder freies Chlor aus.

Das bei den verschiedenen Reactionen ausgeschiedene Chlor tritt stets von Neuem in der angeführten Weise in Wirkung. Das Chlor wird hiernach bei Gegenwart von unterchloriger Säure in der Lösung zum grossen Theile regeneriert.

Das bei Zusatz der gedachten Körper niedergeschlagene Zink soll compact und von silberheller Farbe sein.

Bei der Ausführung des Verfahrens ist es erforderlich, dass die zu elektrolysirende Flüssigkeit während des Betriebes stets eine deutliche Reaction des freien Halogens oder der activen Halogen-Sauerstoffkörper zeigt.

Mylius u. Fromm[1]) halten die angeführte Ansicht von Siemens & Halske, dass die Bildung von Zinkschwamm durch die Zerstörung des Zinkwasser-

[1]) Zeitschrift für anorgan. Chemie, Bd. IX. 1895. S. 144.

stoffs in der gedachten Weise verhindert werde, für unhaltbar. Sie führen die Wirkung von Chlor, Jod, unterchloriger Säure u. s. w. lediglich darauf zurück, dass diese Körper Säurebildner sind.

Nach Borchers[1]) ist die Entstehung von Zinkwasserstoff bei der Elektrolyse von Zinksalzen nicht erwiesen. Derselbe stimmt der dargelegten Ansicht von Mylius und Fromm bei und fügt hinzu, dass er bei Anwesenheit von Schwefliger Säure, Phosphoriger und Unterphosphoriger Säure, also bei Anwesenheit von Reductionsmitteln im Kathodenraume das nämliche Resultat wie Siemens & Halske bei Anwendung von Chlor, Brom, Jod, unterchloriger Säure etc. erreicht habe.

Nach Versuchen von Nahnsen fällt das Zink schwammförmig aus, wenn die Zinksalzlösungen in grösserem Maasse durch fremde Metalle verunreinigt sind. Hierbei spielen ausser den absoluten Mengen der Metalle auch der Zinkgehalt der Lösungen und die Stromdichte eine Rolle.

Bei 100 g Zink im Liter Lauge üben nach Nahnsen 25 mg Kupfer im Liter noch keinen Einfluss auf die Beschaffenheit des Niederschlages aus; bei 50 g im Liter tritt eine eben wahrnehmbare Gasentwickelung ein; bei 100 mg ist neben der Gasentwickelung eine Warzenbildung bemerkbar; bei 150 mg tritt die Warzenbildung früher und intensiver auf und bei 300 mg im Liter fällt das Zink schwammförmig aus.

Bei 20 g Zink im Liter Lauge treten schon bei einem Kupfergehalt von 10 mg im Liter einzelne Warzen auf, bei 50 mg bedeckt sich die ganze Elektrode mit Warzen und bei 125 mg Kupfer im Liter wird der Niederschlag schon nach 55 Minuten schwammig.

Cadmium, Silber, Arsen und Antimon sollen sich ähnlich wie Kupfer verhalten. Eisen soll die Entwickelung von Wasserstoff veranlassen und durch ausgeschiedenes Oxyd und Oxydul den Elektrolyten und die Bäder verunreinigen, aber ohne Einfluss auf die Bildung von schwammförmigem Zink sein, so lange die Menge desselben nicht übermässig gross ist. So trat nach Nahnsen die Schwammform noch nicht ein bei 20 g Zink und 2 g Eisen als Oxydulsalz im Liter Lauge, sowie bei dem nämlichen Zinkgehalt und 2,5 g Eisen als Oxydsalz im Liter Lauge.

Mylius und Fromm[2]) nehmen, wie schon erwähnt, an, dass fremde Metalle, welche elektromotorisch die Oxydation des Zinks befördern, die Bildung von Zinkschwamm veranlassen. So trat nach den Versuchen derselben bei der Elektrolyse einer 10 procentigen Zinksulfatlösung, welche 0,004 % Arsen (als Ammoniumarsenit) enthielt, schon nach einer Minute die Bildung von Zinkschwamm ein.

Nahnsen schlägt vor, zuerst durch Kalk oder ähnliche Mittel sowohl das Zink als auch die fremden Metalle aus der Rohlauge auszufällen und

---

[1]) Elektro-Metallurgie 1896. S. 283.

[2]) l. c.

den erhaltenen Niederschlag mit dem aus den Bädern kommenden sauren Elektrolyt zu behandeln. Der letztere passirt, nachdem er sich neutralisirt hat, eine Reihe von Gefässen, in welchen er mit Zinkstaub in Berührung kommt. Der Zinkstaub fällt die Metalle, welche elektronegativer als das Zink sind, aus, während eine äquivalente Menge Zink in Lösung geht.

Das Eisen findet sich in den neutralen oder schwach basischen Lösungen in der Regel als Ferrosalz. Dasselbe lässt sich nur nach vorgängiger Verwandlung in Ferrisalz aus der Lösung ausfällen.

Nach einem Patente der Actiengesellschaft, vormals Egestorff's Salzwerke[1]) soll man das Eisen (aus Sulfaten) durch Zusatz von Calciumcarbonat zu der Lösung und Einblasen von Luft in dieselbe entfernen können.

Ist das Eisen als Chlormetall und in nicht zu grosser Menge in der Lösung vorhanden, so empfiehlt sich zur Oxydation und Ausfällung desselben eine geringe Menge Chlorkalk. Das hierbei gebildete Chlorcalcium übt keinerlei nachtheilige Wirkung bei der Elektrolyse aus. Ist der Eisengehalt der Lösung ein sehr geringer, so lässt sich das Eisen am schnellsten durch eine Chromatlösung oxydiren und durch gleichzeitigen Zusatz von Soda, Zinkoxyd oder Zinkcarbonat ausfällen. Hierbei fällt sowohl das Eisen als auch das Chrom als Hydroxyd aus, z. B. bei Zusatz von Natriumchromat und Soda nach der Gleichung:

$$6\,Fe\,Cl_2 + 2\,Na_2\,Cr\,O_4 + 4\,Na_2\,CO_3 + 12\,H_2O = 3\,Fe_2\,(OH)_6 + Cr_2\,(OH)_6 + 12\,Na\,Cl + 4\,CO_2.$$

Nach Pfleger (U. S. A. P. 495 937 vom 19. April 1893) soll man die fremden Metalle vor der Elektrolyse durch basische Zinksalze, welche durch Auflösung von Zinkoxyd in neutralen Salzen des Zinks herzustellen sind, ausfällen. Durch diese Salze ($Zn\,Cl_2$, $3\,Zn\,O$ oder $Zn\,SO_4\,4\,Zn\,O$) sollen die fremden Metalle als basische Salze, Hydrate oder Oxyde niedergeschlagen werden.

Wie Borchers erklärt[2]), muss bei einem Gehalt der Zinksalzlösungen an Ferrosalzen vor dem Zusatz von basischen Zinksalzen eine Oxydation der Ferrosalze durch Chlorkalk, Natriumhypochlorit oder durch Chromate stattfinden.

Pertsch (D. R. P. 66 185) nimmt an, dass die Bildung des schwammförmigen Zinks bei der Elektrolyse von Chlorzinklösungen durch die Bildung von Haloidsäuren, Oxychloriden, basischen Oxychloriden und anderen noch wenig bekannten Verbindungen hervorgerufen wird. Zur Verhütung der Schwammbildung setzt er dem Elektrolyten in wässriger Oxalsäure gelöstes oxalsaures Zink zu. Bei Gegenwart dieses Salzes soll die Bildung von Chlorsäure und chloriger Säure nicht eintreten, ebenso soll eine merkliche Wasserzersetzung nicht stattfinden.

---

[1]) D. R. P. No. 23 712.

[2]) Jahrbuch der Elektrochemie 1895. S. 164.

Die Wirkung des oxalsauren Zinks beruht auf der leichten Zersetzbarkeit desselben in Metall- und Säureradical. Die bei diesem Verfahren angewendete Oxalsäure geht in Folge ihrer Zersetzung durch die polarisirenden Substanzen verloren. Oxalsäure und Oxalate sind schon von Classen bei der Elektrolyse angewendet worden und haben sich bei der Analyse gut bewährt, dürften aber bei der Elektrolyse in grossem Maassstabe zu theuer sein.

Lindemann (D. R. P. Kl. 40 No. 81 640) hat gefunden, dass man aus Zinksulfatlösung einen compacten und vollständig reinen Zinkniederschlag erhält, wenn in derselben (durch Schwefelwasserstoff aus neutraler Zinksulfatlösung gefälltes) Schwefelzink suspendirt erhalten wird. Hierbei treten die nachstehenden Reactionen ein:

1. $Zn\,S + H_2$ (elektrolytisch entwickelt) $= Zn + H_2\,S$.
2. $H_2\,S + Zn\,SO_4 = Zn\,S + H_2\,SO_4$.

Die Schwefelsäure muss durch Einführen von frischem Schwefelzink oder von oxydischen zinkhaltigen Körpern unschädlich gemacht werden.

Ueber die Anwendung dieses Verfahrens ist nichts bekannt geworden.

Um eine Zackenbildung an den Rändern der Kathoden, welche in Folge einer starken Erhöhung der Stromdichte daselbst eintritt, zu vermeiden, macht man die Kathode grösser als die Anode. Hierdurch wird die Dicke und der Widerstand der Laugenschicht zwischen Kathoden- und Anodenrändern erhöht und dadurch die Stromdichte an den Kathodenrändern vermindert. Hierauf ist auch ein deutsches Patent Eschellmann (D. R. P. 117 067) ertheilt worden.

Wir haben nun zu unterscheiden:

1. Die Gewinnung des Zinks aus Erzen,
2. Die Gewinnung des Zinks aus Legirungen.

1. Die Gewinnung des Zinks aus Erzen.

Bei der Gewinnung des Zinks aus Erzen stellt man grundsätzlich die Lösung des Zinks ausserhalb des Stromkreises her. Man bringt dasselbe bei den meisten der bis jetzt vorgeschlagenen Verfahren als Zinksulfat bzw. als Doppelsalz des Zinksulfats, als Zinkchlorid bzw. als Doppelsalz des Zinkchlorids in Lösung. Auch ist die Lösung des Zinks durch Schweflige Säure, durch Pflanzensäuren, durch Alkalien und Alkalisalze vorgeschlagen worden. Falls nicht andere Metalle an der Anode in Lösung gebracht werden sollen, ist man genöthigt, mit unlöslichen Anoden zu arbeiten. Hierbei wird ein grosser Aufwand an elektrischer Energie erfordert. Dabei wirkt die Gasentwicklung auf das Schwammigwerden des Zinks hin. Die verschiedenen Depolarisationsmittel sind bei den unten beschriebenen einzelnen Verfahren angegeben. Es sei hier nur ein allgemeines, von Borchers vorgeschlagenes Depolarisationsmittel, welches indessen bis jetzt noch keine practische Anwendung gefunden hat, angeführt.

Borchers[1]) schlägt auf Grund von ihm ausgeführter Versuche vor, den bei der Elektrolyse ausgeschiedenen Sauerstoff als Oxydationsmittel für gewisse organische Verbindungen an Stelle der bis jetzt hierzu verwendeten Oxydationsmittel (Superoxyde, Permanganate, Chromsäure, Arsensäure etc.) zu benutzen und so die elektrolytische Metallfällung mit Oxydationsprozessen zum Vortheil beider Operationen zu verbinden. Als Material für die Oxydationsprozesse bringt er verschiedene Destillationsproducte des Steinkohlentheers in Vorschlag, beispielsweise die „Kresole". Dieselben lassen sich durch Mischen und Digeriren mit concentrirter Schwefelsäure leicht in „Kresolsulfonsäuren" verwandeln, welche eine gute Leitungsfähigkeit besitzen und leicht löslich in Wasser sind. Bei hinreichend lange fortgesetzter Elektrolyse werden dieselben zu Kohlensäure, Wasser und Schwefelsäure oxydirt; bei rechtzeitiger Unterbrechung der Elektrolyse dagegen soll sich nach Borchers auch die ganze Reihe der theoretisch möglichen Zwischen-Oxydationsproducte herstellen lassen. Voraussetzung dieser Vereinigung der Elektrolyse mit Oxydationsprozessen ist die leichte Abscheidung des Oxydationsproductes aus der elektrolysirten Flüssigkeit. Bei mit derartigen Materialien angestellten Versuchen erhielt Borchers bei einer Stromdichte von 50 bis 60 Ampère per qm einen glänzenden und dichten Zinkniederschlag. Die Aufrechterhaltung der gedachten Stromdichte erforderte, je nach dem Zinkgehalt des Elektrolyten, eine Stromspannung von 1,5 bis 2 Volt. Bei Stromdichten bis zu 150 Amp. per qm und bei einer anfänglichen Spannung von 3 Volt erhielt Borchers zwar noch gutes Zink, aber es trat bald eine Erwärmung des Bades und damit ein derartiges Steigen der Spannung ein, dass die Arbeit unvortheilhaft wurde.

Die Menge des Zinks, auf welche bei der gedachten Art der Depolarisation gerechnet werden kann, giebt Borchers auf höchstens 0,4 kg pro Stunde und Pferdekraft an.

Der Zersetzungswerth wird für Zinksulfat zu 2,35 Volt, für Zinkchlorid zu 2,43 Volt angegeben. Durch 1 Ampère-Stunde werden aus Zinklösungen 1,217 g Zink niedergeschlagen.

Um nun den Kraftbedarf für die Gewinnung von 1 kg Zink aus Sulfatlösungen bei Anwendung unlöslicher Anoden zu ermitteln, wollen wir die Badspannung zu 2,5 Volt annehmen. (Nach Kiliani muss dieselbe bei Kohlenanoden mindestens 2,5 Volt betragen, wenn nicht gleichzeitig mit dem Zink auch Zinkoxyd abgeschieden werden soll.) Es sind also 2,5 Wattstunden erforderlich, um 1,217 oder rund 1,2 g Zink zu liefern. Um 1 kg Zink niederzuschlagen, sind daher 2083 Wattstunden erforderlich. Da 736 Watt = 1 Pferdekraft sind, so würden hierzu $\frac{2083}{736} = 2{,}83$ Pferdekraft nöthig sein. Für die Wirklichkeit ist zu berücksichtigen, dass eine Pferde-

[1]) l. c. S. 98.

stärke nur eine Stromausbeute von 600 bis 680 Watt liefert. Nehmen wir daher 650 Watt für eine Pferdekraft und einen Stromverlust von 25 % durch Umformung in den Leitungen an, so würden zum Niederschlagen von 1 kg Zink $= \frac{2083}{650 \times 0{,}75} = 4{,}3$ Pferdekraft benöthigt werden.

Nimmt man den Kohlenverbrauch pro Stundenpferdekraft bei den neuesten Dampfmaschinen, welche mit hoher Spannung, Expansion und Condensation arbeiten, zu 1,5 kg an, so sind zum Niederschlagen von 1 kg Zink = 6,45 kg Kohlen erforderlich. Bei 2 kg Kohlenverbrauch pro Stundenpferdekraft, welche bei älteren Maschinen und bei schlechten Kohlen erforderlich sind, sind für 1 kg Zink 8,6 kg Kohlen erforderlich.

Bei Zinkchloridlösungen wird sich der Kraftverbrauch noch höher stellen, weil der Zersetzungswerth von Zinkchlorid grösser ist als der Zersetzungswerth von Zinksulfat (2,43 Volt gegen 2,35 Volt bei Zinksulfat) und weil durch die Nothwendigkeit des Arbeitens mit Diaphragmen der Leitungswiderstand im Bade erhöht wird. Man wird nicht fehl gehen, wenn man hier die Badspannung zu 3 bis 3,5 Volt (wie auch erfahrungsmässig erwiesen ist) annimmt.

Der Kohlenverbrauch für die Destillation des Zinks in belgischen und rheinisch-westfälischen Oefen ist geringer, als er vorstehend für das Niederschlagen des Zinks durch den elektrischen Strom ausgerechnet ist.

Was nun das Ausbringen an Zink aus den Erzen mit Hülfe der Elektrolyse anbetrifft, so ist dasselbe nur selten ein vollständiges, da bei der Gewinnung der Laugen gewisse Mengen des Metalls in den Rückständen verbleiben. Besonders ist dies der Fall bei einem Eisengehalte der Erze, wie er nur selten in den Zinkerzen fehlt. Wird eisenhaltige Zinkblende einer oxydirenden Röstung unterworfen und dann mit verdünnten Säuren ausgelaugt, so beträgt der Zinkverlust bei oberschlesischen Erzen nach Nahnsen bis 20 %. Aus rheinischen und belgischen Erzen mit sehr geringem Eisengehalt soll man dagegen das Zink bis auf 2 % Verlust und darunter ausbringen können.

Ein Gehalt an Blei bleibt ohne Einfluss auf das Ausbringen, so lange nicht beim Rösten Theilchen von Zinkblende durch aus dem Schwefelblei gebildetes Bleisulfat eingehüllt werden.

Die Gewinnung des Zinks aus eigentlichen Zinkerzen.

Die Gewinnung des Zinks aus eigentlichen Zinkerzen ist bis jetzt noch nirgendswo definitiv eingeführt und scheint in Anbetracht des angeführten Kraftaufwandes zum Niederschlagen des Zinks, der Kostspieligkeit der Gewinnung der Laugen, sowie der umständlichen Mittel zur Herstellung von compactem Zink auch vorläufig keine Aussicht auf betriebsmässige Einführung zu haben.

Die Gewinnung von Zink aus Zinksulfatlösungen und aus Chlorzinklösungen mit Auflösung des Zinks aus den Erzen innerhalb des Stromkreises ist 1880 von Luckow (D. R. P. 14256) vorgeschlagen worden, aber niemals zur Ausführung im Grossen gelangt. Das Patent lautet auf die Herstellung von Zink durch die Elektrolyse concentrirter Zinklösungen unter Einwirkenlassen der hierbei ausgeschiedenen Säuren bzw. des Chlors auf Zinkerze und unter Aufhebung der Polarisation durch mechanische oder chemische Mittel. Als Zersetzungszellen sollten Holztröge, als Kathoden Zinkbleche, als Anoden in Gitterkörben enthaltene Gemenge von Kohle und Zinkerzen oder zinkhaltigen Hütten-Erzeugnissen oder auch mit Kohle allein gefüllte Gitterkästen oder Körbe dienen. Das an den Kathoden in Körnern ausgeschiedene Zink sollte in unter den Kathoden aufgestellten, unten mit Geweben überspannten Rahmen aufgefangen werden. Bei Anwendung von Chlorzinklösungen oder von schwach sauren Kochsalzlösungen als Elektrolyten und eines Gemenges von Koks und Zinkblende als Anode sollte das bei der Elektrolyse entbundene Chlor die Blende unter Auflösung von Zink zersetzen.

Bei Anwendung von Kohle allein als Anode sollte das sich abscheidende Chlor entweder auf mechanischem Wege durch Einblasen von Luft oder auf chemischem Wege durch Einblasen von Schwefliger Säure unschädlich gemacht werden.

Dieses Verfahren hat keine Anwendung im Grossen gefunden. Die Benutzung der Erze als Anode oder das Auslaugen des Zinks aus denselben im Bade führt Verunreinigungen in die Laugen und vereitelt die Gewinnung von compactem Zink. Bei der Unschädlichmachung des Chlors durch Schweflige Säure wird doppelt so viel Salzsäure erzeugt, als dem ausgefällten Zink entspricht ($Cl_2 + SO_2 + 2\,H_2O = 2\,HCl + H_2\,SO_4$).

Die Versuche von Letrange[1]), welche zu St. Denis in Frankreich in grösserem Maassstabe ausgeführt wurden, bezweckten die Ueberführung des Zinkgehaltes der Blende in Zinksulfat ausserhalb des Stromkreises und die Ausfällung des Zinks aus der Sulfatlösung durch den Strom. Die zu St. Denis benutzten Erze waren Blenden, welche in Flammöfen sulfatisirend geröstet oder in Kilns gebrannt und dann mit der bei der Röstung erzeugten Schwefligen Säure in Berührung gebracht wurden. Durch die Röstung wurde ein Theil des Schwefelzinks in Sulfat, ein anderer Theil in Zinkoxyd übergeführt. Durch die Schweflige Säure sollte aus dem Zinkoxyd Zinksulfit gebildet werden, welches im Laufe der Zeit durch die Luft in Zinksulfat verwandelt werden sollte. Die so vorbereitete Blende wurde in Auslaugebottiche gebracht, in welchen sie mit Wasser bzw. mit der bei der Elektrolyse erhaltenen sauren Flüssigkeit behandelt wurde. Die hierdurch erhaltene Zinksulfatlösung liess man zuerst in einen Sammelbottich und dann in die

---

[1]) B.- u. H. Ztg. 1882. S. 489. Dingler, Bd. 245. S. 455. Oesterr. Patent vom 12. November 1881.

Bäder fliessen. Die letzteren waren Bottiche mit doppeltem Boden. Die Zinklösung wurde in den Zwischenraum zwischen den beiden Böden eingeführt und stieg durch den oberen durchlöcherten Boden in die Höhe. Die Anoden waren Kohlenplatten, die Kathoden Messing- oder Zinkplatten. Die Zinklösung gab beim langsamen Aufsteigen einen grossen Theil ihres Zinkgehaltes an die Kathoden ab und gelangte dann in den oberen Theil des Bottichs, aus welchem sie durch Ueberfallrohre in ein Sammelgefäss abfloss. Von dort wurde sie auf geröstetes Erz geleitet, um sich mit Zink zu sättigen und dann von Neuem elektrolysirt zu werden.

Die Einrichtung der Versuchsanlage ist aus der nachstehenden Figur 212 ersichtlich. A sind die Gefässe zum Auslaugen der gerösteten Blende;

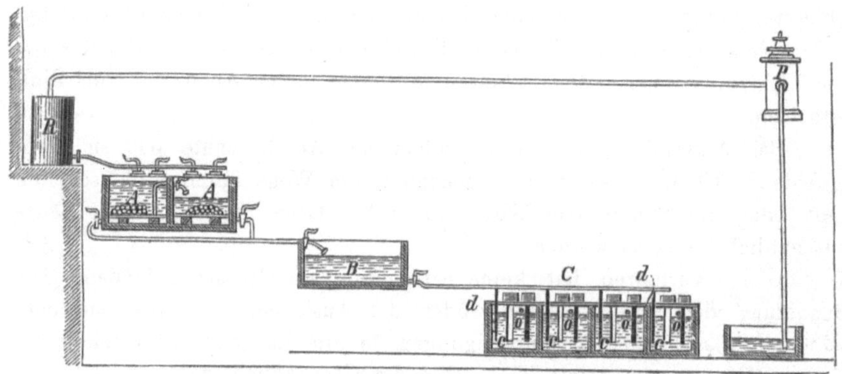

Fig. 212.

B ist das Sammelgefäss für die Lauge; C sind die Bäder; c sind die den Anoden (Kohlenplatten) gegenüberstehenden Zink- oder Messingplatten; o sind die Oeffnungen für die Ueberfallrohre; d sind die Rohre, welche die zu elektrolysirende Zinklösung unter den falschen Boden der Bäder führen. Die saure (elektrolysirte) Lösung wird durch die Pumpe P aus dem unter der letzteren befindlichen Sammelkasten in das Gefäss R gehoben, aus welchem sie in die Auslaugekästen A fliesst.

Das Zink sollte in Plattenform an der Kathode niedergeschlagen und bei einer Dicke der Platte von 4 bis 5 mm mit Hülfe eines Messers von der Kathode abgehoben werden. Das Zink enthielt Eisen, welches aus der gerösteten Blende aufgelöst wurde.

Die bei diesen Versuchen angewendete Stromspannung und Stromdichte sind nicht angegeben worden. Dieselben müssen aber, da eine Depolarisation bei demselben nicht stattgefunden hat, sehr hoch gewesen sein. Auch von Vorkehrungen zur Verhütung der Bildung von Zinkschwamm sowie von Reinigungsmitteln ist keine Rede.

Die in der angezogenen Litteratur (B.- u. H. Ztg. 1883. S. 287) pro Stunde und Pferdekraft niedergeschlagene Zinkmenge ist mit 0,6 kg bei

Weitem zu hoch angegeben. Dieselbe dürfte 0,2 kg Zink pro Stunde und Pferdekraft nicht erreicht haben.

Der Umstand, dass die Versuche aufgegeben worden sind, beweist, dass sie ungünstige Ergebnisse geliefert haben.

Herrmann (D. R. P. No. 24682 v. 24. April 1883) will die Ausfällung des Zinks aus Sulfatlösungen durch Bildung von Doppelsalzen des Zinksulfats und der Sulfate der Alkalien bzw. des Magnesiums oder Aluminiums verbessern. Auch von Nahnsen ist der Zusatz von Alkalisulfaten zu den Zinksulfatlösungen empfohlen worden. Thatsache ist, dass Zinksulfat enthaltende Doppelsalze von Nahnsen bei seinen Versuchen der Verarbeitung von Zinkerzen zu Lipine in Oberschlesien angewendet worden sind.

Das Verfahren von Nahnsen ist versuchsweise auf der Hütte der Schlesischen Actien-Gesellschaft für Bergbau- und Zinkhüttenbetrieb in Lipine ausgeführt worden, aber gleichfalls nicht zur definitiven Anwendung gelangt. Die Zusammensetzung des Elektrolyten ist nicht bekannt geworden. Es lässt sich nur sagen, dass derselbe aus Zinksulfat in Verbindung mit anderen Salzen besteht, welche letzteren bei der angewendeten Stromspannung nicht zersetzt werden. (Nach dem Nahnsen patentirten Verfahren D.R.P. No. 71155 enthält der Elektrolyt im Liter 45—90 gr krystallisirtes Zinksulfat und 150—300 gr Alkalisulfat je nach der Stromstärke.) Nahnsen hat dem Verfasser über sein Verfahren das Nachstehende mitgetheilt.

„Die Erze (Blende) werden in dem nämlichen Zustande der Abröstung, wie sie jetzt zur Destillation Verwendung finden, in einer Lösevorrichtung, mit den heissen sauren Laugen, die aus den Bädern kommen, zusammengebracht und entzinkt. Die Zinklösung wird neutralisirt, geklärt, in Bottichen mit Zinkstaub (zur Ausfällung der noch in ihnen vorhandenen elektronegativen Bestandtheile) behandelt und dann in die Bäder zurückgeleitet. Der wesentliche Apparat in dieser Anlage ist die Lösevorrichtung, welche unter Benutzung des Gegenstromprincips so eingerichtet ist, dass die Zinkerze automatisch eingetragen und die entzinkten Rückstände automatisch ausgetragen werden. Der ganze Prozess verläuft in den nachstehenden zwei Phasen.

1. Zerlegung des Elektrolyten in den Bädern in Zink- und Schwefelsäure.

2. Ueberführung der Schwefelsäure bzw. der sauren Lauge in die Lösevorrichtung und Sättigung derselben mit Zink aus den Erzen.

Wesentlich für den Prozess ist der Umstand, dass eisenfreie Lösungen erzeugt werden. Dieses Ziel wird dadurch erreicht, dass die sauren Laugen in den Lösegefässen mit immer zinkreicherem Material in Berührung kommen und dass das in den Lösungen enthaltene Eisenoxyd leicht durch das Zinkoxyd ausgefällt wird. Man erhält auf diese Weise eisenfreie Zinksulfatlösungen. Die in den Lösungen noch vorhandenen elektronegativen Metalle werden durch Zinkstaub ausgefällt.“

Das Zink wird rein und in compactem Zustande erhalten. Bei 20 mm starken Platten beträgt der Schmelzverlust gegen 4 %. Das Zink enthält 99,9 % Zink.

Für die Ausführung dieses Verfahrens in grossem Maassstabe spielt nach Nahnsen die Apparatenfrage eine grosse Rolle.

Eine definitive Anwendung hat dieses Verfahren nicht gefunden.

Lindemann (D.R.P. Kl. 40 No. 81640) schlägt aus Zinksulfatlösungen, in welchen sich Schwefelzink suspendirt befindet, durch den Strom sehr reines Zink im compacten Zustande nieder. Das Schwefelzink fällt aus einer Lösung von reinem Zinksulfat von 37 bis 38° B. durch Schwefelwasserstoff. Die Elektroden bestehen aus gewalztem Blei. Die Entfernung derselben beträgt 10 cm, die Stromdichte (welche bei den Versuchen angewendet wurde) beträgt 108,5 Ampère/qm. Die Spannung am Bade ist nicht angegeben, dürfte sich aber auf 3 bis 4 Volt stellen. Die Kathoden werden später durch die elektrolytischen, an den Rändern gleichmässig beschnittenen Zinkniederschläge ersetzt. Die Anoden, welche sich an der Oberfläche allmählich mit einer Schicht von Bleisuperoxyd überziehen, müssen von Zeit zu Zeit von derselben durch Abwaschen befreit werden. Sobald das Bad 55 bis 60 g freie Säure (H_2SO_4) im Liter enthält, wird bei einer Stromdichte von 108,5 Ampère/qm kein Zink mehr abgeschieden. Noch ehe dieser Gehalt an freier Säure vorhanden ist, muss der Elektrolyt durch neutrale Zinksulfatlauge ersetzt werden.

Auch das Schwefelzink, welches durch die abgeschiedene freie Säure allmählich zersetzt wird, muss zeitweise erneuert werden.

Eine Anwendung hat dieses Verfahren bis jetzt nicht gefunden.

Siemens & Halske (D. R. P. No. 42243) schlagen für die Gewinnung des Zinks aus Schwefelzink ein ähnliches Verfahren vor, wie für die Gewinnung des Kupfers aus Schwefelkupfer enthaltenden Erzen (siehe I. Band, S. 252), bei welchem die Polarisation durch die secundäre Einwirkung des Anions auf den Elektrolyten zum Theil aufgehoben wird.

Die schwach geröstete Zinkblende soll ausserhalb des Stromkreises mit einer freie Schwefelsäure enthaltenden Ferrisulfatlösung behandelt werden, wodurch man unter Bildung von Ferrosulfat das Zink als Zinksulfat löst, und zwar erhält man unter Ausscheidung von Schwefel auf 1 Molecül Zinksulfat 2 Molecüle Ferrosulfat nach der Gleichung:

$$ZnS + Fe_2(SO_4)_3 = ZnSO_4 + 2\,FeSO_4 + S\,.$$

Die so erhaltene zinkhaltige Lauge wird in das Bad geführt und zwar zuerst an die Kathoden des Stromkreises und dann an die Anoden. An den Kathoden wird aus dem Zinksulfat ein Theil Zink ausgeschieden, während das Säureradical SO_4 an die Anode geht. Die von einem Theile ihres Zinkgehaltes befreite Flüssigkeit fliesst zu den Anoden, wo das Ferrosulfat durch das Anion SO_4 in neutrales Ferrisulfat ($Fe_2(SO_4)_3$) verwandelt wird. Das Ferrisulfat lässt man auf neue Mengen von Schwefelzink einwirken. Durch die Oxydation des Ferrosulfats zu Ferrisulfat an der Anode wird eine der hierbei entwickelten Verbindungswärme äquivalente Menge elektrischer Energie erzeugt, welche die durch die Zerlegung des Zinksulfats an der Kathode entstandene elektromotorische Gegenkraft zum Theil aufhebt. Der elektrolytische Vorgang wird durch die Gleichung:

$$Zn\,SO_4 + 2\,Fe\,SO_4 = Zn + Fe_2\,(SO_4)_3$$

ausgedrückt.

Dieses Verfahren hat keinerlei Anwendung erlangt und auch keine Aussicht auf Einführung. Die Auflösung des Schwefelzinks geht nur sehr langsam und unvollkommen von Statten und der Elektrolyt enthält grosse Mengen von Eisen, welche die Bildung von Zinkschwamm veranlassen.

Nach einem anderen, ebenfalls nicht zur Anwendung gelangten Verfahren von Siemens & Halske (D. R. P. 88202) sollen Zinkoxyd enthaltende Erze oder Hüttenproducte in mit Rührwerken versehenen Gefässen mit warmer neutraler Aluminiumsulfatlösung, welche im Liter 100 bis 150 g $Al_2\,(SO_4)_3 + 18\,H_2O$ enthält, behandelt werden, wodurch man eine Lösung von Zinksulfat und basischem Aluminiumsulfat erhält. Bei der Elektrolyse wird das Zink an der Kathode ausgeschieden, während man an der Anode neutrales Aluminiumsulfat zurückerhält.

Coehn[1]) schlägt vor, bei der Elektrolyse von Sauerstoffsalzen des Zinks, wie z. B. Zinksulfat, Bleioxyd-Accumulatorplatten als Anoden zu verwenden. Bei der Elektrolyse wird das Bleioxyd in Bleisuperoxyd verwandelt. Die Platten sollen dann zur Erzeugung von Elektricität in Bleisuperoxyd-Schwefelsäure-Kohle-Elementen benutzt werden.

Ueber die Ausführung dieses Verfahrens ist nichts bekannt geworden.

Das Verfahren von Gunnar Elias Cassel und Frederik A. Kjellin in Stockholm (D. R. P. No. 67303) vermeidet die Polarisation durch Anwendung von Anoden aus metallischem Eisen oder einem anderen Metall. Die Kathode bildet eine Zinkplatte. Der Anoden- und der Kathodenraum sind durch ein Diaphragma aus porösem Thon oder einem anderen geeigneten Material von einander getrennt. In dem Kathodenraum befindet sich die zu elektrolysirende Zinksulfatlösung, welche durch Auslaugen von gerösteter Blende mit Schwefelsäure erhalten worden ist. Der Anodenraum enthält Eisensulfat bzw. ein Sulfat des als Anode angewendeten Metalles. Durch den Strom wird das Zink an der Kathode niedergeschlagen, während durch die an der Anode abgeschiedene Säure eine äquivalente Menge Eisen aufgelöst wird. Das Diaphragma soll die Vermischung der in der Kathoden- und in der Anodenabtheilung befindlichen Flüssigkeiten verhindern. Das in dem Anodenraum gebildete Ferrosulfat soll als Eisenvitriol verwerthet werden.

Dieses Verfahren hat keine Anwendung gefunden, weil bei Gegenwart von Eisen kein fester Zinkniederschlag erhalten werden kann.

---

[1]) D. R. P. No. 79237 von 1893.

Choate (D. R. P. 77 567) will stark verunreinigte Zinksulfatlösungen zur Krystallisation eindampfen und dann die Krystalle in einem Muffelofen in einer oxydirenden Atmosphäre auf 250 bis 500° erhitzen. Hierbei sollen die Verunreinigungen theils verdampft, theils in wasserunlösliche Verbindungen, besonders Oxyde übergeführt werden, während das Zinksulfat unzersetzt bleibt. Aus der erhitzten Masse soll nun das reine Zinksulfat durch Wasser ausgelaugt und dann elektrolysirt werden.

Nach einem anderen Verfahren (D. R. P. 77 567) soll zur Entfernung der Verunreinigungen aus der Zinksulfatlösung zuerst eine höhere Stromdichte angewendet werden, als zum Niederschlagen des Zinks erforderlich ist. Es werden dann die Verunreinigungen theils an der Kathode niedergeschlagen, theils durch secundäre Reactionen im Bade ausgeschieden.

Chlorzinklaugen für die Elektrolyse lassen sich durch chlorirende Röstung von Zinkblende, durch Umsetzung von Zinksulfatlaugen mit Chlorcalcium, durch Umsetzung mit Chlornatrium in der Kälte, durch Behandlung von oxydischen Erzen oder von gerösteter Blende mit Salzsäure oder Eisenchlorid herstellen.

Bei der chlorirenden Röstung von Zinkblende wird man stets neben Zinkchlorid auch Zinksulfat erhalten. Zur Ueberführung des Zinksulfats in Zinkchlorid wird man die Laugen mit Chlorcalcium behandeln, in welchem Falle Zinkchlorid und Calciumsulfat gebildet werden. Das Calciumsulfat fällt aus und lässt sich von der Lauge trennen.

Die Gewinnung von Zinkchloridlaugen aus eigentlichen Zinkerzen ist theuer und desshalb auch nicht zur practischen Ausführung gelangt.

Für die weiter unten dargelegte Gewinnung von Chlorzinklaugen aus Kiesabbränden hat man dagegen die chlorirende Röstung zur Anwendung gebracht. Auch hat man Zinksulfatlaugen mit Hülfe von Chlorcalcium in Zinkchloridlaugen verwandelt. (Winnington. Hruschau.)

Das bei der Elektrolyse der Chlorzinklaugen entbundene Chlor lässt sich zur Herstellung von Chlorproducten (Chlorkalk) verwenden.

Die Ueberführung des Zinks aus Erzen in Chlorzink und die Elektrolyse der erhaltenen Lauge ist zuerst versuchsweise zu Bleyberg in Belgien ausgeführt worden[1]). Die Chlorzinklösung wurde durch Behandeln von Galmei oder von gerösteter Blende mit Salzsäure hergestellt. In die Lösung übergegangenes Eisen liess sich durch Chlorkalk ausfällen. Die Anoden bestanden aus Graphit oder Kohle; die Kathoden waren Zinkbleche. Eine Verwendung des an der Anode entbundenen Chlors zur Herstellung von Chlorproducten scheint nicht stattgefunden zu haben. Das Verfahren ist als zu theuer aufgegeben worden.

Currie (U. S. A. P. 466 720 vom 5. Januar 1892) wollte bei der Elektrolyse von Chlorzinklösungen andere Metalle als unlösliche Chloride an der Anode niederschlagen.

---

[1]) B.- u. H. Ztg. 1883. S. 367.

Nach einem Verfahren von Höpfner (D. R. P. 101177) soll die Elektrolyse in Bädern erfolgen, welche durch Diaphragmen in Anoden- und Kathodenräume geschieden sind. Die Anoden sollen löslich sein und aus einem anderen Metalle als Zink bestehen. Zur Vermeidung der Verunreinigung der Kathodenlauge durch Diffundiren von Lauge aus dem Anodenraum in den Kathodenraum sollen Körper zugesetzt werden, welche unter Ausfällung des gelösten Anodenmetalles den Elektrolyten an der Kathode bilden. So soll Bleichlorid durch Zusatz von Zinksulfat als Bleisulfat ausgefällt werden, während Zinkchlorid entsteht. Die Umsetzung kann sowohl innerhalb als auch ausserhalb des Bades bewirkt werden. Anstatt Zinkchlorid kann als Elektrolyt auch Zinkacetat benutzt werden. Ueber die Anwendung dieses Verfahrens ist nichts bekannt geworden.

Heinzerling[1]) schlägt vor, aus gerösteter Blende, calcinirtem Galmei und Zinkoxyd enthaltenden Hüttenerzeugnissen das Zinkoxyd durch Chlormagnesiumlauge in Lösung zu bringen und die letztere der Elektrolyse zu unterwerfen. Das Zink soll aus der Zinkoxyd enthaltenden Chlormagnesiumlauge bei einer Stromdichte von 200 Ampère/qm niedergeschlagen werden. Die nach dem Ausfallen des Zinks verbliebene Chlormagnesiumlauge soll zur Auflösung neuer Mengen von Zinkoxyd verwendet werden.

Die zinkhaltigen Körper sollen je nach ihrem Zinkgehalt mit der 7 bis 14fachen Menge Chlormagnesiumlauge (von 1,26 bis 1,29 spec. Gewicht) unter Umrühren der Massen durch ein Rührwerk gekocht werden (am besten bei einem Druck von 2 bis 3 Atmosph.). Zur Vermeidung der Bildung von Magnesiumoxychlorid soll das Kochen am zweckmässigsten in geschlossenen Gefässen ausgeführt werden. In der Lauge entstandenes Magnesiumoxychlorid soll durch Zusatz von Salzsäure in Chlormagnesium verwandelt werden.

Das Verfahren ist nicht zur Anwendung gelangt.

Die Gewinnung des Zinks aus Chloridlösungen ist weiter unten bei der Gewinnung des Zinks aus Kiesabbränden dargelegt.

Blas und Miest[2]) schlugen vor, Schwefelzink enthaltende Erze in zerkleinertem Zustande unter hohem Druck (100 Atmosph.) und unter Anwendung von Hitze (600°) in die Form von Platten zu pressen und die letzteren als Anoden des Stromkreises zu verwenden. Als Elektrolyt sollte Zinksulfat, Zinkchlorid oder Zinknitrat dienen. Dieses Verfahren, welches auf die Leistungsfähigkeit der Schwefelmetalle für den Strom gegründet ist, hat sich nicht bewährt. Die aus verschiedenen Gemengtheilen bestehenden Platten mussten bei der Elektrolyse ziemlich schnell zerfallen. Auch musste der elektrolytische Prozess aufhören, sobald der Contact der mit einem Leiter des Stromes in Berührung stehenden Erztheile durch ausgeschiedenen Schwefel unterbrochen wurde.

---

[1]) Dingler, J. 288. S. 263.

[2]) „Essai d'application de l'électrolyse". Louvain et Paris 1882.

Kosmann und Lange[1]) (D. R. P. No. 57761) schlagen vor, Zinkerze (Galmei oder geröstete Zinkblende) mit Schwefliger Säure und Wasser zu behandeln und aus der erhaltenen Zinksulfitlösung das Zink durch den Strom niederzuschlagen. Hierbei soll der abgeschiedene Sauerstoff durch die bei der Zerlegung des Salzes frei gewordene Schweflige Säure unschädlich gemacht werden, indem dieselbe sich in Schwefelsäure verwandelt. Bei diesem Verfahren soll die Spannung des Stromes geringer sein als bei der Zerlegung von Zinksulfat. Bei Versuchen in grösserem Maassstabe soll die pro Stunden-Pferdekraft niedergeschlagene Zinkmenge 0,2 kg betragen haben. Kosmann giebt an, dass bei Anwendung Wolf'scher Verbund-Locomobilen mit Condensation der Kohlenverbrauch pro Stunde und Pferdekraft nur 1 kg beträgt, dass also mit 1 kg Kohlen 0,2 kg Zink hergestellt werden können. Eine Anwendung hat dieses Verfahren nicht gefunden. Das Zinksulfit ist nur als saures Salz in Wasser löslich und verwandelt sich an der Luft ziemlich schnell in Zinksulfat.

Die Gewinnung des Zinks aus Lösungen des Metalles in Pflanzensäuren

hat für Erze keine Anwendung gefunden. Hierher gehört ein englisches Patent von Watt (No. 6294 vom Jahre 1887) sowie der Vorschlag, Essigsäure oder Milchsäure als Elektrolyt zu benutzen.

Die Gewinnung des Zinks aus alkalischen Lösungen

ist wiederholt vorgeschlagen worden, ohne indess zur betriebsmässigen Anwendung gelangt zu sein.

Kiliani (D. R. P. No. 29900 vom 11. März 1884 und No. 32864 vom 19. August 1884) schlägt vor, das Zink aus Erzen und Hütten-Erzeugnissen durch eine mit Ammonium-Carbonat versetzte Lösung von Ammoniak oder durch ein fixes Alkali in besonderen Gefässen ausserhalb des Stromkreises in Lösung zu bringen und aus der Lösung durch den Strom auszuscheiden. Als Kathoden sollen Zink- oder Messingbleche, als Anoden Eisenbleche benutzt werden. Das Zink soll in compacter Form an der Kathode niedergeschlagen werden, während an der Anode eine dem niedergeschlagenen Zink äquivalente Menge von Sauerstoff ausgeschieden wird. Die aus den Bädern abfliessende Lauge wird in besonderen Bottichen gesammelt und dann durch Pumpen in die Lösegefässe zurückgebracht, wo sie von Neuem als Lösungsmittel für das Zink dient. Angaben über Stromdichte und Stromspannung sind nicht gemacht. Jedoch ist es zweifellos, dass, gleiche Stromdichten vorausgesetzt, bei der Elektrolyse derartiger Lösungen eine viel höhere Stromspannung erforderlich ist als bei der Elektrolyse der Sulfite, Sulfate und Chloride des Zinks. Dabei sind die Alkalien theurer als die Säuren. Es ist daher nicht anzunehmen, dass dieses Verfahren Eingang finden wird.

---

[1]) B.- u. H. Ztg. 1892. S. 440.

Höpfner (D. R. P. No. 62946) laugt das Zink aus Zinkoxyd enthaltenden Körpern (arme Zink- und Bleierze) durch Alkalilösung aus und führt die Lösung zur Ausscheidung des Zinks an die Kathoden des Bades, während an den Anoden durch Zersetzung von Alkalichloriden Chlor oder Chlorate der Alkalien oder alkalischen Erden gewonnen werden.

Die Erze werden fein gemahlen und dann in einem mit Rührwerk versehenen Lösegefässe mit Alkalilösung in innige Berührung gebracht. Ausser dem Zinkoxyd wird hierdurch auch etwa vorhandenes Bleioxyd in Lösung gebracht. Nachdem die letztere durch Zinkstaub von fremden Metallen befreit ist, führt man sie in einem continuirlichen Strome in die Kathodenabtheilung eines elektrolytischen Bades. Dieselbe ist von der Anodenabtheilung durch geeignete Membrane oder Doppelmembrane (mit zwischen denselben befindlicher Lösung von Soda oder Pottasche) getrennt. Das Zink scheidet sich an den Kathoden in compacter Gestalt und zwar um so besser aus, je mehr die Lösung in Bewegung gehalten wird.

In der Anodenabtheilung ist eine stets auf gleichem Concentrationsgrade zu erhaltende Lösung von Chloriden vorhanden, in welcher sich auch Alkalichloride befinden müssen, wie z. B. Carnallit-Laugen oder die Endlaugen des Ammoniaksodaprozesses. Durch den Strom wird an den Anoden Chlor ausgeschieden, während die Alkalien in den Kathodenraum gehen und sich zu den hier bereits vorhandenen Alkalien gesellen. An den Anoden bilden sich ausserdem in Folge der Diffusion von Alkali oder Alkalicarbonat aus dem Kathodenraum Chlorsauerstoffverbindungen.

Das Chlor kann aufgefangen und für sich oder zur Herstellung von Chlorproducten verwerthet werden.

Das Auftreten von freiem Chlor an den Anoden kann dadurch vermieden werden, dass man in den Anodenraum alkalische Erden führt und dadurch Chlorate bildet. Die Chloratlösung kann auf Kaliumchlorat verarbeitet werden.

W. S. Squire und S. C. Currie (Engl. Patent No. 12 249 vom 27. Sept. 1886) wollen das Zink aus einer alkalischen Lösung des Oxyds unter Benutzung von Quecksilber als Kathode gewinnen. Das niedergeschlagene Zink bildet mit dem Quecksilber ein Amalgam, welches der Destillation unterworfen wird, wodurch man einerseits Zink erhält und andererseits das Quecksilber wiedergewinnt.

Burghardt (D. R. P. No. 49 682) will das Zink aus einer Zinkoxyd-Natronlösung gewinnen, welche durch Schmelzen von schwefelfreien Zinkerzen (bzw. tot gerösteter Zinkblende) mit Natron und 3 bis 4 % Kohle und darauf folgendes Auslaugen der geschmolzenen Massen hergestellt wird. Das Erz soll mit Hülfe eines Asbesttuches um die Anode gepackt werden. Der Zinkgehalt desselben soll daselbst oxydirt und in Lösung gebracht werden.

Ein Verfahren, bei welchem das Zink an der Kathode in Lösung gebracht wird, ist für Zinkerze und zinkhaltige Hüttenerzeugnisse, welche das Zink als Carbonat oder Oxyd enthalten, von Strzoda (D. R. P. 118291) angegeben worden. Das zinkhaltige Material wird so in das Bad eingesetzt, dass es mit der Kathode in Berührung ist. Als Elektrolyt dient eine Alkalilösung. Die Anode ist unlöslich im Elektrolyten. Beim Schliessen des Stromkreises wird an der Kathode secundär Wasserstoff ausgeschieden. Dieser reducirt das hier vorhandene Zinkoxyd der Erze bzw. Hüttenerzeugnisse zu Zink, welches aber in statu nascendi von der Alkalilauge gelöst wird. Aus der so erhaltenen Zinklösung wird das Zink durch den Strom an der Kathode niedergeschlagen.

Es ist nicht bekannt geworden, ob dieses Verfahren über das Versuchsstadium hinausgekommen ist. Weitere Verfahren siehe Nachtrag.

Die Gewinnung des Zinks aus Erzen, welche dieses Metall als Nebenbestandtheil enthalten.

Von Erzen, welche das Zink als Nebenbestandtheil enthalten, sind bis jetzt nur zinkhaltige Kiesabbrände zeitweise der Gegenstand der elektrolytischen Zinkgewinnung gewesen. Für die elektrolytische Gewinnung des Zinks aus zinkhaltigen Blei- und Silbererzen sind eine Reihe von Vorschlägen gemacht worden, aber nicht zur definitiven Anwendung gelangt.

Die Kiesabbrände sind die Rückstände der Röstung von zinkblendehaltigem Pyrit, dessen Schwefel durch die Röstung in Schweflige Säure verwandelt und in diesem Verbindungszustande zur Herstellung von Schwefelsäure benutzt worden ist. Sie bestehen aus Eisenoxyd, wechselnden Mengen von Schwefelzink, Zinkoxyd und Sulfaten des Zinks. Als Eisenerze lassen sie sich nur dann verwerthen, wenn der Zinkgehalt aus ihnen entfernt ist. Mit dem Zinkgehalt dagegen sind sie werthlos.

Zur Ermöglichung der Nutzbarmachung der Kiesabbrände als Eisenerze einerseits und zur Gewinnung des Zinkgehaltes derselben in der Gestalt des Metalles andererseits sind elektrolytische Verfahren vorgeschlagen worden und haben auch längere Zeit in grossem Maassstabe in Ausführung gestanden, sind aber in Deutschland zur Zeit wieder aufgegeben. (Duisburg, Führfurt.) In Führfurt wurde nach dem Verfahren von Höpfner und mit Höpfner'schen Apparaten gearbeitet.

Der Zinkgehalt der Kiesabbrände wurde durch Rösten derselben mit Kochsalz in Muffelöfen zum grössten Theile in Chlorzink übergeführt. Ein kleiner Theil Zink wurde hierbei in Zinksulfat übergeführt. Das Röstgut wurde ausgelaugt und darauf die Lauge geklärt. Sie enthielt ausser Chlorzink noch Zinksulfat, Natriumsulfat, Chlornatrium, Eisen, Mangan und verschiedene andere Metalle. Mit Hülfe von Kältemaschinen wurde die Lauge abgekühlt und aus derselben Glaubersalz ausgeschieden. Das in der Lauge vorhandene Zinksulfat setzte sich hierbei mit Chlornatrium in Chlorzink und Natriumsulfat um. Nachdem aus der vom Glaubersalz getrennten und darauf erhitzten Lauge durch Chlorkalk Eisen und Mangan ausgefällt waren, wurden etwa noch in ihr befindliche Metalle, welche elektronegativer als das Zink waren, durch Zinkstaub ausgeschieden. Die so gereinigte Lauge wurde in Bädern mit geschlossenen Anodenzellen, welche durch Diaphragmen von den Kathodenzellen getrennt waren, der Elektrolyse unterworfen. Die Anoden waren Kohlenklötze, die Kathoden rotirende Scheiben aus Zinkblech. Der Elektrolyt wurde am Boden der Bäder eingeführt und mit nur noch geringem Zinkgehalt am oberen Ende der Bäder abgeführt. An den Kathoden schlug sich dichtes Zink nieder, während das Chlor sich über der Flüssigkeit in dem oberen Theile der

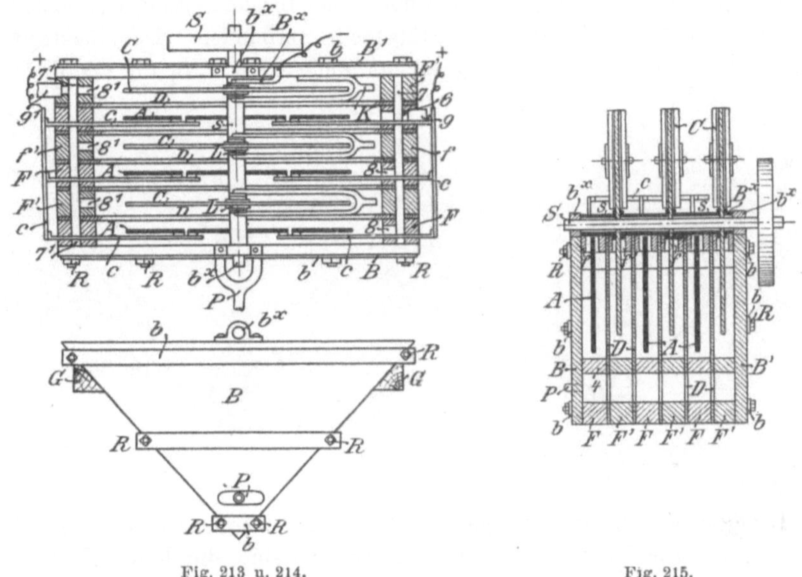

Fig. 213 u. 214. Fig. 215.

Anodenzellen ansammelte und durch Rohre in Kammern geleitet wurde, in welchen es mit Kalkhydrat Chlorkalk bildete. Das Elektrolytzink wurde umgeschmolzen.

Die Einrichtung der von Höpfner angegebenen Bäder für die Elektrolyse von Chlorzinklösungen, welche auch in Führfurt in Anwendung gestanden haben dürften, ist aus den Figuren 213 bis 217 ersichtlich[1]). Fig. 213 ist die Endansicht eines Bades, Fig. 214 ein Horizontalquerschnitt nach x x der Figur 215, Fig. 215 ein Verticalquerschnitt durch die Mitte des Bades, Fig. 216 eine Vorderansicht eines Anodenzellen-Gestelles und Fig. 217 die eines Kathodenzellen-Gestelles.

Die Bäder bestehen aus einer Reihe dicht aneinandergefügter, durch Verschraubung zusammengehaltener Anoden und Kathodenrahmen aus besonders gutem Holz, zwischen welchen Diaphragmen aus Tuch angebracht

[1]) Industries and Iron 18. March 1898. p. 208. Siehe auch Borchers, Elektrometallurgie 1903. S. 427 ff.

sind. F sind die Anodenrahmen, F′ die Kathodenrahmen. A sind die aus Kohle bestehenden, durch Schlitze des oberen Balkens f der Anodenrahmen hindurchgeführten Anoden, C die durch entsprechende Schlitze des Balkens f′ hindurchgehenden Kathoden. Sie bestehen aus Zinkblech (oder Eisenblech) und tauchen mit $^1/_3$ ihrer Fläche in den Elektrolyten ein. Die Anoden stehen durch metallische Leitungen c mit dem positiven Pol der Elektricitätsquelle in Verbindung (Figur 214). Die Kathoden sind durch Hülsen L aus Eisen auf die horizontale Welle S aufgezogen und auf derselben festgehalten. Die Welle ruht in 2 an den kurzen Seiten des Bades angebrachten Lagern. Die Hülsen sind durch metallische Leitungen (Fig. 217) mit dem negativen Pol der Elektricitätsquelle verbunden. Der Elektrolyt tritt durch das an seinem Ende gegabelte Zuflussrohr P in die am Boden

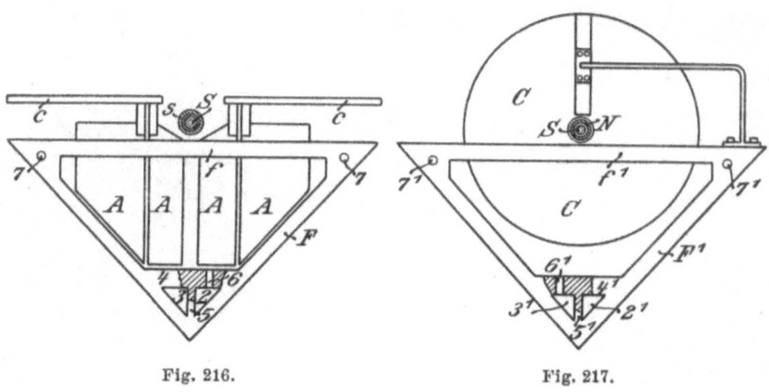

Fig. 216. Fig. 217.

des Bades befindlichen Leitungen 2 und 3 des Anodenrahmens bzw. 3′ und 2′ des Kathodenrahmens. Diese Leitungen sind durch den Boden 4 bzw. 4′ des Bades und durch die senkrechten Scheidewände 5 (des Anodenrahmens) bzw. 5′ (des Kathodenrahmens) (Fig. 216 und 217) gebildet. Aus den Leitungen steigt der Elektrolyt durch die Oeffnungen 6 in den Anodenrahmen bzw. 6′ in den Kathodenrahmen in die Höhe, wird auf seinem Wege nach oben zersetzt und tritt schliesslich am oberen Ende des Bades durch Oeffnungen 8 und 8′ in den oberen Theilen der Rahmen in die horizontalen Leitungen 7 und 7′ und aus diesen durch die Auslassrohre 9 und 9′ aus dem Bade heraus. Die Leitungen erhalten ihren Zusammenhang durch das Auseinanderfügen der einzelnen Rahmen. Zwischen den Anoden und Kathodenrahmen sind die schon erwähnten Diaphragmen (am besten aus nitrirtem Tuch) mit den erforderlichen Oeffnungen für die Leitungen des Elektrolyten angebracht. Das Chlor muss durch in den Figuren nicht angegebene Rohre aus den obersten Theilen der Anodenzellen abgeleitet werden. Die Bäder können an Balken aufgehängt werden.

Auf den Werken von Brunner, Mond & Co. zu Winnington in England steht die elektrolytische Gewinnung von Zink aus Chloridlaugen, welche 1897 durch Höpfner dort eingeführt worden ist, auch gegenwärtig noch in Anwendung[1]). Das bei der Elektrolyse entbundene Chlor wird zur Herstellung von Chlorkalk benutzt. Die Chlorzinklaugen soll man mit Hülfe von Chlorcalcium, welches dort als wertloses Nebenerzeugniss bei der Gewinnung von Ammoniaksoda erhalten wird, herstellen.

Auch auf der Sodafabrik zu Hruschau bei Oderberg in Oesterreich sollen Zink und Chlorkalk aus Zinkchloridlaugen gewonnen werden[2]).

Ein Verfahren zur Verarbeitung von zink- und silberhaltigen Bleierzen, welches nur kurze Zeit zu Cockle Creek in Neu-Süd-Wales in Anwendung gestanden hat, dann aber wegen ungünstiger technischer und wirthschaftlicher Ergebnisse aufgegeben werden musste, ist das von Ashcroft. Dasselbe bestand darin, aus den oxydirend gerösteten Erzen das Zinkoxyd durch Eisenchlorid als Chlorzink in Lösung zu bringen, wobei sich das Eisen als Eisenhydroxyd in dem Röstgute ausschied, die auf diese Weise von dem grösseren Theile ihres Zinkgehaltes befreiten Erze auf silberhaltiges Blei zu verschmelzen und aus den Chlorzinklaugen das Zink durch den elektrischen Strom unter gleichzeitiger Regenerirung des Lösungsmittels niederzuschlagen. Als Kathoden dienten Zinkbleche, als Anoden zuerst Platten aus Gusseisen, dann Kohlenplatten. Das bei der Elektrolyse ausgeschiedene Chlor verband sich mit dem Eisen der Gusseisen-Anoden zu Eisenchlorür, während es bei Anwendung von Kohlen-Anoden das Eisenchlorür in Eisenchlorid verwandelte.

Sowohl bei der Bildung des Eisenchlorürs, als auch bei der Verwandlung des Eisenchlorürs in Eisenchlorid wurde elektrische Energie in den Stromkreis eingeführt.

Um das Niederschlagen von Eisen an den Kathoden zu verhindern, waren die Eisenchlorür- bzw. Eisenchloridlösungen durch starke Leinwand-Diaphragmen von der Zinkchloridlösung getrennt und die Zinkchloridlösung bildete eine höhere Säule als die Lösung der Eisensalze. Man führte die zu elektrolysirende Zinkchloridlösung nach vorgängiger Ausfällung des Eisens und darauf folgender Ausfällung der übrigen Metalle, welche elektronegativer als das Zink waren, zuerst in die Kathoden-Abtheilungen und dann in die Anoden-Abtheilungen der Bäder und zwar zuerst an die Eisen-Anoden und dann an die Kohlen-Anoden. Die Bäder mit Eisen-Anoden bildeten $^2/_3$, die Bäder mit Kohlen-Anoden $^1/_3$ der Gesammtzahl der Bäder. Die aus dem letzten Bade mit Kohlen-Anoden austretende Flüssigkeit, welche noch Zink enthielt, diente zum Auflösen neuer Mengen von Zinkoxyd aus den gerösteten Erzen. Die Bäder waren hintereinander geschaltet, während die Elektroden in den einzelnen Bädern parallel (in multiple) geschaltet waren. Die Stromdichte betrug 50 Ampère per qm, die Spannung in den Bädern mit Eisen-Anoden 1,1 Volt, in den Bädern mit Kohlen-Anoden 2,7 Volt. Von dem Zinkgehalte der Erze

---

[1]) The Mineral Industry 1902. p. 267.

[2]) The Min. Ind. 1902. S. 267.

wurden 66 % durch die Eisenchloridlauge entfernt. Der Eisengehalt dieser Lauge betrug 5 bis 6 g im Liter.

Der Ersatz des bei dem Prozesse verlorenen Eisenchlorids geschah durch Elektrolyse von Zinkchlorid und Bindung des Zinks an Eisen. Das Zinkchlorid erhielt man durch Zersetzung von Zinksulfat mit Chlornatrium. Das Zinksulfat erhielt man durch oxydirend-sulfatisirende Röstung der zinkblendehaltigen Erze.

Das Laugen war wegen der schleimigen Beschaffenheit des in den Erzen niedergeschlagenen Eisenhydroxyds schwierig; die Reinigung der Laugen war sehr theuer; sie blieben stets eisenhaltig; das Zink fiel vielfach schwammförmig aus, der Kraftaufwand war bedeutend und die mit dem Eisenhydroxyd durchsetzten Laugenrückstände liessen sich nur schwierig und mit grossen Kosten verhütten.

Von anderweiten Verfahren zur Gewinnung von Zink aus gemischten Sulfiden seien noch erwähnt das Verfahren von Siemens & Halske, von Cowper-Coles, von Mohr, von Hoepfner. Keines dieser Verfahren ist zur Anwendung gelangt.

Das Verfahren von Siemens & Halske besteht in der Behandlung der ungerösteten Erze mit Chlor, wodurch Chloride des Zinks, Silbers und Bleis gebildet werden sollen, in dem Auslaugen der chlorirten Erze mit Wasser, welches das Chlorzink und einen Theil des Chlorbleis auflöst, das Chlorsilber aber intact lässt und in der Elektrolyse der erhaltenen Lösung bei Anwendung unlöslicher Anoden und metallischer Kathoden, wodurch das Zink an den Kathoden ausgeschieden wird, während das Chlor an den Anoden aufgefangen und zur Behandlung neuer Mengen von Erz verwendet wird. Um eine hinreichende Menge von Chlor in dem Elektrolyten zu erhalten (da die Elektrolyse nicht bis zur vollständigen Zersetzung der Chloride getrieben werden darf), soll dem Elektrolyten Kochsalz zugesetzt werden. Die abfliessende Bäderlauge soll zum Auslaugen der frisch gebildeten Chloride verwendet werden.

Nach dem Verfahren von Cowper-Coles (Engl. Patent 5943 von 1898) soll das fein gepulverte Erz durch eine oxydirende Röstung in Oxyd und Sulfat verwandelt und zur Auflösung des Zinks mit Wasser bzw. mit einer sauren nicht gesättigten Zinklösung behandelt werden. Das Auslaugen geschieht in mit einem Filter versehenen Fässern und lässt sich mit Hülfe eines durch die Säure hindurchgeführten elektrischen Stromes unter Anwendung einer unlöslichen Anode und einer Kathode aus Zink befördern. Bei kupferhaltigen Erzen geht auch Kupfer in Lösung und wird in Bottichen, deren Boden mit Kohlenstücken und Eisen oder Zink bedeckt ist, metallisch auf dem Eisen bzw. Zink ausgeschieden. Aus der Zinklösung wird das Zink nach vorgängiger Anreicherung derselben auf 15 bis 20 % Zinksulfat (durch wiederholte Benutzung derselben als Löseflüssigkeit) durch den Strom ausgefüllt. Als Anoden sollen Bleiplatten, als Kathoden rotirende Scheiben aus Eisenblech benutzt werden.

Das vom Zink befreite Erz wird wiederholt ausgewaschen und dann mit 20 %iger Natronlauge behandelt. Aus dieser Lauge wird das Blei gleichfalls mit Hülfe des elektrischen Stromes gewonnen. Will man Bleiweiss gewinnen, so wird unter Druck Kohlensäure in die Lauge geleitet. Gold und Silber sollen durch Behandlung des Rückstandes mit Cyankaliumlösung gewonnen werden.

Mit diesem Verfahren sind Versuche zu Hayle in Cornwall gemacht worden[1]).

Cowper-Coles hat auch vorgeschlagen, Broken-Hill-Erze (Gemenge von silberhaltigem Bleiglanz und silberhaltiger Zinkblende) tot zu rösten und ihnen vor der Röstung $^1/_4$ bis $^1/_2$ ihres Gewichtes an Schwefel, Kupfer oder Schwefelzink zuzuschlagen, damit man ein poröses Röstgut erhält. Das letztere soll mit verdünnter Schwefelsäure behandelt werden, um Zink und Kupfer in Lösung zu bringen[2]).

Bernhard Mohr[3]) zieht aus den gerösteten Sulfiden das Zink durch Natriumbisulfatlösung aus, wodurch er eine mit neutralem Natriumsulfat gesättigte Lösung von Zinksulfat erhält. Durch die Elektrolyse dieser Lösung gewinnt er an der Kathode Zink in compacter Form, während an der Anode das Natriumbisulfat regenerirt wird[4]).

Hoepfner schlägt vor, die sulfidischen Erze zuerst mit Hülfe von Schwefelsäure oder Salzsäure von alkalischen Erden und säurelöslichen Sulfiden zu befreien und dann bei mässiger Wärme mit einem verdünnten Gemisch von Salpetersäure und Salzsäure zu behandeln, um das Zink in Lösung zu bringen. Der Schwefel soll sich hierbei im freien Zustande abscheiden. Die Salpetersäure soll aus den sich hierbei entwickelnden nitrosen Gasen regenerirt werden. Nach der Abscheidung der fremden Metalle aus der Zinklauge soll sie der Elektrolyse unterworfen werden.

Hoepfner hat auch die Behandlung von Gemengen von silberhaltigen sulfidischen Blei- und Zinkerzen mit Kupferchloridlösung oder Eisenchloridlösung bei 60 bis 88° vorgeschlagen. Hierbei sollen Blei und Silber in Lösung gehen, während Schwefelzink zurückbleibt. Das letztere soll nun auf geeignete Weise in Chlorzink übergeführt werden, dessen Lösung der Elektrolyse unterworfen wird. (Engl. Patent 8328 vom Jahre 1895.)

2. Verfahren der elektrolytischen Gewinnung des Zinks aus Legirungen.

Bei der Elektrolyse der Zinklegirungen bilden dieselben die Anoden des Stromkreises.

---

1) The Mineral Industry 1899. S. 747.

2) Electric World and Engin. 1901. Bd. 37. S. 730.

3) The Mineral Industry 1899. S. 747.

4) The Min. Ind. 1899. S. 747.

Man hat sowohl unreines Zink als auch Legirungen des Zinks mit Blei und Silber der Elektrolyse unterworfen.

Die Elektrolyse von bleihaltigem Zink soll zu Ilsenburg im Harz unter Benutzung von Wasser als motorischer Kraft in Anwendung gestanden haben. Als Elektrolyt soll man Zinkacetat verwendet haben. Man soll dort aus unreinen Zinksorten ein reines bleifreies Zink gewonnen haben. Näheres über das Verfahren ist nicht bekannt geworden.

Aus Hartzink, d. i. eisenhaltigem Zink vom Raffiniren des Zinks hat man versuchsweise auf der Hütte der Schlesischen Actiengesellschaft zu Lipine in Oberschlesien reines Zink nach einem Verfahren von Nahnsen[1]) herzustellen gesucht, hat die Versuche aber eingestellt. Der Elektrolyt war ein Doppelsalz von Zinksulfat und einem Alkalisulfat. Als Anode diente das Hartzink. Dieses zeigte viele Ungleichförmigkeiten, welche sich auch durch wiederholtes Umschmelzen nicht beseitigen liessen und die Bildung von Zinkschwamm verursachten.

Auch aus der Zinkasche der Walzwerke hat man Elektrolytzink herzustellen versucht[2]). Man behandelte sie mit Schwefelsäure, um das Zink in Lösung zu bringen, wobei das Blei als Sulfat zurückblieb. Nachdem das Eisen durch Kalkmilch und Einblasen von Luft aus der Zinksulfatlauge entfernt war, wurde die letztere der Elektrolyse unterworfen. Das Verfahren ist nicht zur dauernden Anwendung gelangt.

Rösing[3]) hat ein Verfahren zur elektrolytischen Gewinnung des Zinks aus dem sogen. Zinkschaum, einem bei der Entsilberung des Zinks erhaltenen Legirungsgemisch von Blei, Silber und Zink vorgeschlagen, welches zu Friedrichshütte in Oberschlesien eine Zeitlang versuchsweise in Anwendung gestanden hat, aber wieder aufgegeben worden ist, weil sich das Abdestilliren des Zinks aus dem Zinkschaum billiger herausstellte als die Elektrolyse desselben. Das Zink ist in verhältnissmässig geringer Menge und unregelmässig vertheilt in dem Zinkschaum enthalten. Dabei ist der letztere so spröde, dass sich Platten aus demselben nicht herstellen lassen. Rösing wendet desshalb den Zinkschaum im pulverisirten Zustande an und giebt den Elektroden eine wagerechte Lage. Als Bäder dienen runde hölzerne Bottiche. Als Elektrolyt wird Zinkvitriol benutzt. Die Anode bildet eine auf dem Boden des Bottichs liegende, mit gepulvertem Zinkschaum bedeckte Bleiplatte.

Ueber derselben ist auf isolirenden Stützen die aus Zinkblech bestehende Kathode angebracht. Mehrere Bottiche sind so über einander gestellt, dass der Elektrolyt dieselben nach einander von oben nach unten durchfliessen kann. Sobald das Zink bis auf eine gewisse Tiefe aus den Körnern des Zinkschaums herausgelöst und die Berührung des Elektrolyten

---

1) D. R. P. 71 555.

2) Peters Berg- u. Hüttenm. Ztg. 1901. S. 601.

3) (D. R. P. 33 589). Preuss. Zeitschr. 1886. S. 91. Dingler 1887. S. 93.

mit dem noch im Zinkschaum enthaltenen Zink beschränkt oder nahezu aufgehoben ist, wird der Zinkschaum aus dem Bade entfernt und einer Saigerung unterworfen, um die aus Blei und Silber bestehende Rinde der Körner zu entfernen und so wieder neue Zink-Oberfläche für die Einwirkung des Elektrolyten zu gewinnen. Der gesaigerte Zinkschaum wird von Neuem der Elektrolyse unterworfen und dann abermals gesaigert. Auf diese Weise lässt man Saigerung und Elektrolyse abwechseln, bis der grösste Theil des Zinks aus dem Zinkschaum entfernt ist. Das zurückbleibende silberhaltige Blei wird abgetrieben. Das Zink, welches blei- und silberhaltig ist, wird zur Entsilberung des Werkbleies verwendet. Wie erwähnt, ist das Verfahren nicht zur Anwendung gelangt.

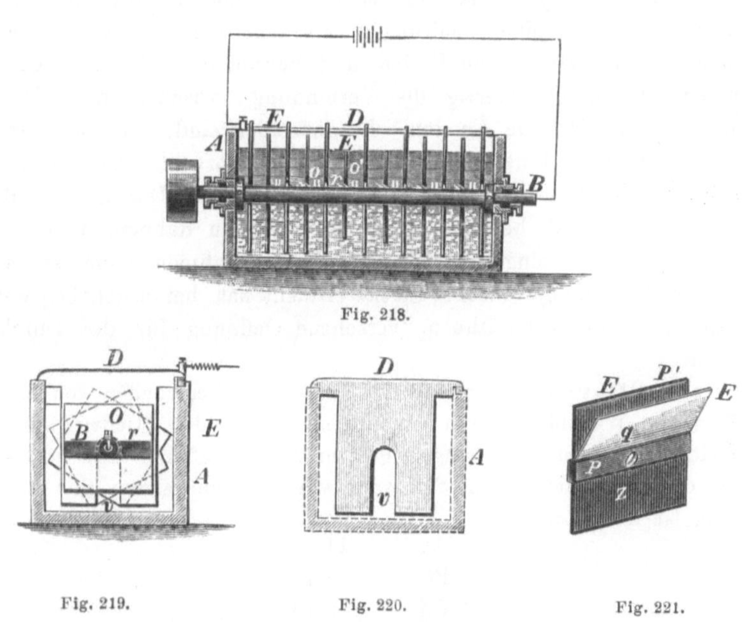

Fig. 218.

Fig. 219. Fig. 220. Fig. 221.

Zu Hoboken bei Antwerpen wurden Zink-Silber-Legirungen welche bei der Entsilberung des Werkbleis mit Hülfe von Aluminium enthaltendem Zink erhalten wurden (Metallhüttenkunde, Bd. I. S. 724), der Elektrolyse unterworfen. Als Anoden verwendete man Platten der gedachten Legirung, als Kathoden Zinkbleche in der Gestalt von kreisförmigen Scheiben von 1 m Durchmesser, welche auf einer horizontalen Spindel befestigt waren. Dieselben lagen über der Oberfläche des Bades und drehten sich so, dass sich die eine Hälfte der Kathoden in der Lösung, die andere Hälfte ausserhalb derselben befand. Durch die Drehung der Kathoden wurde die Bewegung der Flüssigkeit befördert und das Anhaften von Gasblasen an den Kathoden verhindert. Der Elektrolyt war eine Lösung von Chlorzink in Chlormagnesium von 2,2 bis 1,27 spez. Gewichte.

Nach der Entfernung des Zinks aus den Anoden bildeten dieselben einen aus Silber (75 %) und Blei (12 %) bestehenden Schlamm.

Nach den Erfahrungen in Hoboken hat die Elektrolyse keinerlei Vortheile gegenüber den anderen Methoden der Scheidung des Zinks vom Silber und Blei aufzuweisen. In Hoboken arbeitet man zur Zeit wieder nach dem alten Verfahren (Entsilberung ohne Aluminiumzusatz und Abdestilliren des Zinks aus der Legirung). Das erhaltene Zink wird zur Entsilberung des Werkbleies benutzt.

Auf dem Princip, die Bewegung der Flüssigkeit durch rotirende Kathoden zu bewirken, beruht der Apparat von Bridgeman (U. S. A. P. No. 526 482 vom 25. Sept. 1894), dessen Einrichtung durch die Fig. 218 bis 221 erläutert ist[1]). A ist der Behälter für den Elektrolyten. In demselben rotirt die mit einer Isolirung r versehene Welle B, an welcher die Kathoden E mit Hülfe von Keilen und Schrauben befestigt sind. Die Schrauben stellen gleichzeitig die Verbindung zwischen Kathoden und Leitung her. D sind die Anoden. In denselben sind, um die Bewegung der Welle nicht zu hindern, Einschnitte v angebracht. Die nähere Einrichtung der Kathode ist aus der Figur ersichtlich. Das Kathodenblech, welches mit Graphit bedeckt wird, ist in einen Rahmen p_1 aus nichtleitendem Materiale eingespannt. Aus diesem Rahmen kann es, sobald der Niederschlag die gewünschte Stärke erreicht hat, herausgehoben werden. q ist die mit einer Keilnuthe q_1 versehene Oeffnung für den Durchgang der Welle.

Hasse[2]) hat die Elektrolyse der Zink-Silber-Legirungen von der Entsilberung des Werkbleis durch Aluminiumzink auf der Friedrichshütte bei Tarnowitz in Oberschlesien eingerichtet und durchgeführt. Die Zusammensetzung dieser vorher durch Saigerung von überschüssigem Blei befreiten Legirung ist nach Roeber:

Ag	11,32
Pb	3,13
Cu	6,16
Fe	0,24
Ni	0,51
As, Sb	Spuren
Zn	78,64

Diese Legirung wird in Anodenplatten von 1 cm Stärke und 20 bis 30 kg Gewicht gegossen und dann der Elektrolyse unterworfen. Als Elektrolyse dient eine Zinksulfatlösung; als Kathoden werden dünne Häute von Elektrolytzink benutzt. Die Bäder sind mit Bleiblech ausgeschlagene

[1]) Borchers, Jahrbuch der Elektrochemie 1895. S. 164. Halle a. S.

[2]) Zeitschrift für das Berg-, Hütten- und Salinenwesen im Preussischen Staate 1897. S. 322. Borchers, Elektrometallurgie 1903. S. 396.

Kästen von Kiefernholz von 750 mm Länge, 600 mm Breite und 700 mm Tiefe. Sie sind in zwei Reihen zu je 4 terrassenförmig aufgestellt. Jedes Bad enthält 6 Anoden und 5 Kathoden in Abständen von je 5 cm. Der Strom wird durch eine Schuckert'sche Dynamomaschine von 320 Ampère und 15 Volt geliefert. Die Elektrolyse erfolgt bei einer Stromdichte von 80 bis 90 Amp. auf 1 qm Kathodenfläche und bei einer Badspannung von 1,25 bis 1,45 Volt. Die Hauptbedingung für die Vermeidung der Bildung von schwammförmigem Zink ist die Anwendung eines reinen, besonders von gelöstem Kupfer, Arsen und Eisen freien Elektrolyten. In mässiger Menge im Elektrolyten suspendirte Theile von ausgefällten Metallen, z. B. von Eisen, sollen wenig oder gar nicht schädlich wirken.

Die Reinigung des Elektrolyten wird dadurch erzielt, dass man ihn über am Ende einer jeden Bäderreihe angebrachte Treppen in einer dünnen Schicht herabfliessen lässt und ihn erst dann in den Sammelkasten führt. Auf den Treppenstufen liegen Zinkblech-Abfälle. Die oberste und unterste Stufe der Treppen bilden kleine Behälter, in welchen sich Zinkoxyd befindet. Durch das Herabfliessen auf der Treppe wird der Elektrolyt in vielfache Berührung mit der Luft gebracht, wodurch die Eisenoxydulsalze in Oxydsalze übergeführt werden, während durch das Zink bzw. Zinkoxyd die schädlichen Metalle ausgefällt werden. Durch die Reinigung des Elektrolyten, das Circulirenlassen desselben und die Ausführung der Elektrolyse bei einer Temperatur von 15 bis 20° C. wird bei der gedachten Stromdichte und Stromspannung die Bildung von schwammförmigem Zink vermieden.

Die beste Dichte des Elektrolyten ist 1,40 bis 1,60° Bé.

Derselbe wird neutral (?) oder schwach basisch (?) gehalten, da bei Anwendung eines sauren Elektrolyten sehr bald die Bildung von schwammförmigem Zink eintritt. (Diese Angaben stehen in Widerspruch mit den Ergebnissen der Versuche von Mylius und Fromm S. 255, wonach zur Vermeidung der Bildung von Zinkschwamm der Elektrolyt schwach sauer gehalten werden muss!) Bei Anwendung des Hermann'schen Elektrolyten (Doppelsalze von Zinksulfat und Natrium- bzw. Magnesium- und Ammoniumsulfat) zeigte die Lauge zwar eine bessere Leitungsfähigkeit für den Strom, indess fiel das Zink bei Zunahme der Verunreinigungen derselben schwammförmig aus.

Beim Erwärmen des Elektrolyten auf 60° fiel das Zink sehr porös aus und gab beim Umschmelzen zu erheblichen Verlusten Anlass. Eine Abkühlung des Elektrolyten auf 8° C. blieb ohne Einfluss auf den Gang der Elektrolyse.

Die Anoden hängen 4 bis 6 Tage in den Bädern, die Kathoden 3 bis 4 Tage. Die letzteren werden, wenn das Zink frei von Eisen sein soll, in Graphittiegeln, andernfalls in Eisenkesseln umgeschmolzen.

Die Anodenschlämme werden in Zeiträumen von 8 bis 14 Tagen aus den Bädern entfernt. Sie sammeln sich am Boden der Zellen in einem Raume an, dessen Flüssigkeit am Laugenumlauf nicht Theil nimmt. Sie enthalten ausser Silber noch Blei, Kupfer, Zink und Zinkoxyd. Nach der Entfernung der beiden letzteren Körper mit Hülfe von verdünnter Schwefelsäure beträgt der Silbergehalt der Schlämme 30 bis 60⁰. Sie werden auf Silber verarbeitet. Das Verfahren ist aufgegeben worden.

Die elektrolytische Gewinnung des Zinks auf trockenem Wege.

Eine dauernde elektrolytische Gewinnung des Zinks auf trockenem Wege hat bis jetzt noch nicht stattgefunden. Die Vorschläge zur Gewinnung des Metalles in grossem Maassstabe auf dem gedachten Wege beziehen sich auf die Elektrolyse von geschmolzenem Chlorzink sowie von geschmolzenen Gemischen des Chlorzinks mit anderen Chlormetallen (Chlorblei und Chlorsilber).

In grösstem Maassstabe ist die Elektrolyse von geschmolzenem Chlorzink zu Milton in England versucht worden.

Für die Elektrolyse des geschmolzenen Zinkchlorids ist eine vollständige Entwässerung des Salzes erforderlich. So lange Wasser anwesend ist, kann nach den Untersuchungen von Lorenz[1]) kein Zink ausgeschieden werden, weil Wasserstoff an Stelle des Zinks an die Kathode geht. Durch Schmelzen allein lässt sich das Wasser nicht vollständig entfernen. Zur Entfernung der letzten Spuren von Wasser ist nach Lorenz eine Behandlung des Chlorzinks mit Salzsäure und ein nachfolgendes Verdampfen erforderlich. Nach H. S. Schultze[2]) soll man zur Entwässerung Zink in die Schmelze eintragen. Die Wirkung dieses Metalles soll noch erhöht werden, wenn ein elektrischer Strom mit dem geschmolzenen Zink als Anode und Kohle als Kathode durch die Schmelze geführt wird. Hierbei wird das Wasser durch den Strom zersetzt; der Sauerstoff geht zu dem Zink und bildet Zinkoxyd, während der Wasserstoff an die Kohlen-Kathode geht. Bei diesem Verfahren entsteht aber durch Auflösung von Zinkoxyd in der Schmelze Zinkoxychlorid, welches bei der späteren Elektrolyse durch einen grösseren Energieverbrauch und durch Entbindung nur geringer durch Sauerstoff verunreinigter Mengen von Chlor störend wirkt. Nach Steinhart, Fox, Vogel und Fry (D. R. P. 120 970) lässt sich das Chlorzink ohne die Bildung von Zinkoxyd und Zinkoxychlorid entwässern, wenn es nach der in gewöhnlicher Weise ausgeführten Vorentwässerung im Vacuum bis zu seinem Siedepunkte erhitzt wird.

Borchers[3]) schlägt die Elektrolyse von geschmolzenem Chlorzink zwischen Anoden von Kohle und Kathoden von Zinkblech bei Stromdichten von 1000 bis 2000 Ampère per Quadratmeter Kathodenfläche und

[1]) Zeitschr. für Elektrochemie 15. Nov. 1900; 4. Juli 1901.

[2]) Zeitschr. für anorgan. Chemie 1899. Bd. 20. S. 323.

[3]) Elektrometallurgie 1896. S. 296; 1903. S. 393.

Spannungen von 3 bis 4 Volt vor. Als Vorzüge dieses Verfahrens, welches an der Anode Chlor zur beliebigen Verwendung und an der Kathode Zink liefert, macht er geltend, dass bei gleichem Kraftverbrauch die Apparate für die Elektrolyse 5 bis 10 mal kleiner ausfallen als bei der Elektrolyse von wässrigen Lösungen der Zinksalze bei Anwendung unlöslicher Anoden und dass die Gewinnung des Chlors ohne Anwendung von Diaphragmen geschieht. Bei Stromdichten von 1000 bis 2000 Ampère pro qm Kathodenfläche soll die Spannung am Bade, selbst wenn die Stromdichte an der Anode erheblich höher ist als an der Kathode, 3 bis 4 Volt nicht übersteigen. Bei der Elektrolyse wässriger Lösungen der Zinksalze und Anwendung unlöslicher Anoden soll diese Spannung schon überschritten werden, wenn die Stromdichte 500 Ampère auf den Quadratmeter beträgt.

Borchers hat den in den Figuren 222 und 223[1]) dargestellten, aber nicht bewährt befundenen Apparat[2]) für die Elektrolyse von geschmolzenem Chlorzink in grossem Maassstabe angegeben. Fig. 222 ist ein Verticalschnitt durch den Apparat, während Fig. 223 die obere Ansicht eines Theiles des Deckels darstellt. x ist ein Bleikessel von der Gestalt eines umgekehrten abgestumpften Kegels, welcher am oberen Rande eine Nuthe y zur Aufnahme des Deckels z besitzt. Um den obersten Theil des Kessels läuft eine Rinne w herum, in welcher Kühlwasser circulirt. Der Bleikessel ist in einen mit Sand gefüllten Eisenkessel v eingesetzt, welcher letzterer durch eine Rostfeuerung geheizt wird.

Der Bleikessel dient zur Aufnahme des Elektrolyten. Als Anoden dienen durch den Deckel des Kessels durchgesteckte Kohlenstäbe t, welche durch eine ringförmige Klammer k leitend mit einander verbunden sind. Die Klammer ihrerseits steht mit der Stromleitung u in leitender Verbindung. Die einzelnen Kohlenstäbe sind da, wo sie durch den Deckel hindurchgehen, mit Isolirringen m umgeben. Als Kathoden dienen den Wänden des Bleikessels angepasste Einsätze aus Zinkblech n, welche mit der Stromleitung q verbunden sind. Eine in der Mitte des Deckels befindliche, mit einem Rohr-Ansatze d versehene Oeffnung dient zum Ableiten des bei der Elektrolyse entwickelten Chlorgases, eine zweite durch einen Deckel verschliessbare Oeffnung f zum Einsetzen von Chlorzink während des Betriebes.

Der Betrieb soll geführt werden wie folgt: Man schmilzt so lange Chlorzink in dem Bleikessel ein, bis die geschmolzene Masse die Nuthe y füllt. Alsdann führt man die Kathode n in den Kessel ein, setzt den Deckel auf und lässt Kühlwasser durch die Rinne w fliessen. Den Deckel hält man so lange in der Schwebe, bis sich eine Salzkruste p in der Nuthe und auf dem oberen Rande des Kessels gebildet hat, und lässt ihn dann vollständig nieder.

---

[1]) Borchers, Elektrometallurgie S. 295.

[2]) Borchers, Elektrometallurgie 1903. S. 394.

Alsdann wird der Strom eingeführt. Bei der hohen Dichte desselben (1000 Ampère auf den Quadratmeter Kathodenfläche) wird eine solche Menge von Wärme erzeugt, dass nur noch sehr wenig auf dem Roste

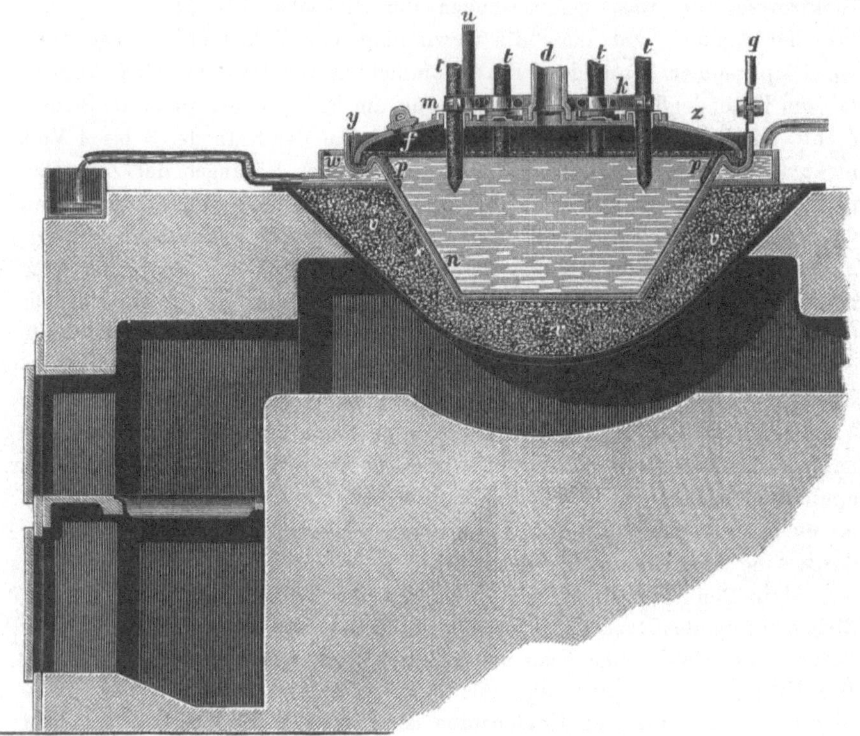

Fig. 222.

Fig. 223.

gefeuert zu werden braucht. Das Zink setzt sich auf der Kathode, soweit dieselbe nicht von einer Chlorzinkkruste bedeckt ist, ab; das Chlor entweicht durch den Rohransatz d. Um den Kessel stets mit geschmolzenem Chlorzink gefüllt zu halten, setzt man von Zeit zu Zeit durch die Oeffnung f frisches Chlorzink nach. Hat sich an der Kathode eine hinreichende Menge Zink niedergeschlagen, so stellt man die Abkühlung des oberen

Theiles des Kessels ein, so dass die Salzkrusten in der Nuthe y schmelzen, hebt dann den Deckel ab, entfernt die Kathode mit dem Zinkniederschlag aus dem Kessel und ersetzt sie durch eine neue Kathode[1]).

Durch Lyte und Andere sind Kathoden von geschmolzenem Zink vorgeschlagen worden. Dieselben haben auch bei dem Verfahren von Swinburne-Ashcroft Anwendung gefunden. Das Verfahren von Swinburne und Ashcroft, nach welchem Zink aus gemischten sulfidischen Blei-Zink-Silbererzen gewonnen wird, ist zu Milton (Staffordshire) in England in grösserem Maassstabe versucht worden. Eine Anlage für Grossbetrieb soll in Weston Point in England errichtet werden[2]). Nach einem Vortrag von Ashcroft vor dem Institute of Mining and Metallurgy in London im Juni 1901[3]) werden die zerkleinerten ungerösteten Erze (die bei den Versuchen benutzten Erze enthielten 29 % Pb, 26 % Zn, 21 % S, 5 % Fe, 2 % Mn, 17 % Gangart und 19 Unzen Silber per t) in einen Converter eingeführt, in welchem sich geschmolzenes Zinkchlorid befindet. In die Masse wird unter Druck Chlorgas geleitet, durch welches die Schwefelmetalle unter Entbindung von Schwefel in Chloride verwandelt werden.

Bei Temperaturen unter 600° C. soll sich Chlorschwefel bilden. Es ist daher erforderlich, die Temperatur im Converter über 600°, aber unter dem Siedepunkte des Chlorzinks (720°) zu halten. Der Schwefel wird in Condensatoren aufgefangen. Die geschmolzenen Chloride, so weit sie nicht zur Aufnahme neuer Mengen von Erz im Converter verbleiben, werden von dem unzersetzt gebliebenen festen Rückstande, welcher hauptsächlich aus Gangart besteht, abgegossen oder abgestochen. Von den Verunreinigungen sollen Eisen und Mangan in einem bestimmten Stadium des Converter-Prozesses durch Einführung eines Luftstroms in die Schmelze als Oxyde ausgeschieden werden, welche mit den Gangarten im Converter zurückbleiben. Aus den abgegossenen bzw. abgestochenen geschmolzenen Chloriden wird zuerst das Silber entfernt, indem man metallisches Blei in dieselben einführt. Dieses Metall nimmt das Silber unter Bildung einer äquivalenten Menge von Chlorblei auf. Nachdem das silberhaltige Blei aus der Schmelze entfernt ist, wird das als Chlorblei in derselben enthaltene Blei durch metallisches Zink ausgefällt. Das letztere scheidet aus dem Chlorblei das Blei unter Bildung einer äquivalenten Menge von Chlorzink aus. Die nach der Entfernung des Bleis verbleibende Schmelze besteht aus Zinkchlorid und wird der Elektrolyse unterworfen.

Der feste Rückstand, welcher zeitweise aus dem Converter entfernt wird, enthält noch grössere Mengen von Chlorzink. Man laugt dieses Salz mit Wasser aus, dampft es bis zum Schmelzen ein und entfernt dann die letzten Antheile von Wasser sowie die letzten Spuren von Eisen, Blei und

---

[1]) Borchers, Elektrometallurgie 1903. S. 394, 445, 449.

[2]) The Miner. Ind. 1902. S. 267. S. 677.

[3]) Electrician. Juli 12. 1901.

anderen Verunreinigungen durch eine kurze Elektrolyse mit Kohlen-Anoden, welche letztere durch den entbundenen Sauerstoff zerstört werden. Das nun verbleibende reine Zinkchlorid wird zusammen mit dem auf die vorbesprochene Weise erhaltenen Zinkchlorid der eigentlichen Elektrolyse unterworfen.

Die Ausführung der Elektrolyse geschieht in einem Stahlbottich von 6 Fuss Durchmesser, welcher mit einem 18″ dicken Futter von in eine besondere Art von Cement eingelegten feuerfesten Ziegeln versehen ist. Die Kathode besteht aus geschmolzenem Zink im Gewichte von 1 t. Dieselbe steht durch einen schweren in das Futter eingelegten Stahlblock mit 5 hohlen Kupferstangen in leitender Verbindung, welche ihrerseits mit dem negativen Pol der Elektricitätsquelle leitend verbunden sind. Die Anode besteht aus einer beweglichen an ihrem unteren Ende mit einem besonderen Cement überzogenen Gusseisenplatte, von welcher 120 Kohlenstäbe von je 2,25 Zoll Durchmesser so herabhängen, dass sie 6 Zoll tief in den Elektrolyten eintauchen. Der Elektrolyt wird durch die Stromwärme im geschmolzenen Zustande erhalten. Ein Bottich der gedachten Art erfordert eine Stromstärke von 3000 bis 4000 Ampère bei einer Stromspannung von 4 bis 4,5 Volt und liefert pro Woche 1 t Zink. Das Zink wird direct aus dem Bad in Formen abgestochen. Nach dem Abstechen wird das Bad wieder mit frischem Zinkchlorid gefüllt. Das Zinkchlorid wird aus einem kippbaren Gefäss, welches durch einen Krahn herangebracht wird, in das Bad gegossen. Das Futter des Bades wird durch den Elektrolyten nicht angegriffen. (Nach neunmonatlichem Versuchsbetrieb war es noch nicht angegriffen.) Die Anoden halten wenigstens 6 Monate. Die Temperatur des Bades wird zwischen 425 und 525° C. gehalten. Zur Erhöhung der Leitfähigkeit des Elektrolyten werden ihm Chlornatrium und Chlorcalcium in solchem Maasse zugesetzt, dass sein Zinkgehalt nicht über 28 % geht. (Bei reinem Chlorzink würde der Zinkgehalt 48,5 % betragen.) Die fremden Chloride werden bei der Elektrolyse des Chlorzinks nicht zersetzt und bedürfen daher keiner Erneuerung. Das bei der Elektrolyse entbundene Chlorgas wird durch einen kleinen mit Ebonit bekleideten Ventilator in ein Gasometer geführt und dann zur besseren Aufbewahrung verflüssigt. Es dient zur Bildung von neuem Zinkchlorid und wird unter einem Druck von 50 lb auf den Quadratzoll in den Converter eingeführt.

Ein Urtheil über dieses Verfahren lässt sich erst fällen, wenn die Ergebnisse eines längeren Grossbetriebes vorliegen.

Lorenz[1]) will geschmolzene Gemische von Chlorzink, Chlorblei und Chlorsilber der Elektrolyse unterwerfen, wobei sich zuerst Blei und Silber und dann reines Zink ausscheiden soll.

Dorsemagen[2]) schlägt auf Grund von ihm ausgeführter Versuche

[1]) Zeitschr. für Elektrochemie 1895/96. Heft 15. S. 318.

[2]) Zeitschr. d. Ver. deutscher Ing. 1902. S. 1634. Borchers, Elektrometallurgie 1903. S. 389, 449.

ein Verfahren der Gewinnung von Blei und Zink aus einem Gemisch der geschmolzenen Chloride dieser Metalle vor. Diese Chloride sollen aus schwer verhüttbaren Gemengen von Bleiglanz und Blende hergestellt werden. Zuerst sollen die Erze in fein pulverisirtem Zustande mit Salzlösung gemischt in drehbaren Trommeln bei einer Temperatur von 30 bis 40^0 mit elektrolytisch abgeschiedenem Chlor (bei der Elektrolyse der Chloride erhalten) behandelt werden, wodurch unter Abscheidung von Schwefel das Blei vollständig, das Zink zum Theil in Chlorid verwandelt wird. Die Chloride sollen durch heisses Wasser bzw. durch Laugen in Lösung gebracht werden, wobei der aus Schwefelzink und freiem Schwefel bestehende Rückstand vollständig vom Blei befreit wird. Der Rückstand bildet nach dem Ausschmelzen des Schwefels aus demselben ein Zinkerz (Zinkblende), welches in bekannter Weise auf Zink zu verarbeiten ist. Bei einem Silbergehalte der Erze geht das Silber zum kleineren Theile in die Lösung der Chloride über; zum grösseren Theile verbleibt es im Rückstande. Aus der Lösung der Chloride soll es vor der weiteren Verarbeitung derselben ausgefällt werden; aus dem Rückstande ist es nach der Verarbeitung desselben auf Zink auszugewinnen. Die Lösung der Chloride nun soll eingedampft, entwässert und in geschmolzenem Zustande in Schmelz- bzw. Elektrolysir-Gefässen aus Eisen, welche als Kathode dienen, der Elektrolyse unterworfen werden. Hierbei werden Blei und Zink im geschmolzenen Zustande auf dem Boden des Schmelzgefässes ausgeschieden und bilden, nachdem sie Gelegenheit gehabt haben, sich abzusetzen, eine zinkarme Blei-Zink-Legirung und eine bleiarme Zink-Blei-Legirung, welche auf Blei bzw. Zink zu verarbeiten sind. Bei Versuchen mit Aufbereitungsmittelproducten von Broken-Hill-Erzen erhielt Dorsemagen nach dem Auslaugen der Chloride und nach der Entfernung des Schwefels einen bleifreien Rückstand mit 40 % Zink und dem grössten Theil des Silbergehaltes der Erze.

Enthält das Erzgemenge Schwerspath, so soll die Behandlung desselben mit Chlor so lange fortgesetzt werden, bis das gesammte Zink in Zinkchlorid verwandelt ist. Die Lösung wird dann in gleicher Weise behandelt wie angeführt. Weiteres siehe Nachtrag.

Die Gewinnung des Zinks aus innigen Gemengen von Sulfiden des Bleis, Zinks und Silbers.

Es kommen öfters Gemenge von silberhaltigem Bleiglanz und silberhaltiger oder silberfreier Zinkblende vor, welche sich durch die gewöhnliche Art der Aufbereitung nicht vollständig in Bleiglanz und Zinkblende zerlegen lassen. Ausgedehnte Lagerstätten dieser Gemenge von silberhaltigem Bleiglanz und silberhaltiger Zinkblende sind z. B. zu Broken Hill in Neu-Süd-Wales aufgeschlossen. Zur Verarbeitung derartiger Erze sind die verschiedensten Verfahren vorgeschlagen worden, ohne dass indess bis jetzt die beste Art der Verarbeitung derselben festgestellt worden wäre. Eine Reihe dieser Verfahren ist nicht über das Versuchsstadium hinausgekommen, während andere derselben bis jetzt lediglich Vorschläge geblieben sind.

In Broken Hill hat man mit Hülfe der gewöhnlichen Aufbereitung die Trennung von Bleiglanz und Blende in dem erwünschten Maasse nicht erreicht. Auch durch die magnetische Aufbereitung hat sich in Broken Hill eine vollkommene Trennung von Bleiglanz und Blende nicht erreichen lassen. Gegenwärtig wird der grösste Theil der Erze dem gewöhnlichen Aufbereitungsverfahren unterworfen, wobei man eine erhebliche Menge zur Zeit noch nicht mit Vortheil verwerthbarer zink- und bleihaltiger Zwischenproducte erhält. Die durch die Aufbereitnng erhaltenen Bleischliche werden der Röst- und Reductionsarbeit unterworfen. Die Röstung wird meistens in Ropp-Oefen, die Reduction des Röstgutes in Wassermantel-Schachtöfen mit rechteckigem Horizontalquerschnitt ausgeführt.

Von den Methoden, welche die Trennung auf chemischem Wege bewirken wollen, hat bis jetzt noch keine das Ziel erreicht. Einige dieser Methoden sind bereits bei der elektrolytischen Gewinnung des Zinks betrachtet worden. Von den anderen Methoden, deren Zahl ausserordentlich gross ist, sollen nachstehend nur die bekannteren dargelegt werden.

Nach dem Verfahren von Fry werden die Erze nach vorgängiger Zerkleinerung oxydirend geröstet. Am Schlusse der Röstung setzt man denselben $^1/_4$ ihres Gewichtes Natriumsulfat oder Natriumbisulfat zu, welche Körper schmelzen und sich mit dem Röstgut agglomeriren. Das so agglomerirte Röstgut wird mit $^1/_8$ seines Gewichtes an Eisenoxyd (Kies-Abbrände) beschickt in Schachtöfen verschmolzen. Der Schmelzprozess soll sehr rasch verlaufen und eine leichtflüssige Schlacke liefern. Von dem Bleigehalte der Erze sollen hierbei 90 % als Metall mit dem gesammten Gold- und Silbergehalte derselben ausgebracht werden. Die Schlacke soll nach dem letzten Patent von H. E. Fry und Robert Addie[1]) im Zustande feinster Vertheilung mit nicht bituminöser Kohle oder Koks gemischt in einem Flammofen mit Gasfeuerung, am besten Siemens-Feuerung, verschmolzen werden, wobei das Zink reducirt, verflüchtigt und oxydirt wird. Das Zinkoxyd soll aufgefangen werden. Die verbliebene geschmolzene Schlacke wird abgestochen. Der Heerd des Flammofens besteht bei basischer Schlacke aus gebranntem Dolomit, welcher mit entwässertem Theer gemengt ist. Dieser Heerd ist von dem Mauerwerke des Ofens durch eine Schicht von Chromeisenstein mit einem hohen Gehalte von Chromoxyd getrennt. Zur möglichsten Entfernung des Zinks muss der geschmolzene Einsatz umgerührt oder gepolt werden. Das Auffangen des Zinkoxyds soll mit Erfolg in mit Wasser berieselten Thürmen geschehen. — Nachdem auf einer Versuchsanlage zu Swansea in England nach diesem Verfahren 20 000 t Broken-Hill-Erze verarbeitet und 500 t Zinkoxyd, welches an Zinkhütten abgegeben wurde, gewonnen worden waren, wurde zu Elles-

[1]) Engl. Patent von 1898 No. 4911.

more Port in England eine grosse Anlage errichtet, deren Betrieb indess schon im März 1901 eingestellt worden ist[1]). In Deutschland ist das Verfahren auf der Silberhütte bei Alexisbad versucht worden[2]).

Das Verfahren von Ellershausen besteht ursprünglich in dem Erhitzen der Erze mit 50% ihres Gewichtes Eisen- oder Manganoxyd und 25% Kohle auf helle Rothglut in Flammöfen. Die hierbei entwickelten Dämpfe von Blei, Zink (bzw. Zinkoxyd) und Schwefliger Säure und die mit denselben gemischten Verbrennungsgase werden in eine Kammer geleitet, in welcher sie mit Wasserdampf und Luft gemischt werden. Hier durch wird die Bildung von Zinksulfat und Bleisulfat herbeigeführt, welche Körper sich in der Kammer niederschlagen. Aus dem Gemenge von Bleisulfat und Zinksulfat wird das letztere durch Wasser ausgelaugt. Die als Rückstand im Flammofen verbliebene Schlacke hält einen Theil Blei und den grösseren Theil des Silbers der Erze zurück. Das Bleisulfat geht in den Flammofen zurück und wird nebst dem in ihm enthaltenen Silber in die gedachte Schlacke übergeführt, welche letztere nun als Bleierz behandelt und auf Blei verarbeitet wird. Das Zinksulfat soll in irgend einer Weise auf Zink verarbeitet werden. Nach dem Vorschlage von Ellershausen soll man aus demselben durch Schwefelnatrium Schwefelzink niederschlagen. Bei diesem Verfahren soll der grösste Theil des Silbers mit dem Gold- und Kupfergehalte der Erze und ungefähr 2% des Blei- und Zinkgehaltes desselben in der oben gedachten Flammofenschlacke verbleiben. Der Prozess ist versuchsweise zu Llanelly in Süd-Wales ausgeführt worden. Er ist dahin abgeändert worden, dass das Verschmelzen anstatt im Flammofen im Schachtofen ausgeführt wird. Das Auffangen der metallischen Dämpfe geschieht in Kammern. Aus dem niedergeschlagenen Flugstaub wird das Zink mit Hülfe von wässriger Schwefliger Säure oder Schwefelsäure gelöst und durch Schwefelnatrium als Sulfid niedergeschlagen. Das letztere wird durch Filterpressen von der Flüssigkeit getrennt und durch Rösten in Oxyd übergeführt.

Gegenwärtig soll das Schmelzen in Schachtöfen mit den gewöhnlichen Flussmitteln bewirkt und silberhaltiges Blei erhalten werden. Aus den Dämpfen soll das Zink noch als Schwefelmetall, aber nicht mehr mit Hülfe von Schwefelnatrium erhalten werden. Aus dem Schwefelzink wird durch Röstung Zinkoxyd hergestellt. Nach Ellershausen sollen aus den Dämpfen 90% des Zinkgehaltes der Erze gewonnen werden[3]). Das Verfahren soll zur Zeit noch in Angoulême in Frankreich in Anwendung stehen[4]).

---

[1]) Die Beschreibung der Anlage von Julius L. F. Vogel befindet sich im Engin. and Min. Journal v. 29. September 1900.

[2]) The Mineral Industry 1899 p. 741.

[3]) The Mineral Industry 1899. p. 742.

[4]) The Min. Ind. 1902. S. 266.

Das Verfahren von Ganelin besteht im Behandeln der gepulverten Erze mit geschmolzenem Zinkchlorid-Chlornatrium und metallischem Zink in einem mit Rührwerk versehenen Eisengefässe. Das Chlorzink verwandelt hierbei das Schwefelblei und Schwefelsilber in die entsprechenden Chloride unter gleichzeitiger Bildung von Schwefelzink, während das bereits in den Erzen vorhandene Schwefelzink unverändert bleibt. Dieser Prozess verläuft nach den Gleichungen:

$$Pb\,S + Zn\,Cl_2 = Pb\,Cl_2 + Zn\,S$$
$$Ag_2\,S + Zn\,Cl_2 = 2\,Ag\,Cl + Zn\,S.$$

Durch das metallische Zink wird darauf aus den Chloriden des Bleis und Silbers das Blei und Silber unter gleichzeitiger Rückbildung von Chlorzink ausgeschieden nach den Gleichungen:

$$Pb\,Cl_2 + Zn = Pb + Zn\,Cl_2$$
$$2\,Ag\,Cl + Zn = 2\,Ag + Zn\,Cl_2.$$

Das Blei nimmt das Silber auf und sammelt sich auf dem Boden des Schmelzgefässes an, während das in den Erzen vorhandene Schwefelzink sowohl als auch das durch die gedachte Umbildung aus dem metallischen Zink entstandene Schwefelzink in dem geschmolzenen Doppelsalze suspendirt bleiben. Das Blei und das Doppelsalz mit dem in ihm suspendirten Schwefelzink werden getrennt abgestochen und angesammelt. Das silberhaltige Blei wird dem Zinkentsilberungsprozesse unterworfen. Das Doppelsalz wird mit Wasser oder schwacher Lauge behandelt und geht in Lösung, während das Schwefelzink als Rückstand verbleibt. Der letztere wird in bekannter Weise auf Zink verarbeitet. Die Lösung des Doppelsalzes wird eingedampft, wodurch man dasselbe zurückerhält und im entwässerten Zustande zur Behandlung neuer Mengen von Erz verwendet. Ueber dieses in London versuchsweise ausgeführte Verfahren ist nichts Weiteres bekannt geworden.

Es ist auch vorgeschlagen worden, die Erze zu rösten, dann das Zink in Retorten mit basischem Futter abzudestilliren und den Rückstand in Schachtöfen auf Blei und Silber zu verarbeiten. So schlägt Sadtler (Amerikan. Patent 656 268) Retorten aus feuerfestem Thon mit einem Futter aus gebranntem Dolomit oder Magnesit vor. Auch die besonders gefährdeten Stellen der Aussenflächen der Retorten sollen mit diesem Material überzogen werden. Futter und Ueberzug sollen durch Wasserglas mit den Innenflächen bzw. den Aussenflächen der Retorten verschmolzen werden. Ueber die definitive Anwendung derartiger Retorten ist nichts bekannt geworden. Versuche mit demselben werden auf den Werken der Midland Smelting Co. zu Bruce, Kansas, ausgeführt[1]).

Nach Clancy-Marsland sollen die Sulfide durch Erhitzen mit Bleisulfat entschwefelt werden. Das hierbei gebildete Zinkoxyd soll durch

[1]) The Min. Ind. 1902. S. 670.

Schwefelsäure ausgelaugt werden, die Zinksulfatlauge zur Trockne eingedampft und durch Erhitzen in Zinkoxyd und Schwefelsäure bzw. Schweflige Säure und Sauerstoff zerlegt werden. Die Schweflige Sänre soll auf Schwefelsäure verarbeitet werden. Der das Blei enthaltende Rückstand soll verschmolzen werden. Ueber die Anwendung dieses Verfahrens ist nichts bekannt geworden.

Neuendorf[1]) schmilzt die Erze mit Polysulfaten, welche letzteren durch Erhitzen von saurem Alkalisulfat mit Schwefelsäure hergestellt werden. Dieses Verfahren soll vor dem Aufschliessen mit Bisulfat den Vortheil haben, dass hohe Temperaturen, bei welchen der Sulfidschwefel nur theilweise zu Schwefliger Säure verbrennt, theilweise aber sublimirt oder in der Schmelze verbleibt, nicht erforderlich sind. Dabei ist bei Anwendung von Bisulfat die Schweflige Säure wegen der Beimengung von Schwefel nicht gut verwerthbar. Wendet man Natriumpentasulfat (hergestellt durch Erhitzen von 2 Mol. Bisulfat mit 3 Mol. H_2SO_4) an, so verläuft die Reaction nach der Gleichung:

$$MS + Na_2S_2O_7 . 3H_2SO_4 (Zn\,Pb\,Ag) = MSO_4 + Na_2SO_4 + 3H_2O + 4SO_2.$$

M ist hier Zink, Blei oder Silber.

Hierbei erhält man reine Schweflige Säure und eine aus 1 Molecül Metallsulfat auf 1 Molecül Alkalisulfat bestehende Schmelze. Die Temperatur bei der Reaction beträgt 90 bis 100°. Wendet man zur Aufschliessung Polysulfate von einem geringeren Gehalte an Schwefelsäure an, so scheidet sich Schwefel aus. Jedoch ist die Temperatur beim Aufschliessen so niedrig, dass weder die Sublimations- noch die Entzündungstemperatur dieses ausgeschiedenen Schwefels erreicht wird. Man erhält daher hier ebenfalls reine Schweflige Säure. Auch lässt sich der ausgeschiedene Schwefel aus der ausgelaugten Schmelze leicht ausschmelzen[2]).

Ueber die Anwendung des Verfahrens ist nichts bekannt geworden.

G. E. Davis und A. R. Davis wollen aus ungerösteten Erzen mit Hülfe von verdünnter Salpetersäure Zink, ein Theil Blei und Eisen in Lösung bringen und nach der Ausfällung von Blei und Eisen durch Zinkoxyd unter Einleitung von Kohlensäure (um das Blei aus Carbonat auszuscheiden) die Zinknitratlösung eindampfen. Das feste Zinknitrat soll durch Erhitzen in einem Muffelofen in Zinkoxyd und Stickstoffsäuren zersetzt werden. Die letzteren sollen mit der beim Behandeln der Erze mit Salpetersäure entwickelten Salpetrigen Säure auf Salpetersäure verarbeitet werden, welche ihrerseits wieder zur Auflösung der Erze verwerthet wird. Der beim Auflösen der Erze verbliebene Rückstand, welcher Bleisulfat, Silber und Gold enthält, soll durch Schmelzverfahren auf Blei, Silber und Gold verarbeitet werden[3]). Auch dieses Verfahren ist nicht zur Anwendung gelangt.

---

[1]) D. R. P. No. 103 934 v. 11. Decbr. 1898.

[2]) Zeitschr. für Elektrochemie 1899. No. 50.

[3]) The Miner. Ind. 1902. S. 676.

Twyman[1]) schlägt vor, die zerkleinerten Erze mit Zinkchlorid zu mischen und dann bei Luftabschluss bis zu beginnender Rothglut zu erhitzen. Das Blei soll hierbei in Chlorblei verwandelt werden, während das Zink des Zinkchlorids in Zinksulfid übergeführt wird. Das Chlorblei soll durch Wasser aus der geglühten Masse ausgelaugt werden, während der verbliebene Rückstand, welcher hauptsächlich aus Zinksulfid besteht, in bekannter Weise auf Zink verarbeitet werden soll. Auch kann man den Rückstand rösten, das Zink aus ihm durch Schwefelsäure ausziehen und mit dem so erhaltenen Zinksulfat das Blei aus der Chlorbleilösung als Sulfat ausfällen, wobei das Zinkchlorid zurückgebildet wird. Das Verfahren dürfte sich als zu theuer herausstellen.

Ferraris[2]) schlägt vor, die Erze mit concentrirter Schwefelsäure in einem Ofen zu erhitzen, wobei Sulfate der betreffenden Metalle, Schweflige Säure, Wasser und Schwefel gebildet werden. Der Schwefel soll zu Schwefliger Säure verbrannt und mit der beim Aufschliessen der Erze entwickelten Schwefligen Säure auf Schwefelsäure verarbeitet werden. Die in dem aufgeschlossenen Erze enthaltenen löslichen Sulfate sollen durch Wasser ausgelaugt werden. Aus der Lauge sollen Kupfer und das als Ferrisulfat vorhandene Eisen durch Zinkoxyd ausgefällt werden. Das als Ferrosulfat vorhandene Eisen soll aus der erhitzten Lauge durch Druckluft und Zinkoxyd niedergeschlagen werden. Die nun verbliebene Zinksulfatlösung soll eingedampft werden. Das feste Zinksulfat soll durch Erhitzen mit Kohle in Zinkoxyd übergeführt werden. Dieses Verfahren ist nicht zur Anwendung gelangt.

de Bechi schlägt vor, die Erze unter Zutritt von Luft und Wasserdampf zu rösten, die Röstgase über erhitztes Chlornatrium zu leiten, die hierbei unter Bildung von Natriumsulfat entstandene Salzsäure in Wasser aufzufangen und zum Auslaugen des Zinkoxyds aus dem Röstgute zu benutzen. Aus der Chlorzinklauge soll das Zink durch Kalkmilch als Hydroxyd ausgefällt werden. Durch Zusatz von Kieselsäure bei der Röstung der Erze soll das Zink leichter löslich in Säuren gemacht werden[3]). Dieses Verfahren hat technische Schwierigkeiten und ist zu theuer.

Weitere Verfahren siehe Nachtrag.

Verarbeitung von zinkhaltigen Erzen auf verkäufliche Verbindungen des Zinks.

In manchen Fällen werden zinkhaltige Erze auf verkäufliche Verbindungen des Zinks, nämlich auf Zinkoxyd, auf Gemenge von Zinkoxyd, Bleioxyd und Bleisulfat sowie auch auf Zinkvitriol verarbeitet. Die Ge-

[1]) The Miner. Ind. 1902. S. 682.

[2]) British Patent No. 12349. June 17. 1901.

[3]) The Miner. Ind. 1899. S. 746. 1902. S. 675.

winnung derartiger Verbindungen des Zinks findet in der Regel nur dann statt, wenn die zinkhaltigen Erze zur Gewinnung von metallischem Zink nicht geeignet sind, sei es, dass sie noch andere gewinnbare Metalle (Eisen, Blei, Silber), welche eine Gewinnung von metallischem Zink ausschliessen, enthalten, sei es, dass sie zu arm an Zink sind. Derartige Erze sind besonders zinkhaltige Eisenerze und zinkhaltige Blei- bzw. Blei-Silbererze.

Die Gewinnung von Zinkweiss findet statt im Osten der Vereinigten Staaten von Nord-Amerika, besonders in den Staaten New-Jersey und Pennsylvanien, die Gewinnung eines Gemenges von Zinkoxyd, Bleioxyd und Bleisulfat in den Staaten Missouri und Colorado der Vereinigten Staaten von Nord-Amerika, die Gewinnung von Zinkvitriol auf Juliushütte und Sophienhütte im Unterharz.

Die Gewinnung von Zinkweiss.

Die Gewinnung von Zinkweiss wird auf den Werken der Lehigh Zinc and Iron Co. zu Bethlehem in Pennsylvanien, auf den Werken der New-Jersey Zinc and Iron Co. zu Newark im Staate New-Jersey, auf den Werken der Passaic Zinc Co. bei Jersey City, Staat New-Jersey und auf den gleichfalls in diesem Staate belegenen Werken der Bergen-Port Zinc Co. bei Bergen-Port betrieben.

Das Material für die Zinkweissgewinnung bildet ein hauptsächlich aus Franklinit und Willemit bestehendes Erzgemenge mit wechselnden Mengen von Galmei und Kalk. Ausserdem treten in diesem Gemenge unregelmässig Rothzinkerz sowie Rhodonit und Tephroit auf. Der Franklinit enthält nach Dürre[1]) 9 bis 20 % Mangan, der Willemit 2 bis 7 %, der seltener vorkommende Rhodonit 42 % und der gleichfalls selten vorkommende Tephroit 54 % Mangan.

Die durchschnittlichen Bestandtheile grösserer Erzmengen giebt Dürre[2]) an wie folgt:

	Taylor-Mine				Sterling-Hill.	
	1.	2.	3.	4.	1.	2.
SiO_2	10,21	11,08	10,33	11,77	4,86	5,15
Fe_2O_3	31,41	27,54	30,36	30,91	30,33	27,62
MnO	15,84	17,63	15,95	10,27	12,30	13,09
ZnO	32,83	35,88	26,34	25,71	29,42	23,38
Al_2O_3	0,21	0,24	1,16	2,01	0,67	0,64
CaO	5,09	2,01	7,15	10,43	12,65	14,37
MgO	—	0,77	1,09	0,99	—	1,98

Früher gemachte Versuche, aus diesem Erzgemenge metallisches Zink herzustellen, scheiterten an dem hohen Eisen- und Mangangehalt desselben, wodurch die Retorten zerstört wurden. Andererseits wurde die

[1]) Zeitschr. d. Ver. deutsch. Ing. 1894. S. 185.

[2]) l. c.

Verarbeitung der rohen Erze auf Eisen durch den hohen Zinkgehalt derselben erschwert. Erst dem Amerikaner Samuel Wetherill gelang es, die Erze dadurch verwerthbar zu machen, dass er dieselben mit Hülfe eigenthümlicher von ihm construirter Oefen auf Zinkweiss verarbeitete. Die hierbei verbliebenen eisen- und manganreichen Rückstände, welche nur noch geringe Mengen von Zink zurückhielten, erwiesen sich als ein passendes Material zur Herstellung von Spiegeleisen, welches gegenwärtig aus denselben gewonnen wird.

In der neuesten Zeit ist es gelungen, mit Hülfe der magnetischen Aufbereitungsmaschinen von Wetherill die Erze in eigentliche Zinkerze, welche zur Herstellung von Zink dienen, und in Franklinit-Erze, welche zuerst das Material für die Gewinnung von Zinkweiss und dann für die Gewinnung von Spiegeleisen liefern, zu scheiden. Die Erze werden mit Hülfe von Steinbrechern vorgebrochen (zu 0,5 Zoll Durchmesser), dann in Plattenthürmen getrocknet, dann zerkleinert und in 5 verschiedene Grössen getrennt, welche jede für sich mit Hülfe magnetischer Aufbereitungsmaschinen von Wetherill in sogen. Concentrates (Frankliniterze) und in ein Gemenge von Willemit, Galmei und Kalkspath geschieden werden. Die Concentrates sind das Material für die Gewinnung von Zinkweiss und Spiegeleisen. Das Gemenge von Willemit, Galmei und Kalkspath wird in gewöhnlicher Weise weiter aufbereitet und liefert das Zinkerz für die Herstellung von Zink. Nach Wetherill[1]) erhielt man aus den Erzen 67,48 % Franklinit-Erz mit 29,47 % Eisen, 13,57 % Mangan und 22,94 % Zink und 23,99 % eigentliches Zinkerz (Gemenge von Willemit und Galmei mit 2,20 % Eisen, 5,15 % Mangan und 48,96 % Zink). Im Durchschnitt enthält das ausgeschiedene Franklinit-Erz gegen 26 % Zinkoxyd.

Die Aufbereitungsabfälle (tailings) enthalten 4,19 % Zink.

So lange man unaufbereitete Erze auf Zinkweiss verarbeitete, enthielten dieselben 30 bis 35 % Zink.

Wetherill reducirt das Zinkoxyd der Erze in Heerdöfen auf einem von ihm erfundenen Roste bzw. auf einer auf demselben ruhenden Anthracit-Unterlage durch Anthracit zu Zink, welches letztere unmittelbar nach seiner Entstehung durch Luft und durch in den Verbrennungs- und Reductionsgasen enthaltene Kohlensäure zu Zinkoxyd verbrannt wird. Das Gelingen des Prozesses ist bedingt durch die Verwendung reiner oxydischer Erze, wie sie das gedachte Erzgemenge darstellt, durch die Benutzung einer reinen, rauch- und russlos verbrennenden Kohle als Heiz- und Reductionsmaterial, wie sie in dem pennsylvanischen Anthracit gegeben ist, und durch die Anwendung des Wetherill'schen Rostes mit Unterwind.

Das mit den Verbrennungsgasen gemengte Zinkoxyd wird nach vollständiger Verbrennung des Zinks und der Ausscheidung von Kohlen und

---

[1]) Engin. and Min. Journ. Juli 17. und 24. 1897.

Aschentheilen abgekühlt und in Säcken aufgefangen, während die eigentlichen Gase durch die Poren der Säcke entweichen.

Was nun die Einrichtung des Ofens, der Kühl- und Condensationsvorrichtungen anbetrifft, so hat der Ofen auf allen gedachten Werken die nämliche Einrichtung, während die Kühl- und Condensationsvorrichtungen der verschiedenen Werke nur in unwesentlichen Punkten von einander abweichen.

Der Wetherill'sche Ofen stellt einen an den beiden Enden mit Thüren versehenen überwölbten Canal dar, wie er aus den Figuren 224 und 225 ersichtlich ist. In demselben befindet sich ein Wetherill'scher Rost a. Derselbe stellt eine 35 mm starke Gusseisenplatte dar, in welcher conische Löcher (11 Löcher auf 100 qcm) so angebracht sind, dass das kleinere Ende des abgestumpften Kegels (von 10 mm Weite) nach oben,

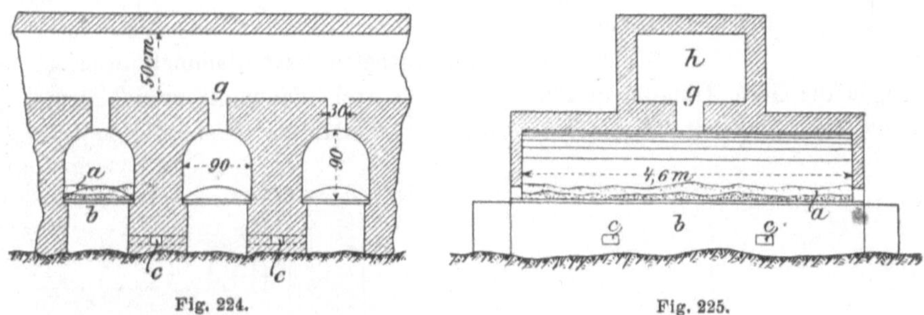

Fig. 224. Fig. 225.

das grössere Ende (von 25 mm Weite) nach unten gekehrt ist. Durch diese Lage des auf gusseisernen Trägern ruhenden Rostes wird eine Verstopfung der Löcher verhindert. Unter dem Roste befindet sich ein geschlossener Aschenfall b, in welchen durch seitliche Canäle c Unterwind einströmt. Der letztere wird durch einen Ventilator in einen unter den Aschenfällen einer ganzen Reihe von Oefen hinlaufenden Canal geblasen, welcher aus den Figuren 226 und 227 ersichtlich ist[1]).

In diesen Figuren stellt C den unter dem Ofen a hinlaufenden Canal dar. Aus diesem Canal steigen in dem Mauerwerk zwischen den einzelnen Oefen senkrechte Canäle empor, welche an ihrem oberen Ende durch kleine Horizontal-Canäle mit dem Aschenfall verbunden sind. Diese kleinen Horizontal-Canäle (c in Fig. 224 und 225) sind durch Register verschliessbar, um nach Beendigung der Arbeit und bei Reparaturen den Wind von den einzelnen Oefen absperren zu können.

In dem den Ofen überspannenden Gewölbe befinden sich Füchse zur Abführung der Gase, der Dämpfe und des Flugstaubs. Bei kleineren Oefen ist für jeden Ofen nur ein Fuchs vorhanden (g in Fig. 224 und 225); die grösseren Oefen (Fig. 226) dagegen besitzen 2 Füchse. Die Gase und

[1]) Dürre, Zeitschr. d. Vereines deutscher Ingenieure 1894. S. 186.

Dämpfe gelangen aus den Füchsen entweder direct in einen Sammelcanal (h in Figur 224 und 225) oder, wie auf den Lehigh-Zinkwerken (Figur 226 und 227), zuerst in aufsteigende Eisenrohre B und dann in ein Sammelrohr D. Die einzelnen Oefen sind zu Blöcken vereinigt, welche bis 34 Oefen umfassen (siehe Fig. 227). Die Oefen sind einfache oder doppelte Oefen, je nachdem der Ofen durch die ganze Breite des Mauerblocks hindurchreicht oder nicht. Die Breite der Oefen am Roste beträgt 90 cm; die Länge der einfachen Oefen beträgt 165 cm, der doppelten Oefen 4,60 m.

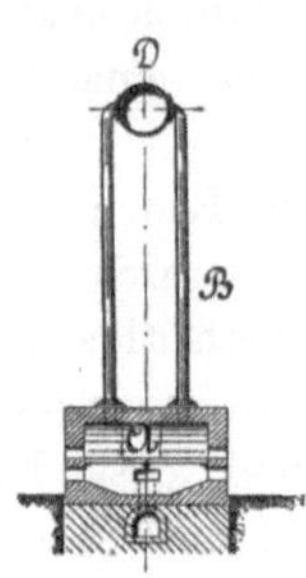

Fig. 226.

Die Höhe des Gewölbescheitels über der Heerdsohle beträgt 90 cm. Das Fuchsloch hat 900 qcm Fläche. Die Thüren an den kurzen Seiten des Ofens sind in Gewölbebogen von 30 cm Höhe und 82 cm Spannweite angebracht.

Aus den Sammelcanälen bzw. Sammelrohren gelangen die Gase, Dämpfe und der Flugstaub nacheinander in zwei Thürme, in welchen einerseits noch nicht verbrannte Zinkdämpfe vollständig zu Zink-

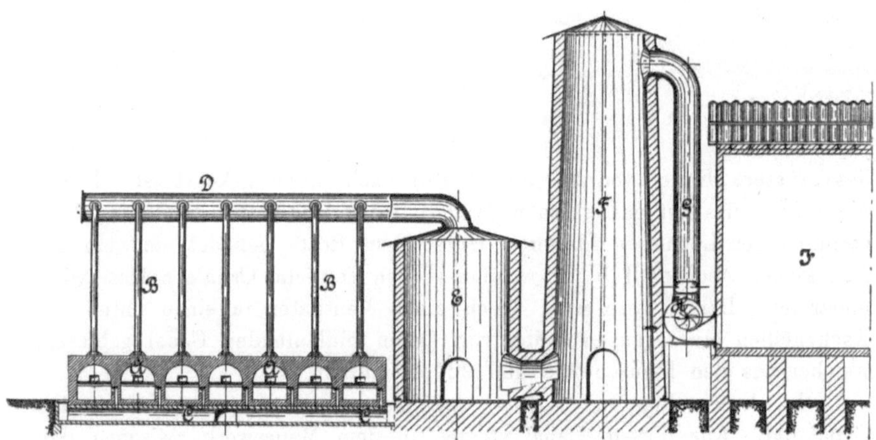

Fig. 227.

oxyd verbrennen, andererseits mitgerissene Aschen- und Brennstofftheile niedergeschlagen werden sollen.

Die auf den Lehigh-Werken vorhandenen Thürme sind aus der Figur 227 ersichtlich[1]). Aus dem Rohre D gelangt der Gas- und Staubstrom (mit Hülfe eines hinter dem zweiten Thurme angebrachten Ventilators) in den Thurm E, durchzieht denselben von oben nach unten und tritt dann am unteren Ende desselben in den Thurm F ein (von 21 m Höhe und 24 m weitestem Umfang), welchen er von unten nach oben

[1]) Dürre l. c.

durchströmt. (In manchen Thürmen sollen auch Scheidewände angebracht sein.) Der Strom tritt aus den Thürmen in Kühlkammern. Zwischen dem letzten Thurm und der Kühlkammer ist ein Ventilator eingeschaltet, welcher den Strom in die Kühlkammern drückt. In Fig. 227 ist G das Abzugsrohr für den letzten Thurm, H der Ventilator und J die Kühlkammer.

Auf manchen Werken vertheilt sich der Strom in zwei Kühlkammern, welche er der Länge nach durchzieht. In diesen Kammern soll der Gas- und Staubstrom soweit abgekühlt werden, dass sich Zinkoxyd und Gase in Baumwoll- oder Drillichsäcken ohne Beschädigung der letzteren von einander scheiden lassen.

Dis Einrichtung der Kühlkammern auf den Lehigh works ist aus den Figuren 228 und 229 ersichtlich[1]). Dieselben sind je 30 m lange, je

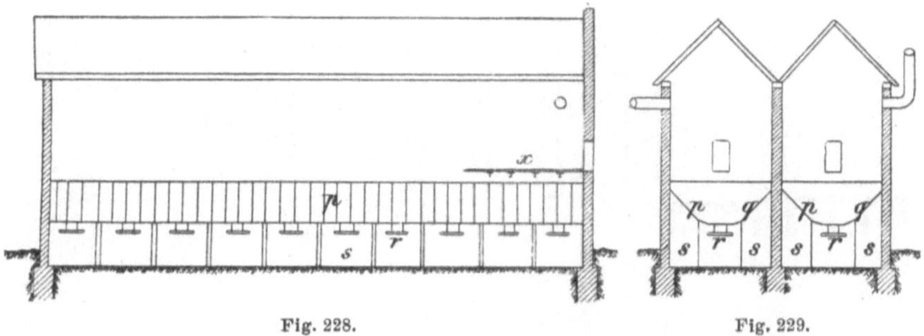

Fig. 228. Fig. 229.

6 m breite und bis zum Dachfirst je 13 m hohe Räume, deren Wände aus verputztem Fachwerk bestehen, während das Dach aus Wellblech hergestellt ist. Der Boden wird durch gegeneinander geneigte Eisenbleche p und q gebildet, welche auf Unterstützungsmauern s ruhen. Zur Entfernung des sich in den Kühlräumen niederschlagenden Zinkoxyds sind am Boden mit Schiebern versehene Stutzen r angebracht. x ist ein aus Blech hergestellter Trockenboden zum Trocknen des in den Kühlräumen gesammelten Zinkoxyds.

Aus den Kühlkammern tritt der Strom in die Räume zum Auffangen des Zinkoxyds, die sog. „Sackräume". In denselben wird der Strom in ein System von unter der Decke hinlaufenden horizontalen Röhren aus Eisenblech vertheilt. Von denselben gehen in Entfernungen von je 90 cm senkrechte, sich nach oben hin fortsetzende Rohrstutzen aus. An denselben sind 9 bis 11 m lange, nach unten hängende Säcke oder Schläuche aus starkem Baumwollenzeug von gegen 60 cm Durchmesser befestigt. Dieselben sind unten offen; auch sind wohl mehrere Säcke unten U-förmig mit einander verbunden. In diesen Säcken bleibt das Zinkoxyd hängen,

[1]) Jahrbuch der K. K. Montan-Lehranstalten 27. 1879.

während die eigentlichen Gase durch die Maschen des Gewebes derselben hindurchtreten und so nach aussen gelangen.

Die Einrichtung der Sackkammern auf den **Lehigh works** ist aus den Figuren 230 und 231 ersichtlich[1]). K ist das Rohr, welches den Gasstrom aus der Kühlkammer J in die Sackkammer führt. Dasselbe mündet

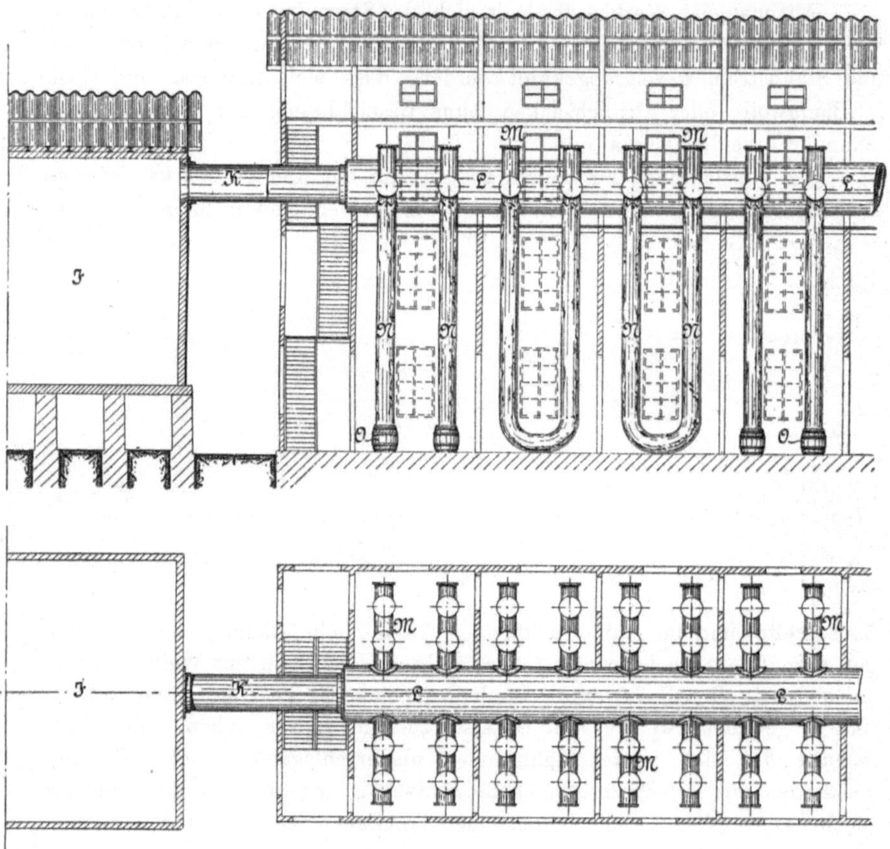

Fig. 230 u. 231.

in das 1,8 m weite Hauptrohr L, von welchem die seitlichen Zweigrohre M ausgehen. N sind die an die Rohrstutzen dieser Zweigrohre angeschlossenen Säcke.

Den obersten Theil der Säcke hat man wohl auf 1,8 m Länge aus Drahtnetz angefertigt, um eine Beschädigung des oberen Theiles derselben durch die noch immer heissen Gase zu verhüten. Das untere offene Ende der Säcke ruht auf dem Boden oder reicht in Fässer, in welchen das

[1]) Dürre l. c.

durch Abklopfen zu entfernende Zinkweiss angesammelt wird. Auf den Lehigh-Werken sind im Ganzen 708 Säcke vorhanden.

Den Betrieb anlangend, so werden Erz und Anthracit in Erbsengrösse angewendet.

Der Rost wird zuerst mit einer Lage von Anthracit, deren Gewicht nach der Grösse der Rostfläche zwischen 75 und 90 kg schwankt, bedeckt. Sobald diese Brennstofflage bei angelassenem Gebläse in Brand gerathen ist, wird ein Gemenge von Erz und Anthracit auf dieselbe geschichtet. Für einen einfachen Ofen giebt man 112 bis 135 kg Erz und 40% Anthracit vom Erzgewicht, für einen Doppelofen 216 bis 234 kg Erz und gegen 40% vom Erzgewichte an Anthracit auf. Bei regelmässigem Betriebe ist der Ofen nach der Entfernung der Rückstände von der Verarbeitung eines Einsatzes noch so heiss, dass der neu eingeführte Einsatz von selbst in Brand geräth. Die durch die Rostöffnungen eintretende Luft verbrennt den Anthracit zu Kohlensäure. Dieselbe wird beim Emporsteigen durch die Anthracitschicht theilweise zu Kohlenoxyd reducirt. Sowohl dieses Gas als auch der Kohlenstoff der Mischungskohle reduciren das Zinkoxyd zu Zink. Die Dämpfe des letzteren werden sowohl durch den Sauerstoff der im Ueberschusse vorhandenen Luft als auch nach einiger Abkühlung durch die in dem Gasstrome enthaltene Kohlensäure in Zinkoxyd verwandelt, welches durch den Gasstrom fortgerissen wird und mit dem letzteren den Weg durch die oben beschriebenen Apparate macht, um schliesslich in den erwähnten Säcken aufgefangen zu werden.

Die Dauer der Verarbeitung eines Einsatzes hängt von der Grösse der Oefen ab. Dieselbe beträgt in Bethlehem bei einem einfachen Ofen bei 135 kg Erzeinsatz 4 Stunden, auf den Passaic works bei 112 kg Einsatz 6 Stunden. Zur Bedienung von 4 einfachen Oefen ist ein Arbeiter in der Schicht erforderlich. Ausser dem Beschicken und Entleeren liegt demselben ob, die Beschickung hinreichend locker (für den Durchtritt des Windes) und auf der erforderlichen Temperatur zu halten.

Die auf dem Roste verbliebenen Rückstände halten gewöhnlich $2^1/_2$ bis 4% Zink zurück, so dass der Zinkverlust 10 bis 20% vom Zinkgehalte der Erze beträgt. Der Zinkgehalt der Rückstände kann weder durch Erhöhung der Kohlenmenge noch durch längeres Verweilen der Beschickung im Ofen verringert werden. Er hängt lediglich von der Dicke der Beschickungsschicht ab und ist um so geringer, in je dünnerer Schicht die Beschickung auf dem Roste ausgebreitet ist. So betrug nach einer Reihe von Versuchen[1]) auf den New-Jersey Zinc works der Zinkgehalt der Rückstände bei einer Dicke der Beschickung über dem Rost von 12,5 bis 20 cm und 5 bis 6 stündigem Verweilen der Beschickung im Ofen 1,20 bis 4%, bei einer Dicke der Beschickung von 30,5 bis 48 cm und $13^1/_2$ bis 28 stündigem Verweilen der Beschickung im Ofen 8 bis 13%.

---

[1]) Strecker, Jahrbücher der K. K. Montan-Lehranstalten 27. 1879. S. 344.

Die Rückstände bilden theils zusammengesinterte Kuchen von 50 mm Stärke, theils kleinere Stücke und Staub. Sie enthalten ausser den zurückgebliebenen Bestandtheilen der Erze auch noch den Aschengehalt (15 bis 20 %) des Anthracits, sowie Kalk, welcher in manchen Fällen zugeschlagen wird. Ihre chemische Zusammensetzung bewegt sich nach Dürre[1]) in den nachstehenden Grenzen:

Kieselsäure	18	bis	28 %
Eisenoxyd	29	-	36 -
Thonerde	2	-	9 -
Manganoxydul	10	-	20 -
Zinkoxyd	3	-	15 -
Kalk	8	-	16 -
Magnesia	1	-	4 -

Die gegenwärtig erhaltenen Rückstände von den aufbereiteten Erzen mit 26 % Zinkoxyd enthalten 36,99 % Eisen, 15,67 % Mangan, 15,67 % Kieselsäure, 4,11 % Zink und 0,0291 % Phosphor.

Sie werden in Folge ihres Eisen- und Mangangehaltes auf Spiegeleisen verarbeitet. Das Zinkoxyd sammelt sich in den erwähnten Säcken. In den Canälen, Röhren, Thürmen und Kühlkammern setzt sich ein unreines Zinkoxyd (2 bis 3 % der ganzen erzeugten Menge) ab. Dasselbe wird zeitweise (gewöhnlich wöchentlich) aus diesen Räumen entfernt und entweder als Zinkweiss geringerer Qualität in den Handel gebracht oder mit den Erzen in die Zinkweiss-Oefen zurückgegeben oder in Retorten auf metallisches Zink verarbeitet.

Das in den Säcken niedergeschlagene Zinkweiss wird von Zeit zu Zeit, gewöhnlich in Perioden von 2 bis 4 Stunden, durch Schütteln und Beklopfen der Säcke entfernt und in Fässern angesammelt. Ist es feucht, so wird es zuerst auf den in den Kühlräumen angebrachten Trockenböden getrocknet und dann in einem Cylindersieb, dessen Siebfläche aus feinmaschiger Leinwand besteht, gesiebt. Auf einigen Werken (Bethlehem) wird das getrocknete und gesiebte Zinkweiss nach der Füllung der Fässer durch eine an der Seitenwand oder an einer der Querwände des betreffenden Gebäudes angebrachte Presse zusammengedrückt, worauf das Fass aufgefüllt wird. Auch wird Zinkweiss zuerst in gewöhnlichen Säcken gepresst und dann in Fässer verpackt.

Auf den Werken in South Bethlehem (Pennsylvanien) wurde das Erz zuerst einer reducirenden Röstung unterworfen, um das Eisen in Oxyduloxyd überzuführen und dann mit Hülfe des magnetischen Separators von Wenström in einen eisenarmen und einen eisenreichen Theil geschieden. Gegenwärtig wird das Erz ungeröstet mit Hülfe des Wetherill-Separators geschieden. Der früher bei Anwendung des Wenström-Separators erhaltene

---

[1]) l. c.

eisenarme Theil, welcher 46,38 % Zink, 3,76 % Eisen und 6,68 % Mangan enthielt, wurde auf Zink von grosser Reinheit (Sterling Brand) verarbeitet während aus dem eisenreichen Theil, welcher

29,66 %	Zinkoxyd
37,20 -	Eisen
9,34 -	Mangan

enthält, zuerst Zinkweiss und dann Spiegeleisen gewonnen wurde.

Die reducirende Röstung wurde in einem durch Gas geheizten rotirenden Röstofen Fig. 232[1]) ausgeführt. Das Erz wurde mit 20 % seines Gewichtes an Anthracit gemengt und dann mit Hülfe des Elevators A über

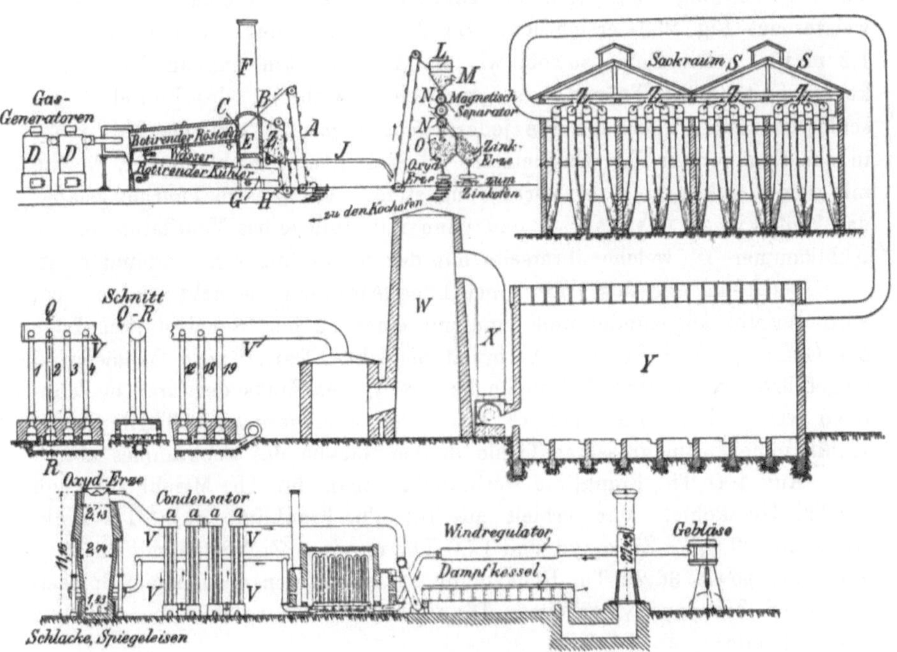

Fig. 232 bis 236.

die geneigte Fläche B in den rotirenden Röstofen C gebracht. Derselbe wurde durch Generatorgas, welches in den Taylor'schen Gas-Erzeugern D hergestellt wurde, geheizt. Das Erz trat am unteren Ende des Ofens zu heller Rothglut erhitzt aus, während die verbrannten Gase am oberen Ende des Ofens auszogen und in die Esse F gelangten. Aus dem rotirenden Ofen gelangten die Erze in den rotirenden Kühler G, durch welchen kalte Luft strömte, während er äusserlich mit Wasser beträufelt wurde. Das

[1]) v. Ehrenwerth, Das Berg- und Hüttenwesen auf der Weltausstellung in Chicago. Wien 1895.

abgekühlte Erz wurde durch den Elevator H in den Füllkasten Z gehoben und dann mit Hülfe von Ventilatorwind durch das Rohr J einem weiteren Elevator zugeführt, welcher es auf das Sieb L hob. Auf demselben wurde der nicht verbrannte Anthracit zurückgehalten. Das durch das Sieb hindurchgegangene Erz gelangte auf die 3 unter einander angebrachten magnetischen Separatoren N. Der nicht magnetische Theil der Erze wurde von jedem Separator in den Sammelkasten für die Zinkerze ausgetragen. Der Separator arbeitete mit 50 Ampère Stromstärke und einer Spannung von 80 Volt. Er erforderte zum Betriebe 20 Pferdekraft und konnte in 24 Stunden 40 t verarbeiten.

Die Einrichtung der Oefen zur Herstellung von Zinkweiss ist aus den Figuren 233, 234, 235, die Einrichtung zum Auffangen des Zinkweisses aus Fig. 236 ersichtlich. Der Rost der Oefen ist 3 m lang und 1,2 m weit. Die Oefen sowohl wie die Aschenkasten sind an den beiden kurzen Seiten mit Thüren versehen, welche während des Betriebes geschlossen sind. Vom Gewölbe jedes Ofens führen 2 verticale Blechrohre in das Sammelrohr V. Das letztere mündet in eine Kühlkammer, welche mit dem Kühlthurm W in Verbindung steht. Aus diesem Thurme gelangt das Zinkoxyd in das Rohr X und dann mit Hülfe eines Ventilators in die Kühlkammer Y, welche ihrerseits mit der Sackkammer S verbunden ist.

Nachdem der Rost mit einer Lage Anthracit bedeckt worden ist, wird dieselbe angezündet und dann mit einer 12 bis 18 cm starken Lage des Gemenges von Erz und Anthracit bedeckt. Darauf wird Gebläsewind eingeführt. Nach etwa 6 Stunden sind 83% des Zinks der Erze in Zinkoxyd verwandelt. Das letztere setzt sich zum geringeren Theile in der Kühlkammer, zum grösseren Theile in den Säcken des Sackraumes ab.

Auf 100 Th. Franklinit verbrauchte man 56 Th. Mischkohle und 46 Th. Heizkohle. Man erhielt aus 100 Th. Franklinit 24,50 Th. Zinkweiss mit 99,87% Zinkoxyd und 1,50 Th. unreines Zinkweiss mit 99,34% Zinkoxyd sowie 66,22 Th. Rückstände. Die letzteren wurden auf Spiegeleisen und Zinkoxyd verarbeitet. Die Zusammensetzung derselben war die nachstehende:

Zinkoxyd	6,1	%
Eisen	38,98	-
Mangan	10,83	-
Kieselsäure	19,89	-
Phosphor	0,026	-

Das Verschmelzen der Rückstände geschah in einem 10,6 m hohen Hochofen mit heissem Winde von 480°. Die Zinkdämpfe entwichen mit einer solchen Temperatur aus dem Ofen, dass sie nicht Gelegenheit hatten, sich in den oberen Theilen desselben abzusetzen. Die Dämpfe und Gase gelangten aus dem Hochofen, wie Figur 236 darlegt, zuerst in eine aus verticalen Röhren bestehende Vorrichtung V zum Auffangen von Zinkweiss und metallischem Zink und wurden dann als Brennstoff zur Dampferzeugung und Winderhitzung benutzt. Der Ofen war mit 2 Vorrichtungen zum Auffangen des Zinks und Zinkoxyds verbunden, welche abwechselnd benutzt wurden, so dass der Betrieb des Ofens während der Reinigung dieser Vorrichtungen nicht unterbrochen zu werden braucht.

Aus 66,22 Th. Rückständen (bzw. 100 Th. Franklinit) erhielt man 31,72 Th. Spiegeleisen, 2,32 Th. unreines Zinkoxyd mit 74,16 % Zinkoxyd und 57,80 G.-Th. Schlacke. In 24 Stunden wurden 10 t Spiegeleisen erzeugt. Zur Herstellung von 100 Th. Spiegeleisen waren 208,6 Th. Rückstände, 114,7 Th. Kalkstein und 208,6 Th. Anthracit erforderlich.

Das Zinkweiss findet in den Vereinigten Staaten ausgedehnte Verwendung als Farbstoff. Es hat gegenüber dem durch Verbrennen des Zinks in Europa hergestellten Zinkweiss den Nachtheil, etwas nachzugilben.

Das grösste Werk für die Herstellung von Zinkweiss, Zink und Spiegeleisen ist vor Kurzem von der New-Jersey Zinc Co. zu Palmerton (Pa) errichtet worden. Seine Leistungsfähigkeit wird zu 60 000 t (short tons) Zinkweiss, 30 000 t (short tons) Zink und 72 000 t (long tons) Spiegeleisen pro Jahr angegeben[1]). Für die Herstellung von Zinkweiss sind 288 Oefen vorhanden, welche einzelne von einander unabhängige Massive von je 12 Oefen bilden.

Auf die nämliche Weise wie aus Franklinit enthaltenden Erzen hat man auch aus gerösteter Zinkblende Zinkweiss dargestellt. Ist die Blende nicht totgeröstet, so enthält das Zinkoxyd Zinksulfat. In Bergen-Port bestand die Beschickung aus 315 kg gerösteter Blende und 135 kg Anthracit. Auch in Europa hat man aus gerösteter Blende auf diese Weise ein graues Zinkoxyd hergestellt. In England (Swansea) und in Belgien hat man arme Galmeie und aufbereitete Rückstände der Destillir-Gefässe in ähnlicher Weise auf Zinkoxyd verarbeitet. Enthalten die Erze Bleiglanz, so bildet sich Bleisulfat und Bleioxyd, welche Körper gleichfalls in das Zinkweiss übergehen.

Zu Joplin, Mo, ist 1901 eine Anlage für die Herstellung von Zinkweiss aus Zinkcarbonat mit 37 % Zink errichtet worden[2]).

Middleton[3]) hat für die Herstellung von Zinkweiss aus Erzen einen Flammofen ohne Feuerbrücke vorgeschlagen. Das Erz (geröstete Blende oder Galmei) wird zuerst auf dem Heerde des Flammofens erhitzt und dann auf den mit Brennstoff gefüllten Rost gezogen. Das hier reducirte und verbrannte Zink zieht über den Heerd in Condensationsräume. Die Verbrennungsrückstände werden durch Drehen der beweglichen Roststäbe entfernt. (Ueber elektrothermische Gewinnung von Zinkweiss siehe Nachtrag.)

---

[1]) The Mineral Ind. 1892. S. 663.

[2]) The Min. Ind. 1902. S. 674.

[3]) British Patent No. 12 274. June 15. 1901.

Gewinnung von Gemengen von Zinkoxyd, Bleisulfat und Bleioxyd.

Aus zinkhaltigen Bleierzen entfernt man auf verschiedenen Werken das Zink durch Reduction des Zinkoxyds und Oxydation der entweichenden Zinkdämpfe. Das so gebildete Zinkoxyd, welchem stets grössere Mengen von Bleisulfat und Bleioxyd beigemengt sind, wird aufgefangen und als Farbstoff in den Handel gebracht. Sind die Erze silberhaltig, so geht auch stets ein Theil Silber in die Oxyde über.

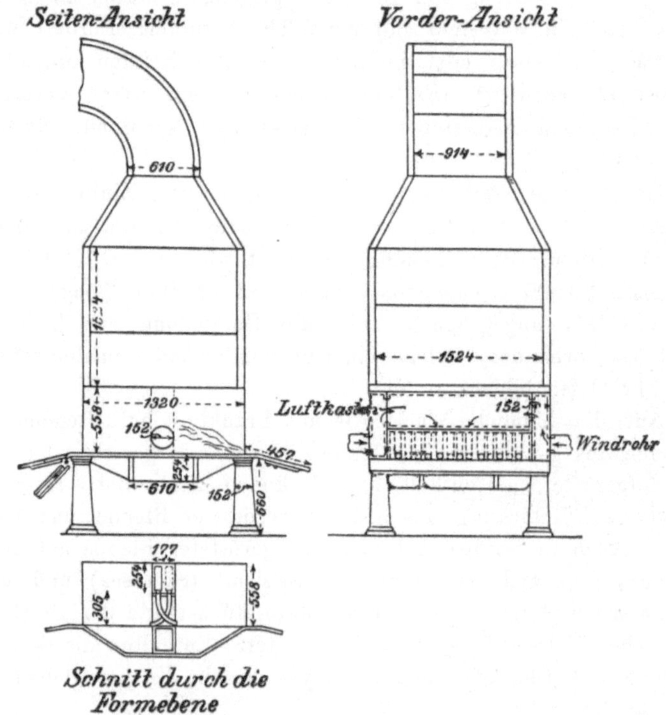

Fig. 237 bis 239.

Die Ausführung des Prozesses geschieht in Heerdöfen oder in niedrigen Schachtöfen. Er steht in Anwendung zu Joplin, Staat Missouri, und zu Cannon City, Staat Colorado in den Vereinigten Staaten von Nord-Amerika und ist dort als Bartlett-Prozess bekannt.

Zu Joplin[1]), Jasper County, Missouri ist das Erz ein Blende enthaltender Bleiglanz mit 70 bis 73 % Blei. Derselbe wird in Doppelheerden mit Luft und Wasserkühlung (unter Zusatz von $2^1/_2$ % Kalk), deren Einrichtung aus den Figuren 237 bis 239 ersichtlich ist, zuerst auf Blei, zinkhaltigen Bleirauch und Schlacke verarbeitet.

[1]) Davey. Trans. A. J. M. E. XVIII. p. 674. Clerc. Ing. and Min. Journal July 4. 1885. Ramsay. Scientif. Americ. Supplement May 14. No. 593. 1887. Transact. A. J. M. E. 1890. February.

Der Heerd ruht auf Säulen aus Gusseisen, so dass der Heerdkasten von unten durch Luft gekühlt werden kann. Der Heerdkasten ist durch einen hohlen, gusseisernen, auf dem Boden desselben liegenden Balken in zwei Theile getheilt, welche jeder für sich einen Heerd bilden und unabhängig von einander betrieben werden.

Dieser Balken (partition box genannt) bildet die gemeinschaftliche Hinterwand der beiden Heerde und hat in seinem unteren Theile eine Oeffnung, durch welche er sich mit flüssigem Blei füllt. Auf demselben ruht der aus Gusseisen hergestellte hohle Wasserkasten, in welchem Wasser circulirt und über diesem der gleichfalls aus Eisen hergestellte, der Länge nach in zwei Abtheilungen getheilte Luftkasten, in welchem Luft circulirt. Aus den beiden Abtheilungen des Windkastens gelangt der Wind in eine Reihe von kupfernen Düsen (je 7 für jede Heerdabtheilung), welche durch den Wasserkasten hindurchgehen und den in dem Windkasten vorgewärmten Wind auf den Heerd leiten. Durch den Gebläsewind wird ein Theil des Schwefelbleis in Bleisulfat und Bleioxyd verwandelt, welche Körper sich mit dem unzersetzten Schwefelblei in Blei und Schweflige Säure umsetzen. Ein Theil des Bleis wird verflüchtigt und durch die Luft oxydirt. Ein Theil Schwefelblei wird gleichfalls verflüchtigt und durch die Luft in Bleisulfat verwandelt. Das Schwefelzink wird zuerst in Zinkoxyd verwandelt, welches letztere durch den Brennstoff reducirt wird. Die Zinkdämpfe werden durch die Luft in Zinkoxyd verwandelt. Der Blei- und Zinkrauch wird nach vorgängiger Abkühlung in Säcken aus Wolle aufgefangen und stellt dann ein graues Pulver dar. Dasselbe wird durch Ausbrennen der in ihm enthaltenen kohlehaltigen Körper (Russ und Kohlentheilchen) in Krusten von weisser Farbe verwandelt. Die letzteren werden mit der Schlacke vom Verschmelzen des Bleiglanzes in niedrigen Schachtöfen mit Koks bei sehr hoher Temperatur eingeschmolzen.

Zur Oxydation des verflüchtigten Bleis und Zinks ist im oberen Theil des Schachtofens noch eine Reihe von Windformen angebracht. Man erhält hierbei Blei, Schlacken und Rauch, welcher letztere nach vorgängiger Abkühlung in Säcken aufgefangen wird und ein weisses, als Farbe verwerthbares Product bildet. Die Zusammensetzung desselben ist aus den nachstehenden Analysen ersichtlich:

	I.	II.
$PbSO_4$	65,46	65,00
PbO	25,85	25,89
ZnO	5,95	6,03
Fe_2O_3	0,03	0,02
CaO	0,02	0,02
CO_2	1,53	2,00
SO_2	0,04	—
H_2O	0,69	0,85
Unlösliches	0,08	0,08

In dem beschriebenen Heerde werden in 24 Stunden 13 500 kg Erze bei einem Brennstoffaufwand von 13 500 kg Steinkohlen verarbeitet.

Der Bartlett-Prozess[1]) wird zu Cañon City im Staate Colorado der Vereinigten Staaten ausgeführt und bezweckt aus Edelmetalle führenden Gemengen von Bleiglanz und Blende das Blei und Zink in Gestalt eines Gemenges von Bleisulfat und Zinkoxyd zu gewinnen, die Edelmetalle dagegen in einem kupferhaltigen Stein anzusammeln.

Die Behandlung der Erze richtet sich nach dem Zinkgehalte derselben. Erze über 20 % Zinkgehalt werden auf Rosten unter Zufuhr von Gebläsewind, in den sogen. Sinter- oder Aufblaseöfen (sintering oder blowing up furnaces) behandelt, wobei unter Verflüchtigung fast des gesammten Bleis und des grössten Theiles des Zinks eine gesinterte Masse

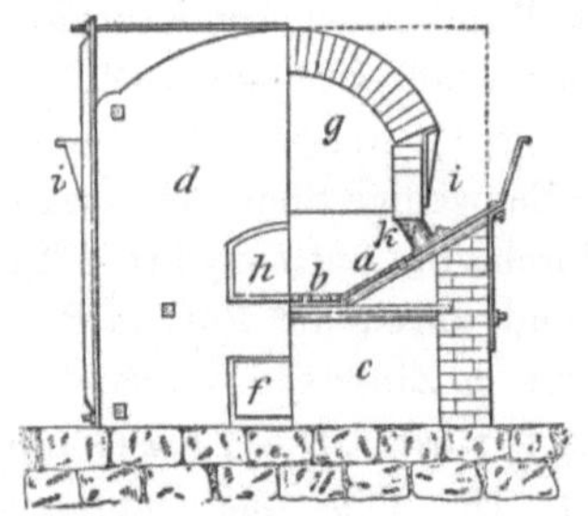

Fig. 240.

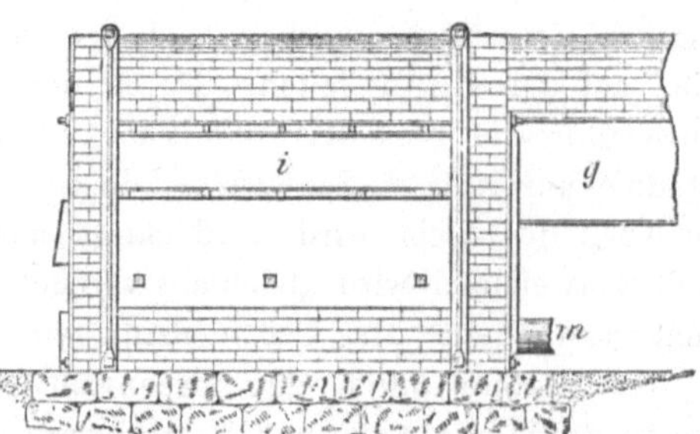

Fig. 241.

von Blei und Stein entsteht, welche in Schachtöfen auf Flugstaub und Stein verarbeitet wird. Erze mit weniger als 20 % Zink werden direct in Schachtöfen auf Flugstaub und Stein verarbeitet bzw. bei der Verarbeitung der gesinterten Massen zugesetzt.

Der Sinterofen ist aus den Figuren 240 und 241 ersichtlich. Der Rost besteht aus den 2 Treppenrosten a und dem Planroste b. (Der Gesammtrost ist 6 Fuss lang und $3^1/_2$ Fuss breit, in Figur 240 ist nur die Hälfte des Rostes sichtbar.) Er ruht mit seinen Enden im Seiten-Mauerwerk des Ofens, über welchem sich ein Gewölbe erhebt. c ist der durch das Thor f verschlossene Aschenfall. h ist das Arbeitsthor. g ist der Canal zum Abführen der Gase und der in die Höhe geblasenen festen Körper. Die Seitenwände des Ofengewölbes ruhen auf hohlen Eisensäulen k, welche in der neuesten Zeit durch Wassermäntel ersetzt worden sind. Die Säulen besitzen nach der Innenseite des Ofens zu Oeffnungen, durch welche gepresste Luft auf die Charge gelangt. i sind Aufgebetaschen, aus welchen die Charge zwischen den Säulen k hindurch auf den Rost gelangt. m ist das Rohr, durch welches der Gebläsewind theils (durch den

---

[1]) Hofman, The Metallurgy of Lead. p. 138.

Planrost und den Treppenrost) in die Charge, theils (durch die hohlen Eisensäulen) auf dieselbe gelangt.

Das Erz wird mit 15 bis 20 % Steinkohlenklein aufgegeben, welches letztere in dem unteren Theile der Aufgebetasche und auf dem oberen Theile des Treppenrostes in Koks verwandelt wird. Der Einsatz wird, nachdem er auf den Planrost gelangt ist, durch einen Arbeiter von dem Arbeitsthor aus 6 Zoll hoch auf dem ersteren ausgebreitet, worauf die entleerten Aufgebetaschen wieder gefüllt werden. Alsdann wird der Wind zugelassen. Die Koks entzünden sich in dem von der Verarbeitung des vorhergehenden Einsatzes noch rothglühenden Ofen. Die aufsteigenden Flammen sind zuerst von Kohlenoxyd bläulich, dann von den verbrennenden Blei- und Zinkdämpfen weiss gefärbt. Nach 30 Minuten ist fast das gesammte Blei und der grösste Theil des Zinks ausgetrieben, während eine zusammengesinterte Masse von Stein und Schlacke zurückbleibt. Diese Masse, Klinker genannt, wird ausgezogen, worauf der Ofen mit einer neuen Charge besetzt wird. Die Windpressung beträgt 4 bis 8 Unzen auf den Quadratzoll. In 24 Stunden werden 6 t Erz durchgesetzt. Ein Mann bedient 2 Oefen. Die Klinker, deren Stein den grössten Theil der Edelmetalle aufgenommen hat, enthalten unter 1 % Blei. Im Uebrigen enthalten sie 30 bis 50 % Eisenoxydul, 27 bis 31 % Kieselsäure (SiO_2), 7 bis 11 % Schwefel, 3 bis 3,5 % Kohlenstoff, 10 bis 20 % Zink und 0 bis 2 % Kupfer.

Die Klinker werden zur Austreibung des Zinks und zur Gewinnung eines die Edelmetalle enthaltenden Steins in einem niedrigen Schachtofen verschmolzen. Mit denselben werden die Erze unter 20 % Zink verarbeitet. Es werden den Klinkern Sulfide von Blei, Kupfer und Zink sowie Kalk und quarzige Erze in einem solchen Maasse zugeschlagen, dass die Beschickung 17 bis 20 % Zink, $2^1/_2$ bis 4 % Kupfer, 3 bis 10 % Blei, 15 bis 20 % Schwefel und 10 % Kalk enthält. Der Rest ist Kieselsäure und Eisen.

Der Kokszusatz beträgt je nach der Menge des auszutreibenden Zinks 6 bis 15 % vom Erzgewicht.

Die Einrichtung des Ofens ist aus den Figuren 242 und 243 ersichtlich. Derselbe hat einen rechteckigen Horizontalquerschnitt von 108×36 Zoll. a ist das verankerte Fundamentmauerwerk des Ofens, b ist das Windleitungsrohr. Dasselbe mündet in einen Windkasten, aus welchem der Wind durch Schlitze c von $8 \times 1^1/_4$ Zoll Grösse in den Ofen gelangt. Das Windleitungsrohr ist zur Vorwärmung des Windes durch den Flugstaubcanal geführt. d ist der Wassermantel; das Wasser fliesst durch die Rohre e in denselben ein und durch die Rohre f aus. g sind Aufgebetaschen, von welchen aus die Beschickung in den Ofen eingelassen wird. h ist der Schacht. k ist ein Canal, welcher die Dämpfe und den Staub von 2 Oefen nach den Kühlkammern führt. m ist eine Rinne zum Abführen der geschmolzenen Massen in Schlackentöpfe. Die Sohle des Ofens ist nach dieser Rinne hin geneigt, so dass die geschmolzenen Massen direct aus dem Ofen abfliessen. Die Windpressung beträgt 12 Unzen auf den Quadratzoll. Das Durchsetzquantum des Ofens in 24 Stunden beträgt je nach dem Zinkgehalte der Beschickung 40 bis 75 t. So werden bei 20 % Zinkgehalt 40 t, bei 12 % 75 t in 24 Stunden durchgesetzt.

Zur Bedienung des Ofens sind 3 Mann in der Schicht erforderlich. Die Ofencampagnen dauern 4 Wochen, nach welcher Zeit die Flugstaubcanäle gereinigt werden müssen. Aus 10 bis 12 t Erz erhält man 1 t Stein, welcher durchschnittlich 40 % Kupfer und per t 125 Unzen Silber und 2 Unzen Gold enthält.

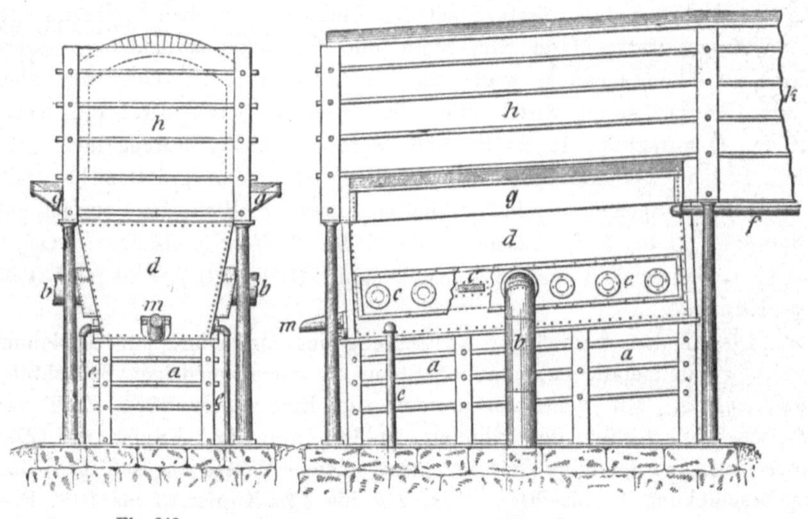

Fig. 242. Fig. 243.

Die Schlacken enthalten bis 15 % Zinkoxyd. Im Durchschnitt sollen sie nicht über 7 bis 8 % Zinkoxyd enthalten, da ein höherer Zinkgehalt Silber in die Schlacke führt. Der Silbergehalt der Schlacke beträgt 0,25 bis 1,25 Unzen per t. Je kalkreicher die Schlacken, um so geringer ist ihr Silbergehalt. Basische Eisenschlacken lösen 20 bis 25 % Zinkoxyd auf. Ein Kalkgehalt der Schlacke bis zu 15 % ist für die Auflösung des Zinkoxyds erforderlich, darüber hinaus aber verhindert er die Aufnahme von Zink.

Die Dämpfe von dem Sinterofen sowohl wie von dem Schmelzofen werden durch einen Ventilator zuerst in eine Kammer gesaugt, in welcher sie sich mischen und auf gleiche Temperatur gebracht werden. Zur Beförderung der Abkühlung werden sie durch in die Kammern eingesaugte kalte Luft verdünnt. Die gemischten und abgekühlten Gase gelangen in eine Kammer aus Eisenblech, in welcher sie, am Boden eintretend und dann gegen das Dach stossend, eine erhebliche Menge Flugstaub fallen lassen. Von hier aus ziehen sie in 2 Kühl-Canäle aus Eisenblech, welche je 8 × 3 Fuss weit und 1480 Fuss lang sind. In denselben schlägt sich der grösste Theil des Flugstaubs nieder und wird durch Seitenthüren entleert. Auf 1 Quadratfuss Rostfläche des Sinterofens rechnet man 25 Quadratfuss Kühlfläche in den Eisenblech-Canälen. Aus den Canälen tritt der Rauchstrom in Filtersäcke, in welchen die noch in demselben enthaltenen festen Theile von den Gasen getrennt werden. Die Säcke bestehen aus Wolle oder Baumwolle, besitzen 20 Zoll Durchmesser und sind 21 Fuss lang. Die Baumwollensäcke halten 18 bis 24 Monate, die aus Wolle 6 bis 10 Jahre. Die Temperatur des Sackhauses darf bei Baumwollen-Säcken 90°, bei Säcken aus Wolle 120° C. nicht überschreiten. Auf den Quadratfuss Rostfläche des Sinterofens sind 200 Quadratfuss Wolle oder Baumwolle erforderlich. Bei zweimaligem Entleeren in 24 Stunden liefert 1 Quadrat-Yard Wollfläche 1 Pfund, 1 Quadrat-Yard Baumwollfläche $^2/_3$ Pfund Flugstaub.

Der Flugstaub enthält 12 % Schwefelblei, 30 % Bleisulfat, 14 % Zinkoxyd, 40 % Zinksulfit, 1 % Kohle, 1 % Kieselsäure, 2 % Schweflige Säure.

Der Flugstaub von den Sinteröfen enthält 4 Unzen Silber per t und der von den Schmelzöfen 8 Unzen Silber per t.

Der Silberverlust wird zu $^3/_4$ Unzen per t Beschickung angegeben, wenn der Kupfergehalt derselben 4 % beträgt, zu 3 Unzen per t bei 1 % Kupfergehalt der Beschickung. Der Zinkverlust wird zu 5 % angegeben, während sich an Blei ein kleines Plus über die trockene Probe ergeben soll.

Der rohe Flugstaub wird durch Erhitzen in gusseisernen Cylindern in ein Gemenge von Zinkoxyd und Bleisulfat übergeführt. Die Cylinder, deren je 2 in einem Ofen liegen, besitzen 12 Zoll Durchmesser und sind je 10 Fuss lang. In jedem derselben bewegt sich eine Transportschnecke. Ueber die ganze Länge derselben sind in gleichen Entfernungen von einander 4 Eisenstäbe gelegt, welche bei der Bewegung der Schnecke den Flugstaub in die Höhe führen und wieder fallen lassen. Am Kopfende der Cylinder tritt durch eine kreisförmige Oeffnung Luft in dieselben ein und verlässt sie durch ein am Ende derselben angebrachtes senkrechtes Rohr. Dasselbe mündet in einen horizontalen Blechcylinder, in welchem sich der mitgerissene Flugstaub absetzt und aus welchem die Gase durch ein senkrechtes Blechrohr in das Freie gelangen. Der Flugstaub wird durch die Transportschnecke von dem hinteren nach dem vorderen Ende der Cylinder geschoben und gleichzeitig durch dieselbe zerdrückt. Durch die eingeführte Luft wird die im Flugstaube vorhandene Kohle verbrannt und fremde flüchtige Metalle wie Arsen werden oxydirt und fortgeführt. Die Temperatur in den Cylindern wird auf 815° gehalten. Der Flugstaub wird in 20 Minuten durch die Cylinder geführt. Am Ende derselben fällt er auf eine kleine Transportschnecke, welche ihn auf ein

Sieb führt. Auf demselben bleiben die gröberen Theile zurück. In einem Cylinder werden täglich 1200 bis 1500 Pfund Flugstaub raffinirt. Aus 5 Raumtheilen rohem Flugstaub erhält man 1 Raumtheil Farbstoff oder raffinirten Flugstaub. Derselbe enthält 47,33 % Zink, 24,92 % Blei, 2,96 % Schwefel, 24,34 % Sauerstoff. Er besteht hauptsächlich aus Zinkoxyd und Bleisulfat und hat eine bläulich weisse Farbe.

Zur Verarbeitung von 1 t Erz sind 3,25 Pferdekräfte und 0,75 Mann Bedienung erforderlich.

In Freiberg wurden früher geröstete zinkhaltige Blei- und Silbererze in Flammöfen mit Koks geschmolzen, wobei das reducirte Zink verflüchtigt und als Zinkgrau aufgefangen wurde. Dieser Prozess ist indessen wegen seiner Nachtheile (Verflüchtigung von Blei und Silber) aufgegeben worden.

Die Gewinnung von Zinkvitriol.

Auf der Herzog Julius-Hütte bei Goslar und auf der Sophienhütte bei Langelsheim wird aus den grössere Mengen von Zinkblende enthaltenden Bleierzen des Rammelsbergs Zinkvitriol gewonnen. Diese Erze bestehen aus:

9 —12	%	Bleiglanz
27,5—30	-	Zinkblende
1 — 1,69	-	Kupferkies
11 —16	-	Pyrit
44 —47	-	Erden.

Den durchschnittlichen Gehalt der Erze aus den letzten Jahren an Schwefel und Metallen kann man annehmen wie folgt:

S	= 16 —18	%
Ag	= 0,011— 0,015	-
Cu	= 0,45 — 0,55	-
Pb	= 9,98 —10,5	-
Zn	= 18 —19,5	-
Fe	= 5 — 7	-

Die Erden bestehen hauptsächlich aus Schwerspath.

Die Erze werden einer dreimaligen Röstung in Haufen unterworfen, wobei ein Theil des Schwefelzinks in Zinksulfat verwandelt wird. Das letztere findet sich besonders im Röstklein, welches deshalb nach jedem Feuer ausgehalten wird. Das erste Feuer findet in bedeckten Haufen von 500 t Inhalt statt und dauert 6 bis 7 Monate.

Beim zweiten und dritten Feuer, welche in Rösthallen ausgeführt werden, lässt man die Haufen unbedeckt. Der Inhalt dieser Haufen beträgt bis 2000 t Erz. Das zweite Feuer dauert 6 bis 8 Wochen, das dritte Feuer 4 bis 6 Wochen. Das nach den verschiedenen Feuern ausgehaltene Röstklein enthält das Zink theils als neutrales Zinksulfat, theils als basisches

Zinksulfat, theils als Oxyd. Das neutrale Zinksulfat wird durch Wasser, das basische Zinksulfat und ein Theil Zinkoxyd durch saures Wasser bzw. verdünnte Schwefelsäure in Lösung gebracht. Das Röstklein zeigt die nachstehende durchschnittliche Zusammensetzung:

Ag	0,015 %
Cu O	1,34 -
Pb O	14,44 -
Zn O	19,12 -
$Fe_2 O_3$	22,95 -
SO_3	15,95 -
S	0,60 -
Unlöslicher Rückstand, alkal. Erden, Kohlensäure, Wasser, Spuren von Mn	8,505 -

Geröstetes Stückerz zeigte die nachstehende Zusammensetzung:

Ag	0,013 %
Cu O	0,93 -
Pb O	10,02 -
Zn O	28,14 -
$Fe_2 O_3$	13,64 -
SO_3	16,62 -
S	0,17 -
Schwerspath	24,66 -
Erden	5,807 -

Das Röstklein wird einer methodischen Auslaugung mit Wasser und Laugen bzw. saurem Wasser unterworfen und dann nach vorgängiger Trocknung in Flammöfen gemeinschaftlich mit den gerösteten Stückerzen aus dem dritten Feuer in Schachtöfen auf Blei verschmolzen.

Das Auslaugen des Röstkleins wird in horizontal liegenden cylindrischen Trommeln, welche durch Maschinenkraft gedreht werden, bewirkt. Die Mäntel der Trommeln bestehen aus Schmiedeeisen, die Böden aus Gusseisen. Sie besitzen 1,2 m Länge, 1 m Durchmesser und fassen 1 bis 1¼ t Erz.

Man laugt das Röstklein vom ersten und zweiten Feuer 4 Male aus und zwar die ersten Male mit noch nicht gesättigten Laugen (10 bis 15° Bé.) von den letzten Laugungen, die beiden letzten Male mit heissem Wasser.

Hierbei erhält man Laugen von 15° bzw. beim letzten Laugen von 10° Bé., welche, wie erwähnt, zum Vorlaugen angewendet werden.

Das Klein aus dem dritten Feuer enthält viel basisches Zinksulfat. Beim Auslaugen wird desshalb ein Zusatz von Schwefelsäure zu dem Laugewasser gegeben (Sophienhütte). Auf Juliushütte wird das Röstklein aus dem dritten Feuer in Bleikästen mit Schwefelsäure von 20° Bé. getränkt und dann mit reinem Wasser ausgelaugt. Hierdurch wird das basische Zinksulfat und ein Theil Zinkoxyd in Lösung gebracht.

Die Laugetrommeln machen je 25 Umdrehungen in der Minute. Die verschiedenen Laugen werden so zusammengemischt (die Lauge vom ersten Laugen hat 40⁰ Bé., vom zweiten 20⁰ Bé.), dass man eine Lauge von 30⁰ Bé. erhält. Die letztere wird geklärt, von Eisen und Gyps gereinigt und dann bis zur Krystallisationsdichte eingedampft, worauf man den Zinkvitriol auskrystallisiren lässt.

Das Klären der Lauge geschieht zuerst in Holzgerinnen von 75 cm Breite und 55 cm Tiefe und dann in gemauerten, innen mit Cement ausgeschlagenen Kasten von 3 m Länge, 1,30 m Breite und 1 m Tiefe. In diesen mit einem Holzrost versehenen Kasten findet auch eine weitere Concentration der Lauge statt, indem man dieselbe durch an Zinkvitriol sehr reiches Röstklein (Röstdecke genannt) durchfiltriren lässt.

Das Reinigen der Lauge, das sogen. „Schieren", besteht darin, dass man die Lauge in Pfannen aus Walzblei von 4 m Länge, 3 m Breite und 0,60 m Tiefe sowie von 12 mm Wandstärke, welche auf einer Platte aus Gusseisen stehen und seitlich mit einer 1 Stein starken Ziegelmauer umgeben sind, bis 24 Stunden lang auf 80 bis 90⁰ C. erhitzt und sie dann in mit Bleiblech ausgekleideten Holzkasten von 3 m Länge, 2,21 m Breite und 1 m Tiefe 4 bis 6 Tage lang stehen lässt. Durch das Erhitzen wird das Eisen in basisches Sulfat verwandelt und scheidet sich zusammen mit dem Gyps und sonstigen schwerlöslichen Körpern in den Kästen aus. Zum Schieren von 7,20 cbm 30⁰ Lauge ist gegen $^1/_2$ t Steinkohle erforderlich.

Die so gereinigte Lauge wird in Siedepfannen aus Walzblei, welche auf einer Gusseisenplatte stehen und die nämlichen Abmessungen besitzen wie die Schierpfannen, auf 50⁰ B. eingedampft und dann in aus Holz hergestellte, mit 3 mm starkem Walzblei ausgekleidete Kühlschiffe abgelassen, in welchen der Zinkvitriol während 5 bis 6 Tagen auskrystallisirt. Das Eindampfen der Lauge von 30⁰ auf 50⁰ B. dauert gegen 20 Stunden. Der Kohlenverbrauch hierbei beträgt gegen 850 bis 900 kg. Die Kühlschiffe sind 10 m lang, 1,50 m breit und besitzen an den Seitenwänden 40 cm Tiefe, in der Mitte 50 cm. Der krystallisirte Vitriol wird getrocknet. Derselbe hat die nachstehende Zusammensetzung:

Zn O	25,45 %
Mn O	2,32 -
Fe O	0,47 -
SO_3	29,54 -
Cu O	Spur
H_2O	41,67 -

Der Mangangehalt verleiht ihm eine schwach rosarothe Farbe.

Die Mutterlauge wird so lange in die Eindampfpfannen zurückgepumpt, bis sie zu unrein ist.

Ein Theil des Zinkvitriols wird auf calcinirten Vitriol verarbeitet. Zu diesem Zwecke wird er in kupfernen oder schmiedeeisernen Kesseln (von 1 m Tiefe und 1,20 m oberem Durchmesser) in seinem Krystallwasser eingeschmolzen, während 3 bis 4 Stunden stetig umgerührt, dann durch Abschäumen von den ausgeschiedenen Verunreinigungen befreit und schliesslich in Holztröge geschöpft, in welchen er mit hölzernen Spateln so lange umgerührt wird, bis er zu einer feinkörnigen Masse erstarrt. Dann wird er zur Ausscheidung der gröberen Stücke gesiebt und in Fässer verpackt. Aus 266 t krystallisirtem Vitriol erhielt man auf Sophienhütte 232 t calcinirten Vitriol bei einem Brennstoff-Aufwand von 78 Raummeter Scheitholz.

Verarbeitung schwerspathhaltiger Zinkblende nach Dorsemagen.

Dorsemagen[1]) schlägt auf Grund von Versuchen vor, Schwerspath enthaltende Zinkblende in fein gepulvertem Zustande mit einer verdünnten Salzlösung gemischt in drehbaren Trommeln bei einer Temperatur von 30 bis 40° mit Chlor zu behandeln, um das Zink unter Abscheidung von Schwefel in Chlorid zu verwandeln. Das Chlorid soll ausgelaugt werden, die Lösung soll eingedampft und das erhaltene Chlorzink soll nach annähernder Entwässerung mit Metalloxyden, z. B. Kupferoxyd, gemischt werden. Das Gemisch soll mit Calciumcarbid auf Zinklegirungen verschmolzen werden[2]). Ueber die Ausführung des Verfahrens ist nichts bekannt geworden.

[1]) Zeitschr. d. Ver. deutsch. Ing. 1902. S. 1634.
[2]) Borchers, Elektrometallurgie 1903. S. 395.

Cadmium.

Physikalische Eigenschaften.

Das Cadmium hat eine weisse, etwas in das Bläuliche spielende Farbe. Das Gefüge desselben ist dicht, der Bruch hakig. Es krystallisirt in Formen des regulären Systems. Es ist weich und dehnbar und lässt sich sowohl zu dünnen Blättchen schlagen, als auch zu Drähten ziehen. Hinsichtlich seiner Härte und Festigkeit steht es zwischen Zinn und Gold.

Das spec. Gewicht des gegossenen Cadmiums wird zu 8,604, das des gehämmerten Metalles zu 8,694 angegeben.

Beim Biegen knirscht es ähnlich wie das Zinn.

Das Cadmium schmilzt nach Wood bei 316° C., nach Rudberg bei 320° C., nach Wagner bei 355° C. Sein Siedepunkt liegt nach Becquerell bei 720° C., nach Deville und Troost aber erst bei 860°. Sein Dampf besitzt eine orangegelbe Farbe und verbrennt an der Luft zu braunem Cadmiumoxyd.

Durch einen Zinkgehalt wird das Cadmium spröde.

Es hat die Eigenschaft, den Schmelzpunkt gewisser Legirungen herabzusetzen. So sinkt der Schmelzpunkt der Rose'schen Legirung, welche aus 2 Th. Wismuth, 1 Th. Zinn und 1 Th. Blei besteht, bei einem Gehalte von 8 bis 10 % Cadmium von 93¾° C. auf 75° C.

Ebenso sinkt der Schmelzpunkt von Lichtenbergs Metall, welches aus 28,6 % Wismuth, 42,8 % Blei und 28,6 % Zinn besteht, bei einem Zusatz von 8 bis 10 % Cadmium von 91,6° C. auf 75° C. Bei dem gleichen Zusatze von Cadmium sinkt der Schmelzpunkt des aus 50 % Wismuth, 31,25 % Blei und 18,75 % Zinn bestehenden Newton'schen Metalles von 94,5° C. auf 75°.

Eine Legirung, welche aus 8 Th. Blei, 15 Th. Wismuth, 4 Th. Zinn und 3 Th. Cadmium zusammengesetzt ist, wird schon bei 60° breiig und bei 70° dünnflüssig[1]).

Der Schmelzpunkt des sogen. Sickerlothes, welches aus 37 Th. Blei

[1]) Lipowitz, Dingler Bd. 158. S. 376.

und 63 Th. Zinn besteht, wird durch Zusatz von 8% Cadmium auf 136° C., durch Zusatz von 25% Cadmium auf 132° erniedrigt[1]).

Das aus 25% Cadmium, 25% Blei und 50% Zinn bestehende Schnellloth schmilzt bei 149° C.

Eine Legirung aus Cadmium und Zinn von der Zusammensetzung $Cd\,Sn_2$, welche sehr dehnbar ist, schmilzt bei 173,8° C. Eine aus 25% Cadmium, 50% Zinn und 25% Blei bestehende Legirung schmilzt bei 150° C. Eine Legirung, welche aus 50% Wismuth, 33,4% Blei, 9,4% Zinn und 5,2% Cadmium besteht, schmilzt bei 76,6° C. und eine aus 50% Wismuth, 25% Blei, 15% Zinn und 5% Cadmium bestehende Legirung bei 60° C.

Die für die Gewinnung des Cadmiums wichtigen chemischen Eigenschaften desselben und der Verbindungen dieses Metalles.

An der Luft bis zum Siedepunkte erhitzt, verbrennt das Cadmium zu amorphem, braunem, in der Weissglut unschmelzbarem Cadmiumoxyd. Von Wasser wird es nur dann zersetzt, wenn Wasserdampf und Cadmiumdampf in der Glühhitze aufeinander wirken. In niedrigerer Temperatur dagegen zerlegt es das Wasser nur bei Anwesenheit stärkerer Säuren. In Salzsäure, Salpetersäure und Schwefelsäure ist es löslich. Aus seinen Lösungen wird es durch Zink ausgefällt. Durch Schwefelwasserstoff wird es aus mässig sauren Lösungen als gelbes Schwefelmetall in verschiedenen Farbentönen ausgefällt. Man erhält nach Niederländer (Chemiker-Zeitung 1893 No. 82) Schwefelcadmium von hellgelber Farbe aus Sulfat- oder Chloridlösungen des Cadmiums, wenn man die Einleitung des Schwefelwasserstoffs nach der Ausfällung der Hälfte des Schwefelcadmiums unterbricht, wenn der Schwefelwasserstoff mit dem ausgefällten Schwefelmetalle möglichst wenig in Berührung kommt und wenn der Niederschlag mit heissem Wasser ausgewaschen wird. Dunkelgelbes Schwefelcadmium erhält man bei vollständiger Ausfällung des Schwefelmetalles unter fortwährendem Erwärmen und Bewegen des Niederschlages während der ganzen Zeit der Ausfällung. Zur Erzeugung von dunkelgelbem sowohl wie von hellgelbem Schwefelcadmium wendet man am besten eine zehnprocentige Lösung an.

Schwefelcadmium von orangegelber Farbe erhält man beim Einleiten von Schwefelwasserstoffgas in fast kochende zweiprocentige, mit 5% Salzsäure versetzte Chloridlösung unter fortwährender Bewegung des Niederschlages während der ganzen Zeit der Ausfällung. Durch die Hitze des

[1]) Hauer, Dingler Bd. 177. S. 154.

elektrischen Stromes wird das Schwefelcadmium nicht zerlegt. (Mourlot, Compt. rend. 1897, 124 I 768.)

Durch Kohle und Kohlenoxyd wird das Oxyd des Cadmiums in der nämlichen Weise zu Metall reducirt wie das Zinkoxyd zu Zink. Die Reductionstemperatur für Cadmiumoxyd liegt niedriger als die Reductionstemperatur für Zinkoxyd. Da das Cadmium auch bei niedrigerer Temperatur flüchtig ist als das Zink, so lassen sich Cadmium und Zink ohne erhebliche Schwierigkeiten auf trockenem Wege von einander trennen.

Das Cadmiumhydroxyd ist in Ammoniak löslich, während es in einem Ueberschuss von Kali, Natron und Ammonium-Carbonat unlöslich ist.

Das Cadmium legirt sich mit vielen Schwermetallen. Die Legirungen desselben mit Gold, Platin und Kupfer allein sind spröde, mit Blei und Zinn dagegen dehnbar.

Silber-Kupfer-Cadmium-Legirungen, welche in ihrer Zusammensetzung zwischen 980 Th. Silber, 15 Th. Kupfer und 5 Th. Cadmium bis 500 Th. Silber, 30 Th. Kupfer und 470 Th. Cadmium schwanken, sind sehr dehnbar.

Ebenso sind Gold-Silber-Cadmiumlegirungen von der nachstehenden Zusammensetzung:

$$750\,Au + 166\,Ag + 84\,Cd$$
$$750\,Au + 125\,Ag + 125\,Cd$$

sehr dehnbar und geschmeidig, desgleichen eine Gold-Silber-Kupfer-Cadmiumlegirung von der Zusammensetzung:

$$746\,Au + 114\,Ag + 43\,Cd + 97\,Cu.$$

Mit Silber und Quecksilber bildet es nur bei gewissen Mischungs-Verhältnissen dehnbare Legirungen.

Zink wird durch einen grösseren Cadmiumgehalt spröde und feinkörnig.

Das Material für die Herstellung des Cadmiums.

Das Cadmium findet sich als Mineral in der Natur nur als Schwefelmetall, CdS, mit 77,6 % Cadmium.

Dieses als „Greenockit“ bekannte Mineral kommt im Prehnit des Mandelsteins von Bishoptown in Schottland, zu Przibram in Böhmen und zu Neu-Sirka in Siebenbürgen in so geringen Mengen vor, dass es als Gegenstand für die Cadmiumgewinnung nicht in Betracht kommt. Das Material für die hüttenmännische Gewinnung des Cadmiums sind die bei der Verhüttung cadmiumhaltiger Zinkerze erhaltenen flüchtigen Nebenerzeugnisse.

Das Cadmium ist in geringer Menge in den meisten Zinkerzen, besonders in der Zinkblende und im Galmei enthalten.

Nach den Untersuchungen von Jensch[1]) enthalten die in Oberschlesien gewonnenen Zinkerze nicht über 0,30 % Cadmium. (Ein höherer Cadmiumgehalt dieser Erze, wie er wohl in der Litteratur angegeben ist, scheint sich nur in den Erzen der oberen Teufen vorgefunden zu haben.) Nach Jensch's Untersuchungen, welche sich über einen Zeitraum von zehn Jahren erstrecken, enthielt die Setzkornblende von Samuelsglückgrube bei Beuthen O./S. im Mittel 0,095 % Cd, die Schlammblende 0,010 % Cd. Die Schlichblenden von Grosserschacht bei Birkenhain enthielten 0,123 % Cd, von Neue Victoriagrube bei Karf 0,068 % Cd, die Setzkornblenden 0,230 % Cd. Der Cadmiumgehalt der Schlammblende von Neue Helenegrube bei Scharley betrug 0,124 bis 0,150 %, der Schlichblende 0,160 %, des Stückgalmeis 0,186 %. In den Schlichblenden der Aufschlussgrube bei Beuthen wurden 0,153 % Cd, der Neuhofgrube 0,172 % Cd gefunden. Es betrug ferner der Cadmiumgehalt der Blende von Mariagrube bei Miechowitz 0,232 %, des Stückgalmeis von Kramersglückgrube bei Beuthen 0,306 %, des meisten Stückgalmeis von Karl Gustavgrube bei Tarnowitz 0,028 %, des Stückgalmeis der Medardusgrube bei Stollarzowitz 0,090 %, des blendigen Grabengalmeis von Samuelsglückgrube 0,194 %, der Teichschlämme von Neue Helenegrube 0,006 %, des Lagergalmeis von Karolinewunschgrube 0,009 %. Jensch berechnet den durchschnittlichen Cadmiumgehalt der oberschlesischen Erze zu *0,102* %.

In den Zinkblenden des Oberharzes, welche in der Litteratur als cadmiumreich angegeben werden, fand Klieeisen als Maximalgehalt 0,01 % Cd; eine ganze Reihe von Blendesorten erwies sich als cadmiumfrei.

Zinkblenden der Herculesgrube bei Schwarzenberg in Sachsen enthielten im Durchschnitt 0,100 % Cd, von Fürstenbrunn bei Schwarzenberg 0,065 %, von Carolinenthal bei Schwarzenberg 0,011 %, von Breitenbrunn bei Johann-Georgenstadt in Sachsen 0,02 % Cd.

In einer Blende von Ueckerrath (Rheinland) betrug der Cadmiumgehalt 0,39 %. Die strahlige Blende von Przibram in Böhmen soll bis 1,136 % Cd gezeigt haben.

Die belgischen Blenden sollen 0,13 bis 0,21 % Cd aufgewiesen haben.

Die Blenden von Sterzing in Tyrol und aus dem Hollersbachthal in Salzburg sollen über 0,2 % Cd enthalten.

Die Zinkerze aus Steiermark, Kärnthen und Krain weisen einen verhältnissmässig geringen Cadmiumgehalt auf. So enthielt Blende aus Cilli 0,005 % Cd, aus Feistritz a. d. Drau 0,065 % Cd, Galmei aus Feistritz 0,055 bis 0,140 % Cd, Graupenblende aus Peggau 0,008 % Cd, Stuffblende aus Raibl 0,07 % Cd, Blende aus Tarvis 0,022 % Cd, aus Feistritz-Paternion 0,008 % Cd, Rubländer Blende 0,020 bis 0,036 % Cd, Nötscher Blende 0,009 bis 0,015 % Cd.

---

[1]) Sammlung chemischer und chemisch-technischer Vorträge von Dr. Felix B. Ahrens, III. Band, 6. Heft. S 201.

Blenden aus dem ungarischen Erzgebirge ergaben nach Jensch Spuren bis 0,009 % Cd. Eine Honigblende von Felsöbanya zeigte 0,01 % Cd. Die Blenden von Kapnik und Offenbanya in Ungarn sowie von Rodna in Siebenbürgen sollen über 0,3 % Cd enthalten.

Eine schwarze Zinkblende von Finnland enthielt nach Jensch 0,46 % Cd.

Der Cadmiumgehalt der Blenden von Wanlockhead in Schottland und von Matlock in Derbyshire soll über 0,4 % betragen.

Die Blenden aus dem cantabrischen Küstenlande, besonders die durchsichtigen Blenden von Cumillas bei Santander, besitzen einen Cadmiumgehalt von über 0,4 %. In spanischen Galmeien soll man 2 bis 5 % Cadmium gefunden haben.

Von schwedischen Zinkblenden enthalten diejenigen aus den Borwaller Gruben bei Bolände 0,17 bis 0,40 % Cd, die von Schisshyttan 0,17 bis 0,31 % Cd, von Falun 0,17 bis 0,36 % Cd, von Korsnäs 0,22 bis 0,35 % Cd, von Oerebro 0,18 bis 0,37 % Cd. Ueber die Hafenstadt Gefle nach Oberschlesien ausgeführte Blenden enthielten 0,11 bis 0,22 % Cd. Die Blenden der Langfulla-Grube bei Sunnansjö wiesen 0,075 bis 0,082 %, von Nora 0,065 %, von Klippan 0,08 % und von Mariedam 0,047 bis 0,056 % Cd auf.

Die Blenden von Lappland hatten 0,008 % Cd, von Faaberg bei Lillehammer in Norwegen 0,010 % Cd.

(Auch in Steinkohlen hat man Cadmium gefunden, wahrscheinlich an Pyrit gebunden. So wurden in Oberschlesien in den ungewaschenen Würfelkohlen von Schmiederschacht bei Poremba 0,008 % Cd O, in den gewaschenen Kohlen ebendaher 0,001 % Cd O, in den Staubkohlen von Paulusgrube bei Morgenroth 0,004 % Cd O, in den Staubkohlen der Wolffganggrube bei Ruda 0,005 % Cd O gefunden.)

Bei der Röstung der Zinkblende geht stets ein grosser Theil des Cadmiumgehaltes derselben durch Verflüchtigung verloren. So betrug beispielsweise der Cadmiumgehalt einer oberschlesischen Zinkblende vor der Röstung derselben 0,110 % Cd, nach der Röstung 0,042 %. Aus diesem Grunde enthält auch der in den Flugstaubcanälen der Röstöfen abgesetzte Flugstaub stets Cadmium. Der Gehalt desselben an diesem Metalle wurde nach Jensch zu 0,22 bis 2,02 % ermittelt. 40 % des Cadmiumgehaltes des Flugstaubs befinden sich im Verbindungszustande des Sulfats. Auch der bei der Unschädlichmachung der Schwefligen Säure der Röstgase durch Kalkhydrat erhaltene Schlamm enthält gewöhnlich 0,1 bis 0,2 % Cadmium.

Bei der Verhüttung der durch Röstung oder bei Galmei durch Calcination vorbereiteten Zinkerze sammelt sich das Cadmium in den bei der Destillation erfolgenden zuerst übergehenden, flüchtigen Nebenerzeugnissen, dem Zinkrauch, der Poussière, dem zinkhaltigen Flugstaub an. Auch ist das Zink selbst öfters cadmiumhaltig. Diese Körper nun, besonders der Zinkrauch, die Poussière und der Flugstaub, von welchen die Poussière (Belgien) bis 30 % Cadmium enthalten kann, bilden das Material für die Cadmiumgewinnung.

Bei seiner beschränkten Anwendung und bei dem dadurch bedingten niedrigen Preise des Metalles — man benutzt es zur Herstellung von Legirungen, zur Darstellung eines als Zahnkitt dienenden Amalgams, zur Herstellung des als gelbe Farbe in der Oelmalerei dienenden Schwefelcadmiums, zur Herstellung von Porzellanlüsterfarben, in der Form von Jod- und Bromcadmium für photographische, in der Form des Sulfats für medicinische Zwecke und als Chlorid in der Färberei und Kattundruckerei — werden nur geringe Mengen von Cadmium aus dem gedachten Materiale hergestellt.

Die Gewinnung des Cadmiums.

Das Cadmium lässt sich sowohl auf trockenem als auch auf nassem Wege gewinnen. Auf elektrometallurgischem Wege hat man eine Gewinnung desselben bis jetzt noch nicht versucht.

Man gewinnt es gegenwärtig grundsätzlich auf trockenem Wege. Die für die Gewinnung des Metalles auf nassem Wege gemachten Vorschläge sind bis jetzt noch nicht zur definitiven Anwendung gelangt.

Gewinnung auf trockenem Wege.

Die Gewinnung des Cadmiums auf trockenem Wege beruht auf der Eigenschaft des Cadmiumoxyds, durch Kohle und Kohlenoxyd bei niedrigerer Temperatur zu Cadmiumdampf reducirt zu werden als das Zinkoxyd zu Zinkdampf, und auf der Eigenschaft des metallischen Cadmiums, sich bei niedrigerer Temperatur zu verflüchtigen als das metallische Zink.

Unterwirft man daher Gemenge von Zinkoxyd und Cadmiumoxyd der Reduction mit Kohle in Retorten bei verhältnissmässig niedriger Temperatur (Rothglut), so wird das Cadmium zuerst reducirt und als Dampf ausgeschieden und kann daher getrennt von dem Zink in Vorlagen condensirt werden. Hat man Gemenge von Zinkoxyd, Zink, Cadmiumoxyd und Cadmium mit einem verhältnissmässig geringen Cadmiumgehalt, wie sie das Material für die Gewinnung des Cadmiums gewöhnlich darstellt, so erhält man bei der Reduction mit Kohle in den Vorlagen ein staubförmiges Gemenge von metallischem Zink, Cadmiumoxyd, Cadmium, Zinkoxyd und Zink, welches erheblich reicher an Cadmium ist als das der Reduction bzw. Destillation unterworfene Gemenge. Aus diesem angereicherten Material kann man je nach seinem Cadmiumgehalt entweder direct oder nach nochmaliger vorgängiger Anreicherung desselben durch fractionirte Destillation das Cadmium durch den gedachten Destillationsprozess gewinnen.

Das Material für die Gewinnung des Cadmiums wird, wie schon erwähnt, bei der Gewinnung des Zinks durch den Destillationsprozess erhalten, indem das leicht reducirbare und flüchtige Cadmium sich mit Zinkstaub und Zinkoxyd in den an die Vorlagen für die Condensation des Zinks angesetzten Allongen oder in den mit den ersteren verbundenen Flugstaubcanälen absetzt.

Im oberschlesischen Bezirk, welcher die grösste Cadmiumproduction der Erde hat, benutzt man als Ausgangsmaterial für die Cadmiumgewinnung entweder den in den ersten $1^1/_2$ bis 2 Stunden der Zinkdestillation entweichenden und getrennt aufzufangenden Zinkstaub, den sogenannten cadmischen Zinkstaub oder den in dem ersten Theile der Flugstaubcanäle (wie sie sich auch an die Kleemann'schen und Dagner'schen Vorlagen anschliessen) gewonnenen Zinkstaub. Der cadmische Zinkstaub (auch Anfangs-Poussière genannt), wird in Ballons aus Eisenblech (Allongen), welche an die Vorlagen der Muffeln angeschlossen werden, aufgefangen und enthält bis 6 % (seltener bis 8 %) Cadmium. Der in dem ersten Theile der Flugstaubcanäle aufgefangene Zinkstaub enthält 1,2 bis 3 % Cadmium.

Der so gewonnene cadmiumhaltige Zinkstaub wird, mit der entsprechenden Menge Reductionskohle gemengt, bei schwacher Rothglut in den für die Zinkgewinnung angewendeten Muffeln einer Destillation unterworfen. Als Vorlagen dienen an die Retorte angesteckte lange conische Blechdüten. Hierbei wird das Cadmium, gemengt mit Cadmiumoxyd, Zink und Zinkoxyd, in der an die Muffel angesetzten Vorlage aufgefangen. Das so angereicherte cadmiumhaltige Material wird, mit Holzkohle gemengt, in kleinen Retorten aus Gusseisen oder Thon reducirt bzw. destillirt. Die Retorten aus Gusseisen (Lipine) besitzen lange conische Blechdüten als Vorlagen. Die Retorten aus Thon besitzen keine Vorlagen. Dieselben liegen geneigt im Ofen und das Cadmium sammelt sich im vorderen Theile derselben an, von wo es durch ein Stichloch entfernt und in Formen gegossen wird.

In den Vorlagen der gusseisernen Retorten sammelt sich das Cadmium als feste erstarrte Masse an. Dasselbe wird in einen Schmelzlöffel eingetragen, mit den aus der Retorte ausgeräumten Oxyden bedeckt und unter einer Decke von Talg umgeschmolzen. Nach dem Umschmelzen lässt man es kurze Zeit abkühlen und giesst es dann in durch Zusammenwickeln von Papier hergestellte Röhren, in welchen es die Form von dünnen Stangen von 60 bis 90 g Gewicht erhält.

Das aus dem vorderen Theile der Thonretorten abgestochene Cadmium wird in einen Löffel abgelassen und direct in zum Aufklappen eingerichtete Formen aus Gusseisen, in welchen es gleichfalls die Gestalt von Stangen erhält, gegossen.

In Folge der Flüchtigkeit des Cadmiums, des Ueberganges von Cadmiumoxyd in die Muffelwände und des Zurückbleibens von Cadmium in den Destillationsrückständen ist der Verlust an Cadmium bei der Zugutemachung des cadmiumhaltigen Zinkstaubes ein sehr grosser. Er schwankt bei Einrechnung des Cadmiumgehaltes der Rückstände von der Destillation zwischen 65 und 70 %.

Von dem Cadmiumgehalt der Zinkerze geht bei der Destillation derselben schon ein grosser Theil verloren und zwar durch Verflüchtigung, durch Uebergang des Oxyds in die Muffelwände und des Metalles in die Wände der Vorlagen.

So fand Jensch[1]) in den Muffelscherben durchschnittlich 0,052 % Cd, in den Scherben der Vorlagen, welche wieder mit den Zinkerzen aufgegeben werden, 0,13 % Cd. In dem Staube, welcher sich an den Eisenarmirungen der Zinkdestillationsöfen ansetzt, fand er 0,70 % Cd.

In Lipine erhält man in den mit der Kleemann'schen Vorlage verbundenen Flugstaubcanälen, in welchen noch ein grosser Theil Cadmium verflüchtigt wird, einen Flugstaub mit höchstens 3 % Cadmium. Man erhält einen Flugstaub von 5 bis 6 % Cadmium, wenn an den Vorlagen Ballons aus Eisenblech angebracht werden. Diese Ballons werden nach $1^1/_2$ bis 2 stündiger Betriebszeit des Ofens abgenommen und von dem an den Wandungen derselben anhaftenden Flugstaub durch Ausschütteln entleert.

Der gewonnene Flugstaub wird zunächst in einer gewöhnlichen Zinkmuffel mit einer gegen 1 m langen conisch zulaufenden Vorlage aus Eisenblech weiter verarbeitet. Der Einsatz in die Muffel beträgt 25 kg Flugstaub und 20 kg Cinder. Die Destillation dauert gegen 22 Stunden, die Bearbeitungszeit gegen zwei Stunden.

An den Wandungen der Vorlage setzt sich hierbei ein an Cadmium angereicherter Flugstaub an, dessen Cadmiumgehalt in weiten Grenzen schwankt.

Derselbe wird in gusseisernen Retorten von 50 mm Höhe i. L., 170 mm Breite und ca. 25 mm Dicke, welche mit einer 400 mm langen, conisch zulaufenden Vorlage aus Blech versehen sind, verarbeitet.

An den Wänden der Vorlage setzen sich Cadmium in Perlen und Cadmiumoxyd ab. Dieses Gemenge wird in einem kleinen gusseisernen Löffel unter einer Schicht Talg erhitzt, worauf das geschmolzene metallische Cadmium in Stangenform gegossen wird.

Die Rückstände aus den Muffeln und Retorten gelangen zur Ofenbeschickung zurück.

Auf Paulshütte in Oberschlesien benutzt man als cadmiumhaltiges Material Flugstaub aus den mit der Dagner'schen Vorlage verbundenen Canälen.

Derselbe enthält 3 bis 4 % Cadmium und wird, wie der Flugstaub von Lipine, in gewöhnlichen, mit einer conischen Blechvorlage versehenen Zinkmuffeln einer (24 stündigen) Destillation bei Rothglut unterworfen.

[1]) l. c. S. 213.

Man erhält hierbei einen an Cadmium angereicherten Flugstaub mit 20 % Cadmium. Derselbe wird mit Cindern gemengt in einer cylindrischen Thonretorte von 1,25 m Länge und 25 cm Durchmesser einer 24 Stunden dauernden Destillation unterworfen. Der Einsatz in eine Retorte beträgt 15 kg. Die Thonretorte besitzt keine Vorlage und ist nach dem vorderen Ende des Ofens zu geneigt. Das Cadmium condensirt sich im vorderen Theile der Retorte und wird aus demselben durch ein Stichloch in einen Löffel abgelassen, aus welchem es direct in Formen, in welchen es die Gestalt von Stangen erhält, gegossen wird.

Die Rückstände aus den Retorten werden der Beschickung für die Zink-Destilliröfen zugeschlagen.

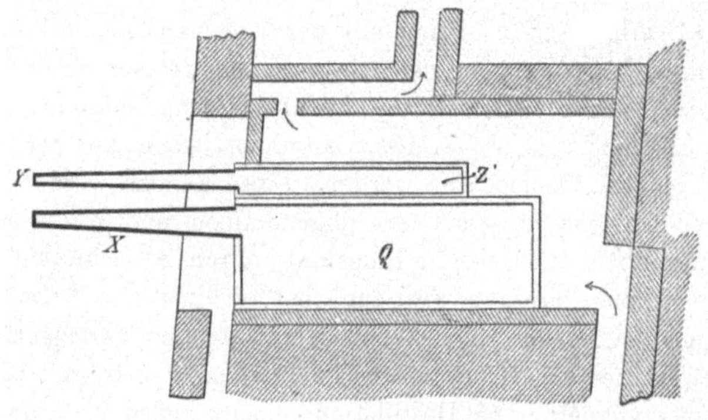

Fig. 244.

Auf Wilhelminenhütte wird Zinkstaub mit 3 bis 4 % Cadmium in einer 1,8 m langen Muffel destillirt. Der Einsatz besteht aus 115 kg Zinkstaub und 17 kg Koks. In der Vorlage verdichtet sich ein Gemenge von Cadmium und Staub. Die Destillation dauert 22 Stunden. Das Metall wird von dem Staub getrennt, umgeschmolzen und in die Form von Stangen gegossen. Der Staub wird gesammelt und in Zwischenräumen von je 3 Tagen in kleineren Retorten einer Destillation unterworfen. Man erhält in der Vorlage Metall von über 99,5 % Cadmiumgehalt, welches gleichfalls umgeschmolzen und in Stangenform gegossen wird. Die Destillations-Rückstände werden mit den Erzen in die Zink-Muffeln eingesetzt.

Die Einrichtung des die grosse und die kleine Retorte enthaltenden Ofens ist aus Figur 244 ersichtlich. Q ist die grosse Retorte, Z' die kleine Retorte. X ist die Vorlage (Blechdüte) der grossen Retorte, Y die Vorlage der kleinen Retorte.

Auf Kunigundenhütte erhielt Jensch[1]) aus Zinkstaub, welcher 3,88 bis 4,20 % Cadmium enthielt, bei der ersten Destillation einen angereicherten Staub mit durchschnittlich 52,20 % Cadmium. Bei der Destillation dieses Staubes erhielt er Cadmiumstaub mit 94,2 bis 99,89 %

---

[1]) l. c. S. 216.

Cadmium. Das Ausbringen an Cadmium aus dem aufgegebenen ersten cadmiumhaltigen Zinkstaub wurde zu 31,26 % ermittelt.

Der hohe Cadmiumverlust wird verursacht durch Verflüchtigung von Cadmium, durch Uebergang von Cadmiumoxyd in die Muffelwände und durch Zurückbleiben von Cadmium in den Destillationsrückständen.

Zu Engis in Belgien[1]) wird Zinkstaub mit einem durchschnittlichen Cadmiumgehalt von 1,5 bis 1,6 % mit Steinkohlenpulver in belgischen Oefen, welche 3 Reihen von kleinen gusseisernen Röhren mit gusseisernen Vorlagen und Allongen aus Eisenblech besitzen, auf angereicherten Staub mit 6 % Cadmium verarbeitet. In 11 Röhren werden in 12 Stunden 100 kg Staub auf 13 bis 14,5 kg angereicherten Staub verarbeitet. Der angereicherte Staub wird in den nämlichen Oefen und Röhren auf Cadmium verarbeitet. In 12 Stunden werden in 4 Röhren 13 bis 14,5 kg angereicherten Staubes durchgesetzt.

Das Cadmium sammelt sich in den Vorlagen an und wird, damit es möglichst wenig Eisen und Zink aufnimmt, in Zwischenräumen von je 1 Std. gezogen und in Formen gegossen. Die Destillationsrückstände werden mit 0,30 % Cadmiumgehalt abgesetzt. Von dem Cadmiumgehalt des ersten Staubes werden 30,12 % Cadmium ausgebracht. 21,17 % dieses Cadmiumgehaltes verbleiben in den Rückständen und 48,71 % werden verflüchtigt. Man erhält drei Sorten Cadmium. Die reinste sehr biegsame Sorte macht ungefähr die Hälfte des gewonnenen Cadmiums aus. Die zweite Sorte enthält 75 % Cadmium und lässt sich nur schwer biegen, ohne indess hierbei zu zerbrechen. Die schlechteste dritte Sorte enthält nur 40 % Cadmium und ist sehr brüchig. Cadmiumsorten mit weniger als 99,5 % Cadmium gelten zur Zeit als unverkäuflich und müssen durch fractionirte Destillation gereinigt werden. Ein in Oberschlesien hergestelltes Cadmium zeigte nach R. Wagner die nachstehende Zusammensetzung:

Cd	94,86
Zn	4,96
Fe	0,23.

(Spec. Gew. 8,528. Schmelzpunkt 368° C.)

Nach Jensch[2]) wurden in Cadmium von Kunigundenhütte

Cd	99,80
Fe	0,005

gefunden und in einem anderen oberschlesischen Cadmium

Cd	99,65
Fe	0,01

In einigen Cadmiumsorten wurde durch Crookes Thallium gefunden.

---

[1]) Städler, Journ. für pract. Chemie 1864, Bd. 91. S. 359. Dingler, Bd. 173. S. 286.

[2]) l. c. S. 220.

Cadmiumgewinnung auf nassem Wege.

Der nasse Weg der Cadmiumgewinnung ist bis jetzt noch nicht zur definitiven Anwendung gelangt.

Derselbe ist sowohl für cadmiumhaltigen Zinkrauch als auch für cadmiumhaltiges Zink vorgeschlagen worden[1]).

Die älteren Vorschläge beruhen darauf, dass bei Behandlung der gedachten Körper mit Salzsäure das Zink vor dem Cadmium in Lösung geht und dass in Lösung gegangenes Cadmium durch Zink im metallischen Zustande niedergeschlagen wird.

Die gedachten Körper werden mit so viel Salzsäure behandelt, dass ein Theil Zink ungelöst bleibt und das etwa in Lösung übergegangene Cadmium metallisch niederschlägt. Etwa vorhandenes Blei bleibt gleichfalls im Rückstande, bzw. wird es, falls es in Lösung gegangen ist, durch das Zink niedergeschlagen. Der so an Cadmium angereicherte Rückstand wird dann so lange mit Salzsäure behandelt, bis etwas Cadmium in der Lösung bleibt, ein Beweis, dass alles Zink aus dem Rückstande gelöst ist. Das Cadmium wird durch Zinkstäbe aus der Lösung ausgefällt. Die aus Cadmium und Blei bestehende Masse wird der Destillation unterworfen. Aus der Zinklösung soll das Zink (nach vorgängiger Neutralisirung derselben durch Zinkstaub) durch Kalkmilch als Hydroxyd niedergeschlagen werden.

Andere Vorschläge der Gewinnung von Schwefelcadmium bzw. Cadmiumoxyd aus dem Flugstaube der Zink-Destilliröfen und Blende-Röstöfen Oberschlesiens sind von Kosmann[2]) gemacht worden.

Der Flugstaub der Zinkdestilliröfen, dessen Zusammensetzung S. 220 angegeben ist, soll mit neutralem Ammoniumcarbonat behandelt werden, wodurch das Zink in Lösung geht, während das Cadmium in Carbonat verwandelt wird und ungelöst bleibt. Aus der Lösung wird durch Abdestilliren des Ammoniaks und eines Theils der Kohlensäure basisches Zinkcarbonat gewonnen und durch Glühen in Zinkoxyd übergeführt, während aus dem Rückstande, welcher aus Bleicarbonat und Cadmiumcarbonat besteht, Blei und Schwefel-Cadmium oder Cadmiumoxyd hergestellt werden sollen. Zu diesem Zwecke wird er geglüht, um das Bleicarbonat in Bleioxyd überzuführen, und dann mit Bleizuckerlösung digerirt, um das Blei in Lösung zu bringen. Aus der erhaltenen Lösung wird durch Einleiten von Kohlensäure das Blei als Bleiweiss ausgefällt. Der verbliebene Rückstand, welcher das Cadmium — sei es als Carbonat oder Oxyd — enthält, wird zur Gewinnung von Schwefelcadmium mit verdünnter Schwefel-

---

[1]) B.- u. H. Ztg. 1862. S. 305.

[2]) Preuss. Minist.-Zeitschr. 1883. S. 238.

säure behandelt, welche letztere das Cadmium in Lösung bringt. Aus der Lösung wird das Cadmium durch Schwefelwasserstoff als Schwefelcadmium ausgefällt. Zur Herstellung von Cadmiumoxyd behandelt man den Rückstand mit Salpetersäure, dampft die erhaltene Cadmiumnitratlösung ein und zersetzt das Cadmiumnitrat durch Erhitzen, wobei man als Rückstand braunes Cadmiumoxyd erhält.

Dieses Verfahren ist nicht zur practischen Einführung gelangt.

Der Flugstaub von der Röstung der oberschlesischen Blende enthält gleichfalls Cadmium. Die Zusammensetzung dieses Flugstaubs, welcher aus einem in Wasser löslichen und aus einem in Wasser unlöslichen Theil besteht, ist aus den nachstehenden Analysen[1]) ersichtlich. Der Flugstaub No. I stammt von Silesiahütte, No. II von der Godullahütte.

I. Silesia-Hütte.

	Löslich in Wasser	Unlöslich in Wasser	Unlösliches in 100 Th. Unlöslichem
Zn O	17,144	7,192	16,809
Pb O	—	6,285	14,690
Cd O	0,874	1,147	2,680
Tl O	0,006	—	—
Fe O	1,896	—	—
Mn O	1,332	0,042 Mn_3O_4	0,098
Fe_2O_3	} 2,900	9,043	21,135
Al_2O_3		3,115	7,280
Ca O	0,714	0,478	1,117
Mg O	0,168	0,440	1,028
As_2O_3	—	0,401	0,937
P_2O_5	—	0,263	0,614
SO_3	20,430	6,612	15,453
H_2O	11,400	—	—
Rückstand	—	7,765	18,146
	56,864	42,786	99,997
	99,650		

[1]) Kossmann, l. c. S. 231.

II. Godulla-Hütte.

	Löslich in Wasser	Unlöslich in Wasser	Unlösliches in 100 Th. Unlöslichem
Zn O	10,991	9,532	15,430
Pb O	—	8,980	14,486
Cd O	1,120	1,518	2,449
Tl O	0,006	—	—
Fe O	1,676	—	—
Mn O	0,481	1,591 Mn_3O_4	2,566
Fe_2O_3	2,940	15,928	25,696
Al_2O_3	.1,191	4,601	7,423
Ca O	0,464	1,071	1.640
Mg O	1,337	0,858	1,065
As_2O_3	—	1,280	2,066
P_2O_5	—	0,394	0,604
SO_3	13,320	9,061	15,101
H_2O	4,850	—	—
Rückstand	—	6,804	10,976
	38,376	61,618	99,502
	99,994		

Kosmann schlägt nun vor, den Flugstaub zuerst mit Wasser und dann mit Schwefelsäure zu behandeln. Der Cadmiumgehalt desselben geht theils als Cadmiumsulfat in die wässrige Lösung über, theils wird er durch die Schwefelsäure in Lösung gebracht. Beide Lösungen werden vereinigt und dann erwärmt, um Eisen und Gyps niederzuschlagen. Alsdann wird aus der durch Wasser verdünnten Lösung das Cadmium als Schwefelcadmium niedergeschlagen. Das Arsen wird ebenfalls als Schwefelarsen niedergeschlagen, welcher Körper die Farbe des Schwefelcadmiums verbessern soll.

Will man Cadmiumoxyd herstellen, so soll das Schwefelcadmium geröstet werden, bei welchem Prozesse das Arsen als Arsenige Säure verflüchtigt und aufgefangen werden soll.

Auch dieses Verfahren ist nicht zur Einführung gelangt.

Bei Versuchen zur Gewinnung des Cadmiums auf nassem Wege aus Flugstaub ist wegen des Arsengehaltes desselben grösste Vorsicht geboten.

Gewinnung des Cadmiums auf elektrometallurgischem Wege.

Borchers (Elektrometallurgie 1895 S. 298, 1903 S. 451) erhielt bei Laboratoriums-Versuchen das Cadmium aus Lösungen desselben bei Stromdichten von 60 bis 150 Ampère per Quadratmeter in compacter Gestalt. Es lässt sich hiernach leichter als das Zink in brauchbarer Form gewinnen.

Auch Brand[1]) ist bei Versuchen, aus durch Zink und andere Metalle verunreinigtem Cadmium mit Hülfe des Stromes reines Metall zu gewinnen, zu günstigen Ergebnissen gelangt, da die Spannung am Bade eine sehr geringe und das Metall vollkommen rein war.

Als Anoden verwendete er gegossene Platten von Roh-Cadmium mit 88,7 % Cadmium, 8,5 % Zink, 1,45 % Blei, 1,35 % Kupfer sowie geringen Mengen von Antimon, Arsen, Wismuth und Eisen, als Elektrolyt Cadmiumsulfat mit 80 g Cadmium und 5 % freier Schwefelsäure im Liter Lösung. Bei einer Elektroden-Entfernung von 5 cm und einer Stromdichte von 12,8 Amp. betrug die Spannung im Bade nur 0,042 Volt, weil durch die Auflösung des Zinks und das Verbleiben desselben im Elektrolyten eine grosse Menge elektrischer Energie in den Stromkreis eingeführt wurde. Die Spannung stieg auf 0,048 Volt, als der Elektrolyt 46,4 g Zink und 4 g Cadmium im Liter (sowie 5 % freie Schwefelsäure) enthielt.

Mylius und Fromm erhielten bei Stromdichten von 50 bis 100 Amp. per Quadratmeter Cadmium in compacter Form[2]).

---

[1]) Dammer, Chem. Technol. Bd. II. S. 33, 687.

[2]) Zeitschr. für anorgan. Chemie 1896. 13. 157.

Quecksilber.

Physikalische Eigenschaften.

Das Quecksilber ist das einzige bei gewöhnlicher Temperatur flüssige Metall. Es besitzt eine silberweisse, etwas in das Blaue spielende Farbe und vollkommenen Metallglanz. In dünnen Schichten ist es nach Melsens mit blauer, etwas in das Violette spielender Farbe durchscheinend. Es erstarrt nach Cavendish bei — 39,38°, nach Hutchins bei — 39,44° und nach Mallet bei — 38,85°. Beim Erstarren erleidet es eine Contraction und bildet dann eine weisse, sehr ductile und hämmerbare Masse, welche sich mit dem Messer schneiden lässt. Bei der Berührung mit der menschlichen Haut zieht dieselbe Brandblasen wie glühende Metalle.

Das specifische Gewicht des flüssigen Quecksilbers bei 0° ist nach Regnault 13,5959, nach Kopp 13,595, nach Biot und Arago 13,589. Das specifische Gewicht des festen Quecksilbers ist 14,1932.

Es krystallisiert in den Formen des regulären Systems.

Die specifische Wärme des festen Quecksilbers ist zwischen — 78° und — 40° = 0,0247, die des flüssigen Metalles zwischen 0° und 100° = 0,0333. Seine Leitungsfähigkeit für den elektrischen Strom ist nach Matthiessen bei 22,8° = 1,63, wenn die des Silbers bei 0° zu 100 angenommen wird. Seine Wärmeleitungsfähigkeit ist nach Calvert und Johnson 677, wenn die Wärmeleitungsfähigkeit des Silbers zu 1000 angenommen wird.

Das Quecksilber ist schon bei gewöhnlicher Temperatur (nach Merget sogar schon unter — 44°) in geringem Maasse flüchtig, wie sich daraus ergiebt, dass ein über ein Gefäss mit Quecksilber gehängtes Goldblättchen sich bei gewöhnlicher Temperatur mit einem weissen Beschlage von Gold-Amalgam überzieht.

Es siedet nach Dulong und Petit bei 360°, nach Regnault bei 357,25° und verwandelt sich hierbei in einen farblosen Dampf, dessen Dichte zwischen 6,7 und 7,03 angegeben wird.

Die Schnelligkeit, mit welcher das Quecksilber sich beim Kochen verflüchtigt, hängt in hohem Grade von seiner Reinheit ab. Dieselbe wird hauptsächlich durch Blei und Zink beeinträchtigt und umgekehrt durch

Platin befördert. So zeigte Millon, dass von reinem Quecksilber in der nämlichen Zeit (unter sonst gleichen Umständen) die 13 fache Menge verflüchtigt wurde wie von Quecksilber, welchem $^{1}/_{10000}$ Blei zugesetzt war. Platin vermehrte die Schnelligkeit der Verdampfung, wenn es 1—2 Tage lang mit Quecksilber bei 50—80^{0} digerirt wurde. Iridium, Gold, Silber, Kupfer, Zinn, Nickel, Cadmium und Arsen sind ohne Einfluss auf die Schnelligkeit der Dampfbildung.

Die Cohäsion des reinen Quecksilbers übertrifft bei gewöhnlicher Temperatur erheblich die Adhäsion desselben an leichteren Körpern. Es bildet daher, wenn es über eine geneigte Papier- oder Glasfläche fliesst, abgerundete Massen oder Tropfen. Ist es unrein, so lässt es ein Häutchen auf den gedachten Flächen zurück und fliesst nicht mehr in runden, sondern in länglichen Tropfen über dieselben. Auch giebt es dann beim Schütteln mit trockener Luft ein schwarzes Pulver. Durch starkes Schütteln des Quecksilbers mit verschiedenen Flüssigkeiten, sowie durch Zusammenreiben desselben mit gewissen Körpern, wie Zucker und Fett, wird es zu einem feinen dunkelgrauen Pulver zerstäubt.

Die Dämpfe des Quecksilbers wirken äusserst nachtheilig auf den animalischen Organismus ein. Es sind daher bei allen Operationen, bei welchen sich Quecksilberdämpfe entwickeln, besondere Vorsichtsmaassregeln zum Schutze der dabei beschäftigten Personen erforderlich.

Die für die Gewinnung des Quecksilbers wichtigen chemischen Eigenschaften desselben und der Verbindungen dieses Metalles.

Das reine Quecksilber verändert sich in trockener Luft bei gewöhnlicher Temperatur nicht. Auch durch längeres Schütteln mit Luft, Sauerstoff, Wasserstoff, Stickoxydul, Stickoxyd und Kohlensäure wird es nicht verändert. Dagegen überzieht es sich in feuchter Luft allmählich mit einer dünnen Haut von Quecksilberoxydul (Hg_2O). Unreines Quecksilber, überzieht sich schon in trockener Luft mit einer Oxydschicht.

Wird Quecksilber längere Zeit hindurch (bis 350^{0}) an der Luft erhitzt, so oxydirt es sich zu rothem Quecksilberoxyd (HgO), welches nach Pelouze krystallinisch ist. Dasselbe zerfällt im Sonnenlichte allmählich in Quecksilber und Sauerstoff. Beim Glühen wird es in kurzer Zeit vollständig unter Verflüchtigung von Quecksilber zerlegt. Bei der Abkühlung findet eine theilweise Rückbildung des Quecksilberoxyds statt. Das beim Glühen des letzteren überdestillirte Quecksilber ist daher durch Oxyd verunreinigt und in Folge dessen zähflüssig.

Das auf nassem Wege durch Ausfällen aus einem Quecksilberoxydsalz hergestellte Quecksilberoxyd besitzt eine gelbe Farbe (hell pomeranzengelb). Dasselbe soll nach Pelouze eine amorphe Modification des Quecksilberoxyds darstellen.

Verdünnte Schwefelsäure ist ohne Einwirkung auf Quecksilber. Concentrirte kochende Schwefelsäure dagegen löst es unter Entwickelung von Schwefliger Säure auf. Ist hierbei Quecksilber im Ueberschuss vorhanden, so entsteht das Oxydulsalz; ist dagegen Schwefelsäure im Ueberschuss vorhanden, so entsteht das Oxydsalz.

Salzsäure greift Quecksilber überhaupt nicht an.

Salpetersäure löst das Quecksilber schon im verdünnten Zustande zu Quecksilbernitrat auf, und zwar erhält man das Oxydulsalz bei einem Ueberschusse von Quecksilber und bei Anwendung kalter Säure, das Oxydsalz beim Erwärmen mit einem Ueberschusse von Säure bzw. mit stärkerer Säure.

Die Oxydulsalze sowohl, wie auch die Oxydsalze der Sulfate und Nitrate des Quecksilbers werden durch Wasser in sich lösende saure und in ungelöst bleibende basische Salze zerlegt. Die Oxydulsalze werden beim Erhitzen auch in Metall und Oxydsalze zerlegt.

Durch Königswasser wird das Quecksilber unter Bildung von Quecksilberchlorid ($Hg\,Cl_2$) verhältnissmässig leicht aufgelöst.

Chlor im gasförmigen Zustande sowohl, wie in Wasser gelöstes Chlor wirken bei gewöhnlicher Temperatur so auf das Quecksilber ein, dass unter Ausscheidung eines grauen Pulvers von Quecksilber Quecksilberchlorür entsteht. Kochendes Quecksilber verbrennt in Chlorgas mit gelbrother Flamme zu Quecksilberchlorür ($Hg\,Cl$) und Quecksilberchlorid ($Hg\,Cl_2$).

Das Quecksilberchlorid, das sog. Sublimat, stellt man durch Auflösen von Quecksilber in Königswasser oder von Quecksilberoxyd in Salzsäure oder durch Umsetzen von Quecksilberoxydsulfat mit Chlornatrium dar. Das Quecksilberchlorür, „Calomel“ genannt, stellt man durch Behandlung von Quecksilberchlorid mit Quecksilber oder durch Ausfällung aus Quecksilberoxydulsalzen mit Hülfe von Salzsäure her. Das Chlorid sowohl wie das Chlorür des Quecksilbers besitzen eine weisse Farbe und lassen sich durch Erhitzen verflüchtigen, das Chlorür ohne zu schmelzen. Das Chlorid ist leicht löslich in Wasser. Das Chlorür dagegen ist weder in Wasser noch in verdünnten Säuren löslich.

Schwefelquecksilber, $Hg\,S$, die für den Hüttenmann wichtigste Verbindung des Quecksilbers, welche in der Natur als Zinnober vorkommt, erhält man durch Zusammenreiben von Schwefelblumen mit Quecksilber oder durch mässiges Erhitzen des Gemenges beider Körper als amorphe schwarze Masse. Erhitzt man diese Masse zum Schmelzen, so verflüchtigt sich das Schwefelquecksilber und lässt sich als ein braunrothes krystallinisches Sublimat auffangen. Dasselbe wird beim Pulvern scharlachroth und bildet den künstlichen Zinnober.

Derselbe lässt sich durch schwaches Erhitzen bei Luftabschluss in schwarzes, amorphes Schwefelquecksilber überführen. Erhitzt man indess stärker, so sublimirt wieder das rothe Schwefelquecksilber. Der natürliche Zinnober wird bei 200° dunkel und beginnt sich zu verflüchtigen; bei 350° verflüchtigt er sich schon in hohem Maasse. Zur vollkommenen Verflüchtigung ist schwache Rothglut (500—600° C.) erforderlich. Bei Luftzutritt verbrennt er (schon bei 350°) unter Ausscheidung des Quecksilbers zu Schwefliger Säure.

Durch die Einwirkung des Lichts wird das rothe Schwefelquecksilber dunkler und nimmt nach längerer Zeit in Folge der Ausscheidung von freiem Quecksilber eine schwarze Farbe an. Das spec. Gewicht des künstlichen Zinnobers ist nach Boullay = 8,124, während das spec. Gew. seines Dampfes nach Mitscherlich = 5,51 ist. Man nimmt desshalb an, dass bei der Verdampfung des Schwefelquecksilbers eine theilweise Dissociation desselben stattfindet.

Schwefelquecksilber lässt sich auf nassem Wege darstellen durch Einwirkenlassen von Polysulfiden der Alkalimetalle auf metallisches Quecksilber sowie durch Einwirkenlassen von Schwefelwasserstoff oder von Sulfiden der Alkalimetalle auf Lösungen von Quecksilberoxydsalzen. Man erhält in diesen Fällen schwarzes Schwefelquecksilber. Bringt man das letztere mit Polysulfiden der Alkalimetalle zusammen, so geht es in der Kälte langsam, beim Erwärmen aber schnell in rothes Schwefelquecksilber über. Man erklärt diesen Vorgang, welcher zur Herstellung von künstlichem Zinnober auf nassem Wege angewendet worden ist, dadurch, dass sich das schwarze Schwefelquecksilber in Polysulfidlösungen der Alkalimetalle löst und aus den Lösungen als rothes Schwefelquecksilber auskrystallisirt.

Das Schwefelquecksilber wird durch heisse Salpetersäure nicht angegriffen. Durch Königswasser wird es unter Bildung von Schwefelsäure und unter Abscheidung von Schwefel rasch gelöst.

Das Schwefelquecksilber bildet mit den Sulfiden der Alkalimetalle Doppel-Sulfide, z. B. mit Schwefelkalium das Doppelsulfid: $HgS, K_2S + xH_2O$. Der Wassergehalt derselben ist je nach der Temperatur und der Concentration der Lösung verschieden. Ein Theil dieser Doppel-Sulfide ist bei Anwesenheit von ätzenden Alkalien in Wasser löslich, zerfällt indess bei einem gewissen Grade der Verdünnung wieder in seine Bestandtheile.

Mit Quecksilbersalzen und mit Kupfersalzen bildet das Schwefelquecksilber besondere Doppel-Verbindungen. So erhält man beispielsweise beim Einleiten von Schwefelwasserstoff in eine Lösung von Quecksilberchlorid zuerst einen weissen Niederschlag von der Zusammensetzung: $2HgS + HgCl_2$, welcher bei weiterer Einwirkung von Schwefelwasserstoff auf denselben gelb und schliesslich schwarz wird. Durch Kupferchlorürnatriumlauge wird Schwefelquecksilber in Lösung gebracht.

In Brom ist das Schwefelquecksilber löslich.

Wird Schwefelquecksilber an der Luft bis zu schwacher Rothglut erhitzt, so verbrennt der Schwefel desselben mit blauer Flamme zu Schwefliger Säure, während das Quecksilber dampfförmig ausgeschieden wird. Die Verbrennung beginnt schon bei 350°.

Durch Wasserdampf wird das Schwefelquecksilber nach Regnault theilweise zersetzt, indem Schwefelwasserstoff gebildet und Quecksilber sowie ein schwarzes Sublimat ausgeschieden werden.

Wird Schwefelquecksilber mit Kohle geglüht, so tritt nach Berthier eine theilweise Zersetzung desselben ein, indem unter Ausscheidung von Quecksilber Schwefelkohlenstoff gebildet wird.

Durch Glühen mit anderen Metallen, welche eine grössere Verwandtschaft zum Schwefel besitzen als das Quecksilber, beispielsweise mit Eisen, Zinn, Antimon, wird das Quecksilber in Dampfform frei, während der Schwefel an die betreffenden Metalle gebunden wird.

Kupfer und Zink sollen nach Heumann den Zinnober schon bei der Siedetemperatur des Wassers, unter Druck sogar schon bei gewöhnlicher Temperatur zerlegen.

Erhitzt man Schwefelquecksilber mit Kalk, so wird das Quecksilber unter Bildung von Schwefelcalcium und Calciumsulfat dampfförmig ausgeschieden nach der Gleichung:

$$4\,HgS + 4\,CaO = 4\,Hg + 3\,CaS + CaSO_4.$$

Quecksilber-Legirungen.

Mit den meisten Metallen vereinigt sich das Quecksilber direct in den verschiedensten Verhältnissen zu sog. „Amalgamen". Gold, Silber, Zink, Zinn, Cadmium, Blei und Wismuth amalgamiren sich leicht mit dem Quecksilber. Kupfer amalgamirt sich leicht, wenn es im Zustande feiner Vertheilung ist, sehr schwer dagegen, wenn es dichte Stücke bildet. Arsen, Antimon und Platin amalgamiren sich schwierig, Eisen, Nickel und Kobalt direct gar nicht. Die Amalgame der letzten drei Metalle lassen sich nur indirect unter ganz besonderen Verhältnissen herstellen, beispielsweise mit Hülfe der Elektrolyse, wenn man eine Quecksilberlösung als Elektrolyten und eins der gedachten Metalle als Kathode verwendet, oder wenn man Natriumamalgam mit Lösungen derselben, oder wenn man die Metalle selbst mit Lösungen des Quecksilbers zusammenbringt. Diese Amalgame sind sehr wenig beständig und zersetzen sich sehr leicht, das Eisenamalgam z. B. schon bei heftigem Schütteln.

Erhitzt man Quecksilberlegirungen bis zum Siedepunkte des Quecksilbers, so wird das letztere in Dampfform ausgeschieden, während die betreffenden Metalle frei werden.

Die Quecksilbererze.

Das Quecksilber findet sich nur in verhältnissmässig wenigen Mineralien in der Natur vor. Das einzige Quecksilbererz, welches in grösseren Mengen in der Natur vorkommt und welches allein den Gegenstand der selbstständigen Verhüttung auf Quecksilber bildet, ist der Zinnober. Mit ihm zusammen findet sich häufig Gediegen Quecksilber, aber nur in untergeordneter Menge. Die übrigen eigentlichen Quecksilbererze sind ohne Bedeutung für die Quecksilbergewinnung.

Ausser in den eigentlichen Quecksilbererzen findet sich das Quecksilber auch in anderen Mineralien in isomorpher Beimischung, besonders in Fahlerzen und in sehr geringen Mengen in Zinkblenden. In den Fahlerzen ist es an einigen Orten in solcher Menge enthalten, dass sich die Verarbeitung derselben auf Quecksilber lohnt.

Gediegenes Quecksilber.

Dasselbe findet sich in der Regel in Zinnober-Lagerstätten als Zersetzungsproduct des Zinnobers, besonders am Ausgehenden derartiger Lagerstätten. Es tritt gewöhnlich in diesen Lagerstätten in der Form fein eingesprengter Tropfen oder in fadenförmig ausgezogenen Massen auf. Nur selten sind die einzelnen Tropfen so gross, dass das Quecksilber für sich aufgesammelt werden kann. Grössere Mengen von Gediegen Quecksilber, mit zersetztem Serpentin gemengt, wurden beispielsweise am Ausgehenden mehrerer Zinnober-Vorkommnisse in Californien (Sonoma-Mine, Rattle snake-Mine, Wall street-Mine) gefunden.

Ohne Begleitung von Zinnober soll es in einem zersetzten Granit der Gegend von Limoges, besonders zu Mélinot bei Saint Lô, sowie neben Calomel im Boden der Stadt Montpellier vorkommen.

Mit Silber legirt findet sich das Quecksilber als Amalgam, welches 26,5 bis 35 % Quecksilber enthält und als Silbererz betrachtet wird. Dasselbe findet sich bzw. wurde gefunden zu Moschellandsberg n der Rheinpfalz, zu Rosenau in Ungarn, Allemant in Frankreich, zu Argueros in der Provinz Coquimbo in Chile.

Der Zinnober oder Cinnabarit (Hg S)

enthält 86,2 % Quecksilber. Er ist das einzige Erz, welches selbständig auf Quecksilber verarbeitet wird, und bedarf desshalb einer näheren Betrachtung.

Er findet sich nur selten in derben Massen, sondern meistens eingesprengt oder mit Metalloxyden, Erden, bituminösen Substanzen oder Schwefelkies gemengt. Von metallischen Mineralien kommt am häufigsten Schwefelkies mit ihm zusammen vor, dann folgen Arsen- und Antimonverbindungen, sowie Gold-, Kupfer- und Zinkerze.

Hinsichtlich seines geologischen Vorkommens ist zu erwähnen, dass er fast in allen Schichten von den krystallinischen Schiefern des archäischen Zeitalters bis zu quaternären Ablagerungen vorkommt. Auch findet er sich in Ablagerungen aus Ausströmungen vulkanischer Gebiete und aus heissen Schwefelquellen vulkanischen Ursprungs, sowie zuweilen in Eruptivgesteinen. Er wird noch heutzutage aus den Fumarolen der „Sulphur Bank“ in der Nähe von Clear Lake in Californien abgesetzt.

Der Zinnober ist dimorph. Er findet sich ausser in der rothen, krystallinischen Varietät auch in einer schwarzen Art, welche keine krystallinische Structur besitzt und ein geringeres spec. Gew. als der rothe Zinnober hat. Man nennt diese schwarze Varietät Metazinnober.

Ist der Zinnober mit bituminösen Körpern gemengt, welche ihm eine dunkelrothe bis schwarze Farbe verleihen, so nennt man ihn Quecksilberlebererz.

Der Idrialit ist ein Gemenge von Zinnober mit Idrialin ($C_3 H_2$) (Idria).

Das Korallenerz ist ein Gemenge von Zinnober, bituminösen Substanzen und ungefähr 60 % Calciumphosphat.

Der Zinnober findet sich nur an verhältnissmässig wenigen Orten der Erde in solcher Menge, dass er auf Quecksilber verhüttet werden kann.

In Europa sind die bedeutendsten Fundorte, welche die grössten Mengen von Quecksilber liefern, Almaden in Spanien, Idria in Krain und Nikitowka in Süd-Russland.

Zu Almaden, am Nordabhange der Sierra Morena, zwischen Badajoz und Ciudad Real findet sich der Zinnober zusammen mit Gediegen Quecksilber in einem 16 km langen und 10 km breiten District in silurischen und devonischen Schichten, welche aus Schiefern, Quarziten, Sandsteinen und in geringer Menge auch aus Kalksteinen bestehen, und zwar in drei nahezu senkrecht stehenden tafelförmigen Massen von gegen 183 m Länge und 3,7 bis 7,6 m Mächtigkeit. In diesen Massen kommt er sowohl eingesprengt als auch in Trümmern vor. Der Quecksilbergehalt der einzelnen Erzsorten geht von 0,75 bis 25,05 %. Im Durchschnitt soll er 8—9 % betragen. Die Lagerstätten waren schon 300 v. Chr. von Theophrast gekannt. Sie sind auch gegenwärtig noch die wichtigsten Quecksilbererzlagerstätten in Europa.

Zu Idria in Krain (Oesterreich-Ungarn) findet sich Zinnober, Quecksilberlebererz und Korallenerz mit Gediegen Quecksilber in Trümmern in der Trias. Die dortige Lagerstätte zeigt theils die Natur eines Stockwerks, theils die von Spalten-Ausfüllungen zwischen Kalkstein und Dolomit. Die verschiedenen Erzsorten enthalten zwischen 0,2 und 30 % Quecksilber. Der Durchschnittsgehalt der Erze beträgt 0,5 bis 0,8 % Quecksilber. Das Erzvorkommen war schon 1490 bekannt und ist nach Almaden das bedeutendste in Europa.

Zu Nikitowka, einer Station der Eisenbahnlinie Kursk-Charkow-

Asow im Kreise Bachmut des Gouvernements Jekaterinoslaw im südlichen Russland, findet sich Zinnober als Imprägnation von Sandsteinschichten der Steinkohlenformation, welche eine Mächtigkeit von 14 m besitzen. Der durchschnittliche Quecksilbergehalt dieses bedeutenden Vorkommens wird zu 0,6 % angegeben.

Das Lager ist, wie ausgebrannte Halden beweisen, schon in früheren, noch unbekannten Zeiten Gegenstand der Ausbeutung gewesen. Erst im Jahre 1886 ist es wieder in Angriff genommen worden und liefert gegenwärtig so grosse Mengen von Erzen, dass die Quecksilberproduction der in der Nähe des Bergwerks angelegten Hütten nicht nur den Bedarf Russlands deckt, sondern auch in erheblichen Mengen ausgeführt wird. Das Vorkommen ist zu den bedeutendsten auf der ganzen Erde zu zählen. Nach Almaden und Idria ist es, als einzelnes Werk betrachtet, das wichtigste in Europa.

Am Monte Amiata in Toscana findet sich Zinnober in eocänen Bildungen der Tertiärformation bei Siele, Solforate, Montebuono, Pian Castagnaio, Abbadia San Salvadore und im Lias bei Cornacchino[1]). Das Vorkommen ist ein bedeutendes. Die Erze werden auf den Hüttenwerken von Siele, Cornacchino, Montebuono und Abbadia San Salvadore in Spirekschen Oefen zu Gute gemacht. Die Quecksilberproduction des Monte Amiata ist die viertgrösste in Europa. Der Quecksilbergehalt der zur Verhüttung gelangenden Erze beträgt im Durchschnitt 0,4 % (Montebuono) bis 1,2 % (Siele).

In der Nähe von Vallalta bei Agordo im nordwestlichen Theile von Venetien tritt Zinnober als Imprägnation auf. Die dortigen Erze sind verhältnissmässig arm.

Ein in der neueren Zeit (1883) entdecktes Zinnobervorkommen ist das am Avala-Berge bei Belgrad in Serbien, wo auch eine Gewinnung von Quecksilber stattfindet.

Ferner findet sich Zinnober in Dalmatien (Spizza und Nehaj-Gruben) und in Croatien (Tristyn).

Zinnobervorkommnisse, welche früher Bedeutung hatten, gegenwärtig aber nicht mehr ausgebeutet werden, sei es wegen der Concurrenz anderer Werke, sei es wegen Erschöpfung der Lagerstätten, sind die von Wolfstein und Moschellandsberg in der bayrischen Rheinpfalz, von Horowitz in Böhmen, von Volterra, Cevigliani und Ripa bei Serravezza in der Provinz Lucca in Italien.

Von geringerer oder untergeordneter Bedeutung sind in Europa noch die Zinnobervorkommnisse von Bagno S. Filippo, Saturnia, Fano, vom Monte

---

[1]) Th. Haupt, Berg- u. Hüttenm. Ztg. 1884. P. de Ferrari, Die Quecksilberminen des Monte Amiata. Florenz 1890. R. Rosenlecher, Zeitschr. für practische Geologie 1894. S. 337. V. Novarese ebenda 1895. S. 60. V. Spirek, Das Zinnobererzvorkommen am Monte Amiata. Zeitschrift für practische Geologie 1897. S. 369.

delle Fate, Causoli, Castiglione Chiavarese, Albareto, Marguo, San Donato di Ninea in Italien, Mires, Santander, Tobiscon, Purchena in Spanien, von Neumarktel (St. Anna- oder Loibel-Thal) und Littai (auf Bleierzgängen) in Krain, von Frankreich (Balagna und Capo Corso auf Corsica, Dep. Isère, Haute Vienne, Cevennen), von Kongsberg in Norwegen und Sala in Schweden.

In Nord-Amerika finden sich die bedeutendsten Zinnober-Lagerstätten, deren Quecksilberproduction die von Idria übertrifft und 1901 die von Almaden übertroffen hat, in Californien in einer der Kreide- und Tertiärformation angehörenden, vielfach von Eruptivgesteinen durchbrochenen Schieferzone, welche aus Talk-, Glimmer-, Thon- und Kieselschiefern, Serpentinen, Sandsteinen, Kalksteinen und Dolomiten zusammengesetzt ist. Diese Schieferzone enthält Zinnober in mehr oder weniger starken Imprägnationen. An manchen Stellen, besonders da, wo Serpentine mit Sandsteinen in Berührung sind, enthalten die Imprägnationen einen hohen, bis 35% steigenden Quecksilbergehalt. Das Quecksilber findet sich sowohl an den Contactstellen als auch im Serpentin und im Sandstein allein. An mehreren Stellen ist der Zinnober von Pyrit oder von bituminösen Substanzen begleitet; an anderen Stellen findet er sich als Imprägnation von Chalcedon, dessen Quecksilbergehalt dann oft 3—10% beträgt. Das Vorkommen vertheilt sich auf die Gegend zwischen der Sacramento-Mündung und dem Clear Lake (Sulfur-Bank, Redington), auf den Ostabhang der von San Francisco nach Südosten streichenden Bergkette (New-Almaden, New-Idria) und auf die Küstengegend bei San Louis Obispo und Santa Barbara.

Das durchschnittliche Ausbringen an Quecksilber hat 1901 etwas weniger als 0,6% betragen[1]).

Die bedeutendsten Vorkommen sind die von New-Almaden, Santa Clara County, von New-Idria, San Benito County und von Napa Consolidated, Napa County.

Das gegenwärtig erschöpfte Vorkommen der Sulfur-Bankgrube, östlich vom Clear Lake, war besonders dadurch interessant, dass dasselbe sich über einem alten Geyser befand, welcher auch gegenwärtig noch kochendes Wasser mit grösseren Mengen von Gyps, Boraten der Alkalien und Schwefel auswirft.

Aus den Seitenwänden einiger Spalten der Sulfur-Bank wurde durch emporsteigende Dämpfe Schwefel abgesetzt, welcher manchmal innig mit Zinnober gemengt war.

Das Erz der Sulfur-Bank, welches im Durchschnitt 1,75% Quecksilber enthielt, war mit Schwefel gemengt und wurde zuerst auf Schwefel verarbeitet.

Die californischen Zinnober-Vorkommnisse sind schon den Indianern bekannt gewesen, welche den Zinnober zum Bemalen benutzten. Die erste

---

[1]) The Min. Ind. 1902. S. 556.

Gewinnung von Quecksilber fand 1845 durch Castillero statt. Während die Lagerstätten von Almaden und Idria nach der Tiefe zu reicher an Erz werden, scheinen die wichtigeren californischen Lagerstätten, besonders die von New-Almaden, allmälich ihrer Erschöpfung entgegenzugehen. Das durchschnittliche Quecksilberausbringen aus den californischen (gerösteten) Erzen hat (Engin. and Min. Journal Bd. 50. S. 265) 1889 1,088 bis 2,295 %, 1901 unter 0,6 % betragen.

Auch in den Staaten Oregon und Texas findet eine Gewinnung von Quecksilber aus Zinnober statt. In Britisch-Columbia ist Zinnober aufgefunden und zeitweise verhüttet worden.

In Mexico findet sich Zinnober bei Capula und St. Romualdo im Staate Jalisco, bei Pedemal, Carro, Dulces nombres, Guadalupana und Guadalcazar im Staate San Luis de Potosi, bei Huitzuco im Staate Guerrero und bei Zacatecas. Ein Theil dieser Vorkommnisse wurde früher bearbeitet. Der Betrieb auf denselben scheint aber gegenwärtig eingestellt zu sein. Die Quecksilberproduction von Mexico ist die zweitgrösste in Amerika und ist grösser als die von Italien.

In Süd-Amerika findet sich eine Zinnober-Lagerstätte, welche 1566 entdeckt wurde und früher grosse Bedeutung hatte, in Peru im Districte Huancavelica. Das Erz kommt in jurassischen Schichten am Ostabhange der westlichen Cordilleren-Kette vor, wird aber gegenwärtig nicht mehr ausgebeutet. Anderweite Vorkommnisse in Süd-Amerika sind die von Chonta, Cajamarca und Santa Cruz in Peru, des Staates Tolima in Columbia, von Andacallo in Chile (Provinz Coquimbo), von La Cruz und Santo Tomé in Argentinien, von Paranagra, Santa Catharina, Sao Paulo, Oro Preto in Brasilien.

In Asien befindet sich das bedeutendste Zinnobervorkommen in der Provinz Kweitschou im südlichen China. Das Vorkommen soll ein sehr ausgedehntes sein und die gedachte Provinz von Südwesten nach Nordosten durchziehen. Der wichtigste Gewinnungs-District soll der von Kweitschou in der Nähe der Hauptstadt Kweijang sein. Die Gewinnung von Quecksilber, welche im Jahre 1848 eingestellt wurde, ist in der neuesten Zeit von einer englischen Gesellschaft wieder aufgenommen worden.

In Asien findet sich ferner Zinnober in der Provinz Hoang-Hai in China, bei Senday in Japan, bei Ildekansk im District Nertschinsk in Sibirien, auf Borneo, Sumatra, Java, in der Nähe von Smyrna.

In Afrika ist Zinnober an mehreren Stellen in Algier und Tunis nachgewiesen worden.

In Australien findet sich Zinnober in Neu-Süd-Wales (Cudgegong, Noggriga Creek), Queensland (Kilkivan) und Neu-Seeland (Omaperesee, Kauaeranga Valley).

Die übrigen Quecksilber-Mineralien sind ohne Bedeutung für die Quecksilber-Gewinnung. Als solche sind zu erwähnen der Onofrit, ein Sulfo-Selenid des Quecksilbers (San Onofre in Mexico), der Coccinit,

Jodquecksilber (Mexico), das Quecksilber-Hornerz, natürliches Chlorquecksilber (Calomel), Moschellandsberg, Avala, Idria, Almaden).

Quecksilber-Fahlerz ist ein Fahlerz (siehe Bd. I. S. 473), welches gewisse Mengen von Schwefelquecksilber enthält. Der Quecksilbergehalt desselben geht bis zu 18% hinauf. Dasselbe findet sich besonders in Ungarn (Altwasser, Rosenau, Szlana, Kotterbach, Iglo, Göllnitz) und hat daselbst einen derartig hohen Quecksilbergehalt, dass Quecksilber als Nebenproduct aus demselben gewonnen wird (Stephanshütte bei Göllnitz, Kotterbach).

Auch manche Zinkblenden des Rheinlandes enthalten geringe Mengen von Schwefelquecksilber.

Quecksilberhaltige Hüttenerzeugnisse.

Ausser den Quecksilbererzen liefern auch quecksilberhaltige Hüttenerzeugnisse, welche bei der Gewinnung des Quecksilbers erhalten werden, das Material für die Quecksilbergewinnung. Es sind dies die sog. Stupp[1]), ein Gemenge von fein vertheiltem Quecksilber mit Russ, Zinnober, Quecksilberoxyd, Quecksilbersulfat, anderweiten Sulfaten, Quarz etc. und die Rückstände von der Verarbeitung der Stupp. Ausserdem werden Amalgame bei der Gewinnung des Silbers und Goldes erhalten, aus welchen das Quecksilber zurückgewonnen wird.

Die Gewinnung des Quecksilbers.

Die Gewinnung des Quecksilbers aus Erzen.

Die Gewinnung des Quecksilbers aus Erzen wird bis jetzt nur auf trockenem Wege ausgeführt.

Der nasse Weg ist wiederholt vorgeschlagen worden, hat sich aber nicht Bahn zu brechen vermocht und vor der Hand auch keine Aussicht auf Einführung.

Auch der elektrometallurgische Weg der Quecksilbergewinnung ist bis jetzt noch nicht zur Ausführung gelangt.

Die Gewinnung des Quecksilbers auf trockenem Wege.

Das einzige Erz, welches den Gegenstand einer selbstständigen Gewinnung des Quecksilbers bildet, ist der Zinnober. Erze, welche nur Gediegen Quecksilber führen, sind als Ausnahmen zu betrachten. Aus

[1]) Von dem slavischen Worte stupa d. i. Staub abgeleitet (Idria), daher weiblichen Geschlechts.

denselben lässt sich das Quecksilber durch einen einfachen Destillationsprozess, sei es in Retorten, sei es in Schachtöfen, gewinnen. Aus Quecksilber-Fahlerzen wird das Quecksilber bei der Röstung derselben als Nebenproduct gewonnen.

Wie sich aus den oben dargelegten chemischen Reactionen des Schwefelquecksilbers ergiebt, lässt sich aus dem Zinnober das Quecksilber auf mehrfache Weise abscheiden. Für die Abscheidung des Quecksilbers im Grossen benutzt man zwei Wege. Der eine beruht darauf, dass der Sauerstoff der Luft bei höherer Temperatur sich mit dem Schwefel des Schwefelquecksilbers zu Schwefliger Säure verbindet, während das Quecksilber frei wird nach der Gleichung:

$$HgS + 2O = Hg + SO_2.$$

Der andere beruht darauf, dass der Schwefel des Schwefelquecksilbers beim Glühen des letzteren mit Kalk an das Calcium gebunden wird und mit demselben Schwefelcalcium und Calciumsulfat bildet, während das Quecksilber abgeschieden wird nach der Gleichung:

$$4HgS + 4CaO = 3CaS + CaSO_4 + 4Hg.$$

Anstatt Kalk lässt sich auch Eisen anwenden, welches nach der Gleichung:

$$HgS + Fe = Hg + FeS$$

wirkt.

In beiden Fällen, bei der Oxydation des Schwefels durch den Sauerstoff der Luft sowohl als auch bei der Bindung des Schwefels durch Calcium oder Eisen, erfolgt die chemische Reaction bei Temperaturen, welche über dem Siedepunkte des Quecksilbers liegen, so dass dasselbe dampfförmig ausgeschieden wird und condensirt werden muss. Im ersteren Falle sind die Quecksilberdämpfe durch Schweflige Säure, Stickstoff und Sauerstoff verdünnt, während sie bei der Bindung des Schwefels an Calcium oder Eisen concentrirt sind und sich daher leichter condensiren lassen. Hiernach ist das Verfahren der Quecksilbergewinnung ein zusammengesetzter Verdampfungsprozess und zwar ein Destillationsprozess.

Wir haben nach dem Gesagten zu unterscheiden:

1. Die Gewinnung des Quecksilbers durch Erhitzen des Zinnobers an der Luft.

2. Die Gewinnung des Quecksilbers durch Erhitzen des Zinnobers mit Kalk oder Eisen bei Luftabschluss.

Was nun die Auswahl des zweckmässigsten Verfahrens anbetrifft, so wird man grundsätzlich und zwar sowohl aus wirthschaftlichen als auch aus hygienischen Gründen der Quecksilbergewinnung durch Erhitzen des Zinnobers an der Luft den Vorzug vor der Gewinnung dieses Metalles durch Erhitzen des Zinnobers mit Kalk oder Eisen geben.

Das Erhitzen des Zinnobers an der Luft lässt sich sowohl in Schachtöfen als auch in Flammöfen und in Muffelöfen ausführen. Es gestattet bei Anwendung von Schachtöfen und Flammöfen die Verarbeitung grosser Mengen von Erz bei einem vergleichsweise geringen Brennstoff- und Arbeitsaufwande. Dabei lässt sich der Betrieb so einrichten, dass die Arbeiter durch die Quecksilberdämpfe nicht belästigt werden. Dagegen hat das Verfahren den Nachtheil, dass die Quecksilberdämpfe durch Schweflige Säure, Sauerstoff, Stickstoff und bei Anwendung von Schacht- und Flammöfen auch durch Verbrennungsgase verdünnt sind und dass es desshalb schwierig ist, das Quecksilber vollständig zu condensiren. Es sind daher Verluste an Quecksilber in Folge unvollständiger Condensation desselben nicht zu vermeiden.

Die Gewinnung des Quecksilbers durch Erhitzen des Zinnobers mit Kalk oder Eisen muss in Retorten ausgeführt werden. Man erhält hierbei zwar concentrirte, leicht zu verdichtende Quecksilberdämpfe, indess hat das Verfahren den Nachtheil, dass die Erze einer Zerkleinerung bedürfen, dass man nur mit kleinen Mengen von Erz operiren kann, dass die Retorten nur verhältnissmässig kurze Zeit halten, dass der Betrieb derselben mit einem hohen Arbeits- und Brennstoff-Aufwande verbunden ist und dass die Arbeiter beim Entleeren der Retorten durch die Quecksilberdämpfe belästigt werden. Wenn das Ausbringen an Quecksilber auch etwas höher ist als bei dem erstgedachten Verfahren, so steht es demselben doch wegen der hohen Betriebskosten nach, so dass es für ärmere Erze überhaupt nicht geeignet ist. Der Hauptnachtheil aber, die Belästigung der Arbeiter durch Quecksilberdämpfe, ist so schwerwiegend, dass das Verfahren überhaupt nicht ausgeführt werden sollte. Es ist desshalb auch auf den meisten Werken aufgegeben und durch das zuerst besprochene Verfahren ersetzt worden. Zu rechtfertigen ist es nur bei der Verarbeitung sehr geringer Mengen von Erzen, welche einen sehr hohen Quecksilbergehalt besitzen.

1. Die Gewinnung des Quecksilbers durch Erhitzen des Zinnobers an der Luft.

Dieses Verfahren, ein Destillationsprozess, würde als eine oxydirende Röstung, also als ein Brennprozess anzusehen sein, wenn der zu gewinnende metallische Körper nicht verflüchtigt würde. Es besteht in einer Erhitzung des Zinnobers bei Luftzutritt bis zu einer solchen Temperatur, dass die Affinität des Sauerstoffs der atmosphärischen Luft zum Schwefel des Schwefelquecksilbers rege wird, wobei der Schwefel unter Ausscheidung des Quecksilbers in dampfförmigem Zustande zu Schwefliger Säure oxydirt wird. Ein Theil der letzteren wird hierbei durch Contactwirkung in Schwefelsäure verwandelt. Die Erhitzung des Zinnobers bis zu dieser Temperatur geschieht, wie weiter unten dargelegt wird, am besten in Schachtöfen oder Flammöfen. Es ist daher der ausgeschiedene Quecksilberdampf nicht nur mit den gedachten Säuren des Schwefels, mit Stickstoff und überschüssiger atmosphärischer Luft, sondern auch noch mit den gasförmigen Erzeugnissen der Verbrennung der Brennstoffe, Kohlensäure, Kohlenoxyd und Wasserdampf, gemengt.

Aus diesem Gemenge gas- bzw. dampfförmiger Körper muss das Quecksilber, welches sich dazu noch im überhitzten Zustande befindet, ausgeschieden werden.

Wie wir bei der Gewinnung des Zinks, welches Metall gleichfalls durch einen Destillationsprozess gewonnen werden muss, gesehen haben, ist die Condensation der Zinkdämpfe, welche gleichfalls durch andere Gase verdünnt sind, der schwierigste Theil bei der Gewinnung dieses Metalles. Bei einem bestimmten Grade der Verdünnung lässt sich das Zink überhaupt nicht mehr in flüssigem Zustande, sondern nur als Staub ausscheiden, von welchem letzteren auch stets ein erheblicher Theil in den die Condensationsvorrichtungen verlassenden Gasen zurückbleibt. Auch bei der Quecksilbergewinnung bildet die Condensation des Quecksilbers in Folge der Verdünnung der Dämpfe durch die gedachten Gase, in Folge der Ueberhitzung des Metalles und in Folge der Geschwindigkeit, mit welcher der Gasstrom die Condensationsvorrichtungen durchströmen muss, den schwierigeren Theil des Prozesses. Jedoch lässt sich die Condensation der Quecksilberdämpfe leichter bewirken als die Condensation der Zinkdämpfe, weil sich die ersteren bei dem niedrigen Erstarrungspunkte des Quecksilbers (— 39° C.) nicht als Staub ausscheiden können, sondern bei hinreichender Abkühlung als Flüssigkeit erhalten werden, und weil sich das Quecksilber bei seinem hohen spec. Gew. auch aus Gasen, in welchen es sich in verdünntem Zustande findet, noch ohne erhebliche Schwierigkeiten niederschlagen lässt. Zu vermeiden ist hierbei allerdings nicht, dass verhältnissmässig geringe Mengen von Quecksilber, welches Metall ja auch in niedrigen Temperaturen flüchtig ist, uncondensirt entweichen. Aber auch bei dem besten Betriebe lässt sich die Ueberführung eines sehr grossen Theiles von Quecksilber, bei sehr armen Erzen sogar von dem gesammten Quecksilber in die sog. Stupp (Quecksilberruss, Quecksilberschwarz, vom slavischen Worte Stupa d. i. Staub abgeleitet) nicht vermeiden. Beispielsweise erhält man auf den Hüttenwerken am Monte Amiata in Italien nur 20 bis 30 % des Quecksilbers in der Form des Metalles, den Rest in der Stupp. Die Stupp ist ein in den Condensationsvorrichtungen abgelagertes Gemenge von fein zerstäubtem Quecksilber, Quecksilberverbindungen, Russ, von Produkten der trockenen Destillation der Brennstoffe und der bituminösen Beimengungen der Erze, sowie von anderen mineralischen Bestandtheilen derselben. Sie enthält bis 80 % Quecksilber. Nach Patera soll die Stupp dadurch entstehen, dass Sulfate, welche bei dem Erhitzen des Zinnobers gebildet werden, sowie Chloride, welche in den Erzen enthalten waren oder aus den Chlorverbindungen der Asche herrühren, ferner Russ, Theer sowie aus organischen Stoffen gebildetes Ammoniak die sich verdichtenden Quecksilbertheilchen einhüllen und die Vereinigung derselben verhindern. Der grösste Theil des Quecksilbers wird durch später zu besprechende Prozesse aus der Stupp wieder gewonnen.

Bildet sich die Stupp in zu grosser Menge, so ist das ein Nachtheil. Sie ist aber wieder dadurch von Nutzen, dass sie auf die Verringerung der Quecksilberverluste hinwirkt, indem sie die feinsten Quecksilbertheilchen einhüllt und, wenn sie auch durch die Condensatoren hindurchgegangen sind, sich mit ihnen in den Flugstaubkammern (Centralcondensationskammern) niederschlägt.

In Mengen, welche 1 % des durchgesetzten Erzquantums nicht übersteigen, ist daher nach Spirek die Stupp als nützlich, als ein nothwendiges Uebel anzusehen.

Abgesehen von den gedachten Uebelständen gestaltet sich die Gewinnung des Quecksilbers durch Erhitzen des Zinnobers bei Luftzutritt in Folge des Eindringens der Quecksilberdämpfe in das Mauerwerk der Oefen und Condensationsvorrichtungen, in Folge des Zurückbleibens von Quecksilber in den Destillationsrückständen bei nicht sorgfältig geleitetem Betriebe, in Folge des verhältnissmässig geringen Quecksilbergehaltes der zur Verhüttung kommenden Erze, in Folge der Bildung von sauren Wassern aus der Schwefligen Säure und Schwefelsäure der quecksilberhaltigen Gase und deren Einwirkung auf das Quecksilber sowohl wie auf die metallischen Bestandtheile der Condensationsvorrichtungen, in Folge des Umstandes, dass die Quecksilberkügelchen durch fettige Substanzen verhindert werden sich zu vereinigen, an der Oberfläche des Wassers haften bleiben und von diesem fortgetragen werden, in Folge des Umstandes, dass Quecksilber die Metalle der Condensationsvorrichtungen, welche nicht oder nur wenig durch saure Wasser angegriffen werden, in Amalgame verwandelt, dass die Dämpfe, um die Arbeiter vor Belästigungen zu schützen, aus den Oefen und Condensationsvorrichtungen durch Exhaustoren abgesaugt werden müssen, zu einem der schwierigsten und mit der grössten Sorgfalt zu leitenden metallurgischen Prozesse, bei welchem grössere Metallverluste und Erkrankungen der Arbeiter durch Quecksilbervergiftung nur schwer zu vermeiden sind.

Die Quecksilberverluste, welche früher auf einigen Werken bis 50 % und höher hinaufgingen, sind in der neueren Zeit durch zweckmässige Einrichtung und zweckmässigen Betrieb der Destilliröfen, durch Panzerung der Wände und Dichtung der Sohlen derselben, sowie durch passende Einrichtung der Condensationsvorrichtungen und geeignete Bewegung des Gasstroms auf 5 bis 8 % von dem Quecksilbergehalte der Erze heruntergedrückt worden. Erwägt man den geringen Quecksilbergehalt der Erze (bis 0,3 % herunter), den unvermeidlichen Rückhalt sehr kleiner Mengen von Quecksilber in denselben, die unvermeidliche Bildung von Stupp, die Einwirkung saurer Wasser auf das Quecksilber, das Forttragen von Quecksilbertheilchen durch das Wasser und die Flüchtigkeit des Quecksilbers bei gewöhnlicher Temperatur, so muss der Quecksilbergewinnungsprozess in seiner gegenwärtigen Phase der Entwickelung mit einem Verluste von 5 — 8 % als ein recht gut ausgearbeiteter angesehen werden, welcher im Vergleiche zu den übrigen metallurgischen Prozessen nicht mehr als ein unvollkommenes, auf einer niedrigen Stufe der Entwickelung stehendes Verfahren angesehen werden kann.

Was die Quecksilberkrankheiten anbetrifft, so hat man die Arbeiter durch Anbringen gut eingerichteter Exhaustoren hinter den Condensationsvorrichtungen bzw. durch das Absaugen aller Gase, welche früher den Oefen und Condensationsvorrichtungen entströmten, und die Ueberführung der Austrittsgase in Essen vor der schädlichen Einwirkung der Quecksilberdämpfe nach Möglichkeit zu schützen gesucht und hierdurch eine ganz erhebliche Verminderung der Quecksilberkrankheiten erreicht. Da indessen das Quecksilber schon bei gewöhnlicher Temperatur flüchtig ist und nach Brame sein Dampf bei + 12° R. sich schon 1 m hoch erhebt, so wird es wohl niemals vollständig zu vermeiden sein, dass geringe Mengen von Quecksilber eingeathmet und durch die Lungen dem Blute zugeführt werden.

Die Quecksilberdämpfe rufen Störungen des Nervensystems, der Verdauung, der Bewegungs- und Athmungsorgane, Krankheiten der Zähne, Blutarmuth, Scorbut und Scropheln hervor. In grösserer Menge eingeathmet wirken sie tödtlich. Als prophylactische Mittel gegen Quecksilberkrankheiten werden empfohlen: Reinlichkeit, Aufenthalt und Bewegung in frischer Luft, der Genuss saurer Speisen und der mässige Genuss von Spirituosen. Melsens[1]) empfiehlt die Anwendung von Jodkalium. Dasselbe soll die vom Organismus aufgenommenen unlöslichen Quecksilberverbindungen löslich machen und so deren Ausscheidung durch den Harn bewirken.

Die Apparate nun, in welchen der besprochene Prozess ausgeführt wird, sind Destilliröfen mit den zugehörigen Condensationsvorrichtungen.

Die Destilliröfen können Haufen, Stadeln, Flammöfen, Schachtöfen und Gefässöfen sein.

Die Destillation in bedeckten Haufen mit eingeschichtetem Brennmaterial und das Auffangen des Quecksilbers in den oberen Schichten und in der Decke des Haufens, welcher Prozess beispielsweise[2]) vor langer Zeit zu Idria betrieben worden sein soll, ist wegen der Verflüchtigung von Quecksilber, wegen des Rückhaltes eines verhältnissmässig grossen Theiles von Quecksilber in den Erzen und wegen des Eindringens von Quecksilber in den Boden ein höchst unvollkommenes Verfahren. Dasselbe besitzt gegenwärtig nur noch historischen Werth.

Aus den nämlichen Gründen wie die Haufen eignen sich auch die Stadeln nicht zur Quecksilbergewinnung. Sie finden ausnahmsweise An-

---

[1]) B.- u. H. Ztg. 1877. S. 236.

[2]) Mitter. Vortrag auf dem Bergmannstag zu Klagenfurt 1893.

wendung bei der Röstung von Quecksilber-Fahlerzen für die Kupfer- und Silbergewinnung. Bei diesem Prozesse wird das Quecksilber als Nebenerzeugniss in den oberen Erzlagen des Stadels condensirt und durch Verwaschen derselben gewonnen. So wurden zu Stefanshütte in Ober-Ungarn quecksilberhaltige Fahlerze in kreisrunden Stadeln in Mengen von 50 t auf einer Unterlage von Holz mit einer darüber liegenden Holzkohlenschicht geröstet. Die Röstung dauerte 4 Wochen. Das durch Verwaschen der oberen Erzlagen gewonnene Quecksilber wurde durch Destillation gereinigt.

Flammöfen werden sowohl für Stückerze als auch für Erzklein angewendet.

Es sind sowohl Schachtflammöfen als auch Heerdflammöfen im Gebrauch.

Bei den Schachtflammöfen für Stückerze ist der Schachtraum frei, während er bei den Schachtflammöfen für Erzklein mit geneigten Platten oder Dächern ausgesetzt ist. Früher wurden die sämmtlichen Schachtflammöfen für Stückerze intermittirend betrieben.

Gegenwärtig sind auf den meisten Werken die intermittirend betriebenen Schachtflammöfen, in welchen auch durch Bindemittel zusammengebackenes Erzklein verarbeitet wurde, durch die bei Weitem wirthschaftlicher arbeitenden continuirlich betriebenen Schachtflammöfen ersetzt worden.

Für Stückerze wird man die Schachtflammöfen mit continuirlichem Betrieb bei vorhandenen billigen unverkohlten Brennstoffen und bei hohen Preisen reiner verkohlter Brennstoffe (Holzkohlen) anwenden. Bei billigen verkohlten Brennstoffen wird man den eigentlichen Schachtöfen (bei welchen der Brennstoff sich in unmittelbarer Berührung mit den zu erhitzenden Körpern befindet) vor den continuirlich arbeitenden Schachtflammöfen (wegen geringerer Stuppbildung) den Vorzug geben.

Für Erzklein wird man grundsätzlich die Schachtflammöfen mit continuirlichem Betriebe anwenden. Aber auch Stückerze wird man unter gewissen Verhältnissen, besonders wenn sich der Zinnober nicht auf den Klüftungsflächen oder als Anflug an der Oberfläche derselben befindet, sondern die ganze Masse durchdringt, sowie beim leichten Zerfallen der Stücke bis zu einem gewissen Grade zerkleinern und in Schachtflammöfen für Erzklein verarbeiten.

Schachtflammöfen mit intermittirendem Betrieb wird man überhaupt nicht mehr einrichten.

Heerdflammöfen, welche früher häufig angewendet wurden, stehen in wirthschaftlicher Hinsicht den Schachtflammöfen nach, indem sie sowohl mehr Brennstoff als auch mehr Bedienung erfordern als die letzteren. Man wendet sie desshalb nur in solchen Fällen an, in welchen Schachtflammöfen nicht geeignet sind, nämlich bei leichtstäubendem Erzklein, bei gewissen Stuppsorten und bei gröberen, im Schachtofen zerfallenden Erzen.

Eigentliche Schachtöfen, bei welchen die Erze zusammen mit Holzkohlen gegichtet werden, sind bereits in früherer Zeit (Hähner-Oefen) angewendet worden, haben aber in der neuesten Zeit (Novak-Oefen und Spirek-Oefen) wesentliche Verbesserungen erfahren und beispielsweise in Idria die neueren Schachtflammöfen für Stückerze verdrängt. Sie unterscheiden sich in ihrem Bau nicht wesentlich von den Röstschachtöfen für Stückerze und sind wegen des geringen Stuppfalles in solchen Fällen zu empfehlen, in welchen Stückerze und billige verkohlte Brennstoffe (Holzkohle) zur Verfügung stehen. Die verkohlten Brennstoffe scheiden keinen Russ aus, wodurch die Stuppbildung verringert wird.

Gefässöfen wurden früher häufig angewendet, sind aber gegenwärtig auf den meisten Werken durch Flammöfen und Schachtöfen verdrängt worden.

Die Gefässe bestanden in den frühesten Zeiten aus Thon; später wurde mit Erfolg Eisen als Gefässmaterial angewendet.

Die Gefässöfen haben den Vortheil, dass die Quecksilberdämpfe nicht durch die Verbrennungsgase der Brennstoffe, wie es bei den Flammöfen und Schachtöfen der Fall ist, verdünnt und überhitzt sind und dass sich dieselben desshalb leicht condensiren lassen und weniger ausgedehnter Condensationsvorrichtungen bedürfen; auch ist das Ausbringen an Quecksilber bei gutem Betriebe in Folge der Verringerung des Stuppfalles etwas höher, indess haben diese Oefen die Nachtheile hoher Löhne und eines hohen Brennstoffverbrauchs, sowie noch den nicht hoch genug anzuschlagenden Nachtheil einer viel grösseren Belästigung der Arbeiter durch Quecksilberdämpfe, als dies bei den Flammöfen und Schachtöfen der Fall ist. Sie sind desshalb, da sie auch in wirthschaftlicher Hinsicht durch die neueren Flamm- und Schachtöfen mindestens erreicht, wenn nicht übertroffen werden, auf den meisten Werken verschwunden.

Ihre Anwendung ist aus den gedachten Gründen nicht zu empfehlen.

Die Condensationsvorrichtungen

müssen aus einem Material angefertigt werden, welches die Quecksilberdämpfe nicht aufnimmt, die Wärme gut leitet, gestaltungsfähig ist und den sauren Dämpfen und Flüssigkeiten sowohl wie dem Quecksilber Widerstand zu leisten vermag.

Ein Material, welches allen diesen Bedingungen entspricht, hat sich indess bis jetzt noch nicht ausfindig machen lassen.

Von den bis jetzt zur Anwendung gelangten Materialien zeigt sich das Eisen zwar gestaltungsfähig und wärmeleitend, widersteht aber den sauren Wassern auf die Dauer nicht; Mauerwerk nimmt Quecksilberdämpfe auf, ist ein schlechter Wärmeleiter und wird durch die sauren Wasser angegriffen; Holz zeigt sich zwar widerstandsfähig, ist aber ein schlechter Wärmeleiter; Glas konnte nicht für sich allein, sondern nur in Verbindung mit Holz verwendet werden. Als am meisten geeignet hat sich bis jetzt das Steinzeug erwiesen. Dieser Körper ist widerstandsfähig gegen Quecksilber und Säuren und lässt sich so dünn herstellen, das seine schlechte Wärmeleitungsfähigkeit wesentlich verringert wird. Das Steinzeug wird in der Gestalt von Röhren angewendet. Ausser dem Steinzeug stehen gegenwärtig sowohl die sämmtlichen gedachten Materialien, als auch gebrannter und glasirter Thon in Anwendung. Das Eisen wird durch eine Bekleidung von Cement gegen die Einwirkung der sauren Dämpfe und des sauren Wassers geschützt. Die Gestalt, welche man den Condensationsvorrichtungen giebt, ist entweder die von Röhrensträngen oder von Kammern. Thon und Steinzeug werden in der Gestalt von Röhrensträngen verwendet; Eisen und Holz verwendet man sowohl in der Gestalt von Röhrensträngen, als auch von Kammern, Mauerwerk und Glas in der Gestalt von Kammern. Am zweckmässigsten wird die Condensation in Röhren mit der Condensation in Kammern vereinigt. Der Durchmesser der Röhren sowohl, wie die Abmessungen der Kammern sind an bestimmte Zahlen gebunden, da zu enge Röhren den Zug beeinträchtigen, während zu grosse Kammern nur wenig abkühlend auf das Innere des sie durchziehenden Gasstromes einwirken. Durch passende Vereinigung von Röhren mit Kammern oder durch Vereinigung von Kammern aus verschiedenem Material (Mauerwerk, Eisen, Holz, Glas), sowie durch Abkühlung gemauerter Kammern mittelst gusseiserner, von Wasser durchströmter Kästen, ist es in der letzten Zeit gelungen, die Quecksilberverluste durch unvollkommene Condensation dieses Metalls auf einen sehr geringen Betrag herabzudrücken.

Als besonders geeignet hat sich der später beschriebene Schenkelröhren-Condensator von Czermak in Verbindung mit Canälen oder Kammern aus Holz erwiesen. Dieser Condensator besteht aus Eisen, welches gegen die Einwirkung saurer Wasser und Dämpfe durch einen geeigneten Ueberzug geschützt wird. Von Mitter ist als Material für diesen Condensator Steinzeug eingeführt worden.

Die durchaus erforderliche Zugwirkung in den Oefen und Condensatoren wird durch Exhaustoren der verschiedensten Art (Wassertrommelgebläse, Cagniardellen, Blower, Ventilatoren) hervorgebracht. Als angemessen für den normalen Betrieb hält man eine Depression von 0,1 mm Wassersäule beim Austritt der Gase aus dem Ofen in den Condensator. Dieselbe muss so gross sein, dass die Spannung des Gasstromes in den Oefen und Condensationsvorrichtungen unter die Spannung der Atmosphäre herabgesetzt ist, damit nicht Quecksilberdämpfe aus diesen Apparaten austreten können. Früher hat man auch durch besondere Oefen gefeuerte Essen an Stelle der Ventilatoren angewendet, ist aber wegen der nicht gleichmässigen Wirkung derselben, wegen der mit ihrer Anwendung verbundenen unvollkommenen Condensation des Quecksilbers und wegen der Belästigung der Arbeiter durch Quecksilberdämpfe davon abgekommen.

Die Versendung des Quecksilbers geschieht in Flaschen aus Schmiedeeisen, welche durch Schraubenstöpsel verschlossen werden. Das Gewicht des Quecksilbers einer gefüllten Flasche beträgt in Idria und

Almaden 34,5 kg, in Californien (New-Almaden) 34,7 kg. Auf kleineren Werken in Europa versendet man das Quecksilber, wie es früher auch zu Idria geschah, in enthaarten Schaaffell-Beuteln in Mengen von je 25 kg.

Es sollen nun nachstehend die verschiedenen Destilliröfen und die mit denselben verbundenen Condensationsvorrichtungen, sowie der Betrieb und die wirthschaftlichen Ergebnisse derselben des Näheren besprochen werden.

Hierbei empfiehlt es sich im Interesse einer folgerichtigen Darlegung zuerst die Gewinnung des Quecksilbers in Flammöfen zu erörtern, dann die Gewinnung dieses Metalles in Schachtöfen und schliesslich die Gewinnung desselben in Gefässöfen folgen zu lassen.

Die Quecksilbergewinnung in Flammöfen.

Bekanntlich unterscheidet man Flammöfen mit schachtförmigem Erhitzungsraum, die sog. Schachtflammöfen, und Flammöfen mit horizontal liegendem, gestrecktem Erhitzungsraum, die sog. Heerdflammöfen.

Bei der Quecksilbergewinnung wendet man grundsätzlich Schachtflammöfen an und zwar für Stückerze in solchen Fällen, in welchen rohe Brennstoffe billig und verkohlte Brennstoffe theuer sind, für Erzklein in allen Fällen, in welchen dasselbe nicht zu stark stäubt. Die Heerdflammöfen finden nur in solchen Fällen Anwendung, in welchen die Erze zur Verarbeitung in Schachtflammöfen nicht geeignet sind, sei es wegen leichten Verstäubens der Schliche, sei es wegen des leichten Decrepitirens und Verstäubens der Stückerze.

Die Gewinnung des Quecksilbers in Schachtflammöfen.

Man unterscheidet Schachtflammöfen mit intermittirendem Betriebe und Schachtflammöfen mit continuirlichem Betriebe. Die Schachtflammöfen mit intermittirendem Betriebe finden zwar gegenwärtig noch Anwendung, stehen aber den Schachtflammöfen mit continuirlichem Betriebe in wirthschaftlicher Hinsicht bei Weitem nach. Für die Folge wird man daher grundsätzlich Schachtflammöfen mit continuirlichem Betriebe anwenden.

Die Quecksilbergewinnung in Schachtflammöfen mit intermittirendem Betriebe.

Die Quecksilbergewinnung in diesen Oefen fand früher zu Idria und auf den Redington-Werken in Californien statt, ist daselbst aber wegen ihrer Kostspieligkeit verlassen worden. Gegenwärtig findet sie noch in grossem Umfange zu Almaden in Spanien statt; zu New-Almaden in Californien wurde sie längere Zeit hindurch ausgeführt, ist daselbst aber aufgegeben worden.

Für Schliche sind die Schachtflammöfen mit intermittirendem Betriebe nur dann anwendbar, wenn dieselben in flachen Gefässen (Cassetten) in die Oefen eingesetzt werden, oder wenn dieselben mit Hülfe von Bindemitteln zu Ziegeln geformt werden.

Die Oefen stellen Schächte mit Innenfeuerung oder mit seitlicher Feuerung dar. Die Condensationsvorrichtungen sind entweder Stränge aus gebauchten Thonröhren oder Kammern aus Mauerwerk.

Als Brennstoff benutzt man unverkohlte Brennstoffe (Strauchwerk, Holz, Steinkohle). Der Zug wird durch Essen oder am zweckmässigsten durch Exhaustoren bewirkt.

Die ganze zu verarbeitende Erzmasse wird auf einmal in die Oefen eingesetzt, durch Flammenfeuerung so lange erhitzt, bis sie in Folge der durch die Oxydation des Schwefels des Zinnobers entwickelten Wärme von selbst fortbrennt, und nach dem Erlöschen noch einige Zeit der Abkühlung überlassen, worauf die Destillations-Rückstände ausgezogen werden, um einem neuen Einsatz Platz zu machen.

Die Oefen mit Innenfeuerung.

Man unterscheidet dieselben nach der Einrichtung der mit ihnen verbundenen Condensationsvorrichtungen in sog. Bustamente-Oefen, deren Condensationsvorrichtungen aus Strängen von gebauchten Thonröhren, sog. Aludeln, mit dahinterliegenden Kammern bestehen, und in sog. Idrianer-Oefen, deren Condensationsvorrichtungen ein System von gemauerten Kammern darstellen. Die Oefen besitzen 6 bis 9,5 m Höhe und kreisrunden oder quadratischen Horizontalquerschnitt. Der Durchmesser der Oefen mit kreisförmigem Horizontalquerschnitt beträgt 1,30 bis 2 m; die Seite bei quadratischem Horizontalquerschnitt 3 m. Im Innern der Oefen ist ein durchbrochenes Gewölbe angebracht, welches den Feuerraum von dem über dem Gewölbe befindlichen Destillirraum trennt. Um den Druck der Erzsäule auf die Seitenwände des Ofens zu vermindern oder um Schaalen mit Erzschlichen bequem im Ofen aufstellen zu können, hat man auch wohl im Destillirraume des Ofens durchbrochene Gewölbe angebracht.

Der Bustamente-Ofen oder Aludelofen[1]).

Dieser Ofen wurde im Jahre 1633 von dem Arzte Lopez Saavedra Barba in Huancavelica (Peru) erfunden und im Jahre 1646 durch Bustamente, dessen Namen er trägt, in Almaden in Spanien eingeführt. Daselbst hat er sich auch trotz mancher Anfechtungen noch bis zur Gegenwart erhalten. Es befinden sich in Almaden 22 Bustamente-Oefen, welche den

[1]) Kuss, Mines et usines d'Almaden. Ann. des mines 1878; État actuel de l'usine d'Almaden. Ann. des mines 1887. Escosura, Historia del ratamiento metalurgico del azogue en España. Madrid 1878. Gandolfi, Les mines et usines d'Almaden. Revue universelle des mines et de la métallurgie 1889.

bei Weitem grössten Theil der dortigen Quecksilberproduction liefern. In der Mitte des achtzehnten Jahrhunderts wurde der Ofen durch Poll in Idria (Krain) eingeführt. Hier wurden indessen die Aludeln bald durch gemauerte Kammern ersetzt, wodurch der Bustamente-Ofen in den Idrianer Ofen überging.

Die Einrichtung des Bustamente-Ofens nebst Condensationsvorrichtungen zu Almaden ist aus den Figuren 245 und 246 ersichtlich. Je zwei dieser Oefen befinden sich in einem Massiv. S ist der cylindrische 6 bis

Fig. 245.

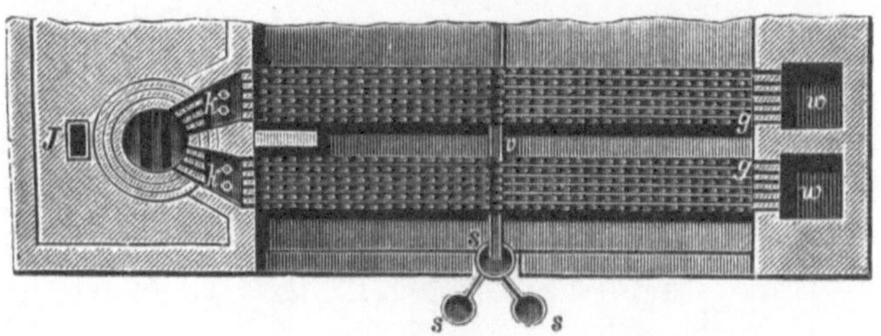

Fig. 246.

9 m hohe Schacht, dessen Durchmesser bei den kleineren Oefen 1,30 m, bei den grösseren Oefen 2 m beträgt; z ist ein durchbrochenes Ziegelgewölbe, unter welchem sich der Feuerungsraum F befindet. Ueber demselben befindet sich der Destillirraum. Der Schacht ist oben durch ein halbkugelförmiges Gewölbe, in welchem sich eine Einsatzöffnung e befindet, geschlossen. Das Einsetzen der Erze in den Destillirraum geschieht zuerst durch die in der Seitenwand des Ofens angebrachte Oeffnung O, welche vor Beginn des Betriebes zugemauert wird, und später durch die gedachte Einsatzöffnung e, welche durch einen Deckel verschlossen und mit feuchter Asche lutirt wird. H ist das Schürloch. Dasselbe dient auch zur Zuführung der Oxydationsluft. J ist eine Esse zur Abführung der nicht im

Ofen emporsteigenden Verbrennungsgase. Der grösste Theil der letzteren steigt durch die Oeffnungen des Ziegelgewölbes aufwärts und durchdringt mit der überschüssigen Luft die Erzsäule. Die Verbrennungsgase, sowie

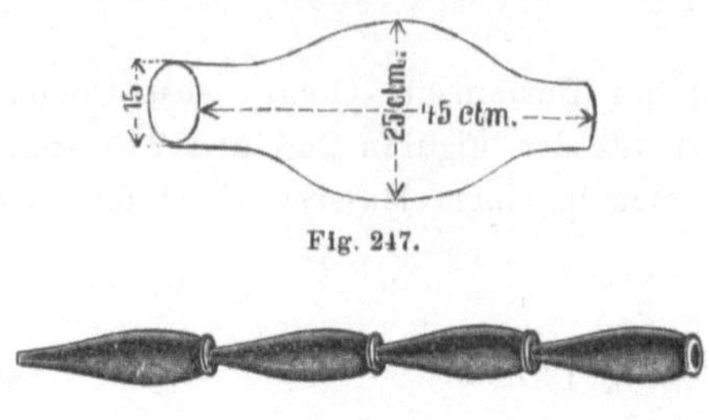

Fig. 247.

Fig. 248.

die im Destillationsraum entbundenen Quecksilberdämpfe und Säuren des Schwefels gelangen durch 6 Oeffnungen (von je 30 cm Höhe und 10 cm Weite) k im oberen Theile des Schachtes in die Condensationsvorrichtungen. Die letzteren bestehen aus 12 nebeneinander liegenden Aludelsträngen und 2 Kammern, in deren jede je 6 Aludelstränge münden. Die Aludeln, deren

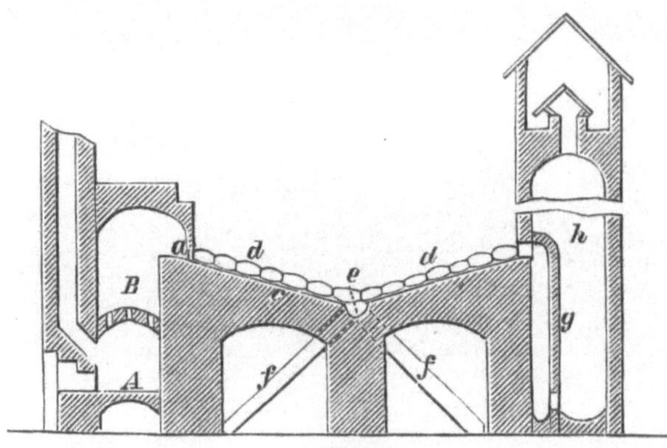

Fig. 249.

eine in Figur 247 dargestellt ist, sind äusserlich glasirte, ausgebauchte Thonröhren von 40—45 cm Länge, 20—25 cm Durchmesser im Bauche und 12—15 cm Durchmesser an den Enden. Die Ausbauchung soll die Bewegung der Gase verzögern und dadurch die Condensation des Quecksilbers befördern. Je 40 bis 45 dieser Aludeln sind, wie es Figur 248 zeigt, ineinander gesteckt und bilden einen Strang. Um das Entweichen von Gasen an den Verbindungsstellen zu verhindern, sind die letzteren sorgfältig lutirt. Die Aludelstränge liegen parallel zu einander in rinnenförmigen Vertiefungen von zwei convergirenden Flächen, und zwar so, dass die erste Hälfte des Aludelstranges die Gase und Dämpfe nach abwärts und die zweite Hälfte desselben sie nach aufwärts führt. Die auf der absteigenden Hälfte des Aludelplanes liegenden Aludeln besitzen im unteren Theile der Ausbauchung je eine Oeffnung von 2 bis 4 mm Durchmesser, durch welche das in ihnen condensirte Quecksilber abfliesst. Diese Oeffnung fehlt bei den Aludeln der aufsteigenden Hälfte des Aludelplans. Das condensirte Quecksilber, welches theils durch die gedachten Oeffnungen der Aludeln ausfliesst, theils bei der zeitweise vorgenommenen Entleerung der Aludeln in die geneigten Rinnen abgelassen wird, gelangt in die geneigte Sammelrinne v und fliesst aus der letzteren in die Gefässe s, aus welchen es durch die in Figur 249 sichtbaren Eisenrohre f in das Magazin gelangt, wo es sich in graduirten gusseisernen Kesseln, deren einer für je zwei in einem Massiv befindliche Oefen vorhanden ist, ansammelt. Aus den Aludelsträngen gelangen die Dämpfe und Gase in Condensationskammern w (h in Figur 249) aus Mauerwerk, in welchen die noch nicht verdichteten Quecksilberdämpfe condensirt werden sollen. Eine Zwischenwand g soll den Weg der Dämpfe verlängern. Die nicht condensirten Gase ziehen durch die mit einem Register versehene Esse ab.

Als Brennstoff verwendete man früher in Almaden Strauchwerk und Gestrüpp, gegenwärtig Steinkohlen.

In die grösseren Oefen setzt man 12 970 kg Erz, in die kleineren Oefen 8840 kg ein. Hierzu kommen noch für jeden Ofen 1500 kg in Ziegelform gebrachtes Erzklein (bolas).

Man unterscheidet in Almaden 4 Sorten von Erz, nämlich metal (reiches Erz), requiebro (mittelreiches Erz), china (armes Erz) und vacisco (Erzklein).

Nach Escosura ist die durchschnittliche Zusammensetzung dieser Erzsorten die nachstehende:

	Metal		Requiebro		China		Vacisco	
	1.	2.	1.	2.	1.	2.	1.	2.
Zinnober	29,1	21,2	13,3	10,02	1,2	0,86	5,1	2,8
Eisenkies	2,2	2,0	2,0	1,9	2,1	2,80	12,3	1,5
Bituminöse Substanz	0,6	1,0	1,0	1,2	3,4	0,90	4,6	0,7
Gangart	67,5	74,8	82,1	76,5	90,2	93,50	77,5	93,3
Summa	99,4	99,0	98,8	98,9	98,7	98,06	99,5	98,3
Quecksilber . . .	25,5	18,28	11,47	8,64	1,03	0,75	4,40	2,41

Vor dem Einsetzen des Erzes bringt man auf das durchlöcherte Ziegelgewölbe eine 0,6 m hohe Schicht von Quarzstücken oder armem Haufwerk (solera pobre), dessen Stücke eine solche Grösse besitzen, dass die Flamme des Brennstoffs bequem durch dieselben hindurchziehen kann. Auf dasselbe bringt man mittelreiche Erze (requiebro) und ärmere Erze (china), welche beide Sorten zusammen $^2/_3$ des Gesammteinsatzes ausmachen; dann lässt man reiches Erz (metal) folgen und setzt dann Scherben gebrauchter Aludeln und Ziegel von Erzklein (vaciscos) und Stupprückständen ein. Das Eintragen des Einsatzes geschieht durch 3 Mann in

$1^1/_2$ bis 2 Stunden. Ist der volle Einsatz im Ofen, so werden die beiden Eintrageöffnungen desselben geschlossen und der Brennstoff im Feuerraum entzündet. Während man früher Reisigholz und Gestrüpp als Brennstoff verwendete, benutzt man gegenwärtig Steinkohle, welche auf einem Roste verbrannt wird. Nach Ablauf von 4 bis 5 Stunden zeigt sich das erste Quecksilber in den vorderen Aludeln. Nach 10 bis 12 stündigem Feuern ist die Erhitzung der Erzsäule soweit vorgeschritten, dass die für die Unterhaltung des Prozesses erforderliche Wärme durch die Verbrennung des Schwefels, des Zinnobers und des Pyrits geliefert wird. Die Feuerung wird nun eingestellt. Die Luft, welche die Oxydation des Schwefels bewirkt, wärmt sich beim Durchstreichen der Ziegelmauerung des durchbrochenen Gewölbes und der tauben Massen, welche auf diesem Gewölbe ruhen, auf 200 bis 300° an. Die Erze brennen gegen 43 bis 44 Stunden, während welcher Zeit ununterbrochen Quecksilber überdestillirt. Nach Ablauf dieser zweiten Periode (brasa) lässt man die im Ofen befindlichen Massen gegen 18 Stunden lang abkühlen. Zur Beförderung der Abkühlung öffnet man die Thüre des Feuerraumes und die Einsatzthüre. Am Ende der Abkühlungsperiode zieht man die Destillations-Rückstände aus dem Ofen, wozu gegen 2 Stunden erforderlich sind. Nach dem Ausziehen der Rückstände wird der Ofen von Neuem besetzt.

Ein Brand dauert im Ganzen gegen 3 Tage (zu 24 Stunden). Hiervon kommen auf die Feuerungsperiode gegen 10 Stunden, auf die Destillationsperiode 44 Stunden und auf das Abkühlen 18 Stunden.

Früher gebrauchte man an Brennstoff auf einen Einsatz 2200 bis 2500 kg Holz. Gegenwärtig, wo Steinkohlen angewendet werden, erfordert ein grosser Ofen für einen Einsatz (12 970 kg Erzstücke und 1500 kg Erzklein) 900 kg Steinkohle, ein kleiner Ofen (8840 kg Erzstücke und 1500 kg Erzklein) 700 kg Steinkohle.

Was die Temperatur in den Condensationsvorrichtungen anbetrifft, so hat man nach Kuss gefunden, dass die höchste Temperatur in den ersten Aludeln 245 bis 260° C. beträgt und nach 40 Stunden erreicht wird, dass dieselbe bei der zehnten Aludel (vom Ofen aus gerechnet) 105° beträgt und nach 48 Stunden erreicht wird, dass sie bei der mittelsten Aludel des Stranges 50° beträgt und nach 52 Stunden erreicht wird, und dass sie bei der letzten Aludel jedes Stranges 29° beträgt und nach 52 Stunden erreicht wird.

Die Aludeln in der dem Ofen zunächst liegenden Hälfte des Aludelplans werden alle Monate, die der zweiten Hälfte alle 2 Monate von dem in ihnen enthaltenen Quecksilber und der Stupp befreit. Zu diesem Zwecke wird die Lutirung entfernt und die einzelnen Aludeln werden zuerst senkrecht über die geneigten Rinnen des Aludelplans gehalten, damit das in ihnen enthaltene Quecksilber in diese Rinnen abfliessen kann; darauf werden sie mit Bürsten von Stupp gereinigt, welche in Haufen angesammelt und in später zu besprechender Art von dem grösseren Theile ihres

Quecksilbergehaltes befreit wird. Die hierbei verbliebenen Rückstände werden mit dem Erzklein zu Ziegeln geformt und in den beschriebenen Oefen verarbeitet.

Ueber die Metallverluste gehen die Ansichten auseinander; dieselben werden zwischen 4,41 und 25 % angegeben[1]). Langer (l. c.) rechnet den Quecksilberverlust bei Anwendung der neueren Probirmethode auf durchschnittlich 20 % heraus.

Der Aludel-Ofen steht, wie schon gesagt, nur noch in Almaden in Anwendung. Dass der intermittirende Betrieb dem continuirlichen Betriebe nachsteht, bedarf keines Nachweises. Auch in Almaden scheinen die Tage des Aludel-Ofens gezählt zu sein, da man gegenwärtig dort Czermak-Spirek-Oefen errichtet. Die Condensationsvorrichtungen, die Aludelstränge mit den daranstossenden Kammern, stellen ein Princip dar, welches in der neuesten Zeit, wenn auch in abgeänderter Form, als ein richtiges erkannt worden ist. Nach diesem Principe sind die neuesten Condensationsvorrichtungen in Idria, welche Systeme von Steinzeugröhren mit dahinter liegenden hölzernen Kammern darstellen, eingerichtet worden.

Der Idrianer Ofen.

Dieser Ofen unterscheidet sich vom Bustamente-Ofen nur durch die Einrichtung der Condensationsvorrichtungen, welche hier nicht Aludeln, sondern gemauerte, inwendig mit Cement überzogene Kammern sind. Es befinden sich 6 bis 8 dieser Kammern zu beiden Seiten des Ofens. Die Gase und Dämpfe treten daher an zwei Seiten des Ofenschachtes aus. Der Idrianer Ofen wurde 1787 durch v. Leithner in Idria eingerichtet und hat daselbst mit mehrfachen Abänderungen bis 1870 im Betriebe gestanden. Er wurde 1806 durch Larrañaga in Almaden eingeführt und steht daselbst auch gegenwärtig neben den Bustamente-Oefen noch im Betriebe.

In Idria wurden die ursprünglichen Oefen im Jahre 1825[2]) umgebaut und zu zweien sowohl als auch zu einem in ein Massiv gelegt. Die Doppelöfen erhielten den Namen „Franz-Oefen“; die zu vieren in einem Massiv vereinigten Oefen (Quadrupelöfen) den Namen „Leopoldi-Oefen“.

Die Einrichtung des neueren Leopoldi-Ofens zu Idria ist aus den Figuren 250 u. 251 ersichtlich. Hierbei ist zu bemerken, dass die Condensationskammern an der einen Seite des Ofens weggelassen sind.

Der Ofen hat quadratischen Horizontalquerschnitt (3 m Seite) und besitzt zwei durchbrochene Ziegelgewölbe. Auf dem unteren a ruhen die

[1]) L. de la Escosura. Historia del ratamiento metalurgico del azogue en España. Madrid 1878. (B.- u. H. Ztg. 1879. S. 448).

Kuss. Mines et usines d'Almaden. Ann. des mines 1878; état actuel de l'usine d'Almaden. Ann. des mines 1887.

Langer. Beschreibung des Quecksilberwerkes Almaden. Berg- und Hüttenm. Jahrb. d. Berg-Akademien Leoben, Przibram und Schemnitz. 1879.

[2]) Mitter l. c.

Stückerze, während das obere b zur Aufnahme des in thönerne oder gusseiserne Schüsseln (Casetten) eingesetzten Erzkleins dient. Zeitweise standen auch Oefen mit 3 durchbrochenen Gewölben im Schachte in Anwendung. Unter dem unteren Ziegelgewölbe befindet sich die Feuerung mit dem Rost c. w sind Luftzuführungs-Canäle. h sind Putzöffnungen. x sind Abzugscanäle, deren sich 6 an jeder Seite des Ofens befinden. Der

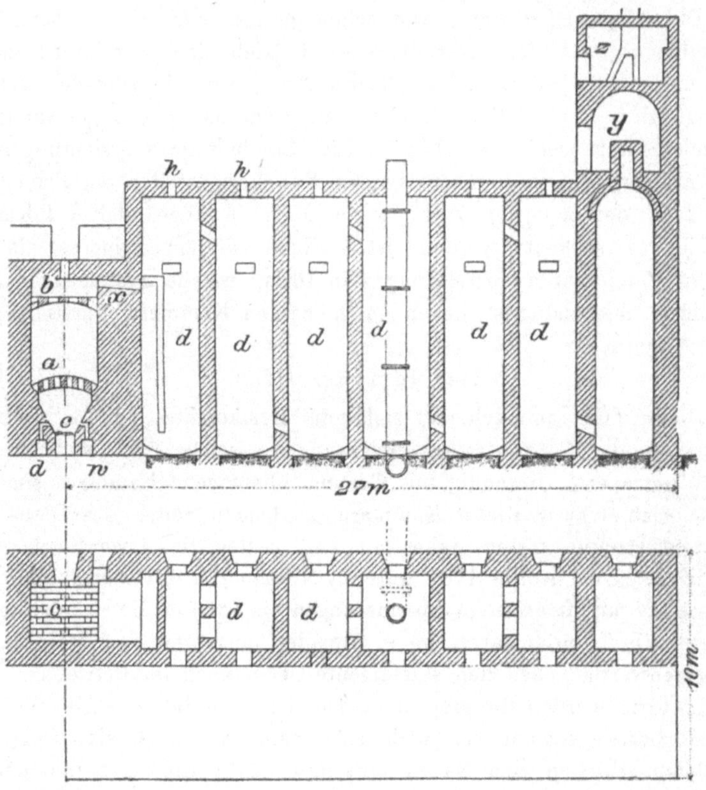

Fig. 250 u. 251.

Boden der Condensationskammern d ist nach einer Seite hin geneigt, um dem condensirten Quecksilber einen Abfluss nach einer an dieser Seite der Kammern liegenden Rinne zu gestatten, durch welche letztere das Quecksilber in das Magazin fliesst. Aus der letzten Condensationskammer ziehen die Gase durch die Canäle y und z in die Esse.

Die Einrichtung eines älteren Doppelofens mit 3 durchbrochenen Gewölben im Schachte ist aus den Figuren 252, 253 u. 254 ersichtlich, wobei die Figur 254 den Schacht in etwas grösserem Maassstabe darstellt als die Figuren 252 und 253. Auf das unterste Gewölbe xx werden die gröbsten Erzstücke gebracht, auf das mittlere yy setzt man die Erzstücke von mittlerer Grösse und auf das oberste Gewölbe z z setzt man die Casetten mit dem Erzschlich. w sind die Abzugsöffnungen zu beiden Seiten des Ofens (je 6 an jeder Seite) und T die mit denselben verbundenen Condensationskammern. Aus der letzten höheren Condensationskammer U gelangen die Gase in den Canal k, welcher sie in die Esse führt. Zu beiden Längsseiten der Kammersysteme befinden sich Rinnen r, welche

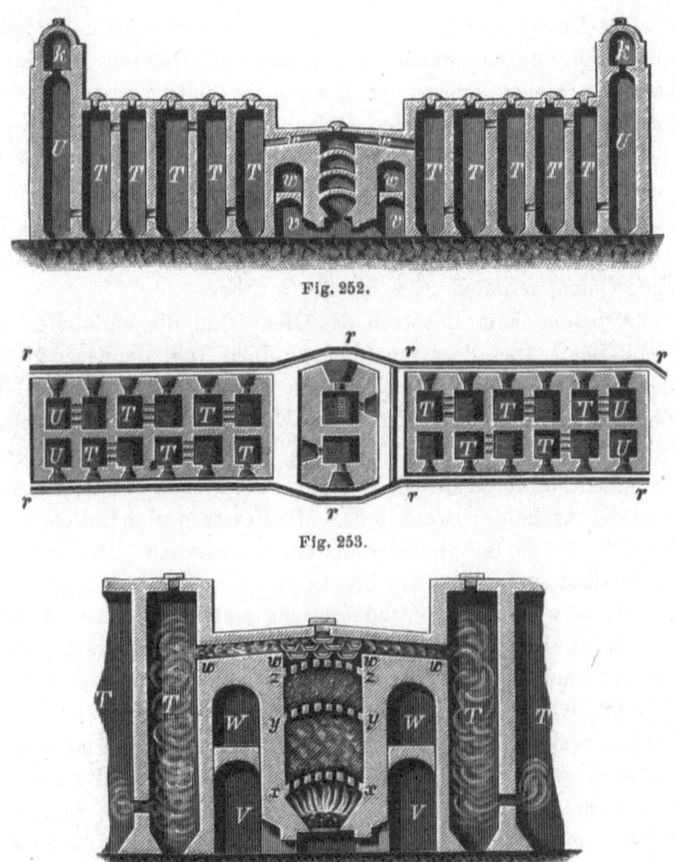

Fig. 252.

Fig. 253.

Fig. 254.

das Quecksilber aus den einzelnen, mit geneigten Böden versehenen Kammern aufnehmen und in das Magazin führen. V und W sind Gewölbe, durch welche Luft in den Schacht bzw. zu dem Brennstoff gelangt. In diesen Oefen wurden zeitweise nur Schliche, welche in Casetten eingefüllt waren, verarbeitet. Dieselben fassten je 1800 Casetten mit 20 kg Schlich.

In den gedachten Oefen wurde zuerst 10 bis 12 Stunden gefeuert, worauf man dieselben 5 bis 6 Tage sich selbst überliess und dann zum Ausziehen der Destillationsrückstände schritt. Der Erzeinsatz pro Ofen betrug

49 bis 58 t. Das Ausbringen betrug bei einem Quecksilbergehalte der Erze, von 3,26 % = 2,36 %. Das Ausbringen war geringer als das der Aludelöfen, dagegen waren die Betriebskosten geringer.

In Almaden stehen gegenwärtig noch 2 Idrianer Oefen in Anwendung, deren Tage gleichfalls gezählt sind. Jeder Ofen ist 7,5 m hoch, hat kreis runden Horizontalquerschnitt und 3 m Durchmesser. Wie beim Aludel-Ofen ist auch hier nur ein einziges durchbrochenes Ziegelgewölbe vorhanden. Der Destillirraum hat in seinem oberen Theile an jeder Seite je 5 Oeffnungen, durch welche die Gase und Dämpfe in die Condensationskammern ziehen, deren je 6 an jeder Seite vorhanden sind. Die letzte Kammer ist, wie bei den Oefen von Idria, höher als die anderen Kammern und wirkt als Esse. Im Uebrigen besitzen die Kammern, deren Boden und Wände durch Portland-Cement gedichtet sind, die nämliche Einrichtung, wie die oben beschriebenen Kammern der Oefen zu Idria.

Der Einsatz in diese Oefen ist doppelt so gross wie der Einsatz der Bustamente-Oefen, nämlich 27,2 bis 28,75 t Erz.

Die Arbeiten beim Besetzen des Ofens sind die nämlichen wie beim Bustamente-Ofen. Das Besetzen dauert einen Tag, dann wird einen Tag hindurch gefeuert, worauf an den beiden folgenden Tagen die Destillation durch die Verbrennungswärme des in den Erzen enthaltenen Schwefels unterhalten wird. Es folgt nun die einen Tag dauernde Abkühlungsperiode und dann das einen Tag in Anspruch nehmende Ausziehen der Destillationsrückstände und der Asche des Brennstoffs. Mit Besetzen und Entleeren des Ofens sind demnach 6 Tage für eine Destillation erforderlich. Der Holzverbrauch für eine Destillation beträgt 4,2 bis 4,5 t.

Die Stupp wird in den Condensationskammern durch Reiben von dem grösseren Theile des in ihr enthaltenen Quecksilbers befreit. Die hierbei verbleibenden Rückstände werden mit dem Erzklein zu Ziegeln zusammengebacken und in den Destilliröfen verarbeitet.

Die Quecksilber-Verluste in diesen Oefen stellen sich nach in Almaden ausgeführten Versuchen höher als die Verluste in den Bustamente-Oefen. Das Verhältniss der Verluste in beiden Oefen wird wie 6,2 (Idria-Ofen) zu 4,41 (Bustamente-Ofen) angegeben, jedoch ist dasselbe unter Zugrundelegung der alten Probe (Retortenprobe mit Kalk) ermittelt und kann daher nicht als sicher angenommen werden. Dagegen steht die Thatsache fest, dass der Betrieb der Idrianer Oefen billiger ist als der[1]) der Bustamente-Oefen.

In Idria, wo der Ofen, allerdings bei Erzen, welche ärmer an Quecksilber waren als die Almadener Erze (Idria 3—4 % Hg, Almaden 7—10 % Hg), sich besser bewährte als der Bustamente-Ofen, ist er schon seit dem Jahre 1870 abgeworfen und durch die besser und wirthschaftlicher arbeitenden continuirlichen Flammöfen und die neueren Schachtöfen ersetzt worden.

---

[1]) Langer l. c.

Die Oefen mit Aussenfeuerung.

Oefen dieser Art standen früher auf den Redington-Werken bei Knoxville in Californien und auf den Werken von New-Almaden in Californien in ausgedehntem Maasse in Anwendung[1]), sind daselbst aber durch neuere Oefen verdrängt worden. Der letzte Ofen dieser Art war im Jahre 1889 zu New-Almaden noch zeitweise im Betrieb, ist aber gegenwärtig verschwunden. Bei diesen Oefen waren zwei gegenüberliegende Wände des Schachtes durchbrochen. An der einen Seite (ausserhalb des Schachtes) befand sich die Feuerung. Die Feuergase gelangten durch die Oeffnungen der einen Seite in den mit Erzen gefüllten Schacht und zogen durch in

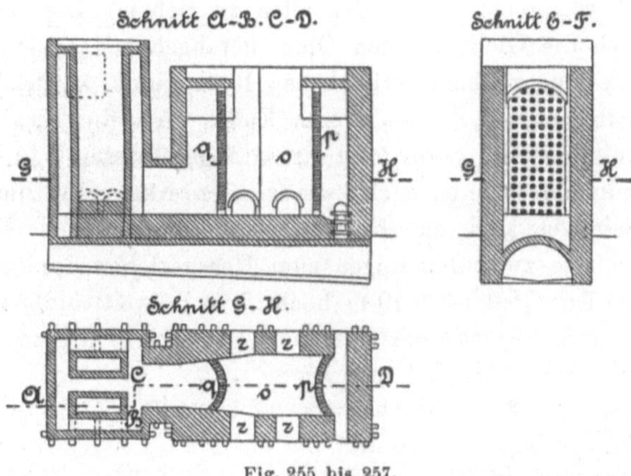

Fig. 255 bis 257.

der Erzsäule ausgesparte horizontale Canäle (also in horizontaler Richtung) nach der gegenüberliegenden Seite, um durch die in der letzteren angebrachten Oeffnungen in die Condensationskammern zu ziehen. Die letzteren waren ebenso eingerichtet wie die Kammern der Idrianer Oefen; nur lagen sie an einer einzigen Seite des Ofens und waren in grösserer Zahl (zu 18 bis 22) vorhanden und endigten mit einem aus Mauerwerk hergestellten Thurm, der seinerseits durch einen Canal mit einem Guibal'schen Ventilator verbunden war.

In diesen Oefen wurden sowohl gröbere Stücke als auch zu Ziegeln geformtes Grubenklein verarbeitet.

Die Einrichtung des Ofens ist aus den Figuren 255, 256 und 257 ersichtlich. o ist der eigentliche Schachtofen. p und q sind die aus Ziegelmauerwerk hergestellten, in ihrer ganzen Höhe durchbrochenen einander gegenüberliegenden Wände für den Durchzug der Feuergase. Dieselben sind gewölbt, um dem seitlichen Drucke der Erzmassen besser widerstehen

[1]) Egleston. Metallurgy of Silver, Gold and Mercury. Vol. II. pag. 814.

zu können. Die Rostfeuerung befindet sich in dem hinter der Seitenwand p befindlichen Raume. Durch die Oeffnungen in dieser Wand p gelangen die Feuergase in den Schacht und ziehen mit den Dämpfen von Schwefliger Säure und Quecksilber durch die Oeffnungen in der Wand q in die Condensationsvorrichtungen. Der Durchzug der Gase durch die Erzsäule wird durch in derselben ausgesparte Canäle ermöglicht, welche den Oeffnungen in den Wänden des Ofens entsprechen. Bei der Verarbeitung von Stückerzen werden diese Canäle durch entsprechende Anordnung der Stücke hergestellt. Bei der gleichzeitigen Verarbeitung von Stückerzen und Ziegeln von Erzklein (adobes) oder von Erzkleinziegeln allein werden die Canäle aus diesen Ziegeln hergestellt. Die Canäle besitzen im oberen Theile der Erzsäule geringeren Querschnitt als im unteren Theile, um die Flamme zu veranlassen, wagerecht durch den Ofen zu ziehen. Die Erze werden in Körben durch die Gicht in den Ofen herabgelassen. Die nach dem Abdestilliren des Quecksilbers verbliebenen Rückstände werden durch die Ziehöffnungen zz entfernt. Am oberen Ende wird die Erzsäule durch Bedecken mit altem Eisen, Stroh und Lehm abgeschlossen. In der ersten Condensationskammer befinden sich zwei kleinere Kammern zum Trocknen der Erze. Dieselben sind an ihrem oberen Ende offen und an ihrem unteren Ende mit je zwei Oeffnungen zum Herausziehen der getrockneten Erze versehen. Der Ofen ist 5,49 m hoch, 2,74 m weit und 3,66 m lang. Die Oeffnung, durch welche die Gase und Dämpfe in die erste Condensationskammer ziehen, ist 2,133 m hoch.

Die Grösse des Einsatzes beträgt 90 bis 100 t; die älteren Oefen erhielten Einsätze von 50 bis 70 t.

Das Einsetzen der Erze in den Ofen dauerte 1 Tag und beanspruchte 8 Mann. Nachdem der Ofen gehörig verschlossen war, wurde $4^1/_2$ Tage lang gefeuert. Die Condensation des Quecksilbers begann nach 14 bis 16-stündigem Feuern und war nach $4^1/_2$ Tagen beendigt. Alsdann wurde der Ofen $3^1/_2$ Tage lang der Abkühlung überlassen, während welcher Zeit die Thüren des Feuerungsraumes geöffnet waren. Nach Ablauf dieser Zeit wurde die Decke abgenommen und die Rückstände der Destillation wurden durch die Ziehöffnungen aus dem Ofen entfernt. Die Unterhaltung der Feuerung erforderte 1 Mann in der Schicht. Das Ausräumen des Ofens dauerte 1 Tag und beanspruchte 4 Mann.

In einem Monat konnten drei Einsätze verarbeitet werden. Auf 100 t Erz wurden 18 cord Holz verbraucht (1 cord = 128 engl. Cubikfuss). Aus 1 t Erz wurden im Durchschnitt 1,873 Flaschen Quecksilber gewonnen.

Die gedachten Oefen sind in Californien den Schachtflammöfen mit continuirlichem Betriebe gewichen, welche erheblich billiger arbeiten und ein Zusammenbacken des Erzkleins nicht erfordern.

Die Quecksilbergewinnung in Schachtflammöfen mit continuirlichem Betriebe.

Von Oefen dieser Art sind anzuführen der Ofen von Exeli, von Langer, von Knox, die Oefen von Hüttner und Scott, der Livermore-Ofen, die Schüttöfen von Czermack bzw. von Czermak-Spirek. Die Oefen von Exeli und Langer sind für die Verarbeitung von Stückerzen eingerichtet. Die Oefen von Hüttner und Scott, nämlich der Granzita-Ofen und der Tierra-Ofen, sowie die Schüttöfen von Czermak bzw. Czermak-Spirek und der Livermore-Ofen sind für die Verarbeitung von Erzklein eingerichtet. Der Knox-Ofen kann sowohl Stückerze als auch Gemenge von Stückerzen und Erzklein, das letztere aber nur bis zu einem bestimmten Betrage im Gemenge, verarbeiten. Die leistungsfähigsten dieser Oefen sind die für die Verarbeitung von Erzklein. Man verarbeitet in ihnen desshalb auch unter gewissen Umständen zerkleinerte Stückerze.

Von den Oefen für Stückerze hat sich der Ofen von Exeli sowohl wie auch der Ofen von Langer gut bewährt. Der Ofen von Knox, welcher in Californien eine Zeit lang mit Vorliebe angewendet wurde, dürfte gegenwärtig wohl überall verschwunden sein. Dagegen stehen die Oefen für Erzklein, von welchen die Oefen von Hüttner und Scott sowie der Livermore-Ofen in Californien erfunden worden sind, auf den verschiedensten Werken mit Vortheil in Anwendung.

Oefen für Stückerze.

Der Ofen von Exeli[1]).

Dieser Ofen wurde 1872 von Exeli in Idria errichtet. Er stellt einen mit 3 Aussenfeuerungen versehenen, isolirt stehenden Schachtflammofen dar, welcher zur Verhütung von Quecksilber-Verlusten durch das Mauerwerk des Ofens mit einer Panzerung aus Schmiedeeisen umgeben ist. Auch befindet sich unter der Sohle des Ofens eine Eisenplatte.

Die Einrichtung des eigentlichen Ofens ist aus den Figuren 258 und 259 ersichtlich. S ist der Ofenschacht mit den drei Rostfeuerungen a und drei darunter befindlichen Oeffnungen b zum Ausziehen der Destillations-Rückstände. Die durch diese Oeffnungen ausgezogenen Rückstände werden im Raume c, der gleichzeitig als Aschenfall dient, abgekühlt, indem sie ihre Wärme an die unter den Rost tretende Verbrennungsluft abgeben. Will man Destillations-Rückstände aus dem Ofen entfernen, so führt man durch die Thüre d Gezähe in die Ziehöffnungen b ein. Als Begichtungsvorrichtung dient ein Trichter mit Conus und Wasserverschluss. Durch das Rohr e treten die Dämpfe in die Condensationsvorrichtungen. Die Feuerungen sind für Holz eingerichtet. Der Schacht ist 4 m hoch, hat

[1]) Das k. k. Quecksilberbergwerk Idria in Krain. Festschrift etc. Wien 1881.

im oberen Theile 1,9 m Durchmesser, im unteren 1,3 m. Die Roste sind je 86 cm lang und 32 cm breit.

Die Condensationsvorrichtungen sind gusseiserne Schenkelrohre von 48 cm Weite mit an die letzteren angeschlossenen Condensationskammern. Die Einrichtung derselben ist aus den Figuren 260 und 261 ersichtlich. g sind die Röhren, von welchen 3 Systeme nebeneinander liegen. Die Spitzen der unteren Schenkel sind offen und tauchen in mit Wasser gefüllte

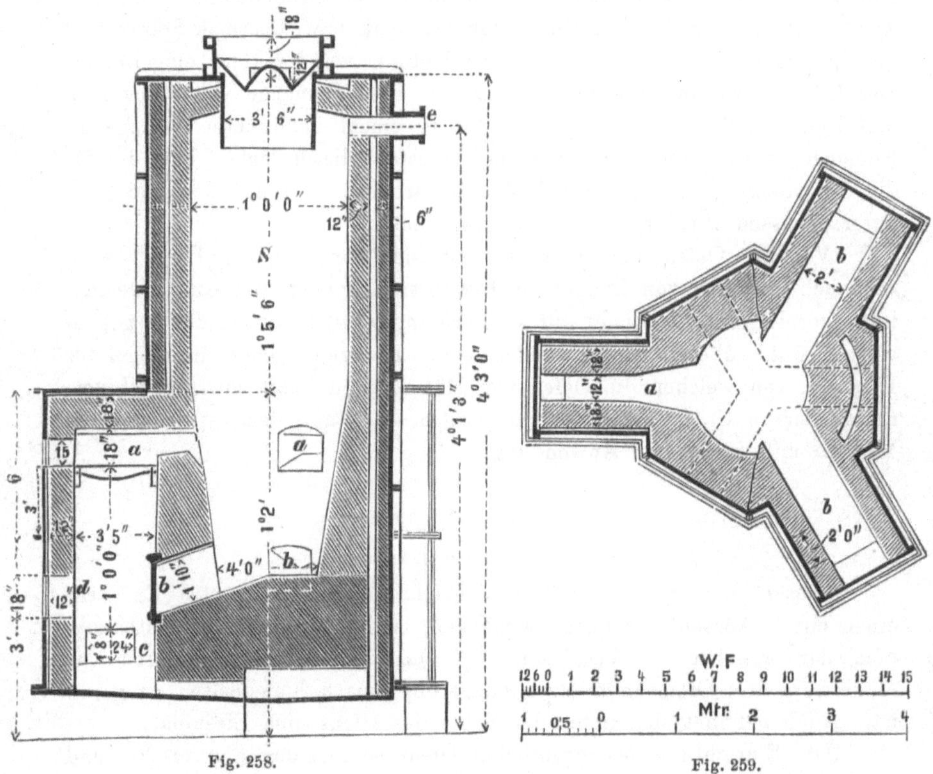

Fig. 258. Fig. 259.

Kasten h von je 48 cm Weite ein. In denselben sammelt sich das condensirte Quecksilber an und fliesst dann in einen unter Verschluss gehaltenen Eisenkessel ab. Die Reinigung der Rohre von Stupp geschieht durch Putzscheiben, welche an durch den Verschluss der oberen Schenkelspitzen hindurchgeführten Stangen in den einzelnen Rohren herabgelassen werden und die an den Innenwänden derselben befindliche Stupp in die Kasten h hinabstossen.

In diesem Ofen wurden Erze verarbeitet, welche nicht mehr durch ein Sieb von 20 mm Maschenweite hindurchgingen. Der Quecksilbergehalt dieser Erze betrug 0,2 bis 0,8 %. In 24 Stunden wurden 14,4 t Erz bei einem Verbrauch von 2,887 cbm gemischtem Brennholz durchgesetzt.

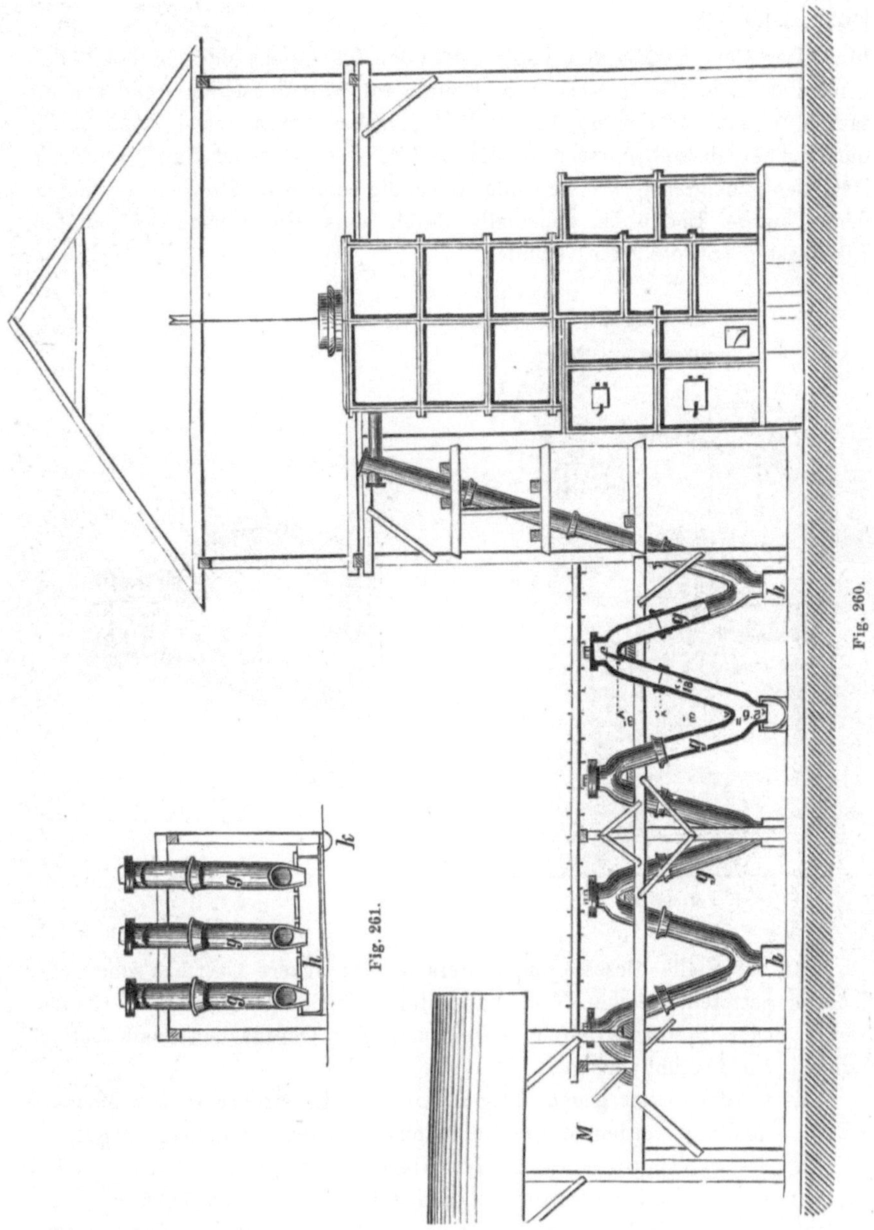

Fig. 260.

Fig. 261.

Die Destillationsrückstände enthielten 0,002 % Quecksilber. Der Metallverlust betrug 8,97 %.

Diese Oefen sind später in Idria durch Vermauerung der Feuerungen in eigentliche Schachtöfen umgeändert worden, bei welchen der Brennstoff (Holzkohle) zusammen mit den Erzen in den Ofenschacht eingebracht wird.

Der Condensator von Exeli hatte den Nachtheil, dass in Folge der geneigten Lage der gusseisernen Röhren die in denselben condensirten sauren Wasser in der unteren Hälfte derselben herabflossen und daher diesen Theil derselben rasch zerstörten. Es wurden daher durch Czermak statt der geneigten Rohre stehende, inwendig cementirte Rohre angewendet, deren untere Enden in gleichfalls durch eine Cementlage geschützten Eisenkasten (Stuppkasten) standen.

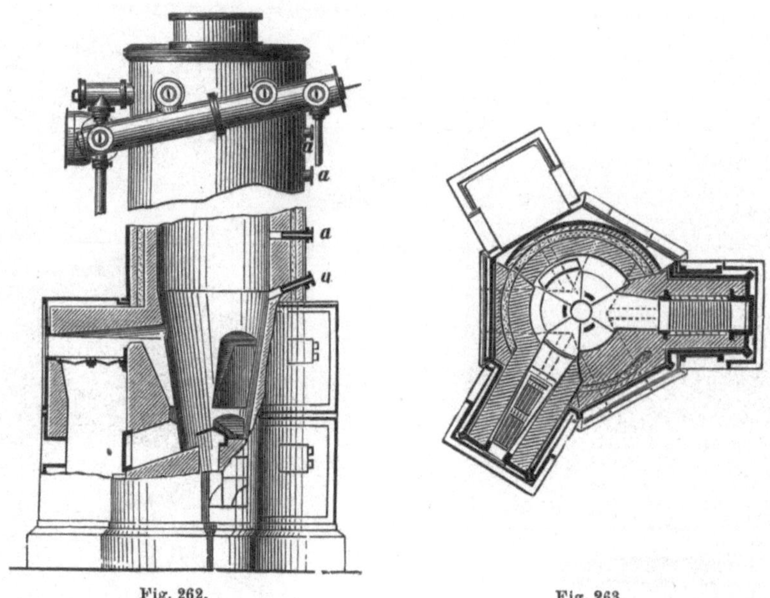

Fig. 262. Fig. 263.

An die Stelle dieses Condensators ist der neuere Czermak'sche Condensator getreten, welcher durch Vertheilung der Dämpfe in mehrere Reihen flacher enger Steinzeugröhren das Princip der Oberflächen-Condensation wirksam zur Geltung bringt.

Es werden daher gegenwärtig in Idria die Eisenrohre in dem Maasse, wie sie schadhaft werden, durch Rohre aus glasirtem Steinzeug ersetzt.

Zu New-Almaden in Californien befinden sich 2 Exeli-Oefen im Betriebe. Dieselben wurden in den Jahren 1874 und 1875 daselbst erreicht. Die Einrichtung des zuerst errichteten Ofens ist aus den Figuren 262 und 263 ersichtlich. Der Schacht ist[1]) im Ganzen 5,94 m i. L. hoch. Der Durchmesser desselben beträgt im oberen Theile bis auf 3,5 m von der Gicht abwärts 1,67 m. In dem sich hieran schliessenden unteren Theile

[1]) Egleston l. c.

von 2,4 m Höhe verringert er sich von der gedachten Zahl bis auf 1,22 m an der Sohle. Der Mantel besteht aus Kesselblech von 0,0032 m Stärke. Derselbe umschliesst zuerst einen Schacht aus gewöhnlichen Ziegelsteinen und dann, durch einen kleinen Zwischenraum von dem ersteren getrennt, den eigentlichen, aus feuerfesten Steinen hergestellten Kernschacht. Der untere Theil des Schachtes, in welchem sich die Feuerungen und Ausziehöffnungen befinden, ist mit Gusseisenplatten umgeben. Die Sohle des Schachtes bzw. der unterste Theil desselben steht auf einer nach innen zu schwach conisch verlaufenden Gusseisenplatte, auf welcher das sich dort ansammelnde Quecksilber in ein unter der Mitte derselben befindliches Sammelgefäss fliesst. Die Gicht des Schachtes ist bis auf die Aufgebevorrichtung durch eine ringförmige Gusseisenplatte verschlossen. Die

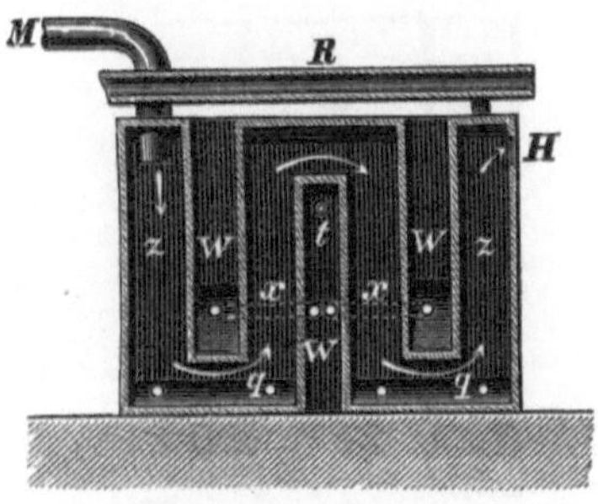

Fig. 264.

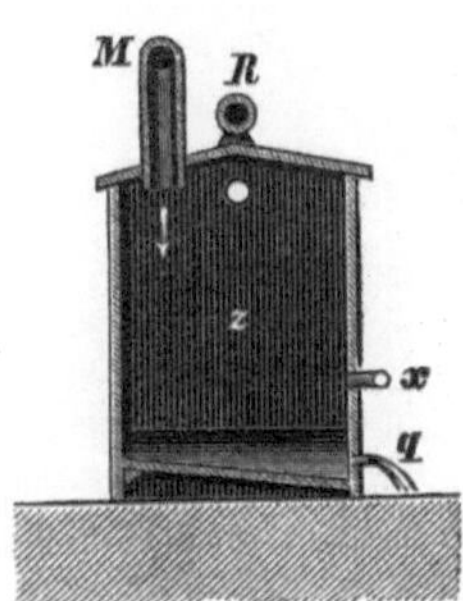

Fig. 265.

Aufgebevorrichtung ist die nämliche, wie bei dem bereits beschriebenen Idrianer Exeli-Ofen. Unter der Gicht wird beim Beschicken des Ofens ein leerer Raum von 0,914 m Höhe belassen. In demselben sammeln sich die bei der Destillation entbundenen Dämpfe an und treten durch gusseiserne Röhren von 0,3048 m Durchmesser, deren der zuerst gebaute Ofen 6, der später gebaute Ofen aber nur 3 besitzt, in ein um 10° geneigtes Sammelrohr von 0,54 m Durchmesser, aus welchem sie in die Condensationsvorrichtungen gelangen. Die sämmtlichen gedachten Rohre sind mit Reinigungsscheiben versehen, um die Stupp entfernen zu können. Zur Beobachtung des Ganges der Destillation sind in 4 verschiedenen Niveaus 12 Spählöcher a angebracht.

Die Condensationsvorrichtungen bestanden früher aus gemauerten Kammern, einem Fiedler'schen Condensator und aus Fiedler-Randol'schen Glas- und Holzcondensatoren.

Die gemauerten Kammern, deren für jeden Ofen zwei vorhanden waren, besassen je 8,4 m Höhe, 8,4 m Länge und 5,4 m Breite. Jede derselben war durch eine Zwischenwand in zwei Abtheilungen getheilt.

Die Gase zogen aus diesen Kammern in einen Fiedler'schen Condensator, dessen Einrichtung aus den Figuren 264 und 265 ersichtlich ist. Derselbe stellt einen rechteckigen Kasten aus Gusseisen von 3,2 m Länge und 1,68 m Höhe und Weite dar, dessen Decke die Gestalt eines flachen Daches hat. Durch 3 hohle Eisenwände W, in welchen Wasser circulirte, wurde der Kasten in 4 Abtheilungen z getheilt, deren jede einen geneigten Boden besass. Die erste und letzte dieser Wände waren nach oben hin offen. Das Wasser trat durch das Rohr R in die Hohlwände, welche unter sich durch kleine Röhren x verbunden waren, und durchfloss dieselben, um angewärmt durch die Oeffnung t herauszutreten. Durch das Rohr R wurden auch das eiserne Dach und die Seitenwände des Kastens abgekühlt. Die Gase traten durch das Rohr M in den Kasten ein, durchzogen die Abtheilungen desselben und traten bei H aus demselben aus. Die Condensationsproducte traten durch die Rohre q aus. Diese Vorrichtung wurde nach Egleston trotz ihrer guten Wirksamkeit abgeworfen, weil sie den Zug

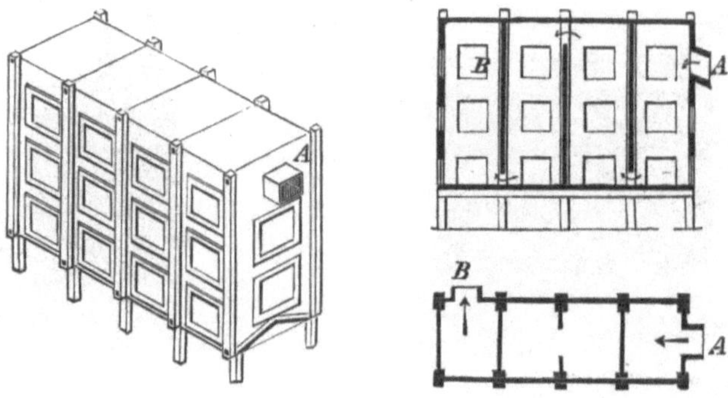

Fig. 266 bis 268.

der Gase und Dämpfe beschränkte und weil das Eisen derselben in hohem Maasse durch die condensirten sauren Dämpfe angegriffen wurde.

Die älteren Glas- und Holz-Condensatoren, in welche die Gase und Dämpfe aus dem Fiedler'schen Condensator gelangten, sind aus den Figuren 266, 267 u. 268 ersichtlich. Sie stellen rechteckige Bretterkasten dar, in deren Wände eine grosse Zahl Glasscheiben ohne Glaserkitt eingesetzt sind. Durch Zwischenwände sind die Kasten in 4 Abtheilungen getheilt, durch welche die Gase und Dämpfe hindurchziehen. Dieselben treten bei A ein und bei B aus. Der Boden ist nach beiden Längsseiten hin geneigt, um die Condensationsproducte bequem abfliessen lassen zu können. Auch diese Condensatoren sind bei den Exeli'schen Oefen abgeworfen worden. Bei den Oefen für die Verarbeitung des Erzkleins sind sie dagegen in verbesserter Gestalt beibehalten worden.

Gegenwärtig bestehen die Condensationsvorrichtungen aus gemauerten Kammern und aus gekühlten Eisenröhren. Aus den oben erwähnten gemauerten Kammern treten die Gase in 2 Systeme von gekühlten Eisenröhren und dann wieder in eine Reihe von gemauerten Kammern. Aus der letzten Kammer treten sie durch eine hölzerne Leitung in einen Thurm und dann durch eine lange hölzerne Leitung in einen für eine Reihe von Oefen gemeinschaftlichen Sammelcanal, aus welchem sie durch einen Guibal'schen Ventilator abgesaugt werden.

Die Einrichtung des Eisenrohr-Condensators ist aus der Figur 269 ersichtlich[1]). Aus der mit diesem Condensator verbundenen gemauerten Kammer treten die Gase und Dämpfe durch 3 um 20° geneigte Rohre aus Schmiedeeisen von je 0,0047 m Dicke, 0,558 m Durchmesser und 5,740 m Länge in drei entsprechende Rohrsysteme von der aus der Figur ersichtlichen Gestalt. Diese Rohrsysteme befinden sich in einem Holzkasten von 3,048 m Länge, 3,048 m Tiefe und 1,981 m Weite. Die einzelnen Rohre

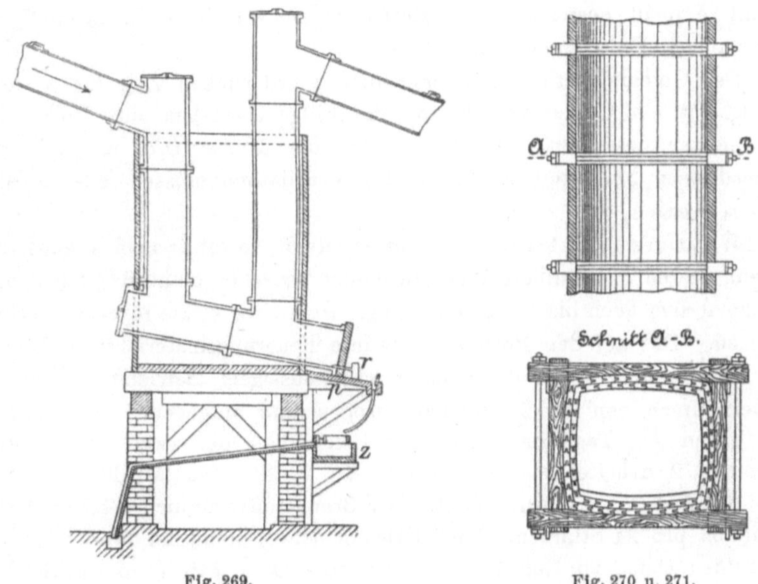

Fig. 269.

Fig. 270 u. 271.

sind aus Gusseisen hergestellt und werden von Wasser, welches in den unteren Theil des Kastens eintritt und den letzteren am oberen Ende in angewärmtem Zustande verlässt, umspült. Die Rohre besitzen 0,558 m Durchmesser und sind 0,019 m dick. Das am Boden des Kastens liegende geneigte Rohr dient zur Aufnahme der Condensationsproducte. An dem unteren Ende desselben können diese Producte (Quecksilber, Stupp) durch ein kleines Rohr abgelassen werden. Dieselben fliessen zuerst auf eine mit Kautschuk belegte Platte p, auf welcher die Stupp zurückgehalten wird, und dann in ein Gefäss, in welchem sich das Quecksilber ansammelt, während die sauren Wasser über den Rand desselben überfliessen. Die aufrechtstehenden Rohre sowohl wie das geneigte Rohr sind mit angeschraubten Blindflantschen versehen, nach deren Wegnahme die Reinigung der Rohre von Stupp erfolgen kann. Aus dem hinteren aufrechtstehenden

[1]) Egleston l. c.

Rohre gelangen die Gase und Dämpfe in eine gemauerte Kammer, welche mit drehbaren Scheidern versehen ist, und machen dann den oben beschriebenen Weg. Durch die Drehung der Scheider, welche letzteren Aehnlichkeit mit drehbaren Registern besitzen, kann die Geschwindigkeit des Gasstroms regulirt werden.

Die Holzcanäle, durch welche die Gase ihren Weg nach dem Ventilator nehmen, sind aus den Figuren 270 und 271 ersichtlich. Dieselben bestehen aus 2 Lagen von gekrümmten Brettern, zwischen welchen sich ein Blatt Asphaltpappe befindet. An ihren Innenflächen sind die Canäle mit einem Gemenge von Asphalt und Steinkohlentheer überzogen. Aeusserlich sind sie mit Asphalt bestrichen. In Entfernungen von je 1,829 m sind die Canäle durch Holzrahmen unterstützt.

Der Guibal-Ventilator, welcher den erforderlichen Zug für 5 Oefen schafft, hat ein Gerüst von Eisen; die Flügel bestehen aus Holz. Der Durchmesser desselben beträgt 2,78 m, die Breite 0,71 m. Die aus Schmiedeeisen hergestellten Theile des Ventilators müssen alle 2 Jahre erneuert werden.

Was nun den Betrieb des Ofens anbetrifft, so setzte man in denselben Erz ein, dessen Quecksilbergehalt gewöhnlich zwischen 5 und 8% schwankte, manchmal aber auch bis 10% hinaufging. Dem Erze setzte man $1^1/_2$% Holzkohle zu. Das auf den Rosten verbrannte Feuerungsmaterial war Tannen- oder Eichenholz. Wenn der Ofen in regelmässigem Betriebe war, wurde in Zeiträumen von je 2 Stunden gezogen und aufgegeben. Jeder Satz blieb gegen $2^1/_4$ Tage im Ofen. Die Belegschaft der zwei Oefen betrug zusammen 2 Arbeiter in der Schicht. In 24 Stunden wurden in einem Ofen 10 t Erz (granza) verarbeitet. Der Brennstoffverbrauch betrug 2,7 cbm Scheitholz pro 24 Stunden. Nach Egleston (l. c.) stand im Jahre 1888 von den beiden Oefen zu Neu-Almaden der eine Ofen 345 Tage im Betriebe und verarbeitete 3185 t Granza-Erze. Man erhielt 7062 Flaschen (à 34,7 kg) Quecksilber gleich 8,48% Ausbringen. Der zweite Ofen stand nur 157 Tage im Betriebe und verarbeitete 1486 t Erz. Man erhielt 3050 Flaschen Quecksilber gleich 7,84% Ausbringen aus dem Erz.

Der Ofen von Langer.

Dieser Ofen wurde 1878 von Langer in Idria entworfen und stellt einen abgeänderten Exeli'schen gepanzerten Ofen dar. Von dem letzteren weicht er hauptsächlich dadurch ab, dass er einen ovalen Horizontalquerschnitt besitzt und dass er nicht allein steht, sondern dass 4 nebeneinander befindliche Oefen in einen Panzer eingeschlossen sind.

Die Einrichtung des Ofens (bzw. von 4 Oefen) mit eingeschlossener Condensationsvorrichtung ist aus den Figuren 272, 273 u. 274 ersichtlich. B sind die auf einer Eisenplatte stehenden von einem Panzer eingeschlossenen Oefen. Die Schächte besitzen von der Gicht ab auf 4,25 m Höhe einen Horizontalquerschnitt von $2{,}25 \times 1{,}75$ qm und ziehen sich von da bis zur

Sohle des Ofens = 2,75 m Höhe auf einen Horizontalquerschnitt von 1,75 × 1,10 qm zusammen. Der Ofen besitzt an jeder kurzen Seite zwei Treppenrostfeuerungen, im Ganzen also 4 Feuerungen c. Unter denselben befinden sich 4 Ziehöffnungen a b zum Herausschaffen der Destillations-

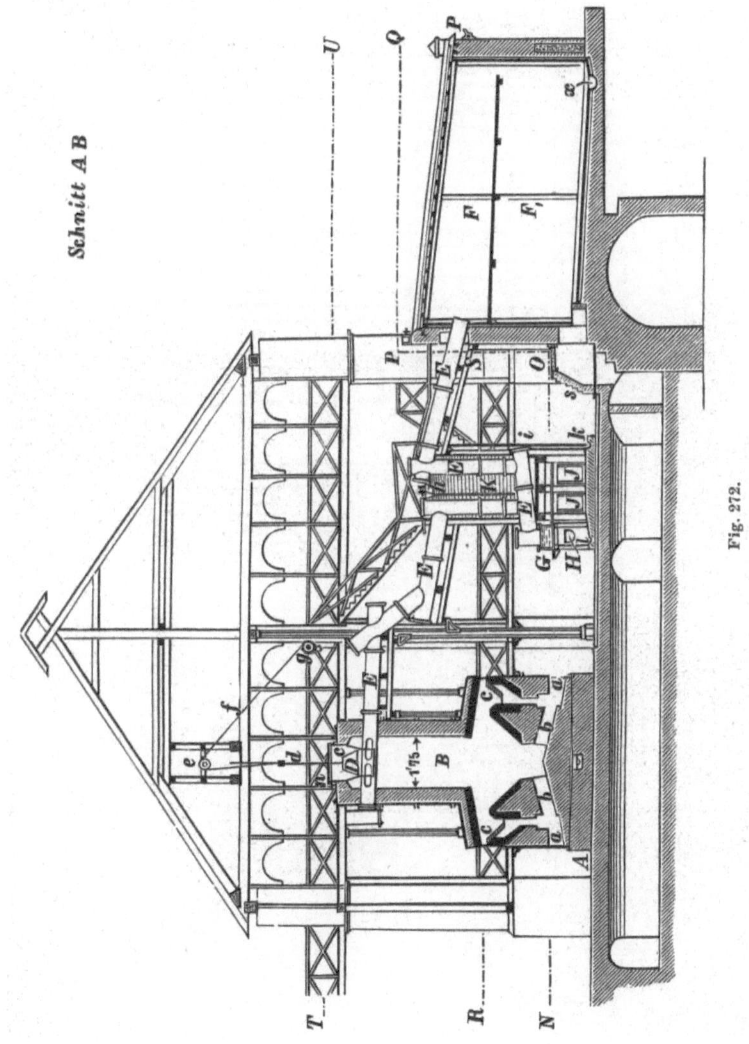

Schnitt A B

Fig. 272.

rückstände. Die Begichtung geschieht durch Heben des an einer Stange d befestigten Conus D in dem Gehäuse C. Das obere Ende des letzteren ist durch den in einem Wasserverschluss befindlichen Deckel n verschlossen. Derselbe besteht aus Holz. Sein Gewicht ist durch Gegengewichte p ausgeglichen.

Die Gase und Dämpfe treten im obersten Theile des Ofens in gusseiserne Röhren E von 47 cm lichter Weite. In jedem Ofen liegen 3 dieser Röhren. Dieselben sind auf jeder Seite mit 2 oblongen Oeffnungen versehen, durch welche die Gase und Dämpfe eintreten. An diese Röhren sind

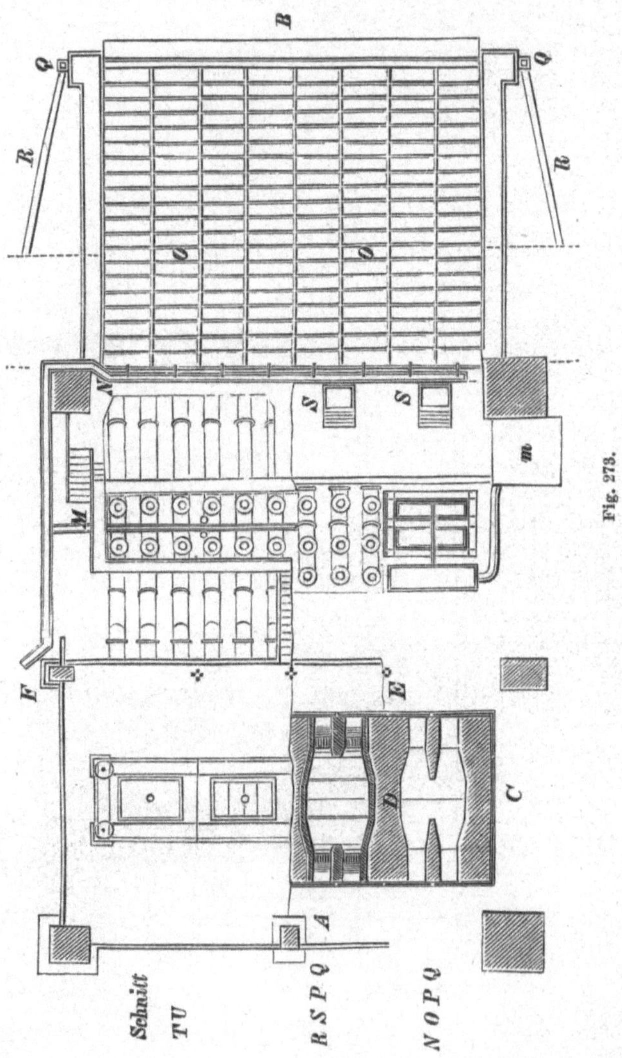

Fig. 273.

die eigentlichen Condensationsröhren, gleichfalls als Gusseisen hergestellt, angeschlossen.

Die Röhren treten in 3 Strängen für jeden Ofen in Kühlkasten K, in welchen die Condensation durch ständig zufliessendes kaltes Wasser in der nämlichen Weise erfolgt, wie Seite 366 dargelegt ist. Das kalte Wasser fliesst durch das Rohr h auf den Boden des Kastens, während das warme Wasser im oberen Theile des Kastens durch das Rohr i abfliesst und zuerst in die Rinne k und dann in den Sumpf m gelangt. Die Condensationsproducte sammeln sich in dem Kasten G, aus welchem das Quecksilber mit einem Theil Stupp in die Kapelle H abgelassen werden kann. Die sauren Wasser lässt man aus dem Stupp-Sammelkasten G abwechselnd in zwei Klärkasten J und nach erfolgter Klärung durch das Gerinne k in den Sumpf m fliessen.

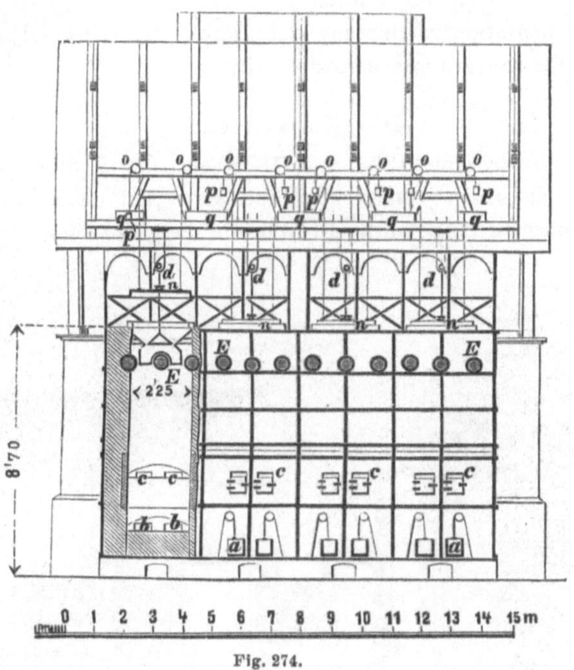

Fig. 274.

Die Gase und die nicht condensirten Dämpfe gelangen in die Condensationskammern P.

Dieselben sind aus Mauerwerk hergestellt, dessen Fugen mit Cement verstrichen sind. Die Seitenwände sind zuerst mit Asphalt, dann mit Cementguss und schliesslich mit glatt gehobeltem Holz ausgekleidet. Der Kammerboden besteht aus einer Betonlage von 8 cm Stärke, über welche ein starkes Asphaltpflaster gelegt ist. Die Decke der Kammer besteht aus tassenförmigen Gusseisenplatten O, welche aneinandergeschraubt und auf den Verbindungsstellen durch Kautschukschnüre gedichtet sind. Die Decke wird durch über dieselbe geleitetes Wasser gekühlt. Die Kammer ist durch hölzerne Scheidewände in 4 den einzelnen Oefen entsprechende Abtheilungen getheilt. Jede dieser Abtheilungen ist durch eine horizontale Scheidewand in einen oberen Raum F und einen unteren Raum F′ geschieden. Aus den Kammern ziehen die Gase durch die Canäle S in ein unterirdisches Kammersystem, gelangen dann noch in einer Reihe von Oefen gemeinschaftliche Centralkammern und schliesslich zur Esse bzw. zum Ventilator.

In einem Ofen wurden in 24 Stunden 15,9 t Stufferz mit 0,2 bis 0,8 % Quecksilber durchgesetzt. Auf 10 t Erz wurden 0,067 cbm Holz verbraucht. Der Quecksilberverlust betrug 1893 nach Exeli 9,12 %.

Die Langer-Oefen dienen gegenwärtig bei vermauerter Feuerung als eigentliche Schachtöfen, in welchen die Erze zusammen mit dem Brennstoff (Holzkohle) aufgegeben werden.

Die Condensationsvorrichtung ist durch den Czermak'schen Condensator mit Steinzeugröhren ersetzt worden.

Der Knox-Ofen.

Dieser Ofen wurde 1874 und 1875 auf der Redington Mine bei Knoxville in Californien eingerichtet und dann auf einer Reihe anderer Werke in Californien eingeführt. Er war für die gleichzeitige Verarbeitung

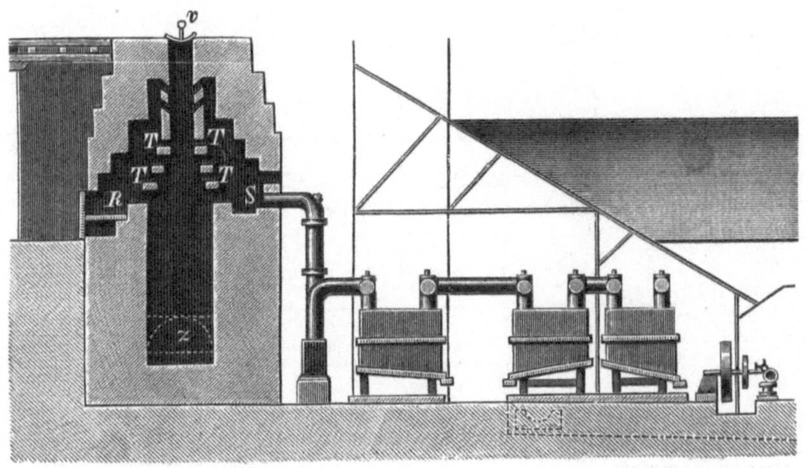

Fig. 275.

von Stückerzen und Erzklein bestimmt. Obwohl er für Stücke sowohl als auch für Gemenge von Stücken und Erzklein, in welchen indess das Erzklein einen gewissen Antheil nicht überschreiten durfte, recht gut arbeitete und sich besonders dem modificirten Idrianer Ofen bei Weitem überlegen zeigte, so hat er doch in Folge der Einrichtung besonderer Oefen für die Verarbeitung von Erzklein und beim Vorhandensein anderweiter guter Oefen für die Verarbeitung von Stückerzen nicht die zuerst erwartete Verbreitung gefunden. Gegenwärtig dürfte er wohl ganz ausser Anwendung gekommen sein. Es wurde ihm besonders nachgerühmt, dass er Erze mit $1^1/_2$ % Quecksilber noch gut verarbeitete. (Gegenwärtig werden in den Oefen für Erzklein Erze mit 0,3 % Hg noch vortheilhaft verarbeitet.) Die Einrichtung des Ofens ist aus den Figuren 275 u. 276 ersichtlich. Derselbe stellt einen sich auf 2 Seiten bis zur Mitte hin treppenförmig erweiternden, mit gemauerten Gurtbögen versehenen Schacht mit seitlicher Feuerung in der Mitte der Höhe dar. Die Höhe des Ofens, deren man am besten zwei oder erforderlichen Falles 4 nebeneinander baut, beträgt 11,8 m. Der Horizontalquerschnittt des Ofenschachtes ist rechteckig.

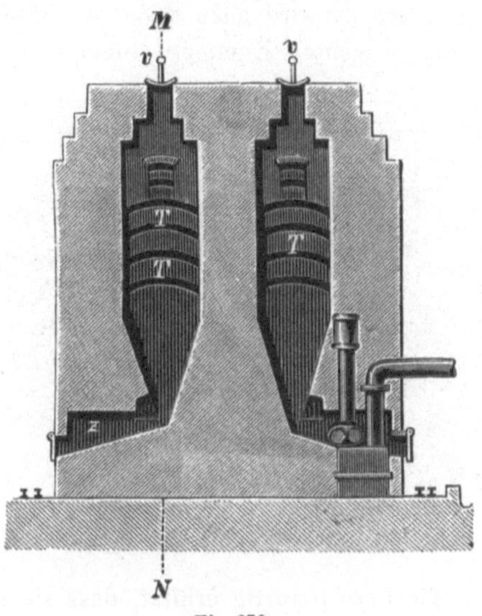

Fig. 276.

Wie die Figuren zeigen, erweitert sich der Schacht von der Gicht aus bis zu der Feuerung, welche letztere 6,1 m unter der Gicht liegt. Der eigentliche Schacht würde hier nach den Figuren 7 Fuss Seite haben, also quadratisch sein. Im Interesse einer guten Erhitzung der Erze hat man indess nach Egleston l. c. p. 842 bei den später eingerichteten Oefen die Entfernung der Seite, an welcher die Feuerung liegt, von der gegenüberliegenden Seite auf 0,6 m herabgemindert. Es stellt daher der Horizontalquerschnitt des Schachtes in der Höhe der Feuerung ein Rechteck von 2,1 × 0,6 qm. Inhalt dar. An der Ausziehöffnung verjüngt sich der Horizontalquerschnitt des Schachtes wieder auf 0,6 × 0,6 m.

Durch die Gurtbögen T werden zwei Kammern R und S gebildet. Die Kammer R enthält die Feuerung, während in der Kammer S das Abzugsrohr für die Gase und Dämpfe liegt. Die aus Mauerwerk hergestellten 5 Gurtbögen T, von welchen die beiden obersten kleiner sind als die unteren, lassen Schlitze zwischen sich, so dass die Feuergase durch die eine Reihe derselben in den Schacht eintreten und durch die andere Reihe aus demselben in die Kammer S austreten können. Durch diese Einrichtung ist die Flamme gezwungen, in horizontaler Richtung durch die im Schachte befindliche Erzsäule zu ziehen. Die Verbrennungsgase sowie die im Schachte entbundenen Säuren des Schwefels und Quecksilberdämpfe werden aus der Kammer S durch einen Blower in die Condensationsvorrichtungen gesaugt. Die drei unteren Bogen treten treppenartig zurück, so dass hier eine Erweiterung des eigentlichen Schachtes eintritt. Durch dieses Zurücktreten ist nicht nur eine Auflockerung der Erzsäule an der Feuerstelle und dadurch ein besseres Hindurchziehen der Flamme durch dieselbe ermöglicht, sondern es wird auch dadurch vermieden, dass durch die Schlitze Erze in die gedachten Kammern hineinfallen können. Durch

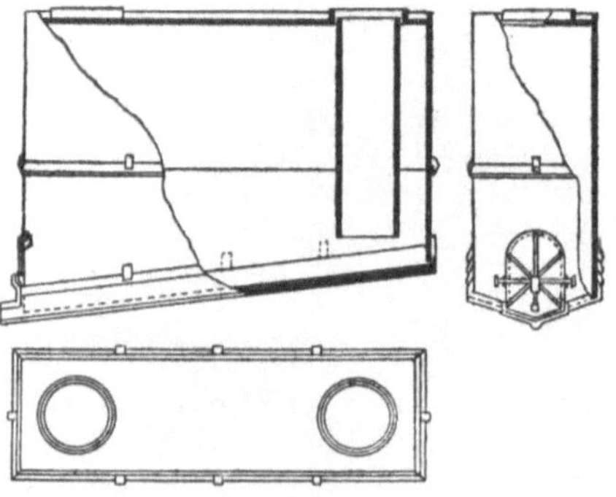

Fig. 277 bis 279.

die Feuerung werden die Erze derartig erhitzt, dass sie im unteren Theile des Schachtes von selbst fortbrennen. z ist die Oeffnung zum Ausziehen der Destillationsrückstände. Die Gicht ist durch einen Deckel v von der Gestalt eines Kugelsegmentes geschlossen, welcher beim Begichten durch eine am Erzwagen angebrachte Vorrichtung zur Seite geschoben wird.

Die Kammer S ist am Boden mit starken Eisenplatten belegt, welche das Eindringen von Quecksilber in das Mauerwerk verhindern sollen. Aus dieser Kammer gelangen die Gase und Dämpfe durch ein 0,45 m weites Gusseisenrohr in die Knox - Osborne'schen Condensationsvorrichtungen. Dieselben bestehen aus einer Reihe (16 bis 19) von Gusseisen- und Holzkästen mit rechteckigem Horizontalquerschnitt und geneigtem Boden, welche durch knieförmige Gusseisenrohre mit einander verbunden sind. Die Einrichtung derselben ist aus den Figuren 277, 278 u. 279 ersichtlich. Dieselben sind je 2,4 m lang, 0,75 m breit, an der einen Seite 1,5 m hoch, an der andern Seite 1,8 m hoch. Sie werden dadurch gekühlt, dass zuerst der Deckel und dann von dem letzteren aus die Seitenwände mit Wasser berieselt werden. Die Zahl derselben beträgt 16 bis 19. Die letzten acht Kästen der Reihe sind aus Holz angefertigt. Da der Boden der Eisenkästen stets mit einer Flüssigkeitsschicht bedeckt ist, so wird er nicht stärker angegriffen als die Seitenwände. Man hat in Folge dieser Beobachtung die Dicke der Bodenplatten, welche anfangs sehr stark war, vermindert. Hinter dem letzten Condensator befindet sich ein Root-Blower, und zwar ein besonderer Blower für jeden Ofen, welcher die aufgesaugten Gase durch einen Holz-Canal in einen Thurm aus Holz von 4,5 m Höhe und 1,2 qm Querschnitt drückt. In diesem Thurm, welcher eine Füllung von Steinen besitzt und mit Wasser berieselt wird, gelangen die letzten Antheile von Quecksilber zur Condensation. Die nicht condensirten Gase werden aus dem Thurm durch einen langen Canal nach dem Gipfel eines Berges geleitet, wo sie in das Freie gelangen.

Die in den Kästen niedergeschlagenen Condensationsproducte gelangen durch eine Oeffnung am Ende der geneigten Bodenplatten in Rinnen und aus den letzteren in Kessel. Aus denselben wird das Quecksilber ausgeschöpft, während die sauren Wasser in Klärkästen geleitet werden, in welchen sich die von denselben mitgeführten metallischen Theile absetzen.

Bei der hohen Temperatur, welche die Gase und Dämpfe vor ihrem Eintritt in die Condensationsvorrichtungen besitzen, schlägt sich der grössere Theil des Quecksilbers erst in den mittleren Kästen der Reihe nieder. In den hinteren Kästen dagegen condensiren sich verhältnissmässig grosse Mengen von sauren Wassern.

Das Aufgeben der Erze und das Ziehen der Destillationsrückstände erfolgte in Zwischenräumen von je 1 Stunde. Bei normalem Betriebe wurde 1 t Erz aufgegeben, so dass der Ofen in 24 Stunden 24 t Erz durchsetzte. Das Erz durchwanderte den Ofen in einem Zeitraum von 3 Tagen. Auf der Redington Mine bestand der Erzsatz nach Egleston aus $^1/_2$ bis $^3/_4$ grobem Erz und $^1/_2$ bis $^1/_4$ Erzklein. Der durchschnittliche Quecksilbergehalt betrug $1^1/_2$ %. Bei grösseren Mengen von Erzklein sowie bei feuchten Erzen ging das Durchsetzquantum bis auf 12 t herunter.

Der Holzverbrauch auf der Redington Mine betrug bei Anwendung von gutem Holz in 24 Stunden pro Doppelofen 1—$1^1/_2$ cord, je nachdem mehr oder weniger Erzklein in dem Satz vorhanden war.

Bei einem einfachen Ofen mit 24 t Durchsetzquantum waren 6 Mann Bedienung in 24 Stunden erforderlich, bei einem Doppelofen mit 48 t Durchsetzquantum 8 Mann, bei 4 Oefen mit 100 t Durchsetzquantum 10 Mann.

Die Entfernung der Stupp aus den Condensatoren und Röhren geschah wöchentlich einmal. Diese Operation war bei jedem der Kästen in wenigen Minuten beendet. Bei der kräftigen Wirkung der Blower konnten hierbei keinerlei Gase und Dämpfe aus den Kästen austreten und nachtheilig auf die Gesundheit der Arbeiter einwirken.

Ueber die Verluste an Quecksilber liegen keinerlei Angaben vor.

Wie erwähnt, werden Knox-Oefen nicht mehr gebaut.

Die Oefen für Erzklein.

Die Oefen von Hüttner und Scott.

Von Hüttner und Scott sind Oefen für die Verarbeitung der Erze von gröberem Korn (der „granzita") sowohl als auch für die Verarbeitung von feinerem Korn (der sog. Tierras) angegeben worden. Diese Oefen, welche zuerst in Neu-Almaden in Californien im Jahre 1875 eingeführt wurden, sind Schachtflammöfen, in welchen der freie Fall der Erze durch im Schachte angebrachte Hindernisse beschränkt wird. Diese Hindernisse sind, wie bei dem Schachtröstofen von Hasenclever und Helbig (Bd. I, Seite 62) abwechselnd parallel liegende Platten von 45° Neigung, auf welchen das Erzklein (dessen natürlicher Böschungswinkel 33° beträgt) herabrutscht. Dasselbe wird aber nicht, wie bei dem Ofen von Hasenclever und Helbig, continuirlich aus dem Ofen entfernt, sondern die Destillationsrückstände werden in kurzen Zwischenräumen aus dem Ofen herausgezogen.

Diese Oefen haben sich gut bewährt und stehen in Californien in ausgedehnter Anwendung.

Das Ausziehen der Rückstände geschieht entweder direct durch Handarbeit oder mit Hülfe von Rüttelvorrichtungen.

Oefen mit Ausziehen der Destillationsrückstände ohne Anwendung von Rüttelvorrichtungen.

In diesen Oefen verarbeitet man vorwiegend Erze von gröberem Korn. Man nennt sie desshalb auch Granzita-Oefen.

Die älteren Oefen besitzen zwei Schächte, während bei den zuletzt gebauten Oefen 4 Schächte (mit einer gemeinschaftlichen Feuerung) in einem Massiv vereinigt sind.

Die allgemeine Einrichtung eines Ofens mit 2 Schächten erhellt aus den Figuren 280, 281 und 282.

Jeder Schacht ist mit um 45° geneigten wechselständigen Thonplatten ausgesetzt.

Von der Entfernung des unteren Endes der oberen Platte von der Oberfläche der nächst unteren hängt das Durchsetzquantum des Ofens ab. Sind die sämmtlichen Platten eines Schachtes und die Ausziehöffnungen desselben mit Erz besetzt, so kann kein Erz herabrutschen, indem der sonst freie Zwischenraum zwischen jeder oberen und der nächst unteren Platte durch das Erz verschlossen wird. Es wird dann durch die Erzlage der unteren Platte, einen Theil der Seitenwand des Ofens und durch die untere Fläche der nächst oberen Platte eine Zelle gebildet, welche von der Flamme und der Luft der Länge nach durchstrichen wird. Die Feuergase treten durch eine Oeffnung an der einen kurzen Seite der Zelle ein und durch eine Oeffnung an der entgegengesetzten Seite aus.

Sobald durch die Ziehöffnungen die Destillationsrückstände ausgezogen werden, rutscht das darüber befindliche Erz nach. Die obersten Thonplatten werden frei und von Neuem mit Erz besetzt, worauf sich neue Zellen bilden. Das Einführen des Erzes in den Schacht geschieht durch den Trichter a. Der Weg der Feuergase und der Luft ist durch die aus feuerfesten Steinen hergestellten Scheider w und w' vorgeschrieben. Sie ziehen von dem unter w liegenden Roste aus in den Raum g', bestreichen also das erste Drittel des Ofens bzw. die in ihm gebildeten

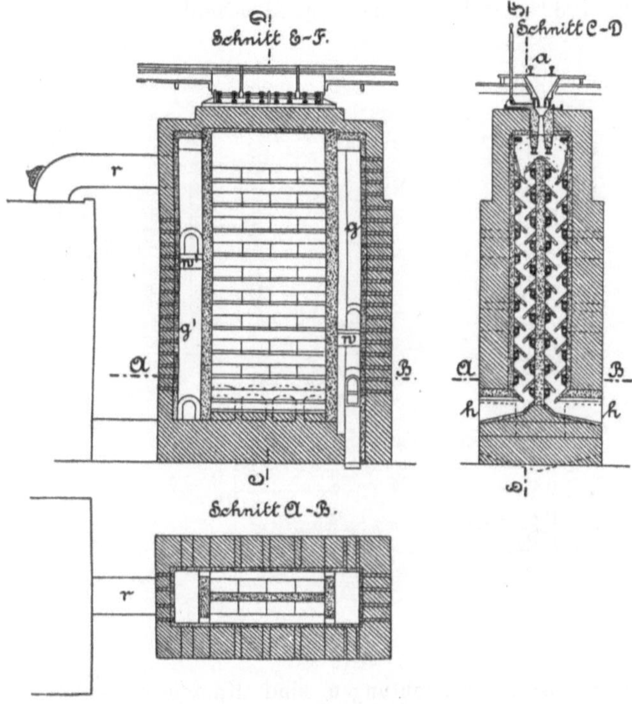

Fig. 280 bis 282.

Zellen der Länge nach; dann ziehen sie, durch w' verhindert, in g' höher emporzusteigen, durch das zweite Drittel des Ofens in den Raum g und aus diesem durch das letzte Drittel in das Rohr r, welches sie in die Condensationsvorrichtungen führt.

Jeder der Schächte ist i. L. 8,38 m hoch, 0,76 m breit und 3,5 m lang. Die Zahl der um 45^{0} geneigten Platten an jeder Seite je eines Schachtes beträgt 10. Der Zwischenraum zwischen je zwei gegen einander geneigten Platten, durch welche das Erz hindurchgehen muss, beträgt 0,177 m. Die mit den gedachten Scheidern versehenen senkrechten Gascanäle sind 2,5 m weit. Das in den Trichter a aufzugebende Erz hat ein Sieb mit Oeffnungen von 0,095 $\times$ 0,063 qm Grösse zu passiren. Die

Trichter sind an ihrem unteren Ende durch Kegelventile verschlossen. Die Destillationsrückstände werden in Zeiträumen von je 40 Minuten ausgezogen und zwar jedes Mal $^1/_2$ t für beide Schächte zusammen. In den nämlichen Zeiträumen wird eine entsprechende Menge Erz in den Ofen nachgesetzt. In 24 Stunden werden für beide Schächte zusammen 18 t Erz durchgesetzt bei einem Brennstoffaufwand von $^3/_4$ cord Holz. Die Bedienungsmannschaft des Ofens in der Schicht beträgt 3 Mann.

Im Jahre 1888 arbeitete dieser Ofen in Neu-Almaden 128 Tage, setzte 2375 t Erz durch und lieferte bei einem Ausbringen aus den Erzen von 1,995 % 1239 Flaschen (à 34,7 kg) Quecksilber.

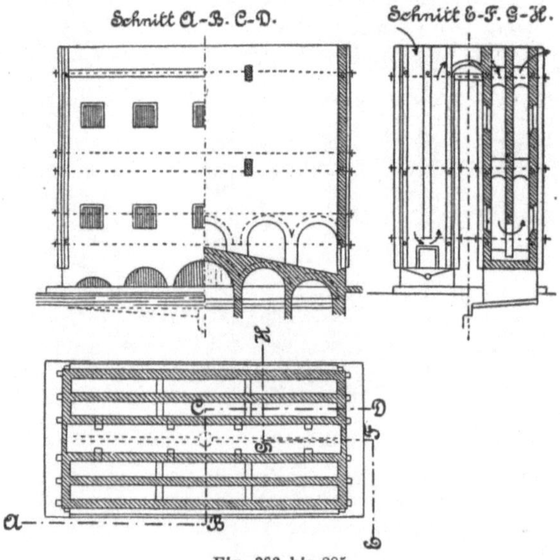

Fig. 283 bis 285.

Die Condensationsvorrichtungen sind Kammern, welche zum Theil aus Mauerwerk, zum Theil aus Glas und Holz hergestellt sind. Die Glas- und Holz-Condensatoren bilden die hinteren Kammern, in welche der Gasstrom abgekühlt eintritt.

Die Einrichtung der gemauerten Condensatoren ist aus den Figuren 283, 284 u. 285 ersichtlich. Sie stellen 8,23 m hohe und 1,828 m breite Kammern dar, welche durch eine Scheidewand aus Mauerwerk in 2 Abtheilungen getheilt sind. Die einzelnen Kammern sind mit einander durch gemauerte Canäle von 1,21 $\times$ 1,21 qm Querschnitt verbunden. Zur bequemen Reinigung sind in den Seitenwänden 2 Reihen von Oeffnungen von je 0,6 m Seite angebracht. Dieselben sind in den heisseren Kammern durch gusseiserne Platten, in den kühleren Kammern durch Schiebefenster verschlossen. Der Boden ist mit Cement belegt. Ueber der Cementlage befindet sich in den kühleren Kammern eine Asphaltlage. Der Boden ist nach der Mitte hin sowohl als auch nach einer Seite hin geneigt. Die Wände der kühleren Kammern sind mit einem Gemenge von Asphalt und Kohlentheer bestrichen. Der Weg der Gase und Dämpfe durch die Kammern ist durch Pfeile angedeutet. Sie treten am oberen Ende des Condensators ein, durchziehen die erste Abtheilung desselben, gelangen unten in die zweite Abtheilung, durchziehen diese, treten am oberen Ende derselben in einen zweiten Condensator, welchen sie in der nämlichen Weise durchlaufen, um dann in die folgenden Condensatoren und schliesslich zu dem Ventilator zu gelangen. Das Quecksilber schlägt sich auf dem geneigten Boden der Kammern nieder und fliesst in der in demselben angebrachten Rinne in ein ausserhalb angebrachtes Gerinne, welches aus Mauerwerk hergestellt und mit Asphalt gedichtet ist. Aus diesem Gerinne gelangt das Quecksilber in die Sammelkessel.

In der neueren Zeit sind in den Wänden dieser gemauerten Condensatoren sog. waterbacks angebracht worden. Es sind das gusseiserne Kästen von 1,092 m i. L. Länge, 0,406 m i. L. Höhe und 0,355 m Breite, in welchen Wasser circulirt. An der Aussenseite besitzen sie einen 0,203 m breiten Flantsch, an welchen der mit Holz gefütterte Deckel angeschraubt wird. Sie besitzen eine Scheidewand, durch welche dem am Boden des Kastens durch 4 Rohre eintretenden kalten Wasser sein Weg angewiesen wird. Diese waterbacks sind bei den beiden ersten Kammern des in Rede stehenden Ofens angebracht. Die Wasserkästen (water-box) haben sich sehr gut bewährt und veranlassen das Quecksilber, sich zum weitaus grössten Theile schon in den ersten gemauerten Kammern zu condensiren, während es sich früher in der 4. bis 7. Kammer niederschlug. Sie halten bis 4 Jahre aus.

Die mit diesen Wasserkästen versehenen Kammern werden in Almaden als die besten aller Condensationsvorrichtungen angesehen und haben die Glas- und Holzcondensatoren zum grösseren Theile verdrängt.

Die Einrichtung der neueren Glas- und Holzcondensatoren, welche in der Zahl von 12 bis 15 hinter den gemauerten Condensatoren aufgestellt sind, ist aus den Figuren 286, 287 u. 288 ersichtlich.

Sie sind abwechselnd oben und unten mit einander verbundene Thürme von 7,62 m Höhe, 1,2 m Breite und 1,2 m Tiefe. Sie bestehen aus in Holz eingesetzten Glasscheiben und enthalten keinerlei Theile und Verbindungen aus Eisen. Der Boden besteht aus dachziegelförmig übereinandergelegten Glasscheiben und ist nach der Seite hin, an welcher sich die Rinne für die Abführung des Quecksilbers befindet, geneigt. Am Ende dieser Rinne ist ein irdener Topf zur Ansammlung des Quecksilbers angebracht. Das Dach besteht gleichfalls aus Glas, ebenso wie die Verbindungs-Canäle. Die Gase und Dämpfe steigen in den Condensatoren abwechselnd auf und nieder.

In diesen Condensatoren wird nur wenig Quecksilber, aber viel saures Wasser niedergeschlagen. Die Temperatur in denselben beträgt 55 bis

80° Fahrenheit. Sollen die Condensatoren dicht bleiben, so dürfen sie nicht ausser Betrieb gesetzt werden, weil anderenfalls das Holz aus Mangel an Feuchtigkeit einschrumpft.

Aus den Glaskammern treten die Gase durch einen Holz-Canal von der Seite 368 beschriebenen Einrichtung in einen aus Ziegelmauerwerk hergestellten Thurm, von wo sie durch einen Guibal'schen Ventilator abgesaugt und in eine Esse gedrückt werden.

Die Einrichtung eines Ofens mit 4 Schächten ist aus den Figuren 289, 290 u. 291 ersichtlich[1]). Derselbe stellt einen doppelten Ofen der vorbeschriebenen Art dar. Figur 289 stellt die äussere Ansicht

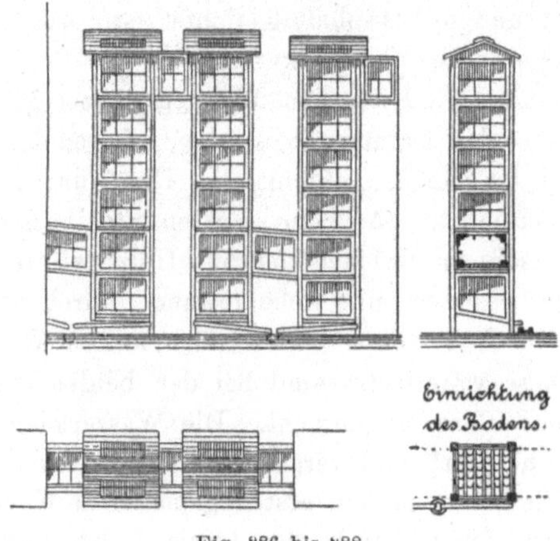

Fig. 286 bis 288.

und den Verticalschnitt ZZ, Figur 290 den Verticalschnitt nach OPQR, Figur 291 den Horizontalschnitt VWXY dar. Der ganze Ofen ist 10,9 m hoch, 7,8 m lang und 5,33 m weit. Der Boden des Ofens ist durch Gusseisenplatten a quecksilberdicht gemacht. Der Ofen enthält vier Schächte mit einer gemeinschaftlichen Feuerung. Jeder Schacht ist 8,223 m hoch, 3,5 m lang und 0,66 m weit. Die Platten, auf welchen das Erz herabrutscht, sind um 45° geneigt. Die Oeffnung zwischen je zwei gegeneinander geneigten Platten beträgt 0,203 m. JJ ist der von 2 Seiten des Ofens mit Holz beschickte Rost. Die Verbrennungsluft wird durch das Rohr g, welches durch einen Theil der Condensationskammern durchgeführt ist, in erwärmtem Zustande zugeführt und tritt durch eine Reihe von Canälen unter den Rost. Die Leitung der Feuergase ist ähnlich eingerichtet, wie bei dem Granzita-Ofen mit zwei Schächten. An den beiden schmalen Seiten der Schächte sind die mit Scheidern m und n versehenen Kammern III und IV angebracht. Die Feuergase ziehen von dem im unteren Theile der Kammer III liegenden Roste JJ aus in dieser Kammer bis zum

---

[1]) Egleston, l. c. S. 877. Engin. and Mining Journal 1885. S. 174.

Scheider m aufwärts und gelangen dann durch die Oeffnungen X in das untere Drittel der 4 Schächte, welche letzteren sie der Länge nach durchziehen, um durch die Oeffnungen XI in die Kammer IV zu treten. In

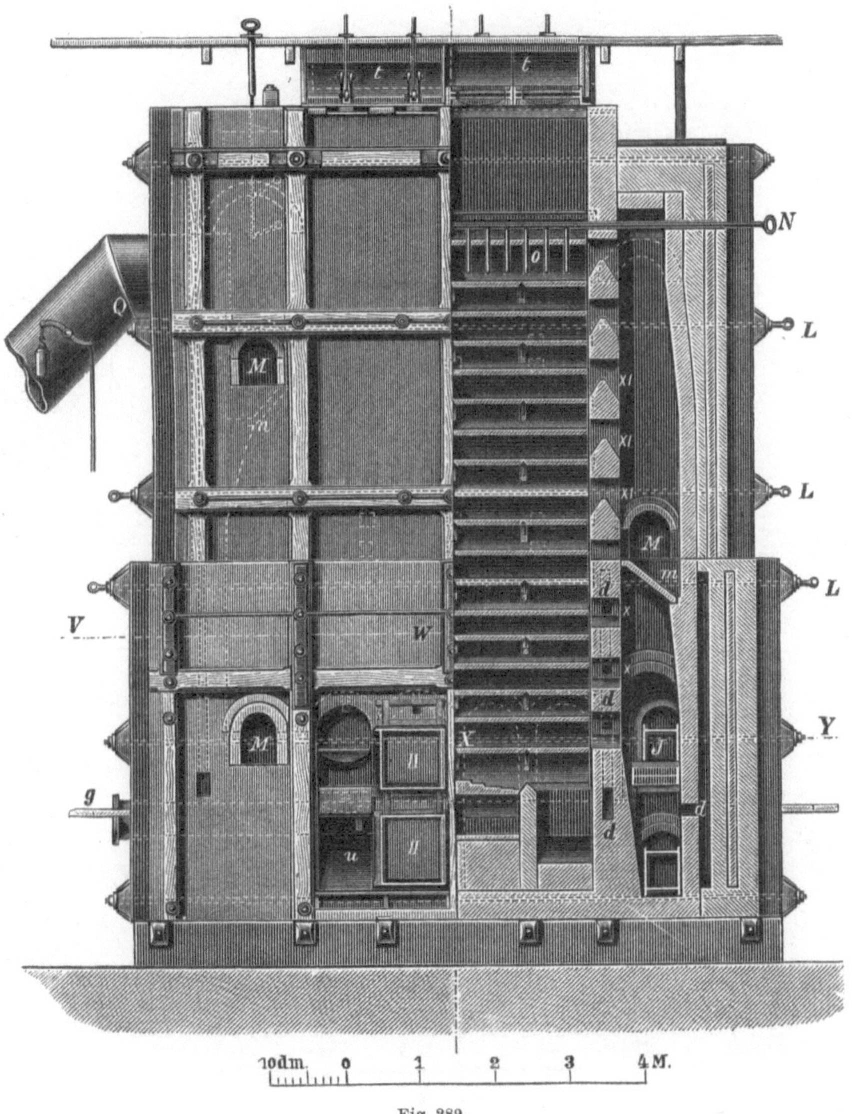

Fig. 289.

derselben ($^2/_3$ Höhe) ist der Scheider n angebracht, welcher die Gase und Dämpfe zwingt, das zweite Drittel der 4 Schächte der Länge nach zu durchziehen und dann durch die Oeffnungen XI wieder in die Kammer III zu treten. Aus der letzteren gelangen sie in das letzte Drittel der vier Schächte, durchziehen dasselbe und gelangen dann in den oberen Theil

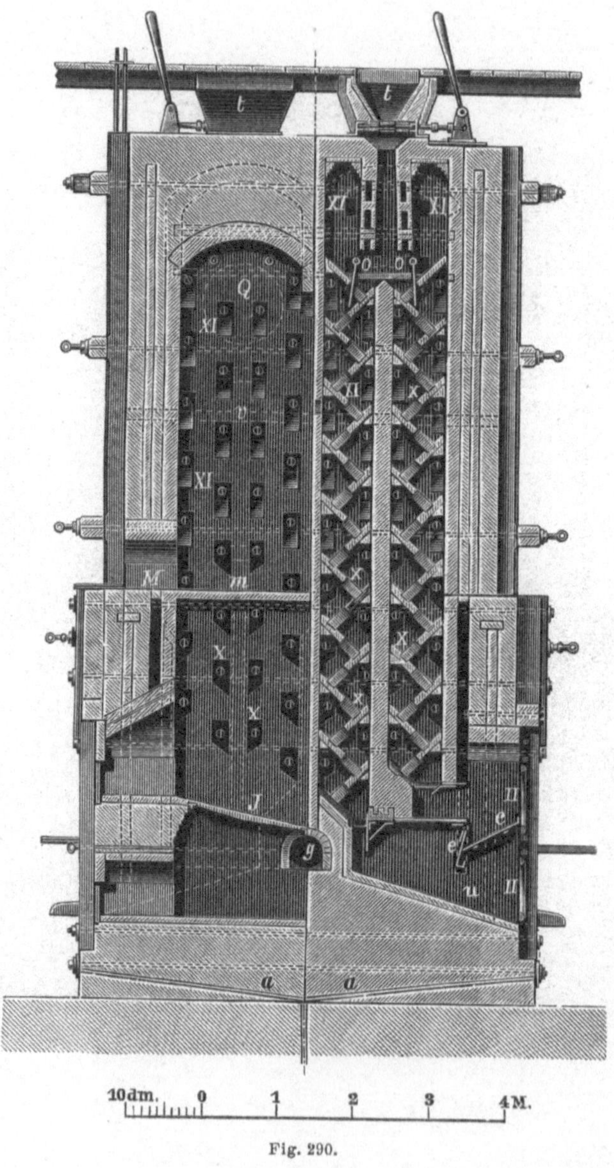

Fig. 290.

der Kammer IV, aus welchem sie durch Gusseisenrohre Q in die Condensationsvorrichtungen geführt werden. Die Oeffnungen XI haben eine geneigte Basis, damit der sich in denselben ansammelnde Flugstaub abrutschen kann. Hierdurch soll eine Verstopfung der Oeffnungen nach Möglichkeit vermieden oder doch beschränkt werden. Um die gesammten Oeffnungen freizuhalten und um ein Festsetzen der Erze auf und zwischen den Rutschplatten (wie es besonders bei nassen Erzen eintritt) zu verhüten, sind gegenüber den einzelnen Zügen im Ofengemäuer Gasröhren l (Figur 291) von 0,0762 m Durchmesser angebracht. Durch diese Rohre,

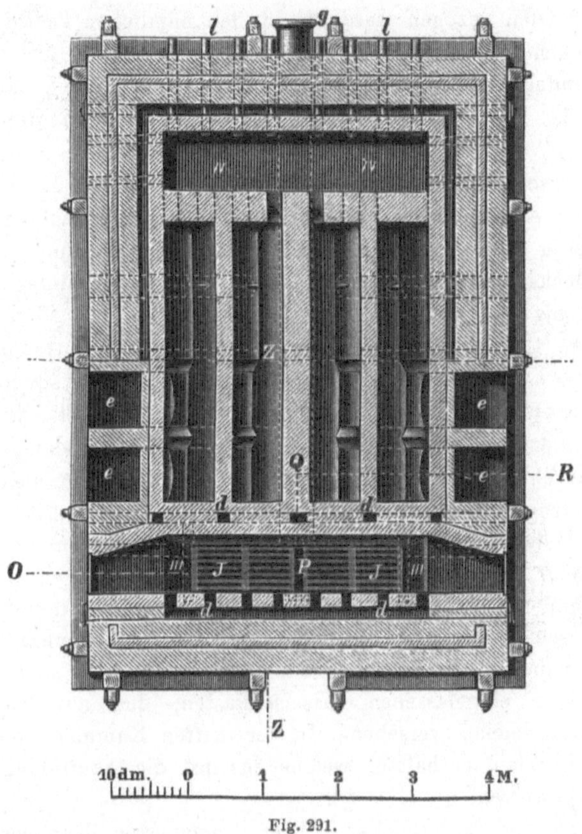

Fig. 291.

welche während des Betriebes durch Thonpfropfen verschlossen gehalten werden, können Eisenstangen L eingeführt werden, welche den Flugstaub und die zusammengesinterten Massen entfernen. Der Flugstaub wird durch die Thüren M entfernt. Das auf den obersten Rutschplatten zusammengesinterte Erz wird durch die eisernen Krähle O, welche an der Schiebestange N befestigt sind, aufgelockert. t sind die Aufgabetrichter, deren untere Enden durch Hebelschieber geschlossen bzw. geöffnet werden. u sind durch Thüren verschliessbare Ziehöffnungen zur Entfernung der Destillationsrückstände. An jeder langen Seite des Ofens sind 4 dieser Oeffnungen vorhanden. Die Destillationsrückstände der inneren Schächte fallen direct auf die mit einer Gusseisenplatte belegte schräge Sohle des Ofens, während die Destillationsrückstände der äusseren Oefen auf die Platte c fallen und erst nachdem die Klappe e zurückgeschlagen worden ist, auf die Sohlplatte des Ofens gelangen.

Die Destillationsrückstände werden an jeder Seite des Ofens in Zwischenräumen von je 40 Minuten ausgezogen, und zwar wird aus jeder der acht Ziehöffnungen je $^1/_8$ t entfernt, so dass alle 80 Minuten insgesammt 2 t aus dem Ofen gezogen werden. In den nämlichen Zeiträumen wird eine entsprechende Menge frischen Erzes nachgesetzt. Das Erz bleibt gegen 30 Stunden im Ofen. In 24 Stunden beträgt das Gesammt-Durchsetzquantum des Ofens 36 t. Der Brennstoff-Verbrauch in dieser Zeit beträgt $1^1/_2$ bis $1^3/_4$ cord Eichenholz.

Die Belegschaft des Ofens in der Schicht beträgt 5 Mann, wenn er allein arbeitet. Arbeitet der oben beschriebene, mit 2 Schächten versehene Ofen gleichzeitig mit, so genügen 3 Mann für die Bedienung.

Der Quecksilbergehalt der in diesem Ofen verarbeiteten Erze geht häufig auf $^3/_4$ bis 1 % herunter.

Im Jahre 1888 stand dieser Ofen 236 Tage im Betriebe und verarbeitete 8420 t Erz, woraus man bei 1,375 % Quecksilberausbringen 3073 Flaschen Quecksilber (zu 24,7 kg Quecksilber) erhielt.

Dieser Ofen ist dem Ofen mit 2 Schächten vorzuziehen, wie schon daraus hervorgeht, dass die Kosten der Verarbeitung einer t Erz[1]) 0,64 Dollar betrugen, während sich dieselben bei dem Ofen mit 2 Schächten auf 1 Dollar beliefen. Die Arbeitslöhne betrugen bei dem erstgedachten Ofen 0,28 Dollar, bei dem Ofen mit 2 Schächten dagegen 0,46 Dollar.

Die Condensationsvorrichtungen sind, wie bei dem Ofen mit 2 Schächten, gemauerte Kammern und Glas- und Holzkammern. Die zwei ersten der gemauerten Kammern und die vierte Kammer sind mit in die Wände derselben eingelassenen Gusseisenkästen, den auf Seite 379 beschriebenen waterbacks, versehen. In der dritten Kammer sind Trockenöfen für das Erzklein enthalten, welche daselbst die Abkühlung der Gase und Dämpfe bewirken.

Die Zahl der waterbacks in den gemauerten Kammern beträgt 2 für jede Kammer. Im Ganzen sind 10 gemauerte Kammern vorhanden, an welche sich noch 15 Glas- und Holz-Condensatoren anschliessen. Aus den letzteren gelangen die Gase in einen gemauerten Thurm und schliesslich durch einen Canal zu dem Guibal'schen Ventilator, welcher die Gase in einen Schornstein drückt.

Die Einrichtung eines neueren Ofens mit 4 Schächten (und den entsprechenden Condensationsvorrichtungen), welcher in 24 Stunden 50 t Erz von durchschnittlich 1 % Quecksilbergehalt verarbeitet und auf Grund langjähriger Erfahrungen von Newcomb zu Oathill in Californien eingerichtet

---

[1]) Egleston, l. c. p. 878, 873.

worden ist, ergiebt sich aus den Figuren 292, 293, 294 und 295[1]). Fig. 292 stellt den Grundriss der Anlage dar, Fig. 293 einen Verticalschnitt nach der Linie A B (Fig. 292), Fig. 294 einen Verticalschnitt des Ofens nach der Linie C D (Fig. 292) und eine Seitenansicht der Condensationkammern und Fig. 295 einen Horizontalquerschnitt des Ofens nach der Linie E F (Fig. 294). Der Maassstab zu Figur 292 (in englischen Fuss und Zoll) gilt auch für die übrigen Figuren. Das Erz wird auf der Grube mit Hülfe eines Rostes in Stückerz (über 1,5 Zoll = 0,038 m Seite) und in Grubenklein (unter 1,5 Zoll) geschieden. Das Stückerz wird durch einen Stein-

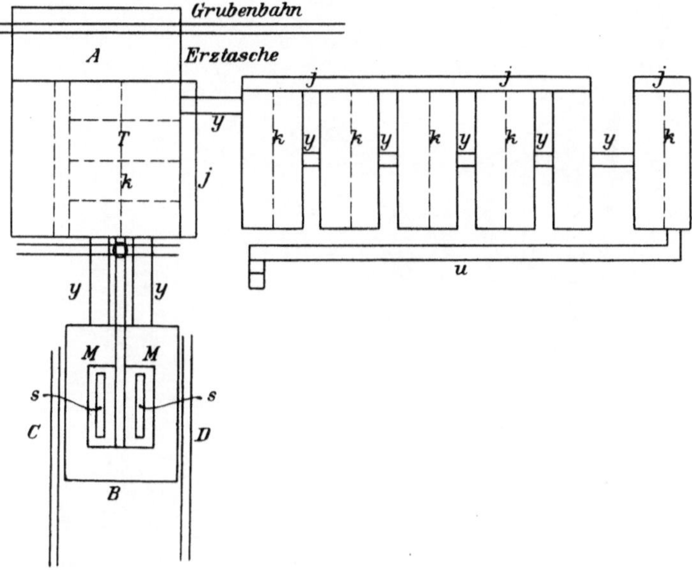

Fig. 292.

brecher zu Stücken von 1,5 Zoll Seite gebrochen. Grubenklein und vorgebrochenes Erz werden in die Tasche A geführt, aus welcher sie durch 8 Thüren t auf eine über der ersten Condensationskammer angebrachte (Fig. 293), geneigt liegende Trockenebene T gelangen. Diese hat 25 Quadratfuss Fläche und eine Neigung von 30°. Um das zu trocknende Erz gleichmässig auf der Trockenebene ausbreiten zu können, sind auf ihr 4 Reihen von Fussschwellen Z (Fig. 293) angebracht, auf welchen der betreffende Arbeiter steht. Am unteren Ende der Trockenplatte wird das getrocknete Erz durch Thüren t' und davor angebrachte Rinnen x in Wagen entleert, welche es nach dem Aufgebetrichter M des Ofens führen. Dieser Trichter hat an seinem unteren Ende zwei der ganzen Länge des eigentlichen Ofenschachtes entsprechende Schlitze s. Diese Schlitze können durch

[1]) The Min. Ind. 1899. p. 582.

Hebelschieber geschlossen bzw. geöffnet werden. Das Erz wird in Zwischenräumen von je einer Stunde in Mengen von 2 t in den Ofen eingelassen. Der Ofen ist aus Ziegeln gebaut, 22 Fuss (6,705 m) lang, 16 Fuss (4,877 m) weit und 37 Fuss (11,277 m) hoch. Einen Eisenpanzer hat der Ofen nicht. a (Figur 293 und 295) ist die Rostfeuerung. Der Rost, welcher sich von der einen langen Seite des Ofens bis zur anderen erstreckt, wird von diesen beiden Seiten aus befeuert. Das Brennmaterial ist Holz. In 24 Stunden werden $2^1/_2$ cord davon gebraucht. i i sind die 4 Schächte des Ofens (Fig. 295). Die geneigten Platten, auf welchen das Erz herab-

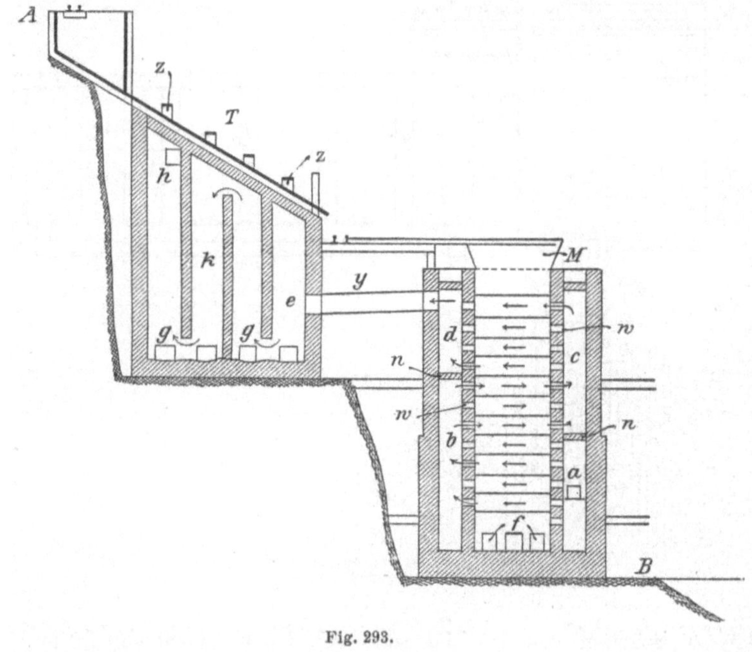

Fig. 293.

rutscht, sind 2,743 m lang und aus je drei aneinander gefügten Einzelplatten aus feuerfestem Thon von je 0,914 m Länge, 0,4064 m Breite und 0,0762 m Dicke zusammengesetzt. Der Zwischenraum zwischen dem unteren Ende der einen Platte und der Oberfläche der nächst unteren Platte (also der Zwischenraum für den Durchgang der Erze) beträgt 6 Zoll = 0,152 m. Die Zahl der geneigten Platten in jedem der 4 Schächte beträgt 24. f f sind die durch Thüren verschlossenen Oeffnungen zum Ausziehen der auf der rückenförmigen Sohle des Ofens lagernden Destillationsrückstände aus dem Ofen (Figur 293 und 294). Die Rückstände werden in Wagen gezogen und auf die Halde gefahren. Da der tiefste Punkt der Ausziehöffnungen 1,52 m unter dem Roste liegt, so sind die auszuziehenden Rückstände hinreichend kühl. Das Ausziehen der Destillationsrückstände geschieht in Zwischenräumen von je 15 Minuten. In 24 Stunden werden gegen 50 t Erz (zu je 2000 lb) durchgesetzt. Ein gefüllter Ofen enthält 40 t Erz, so dass das Erz gegen 20 Stunden im Ofen verbleibt. An den kurzen Seiten der 4 Schächte befinden sich die Kammern a und c auf der einen Seite, b und d auf der anderen Seite. Die Kammern a und c sind durch den aus feuerfesten Platten oder aus einem feuerfesten Bogen bestehenden Scheider n, die Kammern b und d gleichfalls durch einen Scheider n von einander getrennt. Diese Kammern stehen durch Oeffnungen w von je 0,203 m Höhe und 0,152 m Weite mit den eigentlichen Schächten in Verbindung. Unter jeder geneigten Platte befindet sich eine dieser Oeffnungen. Der Zwischenraum für den Durchgang der Erze wird, so lange die letzteren nicht durch das Ausziehen der Destillationsrückstände in Bewegung gerathen, durch die Erze selbst verschlossen. Es entstehen daher Zellen für den Durchzug der Feuergase, der Luft und der Quecksilberdämpfe, welche durch die obere Fläche der Erze, die Seitenwand und die durch die untere Fläche der nächst oberen geneigten Platte gebildet werden. An den kurzen Seiten der Zelle befinden sich die Oeffnungen w zum Eintritt bzw. zum Austritt der Gase und Dämpfe. Es treten nun die Feuergase und die heisse Luft vom Rost bzw. aus der Kammer a durch die gedachten Oeffnungen w in die 4 Schächte, durchziehen die Zellen und gelangen am Ende derselben durch entsprechende Oeffnungen in die untere Hälfte der Kammer b. Aus dieser treten sie durch die Oeffnungen w in der oberen Hälfte dieser Kammer und eine entsprechende Reihe von Zellen in die untere Hälfte der Kammer c und dann aus ihrer oberen Hälfte durch entsprechende Zellen in die Kammer d, aus welcher sie durch die beiden Rohre y in die erste Condensationskammer ziehen. Der Weg der Feuergase, der Luft und der Quecksilberdämpfe durch die einzelnen Schächte des Ofens ist durch Pfeile in Figur 293 angedeutet. Die Temperatur im Ofen ist Kirschrothglut. Den Oeffnungen für den Durchzug der Feuergase entsprechend sind in den Aussenmauern des Ofens verschliessbare Beobachtungslöcher angebracht, durch welche auch Gezähstücke durchgeführt werden können.

Das Erz verliert bei seinem Durchgang durch den Ofen 10 % an Gewicht. Der Brennstoffverbrauch beträgt 1 cord Holz auf 40 t Erz, bei pyrithaltigen Erzen entsprechend weniger.

Die Gase und Dämpfe treten aus der Kammer d durch 2 gusseiserne Rohre y von je 0,762 m Durchmesser und 3,657 m Länge in die erste Condensationskammer k und dann noch durch 5 weitere Kammern dieser Art nach dem Abzugscanal, welcher mit einem Exhaustor in Verbindung steht. Die Kammern bestehen aus Ziegelmauerwerk und sind durch eine Hauptscheidewand in 2 Theile getheilt (mit Ausnahme der fünften Kammer bei welcher aus örtlichen Gründen die Hauptscheidewand weggelassen ist). Diese Hauptscheidewände sind in den Figuren 292 und 294 mit punktirten Linien angegeben. Der Weg der Dämpfe und Gase wird durch Mauerzungen, Figur 293, vorgeschrieben. Die einzelnen Kammern sind durch Rohre aus Gusseisen y mit einander verbunden. Aus der letzten Kammer gelangen die Gase (Figur 294) durch eine hölzerne geneigte Lutte u von 0,762 m × 0,609 m Querschnitt und 18,29 m Länge in eine senkrechte Lutte von 12,19 m Höhe und gleichem Querschnitt zu einem Exhaustor, welcher sie durch eine 6 m hohe Lutte in die Atmosphäre drückt. Jede Condensationskammer (mit Ausnahme der fünften) hat 12 400 Cubikfuss Inhalt und 12 000 Quadratfuss Kühlfläche. Die Böden der Condensationskammern sind schwach concav und nach den Auslassöffnungen für das Quecksilber g g

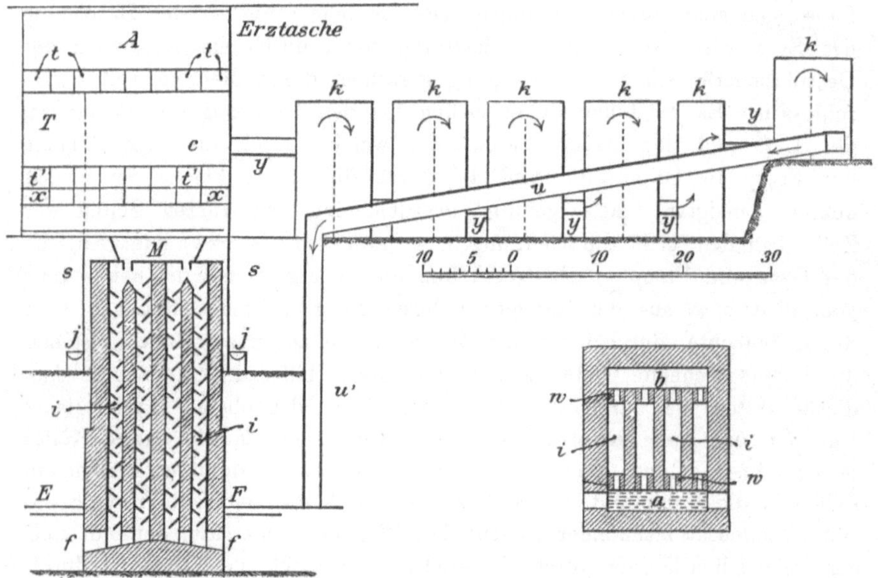

Fig. 294 u. 295.

zu (Fig. 293) geneigt. Diese Oeffnungen, deren jede Abteilung eine besitzt, werden durch leichte eiserne, mit Thon lutirte Platten verschlossen. Das Quecksilber gelangt durch die Oeffnungen g g in die Quecksilbertröge j j (Fig. 292 und 294). Jede Condensationskammer wird wöchentlich einmal entleert. Die grösste Menge von Quecksilber erhält man in der ersten Condensationskammer. In den beiden letzten Kammern wird nur noch sehr wenig Quecksilber niedergeschlagen. Der Abdampf der Maschine, welche den Exhaustor antreibt, wird in die erste Condensationskammer geführt, wo er vortheilhaft wirken soll. Mit dem Quecksilber zusammen wird eine grosse Menge von Stupp aus den Condensationskammern entfernt. Von dem ausgebrachten Quecksilber erhält man 30 % aus der Stupp. Der Quecksilberverlust wird zu 5 % angegeben.

Zur Bedienung des Ofens sind 4 Mann in der Schicht erforderlich, nämlich 2 zum Trocknen und Aufgeben der Erze, sowie zur Feuerung des

Kessels für den Exhaustor, 2 zur Feuerung des Ofens und zum Ausziehen der Destillationsrückstände.

Bei einem zweiten auf dem Werke vorhandenen Ofen beträgt die Durchgangsweite für das Erz zwischen je zwei geneigten Platten 0,102 m.

Oefen mit Rüttelvorrichtungen.

Die Oefen dieser Art, in welchen gewöhnlich Erz von feinerem Korn verarbeitet wird (desshalb auch Tierras-Oefen genannt), sind ähnlich eingerichtet, wie die beschriebenen Oefen, nur erfolgt das Ausziehen der

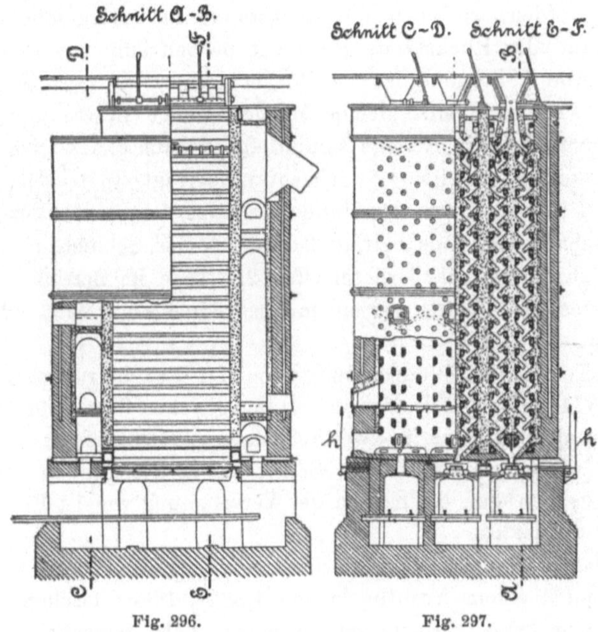

Fig. 296. Fig. 297.

Destillationsrückstände mit Hülfe sogen. Rüttelplatten aus Gusseisen. Es stehen sowohl Doppel-Oefen mit je 2 Schächten, als auch Doppel-Oefen mit je 3 Schächten im Betriebe. Die Einrichtung der Doppel-Oefen mit je 3 Schächten ist aus den Figuren 296 und 297 ersichtlich.

Die Einrichtung der Feuerung und die Leitung der Feuergase sind die nämlichen wie bei den beschriebenen Oefen. Der ganze Ofen ist durch Eisenplatten gepanzert. Die Zwischenräume zwischen den Platten der äusseren Schächte sind 0,1270 m weit, die des inneren Schachtes 0,0762 m weit. Man glaubte in den äusseren Schächten auch Erze von entsprechend gröberem Korne (granzita) verarbeiten zu können, indess war die Hitze, welche für das feinere Korn vollständig genügte, hierfür nicht ausreichend.

Die einzelnen Schächte sind 9,44 m hoch, 0,5842 m breit und 2,74 m lang. Der Rost liegt 1,5 m über den Ablassöffnungen für die Destillationsrückstände. Die Ablassöffnungen sind in Gusseisenplatten angebracht. Sie sind 0,0762 m bzw. 0,1270 m weit und erstrecken sich über die ganze Länge des Ofens. Für je 2 Schächte ist eine gemeinsame Oeffnung vorhanden. Unter denselben befinden sich die aus Gusseisen hergestellten verschiebbaren Rüttelplatten. Dieselben ruhen auf Rädern, welche ihrerseits auf Schienen laufen. Befinden sich die Rüttelplatten gerade unter den Ablassöffnungen, so tragen sie die Destillationsrückstände, welche sich bis zur Erreichung ihres natürlichen Böschungswinkels auf dieselben auflegen. Sobald die Rüttelplatten aber mit Hülfe von Hebeln hin- und hergeschoben werden, rutschen die Rückstände in untergeschobene Wagen. Das Entleeren der Rückstände geschieht in Zeiträumen von je 10 bis 15 Minuten. Alle 2 Stunden ist 1 t Rückstände aus je zwei Schächten entfernt. Es wird dann eine gleiche Menge frischen Erzes aufgegeben. Die Gesammtmenge an Erz, welche sämmtliche Schächte des Ofens zusammen in 24 Stunden verarbeiten (6 Schächte), beträgt 36 t. Das Erz bleibt 34 Stunden im Ofen. In 24 Stunden werden $2^1/_2$ cord Holz verbraucht. Die Belegschaft des Ofens beträgt 3 Mann in der Schicht.

Im Jahre 1888 stand dieser Ofen 255 Tage im Betriebe, verarbeitete 9111 t Tierras und lieferte bei einem Ausbringen von 1,29 % 3078 Flaschen Quecksilber.

Die Kosten der Verarbeitung von 1 t Erz betrugen 0,721 Dollar, nämlich 0,374 Dollar für Brennstoff und den gleichen Betrag für Arbeitslöhne.

Der Doppelofen mit je zwei Schächten pro Ofen setzt in 24 Stunden 24 t durch und erfordert 2 Mann Bedienung in der Schicht. Im Anfange des Betriebes betrugen die Kosten der Verarbeitung von 1 t Erz 1,73 Dollar, später nur die Hälfte.

Im Jahre 1888 verarbeitete dieser Ofen in 200 Tagen 4737 t Tierras und lieferte bei einem Ausbringen von 1,36 % 1686 Flaschen Quecksilber. Ueber die Quecksilberverluste sind Angaben nicht gemacht.

Die Condensation des Quecksilbers erfolgt in Kammern aus Mauerwerk, von welchen einige mit waterbacks versehen sind. Ein Theil der heissen Gase und Dämpfe umspült in gemauerten Zügen einen Trockenofen für das feuchte Erzklein, um später wieder in eigentliche Condensationskammern einzutreten. Die Trockenöfen (shelf dry kilns) sind in ähnlicher Weise mit Rutschplatten ausgesetzt wie die Tierras- und Granzita-Oefen. Die nähere Beschreibung derselben findet sich Egleston, Vol. II, p. 871.

Der Livermore-Ofen.

Dieser Ofen ist von C. E. Livermore auf der Redington Mine bei Knoxville in Californien angegeben worden. Derselbe stellt eine Reihe nebeneinander liegender, um 50° geneigter schmaler Canäle dar, in welchen die Flamme der Feuerung emporsteigt, während das Erz, durch Hindernisse vielfach aufgehalten, auf der Sohle der Canäle herabrutscht und am Ende derselben in eine Kühlkammer gelangt. Das Prinzip, auf welchem die Einrichtung des Ofens beruht, ist das der älteren Zinkblende-Röstöfen von Hasenclever.

Die Einrichtung des Ofens ist aus der Figur 298 ersichtlich. S ist einer der geneigten Canäle. Dieselben sind um 50° geneigt, besitzen eine von der Natur des Erzes abhängige Länge von 9—10,5 m, eine Breite von 0,17 m und eine Höhe (von der Sohle bis zum Gewölbescheitel) von

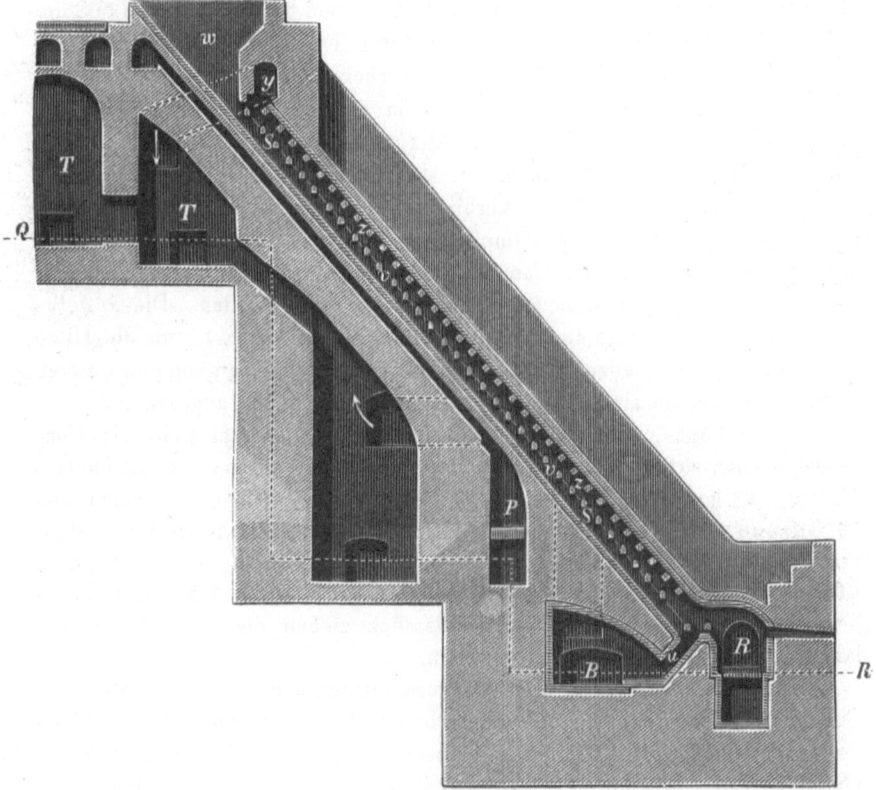

Fig. 298.

0,304 m. Sie liegen zu 11 bis 20 nebeneinander und werden vom Roste R aus, welcher 10—11 Canälen gemeinschaftlich ist, geheizt. In den Canälen befinden sich aus feuerfesten Ziegeln mit dachförmiger Zuspitzung hergestellte Hindernisse v̇, welche quer durch die Canäle hindurchgehen. Dieselben haben den Zweck, das zu schnelle Herabrutschen der Erze in den Canälen zu verhindern. Die Hindernisse sind 0,139 m über der Sohle der Canäle angebracht und 0,3048 m von einander entfernt. Im Gewölbe des Canals sind aus feuerfesten Ziegeln hergestellte Vorsprünge angebracht. Dieselben ragen 0,101 m tief in den Canal hinein und zwar in der Mitte zwischen je zwei Hindernissen. Sie haben den Zweck, die Flamme bzw. die Feuergase zu verhindern, an der Decke der Canäle hinzuziehen, und dieselben zu veranlassen, über die Erze zu streichen. Die Rostfeuerungen R sind 0,609 m hoch und 0,66 m breit. Ihre Länge hängt von der Zahl der nebeneinanderliegenden Canäle ab. Bei einer grösseren Zahl von Canälen sind mehrere Feuerungen erforderlich, während bei 10—11 Canälen eine einzige von zwei Seiten beschickte Feuerung genügte. Die Feuerbrücke erhebt sich 0,50 m über den Rost und liegt mit ihrer Oberkante 0,457 m unter dem Scheitel der Decke des Canals. Das Erz wird durch Trichter w aufgegeben. Das untere Ende derselben hat 0,0508 × 0,0508 qm Fläche. Etwaige Verstopfungen werden durch Einführen von Eisenstangen in den Trichter beseitigt. Die Destillationsrückstände gelangen am unteren Ende des Schachtes durch den Canal u in eine Kühlkammer B. In derselben wird es eine Zeit lang der Abkühlung überlassen und dann in Wagen entleert. Die Kühlkammer steht durch Canäle mit den Condensationsvorrichtungen T in Verbindung, welche die aus den heissen Rückständen entweichenden Dämpfe aufnehmen. P ist eine Hilfsfeuerung zur Heizung der Sohle der Canäle. Dieselbe hat sich indess als zwecklos erwiesen und ist bei den neueren Oefen weggelassen worden. Die Gewölbe der sämmtlichen Canäle sind äusserlich mit Asche bedeckt, um die Hitze in denselben zusammenzuhalten. Zur Beobachtung der Vorgänge im unteren Theil der Schächte sind in jedem derselben Spählöcher angebracht.

Die Dämpfe und Gase entweichen durch den Canal y in die Condensationsvorrichtungen. Dieselben bestehen aus (5) gemauerten Kammern T (von 3,27 m Höhe, 4,57 m Länge und 1,21 m Breite), an welche sich 10 Knox-Osborne'sche Condensatoren, wie sie Seite 374 beschrieben sind, und schliesslich 5 Holzkammern (mit geneigtem Boden) von je 2,438 m Länge, 6 m Breite und 1,828 m Höhe an der einen Seite, 1,524 m Höhe an der anderen Seite anschliessen. Schliesslich ziehen die Gase durch eine lange Canalleitung in einen Schornstein.

In einem aus 10—12 Canälen zusammengesetzten Ofen werden pro Canal in 24 Stunden $1^3/_4$ t Erz verarbeitet, in den sämmtlichen Canälen des Ofens $17^1/_2$ bis 21 t. Bei grossen Oefen beträgt das Durchsetz-Quantum pro Canal in 24 Stunden 1 t Erz. Der Brennstoff-Verbrauch in 24 Stunden beträgt bei einem Ofen mit 10 bis 12 Canälen $1^1/_2$ bis 2 cord Holz. Die Belegschaft eines derartigen Ofens beträgt 6 Mann in zwei 12stündigen Schichten.

Auf der Sunderland Mine befindet sich ein Livermore-Ofen mit 12 Canälen, welcher in 24 Stunden 15 bis 16 t Erz durchsetzt. Die Condensationsvorrichtung daselbst sind Cylinder aus Schmiedeeisen von 0,457 m Durchmesser.

Auf der Redington Mine befindet sich von grösseren Oefen ein solcher mit 16 Canälen und ein solcher mit 20 Canälen. Die Oefen mit 20 Canälen setzen in 24 Stunden 30 t Erz durch.

Der Idrianer Schüttofen.

Dieser Ofen wurde 1886 von Czermak und Spirek in Idria eingeführt. Derselbe hat sich sehr gut bewährt. Er ist den Fortschaufelungsöfen, in welchen in Idria gleichfalls ein Theil des Grubenkleins abgeröstet wird, bei Weitem überlegen.

Der Ofen ist ein gepanzerter Schachtflammofen, dessen Schacht mit mehreren untereinander befindlichen Reihen von Dächern aus feuerfestem Thon (nur die oberste Reihe besteht aus Gusseisen) ausgesetzt ist, auf welchen das Erz herabrutscht. Er erinnert an den Röstofen von Gerstenhöfer, bei welchem indess die Erzträger nach unten zu dachförmig zulaufen, oben aber eine ebene Fläche besitzen. Bei dem Ofen von Gerstenhöfer fällt das Erz continuirlich von Träger zu Träger, während bei dem Ofen von Czermak das Erz periodisch herabrutscht. Bei dem Ofen von Gerstenhöfer steigen die heissen Gase direct aufwärts, während sie bei dem Ofen von Czermak wie bei den Oefen von Hüttner und Scott durch horizontal liegende Zellen ziehen und nur absatzweise nach oben gelangen. Die Luft zur vollständigen Verbrennung der Feuergase sowohl wie die Oxydationsluft wird vorgewärmt.

Es sind je 4 Oefen zu einem Massiv verbunden. Neuere Oefen besitzen 5 Reihen von je 6 Dächern, von welchen die der 4 unteren Reihen aus feuerfestem Thon hergestellt sind, während die Dächer der obersten Reihe aus Gusseisen bestehen.

Die Einrichtung eines Ofens mit 4 Reihen von Dächern ist aus den Figuren 299 und 300 ersichtlich. u u u (Fig. 299) sind die untereinander liegenden Dächer. Dieselben sind so gesetzt, dass das auf die oberste Dachreihe aufgegebene Erz auf den schrägen Flächen der Dächer periodisch herabrutscht und quecksilberfrei auf der Sohle des Ofens ankommt. Die Feuerung geschieht durch auf den Rosten h und i verbrennenden Brennstoff. h ist die Hauptfeuerung, i ist die Hilfsfeuerung. Die Feuergase beider Feuerungen vereinigen sich in dem Canal S. Die zur Verbrennung der Feuergase sowohl wie zur Oxydation des Schwefelquecksilbers erforderliche Luft wird in den elliptischen gusseisernen Röhren a sowohl als in den seitlichen Luftkammern r vorgewärmt. Aus den Röhren a gelangt die Luft in die Luftkammer M und aus der letzteren durch senkrechte Oeffnungen in der Decke derselben in den Feuercanal S, in welchem die vollständige Verbrennung der Feuergase erfolgt. Ueber dem Feuercanal befindet sich eine zweite Luftkammer w, in welche die Luft sowohl durch die seitliche Kammer r als auch durch Oeffnungen g gelangt. Die in derselben befindliche Luft gelangt durch Oeffnungen in der Sohle der Kammer gleichfalls in den Feuercanal. Aus dem Feuercanal treten die Feuergase mit überschüssiger Luft durch die Oeffnungen y y in den Ofen. Unter diesen Oeffnungen befindet sich noch eine Reihe kleinerer (in den Figuren nicht sichtbarer) Oeffnungen, durch welche die Feuergase unter die unterste Reihe der Dächer gelangen.

Sie ziehen unter der untersten Reihe von Dächern hin, steigen am entgegengesetzten Ende aufwärts, um dann, vereinigt mit den übrigen Feuergasen und der Luft, unter die zweite Reihe von Dächern zu treten. Sie ziehen nun unter dieser Reihe hin, steigen, an der entgegengesetzten Seitenmauer angekommen, wieder aufwärts und ziehen dann unter der

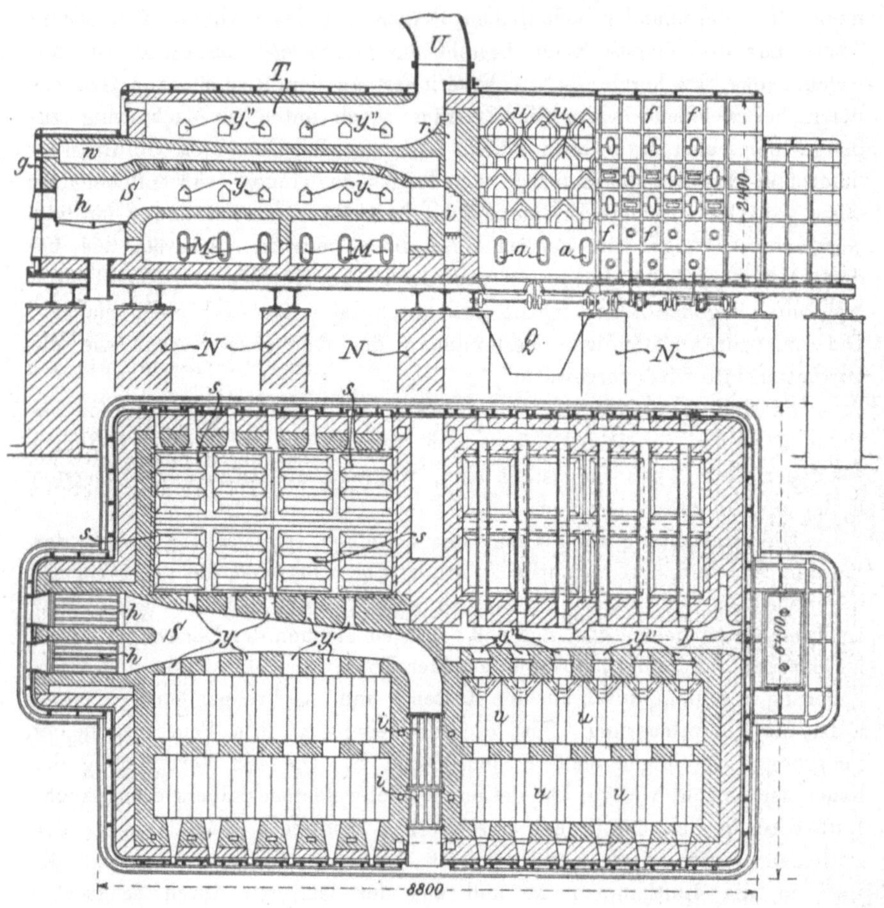

Fig. 299 u. 300.

dritten Reihe hin, gelangen darauf unter die vierte Reihe und ziehen schliesslich durch die Oeffnungen y'', welche den Hohlräumen unter der obersten Reihe von Dächern entsprechen, in den Gassammelcanal T, welcher sie mit den im Ofen entbundenen Dämpfen und Gasen durch das Rohr U nach den Condensationsvorrichtungen führt.

Das Erz kann durch die verschliessbaren Schlitze s s aus dem Ofen entfernt werden. Diese Schlitze können durch Hebelschieber frei gelegt werden. So lange die Schlitze verschlossen sind, kann kein Erz im Ofen herabrutschen. Das Erz verschliesst dann auch die für das Herabrutschen desselben vorhandenen Zwischenräume zwischen den Dächern, so dass durch die Dächer und das Erz Zellen gebildet werden, durch welche die Feuergase, die Luft und die Dämpfe der Länge nach hindurchziehen. Der Verticalschnitt dieser Zellen ist aus der Figur 301 ersichtlich[1]). A ist die Zelle. Sie wird gebildet durch das obere Dach, durch das Erz, welches den Zwischenraum x zwischen dem unteren Theile dieses Daches und den beiden unteren Dächern u verschliesst, und durch das auf den angrenzenden Hälften der beiden unteren Dächer sowie auf der Spitze S des nächstfolgenden unteren Daches liegende Erz. Die Flamme bestreicht nun das in der unteren Hälfte der Zelle befindliche Erz, während der obere Theil derselben durch Wärmestrahlung auf das Erz wirkt. Gleichzeitig wird das Erz von unten durch die heissen Theile der Dächer, auf welchen es ruht, erhitzt.

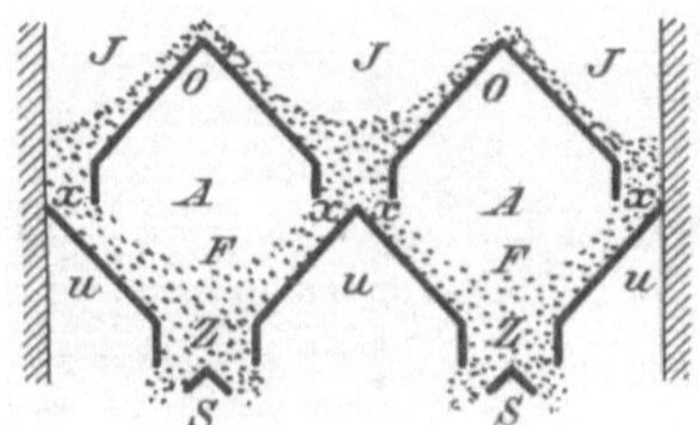

Fig. 301.

Werden nun die Schlitze auf der Sohle des Ofens geöffnet, so fällt das hier vorhandene Erz durch die Schlitze s s s in die Blechtrichter Q und aus letzteren in die Zwischenräume zwischen den Pfeilern N. Gleichzeitig rutscht eine entsprechende Menge Erz nach. Beim Herabrutschen findet in dem Trichter J (Fig. 301) und besonders in dem Halse Z eine Mischung der einzelnen Erztheile statt, so dass kein Erztheil der Einwirkung der Flamme und der Oxydationsluft entgehen kann. Durch die Entfernung der untersten Kante des oberen Daches von der geneigten Fläche des nächst oberen Daches wird die Höhe der Erzschicht bzw. das Durchsetzquantum des Ofens bestimmt.

Der ganze Ofen steht auf einer genieteten quecksilbersicheren Blechtasse. Dieselbe wird durch in Cement aufgeführte, mit gusseisernen Platten abgedeckte Pfeiler getragen. Die letzteren sind in den sorgfältig cementirten Boden eingelassen, in welchem gusseiserne Sammelgefässe (Capellen) angebracht sind, um ein Durchgehen von Quecksilber sofort wahrnehmen zu können. Das Ausziehen der Rückstände bzw. das Einführen frischen Erzes erfolgt in Zeiträumen von je zwei Stunden.

[1]) Spirek, L'Industria del Mercurio in Italia. Conferenza Tenuta in Torino al 1. Congresso Nazionale di Chimica Applicata (Settembre 1902). Torino 1902. S. 7.

Die Vorlagen sind durch Wasser berieselte senkrechte Schenkelröhren von elliptischem Horizontalquerschnitt aus Steinzeug mit an dieselben angeschlossenen Flugstaubkammern. Diese Vorlagen sind zuerst 1878 von Czermak angegeben worden. Die Rohre bestanden aus Gusseisen. Die Wandstärke der Steinzeugröhren beträgt 20 mm. Die einzelnen Theile der Schenkelröhren werden durch Cement miteinander verbunden.

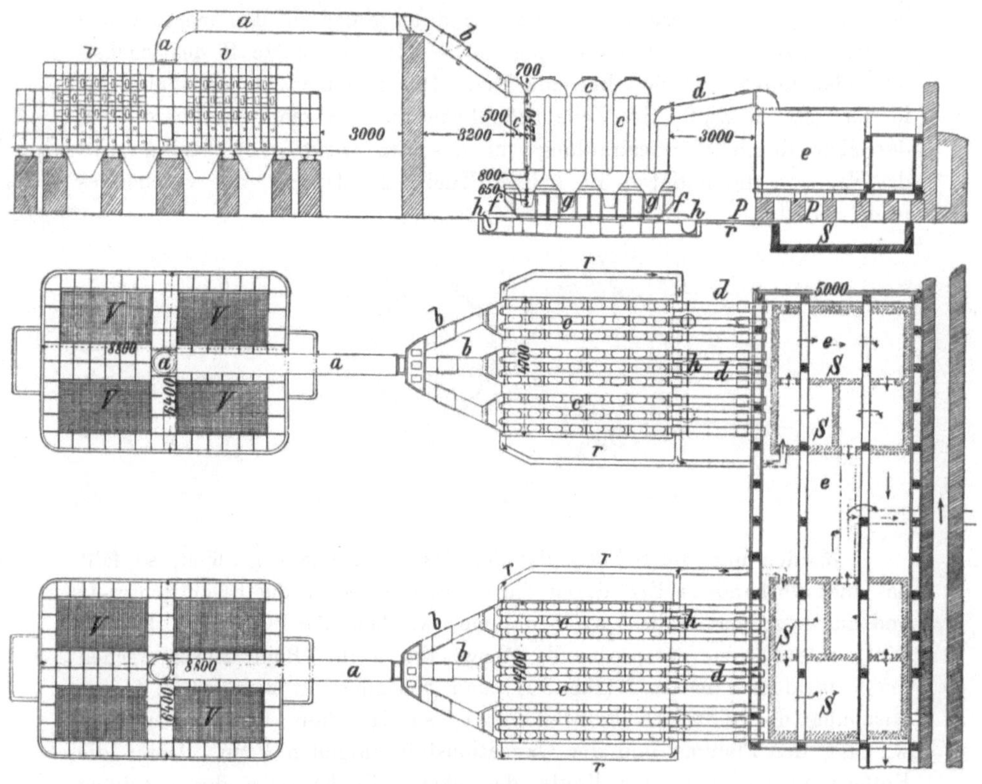

Fig. 302 u. 303.

Das ganze Röhrensystem ist in einem Holzgestelle befestigt. Die untersten Enden der Schenkel tauchen 5 cm tief in mit Wasser gefüllte, aus Eisen hergestellte und innerlich mit einer Cementlage überzogene Stuppkästen, in welchen das condensirte Quecksilber und die Stupp angesammelt werden.

Für einen Ofen mit 4 Schächten sind 9 Röhrenreihen mit je acht Stück stehender Röhren vorhanden. Die Röhrenreihen münden in Flugstaubkammern, welche aus 50 mm starken Brettern erbaut sind. Um die Kammern gasdicht zu machen, sind die Bretter genutet und an den Nuten mit einem aus ungelöschtem Kalk und Leinöl hergestellten Kitt gedichtet. Die Flugstaubkammern sind auf gemauerte Pfeiler gestellt. Ihr Boden ist mit einer 60 bis 80 mm starken Schicht aus Portland-Cement überzogen. Der Raum unter den Kammern ist als Sumpf für die abfliessenden condensirten Wasser und für die Waschwasser eingerichtet. Die Sohle um die Condensatoren herum ist betonirt und besitzt im Beton ausgesparte Rinnen zum Ableiten der Condensations- und Waschwasser in die Sümpfe. Die letzteren sind gleichfalls aus Beton hergestellt.

Die Einrichtung der Condensatoren für einen aus 4 Einzelöfen bestehenden Ofen, die Verbindung derselben mit dem Ofen und den Flugstaubkammern sowie die Einrichtung der letzteren selbst ist aus den Figuren 302 u. 303 ersichtlich.

Die Gase und Dämpfe der 4 Einzelöfen V sammeln sich in dem gemeinschaftlichen Hauptabzugsrohr a und werden durch dasselbe in 3 Vertheilungsrohre b geführt, aus welchen sie in die Condensatoren c gelangen. Unter den letzteren befinden sich die Stuppkästen f, in deren Wasserfüllung die Enden g der Schenkelrohre eintauchen. Aus den Stuppkästen fliesst das Quecksilber in die gusseisernen Kessel h. Aus den Condensatoren gelangen die Gase und Dämpfe durch die Röhren d in die hölzernen, mit Scheidewänden versehenen Flugstaubkammern e und aus den letzteren in die sog. Centralkammern. Unter den Flugstaubkammern befinden sich gemauerte Sümpfe S, in welche durch die Rinnen r die Condensations- und Waschwasser abfliessen. P sind die gemauerten Pfeiler, welche die Flugstaubkammern tragen. Fig. 302 zeigt die Verbindung von 2 Ofensystemen mit den Condensatoren und den Flugstaubkammern.

Die Kehrung der Condensatoren (d. i. das Auskehren des Quecksilbers aus den Steinzeugröhren in die Stuppkästen) erfolgt bei der Verarbeitung reicherer Erze jeden fünften Tag, bei der Verarbeitung der armen Erzgriese prima und secunda und der armen Erzgröb alle 14 Tage.

Nach den Betriebsergebnissen des Jahres 1892[1]) wurden in dem Schüttofen No. 1 (aus 4 Einzelöfen bestehend) zu Idria in 24 Stunden 22,4 t armer und reicher Erzgries durchgesetzt bei einem Brennstoffaufwand von 3,61 cbm Holz auf 10 t Erz und einer Lohnausgabe von 8 fl. 86 kr. für 10 t Erz. Der Stuppfall betrug 3,3 %, die Quecksilbererzeugung 204,2 t. In den Schüttöfen No. 2 und 3 wurden pro Ofen (zu 4 Schächten) in 24 Stunden 26,7 t armer Erzgries und gepresste Stupp durchgesetzt bei einem Brennstoffaufwand von 3,02 cbm Holz pro 10 t Erz. Der Lohnaufwand pro 10 t Erz betrug 6 fl. 98 kr. Der Stuppfall belief sich auf 1,3, die Quecksilbererzeugung auf 117,7 t.

Der Quecksilberverlust in diesen Oefen beträgt 6,5 %. Später hat man in Idria auch Oefen mit 2 Zickzackwegen der Gase anstatt 4 eingerichtet; diese Oefen haben sich indess nicht so gut bewährt wie die älteren Oefen.

In den Schüttöfen verarbeitet man grundsätzlich alles Erzklein, soweit es nicht wegen zu starker Flugstaubbildung in Fortschaufelungsöfen zu Gute gemacht werden muss.

---

[1]) Mitter l. c.

Die Czermak'schen Schüttöfen sind durch V. Spirek in Bezug auf die Trocknung der Erze, die Leitung und Vertheilung von Luft und Feuergasen und die Regulirung des Gasstroms verbessert worden. Die Czermak-Spirek-Oefen sind in Italien eingeführt worden, wo sie sich sehr gut bewähren. Auch in Almaden werden gegenwärtig derartige Oefen eingerichtet.

Die Einrichtung eines grossen Czermak-Spirek-Ofens, wie er in Siele und Cornacchino am Monte Amiata im Betriebe steht, ist aus den Figuren 304 bis 308 ersichtlich[1]). Der Ofen ist ein Doppelofen, welcher durch eine Mittelmauer in der Längsaxe desselben in 2 Hälften geschieden ist. Er hat das Aussehen einer viereckigen eisernen Kammer mit einer kleinen

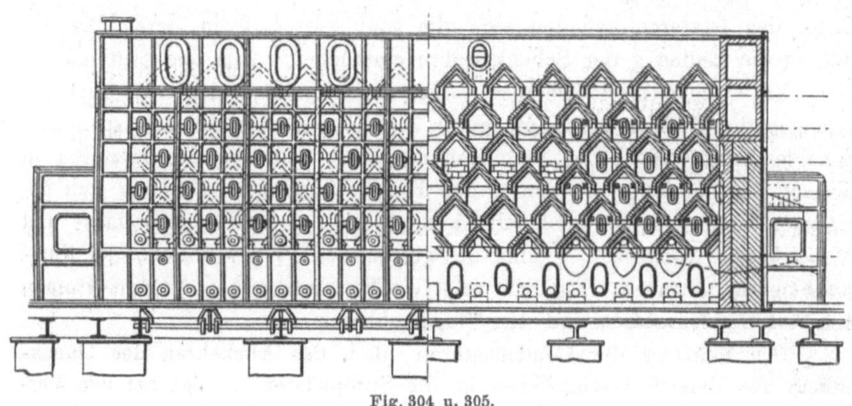

Fig. 304 u. 305.

Kammer an jeder kurzen Seite. An jeder langen Seite hat er ein System von ovalen Oeffnungen, welche durch bewegliche Deckel verschlossen werden können. Die an den beiden kurzen Seiten angebrachten Kammern enthalten die Feuerungen. Dieselben sind entweder Rostfeuerungen oder Halbgasfeuerungen. Als Brennstoff kann Steinkohle, Braunkohle, Torf oder Holz verwendet werden. Der in der Mittelmauer des Ofens angebrachte Canal b, welcher beide Feuerungen verbindet, dient als Verbrennungskammer. Die Umfassungsmauern des Ofens sowohl wie die Mittelmauer ruhen auf den aus Eisenblech bestehenden an den Rändern umgebörtelten Platten m n. Sie bilden Behälter, welche das nach unten entweichende Quecksilber auffangen. Dieses wird durch Stichlöcher in untergestellte Töpfe abgelassen. Die Platten m n, das heisst der ganze Ofen ruht auf einem Netze von Trägern aus Eisen, welche auch die Vorrichtung zur Entfernung der Abbrände aus dem Ofen enthalten. Die Pfeiler, auf welchen die erste Reihe der eisernen Träger ruht, sind mit

[1]) The Min. Ind. 1898. S. 568. Il Forno Czermak-Spirek, Torino 1901. Tipografia G. U. Cassone successore. Rivista La Chimica Industriale. Anno II, No. 8, 15 aprile 1900.

Platten aus Gusseisen bedeckt, welche das Eindringen von Quecksilber in die Fundamente verhindern. Jede der beiden langen Kammern des Ofens ist durch 2 aus durchbrochenen Tragsteinen p_1 und p_2 hergestellte Mauern wieder in 3 Längsabtheilungen getheilt.

Auch in den inneren Theilen der Mittelmauern und der beiden langen Seitenmauern des Ofens sind derartige Tragsteine angebracht. Die aus den durchbrochenen Tragsteinen bestehenden Zwischenmauern ruhen auf 16 cm breiten U-Eisen. Die durchbrochenen Tragsteine bilden die Unterstützung für die Dächer oder Dachsteine s_1, s_2, s_3, auf welchen das Erz

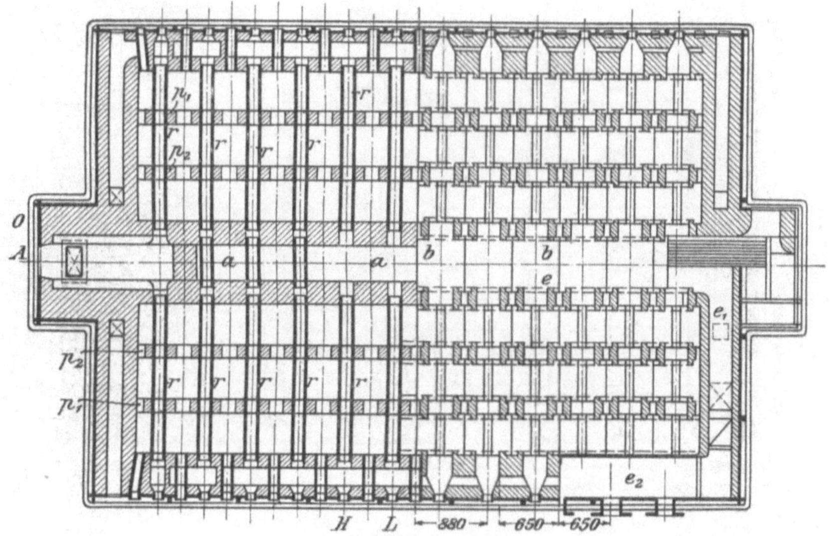

Fig. 306.

herabrutscht. Diese Dachsteine s_1, s_2, s_3 bilden zusammen mit den entsprechenden Tragsteinen Zellen. In jeder Kammer befinden sich 6 Reihen von Dächern übereinander. Die unterste Reihe ist aus 11 ganzen und 2 halben Dächern zusammengesetzt, dann folgen die zweite Reihe mit 12 ganzen Dächern, die dritte Reihe mit 11 ganzen und 2 halben Dächern, die vierte Reihe mit 12 ganzen Dächern u. s. f. die fünfte und die sechste Reihe. Die einander zugekehrten Flächen von je zwei benachbarten Dachsteinen bilden, wie aus Fig. 305 und besonders aus Fig. 301 ersichtlich ist, einen Trichter mit kurzem Halse.

Das Erz ruht auf den schrägen Flächen der Dächer 10 bis 12 cm hoch. Das Erz rutscht periodisch in dem Maasse im Ofen herab, wie die Abbrände vom Boden des Ofens entfernt werden und wie bereits S. 394 bei dem Schüttofen von Idria dargelegt ist. Die Entfernung der Rückstände geschieht mit Hülfe der Ablassvorrichtung k (Fig. 308), indem mit Hülfe des Hebels i und der Schieber h die unteren Schlitze von k freigelegt werden. Die Schieber h sind Platten mit Oeffnungen, welche letzteren beim Verschieben unter die entsprechenden Schlitze zu liegen kommen, so dass die Abbrände durch die offenen Schlitze und Sturzkästen L in Canäle unter den beiden Kammern des Ofens fallen. Aus diesen Canälen werden sie durch einen Wasserstrom entfernt.

Die Flamme zieht aus der Verbrennungskammer b in die unterste Reihe der Zellen, deren jede einzelne durch je 3 hintereinander angeordnete Dächer s_1, s_2, s_3, die entsprechenden Tragsteine der Zwischenmauern, der Seitenmauern und der Mittelmauer, durch das Erz, welches

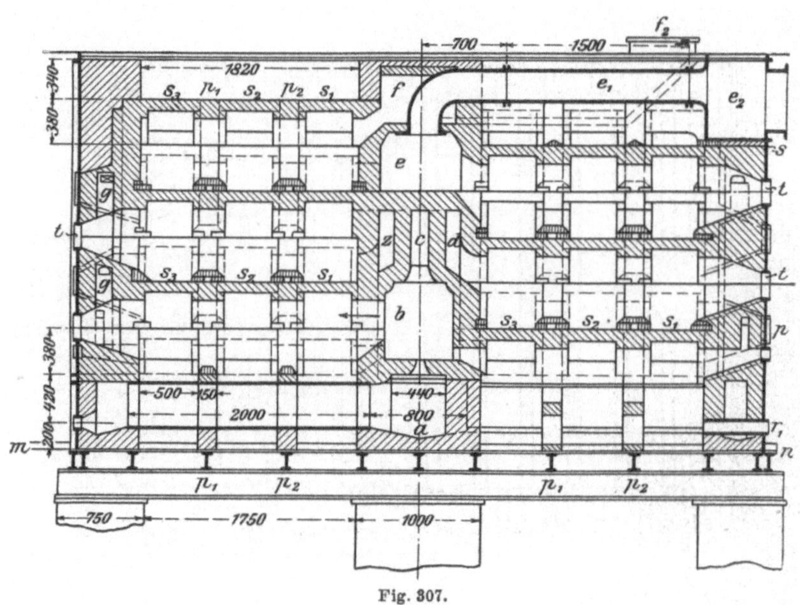

Fig. 307.

den Zwischenraum zwischen dem unteren Theile dieser Dächer und den beiden nächst unteren Dächern verschliesst, ferner durch das auf den angrenzenden Hälften der beiden unteren Dächer und auf der Kante des nächstfolgenden unteren Daches liegende Erz (siehe Fig. 301) gebildet wird. Diese Zellen besitzen im Querschnitt die Gestalt des Carreau auf den Spielkarten, wie aus Figur 301 ersichtlich ist.

Nachdem die Feuergase eine Zelle der untersten Reihe der Länge nach durchzogen haben, gelangen sie in einen in der Seitenmauer angebrachten senkrechten Canal, welcher durch 2 fensterähnliche Oeffnungen mit der nächst oberen Zellenreihe in Verbindung steht. Hierdurch tritt eine Theilung des Gasstroms in zwei Ströme ein, deren jeder in je eine obere Zelle tritt. Es erhält also jede obere Zelle die Hälfte der Gase der beiden darunter befindlichen Zellen, wodurch eine stetige Mischung der Gase und damit eine gleichmässige Erhitzung bzw. ein gleichmässiges Fortschreiten des Destillationsprozesses erreicht wird. Nachdem die Gase die zweite Zellenreihe durchzogen haben, gelangen sie durch die senkrechten Canäle d bzw. z in der Mittelmauer in gleicher Weise vertheilt in die dritte Zellenreihe und dann aus der letzteren in die vierte Zellenreihe und am Ende dieser Reihe schliesslich in den Sammelcanal e. Aus diesem Canal ziehen sie durch 2 gusseiserne Rohre e^1 in den gusseisernen Vertheilungscanal e_2, aus welchem sie durch 8 Austrittsöffnungen in die Condensationsvorrichtungen geführt werden.

Der Canal b besitzt an jeder Seite 12 Oeffnungen, durch welche die Feuergase in die beiden Kammern des Ofens gelangen. Die Strecke,

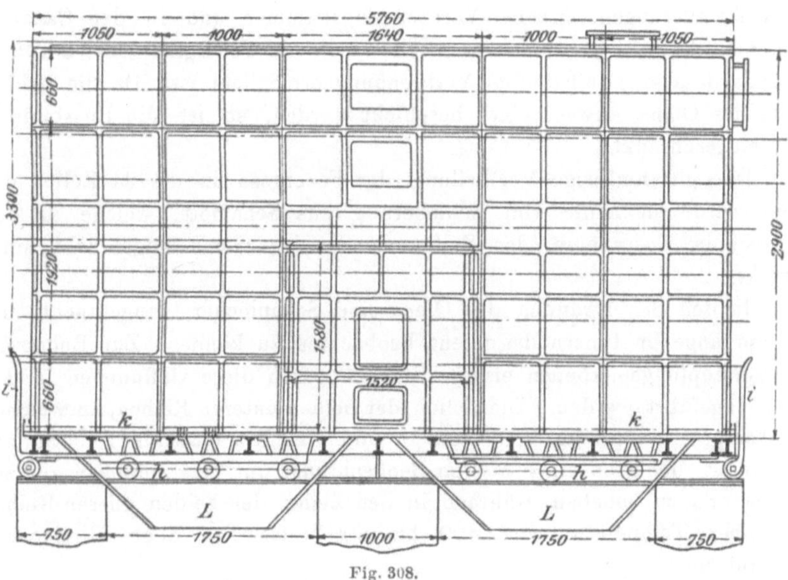

Fig. 308.

welche die Flamme durchzieht, beträgt bei den 4 übereinanderliegenden Zellenreihen $4 \times 1{,}85$ m $= 7{,}40$ m.

Direct über der 4. Zellenreihe befindet sich der ebenfalls mit Dächern ausgesetzte Trockenraum für das Erz. Der sich hier bildende Wasserdampf wird durch eine besondere Leitung entfernt.

Wenn das Erz nicht schnell genug herabrutscht, gelangen auch Destillationsgase aus der vierten Zellenreihe in den Trockenraum und werden durch den Canal f nach f_2 und dann durch zwei eigene Röhrentouren nach den Condensationsvorrichtungen geleitet. In dem Trockenraum wird das Erz vollständig von seinem Wassergehalte befreit, während die ihre Hitze abgebenden Ofengase dadurch auf eine Temperatur unter 360° abgekühlt werden. Durch diese Einrichtung ist es ermöglicht, auch lehmige Erze zu verarbeiten.

Unter der untersten Zellenreihe befindet sich der Raum für die Destillationsrückstände oder Abbrände. Die Decke dieses Raumes wird durch die unterste Reihe der Dächer gebildet. Er steht sowohl mit dem Canal b als auch durch verticale Canäle in den Seitenmauern mit den Zellen in Verbindung. Hierdurch werden einerseits noch etwa in ihm vorhandene Quecksilberdämpfe abgezogen, während andererseits noch eine Zerlegung unzersetzten Zinnobers ermöglicht ist. In den Rückstandsraum jeder der beiden Kammern sind je 12 gusseiserne elliptische Winderhitzungsröhren r eingesetzt, welche einerseits zum Vorwärmen der Verbrennungs- und Oxydationsluft, andererseits zum Abkühlen der Rückstände auf eine Temperatur von unter 100 °C. dienen. Die in diesen Röhren auf über 300° vorgewärmte Luft tritt in die Luftkammer a und aus dieser zu den Feuerungen, in die Verbrennungskammer und in den Canal e. In der Verbrennungskammer b mischen sich die Feuergase mit erhitzter Luft, so dass eine vollständige Verbrennung ermöglicht ist. Da die beiden Roste des Ofens abwechselnd beschickt werden, so ist die Russbildung sehr eingeschränkt.

Die gleichmässige Vertheilung der Feuergase in die 24 Zellen des Ofens wird mit Hülfe von Schiebern g aus Schamott, welche in den senkrechten Gascanälen der Seitenmauern des Ofens angebracht sind, bewirkt.

In den Seitenwänden des Ofens sind Schaulöcher t angebracht, um die Vorgänge im Innern des Ofens beobachten zu können. Zur Behebung von Verstopfungen können eiserne Stangen durch diese Oeffnungen in den Ofen eingeführt werden. Die Zellen der beiden unteren Reihen, in welchen die Temperatur 600 bis 800° beträgt und das Erz desshalb zum Sintern geneigt ist, bedürfen einer öfteren Beobachtung, um Verstopfungen zu entdecken und zu beheben, während in den Zellen der beiden oberen Reihen mit einer Temperatur von 400 bis 600° das Erz ohne Hindernisse herabrutscht.

Die Temperatur in der Verbrennungskammer beträgt 800 bis 900°, in den Zellen der untersten Reihe 700 bis 800°, in den Zellen der zweiten Reihe 500 bis 600°, der dritten Reihe 500°, der vierten Reihe 360 bis 400° und in den Gas-Sammel- und Abführungscanälen 200 bis 360°. Der Trockenraum wird nur von unten durch die Ofengase geheizt und hat eine Temperatur von 100 bis 200°. Das Erz wird durch Löcher in der Decke des Trockenraums in den letzteren eingeführt. Die Löcher werden durch eine 60 cm dicke Erzlage verschlossen gehalten, so dass keinerlei Dämpfe durch sie entweichen können.

Sollten an der Gicht Theile der Erzmasse in Folge der Bildung von Krusten nicht herabgegangen sein, so werden diese Krusten mit einem dünnen Eisenstabe durchgebrochen, worauf dann die Erze in den Trockenraum herabsinken.

Die Zusammensetzung der aus dem Ofen austretenden Gase (von dem Quecksilberdampfe abgesehen) ist nach Spirek die nachstehende:

	I.	II.	III.
CO_2	16	20	22
CO	2	1,5	0,5
Luft	26	25	21
N	54	53	51

Die Depression im Ofen wird durch einen Ventilator unterhalten. Sie beträgt beim Austritt der Gase aus dem Ofen 0,1 mm Wassersäule.

Die Erze, welche in Siele und Cornacchino im Spirek-Ofen verarbeitet werden, besitzen eine Grösse von 35 mm und darunter. Die Erze von über 35 mm Korngrösse werden in Schachtöfen für Stückerze verarbeitet.

Wenn der Feuchtigkeitsgehalt der Erze 7 % übersteigt, so muss das für die Schüttöfen bestimmte Erz vor der Einführung in die Trockenkammer des Ofens noch besonders getrocknet werden (im Sommer an der Sonne, im Winter auf besonderen Trockenheerden).

Die Leistungsfähigkeit des Ofens hängt von dem Quecksilbergehalte und der Natur der Erze ab. Die armen lehmigen Erze von Siele werden in Zwischenräumen von je 3 Stunden, die kalkigen und sandigen Erze von Cornacchino in Zwischenräumen von je 2 Stunden aus dem Ofen entfernt. In Folge dessen beträgt das Durchsetzquantum eines Ofens in 24 Stunden in Siele 12—16 t, in Cornacchino 20—26 t. Im Ofen befinden sich stets 45 t Erz, so dass das Erz 89 bzw. 41 Stunden im Ofen bleibt.

Zur Bedienung eines Ofens in der 12 stündigen Schicht sind 2 Mann erforderlich, der eine auf dem Beschickungsboden, der andere bei der Feuerung.

Ausser den grossen Oefen von Czermak-Spirek stehen in Italien auch noch Oefen von mittlerer Grösse und kleine Oefen in Anwendung. Der Ofen von mittlerer Grösse mit 6 Reihen von Dächern setzt in 24 Stunden in Montebuono 8 — 12 t Erz durch. Der kleine Ofen dient zur Verarbeitung reicher Erze und zur Verarbeitung der Rückstände von dem Pressen der Stupp, welche noch 15 — 30 % Quecksilber enthalten. Dieser kleine Ofen hat nur $^1/_{12}$ der Grösse des beschriebenen grossen Ofens. Die kleinen Abmessungen desselben sind durch die geringen Mengen der zu verarbeitenden reichen Erze bedingt. Es ist vortheilhafter, die reichen Erze für sich zu verarbeiten, als sie mit den armen Erzen gemengt zu verhütten.

Sie erfordern dann weniger Brennstoff und geben ein gutes Ausbringen an Quecksilber, welches in dem ersten Stuppgefäss des Condensators schon 90 % beträgt.

Die Erze, welche in den verschiedenen von Spirek angegebenen Oefen verarbeitet werden, enthalten 0,4 bis 86 % Quecksilber.

Die Condensation des Quecksilbers geschieht in den 1878 eingeführten Condensatoren von Czermak, deren Einrichtung aus der Figur 309 bis 311 ersichtlich ist. Derselbe besteht aus Gusseisen-Rohren von elliptischem Querschnitt, wodurch eine rasche Abkühlung der Gase auf 100°

bewirkt wird. Gegen condensirte saure Lösungen werden die Rohre durch ein Betonfutter geschützt. a sind die von den Oefen kommenden Rohre, bbb die Schenkelrohre; H ist der Holzcanal, in welchen die Gase und Dämpfe aus den Schenkelrohren eintreten. Bei dem grossen Ofen von Spirek ist der Condensator durch eine Zwischenkammer oder einen Zwischencanal aus Holz in 2 Gruppen getheilt. Die erste Gruppe wird wöchentlich, die zweite Gruppe monatlich einmal gereinigt. Die Reinigung geschieht ohne jede Schwierigkeit, durch Ausschaltung der Hälfte der

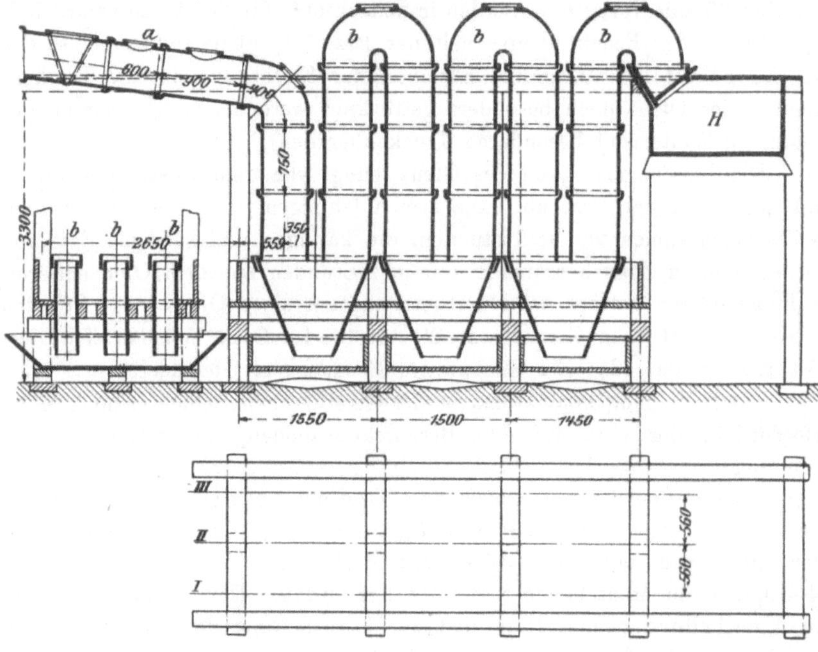

Fig. 309 bis 311.

Condensatoren mit Hülfe von Schiebern, welche am Anfang und am Ende jeder Röhrenreihe angebracht sind. Nach Abnahme der Deckel werden die nun offenen Röhren mit Krücken, Besen und zuletzt durch einen Wasserstrahl ausgewaschen.

Aus dem zweiten Condensator treten die Gase in Holzcanäle, welche im Interesse der Controle 2 m über dem Boden angebracht sind. Diese Canäle, deren Höhe 2 m nicht übersteigt, ersetzen die Condensationskammern. In diesen Canälen setzt sich eine arme Stupp an, aus welcher man jährlich gegen 2000 kg Quecksilber gewinnt.

Der Quecksilberverlust bei den Czermak-Spirek-Oefen beträgt, nachdem sich die Condensationsapparate mit Quecksilber vollgesogen haben, durchschnittlich 4 bis 5 %, bei dem Betriebe mit neuen Condensatoren dagegen 6 %.

Die Kosten eines grossen Czermak-Spirek-Ofens mit Condensatoren betragen 38 000 fr., eines Ofens mittlerer Grösse mit Condensatoren 22 000 fr., eines kleinen Ofens 5000 fr.

In Siele, wo Erze mit durchschnittlich 1,2 % Quecksilber verarbeitet werden, setzt ein grosser Schüttofen täglich 16 t, ein mittlerer 8 t und ein kleiner täglich 2 t Erz durch.

Von Czermak-Spirek-Oefen stehen ausserdem ein grosser und ein kleiner in Cornacchino, ein mittlerer in Montebuono und zwei grosse und zwei kleine in Abbadia S. Salvadore in Anwendung.

Die Gewinnung des Quecksilbers in Heerdflammöfen.

Die Heerdflammöfen stehen den Schachtflammöfen in jeder Hinsicht nach. Sie werden angewendet bei Erzklein, welches bei der Verarbeitung in Schachtflammöfen grosse Mengen von Flugstaub bildet, bei gröberen, in Schachtöfen leicht zerfallenden und gleichfalls viel Flugstaub bildenden Erzen sowie bei leicht zusammensinternden Erzen.

Die ersten Flammöfen wurden 1842 durch Alberti in Idria eingeführt und haben daselbst lange Zeit in Anwendung gestanden. Der letzte Alberti-Ofen ist daselbst im Jahre 1887 abgetragen worden. Im Jahre 1871 wurden zu Idria die ersten gepanzerten Flammöfen mit Sohlenheizung durch Exeli gebaut, denen sich im Jahre 1879 die Czermak'schen Fortschaufelungsöfen anschlossen. Die letzteren wurden im Jahre 1888 durch Spirek umgebaut und erhielten damit ihre gegenwärtige Gestalt.

Ist man durch die Natur der Erze genöthigt, Heerdflammöfen anzuwenden, so wird man grundsätzlich gepanzerte Fortschaufelungsöfen einrichten.

Es sollen nun nachstehend der Alberti-Ofen, der Exeli'sche gepanzerte Fortschaufelungsofen und der gegenwärtig in Indria in Anwendung stehende Fortschaufelungsofen des Näheren betrachtet werden. In Spanien und Amerika stehen Heerdflammöfen nicht in Anwendung.

Der Alberti-Ofen.

Die Einrichtung dieses Ofens ist aus den Figuren 312, 313 u. 314 ersichtlich, welche zwei nebeneinanderliegende Oefen darstellen. a ist der Rost, f der 4,1 m lange und 2,2 m breite Heerd, p die Arbeitsöffnung, c ein Raum, in welchen die Destillationsrückstände entleert werden, d der mit einem Schieber versehene Aufgabetrichter. Die Gase und Dämpfe gelangen zuerst in die gemauerten Vorkammern g, treten dann durch die 0,95 m weiten Eisenrohre h in die gemauerten Kammern i, aus welchen sie sich nacheinander durch die Kammern k, l und m bewegen, um aus den letzteren durch die Eisenrohre n in die Kammern o und schliesslich in die Esse zu ziehen. In der letzteren sind Abtheilungen p, q und r angebracht, welche die Gase vor ihrem Austritt in das Freie zu durchlaufen haben. Der Austritt erfolgt durch die Oeffnungen s. Die Eisenrohre werden durch Wasser berieselt. t sind Reinigungsöffnungen. Das Quecksilber sammelt sich in Capellen an, welche im Mauerwerke der Kammern angebracht sind. Die Stupp setzt sich in den Eisenrohren und Kammern an und wird zeitweise aus denselben entfernt.

In diesem Ofen wurde Erzklein mit 1 % Quecksilber sowie Stupp verarbeitet. Der Ofen erhielt Einsätze von je 1,1 t, wovon stets 3 in

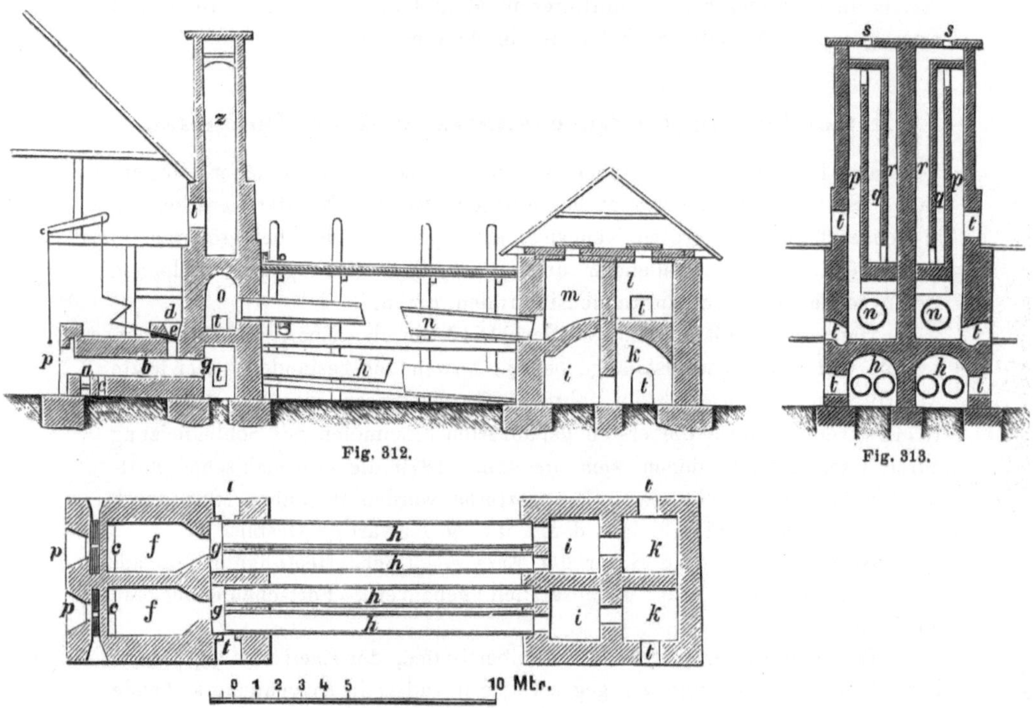

Fig. 312. Fig. 313. Fig. 314.

demselben vorhanden waren. Dieselben wurden in Zeiträumen von je 4 Stunden fortgeschaufelt bzw. ausgezogen. In 24 Stunden wurden 6,6 t Erz bei einem Brennstoffaufwand von 3 cbm Holz oder von 0,6 bis 0,7 t Braunkohle verarbeitet.

Der Quecksilberverlust stellte sich auf 14,80 % bei Grobgriesen mit 0,40 bis 0,60 % Quecksilber.

Diese Oefen, deren 12 in Idria vorhanden waren, sind, wie erwähnt, durch gepanzerte Fortschaufelungsöfen ersetzt worden.

Der gepanzerte Fortschaufelungsofen.

Der erste gepanzerte Fortschaufelungsofen wurde 1871 von Exeli gebaut und diente bis zum Jahre 1887 zur Verarbeitung der reichen Stupprückstände und Erze. Die Einrichtung dieses mit Sohlenheizung eingerichteten Ofens ist aus den Figuren 315 u. 316 ersichtlich. g ist die Rostfeuerung. Die Flamme zieht zuerst durch die Züge a unter der Sohle des Heerdes hin und gelangt dann durch den Fuchs o auf den 6 m langen und 2,2 m breiten Heerd b. Nachdem sie denselben bestrichen hat, treten die Feuergase mit den übrigen Gasen und Dämpfen in den gusseisernen, durch fliessendes Wasser gekühlten Kasten h mit cementirter stark geneigter Sohle. Das in demselben in grosser Menge condensirte Quecksilber sammelt sich in der Capelle k an. Die Gase und nicht condensirten Dämpfe treten in drei nebeneinanderliegende Stränge von 47 cm

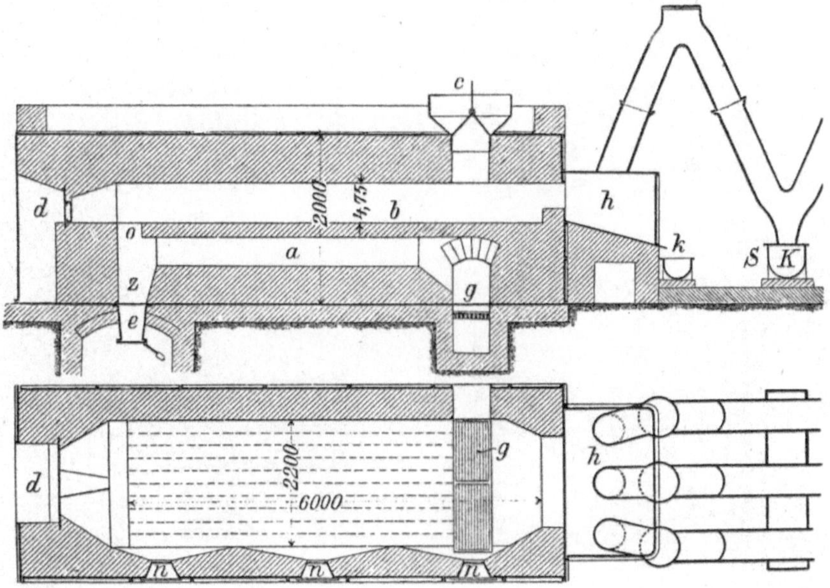

Fig. 315 u. 316.

weiten gusseisernen Schenkelröhren mit darunter angebrachten sog. Stuppkästen S zur Ansammlung von Stupp und Quecksilber und dann in zwei gemauerte Condensationskammern. Aus den letzteren gelangen sie in ein für alle Oefen gemeinschaftliches Canalsystem und dann in die Esse. d und n sind Arbeitsöffnungen; c ist der Aufgebetrichter. Die Destillationsrückstände werden durch den Fuchs o in den Raum z gestürzt und bei e abgelassen.

Dieser Ofen, welcher sog. reiche Zeuge (Erze mit 3 bis 10% Quecksilber) und Stupp- und Pressrückstände verarbeitete, setzte in 24 Stunden $2^1/_2$ bis 5 t Erz je nach dem Quecksilbergehalte desselben bei einem Brennstoffaufwand von 3 cbm Holz durch. Der Quecksilberverlust stellte sich auf 10 bis 12%. Derselbe ist 1888 durch den Czermak'schen, von Spirek abgeänderten gepanzerten Fortschaufelungsofen ersetzt worden. Der letztere ist der gegenwärtig angewendete Ofen. Seine Einrichtung erhellt aus den Figuren 317, 318, 319 u. 320. Zwei Oefen befinden sich in einem Massiv. Fig. 317 stellt einen Längsschnitt, Fig. 319 den Grundriss, Fig. 318 den Querschnitt nach der Linie AB und Fig. 320 den Querschnitt nach der Linie CD dar.

Der Ofen steht auf einer genieteten, quecksilbersicheren Blechtasse. a ist die Rostfeuerung. Die Flamme zieht in Zügen b unter der Sohle des Ofens hin, um dann den 5,4 m langen und 2,3 m breiten Heerd c zu bestreichen. Die Sohle des Heerdes besteht aus 30 bis 40 mm starken

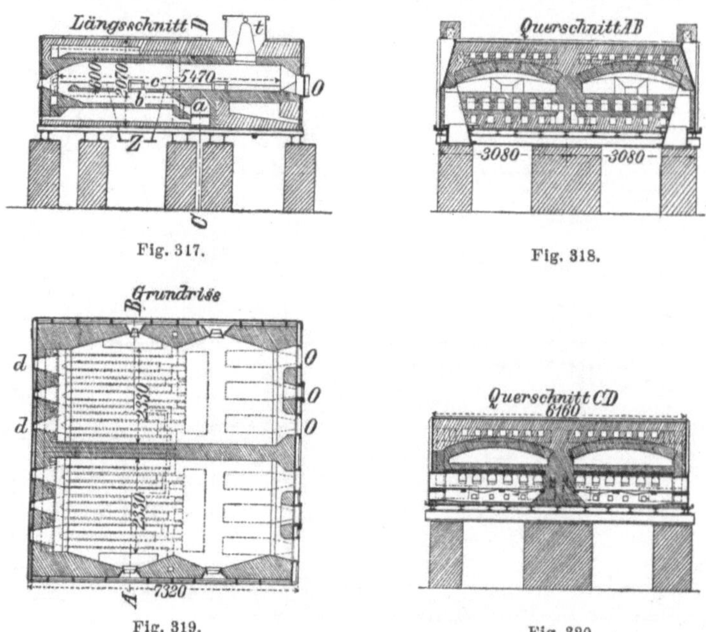

Fig. 317. Fig. 318.

Fig. 319. Fig. 320.

Thonplatten. Die Gase und Dämpfe ziehen durch 3 Oeffnungen in die Condensationsvorrichtungen, d. i. in Röhrenstränge aus glasirtem Steinzeug, und dann in hölzerne Kammern. t ist der Aufgebetrichter. Die Destillationsrückstände werden bei z abgelassen.

Die Condensatoren (U-förmige Röhren aus glasirtem Steinzeug) sind die nämlichen wie bei den Schüttöfen und den Schachtöfen, nur sind 4 Röhrenreihen zu je 6 Stück stehender Röhren vorhanden, während bei den Schüttöfen in Folge der grösseren Gasmengen 8 bis 9 Röhrenreihen mit je 8 Stück stehender Röhren vorhanden sind.

Die Einrichtung der Condensatoren, die Verbindung derselben mit dem Ofen und der Flugstaubkammer ist aus den Figuren 321 u. 322 ersichtlich. In Fig. 322 ist die Verbindung von 6 Oefen, von welchen je 2 zu einem Massive vereinigt sind, mit den Condensatoren bzw. den Flugstaubkammern dargelegt.

O O sind die Oefen; a sind die Hauptgasabzugsrohre, welche die Gase und Dämpfe aus dem Ofen in die Vertheilungsrohre b leiten. cc

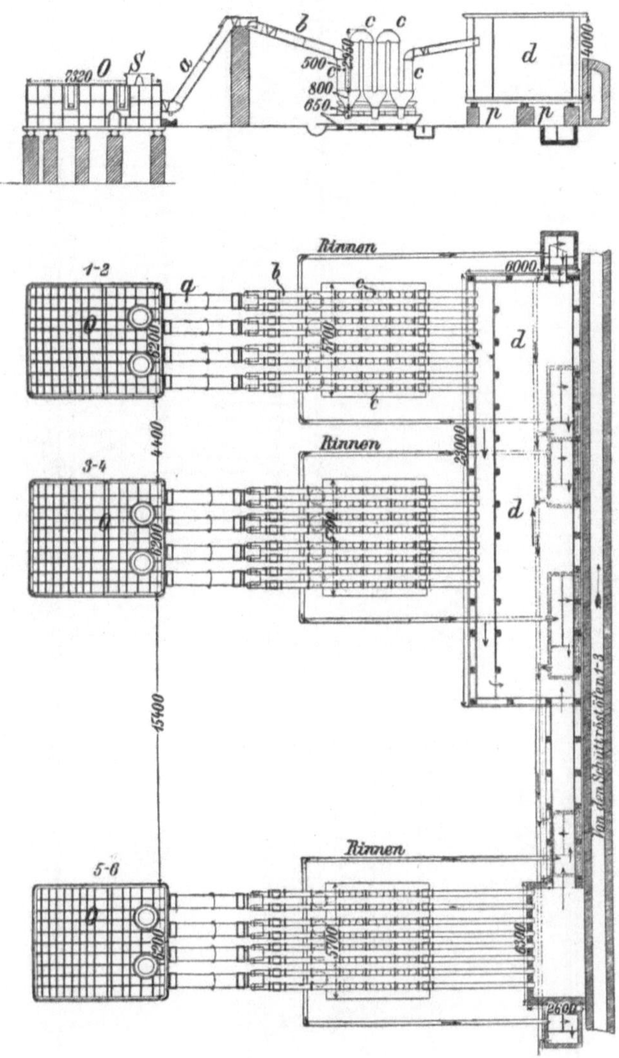

Fig. 321 u. 322.

sind die stehenden Condensationsrohre, d d die Flugstaubkammern. Die letzteren sind aus 50 mm starken Brettern hergestellt und ruhen auf Steinpfeilern p. Der Boden der Kammern ist mit einer 60 bis 80 mm starken Schicht von Portland-Beton belegt. Die Sohle unter den Condensatoren ist betonirt und besitzt im Beton ausgesparte Rinnen zum Ableiten der

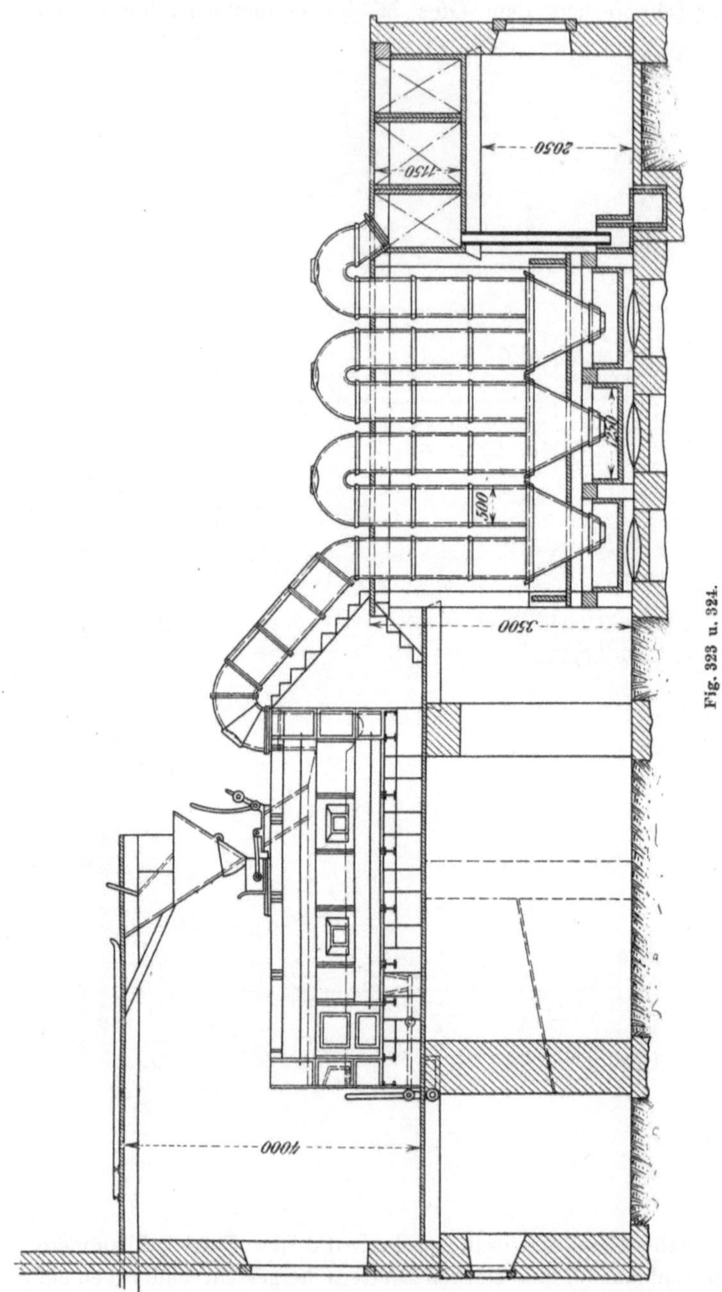

Fig. 323 u. 324.

condensirten sowie der Waschwässer in Sümpfe. Die letzteren sind gleichfalls aus Beton hergestellt und werden jährlich 2 mal ausgeschlagen.

Die Reinigung der Condensatoren erfolgt in Zwischenräumen von je 14 Tagen.

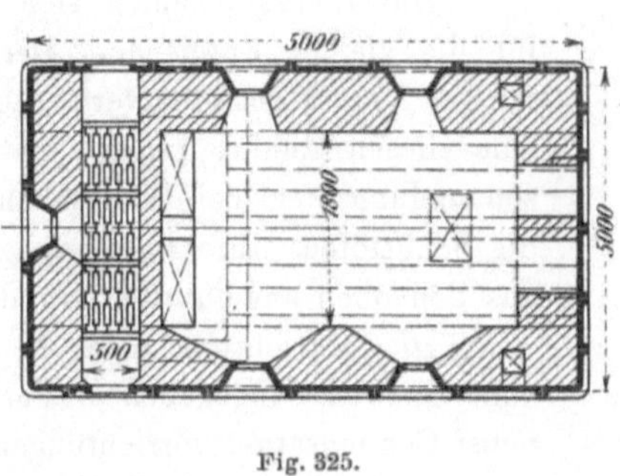

Fig. 325.

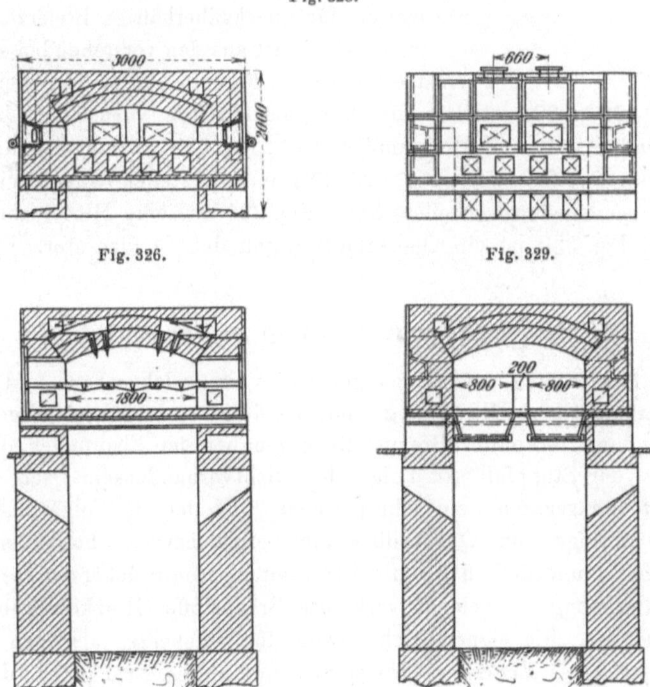

Fig. 326. Fig. 329.

Fig. 327. Fig. 328.

Die Fortschaufelungsöfen dienen zur Verarbeitung des feinen stark staubenden Erzkleins sowie von groben, im Schachtofen zerfallenden Erzen, welche Erzarten sich weder in Schachtflammöfen noch in Schachtöfen verarbeiten lassen. Das Ausziehen der Rückstände bzw. das Aufgeben von neuem Erz geschieht in Zwischenräumen von je $2^1/_2$ Stunden.

In einem Ofen werden in 24 Stunden 6,6 t armer Erzgries und Stupp durchgesetzt. Der Brennstoffverbrauch für 10 t Erze beträgt 4,20 cbm Holz. In der 8 stündigen Schicht ist der Doppelofen mit 3 Mann belegt, nämlich 1 Heizer und je 1 Mann für das Zulaufen der Erze und Ablaufen der Abbrände.

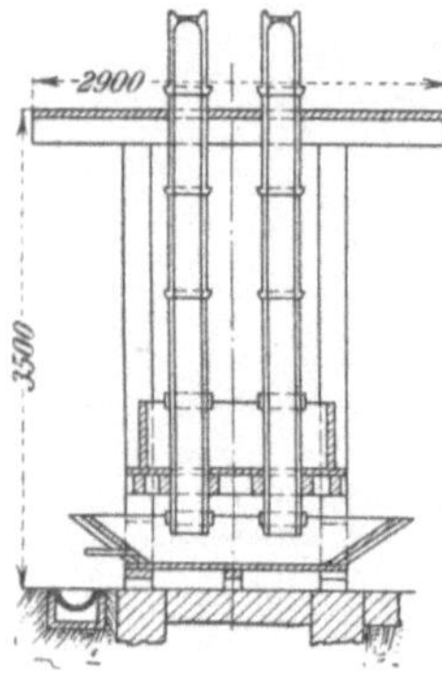

Fig. 330.

Die Löhne belaufen sich auf 10 bis 11 fl. für die gleiche Erzmenge. Der Stuppfall beträgt 1,9 %. Der Quecksilberverlust beträgt 8 bis 9 %. Aus diesen Zahlen ergiebt sich, dass die Fortschaufelungsöfen bei Weitem theurer arbeiten als die Schüttöfen. Ihre Anwendung lässt sich indess aus den oben angeführten Gründen nicht umgehen.

Die Einrichtung eines in der neuesten Zeit von Spirek angegebenen Fortschaufelungsofens nebst Condensationsvorrichtungen, wie er zu Taghit in Algerien für quecksilberhaltige Bleierze in Anwendung steht[1]), ist aus den vorstehenden sich von selbst erläuternden Figuren 323 bis 330 ersichtlich. Fig. 323 u. 324 stellen die Längsansicht des Ofens mit Czermakschem Condensator und Holzcanälen dar. Fig. 325 ist ein Grundriss des Ofens nebst Rostfeuerung, Fig. 326, 327 u. 328 stellen Querschnitte des Ofens an verschiedenen Stellen dar. Fig. 329 ist eine Hinteransicht des Ofens und Fig. 330 ist ein Querschnitt durch den Condensator.

Die Quecksilbergewinnung in Schachtöfen.

Die Schachtöfen, also diejenigen Oefen, in welchen Erze und Brennstoffe in unmittelbarer Berührung sind, arbeiten continuirlich und gewähren bei Anwendung verkohlter Brennstoffe gegenüber den Flammöfen den Vortheil, dass der Stuppfall (in Folge des Nichtvorhandenseins von Russ in den Verbrennungsgasen) ein sehr geringer, und dass in Folge dessen das directe Ausbringen an Quecksilber ein vergleichsweise hohes ist. Sie finden daher grundsätzlich für die Verarbeitung von Stückerzen in solchen Fällen Anwendung, in welchen verkohlte Brennstoffe (Holzkohle) billig zu beschaffen sind. Sie eignen sich sowohl für Stückerze, als auch für zusammengebackenes Erzklein. Sie stehen mit gutem Erfolge zu Idria und am Monte Amiata in Toscana in Anwendung. In Idria sind auch die Schachtflammöfen von Exeli und Langer durch Vermauerung der Feuerungen in eigentliche Schachtöfen umgeändert worden. Ausserdem befinden sich Schachtöfen zu Ripa und zu Valalta in Italien, sowie zu St. Annathal bei Neumarktl in Krain. In Almaden haben sie nur versuchsweise (Pellet-Ofen) in Anwendung gestanden.

---

[1]) Nach gef. Mittheilungen von Herrn Direktor Spirek in Siele.

Der älteste Schachtofen ist der sog. Hähner-Ofen, welcher im Jahre 1849 in Idria eingeführt wurde und daselbst bis 1852 im Betriebe stand. Die Einrichtung des Idrianer Hähner-Ofens ist aus den Figuren 331, 332 u. 333 ersichtlich.

k ist der Schacht. Derselbe besitzt 11 m Höhe und 1,2 m Durchmesser. m ist ein geneigter beweglicher Rost, auf welchem die Erzsäule ruht. Behufs Entfernung der Destillationsrückstände wird ein Theil der Roststäbe entfernt, so dass die ersteren in unter den Rost gestellte Wagen fallen. n ist der Aufgebetrichter. o sind gemauerte Condensationskammern mit ausgetieftem, nach einer Seite hin geneigtem Boden, auf welchem das Quecksilber abfliessen kann. Die Kammern besitzen eine durch Wasser gekühlte Decke aus Gusseisen. Sie sind je 5,65 m hoch, 1,8 m breit und 2,2 m lang. p und q sind Abtheilungen der 1,9 m langen und 1,2 m weiten Esse.

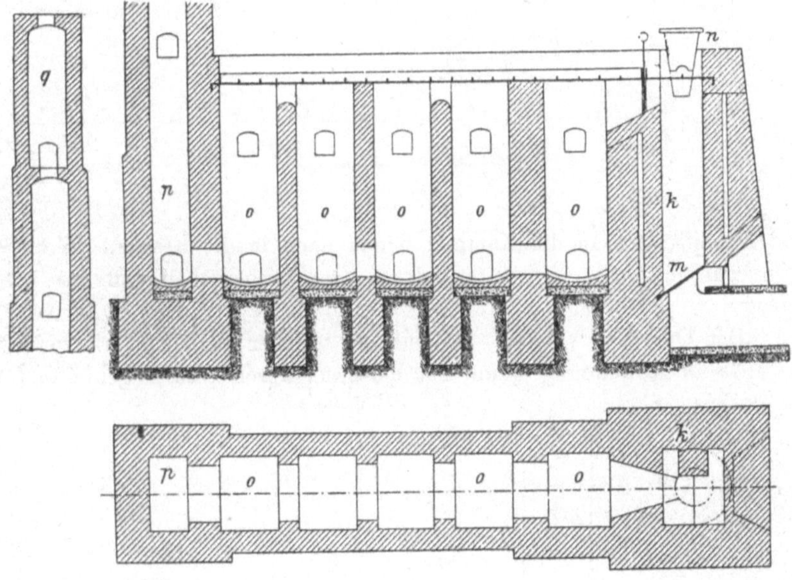

Fig. 331 u. 332.

In diesen Ofen wurden abwechselnde Lagen von Erzen und Holzkohlen aufgegeben. In Zeiträumen von je $1^1/_2$ Stunden wurden die Destillationsrückstände entfernt, worauf eine entsprechende Menge von frischem Erz nachgesetzt wurde. Dieser Ofen wurde durch den weiter unten beschriebenen Valalta-Ofen ersetzt.

Ein Ofen, wie er früher zu Castellazara bei Santafiore in Toscana in Anwendung stand, ist aus der Figur 333 ersichtlich. Der Schacht besitzt eine Höhe von 2,2 m über dem Roste. Der Durchmesser beträgt 40 cm. Die Destillationsrückstände werden durch eine seitliche über dem

Roste befindliche Oeffnung ausgezogen. Die Gase und Dämpfe ziehen nacheinander in drei Condensationskammern, deren Böden durch gusseiserne Kessel gebildet werden. Das in den letzteren niedergeschlagene Quecksilber wird durch mit Hähnen versehene Rohre in untergeschobene Wagen geleitet. Aus der letzten Condensationskammer ziehen die Gase

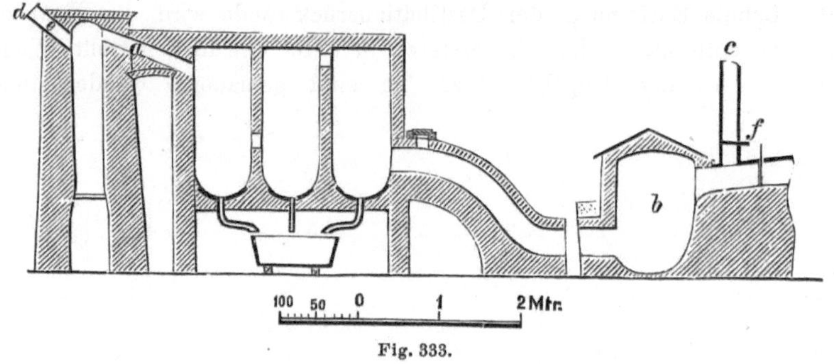

Fig. 333.

und Dämpfe noch in die Kammer b und dann in die Esse c. In diesem Ofen wurden Erze verarbeitet, deren Quecksilbergehalt 0,3 bis 0,4 % betrug.

Der Ofen von Valalta[1]) in Venetien, welcher auch zu Idria von 1868 bis 1878 in Anwendung stand, hat hölzerne, durch Wasser gekühlte Con-

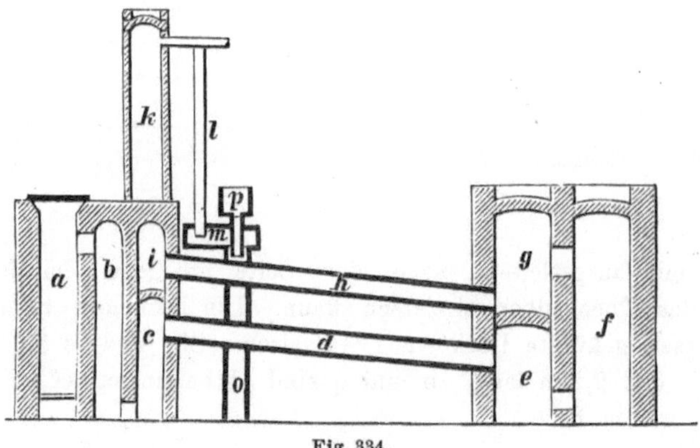

Fig. 334.

densationsröhren. Die Einrichtung desselben ist aus der Figur 334 ersichtlich. a ist der 6,5 m hohe und 1,2 m weite Schacht. Die Gase und Dämpfe treten durch die Kammern b und c in das 1 m weite und 15,4 m lange, durch Wasser berieselte hölzerne Rohr d und dann in die Kammern e, f und g. Aus der Kammer g gelangen sie in das obere, gleichfalls

[1]) Oesterr. Zeitschr. 1862, p. 195. B.- und H. Ztg. 1864, S. 284; 1868, S. 32. Engin. and Mining Journal 1872. Vol. XIV. No. 11 und 12.

durch Wasser gekühlte Holzrohr h, welches die nämlichen Dimensionen wie das untere Holzrohr besitzt, und dann durch die Kammer i in die Esse k. Die Röhren bestehen aus einer Reihe conischer ineinander gesteckter Einzelrohre. Der Zug wird durch ein mit der Esse in Verbindung stehendes Wassertrommelgebläse p hervorgerufen, in dessen Abfallrohr o die letzten Antheile von Quecksilber niedergeschlagen werden.

In diesem Ofen wurden in 24 Stunden 9 t Erz mit 0,45 % Quecksilber bei 20 % Brennstoffverbrauch durchgesetzt. Der Quecksilberverlust wurde zu 22,3 % angegeben.

Der Ofen zu St. Annathal bei Neumarktl in Krain[1]) ist aus der Fig. 335 ersichtlich. Derselbe hat einen quadratischen Horizontalquerschnitt

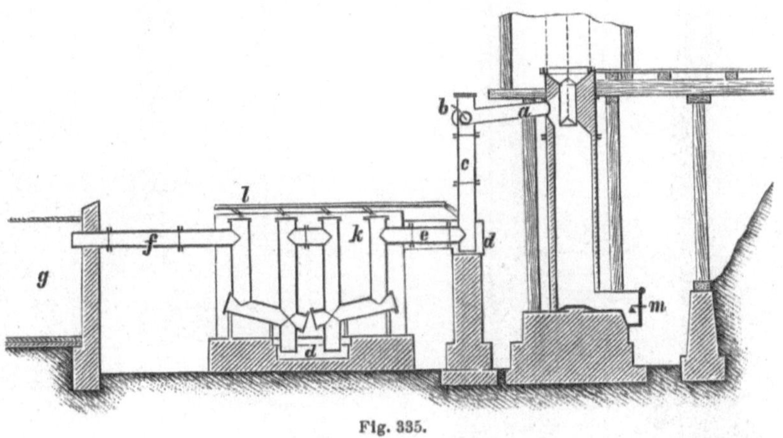

Fig. 335.

von 1,25 m Breite. Die Höhe beträgt 9,25 m. Die Gase und Dämpfe durchziehen 2 Stränge von gusseisernen Röhren, welche durch einen Kühlkasten k durchgeleitet sind, und gelangen dann durch Holzröhren f in eine Kammer g. Die letztere steht mit einem Wassertrommelgebläse in Verbindung, welches den erforderlichen Zug hervorruft. Der grösste Theil des Quecksilbers sammelt sich in dem Stuppkasten d an. Die Destillationsrückstände werden durch Ziehöffnungen m, deren drei vorhanden sind, entfernt. Das Erz enthält 0,8 % Quecksilber. Dasselbe bleibt 46 Stunden im Ofen, welcher letztere 23 Gichten zu 0,32 cbm Erz und 0,05 cbm Holzkohle fasst. Die Destillationsrückstände werden in Zeiträumen von je 2 Stunden aus dem Ofen entfernt, worauf eine entsprechende Menge frischen Erzes nachgesetzt wird.

Der im Jahre 1888 zu Idria gebaute Ofen, welcher wegen ungünstiger Betriebsresultate im Jahre 1892 durch den neuen Novak'schen Schachtofen ersetzt worden ist, erhellt aus den Figuren 336, 337 u. 338. A ist der Ofenschacht, B der Kernschacht, C das Rauhgemäuer, D der das letztere

[1]) Kärnthener Zeitschr. 1877, S. 332.

umgebende Eisenmantel; G sind Säulen aus Gusseisen, welche den Schacht tragen; E ist die Aufgebevorrichtung; F F sind die Oeffnungen, durch

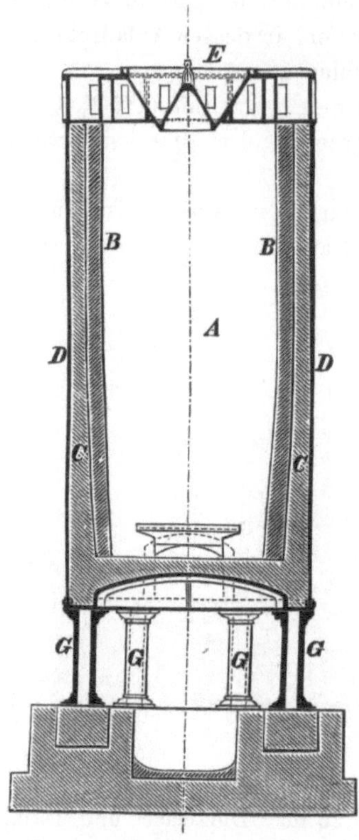

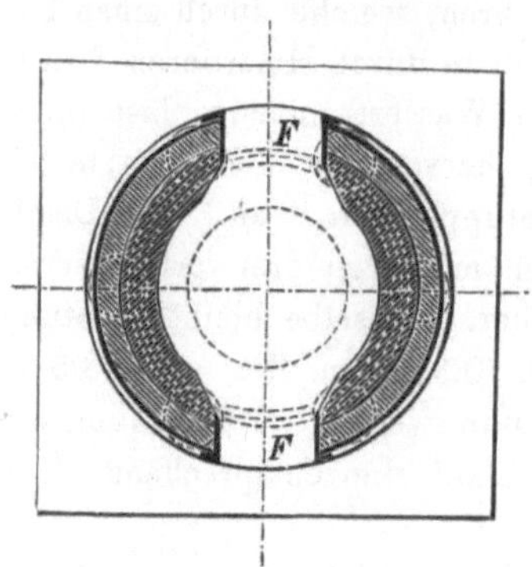

Fig. 336 u. 337.

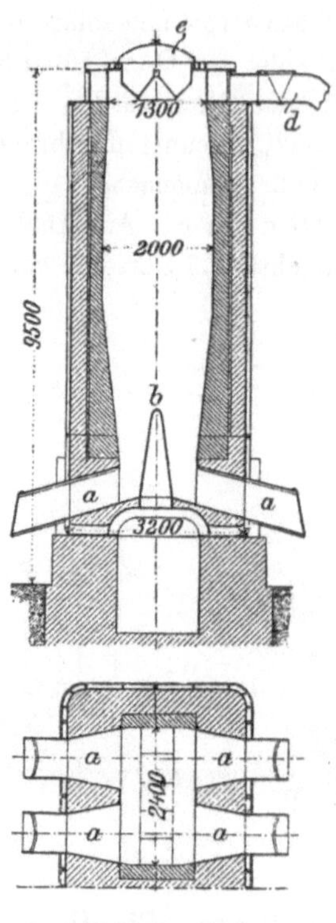

Fig. 339 u. 340.

welche die Destillationsrückstände aus dem Ofen gezogen werden. Die Gase und Dämpfe gelangen durch das Rohr H in den Czermak'schen Condensator, welcher aus den thönernen Schenkelröhren J besteht. Das verflüssigte Quecksilber sammelt sich in dem mit Wasser gefüllten eisernen Gefäss L an. Aus dem Schenkelröhren-Condensator gelangen die Gase und Dämpfe in die gemauerten Kammern K.

Dieser Ofen ist im Jahre 1892 durch den vorzüglich arbeitenden neuen Novak'schen Ofen ersetzt worden. Derselbe besitzt rechteckigen Horizontalquerschnitt und 4 Ziehöffnungen. Das Rauhgemäuer ist 60 cm

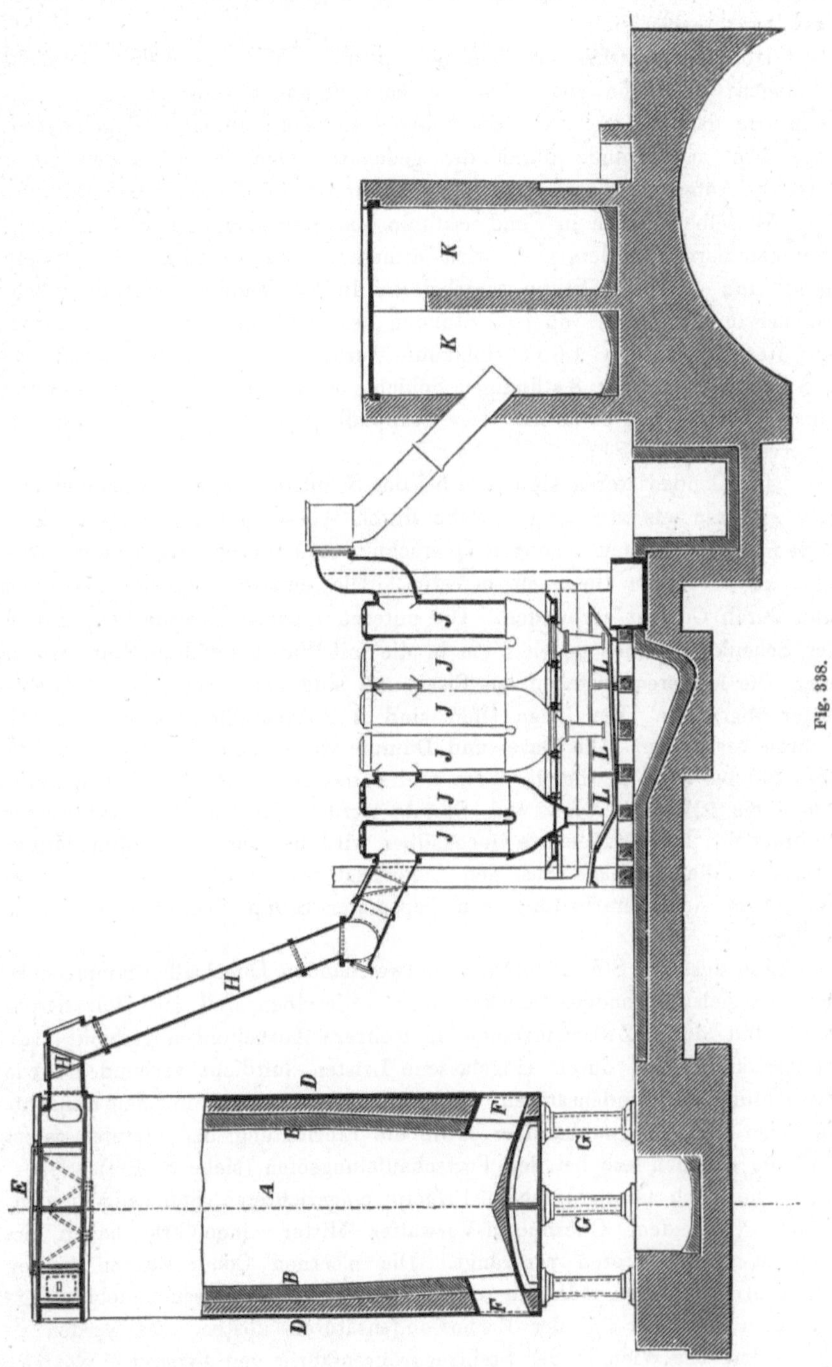

Fig. 338.

stark, der Kernschacht 20 cm. Die Einrichtung sowie die Abmessungen desselben ergeben sich aus den Figuren 339 u. 340.

Drei dieser Oefen befinden sich in einem Massiv. a sind die Ziehöffnungen; b ist ein mit vielen kleinen Oeffnungen versehenes Abrutschdach. In dasselbe zieht von der Sohle des Ofens Luft ein und gelangt in angewärmtem Zustande durch die gedachten Oeffnungen in den Ofen. e ist die Aufgebevorrichtung, d das Abzugsrohr für die Gase und Dämpfe.

Dieselben ziehen in Condensatoren aus Steinzeug und dann in Flugstaubkammern. In dem Ofen wird armes Erz bis zu 16 mm Korngrösse herab und gepresste Stupp verarbeitet. In 24 Stunden setzt der Ofen, welcher in Zeiträumen von je 2 Stunden beschickt wird, 12,1 t Erz durch. Auf 10 t Erz werden 1,60 t Holzkohle verbraucht. Die Belegschaft für 2 Schachtöfen in der 8 stündigen Schicht beträgt 4,2 Mann. Die Löhne für 10 t betragen 6 fl. 68 kr. Der Stuppfall beträgt 0,5 %. Der Quecksilberverlust 7 bis 8 %.

Die Condensatoren sind, wie bei den Schüttöfen und Fortschaufelungsöfen, Röhren aus Steinzeug, welche durch Wasser gekühlt werden. Dieselben besitzen einen oblongen Querschnitt und 20 mm Wandstärke. Sie sind an hölzernen Gestellen befestigt. Die einzelnen Stücke derselben sind durch Cement verbunden. Die unteren (zusammengezogenen) Enden der Schenkel tauchen gegen 5 cm in die mit Wasser gefüllten Stuppkästen ein. Die letzteren bestehen aus Eisen und sind innen mit einem Cementfutter überzogen. Für jeden Ofen sind 4 Röhrenreihen zu je 6 Stück Röhren vorhanden. Die Gase und Dämpfe treten mit einer Temperatur von 200 bis 300° in dieselben ein und verlassen sie mit einer Temperatur von 8 bis 12°. Pro Ofen und Stunde werden 20 bis 30 l Kühlwasser verbraucht. Das condensirte Quecksilber wird bei der Verarbeitung armer Erzgröbe alle 14 Tage aus den Condensatoren in die Stuppkästen gekehrt, bei der Verarbeitung von gepresster Stupp dagegen alle 4 bis 5 Tage.

Die aus den Steinzeugröhren entweichenden Quecksilberdämpfe condensiren sich in Condensationskammern. Dieselben sind aus Holz hergestellt und durch Zwischenwände in mehrere Abtheilungen getheilt. Die Bretterwände sind durch eingelassene Leisten luftdicht verbunden. Die Einrichtung der Condensatoren, die Verbindung derselben mit dem Schachtofen und der Flugstaubkammer sowie die Einrichtung der letzteren selbst sind die gleichen wie bei den Fortschaufelungsöfen (siehe S. 409).

Die nach Czermak'schem Princip eingerichteten Steinzeug-Condensatoren (von dem Oberhütten-Verwalter Mitter eingeführt) haben die eisernen Condensatoren verdrängt. Die eisernen Condensatoren hielten nur 1 bis $1^1/_2$ Jahre, während die Steinzeug-Condensatoren beliebig lange aushalten und nur $^1/_3$ der Eisen-Condensatoren kosten. Sie werden in Floridsdorf bei Wien in der Steinzeugröhrenfabrik von Lederer & Nesseny angefertigt.

Die Einrichtung des von Spirek angegebenen neueren Schachtofens in Siele ist aus den Figuren 341—345 ersichtlich.[1]) Fig. 341 stellt die Vorderansicht des Ofens, Fig. 342 einen Längsschnitt des Ofens mit Con-

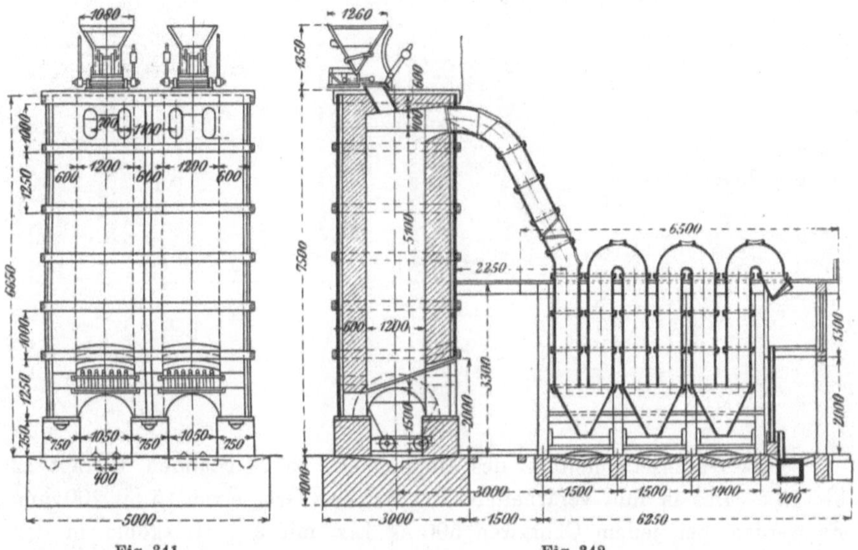

Fig. 341. Fig. 342.

densationseinrichtungen, Fig. 343 einen Querschnitt durch die Condensatoren, Fig. 344 den Grundriss der Pfeiler des Ofens und Fig. 345 den Grundriss des Ofens nebst Condensationseinrichtungen dar. Die eingeschriebenen Zahlen sind mm.

Der Ofen besteht aus zwei Schächten in einem Massiv. Diese Schächte sind durch eine Zwischenmauer getrennt und besitzen einen Querschnitt von je $1{,}2 \times 1{,}2$ m und eine Höhe von 5,1 m. Die Mauern der Schächte ruhen auf Gewölben. Die Gewölbe ihrerseits sind auf Pfeilern errichtet. Zur Verhütung des Eindringens von Quecksilber in die Fundamente des Ofens sind unter der Basis der Pfeiler umgebörtelte Platten aus Eisenblech angebracht. Die geneigte Sohle des Ofens ist aus Beton hergestellt und besitzt in der Mitte eine Sammelpfanne zum Auffangen von etwa durchgegangenem Quecksilber. Eine Panzerung besitzt der Ofen nicht, da mit Rücksicht auf die in ihm durch einen Ventilator hervor-

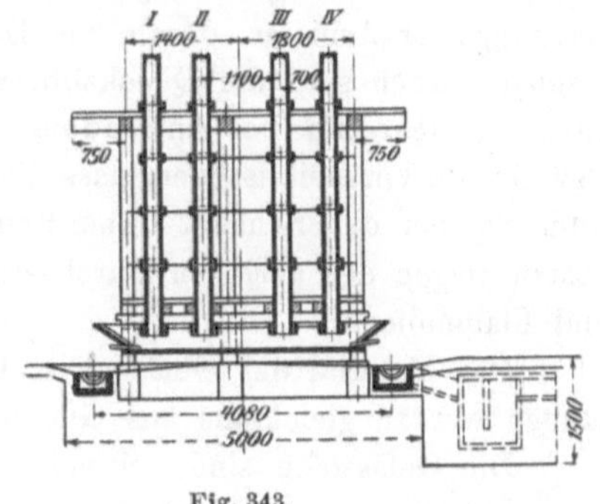

Fig. 343.

[1]) The Min. Ind. 1902. S. 559.

gebrachte Depression ein Eindringen von Quecksilber in die Ofenwände nicht zu befürchten steht. Die Begichtungsvorrichtung für die Schächte ist von Spirek angegeben worden. (Zeichnung und nähere Beschreibung derselben siehe The Mineral Industry 1902, S. 560.)

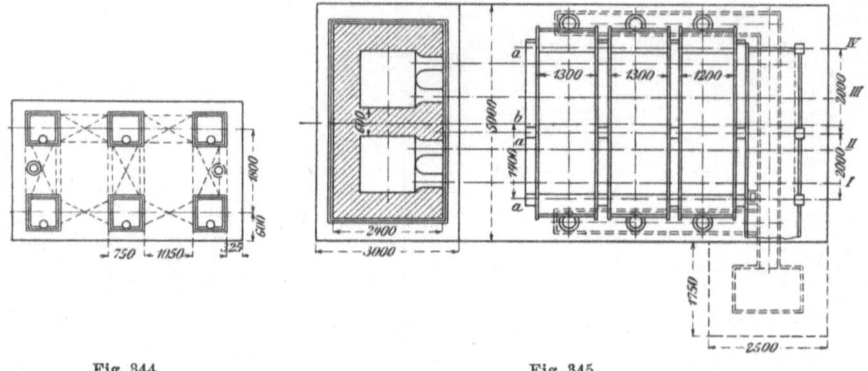

Fig. 344. Fig. 345.

Das Durchsetzquantum des Doppelofens in 24 Stunden beträgt 12 bis 15 t. Das in ihm verarbeitete Erz hat eine Grösse von 15 bis 200 mm. Es werden bei jedem Chargiren 500 kg Erz mit 2 % Holzkohle in den Ofen eingelassen. Zur Bedienung des Ofens ist 1 Arbeiter in der 12 stündigen Schicht erforderlich.

Die Quecksilbergewinnung in Gefässöfen.

Die Gewinnung des Quecksilbers in Gefässöfen ist wegen der Belästigung der Arbeiter durch die Dämpfe des Quecksilbers nicht zu empfehlen. Auch sind die Quecksilberverluste bei Anwendung dieser Oefen nicht geringer als bei Anwendung der neuen Schacht- und Flammöfen. Der einzige Vortheil ist der, dass die Anlagekosten der Gefässöfen niedriger sind als bei den Schacht- und Flammöfen. Dagegen sind die Betriebskosten wegen des geringen Durchsetzquantums höher als bei den Schacht- und Flammöfen.

Das Material der Gefässe ist Gusseisen. Die Condensationsvorrichtungen werden gleichfalls aus Gusseisen hergestellt.

Die Gefässöfen sind zeitweise in Idria, in Siele am Monte Amiata und in Californien angewendet worden. Gegenwärtig dürften sie wohl nirgendwo mehr in Anwendung stehen.

In Idria hat versuchsweise der Gefässofen von Patera in Anwendung gestanden.

Die Einrichtung desselben ist aus den Figuren 346 u. 347 ersichtlich[1]). A ist die 60 cm breite, 75 cm lange und 225 mm hohe gusseiserne

[1]) Oesterr. Zeitschr. 1874. S. 291. B.- u. H. Ztg. 1874. S. 91 u. 419.

Muffel; c ist die aus Eisenblech hergestellte Vorlage. Auf dem geneigten Boden derselben fliesst das condensirte Quecksilber nach dem Rohr d und gelangt durch das letztere in das darunter befindliche Sammelgefäss. Aus der Vorlage ziehen die Gase und Dämpfe durch eine Röhrenleitung aus Eisen in ein System aus Thonröhren und dann in die Esse. f und h sind durch Thonpfropfen zu verschliessende Reinigungsstutzen. g ist ein Stutzen, in welchen ein Goldblättchen eingehängt wird. Dasselbe darf bei normalem Betriebe keinen Quecksilberbeschlag zeigen. i ist ein Stutzen zum Einführen eines Thermometers. Die für die Oxydation des Schwefels erforderliche Luft wird durch Oeffnungen a eingeführt. Der Einsatz der Muffel wird zu 50 kg Erz angegeben. Das Ausbringen soll bei Erzen, welche 1,5 bis 3,6 % Quecksilber enthielten, 90 % betragen haben.

Fig. 346.

Das Ausbringen in Idria beträgt gegenwärtig bei Anwendung von Schacht- und Flammöfen 91,75 %.

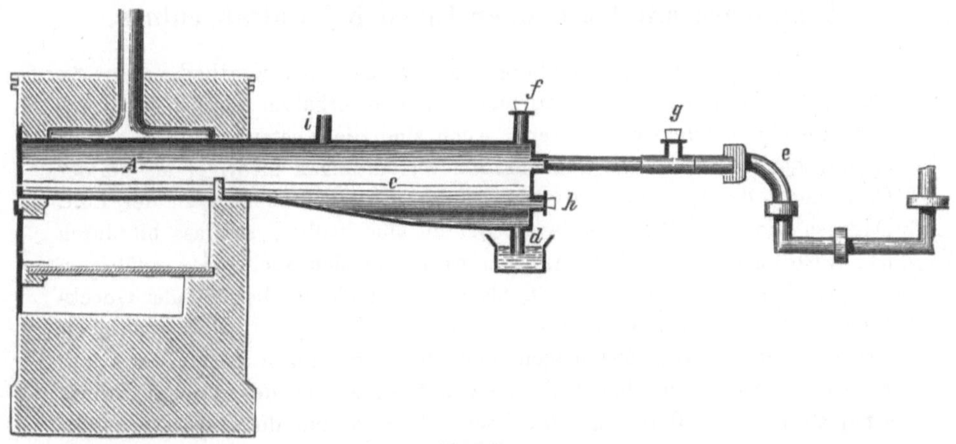

Fig. 347.

In Siele war 1896 von Spirek und Nathan ein Ofen eingeführt worden, dessen Muffeln in 2 Etagen angeordnet und durch Verbindung mit den Central-Condensationskammern unter Depression gesetzt waren. Die Destillationsrückstände wurden durch besondere Apparate aus den Oefen entfernt und weggeschwemmt. In 24 Stunden wurde in diesem Ofen 1 t Erz verarbeitet.

Der Ofen ist ausser Betrieb gesetzt worden, weil sich Erze und Stuppe mit besserem Erfolge in den kleinen Spirek'schen Schüttöfen verarbeiten liessen.

In Californien standen auf der Missouri Mine bei Pine Flat und auf der Lost ledge Mine Gefässöfen in Anwendung[1]). Die Oefen auf der Missouri Mine hatten theils 2, theils 3 gusseiserne Retorten von je 2,9 m Länge, 32 cm Höhe und 48 cm Weite. Dieselben wurden mit 125 bzw. 175 kg Erz von $1/2$ bis 2 % Quecksilbergehalt besetzt. In 24 Stunden wurden in einem Ofen 500 bzw. 1000 kg Erz durchgesetzt. Der Brennstoffverbrauch pro Ofen belief sich durchschnittlich in 24 Stunden auf $3^1/_2$ cord Holz (1 cord = 3,568 cbm). Die Gase und Dämpfe wurden durch 1 Eisenrohr in eiserne, unten offene Kästen, welche ihrerseits in einen eisernen mit Wasser gefüllten Trog tauchten, geführt. In diesen 95 cm langen, 63 cm breiten und 63 cm hohen Kästen condensirte sich das Quecksilber.

Die Oefen und Condensationsvorrichtungen auf der Lost ledge Mine waren ähnlich eingerichtet, nur waren die Retorten, welche zu dreien in einem Ofen lagen, kleiner (nur 1,524 m lang) und fassten nur je 83 kg Erz. Dieselben wurden in Zeiträumen von je 4 Stunden beschickt. In 24 Stunden wurden in einem Ofen gegen 1500 kg Erz verarbeitet.

2. Die Gewinnung des Quecksilbers durch Erhitzen des Zinnobers mit Kalk oder Eisen bei Luftabschluss.

Diese Art der Quecksilbergewinnung hat den Vortheil, dass die Quecksilberdämpfe in concentrirtem Zustande erhalten werden und sich daher leicht condensiren lassen. Auch sind die Kosten der Anlage der entsprechenden Oefen und Condensationsvorrichtungen niedriger als bei der Gewinnung des Quecksilbers durch Erhitzen des Zinnobers an der Luft. Dagegen sind die Rückstände reicher an Quecksilber, so dass hierdurch das Ausbringen wieder herabgezogen wird und sich auch bei sorgfältigem Betriebe keineswegs besser stellt, als bei der anderen Methode der Quecksilbergewinnung. Die Betriebskosten sind in Folge der Nothwendigkeit der Verwendung von Zuschlägen und des vorgängigen Zerkleinerns der Erze sowie wegen des hohen Brennstoffaufwandes und des geringen Durchsetzquantums der Retorten sehr hoch. Ebenso sind die Reparaturkosten in Folge des schnellen Schadhaftwerdens der Retorten hoch. Als grösster Nachtheil kommt hierzu noch die Belästigung der Arbeiter durch Quecksilberdämpfe.

Für arme Erze ist das Verfahren überhaupt nicht geeignet. Für reiche Erze stellt es sich keineswegs billiger als bei der Verarbeitung derselben in Schacht- und Flammöfen. Aus hygienischen Gründen ist es aber auch für reiche Erze nicht zu empfehlen. Es sollte deshalb nur

[1]) Transactions of the American Institute of Min. Engin. 1875, Vol. 3, pag. 276.

dann zur Anwendung kommen, wenn geringe Mengen sehr reicher Erze oder Stupp zur Verfügung stehen. Für die Verarbeitung von reichen Erzen in grösserem Maassstabe ist es zu verwerfen.

Die Retorten, in welchen die Zersetzung des Zinnobers geschieht, hatten zuerst birnförmige oder glockenförmige Gestalt und bestanden aus Thon oder aus Gusseisen. Später wandte man nur Gusseisen an und gab ihnen die Gestalt der Retorten für die Herstellung von Leuchtgas. Die Vorlagen, welche früher auf einigen Werken aus Thon hergestellt wurden, bestehen gegenwärtig gleichfalls aus Gusseisen.

Als Zuschlag zur Zersetzung des Zinnobers wendet man grundsätzlich gebrannten Kalk an. Eisen oder Eisenhammerschlag sind nur ausnahmsweise als Zersetzungsmittel benutzt worden.

Der Kalk, dessen Einwirkung auf den Zinnober bei Rothglut stattfindet, zersetzt denselben nach der Gleichung:

$$4\,HgS + 4\,CaO = 3\,CaS + CaSO_4 + 4\,Hg,$$

während Eisen nach der Gleichung $HgS + Fe = Hg + FeS$ wirkt.

Das Verfahren hat in Californien, in Idria, in der Rheinpfalz, am Monte Amiata und in Böhmen in Anwendung gestanden und wird gegenwärtig noch zu Littai in Krain ausgeführt. In Californien[1]) ist es wegen der mit demselben verbundenen Nachtheile im Jahre 1850 aufgegeben worden und hat von da ab bis zum Jahre 1860 nur noch zu Versuchen Anwendung gefunden. In Idria hat es für Stupp und reiche Erze bis zum Jahre 1882 in Anwendung gestanden. In der Rheinpfalz (Moschellandsberg) und in Böhmen (Horzowitz) ist es wegen Erschöpfung der dortigen Lagerstätten aufgegeben worden.

Auf der American Mine bei Pine Flat in Californien[2]) wurden Erze mit 2 % Quecksilber in gusseisernen Retorten von der Gestalt der Leuchtgasretorten von je 2,83 m Länge, 628 mm Breite und 471 mm Länge mit 10 % Kalk bei Einsätzen von 75 kg geglüht. In 12 Stunden wurden 225 kg Beschickung durchgesetzt. Abgesehen von der Belästigung der Arbeiter, muss die Verarbeitung so armer Erze in Retorten als fehlerhaft bezeichnet werden.

Zu Landsberg bei Obermoschel in der bayerischen Rheinpfalz standen zuerst eiserne birnenförmige Retorten von 1 m Länge und 45 cm Weite im Bauche in Anwendung, welche zu 40 bis 60 Stück in zwei Reihen übereinander in einen Galeerenofen eingesetzt waren. Die Vorlagen waren thönerne birnenförmige Gefässe von 40 cm Länge und 24 cm Weite im Bauche, welche eine gewisse Menge Wasser enthielten. Der Einsatz bestand aus 20 kg reichen Erzen, 20 kg armen Erzen und aus 8 bis 9 kg gebranntem Kalk. Die Verarbeitung eines solchen Einsatzes dauerte 6 bis

---

[1]) Egleston, l. c. p. 112.

[2]) Egleston, l. c. p. 811.

8 Stunden. Zur Gewinnung von 1 Gew.-Th. Quecksilber wurden 80 bis 120 kg Erz, je nach dem Gehalte desselben, und 20 bis 30 Gew.-Th. Steinkohlen verbraucht. 1847 wurden durch Ure Retorten von der Gestalt der Leuchtgasretorten eingeführt. Aus den Retorten wurden die Dämpfe durch eiserne Röhren in zur Hälfte mit Wasser gefüllte Kästen geleitet, in welchen sich das Quecksilber niederschlug. Die Röhren tauchten 5 cm

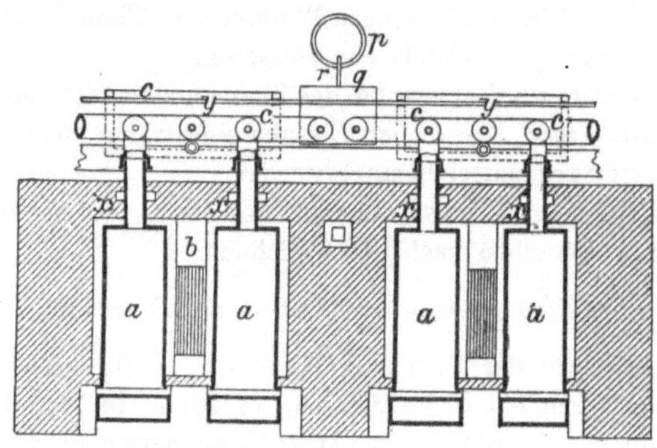

Fig. 348.

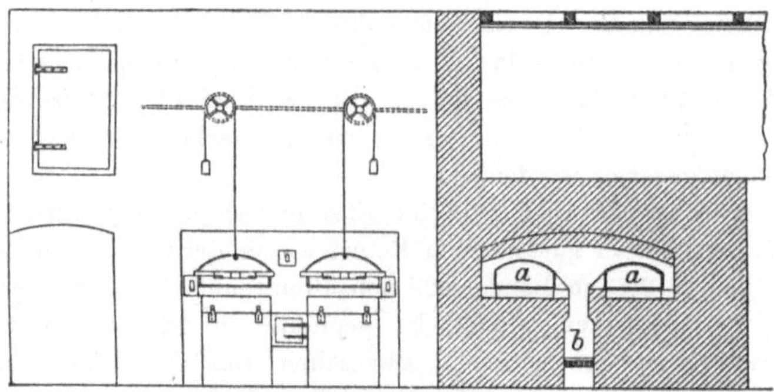

Fig. 349.

tief in das Wasser ein. Der Erzeinsatz in eine Retorte betrug 250 kg. Die Verarbeitung desselben erforderte 3 Stunden.

In Horzowitz in Böhmen[1]) wurde das Erz mit Eisenhammerschlag beschickt und in Glockenöfen verarbeitet. Der Einsatz betrug 25 kg Erz und 12,5 kg Eisenhammerschlag. Die Verarbeitung desselben dauerte 36 Stunden.

Zu Idria in Krain wurde zur Verarbeitung von fein gepochten Erzen und von Stupp im Jahre 1869 ein Gefässofen von Exeli eingeführt

---

[1]) Kerl, Met. 2. 811.

und bis zum Jahre 1882 betrieben. Dieser Ofen[1]), dessen Einrichtung aus den Figuren 348, 349, 350 u. 351 erhellt, hat je zwei gusseiserne Retorten a von 2,24 m Länge, 0,69 m Breite und 0,34 m Höhe. Dieselben werden an der Hinterseite durch einen gusseisernen mit Schamott belegten Deckel verschlossen. b ist die Rostfeuerung. Durch horizontale Rohre t von 16 cm Weite treten die Dämpfe in die senkrechten 16 cm weiten und 1,57 m hohen, mit Putzscheiben versehenen Condensationsrohre c, welche in ein geneigtes Sammelrohr d von 24 cm Weite münden. Die Condensationsrohre und das Sammelrohr befinden sich in einem mit

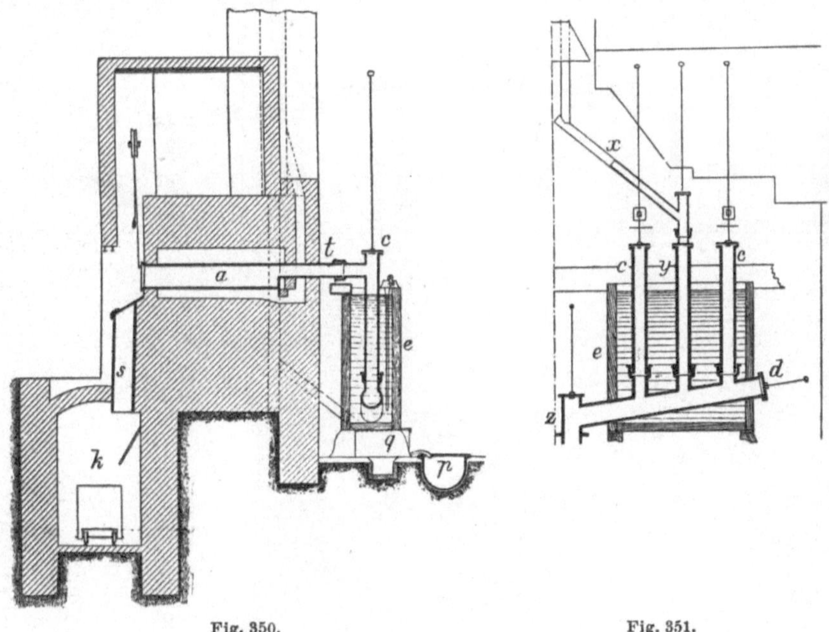

Fig. 350. Fig. 351.

Wasser gefüllten, aus Holz angefertigten Kühlkasten. Das condensirte Quecksilber fliesst durch das geneigte Rohr d in das Rohr z und aus dem letzteren in einen mit Wasser gefüllten verschlossenen Sammelbehälter q. Aus dem letzteren tritt das Quecksilber durch ein Heberrohr in den Kessel p. Die nicht verdichteten Gase ziehen durch das (mittlere) Rohr y und das geneigte Rohr x in die Flugstaubkammer bzw. in die Esse. s ist ein Sturzcanal, durch welchen die Destillationsrückstände direct aus den Retorten in das Gewölbe k bzw. in die in dasselbe geschobenen Wagen entleert werden.

In diesem Ofen wurde feines Erzklein mit bis 10 % Quecksilber und Stupp verarbeitet. Das Material wurde mit Kalk angemengt (auf 1 Th.

---

[1]) Idrianer Festschrift. Miller, l. c.

in den Erzen enthaltenes Quecksilber 1,5 Th. Aetzkalk) und dann in einer besonderen Presse zu Ziegeln geformt. Die Ziegel wurden getrocknet und dann zu je 108 Stück im Gesammtgewichte von 135 kg in die Retorte eingesetzt. Die Zeit der Verarbeitung dieses Einsatzes betrug je nach dem Quecksilbergehalte der Erze 4 bis 6 Stunden. In 24 Stunden wurden an Brennstoff für jeden Ofen 1,8 cbm gemischtes Holz und 360 kg Braunkohlen verbraucht.

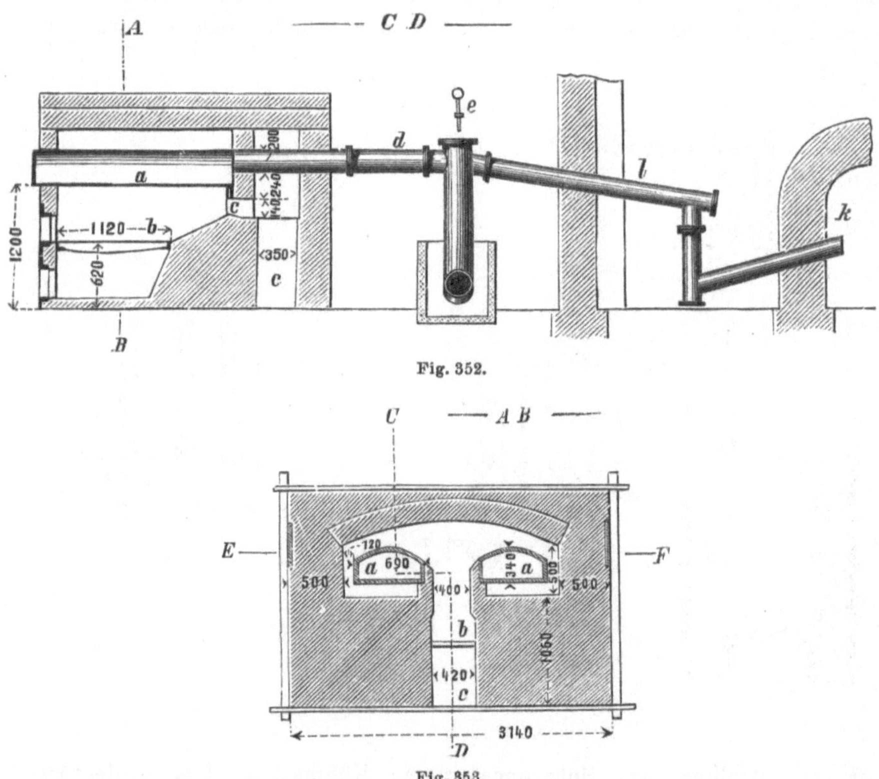

Fig. 352.

Fig. 353.

Zu Littai in Krain war ein dem Idrianer Retortenofen sehr ähnlicher Ofen vorhanden. Die Einrichtung desselben ist aus den Figuren 352, 353, 354 u. 355 ersichtlich[1]). a sind die gusseisernen Retorten; b ist der Rost; d sind die Rohre zur Abführung der Dämpfe in die Condensationsröhre bzw. in das geneigte Rohr g. f ist der Kühlkasten; i ist das Rohr zur Abführung der nicht condensirten Gase in das Rohr l und weiterhin in die Flugstaubkammer k.

Die Erze enthalten durchschnittlich 3 % Quecksilber. Sie werden durch Walzen unter 5 mm Korngrösse gebracht und dann mit 5 bis 6 %

[1]) Balling, Metallhüttenkunde S. 502.

Aetzkalk gemengt in die Retorten eingetragen. Der Einsatz einer Retorte beträgt 100 kg Beschickung. Die Dauer des Prozesses beträgt 6 Stunden. In 24 Stunden werden 800 kg Erz verarbeitet. Auf 230 G.-Th. Erz werden 170 G.-Th. Brennstoff verbraucht. Der letztere besteht aus $^4/_5$ Feingrieskohle und $^1/_5$ Grobgrieskohle. Der Quecksilberverlust wird zu 5 bis 6 % angegeben.

Auf einem eingegangenen Hüttenwerke bei Cornacchino am Monte Amiata in Toscana[1]) wurden Erze, welche durch Aufbereitung auf 25

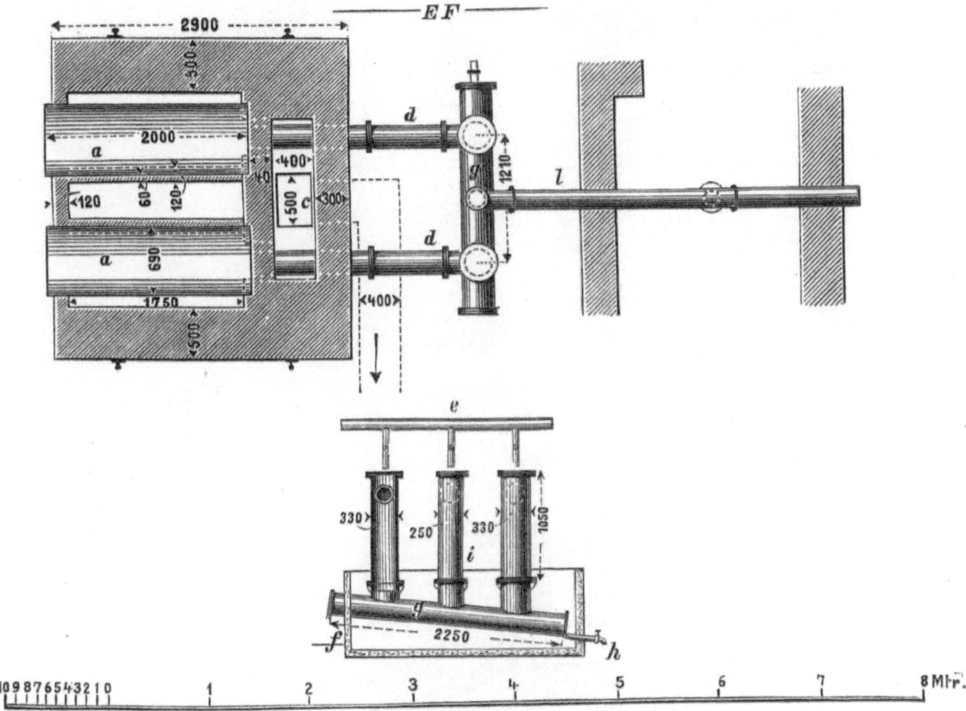

Fig. 354 u. 355.

bis 30 % Quecksilber angereichert waren, mit Kalk in Retorten geglüht. (Zinnobererze soll man grundsätzlich nicht aufbereiten, weil die Verluste durch Wegschwemmen von Zinnobertheilchen zu gross sind.)

Die Einrichtung der von Jaczinsky angegebenen Oefen ist aus den Figuren 356, 357 u. 358 ersichtlich. a a sind die gusseisernen Retorten. Sie liegen in ihrer ganzen Länge auf dem Sohlencanal und werden von den Feuergasen in der Richtung der Pfeile umspült. Zur gleichmässigen Vertheilung der Feuergase im Heizraum lässt man sie durch drei senkrechte Canäle, von welchen sich über jeder Retorte je einer befindet, in

[1]) Annales des Mines 1888 No. 4. B.- u. H. Ztg. 1889. No. 10.

den Essencanal treten. Die Quecksilberdämpfe treten durch das an die Retorte angeschlossene 12 cm weite Gusseisenrohr c, welches durch Wasser gekühlt wird, in einen mit Wasser gefüllten Holzkasten e und gelangen

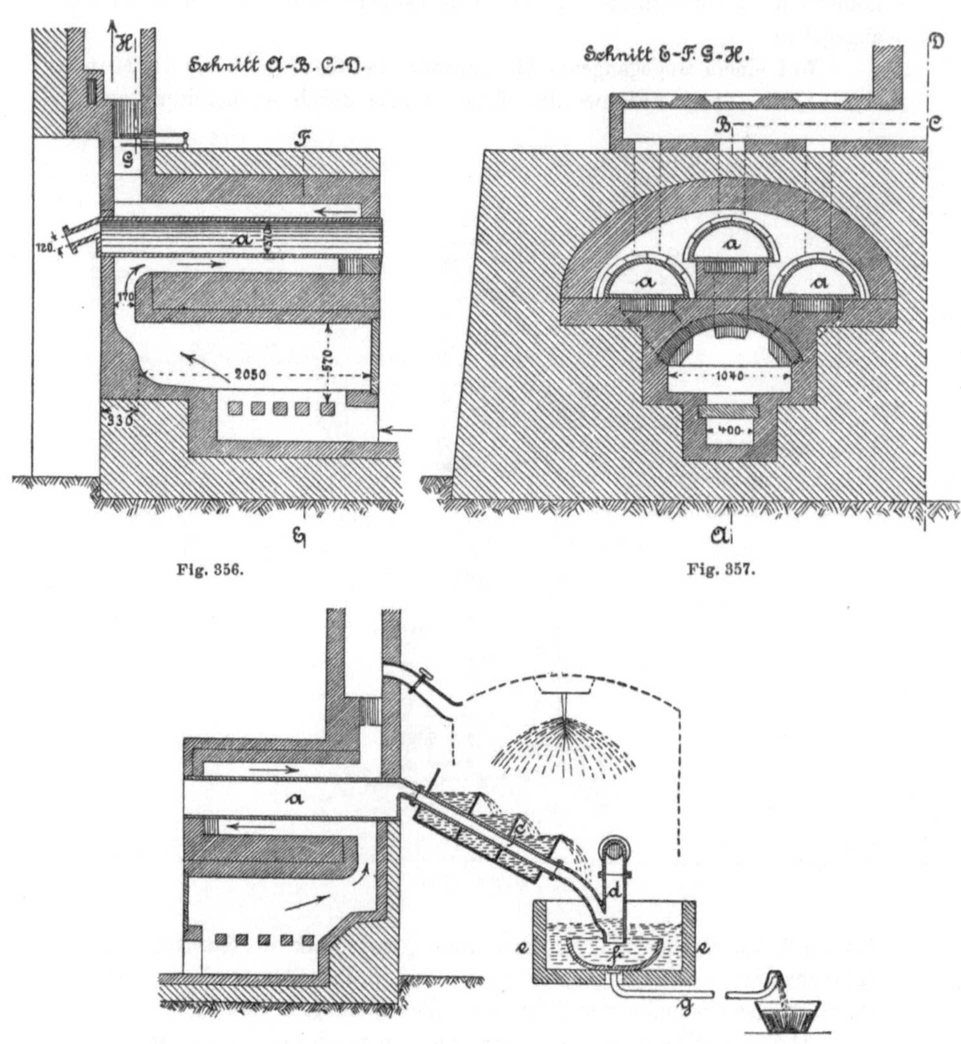

Fig. 356.

Fig. 357.

Fig. 358.

im flüssigen Zustande in den gusseisernen Behälter f, aus welchem das Quecksilber beständig durch das Rohr g abfliesst. Die nicht verflüssigten Dämpfe treten durch das Rohr d in Condensationskammern, in welchen ein Wasserregen herabfällt, und dann in die Esse.

Die Retorten wurden mit 200 bis 250 kg Erz und 40 kg Kalk besetzt. Bei kiesigen Erzen wurde der Kalkzuschlag vermehrt. Die Temperatur wurde bis zu heller Rothglut gesteigert. Die Verarbeitung des gedachten Einsatzes dauerte 7 bis 8 Stunden. Auf 1 t Erz wurde 1 t Holz verbraucht. Bei einem Quecksilbergehalte der Erze von 30 % betrugen die Gesammtkosten der Herstellung von 1 kg Quecksilber 1,50 frcs.

Die Erzeugnisse der Quecksilbergewinnung.

Die Erzeugnisse der Quecksilbergewinnung sind ausser Quecksilber noch Stupp, saure Wasser und Destillationsrückstände.

Das Quecksilber ist häufig durch mechanische Beimengungen verunreinigt. Zur Befreiung von denselben wird es durch Leinwand oder Leder gepresst. Die Versendung des Quecksilbers geschieht auf den grösseren Werken in Flaschen aus Schmiedeeisen, deren Stöpsel eingeschraubt wird. Das Gewicht derselben beträgt leer $5^1/_2$ bis $6^1/_2$ kg. Die Flaschen in Europa enthalten 34,5 kg Quecksilber, in Californien 34,7 kg. Von kleineren Werken wird das Quecksilber auch wohl in Beuteln von doppelt sämisch gegerbtem Leder versendet.

Die Stupp[1]).

Die Stupp, in Amerika Soot genannt, ist, wie schon erwähnt, ein sich an den Wänden und auf dem Boden der Condensationsvorrichtungen (oft in beträchtlicher Stärke) ansetzendes Gemenge von fein vertheiltem Quecksilber, Verbindungen des Quecksilbers, Russ, von Producten der trockenen Destillation der Brennstoffe und der bituminösen Beimengungen der Erze sowie von anderen mineralischen Bestandtheilen derselben. Der Quecksilbergehalt der Stupp beträgt bis 80 %.

Die Zusammensetzung verschiedener Stuppsorten von Idria und Almaden ist aus den nachstehenden Analysen ersichtlich.

Idria.

	1.	2.	3.
		nach Teuber[2])	
Hg	3,12	14,59	0,92
Hg S	27,33	1,83	3,40
$Hg_3 SO_6$	7,32	3,06	6,10
$Fe SO_4$	—	—	—

[1]) Von dem slavischen Worte stupa = Staub herrührend.

[2]) Oesterr. Zeitschr. 1877 S. 123. Dingler, Bd. 225 S. 214.

Nach Oser[1]) enthielt die Stupp aus den Condensationskammern der Flammöfen:

Abpressbares Quecksilber	40,95
Nicht abpressbares Quecksilber und Quecksilber in Salzform	9,15
Schwefelsäure	1,39
Schwefelquecksilber	4,32
Kohle	3,31
Aschenbestandtheile	9,33
Wasser	31,55

Die Zusammensetzung der Stupp aus den Condensatoren der Muffelöfen von Patera, welche von dem letzteren Quecksilberschwarz genannt wurde, ergiebt die Analyse 1, die Zusammensetzung der sog. „Essenstupp“ aus den zur Esse führenden Canälen hinter den Condensationsräumen ergeben die Analysen 2 (Patera) und 3 (Teuber):

	1.	2.	3.
Quecksilber	56,30	6,42	3,12
Schwefelquecksilber	0,70	2,20	31,10
Quecksilbersulfat	18,99	13,07	10,80
Quecksilberchlorür	2,20	1,80	—
Schwefelsäure	1,10	4,80	—
Magnesia	—	1,10	—
Kalk	0,76	1,20	—
Eisenoxyd und Thonerde	Spur	0,80	—
Calciumsulfat	1,04	6,30	—
Basisches Ferrisulfat	3,24	0,40	—
Russ und Theerproducte	3,39	29,40	24,80
Wasser	4,60	26,50	10,30
Erzrückstand	11,41	3,80	—
Ferrosulfat	—	—	6,02
Magnesiumsulfat	—	—	7,50
Natriumsulfat	—	—	1,24
Ammoniumsulfat	—	—	0,54
Kieselerde	—	—	2,20

Die Stupp aus der Condensationskammer des Schachtofens No. IX, welche im Jahre 1892 gesammelt wurde, hatte die nachstehende Zusammensetzung[2]):

---

[1]) Das k. k. Quecksilberbergwerk Idria. Wien 1881.

[2]) Janda. Oesterr. Zeitschr. 1894. S. 268.

Metallisches Quecksilber	65,04	mit	65,04 Hg
Schwefelquecksilber	6,97	-	6,00 -
Basisch schwefelsaures Quecksilberoxyd	0,20	-	0,16 -
Schwefelsaures Quecksilberoxyd	0,12	-	0,08 -
Quecksilberchlorid	0,08	-	0,06 -
Quecksilberchlorür	0,05	-	0,04 -
			71,38 Hg
Eisenoxyd, Thonerde	1,11		
Einfach. Schwefeleisen	0,94		
Kalkerde	9,57		
Talkerde	0,40		
Schwefeltrioxyd	9,10		
Ammoniak, Kohlenwasserstoffe	2,19		
Russ	1,98		
Kieselerde	1,20		

Im Jahre 1892 sind an verschiedenen Stellen des Weges, welchen die Gase und Dämpfe von den Oefen bis zu der sie in die Atmosphäre führenden Esse zu durchlaufen haben, Stupp-Proben genommen und auf ihren Nässe- und Quecksilbergehalt untersucht worden.

Die Ergebnisse dieser Untersuchungen sind nachstehend zusammengestellt. Was die Herkunft der 8 Proben betrifft, so stammt:

No. 1 aus dem Canal der Schachtöfen,
- 2 und 3 aus der Condensationskammer der Schütttröstöfen,
- 4 aus dem Canal hinter einem der Schütttröstöfen,
- 5 und 6 aus dem Canal vor dem Ventilator,
- 7 und 8 aus der Centralesse.

No. der Probe	Nässe %	Quecksilber in der Form von Salzen	Zinnober	Metall	Gesammtgehalt an Quecksilber in Procenten
		in Procenten			
1	14,8	0,20	18,83	43,17	62,20
2	—	3,04	6,75	22,01	31,80
3	85,8	Spuren	4,00	18,00	22,00
4	40,2	-	6,40	21,80	28,20
5	—	0,16	9,68	3,76	13,60
6	—	0,75	9,24	4,16	14,15
7	35,0	0,69	13,75	0,86	15,30
8	65,9	0,16	9,35	3,49	13,00

Hiernach ist das Quecksilber der verschiedenen Proben auf Salze, Zinnober und Metall vertheilt wie folgt:

No. der Probe	Quecksilber in der Form von		
	Salzen	Zinnober	Metall
	auf 100 Gew.-Th. Hg bezogen		
1	0,32	30,28	69,40
2	9,55	21,23	69,22
3	Spur	18,18	81,81
4	-	22,69	77,30
5	1,17	71,18	27,65
6	5,30	65,30	29,40
7	4,51	89,87	5,62
8	1,23	71,92	26,84

Die Stupp von Almaden[1]) zeigte die nachstehende Zusammensetzung:

	Stupp aus thönernen Condensat.-Röhren %	Stupp aus eisernen Condensat.-Röhren %
Quecksilber als Metall	66	44
Quecksilberchlorür	18	3,3
Schwefelquecksilber	1	6,3
Schwefels. Eisenoxydul	—	23,5
Schwefels. Thonerde	—	14,5
Schwefels. Kali	—	
Schwefels. Ammoniak	3,5	—
Schwefels. Kalk	1	0,9
Kohle	5	4,8
Schwefelsäure	2,5	—
Wasser	2,5	—

Die Stupp wird auf Quecksilber verarbeitet.

Die Verarbeitung der Stupp auf Quecksilber.

Die Gewinnung des Quecksilbers aus der Stupp geschieht meistens durch Pressen der Stupp, wobei ein grosser Theil Quecksilber (bis 90 %) ausfliesst, und durch Verarbeiten der hierbei verbliebenen Rückstände (Stupp-Press-Rückstände) gemeinschaftlich mit den Erzen oder für sich allein in Destilliröfen.

In Idria von Czermak und Spirek ausgeführte Versuche der Gewinnung des Quecksilbers aus der Stupp durch directes Verbrennen der-

[1]) B.- u. H. Jahrbuch der k. k. Montanlehranstalten. Wien 1879. S. 81.

selben (ohne vorgängiges Pressen) haben wegen der hierbei eintretenden sehr hohen Quecksilberverluste zu ungünstigen Ergebnissen geführt.

Das Pressen der Stupp geschieht durch Handarbeit oder durch Maschinenarbeit. Zur Beförderung des Abfliessens des Quecksilbers setzt man der Stupp Kalk oder Asche zu. Am meisten empfiehlt sich das Pressen der Stupp in mit Rührwerken versehenen Kesseln, oder Cylindern, welche bei Grossbetrieb durch Maschinenkraft bewegt werden.

In Almaden[1]) wird die Stupp auf einer geneigten hölzernen Fläche mit Krücken so lange durchgearbeitet, bis kein Quecksilber mehr ausfliesst. Die verbliebenen Rückstände werden zu Briquettes geformt und mit dem Erz verarbeitet.

Dieses gesundheitsschädliche Reiben der Stupp auf einer geneigten Fläche wurde früher auch in Idria und auf den californischen Werken ausgeführt, ist aber daselbst schon seit längerer Zeit aufgegeben.

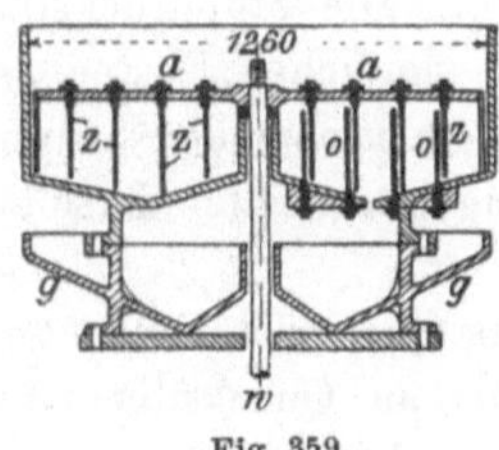

Fig. 359.

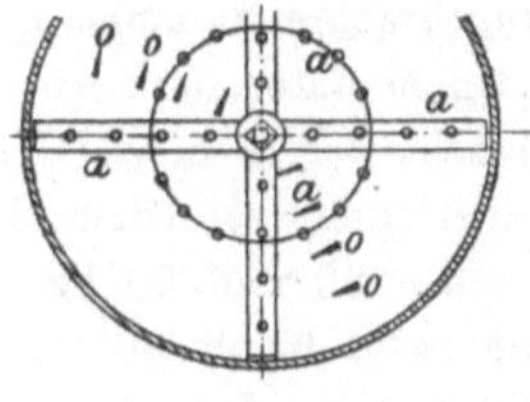

Fig. 360.

So wurde beispielsweise auf der Redington Mine in Californien[2]) die Stupp in dieser Weise behandelt. Die Rückstände wurden in Retorten mit Kalk geglüht. In Neu-Almaden[3]) wurde die Stupp zuerst in der nämlichen Weise behandelt; sobald kein Quecksilber mehr ausfloss, setzte man Kalk zu, um durch fortgesetztes Reiben noch einen Theil Quecksilber auszubringen.

In Idria wendet man gegenwärtig die von Exeli eingeführten Stupp-Pressen an. Die Einrichtung derselben erhellt aus den Figuren 359 u. 360.

Dieselben stellen eiserne Cylinder mit einem rinnenförmigen Boden dar. Die lichte Weite des Cylinders beträgt 1260 mm, die Höhe 440 mm. Durch die Mitte des Cylinders ist eine stehende Welle w durchgeführt, an deren oberem Ende 4 in Gestalt eines Kreuzes gestellte Querarme angebracht sind. In dieses 290 mm über dem Boden des Apparates befindliche Kreuz sind Messer z von 80 mm Breite und 8 bis 10 mm Stärke eingeschraubt. Auf dem Boden selbst sind 7 bis 8 feststehende Messer o von 8 bis 10 mm Stärke und 80 mm Breite so angebracht, dass die be-

[1]) Jahrbuch d. k. k. Montanlehranstalten. Bd. 27. S. 46.
[2]) Egleston l. c. p. 850.
[3]) Egleston l. c. p. 834.

weglichen Messer z bei der Bewegung des Kreuzes nahe bei den ersteren vorbeiziehen und dadurch ein Zusammenpressen und Emporwirbeln der Stupp bewirken.

In dem rinnenförmigen Boden des Apparates befinden sich 25 Oeffnungen von je 10 mm Durchmesser, durch welche das ausgepresste Quecksilber abfliesst. Diese Oeffnungen verstopfen sich leicht und müssen während des Betriebes öfters mit einem starken Draht durchstochen werden. Es ist erforderlich, dass die unteren Enden der beweglichen Messer am Boden des Apparates schleifen und bei erfolgter Abnutzung sofort durch neue Messer ersetzt werden, weil sich andernfalls auf dem Boden eine Kruste von Stupp bildet, welche die Abflussöffnungen für das Quecksilber verstopft.

Wird nun das Kreuz in Bewegung gesetzt, so wird das Quecksilber aus der mit Kalk versetzten Stupp ausgepresst und sammelt sich auf der tiefsten Stelle des Bodens an, von wo es durch die gedachten Oeffnungen in darunter angebrachte Sammler g gelangt. Die Stupprückstände werden gleichfalls in einem unter dem Apparate befindlichen Kasten angesammelt.

Das Gewicht der in einen Cylinder einzusetzenden Stupp hängt von dem Quecksilber und von dem Feuchtigkeitsgehalte derselben ab und schwankt zwischen 20 und 50 kg.

Der Kalkzusatz hängt gleichfalls vom Quecksilber- und Feuchtigkeitsgehalte der Stupp ab. Derselbe muss bei an Quecksilber reicher, fetter Stupp grösser sein als bei armer Stupp und schwankt zwischen 17 und 30 % vom Gewichte der Stupp. Der Kalk wird nicht auf einmal, sondern portionenweise während des Betriebes eingetragen.

Die Umdrehungsgeschwindigkeit des Kreuzes ist im Anfang eine geringe und steigt allmählich von 12 auf 40 Umdrehungen pro Minute. Nach 20 Minuten sollen die Messer bereits die Stupp vom Boden des Apparates heben und umherwirbeln. Die Stupp ist im Allgemeinen gut gepresst, wenn die Rückstände Kügelchen bilden.

Die Pressdauer richtet sich nach dem Quecksilbergehalte der Stupp. Sie beträgt bei reicher und fetter Stupp $1^2/_3$ bis $1^3/_5$ Stunden.

Durch das Pressen scheiden sich 70 bis 80 % Quecksilber von dem Gehalte der Stupp an diesem Metalle aus. Den Rest des Quecksilbers, welcher im Durchschnitte noch 14 bis 20 % von dem Gewichte der Pressrückstände beträgt, erhält man durch Verarbeitung dieser Rückstände mit den Erzen. Eine Probe von gepresster Stupp (Schachtofen No. 8) vom December 1892 enthielt[1]):

Hg als Verbindungen in Salzsäure löslich	0,17 %
Hg als Zinnober	2,96 -
Metallisches Quecksilber	14,98 -
	18,11 %

[1]) Janda l. c. S. 269.

Auf den Werken am Monte Amiata in Toscana geschieht das Pressen der Stupp in Apparaten von ähnlicher Einrichtung wie die Exeli'schen Stupp-Pressen. Man gewinnt hier durch das Pressen zwischen 80 und 90 % des in der Stupp enthaltenen Quecksilbers.

In New-Almaden in Californien[1]) wurde von 1873 bis 1887 die Stupp in einem halbkugelförmigen Kessel aus Gusseisen von 0,914 m Durchmesser $^3/_4$ Stunden lang unter beständigem Umrühren mit siedendem Wasser und Holzasche behandelt. Die Menge der zugesetzten Holzasche betrug die Hälfte des Volumens der Stupp. Das ausgeschiedene Quecksilber wurde durch ein am Boden des Kessels angebrachtes Heberrohr abgezogen. Die Stupprückstände wurden getrocknet und mit den Erzen in Destilliröfen verarbeitet.

Auf den Manhattan Works wurde gleichfalls ein gusseiserner Kessel angewendet. Ueber dem Kessel (von 120 Gallonen Inhalt) befand sich in einem Holzrahmen eine stehende Welle, an deren unterem Ende ein aus horizontalen Holzarmen mit durch dieselben durchgesteckten eisernen Zinken bestehendes Rührwerk angebracht war. Der Stupp setzte man Asche und Kalk zu und rührte die Masse 20 Minuten lang um, nach welcher Zeit das auf diese Weise überhaupt entfernbare Quecksilber ausgeschieden und die Masse vollständig trocken war. Das Quecksilber wurde durch ein am Boden des Kessels angebrachtes Rohr entfernt.

Die verbliebenen Rückstände wurden in Retorten der Destillation unterworfen[2]).

Gegenwärtig wird in New-Almaden die nasse und zerfliessliche Stupp[3]) auf einem rechteckigen asphaltirten Platz (von 6 m Länge und 2,74 m Breite), welcher rinnenförmig vertieft und gleichzeitig nach der einen kurzen Seite hin geneigt ist, mit der Hälfte des Volumens an Holzasche angesteift. Man erhält so einen Teig, welcher mit Hülfe von Eimern in den Pressapparat, einen gusseisernen Kessel von 1,016 m Durchmesser am oberen offenen Ende, eingesetzt wird. In demselben befindet sich eine senkrecht stehende Welle mit 4 pflugschaarartig gestalteten Rührarmen. Die Masse wird $1^1/_2$ Stunden lang (bei 40 Umgängen des Rührwerks in der Minute) umgerührt, nach welcher Zeit kein Quecksilber mehr ausfliesst. Das letztere fliesst durch ein Heberrohr am Boden des Kessels ab. Durch eine grössere, während des Betriebes durch ein Ventil verschlossene Oeffnung am Boden des Kessels werden die Stupprückstände in einen unter dem Kessel befindlichen Kasten abgelassen. Von dem Quecksilbergehalte der Stupp bleiben gegen 14 % in den Rückständen. Die letzteren werden der Destillation unterworfen.

Durch das Pressen allein ist es nicht möglich, alles Quecksilber aus der Stupp zu entfernen. Die Pressrückstände halten je nach der Art des

---

[1]) Egleston l. c. p. 834.

[2]) Presse von Lukasiwitsch siehe Nachtrag.

[3]) Egleston l. c. p. 862.

Pressens noch bis 40 % Quecksilber zurück. So waren in Idria[1]) in den Pressrückständen in den Jahren 1890, 1891 und 1892 = 14,89 % der ganzen Production an Quecksilber enthalten.

Zur Gewinnung des Quecksilbers aus den Rückständen müssen die letzteren daher einer weiteren Behandlung unterworfen werden. Dieselbe besteht darin, die Rückstände in gleicher Weise wie die Erze in den verschiedenen für die Erzgewinnung benutzten Oefen und zwar gewöhnlich mit den Erzen zusammen, seltener für sich allein zu verarbeiten.

Zu Almaden werden die Stupp-Pressrückstände zu Briquettes geformt und mit den Erzen zusammen verarbeitet.

Zu Idria wurden die Rückstände eine Zeit lang in Gefässöfen verarbeitet. Gegenwärtig werden sie mit den Erzen in Schachtöfen, Schachtflammöfen und Fortschaufelungsöfen verarbeitet.

Bei der Verarbeitung der Pressrückstände in Gefässöfen condensirte sich im letzten Rohre des dazugehörigen Condensators ein harzartiges Product, das sog. Stuppfett, welches hauptsächlich aus Kohlenwasserstoffen mit nur wenigen eingemengten mineralischen Körpern bestand. 32 kg Stuppfett enthielten nach G. Goldschmidt und M. v. Schmidt nur 150 g mineralische Bestandtheile. Diese letzteren enthielten wieder 76,35 % Quecksilber, theils als Metall, theils an Schwefel gebunden, sowie Eisen, Mangan, Thonerde, Kalk und Magnesia. Seit der Einstellung des Muffelofenbetriebes im Jahre 1882 hat die Bildung von Stuppfett nicht mehr stattgefunden.

Für die Verarbeitung in Schachtöfen zu Idria werden die Kammer- und Canalstupp- sowie die eigenen Schachtofenstupp-Pressrückstände mit Thonmehl gemengt, gestampft und zu Stücken geformt. Die Stücke werden zusammen mit armem Erzgröb verarbeitet. Man setzt den Kohlen eine gewisse Menge Koks (Ostrauer Würfelkoks) zu. Weitere Mengen der Rückstände werden in den Schüttöfen und in den Fortschaufelungsöfen gemeinschaftlich mit den für die verschiedenen Oefen geeigneten Erzsorten verarbeitet.

Am Monte Amiata wurden die Rückstände früher in Muffelöfen verarbeitet (Siele). Gegenwärtig werden sie in kleinen Spirek'schen Schüttöfen verarbeitet.

In Californien werden die Rückstände theils für sich in Retorten, theils gemeinschaftlich in den für die verschiedenen Erzsorten vorhandenen Oefen verarbeitet.

In New-Almaden wurden im Jahre 1888 18 % von der ganzen Quecksilberproduction aus der Stupp gewonnen.

In Idria wurden in der neuesten Zeit von der gesammten Quecksilbererzeugung (einschliesslich 9 % Quecksilberverlust) 56 % durch Pressen der Stupp und 15 % durch Brennen der Stupp-Pressrückstände gewonnen.

---

[1]) Mitter l. c.

Die sauren Wasser aus den Condensationsvorrichtungen

enthalten freie Schwefelsäure und Schweflige Säure, Sulfate von Eisen, Quecksilber, Calcium, Ammoniak, Kohlenwasserstoffe, in einigen Fällen auch geringe Mengen von Salzsäure und zerschlagenes Quecksilber.

Nach Janda[1]) zeigte das saure Wasser (Rauchgaswasser), welches im Jahre 1892 zu Idria in dem Condensator des Schachtofens No. X niedergeschlagen worden war, die nachstehende Zusammensetzung:

Hg_2O	0,33	Gewichts-Procente
FeO	14,38	-
CaO	0,50	-
SO_3	11,01	-
SO_2	1,97	-
NH_3	0,61	-
HCl	0,06	-
Condensirbare Kohlenwasserstoffe einschl. der Holzessiggruppe	22,12	-
Wasser und Uebriges	48,12	-

Die Dichte dieses Wassers betrug 1,65 bei 15° C.

Enthalten die sauren Wasser zerschlagenes Quecksilber, wie es beispielsweise in New-Almaden bei den sauren Wassern, welche sich in den letzten Condensationskammern niedergeschlagen haben, der Fall ist, so werden sie durch Holzkohlen (New-Almaden) filtrirt. Es fliesst hierbei das Wasser klar ab, während ein schwarzer Schlamm auf dem Filter bleibt. Der letztere wird getrocknet und dann gemeinschaftlich mit den Erzen verarbeitet.

Die Destillationsrückstände

sind bei gut geleitetem Betriebe so arm an Quecksilber, dass sie abgesetzt werden können.

So enthielten die Rückstände aus den Idrianer Schachtöfen 1877[2]) nur 0,002 % Quecksilber. Die Rückstände der dortigen Flammöfen[3]) enthielten 1877 0,006 %, 1879 0,0001 % Quecksilber. 1892 enthielten sie nur noch Spuren von Quecksilber.

Gesammt-Anlage einer Quecksilberhütte.

Als Beispiel der Gesammt-Anlage einer Quecksilberhütte mit neueren Oefen, Condensationsvorrichtungen und Ventilator sei die Anlage zu Idria angeführt.

Der Gesammt-Durchschnittsgehalt der Erze an Quecksilber beträgt $\frac{1}{2}$ bis $\frac{4}{5}$ %.

---

[1]) Oesterr. Zeitschr. 1894. S. 270.

[2]) Idrianer Festschrift.

[3]) Idrianer Festschrift.

Während man früher die Erze in Stufen, Feingries, Grobgries und Erze unterschied, hat man gegenwärtig die nachstehenden 4 Erzgattungen:

1. Reicher Erzgries mit gegen 6 % Quecksilber. Man unterscheidet denselben nach der Korngrösse in groben Gries von 4 bis 8 mm Korn und in feinen Gries unter 4 mm Korn. Beide Griesarten theilt man wieder in solche mit über 10 % Quecksilber und in solche mit unter 10 % Quecksilber ein.

2. Armer Erzgries prima mit 0,7 % Quecksilber und einer Korngrösse von 20 mm abwärts.

3. Armer Erzgries secunda mit 0,4 % Quecksilber und einer Korngrösse von 20 bis 30 mm.

4. Arme Erzgröb mit 0,3 % Quecksilber und 30 bis 100 mm Korngrösse.

Die vollständige Zusammensetzung der verschiedenen Erzgattungen war im Jahre 1881 die nachstehende[1]).

	Stufen %	Griese %	Erze %
Schwefelquecksilber	0,62	1,25	8,58
Quecksilberchlorür	Spuren	Spuren	0,22
Basisches Quecksilbersulfat	—	—	Spuren
Eisenoxydulcarbonat	0,76	3,17	4,57
Kalkcarbonat	35,75	27,21	14,71
Gyps	0,53	1,46	2,42
Magnesiumcarbonat	27,17	20,33	4,20
Magnesiumsulfat	0,21	0,55	1,11
Schwefeleisen ($Fe S_2$)	4,24	4,31	5,09
Thonerde	1,64	1,61	1,30
Phosphorsäure	—	—	Spuren
Thonerdesilicat	16,48	22,75	15,82
Eisensilicat	—	Spuren	20,18
Kieselsäure	11,52	16,48	17,64
Bitumen	1,08	1,63	3,97
Wasser und Verlust	—	—	0,49

Im Jahre 1892[2]) waren die Idrianer Erze zusammengesetzt wie folgt:

	Reicher Erzgries %	Armer Erzgries %	Arme Erzgröb %
$Hg S$	6,74	0,95	0,38
$Fe S_2$	9,49	11,64	4,45
$Fe CO_3$	2,52	6,66	4,76
$Ca CO_3$	26,18	27,13	34,86

[1]) Das k. k. Quecksilberwerk in Idria. Festschrift, Wien 1881.

[2]) Janda, Oesterr. Zeitschr. 1894. S. 267.

	Reicher Erzgries %	Armer Erzgries %	Arme Erzgröb %
$MgCO_3$	16,69	10,24	24,92
$CaSO_4$	1,05	2,93	0,79
$MgSO_4$	0,44	0,74	0,32
$Ca_3P_2O_5$	0,75	0,41	0,32
Al_2O_3 (amorph)	2,60	4,80	3,53
SiO_2	30,04	31,77	23,82
Bitumen	0,97	0,70	0,68
Organ. Substanz, Krystall. Wasser	2,53	2,03	1,17
Chlor	deutliche Spur		

Die Zugutemachung der Erze geschieht durch Erhitzung derselben bei Luftzutritt in den oben beschriebenen gepanzerten Schüttöfen, Fortschaufelungsöfen und Schachtöfen. Der reiche Erzgries wird in Schüttöfen, der arme Erzgries prima in Schüttöfen und Fortschaufelungsöfen verarbeitet, der arme Erzgries secunda und die arme Erzgröb dagegen in Schachtöfen. Die Hütte besitzt drei Schüttöfen (Schachtflammöfen), acht Fortschaufelungsöfen und neun Schachtöfen. Die ökonomischen Ergebnisse derselben, welche bei der genaueren Beschreibung der Oefen bereits einzeln dargelegt worden sind, sowie die jährliche Quecksilberproduction der Oefen ergeben sich aus der nachstehenden übersichtlichen Zusammenstellung der Betriebsergebnisse des Jahres 1892:

	Durchsetzquantum pro Tag und Ofen	Löhne pro 10 t Erz		Löhne pro 100 kg Quecksilber		Brennstoff-Verbrauch auf 10 t Erz	Stuppfall	Quecksilbererzeugung
	t	fl.	kr.	fl.	kr.	cbm	%	t
Schachtofen von Novak. (Arme Erzgröb und Stupp.)	12,15	6	68	21	5	Holzkohle 1,65	0,5	109,915
Schüttofen No. 1. (Armer und reicher Erzgries und Stupp.)	22,460	8	86	2	90	Holz 3,61	3,3	204,272
Schüttofen 2 und 3. (Armer Erzgries und Stupp.)	26,75	6	98	9	56	3,02	1,3	117,754
Fortschaufler 1 bis 6. (Armer Erzgries und Stupp.)	6,6	10	74	14	88	4,20	1,9	71,257
Fortschaufler 7 und 8. (Schutt aus alten Oefen [Leopoldischutt] und Stupp.)	6,85	11	92	59	72	4,43	2	8,659

Die Temperatur, mit welcher die Gase und Dämpfe die verschiedenen Oefen verlassen[1]), beträgt im Durchschnitt bei den Fortschaufelungsöfen 341°, bei den Schüttröstöfen 353°, bei den Schachtöfen 226—233°.

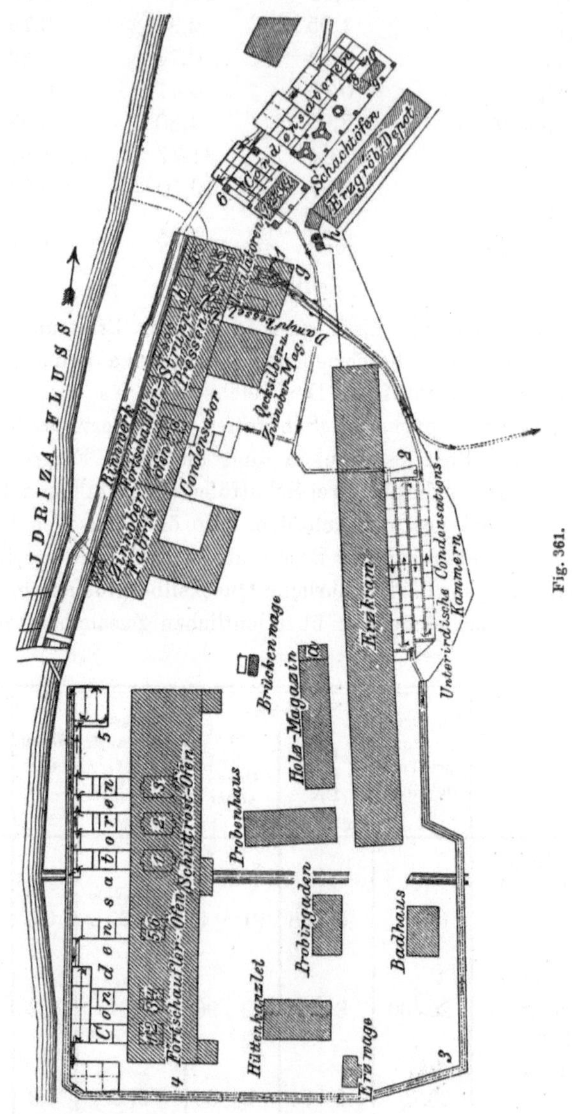

Fig. 361.

Die Condensation des Quecksilbers geschieht in Schenkelröhren-Condensatoren aus Steinzeug, an welche sich kleinere, hölzerne Kammern

[1]) Janda, Oesterr. Zeitschr. 1894. S. 298.

anschliessen. Die letzteren sind durch Canäle mit allen Oefen gemeinschaftlichen unterirdischen Centralkammern verbunden, deren letzte durch einen Canal mit den Ventilatoren in Verbindung steht. Dieselben drücken die aufgesaugten Gase durch einen längeren Canal in eine Esse.

Aus dem in Figur 361 dargestellten Situationsplan der Hütte ist der Zusammenhang der Oefen mit den Condensatoren, die Verbindung der Condensationsvorrichtungen der verschiedenen Ofengruppen mit den unterirdischen Condensationskammern (Centralkammern), sowie die Verbindung der letzteren mit den Ventilatoren ersichtlich.

Der Zug wurde früher durch die Esse allein, dann durch einen mit der Esse verbundenen Wetterofen hervorgerufen. In der neuen Zeit wurden Ventilatoren zur Hervorbringung des Zuges eingeführt. Dieselben sind von ganz besonders gutem Einfluss auf den Betrieb, die Gesundheit der Arbeiter und die Verminderung der Quecksilberverluste gewesen.

Von den beiden Ventilatoren dient einer als Reserve. Der Ventilator wurde zuerst aus Gusseisen, dann aus lackirtem Eisenblech, dann aus Messingblech hergestellt. Diese sämmtlichen Materialien sind indess gegenwärtig durch andere ersetzt worden. Es besteht gegenwärtig die Ventilatorrosette aus Messingbronze, während die Flügel aus Kupferblech hergestellt sind. Der Durchmesser des Ventilators beträgt 2,5 m. Die Zahl der Umdrehungen pro Minute schwankt zwischen 180 und 280. Die normale Depression, welche er hervorrufen soll, beträgt 18 mm Wassersäule.

Der räumliche Inhalt der verschiedenen Condensationsvorrichtungen und der Verbindungscanäle ist aus der nachstehenden Zusammenstellung ersichtlich[1]).

	Condensationsräume		
	Kammern	Canäle	Zusammen
	cbm	cbm	cbm
Schachtöfen	955	186	1141
Schüttöfen	1017	57	1074
Fortschaufler 1 bis 6	1420	20	1440
Fortschaufler 7 und 8	110	21	131

Hierzu kommen noch die allen Oefen gemeinschaftlichen Räume, nämlich

	Kammern	Canäle	Zusammen
	cbm	cbm	cbm
Unterirdische Centralkammern	1792	—	1792
Oberirdischer Verbindungscanal der Fortschaufler und Schüttöfen	—	573	573
Verbindungscanal zwischen Centralkammern und Ventilator	—	140	140
Essencanal vom Ventilator zur Esse	—	526	526

[1]) Mitter l. c.

Es beträgt hiernach der Gesammtinhalt der Condensationsvorrichtungen an Kammern 5294 cbm, an Canälen 1523 cbm, zusammen 6817 cbm.

Die Dämpfe und Gase aus den Schachtöfen treten in den Condensator derselben mit einer Temperatur von 114° C. und aus demselben mit 15° C. Die Dämpfe und Gase der Schüttöfen gelangen mit einer Temperatur von 109° bis 180° in ihren Condensator und mit 21° bis 30° aus demselben. Die Dämpfe und Gase der Fortschaufelungsöfen treten mit 174° in ihren Condensator und verlassen ihn mit 25° C.

Von dem nach dem Durchschnitte der Jahre 1890, 1891 und 1892 gewonnenen Quecksilber erhielt man nach Mitter

aus den Condensatoren und vom Pressen der Stupp	74,64 %
aus den Pressrückständen der Stupp	14,99 -
aus der in den weiter entfernten Canälen und Kammern aufgefangenen Stupp	5,22 -
es blieb Quecksilberverlust	8,25 -

Nach den neuesten gefälligen Mittheilungen des K. K. Oberhüttenverwalters Mitter in Idria gliedert sich die Quecksilbererzeugung gegenwärtig daselbst wie folgt:

1. Met. Quecksilber, direct den Condensatoren entnommen	20 %
2. durch Pressen der Stupp erhalten	56 -
3. durch Brennen der Stupp-Pressrückstände erhalten gegen	15 -
Quecksilberverlust gegen	9 -

Nikitowka in Russland[1]).

Dieses Werk, welches 1886 in normalen Betrieb gesetzt wurde, verarbeitet Zinnobererze aus der Carbonformation.

Die Erze enthalten im Durchschnitt 0,75 % Quecksilber. Sie werden durch Steinbrecher zerkleinert und fallen dann auf ein Leseband, auf welchem gegen 16 % Berge ausgelesen werden. Die Verarbeitung der Stückerze bis zu zwei Fauststärken geschieht in tonnenartig ausgebauchten Schachtöfen von 5 m Höhe und $3\frac{1}{2}$ m Durchmesser im weitesten Theile. Den Erzen werden Steinkohlen zugesetzt. Die Condensationsvorrichtungen sind gusseiserne, inwendig mit Cement ausgekleidete Schenkelröhren. Das Erzklein und der quecksilberreiche Staub von der Aufbereitnng sowie die Stupp-Pressrückstände werden in von Auerbach verbesserten Czermak'schen Schüttöfen, deren je 4 zu einem Massive verbunden sind, verarbeitet. Die Einrichtung dieser Oefen ist eine ähnliche wie die der beschriebenen Czermak'schen Oefen in Idria.

Die Condensationsvorrichtungen sind gleichfalls Czermak'sche gusseiserne, innen mit Cement ausgekleidete Schenkelrohre.

---

[1]) Russ. Berg-Journal (Gorni Journal) 1891, No. 20.

Die Stupp wird in Exeli-Pressen mit Kalk behandelt, wodurch ihr der grösste Theil des Quecksilbers entzogen wird.

Das Ausbringen an Quecksilber aus den Erzen wird zu 0,563 %, der Quecksilberverlust bei der Verhüttung zu 12 % anregeben.

Die Gewinnung des Quecksilbers aus Quecksilber-Fahlerz.

Aus Quecksilber-Fahlerzen wird das Quecksilber als Nebenerzeugniss bei der Röstung derselben gewonnen. Der Verfasser hat eine ältere Art der Quecksilbergewinnung auf Stefanshütte bei Göllnitz in Ober-Ungarn gesehen. Es wurden daselbst Antimonfahlerze mit 30 bis 39 % Kupfer, 25 bis 33 % Antimon, 0,10 bis 0,12 % Silber und 0,52 bis 17 % Quecksilber mit einem durchschnittlichen Quecksilbergehalte von 1,63 % in kreisförmigen, mit einem Dache versehenen Stadeln von 7 m Durchmesser und 2 m Höhe geröstet. Diese Stadeln, welche am Fusse mit Zuglöchern für den Luftzutritt versehen waren, fassten 67 bis 70 t Erz. Die Erze wurden auf einem Bett aus Scheitholz aufgeschichtet. Auch zwischen die Erze wurde Scheitholz derartig eingelegt, dass Canäle entstanden, welche mit Kohlen gefüllt wurden und nach dem Ausbrennen des Brennstoffs als Luftzugscanäle dienten. Das Quecksilber wurde bei der Röstung der Erze im metallischen Zustande entbunden und schlug sich in den obersten Erzlagen nieder. Wenn die letzteren in Folge der fortschreitenden Röstung warm wurden, so stürzte man frisches Erz auf, in welchem sich dann das weiter ausgetriebene Quecksilber verdichtete. Nach Ablauf der Röstung, welche 3 bis 4 Wochen dauerte, wurden die oberen Erzlagen abgenommen und zur Gewinnung des Quecksilbers in Bottichen auf Sichertrögen verwaschen. Das erhaltene Quecksilber wurde in eisernen Retorten destillirt und dann in Beuteln aus gegerbtem Schaffell verpackt. Die Wasch- und Destillationsrückstände gingen zur Kupfer- und Silberarbeit. Bei diesem Verfahren sind Quecksilberverluste durch das Uebergehen von Quecksilber in die Luft, die Wände und in den Boden der Stadeln unvermeidlich.

Die Gewinnung des Quecksilbers aus Quecksilberfahlerzen mit modernen Apparaten wird gegenwärtig zu Josephi bei Kotterbach in der Zips, Ober-Ungarn, ausgeführt.

Man verarbeitet dort bei der Aufbereitung erhaltene Scheiderze und zwar Scheidklein bis zu 5 mm Grösse und grobes Fahlerz von 5 bis 30 mm Grösse, sowie Erz aus der Wäsche, ein Gemenge von Fahlerz und Schwerspath. Die durchschnittliche Zusammensetzung der Scheiderze ist die nachstehende:

S	7,97 %
Hg	1,85 -
Cu	9,75 -
Sb	3,03 -
As	0,17 -
Ag	0,02 -
Fe O	42,75 -
Mn O	1,69 -
Ca O	0,42 -
Mg O	3,97 -
CO_2	24,23 -
Unlöslich:	
Si O_2	3,73 -
Fe_2 O_3	0,57 -
Mg O	0,26 -

Das Wascherz enthält:

S	1,26 %
Hg	0,50 -
Cu	1,38 -
Sb	0,80 -
Fe O	14,17 -
Mn O	0,69 -
Ca O	0,35 -
Mg O	1,32 -
CO_2	8,65 -
Unlöslich:	
Si O_2	1,27 -
Ba SO_4	67,15 -
Fe_2 O_3	6,46 -
Mg O	1,07 -

Die näheren Bestandtheile der Erze werden wie folgt angegeben:

Cu_2 S	12,22 %
Ag_2 S	0,02 -
Hg S	2,15 -
Fe S	11,00 -
Sb_2 S_3	4,24 -
As_2 S_3	0,20 -
Fe CO_3	53,91 -
Mn CO_3	2,97 -
Mg CO_3	13,89 -

Die Erze werden in nach dem Czermak'schen Prinzip eingerichteten Schüttöfen geröstet. In 24 Stunden werden in einem Schüttofen 5500 kg Fahlerze durchgesetzt. Der Brennstoffaufwand beträgt 3,6 cbm Holz.

Die Condensation des Quecksilbers aus den Gasen und Dämpfen, welche den Ofen mit 350 bis 360° verlassen, geschieht in nach dem Czermak'schen Princip eingerichteten Condensatoren aus Steinzeug in Verbindung mit Kammern und Canälen. Die Czermak'schen Schenkelröhren werden von aussen mit Wasser berieselt und tauchen 5 cm tief in mit Wasser gefüllte eiserne, innen mit Cement überzogene Behälter ein. Man erhält nur Stupp, welche aus 49,51 % durch Verreiben ausscheidbarem Quecksilber sowie aus 50,49 % Schlamm besteht. Der letztere enthält 60,25 % metallisches Quecksilber und 4,21 % Quecksilberoxyd. Die Stupp wird gepresst. Das Pressen geschieht nach einem von Lukasiewicz angegebenen Verfahren in Verbindung mit dem Pressen in der Exeli-Presse. Die Rückstände vom Pressen werden im Schüttofen verarbeitet. Die Rückstände vom Abdestilliren des Quecksilbers halten noch 0,04 % Quecksilber zurück. Die in Schüttöfen gerösteten Erze, welche gegen 11,72 % Cu und 0,025 % Ag enthalten, werden auf der Kupferhütte zu Witkowitz zu Gute gemacht.

Die Gewinnung des Quecksilbers aus Hütten-Erzeugnissen.

Als quecksilberhaltige Hüttenerzeugnisse kommen hauptsächlich die Stupp und die bei der Silber- und Goldgewinnung erhaltenen Amalgame in Betracht.

Die Gewinnung aus der Stupp ist bereits Seite 432 dargelegt worden.

Die Gewinnung des Quecksilbers aus den Silber- und Goldamalgamen ist bei der Gewinnung dieser Metalle durch Amalgamation (Metallhüttenkunde Bd. I S. 783) ausführlich erörtert.

In geringer Menge wird Quecksilber aus dem Flugstaube von der Röstung quecksilberhaltiger Blenden, sowie aus den Schlämmen der Bleikammern, in welchen die bei der Röstung dieser Blenden entwickelte Schweflige Säure auf Schwefelsäure verarbeitet wird, gewonnen. Die zu Oberhausen gerösteten schwedischen Blenden enthalten nach Bellingrodt[1]) 0,2 % Quecksilber. Der Flugstaub, welcher sich bei der Röstung derselben in den den Röstöfen zunächst liegenden Kammern absetzt, enthält 6 bis 7 % Quecksilber, der Bleischlamm der Kammern, in welche die Röstgase eingeleitet werden, 4 % Quecksilber. Beide Nebenerzeugnisse werden auf Quecksilber verarbeitet. Die Art der Verarbeitung ist nicht angegeben, dürfte aber wohl Destillation sein.

[1]) Chem. Ztg. 1886, No. 68.

In grösseren Mengen wird Quecksilber zu Kotterbach in Ober-Ungarn aus den Gasen vom Rösten des Spatheisensteins, welcher Quecksilberfahlerz in geringer Menge enthält, gewonnen[1]). Die Röstgattirung enthält durchschnittlich im löslichen Theile 74,59 % $Fe\,CO_3$, 3,32 % $Fe_2\,O_3$, 0,35 % $Al_2\,O_3$, 3,59 % $Mn\,CO_3$, 11,61 % $Mg\,CO_3$, 0,57 % $Cu_2\,S$, 0,78 % $Fe\,S_2$, Spur $Sb_2\,S_3$, Spur $As_2\,S_3$, 0,64 % $Ba\,SO_4$, 0,11 % $Hg\,S$ und im unlöslichen Theile 3,17 % $Si\,O_2$, 0,28 % $Al_2\,O_3 + Fe_2\,O_3$, 0,85 % organische Stoffe und 0,65 % Wasser. Die Röstung des Spatheisensteins geschieht in Schachtöfen. Die Röstgase werden aus der Hauptgasleitung mit Hülfe von Ventilatoren (früher mit Hülfe von Körting'schen Dampfstrahlinjectoren mit Düsen aus Thon) durch eine theils aus Gusseisen, theils aus Thon bestehende Leitung in Thürme aus 50 mm starkem Lärchenholz, deren je zwei zu einem System verbunden sind, geführt. Die Fugen der Thürme sind mit Hanf und einem Gemisch von Kaolin, Firniss und Theer gedichtet. Im Innern eines jeden Thurmes sind zwei Roste angebracht, auf welchen Kalksteinstücke aufgeschichtet sind. Diese werden gleichmässig mit Wasser berieselt. Die Röstgase treten am Fusse des ersten Thurmes ein, steigen durch die Rostfugen und zwischen den Kalksteinstücken aufwärts, ziehen am oberen Ende des Thurmes durch Holzlutten (früher Thonrohre) wieder abwärts, durchziehen dann den zweiten Thurm in gleicher Weise wie den ersten Thurm und gelangen am oberen Ende desselben in die Luft. Das Wasser trat früher am Fusse der Thürme direct in ein System von (6) Klärteichen, in welchen sich der im Wasser enthaltene Schlamm absetzte. Das aus den Klärteichen austretende Wasser vereinigte sich mit der aus der Erzwäsche abfliessenden Trübe, wobei sein Gehalt an Schwefliger Säure unschädlich gemacht wurde. Aus den Röstgasen wird das Quecksilber theils in der Rohrleitung, theils in dem Rieselwasser der Thürme niedergeschlagen. In der Rohrleitung vor dem Injector (jetzt Ventilator) findet sich das Quecksilber in dem niedergeschlagenen Flugstaub, in der Rohrleitung hinter dem Injector in dem daselbst abgelagerten grauen Schlamm. Das in den Thürmen verdichtete Quecksilber gelangte mit dem Rieselwasser in die Klärteiche und setzte sich in ihnen als Schlamm ab. So enthielt der Flugstaub vor dem Injector 9,80 %, der Schlamm hinter dem Injector 5,85 % und der Schlamm aus den Klärteichen 6,60 % Quecksilberoxyd. Das aus dem ersten Absorptionsthurm ablaufende Wasser enthielt im Liter 0,022 g Quecksilber in Lösung, das aus dem zweiten Thurm ablaufende Wasser 0,014 g gelösten Quecksilbers im Liter. Das in den Abwässern in Lösung enthaltene Quecksilber wurde aus denselben durch Sodarückstände ausgefällt. Gegenwärtig gelangt das aus den Absorptionsthürmen ausfliessende Wasser sowohl als das Condenswasser aus den Rohrleitungen auf Sulfitfilter und

---

[1]) Verhandlungen des Vereins zur Beförderung des Gewerbefleisses 1899, Heft 5, S. 185 bis 209; Heft 6 u. 7, S. 246.

gewöhnliche Holzkohlenfilter und wird auf ihnen bis auf Spuren von Quecksilber befreit.

Die aus den Röstgasen bzw. dem Wasser gewonnenen quecksilberhaltigen Producte und Niederschläge werden auf der Quecksilberhütte von Kotterbach zusammen mit Quecksilberfahlerzen und Stupp verhüttet.

Die Gewinnung des Quecksilbers auf nassem Wege.

Die Gewinnung des Quecksilbers auf nassem Wege ist wiederholt vorgeschlagen worden, aber nicht zur definitiven Anwendung gelangt und hat auch bis jetzt keine Aussicht auf Einführung.

Sieveking[1]) schlägt vor, die zinnoberhaltigen Erze mit einer Auflösung von Kupferchlorür in Chlornatrium bei Anwesenheit einer Legirung von Kupfer und Zink in Granalienform in rotirenden Fässern zu behandeln. Es wird hierbei der Zinnober unter Ausscheidung des Quecksilbers unter Bildung von Einfach-Schwefelkupfer und Kupferchlorid zerlegt nach der Gleichung

$$Cu_2\,Cl_2 + Hg\,S = Cu\,Cl_2 + Cu\,S + Hg.$$

Das ausgeschiedene Quecksilber geht an die Kupferzink-Legirung über und kann aus der letzteren durch Abdestilliren gewonnen werden.

Auch ätzkalihaltige Schwefelalkalien (siehe Seite 333) gaben ungünstige Resultate. Ebenso erfolglos zeigte sich die Anwendung von Kupferchlorid.

Ebenso sind Bromwasser sowie eine Lösung von Brom in concentrirter Salzsäure, welche Mittel von R. Wagner vorgeschlagen wurden[2]), nicht zur Anwendung gelangt.

Aus Quecksilberchlorür enthaltenden Körpern lässt sich das Quecksilber durch Lösungen von Thiosulfaten ausziehen.

Die Gewinnung des Quecksilbers auf elektrometallurgischem Wege.

Die Gewinnung des Quecksilbers auf elektrometallurgischem Wege ist bis jetzt noch nicht versucht worden. Bei der Einfachheit des trockenen Weges der Quecksilbergewinnung ist es fraglich, ob der elektrometallurgische Weg — die Ausführbarkeit desselben für arme Erze vorausgesetzt — sich trotz der Verluste auf trockenem Wege vortheilhafter als der letztere gestalten lassen kann. Hierbei muss allerdings zugegeben werden, dass der

---

[1]) Oesterr. Zeitschr. 1876, No. 2. B.- u. H. Ztg. 1876, S. 169.

[2]) Dingler, Bd. 218, p. 254. Chem. Centralblatt 1875, S. 711.

Zinnober sich leicht in Alkalihydrat enthaltenden Alkalisulfidlösungen auflöst und dass die Elektrolyse der so erhaltenen Quecksilbersulfidlösungen (und auch der Quecksilberoxydlösungen) keinerlei Schwierigkeiten bietet und keine hohe Spannung erfordert. Nach Brand (Dammer, Chem. Technologie Bd. II, S. 41) soll der Zinnober unter Mitwirkung des elektrischen Stromes bei Anwendung von Kochsalzlösung oder verdünnter Salzsäure ohne Schwierigkeit an der Anode zersetzt werden, während das Quecksilber an der Kathode abgeschieden wird. Die Spannung am Bade soll hierbei 1 Volt betragen.

Die Kraft zur Gewinnung von 1 kg Quecksilber in der Stunde würde sich hiernach, da 266,5 Ampère in der Stunde 1 kg Quecksilber liefern und eine Pferdestärke bei Annahme von 12 % Kraftverlust bei Umsetzung der mechanischen Arbeit in Elektricität nicht 735, sondern 650 Volt-Coulomb liefert und da der Stromverlust (durch Umsetzung in Wärme, Nebenschlüsse etc.) 25 % beträgt, zu

$$\frac{1 \text{ Volt} \times 266{,}5 \text{ Ampère}}{650 \text{ Volt-Coulomb} \times 0{,}75} = 0{,}54 \text{ Stundenpferdekraft}$$

berechnen. Da zur Erzeugung einer Stundenpferdekraft 2 kg Steinkohlen erforderlich sind, so würde der Kohlenverbrauch für 1 kg Quecksilber sich auf 1,08 kg belaufen.

Bei den neuesten Dampfmaschinen mit hoher Spannung, Expansion und Condensation kann man den Kraftverlust beim Umsetzen der mechanischen Arbeit in elektrische Energie zu 9 % und in der Dynamomaschine zu 6 %, im Ganzen also zu 15 % und den Stromverlust in den Leitungen zu 10 % annehmen. Auch beträgt der Kohlenverbrauch bei den besten Dampfmaschinen 1 bis 1,5 kg pro Stundenpferdekraft.

A. v. Siemens[1]) schlägt vor, Schwefelquecksilber (ebenso wie Sulfide des Antimons und Arsens) durch Behandlung desselben mit Sulfhydraten von Calcium, Baryum, Strontium oder Magnesium in lösliche Doppelsulfide zu verwandeln und die betreffenden Lösungen ohne Anwendung eines Diaphragmas der Elektrolyse zu unterwerfen. Hierbei soll der an der Kathode ausgeschiedene Wasserstoff sich mit dem Schwefel des Schwefelquecksilbers verbinden und unter Ausscheidung von metallischem Quecksilber Sulfhydrate des Calciums bzw. Baryums, Strontiums, Magnesiums bilden, welche ihrerseits durch den ausgeschiedenen Sauerstoff in Bisulfide verwandelt werden. Diese Bisulfide sollen mit Kohlensäure behandelt werden, wodurch unter Entstehung von Schwefelwasserstoff die Metalle als Carbonate mit einem Theile Schwefel niedergeschlagen werden. Das Gemenge von Schwefel und Carbonaten soll bei Luftabschluss erhitzt werden, um einerseits Schwefel und Kohlensäure, andererseits die betreffenden Erden (Kalk, Baryt) zu gewinnen. Die Kohlensäure soll zur

[1]) Engl. Patent No. 7123 vom 1. April 1896.

Zerlegung neuer Bisulfidlaugen benutzt werden, während der Schwefelwasserstoff und die Erden zur Herstellung neuer Mengen von Sulfhydraten dienen sollen.

Dieses Verfahren hat keine Anwendung gefunden.

Die Herstellung von künstlichem Zinnober.

Auf manchen Hüttenwerken wird ein Theil des gewonnenen Quecksilbers auf künstlichen Zinnober verarbeitet, z. B. zu Idria in Krain. Es soll desshalb nachstehend die Gewinnung des Zinnobers an diesem Orte, soweit sie nicht geheim gehalten wird, kurz dargelegt werden.

Der künstliche Zinnober lässt sich sowohl auf trockenem als auch auf nassem Wege darstellen. Auf trockenem Wege wird der Schwefel direct an Quecksilber gebunden. Zur Gewinnung des Zinnobers auf nassem Wege behandelt man Quecksilber im metallischen Zustande oder eine Quecksilberverbindung und Schwefel mit Kali- oder Natronlauge, Kalium- oder Natriumpolysulfid, Schwefelammonium, Natriumthiosulfat bei geeigneten Temperaturen (Vorschriften für die Herstellung des Zinnobers auf nassem Wege sind beispielsweise angegeben worden von Kirchhoff, Brunner, Firmenich, Liebig, Martens, Fleck, Gautier-Bouchard, Hansamann und Jean Maire).

In Idria wird der Zinnober schon seit langer Zeit auf trockenem Wege hergestellt. Seit 1880 wird er daselbst auch mit Erfolg auf nassem Wege gewonnen. Ueber das letztere Verfahren lassen sich indess Angaben nicht machen, da dasselbe geheim gehalten wird.

Die Herstellung des Zinnobers auf trockenem Wege in Idria besteht in dem Zusammenmengen von Quecksilber und Schwefel in rotirenden Fässern, im Erhitzen des erhaltenen Gemenges in eisernen Retorten, um die Verbindung des Schwefels mit dem Quecksilber zu vollenden, den überschüssigen Schwefel zu verflüchtigen und schliesslich den gebildeten Zinnober zu sublimiren, im Mahlen des erhaltenen Zinnobers und im Raffiniren desselben durch Kochen mit Pottaschenlauge.

Man nennt die erste Operation, das Zusammenmengen von Schwefel und Quecksilber, die Moorbereitung oder Amalgamation, die zweite Operation, das Erhitzen des Gemenges in Retorten, die Sublimation des Moors oder die Darstellung des Stückzinnobers; die dritte Operation das Mahlen des Stückzinnobers und die letzte das Raffiniren des Zinnobers.

Die Moorbereitung besteht darin, dass man gestampften Schwefel, welcher durch ein Sieb von 19 mm Lochweite geschlagen ist, in kleinen, horizontal liegenden, rotirenden Fässern aus Ulmenholz (mit vorstehenden Rippen an den Innenwänden) mit Quecksilber mengt. Auf 84 Th. Quecksilber setzt man 16 Th. Schwefel. Der Einsatz in ein Fass beträgt 25 kg.

In der Minute machen die Fässer 60 Umdrehungen und zwar 30 Umdrehungen nach rechts und 30 Umdrehungen nach links. Nach $2^3/_4$ stündigem Umdrehen wird die nun entstandene schwarze Masse, der sog. „rohe Moor“, aus den Fässern entfernt und der zweiten Operation, der „Sublimation“, unterworfen.

Die Sublimation des Moors wird in gusseisernen Retorten von der Gestalt einer Birne ausgeführt, welche je 52 kg Moor fassen. Je 6 dieser Retorten befinden sich in einem durch Holz geheizten Zugflammofen.

Man unterscheidet bei dieser Operation 3 Perioden, nämlich das Abdampfen, das Stücken und das Sublimiren.

In der Periode des Abdampfens wird die Verbindung des Schwefels mit dem Quecksilber herbeigeführt bzw. vollendet. Die Retorten werden vor dem Erhitzen derselben mit Blechhelmen bedeckt, deren nach oben gerichtete Hälse aus dem Ofengewölbe herausragen. Alsdann wird langsam gefeuert. 15 Minuten nach Beginn der Feuerung erfolgt die Verbindung des Schwefels mit dem Quecksilber unter starker Detonation und unter Herausschlagen einer Flamme aus der Retorte. Zu Anfang der nun folgenden Stückperiode werden die Blechhelme durch thönerne Helme ersetzt, worauf während $2^1/_3$ Stunden bei allmälich verstärkter Feuerung der überschüssige Schwefel verflüchtigt wird. Es folgt nun das Sublimiren. Man setzt an die Helme Vorstösse und Vorlagen, welche gleichfalls aus Thon angefertigt sind, an und sublimirt bei verstärktem Feuer den Zinnober. Derselbe, Stückzinnober genannt, setzt sich zuerst an den kälteren Theilen der Vorlagen und Vorstösse, später an den Helmen an. Das Sublimiren dauert gegen 4 Stunden. Dasselbe ist beendigt, wenn an den Stossfugen von Helm und Kolben zeitweilig Flämmchen von verbrennendem Schwefel sichtbar werden. Vorlage und Helm werden nun abgenommen und nach Entfernung des grösseren Theiles des Zinnobers von den Wänden derselben zerschlagen. Die Scherben werden durch sorgfältiges Putzen von dem noch anhaftenden Zinnober befreit. Man erhält „Stückzinnober“ und Putzwerk, welches letztere bei der nächsten Sublimation zugesetzt wird. Von dem Stückzinnober erhält man 70 % aus den Helmen, 25 % aus den Vorstössen und 5 % aus den Vorlagen.

Der Stückzinnober wird unter Wasser gemahlen, um ein Verstäuben der zerkleinerten Theile desselben zu verhüten und um ein im Korne möglichst gleichförmiges Pulver zu erzielen. Die Mühle besitzt einen festliegenden Bodenstein und einen aus einem beweglichen horizontalen Steine bestehenden Läufer. Der letztere läuft in einem hölzernen Mantel und macht 40 Umgänge in der Minute. Der zerkleinerte Zinnober, Vermillon genannt, fliesst durch einen Spund in eine darunter aufgestellte Thonschüssel. Soll der Zinnober hellere Farbentöne aufweisen, so muss er wiederholt (bis zu 5 Malen) in die Mühle aufgegeben werden. Bei jeder neuen Zerkleinerung desselben vermindert man die Entfernung zwischen den Mahlsteinen. Man stellt 3 Sorten Vermillon her, nämlich hellrothen, dunkelrothen und chinesischen Vermillon.

Zur Verschönerung seiner Farbe wird der Vermillon dem sog. „Raffiniren" unterworfen.

Dasselbe besteht im Kochen des Vermillons mit Pottaschenlauge von 10—13° Bé. in gusseisernen Kesseln. Der Einsatz in dieselben beträgt 100 kg Vermillon und 22—23 kg Lauge. Die Dauer des Kochens beträgt 10 Minuten. Nach Ablauf dieser Zeit lässt man den Vermillon absetzen und schöpft ihn dann in Bottiche. Mit der verbliebenen Lauge werden noch zwei weitere Einsätze behandelt. In den Bottichen wird der Vermillon wiederholt mit heissem Wasser ausgewaschen und dann auf Leinwandfiltern von dem überschüssigen Wasser befreit. Alsdann wird er in thönernen Schüsseln bei 50—70° R. getrocknet. Der trockene Vermillon wird mit hölzernen Handwalzen zerdrückt, gesiebt und dann, in Schaffelle oder Kistchen verpackt, in den Handel gebracht.

Die Herstellung des Zinnobers auf nassem Wege ist, wie erwähnt, Geheimniss.

Wismuth.

Physikalische Eigenschaften.

Das Wismuth hat eine charakteristische röthlich-weisse Farbe und besitzt einen starken Glanz.

Es krystallisirt im hexagonalen System und zwar in stumpfen Rhomboëdern (Winkel = 87° 40′), welche das Aussehen von Würfeln besitzen.

Der Bruch ist grossblättrig-krystallinisch.

Es besitzt eine geringe Härte (2 bis 2,5) und ist so spröde, dass es sich pulverisiren lässt.

Das geschmolzene Wismuth dehnt sich beim Erstarren um 2,35 % aus. Nach Roberts ist das spec. Gewicht des festen Wismuths 9,82, des flüssigen Wismuths 10,055.

Der Schmelzpunkt des Wismuths wird von Rudberg und Riemsdijk zu 268,3°, von Person zu 270,5° angegeben. Ledebur fand, dass käufliches Wismuth bei 260° schmolz. Nach Classen schmilzt das durch die Elektrolyse erhaltene reine Wismuth bei 264°.

Bei starker Hitze verdampft das geschmolzene Wismuth. Sein Siedepunkt ist nicht genau bestimmt. Nach Carnelley liegt er zwischen 1090 und 1450°.

Das Wismuth besitzt das geringste Wärmeleitungsvermögen unter den Metallen. Dasselbe beträgt 18, wenn das Wärmeleitungsvermögen des Silbers zu 1000 angenommen wird.

Die specifische Wärme des Wismuths von 0° bis 100° wird durch Regnault zu 0,0308 angegeben.

Die lineare Ausdehnung des Wismuths durch die Wärme beträgt nach Calvert und Johnson von 0 bis 100° = 0,001341 ($^1/_{746}$) der Länge bei 0°.

Die Leitungsfähigkeit des Wismuths für den elektrischen Strom ist nach Matthiessen = 1,19 bei 13,8° C., wenn die des Silbers bei 0° zu 100 angenommen wird.

Das Wismuth besitzt den stärksten Diamagnetismus von allen Körpern.

Das Wismuth des Handels ist gewöhnlich durch fremde Körper (Silber, Blei, Kupfer, Arsen, Eisen, Nickel, Kobalt, Schwefel, manchmal auch durch Thallium und Tellur) verunreinigt, welche die gedachten physikalischen Eigenschaften beeinflussen.

Aus dem durch fremde Elemente verunreinigten Wismuth treten bei dem Uebergange aus dem geschmolzenen in den festen Zustand zahlreiche Kugeln von reinem oder im Falle der Anwesenheit von Blei und Silber von mit diesen Metallen legirtem Wismuth aus. Reines Wismuth zeigt diese Erscheinung nicht. Dieselbe beruht darauf, dass sich die Verbindungen des Wismuths mit den fremden Elementen ausser Blei und Silber bei dem Erstarren ausdehnen und hierbei das in Folge seines niedrigen Schmelzpunktes noch flüssige Wismuth bzw. die Legirungen desselben mit Blei und Silber aus der erstarrenden Masse herausdrängen. Diese Erscheinung ist beim Probenehmen des Wismuths zu beachten.

Die für die Gewinnung des Wismuths wichtigen chemischen Eigenschaften desselben und der Verbindungen dieses Metalles.

Das Wismuth verändert sich bei gewöhnlicher Temperatur an der Luft nicht. Beim Erhitzen an derselben überzieht es sich kurz vor dem Schmelzen mit einer grauschwarzen Decke von Wismuthoxydul. Wird die Erhitzung bis zur Rothglut fortgesetzt, so bildet sich eine Haut von Wismuthoxyd, welche bei reinem Wismuth eine gelbe oder grüne Farbe, bei unreinem Wismuth eine violette oder blaue Farbe besitzt. Bei heller Rothglut verbrennt es mit bläulicher Flamme zu Wismuthoxyd, welches letztere als gelber Rauch erscheint.

Bei gewöhnlicher Temperatur wirkt luftfreies Wasser auf Wismuth nicht ein. Lufthaltiges Wasser dagegen greift es langsam an, indem es dasselbe in ein basisches Carbonat verwandelt.

Wasserdampf wird durch Wismuth erst in der Weissglut langsam zersetzt.

Das Wismuth verbindet sich direct mit Chlor, Brom und Jod.

Salpetersäure und Königswasser lösen das Wismuth mit Leichtigkeit auf. Verdünnte Schwefelsäure sowie kalte concentrirte Schwefelsäure greifen es nicht an. Dagegen wird es von heisser concentrirter Schwefelsäure unter Entwicklung von Schwefliger Säure und unter Bildung von Wismuthsulfat aufgelöst. Verdünnte Salzsäure greift das Wismuth nicht an; heisse concentrirte Salzsäure löst es nur schwierig.

Aus den Lösungen seiner Salze wird das Wismuth durch Alkali- und Erdalkalimetalle, Zink, Mangan, Eisen, Nickel, Cadmium, Zinn, Kupfer und Blei metallisch ausgefällt.

Sauerstoff-Verbindungen des Wismuths.

Mit Sauerstoff bildet das Wismuth 4 Verbindungen, nämlich das Wismuthoxydul (Bi_2O_2), das Wismuthoxyd (Bi_2O_3), das wismuthsaure Wismuthoxyd oder Wismuthtetroxyd (Bi_2O_4) und das Wismuthsäure-Anhydrid (Bi_2O_5).

Das Wismuthoxydul oder Wismuthdioxyd (Bi_2O_2) wird als brauner voluminöser Niederschlag erhalten, wenn man ein Gemisch der Lösungen von Wismuthchlorid und Zinnchlorür in verdünnte Kalilauge eingiesst.

Getrocknet und an der Luft erhitzt, verbrennt es zu Wismuthoxyd.

Auf trockenem Wege erhält man Wismuthoxydul als ein grauschwarzes Pulver beim Erhitzen von metallischem Wismuth an der Luft bis nahe an seinen Schmelzpunkt. An feuchter Luft oxydirt sich dasselbe höher und geht beim Erhitzen an der Luft in gelbes Wismuthoxyd über.

Das Wismuthoxyd oder Wismuthtrioxyd (Bi_2O_3) erhält man durch Oxydation des Wismuths in der Glühhitze, durch Erhitzen von Wismuthnitrat und von Wismuthcarbonat, sowie durch Ausfällen von Wismuthhydroxyd aus einer Wismuthnitratlösung durch Kali- oder Natronlauge und darauf folgendes Erhitzen der Flüssigkeit bis zum Sieden.

Das Wismuthoxyd stellt ein gelbes, in Salpetersäure, Salzsäure und Schwefelsäure lösliches Pulver dar. Dasselbe schmilzt in der Glühhitze zu einer rothbraunen Flüssigkeit, welche zu einer gelben, krystallinischen Masse, der sog. Wismuthglätte, erstarrt. Die Eigenschaft der Schmelzbarkeit hat das Wismuthoxyd mit dem Bleioxyd, der Bleiglätte, gemein. Es lässt sich daher auch das Wismuth in der nämlichen Weise vom Silber abtreiben wie das Blei. Da sich das Wismuth viel schwerer oxydirt als das Blei, so lässt sich das Blei wieder theilweise vom Wismuth abtreiben. Dagegen lässt sich das Wismuthoxyd viel leichter zu Metall reduciren als das Bleioxyd. Das geschmolzene Wismuthoxyd wird durch Blei zu Metall reducirt. Die Reduction des Wismuthoxydes zu Wismuth geschieht im Grossen durch Kohle. Das Wismuthoxyd zeigt in seinem chemischen Verhalten grosse Aehnlichkeit mit dem entsprechenden Oxyde des Antimons. Zu den Säuren hat es eine verhältnissmässig geringe Verwandtschaft, da seine Salze durch grössere Mengen von Wasser unter Abscheidung basischer Salze zerlegt werden.

Das wismuthsaure Wismuthoxyd oder Wismuthtetroxyd (Bi_2O_4) entspricht dem Antimontetroxyd und lässt sich als ein Salz der Wismuthsäure, als $BiO \, . \, BiO_3$ betrachten.

Man erhält dasselbe durch Schmelzen von Wismuthoxyd mit Aetzkali an der Luft, durch Glühen von Wismuthoxyd, Aetzkali und chlorsaurem Kalium im Silbertiegel, sowie durch Behandlung von in Wasser suspendirtem Wismuthoxyd mit Aetzkali und Chlor, bis die Masse eine gelbrothe Farbe annimmt. Bei weiter fortgesetztem Einleiten von Chlor in die Flüssigkeit bilden sich Verbindungen des wismuthsauren Alkalis mit Wismuthsäure. Durch Digestion derselben mit verdünnter Salpetersäure und Auswaschen lässt sich die Wismuthsäure, $HBiO_3$, ausscheiden.

Wismuthsäureanhydrid, Bi_2O_5, erhält man durch Erhitzen der Wismuthsäure, $HBiO_3$, auf 130°. Bei stärkerem Erhitzen giebt das Wismuthsäure-Anhydrid wieder Sauerstoff ab. Durch Schwefelsäure und Salzsäure wird das Anhydrid unter Entbindung von Sauerstoff bzw. Chlor zerlegt.

Chlorverbindungen des Wismuths.

Mit Chlor bildet das Wismuth zwei Verbindungen, das Wismuthchlorür, Bi_2Cl_4, und das Wismuthchlorid, $BiCl_3$.

Das Wismuthchlorür, Bi_2Cl_4, erhält man durch Erhitzen von gepulvertem Wismuth mit Quecksilberchlorür oder durch Zusammenschmelzen von Wismuthchlorid und Wismuth. Dasselbe stellt eine schwarze Masse dar, welche an der Luft Feuchtigkeit anzieht und durch Wasser und verdünnte Mineralsäuren zersetzt wird. Bei stärkerem Erhitzen zerfällt es in flüchtiges Wismuthchlorid und in Wismuth.

Das Wismuthchlorid, $BiCl_3$, erhält man durch Erhitzen von Wismuth in Chlorgas, durch Erhitzen von gepulvertem Wismuth mit Quecksilberchlorid und durch Auflösen von Wismuthoxyd in Salzsäure. Dasselbe stellt eine weisse, an der Luft zerfliessende Masse dar, welche sich bei 427 bis 439° verflüchtigt. Durch Wasser wird es zersetzt. Bei Anwendung einer hinreichenden Menge von Wasser wird der gesammte Wismuthgehalt als Oxychlorid ausgefällt nach der Gleichung

$$BiCl_3 + H_2O = BiOCl + 2HCl.$$

Das Oxychlorid stellt ein blendend weisses Pulver dar, welches früher als Schminkweiss benutzt wurde. Durch eine Reihe von Metallen (Alkalimetalle, Erdalkalimetalle, Zink, Mangan, Eisen, Nickel, Cadmium, Zinn, Kupfer, Blei) wird das Wismuth aus seinen Chlorverbindungen metallisch ausgefällt.

Sauerstoffsalze des Wismuths.

Von den Sauerstoffsalzen des Wismuths sind das Wismuthsulfat und das Wismuthnitrat die wichtigsten.

Es existiren mehrere Verbindungen des Wismuths mit Schwefelsäure. Man stellt dieselben durch Auflösen von Wismuthoxyd in Schwefelsäure her. Wasser scheidet aus einigen dieser Verbindungen basisches Wismuthsulfat ab. Das Wismuthsulfat lässt sich durch Erhitzen nur unvollständig in Oxyd und Schwefelsäure bzw. Schweflige Säure und Sauerstoff zerlegen.

Das Wismuthnitrat, $Bi(NO_3)_3$, erhält man durch Auflösen von Wismuth in Salpetersäure. Dasselbe bildet farblose Krystalle mit 5 Molecülen Krystallwasser. Durch Wasser wird aus der Lösung desselben basisches Wismuthnitrat ausgefällt, während saure Salze in Lösung bleiben. Das basische Wismuthnitrat findet Anwendung als Heilmittel und als Schminke.

Aus den Lösungen seiner Sauerstoffsalze wird das Wismuth durch die oben angeführten Metalle als Metall ausgefällt.

Schwefelverbindungen des Wismuths.

Mit Schwefel bildet das Wismuth 2 Verbindungen, das Wismuthbisulfid ($Bi_2 S_2$) und das Wismuthtrisulfid ($Bi_2 S_3$).

Das Bisulfid ($Bi_2 S_2$) erhält man mit Wasser verbunden durch Behandeln einer Wismuthoxydullösung bei Luftabschluss mit Schwefelwasserstoff. Dasselbe stellt in diesem Falle ein schwarzes Pulver von der Zusammensetzung $Bi_2 S_2 + 2 H_2 O$ dar. Auf trockenem Wege lässt sich das Wismuthbisulfid durch Zusammenschmelzen von Schwefel und Wismuth im Verhältniss der Atomgewichte herstellen. In starker Hitze zerfällt es in Dreifach-Schwefelwismuth und metallisches Wismuth.

Das Trisulfid ($Bi_2 S_3$), welches sich in der Natur als Wismuthglanz findet, erhält man durch Zusammenschmelzen von Wismuth mit einem Ueberschuss von Schwefel als eine bleigraue blätterige Masse. Auf nassem Wege erhält man es als schwarzbraunen Niederschlag durch Einleiten von Schwefelwasserstoff in Lösungen von Wismuthoxydsalzen. Dasselbe ist in kochender concentrirter Salzsäure und in Salpetersäure löslich. Leitet man Wasserdampf über rothglühendes Schwefelwismuth, so erhält man nach Regnault Schwefelwasserstoff, Wismuthoxyd und eine geringe Menge von Wismuth. Beim Ueberleiten von Wasserstoff über rothglühendes Schwefelwismuth bildet sich Schwefelwasserstoff unter Ausscheidung von metallischem Wismuth. Beim Erhitzen an der Luft verwandelt sich das Schwefelwismuth unter Entbindung von Schwefliger Säure in Wismuthoxyd und Wismuthsulfat. Das Wismuthsulfat wird durch Erhöhung der Temperatur nur unvollständig zerlegt. Man erhält daher als Product der oxydirenden Röstung von Schwefelwismuth stets ein Gemenge von Wismuthoxyd und Wismuthsulfat.

Mit metallischem Wismuth schmilzt das Schwefelwismuth in allen Verhältnissen zusammen. In sehr hohen Temperaturen soll sich der Schwefel fast vollständig verflüchtigen lassen.

Nach Mourlot (Compt. rend. 1897. 124. I 768) verliert Wismuthsulfid beim Durchleiten eines Stromes von 300 Amp. und 50 Volt schon nach 10 Minuten seinen gesammten Schwefel.

Die Verbindungen des Wismuths mit Phosphor und Arsen zerfallen beim Erhitzen. Phosphorwismuth zerfällt vollständig in Phosphor und Wismuth. Aus dem Arsenwismuth lassen sich die letzten Theile von Arsen nur schwierig entfernen.

Legirungen des Wismuths.

Das Wismuth legirt sich mit einer Reihe von Metallen und macht die betreffenden Legirungen leichtschmelzig. Die Legirungen, welche wegen ihres niedrigen Schmelzpunktes technische Anwendung finden, sind die Legirungen von Newton, von Rose, von Lichtenberg, von Wood und von Lipowitz. Die Bestandtheile und Schmelzpunkte derselben sind aus der nachstehenden Zusammenstellung ersichtlich.

Legirung von	Zusammensetzung				Schmelzpunkt
	Bi	Pb	Sn	Cd	
Newton	2	5	3	—	94,5⁰
Rose	2	1	1	—	93,75⁰
Lichtenberg	5	3	2	—	91,6⁰
Wood	4	2	1	1	71⁰
Lipowitz	15	8	4	3	60⁰

Dieselben finden Anwendung als Schnellloth (Lipowitz), zum Plombiren der Zähne, zum Abklatschen (Clichiren) von Holzschnitten und Münzen, sowie als Sicherheitsverschluss für Dampfkessel.

Das Zink nimmt nur 2,4 % Wismuth auf, während das Wismuth bis 14,3 % Zink aufnimmt. Antimon legirt sich mit dem Wismuth in allen Verhältnissen.

Wird eine Blei-Wismuth-Legirung an der Luft bei Rothglut erhitzt, so oxydirt sich zuerst das Blei und erst nach der Entfernung des Bleis das Wismuth. Man ist daher bei der Schmelzbarkeit des Bleioxyds in der Lage, das Blei vom Wismuth durch ein oxydirendes Schmelzen der betreffenden Legirung trennen zu können. Wird eine Blei-Wismuth-Legirung dem Pattinson-Prozess (siehe Bd. I, S. 655) unterworfen, so lässt sich das Wismuth in einer wismuthreichen Blei-Wismuth-Legirung ansammeln, während die Hauptmasse des Bleis wismuthfrei erhalten wird[1]).

Wird eine Blei-Wismuth-Silber-Legirung bzw. Blei-Wismuth-Gold-Legirung an der Luft bei Rothglut erhitzt, so oxydirt sich zuerst das Blei, dann das Wismuth. Ein geringer Theil des Wismuths bleibt beim Silber bzw. Gold.

Wird eine Blei-Silber-Wismuth-Legirung dem sog. Pattinson-Prozesse (siehe Bd. I, Seite 655) unterworfen, so folgt das Wismuth dem Silber in das Reichblei.

Aus Gold-Wismuth-Legirungen, in welchen das Gold nur in geringer Menge vorhanden ist, lässt sich das Gold durch Zink entfernen[2]). Ein kleiner Theil des Wismuths geht hierbei in die Zink-Gold-Legirung über.

---

[1]) Matthey, Proc. Royal Soc. Vol. XIII. p. 89.

[2]) Matthey l. c.

Die Wismutherze.

Dasjenige Erz, welches die grösste Menge Wismuth liefert, ist das Gediegen Wismuth. Dasselbe findet sich in Europa im sächsischen Erzgebirge (Schneeberg, Johanngeorgenstadt, Schwarzenberg, Altenberg, Zinnwald), in Böhmen (Joachimsthal), Kärnthen (Lölling), Steiermark, Salzburg, im Banat (Cziklova), Schweden (Fahlun), Norwegen (Bleka), England (Redruth in Cornwall und Carrick Fell in Cumberland) und Schottland (Alva in Stirlingshire). Ausserhalb Europa findet es sich in den Ver. Staaten von Nord-Amerika (Utah, Colorado), in Peru, Chile (San Antonio del Potrero Grande), in Bolivia (Illimani, Tasna, Chorolque, Oruro, Guaina, Potosi, Sorata) und in Australien (Queensland, Neu-Süd-Wales).

Wismuthocker (Bi_2O_3) mit 89,7 % Wismuth, gewöhnlich durch Eisen, Kupfer und Arsen verunreinigt, findet sich in Böhmen, Sibirien, Cornwall (St. Agnes), Frankreich (Meymac, Dep. Corrèze) und Bolivia. Dieses Mineral ist öfters mit Wismuthcarbonat und Wismuthhydroxyd gemengt. Das Carbonat des Wismuths bzw. ein Hydrocarbonat dieses Metalles findet sich selbständig in Cornwall, Frankreich (Meymac), Bolivia, in den Vereinigten Staaten von Nord-Amerika (Arizona, Colorado) und Australien (Queensland).

Wismuthglanz oder Bismutin (Bi_2S_3) mit 81,25 % Wismuth findet sich in Cumberland, Cornwall, Sachsen, Schweden, Bolivia, den Vereinigten Staaten von Nord-Amerika (Colorado) und Australien (Queensland).

Die übrigen Wismuth enthaltenden Mineralien sind ohne Bedeutung für die Gewinnung des Wismuths. Hierhin gehören: der Kupferwismuthglanz (Wittichenit), Silberwismuthglanz, Wismuthkobaltkies, Wismuthnickelkies, die Wismuthblende (Eulytin), das Wismuth-Tellurid (Colorado), das Wismuth-Tellurat (Colorado), das Selen- und Schwefel-Tellur-Wismuth, das Nadelerz (Patrinit), das Wismuth-Silicat.

Wismuthhaltige Hütten-Erzeugnisse.

Das in geringer Menge in den verschiedensten Erzen enthaltene Wismuth concentrirt sich in gewissen Hütten-Erzeugnissen, welche letzteren daher gleichfalls ein Material für die Gewinnung des Wismuths bilden. Als solche Hüttenproducte sind zu nennen: Werkblei, Glätte, Heerd, Testasche, Nickel- und Kobaltspeisen.

Die Gewinnung des Wismuths.

Die Gewinnung des Wismuths geschieht auf trockenem Wege sowohl als auch unter Zuhülfenahme des nassen Weges. Der elektrometallurgische Weg ist zur Gewinnung des Wismuths aus Wismuth-Bleilegirungen vorgeschlagen worden, hat aber bis jetzt noch keine definitive Anwendung gefunden. Der bei Weitem grösste Theil des Wismuths wird zur Zeit auf den Blaufarbenwerken zu Oberschlema und Pfannenstiel im Königreich Sachsen, welche hauptsächlich Erze von Schneeberg und Erze aus Oesterreich-Ungarn verarbeiten, und auf den Werken von Johnson, Matthey & Co. bei London, welche hauptsächlich australische und südamerikanische Erze verarbeiten, auf trockenem Wege gewonnen.

Den trockenen Weg wird man grundsätzlich bei Erzen von hohem Wismuthgehalt und bei Erzen, welche das Wismuth in gediegenem Zustande enthalten, anwenden.

Den nassen Weg wendet man zur Gewinnung des Wismuths aus einer Reihe wismuthhaltiger Hütten-Erzeugnisse, aus armen oxydischen Wismutherzen, sowie zur Gewinnung bzw. Entfernung des Wismuths aus Erzen, welche dasselbe als Nebenbestandtheil enthalten (wismuthhaltige Zinnerze), an.

Das auf trockenem und nassem Wege gewonnene Wismuth ist in den meisten Fällen durch eine Reihe fremder Elemente verunreinigt, welche seine Verwendung für gewisse Zwecke, besonders zur Herstellung pharmazeutischer Präparate beeinträchtigen. Dasselbe wird desshalb noch einem Raffinirprozesse unterworfen.

Die Gewinnung des Wismuths auf trockenem Wege.

Die Gewinnung des Wismuths aus Erzen ist je nach der Zusammensetzung derselben ermöglicht durch den niedrigen Schmelzpunkt des Metalles, durch die Zerlegbarkeit des Schwefelwismuths mit Hülfe von Eisen, durch die Ueberführbarkeit des Schwefelwismuths in ein Gemenge von Wismuthsulfat und Wismuthoxyd mit Hülfe einer oxydirenden Röstung, durch die Reducirbarkeit des Wismuthoxyds mit Hülfe von Kohle, durch die schwierige Oxydirbarkeit des Wismuths an der Luft in höherer Temperatur.

In Folge der niedrigen Schmelztemperatur des Wismuths (270°) lässt sich dasselbe durch einen einfachen Schmelzprozess von den dasselbe begleitenden Mineralien und sonstigen Gemengtheilen trennen. Der Schmelzprozess kann sowohl in einem Aussaigern des Wismuths aus den dasselbe begleitenden Mineralien als auch in einem Schmelzen des Wismuths unter Verflüssigung bzw. Verschlackung der Gemengtheile desselben bestehen.

Aus dem Wismuthoxyd gewinnt man das Wismuth durch ein reducirendes Schmelzen mit Kohle unter Verschlackung der Gemengtheile desselben.

Aus dem Schwefelwismuth lässt sich das Wismuth sowohl durch eine oxydirende Röstung und ein darauf folgendes reducirendes Schmelzen mit Kohle, als auch durch Zusammenschmelzen mit Eisen unter Bildung von Schwefeleisen und Ausscheidung des Metalles gewinnen.

Aus Legirungen mit Blei lässt sich das Wismuth durch ein oxydirendes Schmelzen (Abtreiben) der Legirung bis zur Entfernung des Bleis in der Form von Bleiglätte gewinnen.

Aus Legirungen mit Edelmetallen lässt sich das Wismuth durch oxydirendes Schmelzen derselben und Reduction des hierbei erhaltenen Wismuthoxyds mit Kohle gewinnen.

Wir haben hiernach zu unterscheiden:

1. Die Gewinnung des Wismuths aus Erzen,
2. die Gewinnung des Wismuths aus Hütten-Erzeugnissen.

1. Die Gewinnung des Wismuths auf trockenem Wege aus Erzen.

Hierbei haben wir zu unterscheiden:

a) Die Gewinnung des Wismuths aus Erzen, welche dasselbe in gediegenem Zustande enthalten.
b) Die Gewinnung des Wismuths aus Wismuthglanz.
c) Die Gewinnung des Wismuths aus Erzen, welche dasselbe im oxydischen oder gesäuerten Zustande enthalten.

a) Die Gewinnung des Wismuths aus Erzen, welche dasselbe im gediegenen Zustande enthalten.

Aus gediegen Wismuth enthaltenden Erzen kann das Wismuth sowohl durch einen Saigerprozess als auch durch Schmelzprozesse, bei welchen eine vollständige Verflüssigung der erhitzten Massen eintritt, abgeschieden werden.

Der Saigerprozess hat den Nachtheil, dass das Wismuth nur unvollständig durch denselben ausgebracht wird, und dass das in anderen Verbindungen (als Oxyd, Schwefelmetall, Sauerstoffsalz), welche häufig dem gediegenen Wismuth beigemengt sind, enthaltene Wismuth überhaupt nicht ausgebracht wird und in den Rückständen verbleibt.

Die eigentlichen Schmelzprozesse dagegen geben nicht nur (in Folge der Verflüssigung der sämmtlichen erhitzten Massen) ein bei Weitem besseres Ausbringen aus dem gediegenen Wismuth, sondern gestatten auch durch die Möglichkeit des Zuschlages von entschwefelnden oder reducirenden Körpern zu den Erzen die gleichzeitige Gewinnung des Wismuths aus neben dem gediegen Wismuth in den Erzen enthaltenen Schwefelverbindungen, Oxyden und Sauerstoffsalzen desselben.

Man wird daher der Gewinnung des Wismuths durch Aussaigerung die Gewinnung desselben durch vollständige Schmelzprozesse vorziehen. Die Saigerprozesse, welche früher häufig angewendet wurden, sind daher auch gegenwärtig überall durch vollständige Schmelzprozesse ersetzt worden.

Die Gewinnung des Wismuths durch Saigern.

Die Gewinnung des Wismuths durch Saigern stand früher im Königreich Sachsen in Anwendung.

Dieselbe geschieht in geneigten Röhren aus Gusseisen. An dem unteren Ende derselben fliesst das Wismuth aus, sobald es seine Schmelztemperatur erreicht hat, während die schwerer schmelzbaren Gemengtheile zurückbleiben.

Die älteren Saigeröfen sind von Plattner angegeben und später von Günther in zweckentsprechender Weise abgeändert worden.

Der Plattner'sche Ofen (und zwar die Hälfte eines solchen Ofens) ist in Figur 362 dargestellt. r ist der Rost, E der Heizraum; f f sind Essen. s s sind die geneigt liegenden, aus Gusseisen hergestellten Saigerröhren. Dieselben, 11 an der Zahl, liegen in 2 Reihen übereinander. Sie sind je 1,26 m lang, 25 bis 30 cm hoch und 15 bis 20 cm weit. Jede Röhre fasst bis 15 kg Erz. Das Beschicken derselben geschieht durch das obere Ende, welches während des Betriebes durch einen Blechdeckel verschlossen gehalten wird. Das ausgesaigerte Wismuth fliesst aus den Röhren durch je eine am unteren Ende derselben angebrachte Oeffnung o, in zwei nach der Mitte des Ofens zu geneigten Rinnen a, welche in einen geheizten beweglichen Kessel b münden. Unter die Schnauze des Kessels werden auf Wagen stehende Pfannen gefahren, in welche das in dem ersteren angesammelte flüssige Wismuth entleert wird. Die Rückstände von der Saigerung werden am hinteren Ende der Röhren ausgezogen und fallen in einen mit durchlöchertem Boden versehenen, mit Wasser gefüllten Kasten, welcher sich aus einem ihn umgebenden Kasten herausheben lässt. Man lässt sie in Wasser fallen, damit sie rasch erkalten und die unmittelbar nach dem Ausziehen erfolgende Besetzung der Röhren mit frischem Erz nicht hindern.

In einem derartigen Ofen wurden zu Schneeberg in Sachsen[1]) wismuthhaltige Kobalt- und Nickelerze mit bis 12 % Wismuthgehalt gesaigert. Der Einsatz einer Röhre betrug 10 bis 14 kg. Die Saigerung desselben

---

[1]) Plattner, Hüttenkunde, S. 23.

erforderte 15 bis 20 Minuten. Der Brennstoffverbrauch für einen Ofen betrug 16,7 cbm Scheitholz in 24 Stunden. Die Rückstände enthielten

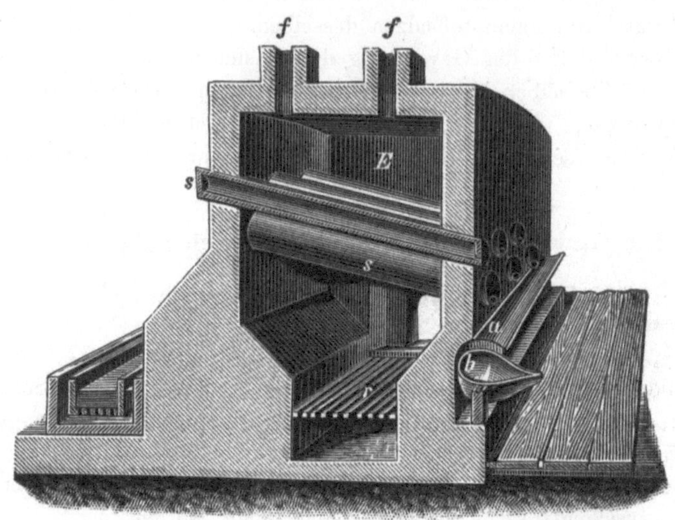

Fig. 362.

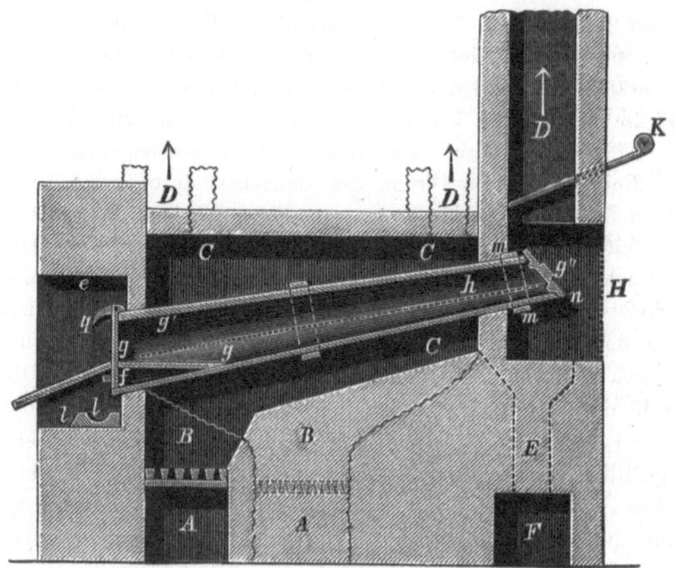

Fig. 363.

noch $^1/_3$ des Wismuthgehaltes der Erze und wurden auf eine wismuthhaltige Speise verschmolzen, aus welcher noch ein Theil Wismuth durch Saigerung derselben auf Saigerheerden gewonnen wurde.

Der von Günther abgeänderte Saigerofen ist in Fig. 363 dargestellt[1]). Derselbe gestattet ein bequemeres Entleeren der Rückstände als der Plattner-Ofen. Die Röhren besitzen in ihrem unteren Theile einen aus 7 gusseisernen Roststäben zusammengesetzten Rost g g, auf welchem das Erz ruht. Das Laden der Röhren geschieht durch das obere Ende der Röhren nach Wegnahme des Deckels n n. Durch die in der Rostfeuerung B erzeugte Hitze wird das Wismuth verflüssigt und gelangt durch die Zwischenräume des Rostes g g zu der Oeffnung f, durch welche es in vor derselben aufgestellte eiserne Barrenformen l fliesst. Das Ausräumen der Rückstände geschieht am unteren Ende der Röhre. Man hebt zu diesem Zwecke den in einem Scharnier q beweglichen Deckel auf und zieht die Rückstände über den Rost und eine vor demselben liegende Eisenplatte aus.

Die Gewinnung des Wismuths durch vollständige Schmelzprozesse.

Für die Gewinnung des Wismuths durch vollständige Schmelzprozesse wendet man grundsätzlich Gefässöfen an. Schachtöfen haben sich nicht bewährt, weil das Wismuth die Wände derselben rasch zerstört, in Folge seiner Dünnflüssigkeit in das Ofengemäuer eindringt und in erheblichem Maasse verschlackt wird.

Ob Flammöfen zur Gewinnung des Wismuths aus „Gediegen Wismuth“ führenden Erzen Anwendung gefunden haben, ist dem Verfasser bei der Geheimhaltung der Wismuthgewinnung auf trockenem Wege nicht bekannt geworden.

Enthalten die „Gediegen Wismuth“ führenden Erze Kobalt und Nickel, an Arsen und Schwefel gebunden, sowie Schwefelwismuth, so lässt man dem Schmelzprozesse eine Röstung der Erze vorausgehen, um den Schwefel und einen Theil des Arsens zu entfernen.

Beim Schmelzen setzt man zur weiteren Zerlegung des Schwefelwismuths Eisen, zur Reduction von Wismuthoxyd Kohle, sowie zur Verschlackung erdiger Bestandtheile je nach der Natur derselben Soda, Feldspath, Kalk, Quarz und Schlacken zu.

Auf den Blaufarbenwerken in Sachsen (Oberschlema bei Schneeberg) werden kobalt- und nickelhaltige Wismutherze zur Entfernung von Schwefel und Arsen zuerst geröstet und dann in den Häfen des Smalteofens mit Kohle, Eisen und Schlacken verschmolzen. Man erhält neben Wismuth eine aus Arsen, Eisen, Nickel und Kobalt bestehende Speise und Schlacke.

Die geschmolzenen Massen werden in eiserne Kessel gegossen, in welchen sich zu unterst das Wismuth, darüber die Speise und zu oberst die Schlacke absondert. Nach dem Erstarren von Speise und Schlacke

---

[1]) Kerl, Metallhüttenkunde, S. 530.

wird das Wismuth, welches in Folge seines niedrigen Schmelzpunktes flüssig bleibt, durch Abstechen von den erstarrten Körpern getrennt.

Zu Joachimsthal in Böhmen wurden früher Blei, Nickel, Kobalt, Uran, Silber, Eisen, Arsen, Schwefel und Erden enthaltende Wismutherze mit einem durchschnittlichen Wismuthgehalte von 10 % im zerkleinerten Zustande mit Soda (15 bis 50 %), Kalk (5 %), Flussspath (5 %) und Eisendrehspähnen (28 %) in hessischen Tiegeln unter einer Sodadecke (5 % vom Gewicht der Erze) bei Einsätzen von 50 kg geschmolzen. Das Schmelzen geschah in einem Windofen bei Holzkohlenfeuerung. Die sich bildende Schlacke wurde zeitweise entfernt, worauf eine entsprechende Menge neuer Beschickung nachgetragen wurde. Man erhielt Schlacke, Wismuth und Speise. In 24 Stunden wurden 100 bis 150 kg Erz verschmolzen. Die Haltbarkeit des Tiegels betrug nur 3 bis 4 Tage. Später liess man dem Schmelzprozesse eine Röstung vorangehen, indem man die Erze in Mengen von 200 bis 500 kg 4 bis 6 Stunden lang in mit Braunkohlen gefeuerten Flammöfen oxydirend röstete. Wenn die Schlacke so weit abgeschöpft war, dass der ganze Tiegelinhalt aus Wismuth und Speise bestand, wurde derselbe in conische Eisenformen entleert, in welchen sich das Wismuth als König auf den Boden setzte. Das Wismuth wurde nach dem Erstarren von der Speise abgeschlagen und von anhängender Speise und sonstigen schwerschmelzbaren Verunreinigungen durch Saigern in eisernen Röhren getrennt. Das Wismuth war bleihaltig und wurde von dem Blei durch Abtreiben des letzteren geschieden. Die Schlacke nahm das Uran auf und wurde auf Verbindungen dieses Metalles verarbeitet.

Seit dem Jahre 1868 werden die Joachimsthaler Erze auf den sächsischen Hüttenwerken verarbeitet.

b) Die Gewinnung des Wismuths aus Wismuthglanz.

Der Wismuthglanz findet sich gewöhnlich dem Gediegen Wismuth beigemengt. Nur selten kommt er in solchen Mengen vor, dass er den Gegenstand einer besonderen Verhüttung auf Wismuth bildet. Das letztere ist der Fall mit dem in Bolivia gewonnenen Wismuthglanz.

Findet er sich dem Gediegen Wismuth beigemengt, so werden die betreffenden Erze direct oder nach vorgängiger Röstung mit einer gewissen Menge Eisen verschmolzen, wie es bei der Gewinnung des Wismuths aus Gediegen Wismuth enthaltenden Erzen (Schneeberg, Joachimsthal) dargelegt worden ist.

Die nur Wismuthglanz enthaltenden Erze können sowohl geröstet und dann mit Kohle geschmolzen als auch ungeröstet durch Zusammenschmelzen mit Eisen zerlegt werden. In dem einen Falle sind die chemischen Vorgänge die nämlichen wie bei der Gewinnung des Bleis aus Bleiglanz durch die Röst- und Reductionsarbeit, in dem andern Falle wie bei der Gewinnung dieses Metalles durch die Niederschlagsarbeit. Zu bemerken ist, dass bei der Röstung des Schwefelwismuths stets eine gewisse Menge Wismuthsulfat gebildet wird. Dieses Salz lässt sich durch Erhöhung der Temperatur nur unvollkommen zerlegen, so dass in der Schmelzbeschickung stets eine gewisse Menge desselben enthalten ist. Das letztere wird zu Schwefelwismuth reducirt, welches in den Stein oder, falls nur sehr geringe Mengen von Stein entstehen, mit diesem in die Schlacke übergeht.

Enthalten die Erze grössere Mengen von Gangarten, so kann der Wismuthglanz durch einen einfachen Schmelzprozess ohne Eisenzuschlag von denselben getrennt werden.

Als Schmelzöfen wendet man Gefässöfen oder Flammöfen an.

Bei Anwendung von Gefässöfen findet das Schmelzen in Tiegeln statt. Nach Borchers[1]) besitzen die letzteren am besten eine Höhe von 25 bis 30 cm und haben am oberen Ende 38 cm Durchmesser. Man stellt sie aus Thon mit 60 bis 70 % Kieselsäure und 20 bis 26 % Thonerde, welchem man Graphit oder Holzkohle (nicht über 20 %) beimengt, her. Eine aus 6 Einzelöfen bestehende Ofenbatterie mit Gasfeuerung ist von Borchers angegeben worden und in The Mineral Industry 1900, S. 58 abgebildet. Ein Flammofen mit fahrbarem Heerd und Rostfeuerung ist gleichfalls von Borchers angegeben worden und in der gedachten Quelle S. 63 abgebildet. Da das Heerdfutter durch die alkalischen Zuschläge der Beschickung leicht weggefressen wird, so ist es erforderlich, den Heerd durch Luft- oder Wasserkammern von der Feuerbrücke und von dem Fuchs zu trennen. Die Feuerbrücke muss hohl sein und durch Luft oder Wasser gekühlt werden. Das Wismuth wird durch Abstechen aus dem Heerde entfernt. Ebenso wird die Schlacke von Zeit zu Zeit durch ein besonderes Stichloch entfernt. Bei dem Ofen von Borchers ruhen das Gewölbe und die Seitenmauern auf eisernen Balken, so dass sie unabhängig vom Heerde sind. Da die Campagnen der Flammöfen in Folge der alkalischen Zuschläge der Beschickung nur sehr kurz sind, so empfiehlt sich im Interesse einer schnellen Reparatur und Zustellung des Ofens der fahrbare Heerd.

Der von Borchers angegebene fahrbare Heerd, welcher auf einer geneigten Schienenbahn aus dem Ofen entfernt werden kann, besteht aus einer Lage feuerfester Steine, welche auf schweren Eisenstangen ruhen.

Es wird empfohlen, vor dem Einführen der Beschickung in den Ofen eine Lage von Schlacken auf den Heerd zu bringen und niederzuschmelzen, um Wismuthverluste durch Verflüchtigung zu verhüten.

Ueber die geheim gehaltenen Gewinnung des Wismuths aus bolivianischem Wismuthglanz, welcher gegenwärtig in England verschmolzen wird, hat Valenciennes[2]) Versuche gemacht. Die in Bolivia in grosser Menge

---

[1]) The Mineral Industry 1900. S. 58.

[2]) Note rélative à la métallurgie du Bismuth. Bulletin de la Société chimique 1874.

vorkommenden Erze sind ein Gemenge von Schwefelverbindungen des Wismuths, Kupfers, Eisens, Antimons und Bleis mit geringen Mengen von Schwefelsilber. Der Wismuthgehalt derselben schwankt zwischen 15 und 30 %.

Als beste Methode für die Verarbeitung derselben erwies sich die Röst- und Reductionsarbeit. Die zerkleinerten Erze wurden in einem Flammofen unter häufigem Durchkrählen und unter zeitweisem Einmengen von zerkleinerter Kohle 24 Stunden lang geröstet und dann in Schmelzflammöfen reducirend geschmolzen. Das Röstgut wurde mit 3 % Kohle, mit Kalk, Soda und Flussspath beschickt. Man schmolz zur Beschleunigung der Reduction die zwei ersten Stunden mit reducirender Flamme bei Rothglut und erhöhte dann die Temperatur bis zur Weissglut. Der Prozess war zu Ende, sobald die Massen im Ofen vollkommen flüssig geworden waren.

Ausser metallischem Wismuth erhielt man einen wismuthhaltigen Kupferstein und Schlacke. Die geschmolzenen Massen wurden am tiefsten Punkte des Heerdes abgestochen und flossen in vor den Ofen gestellte eiserne, kegelförmige Formen, in welchen sie sich nach ihren specifischen Gewichten trennten. Zu unterst sammelte sich das metallische Wismuth an, darüber der wismuthhaltige Kupferstein und zu oberst die Schlacke, welche hauptsächlich aus Eisensilicat bestand.

Das metallische Wismuth enthielt noch Blei, Antimon und Kupfer und bedurfte vor der Verwendung zu pharmazeutischen Zwecken einer Reinigung.

Der wismuthhaltige Kupferstein enthielt 5 bis 8 % Wismuth. Derselbe wurde zerkleinert, geröstet und dann in der nämlichen Weise verschmolzen wie das geröstete Erz. Man erhielt metallisches Wismuth und einen Kupferstein, welcher noch 2 bis 3 % Wismuth zurückhielt. Aus dem letzteren konnte man auf trockenem Wege kein reines Wismuth mehr gewinnen, weil man stets eine Legirung von Kupfer und Wismuth erhielt. Das Ausziehen des Wismuths aus diesem Stein liess sich nur unter Zuhülfenahme des nassen Weges bewirken.

Die Niederschlagsarbeit eignet sich besonders für Erze, welche Sulfide des Arsens und Antimons enthalten. Arsen und Antimon werden durch das Eisen ausgeschieden und bilden Speisen. Man erhält dann ausser dem Wismuth noch Stein und Speisen.

Die Niederschlagsarbeit im Flammofen hat Valenciennes[1]) versuchsweise bei Erzen der gedachten Art angewendet, aus welchen die Gangarten durch eine vorgängige Schmelzung entfernt worden waren. Die so vorbereiteten, nur aus Schwefelmetallen des Wismuths, Eisens und Kupfers bestehenden Erze wurden zerkleinert, mit 12 % Eisendrehspähnen, 30 % Schlacke und einer gewissen Menge Soda beschickt und dann im

[1]) l. c.

Flammofen geschmolzen. Nach 4 stündigem, bis zur Weissglut gesteigertem Erhitzen waren die Massen vollkommen flüssig und wurden in gusseiserne Formen von conischer Gestalt abgestochen. Man erhielt metallisches Wismuth, einen aus Schwefelkupfer und Schwefeleisen bestehenden Stein und Schlacken. Das Wismuth enthielt weniger Kupfer als das durch den Röst- und Reductionsprozess erhaltene Metall, war aber antimonhaltig. Dieser Prozess verlief gut und viel schneller als der Röst- und Reductionsprozess, hatte aber den grossen Nachtheil, dass das Schwefeleisen den Heerd des Flammofens sehr schnell zerstörte. In Folge dessen ist er aufgegeben worden.

c) Die Gewinnung des Wismuths aus Erzen, welche dasselbe im oxydischen oder gesäuerten Zustande enthalten.

Oxydische und gesäuerte Wismutherze finden sich nur ausnahmsweise in solcher Menge, dass sie selbstständig auf Wismuth verarbeitet werden. Sie sind in der Regel dem Gediegen Wismuth beigemengt und werden dann gleichzeitig mit demselben verarbeitet.

Oxydische und gesäuerte Wismutherze wird man mit Kohlen gemengt einem reducirenden Schmelzen in Gefässöfen (Tiegeln) oder Flammöfen unterwerfen. Schachtöfen dürften wegen erheblicher Wismuthverluste durch Verschlackung und Verflüchtigung nicht zu empfehlen sein.

Zu Meymac in Frankreich (Dep. Corrèze) haben sich grössere Mengen eines Wismuthhydrocarbonats gefunden; dieselben sind aber unter Zuhülfenahme des nassen Weges verarbeitet worden.

Enthalten die Gediegen Wismuth führenden Erze auch Wismuth im gesäuerten oder oxydischen Zustande, so setzt man denselben beim Verschmelzen eine entsprechende Menge Kohle zur Reduction des Wismuthoxyds zu. Kohlensäure und Wasser werden aus den entsprechenden Verbindungen durch die Hitze ausgetrieben.

2. Die Gewinnung des Wismuths auf trockenem Wege aus Hütten-Erzeugnissen.

Aus wismuthhaltigen Hütten-Erzeugnissen wird das Wismuth gegenwärtig meistens unter Zuhülfenahme des nassen Weges gewonnen. Be der Gewinnung des Wismuths auf trockenem Wege haben wir zu unterscheiden

a) die Gewinnung aus Steinen,

b) die Gewinnung aus Legirungen.

a) Die Gewinnung des Wismuths aus Steinen.

Aus Steinen gewinnt man das Wismuth nach den Grundsätzen der Röst- und Reductionsarbeit. Der Stein wird zerkleinert, in Flammöfen bis zur Ueberführung des Schwefelwismuths in Wismuthoxyd und Wismuthsulfat geröstet und dann unter Zusatz von Kohle und von geeigneten Zuschlägen in Flammöfen oder Gefässöfen verschmolzen. Man erhält metallisches Wismuth und beim Vorhandensein von Kupfer im Stein einen wismuthhaltigen Kupferstein sowie eine eisenhaltige Schlacke. Da es nicht gelingt, das bei der Röstung gebildete Wismuthsulfat durch Steigerung der Temperatur vollständig zu zersetzen, so wird bei dem Reductionsprozess stets eine gewisse Menge von Schwefelwismuth rückgebildet, welche in den Stein übergeht. Bildet sich Stein nur in geringer Menge, so wird derselbe nebst dem Schwefelwismuth von der Schlacke aufgenommen.

Die reine Niederschlagsarbeit ist für Stein nicht zu empfehlen, besonders dann nicht, wenn er nur verhältnissmässig geringe Mengen von Wismuth enthält.

Den bei der Verhüttung der bolivianischen Erze gefallenen Stein hat man, wie oben dargelegt ist, nach den Grundsätzen der Röst- und Reductionsarbeit zu Gute gemacht. Die nähere Ausführung der Zugutemachung wird geheim gehalten.

b) Die Gewinnung des Wismuths aus Legirungen.

Legirungen, aus welchen Wismuth auf trockenem Wege gewonnen werden kann, beziehungsweise früher gewonnen wurde, sind Blei-Wismuth-Legirungen, sowie Legirungen des Wismuths mit Blei und Edelmetallen.

Beim oxydirenden Schmelzen einer Blei-Wismuth-Legirung oxydirt sich zuerst das Blei. Die Oxydation des Wismuths beginnt erst, wenn das Blei zum grössten Theile entfernt ist. Man kann daher den Abtreibeprozess einer Blei-Wismuth-Legirung so leiten, dass man zuerst Bleiglätte, dann wismuthhaltige Bleiglätte und schliesslich (bei rechtzeitiger Unterbrechung der Oxydation) metallisches Wismuth erhält.

Ein derartiger Abtreibeprozess zur Gewinnung des Wismuths wurde früher zu Joachimsthal in Böhmen angewendet. Man trieb daselbst Blei-Wismuth in Mengen von 200 bis 250 kg ab und erhielt zuerst wismuthfreie Glätte, welche zur Bleiarbeit ging, dann eine wismuthhaltige braune Glätte und schliesslich eine bleifreie schwarze Wismuthglätte, bei deren Erscheinen das nun bleifreie metallische Wismuth in gusseiserne Stechheerde abgestochen wurde. — Die wismuthhaltige Bleiglätte wurde mit dem wismuthhaltigen Treibheerd unter Zusatz von Quarz, Flussspath und Eisendrehspähnen in Tiegeln auf Blei-Wismuth verschmolzen, welche Legirung wieder in der beschriebenen Weise dem Abtreiben unterworfen wurde. Die bleifreie Wismuthglätte wurde unter einer Kochsalzdecke mit Quarz, Kalk und Eisendrehspähnen auf Wismuth verschmolzen.

Aus wismuthhaltigem Werkblei gewinnt man beim Abtreibeprozess in dem letzten Stadium der Glätteperiode eine wismuthhaltige Glätte. Beim reducirenden Schmelzen dieser Glätte erhält man ein noch Silber enthaltendes Wismuth-Blei. Durch Abtreiben desselben erhält man ausser wismuthfreier Glätte und Blicksilber eine an Wismuth noch mehr angereicherte Glätte. Die letztere kann wiederum reducirt und das erhaltene Wismuth-Silber-Blei kann wiederum abgetrieben werden. Bei der Reduction der nun erfolgenden Wismuthglätte wird man ein blei- und silberhaltiges Wismuth erhalten. Man verarbeitet desshalb gegenwärtig die an Wismuth hinreichend angereicherte silberhaltige Glätte auf nassem Wege.

Die Gewinnung des Wismuths unter Zuhülfenahme des nassen Weges.

Unter Zuhülfenahme des nassen Weges gewinnt man Wismuth aus Erzen, welche das Metall als Carbonat oder Oxyd enthalten und besonders aus Hütten-Erzeugnissen, in welchen sich das Wismuth im Zustande des Oxyds oder der Legirung befindet.

Die Auflösung des Wismuths geschieht, wenn es als Oxyd vorhanden ist, gewöhnlich durch Salzsäure (seltener durch die bei Weitem theurere Salpetersäure), wenn es als Metall oder Legirung vorhanden ist, durch Königswasser oder heisse concentrirte Schwefelsäure. Auch ist Eisenchlorid als Lösungsmittel vorgeschlagen worden[1]).

Aus den Lösungen wird das Wismuth entweder direct als Metall oder als basisches Salz niedergeschlagen. Als Metall fällt man es gewöhnlich durch Eisen. Es kann auch durch Blei, Zink, Zinn, Mangan, Nickel, Cadmium oder Kupfer ausgefällt werden. Als basisches Salz wird es aus Lösungen des Chlorwismuths durch Verdünnen derselben mit Wasser niedergeschlagen, wobei es sich als Oxychlorid ausscheidet.

Aus dem basischen Chlorwismuth (Oxychlorid) lässt sich das Wismuth sowohl durch Schmelzen mit Kalk und Holzkohle als auch durch Behandeln des feuchten Salzes mit Eisen (oder Zink) gewinnen. Der Zusatz von Kalk bei der Verarbeitung des Oxychlorids auf trockenem Wege ist zur Bindung des Chlors erforderlich. Der Kalk kann sowohl im gelöschten als im ungelöschten Zustande angewendet werden.

Das auf nassem Wege metallisch ausgeschiedene Wismuth wird in Graphit- oder Eisentiegeln, erforderlichen Falles unter Zuschlag von alkalischen Flussmitteln geschmolzen.

---

[1]) The Miner. Ind. Vol. VIII. S. 57.

Gewinnung des Wismuths auf nassem Wege aus Erzen.

Der nasse Weg hat Anwendung gefunden auf oxydische Wismutherze zu Meymac, Dep. de la Corrèze in Frankreich, und auf geröstete wismuthaltige Zinnerze zu Altenberg in Sachsen.

Das zu Meymac verhüttete Erz[1]) ist ein Hydrocarbonat des Wismuths in quarziger Gangart. In geringer Menge enthält dasselbe Arsen, Antimon, Blei, Eisen und Kalk. Das zerkleinerte Erz wird in irdenen Gefässen einer dreimaligen Behandlung mit Salzsäure unter schwachem Erwärmen und unter beständigem Umrühren der Massen unterworfen. Man lässt die frische Salzsäure auf das nahezu erschöpfte Erz und die nahezu gesättigte Salzsäure auf das frische Erz einwirken und erhält so gesättigte Lösungen unter vollständiger Erschöpfung des Erzes an Wismuth.

Aus der Lösung wird das Wismuth in Gestalt eines schwarzen Pulvers durch Eisenstäbe ausgefällt. Unmittelbar nach der Fällung wird es von der Flüssigkeit getrennt, mit reinem Wasser ausgewaschen, in Leinenbeuteln gepresst, getrocknet und schliesslich in Graphittiegeln unter einer Kohlendecke geschmolzen, worauf es in gusseiserne Formen gegossen wird.

Zu Altenberg in Sachsen[2]) werden Zinnerze, welche Wismuth und Wismuthglanz enthalten, zur Entfernung von Schwefel und Arsen in einem Flammofen geröstet. Das Röstgut wird noch heiss in einem Holztroge von 3,048 m Länge, 0,609 m Weite und 0,609 m Höhe ausgebreitet und 0,20 bis 0,25 m hoch mit verdünnter Salzsäure bedeckt, um das Wismuth zu lösen. Nach 6 Stunden wird die Flüssigkeit in einen anderen Holztrog abgelassen, in welchem durch Wasser basisches Chlorwismuth ausgefällt wird. Der Niederschlag enthält nur Spuren von Blei, dagegen ist er durch Eisen gelb gefärbt. Zur Entfernung des Eisens wird der Niederschlag in Salzsäure gelöst, worauf aus der Lösung wieder basisches Chlorwismuth durch Wasser ausgefällt wird. Lösung und Fällung werden noch einmal wiederholt. Der nun erhaltene Niederschlag wird sorgfältig ausgewaschen, getrocknet und dann in einem Graphittiegel mit ungelöschtem Kalk, Holzkohle und Schlacke von den vorhergehenden Schmelzungen in einem Graphittiegel auf Metall verschmolzen.

Eulert[3]) will die fein gepulverten Erze mit Chlornatriumlösung, Salpeterlösung und Schwefelsäure behandeln und durch Verdünnen der erhaltenen Wismuthlösung das Wismuth als Oxychlorid ausfällen.

---

[1]) Carnot, Découverte d'un gisement de bismuth en France. Bullet. de la société chimique 1874.

[2]) The Miner. Ind. 1896. S. 55.

[3]) D. R. P. 130 963.

Gewinnung des Wismuths auf nassem Wege aus Hütten-Erzeugnissen.

Von den Hütten-Erzeugnissen liefern durch andere Körper verunreinigte Wismuthglätten sowie wismuthhaltige Bleiglätten und wismuthhaltiger Heerd, wie sie beim Abtreiben von Blei-Wismuth-Silber-Legirungen erhalten werden, das Hauptmaterial für die Wismuthgewinnung auf nassem Wege.

Auch hat man versucht, Blei-Wismuth-Silber-Legirungen direct auf nassem Wege zu verarbeiten.

Beim Abtreiben von wismuthhaltigem Werkblei erhält man zuerst eine wismuthfreie Bleiglätte. Im weiteren Verlaufe des Treibens oxydirt sich auch das Wismuth und geht in die Glätte über. Die letzten Theile der Glätte fallen wismuthreich aus. Eine geringe Menge des Wismuths verbleibt beim Silber. Durch Verschmelzen der letzten wismuth- und zugleich silberhaltigen Glätten in Schachtöfen mit Kohle kann man das Wismuth in dem hierbei fallenden Werkblei concentriren und durch Abtreiben desselben eine an Wismuth noch weiter angereicherte Glätte erzielen.

Auf einfache Weise lässt sich eine wismuthreiche Glätte aus nicht zu silberarmem Blei auch dadurch erzielen, dass man den Treibprozess nicht bis zu dem Blicken des Silbers fortsetzt, sondern denselben unterbricht, wenn sich der Silbergehalt des Werkbleis bis gegen 80 % angereichert hat. (Treiben bis zum Schwarzblick s. Bd. I, Seite 744.)

In diesem Falle concentrirt sich das Wismuth in der erhaltenen Blei-Silber-Legirung und geht beim Abtreiben derselben bzw. bei dem sich daran anschliessenden Feinbrennen des Blicksilbers in einem kleinen Treibofen in die Glätte und theilweise auch in den Heerd über. Glätte und Heerd sind so reich an Wismuth, dass sie direct dem nassen Wege der Wismuthgewinnung unterworfen werden können.

Zu Freiberg in Sachsen zerlegt man silberhaltiges Blei, welches geringe Mengen von Wismuth enthält, durch den Pattinson-Prozess in silberreiches (2 % Silbergehalt) wismuthhaltiges Blei und in silberarmes (0,10 % Silbergehalt) wismuthfreies Blei, welches letztere der Zinkentsilberung unterworfen wird.

Das wismuthhaltige Blei wird in deutschen Treiböfen in Mengen von 10 bis 11 t bis auf 80 % Silbergehalt angereichert und dann im Silber-Raffinirofen, einem kleinen Flammofen mit Mergelsohle, in Mengen von 0,90 bis 1,20 t auf Blicksilber verarbeitet. Hierbei werden Blei und Wismuth oxydirt. Die Oxyde werden theils vom Mergelheerde aufgesaugt, theils fliessen sie als Wismuthglätte ab.

Glätte und Heerd, welche zwischen 5 und 20 % Wismuth enthalten, werden fein gepocht und dann in Töpfen aus Steinzeug von 0,78 m Höhe und 0,9 m Durchmesser mit Salzsäure behandelt. Der Einsatz eines Topfes beträgt 50 kg wismuthhaltiges Material. Man fügt demselben 65 bis 70 kg Salzsäure und 10 kg Wasser zu und unterstützt die Wirkung der Säure durch gelindes Erwärmen und öfteres Umrühren der Massen. Nach sechs bis sieben Stunden ist das Wismuthoxyd nebst einem geringen Theile Bleioxyd (als Chlorblei) gelöst. Der verbliebene Rückstand besteht aus Chlorblei und Silber. Man setzt nun noch so viel Wasser zu, bis sich eine Trübung der Flüssigkeit in Folge der Ausscheidung von Chlorblei zeigt, lässt darauf die Flüssigkeit zum Absetzen des ausgeschiedenen Chlorbleis (während 7 Stunden) sich klären und zieht sie dann mit Hülfe von Bleihebern in Holzbottiche (von 1,88 m Höhe und 1,57 m Durchmesser), in welchen sie mit einer solchen Menge Wasser versetzt wird, dass sich das gesammte Wismuth als basisches Chlorwismuth niederschlägt. Sobald sich der Niederschlag abgesetzt hat, lässt man die über demselben stehende Flüssigkeit zuerst in einen Klärbehälter und dann in einen Sumpf fliessen, in welchem das in derselben enthaltene Kupfer durch Eisen niedergeschlagen wird. Der Niederschlag vom bas. Chlorwismuth wird zur Entfernung eines Theiles des Chlorbleies in einem mit Leinwandfilter versehenen Holzbottich mit Wasser ausgewaschen. Alsdann wird er zur Entfernung weiterer Antheile von Chlorblei in Salzsäure gelöst. Durch Verdünnen der Lösung mit Wasser wird das Wismuth wieder als Oxychlorid niedergeschlagen. Das letztere wird zur Entfernung noch in demselben verbliebener Antheile von Chlorblei wiederum mit Salzsäure behandelt. Aus der erhaltenen Lösung schlägt man mit Hülfe von Wasser wieder Wismuthoxychlorid nieder. Das letztere wird filtrirt, ausgewaschen, getrocknet und dann mit Kalk und Holzkohle oder mit Soda, Glas und Holzkohle in einem gusseisernen Tiegel, welcher in einen mit Koks geheizten Windofen eingesetzt wird, auf Wismuth und Schlacke verschmolzen. Der mit einem Fuss versehene gusseiserne Tiegel ist 500 mm i. L. hoch und hat 300 mm i. L. obere Weite. Man besetzt denselben mit 15 bis 20 kg Wismuthsalz, 16 % ungelöschtem Kalk und 6 % feiner Holzkohle. Sobald die Massen in ruhigem Fluss sind, schöpft man die Schlacken ab und giesst dann das Wismuth in Formen. Das letztere wird, nochmals umgeschmolzen. Es enthält dann noch 0,3 bis 0,4 % Blei und 0,025 % Silber.

Die Rückstände, welche beim Behandeln der Wismuthglätte des Heerdes sowie der verschiedenen Wismuthoxychloridniederschläge mit Salzsäure verbleiben, werden mit salzsäurehaltigem Wasser ausgewaschen, getrocknet und dann beim Verschmelzen blei- und silberhaltiger Geschicke auf Werkblei zugesetzt[1]).

Auf der Hütte zu St. Andreasberg im Oberharz stellt man wismuthhaltige Glätten her, welche zur Verarbeitung auf nassem Wege nach Freiberg verkauft werden.

---

[1]) Preuss. Zeitschr., Bd. 18, S. 193. B.- u. H. Ztg. 1876, S. 79.

In Frankfurt a. Main (auf der deutschen Gold- und Silber-Scheide-Anstalt) stellt man aus wismuthhaltigen Krätzen, welche beim Raffiniren des Silbers fallen, auf nassem Wege Wismuth her.

Ueber die Gewinnung des Wismuths aus Legirungen auf nassem Wege sind von Mrazek und de Luyne Vorschläge gemacht worden, über deren Ausführung indessen nichts bekannt geworden ist.

Mrazek[1]) schlägt als Lösungsmittel für das in silberhaltigen Blei-Wismuth-Legirungen enthaltene Wismuth Schwefelsäure vor. Die gedachten Legirungen, welche aus wismuthhaltigen Glätten durch wiederholtes Reduciren und Abtreiben erhalten worden sind und 50 bis 60 % Wismuth enthalten, sollen im granulirten Zustande mit heisser concentrirter Schwefelsäure behandelt werden. Hierbei lösen sich Wismuth und Silber, während das Blei als Sulfat im Rückstande verbleibt. Aus der Lösung soll zuerst durch Chlornatrium das Silber, dann durch Eisen das Wismuth gefällt werden. Hat man es nur mit Blei-Wismuth-Legirungen zu thun, so wird nach Behandlung derselben mit concentrirter Schwefelsäure das Wismuth direct durch Eisen ausgefällt.

Das beim Ausfällen erhaltene schwammige Wismuth soll gepresst, getrocknet und dann geschmolzen werden.

Die Vorschläge von de Luyne (Dingler 167, 289) beziehen sich auf die

Gewinnung des Wismuths aus Zinn-Blei-Wismuth-Legirungen.

Nach dem einen Vorschlage sollen dieselben zuerst mit kalter Salzsäure behandelt werden, um den grössten Theil des Zinns auszuziehen. Dann soll das Wismuth durch Behandeln des Rückstandes mit Königswasser in Lösung gebracht werden. Aus der Lösung soll das Wismuth durch Wasser als basisches Chlorwismuth ausgefällt werden. Das letztere soll entweder mit Kreide und Kohle in Tiegeln auf metallisches Wismuth verschmolzen oder es soll durch Behandeln mit Salzsäure in dieser gelöst werden. Aus der Lösung soll durch Zink metallisches Wismuth ausgefällt werden, welches letztere gepresst, getrocknet und dann umgeschmolzen werden soll.

Nach dem anderen Vorschlage von de Luyne soll als Lösungsmittel Salpetersäure angewendet werden. Durch dieselbe werden Wismuth und Blei aufgelöst, während das Zinn in unlösliches Oxyd übergeführt wird. Aus der Lösung soll zuerst das Wismuth als Metall durch Blei und dann das Blei durch Natriumcarbonat als Bleicarbonat ausgefällt werden.

---

[1]) Oesterr. Zeitschr. 1874, No. 34 u. 35.

Gewinnung des Wismuths aus Blei-Wismuth-Legirungen auf elektrometallurgischem Wege.

Borchers hat die Gewinnung des Wismuths aus wismuthhaltigem Blei mit Hülfe des elektrischen Stromes vorgeschlagen und die Apparate zur Ausführung dieses Prozesses angegeben. Derselbe bringt wismuthhaltiges Blei oder Blei-Wismuth-, oder Blei-Wismuth-Silberlegirungen in geschmolzene Alkalichloride, durch welche er den elektrischen Strom leitet. Das Blei löst sich in denselben als Chlorblei auf und wird als Metall an der Kathode bzw. am Boden des Kathodenraumes ausgeschieden, während bei geeigneten Stromdichten das Wismuth (und auch das Silber) ungelöst bleibt und sich am Boden des Anodenraumes ansammelt.

Die Einrichtung des Apparates, wie er von Borchers in dem Jahrbuche der Elektrochemie 1895, S. 168 angegeben ist, stellen die Figuren 364, 365 und 366 dar. Fig. 364 stellt die Ansicht des leeren unbedeckten Apparates von oben gesehen dar. Fig. 365 stellt einen Verticalquerschnitt dar, während Fig. 366 einen halben Verticallängsschnitt und die äussere Ansicht der rechten Hälfte des Apparates zeigt. Das Schmelz- bzw. Zersetzungsgefäss besteht aus Gusseisen. Die Theile desselben sind zwei horizontal liegende halbe Cylinder a und k und ein hohler Eisenrahmen v von der Gestalt eines halben Ringes. Der halbe Cylinder a stellt den Anodenraum dar. Derselbe ist an der einen Stirnseite (links) durch eine geneigte Wand geschlossen. Die Wandungen des Anodenraums besitzen innerlich terrassenförmig untereinanderliegende Ansätze. Der halbe Cylinder k stellt den Kathodenraum dar. Derselbe ist rechts gleichfalls durch eine geneigte Stirnwand geschlossen. Der hohle Eisenrahmen oder Eisenring v scheidet den Anodenraum von dem Kathodenraum. In demselben circulirt während der Elektrolyse Wasser und kühlt seine Wände derartig ab, dass sich dieselben äusserlich mit erstarrten Alkalichloriden bedecken, so dass eine Isolirschicht entsteht. In Folge dessen sind der Anodenraum und der Kathodenraum durch den Ring gegen Elektricitätsleitung von einander isolirt. Das Wasser tritt in den Ring durch das Rohr e ein und tritt bei x aus. Sollte der Durchfluss durch zufällige Umstände verhindert sein, so kann es bis zur Wiederherstellung desselben bei s überlaufen. An seiner äusseren Peripherie ist der Eisenring mit hohlen Ansätzen versehen, welche dem Querschnitte desselben die Gestalt eines umgekehrten T verleihen. Der Hohlraum dieser zwei halbkreisförmige Nuten bildenden Ansätze wird mit Isolirmaterial (kohlefreier Thon, Sand, Mergel) ausgefüllt. Dieselben dienen auch zur Aufnahme der Flanschen ff der gedachten beiden halben Cylinder und somit zur Verbindung der einzelnen Theile des Schmelzgefässes. Die Rohre p und r dienen zur Regelung des Standes der geschmolzenen Massen und zur Entfernung der von einander geschiedenen Metalle. Durch das in den unteren Theil des Anodenraumes mündende Rohr r soll das Wismuth abfliessen,

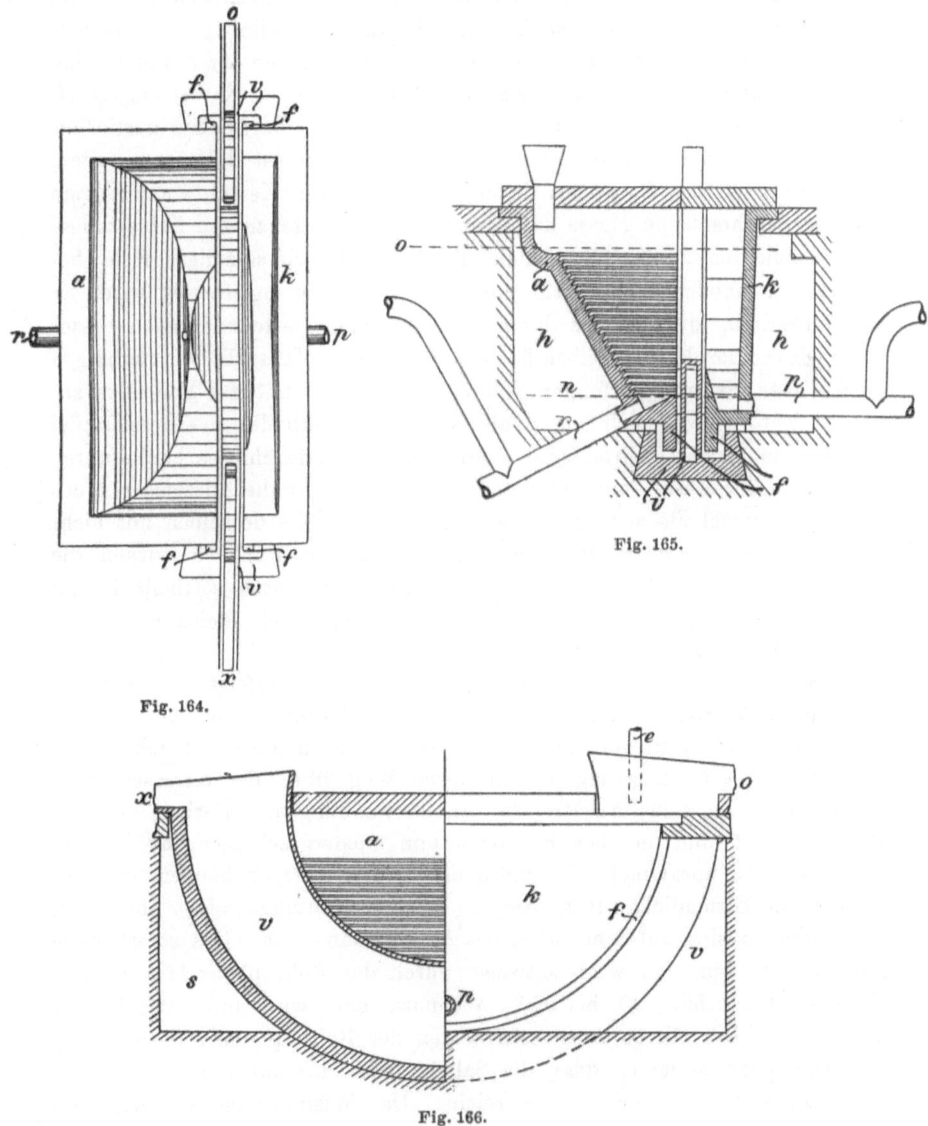

Fig. 164.

Fig. 165.

Fig. 166.

während das Blei aus dem untersten Theile des Kathodenraumes durch das Rohr p abfliesst. Die Verbrennungsgase der Feuerung, welche russfrei sein müssen, durchziehen die das Schmelzgefäss umgebenden Heizcanäle h und bewirken dadurch die Heizung des ersteren.

Die von Borchers in der angegebenen Quelle S. 168 mitgetheilte Arbeitsweise ist die nachstehende.

Nachdem man das Durchfliessen des Wassers durch den Kühlring v bewirkt hat, beginnt man mit der Feuerung des Schmelzgefässes und giesst dann in die Rohre p und r soviel Blei ein, dass dasselbe in den Anoden- bzw. Kathodenraum eintritt. Darauf wird das Gemenge der Alkalichloride im Verhältnisse der Moleculargewichte derselben (K Cl + Na Cl) eingesetzt. Da dieses Gemenge nur sehr langsam einschmilzt, so darf es nur portionenweise in das Schmelzgefäss eingetragen werden. Es ist daher am besten, das Schmelzen des Gemenges in einem besonderen Kessel vorzunehmen und die geschmolzene Masse auf einmal in den vorgenannten Zersetzungskessel einlaufen zu lassen. Damit das Eisen des Zersetzungskessels (besonders im Anodenraume) nicht durch die Schmelze angefressen wird, ist es erforderlich, die letztere durch Auflösen von Glätte oder noch besser von Bleioxychlorid in derselben basisch zu machen. Diese Bleiverbindungen dürfen aber erst nach erfolgter Füllung des Kessels mit der Schmelze zugesetzt werden, weil sich andernfalls auf den Eisentheilen des Kessels Blei ausscheiden, in das Isolirmaterial eindringen und Kurzschlüsse herbeiführen kann. Ist der Kessel mit Schmelze gefüllt und sind die Aussenseiten des Kühlrings sowohl als auch die Eisentheile in der Nähe desselben mit nicht leitenden und nicht reducirbaren Salzkrusten überzogen, so wirken die Bleiverbindungen auf den Gang der Elektrolyse höchst vortheilhaft und es empfiehlt sich, das verdampfende Chlorkalium durch Bleioxychlorid zu ersetzen.

Sobald der erste Zusatz der Bleiverbindungen erfolgt ist, wird die Wismuthbleilegirung durch den Beschickungstrichter in den Anodenraum eingesetzt und der Strom durch die geschmolzenen Massen durchgeleitet. Die geschmolzene Legirung nimmt ihren Weg über die terrassenförmig untereinanderliegenden Ansätze der Anodenwandungen. Hierbei wird das Blei aufgelöst und in dem Kathodenraum niedergeschlagen, auf dessen Boden es sich ansammelt. Wismuth und Silber dagegen bleiben ungelöst, solange die Stromdichte 1000 Ampère per Quadratmeter nicht übersteigt, und sammeln sich auf dem Boden des Anodenraumes an. Das so erhaltene Blei ist sehr rein und wird zeitweise durch das Rohr p abgelassen. Das Rohwismuth enthält 90 bis 95 % Wismuth und wird durch das Rohr r abgelassen. Die oberen Ausflussöffnungen der Rohre p und r müssen eine derartige Lage besitzen, dass die Salzschmelze bis zur Linie o, das geschmolzene Blei bis zur Linie n reicht. Das Wismuth ist bleihaltig und lässt sich leicht durch oxydirendes Schmelzen von dem Blei befreien. Da im Interesse einer guten Scheidung eine häufige Erneuerung der Oberfläche der geschmolzenen Legirung erforderlich ist, so muss dieselbe den Anodenraum ziemlich schnell durchlaufen. Eine vollständige Zerlegung derselben wird sich daher bei nur einmaligem Durchlaufen des Apparates nicht erreichen lassen. Es sind daher entweder mehrere terrassenförmig untereinander gestellte Apparate anzuwenden, oder die Legirung muss mehrere Male durch den nämlichen Apparat durchgeführt werden.

Bei der Stromdichte von 1000 Ampère per Quadratmeter soll die erforderliche Spannung gegen 0,5 Volt betragen. Pro Pferdekraft und Stunde würden daher gegen 4,5 kg Blei aus der Legirung abgeschieden werden können.

Verfahren und Apparate sind nicht zur Anwendung gelangt. Borchers sagt in seiner Elektrometallurgie von 1903, S. 481, dass die Ergebnisse des Verfahrens weniger günstig seien, als die der Entfernung des Bleis aus bleihaltigem Wismuth durch Verschmelzen desselben mit Wismuthoxychlorid.

Der elektrometallurgische Weg ist auch zum Raffiniren des Handelswismuths vorgeschlagen worden. Nach Zahorski[1]) soll man als Anoden das in Plattenform gegossene zu reinigende Wismuth benutzen. Die Kathoden sollen aus Kohle, reinem Wismuth oder Platin bestehen. Als Elektrolyt soll verdünnte Salpetersäure dienen. Die Stromdichte soll zwischen 15 und 30 Ampère pro Quadratfuss betragen, 30 Ampère aber nicht überschreiten. An den Kathoden soll sich reines Wismuth niederschlagen und nach der Abtrennung von denselben mit verdünnter Salpetersäure gewaschen, getrocknet und dann zusammengeschmolzen werden. Hat sich der Elektrolyt zu stark an Blei angereichert, welches Metall stets im käuflichen Wismuth vorhanden ist, so soll er aus dem Bade entfernt und nach vorgängiger Ausfällung des Wismuths aus demselben durch Blei auf Bleinitrat verarbeitet werden.

Ueber die Anwendung dieses Verfahrens ist nichts bekannt geworden.

Nach Borchers (Elektrometallurgie 1903, S. 481) soll sich edelmetallhaltiges Wismuth in sauren wässrigen Lösungen der leichter löslichen Wismuthsalze ohne Schwierigkeit scheiden lassen. Die Edelmetalle bleiben an den Anoden zurück, während das Wismuth sich in nicht zusammenhängendem Zustande an den Kathoden ausscheidet. Derartiges Wismuth lässt sich leicht verschmelzen. Bei Kleinbetrieb soll die Elektrolyse in Steinzeugwannen ausgeführt werden.

Raffiniren des Wismuths.

Das auf trockenem Wege hergestellte Wismuth enthält gewöhnlich noch Blei, Arsen, Schwefel, Eisen, Nickel, Kobalt, Kupfer, Antimon, auch wohl Silber und Gold. So zeigte Rohwismuth aus Peru und Australien[2]) die nachstehende Zusammensetzung:

---

[1]) Engin. and Mining Journal 1897. Vol. 64, p. 251.

[2]) The Mineral Industry 1893, S. 72.

	Peru	Australien
Wismuth	93,372	94,103
Antimon	4,570	2,621
Arsen	—	0,290
Kupfer	2,058	1,944
Schwefel	—	0,430

Der Gehalt verschiedener Wismuthsorten an Gold und Silber ist von Smith[1]) bestimmt worden. In einer Probe von australischem Wismuth fand er 0,011 % Gold und 0,3319 % Silber, in einer Probe von deutschem Wismuth 0,0003 % Gold und 0,0729 % Silber, in einer Probe von amerikanischem Wismuth 0,0005 % Gold und 0,075 % Silber.

Zur Verwendung für manche Zwecke ist das unreine Wismuth nicht geeignet und bedarf daher einer vorgängigen Reinigung. Das zu pharmazeutischen Präparaten zu verwendende Metall muss ganz besonders rein und vor allen Dingen frei von Arsen und Tellur sein.

Die Reinigung des Wismuths kann sowohl auf trockenem als auch auf nassem Wege bewirkt werden.

Für die Reinigung auf elektrometallurgischem Wege sind bisher nur Vorschläge gemacht worden.

Der trockene Weg liefert ein weniger reines Metall als der nasse Weg und ist bei Wismuth, welches durch eine Reihe fremder Elemente verunreinigt ist, umständlich, da die letzteren nicht durch eine einzige Operation entfernt werden können, sondern eine ganze Reihe von Operationen erfordern. Er hat den Vortheil, dass er bei Weitem billiger ist als der gleichfalls umständliche und nur in besonderen Fällen angewendete nasse Weg.

Die Reinigung des Wismuths auf trockenem Wege

kann sowohl in einem Saigerprozess als auch in einem Umschmelzen des Wismuths mit Zuschlägen der verschiedensten Art bestehen.

Das Aussaigern des Wismuths steht im Königreich Sachsen in Anwendung. Dasselbe wird auf einem Saigerheerde ausgeführt, dessen aus Gusseisenplatten bestehende Saigerschwarten ganz zusammenstossen und so eine nach aussen zu geneigte Rinne bilden. Das ausgesaigerte Wismuth wird eben vor dem Erstarren in eiserne Formen gegossen. Hierbei scheidet sich an der Oberfläche der Gussstücke etwa vorhandenes Schwefelwismuth ab. Die auf dem Saigerheerde verbliebenen festen Rückstände, die sog. Krätzen, enthalten den grössten Theil der Verunreinigungen des Wismuths und werden auf die in ihnen enthaltenen Metalle verarbeitet. Soll das Wismuth zu pharmazeutischen Präparaten verarbeitet werden, so genügt die Saigerung nicht immer. Es ist dann noch eine weitere Reinigung desselben durch Umschmelzen oder auf nassem Wege erforderlich.

[1]) Journal of the Society of Chemical Industry, April 29. 1893, p. 318.

Die Reinigung des Wismuths durch Umschmelzen desselben in Tiegeln bzw. Kesseln mit Zuschlägen ist bei Weitem vollständiger als die Reinigung durch Saigern, aber auch sie genügt nicht in allen Fällen. Andernfalls muss sie so oft wiederholt werden, bis das Wismuth rein ist. Die Zuschläge hängen von der Natur der einzelnen zu entfernenden Elemente ab.

Ist das Wismuth bleihaltig, so wird zuerst nach Borchers das Blei durch Schmelzen desselben mit Wismuthoxychlorid, Kochsalz, Kaliumchlorid und kaustischer Soda in Kesseln aus Gusseisen entfernt.

Arsen lässt sich nach Quesneville durch Schmelzen des Wismuths mit Salpeter und Kochsalz entfernen. Bei diesem Verfahren, welches die Bildung von arsensauren Alkalien bezweckt, werden auch Eisen und Blei entfernt.

Nach Werther lässt sich das Arsen durch Schmelzen des Wismuths mit Soda ($^1/_8$) und Schwefel ($^1/_{64}$) entfernen.

Beide Verfahren sind mit erheblichen Wismuthverlusten durch Verschlackung von Wismuthoxyd verbunden.

Nach Thürach lässt sich das Arsen und besonders das gesammte Eisen durch Schmelzen des Wismuths mit Kaliumchlorat, welchem 2 bis 5 % Soda zugesetzt sind, entfernen.

Nach Méhu wird zur Entfernung des Arsens das Wismuth in einem Gefässe mit grosser Oberfläche bei Luftzutritt erheblich über seinen Schmelzpunkt erhitzt. Hierbei wird der grösste Theil des Arsens als Arsenige Säure entfernt; etwa vorhandener Schwefel wird in Schweflige Säure verwandelt. Der Rückstand soll mit Soda, Kohle und Weinstein oder Seife auf einen alkalihaltigen Regulus verschmolzen werden, bei dessen weiterer Erhitzung an der Luft die letzten Antheile von Arsen und Schwefel mit dem Alkali sich an der Oberfläche der Schmelze ausscheiden sollen. Kupfer und Blei bleiben bei diesem Verfahren beim Wismuth.

Johnson, Matthey & Co. erhitzen arsenhaltiges Wismuth in Mengen von 10 bis 12 t bei einer Temperatur von 395° C. längere Zeit an der Luft, wodurch das gesammte Arsen ohne Verlust an Wismuth verflüchtigt wird.

Tamm entfernt das Arsen durch Eintauchen von dünnen Eisenstreifen in das bei Hellrothglut unter einer Boraxdecke eingeschmolzene Wismuth. Das Arsen wird auf diese Weise an das Eisen gebunden und als Arseneisen vollständig aus dem Wismuth entfernt. Ein geringer Theil Eisen wird hierbei von Wismuth zurückgehalten.

Das Antimon entfernen Johnson, Matthey & Co.[1]) durch Polen des geschmolzenen und bis zur Oxydationstemperatur des Antimons erhitzten Wismuths mit einem Holzstock und Entfernung des entstandenen Abstrichs, so lange derselbe auf der Oberfläche des Metallbades erscheint.

---

[1]) Matthey. Chemical News 1893, 63, 67.

So wurden 350 kg des geschmolzenen Metalles, welches 96,2 % Wismuth, 0,8 % Antimon, 0,4 % Eisen, 2,1 % Blei, 0,5 % Kupfer und eine Spur Arsen enthielt, 4 Stunden lang in der gedachten Weise bei einer Temperatur von 458° C. behandelt, nach welcher Zeit das Wismuth frei von Antimon war. Der Abstrich enthält 30% Antimon (als Oxyd) und gegen 10 % Wismuth.

Ferner lässt sich das Antimon vollständig durch Schmelzen des Wismuths mit Wismuthoxyd in Thontiegeln entfernen. Die Menge des Wismuthoxyds soll $2^1/_2$ bis 3 mal so gross sein als die Menge des zu entfernenden Antimons. Das Wismuthoxyd oxydirt das Antimon zu Antimonoxyd, indem es selbst zu Wismuth reducirt wird. Das Antimonoxyd tritt mit einem geringen Theile Wismuthoxyd an der Oberfläche des Metallbades aus und wird von derselben abgezogen.

Borchers (Elektrometallurgie 1895, S. 328. 1903, S. 481) entfernt Antimon und Arsen nach vorgängiger Entfernung des Bleis (durch Schmelzen des bleihaltigen Wismuths mit Aetznatron, Chlorkalium, Chlornatrium und Wismuthoxychlorid) durch Schmelzen des Metalles mit Aetznatron und Salpeter unter sorgfältiger Vermeidung des Ueberhitzens. Nur bei einem grösseren Antimongehalte schmilzt er mit Soda und Schwefel.

Kupfer lässt sich nach Tamm durch Schmelzen des Wismuths mit Rhodankalium entfernen. Zu diesem Zwecke mengt man 8 Th. Cyankalium mit 3 Th. Schwefelblumen und streut das Gemenge über das geschmolzene Metall.

Es bildet sich unter Wärmeentwickelung Schwefelcyankalium, welches theilweise unter Funkensprühen verbrennt. Das Kupfer scheidet sich als Schwefelkupfer aus.

Etwa gebildetes Schwefelwismuth wird zu Metall reducirt. Sobald die Reaction vorüber ist und die Massen sich in ruhigem Flusse befinden, lässt man die Schlacke erstarren und giesst das noch flüssige Wismuth aus. Mit dem Kupfer scheidet sich auch ein Theil Blei, Antimon und Arsen aus. Auch soll sich das Kupfer durch Schmelzen des Wismuths mit Schwefelwismuth entfernen lassen[1]), in welchem Falle das Wismuth aus dem Schwefelkupfer ausgeschieden wird. Am besten soll sich das Kupfer durch Einrühren von Schwefelnatrium in das geschmolzene Wismuth entfernen lassen, wobei sich das Kupfer gleichfalls als Schwefelkupfer ausscheidet. (Techn.-chem. Jahrbuch 1890—91.)

Blei soll man nach Borchers (Elektrometallurgie 1895, S. 328, 1903, S. 480), sobald die Menge desselben Bruchtheile eines Procentes übersteigt, dadurch entfernen, dass man das Metall mit einer dem Bleigehalte desselben entsprechenden Menge von Wismuthoxychlorid in gusseisernen Kesseln, in welchen sich ein geschmolzenes Gemisch von Chlorkalium und Chlornatrium befindet, bis 3 Stunden lang bei Schmelzhitze behandelt.

---

[1]) Proc. Royal Soc. vol. XLII, p. 89.

Sobald eine Probe des Metalles ergiebt, dass dasselbe grossblättrig erstarrt, ist die Raffination beendigt. Die Schlacke wird nach dem Erstarren des Metalles durch Auslaugen mit Wasser entfernt.

Die Entfernung des Bleis durch Schmelzen des Metalles mit Aetznatron und Salpeter, wie es vielfach empfohlen wird, hält Borchers für unrichtig, weil sich hierbei bleisaure Salze bilden, die als gute Sauerstoffüberträger zu Wismuthverlusten Anlass geben. Enthält dagegen das vom Blei befreite Wismuth noch Arsen und Antimon, so sollen diese Elemente durch Schmelzen des Metalles mit Aetznatron und Salpeter entfernt werden.

Auch durch den Pattinson-Prozess (s. Metallhüttenkunde Bd. I, S. 655) soll sich nach Phillips[1]) das Blei vom Wismuth ziemlich vollständig scheiden lassen. Das Blei geht hierbei in die Krystalle über.

Schwefel lässt sich nach Méhu zum grossen Theile durch Erhitzen des Wismuths über seinen Schmelzpunkt bei Luftzutritt entfernen, wobei er durch den Sauerstoff der Luft zu Schwefliger Säure oxydirt wird. Der Rest des Schwefels lässt sich durch Schmelzen der wismuthoxydhaltigen Masse mit Soda, Kohle und Weinstein (oder Seife) entfernen.

Nach Tamm soll er sich auch durch Schmelzen des Wismuths mit Schmiedeeisen beseitigen lassen.

Gold lässt sich aus dem geschmolzenen Wismuth mit Hülfe von Zink ausziehen.

Silber lässt sich gleichfalls aus dem geschmolzenen Wismuth mit Hülfe von Zink entfernen. Das Entzinken des Wismuths soll nach Mrazek durch Luft geschehen.

Sind im Wismuth Kupfer, Arsen, Antimon und Schwefel gleichzeitig vorhanden, so entfernt man nach Tamm zuerst das Kupfer, dann das Antimon und schliesslich Arsen und Schwefel.

Die Reinigung des Wismuths auf nassem Wege

ist kostspieliger als die Reinigung auf trockenem Wege, liefert dafür aber auch ein reineres Wismuth. Man wendet den nassen Weg nur dann an, wenn man basisches Wismuthnitrat für pharmazeutische Zwecke oder Metall für Laboratoriumszwecke herstellen will.

Das Verfahren von Herapath bezweckt die Darstellung von arsenfreiem, basischem Wismuthnitrat. Derselbe löst Wismuth in Salpetersäure auf, fällt durch Verdünnen der Lösung mit Wasser basisches Wismuthnitrat aus, kocht den Niederschlag zur Entfernung des Arsens und Bleis mit Aetzkali oder Aetznatron, wäscht aus, löst das erhaltene Oxyd in Salpetersäure auf und fällt aus der Lösung durch Wasser wieder basisches Wismuthnitrat aus.

Deschamps gewinnt reines Wismuthnitrat durch Auflösen von Wismuth in Salpetersäure, wobei Zinn und Zinnoxyd im Rückstande ver-

[1]) Elements of Metallurgy, p. 614, London 1891.

bleiben, Behandeln der Lösung mit Ammoniak, welches das Wismuth ausfällt, während Kupfer und Silber in Lösung verbleiben, Kochen des Niederschlages mit Kalilauge, wodurch Blei und Arsen in Lösung gehen, Auflösen des Niederschlags in Salpetersäure und Ausfällen des basischen Nitrats durch Wasser.

Schneider löst das Wismuth in erhitzter Salpetersäure (von 75 bis 90°) auf, wobei sich das gesammte Arsen in dem Verbindungszustande des arsensauren Wismuths mit etwas basischem Wismuthnitrat ausscheidet. (Bei Anwendung von kalter Salpetersäure bildet sich arsenigsaures Wismuth, welches in Salpetersäure schwer löslich, in Wismuthnitrat abèr ganz unlöslich ist.) Die erhaltene Lösung trennt er von dem Rückstande durch Filtration auf einem Asbestfilter. Die klare Flüssigkeit wird eingedampft. Es scheiden sich aus derselben Krystalle von Wismuthnitrat aus, welche vollständig frei von Arsen sind.

Hampe hat ein Verfahren zur Herstellung von reinem Wismuth für Laboratoriumszwecke angegeben. Derselbe schmilzt das Wismuth mit einem Gemenge von Schwefel und Natriumcarbonat, wodurch er Schwefelwismuth erhält, welches er nach gehörigem Auswaschen in Salpetersäure auflöst. Aus der Lösung fällt er durch Wasser basisches Nitrat, löst dasselbe wieder in Salpetersäure auf und behandelt die Lösung zur Ausfällung von Wismuthoxyd mit überschüssigem Ammoniak. Das niedergeschlagene Wismuthoxyd wird getrocknet und durch Wasserstoff reducirt.

Die Reinigung des Wismuths auf elektrometallurgischem Wege

ist bereits Seite 477 erörtert worden.

Die Zusammensetzung des gereinigten Handels-Wismuths ist aus den nachstehenden Analysen von Schneider[1]) ersichtlich:

	Bolivia		Sachsen	
	I.	II.	III.	IV.
Bi	99,053	99,069	99,390	99,830
Ag	0,083	0,621	0,188	0,075
Pb	—	—	—	Spur
Cu	0,258	0,156	0,090	0,040
Fe	—	—	—	0,026
Sb	0,559	—	—	—
As	—	—	0,255	—
Au	—	Spur	—	—
Tl	—	0,140	—	—
S	—	—	—	—

[1]) Journal für pract. Chemie 23, p. 75.

Analysen des Wismuths der sächsischen Blaufarbenwerke von Schneider aus dem Jahre 1890 lieferten die nachstehenden Ergebnisse.

	I.	II.
Wismuth	99,791	99,745
Silber	0,070	0,066
Blei	0,084	0,108
Kupfer	0,027	0,019
Eisen	0,017	Spur
Arsen	—	0,011
Schwefel	Spur	0,042

Das als „Bismuthum purissimum“ in den Handel gebrachte Wismuth zeigte nach Schneider die nachstehende Zusammensetzung[1]):

	I.	II.	III.
Wismuth	99,922	99,849	99,982
Silber	—	0,047	—
Blei	—	0,049	0,065
Kupfer	0,016	0,019	0,032
Eisen	Spur	Spur	Spur
Arsen	0,025	0,024	Spur

[1]) Journal für pract. Chemie N. F. 44, 23—48.

Zinn.

Physikalische Eigenschaften.

Das Zinn hat eine nahezu silberweisse, etwas in das Bläuliche spielende Farbe und einen starken Glanz. Der letztere hängt hauptsächlich von der Temperatur ab, bei welcher das Zinn ausgegossen wurde. War das Zinn überhitzt, so spielt es auf der Oberfläche in Regenbogenfarben; war die Temperatur beim Ausgiessen nicht hoch genug, so erscheint es matt. Auch geringe Beimengungen fremder Metalle (Blei, Arsen, Antimon, Eisen, Wismuth) verändern den Glanz des Zinns.

Das Zinn izt dimorph. Es krystallisiert nach v. Foullon[1]) in Formen des tetragonalen und des rhombischen Systems. (Das tetragonale Zinn erhält man immer bei der Reduction des Zinns aus Zinnchlorürlösung und bei der Abkühlung von geschmolzenem Zinn in gewöhnlicher mittlerer Zimmertemperatur. Das rhombische Zinn erhält man bei sehr langsamer Abkühlung unter den Schmelzpunkt des Zinns.) Das Gefüge des Zinns ist deutlich krystallinisch. Aetzt man die Oberfläche von Weissblech oder von Zinnfolie mit chlorhaltiger Salzsäure oder mit Zinnchlorid an, so treten eisblumenartige Zeichnungen (Moiré métallique) hervor. Biegt man eine Zinnstange, so vernimmt man ein eigenthümliches knisterndes Geräusch, das sogen. Zinngeschrei. Dasselbe ist durch das krystallinische Gefüge des Zinns verursacht, indem sich beim Biegen die einzelnen Krystalltheilchen aneinander reiben.

Bei starker Kälte (— 20°) nimmt manches Zinn ein stängeliges oder säulenförmiges Gefüge an. Bei noch weiterer Kälte (— 40° C.) zerfallen die Stangen bzw. Säulen zu grauen zerreiblichen Körnern. Das zerfallene Zinn zeigt eine graue Farbe und ist als graue Modification des Zinns bekannt. Die eigentliche Ursache dieser Molecularveränderung des Zinns ist noch nicht bekannt, da unter den gedachten Umständen gewisse Zinnsorten zerfallen, andere Sorten aber nicht. Wird eine geringe Menge des grauen Zinns in gesundes Zinn eingehämmert, so geht das letztere in

---

[1]) Jahrbuch der K. K. geolog. Reichsanstalt 1884, S. 367.

kurzer Zeit in die graue Modification über (Ckemiker-Zeitung 1892, 16, 1197. — 1893, 17, 1386).

Das spezifische Gewicht des gegossenen Zinns ist 7,291, des gewalzten Zinns 7,299, des durch den elektrischen Strom ausgefällten Zinns 7,143 bis 7,178. Das spec. Gew. des in der Kälte zerfallenen Zinns wurde zu 7,195 ermittelt (Rammelsberg), während sich dasselbe nach dem Einschmelzen auf 7,310 erhöhte. Das gewöhnliche Handelszinn hat ein spec. Gewicht von 7,5, indem die meisten der es verunreinigenden Elemente schwerer sind als das Zinn selbst.

Das Zinn ist härter wie das Blei, aber weicher wie das Gold. Es ist bei gewöhnlicher Temperatur so dehnbar, dass es sich zu dünnen Blättern (Stanniol, Zinnfolie) ausschlagen und auswalzen lässt. Mit der Temperatur schwindet die Dehnbarkeit. Bei 200° ist es so spröde, dass es unter dem Hammer zerspringt und sich pulverisiren lässt. Wird es bei zu hoher oder bei zu niedriger Temperatur geschmolzen, so wird es gleichfalls brüchig. Durch Zusatz von 1 — 2 % Kupfer und Blei lassen sich die Härte und Festigkeit des Zinns erhöhen.

Das Zinn ist ductil, aber wenig fest. Seine Ductilität ist am grössten in der Nähe der Temperatur von 100°. Ein Draht von 2 mm Durchmesser zerbricht bei einer Belastung von 24 kg.

Der Schmelzpunkt des Zinns ist zu 228 bis 232,7° ermittelt. (Crighton 228°, Rudberg 228,5°, Kupffer 232°, Person 232,7°.)

Es siedet in der Weissglut (zwischen 1600 und 1800°) und verbrennt bei dieser Temperatur an der Luft mit weisser Flamme zu Zinnoxyd.

Seine lineare Ausdehnung durch die Wärme beträgt nach Calvert und Johnson von 0 bis 100° C. = 0,002717, seine specifische Wärme zwischen 0° und 100° nach Regnault 0,0562, seine Wärmeleitungsfähigkeit nach Wiedemann und Franz = 145 bis 152, wenn die des Silbers gleich 1000 gesetzt wird, seine Leitungsfähigkeit für den elektrischen Strom bei 21° C. (die des Silbers = 100 gesetzt) nach Matthiessen 11,45, nach Becquerel 14,01.

Das Zinn ist gewöhnlich durch Eisen, Arsen, Antimon, Blei, Kupfer, Wismuth, Wolfram, Molybdän und Zinnoxydul verunreinigt. Von diesen Körpern macht das Eisen, wenn in erheblichen Mengen vorhanden, das Zinn hart und spröde. Arsen, Antimon und Wismuth vermindern die Festigkeit des Zinns, wenn der Gehalt desselben an je einem dieser Elemente 0,5 % beträgt. Kupfer und Blei (1 bis 2 %) machen das Zinn härter und fester, aber weniger geschmeidig. Wolfram und Molybdän machen das Zinn strengflüssiger. Zinnoxydul vermindert die Festigkeit des Zinns. Schwefel soll das Zinn brüchig machen.

Die für die Gewinnung des Zinns wichtigen chemischen Eigenschaften desselben und der Verbindungen dieses Metalles.

Das Zinn wird bei gewöhnlicher Temperatur weder durch Luft noch durch Wasser angegriffen. In der Schmelzhitze bildet sich auf dem flüssigen Zinn eine grauweisse Haut, welche ein Gemenge von Zinnoxyd und Zinn darstellt und sich bei längerem Erhitzen in ein gelblich-weisses Pulver von Zinnoxyd, sog. „Zinnasche" verwandelt. Die vollständige Umwandlung in Zinnoxyd wird durch Steigerung der Hitze bis zur Rothglut, sowie durch die Anwesenheit von Blei beschleunigt.

In der Rothglut zersetzt das Zinn den Wasserdampf, indem es sich in Zinnoxyd verwandelt.

Von Salzsäure wird das Zinn unter Entwicklung von Wasserstoff in eine Lösung von Zinnchlorür verwandelt. Concentrirte und erhitzte Salzsäure löst es rasch auf, kalte und verdünnte Säure dagegen sehr langsam.

Kalte verdünnte Schwefelsäure greift das Zinn nur sehr wenig an; von heisser und concentrirter Schwefelsäure dagegen wird es unter Entwicklung von Schwefliger Säure in eine Lösung von Zinnsulfat (schwefelsaures Zinnoxydul) verwandelt.

Gewöhnliche Salpetersäure (vom spec. Gew. 1,30) verwandelt das Zinn in weisses Metazinnsäurehydrat, welches sich in der überschüssigen Säure nicht auflöst. Starke verdünnte Salpetersäure dagegen löst das Zinn auf, indem sie dasselbe unter gleichzeitiger Entstehung eines Ammoniumsalzes in Zinnnitrat (salpetersaures Zinnoxydul) verwandelt. Die stärkste Salpetersäure greift das Zinn nicht an.

Königswasser löst das Zinn unter Verwandlung desselben in Zinnchlorid auf. Ist die Salpetersäure im Ueberschuss vorhanden, so wird Metazinnsäurehydrat gebildet.

Concentrirte und erwärmte Kali- und Natronlauge lösen das Zinn auf, indem unter Entwicklung von Wasserstoff zinnsaures Kalium bzw. Natrium gebildet wird.

Sauerstoffverbindungen des Zinns.

Man kennt zwei Verbindungen des Zinns mit Sauerstoff, das Zinnoxydul, SnO, und das Zinnoxyd oder die Zinnsäure, SnO_2. Das Zinnoxydul hat die Eigenschaften einer Base, während das Zinnoxyd sowohl die Rolle einer Base als auch einer Säure spielen kann.

Das Zinnoxydul erhält man durch Behandlung von Zinnchlorür mit Alkalicarbonaten und Kochen des ausgefällten weissen Oxydulhydrats mit Wasser, welches Kali in so geringer Menge enthält, dass eine Auflösung des Oxydulhydrats nicht erfolgen kann. Das Zinnoxydul stellt kleine, glänzende, schwarze Krystalle dar, welche sich bei gewöhnlicher Temperatur an der Luft nicht verändern, beim Erhitzen an der Luft dagegen zu Zinnsäure verbrennen. Das Zinnoxydulhydrat geht bei Gegenwart von Wasser allmählich in Oxydhydrat über.

Das Zinnsäure-Anhydrid, SnO_2, findet sich in der Natur als Zinnstein. Man kann dasselbe darstellen durch Oxydation von Zinn in höherer Temperatur an der Luft, durch Glühen von Zinnsäurehydrat und durch Glühen von oxalsaurem Zinnoxydul.

Das Zinnsäure-Anhydrid besitzt im reinen Zustande eine weisse oder strohgelbe Farbe, welche beim Erhitzen vorübergehend braun wird. Dasselbe wird durch Wasserstoff, Kohlenoxyd, Kohle und bei vergleichsweise niedriger Temperatur durch Schmelzen mit Cyankalium zu Zinn reducirt.

Er ist in keiner Säure löslich, wohl aber löst es sich in wässrigen Alkalien.

Die Zinnsäure, H_2SnO_3, erhält man als weissen voluminösen Niederschlag beim Behandeln einer Lösung von Zinnchlorid mit Ammoniak. Dieselbe ist in Schwefelsäure und Salpetersäure unter Bildung von Zinnoxydsalzen, in wässrigen Alkalien unter Bildung von zinnsauren Salzen (Stannaten) löslich.

Eine Modification der Zinnsäure ist die sog. Metazinnsäure, $H_{10}Sn_5O_{15}$, welche sich von der Zinnsäure durch ihre Unlöslichkeit in Säuren unterscheidet. Man erhält dieselbe als weisses Pulver bei der Behandlung des Zinns mit Salpetersäure. Die gewöhnliche Zinnsäure verwandelt sich bei längerem Liegen unter Wasser in Metazinnsäure.

Chlorverbindungen des Zinns.

Mit Chlor bildet das Zinn 2 Verbindungen, Zinnchlorür und Zinnchlorid.

Das Zinnchlorür, $SnCl_2$, erhält man durch Behandeln von Zinn mit heisser concentrirter Salzsäure. Das Zinnchlorid stellt man dar durch Lösen von Zinn in Königswasser, durch Einleiten von Chlor in eine Lösung von Zinnchlorür sowie durch Erhitzen von Zinn in trockenem Chlorgas.

Sauerstoffsalze des Zinns.

Von den Sauerstoffsalzen des Zinns sind das Zinnsulfat und das Zinnnitrat zu erwähnen. Das Zinnsulfat stellt man her durch Auflösen von Zinn in concentrirter kochender Schwefelsäure, das Zinnnitrat durch Behandeln von Zinn mit verdünnter Salpetersäure. Die Silicate des Zinns sind noch sehr wenig studirt. Sie entstehen durch Erhitzen von Zinnsäure- Anhydrid mit Kieselsäure, sind leicht schmelzbar und werden in der Hitze durch metallisches Eisen zu Zinn reducirt. Durch Kohle erfolgt die Reduction zu Metall nur bei Anwesenheit einer Base, mit welcher sich die Kieselsäure verbinden kann.

Schwefel-Verbindungen des Zinns.

Mit Schwefel bildet das Zinn 2 Verbindungen, das Zinnsulfür, SnS, und das Zinnsulfid, SnS_2.

Das Zinnsulfür erhält man durch Zusammenschmelzen von Zinn und Schwefel oder durch Einwirkenlassen von Schwefeldampf auf fein zertheiltes Zinn. Das Zinnsulfür stellt eine metallisch glänzende, bleigraue blättrige Masse dar. Auf nassem Wege erhält man es in der Form von Zinnhydrosulfür als braunen Niederschlag, wenn man Zinnoxydulsalze bzw. Zinnchlorür mit Schwefelwasserstoff behandelt. Nach den Untersuchungen von Mourlot (Compt. rend. 1897, 124 I 763) wird es durch die Hitze des elektrischen Stromes nicht zerlegt, wohl aber verflüchtigt es sich unzersetzt.

Das Zinnsulfid, SnS_2, erhält man in der Gestalt goldglänzender gelber Schuppen, wenn man gefeiltes Zinn mit Schwefel und Salmiak erhitzt. Dasselbe ist unter dem Namen „Musivgold“ bekannt. Auf nassem Wege erhält man es in der Form von Hydrosulfid als gelben Niederschlag durch Behandeln von Zinnoxydsalz- bzw. Zinnchloridlösungen mit Schwefelwasserstoff.

Phosphor und Arsen

lassen sich direct sowohl wie indirect mit dem Zinn zu silberweissen, spröden Körpern verbinden.

Legirungen des Zinns.

Das Zinn lässt sich mit den meisten Metallen in den verschiedensten Verhältnissen zu Legirungen vereinigen, von welchen viele wegen ihrer besonderen Eigenschaften Verwendung zu Gegenständen des Gebrauches finden. Von denselben seien erwähnt die Zinn-Kupfer-Legirungen (Bronze, Kanonenmetall, Glockenmetall), die Zinn-Blei-Legirungen (Zinnguss, Stanniol, Schnellloth), die Zinn-Antimon-Legirungen für sich sowohl als auch mit Zusätzen von Blei und Kupfer (Lagermetall, Britannia-Metall), die Zinn-Wismuth-Blei-Legirungen (für Clichés, Kattundruckformen und Abgüsse angewendet), die Zinn-Zink-Legirungen (zu unechtem Blattsilber angewendet), die Zinn-Quecksilber-Legirungen (zu Spiegelbelägen angewendet). Von Wichtigkeit bei der Gewinnung des Zinns sind die Zinneisen-Legirungen.

Dieselben entstehen beim Verschmelzen eisenhaltiger Zinnerze und zinn- und eisenhaltiger Schlacken und sind als „Härtlinge“ (hard-head) bekannt. Es sind derartige Legirungen von den Formeln Fe_4Sn, Fe_2Sn, $FeSn$, $FeSn_2$, $FeSn_6$, $FeSn_7$ nachgewiesen worden.

Am bekanntesten ist die Legirung von der Formel $FeSn_2$, welche von Nöllner und Plattner (1860) und später von Oudemans[1]) untersucht worden ist. Oudemans hat sie in Krystallen aus Banka-Zinn isolirt und

[1]) Jaarboek van het Mijnwezen in Nederlandsch Oost-Indie 1890, I, p. 24.

ihr spec. Gewicht zu 7,743 festgestellt. Dieselbe bildet sich, wenn eisenhaltiges Zinn geschmolzen und einer langsamen Abkühlung überlassen wird. Legirungen von der Formel Fe_4Sn sind von Lampadius, Berzelius, Berthier und Stölzel untersucht worden. Legirungen von den Formeln $FeSn_6$ und $FeSn_7$ sind von Stölzel, von der Formel FeSn von Caron und Deville, von der Formel Fe_2Sn von Lassaigne beschrieben worden. Nach Stölzel saigert aus Legirungen mit mehr als $^2/_3$ ihres Gewichtes an Zinn beim Schmelzen derselben Zinn aus und es verbleibt eine Legirung von der Formel Fe_4Sn zurück.

Die Zinnerze.

Das einzige Zinnerz, welches zur Gewinnung des Zinns dient, ist der Zinnstein oder Cassiterit (SnO_2) mit 78,6 % Zinn. Derselbe findet sich sowohl auf Gängen, Stockwerken und Lagern als auch auf secundärer Lagerstätte in Geröllablagerungen, den sog. Seifenwerken. Das auf den Lagerstätten anstehende Erz nennt man Bergzinnerz, das in Geröllablagerungen vorkommende Erz Seifenzinn (Waschzinn, Zinnsand, Barilla), englisch: „stream tin".

Die Lagerstätten des Bergzinnerzes finden sich nur in älteren Gebirgsgliedern in Granit, Gneiss, Glimmerschiefer, Greisen und Thonschiefer. Die den Zinnstein begleitenden Mineralien sind: Quarz, Glimmer, Flussspath, Apatit, Feldspath, Speckstein, Turmalin, Chlorit, Topas, Axinit, Schwefelmetalle der verschiedensten Art, Arsenkies, Arsenikalkies, Eisenglanz, Magneteisenstein, gediegen Wismuth, Wolframit, Molybdänglanz.

Die Seifenzinn-Lagerstätten sind aus der Zerstörung der Bergzinnerz-Lagerstätten und des sie umgebenden Gesteins hervorgegangen. Sie finden sich daher, gewöhnlich alte Flussläufe ausfüllend, stets in der Nähe der ursprünglichen Lagerstätten. Die Erze derselben sind reiner, weil durch die Atmosphärilien ein Theil der schädlichen Beimengungen derselben (Arsen- und Schwefelmetalle) zersetzt und durch die Wasserfluthen fortgeführt worden sind.

Der Zinnstein findet sich in England, Schweden, Russland (Pitkaranta in Finnland und Transbaikalien in Sibirien), Sachsen, Böhmen, Spanien (Provinz Galicia), Portugal (Zamora), Frankreich (Morhiban, Vaulry, Cieux, Montebras), in den Vereinigten Staaten von Nord-Amerika (Californien, Dakota, Nordcarolina, Virginia, Alabama), Alaska, in Mexico, Brasilien, Peru, Bolivia, Chile, China, Japan, Malacca, Sumatra, Java, Banca, Billiton, Carimon, Birma, Siam, Anam, Australien (Neu-Süd-Wales, Queensland, Western-Australia, Tasmania), Afrika (Congo, Swazieland).

Die wichtigsten Fundorte des Zinnsteins, welche gegenwärtig das Material für die Zinngewinnung liefern, sind in England Cornwall und Devonshire, deren Lagerstätten schon seit den Zeiten der Phönizier abgebaut werden. Die Seifenzinnlagerstätten sind daselbst erschöpft. Das

Zinnerz wird gegenwärtig auf Gängen und auf den Verzweigungen derselben in das Nebengestein gewonnen. In Sachsen sind Altenberg, Geyer und Zinnwald zu nennen, wo sich das Erz in Stockwerken findet; in Böhmen Graupen und Schlaggenwald, wo es gleichfalls in Stockwerken vorkommt. Die Menge des in Sachsen und Böhmen gewonnenen Erzes ist gering im Vergleiche zu den in England, Indien und Australien gewonnenen Erzmengen. In Frankreich findet sich Zinnstein in der Bretagne (Villeder, Piriac) und in der Creuse (Montebras) nur in geringer menge, ebenso in Spanien (Galicia).

Die wichtigsten aussereuropäischen Fundorte für Zinnstein sind die Inseln des indischen Archipels (Seifenzinn), Banca, Billiton, ferner Sumatra, Carimon, die Halbinsel Malacca (Perak, Selangor, Negri-Sembilan, Pahang), in Australien (Seifenzinn und Bergzinnerz) Tasmania, Neu-Süd-Wales, Queensland. Das wichtigste Vorkommen von Australasien ist das des Mount Bishoff in Tasmania. Das Erz findet sich daselbst in Alluvionen, Gängen und Stockwerken. Ein Eurit- und Porphyrstock durchbricht dort silurische Schiefer und Sandsteine. Die letzteren sind an den Contaktstellen mit dem gedachten Stock zerspalten und mit Zinnstein, Arsenkies und Kupferkies erfüllt. Mit der Tiefe nehmen die Schwefelmetalle zu.

In grösserer Verbreitung findet sich Zinn auch in Bolivia (Chorolque, Oruro, Potosi, La Paz). Der wichtigste Zinn-District ist der von Oruro.

Die grösste Menge des Seifenzinns wird an den gedachten Fundorten Ostindiens gewonnen.

Die grössten Mengen von Zinn werden in Ostindien, England, Australien und Bolivia gewonnen.

Das Seifenzinn mit faseriger Structur führt den Namen „Holzzinn“.

Ausser dem Zinnstein ist als zinnhaltiges Mineral noch der sog. Zinnkies mit 25 bis 28 % Zinn anzuführen. Derselbe stellt eine isomorphe Mischung der Schwefelverbindungen von Zink, Zinn, Eisen und Kupfer dar. Er findet sich krystallisiert nur in Cornwall (Huel Rock Mine bei St. Agnes) und bildet wegen seines seltenen Vorkommens nicht den Gegenstand der Zinngewinnung.

Die Gewinnung des Zinns.

Man gewinnt das Zinn aus dem Zinnstein grundsätzlich auf trockenem Wege. Der nasse Weg wird in einigen Fällen aushülfsweise angewendet, um den Zinnstein von gewissen schädlichen Gemengtheilen zu befreien. Für die Verarbeitung des Zinnsteins auf elektrometallurgischem Wege sind verschiedene Vorschläge gemacht worden, welche indessen keine Aussicht auf Erfolg zu haben scheinen. Auch für die Gewinnung des

Zinns auf diesem Wege aus Schlacken sind Vorschläge gemacht worden, welche indess ebenfalls noch keine definitive Anwendung gefunden zu haben scheinen.

Für die Gewinnung des Zinns aus zinnhaltigen Abfällen, besonders aus Weissblechabfällen ist der nasse Weg sowohl als auch der elektrometallurgische Weg zur Anwendung gelangt.

Das aus dem Zinnstein gewonnene Zinn ist in den meisten Fällen noch durch fremde Elemente verunreinigt und bedarf daher einer Reinigung von denselben. Diese Reinigung, das Raffiniren des Zinns, geschieht auf trockenem Wege, kann aber auch unter Zuhülfenahme des nassen Weges bewirkt werden.

Wir haben hiernach zu unterscheiden:

I. Die Gewinnung des Zinns auf trockenem Wege und zwar:
   1. Die Gewinnung des Zinns aus Zinnstein und aus den bei der Verarbeitung desselben erhaltenen Zwischenerzeugnissen und Abfällen.
   2. Das Raffiniren des Zinns und die Verarbeitung der Abfälle vom Raffiniren.
   3. Die Gewinnung des Zinns aus Krätzen und sonstigen Abfällen.

II. Die Gewinnung des Zinns auf nassem Wege.

III. Die Gewinnung des Zinns auf elektrometallurgischem Wege.

I. Die Gewinnung des Zinns auf trockenem Wege.

1. Die Gewinnung des Zinns aus Zinnstein und aus den bei der Verarbeitung desselben erhaltenen Zwischenerzeugnissen und Abfällen.

Die Gewinnung des Zinns aus dem Zinnstein ist ermöglicht durch die Reducirbarkeit des Zinnoxyds durch Kohle und Kohlenoxyd in höherer Temperatur. Diese Temperatur liegt so hoch, dass mit dem Zinnoxyd auch die den Zinnstein begleitenden Oxyde von anderen Metallen, besonders von Eisen reducirt werden und dass sich die ausgeschiedenen Metalle mit dem Zinn legiren.

Durch Kieselsäure, welcher gegenüber das Zinnoxyd die Rolle einer Base spielt, wird dasselbe verschlackt. Den Alkalien und alkalischen Erden gegenüber spielt das Zinnoxyd die Rolle einer Säure und bildet mit denselben Stannate.

Die Verunreinigung des Zinnsteins durch Kieselsäure, Silicate und Erdbasen wird daher bei der Verschmelzung desselben stets eine Verschlackung von Zinn hervorrufen. Ebenso wird das feuerfeste Futter der Schmelzöfen (man wendet Schachtöfen oder Flammöfen an), sei es nun saurer oder basischer Natur, Bestandtheile zur Verschlackung von Zinn abgeben.

Ist Eisen in grösserer Menge vorhanden, so lässt sich die Bildung und Ausscheidung von Zinneisen-Legirungen nicht verhindern.

Zur Vermeidung der Verunreinigung des Zinns durch schwere Metalle, zur Vermeidung oder Beschränkung der Bildung von Zinneisenlegirungen sowie zur Beschränkung der Verschlackung des Zinns durch dem Zinnstein beigemengten Quarz sowie durch Silicate und Erdbasen ist man gezwungen, den Zinnstein vor der Reduction, welche in Flammöfen sowohl als auch in Schachtöfen geschehen kann, nach Möglichkeit von allen Beimengungen zu befreien. Diesen Zweck erreicht man theils durch mechanische Aufbereitung, theils durch Anwendung von chemischen Mitteln (Röstung, Behandlung mit Säuren). Die Vorbereitung des Zinnsteins spielt daher eine Hauptrolle bei der Gewinnung des Zinns. Nun ist es nicht möglich, den Zinnstein vollständig von seinen Beimengungen zu befreien. Es ist daher erforderlich, den noch verbliebenen Rest derselben in eine geeignete Schlacke überzuführen.

Die Schlacken nun, welche als Base hauptsächlich Eisenoxydul enthalten, nehmen nicht nur Zinnoxyd als Bestandtheil auf, sondern schliessen in Folge ihres hohen spec. Gewichtes auch Zinnkörner mechanisch ein. Sie bedürfen daher noch besonderer Arbeiten zur Gewinnung des Zinns aus ihnen.

Je grösser die Menge der beim Verschmelzen des Zinnsteins fallenden Schlacken ist, um so geringer ist das directe Ausbringen von Zinn aus dem Zinnstein.

Fallen Zinneisenlegirungen bei der Verarbeitung des Zinnsteins und der Schlacken, so muss auch aus ihnen das Zinn durch Schmelzarbeiten gewonnen werden.

Die Gewinnung des Zinns in elektrischen Oefen ist bisher nicht zur Ausführung gelangt.

Nach Borchers[1]) sind in dem Institut für Metallhüttenwesen und Elektrometallurgie der technischen Hochschule zu Aachen von Danneel und Kügelgen in dieser Richtung Versuche mit ermuthigenden Ergebnissen ausgeführt worden.

Wir haben nun bei der Gewinnung des Zinns aus Zinnstein zu unterscheiden

A. die Befreiung des Zinnsteins von schädlichen Gemengtheilen,

B. die Verarbeitung des Zinnsteins und der bei der Reduction desselben erhaltenen Zwischenerzeugnisse und Abfälle.

---

[1]) Elektrometallurgie 1903. S. 454.

A. Die Befreiung des Zinnsteins von schädlichen Gemengtheilen.

Die Befreiung des Zinnsteins von dem grössten Theile seiner schädlichen Gemengtheile ist ermöglicht durch das hohe specifische Gewicht desselben, durch die Unveränderlichkeit desselben in der Rösthitze sowie durch seine Unlöslichkeit in Säuren.

In Folge des hohen specifischen Gewichtes des Zinnsteins lassen sich Erden, Quarz, Silicate, sowie die meisten Metalloxyde durch eine mechanische Aufbereitung von demselben trennen.

Die Unveränderlichkeit des Zinnsteins in der Glühhitze gestattet ein Mürbebrennen harter quarziger Erzstücke vor der Aufbereitung, sowie die Entfernung von Schwefel, Arsen und Antimon aus beigemengten Schwefel-, Arsen- und Antimonverbindungen durch oxydirende Röstung. Die Unlöslichkeit des Zinnsteins in Säuren gestattet die Entfernung von Wismuth und Kupfer aus dem gerösteten Erze durch Säuren. In manchen Fällen ist der Zinnstein mit Wolframerzen, nämlich mit Wolframit, $(Mn\,Fe)WO_4$, oder Scheelit, $CaWO_4$, oder Tungstit, WO_3, gemengt. Wenn derartiger Zinnstein mit alkalischen Zuschlägen (Soda, Natriumsulfat) geschmolzen wird, so bilden sich zuerst wolframsaure und erst später zinnsaure Alkalien. Durch Anwendung einer passenden Menge des Zuschlags lässt sich der Wolframgehalt entfernen, während nur ein geringer Theil Zinn in zinnsaures Salz (Stannat) verwandelt wird. Man hat auf diese Weise den Wolframgehalt des Zinnsteins zu entfernen gesucht, das Verfahren aber später aufgegeben. Als Ursachen werden die hohen Kosten desselben, der beschränkte Markt für wolframsaure Alkalien, der Verlust an Zinn durch die Bildung von Natriumstannat sowie in Cornwall das Verschwinden des Wolframs aus den Zinnerzen angegeben. Da sich die Wolframerze wegen ihres hohen specifischen Gewichtes durch Aufbereitung vom Zinnstein nicht trennen lassen, so sucht man dieselben an den meisten Orten durch Handscheidung und sorgfältiges Ausklauben vom Zinnstein zu trennen.

Bei den Seifenzinnerzen genügt in den meisten Fällen eine mechanische Aufbereitung zur Herstellung von reinem Zinnstein. Bei dem Bergzinnerz dagegen müssen ausser der mechanischen Aufbereitung auch Röstprozesse und in manchen Fällen auch noch Löseprozesse zu Hülfe genommen werden.

Ist das Bergzinnerz stark mit Quarz oder mit quarzigen Gebirgsarten gemengt, so findet wohl vor der Aufbereitung ein Mürbebrennen des Erzes statt, um den Quarz lockerer und dadurch besser geeignet für die Zerkleinerung zu machen (Altenberger Zinnzwitter).

Durch die mechanische Aufbereitung, welcher man die Erze direct oder nach vorgängigem Mürbebrennen unterwirft, werden die Gebirgsarten, Erden, der Quarz sowie die Oxyde der schweren Metalle zum grössten

Theil entfernt, während die Schwefel- und Arsenmetalle und die Wolframverbindungen zum grösseren Theile beim Zinnstein verbleiben.

Zur Entfernung von Schwefel und Arsen sowie zur Ueberführung der an diese Elemente gebundenen Metalle in Oxyde werden die Erze einer oxydirenden Röstung unterworfen, welcher man zur Entfernung der durch dieselbe gebildeten Metalloxyde wieder ein Verwaschen folgen lässt. Enthalten die Erze grössere Mengen von Arsen (Cornwall), so werden sie zur Entfernung der letzten Antheile dieses Elementes nach dem Verwaschen einer zweiten Röstung und dann einem nochmaligen Verwaschen unterworfen. Enthalten sie Kupfer und Wismuth, so werden die durch die Röstung gebildeten Oxyde dieser Metalle vor dem weiteren Verwaschen durch Säuren (verdünnte Schwefelsäure bzw. Salzsäure) ausgezogen.

Der Wolframgehalt des Zinnsteins wurde früher nach dem Waschen der Erze durch Schmelzen derselben mit Soda oder Glaubersalz entfernt.

Durch eine geschickte Verbindung von Aufbereitung, Röstung und Laugen gelingt es, den Zinngehalt der Erze von 1 bis 2% auf 50 bis 70% zu bringen.

Die Röstung des Zinnsteins.

Das aufbereitete Bergzinnerz, welches noch Schwefelmetalle und Arsenverbindungen, besonders Pyrit, Kupferkies und Mispickel enthält, wird einer oxydirenden Röstung in Flammöfen unterworfen, um Schwefel und Arsen in der Form von Schwefliger Säure bzw. von Arseniger Säure zu entfernen und die betreffenden Metalle in Oxyde zu verwandeln. Die Arsenige Säure wird in Flugstaubcanälen und Flugstaubkammern aufgefangen, während man die Schweflige Säure entweichen lässt.

Die aufbereiteten Erze enthalten gewöhnlich schon 25 bis 30% Zinn.

Da grössere Mengen von Arsen sich durch eine einmalige Röstung nicht entfernen lassen, so muss dieselbe bei Erzen mit hohem Arsengehalt wiederholt werden.

Die chemischen Vorgänge bei der oxydirenden Röstung eines zerkleinerten Gemenges von Zinnstein, Pyrit, Kupferkies, Arsenikkies, Mispickel, Wismuth und Verbindungen des Wolframs, wie es häufig das Material für die Zinngewinnung bildet, sind die nachstehenden.

Der Pyrit wird unter Entwickelung von Schwefliger Säure theils in Eisenoxyd, theils in Eisensulfat verwandelt. Das letztere wird durch Erhöhung der Temperatur in Eisenoxyd und Schwefelsäure bzw. Schweflige Säure und Sauerstoff zerlegt. Die Schwefelsäure wirkt auf die übrigen Schwefel- und auch auf die Arsenmetalle oxydirend ein. Der Kupferkies wird in ein Gemenge von Kupferoxyd und Kupfersulfat verwandelt. Der Zinnstein bleibt bis auf einen kleinen Theil, welcher in Zinnsulfat verwandelt wird, unverändert. Wismuth wird in Wismuthoxyd verwandelt. Das Arseneisen verliert den grössten Theil des Arsens in der Form von

Arseniger Säure. Ein geringer Theil der letzteren wird in Arsensäure verwandelt und bildet mit einem Theile des Eisens Eisenarseniat.

Der Arsenikkies wird unter Entbindung von Schwefliger Säure und Arseniger Säure in ein Gemenge von Eisenoxyd, Eisensulfat und Eisenarseniat übergeführt. Die Verbindungen des Wolframs bleiben unverändert. Das in den Erzen enthaltene Kupfer sucht man nach Möglichkeit in Kupfersulfat zu verwandeln, um das letztere aus dem Röstgute durch Wasser auszulaugen.

Als Ergebniss der Röstung erhält man ein Gemenge von Zinnstein, Oxyden des Eisens, Kupfers, Wismuths, aus Sulfaten des Kupfers und Eisens, wenig Zinnsulfat, Eisenarseniat, Wolframverbindungen und geringen Mengen unzersetzter Schwefel- und Arsenmetalle.

Das Eisenarseniat ist in der Hitze ziemlich beständig. Zur Zerlegung desselben mengt man daher wohl Kohlenpulver oder kohlehaltige Körper (Sägemehl, Tannennadeln) unter die Röstmasse. Das arsensaure Eisen wird hierdurch in Eisenoxyd verwandelt, indem die Arsensäure durch die Kohle unter Bildung von Kohlensäure in Arsenige Säure und Arsensuboxyd verwandelt wird.

Als Röst-Flammöfen wendet man sowohl Oefen mit feststehender Erhitzungskammer als auch Oefen mit ganz oder theilweise beweglicher Erhitzungskammer an. Die Röstöfen mit ganz oder theilweise beweglicher Erhitzungskammer sind an solchen Orten am Platze, an welchen die Arbeitslöhne hoch sind, die Erze grosse Mengen von Schwefel- und Arsenmetallen enthalten und grosse Mengen von Erzen zu verarbeiten sind. Das ist beispielsweise der Fall in England (Cornwall), wo die Oefen mit feststehender Erhitzungskammer zum grössten Theile durch Oefen der gedachten Art verdrängt worden sind.

In der neuesten Zeit sind daselbst die Oefen mit theilweise beweglicher Erhitzungskammer (Brunton-Oefen) wieder den leistungsfähigeren Oefen mit vollständig beweglicher Erhitzungskammer (Oxland-Oefen) gewichen.

Die Oefen mit feststehender Erhitzungskammer

besitzen eine elliptische, rechteckige oder quadratische Sohle mit nur einer Arbeitsöffnung an der der Feuerung gegenüberliegenden kurzen Seite. Die Länge der Heerdsohle beträgt zwischen 2,2 und 4,57 m, die Breite (bei elliptischer Sohle die grösste Breite) 1,54 bis 3,4 m; die Höhe des Gewölbes über dem Heerde beträgt 0,32 bis 0,6 m. Der Einsatz in den Ofen schwankt je nach der Grösse desselben zwischen 500 und 1000 kg.

Die Einrichtung des in Sachsen angewendeten Röstofens ist aus den Figuren **367** und **368** ersichtlich. Die Abmessungen desselben ergeben sich aus den eingeschriebenen Zahlen.

Das Erz wird auf dem Gewölbe des Ofens getrocknet und dann durch die Oeffnung a in die Erhitzungskammer herabgelassen; d ist die

Esse, c ein Canal zum Abführen der Arsenigen Säure in die Condensationskammern (Giftfänge, Giftthürme). Die Esse d kann durch einen Schieber b vom Erhitzungsraume abgeschlossen werden; ebenso kann der Canal c zum Abführen der Arsenigen Säure durch einen Schieber oder eine Drosselklappe von der Erhitzungskammer abgeschlossen werden.

Beim Rösten arsenhaltiger Erze in diesem Ofen wird zuerst die Esse abgeschlossen. Dann wird stark gefeuert. Es entstehen grosse

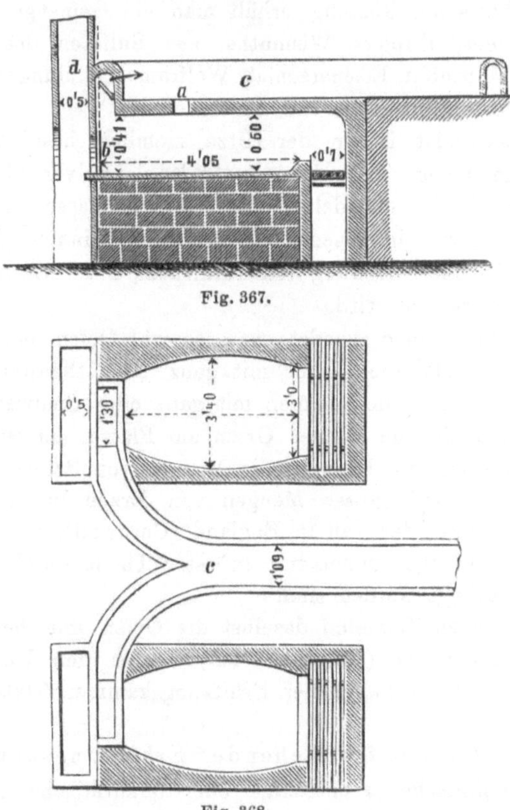

Fig. 367.

Fig. 368.

Mengen von Arseniger Säure, welche, da die Esse geschlossen ist, in die Condensationsräume treten müssen. Wenn die Entwickelung von Arseniger Säure aufhört, mengt man Kohlen unter die Röstmasse, um das entstandene Eisenarseniat zu zerstören, schliesst den Condensationscanal vom Ofen ab und entfernt den Schieber, welcher die Fuchsöffnung verschlossen hielt. Die Gase nehmen nun ihren Weg durch die Esse in das Freie.

Enthalten die Erze nur sehr wenig oder gar kein Arsen, so lässt man die Röstgase und Verbrennungsgase lediglich durch die Esse abziehen.

Bei Erzen dieser Art feuert man zuerst schwach und steigert die Temperatur mit abnehmendem Schwefelgehalt der Röstmasse.

Während der Röstung muss die Röstpost gehörig durchgekrählt und zeitweise gewendet werden, um die einzelnen Theile derselben fortwährend mit der Luft in Berührung zu bringen und um ein Zusammensintern derselben zu verhüten.

Der Einsatz beträgt 600 bis 750 kg. Die Dauer der Röstung hängt von dem Arsengehalte der Erze ab und beträgt bei arsenfreien Erzen 6 bis 8 Stunden, bei arsenhaltigen Erzen bis 24 Stunden. Zur Bedienung des Ofens sind 1 bis 2 Arbeiter erforderlich.

Zu Tostedt (Lüneburger Heide) wendet man Fortschaufelungsöfen mit je 2 und mit je 4 Heerden an. In dem zweiheerdigen Ofen werden in 24 Stunden je nach dem Schwefelgehalte der Beschickung 2,5 bis 4 t, in dem vierheerdigen Ofen 5 bis 10 t Erz abgeröstet.

Zu Par in Cornwall standen Oefen mit elliptischem Heerde von 2,2 m Länge, 1,57 m Breite und 0,42 m Gewölbehöhe in der Mitte des Ofens im Betriebe. Der mehrere hundert Meter lange Canal zum Auffangen der Arsenigen Säure war 2 m hoch, 2,5 m weit und mit alternirend gestellten Scheidewänden versehen. Am Ende desselben befand sich eine hohe Esse. Der Einsatz betrug 500 bis 600 kg, welche 10 bis 13 Stunden lang im Ofen blieben und bei schwacher Rothglühhitze in Zeiträumen von je 20 bis 30 Minuten durchgekrählt wurden. Der Kohlenverbrauch betrug 100 bis 130 kg.

Bei einem grösseren Arsengehalte der Erze wurden dieselben verwaschen und dann einer zweiten 8- bis 10 stündigen Röstung unterworfen.

Zu Treleighwood in Cornwall hatte der Heerd 2,40 m im Quadrat, der Feuerraum 0,75 m im Quadrat. Zur Röstung von 1 t Erz wurden 150 kg Kohlen verbraucht.

Oefen mit theilweise beweglicher Erhitzungskammer.

Von den Oefen dieser Art ist der in Cornwall angewendete Röstofen von Brunton zu erwähnen.

Die Einrichtung desselben ist aus den Figuren 369 und 370 ersichtlich. a ist der auf einer stehenden Welle befestigte drehbare Heerd. Derselbe besteht aus einem Eisengerippe, welches einen aus Eisenblech hergestellten, auf seiner oberen Fläche mit concentrischen Rippen versehenen Teller trägt. Zwischen den Rippen ist eine Lage von feuerfesten Steinen eingemauert. Der Heerd hat die Gestalt eines flachen Kegels, dessen Mantel eine Neigung von 0,019 m auf je 0,3048 m besitzt. Der Durchmesser desselben schwankt zwischen 2,5 und 4,25 m. (Im vorliegenden Falle beträgt derselbe 4 m.) Die den Heerd tragende stehende Welle, auf welcher ein grosses Zahnrad aufgekeilt ist, wird durch das Wasserrad A bzw. durch das Räderpaar k und das conische Getriebe i gedreht.

In der Stunde macht der Heerd $1^1/_2$ Umdrehungen[1]). Das Heerdgewölbe liegt 0,28 m über der Heerdfläche. e ist die Oeffnung zum Eintragen der Erze. Dasselbe geschieht mit einer automatischen Aufgebevorrichtung.

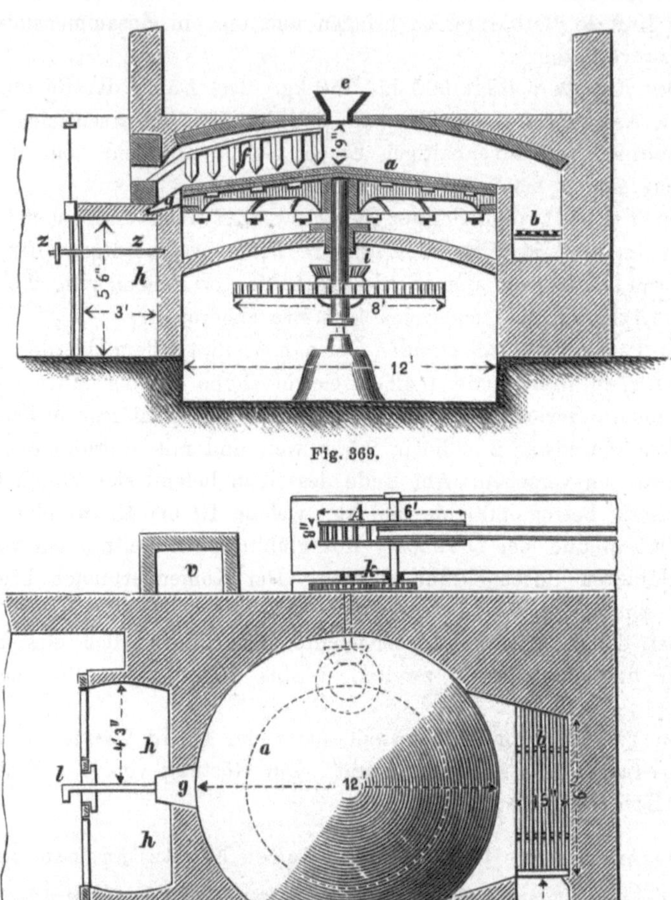

Fig. 369.

Fig. 370.

Ueber dem Heerde sind 2 bis 3 unbewegliche Röstkrähle f mit schiefen Zinken von je 0,08 m Länge in einem Rahmen aufgehangen. Bei der Drehung des Heerdes werden die Erze durch die schiefstehenden Zinken der Röstkrähle allmählich von der Mitte nach der Peripherie desselben

[1]) Phillips. Elements of Metallurgy, p. 513. London 1891.

vorgeschoben und gelangen schliesslich vor die mit einer beweglichen Schnauze g versehene Austragöffnung. Hier werden sie je nach der Stellung der Schnauze abwechselnd in eine der beiden Kammern h ausgetragen. Die Schnauze wird mit Hülfe der Klinke l abwechselnd über die gedachten Kammern gelegt. Die letzteren werden während der Entleerung derselben durch Schieber verschlossen.

In einem derartigen Ofen werden in 24 Stunden 2 bis $2^1/_2$ t Erz abgeröstet. Der Steinkohlenverbrauch auf die t Röstgut beträgt 125 kg.

Das Röstgut wird durch Verwaschen auf 70 % Zinnsteingehalt concentrirt. Bei der nun folgenden zweiten Röstung werden in 24 Stunden 3 t Erz durchgesetzt.

Der Brunton'sche Röstofen ist in der letzten Zeit auf einer Reihe von Werken durch den rotirenden Ofen von Hocking und Oxland ersetzt worden.

Oefen mit beweglicher Erhitzungskammer.

Von den Oefen dieser Art hat sich der in Cornwall angewendete Ofen von Hocking und Oxland als besonders geeignet für die Röstung arsen- und schwefelreicher Zinnerze erwiesen. Die Einrichtung desselben, wie er auf den englischen Zinnhütten angewendet wird, ist aus den Figuren 371 und 372 ersichtlich. B ist der 9 bis 12 m lange rotirende Cylinder von 1,2 bis 1,8 m Durchmesser i. L. Derselbe ist aus Kesselblech hergestellt und mit einem Futter aus feuerfesten Steinen versehen. Um das Erz bei der Drehung des Cylinders emporzuheben, sind in dem Futter des Cylinders 4 hervorstehende Längsrippen aus feuerfesten Steinen angebracht, zwischen welchen sich das Erz befindet. Die Neigung des Cylinders hängt von der Natur des zu röstenden Erzes ab. Bei Erzen, welche sich rasch abrösten lassen, ist sie grösser als bei Erzen, welche längere Zeit zur Röstung bedürfen. Der Cylinder ist mit 3 Laufkränzen versehen, welche ihrerseits auf Gleiträdern c ruhen. Die Bewegung des Cylinders erfolgt durch Eingreifen des conischen Rades Z in den am Umfang des Cylinders angebrachten Zahnkranz D. H ist die Rostfeuerung. Die für die Oxydation erforderliche Luft tritt durch den im Gewölbe A der Rostfeuerung angebrachten Canal i in angewärmtem Zustande in den Cylinder. Das Erz wird mit Hülfe einer automatischen Aufgabevorrichtung durch den Trichter h am oberen Ende des Cylinders aufgegeben. Bei der Drehung des letzteren wird es durch die hervorstehenden Längsrippen gehoben und fällt, sobald es seinen natürlichen Böschungswinkel erreicht hat, herab. Hierbei kommt es mit den heissen Gasen und der Luft in vielfache Berührung und wird geröstet. An dem unteren Ende des geneigten Cylinders angekommen, gelangt es durch den Schlitz e in die gewölbte Kammer F, aus welcher es nach Oeffnung des Thors f herausgezogen wird. Der Cylinder macht je nach der Natur der Erze in der Minute 3 bis 8 Umdrehungen. Die heissen Gase und Dämpfe treten am oberen Ende des Cylinders aus und gelangen in ein System von Flugstaubkammern k, l, n, o, p u. s. f., in welchen die Arsenige Säure niedergeschlagen wird, und dann in eine Esse. Die Entfernung des niedergefallenen Flug-

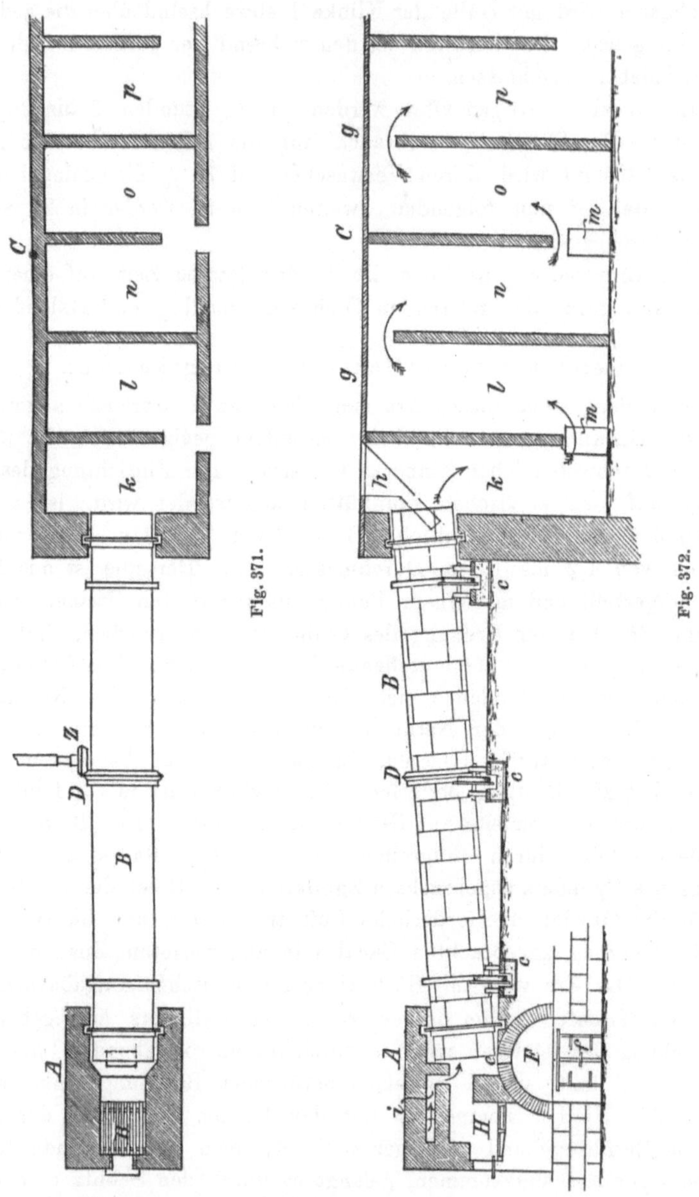

Fig. 371.

Fig. 372.

staubs erfolgt durch Oeffnungen m, welche während des Betriebes vermauert sind. Die Flugstaubkammern sind mit Gusseisenplatten abgedeckt, auf welchen die zu röstenden Erze getrocknet werden.

Zur Wartung des Ofens ist ein Arbeiter und ein Junge in der 8 stündigen Schicht erforderlich. Der Brennstoffverbrauch desselben ist aber erheblich geringer und das Durchsetzquantum erheblich grösser als beim Brunton-Ofen. Je nach dem Schwefel- und Arsengehalte des Erzes werden in 24 Stunden 20 bis 25 t Erz abgeröstet bei einem Steinkohlenverbrauche von 50 kg Kohle auf 1 t Erz.

Behandlung des Röstgutes.

Enthalten die einmal gerösteten Erze Kupfer, so werden sie zuerst mit Wasser behandelt, um das durch die Röstung gebildete Kupfersulfat auszuziehen; alsdann setzt man zur Auslaugung des Kupferoxyds Salzsäure oder verdünnte Schwefelsäure zu. Aus den Laugen wird das Kupfer durch Eisen niedergeschlagen.

Durch die Salzsäure werden auch Eisenoxyd und Wismuthoxyd aus dem Röstgute ausgelaugt.

In Sachsen (Altenberg), wo die Erze wismuthhaltig sind, wird das Röstgut in Holzbottichen mit Salzsäure mehrere Stunden lang umgerührt. Die hierdurch erhaltene Lösung von Chlorwismuth wird zur Ausfällung von basischem Chlorwismuth in einem zweiten Bottich mit Wasser verdünnt und dann in eine Reihe von Kästen geleitet, in welchen sich das basische Chlorwismuth absetzt. Das letztere wird von der Flüssigkeit getrennt, getrocknet und dann in Graphittiegeln mit Kalk und Kohle auf Wismuth verschmolzen.

Entfernung des Wolframs aus den gerösteten Erzen.

Das Wolfram, welches weder durch Aufbereitung, noch durch Auslaugen mit Säuren, noch durch Röstung aus den Erzen entfernt werden kann, hat man lange Zeit hindurch auf der Drake Wall Mine durch Schmelzen der gerösteten und verwaschenen Erze mit Soda beseitigt. Dieses von Oxland angegebene Verfahren besteht in der Ueberführung des Wolframs in wolframsaures Natrium, welches Salz durch Wasser in Lösung gebracht werden kann. Der Prozess wird in einem Flammofen ausgeführt, dessen Heerd durch eine gusseiserne Pfanne gebildet wird.

Die Einrichtung des Ofens ist aus der Figur 373 ersichtlich. a ist die gusseiserne Pfanne, in welche der Einsatz durch eine im Gewölbe des Ofens angebrachte Oeffnung z eingebracht wird. b ist die Rostfeuerung, g der Fuchs. Die Flamme bestreicht zuerst die Pfanne und zieht dann durch den senkrechten Canal f unter dieselbe, um schliesslich durch den Canal e nach der Esse zu ziehen. Der Gesammteinsatz für den Ofen schwankt zwischen 500 und 550 kg. Je gröber der Zinnstein, um so grösser kann der Einsatz sein. Man bringt zuerst das Erz in den Ofen und fügt die Soda erst zu, wenn dasselbe rothglühend geworden ist.

Dann werden die Massen gehörig durchgeschaufelt und zur Rothglut gebracht. Der Zusatz von Soda muss so bemessen werden, dass ein geringer Ueberschuss über die zur Bildung von wolframsaurem Natrium erforderliche Menge derselben vorhanden ist.

Die Masse im Ofen darf nicht zu einem Ganzen zusammenschmelzen, sondern die Zinnsteinkörner müssen die einzelnen Theile derselben trennen. Der Einsatz bleibt $2^1/_2$ bis 3 Stunden im Ofen und wird dann portionenweise durch eine Oeffnung im Heerd in ein unter demselben befindliches Gewölbe gezogen. In 24 Stunden werden in einem Ofen 3 bis 4 t Erz bei einem Brennstoffaufwand von 308 kg Steinkohlen durchgesetzt. Die noch heisse Masse wird in Laugebottiche gebracht und in denselben mit Wasser behandelt. Die erhaltene Lauge wird entweder bis zur Krystallisationsdichte oder bis zur Trockene eingedampft, in welchem letzteren Falle man ein Salz mit 70 % wolframsaurem Natrium erhält.

Fig. 373.

Der beim Auslaugen verbliebene Rückstand wird verwaschen, um die noch in demselben verbliebenen Oxyde von Eisen und Mangan, welche von den Wolframverbindungen herrühren, aus demselben zu entfernen.

Dieses Verfahren, welches lange Zeit hindurch auf Drake Walls Mine in Cornwall in Anwendung stand, ist in Folge der Bildung von Stannaten mit Zinnverlusten verbunden und liefert Wolframverbindungen, welche in Folge ihrer beschränkten Verwendung in der Technik nur einen geringen Werth besitzen. Es wird daher gegenwärtig wegen seiner Kostspieligkeit nur noch ausnahmsweise angewendet.

Anstatt der Soda hat man auch das billigere Glaubersalz oder Natriumsulfat angewendet. Hierbei setzt man zur Zerlegung der Schwefelsäure Kohle zu. Die Schwefelsäure wird bei gleichzeitiger reducirender Flamme zu Schwefliger Säure reducirt, welche entweicht. Alsdann giebt man eine oxydirende Flamme, bei welcher sich aus dem Wolfram wolframsaures Natrium und die Oxyde des Eisens und Mangans bilden. Der Einsatz beträgt 450 kg. In 24 Stunden werden 4 Einsätze verarbeitet. Die noch glühenden Massen werden in mit Wasser gefüllten Cisternen ausgelaugt. Laugen und Rückstand werden in gleicher Weise behandelt wie bei der Anwendung von Soda. Auch dieses Verfahren, welches in der Ausführung grosse Vorsicht erfordert, ist aus den nämlichen Gründen wie das Sodaverfahren aufgegeben worden.

Von Michell ist vorgeschlagen worden, bei einem gleichzeitigen Kupfergehalte der Erze dieselben einer chlorirenden Röstung mit Kochsalz zu unterwerfen, um das Wolfram in wolframsaures Natrium, das Kupfer in Kupferchlorid überzuführen. Arsen, Antimon und Wismuth sollen hierbei als Chlorverbindungen verflüchtigt werden. Aus der erhaltenen kupfer- und wolframhaltigen Lauge soll durch Eisen das Kupfer und dann durch Chlorcalcium das Wolfram als wolframsaures Calcium niedergeschlagen werden. Auch dieses Verfahren, welches zeitweise in Böhmen und Cornwall in Anwendung gestanden haben soll, ist wieder aufgegeben worden.

Gegenwärtig sucht man die Wolframerze nach Möglichkeit durch Ausklauben von den Zinnerzen zu trennen.

Das einmal geröstete und darauf verwaschene Erz wird, wenn es frei von Schwefel- und Arsenmetallen ist oder nur noch sehr geringe Mengen davon enthält, auf Zinn verschmolzen. Enthält es dagegen noch erhebliche Mengen von Schwefel- und Arsenmetallen, wie es auf einigen Werken in Cornwall der Fall ist, so wird es zur Entfernung der letzten Antheile von Arsen und Schwefel einer nochmaligen Röstung und zur Entfernung des hierbei gebildeten Eisenoxyds einem nochmaligen Verwaschen unterworfen. Das so behandelte Erz wird dann auf Zinn verschmolzen. Die Röstung und das Verwaschen werden in den nämlichen Apparaten ausgeführt wie die erste Röstung und das erste Verwaschen des Röstgutes.

In Sachsen, Böhmen und auf einer Reihe englischer Werke wird nur einmal geröstet und darauf aufbereitet. Die Aufbereitung des Röstgutes geschieht durch Verwaschen desselben.

B. Die Verarbeitung des Zinnsteins und der bei der Reduction desselben erhaltenen Zwischenerzeugnisse und Abfälle.

Die Verarbeitung des Zinnsteins geschieht durch ein reducirendes Schmelzen desselben mit Kohle.

Das reducirende Schmelzen kann sowohl in Schachtöfen als auch in Flammöfen ausgeführt werden.

Zur Zeit werden gegen $^2/_3$ der Zinnerzeugung der ganzen Erde in Schachtöfen mit verhältnissmässig kleinen Abmessungen bei Anwendung von Holzkohle als Brenn- und Reductionsstoff aus vergleichsweise reinen Erzen gewonnen. Ueber die Anwendung grosser Oefen unter Benutzung von Koks als Brenn- und Reductionsstoff (wie beim Verschmelzen von Blei- und Kupfererzen) liegen Erfahrungen noch nicht vor. Es lässt sich daher nur sagen, dass kleine Schachtöfen mit Holzkohlenbetrieb beim Vorhandensein reiner und reicher Erze in Stückform, beim Vorhandensein billiger Holzkohlen und bei beabsichtigter Erzeugung geringer Mengen von Zinn am Platze sind. Im Allgemeinen lässt sich von den Schachtöfen sagen, dass sie zinnärmere Schlacken liefern als die Flammöfen, dass das Zinn in Folge der stärkeren reducirenden Wirkung in ihnen unreiner ausfällt als in den Flammöfen, dass sich mehr Zinn verflüchtigt als in den Flammöfen, dass pulverförmige Erze den Zusatz von Auflockerungsmitteln (wozu Schlacken benutzt werden) bedingen, dadurch die Schlackenmenge vergrössern und eine vermehrte Verschlackung von Zinn herbeiführen und dass Koks, wegen ihres hohen Aschengehaltes, welcher verschlackt werden muss, die Bildung einer verhältnissmässig grossen Schlackenmenge und in Folge der anzuwendenden stärkeren Windpressung eine vermehrte Verflüchtigung von Zinn veranlassen.

Schliesslich bedingt die Ausgewinnung des Zinns aus den Schlacken und Legirungen wiederholte Schmelzarbeiten, welche sich in Flammöfen einfacher ausführen lassen als in Schachtöfen.

Die Flammöfen bedürfen keiner Auflockerungsmittel für pulverförmige Erze und erfordern nur die Einmengung der für die Reduktion erforderlichen Kohle (gewöhnlich in der Gestalt von magerer Steinkohle), nicht aber die Einmengung der für die Wärmeerzeugung erforderlichen Brennstoffe, so dass die Asche der letzteren nicht verschlackt zu werden braucht. Sie erfordern kein Gebläse und gestatten die Anwendung von rohen, festen Brennstoffen, von flüssigen Brennstoffen und von gasförmigen Brennstoffen. Der Zinnverlust durch Verflüchtigung ist geringer als bei den Schachtöfen. Dagegen trägt der Quarzgehalt des Heerdes zur Vermehrung der Schlackenmenge bei und die Schlacken sind reicher an Zinn als die Schachtofenschlacken. Auch erfordern sie zur Ausfütterung grössere Mengen von feuerfestem Material als die Schachtöfen. Die Schlacken und Nebenerzeugnisse lassen sich in ihnen auf einfache Weise verarbeiten.

Man wendet sie zur Zeit bei reinen sowohl wie bei unreinen Erzen, bei pulverförmigen Erzen sowohl wie bei Stückerzen, beim Vorhandensein billiger roher Brennstoffe und feuerfester Materialien sowie bei der beabsichtigten Verarbeitung grosser Mengen von Erz an.

Die Frage, ob nicht grosse, mit den entsprechenden Vorrichtungen zum Auffangen des Flugstaubes versehene Schachtöfen bei unreinen Erzen den Vorzug vor den Flammöfen verdienen, lässt sich zur Zeit nicht mit Sicherheit beantworten.

Sieht man von der ersten Verarbeitung des Zinnsteins in Heerden, welche in die Erde eingegraben waren, ab, so ist früher der Schachtofen allgemein für die Zugutemachung desselben angewendet worden, bis gegen das Jahr 1705 in Cornwall der Flammofen eingeführt wurde[1]).

---

[1]) Pryce. Mineralogia Cornubiensis. 1778. p. 282.

a) Die Verarbeitung des Zinnsteins und der bei der Reduction desselben erhaltenen Zwischenerzeugnisse und Abfälle in Schachtöfen.

Die Gewinnung des Zinns in Schachtöfen wird in Sachsen, Böhmen, Finnland, Bolivia, Banca, Billiton, auf der malaiischen Halbinsel, in Siam, Birma, Süd-China und Japan ausgeführt.

Die Schachtöfen dürfen nur eine beschränkte Höhe besitzen, weil andernfalls fremde Metalloxyde reducirt und die betreffenden Metalle in das Zinn übergeführt sowie auch aus schwer schmelzbaren Legirungen bestehende Säue gebildet werden. Man ist desshalb bisher nicht viel über 3 m Höhe hinausgegangen. Die bisher angewendeten Oefen besitzen nur geringe Weite und Tiefe. Es sollen indess in der letzten Zeit auch Versuche mit amerikanischen Wassermantelöfen ausgeführt worden sein. Ueber die Ergebnisse ist nichts bekannt geworden.

Um das reducirte Zinn möglichst schnell dem oxydirenden Einflusse der Gebläseluft zu entziehen und um das Absetzen von Sauen auf der Sohle des Ofens zu verhindern, stellt man die Oefen am besten als Spuröfen zu. Um verflüchtigtes Zinn und mechanisch durch den Gasstrom mitgerissenes Erz auffangen zu können, müssen die Oefen mit Flugstaubkammern verbunden werden.

Die Einrichtung des Ofens zu Altenberg in Sachsen ist aus den Figuren 374 und 375 ersichtlich. k ist der 2,83 m hohe aus Granit hergestellte Kernschacht, welcher auf 3 Seiten von dem aus Granit oder Gneiss bestehenden Rauhgemäuer r umschlossen wird. v ist die Vorwand. Die Ofensohle o wird durch eine mit 26° geneigte Granitplatte gebildet, welche wohl noch mit schwerem Gestübbe überzogen wird. Der Horizontalquerschnitt des Schachtraums, welcher sich von oben nach unten verjüngt, ist trapezförmig. Der Gebläsewind wird an der Rückwand des Ofens durch 2 Düsen eingeführt. Die geschmolzenen Massen treten durch das offene Auge des Ofens in den im Vorheerd angebrachten, aus Gestübbe hergestellten Vortiegel w. In demselben scheiden sich Zinn und Schlacke von einander. Die Schlacke lässt man über die Schlackentrift und eine an dieselbe angeschlossene geneigte Eisenplatte u in das Gefäss g fliessen. Dasselbe ist mit Wasser gefüllt, welches durch Zu- und Abfluss desselben auf einer bestimmten Temperatur erhalten wird. Die Schlacke, welche Zinn mechanisch eingeschlossen enthält, soll in dem Wasser abgeschreckt und dadurch für die Zerkleinerung derselben geeignet gemacht werden. Das Zinn wird aus dem Vortiegel durch den Stichcanal z, welcher 0,09 m Weite und in der Eisenplatte x 0,12 m Weite besitzt, in den Stechheerd s abgestochen. Derselbe ist 0,5 m weit, 0,4 m tief und besteht entweder aus Gusseisen oder aus Granit, mit einem Futter aus Lehm. Ueber dem Ofen befindet sich ein in den Figuren nicht dargestelltes System von Flugstaubkammern.

Die Einrichtung des Schachtofens zu Graupen in Böhmen ist aus den Figuren 376, 377 und 378 ersichtlich. Derselbe bläst mit einer Form, ist 2,7 m hoch und besitzt trapezförmigen Horizontalquerschnitt, welcher sich in Folge der Convergenz der Seitenwände von oben nach

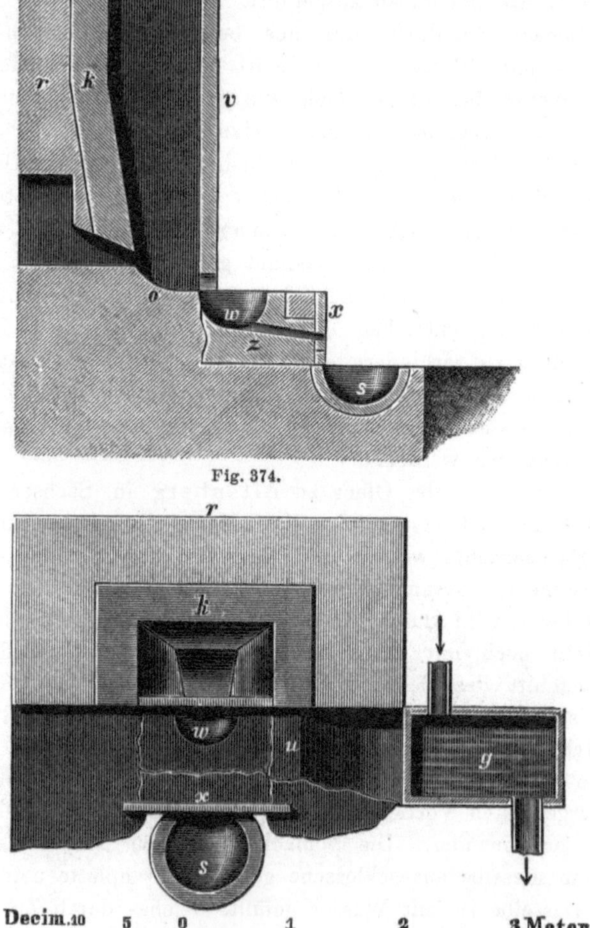

Fig. 374.

Fig. 375.

unten verjüngt. An der Gicht ist von den parallelen Seiten des Trapezes die vordere (Vorwand) 45 cm lang, die hintere 55 cm lang. In der Formebene ist die vordere Seite 25 cm lang, während die Länge der hinteren Seite 35 cm beträgt. Die geneigte Bodenplatte des Ofens besteht aus feinkörnigem Sandstein (früher wurde Porphyr benutzt). Der Kernschacht besteht aus feuerfesten Steinen. Der Ofen bläst mit einer Form.

Die Schachtöfen, welche früher in Cornwall in Anwendung standen, waren als Sumpföfen zugestellt und mit Rast versehen. Sie sind 1705 durch Flammöfen verdrängt worden[1]).

Zu Pitkaranta in Finnland stehen cylindrische Schachtöfen von 3,048 m Höhe und 0,457 m Durchmesser in Anwendung.

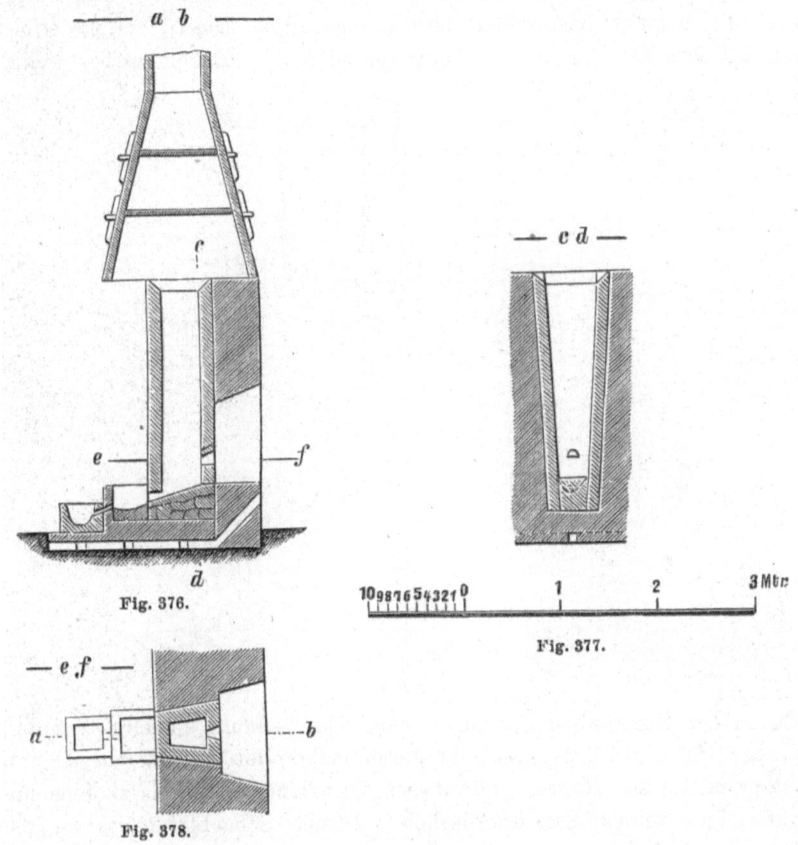

Fig. 376.

Fig. 377.

Fig. 378.

In China soll ein Wassermantelofen nach amerikanischem Muster mit Root-Gebläse versuchsweise in Betrieb gesetzt worden sein[2]). Ueber die Ergebnisse ist nichts bekannt geworden.

Auch zu Potosi in Bolivia soll ein Wassermantelofen in Betrieb gesetzt worden sein und günstige Ergebnisse liefern[3]). Näheres hierüber ist nicht bekannt geworden.

---

[1]) Pryce, Mineralogia Cornubiensis 1778. p. 272.

[2]) The Min. Ind. 1896. S. 561.

[3]) The Min. Ind. 1896. S. 562.

Die älteren Chinesen-Oefen stehen in ausgedehntem Maasse auf der malaiischen Halbinsel in Anwendung. Dieselben sind sowohl Zugschachtöfen als auch Gebläseschachtöfen.

Die Einrichtung eines Zugschachtofens, wie ihn Louis im District von Tras auf der malaiischen Halbinsel in Anwendung gesehen hat[1]), ist aus den Figuren 379 bis 382 ersichtlich. Derselbe ist aus durch Holzpfähle zusammengehaltenem Thon (Chinathon) hergestellt. Die Pfähle werden durch lange Baststreifen zusammengehalten. Die Luftzufuhr erfolgt durch 2 Rohre aus feuerfestem Thon von je 3 Zoll Durchmesser, welche

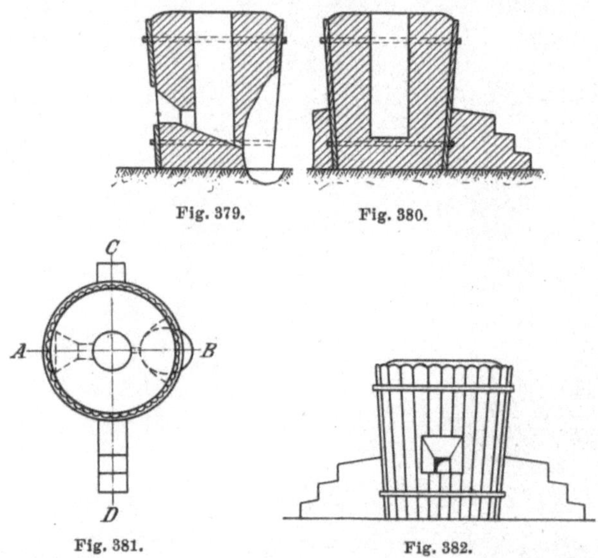

Fig. 379. Fig. 380. Fig. 381. Fig. 382.

in die in der Hinterwand desselben befindliche Oeffnung eingeführt werden. Die Regelung des Zuges geschieht durch mehr oder weniger ausgedehnte Verstopfung dieser Rohre. Für diesen Ofen sind dichte Holzkohlen und stückförmiges reines Erz erforderlich. Dieser Schachtofen ist an den meisten Orten durch den Gebläseschachtofen verdrängt worden.

Die Gebläseschachtöfen werden aus durch Holzpfähle znsammengehaltenem Lehm hergestellt. Es werden zu diesem Zwecke 2,5 m lange Pfähle dicht nebeneinander so in die Erde gerammt, dass sie einen umgekehrten abgestumpften Kegel von 2 m Höhe, 1,5 m oberem und 1 m unterem Durchmesser darstellen. Durch lange Baststreifen werden die Pfähle fest verbunden. Der ganze Hohlraum des Kegels wird mit Lehm ausgestampft, in welchem nun der eigentliche Schachtraum ausgehöhlt wird. Derselbe ist 1,5 m hoch und besitzt 45 cm oberen Durchmesser und 45 cm unteren Durchmesser. 10 cm über dem Boden befindet sich

[1]) The Min. Ind. 1896. S. 545.

eine Oeffnung zur Einführung des Gebläsewindes. Das primitive Gebläse besteht aus einem ausgehöhlten Baumstamm mit 2 Klappenventilen, in welchem ein Kolben hin- und herbewegt wird[1]).

Die Einrichtung eines älteren chinesischen Gebläseschachtofens zu Dreda ist aus den Figuren 383, 384 und 385 ersichtlich[2]). Derselbe stellt einen Tiegelofen dar, dessen Stichloch während des Betriebes durch einen Thonpfropfen verschlossen gehalten wird. Durch ein in die Hinterseite des Ofens eingeführtes Thonrohr gelangt der Gebläsewind in das Innere des Ofens.

Die Schachtöfen der grösseren Werke im Districte von Perak der malaiischen Halbinsel sind aus Ziegeln hergestellte, mit einem Rauhgemäuer versehene Spuröfen mit offenem Auge. Dieselben sind von der Hüttensohle aus gerechnet 2 m hoch. Der Kernschacht besitzt halbkreisförmigen Horizontalquerschnitt von 0,457 m oberem Durchmesser, welcher

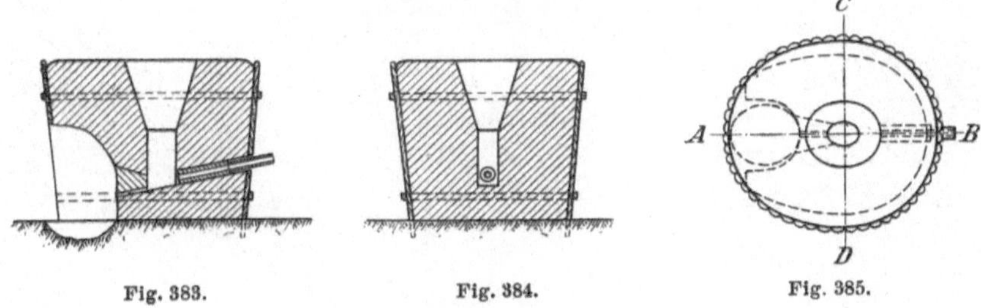

Fig. 383. Fig. 384. Fig. 385.

sich nach unten hin bis zum Durchmesser des Auges des Ofens, d. i. 0,152 m verjüngt.

Der Ofen hat nur eine Oeffnung für den Eintritt des Gebläsewindes, welcher in der nämlichen primitiven Weise erzeugt wird wie bei den gedachten Oefen der Chinesen.

Die Einrichtung eines derartigen Ofens ist aus den Figuren 386 und 387 ersichtlich.

A ist das Rauhgemäuer, B der Schacht, C das Auge des Ofens, D der Vortiegel, F die um 40 bis 45° geneigte Form, G der Gebläsecylinder. E sind zu der Gicht führende Treppen. Die Bewegung des Gebläsekolbens geschieht durch 3 Arbeiter.

In Banca und Billiton sind die chinesischen Oefen durch den 1868 eingeführten Ofen von Vlaanderen verdrängt worden. Im Jahre 1875 standen in Banca allein 90 dieser Oefen in Anwendung. Gegenwärtig werden sie in Banca und Billiton ausschliesslich angewendet. Es sind dreiförmige Spuröfen mit quadratischem Horizontalquerschnitt von 2,8 m Höhe. Der Wind wird durch Ventilatoren geliefert. Die Einrichtung derselben

[1]) Cramer, Oesterr. Zeitschr. 1894. S. 543.

[2]) The Min. Ind. 1896. S. 548.

ist aus den Figuren 388 und 389 ersichtlich[1]). A ist der Schacht; B ist das offene Auge des Ofens; C ist der Spurtiegel; E E sind die Formen; D ist der Centrifugalventilator. Diese Oefen sind mit Vorteil an die Stelle

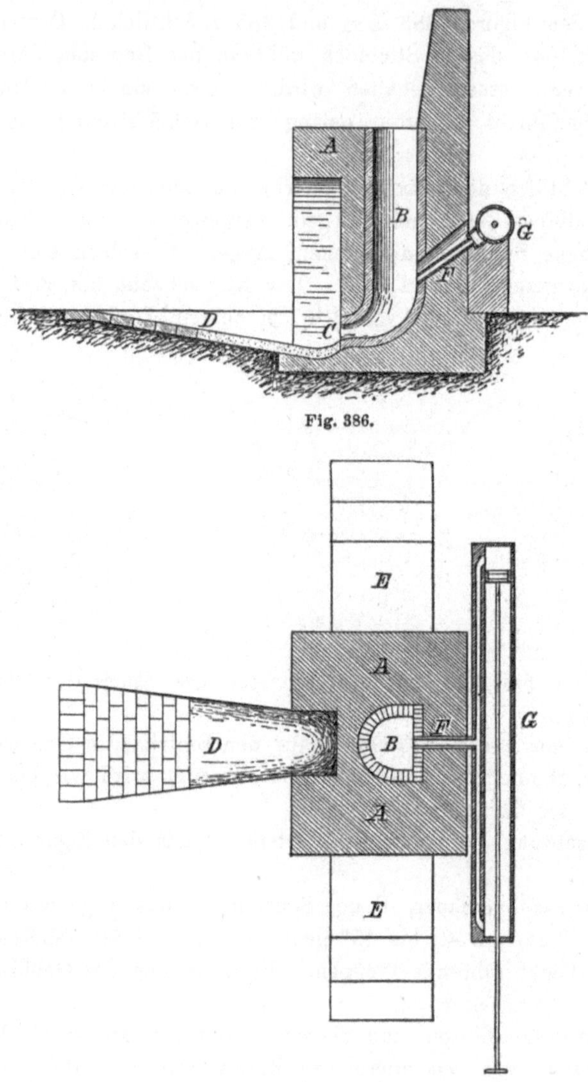

Fig. 386.

Fig. 387.

der älteren chinesischen Oefen getreten. Das geschmolzene Zinn wird aus den Spurtigeln in eiserne Formen geschöpft, das zurückbleibende Hartzinn ($FeSn_2$) ausgesaigert und dann verkauft.

---

[1]) Jaarboek van het Mijnwezen in Neederlandsch Oost-Indie 1872.

Die Erze werden in Sachsen und Böhmen mit Schlacke von der nämlichen Arbeit und auch wohl noch mit zinnreichen Abfällen (Krätzen)

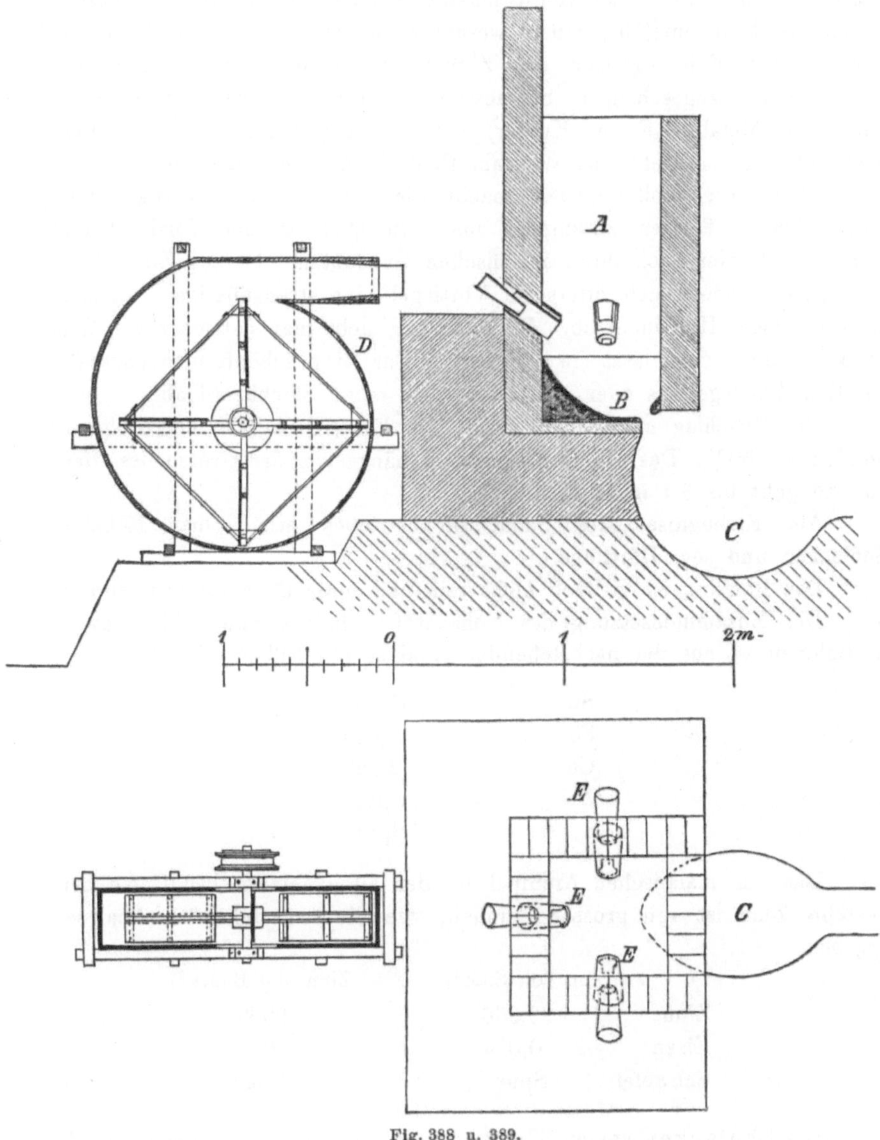

Fig. 388 u. 389.

beschickt. Die zugeschlagenen Schlacken sollen als Auflockerungs- und als Flussmittel dienen. Im malaiischen Archipel und auf der malaiischen Halbinsel, wo reine Erze verarbeitet werden, wird keine Schlacke zugeschlagen.

Durch den Kohlenstoff der Holzkohlen bzw. durch das aus denselben entwickelte Kohlenoxyd wird das Zinnoxyd zu Zinn reducirt. Louis (The Min. Ind. 1896, S. 536) ist der Ansicht, dass auch Cyankalium, welches durch Einwirkung von Stickstoff auf das in der Holzkohlenasche enthaltene Kali entsteht, einen wesentlichen Antheil an der Reduktion nimmt. Die Beimengungen des Zinnsteins bilden eine Schlacke oder gehen in die zugeschlagene Schlacke über. Ein Theil der aus denselben reducirten Metalle (Eisen, Kupfer) geht in das Zinn. Sind die Erze wolframhaltig, so geht das Wolfram theils in die Schlacke, theils in das Zinn über. Ein Wolframgehalt macht die Schlacke strengflüssig. Zinn und Schlacke fliessen zusammen aus dem Ofen in den Vortiegel und trennen sich hier nach ihren specifischen Gewichten. Ist das Zinn eisenhaltig, so sondert sich öfters im Vortiegel eine strengflüssige Zinneisen-Legirung (sog. Härtlinge) ab. Die Schlacke hebt man entweder von dem Zinn ab oder man lässt sie abfliessen. Das Zinn schöpft man entweder aus dem Vortiegel aus oder man lässt es in einen Stechheerd ab.

Der Zuschlag an Schlacken zu dem Erz (in Sachsen und Böhmen) beträgt bis 50%. Das Durchsetzquantum hängt von der Grösse des Ofens ab und geht bis 3 t in 12 Stunden.

Als Erzeugnisse des Schachtofenbetriebes erhält man Rohzinn, Schlacken und sog. Härtlinge.

Das Rohzinn ist vielfach nicht rein und muss dann raffinirt werden.

Die Zusammensetzung des Schachtofenrohzinns von Schlaggenwald in Böhmen ist aus der nachstehenden Analyse von Lill ersichtlich.

Sn	97,339
Fe	0,684
Cu	2,726
As	Spur
S	Spur

Das im malaiischen Archipel in den alten chinesischen Oefen hergestellte Zinn ist von grosser Reinheit, wie die nachstehenden Analysen ergeben.

	Zinn von Siak[1])	Zinn von Banca[2])
Zinn	99,966	99,90
Eisen	0,034	0,20
Schwefel	Spur	Spur

Die Schlacken stellen Silicate der in den Erzen enthaltenen Metalloxyde, besonders von Eisenoxydul, Manganoxydul, Thonerde, sowie von geringeren Mengen von Kalk und Magnesia dar. Das Zinnoxyd ist theils

[1]) The Min. Ind. 1896. S. 558.

[2]) Berg- u. Hüttenm. Jahrb. 1864.

mit Basen, theils mit der Kieselsäure verbunden, theils ist es als unzersetzter Zinnstein mechanisch in der Schlacke eingeschlossen. Beim Vorhandensein von Wolfram in den Erzen enthalten die Schlacken auch wolframsaures Eisen und Mangan. Sie stellen hinsichtlich ihrer Silicirungsstufe vielfach Gemenge von Singulo- und Bisilicaten mit veränderlichen Mengen von zinnsauren und wolframsauren Salzen dar. Sie enthalten stets erhebliche Mengen von metallischem Zinn, theils fein vertheilt, theils in der Form gröberer Körner eingeschlossen.

So lange die Schlacken erhebliche Mengen von Zinnsilicat enthalten, tritt eine Ausscheidung von metallischem Eisen nicht ein, weil das letztere sich mit Zinnsilicat in Zinn und Eisensilicat umsetzt.

Die Zusammensetzung einiger Schachtofenschlacken vom Verschmelzen der Erze ist aus den nachstehenden Analysen ersichtlich.

I. von Altenberg nach Lampadius,

II. von Altenberg nach Berthier.

	I	II
SiO_2	20,05	16
SnO_2	25,12	32
WO_3	—	1,0
FeO	30,15	41
MnO	—	1,7
CaO	1,10	3,7
MgO	1,23	1,7
Al_2O_3	5	2,4

Zur Ausgewinnung des Zinngehaltes werden die Schlacken einem wiederholten Verschmelzen mit Kohle in Schachtöfen unterworfen, auch wohl vorher zerkleinert und durch Verwaschen von den eingeschlossenen Zinnkörnern befreit. Beim ersten Schlackenschmelzen, dem sog. „Schlackenverändern“, erhält man Zinn (sog. Schlackenzinn) und eine Schlacke, welche noch erhebliche Mengen von Zinn, besonders mechanisch eingeschlossenes metallisches Zinn enthält. Dieselbe wird nochmals verschmolzen und liefert wiederum Schlackenzinn und eine zweite Schlacke, welche noch Zinn mechanisch eingeschlossen enthält. Diese letztere Schlacke sowie auch zinnreiche Schlacken von den vorhergehenden Schmelzungen werden wohl noch einer Aufbereitung unterworfen, um ein an Zinn angereichertes Erzeugniss zu erhalten, welches beim Schlacken- oder Erzschmelzen zugesetzt wird. Gleichzeitig mit den Schlacken werden die beim Verschmelzen und Raffiniren gewonnenen zinnhaltigen Abfälle, wie Saigerdörner, Härtlinge, Gekrätz, Ofenbrüche und Flugstaub, zu Gute gemacht. Das Verschmelzen der Schlacken geschieht entweder in den Erzschmelzöfen und dann gewöhnlich im unmittelbaren Anschlusse an das Verschmelzen der Erze oder in besonderen niedrigeren Schachtöfen, welche in Folge ihrer geringen Höhe die Reduction von Eisenoxydul verhindern.

Ausser den Schlacken fallen häufig beim Verschmelzen eisenhaltiger Erze und noch mehr beim Schlackenschmelzen Zinneisen-Legirungen, sogen. Härtlinge, welche sich besonders im Vortiegel absetzen. Diese Legirungen, welche eine weisse oder graue Farbe besitzen, sehr spröde sind und ein krystallinisches Gefüge besitzen. entstehen in Folge der Eigenschaften von Eisen und Zinn, in allen Verhältnissen zu äusserlich homogenen Massen zusammenzuschmelzen. Es sind derartige Legirungen von den Formeln Fe_4Sn (Berthier), Fe_2Sn, $FeSn$ (Deville und Caron) und $FeSn_2$ (Nöllner), $FeSn_6$ und $FeSn_7$ nachgewiesen worden.

Die Zusammensetzung einiger Härtlinge von Altenberg in Sachsen ergiebt sich aus den nachstehenden Analysen.

	I	II	III	IV
Sn	30,50	31,40	32,22	80,89
Fe	61,50	62,60	64,14	17,16
Wo	0,90	1,60	1,64	—
As	1,45	—	—	—
Cu	—	—	—	0,99
Kohle	0,95	—	—	0,96
Schlacke	3,51	2,40	—	—

I, II und III von der Formel Fe_4Sn sind von Lampadius bzw. Berzelius und Berthier untersucht; IV von der Formel $FeSn_2$ ist von Plattner untersucht.

Die Härtlinge werden mit den übrigen Abfallproducten der Zinngewinnung verschmolzen.

Beispiele für den Schachtofenprocess.

Das zu Altenberg und Zinnwald in Sachsen gewonnene, Zinnstein enthaltende Gestein, Zinnzwitter genannt, wird, nachdem es durch Aufbereiten und Rösten von $^1/_2$ % auf 50 bis 60 % Zinngehalt angereichert worden ist, mit 25 bis 50 % Schlacken von der nämlichen Arbeit, mit 6 bis 7 % aufbereitetem Ofengekrätz sowie mit wechselnden Mengen von verwaschenen Schmelzrückständen und Härtlingen in dem oben beschriebenen Schachtofen mit Holzkohlen verschmolzen. Das Schmelzen geschieht ohne Nase. Zinn und Schlacke sammeln sich in dem Vortiegel an, aus welchem die Schlacke in ein Gefäss mit Wasser geleitet wird, während das Zinn in Zeiträumen von je 8 bis 12 Stunden in den Stechheerd abgestochen wird. Bei längerem Verweilen des Zinns im Vortiegel scheiden sich in demselben die gedachten Härtlinge ab. Bei normalem Betriebe soll das aus dem Ofen fliessende Zinn eine rothe Farbe zeigen, während die durch die Form wahrnehmbaren Kohlen eine gelbe Farbe besitzen sollen. Ist die Temperatur zu hoch, so erscheinen die Kohlen vor der Form sowohl wie das aus dem Ofen ausfliessende Zinn weissglühend. In 24 Stunden werden 1600 kg Schlich und 800 kg Schlacken durchgesetzt. Auf 100 kg ausgebrachtes Zinn werden 5,5 bis 6 cbm Holzkohlen verbraucht. Der Zinnverlust beträgt 12 bis 15 %, wovon 8 bis 9 % auf Verflüchtigung kommen. Die Campagnen dauern nur 3 bis 4 Tage. Auf das Erzschmelzen lässt man gewöhnlich in dem nämlichen Ofen das Verschmelzen zinnreicher Schlacken und sonstiger Abfälle von der Zinngewinnung folgen.

Die Schlacken enthalten sowohl unveränderten Zinnstein als auch metallisches Zinn. Beim ersten Verschmelzen der Schlacken erhält man Schlackenzinn und sog. veränderte, noch erhebliche Mengen von Zinn enthaltende Schlacken, welche einem weiteren Schmelzprozesse in Schachtöfen, dem sog. Schlackentreiben, unterworfen werden.

Als Erzeugnisse des Erzschmelzens erhält man Rohzinn, Schlacken und Härtlinge. Das Rohzinn wird raffinirt (gepolt oder gepauscht). Die Schlacken werden mit Kohle geschmolzen, um das in denselben enthaltene Zinn zu gewinnen; die Härtlinge werden nach vorgängigem Rösten beim Schlackenverändern zugeschlagen.

Zu Graupen in Böhmen[1]) werden im Gneiss vorkommende Erze mit einem Zinngehalte von $1/2$ bis 10 %, im Durchschnitte von 2 %, gewonnen. Durch Aufbereitung derselben erhält man sog. röschen Zinnstein mit 68 bis 72 % Zinn und Schliche mit 45 bis 48 % Zinn. Diese Erzsorten werden gemeinschaftlich mit Zinnerzen aus Bolivia verschmolzen. Nur wenn ein Zinn von besonderer Reinheit erzeugt werden soll, wird der rösche Zinnstein für sich verschmolzen. Aus den wismuthhaltigen Erzen wird das Wismuth nach vorgängiger Röstung derselben durch Salzsäure ausgezogen.

Das Verschmelzen der Erze geschieht in dem oben beschriebenen und abgebildeten Ofen. Man schmilzt bei dunkler Gicht und ohne Nase. Als Zuschlag giebt man Schlacken. Nach dem Abstechen wird das Zinn im Stechheerde abgeschäumt und dann in Barrenform gegossen. Die Schlacke, welche gemeinschaftlich mit dem Zinn in den Vortiegel fliesst, wird zeitweise abgehoben und in Wasser abgeschreckt. Steigt die Temperatur im Ofen zu hoch, so werden nasse Kohlengichten aufgegeben. In 24 Stunden werden 1100 bis 1200 kg Erze mit 100 hl Holzkohle durchgesetzt. Die Schlacken enthalten 10 % Zinn.

Auf das Verschmelzen einer Erzgicht lässt man in demselben Ofen das Verändern der zu Erbsengrösse zerkleinerten Schlacken folgen. Bei diesem Prozess giebt man stärkeren Wind als beim Erzschmelzen und vergrössert das Auge des Ofens, welches beim Erzschmelzen 3,5 cm Weite besitzt, auf 7 cm Weite. Auch wird wegen der Dünnflüssigkeit der veränderten Schlacke das Zinn aus dem Vortiegel ausgeschöpft. Wollte man es abstechen, so würde die dünnflüssige Schlacke mitlaufen und den Stich verstopfen. Die veränderten Schlacken werden in Wasser abgelöscht, zer-

[1]) Balling. Metallhüttenkunde S. 520.

kleinert und nach dem Verschmelzen der von der Verarbeitung der Erze gefallenen Schlacken in dem nämlichen Ofen nachgesetzt. Man nennt dieses zweite Schlackenschmelzen das „Treiben". Man erhält wieder Zinn und eine zweimal veränderte Schlacke, welche noch metallisches Zinn mechanisch eingeschlossen enthält. Dieselbe wird gepocht und verwaschen. Die hierbei erhaltenen zinnreichen Theile werden bei dem Schlackenschmelzen oder beim Erzschmelzen zugesetzt.

Die Ofenbrüche werden gleichfalls gepocht und verwaschen.

Zu Pitkaranta in Finnland[1]) wird aus Kupfererzen ausgeschiedener Zinnstein mit 55 bis 65 % Zinn in den oben beschriebenen Schachtöfen mit Holzkohle verschmolzen. Das hierbei erhaltene Zinn wird raffinirt. Die Schlacke ist sehr reich an Zinn. Dieselbe enthält 8,33 % Zinn mechanisch eingeschlossen und 56,19 % als Oxyd, ferner 11,9 % Eisen. Dieselbe wird mit anderen zinnhaltigen Zwischenerzeugnissen umgeschmolzen. Die hierbei erhaltene Schlacke lässt man in kegelförmige Schlackentöpfe laufen, in welchen sich das Zinn als König absetzt.

In den oben beschriebenen chinesischen Zugschachtöfen werden zu Tras Erze mit gegen 70 % Zinn verschmolzen[2]). Man giebt in den Ofen abwechselnde Lagen von Erz und Holzkohle auf. Das aufzugebende Erz wird angefeuchtet, um den obersten Theil des Ofens kühl zu erhalten und das Wegführen von Erztheilchen durch den Zug zu verhindern. Die sich bildende geringe Menge von Schlacke wird von Zeit zu Zeit von dem sich im Vortiegel des Ofens ansammelnden Zinn abgezogen. In 24 Stunden erhält man gegen 700 kg Metall. Der Verbrauch an Holzkohle ist gleich dem Gewicht der verschmolzenen Erze. Der Ofen wird durch 2 bis 3 Mann bedient. Enthält die Schlacke noch unreducirtes Erz, so wird sie in den Ofen zurückgegeben, anderen Falls wird sie, nachdem sich eine gewisse Menge davon angesammelt hat, zerkleinert und verwaschen, um die eingeschlossenen Zinnkörner zu gewinnen, und darauf mit Holzkohle geschmolzen. Man lässt das Schlackenschmelzen, wenn möglich, unmittelbar auf das Schmelzen der Erze folgen. Die hierbei erhaltene Schlacke wird wieder zerkleinert, verwaschen und geschmolzen. Die nun folgende Schlacke wird an besondere Schlackenschmelzer verkauft. Der Zinngehalt der Schlacke vom Erzschmelzen wird von Louis zu 30 % angegeben.

In dem oben beschriebenen chinesischen Gebläseschachtofen werden zu Dreda[3]) in 24 Stunden zwischen 1250 und 1670 lbs Erz mit 600 bis 750 lbs Holzkohle bei einer Production von 800 bis 960 lbs Zinn verschmolzen.

Im Distrikte von Perak auf der malaiischen Halbinsel werden in

[1]) The Min. Ind. 1896. S. 543.
[2]) The Min. Ind. 1896. S. 546.
[3]) The Min. Ind. 1896. S. 549.

dem oben abgebildeten und beschriebenen neueren Ofen in 12 Stunden 1300 kg Zinn unter Aufwendung einer gleichen Gewichtsmenge von Holzkohlen erzeugt.

Die Schlacke[1]) wird zerkleinert und verwaschen. Das hierbei erhaltene Zinn wird umgeschmolzen. Die verwaschene Schlacke wird mit Holzkohle in Schachtöfen geschmolzen, wobei man Zinn und eine weitere Schlacke erhält, welche nochmals in der nämlichen Weise behandelt wird. Man erhält wieder Zinn und eine Schlacke, welche an besondere Schlackenschmelzer verkauft wird, welche sie nochmals in Schachtöfen verschmelzen. Die jetzt erfolgende Schlacke wird zerstossen und gewaschen, um noch mechanisch eingeschlossenes Zinn zu gewinnen. In manchen Fällen wird die verwaschene Schlacke nochmals geschmolzen.

Nach Louis[2]) beträgt das durchschnittliche Ausbringen an Zinn auf der malaiischen Halbinsel gegen 65 % des Erzgewichtes. Der Verlust an Zinn würde sich hiernach, da der Zinngehalt der Erze gegen 69 % beträgt, auf 6 % belaufen. Das auf der malaiischen Halbinsel hergestellte Zinn wird in Singapore und Penang raffinirt.

Auf Banca wird das Erz zuerst aufbereitet und dann in dem oben angeführten dreiförmigen Vlaanderen'schen Schachtofen von 2,8 m Höhe verschmolzen. Das Schmelzen dauert 12 bis 16 Stunden. In der Tageszeit wird es wegen der grossen Hitze unterbrochen.

In 12 bis 16 Stunden werden 3000 bis 4000 kg Erz verarbeitet, wobei 1500 bis 1900 kg Holzkohlen verbraucht werden. Nachstehend mögen die Betriebsergebnisse einiger Schmelznächte angeführt werden[3]).

Erste Nacht: Ofen I. Von 4 Uhr Abends bis 7 Uhr 45 Min. Morgens (15 St. 45 M.) wurden 4097 kg Erz (mit 23,5 kg Feuchtigkeit) bei einem Verbrauche von 1930 kg Holzkohlen verschmolzen. Man erhielt 50,66 % vom Gewichte des trockenen Erzes an Zinn, nämlich 2063,9 kg (66 Block).

Ofen II. Von 4 Uhr Abends bis 8 Uhr Morgens (16 Stunden) wurden 4034,5 kg Erz (mit 2,362 % Feuchtigkeit) mit 1921 kg Kohlen auf 2210,5 kg Zinn (72 Block) verschmolzen. Das Ausbringen an Zinn betrug 56,12 % vom Gewichte des trockenen Erzes.

Zweite Nacht (2.—3. Novbr.):

Ofen I. Von 5 Uhr 45 Min. Abends bis 7 Uhr 45 Min. Morgens (14 Stunden) wurden 3057,55 kg Erz (mit 1,058 % Feuchtigkeit) bei einem Verbrauche von 1552 kg Holzkohlen auf 1820,5 kg Zinn (59 Block) verschmolzen. Das Ausbringen an Zinn aus dem trockenen Erz betrug 60,10 %.

---

[1]) The Min. Ind. 1896. S. 550.

[2]) The Min. Ind. 1896. S. 551.

[3]) Mittheilungen von Herrn Ingenieur Neeb aus dem Jahrb. v. h. Mijnwezen in Ned. Oost-Indie 1878, II. Theil, S. 29 bis 99.

Ofen II. Von 5 Uhr 45 Min. Abends bis 8 Uhr Morgens ($14^1/_4$ Stunden) wurden 3025 kg Erz (mit 1,058 % Feuchtigkeit) bei einem Aufgang von 1552,3 kg Holzkohlen auf 1839,95 kg Zinn (58 Block) verschmolzen. Das Ausbringen an Zinn aus dem trockenen Erz betrug 61,47 %.

Achte Nacht (letzte Nacht):

Ofen I. Von 6 Uhr Abends bis 6 Uhr 45 Min. Morgens ($12^3/_4$ St.) wurden 3119,25 kg Erz (mit 2,60 % Feuchtigkeit) bei einem Aufwande von 1516,1 kg Holzkohle auf 1841,3 kg Zinn (58 Block) verschmolzen. Das Ausbringen an Zinn betrug 60,31 % vom Gewichte des trockenen Erzes.

Ofen II. Von 6 Uhr Abends bis 6 Uhr 45 Min. Morgens wurden 3138,05 kg Erz (mit 2,50 % Feuchtigkeit) bei einem Aufwande von 1551,9 kg Holzkohle auf 1894,05 kg Zinn (59 Block) verschmolzen. Das Ausbringen an Zinn betrug 61,9 % vom Gewichte des trockenen Erzes. (Es folgte nun das Verschmelzen der Schlacke zusammen mit zinnhaltigen Abfällen.)

Das bei Anwendung des Vlaanderen'schen Ofens erhaltene Zinn ist unreiner als das in den Chinesen-Oefen erschmolzene Zinn und bedarf eines Raffinirens.

Die beim Verschmelzen in den gedachten Oefen erhaltene Schlacke wird unmittelbar nach dem Erzschmelzen einem wiederholten Verschmelzen in den nämlichen Oefen unterworfen, wobei man noch einen grossen Theil des Zinngehaltes derselben ausbringt.

Die Verarbeitung der bei der Reduction des Zinnsteins erhaltenen Zwischenerzeugnisse und Abfälle.

Bei der Verarbeitung des Zinnsteins in Schachtöfen erhält man als zinnhaltige Zwischenerzeugnisse bzw. Abfälle zinnhaltige Schlacken, Härtlinge und die beim Ausgiessen des Zinns auf der Oberfläche des im Stechheerde befindlichen Metallbades entstehenden Krätzen, ferner Flugstaub und Ofenbrüche.

Die Schlacken, welche Seite **544** des Näheren beschrieben sind, werden, wie bereits dargelegt ist, einem wiederholten Umschmelzen in Schachtöfen, dem sog. Schlackenverändern bzw. Schlackentreiben, unterworfen. Enthalten sie Zinnkörner in grösserer Menge eingeschlossen, so erfolgt eine vorgängige Ausgewinnung derselben durch Zerkleinern und Verwaschen der Schlacken. Die beim Schlackentreiben erhaltene Schlacke wird, wenn es sich verlohnt, einer Aufbereitung unterworfen, wocei man zum nochmaligen Verschmelzen bzw. als Zusatz beim Erz- oder Schlackenschmelzen geeignete zinnreiche Schlacken erhält.

Das beim Schlackenschmelzen erhaltene Zinn, das sog. Schlackenzinn, ist mindestens eben so rein wie das Zinn vom Verschmelzen der Erze.

Das erste Verändern der Schlacke wird gewöhnlich in den nämlichen

Oefen wie das Erzschmelzen im unmittelbaren Anschlusse an das letztere vorgenommen. Das Verändern der hierbei gefallenen Schlacke, das sog. Schlackentreiben, geschieht entweder im unmittelbaren Anschlusse an das erste Verändern der Schlacke in den Erzschmelzöfen oder in besonderen Schachtöfen, den sog. „Schlackentreiböfen". Die Schlacke vom zweiten Verändern bzw. vom Treiben wird entweder abgesetzt oder bei hinreichendem Zinngehalte einer Aufbereitung unterworfen.

Die Schlackentreiböfen in Sachsen und Böhmen sind Spuröfen von geringerer Höhe als die Erzschmelzöfen, um die Reduction von Eisen nach Möglichkeit zu vermeiden. Sie sind in Sachsen 1,7 m hoch, oben 0,85 und unten 0,7 m tief. Der Horizontalquerschnitt ist trapezförmig. Von den parallelen Seiten des Trapezes ist die vordere an der Gicht 0,45 m lang, die hintere ebendaselbst 0,68 m lang. Im unteren Theile des Ofens beträgt die Länge der vorderen Seite 0,38 m, die der hinteren Seite 0,5 m.

Beim Umschmelzen der Schlacken setzt man auch die sonstigen Abfälle von der Verarbeitueg des Zinnsteins sowie die Abfälle vom Raffiniren des Zinns zu. Die Windpressung beim Schlackenschmelzen muss grösser sein als beim Erzschmelzen.

Ausser Zinn und Schlacken erhält man bei den Schlackenarbeiten auch die oben erwähnten Zinn-Eisen-Legirungen, die sog. Härtlinge.

Die Zusammensetzung einer Schlacke vom Schlackenschmelzen zu Schlaggenwald in Böhmen ist aus der nachstehenden Analyse von Lill[1]) ersichtlich.

$Si\,O_2$	24,06
$Wo\,O_3$	24,33
$Sn\,O_2$	10,41
$Fe\,O$	20,75
$Mn\,O$	5,64
$Al_2\,O_3$	9,00
$Ca\,O$	3,50
$Mg\,O$	0,37

Die Zusammensetzung einer Schlacke vom zweiten Schlackenschmelzen zu Altenberg in Sachsen ist nach Berthier die nachfolgende:

$Si\,O_2$	27,5
$Sn\,O_2$	6,3
$W\,O_3$	3,0
$Fe\,O$	48,2
$Mn\,O$	1,5
$Ca\,O$	3,4
$Mg\,O$	1,6
$Al_2\,O_3$	8,5

[1]) Jahrbuch der K. K. Berg-Akademien, Bd. 13. p. 64.

In Banca wird die beim Verschmelzen der Erze gefallene Schlacke im unmittelbaren Anschlusse an das Erzschmelzen in den oben beschriebenen Vlaanderen'schen Oefen mit zinnhaltigen Abfällen verschmolzen.

Beispielsweise[1]) wurden in zwei Oefen der gedachten Art in 12 Stunden verschmolzen:

82,75	kg	trockene Zinnabfälle,
922,75	-	feuchte Zinnabfälle mit 5,51 % Feuchtigkeit,
5580,35	-	zerkleinerte Schlacken mit 5,51 % Feuchtigkeit,
3433	-	grobe Schlacken mit 3,44 % Feuchtigkeit.

Man erhielt bei einem Aufwand von 3138,4 kg Holzkohle 2433,85 kg Zinn (78 Block).

Die bei diesem ersten Schlackenschmelzen erhaltene Schlacke wurde wiederum mit Zinnabfällen in den nämlichen Oefen auf Zinn und eine dritte Schlacke verschmolzen. Die Beschickung bestand aus:

3	kg	trockenem Zinnabfall,
42,5	-	feuchtem Zinnabfall mit 1,7 % Feuchtigkeit,
509,35	-	feuchter kleiner Schlacke mit 20,35 % Feuchtigkeit,
484	-	grober Schlacke mit 2,6 % Feuchtigkeit.

Man erhielt aus derselben 105 kg Zinn.

Die hierbei erhaltene Schlacke No. 3 wurde wiederum auf Zinn verschmolzen. Man erhielt aus:

4	kg	trockenem Zinnabfall,
29,3	-	feuchtem Zinnabfall,
185,85	-	feuchter kleiner Schlacke mit 6,25 % Feuchtigkeit,
258,35	-	feuchter grober Schlacke mit 9 % Feuchtigkeit

215,9 kg Zinn.

Die hierbei erhaltene Schlacke wurde zerkleinert und durch Verwaschen angereichert. Die angereicherte Schlacke wurde mit Zinnabfällen und mit angereicherten reicheren Schlacken der früheren Schmelzungen in kleineren Oefen auf Zinn verschmolzen. Die bei diesem Schmelzen erfolgte Schlacke wurde nach vorgängiger Zerkleinerung angereichert und wiederum geschmolzen. Die nun erhaltenen Schlacken wurden, obwohl sie noch nicht zinnfrei waren, abgesetzt.

Die Verarbeitung der Schlacke, welche beim Betrieb der Schachtöfen auf der malaiischen Halbinsel fällt, ist bereits oben dargelegt worden. Die Schlacke wird daselbst bis auf 2 % Zinn entarmt.

Die Härtlinge, Zinn-Eisen-Legirungen, welche beim Verschmelzen der Erze sowohl wie beim Schlackenschmelzen fallen, sind bereits Seite 514

---

[1]) Mittheilungen des Herrn Ingenieurs Neeb aus dem Jaarb. v. h. Mijnwezen in Ned. Oost-Indie 1878. II. Th. S. 29 bis 99.

besprochen worden. Dieselben werden beim Schlackenschmelzen, besonders beim Schlackentreiben zugesetzt, auch wohl vor dem Verschmelzen zwischen Kohlen geglüht und dann rasch abgekühlt.

Die Krätzen, welche beim Giessen des Zinns entstehen, werden beim Erz- oder Schlackenschmelzen zugesetzt.

Flugstaub und Ofenbrüche werden gleichfalls mit den Schlacken zusammen verschmolzen. Vor dem Verschmelzen werden die letzteren gewöhnlich einem Waschprozess unterworfen.

b) Die Verarbeitung des Zinnsteins und der bei der Reduction desselben erhaltenen Zwischenerzeugnisse und Abfälle in Flammöfen.

Das Verschmelzen des Zinnsteins in Flammöfen geschieht bzw. geschah in England, Australien, Frankreich, Spanien, Deutschland, Mexico, Californien und auf der malaiischen Halbinsel bzw. auf der Insel Pulo Brani.

Die Flammöfen besitzen einen elliptischen, aus feuerfestem Material hergestellten Heerd von 1,40 bis 5,48 m Länge und 1 bis 3,65 m grösster Breite. Der Heerd wird aus feuerfestem Thon, Sand oder aus feuerfesten Ziegeln hergestellt.

In der neueren Zeit ist man von den kleinen Abmessungen der Flammöfen zu grösseren Abmessungen übergegangen.

Die Einrichtung eines älteren kleineren Ofens mit einem Heerd von $1^1/_2$ m Länge und etwas über 1 m Heerdbreite ist aus den Figuren 390 und 391 ersichtlich. (Die eingeschriebenen Zahlen sind Fuss und Zoll.) e ist der Heerd, b die Arbeitsöffnung zum Einsetzen der Erze, o die Arbeitsöffnung zum Abziehen der Schlacke. Die Heerdsohle ruht auf einem aus Eisenstangen gebildeten Rost, unter welchem sich der Hohlraum h zur Abkühlung des Heerdes befindet. d ist die Rostfeuerung mit dem Schürloch c. g ist die mit einem Kühlkanal (Luftkühlung) versehene Feuerbrücke. f ist die Fuchsöffnung, n der Fuchscanal, m die Esse. i ist eine Nebenesse, in welche durch die im Gewölbe über dem Rost angebrachte Oeffnung a die Feuergase während des Beschickens des Ofens eingeleitet werden, um das Mitreissen von staubförmigem Erz in die Hauptesse zu verhüten. k ist der Stichcanal, welcher ausserhalb des Ofens mit den beiden Stechheerden l in Verbindung steht.

Die Einrichtung eines grösseren Ofens von 3,657 m Heerdlänge und 2,438 m grösster Heerdbreite ist aus den Figuren 392 und 393 ersichtlich. A ist der Heerd, B die Einsetzöffnung, E die Arbeitsöffnung, C die Rostfeuerung mit der Schüröffnung D, G der Stechheerd. H ist ein gusseiserner Kessel, welcher beim Reinigen des Zinns durch Saigern zur Aufnahme des ausgesaigerten Zinns und zum Polen desselben dient. Derselbe ist mit einer besonderen Feuerung versehen. N ist die durch einen geneigten Fuchscanal mit dem Ofen verbundene Esse. Die Stechheerde sind mit feuerfestem Thon gefüttert.

Die Einrichtung des in Lancashire angewendeten Ofens von 4,394 m Heerdlänge und 2,89 m grösster Heerdbreite ist aus den Figuren 394, 395 und 396 ersichtlich[1]). (Die eingeschriebenen Zahlen sind Millimeter.)

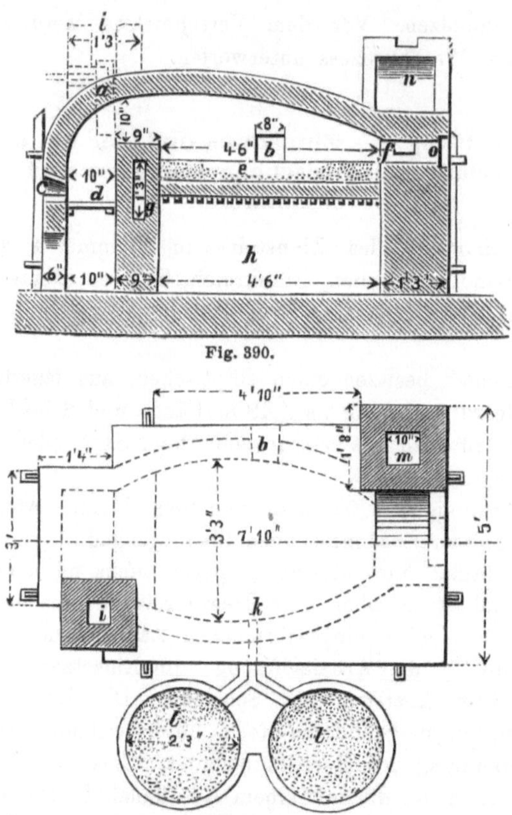

Fig. 390.

Fig. 391.

Figur 394 ist ein Längsschnitt des Ofens, Figur 395 der Grundriss und Figur 396 ein Schnitt nach der Linie A B der Figur 395. Der Heerd ruht hier auf Trägern aus Schmiedeeisen.

Die neuesten in Cornwall angewendeten Oefen besitzen eine Heerdlänge von 4,87 bis 5,48 m bei einer Heerdbreite von 2,44 bis 3,65 m. Die Einrichtung eines solchen Ofens ist aus den Figuren 397, 398, 399 und 400 ersichtlich[2]). (Die eingeschriebenen Zahlen sind Millimeter.) Figur 397 ist ein Schnitt nach C D der Figur 399. Figur 399 ist ein

[1]) The Min. Ind. 1896. S. 575.
[2]) The Min. Ind. 1896. S. 565.

Längsschnitt durch die Mitte des Ofens; Figur 400 ein Querschnitt nach A B der Figur 397; Figur 398 ist ein Schnitt durch die Feuerung. Der Heerd nebst der hohlen Feuerbrücke ruht auf Eisenbarren, so dass darunter Luft circuliren und eine Abkühlung von unten bewirken kann. Zur Ermöglichung der Luftcirculation sind in den Seitenwänden des Hohlraumes

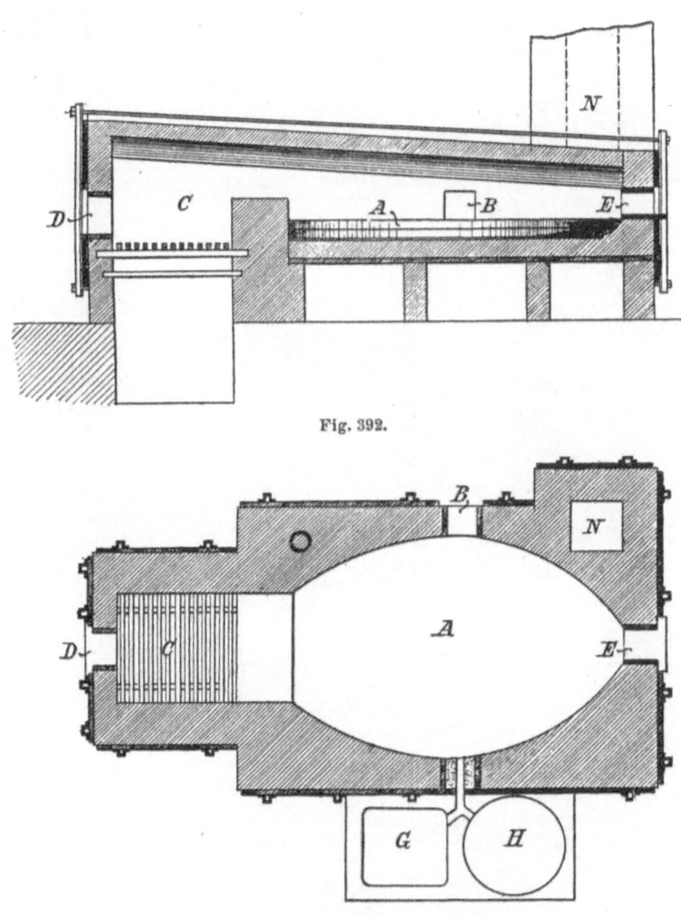

Fig. 392.

Fig. 393.

Oeffnungen (Luftlöcher) angebracht. Auf den Eisenbarren liegen zunächst Schieferplatten oder seltener Ziegel aus feuerfestem Thon. Hierauf ruht eine 0,15 bis 0,22 m starke Thonlage und hierauf der eigentliche aus feuerfesten Ziegeln hergestellte Heerd, welcher gegen 3 Monate hält. Unter dem Heerd befindet sich ein geneigter Boden aus feuerfesten Ziegeln, auf welchen das durch den Heerd durchtröpfelnde Zinn fällt und in ein eisernes Sammelgefäss (K) fliesst. Der Heerd neigt sich von den beiden kurzen Seiten nach der Mitte hin und fällt nach dem in der

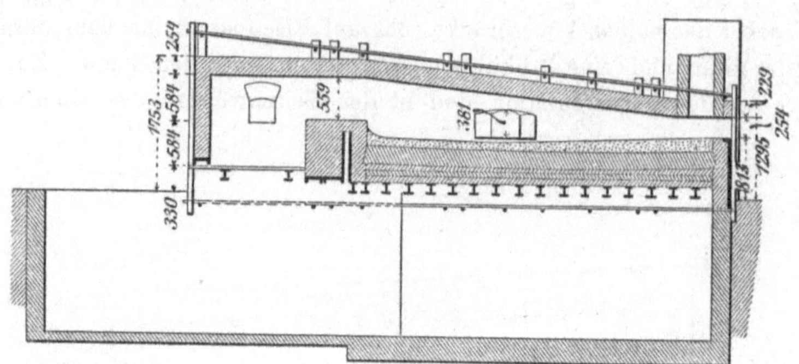

Fig. 394.

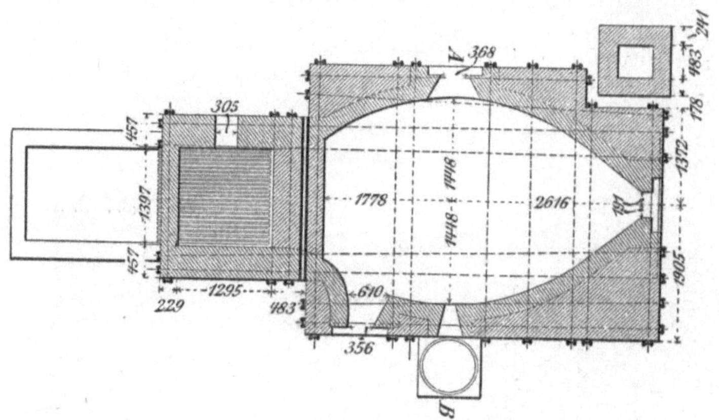

Fig. 395.

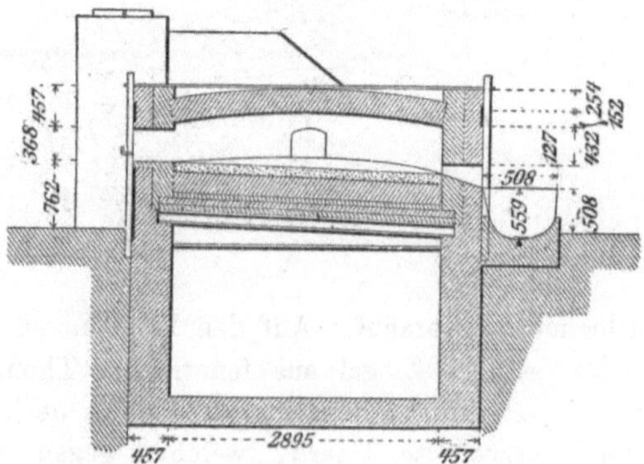

Fig. 396.

vorderen langen Seite des Ofens angebrachten Stichloche zu. Vor dem Stichloch befindet sich der Stechheerd und zur Seite desselben der Raffinirkessel. Gegenüber dem Stichloch befindet sich das Einsatzthor und

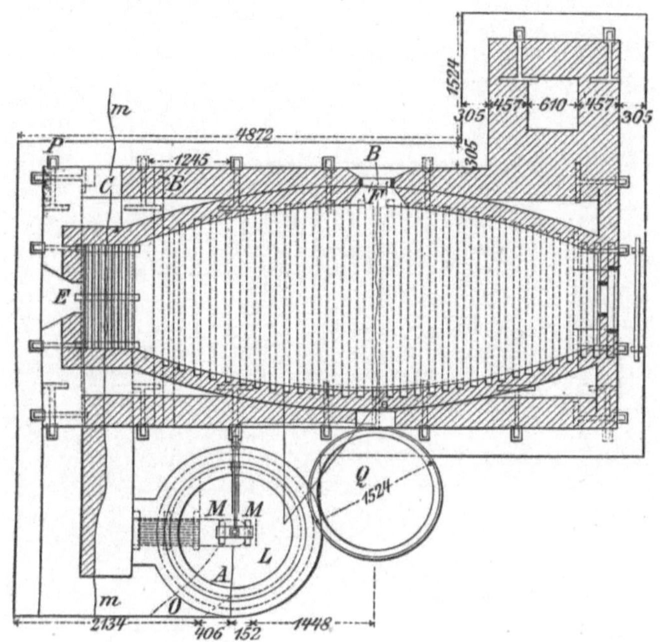

Fig. 397.

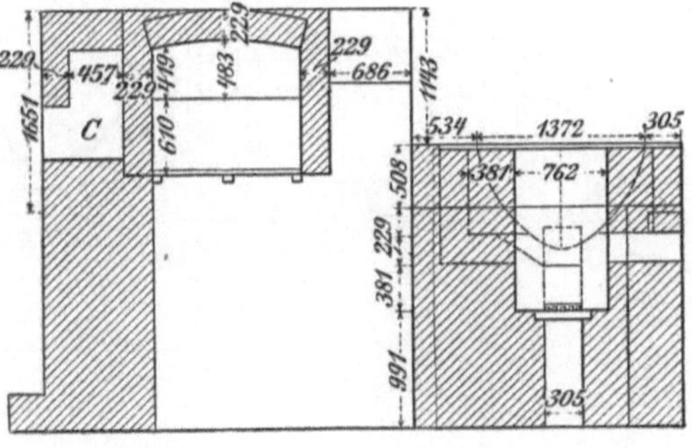

Fig. 398.

an der der Feuerung gegenüberliegenden Seite des Ofens die Arbeitsöffnung. Auf dem Roste befindet sich ein Klinkerbett, auf welches Kohle bis zum oberen Ende der Feuerbrücke gefüllt wird. Jeder Ofen hat seinen eigenen, gegen 15 m hohen Schornstein. In den Figuren bezeichnet: A das aus feuerfesten Ziegeln hergestellte Gewölbe des Ofens, B ein Luftloch zur Kühlung des Heerdes von unten, C ein Luftloch zur

Kühlung der Umgebung der Feuerung, E die Oeffnung zum Aufgeben des Brennstoffs, F die Aufgabeöffnung für die Beschickung, G die Oeffnung zur Entfernung fester Körper vom Heerde, H die Arbeitsöffnung, K das Gefäss zum Sammeln des durch den Heerd hindurchgegangenen Zinns,

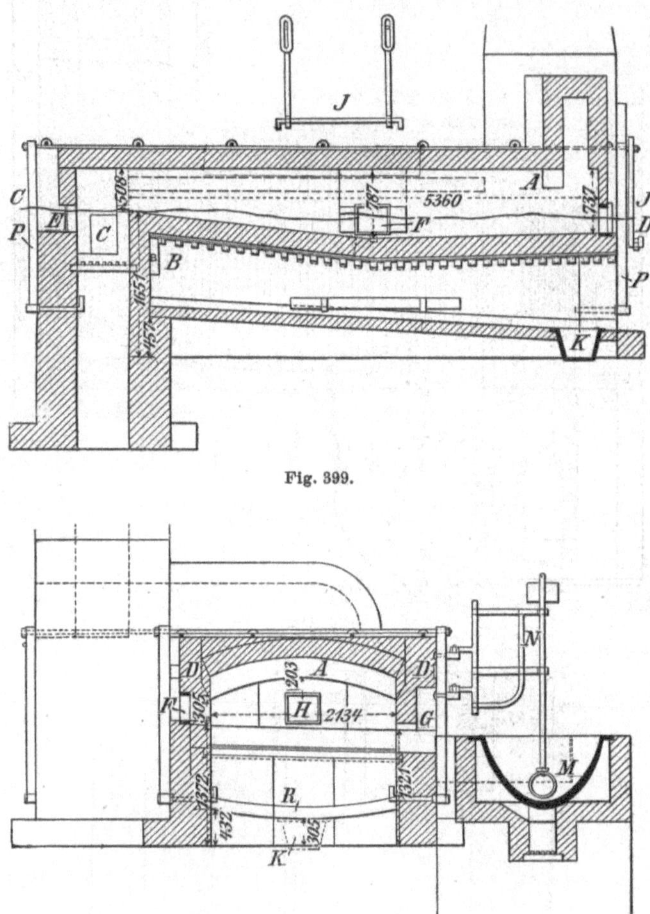

Fig. 399.

Fig. 400.

L den gusseisernen Raffinirkessel, Q den Stechheerd, R den Boden zum Auffangen des durch den Heerd durchgelaufenen Zinns. Die Grösse des Einsatzes beträgt 2 bis 3 t.

Bei dem Ofen zu Villeder in Frankreich beträgt die Heerdlänge 3,35 m, die grösste Heerdbreite 2 m und die Höhe des Gewölbes über dem Heerd 0,325 m. Der Einsatz beträgt $1^1/_2$ t Erz.

Auf den Mount-Bischoff-Werken bei Launceston (Tasmania) sind die

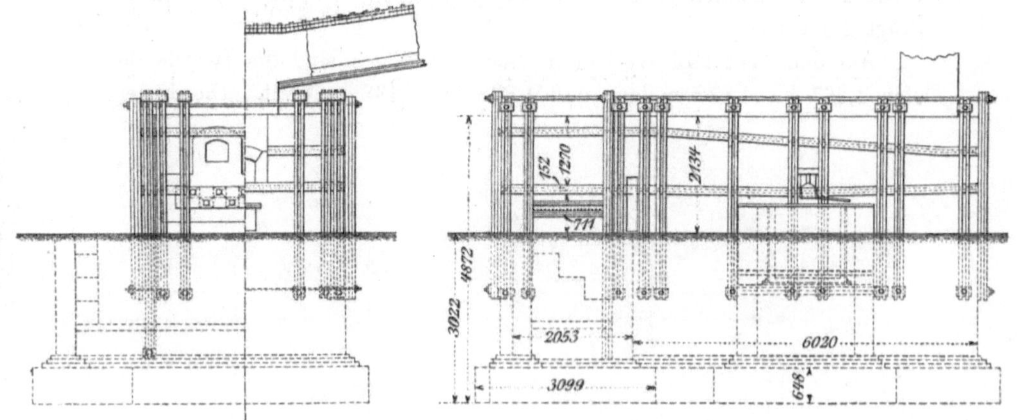

Fig. 401. Fig. 402.

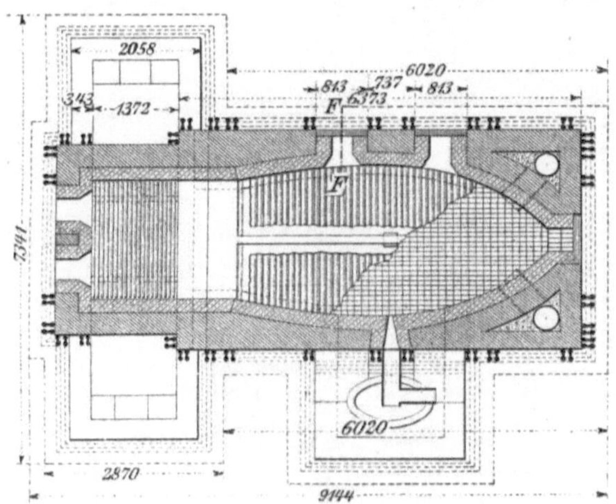

Fig. 403.

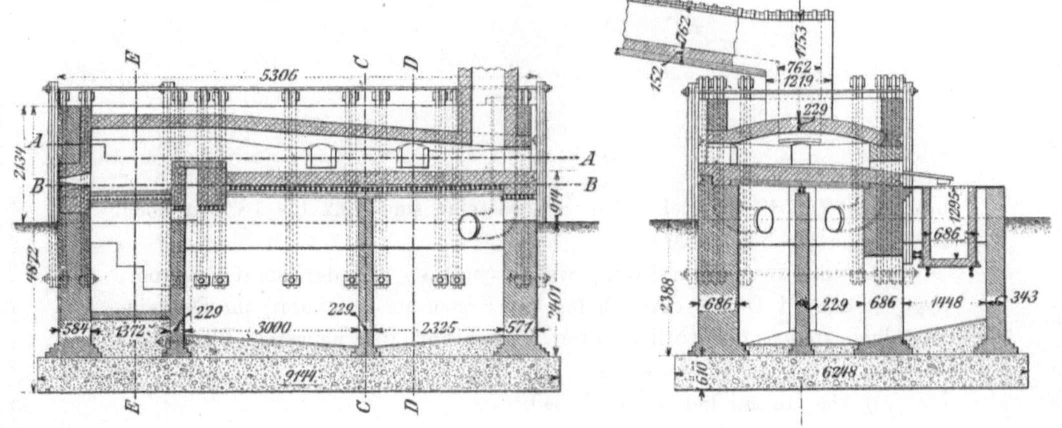

Fig. 404. Fig. 405.

Heerde der Flammöfen je 4,038 m lang und 2,895 m breit. Der Einsatz beträgt 2,5 t Erz[1]).

Auf den Tent Hill-Werken in Neu-Süd-Wales sind die Heerde der Oefen 4,267 bis 4,876 m lang und 1,828 bis 2,438 m breit. Die Feuer-

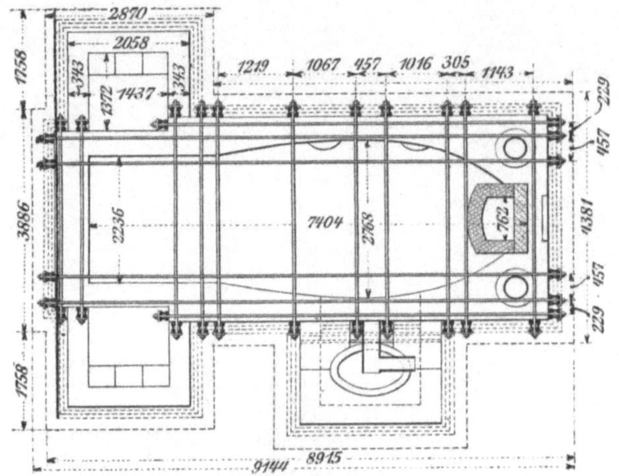

Fig. 406.

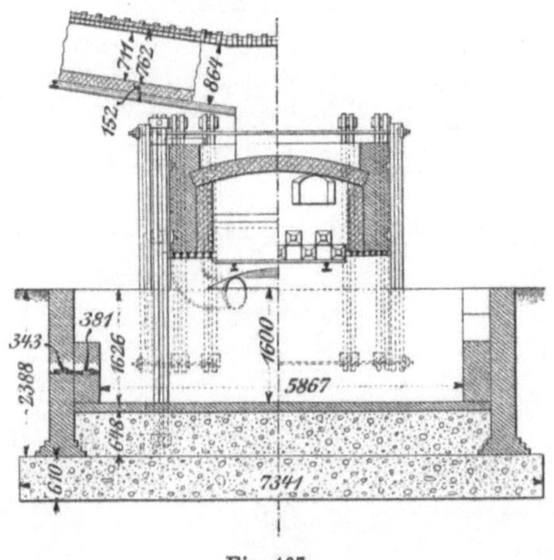

Fig. 407.

brücke ist 0,3048 m hoch. Die Schornsteine sind 15,2 bis 18,2 m hoch. Der Erzeinsatz beträgt 3 t.

Auf der Insel Pulo Brani, welche westlich von der Stadt Singapore liegt, stehen 14 Oefen, deren jeder 4 t Erzeinsatz aufnimmt, im Betriebe. Dieselben stellen hinsichtlich ihrer Einrichtung die neuesten Flammöfen

[1]) The Mineral Ind. 1898. S. 649.

zum Verschmelzen des Zinnsteins dar. Sie sind aus den Figuren 401 bis 407 ersichtlich[1]). (Die eingeschriebenen Zahlen sind Millimeter.)

Figur 401 stellt in der linken Hälfte die Ansicht des Ofenendes an der Hinterseite, in der rechten Hälfte die Ansicht des Ofenendes an der Vorderseite des Ofens dar. Figur 402 stellt die Seitenansicht des Ofens dar. Figur 403 ist ein Horizontalschnitt des Ofens nach A A und B B der Figur 404. Figur 404 ist ein Längsschnitt durch die Mitte des Ofens. Figur 405 zeigt in der linken Hälfte einen Querschnitt nach D D der Figur 404, in der rechten Hälfte einen Querschnitt nach C C der Figur 404. Fig. 406 zeigt den Grundriss der Decke des Ofens. Figur 407 zeigt einen Schnitt nach E E der Figur 404. Unter dem Heerde ist eine Wasserkammer angebracht, in welcher auf eine Höhe von 2,438 m Wasser steht, um das durch den Heerd durchgehende Zinn aufzufangen und zu granuliren. Explosionen treten bei dieser Höhe des Wasserinhalts nicht ein. Das Wasser wird einmal wöchentlich aus der Kammer ausgepumpt, um die Zinngranalien aus derselben zu entfernen. Der in der Kammer etwa entstehende Wasserdampf entweicht aus derselben durch 2 gebogene Rohre von 0,457 m Durchmesser, welche an der Fuchsseite des Ofens angebracht sind. Der Heerd besteht aus feuerfesten Ziegeln und ist von allen Seiten nach dem Stichloche zu, welches sich an der vorderen langen Seite des Ofens befindet, geneigt. Die Länge des Heerdes beträgt 4,876 m, die grösste Breite 2,971 m, die Breite an der Feuerbrücke 1,828 m. Der Heerd ruht auf den kurzen Seiten des Ofens parallel laufenden Eisenschienen. Dieselben liegen mit dem einen Ende in der betreffenden langen Seitenwand des Ofens, mit dem anderen Ende auf einer Längsschiene, welche gleichfalls aus 2 Hälften besteht. Diese Hälften ruhen mit dem einen Ende in dem Mauerwerk des Ofens, mit dem anderen Ende auf einem Pfeiler in der Mitte des Ofens. Wenn der Heerd, welcher 120 bis 150 Einsätze zu je 4 t Erz aushält, erneuert werden soll, wird dieser Pfeiler weggenommen, so dass die Heerdunterlage und der Heerd zusammenfallen. Die Feuerbrücke erhebt sich 0,203 m über den Heerd, ist hohl und ruht gleichfalls auf Schienen. Die Rostfläche der Feuerung liegt 0,762 m unter der Oberkante der Feuerbrücke. Die Grösse des Rostes hängt von der Art der als Brennstoff benutzten Kohlen ab und schwankt zwischen $1,21 \times 1,82$ m und $1,317 \times 2,056$ m. Die Kohlen werden durch 2 Oeffnungen eingeführt. Die Arbeitsöffnung befindet sich an der Vorderseite des Ofens. Das Einführen der Beschickung erfolgt durch 2 Thüren an der Hinterseite des Ofens.

Der Betrieb wird im Allgemeinen geführt wie folgt. Das Erz wird vor dem Einsetzen mit magerer, möglichst aschenarmer Steinkohle oder

[1]) Mc. Killop and Ellis: Tin Smelting at Pulo Brani. Excerpt. Minutes of Proceedings of the Institution of Civil Engineers. Session 1895 and 1896. Part. 111. The Metallurgy of Tin by Henry Louis. The Min. Ind. 1896. p. 533.

Anthracit gemengt, hier und da auch zur Verschlackung der Aschenbestandtheile mit geringen Mengen von Kalk oder Flussspath beschickt. Das Gemenge wird angefeuchtet, um ein Verstäuben desselben beim Einsetzen zu verhüten, und dann durch die Einsatzthüre oder die Einsatzthüren auf den Heerd gebracht und daselbst ausgebreitet. Das Ausbreiten der Beschickung geschieht vom Schlackenloche aus. Der normale Betrieb gestaltet sich, wie folgt. Zuerst wird bei geschlossenen Thüren ein allmählich verstärktes Feuer gegeben. Sobald die Masse geschmolzen ist, wird sie gehörig durchgerührt. Das Durchrühren geschieht von der Schlackenöffnung aus, weil bei der Lage derselben unter der Esse eine oxydirende Einwirkung der einströmenden Luft auf das Zinn vermieden wird. Darauf wird wieder eine Zeit lang starke Hitze gegeben und dann von Neuem durchgerührt. Wenn die Reduction sowohl wie die Scheidung des Zinns von der Schlacke beendigt ist, zieht man entweder so viel wie möglich Schlacke, erforderlichen Falles nach vorgängigem Ansteifen derselben durch Kohlenpulver, durch das Schlackenloch vom Metallbade ab und sticht dann das Zinn mit nur noch einem geringen Theile Schlacke ab oder man sticht zuerst das Zinn in Stechheerde und dann die Schlacke in Sandformen ab. Das Zinn wird nach vorgängiger Abkühlung entweder in Formen gegossen oder direkt im flüssigen Zustande dem Raffinieren übergeben. Im Heerde verbleibt öfters nach dem Abstechen eine schwammige Schlacke zurück, welche grössere Mengen von Zinn mechanisch eingeschlossen enthält. Dieselbe wird nach dem Abstechen durch das Schlackenloch ausgezogen, worauf der Ofen von Neuem besetzt wird. Der ganze Prozess dauert je nach der Grösse des Einsatzes und der Art der Erze und Brennstoffe 6 bis 12 Stunden.

Die Reduction des Zinnsteins geschieht durch die dem Erze zugeschlagene Kohle (magere Steinkohle oder auch wohl Holzkohle). Die Beimengungen des Erzes und die Kohlenasche bilden eine Schlacke. In manchen Fällen wird die Bildung derselben durch Zuschlag von Kalk oder Flussspath befördert.

Als Erzeugnisse des Prozesses erhält man Zinn und Schlacken. Das Zinn wird, falls es von sehr reinen Erzen stammt, im flüssigen Zustande in gusseiserne Polkessel oder in besondere Raffiniröfen gebracht und in denselben raffinirt. Ist es unrein, so wird es vor dem Raffiniren in Blockform gegossen und dann einer Saigerung unterworfen.

Die Schlacken sind Silicate der verschiedenen in den Erzen enthaltenen Metalloxyde und des Zinnoxyds. Beim Vorhandensein von Wolfram in denErzen enthalten sie auch Wolframsäure. Ihre Zusammensetzung ist eine sehr verschiedene. Sie stellen in vielen Fällen Gemenge von Singulo- und Bisilicaten dar. Ausser Zinnoxyd enthalten sie Zinnkörner mechanisch beigemengt.

Die Zusammensetzung einer von Berthier untersuchten Schlacke, welche beim Flammofenbetrieb zu Poullaouen in Frankreich aus Erzen von

Piriac und aufbereiteten zinnhaltigen Abfällen erhalten wurde, ist die nachstehende:

SiO_2	40 %
SnO_2	8,4 -
FeO	20,3 -
MnO	11,1 -
CaO	3,6 -
MgO	1,0 -
Al_2O_3	9,6 -

Eine Schlacke von Pulo Brani enthielt (The Min. Ind. 1896, S. 583):

Sn	35 %
SiO_2	15 -
Al	18 -
Fe	9 -

ferner Mg, Ti, Ca und Mn.

In Cornwall unterscheidet man drei Arten von Flammofenschlacken, nämlich zinnarme Schlacken, welche abgesetzt werden, zinnreichere Schlacken mit mechanisch eingeschlossenen Zinnkörnern, aus welchen durch Aufbereitung die zinnreichen Theile ausgeschieden und in Flammöfen auf Schlackenzinn verschmolzen werden, und die nach dem Abstechen im Heerde des Flammofens verbliebenen, mit viel metallischem Zinn gemengten Schlacken, welche beim Verschmelzen der Zinnerze oder des zinnreichen Waschgutes vom Verwaschen der Schlacken zugesetzt werden.

In Penzance in Cornwall werden in den oben beschriebenen neueren Flammöfen 2 bis 3 t Erz eingesetzt. In 24 Stunden werden 4 Einsätze zu je 2 t und 3 Einsätze zu je 3 t verarbeitet. Die aufbereiteten Erze enthalten 62 bis 65 % Zinn, 5 bis 6 % Eisenoxyd sowie Kieselsäure und sonstige Verunreinigungen. Mit den cornischen Erzen zusammen werden auch Erze aus Bolivia mit 72 % Zinn, 5 bis 6 % Kieselsäure und 1 bis 3 % Eisenoxyd verarbeitet. Die Erze werden mit 15 bis 20 % Anthracit (Culm) und einer geringen Menge von gelöschtem Kalk gemengt. Gelegentlich schlägt man auch zinnhaltige Schlacke und andere zinnhaltige Nebenerzeugnisse sowie etwas Flussspath zu. Das Gemenge wird angefeuchtet und dann in den von der Verarbeitung des vorhergehenden Einsatzes noch heissen Ofen durch die Einsatzthüre eingeführt und mit Hülfe eines Krähls auf dem Heerde ausgebreitet. Die Thüren des Ofens werden dann geschlossen und verschmiert, worauf er stark gefeuert wird. Nach Ablauf von 1 bis 3 Stunden ist der Einsatz geschmolzen und die Masse wird nun durchgerührt. Bei fortgesetzter starker Feuerung wird dieses Durchrühren nach Bedarf von Zeit zu Zeit wiederholt. Nach 5 bis 7 Stunden ist der Prozess zu Ende. Die Masse wird nochmals durchgerührt und dann in Ruhe gelassen, damit sich Zinn und Schlacke trennen. Die Schlacke wird dann soweit als möglich mit Haken durch die Arbeitsöffnung entfernt und, falls sie dünnflüssig ist, durch etwas Anthracit angesteift. Die obere Schlackenschicht (ungefähr $^2/_3$ der Gesammtmenge der Schlacke) ist zinnarm und wird abgesetzt. Die darunter befindliche Schlacke enthält Zinnkörner mechanisch eingeschlossen und wird einer Aufbereitung unterworfen. Der Rest der Schlacke wird mit den Körnern von der erwähnten Aufbereitung einem Schmelzprozess unterworfen. Es ist nicht möglich, alle Schlacke aus dem Ofen durch Ausziehen zu entfernen. Ein Theil derselben bleibt im Ofen zurück und wird mit dem Zinn zusammen abgestochen. Sie sammelt sich im Stechheerde über dem Metall an und wird, sobald sich das letztere abgestzt hat, von demselben abgehoben. Man nennt sie glass (Glas). Dieselbe muss gleichfalls zur Ausgewinnung des in ihr enthaltenen Zinns geschmolzen werden. Etwa im Heerde zurückgebliebene schwammige Schlacke wird durch die Arbeitsöffnung ausgezogen.

Das Zinn lässt man im Stechheerde abkühlen, zieht die auf der Oberfläche desselben sich bildende Krätze ab uud giesst es dann in Formen. Es wird dem Raffiniren unterworfen.

In Penzance sind zur Bedienung von 4 Oefen während 24 Stunden 16 Mann erforderlich. In 1 Ofen werden in 24 Stunden 4 Einsätze verarbeitet. Auf 1 t Erz ist an Brennstoff 2 t Steinkohle erforderlich.

Der Gesammtzinnverlust mit Einschluss des Verlustes bei der Verarbeitung der Schlacken und der sonstigen Nebenerzeugnisse wird in Cornwall zu 9 % von dem Zinngehalte der Erze angegeben.

Zu Villeder in Frankreich (Bretagne), wo der Ofen 3,350 m Länge und 2 m grösste Breite besass, bestand der Einsatz aus 1500 kg Erz und 300 kg Anthracit. Die Verarbeitung desselben dauerte 6 Stunden. In 24 Stunden wurden 6 t Erz bei einem Brennstoffaufwand von 9 t Steinkohlen verarbeitet.

Auf den Mount-Bischoff-Werken in Tasmania stehen cornische Flammöfen von je 4,038 m Länge und 2,895 m grösster Breite in Anwendung. Das Erz stammt zum grösseren Teile ($^2/_3$) aus der Grube Mount-Bischoff, zum geringeren Theile ($^1/_3$) ist es Seifenzinn von der Ostküste der Insel Tasmania. Das Mount-Bischoff-Erz enthält 65 bis 72 % Zinn und ist hauptsächlich durch Eisenoxyd verunreinigt. Das Alluvialerz enthält 70 % Zinn und ist quarzig. Die Erze werden so gattirt, dass der Eisengehalt des Mount-Bischoff-Erzes durch den Kieselsäuregehalt des Alluvialerzes verschlackt wird. Der Einsatz besteht aus 2,5 t Erzgattirung und 0,5 t Kohlenklein. Derselbe wird durch die beiden Einsatzthüren des Ofens eingeführt, worauf noch Zinnkrätzen und anderweitige zinnhaltige Abfälle darüber ausgebreitet werden. Darauf werden die Thüren geschlossen und mit Thon lutirt: Es wird nun stark gefeuert und die Massen werden drei bis vier Male durchgerührt. Sobald sich die in gutem Flusse befindlichen Massen in Zinn und Schlacke geschieden haben, wird das Zinn durch das Stichloch in den vor dem Ofen befindlichen Stechheerd abgestochen. Die im Ofen verbliebene Schlacke wird noch eine Stunde lang einem scharfen Feuer ausgesetzt und dann in Sandbetten abgelassen. Das Verarbeiten eines Einsatzes dauert 8 Stunden. Das in dem Stechheerde angesammelte Zinn überlässt man eine Stunde lang der Abkühlung und schöpft es dann in den Raffinirkessel über, in welchem es gepolt wird. Die Schlacke enthält 10 bis 20 % Zinn und wird dem später dargelegten Schlackenschmelzen unterworfen. Der Brennstoffverbrauch auf die t Erz beträgt mit Einschluss des Schlackenschmelzens 1,02 t Steinkohlen[1]).

Auf den Tent Hill-Werken in Neu-Süd-Wales, wo die Heerde der Oefen 4,267 bis 4,876 m lang und 1,828 bis 2,438 m breit sind, wird mit Holz gefeuert. Der Einsatz besteht aus 3 t Erz und 1 t angefeuchteter Holzkohle. Die Verarbeitung desselben dauert 12 Stunden. Das in den Stechheerd abgestochene Zinn wird nach vorgängiger Abkühlung in einen Raffinirkessel übergeschöpft und gepolt. Die Schlacke wird dem Schlackenschmelzen unterworfen[2]).

In den oben beschriebenen Ofen von Pulo Brani werden 4 t Erz eingesetzt. Die Zusammensetzung der Beschickung richtet sich nach dem Zinngehalt der Erze. Im Durchschnitt besteht sie bei Erzen mit 65 bis 71 % Zinn aus 80 G.-Th. Erz, 10,4 G.-Th. Anthracit (Culm) und 2,4 G.-Th. Raffinirkrätzen, bei Erzen mit mehr als 71 % Zinn ans 80 G.-Th. Erz, 12 G.-Th. Anthracit und 2,4 G.-Th. Raffinirkrätzen. Ist die als Brennstoff benutzte Kohle von guter Beschaffenheit, so wird die Masse nach 2 bis $2^1/_4$ stündigem Feuern durchgerührt, andernfalls muss noch weitere $1^1/_2$ Stunde hindurch gefeuert werden. Die Masse ist jetzt an der Feuerbrücke flüssig und in der Mitte des Ofens teigig. Nach dem ersten Rühren wird 1 Stunde lang scharf gefeuert und dann nochmals gerührt. Die Masse ist jetzt vollkommen flüssig und frei von festen Theilen auf der Oberfläche. Es wird jetzt nochmals stark gefeuert und dann das Zinn nach theilweiser Oeffnung des Stichlochs in einem dünnen Strome in den Stechheerd abgelassen. Nachdem das Zinn aus dem Ofen ausgeflossen ist, wozu $^3/_4$ Stunden erforderlich sind, wird das Stichloch wieder ganz verschlossen. Vor dasselbe wird nun eine Rinne gelegt, welche mit einer Reihe von Sandbetten verbunden werden kann. Dann wird das Stichloch vollständig geöffnet und die Schlacke fliesst durch dasselbe und die Rinne in einem dicken Strome in die Sandbetten. Die Verarbeitung eines Einsatzes dauert $7^1/_2$ bis 8 Stunden. Man erhält Zinn (Ore Metal) mit 99,5 % Metallgehalt, welches nach der Abkühlung in Formen gegossen und später raffinirt wird und Schlacke mit 20 bis 40 % Zinn, welche den später zu beschreibenden Schlackenschmelzarbeiten unterworfen wird. Der Brennstoffverbrauch pro t Erz mit Einschluss des Brennstoffverbrauchs bei den Schlackenarbeiten und beim Raffiniren wird zu 0,98 t Kohle angegeben[3]).

---

[1]) The Min. Ind. 1898, p. 649.

[2]) The Min. Ind. 1896, S. 576.

[3]) The Min. Ind. 1896, S. 585.

Auf den Temescal Mines in Californien wurden früher in cornischen Flammöfen Zinnerze mit Hülfe von Petroleum als Brennstoff verschmolzen[1]). Die Oefen hatten 3,35 m Länge und 3,22 Breite. Der Einsatz bestand aus 900 kg Erz mit 65 % Zinn und 20 % Kohle. In 24 Stunden wurden 3 Einsätze verarbeitet. Die Schlacken enthielten 5 % Zinn und wurden zerkleinert und verwaschen. Der Betrieb ist schon seit längerer Zeit wegen Unbauwürdigkeit der Erzlagerstätte eingestellt.

Auf der Hütte bei Tostedt in der Lüneburger Heide (Kreis Harburg) werden Erze aus Bolivia mit 40 bis 60 % Zinn und 10 bis 30 % Kieselsäure nach vorgängiger Röstung in Flammöfen verschmolzen. Es sind 4 cornische Schmelzöfen, zwei kleinere und 2 grössere vorhanden.

In den kleineren Oefen werden in 24 Stunden je 4 t bis 4,3 t, in den grösseren je 6 bis 6,6 t Erz verarbeitet. Das Erz wird mit 15 bis 20 % fein gemahlener Anthracitkohle und mit Kalk (50 % mehr, als zur Verschlackung der Kieselsäure erforderlich ist) beschickt. Die Verarbeitung eines Einsatzes dauert 8 bis 10 Stunden. Der Brennstoffverbrauch (Steinkohle) beträgt 50 % vom Gewicht des Einsatzes, bei den kleineren Oefen etwas mehr. Die kleineren Oefen sind in der Schicht mit 2 Mann, die grösseren Oefen mit 3 Mann belegt. Der aus Sand hergestellte Heerd hält 1 Monat. Das Zinn wird aus dem Ofen in einen Stechheerd aus Gusseisen, die Schlacke in Sandbetten abgestochen. Das Zinn wird gesaigert und dann gepolt. Die Schlacken, welche 20 bis 25 % Zinn enthalten, werden den noch zu besprechenden Schlackenschmelzarbeiten im Flammofen und Schachtofen unterworfen.

Die Verarbeitung der bei der Reduction des Zinnsteins in Flammöfen erhaltenen Zwischenerzeugnisse und Abfälle.

Die bei der Verarbeitung des Zinnsteins in Flammöfen erhaltenen Zwischenerzeugnisse bzw. Abfälle sind Schlacken, Härtlinge, Krätzen und Ofenbrüche.

Verarbeitung der Schlacken.

Die Flammofen-Schlacken enthalten das Zinn sowohl als Silicat als auch in der Gestalt von unzersetztem Zinnstein und als Körner von Zinn (prills). Man verarbeitet dieselben grundsätzlich auf trockenem Wege. Nur auf einem Werke (Tostedt) hat man auch den nassen Weg zu Hülfe genommen. (Das Verfahren auf nassem Wege ist in dem Kapitel „Die Gewinnung des Zinns auf nassem Wege" beschrieben.) Zur Gewinnung des Zinns aus dem Silicat der Schlacke wendet man 2 Methoden an, die Reductionsarbeit und die Niederschlagsarbeit.

Die Reductionsarbeit besteht im Schmelzen der Schlacke mit Kohle und einer stärkeren Base als das Zinnoxyd in Flammöfen, wobei

[1]) The Min. Ind. 1896, S. 587.

die stärkere Base, gewöhnlich Kalk, an die Stelle des Zinnoxyds tritt und das letztere zu Metall reducirt wird.

Die Niederschlagsarbeit besteht im Schmelzen der Schlacke mit Eisen, welches letztere sich mit dem Zinnsilicat in Zinn und Eisensilicat umsetzt. Das Eisen wird in der Gestalt von Eisenabfällen oder von Zinneisen-Legirung (hard head) angewendet.

Das in der Schlacke mechanisch eingeschlossene Zinnoxyd wird durch Kohle zu Metall reducirt. Da in der Schlacke stets Zinnoxyd enthalten ist und beim Verschmelzen derselben auch Zinnoxyd enthaltende Krätzen zugeschlagen werden, so muss auch bei der Niederschlagsarbeit Kohle zugesetzt werden.

Die in der Schlacke mechanisch eingeschlossenen Zinnkörner werden entweder durch Zerkleinern und Verwaschen der Schlacken oder durch Schmelzen der Schlacken und Absetzenlassen des Zinns gewonnen. Schlacken unter 5 % Zinn werden in Cornwall gewöhnlich abgesetzt.

Die beim Schlackenschmelzen angewendeten Flammöfen sind die nämlichen, welche zum Verschmelzen der Erze benutzt werden.

Anstatt der Flammöfen wendet man auch zum Verschmelzen der Schlacke, welche bei der Verarbeitung der Schlacke vom Erzschmelzen in Flammöfen fällt, sowie zu den weiteren Schlackenarbeiten Schachtöfen an.

In Cornwall werden die von der Oberfläche des Metallbades beim Zinnerzschmelzen zuerst abgezogenen Schlacken (ungefähr $^2/_3$ der ganzen Schlackenmenge) abgesetzt. Die darauf abgezogenen Schlacken enthalten Zinnkörner eingemengt und werden zur Gewinnung der letzteren gepocht und verwaschen. Die nun noch abgezogenen Schlacken sowie die mit dem Zinn abgstochenen Schlacken werden zusammen mit den ausgewaschenen Zinnkörnern mit Kohle und Kalk in Flammöfen geschmolzen, also der Reductionsarbeit unterworfen. Beim Schmelzen schlägt man auch Raffinirkrätzen sowie sonstige zinnhaltige Zwischenerzeugnisse zu. Man erhält Zinn, welches zum Raffiniren geht, sowie Schlacken, welche, falls sie unter 5 % Zinn enthalten, abgesetzt werden, andernfalls aber beim Schlackenschmelzen zugeschlagen oder noch einmal besonders geschmolzen werden.

In Pulo Brani werden die beim Erzschmelzen erhaltenen Schlacken, welche 20 bis 40 % Zinn enthalten, der Niederschlagsarbeit in Flammöfen von der nämlichen Einrichtung wie die oben beschriebenen Flammöfen für die Erzarbeit unterworfen. Gewöhnlich lässt man das Schlackenschmelzen dem Erzschmelzen folgen, da in Folge der höheren Temperatur beim Schlackenschmelzen Spalten und Risse des Heerdes leicht mit Schlacke ausgefüllt werden. Man beschickt dieselben mit metallischem Eisen in der Gestalt von Eisenabfällen, mit Kalkstein, mit Raffinirkrätzen und Anthracit. Als die beste Zusammensetzung der Beschickung hat sich die nachstehende bewährt: 30 G.-Th. Schlacken, 12 G.-Th Raffinirkrätzen,

2,75 G.-Th. Eisen, 2,4 G.-Th. Kalk (Korallen-Kalk), 6 G.-Th. Anthracit (Culm). Der Einsatz beträgt 4 t. Nach dem Einschmelzen wird die Masse gut durchgerührt und dann noch eine Stunde lang stark erhitzt, worauf das Abstechen folgt. Das Zinn wird in den Stechheerd, die Schlacke in Formen abgestochen. Der ganze Schmelzprozess dauert 7 Stunden. Man erhält eisenhaltiges Rohzinn (rough metal) mit 95,5 % Zinn und sog. arme Schlacke, welche mindestens 2,5 % Zinn als Silicat und bis 10 % Zinn in der Form von Metallkörnern (prills) enthält. Sie enthält durchschnittlich 60 % Kieselsäure. Die Zinnkörner sind nur in der über dem Zinn befindlichen Schlacke enthalten. Dieselbe macht 1/3 der ganzen Schlackenmenge aus. Der Rest wird geprüft und wenn er frei von Zinnkörnern ist, abgesetzt. Um die Ausscheidung einer Zinneisen-Legirung zu vermeiden, wird das Rohzinn aus dem Stechheerd in Formen gegossen und in den letzteren, so lange es noch flüssig ist, mit einer eisernen Stange umgerührt. Auch durch Granuliren des Metalls lässt sich die Ausscheidung der Zinneisen-Legirung vermeiden. Das Rohzinn wird gesaigert und dann raffinirt.

Die die Zinnkörner enthaltende Schlacke kann zerkleinert und verwaschen werden. Da die Körner aber in Folge der Verunreinigung durch Eisen spröde sind und desshalb im zerkleinerten Zustande leicht mit dem Schlamm weggeführt werden können, ist ein Schmelzen der Schlacke mit Kalk und Anthracit in Flammöfen vorzuziehen, wie es zu Pulo Brani geschieht. Hierbei sollen sich die einzelnen Zinnkörner zu zusammenhängenden, auf der Sohle des Heerdes sich ansammelnden Zinnmassen vereinigen, während das als Silicat vorhandene Zinn durch die Kohle zu Metall reducirt werden soll.

Die Beschickung besteht aus 40 G.-Th. Schlacke, 2,5 G.-Th. Kalkstein, 2,5 G.-Th. Kohle (Culm). Ist die Schlacke frei von Zinnsilicat, so ist ein Zuschlag von Kalkstein und Kohle nicht erforderlich. Der Einsatz beträgt 4 t. Die Massen werden von Zeit zu Zeit (zuerst nach 2 Stunden und dann wieder nach 1 Stunde) durchgerührt. Der ganze Prozess dauert 5 bis 6 Stunden. Das Metall lässt man sich auf dem Boden des Heerdes ansammeln und sticht es drei Male in der Woche in Sandformen ab. Dasselbe enthält 80,5 % Zinn und 19,5 % Eisen und wird einer wiederholten Raffination unterworfen.

Das in Pulo Brani aus 100 G.-Th. erhaltene Zinn vertheilt sich auf die verschiedenen Hüttenerzeugnisse, wie folgt: Metall vom Erzschmelzen (ore metal): 58 Th. mit 57,7 Th. Zinn; Metall vom Verschmelzen der Schlacken vom Erzschmelzen (rough metal) 9 Th. mit 8,6 Th. Zinn, Metall vom Verschmelzen der armen Schlacken: 2 Th. mit 1,6 Th. Zinn, zusammen 67,9 Th. Die absetzbare Schlacke wird zu 27 % von dem Gewicht des Zinnsteins, ihr Gehalt an Zinn zu 5 % angegeben. Der Verbrauch an Eisen wird zu 4,7 % des producirten Zinns, der Verbrauch an Reductionskohle (Culm) zu 27 % des producirten Zinns angegeben. Bei einem Zinngehalt des Erzes von 70 % würde sich der Verlust durch Verschlackung nur auf 2 % berechnen. Der Verbrauch an Brennstoff wird zu 0,98 t Kohle auf die t Erz angegeben[1]).

Auf den Werken in Australien werden die Schlacken vom Erzschmelzen gleichfalls unter Zusatz von Eisen verschmolzen[2]).

Auf den Werken zu Tostedt in der Lüneburger Heide werden die Schlacken vom Erzschmelzen, welche 20 bis 25 % Zinn enthalten, unter Zuschlag von 6 bis 8 % Härtlingen (Zinneisen-Legirung vom Saigern des Zinns) in den oben erwähnten Flammöfen verschmolzen. Man erhält Zinn und Schlacken, welche unter Zuschlag von 6 bis 10 % Härtlingen mit 15 bis 18 % Koks in Schachtöfen mit 3 Formen und Rast von 9,14 m Höhe und 2,133 m Durchmesser an der Rast verschmolzen werden. In 24 Stunden werden 20 bis 24 t Schlacken durchgesetzt. Man erhält Zinn und Schlacken, welche noch ein bis zweimal im Schachtofen verschmolzen werden. Die absetzbaren Schlacken enthalten unter 5 % Zinngehalt.

Härtlinge, Krätzen, Flugstaub, Ofenbrüche und ausgebrochene Heerde der Flammöfen werden mit den Schlacken zusammen verschmolzen.

2a) Das Raffiniren des Zinns.

Das auf die vorbeschriebene Weise hergestellte Zinn, Werkzinn genannt, ist in den meisten Fällen noch nicht rein, sondern enthält verschiedene Metalle, welche einen nachtheiligen Einfluss auf die guten Eigenschaften desselben ausüben, nämlich Eisen, Kupfer, Blei, Antimon und Arsen. Es muss daher von diesen Körpern durch einen Reinigungsprozess, das sog. „Raffiniren", befreit werden. Diese Reinigung besteht entweder in einem Saigern des Zinns oder in einem Saigern und nachfolgenden Polen (boiling), seltener in einem Polen und darauf folgenden Saigern, oder in einem Saigern und darauf folgenden Schütteln (tossing) des Zinns oder in einem Saigern, Schütteln und darauf folgenden Polen. Vergleichsweise reines Zinn bedarf nur eines Polens oder eines Umschmelzens und Stehenlassens.

Bei dem Saigern schmilzt das reine Zinn aus, während die schwerer als das Zinn schmelzbaren Verunreinigungen desselben in der Gestalt von Legirungen, Saigerdörner genannt, zurückbleiben. Bei dem Polen und Schütteln werden die einzelnen Theile des geschmolzenen Zinns mit der Luft in Berührung gebracht, welche die leicht oxydirbaren Elemente als Oxyde ausscheidet.

Bei dem Umschmelzen und Stehenlassen des Zinns scheiden sich die Verunreinigungen theils als Raffinirkrätzen an der Oberfläche des Metallbades aus, theils sinken sie mit einem Theile Zinn legirt zu Boden.

---

[1]) The Metallurgy of Tin by Henry Louis. The Min. Ind. 1896, p. 583. The Smelting at Pulo Brani by Mc. Killop and Ellis. Excerpt Minutes of Proceedings of the Institution of Civil Engineers. Session 1895 and 1896. Part. 114.

[2]) The Min. Ind. 1896, S. 576. 1898, S. 649.

Das Saigern des Zinns.

Das Saigern des Zinns, in Deutschland auch Pauschen oder Flössen genannt, geschieht auf Heerden, in Pfannen oder in Flammöfen.

Saigerheerde stehen in Sachsen, Böhmen und in Billiton in Anwendung.

In Sachsen und Böhmen wird das Saigern des Zinns unmittelbar nach dem Abstechen desselben aus dem Vortiegel in den Stechheerd ausgeführt. Der Saigerheerd stellt eine mit Thon überzogene, geriffelte gusseiserne Platte von 1,1 m Länge und 0,7 m Breite mit $^1/_7$ bis $^1/_{10}$ Neigung dar, welche auf Mauerwerk aufruht und an deren unterem Ende sich ein gusseiserner Tiegel befindet. Der Heerd liegt an der Vorderseite des Schachtofens in der Nähe des Stechheerdes, wie aus Figur 408 ersichtlich

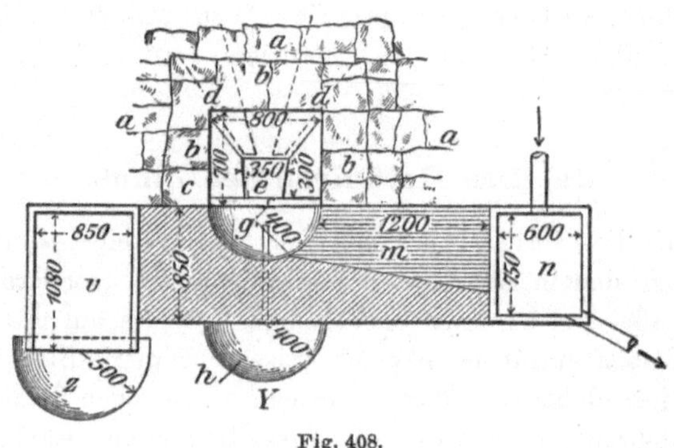

Fig. 408.

ist. e ist die Spur des Schachtofens, g der Vortiegel, h der Stechheerd, v der Saigerheerd und z der Tiegel zur Aufnahme des gesaigerten Zinns, Beim Betriebe ist der Saiger- oder Pauschheerd mit einer Lage glühender Kohlen bedeckt. Das Zinn wird mit Löffeln aus dem Stechheerde ausgeschöpft und auf die glühenden Kohlen gegossen. Dasselbe lässt die strengflüssigen Metalle in den glühenden Kohlen, rinnt auf dem geneigten Heerde herab und sammelt sich in dem mit glühenden Kohlen gefüllten Tiegel am unteren Ende des Heerdes an. Aus dem Tiegel wird es ausgeschöpft und von Neuem auf den Pauschheerd gegossen. Man lässt das Zinn so lange über den Pauschheerd laufen, bis es keine Rückstände mehr auf demselben hinterlässt. Alsdann werden die auf dem Heerde befindlichen Massen vereinigt und auf demselben mit hölzernen Hämmern zerklopft. Hierdurch wird ein Theil des Zinns ausgepresst und fliesst über den Heerd in den Tiegel, während die schwer schmelzbaren Legirungen, die sog. Saigerdörner, auf dem Heerde zurückbleiben. Das im Tiegel angesammelte Zinn lässt man soweit erkalten, bis es eine spiegelnde Oberfläche von bläulicher Farbe zeigt, und schreitet dann zum Ausgiessen desselben. Man giesst dasselbe entweder in Formen oder auch auf eine horizontale, glatte, geschliffene Kupferplatte von 1,26 bis 1,57 m Länge, 0,63 m Breite und 7 mm Stärke. In den Formen erhält es die Gestalt von Stangen oder Blöcken. Auf der Kupferplatte erhält es die Gestalt von 2 bis 3 mm dicken Tafeln. Dieselben werden nach dem Erkalten auf einer Rollbank zusammengerollt und dann mit Holzhämmern zusammengeschlagen. Das gerollte Zinn führt den Namen Rollen- oder Ballenzinn.

Die Saigerdörner, auch Zinnpausche oder Zinnkörner genannt, stellen im Wesentlichen eine Zinn-Eisen-Legirung mit wechselnden Mengen von Wolfram und Kupfer dar. Sie werden gewöhnlich beim Schlackenschmelzen zugeschlagen.

Die Zusammensetzung der Saigerdörner von Altenberg ist aus den nachstehenden zwei Analysen ersichtlich (I von Lampadius, II von Berthier).

	I	II
Sn	68,13	72,52
Fe	25,49	26,44
W	5,14	1,04
Cu	0,74	—

Auf der Insel Billiton besteht der Saigerheerd aus 3 Ziegelmauern, in welche eine geneigte gusseiserne Platte eingesetzt ist. Dieselbe endigt in ein Paar eiserne Stufen, unter welchen ein Kessel zur Aufnahme des ausgesaigerten Zinns angebracht ist. Auf der Platte werden Holzkohlen durch Gebläsewind glühend erhalten, welcher durch eine Form in der Rückwand eintritt. Das Zinn wird in Gestalt von Blöcken entweder direct auf die Kohlen oder auf Eisenstangen gelegt, welche letzteren etwas über dem Feuer angebracht werden. Das aus den Blöcken aussaigernde Zinn fliesst auf der geneigten Platte abwärts in den Sammelkessel, aus welchem es in Formen gegossen wird.

Eine von unten geheizte Pfanne aus Schmiedeeisen ist von van Dijk[1]) zum Saigern des in van Vlaanderen'schen Schachtöfen gewonnenen unreinen Banca-Zinns mit 1 % Verunreinigungen angewendet worden. Die Einrichtung derselben ist aus der Figur 409 ersichtlich. (Die eingeschriebenen Maasse sind Millimeter.) Die zu saigernden Zinnblöcke werden auf ein Holzkohlenbett auf dem Boden der Pfanne gelegt, welche letztere von unten erhitzt wird. Das ausgesaigerte Zinn sammelt sich in dem vor der Pfanne aufgestellten erhitzten Tiegel an. Der in der Pfanne verbliebene Rückstand wird bei höherer Temperatur ausgesaigert. Das zuerst ausgesaigerte Zinn enthielt 99,84 % reines Zinn und das aus den Rückständen ausgesaigerte Metall 99,79 % reines Zinn. Die einzige Verunreinigung war Eisen. Der in der Pfanne nach dem zweiten Saigern verbliebene Rück-

---

[1]) The Min. Ind. 1896. p. 559.

stand enthielt 80,8 % Zinn und 19,2 % Eisen und entsprach nahezu der Formel $FeSn_2$. Der Saigerverlust belief sich auf 0,33 %.

Gegenwärtig[1]) wird das unreine Zinn in Banca, welches indess nur $^1/_{10}$ des in den Vlaanderen'schen Schachtöfen verschmolzenen Metalles ausmacht, in eisernen Pfannen, über welche eine Holzflamme streicht, in Einsätzen von 15 000 bis 16 000 lbs eingeschmolzen. In dem Maasse, wie es schmilzt, fliesst es in eine zweite Pfanne (receiver) von gleicher Grösse wie die erste, in welcher die schwer schmelzbare Zinneisen-Legirung zurückbleibt, und gelangt dann als reines Zinn in eine dritte Pfanne (controlling pan), welche 1100 lbs Zinn aufnimmt. Aus dieser Pfanne gelangt es in eine letzte Pfanne, aus welcher es in Formen geschöpft wird. Die sämmtlichen Pfannen sind in Sand gesetzt, welcher etwa aus denselben aussickerndes Zinn aufnimmt. Die Zinneisenlegirung wird aus der zweiten Pfanne mit durchlöcherten Löffeln ausgeschöpft, in kleinen Schachtöfen geschmolzen und dann auf eisernen Platten gesaigert. Das ausgesaigerte Zinn wird in einem vor denselben angebrachten Tiegel angesammelt und dann in Formen gegossen. Die verbliebene Legirung wird als unverwerthbar angesehen. Der Zinnverlust beträgt 2 %.

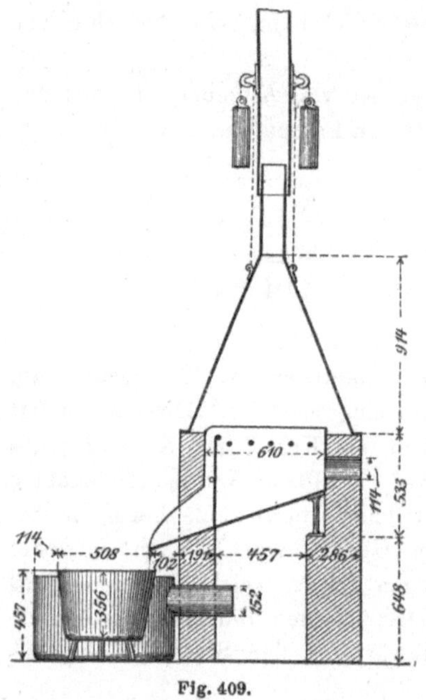

Fig. 409.

Das Saigern im Flammofen steht in England (Cornwall, Lancashire), Deutschland (Tostedt), in Pulo Brani und in Australien in Anwendung. Dem Flammofen-Saigern schliesst sich gewöhnlich die weitere Reinigung des Zinns durch Polen oder Schütteln an. Diese letzteren Operationen sollen daher im Anschluss an das Saigern an den einzelnen Orten betrachtet werden.

In England benutzt man als Saigeröfen entweder die zum Schmelzen der Erze benutzten Oefen oder besondere Saigeröfen. Im ersteren Falle besitzen die Oefen besondere mit Feuerung versehene Kessel zur Aufnahme des raffinirten Zinns und zum Polen (derartige Kessel sind bei den Erzschmelzöfen Fig. 393 mit H, Fig. 397 mit L bezeichnet).

Ein besonderer Saigerofen, wie er in Lancashire im Gebrauch steht,

---

[1]) Seventeenth Annual Report of the United States Geological Survey. 1895—96. Part. III. p. 239.

ist aus den Figuren 410, 411, 412 ersichtlich. (Die eingeschriebenen Zahlen bedeuten Millimeter.) Derselbe besteht aus 2 in entgegengesetzten Richtungen geneigten gusseisernen Heerden, deren jeder an den entsprechenden Seiten des Ofens seinen besonders gefeuerten Sammel- bzw. Polkessel besitzt.

Das Zinn wird in Blockform auf den oberen Theil des Heerdes gesetzt, langsam eingeschmolzen und fliesst durch den Stichcanal des Ofens in einen vor dem letzteren befindlichen gusseisernen Kessel, während die strengflüssigeren Metalle mit einem Theile Zinn auf dem Heerde des Ofens zurückbleiben. In dem Maasse, wie das Zinn von dem Heerde abfliesst,

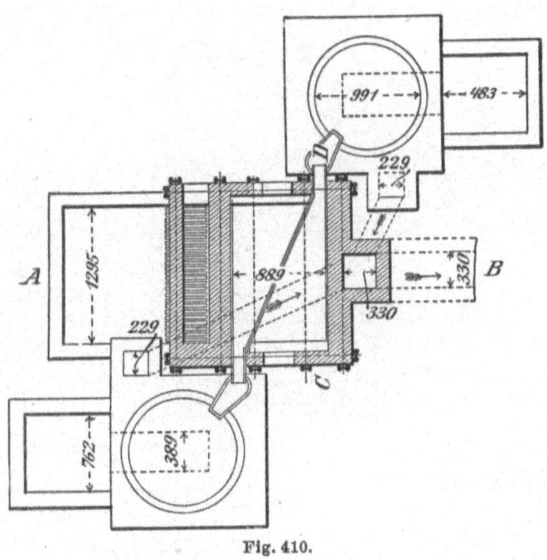

Fig. 410.

werden neue Zinnblöcke nachgesetzt. Wenn der Kessel, welcher 6 bis 10 t fasst, mit Zinn gefüllt ist, wird die Temperatur soweit gesteigert, dass die auf dem Heerde verbliebenen Rückstände schmelzen und durch den Stichcanal in einen besonderen Kessel fliessen. In dem letzteren setzen sich die schwer schmelzbaren Metalle in Gestalt einer Zinnlegirung zu Boden, während darüber Zinn steht, welches noch kleine Mengen von Arsenik, Schwefel und Eisen enthält. Dieses Zinn wird in Formen gegossen und, sobald eine hinreichende Menge davon vorhanden ist, einer nochmaligen Saigerung unterworfen. Die hierbei verbliebenen Saigerdörner werden mit der auf dem Boden und an den Seitenwänden des Kessels abgesetzten Zinnlegirung entweder beim Verschmelzen der Schlacken auf Zinn zugeschlagen oder abgesetzt.

Das in dem Polkessel angesammelte Zinn (6—10 t), welches durch starkes Feuern unter dem Kessel in hoher Temperatur erhalten wird, unterwirft man dem Polen, seltener dem Schütteln. Zum Zwecke des Polens werden zu einem Bündel vereinigte Stangen frisch gefällten Holzes in das Metallbad eingeführt.

Das Holzbündel wird gewöhnlich durch 2 eiserne Reifen zusammengehalten. Dieselben sind vermittelst eines Stegs an einer mit einem Gewicht beschwerten Eisenstange befestigt. Die Stange hängt an einer über eine Rolle laufenden Kette.

Durch die aus dem Holze (dessen in das Metallbad gesteckter Theil einer trockenen Destillation unterworfen wird) entwickelten Gase wird das

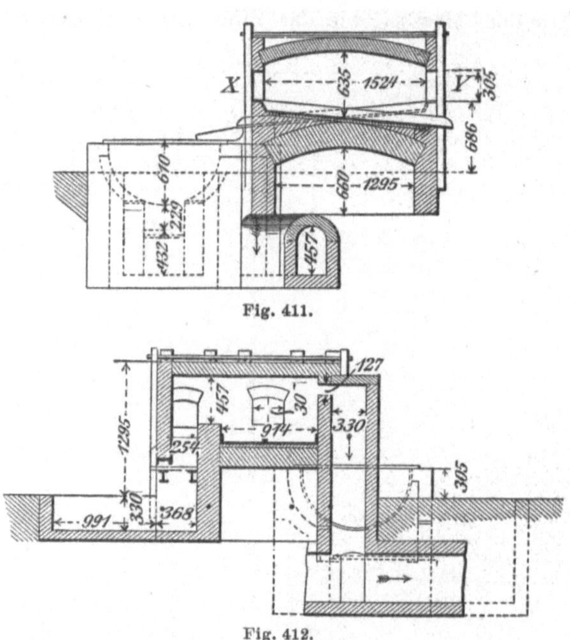

Fig. 411.

Fig. 412.

Metallbad in eine sprudelnde Bewegung versetzt, wodurch die einzelnen Theile desselben mit der Luft in Berührung gebracht werden. Die fremden Metalle und ein Theil Zinn werden oxydirt. Die Oxyde sammeln sich als sog. Poldreck in Gestalt einer schaumigen Masse auf der Oberfläche des Metallbades an.

Die Zeitdauer des Polens richtet sich nach der Reinheit des Zinns, welches man erhalten will. Sollen reinere Zinnsorten hergestellt werden, so wird das Polen mehrere Stunden hindurch fortgesetzt. Dasselbe wird eingestellt, wenn die Oberfläche des Metallbades (nach Entfernung eines Theiles des Poldrecks) rein und glänzend erscheint. Man lässt das Metallbad darauf noch eine Zeit lang ruhig stehen (1 Stunde lang), um den noch im Zinn vorhandenen schweren Metallen, besonders Eisen und Kupfer, Gelegenheit zu geben, sich im unteren Theile desselben abzusetzen. Darauf zieht man den Poldreck ab und schreitet zum Ausschöpfen des Zinns in Blockformen, manchmal auch in die Form von Barren und Streifen. Die oberen Theile des Metallbades sind die reinsten, während die unteren Schichten ein Zinn gewöhnlicher Qualität abgeben. Das letztere wird gewöhnlich nochmals gesaigert und gepolt.

Das Zinn der obersten Schichten wird als refined tin bezeichnet. Das Zinn der folgenden Schichten wird als Blockzinn bezeichnet. Das refined tin erscheint im Handel in Blöcken von 7 bis 100 lbs Gewicht oder in Streifen, deren 3 bis 5 auf 1 Pfund gehen, das Blockzinn in Blöcken von 350 bis 400 lbs Gewicht.

Anstatt des Polens wird in England auch das Schütteln des Metallbades (tossing) angewendet. Dasselbe besteht darin, dass die Arbeiter die im Polkessel befindlichen Massen ununterbrochen mit Löffeln ausschöpfen und dieselben dann aus einiger Höhe in den Kessel zurückfallen lassen. Hierdurch werden die einzelnen Theile des Metallbades gleichfalls mit der Luft in Berührung gebracht. Man erhält hierdurch die nämlichen Erzeugnisse wie beim Polen.

Das Raffiniren von 6 bis 10 t Zinn erfordert 5 bis 7 Stunden Zeit, wovon das Aussaigern 1 bis 2 Stunden, das Polen je nach der Reinheit des Zinns 3 bis 4 Stunden und das Absetzenlassen und Ausschöpfen eine Stunde in Anspruch nehmen.

Zu Tostedt in der Lüneburger Heide sind Saigeröfen mit rechteckigem Grundriss und Rostfeuerung an der einen langen Seite des Ofens vorhanden. Die Länge des geneigten Heerdes beträgt 5,48 m, die Breite 2,43 m. Der Heerd ist in 3 Längsabtheilungen getheilt. Die Blöcke des zu saigernden Zinns werden am oberen Ende der mittleren Abtheilung eingesetzt. Das ausgesaigerte Zinn fliesst am unteren Ende dieser Abtheilung in vorgesetzte Formen. Dasselbe wird nun in die dritte vom Feuer abgewandte Abtheilung eingesetzt, während die Saigerdörner aus der mittleren Abtheilung in die erste, der Rostfeuerung zunächst liegende Abtheilung übergeschaufelt werden. Das in der dritten Abtheilung ausgesaigerte Zinn wird gepolt. Aus den in die erste Abtheilung eingesetzten Saigerdörnern wird noch ein Theil Zinn ausgesaigert. Die hier verbliebenen Saigerdörner werden aus dem Ofen entfernt. Die Saigerdörner aus der dritten Abtheilung kommen in die mittlere Abtheilung, ebenso das Zinn aus der ersten Abtheilung.

In einem Ofen werden in 24 Stunden 3 t Zinn gesaigert.

Das Polen des Zinns geschieht in einem mit Feuerung versehenen Kessel aus Gusseisen, welcher 6500 kg Zinn fasst. Das Zinn wird in demselben schnell eingeschmolzen und dann $1^1/_2$ Stunden lang mit grünem Holz gepolt. Darauf wird es in Formen gegossen.

In einem Kessel werden in 12 Stunden 2 Einsätze verarbeitet. Die beste Zinnsorte enthält 99,95 % Zinn.

In Pulo Brani bei Singapore wird das unreine Zinn gesaigert und dann geschüttelt (tossing). Ist es sehr unrein, so wird es vor dem Saigern gepolt.

Die Einrichtung des Saigerofens ist aus den Figuren 413 und 414 ersichtlich. Der Ofen hat rechteckigen Grundriss und an jedem Ende eine Feuerung. Als Brennstoff dient Holz. Die Feuergase treten in der Mitte des Ofens durch ein im Gewölbe angebrachtes Fuchsloch aus. Das ausgesaigerte Zinn fliesst aus dem Ofen durch 2 offene Stichlöcher in die

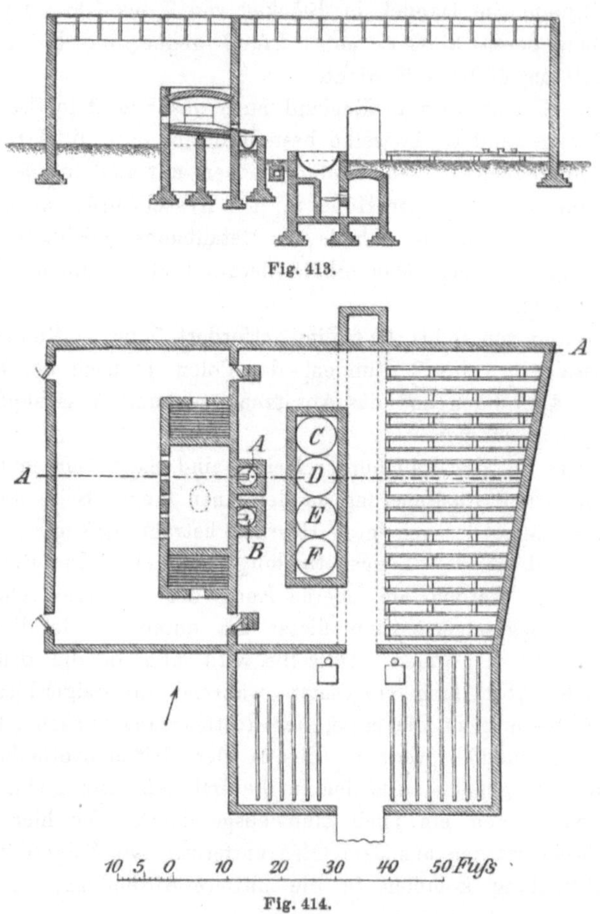

Fig. 413.

Fig. 414.

beiden Kessel A und B. Jeder Kessel hat 1,066 m Durchmesser und fasst 7 t Zinn. Aus diesen Kesseln wird das Zinn in einen der grösseren Kessel C, D, E oder F geschöpft, deren jeder 2,438 m Durchmesser hat und 30 t Zinn fasst. Die Kessel A und B liegen 0,609 m höher als die Kessel C, D, E und F. Während des Füllens fällt das aus den Löffeln in dünnen Strahlen ausfliessende Metall durchschnittlich 1,219 m, so dass es mit der Luft in hinreichende Berührung kommt. In den Kesseln bleibt das Zinn 24 Stunden bei einer Temperatur von 260° C. stehen. Während dieser Zeit setzen sich die Verunreinigungen, soweit sie nicht als Schaum auf der Oberfläche erscheinen, zu Boden. Nach der Entfernung des Schaums von der Oberfläche des Metalles wird das letztere ausgeschöpft und in Formen gegossen. Das bis auf 0,3048 m vom Boden ausgeschöpfte Metall geht in den Handel, während der Rest nochmals der Saigerung unterworfen wird. Die Saigerdörner werden zur Erzarbeit gegeben. Aus 100 Th. Zinn von der Erzarbeit erhält man 96,5 Th. raffinirtes Zinn und 4,5 bis 5 Th. Saigerdörner und Krätzen. Die Saigerdörner enthalten 65 % Zinn und 11,5 % Eisen[1]).

Auf den Mount Bischoff-Werken bei Launceston in Tasmania wird das aus dem Ofen von der Erzarbeit abgestochene Zinn nur gepolt. Das Polen dauert je nach der Reinheit des Zinns 2 bis 4 Stunden[2]).

Auf der malaiischen Halbinsel besteht die Reinigung des Zinns nur im Umschmelzen, im Umrühren des geschmolzenen Zinns und im Stehenlassen desselben, wobei sich eine schwer schmelzbare Legirung auf dem Boden des Kessels absetzt. Nach dem Abschäumen wird das Zinn in Formen geschöpft.

Das auf Banca in Chinesen-Oefen erzeugte Zinn ist so rein, dass es eines Raffinirens nicht bedarf. Höchstens wird es umgeschmolzen.

Reinigung des Zinns durch Filtriren.

Wiederholt gemachte Vorschläge, das Zinn durch Filtriren zu reinigen, scheinen bisher keine Anwendung gefunden zu haben.

Der erste von Lampadius gemachte Vorschlag dieser Art bestand darin, das Zinn durch vorher erhitzten Quarzsand oder durch zerkleinerte Schlacken zu filtriren. Derselbe lieferte indess ein sehr ungünstiges Ergebniss.

Curter schlug ein Filter aus dünnen, etwa 15 cm langen und 10 cm breiten verzinnten Eisenblechen vor. 500 dieser Bleche sollten in einen quadratischen Rahmen eingekeilt und in der entsprechend grossen Bodenöffnung eines Passauer Graphittiegels befestigt werden. Beim Aufgiessen von geschmolzenem Zinn auf dieses Filter wurde der Zinnüberzug der Eisenbleche flüssig und es lief sehr reines Zinn durch das Filter hindurch, während eine aus Arsen, Kupfer, Eisen und Zinn bestehende breiartige Masse auf dem Filter zurückblieb.

Dieser Vorschlag ist ebenso wenig zur practischen Anwendung gelangt wie der von Leichsenring, das Zinn durch ein Filter von gröberem und feinerem Eisendrahtgewebe durchlaufen zu lassen.

Auch das auf elektrometallurgischem Wege hergestellte Zinn ist unrein und bedarf der Raffination.

---

[1]) Mc. Killop and Ellis, l. c.

[2]) The Min. Ind. 1898. p. 649.

Für die Reinigung des Zinns von Blei hat Borchers das Schmelzen des bleihaltigen Metalls mit Zinnchlorür-Alkali-Halogensalzen vorgeschlagen[1]). Nach Borchers hat Peetz durch Schmelzen von bleihaltigem Zinn mit einem zwischen 300° und 400° schmelzenden, leicht darstellbaren Doppelsalze Zinnchlorür-Kaliumchlorid bei an der Technischen Hochschule zu Aachen ausgeführten Versuchen günstige Ergebnisse erzielt.

Die Erzeugnisse vom Raffiniren des Zinns sind: raffinirtes Zinn, Saigerdörner und Poldreck.

Die Zusammensetzung verschiedener Sorten von reinem Zinn ist aus den nachstehenden Analysen ersichtlich:

Sächsisches[2])

	Rollenzinn	Stangenzinn
Sn	99,76	99,93
Cu	—	—
Fe	0,04	0,06
As	Spur	Spur.

Schlaggenwalder[3])

	Rollenzinn	Feinzinn
Sn	99,66	99,594
Cu	0,16	0,406
Fe	0,06	Spur
As	Spur	Spur.

Das in Chinesen-Oefen erzeugte Banca-Zinn ist sehr rein und wird desshalb nicht raffinirt.

Banca-Zinn

	I.	II.
Sn	99,961	99,99
Fe	0,019	0,20
Pb	0,014	—
Cu	0,006	—

Englisches Zinn

	I.	II.	III.
Sn	99,76	98,64	99,73
Fe	Spur	Spur	0,13
Pb	—	0,20	—
Cu	0,24	1,16	Spur.

[1]) Borchers, Elektrometallurgie 1903. S. 465.

[2]) Löwe, Jahrbuch der K. K. Berg-Akademie, Bd. 13, S. 63 u. 64.

[3]) Ebenda.

	Zinn von Piriac in Frankreich (Loire inférieure)		
	I.	II.	III.
Sn	99,5	97	95
Fe	Spur	2,8	1,2
Pb	0,20	—	3

	Zinn von Pulo Brani
Sn	99,76
Sb	0,07
Pb	0,02
Fe	0,14

	Zinn von Pitkaranda (raffinirt)
Sn	99,74
Cu	0,08
Fe, Pb	0,18

Die im Banca-Zinn (welches wegen seiner Reinheit nicht raffinirt wurde) von 6 verschiedenen Districten enthaltenen Verunreinigungen ergeben sich aus den nachstehenden Analysen[1]).

	Djebaes	Blinjoe	Soengeiliat	Pangkal-pinang	Merawang	Soengeislan
Fe	0,0087	0,0175	0,0060	0,0060	0,0070	0,0196
Pb	—	Spur	—	—	—	—
S	0,0099	0,0030	0,0040	0,0027	0,0090	0,0029
Kohle	Spur	Spur	Spur	Spur	Spur	Spur

2b) Die Verarbeitung der Abfälle vom Raffiniren.

Die beim Raffiniren erhaltenen Abfälle sind Saigerdörner, Krätzen und Poldreck.

Die beim Pauschen des Zinns erhaltenen Saigerdörner werden beim Schlackenschmelzen zugesetzt.

Die beim Saigern des Zinns im Flammofen verbliebenen Rückstände werden in Cornwall im Flammofen verflüssigt und dann in einen Kessel abgestochen, in welchem sich eine schwer schmelzbare zinnhaltige Legirung zu Boden setzt. Dieselbe wird bei erhöhter Temperatur einer Saigerung

[1]) Berg- und Hüttenm. Ztg. 1875, S. 454.

im Flammofen unterworfen, wobei ein Theil Zinn aussaigert und im Ofen die als hard-head bekannte strengflüssige Legirung zurückbleibt. Die letztere wird, wenn sie grössere Mengen von Arsen enthält, nicht weiter auf Zinn verarbeitet, andernfalls wird sie beim Schlackenschmelzen zugesetzt. Die Zusammensetzung einer derartigen arsenhaltigen Legirung wurde gefunden, wie folgt:

Fe	62,50
Sn	17,25
As	19,02
S	1,26.

Auf Banca wird die beim Raffiniren in Pfannen erhaltene Zinneisen-Legirung in kleinen Schachtöfen umgeschmolzen und dann auf eisernen Platten gesaigert. Die nun verbleibenden Saigerdörner werden abgesetzt.

An anderen Orten werden die Saigerdörner beim Erzschmelzen oder Schlackenschmelzen zugesetzt, in welchem letzteren Falle das Eisen unter Ausscheidung einer äquivalenten Menge von Zinn in die Schlacke geht. An noch anderen Orten werden die Saigerrückstände einer wiederholten Saigerung unterworfen. Die hierbei erhaltenen Saigerdörner werden abgesetzt. Eine Verwerthung der abgesetzten Saigerdörner hat sich bis jetzt nicht finden lassen. Bohne (D.R.P. 96198) hat vorgeschlagen, sie bei der elektrolytischen Gewinnung von Zinn aus Sulfatlaugen als Anodenmaterial zu verwenden. Andere Vorschläge laufen auf die Verarbeitung derselben zu Bleizinnlegirungen hinaus, welche letztere indess nicht gut verwerthbar sind.

Der Poldreck, welcher aus Oxyden der fremden Metalle und einem grossen Theile Zinnoxyd und metallischem Zinn besteht, wird beim Erz- oder Schlackenschmelzen zugesetzt, auch wohl für sich mit Kohle im Flammofen verschmolzen. Im letzteren Falle erhält man Zinn und eine schwarze Schlacke, welche Zinnkörner mechanisch eingeschlossen enthält. Von dem im Tiegel sich ansammelnden Zinn werden die oberen Schichten in den Handel gebracht; die unteren Schichten werden gesaigert und gepolt. Aus der Schlacke, welche ausser den mechanisch eingeschlossenen Zinnkörnern nur $^1/_2$ % Zinn chemisch gebunden enthält, werden nach vorgängigem Zerkleinern derselben die Zinnkörner ausgeklaubt, worauf sie abgesetzt wird.

3. Die Gewinnung des Zinns aus Krätzen und sonstigen Abfällen.

Von zinnhaltigen Krätzen sind zu erwähnen die Krätzen vom Umschmelzen des Zinns, die sog. Zinnasche und die zinnhaltigen Krätzen oder Abzüge vom Raffiniren des Werkbleis.

Von sonstigen Abfällen sind die Weissblechabfälle anzuführen.

Die Krätzen vom Umschmelzen des Zinns setzt man beim Erzschmelzen oder beim Raffiniren des Zinns zu. Sind die Krätzen in grösseren Mengen vorhanden, so werden sie für sich in Schachtöfen oder in Flammöfen verschmolzen. Die hierbei gefallene Schlacke wird gepocht und verwaschen, um die in derselben enthaltenen Zinnkörner zu gewinnen.

Zum Zwecke des Flammofenschmelzens wird die Krätze zu Stücken vereinigt, welche zuerst im Flammofen gesaigert werden. Der verbliebene Rückstand wird durch Sieben von den pulverförmigen Theilen desselben getrennt und darauf in einem kleinen Flammofen mit Sandheerd geschmolzen. Das erhaltene Zinn führt den Namen Aschenzinn. Die Schlacke wird gepocht und verwaschen. Nach dem Aussieben der Zinnkörner wird die angereicherte Schlacke verschmolzen.

In Freiberg macht man zinnhaltige Bleierze zu Gute. Das Zinn sammelt sich im silberhaltigen Blei an. Man erhält das Zinn beim Abtreiben des Bleis in den ersten strengflüssen Abzügen. Dieselben werden nach einem von Plattner angegebenen Verfahren auf Zinnblei verarbeitet[1]).

Die Zusammensetzung der zinnhaltigen Abzüge ist die nachstehende:

PbO	70,35
SnO_2	12,53
Sb_2O_5	12,50
As_2O_5	4,73
CuO	0,61
Ag	0,25.

Dieselben werden zuerst in einem Raffinir-Flammofen mit 5 % Reductionskohle auf Werkblei und silberfreien Abstrich verarbeitet. Man setzt in dem 2,5 m langen, 2,4 m breiten und 50 cm tiefen muldenförmigen Heerd täglich 4 t Abzüge durch. Der Brennstoffaufwand auf 100 G.-Th. Abzüge beträgt 12,5 Th. Steinkohlen und 7,5 Th. Braunkohlen. 100 G.-Th. Abzüge liefern 46 G.-Th. Werkblei mit 0,4 % Silber und 53 G.-Th. entsilberte Abzüge. Dieselben enthalten durchschnittlich:

Pb	58 %
Sn	11,5 -
Sb	14,5 -
As	7 -
Cu	0,2 -

Diese entsilberten Abzüge werden in Schachtöfen mit 150 % Schlacken bei 25 % Koksaufwand auf Zinnblei mit 11,8 % Zinn, 10,3 % Antimon und 3,5 % Arsen verfrischt. Dieses erste Zinnfrischblei wird durch oxydirendes Schmelzen im Raffinirofen (1,75 m Heerdbreite, 3,5 m Heerdlänge

[1]) Jahrbuch für das Berg- und Hüttenwesen in Sachsen 1883.

und 35 cm Tiefe) in Einsätzen von je 2 t auf zinnhaltigen Abstrich und Antimonblei mit 15 % Antimon verarbeitet. Der sich bei diesem Prozesse ausscheidende zinnhaltige Abstrich, „erster Zinnpuder" genannt, schmilzt nicht und besitzt in Folge seines Bleigehaltes eine gelbe Farbe. Derselbe ist zusammengesetzt wie folgt:

Pb	68,83 %
Sn	10,85 -
Sb	11,89 -
As	3,00 -
Cu	0,56 -

Man verarbeitet in 24 Stunden $3^1/_2$ t Zinnfrischblei und verbraucht auf 100 G.-Th. desselben 20 G.-Th. Steinkohlen und 15 G.-Th. Braunkohlen.

Der erste Zinnpuder wird im Schachtofen mit 200 % Schlacken von der eigenen Arbeit oder mit Schlacken vom ersten Zinnfrischen bei einem Brennstoffaufwand von 60 % Koks auf zweites Zinnfrischblei verschmolzen. Man setzt täglich in einem Ofen $7^1/_2$ t Zinnpuder durch. Das zweite Zinnfrischblei wird durch oxydirendes Schmelzen im Flammofen auf Antimonblei mit 18 % Antimon, 1 % Arsen und 0,5 % Zinn und auf zweiten Zinnpuder verarbeitet. Der letztere enthält

Pb	44,74	bis	49,86 %
Sn	27,59	-	24,28 -
Sb	13,22	-	11,97 -
Cu	0,95	-	0,48 -
As	2,72	-	0,95 -

Der zweite Zinnpuder wird in 2,3 m hohen, mit 2 Formen versehenen Sumpföfen von 60 cm Weite an der Formseite, 40 cm Weite an der Vorderseite und 50 cm Tiefe in Sätzen von je 12,5 kg und 2,5 kg Koks auf Zinnblei verschmolzen. Im Ofen werden bei 15 mm Quecksilbersäule Windpressung und 20 mm Düsenweite täglich 1,75 t Zinnpuder durchgesetzt. Das Zinnblei enthält nach erfolgtem Umschmelzen in gusseisernen Kesseln und nach Entfernung der Schlicker

Sn	33 %
Sb	14 -
As	1 -

Die beim Schmelzen des Zinnpuders fallende Schlacke enthält erhebliche Mengen von Zinn sowohl mechanisch eingeschlossen (15 % Zinnkörner) als auch chemisch gebunden.

Die Zusammensetzung derselben ist die nachstehende:

$Si\,O_2$	28,65 %
$Sn\,O_2$	20,40 -
$Pb\,O$	5,81 -
$Cu\,O$	0,15 -
$Fe\,O$	26,61 -
$Mn\,O$	0,37 -
$Zn\,O$	0,70 -
$Al_2\,O_3$	12,00 -
$Ca\,O$	3,15 -
$Mg\,O$	0,79 -
S	0,08 -

Dieselbe wird ohne Zuschlag in einem Schachtofen mit 20 % Koks auf sog. „Schlackenzinnblei", welches

Sn	32,6 %
Sb	14,6 -
As	0,7 -

enthält, verschmolzen.

Die hierbei erhaltenen absetzbaren Schlacken enthalten

	I.	II.
$Si\,O_2$	29,82 %	30,8 %
$Sn\,O_2$	5,30 -	8,8 -
$Pb\,O$	1,54 -	1,7 -
$Cu\,O$	0,18 -	—

Das Schlackenzinnblei wird ebenso wie das Zinnblei in gusseisernen Kesseln umgeschmolzen und geht dann ebenso wie das letztere in den Handel.

Die Weissblechabfälle, welche im Durchschnitt 2 bis 3 % Zinn und nur in Ausnahmefällen mehr von diesem Metall enthalten, werden in den meisten Fällen unter Zuhülfenahme des nassen oder elektrometallurgischen Weges auf Zinn verarbeitet. Verfahren auf trockenem Wege sind von Gutensohn, Laroque und Edmunds angegeben worden.

Gutensohn erhitzt die Abfälle mit Sand in rotirenden Cylindern, wobei das Zinn in der Form kleiner Körner ausschmilzt, und trennt die letzteren vom Sande durch Sieben.

Laroque erhitzt die Abfälle mit gepulverter Holzkohle und 0,5 % Kochsalz in einem Kessel, welcher in der Mitte ein durchlöchertes Diaphragma besitzt. Der obere Theil des Kessels wird zur Rothglut erhitzt, während der unter dem Diaphragma liegende untere Theil durch Wasser gekühlt wird. Das Zinn schmilzt im oberen Theile des Kessels aus und fliesst durch die Löcher des Diaphragmas in den unteren Theil des Kessels, wo es sich ansammelt.

Edmunds wendet Centrifugen an, in deren Centrum sich eine Feuerung befindet. Die ausgeschmolzenen Zinnkügelchen werden durch die Siebe des Apparates hindurchgeschleudert und sammeln sich in dem die Centrifugen umgebenden ringförmigen Raume an.

Harpf hat die Verwerthung der Weissblechabfälle zur Herstellung von Zinnblei und von Zinn-Blei-Antimon-Legirungen bei der Gewinnung des Bleis vorgeschlagen[1]). Das Weissblech soll beim Verschmelzen der Bleierze in Schachtöfen und zwar entweder direct oder nach vorgängiger Entzinnung als eisenhaltiger Zuschlag benutzt werden. Beim Zuschlag des nicht entzinnten Weissblechs verliert dasselbe in Folge des niedrigen Schmelzpunktes des Zinns zuerst seinen Zinngehalt, während der Eisengehalt desselben bei höherer Temperatur zerlegend auf das Schwefelblei einwirkt. Das Zinn soll sich mit dem aus den Erzen ausgeschiedenen Blei legiren. Ist das erhaltene Blei silberfrei, so soll man es bei grösserem Kupfergehalte zuerst einer Saigerung unterwerfen, um das Kupfer in der Gestalt von Saigerdörnern auszuscheiden. Das kupferfreie bzw. das gesaigerte Blei soll einem oxydirenden Raffinationsschmelzen im Flammofen unterworfen werden, wobei Zinn und Antimon oxydirt werden, so dass man zinnfreies Blei und einen zinnhaltigen Abstrich erhält. Da das Zinn vor dem Antimon oxydirt wird, so geht bei einem Antimongehalte des Bleis der grössere Theil des Antimons in den nach dem zinnhaltigen Abstriche erfolgenden zweiten Abstrich über, während ein anderer kleinerer Theil Antimon in den zinnhaltigen Abstrich geht. Der zinnhaltige Abstrich von antimonfreiem Blei soll nach dem oben dargelegten Verfahren von Plattner auf Zinnblei verfrischt werden. Bei einem Antimongehalte des Bleis soll der zinn- und antimonhaltige Abstrich im Schachtofen auf eine Zinn-Antimon-Blei-Legirung verschmolzen werden, während der zweite antimonhaltige Abstrich auf Hartblei verarbeitet werden soll.

Ist das zinnhaltige Blei silberhaltig, so soll es bei sehr geringem Zinngehalte direct dem Pattinson- oder Zink-Entsilberungsprozesse unterworfen, andernfalls aber vorher gesaigert bzw. raffinirt werden. Aus dem ohne vorgängige Raffination entsilberten Blei erhält man durch Raffiniren nach der Entsilberung das Zinn im Abstrich, während es bei dem Raffiniren vor der Entsilberung gleichfalls im Abstrich enthalten ist.

Die Entzinnung der Weissblechabfälle vor der Benutzung derselben als eisenhaltiger Zuschlag soll dann zur Anwendung kommen, wenn bei dem Schachtofenprozess zu viel Zinn verschlackt wird oder wenn bei einem Silbergehalte des Bleis die Kosten einer vor der Entsilberung erforderlichen Raffination wegen des Zinngehaltes des Bleis zu hoch ausfallen. Die Entzinnung soll nach dem bereits dargelegten Verfahren von Edmunds oder nach dem Verfahren von Patterson geschehen. Nach dem letzteren werden die Abfälle in ein Bleibad eingetränkt. Das Zinn wird

[1]) Oesterr. Zeitschr. 1897. No. 33 u. 34.

hierbei von dem Blei aufgelöst und legirt sich mit demselben. Da bei dem Verfahren von Edmunds immer etwas Zinn beim Eisen verbleibt, so wird auch vorgeschlagen, beide Verfahren zu vereinigen und zuerst nach dem Verfahren von Edmunds reines Blei herzustellen und den Rest des beim Eisenblech verbliebenen Zinns als Zinn-Blei-Legirung auszubringen.

Eine Anwendung haben die Vorschläge von Harpf bisher noch nicht gefunden.

II. Die Gewinnung des Zinns auf nassem Wege.

Der nasse Weg ist zur Gewinnung von Zinn aus Weissblechabfällen und aus den zinnhaltigen Abgangswässern der Färbereien, sowie zur Herstellung von Zinnsalzen vorgeschlagen worden. Das metallische Zinn gewinnt man gegenwärtig aus den Weissblechabfällen mit Hülfe der Elektrolyse, dagegen gewinnt man Zinnsalze aus diesen Abfällen auf nassem Wege.

Für die Gewinnung des Zinns aus Weissblechabfällen sind eine ganze Reihe von Methoden vorgeschlagen worden, von welchen hier nur die wichtigsten angeführt werden mögen.

Muir bringt das Zinn der Weissblechabfälle durch Salzsäure in Lösung und fällt das Zinn aus der letzteren durch Zink unter Einleiten von Wasserdampf in dieselbe. Durch Kalkmilch wird darauf aus der Flüssigkeit zuerst das Zink und dann das Eisen ausgefällt.

Schultze[1]) behandelt die Weissblechabfälle mit angesäuerter Eisenchloridlösung, filtrirt die erhaltene Zinn- und Eisenoxydullösung zur Sättigung durch ein Gemenge von Zinn- und Eisenoxyd und fällt darauf das Zinn durch Eisen aus. Das letztere Metall fällt das Zinn nur aus völlig neutralen und Oxydul enthaltenden Lösungen.

Moulin und Dolé lassen in einer Kammer gasförmige Salzsäure so lange auf das Weissblech einwirken, bis das Eisen durch dieselbe angegriffen wird. Die entstandenen Salze werden durch Wasser ausgelaugt und aus der Lösung wird das Zinn durch Zink ausgefällt. Der Niederschlag wird mit verdünnter Schwefelsäure ausgewaschen, getrocknet, umgeschmolzen und in Formen gegossen.

Will man sog. „Argentin“, welches für den Zeugdruck und zur Herstellung von Silberpapier angewendet wird, herstellen, so wird das Zinn aus der angesäuerten Lösung eines Zinnsalzes durch Zinkfolie ausgefällt. Der erhaltene Zinnschwamm wird ausgewaschen, getrocknet, mit Wasser zu einem feinen Pulver verrieben und dann durch ein Haar- oder Seidensieb geschlämmt[2]).

Reineck'en-Pönsgen und Kopp behandeln die Weissblechabfälle in rotirenden Fässern mit Natronlauge, Bleioxyd und Wasserdampf. Es bildet

---

[1]) Berg- und Hüttenm. Ztg. 1894, S. 208.

[2]) Mullerus, Chemiker-Ztg. 1891, No. 64.

sich hierbei unter Ausscheidung von Blei Natriumstannat nach der Gleichung:

$$Sn + 2 NaHO + 2 PbO = Na_2 SnO_3 + 2 Pb + H_2O.$$

Das Natriumstannat wird entweder eingedampft und kommt als sog. Präparirsalz in den Handel, oder man fällt aus der Lösung desselben durch Einleiten von Kohlensäure das Zinn als Oxyd aus und schmilzt das letztere mit Kreide und Kohle im Flammofen[1]).

Das schwammförmig ausgeschiedene Blei wird durch Erhitzen bei Luftzutritt wieder in Bleioxyd verwandelt und von Neuem im Prozesse verwendet.

Auch ist vorgeschlagen worden, die Weissblechabfälle in rotirenden Cylindern mit Quecksilber zu behandeln und aus dem erhaltenen Zinnamalgam das Quecksilber abzudestilliren.

Aus den Abgangswässern der Färbereien soll das Zinn durch Zinkgranalien oder Zinkpulver ausgefällt werden. Der erhaltene Zinkschwamm soll getrocknet und mit Borax bei Weissglut geschmolzen werden, wobei das Zink verflüchtigt wird.

Thomas Guy Hunter in Philadelphia (D. R. P. Kl. 40, No. 78344 vom 3. Januar 1894) schlägt vor, die Weissblechabfälle mit einer erwärmten Lösung von Kupfervitriol zu behandeln, wobei das Zinn als Sulfat in Lösung gehen soll, während das Kupfer metallisch ausgefällt wird. Sobald Zinn weggelöst ist und das Eisen zum Vorschein kommt, soll das Zinn aus der Lösung durch das Eisen unter Bildung von Ferrosulfat metallisch ausgeschieden werden. Die so erhaltenen Metallniederschläge sollen zu einer Legirung zusammengeschmolzen oder nach bekannten Methoden getrennt werden.

Die meisten der dargelegten Verfahren dürften ausser Anwendung stehen, da das Zinn gegenwärtig in grossem Maassstabe elektrolytisch hergestellt wird.

Zur Gewinnung von Salzen des Zinns aus Weissblechabfällen sind verschiedene Vorschläge gemacht worden.

Zur Herstellung von Zinnchlorid behandelt man zu Uetikon[2]) am Züricher See Weissblechabfälle mit trockenem Chlorgas. Der Prozess wird in einem stehenden Eisencylinder (von 4 m Höhe und 1 m Durchmesser), welcher über dem Boden einen Rost besitzt, ausgeführt. Auf diesem Roste ruhen die Abfälle, während das Chlor am Boden des Cylinders eingeführt wird. Das Chlor verwandelt das Zinn in Tetrachlorid, welches sich als rauchende Flüssigkeit in einer unter dem Cylinder aufgestellten Flasche ansammelt. Aus der Flüssigkeit schlägt man durch vorsichtiges Zusetzen von Wasser festes Zinnchlorid nieder, welches als solches in den Handel kommt und in den Färbereien Anwendung findet.

---

[1]) Der Maschinenbauer 1879, p. 80.

[2]) Lunge, Bericht über die chem. Industrie auf der Schweizer Landes-Ausstellung in Zürich 1883. Zürich 1884, S. 29.

Donath kocht die Abfälle mit concentrirter Natronlauge und Braunstein und schlägt aus dem erhaltenen Natriumstannat durch Essigsäure Zinnsäure nieder.

Scheurer-Kestner stellt Natriumstannat durch Benetzen der Abfälle mit 18 bis 20grädiger Natronlauge bei Luftzutritt dar.

Carez lässt auf die Abfälle eine mit Chlorammonium versetzte Lösung von Alkalipolysulfid von 30° B. bei 50 bis 60° einwirken. Es scheidet sich hierbei etwa vorhandenes Blei als Schwefelblei aus, während das Zinn in Lösung geht und durch Salzsäure als Schwefelzinn ausgeschieden wird.

Lambotte setzt die Abfälle bei 100° einem mit Luft gemengten Chlorstrome aus und condensirt die entweichenden Dämpfe von Zinnchlorid oder leitet dieselben in eine verdünnte Lösung von Zinnchlorid ein.

Künzel[1]) behandelt die Abfälle mit Salzsäure oder Salpetersäure, fällt das Zinn aus der Lösung durch Zink, löst den erhaltenen schwammförmigen Zinn-Niederschlag in Salzsäure und lässt aus der Lösung Zinnchlorid auskrystallisiren. Die Rückstände sollen entweder auf Eisenvitriol oder auf Eisen verarbeitet werden.

Die Reinigung des Zinns auf nassem Wege

ist sehr kostspielig und kann deshalb nur in Ausnahmefällen Anwendung finden, z. B. bei der beabsichtigten Herstellung von Zinnpräparaten aus reinem Zinn. Sie besteht darin, dass man das Zinn nach vorgängigem Granuliren in Salzsäure auflöst, wobei, so lange das Zinn im Ueberschusse vorhanden ist, die das Zinn verunreinigenden Elemente zum grösseren Theile im Rückstande verbleiben. Aus der vorhandenen Zinnchlorürlösung fällt man das Zinn durch Zink aus. Das als Schwamm ausgeschiedene Zinn wird mit verdünnter Salzsäure und Wasser ausgewaschen.

III. Die Gewinnung des Zinns auf elektrometallurgischem Wege.

Für die Gewinnung des Zinns aus Erzen auf elektrometallurgischem Wege sind bisher nur Vorschläge gemacht worden, welche wenig Aussicht auf Anwendung zu haben scheinen. Für die Gewinnung des Zinns aus Schlacken auf diesem Wege sind mehrere Vorschläge gemacht worden, von welchen einer versuchsweise zur Ausführung gelangt ist. Die Gewinnung des Zinns aus Weissblechabfällen auf dem gedachten Wege, für welche eine ganze Reihe von Vorschlägen existiren, ist zur definitiven Anwendung gelangt. Für das Raffiniren des Zinns sind gleichfalls Vorschläge gemacht worden.

---

[1]) B.- u. H. Ztg. 1874. S. 57.

Für die Verarbeitung von Erzen sind Vorschläge von Burghardt (D. R.-P. No. 49 682 vom 1. Juli 1889) und von Vortmann und von Spitzer (D. R.-P. No. 73 826 vom 14. September 1893) gemacht worden.

Das von Burghardt vorgeschlagene Verfahren besteht darin, das fein gepulverte Erz mit Holzkohle und einem Ueberschuss von Aetznatron zu schmelzen, aus der Schmelze das gebildete Natriumstannat durch Wasser auszulaugen und aus der Lösung das Zinn durch den elektrichen Strom auszuscheiden. Als Anoden sollen Platten von Eisenblech, als Kathoden Platten von Zinn, Eisen oder von irgend einem anderen Metalle dienen.

Die Flüssigkeit soll bei der Elektrolyse auf 60^0 erwärmt werden. Bei Anwesenheit von Arsen, Antimon und Schwefel sollen die Erze vor dem Schmelzen mit Aetznatron geröstet werden. Nach Borchers[1]) wird der Strom in Folge der Ablagerung von Oxyden des Zinns auf den Anodenplatten sehr bald unterbrochen. Er erklärt es daher für unmöglich, in der gedachten Weise mit Vortheil Zinn zu gewinnen.

Das von Vortmann und Spitzer vorgeschlagene Verfahren besteht darin, das Zinn der schwefelfreien Erze (und auch von Abfällen) durch Erhitzen mit dem dreifachen Gewichte eines Gemenges von Schwefel und Soda (1 Theil Schwefel auf 2 Theile Soda) bei Luftabschluss in Natriumsulfostannat überzuführen. Die Lösung des Sulfostannats soll nach vorgängigem Zusatze von Ammoniumverbindungen zwischen Anoden von Blei und Kathoden von verzinntem Kupferblech elektrolysirt werden.

Nach Borchers[2]) giebt es keine Gefässe, welche die Herstellung des Sulfostannats durch Schmelzprozesse aushalten. Auch in Flammöfen soll die Herstellung des gedachten Körpers nur mit grossen Zinnverlusten und hohen Reparaturkosten ausführbar sein.

Das Verfahren hat keine Anwendung gefunden.

Für die Gewinnung des Zinns aus Schlacken hat Shears (Engl. Pat. No. 9821 vom 14. Juni 1889) das nachstehende Verfahren vorgeschlagen. Die Schlacken sollen mit Alkali geschmolzen werden. Das hierbei erhaltene Alkalistannat soll durch Wasser ausgelaugt und aus der Lösung soll das Zinn in der gedachten Weise durch den Strom niedergeschlagen werden. Kieselsäure und Thonerde sollen aus der Lösung durch Kalkmilch niedergeschlagen und zur Cementfabrikation benutzt werden. Das Alkali soll aus der Lösung wiedergewonnen werden. Falls Wolfram in der letzteren vorhanden ist, soll durch Abdampfen Wolframsalz aus derselben ausgeschieden werden.

Auch dieses Verfahren hat keine Anwendung gefunden.

Bohne (D. R. P. 96 198) schlägt vor, die zinnhaltigen Schlacken zu granuliren und durch heisse, verdünnte Schwefelsäure zu zersetzen, wobei man eine Zinnsulfat und Eisensulfat enthaltende Lösung und einen theils

[1]) Elektrometallurgie 1895. S. 154.

[2]) Elektrometallurgie 1895. S. 301.

aus gallertartiger, theils aus körniger Kieselsäure bestehenden Rückstand mit 0,5 bis 0,8 % Zinn erhält. Aus der Lauge soll das Zinn elektrolytisch unter Benutzung granulirter Härtlinge als Anoden gewonnen werden.

Der Rückstand mit 0,5 bis 0,8 % Zinn soll getrocknet, mit 2 bis 3 Th. Quarzsand gemischt und dann als Material zur Herstellung der Heerde der Flammöfen für das Verschmelzen der Zinnerze benutzt werden.

Das Behandeln der Schlacke mit Schwefelsäure soll in mit Blei ausgefütterten Holzkästen geschehen. Bei der Lösung soll ein Körting'scher Rührapparat zu Hülfe genommen werden, welcher in kurzer Zeit die Schwefelsäure auf die für die Lösung erforderliche Temperatur von 60 bis 70° bringt. Die Lauge wird nach der Sättigung verdünnt, durch eine Filterpresse gedrückt und dann der Elektrolyse unterworfen.

Das Verfahren hat eine Zeit lang zu Tostedt in der Lüneburger Heide in Anwendung gestanden, ist aber wieder aufgegeben worden.

Brandenburg u. Weyland (D. R. P. 123 764) kochen die gemahlene Schlacke mit einer Bisulfatlösung, wodurch die Kieselsäure gallertartig ausgeschieden wird und das Zinn in Lösung geht. Die Lösung soll der Elektrolyse unterworfen werden. Ueber die Ausführung dieses Verfahrens ist nichts bekannt geworden.

Für die Gewinnung des Zinns aus Weissblechabfällen mit Hülfe des Stroms sind eine ganze Reihe von Vorschlägen (Keith, Gutensohn, Walbridge, Beatson, Price-Fenwick, Morin, Minet, Smith, Vortmann und Spitzer, Meyer, Quintaine, Coleman und Cruikshank) gemacht worden, von welchen indess die meisten nicht zur Ausführung gekommen sind. Es sind sowohl saure als auch basische Elektrolyten vorgeschlagen worden.

Nur die Elektrolyse mit basischen Elektrolyten hat dauernde Anwendung im Grossen gefunden.

Von Borchers[1]) ist früher eine 12 bis 15 procentige Kochsalzlösung mit 3 bis 5 % Natriumstannat als Elektrolyt vorgeschlagen worden. In Folge der guten Leitungsfähigkeit der Kochsalzlösung sollte sich dieselbe hierzu besser als reines zinnsaures Natrium eignen. Aus lothfreien Weissblechabfällen hat Borchers bei Stromdichten von 50 bis 150 Ampère pro Quadratmeter und bei einer Spannung im Bade von 2 bis 3 Volt, sowie bei einer Temperatur des Elektrolyten von 40 bis 50° C. einen schlammförmigen Metallniederschlag erhalten, welcher sich nach vorgängigem Auswaschen, Pressen und Trocknen zusammenschmelzen liess. Der Elektrolyt musste bei der Elektrolyse stets deutlich alkalisch gehalten werden. Mit der Anreicherung des Bades an Zinnoxyd ist Alkali nachzusetzen. Schliesslich wird die Lösung so concentrirt, dass eine Verarbeitung derselben auf Präparirsalz durch Eindampfen zur Trockene vortheilhafter erscheint als die Fortsetzung der Elektrolyse. Als Vortheile dieses Verfahrens gab

[1]) Elektrometallurgie 1895. S. 154. 1903. S. 459.

Borchers (Elektrometallurgie 1895 S. 396) an die Möglichkeit der vollkommenen Entzinnung der Weissblechabfälle bzw. die Herstellung reiner Eisenblech-Rückstände, die Möglichkeit der Gewinnung reinen eisenfreien Zinns, die Anwendbarkeit eiserner, als Kathoden zu benutzender Gefässe und die Anwendbarkeit eiserner Anodenkörbe. Das Verfahren ist nur im Kleinen versucht worden, aber nicht zur Anwendung gelangt.

Keith wendet als Elektrolyt eine Mischung einer Aetznatron- und Seesalzlösung an, welche sich in einem eisernen Kessel befindet. Die Weissblechabfälle befinden sich in einem in die Lösung eingehängten Korbe und werden mit dem positiven Pole verbunden. Die Wände des Kessels dienen als Kathode.

Beatson (Engl. Patent No. 11 067 vom 18. September 1885) wendet als Elektrolyt eine heisse Lösung von Natron an, welcher Cyankalium zugesetzt wird. Als Kathoden sollen eiserne Platten oder die Wände eines eisernen Gefässes dienen. Hierzu ist zu bemerken, dass sich Cyankalium in siedend heisser wässriger Lösung sehr bald zersetzt. Nach einem neueren Patente (Engl. Patent No. 12 200 von 1892) wendet der Erfinder als Elektrolyt Alkalihydratlösung an. Der hierbei erhaltene Zinn-Niederschlag soll in einer Zinnsalz-Lösung elektrolytisch gereinigt werden. Um das Zinn hierbei in compacter Form zu erhalten, soll es auf rotirenden Walzen niedergeschlagen werden.

Price (Engl. Patent No. 2119 vom Jahre 1884) wendet Natronlauge als Elektrolyt an, ebenso Andere.

Walbridge benutzt als Elektrolyt eine Lösung von Aetznatron und Natronsalpeter.

Vortmann und Spitzer schlagen das oben für die Gewinnung des Zinns aus Erzen angegebene Verfahren auch für die Gewinnung des Zinns aus Weissblechabfällen vor. Die Umwandung des Zinns in Natriumsulfostannat soll durch Erhitzen des Weissblechs mit der Hälfte seines Gewichts des Gemenges von Schwefel und Soda bewirkt werden.

Schwefelzinn, wie es bei der Herstellung organischer Farben als Nebenerzeugniss erhalten wird, soll durch Kochen mit Lösungen der Polysulfide des Natriums in Sulfostannat verwandelt werden.

Als saure Elektrolyte sind Schwefelsäure, saure Sulfate und Chloride vorgeschlagen worden. (Gutensohn. D. R. P. 12 883. Fenwick. Engl. Patent No. 8988 vom Jahre 1886.) Changy benutzt als Elektrolyt eine mit Chlorammonium oder Salzsäure versetzte Zinnchlorürlösung. Raymond benutzt eine mit Salzsäure angesäuerte Zinnchlorürlösung von 5 bis 6° Bé und führt den Strom durch eine in das Bad gesetzte Eisenstange ein[1]).

Meyer (U.S.P. 660 116) wendet verdünnte Salzsäure an und elektrolysirt mit hohen Stromdichten.

Quintaine (D. R. P. 118 358) schlägt saure Zinnsulfatlösungen vor.

---

[1]) Elektrotechn. Ztschr. 1892. S. 573.

Es ist auch vorgeschlagen, die Weissblechabfälle ausserhalb des Stromkreises mit Lösungen von Eisenchlorid oder Zinnchlorid zu behandeln und die hierdurch unter Bildung von Eisenchlorür bzw. Zinnchlorür erhaltenen Zinnlösungen der Elektrolyse unter Anwendung von Kohlenanoden zu unterwerfen, wodurch einerseits das Zinn niedergeschlagen wird, andererseits das Lösungsmittel regenerirt wird.

Das nachstehend beschriebene Verfahren von Smith soll nach F. Fischer[1]) auf einer Berliner und auf einer englischen Fabrik angewendet worden sein. Als Elektrolyt diente verdünnte Schwefelsäure. Als Anoden dienten die in Holzkörben in das Bad eingehängten Weissblechabfälle mit 3 bis 9 % Zinngehalt. Als Kathoden dienten verzinnte Kupferplatten. Die Bäder waren mit Kautschuk ausgekleidet. Die Anoden wurden durch lange Streifen von verzinntem Eisen mit dem Kupferdraht, welcher den Strom von der Dynamomaschine leitete, verbunden. Die Maschine lieferte bei einem Arbeitsaufwande von 7 Pferdekräften einen Strom von 240 Ampère bei einer elektromotorischen Kraft von 15 Volt. Die Zahl der Bäder betrug 8 (150 cm × 70 cm × 100 cm), von denen je 4 durch Theilung eines 3 m langen und 1,5 m breiten Holzbottichs hergestellt wurden. Die Kathoden (120 cm × 95 cm × 1,5 mm) wurden den Anoden in einer Entfernung von je 10 cm senkrecht gegenüber aufgehangen.

Der Elektrolyt wurde durch Verdünnen von 1 Raumtheil 60 grädiger Schwefelsäure mit 9 Raumtheilen Wasser hergestellt.

Das Zinn, welches sich in Schwammform abschied, so lange der Elektrolyt sauer war, mit dem Neutralwerden desselben aber pulverig und sogar krystallinisch wurde, war reiner als das gewöhnliche Handelszinn und löste sich viel besser in Säuren als Zinngranalien. Dasselbe wurde auf Zinnsalze verarbeitet. Sobald das Zinn von der Oberfläche des Eisens entfernt war, wurde auch das letztere aufgelöst und sammelte sich in solchem Maasse im Elektrolyten an, dass der letztere alle 7 Wochen erneuert werden musste. Die eisenhaltige Flüssigkeit wurde auf Eisenvitriol verarbeitet. Nach der Theorie sollten 240 Ampère in 8 Bädern stündlich 4,25 kg Zinn ausscheiden. Die Wirklichkeit ergab aber nur die Hälfte dieses Betrages. Der Hauptgrund dieser verhältnissmässig geringen Leistung war der, dass der Strom neben Zinn auch Eisen auflöste, sobald das Zinn von der Oberfläche desselben weggelöst war.

Die Elektrolyse mit basischen Elektrolyten (Natronlauge) ist in grösstem Maassstabe zur Anwendung gelangt, so auf den Werken von Goldschmidt in Essen, welche jährlich gegen 13 000 t Weissblechabfälle verarbeiten, auf der elektrochemischen Fabrik in Kempen, welche jährlich 10 000 t Weissblechabfälle verarbeitet, auf der Fabrik von H. W. von der Linde in Crefeld, auf den Werken der Vulcan Detinning Co. zu Sewaren

[1]) Wagner-Fischer's Jahresber. 1885. S. 173.

N. J., der Ammonia Co. zu Philadelphia, der Johnston & Jennings Co. zu Cleveland und Chicago.

Nach Mennicke[1]) benutzt man als Anoden die locker in Körbe aus Drahtgeflecht eingepackten Weissblechabfälle, als Kathoden die Wandungen der aus Eisen hergestellten Bäder oder Eisenbleche, als Elektrolyt Natronlauge mit 6 bis 7 % Na_2O. Auf dieser Höhe muss der Natrongehalt des Elektrolyten während der ganzen Dauer des Betriebes erhalten werden. Da sich der Elektrolyt während der Elektrolyse durch Aufnahme von Zinn und von Kohlensäure aus der Luft in seiner Zusammensetzung ändert, und da bei Aufnahme einer grösseren Menge von Kohlensäure in den Bädern Zinnsäure ausgefällt wird, so muss er häufig regenerirt werden. Von dem Natrongehalt des Elektrolyten sind während der Elektrolyse im Durchschnitte 3 bis 3,5 % als freies Natron (Na_2O) im Zustande des Hydrats vorhanden. 1 bis 1,5 % Na_2O sind mit 3 % SnO_2 bzw. 2,34 % Sn als Stannat vorhanden, während 1,7 bis 2,8 % Na_2O an Kohlensäure gebunden sind. Ausserdem reichert sich der Elektrolyt allmählich an Eisen- und Bleiverbindungen und an Seifen an, welche letzteren von den Weissblechabfällen anhaftenden Harzen, Lacken und Fetten herrühren. Sind Chloride im Elektrolyten nicht vorhanden, so ist die Aufnahme von Eisen- und Bleiverbindungen eine geringe.

Zum Zwecke der Regeneration wird der heisse Elektrolyt zuerst mit Kohlensäure behandelt, welche nach Mennicke Eisen und Blei als Carbonate und das Zinn als Zinnsäure ausfällen soll. Das Natron wird hierbei in Soda verwandelt, aus deren Lösung die Natronlauge mit Hülfe von Kalk wiederhergestellt wird. Die Reinigung der Laugen von Seifen soll durch Abkühlung derselben bis auf — 5^0 bewirkt werden.

Die Bäder werden direct mit der negativen Leitung verbunden, während die positive Leitung mit isolirt auf den Längsseiten der Bäder aufliegenden Kupferstangen oder Kupferröhren verbunden ist. Diese letzteren stehen mit den die Anodenkörbe einfassenden, oben hakenförmig umgebogenen Eisenrahmen in leitender Verbindung. Die Körbe bestehen aus einem grossmaschigen Netzwerk von starkem Eisendraht.

Die Gestalt der Körbe muss sich der Form der Bäder anpassen. Die Grösse der Körbe ist so bemessen, dass sie sich bequem im Bade anbringen und aus demselben entfernen lassen können. Bei 3 cbm Inhalt des Bades rechnet man auf einen Korb 50 kg Weissblechabfälle. Der räumliche Inhalt der in das Bad eingehängten Körbe verhält sich zum räumlichen Inhalt des Bades ungefähr wie 3 : 5. Dieses Verhältniss genügt, um Kurzschlüsse zwischen den Elektroden auszuschliessen und den

---

[1]) Zeitschr. für Elektrochemie 1902. S. 315, 357, 381. Ferner: Sammlung chemisch-technischer Vorträge von Ahrens Bd. VII. (Wiedergewinnung des Zinns von Weissblechabfällen). Stuttgart 1902. Borchers, Elektrometallurgie 1903. S. 460.

Widerstand des Elektrolyten auf das geringste Maass herabzusetzen. Die Körbe werden nebeneinander in das Bad eingehängt. Zur Vergrösserung der Kathodenfläche lassen sich zwischen je 2 Körben Eisenbleche anordnen, in welchem Falle zur Vermeidung von Kurzschlüssen ein entsprechender Zwischenraum zwischen den Körben verbleiben muss.

Da die Weissblechabfälle locker liegen müssen, um dem Elektrolyten ungehinderten Zufluss zu allen Theilen des Korbinhaltes zu gestatten, so werden die ersteren während der Elektrolyse öfters mit Eisengabeln aufgelockert.

Der Elektrolyt wird in Hochbehältern durch Feuerungen oder Dampfheizungen auf 90° erwärmt, so dass er in den Bädern die für die Elektrolyse erforderliche Temperatur von 60 bis 70° erhält.

Aus den Hochbehältern gelangt er in Hauptleitungen und aus diesen durch isolirt angeordnete Zuführungsrohre in die einzelnen Bäder. Aus jedem einzelnen Bade fliesst der Elektrolyt durch isolirt angeordnete Ableitungsrohre in eine Hauptleitung und aus dieser in einen Sammelbehälter, aus welchem er wieder in den Hochbehälter gehoben wird. Das Ablaufrohr ist mit Siebvorrichtung und Ueberlauf versehen, um Zinntheilchen zurückzuhalten.

Während der Circulation des Elektrolyten verdampft eine erhebliche Menge von Wasser aus demselben, welche durch Zusatz von heissem Wasser (Condensationswasser) ersetzt werden muss.

Nach Mennicke sind beim Betriebe einer Anlage von 50 Zellen von je 3 cbm Inhalt 200 cbm Flüssigkeit in Circulation, von welchen in 24 Stunden gegen 10 cbm verdampft werden.

Da in Folge der ungleichförmigen Beschaffenheit der Weissblechabfälle die Anodenflächen der einzelnen Bäder nicht constant sind, so sind auch die Stärke und Spannung des Stromes fortdauernden Schwankungen unterworfen. Die durchschnittliche Badspannung wird zu 1,5 Volt angegeben.

Die Zeit vom Einsetzen der Weissblechabfälle bis zur Erschöpfung derselben an Zinn wird bei gleichmässig zusammengesetzten Abfällen, bei möglichst wenig schwankender Temperatur und Zusammensetzung des Elektrolyten und einer durchschnittlichen Badklemmspannung von 1,5 Volt zu 5 bis 7 Stunden angegeben. Mit 60 Zellen von je 3 cbm Inhalt, von welchen 50 mit je 3 Körben, deren jeder 50 kg Abfälle enthält, in ununterbrochenem Betriebe stehen, würde man jährlich (bei 300 Arbeitstagen) 9000 t Abfälle verarbeiten können.

Das Zinn fällt schwammförmig aus. Der Zinnschwamm soll nach Mennicke, falls er eine hinreichende Reinheit besitzt, ausgewaschen, gepresst, scharf getrocknet und dann in einem Zinnbade eingeschmolzen werden. Ist der Zinnschwamm unrein, so soll er in Schacht- oder Flammöfen verschmolzen werden.

Die entzinnten Weissblechabfälle werden an Martin-Werke verkauft.

Vorrichtungen, durch welche die Weissblechabfälle während des Betriebes eingetragen und ausgetragen werden sollen, sind von Matthews und Davies[1]) sowie von Coleman und Cruikshank[2]) angegeben worden.

Nach H. Becker[3]) sollen die Weissblechabfälle in durchlochte Holzkästen mit rechteckigem Horizontalquerschnitt und seitlich aufklappbaren Wänden eingepackt werden. Der Strom wird durch über den Kästen angeordnete Metallstäbe zugeführt, von welchen aus verticale zugespitzte Metallstäbe bis in die Füllung der Gitterkästen geführt sind. Hierzu ist zu bemerken, dass Holzwände von Natronlauge angegriffen werden.

Das Raffiniren des Zinns mit Hülfe der Elektrolyse scheint bis jetzt nicht dauernd zur Anwendung gelangt zu sein.

H. Brand (Dammer. Chem. Technologie Bd. II, S. 27, 28, 384) hat Versuche der elektrolytischen Raffination des Zinns ausgeführt. Nach demselben betrug bei Anwendung von Zinn-Anoden sowie einer Zinnchlorürlösung mit 72 gr Zinn und 2,5 Vol.-Proc. concentrirter Salzsäure im Liter die Spannung am Bade 0,058 Volt (14,8 Amp.), bei 7,5 Vol.-Proc. Salzsäure nur 0,031 Volt. Ein Strom von 1 Ampère scheidet in der Stunde 2,195 gr Zinn ab. Zur Ausscheidung von 1 kg Zinn in der Stunde sind daher 455,6 Ampère erforderlich. Der Arbeitsaufwand zur Gewinnung von 1 kg Zinn in der Stunde wird zu

$$0{,}058 \times 455{,}6 = 26{,}424 \text{ Watt}$$

$$\text{oder } \frac{26{,}424}{75 \times 9{,}81} = \frac{26{,}424}{735} \text{ HP. berechnet.}$$

Der Kraftverlust bei der Umsetzung der mechanischen Arbeit in elektrische Energie wird zu 12 % angegeben. Ferner wird der Verlust an elektrischer Energie durch Umsetzung in Wärme, Nebenschlüsse u. s. w. zu 25 % angenommen, so dass sich der wirkliche Arbeitsaufwand zu:

$$\frac{0{,}058 \times 455{,}6}{735 \times 0{,}88 \times 0{,}75} = 0{,}054 \text{ HP. berechnet.}$$

Die Stundenpferdekraft zu 2 kg Kohlen gerechnet, würden 0,11 kg Kohlen zur Gewinnung von 1 kg Zinn erforderlich sein. Da die Hauptverunreinigung des Zinns, das Eisen, in den Elektrolyten übergeht und nicht aus demselben ausgeschieden wird, so werden noch neue Mengen von elektrischer Energie in den Stromkreis gebracht.

Für das Raffiniren des Zinns ist ein Verfahren von Claus[4]) vorgeschlagen worden, welches nach Sherard Cowper Coles Anwendung gefunden haben soll. Als Elektrolyt dient eine Lösung von Natriumsulfostannat, während die Anoden durch das zu reinigende Zinn gebildet werden. Hierbei gehen die Verunreinigungen ausser Antimon und Arsen theils in

[1]) Brit. Patent 21 533 aus dem Jahre 1900.

[2]) D. R. P. 119 986.

[3]) D. R. P. 118 249. Brit. Patent No. 3524 des Jahres 1900.

[4]) Elektrochem. Zeitschr. 8. 168/69.

den Anodenschlamm, theils werden sie (Gold, Silber, Zink, Blei, Kupfer, Eisen) als Sulfide gefällt.

Antimon und Arsen werden mit dem Zinn an der Kathode niedergeschlagen. Enthält das Zinn Antimon und Arsen, so schaltet man den Kathodenniederschlag als Anode in einen Stromkreis ein, in welchem als Elektrolyt eine Lösung von Natriumthiosulfat in Salzsäure benutzt wird. Es werden dann Antimon und Arsen als Sulfide gefällt. Die besten Ergebnisse wurden erhalten bei Anwendung einer auf 90° erhitzten Natriumsulfostannatlösung vom spec. Gew. 1,070, und bei einer Stromdichte von 107 Amp./qm.

In manchen Fällen verwendet Claus auch eine Lösung von Schwefelnatrium oder von Aetznatron oder Aetzkali als Elektrolyt. Die Sulfostannatlösung lässt sich herstellen durch Schmelzen des unreinen Metalles mit der entsprechenden Menge von Schwefel und Soda oder mit Natriumsulfat und Kohle und Auflösen der Schmelze in Wasser.

Die Schwierigkeiten der Herstellung des Sulfostannats sind bereits früher erwähnt worden.

Antimon.

Physikalische Eigenschaften.

Das Antimon ist durch einen starken Glanz ausgezeichnet und besitzt eine silberweisse Farbe mit einem schwachen Stich in das Bläuliche, welcher letztere mit der Unreinheit des Metalles zunimmt. Aus Lösungen durch Zink ausgefällt, bildet es ein schwarzes Pulver. Geschmolzenes Antimon zeigt bei langsamem Erstarren ein grobblättriges Gefüge; bei raschem Erkalten erscheint das letztere körnig und krystallinisch. Das Antimon krystallisirt, wie die mit ihm isomorphen Metalle Wismuth, Arsen und Tellur, in Formen des hexagonalen Systems. Sein spec. Gew. wird zwischen 6,6 und 6,8 angegeben. Nach Schröder beträgt dasselbe (bezogen auf Wasser von $4^0 = 1$) = 6,697.

Das Antimon ist sehr spröde und lässt sich im Mörser leicht pulverisiren. Es ist härter als Kupfer. Die lineare Ausdehnung durch die Wärme beträgt nach Calvert und Johnson von 0^0 bis $100^0 = 0{,}000985$.

Es schmilzt bei 440^0 (Pictet) bis 450^0. Beim Uebergange aus dem geschmolzenen in den festen Zustand zeigt es keine Volumvergrösserung, wie es beim Wismuth der Fall ist. Sein Siedepunkt wird zwischen 1090^0 und 1450^0 angegeben. (Carnelley und Carleton-Williams.) Im Vacuum siedet es nach Demarcay schon bei 292^0. An der Luft verbrennt es zu Oxyden, im Wasserstoffstrome dagegen lässt es sich destilliren.

Wenn man reines geschmolzenes Antimon langsam und ohne Erschütterung unter einer Schlackendecke erkalten lässt, so bildet sich auf der erstarrten Oberfläche des Metalles der sog. „Stern" (regulus antimonii stellatus), d. i. eine durch radial verlaufende erhöhte Linien gebildete Figur mit Farrenkraut ähnlichen Zeichnungen. Während bei kleineren Gussstücken nur ein einziger Stern in der Mitte der Oberfläche vorhanden ist, zeigen grössere Gussstücke viele sich kreuzende Sterne.

Der Stern fehlt sowohl bei reinem Antimon, welches nicht langsam und ruhig unter einer Schlackendecke erkaltet ist, als auch überhaupt bei unreinem Antimon. Da der Stern noch vielfach als ein Zeichen der Reinheit des Antimons angesehen wird, so muss reines Antimon, welches keinen Stern besitzt, nochmals umgeschmolzen und unter den gedachten Bedingungen erkalten gelassen werden.

Lässt man geschmolzenes Antimon auf ein Blatt Papier fallen, so zerfällt es in eine grosse Zahl kleiner Kugeln, welche mit grossem Glanze verbrennen.

Die specifische Wärme des Antimons beträgt nach Regnault von 0 bis $100^0 = 0{,}0508$.

Die Wärmeleitungsfähigkeit beträgt, wenn die Leitungsfähigkeit des Silbers gleich 1000 gesetzt wird, nach Calvert und Johnson bei vertical gegossenem Antimon 215, bei horizontal gegossenem Antimon 192.

Das Leitungsvermögen für den galvanischen Strom beträgt, wenn das gleiche Vermögen des Silbers gleich 100 gesetzt wird, nach Matthiessen bei $18{,}7^0 = 4{,}29$.

Das Antimon des Handels ist gewöhnlich durch geringe Mengen von Schwefel, Arsen, Blei, Kupfer und Eisen verunreinigt. Dieselben verleihen ihm den oben erwähnten bläulichen Schimmer.

Die für die Gewinnung des Antimons wichtigen Eigenschaften desselben und der Verbindungen dieses Metalles.

Das Antimon verändert sich bei gewöhnlicher Temperatur an der Luft nicht, dagegen oxydirt es sich rasch an derselben, wenn es bis über seinen Schmelzpunkt erhitzt wird.

Das aus Antimonoxyd durch Kohle bei Gegenwart von Alkalien reducirte Metall läuft in manchen Fällen an der Luft an. Die Ursache hiervon schreibt man einem Alkaligehalte des Antimons zu, da das letztere in solchen Fällen beim Einlegen in Wasser Wasserstoff entwickelt.

Wenn man zur Rothglut erhitztes Antimon von einer gewissen Höhe auf eine Platte herabfallen lässt, so zerstiebt es in eine Menge glänzender Funken, welche zu einem dichten weissen Rauch von Antimonoxyd verbrennen.

Von Salzsäure wird das Antimon unter Entwickelung von Wasserstoff nur dann angegriffen, wenn es sich im Zustande eines sehr feinen Pulvers befindet.

Verdünnte Schwefelsäure greift es nicht an. Heisse concentrirte Schwefelsäure verwandelt es unter Entwickelung von Schwefliger Säure in schwefelsaures Antimonoxyd.

Salpetersäure greift das Antimon an und verwandelt es je nach ihrer Concentration und Temperatur in verschiedene Mengen von in der Säure unlöslichem Antimonoxyd und antimonsaurem Antimonoxyd.

Von Königswasser wird es schon in der Kälte leicht zu Antimonchlorid aufgelöst.

Durch Wasserdampf wird das Antimon in heller Rothglut langsam in Oxyd verwandelt.

Wird Antimon mit Salpeter und Soda geglüht, so verpufft es unter Entstehung von antimonsaurem Alkali. Ist der Salpeter in verhältnissmässig geringer Menge vorhanden, so bildet sich auch Antimonoxyd.

Die Metalloide mit Ausnahme von Bor, Kohlenstoff und Silicium gehen mit dem Antimon Verbindungen ein.

Die Verbindung des Antimons mit Wasserstoff.

Mit Wasserstoff bildet das Antimon nur eine Verbindung, den Antimonwasserstoff. Derselbe stellt ein farbloses, leicht entzündliches Gas dar, welches mit grünlicher Flamme unter Entbindung eines weissen Rauches zu Wasser und Antimonoxyd verbrennt.

Der Antimonwasserstoff entsteht, wenn bei Anwesenheit einer löslichen Antimonverbindung Wasserstoff entbunden wird, ferner wenn Legirungen des Antimons mit Alkalimetallen durch Wasser zersetzt werden und wenn Antimon-Zink-Legirungen mit Schwefelsäure oder Salzsäure behandelt werden.

Leitet man Antimonwasserstoff durch eine erhitzte Glasröhre, so scheidet sich in dem kälteren Theile das Antimon in der Gestalt eines Spiegels ab.

Leitet man ein Gemenge von Antimonwasserstoff und Wasserstoff durch eine Lösung von salpetersaurem Silber, so scheidet sich sowohl Silber als auch schwarzes Antimonsilber ($Sb\,Ag_3$) aus.

Sauerstoff-Verbindungen des Antimons.

Mit Sauerstoff bildet das Antimon

das Antimontrioxyd ($Sb_2\,O_3$),
das Antimontetraoxyd ($Sb_2\,O_4$) und
das Antimonpentoxyd ($Sb_2\,O_5$).

Dem letzteren entsprechen zwei saure Hydroxyde, nämlich die Antimonsäure ($HSb\,O_3 + 2\,H_2\,O$) und die Metantimonsäure ($H_4\,Sb_2\,O_7$).

Das Antimontrioxyd oder Antimonoxyd ($Sb_2\,O_3$)

entsteht beim Erhitzen von Antimon sowohl wie von Schwefelantimon an der Luft. Dasselbe stellt ein weisses Pulver dar, welches beim Erhitzen eine gelbe Farbe annimmt, beim Erkalten aber wieder weiss wird. Es schmilzt bei dunkler Rothglut zu einer gelblichen Flüssigkeit, welche zu einer grauen asbestartigen Masse erstarrt. Es ist flüchtig und lässt sich sublimiren. Wird es an der Luft erhitzt, so verwandelt es sich in nicht flüchtiges antimonsaures Antimonoxyd. In Berührung mit glühenden fein zertheilten Metalloxyden, welche mit der Antimonsäure Verbindungen eingehen, verwandelt sich das dampfförmige Antimonoxyd bei Luftzutritt nach Plattner in Antimonsäure, welche mit den gedachten Metalloxyden antimonsaure Salze bildet.

Das Antimonoxyd ist in Wasser, Schwefelsäure und Salpetersäure unlöslich. Es löst sich leicht in Salzsäure, Weinsäure und in ätzenden Alkalien.

Mit Schwefelantimon schmilzt es unzersetzt zu dem sog. „Antimonglas" zusammen.

Das Antimonoxyd ist giftig, besonders im dampfförmigen Zustande.

Das Antimontetroxyd oder das antimonsaure Antimonoxyd (Sb_2O_4)

stellt ein weisses Pulver dar, welches weder schmelzbar noch flüchtig ist. Dasselbe bildet sich beim Erhitzen von Antimonoxyd (Sb_2O_3) an der Luft sowie beim Glühen von Antimonpentoxyd (Sb_2O_5). Es ist in Salzsäure leicht löslich. Das bei Hüttenprozessen aus dem Antimonoxyd sich bildende antimonsaure Antimonoxyd, welches stets noch einen Theil Antimonoxyd beigemengt enthält, ist unter dem Namen „Spiessglanzasche" bekannt. Wird die letztere mit Kohle und kohlensauren Alkalien geglüht, so wird das Antimon metallisch ausgeschieden. Beim Glühen mit Kohle allein wird ein grosser Theil Antimonoxyd verflüchtigt und nur ein Theil des Antimons metallisch ausgeschieden.

Wird antimonsaures Antimonoxyd in passenden Verhältnissen mit metallischem Antimon zusammengeschmolzen, so bildet sich Antimonoxyd ($3\,Sb_2O_4 + 2\,Sb = 4\,Sb_2O_3$). Beim Zusammenschmelzen mit Schwefelantimon in geeigneten Verhältnissen bildet sich unter Entwickelung von Schwefliger Säure gleichfalls Antimonoxyd, welches indess stets mehr oder weniger durch Schwefelantimon verunreinigt ist. ($Sb_2S_3 + 9\,Sb_2O_4 = 10\,Sb_2O_3 + 3\,SO_2$.) Das Schwefelantimon enthaltende Antimonoxyd, welches je nach der Menge des ersteren verschiedene Farben zeigt, ist unter dem Namen „Antimonglas" bekannt und dient zur Färbung von Glasflüssen, besonders bei der Herstellung künstlicher Edelsteine.

Das Antimonpentoxyd oder Antimonsäure-Anhydrid, Sb_2O_5,

stellt ein hellgelbes Pulver dar. Man stellt dasselbe durch Behandeln von Antimon mit Salpetersäure, durch wiederholtes Eindampfen des hierbei erhaltenen (aus Oxyden des Antimons und aus antimonsaurem Antimonoxyd bestehenden) Pulvers mit Salpetersäure und durch mässiges Erhitzen des hierbei verbliebenen Rückstandes dar. Das Antimonsäureanhydrid ist in Wasser und Salpetersäure unlöslich. In concentrirter Salzsäure löst es sich langsam auf. Durch Glühen verwandelt es sich in antimonsaures Antimonoxyd.

Dem Antimonsäureanhydrid entsprechen zwei Hydroxyde, welche zwei Reihen von Salzen bilden, nämlich

die Antimonsäure ($HSbO_3 + 2\,H_2O$) und
die Metantimonsäure ($H_4Sb_2O_7$).

(Die Antimonsäure verwendet man an Stelle der Arsensäure bei der Herstellung von Anilingelb und Anilinroth.)

Chlorverbindungen des Antimons.

Mit Chlor bildet das Antimon zwei Verbindungen, nämlich das Antimonchlorür oder Antimontrichlorid ($Sb\,Cl_3$) und das Antimonchlorid oder Antimonpentachlorid ($Sb\,Cl_5$).

Das Antimonchlorür bildet sich beim Kochen von Schwefelantimon mit concentrirter Salzsäure, sowie beim Erhitzen von Antimon oder Schwefelantimon mit Sublimat. Es löst sich in Salzsäure, ist flüchtig und lässt sich leicht destilliren. Wird die Lösung des Antimonchlorürs mit Wasser verdünnt, so entsteht ein weisser Niederschlag von basischem Antimonchlorid, das sog. „Algarot-Pulver“, welches früher als Heilmittel Anwendung fand.

Das Antimonchlorid oder Antimonpentachlorid ($Sb\,Cl_5$) bildet sich unter Feuererscheinung bei der Einwirkung von Chlor auf Antimon. Durch Elektrolyse einer stark sauren Antimonchloridlösung lässt sich nach Gore Antimon in Gestalt einer grauen amorphen Masse, welche neben geringen Mengen freier Salzsäure 3 bis 20 % Antimonchlorid enthält, her stellen. Dieser Körper explodirt beim Erhitzen auf 200°.

Schwefelverbindungen des Antimons.

Mit Schwefel bildet das Antimon zwei Verbindungen, nämlich
das Dreifach-Schwefelantimon ($Sb_2\,S_3$) und
das Fünffach-Schwefelantimon ($Sb_2\,S_5$).

Das Dreifach-Schwefelantimon ($Sb_2\,S_3$)

existirt sowohl im krystallisirten als auch im amorphen Zustande. Im krystallisirten Zustande findet es sich in der Natur als Antimonglanz oder Stibnit. Dasselbe besitzt in diesem Zustande eine grauschwarze Farbe, metallischen Glanz und krystallinisches Gefüge. Es schmilzt bei Luftabschluss unter der Rothglut und verflüchtigt sich in starker Weissglut unzersetzt. Das amorphe Dreifach-Schwefelantimon wird künstlich hergestellt und besitzt je nach der Art der Herstellung eine rothe oder orangerothe Farbe.

Das rothe Dreifach-Schwefelantimon, welches früher als Kermes minerale ein Arzneimittel bildete, erhält man durch Kochen von Antimonglanz mit kohlensaurem Kalium oder kohlensaurem Natrium. Aus der hierbei erhaltenen Lösung scheidet sich beim Erkalten das Schwefelantimon als rothbraunes Pulver ab. Dasselbe enthält gewöhnlich wechselnde Mengen von freiem mit Alkali verbundenen Antimonoxyd. Orangerothes Schwefelantimon erhält man als wasserhaltigen Niederschlag durch Fällen von Antimonsalz-Lösungen mit Schwefelwasserstoff. Der sog. Antimonzinnober ist ein Antimonoxyd enthaltendes rothes amorphes Schwefelantimon. Derselbe wird durch Behandeln einer Lösung des Antimons in Salzsäure mit Calcium- oder Natriumthiosulfat gewonnen. Der Antimonzinnober wird wegen seiner feurigen rothen Farbe in der Oelmalerei angewendet.

Wird Schwefelantimon bei Luftzutritt geröstet, so entsteht unter Entwickelung von Schwefliger Säure Antimonoxyd, welches sich zum Theil verflüchtigt, zum Theil in nicht flüchtiges antimonsaures Antimonoxyd übergeht. Eine Bildung von schwefelsaurem Antimonoxyd findet nicht statt. Bei der leichten Schmelzbarkeit des Schwefelantimons ist die Röstung desselben schwierig.

Röstet man Schwefelantimon in Wasserdampf bei beschränktem Luftzutritt, so entsteht unter Entwickelung von Schwefelwasserstoff Antimonoxyd. Eine Bildung von schwefelsaurem Antimonoxyd scheint auch hier nicht stattzufinden.

Durch Wasserstoff, Kohlenwasserstoffe, Eisen und Zink lässt sich in der Glühhitze aus Schwefelantimon das Antimon ausscheiden. Kohle soll nach Karsten gleichfalls Antimon aus dem Schwefelantimon ausscheiden, jedoch erst in einer über dem Siedepunkte des Antimons liegenden Temperatur.

Das Schwefelantimon ist in heisser concentrirter Salzsäure unter Entstehung von Antimonchlorür löslich.

Wird Schwefelantimon mit Lösungen von ätzenden Alkalien, von Carbonaten der Alkalien oder von Schwefelalkalien behandelt oder mit diesen Körpern im festen Zustande geschmolzen, so entstehen sog. Sulfantimonite, beispielsweise nach der Gleichung

$$2\,Sb_2\,S_3 + 4\,KOH = 3\,K\,Sb\,S_2 + K\,Sb\,O_2 + 2\,H_2\,O.$$

Die Sulfantimonite sind in Wasser löslich, wenn sie grössere Mengen von basischem Sulfid enthalten. Ein grösserer Antimongehalt macht sie unlöslich.

Schwefelantimon und Antimonoxyd zerlegen sich nicht gegenseitig, wie Schwefelblei und Bleioxyd, sondern schmelzen unzersetzt zu sog. „Antimonglas“ zusammen.

Wird Schwefelantimon mit antimonsaurem Antimonoxyd oder Antimonpentoxyd zusammengeschmolzen, so entsteht unter Entwickelung von Schwefliger Säure Antimonoxyd, welches mit einem Theile von unzersetztem Schwefelantimon zusammenschmilzt, so dass gleichfalls „Antimonglas“ gebildet wird.

Das Fünffach-Schwefelantimon, $Sb_2\,S_5$,

stellt ein orangefarbiges Pulver dar, welches unter dem Namen „Goldschwefel“ als Heilmittel bekannt ist. Dasselbe erhält man durch Einwirkenlassen von Schwefelsäure auf sog. Sulfantimoniate. Die letzteren gewinnt man durch Kochen von Antimonglanz mit Lösungen von Polysulfiden der Alkalimetalle oder durch Schmelzen von Antimonglanz mit den gedachten Polysulfiden im festen Zustande. Ein derartiges Sulfantimoniat ist beispielsweise das Schlippe'sche Salz ($Na_3\,Sb\,S_4 + 9\,H_2\,O$).

Das Fünffach-Schwefelantimon wird beim Erhitzen unter Luftabschluss in Schwefel und Dreifach-Schwefelantimon zerlegt.

Beim Kochen mit Salzsäure wird es unter Abscheidung von Schwefel in Antimonchlorür verwandelt.

Das Fünffach-Schwefelantimon verhält sich im Uebrigen ähnlich wie das Dreifach-Schwefelantimon. Gegenwärtig dient dasselbe hauptsächlich zum Rothfärben und Vulcanisiren des Kautschuks.

Sauerstoffsalze des Antimons.

Von den Sauerstoffsalzen des Antimons ist das wichtigste das weinsaure Antimonoxydkali oder Antimonylkaliumtartrat, $[C_4 H_4 K (Sb O) O_6]$, welches unter dem Namen Brechweinstein oder Tartarus stibiatus als Heilmittel bekannt ist.

Legirungen des Antimons.

Das Antimon legirt sich mit den meisten anderen Metallen und macht dieselben, falls sie dehnbar sind, spröde. Dem Blei setzt man es absichtlich zu, um demselben eine grössere Härte zu verleihen. Dem Zinn verleiht es sowohl ein silberähnliches Aussehen, als auch eine grössere Härte und einen höheren Schmelzpunkt. Auch diesem Metalle wird es daher absichtlich zugesetzt.

Die wichtigsten Legirungen des Antimons sind das Lettern- oder Schriftgiessermetall, aus Blei, Antimon und Zinn oder aus Blei und Antimon zusammengesetzt, das Hartblei, welches bei der Verarbeitung antimonhaltiger Bleierze erhalten wird und aus Blei und Antimon in den verschiedensten Verhältnissen besteht, das Britannia-Metall und das Weissguss-, Lager- oder Antifrictionsmetall, welche Legirungen hauptsächlich aus Antimon und Zinn mit Zusätzen von Blei, Kupfer, Zink, Wismuth und Nickel bestehen. Das Britannia-Metall, welches zur Herstellung von Theekannen, Löffeln, Blechen etc. dient, enthält nach Ledebur 85 bis 93 % Zinn, bis zu 10 % Antimon und 0 bis 3 % Kupfer. Hierhin gehören auch das sog. Plate pewter und das Queens metal der Engländer.

Antimonerze.

Das wichtigste Antimonerz ist

der Antimonglanz, auch Grauspiessglanz, Antimonit oder Stibnit genannt. Derselbe besitzt die Formel $Sb_2 S_3$ und enthält 71,77 % Antimon sowie 28,23 % Schwefel. Er kommt sowohl in langen, säulen- oder nadelförmigen Krystallen des rhombischen Systems als auch derb und eingesprengt in faserigen bis dichten Aggregaten vor. In manchen Fällen enthält er Silber und Gold. Auch enthält er sehr häufig Arsen. Die gewöhnlichen Begleiter des Antimonglanzes sind Quarz, Kalkspath, Schwerspath, Eisenspath; auch Zinkblende und Bleiglanz sind öfters mit ihm gemengt.

Er findet sich in Deutschland (Arnsberg, Erzgebirge, Fichtelgebirge,

Harz), Böhmen (Milleschau, Hatc, Brodkowic, Przibram, Schönberg, Michaelsberg), Ungarn (Rechnitzer Schiefergebirge, Kremnitz, Toplitzka, Schemnitz, Felsöbanya, Nagybanya, Dobschau, Rosenau, Gisno, Gross-Göllnitz, Magurka), Serbien (Losnica, Kostajnik), Bosnien (Serajewo), Frankreich (Auvergne, Gard, Ardèche, Aude, Vendée, Lyonnais, Haute Loire, Bouc und Septèmes bei Marseille, le Cantal, Corsica), Italien (Toscana, Insel Sardinien), England (Cornwall), Spanien (Estremadura, Badajoz, Caurel, Brollon, Orense), Portugal (Oporto, Braganza), Africa (Provinz Constantine in Algerien), Canada (Rawdon, Nova Scotia), Californien (Havilah, Bousby, Erskine Creek, Grace Darling, Padre, San Emidio in Kern County, Crowell in Riverside County[1]), Nevada, Arkansas (Sevier County), Utah (Garfield County), Idaho (Kingston), South Dacota, Mexico, Nicaragua, Chile, Peru, Türkei (Adrianopel, Monastyr, Rozdan, Mytilene, Chios, Aidin, Endemisch), Borneo, Indien (Tenasserim, Shigri, Jhelum-District)[2]), China (Nanning, Ssucheng, Taiping-Präfecturen, Hsilin-District)[3]), Japan (Gruben bei Nara, Ehrme, Yamaguchi in der weiteren Umgebung von Kioto), Australien (Neu-Süd-Wales, Victoria, Neu-Seeland), Neu-Caledonien.

Gediegen Antimon findet sich nur selten und kommt als Antimonerz nicht in Betracht.

Antimonoxyd (Weissspiessglanzerz oder Antimonblüthe), Sb_2O_3, ist dimorph. Das rhombische Antimonoxyd wird Valentinit (exitèle) genannt, das regulär krystallisirende führt den Namen Senarmontit. Es enthält 83,4 % Antimon und 16,6 % Sauerstoff. Dasselbe bildet ein Zersetzungserzeugniss des Antimonglanzes oder ein Oxydationsproduct von metallischem Antimon und findet sich in den oberen Teufen der Antimonerzlagerstätten. In grösseren Mengen kommt es bei Sensa und Haminate in der Provinz Constantine (Algier), auf Borneo und bei Sonora in Mexico vor.

Die übrigen Antimonerze kommen nur in verhältnissmässig geringen Mengen vor und bilden daher nicht den Gegenstand eines selbstständigen Hüttenbetriebes. Hierhin gehören das Rothspiessglanzerz, die Antimonblende oder der Pyrostilbit ($2\,Sb_2S_3 + Sb_2O_3$) mit 75 % Antimon, 20 % Schwefel und 5 % Sauerstoff, welcher in Toscana, Southam in Ost-Canada, bei Bräunsdorf in Sachsen und bei Przibram in Böhmen vorkommt, und der Antimonocker oder Cervantit (Sb_2O_4), welcher sich z. B. in Toscana findet.

Ausserdem bildet das Antimon einen Bestandtheil von manchen Blei-, Kupfer- und besonders von Silbererzen. Hierhin gehören Bournonit, Zinckenit, Jamesonit, Plagionit, Federerz, Kupferantimonglanz, Sprödglaserz, Rothgiltigerz, Antimonnickel, Antimonsilber, Miargyrit, Berthierit,

[1]) The State Mineralogist 1896.

[2]) The Mineral Industry 1898. S. 53.

[3]) The Min. Ind. 1898. S. 53.

Boulangerit und die Fahlerze. Auch der Bleiglanz enthält sehr häufig Antimon.

Ausser den Erzen bilden in einigen Fällen die bei der Verarbeitung antimonhaltiger Kupfer- und Silbererze erhaltenen antimonhaltigen Speisen sowie antimonhaltige Abfälle vom Saigern des Antimonglanzes und von der Antimongewinnung das Material für die Antimongewinnung. Der Antimongehalt der Bleierze geht bei der Zugutemachung derselben zum grössten Theil in das Blei über und wird in dem sog. „Hartblei" angesammelt.

Die Gewinnung des Antimons.

Das für die Gewinnung des Antimons hauptsächlich in Betracht kommende Erz ist der Antimonglanz. Die übrigen Antimonerze kommen in zu geringer Menge vor, als dass sie den Gegenstand einer selbstständigen Verhüttung bilden könnten, und werden daher mit dem Antimonglanz zusammen verarbeitet.

Die Gewinnung des Antimons erfolgt grundsätzlich auf trockenem Wege. Für die Gewinnung des Antimons auf nassem Wege sowohl als auf elektrometallurgischem Wege sind Vorschläge gemacht worden, welche indess bis jetzt nicht zur definitiven Anwendung gelangt zu sein scheinen.

Das auf trockenem Wege gewonnene Antimon ist gewöhnlich noch durch fremde Elemente verunreinigt und bedarf daher einer Raffination, welche gleichfalls auf trockenem Wege ausgeführt wird.

Ausser dem metallischen Antimon findet auch das Schwefelantimon als solches technische Verwendung, besonders als Anstrichfarbe für Schiffe, und bildet daher den Gegenstand der besonderen Gewinnung, welche in einem einfachen Aussaigern des Antimonglanzes aus den mit ihm gemengten Mineralien und Gebirgsarten besteht. Man nennt das auf diese Weise gewonnene Schwefelantimon „Antimonium crudum", während das metallische Antimon „Antimonii regulus" genannt wird. Das Aussaigern des Schwefelantimons kann auch eine Vorbereitungsarbeit für die Gewinnung des Antimons bilden. Gegenwärtig findet dasselbe indess zu diesem Zwecke nur noch selten Anwendung. Wohl aber werden die antimonhaltigen Rückstände von der Saigerung des Antimonglanzes auf Antimon verarbeitet.

Wir haben hiernach zu unterscheiden:

1. die Gewinnung des Antimons auf trockenem Wege,
2. die Vorschläge für die Gewinnung des Antimons auf nassem Wege,
3. die Vorschläge für die Gewinnung des Antimons auf elektrometallurgischem Wege.

Die Gewinnung des Antimons liegt in den Händen einer geringen Zahl von Producenten, welche die hierbei in der letzten Zeit gemachten technischen Fortschritte — und sicherlich sind solche vorhanden — geheim halten. Der Verfasser hat sich daher bei seinen Darlegungen lediglich auf die zum Theil lückenhaften Angaben der Literatur beschränken müssen.

1. Die Gewinnung des Antimons auf trockenem Wege.

Die Verarbeitung der Antimonglanz enthaltenden Erze kann, wie dargelegt, entweder nur die Herstellung von Antimonium crudum oder die Gewinnung von regulinischem Antimon bezwecken, welches letztere noch einer Raffination zu unterwerfen ist. Wir haben daher zu unterscheiden:

A. Die Verarbeitung des Antimonglanzes auf Antimonium crudum.

B. Die Verarbeitung des Antimonglanzes und der sonstigen Antimonerze auf metallisches Antimon.

C. Das Raffiniren des Antimons.

A. Die Verarbeitung des Antimonglanzes auf Antimonium crudum.

Erze mit über 90 % Schwefelantimon werden nach vorgängigem Zerkleinern direct als Antimonium crudum verwendet. Erze unter 90 % Schwefelantimon bis herab zu 40 bis 50 % werden der Saigerung unterworfen, falls sie die hierfür geeignete Stückgrösse (über Haselnussgrösse, am besten Walnussgrösse) besitzen. Erzklein sowie Erze von einem geringeren Gehalte an Schwefelantimon, als angegeben, werden direct auf Antimon verarbeitet. (Das Erzklein würde sich auch durch Schmelzen in Oefen auf Antimonium crudum verarbeiten lassen.)

Das Aussaigern des Schwefelantimons aus den es begleitenden Gesteinsarten und Mineralien ist ermöglicht durch den verhältnissmässig niedrigen, bei Dunkelrothglut liegenden Schmelzpunkt desselben. Die Innehaltung der richtigen Temperatur ist von grosser Wichtigkeit für das Ergebniss der Saigerung, indem bei höheren Temperaturen als Rothglut Schwefelantimon verflüchtigt wird, während bei zu niedriger Temperatur grössere Mengen von Schwefelantimon in den Rückständen verbleiben. Ein weiteres Erforderniss für einen guten Verlauf der Saigerung ist die passende Stückgrösse der Erze. Je kleiner die Korngrösse der Erze ist, um so unvollkommener ist die Saigerung und um so reicher fallen die Rückstände aus, indem feine Erze sich sehr dicht zusammenlegen und dadurch das Abfliessen des geschmolzenen Schwefelmetalles verhindern. Am besten hat sich Walnussgrösse bewährt. Feine Erze mit nicht hohem Antimongehalte eignen sich besser zur Herstellung von regulinischem Antimon.

Im Handel legt man grossen Werth auf ein strahliges Gefüge des Antimonium crudum. Dasselbe lässt sich durch langsames Erkalten des ausgesaigerten Schwefelantimons erzielen. Bei zu raschem Erkalten des letzteren fehlt dieses Gefüge.

Das Aussaigern kann sowohl in Gefässöfen als auch in Flammöfen geschehen. In den Gefässöfen ist das Erz in Töpfen oder Röhren eingeschlossen, während es in den Flammöfen frei auf der Sohle derselben liegt. Die Gefässöfen erfordern mehr Brennmaterial und in Folge des geringen Durchsetzquantums mehr Arbeitslöhne als die Flammöfen, geben aber ein höheres Ausbringen als die letzteren. Die Flammöfen erfordern weniger Brennstoff und Arbeitslohn als die Gefässöfen; ihr Betrieb ist aber mit Verlusten an Schwefelantimon durch Verflüchtigung und Oxydation verbunden. Bei beabsichtigter grosser Production verdienen die Flammöfen den Vorzug.

Das Aussaigern in Gefässöfen.

Das Saigern geschieht in Tiegeln oder Röhren. Die Tiegel werden entweder direct von dem Brennstoffe umgeben oder von der Flamme einer Rostfeuerung geheizt. Die Röhren werden durch Rostfeuerung geheizt. Der Betrieb bei Anwendung von Tiegeln ist discontinuirlich, während die Röhren einen continuirlichen Betrieb gestatten und einen geringeren Brennstoffaufwand verursachen als die Tiegel.

Das Aussaigern in Tiegeln.

Direct von Brennstoff umgebene Tiegel sind zu Wolfsberg im Harz, zu Magurka, Rosenau und Gross-Göllnitz in Ungarn, zu Milleschau in Böhmen und zu Malbosc in Frankreich angewendet worden. Dieselben erfordern zwar einen hohen Brennstoffverbrauch, gestatten aber wegen der einfachen Einrichtung das Aussaigern auf der Grube. Man würde sie daher nur dann anwenden, wenn bei beabsichtigter geringer Production, bei reichen Erzen und billigem Brennstoff (Holz oder Steinkohle) das Antimonium crudum auf der Grube hergestellt werden soll.

Die Tiegel werden aus feuerfestem Thon hergestellt und können je nach ihrer Grösse 5 bis 25 kg Erz aufnehmen. Im Boden derselben befinden sich 4 bis 5 Löcher von 10 bis 15 mm Durchmesser, durch welche das ausgesaigerte Schwefelantimon ausfliesst. Diese Tiegel setzt man auf Sammeltöpfe aus gebranntem Thon zur Aufnahme des ausgesaigerten Schwefelantimons. Die Sammeltöpfe stellt man, um ein langsames Erkalten des Schwefelantimons zu erzielen, in Sand, Asche oder Kohlengestübbe. Die Tiegel stehen reihenweise, oft zu mehreren Reihen, in bestimmten Entfernungen von einander. Eine Reihe enthält 20 bis 30 Tiegel.

Der Raum, in welchem sich dieselben befinden, wird von niedrigen Mauern (trockener Mauerung) umgeben. Der Zwischenraum zwischen den einzelnen Tiegeln sowie zwischen Mauerwerk und Tiegeln wird mit Brennstoff (Holz oder Steinkohle) ausgefüllt. Nach dem Anzünden des Brennstoffs beginnt die Saigerung, welche je nach der Grösse des Einsatzes 2 bis 12 Stunden dauert. Nach Beendigung derselben werden die Tiegel von den Sammeltöpfen abgehoben, entleert, von Neuem besetzt und dann wieder auf die Sammeltöpfe aufgesetzt. Die letzteren werden entweder nach jeder Saigerung oder erst, wenn sie mit Schwefelantimon gefüllt sind, entleert.

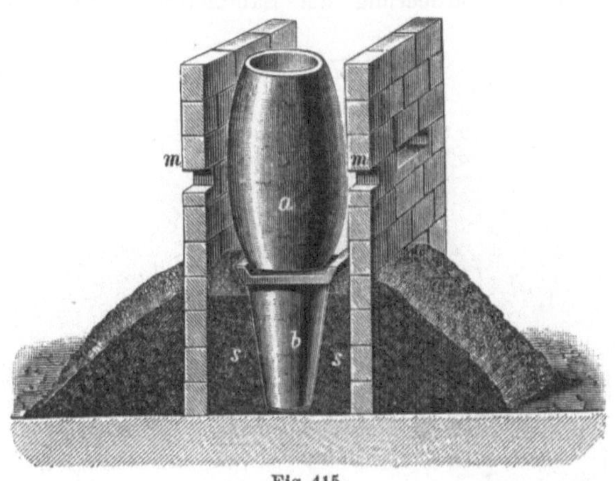

Fig. 415.

Die Rückstände halten gewöhnlich nicht unter 12 % Schwefelantimon zurück.

Die Einrichtung der früher zu Wolfsberg am Harz angewendeten Saigervorrichtung ist aus der Figur 415[1]) ersichtlich.

a ist der mit einem durchlöcherten Boden versehene Saigertiegel; b ist der Sammeltopf; derselbe ist mit einer Schicht von schlechten Wärmeleitern (Asche, Sand, Erde oder Kohlenlösche) umgeben, um die rasche Abkühlung seines Inhaltes zu verhindern. m sind die hier eine einzige Reihe von Tiegeln umgebenden in trockener Mauerung aufgeführten, mit Zuglöchern versehenen Wände. Die Höhe der Tiegel beträgt 30 cm, der Durchmesser 20 cm und der Einsatz 10 kg.

Zu Malbosc (Ardèche) in Frankreich betrug der Einsatz pro Tiegel 15 kg. Nach der Verarbeitung von je 4 Einsätzen, welche im Ganzen 40 Stunden erforderten, war der Sammeltopf gefüllt und wurde entleert. In dieser Zeit lieferten 20 Tiegel 469 kg Schwefelantimon bei einem Brennstoffaufwand von 1487 kg Steinkohlen und 200 kg Reisig.

---

[1]) Kerl. Metallhüttenkunde. S. 520.

Von der Flamme einer Rostfeuerung geheizte Tiegel gestatten eine bessere Ausnutzung des Brennstoffs sowie die Verwendung ärmerer Erze, doch ist das Saigern in denselben mit grösserer Belästigung der Arbeiter verbunden als das Saigern in der vorbeschriebenen Weise. Diese Tiegel stehen in Flammöfen zur Seite der Roste oder im Kreise um dieselben herum. Die Töpfe zur Aufnahme des ausgesaigerten Schwefelantimons stehen entweder unter der Sohle des Ofens in einem Sandbett, so dass sie von der Flamme nicht getroffen werden können, oder sie befinden sich ausserhalb des Ofens und stehen durch Thonröhren mit den Saigertiegeln in Verbindung. Die Einrichtung der letzteren Art verdient den Vorzug, weil die Entleerung der Sammeltöpfe keine Unterbrechung

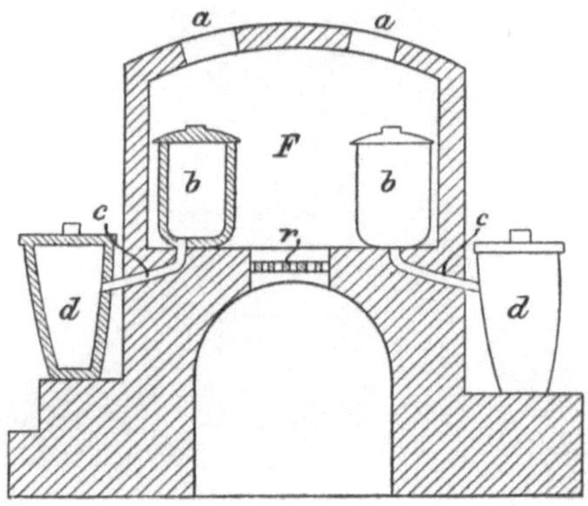

Fig. 416.

des Ofenbetriebes bedingt, wie bei der ersteren Art. Saiger-Apparate mit Tiegeln und Untersätzen im Ofen standen zu La Lincoule (Haute Loire) in Frankreich in Anwendung, während derartige Apparate mit Sammeltöpfen ausserhalb des Ofens in Ungarn benutzt wurden. Ein Apparat der letzteren Art erhellt aus Figur 416. F ist der Flammofen, r der Rost; b sind die mit Deckeln versehenen Saigertiegel, d die Sammeltöpfe, c die Verbindungsrohre zwischen Saigertiegeln und Sammeltöpfen. a sind Oeffnungen zum Einführen der Erze in die Tiegel.

Auch bei dieser Einrichtung ist der Brennstoffaufwand noch ein vergleichsweise hoher und die Production eine beschränkte. Sie steht daher den mit Röhren versehenen Saigervorrichtungen nach.

Das Aussaigern in Röhren.

Das Aussaigern kann sowohl in liegenden als auch in stehenden Röhren geschehen. Liegende Röhren scheinen keine Anwendung gefunden zu haben. Stehende Röhren hat man zu Malbosc in Frankreich und zu Banya in Ungarn benutzt und mit denselben hinsichtlich des Brennstoffverbrauchs, des Durchsetzquantums und der Arbeitslöhne erheblich günstigere Resultate erzielt als mit den Tiegeln.

Die Einrichtung des zu Malbosc angewendeten Saigerapparates ist aus den Figuren 417 und 418 ersichtlich[1]). Die Röhren befinden sich zu

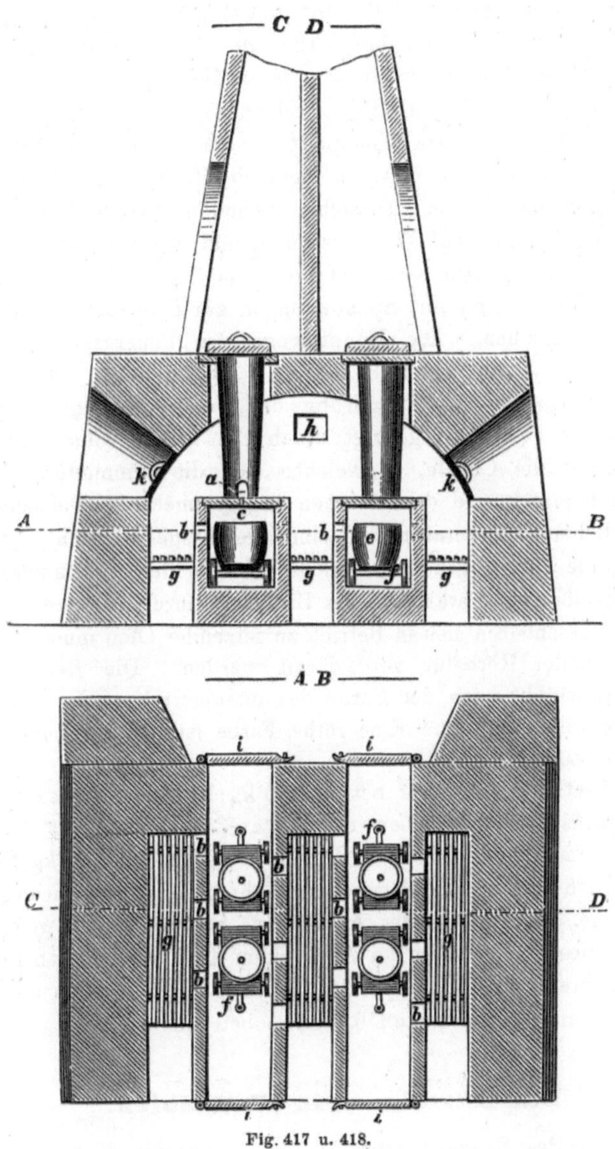

Fig. 417 u. 418.

je 4 in einem mit 3 Rosten g versehenen Ofen und sind durch das Gewölbe des letzteren hindurchgesteckt. Sie sind 1 m hoch, besitzen an

[1]) Plattner-Richter. Hüttenkunde. S. 6.

ihrem oberen Ende 25 cm, an ihrem unteren Ende 20 cm lichten Durchmesser. Die Wandstärke derselben beträgt 1,5 bis 2 cm. Das obere Ende derselben wird während des Saigerns durch Deckel verschlossen, während das untere offene Ende auf mit Löchern zum Abfliessen des Schwefelantimons versehenen Thontellern steht. Zum Ausräumen der Rückstände besitnen die Röhren an ihrem unteren Ende seitliche Oeffnungen a von 0,07 m Breite und 0,12 m Höhe, welche während der Saigerung durch Thonpfropfen oder auflutirte Thonplatten verschlossen gehalten werden. e sind 40 cm hohe und 25 cm weite Sammeltöpfe zur Aufnahme des aussaigernden Schwefelantimons. Dieselben befinden sich in durch Thüren i verschliessbaren Canälen auf Wagengestellen und werden, sobald sie gefüllt sind, ans den Canälen herausgefahren und durch leere Sammeltöpfe ersetzt. Die Thüren sind mit Spähöffnungen zur Beobachtung des Ganges der Saigerung versehen. Die Hauptmenge der Feuergase umspült die Röhren und tritt dann durch 3 Füchse h in die Esse. In den Fuchscanälen sind Register zur Regulirung der Feuerung angebracht. Ein kleiner Theil der Feuergase gelangt durch die 10 cm hohen und breiten Oeffnungen b in die Canäle, in welchen sich die Sammeltöpfe befinden, und hält die letzteren und das in ihnen angesammelte Schwefelantimon in der erforderlichen Temperatur. k sind Oeffnungen, durch welche die Saigerrückstände ausgezogen und etwaige Schäden der Röhren ausgebessert werden. Dieselben sind während des Betriebes durch gusseiserne Vorsetzplatten verschlossen. Ein neu in Betrieb zu setzender Ofen muss 48 Stunden lang bis zu heller Rothglut vorgewärmt werden. Die Regulirung der Temperatur geschieht nach der Farbe des aussaigernden Schwefelantimons. Dieselbe muss bläulich sein. Eine rothe Farbe ist das Zeichen einer zu hohen Temperatur.

Der Einsatz für ein Rohr betrug 250 kg Erz. Die Aussaigerung des Schwefelantimons aus demselben erforderte 3 Stunden. Das Ausbringen an Schwefelantimon betrug 50 %. Zum Aussaigern von 100 kg Schwefelantimon waren 64 kg Steinkohlen erforderlich. Die Haltbarkeit der Röhren betrug 20 Tage. Die Kosten des Aussaigerns von 100 kg Schwefelantimon betrugen bei diesem Verfahren an Arbeitslohn 1,53 frcs. und an Brennstoff 1,28 frcs., während dieselben bei dem Aussaigern in Tiegeln an Arbeitslohn 2,21 frcs. und an Brennstoff 6,34 frcs. betrugen.

Das Aussaigern in Flammöfen.

Diese Art des Saigerns erfordert die geringsten Kosten an Brennstoff, Arbeitslohn und Reparaturen, ist aber mit Verlusten an Schwefelantimon durch Verflüchtigung verbunden. Sie kommt deshalb nur in Frage, wenn es sich darum handelt, bei niedrigen Gewinnungskosten der Erze und hohen Brennstoffpreisen grosse Mengen von Antimonium crudum ohne Rücksicht auf Verluste an Schwefelantimon herzustellen.

Die Saigeröfen können ähnlich eingerichtet sein wie die Saigeröfen zur Reinigung des Bleis von Kupfer oder auch die Gestalt des deutschen Treibofens besitzen, in welchem letzteren Falle am tiefsten Punkte des Treibheerdes eine Stichöffnung angebracht sein muss. Das aussaigernde Schwefelantimon fliesst durch die Stichöffnung in vor dem Ofen angebrachte Sammelbehälter ab. Gegen das Ende der Saigerung wird die Stichöffnung verschlossen und darauf sehr stark gefeuert. Es sammelt sich nun das noch in den Rückständen verbliebene Schwefelantimon unter der sich bildenden Schlackendecke an und wird abgestochen. Die Schlacke wird durch eine Seitenthüre des Ofens abgezogen.

Erzeugnisse des Saigerns.

Die Erzeugnisse des Saigerns sind Antimonium crudum und Saigerrückstände.

Das Antimonium crudum ist häufig durch Schwefelarsen, Schwefelblei und Schwefeleisen verunreinigt. Die Verunreinigungen verschiedener Sorten desselben aus Ungarn ergeben sich aus den nachstehenden Analysen:

	Rosenau	Liptau	Magurka	Neusohl
FeS	1,102	4,093	—	3,235 (FeS + PbS)
PbS	—	—	—	
As_2S_3	0,568	3,403	—	0,247
Cu	—	—	0,59	—
Pb	—	—	3,75	—
Fe	—	—	2,85	—

Die Saigerrückstände enthalten bis über 20 % Schwefelantimon. Das letztere findet sich nicht nur im Innern der Stücke, sondern überzieht dieselben auch äusserlich in Gestalt einer dünnen Glasur.

Nach Hering[1]) zeigten Saigerrückstände die nachstehende Zusammensetzung:

Sb_2S_3	20,40
FeS	2,87
FeS_2	1,23
SiO_2	59,84
Al_2O_3	4,65
CaO	5,22
CO_2	4,10
Alkalien und kohlige Theile	1,69

Die Saigerrückstände mit hinreichendem Antimongehalt werden auf metallisches Antimon verarbeitet.

[1]) Dingler. Bd. 230, S. 253.

B. Die Verarbeitung des Antimonglanzes und der sonstigen Antimonerze auf metallisches Antimon.

Die Verarbeitung des Antimonglanzes auf metallisches Antimon kann sowohl durch die sog. Röst- und Reductionsarbeit als auch durch die sog. Niederschlagsarbeit geschehen.

Die Röst- und Reductionsarbeit besteht in einer oxydirenden Röstung des Antimonglanzes und in der Reduction der hierdurch gebildeten Oxyde des Antimons durch Kohle unter Zuschlag von Fluss- und Deckmitteln (Soda, Pottasche, Glaubersalz) in Schachtöfen oder Flammöfen, in seltenen Fällen auch in Gefässöfen.

Die Niederschlagsarbeit besteht in dem Zusammenschmelzen des Antimonglanzes oder des Antimonium crudum mit Eisen und Flussmitteln, wodurch unter Entstehung von Schwefeleisen das Antimon im metallischen Zustande ausgeschieden wird. Die Ausführung der Niederschlagsarbeit geschieht in Gefässöfen oder in Flammöfen.

Eine Gewinnung des Antimons aus dem Antimonglanz durch eine sog. Röst- und Reactionsarbeit, wie sie bei der Gewinnung des Bleis aus Bleiglanz stattfindet, ist nicht möglich, weil Schwefelantimon und Antimonoxyd sich nicht gegenseitig in Metall und Schweflige Säure zerlegen, wie es bei der Einwirkung von Schwefelblei auf Bleioxyd und Bleisulfat der Fall ist. Schwefelantimon und Antimonoxyd schmelzen ohne Zersetzung zu Oxysulfureten (Antimonglas) zusammen. Antimonsaures Antimonoxyd dagegen wird durch Schwefelantimon nur zu Antimonoxyd reducirt, wobei gleichzeitig Antimonglas entsteht.

Die Röst- und Reductionsarbeit ist weniger kostspielig als die Niederschlagsarbeit und gestattet die Verwendung von ärmeren Erzen sowie von Saigerrückständen des Antimonium crudum. Sie verdient daher den Vorzug vor der Niederschlagsarbeit.

Die Niederschlagsarbeit erfordert reiche Erze oder Antimonium crudum und ist in Folge hohen Brennstoffverbrauchs und hoher Arbeitslöhne theuer in der Ausführung. Sie wird desshalb nur noch selten angewendet.

Die sonstigen Antimonerze bilden nicht den Gegenstand der selbstständigen Verhüttung. Sie werden, wenn sie schwefelhaltig sind, von Anfang an mit dem Antimonglanz zusammen verarbeitet. Sind sie oxydisch, so werden sie einem reducirenden Schmelzen unterworfen, d. i. gemeinschaftlich mit dem gerösteten Antimonglanz verarbeitet.

Die Röst- und Reductionsarbeit.

Die Röst- und Reductionsarbeit zerfällt in die Röstung des Antimon glanzes oder die Röstarbeit und die darauf folgende Reduction der bei der Röstung erhaltenen Oxyde des Antimons oder die Reductionsarbeit.

Die Röstung des Antimonglanzes.

Die Röstung des Antimonglanzes kann entweder so geführt werden, dass man als Röstproduct vorwaltend nicht flüchtiges antimonsaures Antimonoxyd erhält, oder so, dass man flüchtiges Antimonoxyd erhält, welches in besonderen Condensationsvorrichtungen aufgefangen werden muss. Die erstere Art der Röstung bildet die Regel für die Antimongewinnung. Die letztere Art der Röstung, welche man „verflüchtigende Röstung" genannt hat, ist für die Gewinnung von Antimonoxyd und Antimon vorgeschlagen worden und auch zur Ausführung gelangt.

Die chemischen Vorgänge bei der normalen oxydirenden Röstung des Antimonglanzes in Pulverform, welche die Verwandlung des Antimonglanzes in antimonsaures Antimonoxyd bezweckt, sind bei Innehaltung der richtigen Luftzufuhr und der richtigen Temperatur (nicht viel über 350 ^{0}) die nachstehenden.

Sobald die Temperatur erreicht ist, bei welcher die Affinität des Sauerstoffs der Luft zum Schwefel des Schwefelantimons rege wird, entsteht Schweflige Säure und Antimonoxyd. Das letztere verwandelt sich zum Theil in Antimonsäure, welche sich mit dem vorhandenen Antimonoxyd zu antimonsaurem Antimonoxyd verbindet. Sind anderweite Metalloxyde anwesend, welche geneigt sind, antimonsaure Salze zu bilden, so wird ein Theil des Antimonoxyds bei Zutritt der Luft durch Contactwirkung in Antimonsäure verwandelt, welche sich mit den betreffenden Metalloxyden zu Antimoniaten verbindet. Eine Bildung von schwefelsaurem Antimonoxyd findet nicht statt. Sind dem Antimonglanz grössere Mengen von fremden Schwefelmetallen beigemengt, welche bei der oxydirenden Röstung Sulfate bilden, so findet noch vor der Sulfatbildung die Bildung von Antimoniaten der betreffenden Metalle statt.

War der Antimonglanz rein, so erhält man als Röstproduct unter Innehaltung der richtigen Temperatur und der richtigen Luftzufuhr hauptsächlich antimonsaures Antimonoxyd, welchem Antimonglas und unzersetztes Schwefelantimon beigemengt sind. Sind in dem Erze fremde Schwefelmetalle und Arsenverbindungen enthalten, so treten auch antimonsaure und arsensaure Metalloxyde sowie Sulfate im Röstgute auf.

Da Schwefelantimon sowohl wie Antimonoxyd schon bei dunkler Rothglut schmelzen und Antimonglas bilden, und da ausserdem das Antimonoxyd und das Schwefelantimon flüchtig sind, so ist die Innehaltung der richtigen Temperatur von der grössten Wichtigkeit für den Ausfall der Röstung. Nach Bidou soll dieselbe 350 ^{0} nicht erheblich übersteigen. Bei zu niedriger Temperatur wird das Schwefelantimon nicht zersetzt. Bei nur etwas zu hoher Temperatur backt die Masse zusammen und verhindert dadurch den Zutritt der Luft zu dem Schwefelantimon. Bei noch höherer Temperatur verflüchtigt sich Antimonoxyd. Durch stetes Durchkrählen der in Röstung befindlichen Massen lässt sich bei nicht zu hoher

Temperatur dem Zusammenbacken in einem gewissen Maasse entgegenwirken. Auch durch die Gangart des Erzes wird dem Zusammensintern vorgebeugt. Je reicher daher das Erz ist, um so ungünstiger verläuft die Röstung. Auch lässt sich weder das Aussaigern eines Theils Schwefelantimon aus der Röstmasse noch die Bildung von Flugstaub (welcher hauptsächlich aus Antimonoxyd, antimonsaurem Antimonoxyd, Schwefelantimon, Arsenverbindungen und Kohle besteht) vermeiden. Eine Erhöhung der Temperatur zur Oxydation der noch nicht angegriffenen Theile von Schwefelantimon kann erst dann eintreten, wenn der grösste Theil des Schwefelantimons in antimonsaures Antimonoxyd übergegangen ist. Das gar geröstete Erz soll im Ofen eine röthliche und beim Erkalten eine aschgraue Farbe zeigen. Im Ofen muss sich dasselbe unter dem Röstkrähl sanft anfühlen, ohne zusammenzubacken.

Wird der Luftzutritt bei der Röstung beschränkt, so bildet sich nicht antimonsaures Antimonoxyd, sondern flüchtiges Antimonoxyd.

Bei der „verflüchtigenden Röstung“, welche nur die Bildung von Antimonoxyd und die Verflüchtigung desselben bezweckt, muss die Luftzufuhr beschränkt und die Temperatur hoch gehalten werden. Auch Wasserdampf bewirkt in der Hitze die Bildung von Antimonoxyd unter gleichzeitiger Entstehung von Schwefelwasserstoff.

Die verflüchtigende Röstung ist für arme Erze und für Saigerrückstände von der Herstellung des Antimonium crudum vorgeschlagen worden und steht in Frankreich für Erze mit 7 — 8% Antimon in Anwendung. Da das in den Erzen enthaltene Arsen bei der Röstung flüchtigere Verbindungen liefert als das Antimon, so lassen sich die Arsenverbindungen getrennt vom Antimonoxyd auffangen. Bei der verflüchtigenden Röstung bleibt das häufig im Antimonglanz enthaltene Gold und Silber zurück und kann gewonnen werden, ebenso wie die sonstigen zurückbleibenden Metalle.

Die Ausführung der normalen Röstung.

Die normale Röstung des Antimonglanzes (auf antimonsaures Antimonoxyd) wird in mit Condensationsvorrichtungen versehenen Flammöfen ausgeführt. Früher (1862) sind auch Muffelöfen (Ungarn) zur Anwendung gelangt. Die Flammöfen sind entweder Krählöfen (mit discontinuirlichem Betrieb) oder Fortschaufelungsöfen.

Krählöfen standen früher zu Bouc und Septèmes (Rhône) in Frankreich und stehen noch gegenwärtig zu Siena in Toscana in Anwendung. Der Fortschaufelungsöfen bedient man sich z. B. zu New-Brunswick in Canada und zu Banya in Ungarn. Die Fortschaufelungsöfen arbeiten mit weniger Brennstoff und Arbeitslöhnen als die Krählöfen.

Die Einrichtung des früher zu Bouc und Septèmes angewendeten Krählofens mit 2 Rosten ist aus den Figuren 419 und 420 ersichtlich[1]).

---

[1]) Kerl. Metallhüttenkunde. S. 524.

Der horizontale Heerd h besitzt eine eiförmige Gestalt und hat eine Länge von 2,5 m und eine grösste Breite von 1,4 m. r sind die zu beiden Seiten des Heerdes liegenden Rostfeuerungen von je 1,6 m Länge und 0,35 m Breite. Die Feuergase ziehen durch die im Gewölbe angebrachte Fuchsöffnung F in den Fuchscanal und durch den letzteren in die Esse E. A ist die Arbeitsöffnung des Ofens. S ist ein vor der letzteren angebrachter Schornstein zum Schutze der Arbeiter gegen die antimonhaltigen Dämpfe.

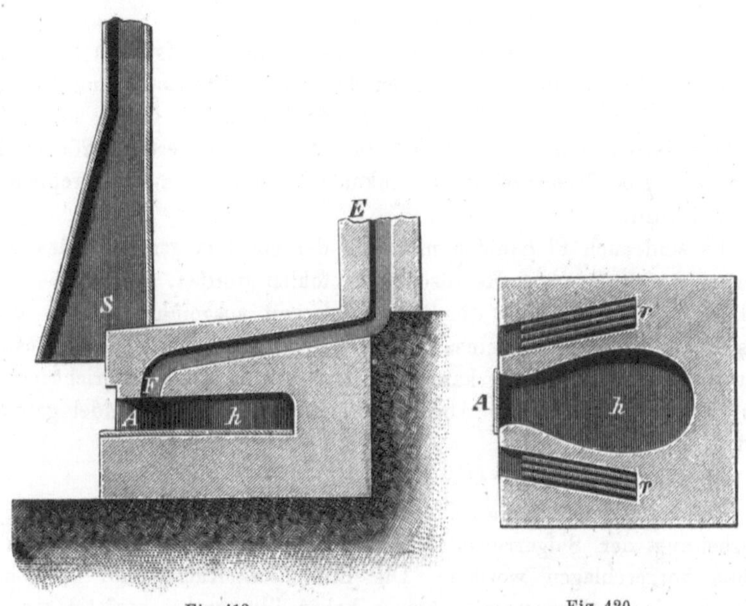

Fig. 419. Fig. 420.

In diesen Ofen wurden 250 bis 300 kg gemahlenes und gesiebtes Erz eingesetzt und in 6 Stunden abgeröstet. In den ersten 2 Stunden hielt man die Arbeitsöffnung verschlossen. Alsdann wurde sie geöffnet; das Erz wurde aufgebrochen und bis zum Schlusse der Röstung durchgerührt. Der Antimonverlust soll bei gut geführter Röstung nur 2 % betragen haben.

In Siena[1]) beträgt der Einsatz in den Krählofen 200 kg gemahlenes und gesiebtes Erz. Die Dauer der Röstung beträgt je nach der Reichhaltigkeit des Erzes 3 bis 12 Stunden, indem antimonreiches Erz bei Weitem langsamer geröstet werden muss als antimonarmes Erz. Der Brennstoffverbrauch für einen Einsatz beträgt im Durchschnitte 35 kg Lignit. Der Antimonverlust wird zu 5 % angegeben.

Der Fortschaufelungsofen zu New-Brunswick in Canada[2]) ist 13 m

[1]) Bidou. L'antimoine en Toscane. Génie civil 1882.

[2]) Engin. and Min. Journ. 1873. XVI. No. 25.

lang, 2,3 m breit und besitzt 10 Arbeitsöffnungen an jeder langen Seite des Ofenst Der Abstand zwischen Heerd und Gewölbe beträgt 0,63 m. Der Feuerraum ist 0,63 m breit. Die Feuerbrücke ist 157 cm hoch und 314 mm breit. In dem Ofen befinden sich während der Röstung 5 Einsätze zu je 300 kg. In 24 Stunden werden 900 kg Erz (3 Einsätze) abgeröstet. Das Erz verbleibt hiernach 40 Stunden im Ofen. 2 Stunden vor dem Ausziehen wird das Erz stärker erhitzt und alle 5 Minuten durchgerührt. Das gar geröstete Erz muss eine matt graugelbe Farbe zeigen. Der Brennstoffaufwand in 24 Stunden beträgt $^3/_4$ cord Holz. Der Röstverlust wird zu 7,5 % angegeben.

Der Fortschaufelungsofen zu Banya in Ungarn ist 8 m lang, 2 m breit und besitzt an der einen langen Seite 5 Arbeitsöffnungen. Das Erz wird in Einsätzen von je 200 kg an der Fuchsseite des Ofens aufgegeben und bleibt 20 Stunden im Ofen. In 24 Stunden werden 1200 kg Erz abgeröstet. Der Brennstoff ist Braunkohle, welche auf einem Treppenrost verbrannt wird.

Es sind auch Flammöfen mit nach der einen langen Seite des Ofens geneigter muldenförmiger Heerdsohle empfohlen worden, in welchem sowohl die Röstung als auch die Reductionsarbeit ausgeführt werden kann. Da sich die Aussaigerung eines Theiles Schwefelantimon bei der Röstung nicht vermeiden lässt, so kann das letztere bei dieser Einrichtung des Ofens abgestochen und als Antimonium crudum in den Handel gebracht werden.

Die verflüchtigende Röstung.

Diese Art der Röstung ist für die Verarbeitung armer Erze und für die Verarbeitung der Saigerrückstände von der Gewinnung des Antimonium crudum vorgeschlagen worden. Die Erze bzw. Rückstände sollen nach Hering in einem Gasflammofen bei so hoher Temperatur geröstet werden, dass das Antimon als Oxyd verflüchtigt wird. Das letztere soll in Condensationskammern aufgefangen werden. Das sublimirtc Antimonoxyd soll sehr rein sein und bei der Reduction ein sehr reines Metall liefern.

Soll das Antimonoxyd als Anstrichfarbe, welche indess nur eine beschränkte Verwendung hat, benutzt werden, so muss die Röstung im Interesse der Erzielung einer rein weissen Farbe desselben im Muffelofen vorgenommen werden.

Auf den Hüttenwerken zu Couches (Cantal), Blesle und Biroude (Haute Loire[1]) werden Erze mit 7 — 8 % Antimon in einem nicht näher beschriebenen Ofen der verflüchtigenden Röstung unterworfen. Das Antimonoxyd wird in einer Condensationskammer aufgefangen. Es soll nur Spuren von Sb_2O_4 und Sb_2O_5 enthalten und wird theils zur Herstellung von Farbstoffen benutzt, theils durch Kohle unter Zuschlag alkalihaltiger Schlacken zu Metall mit 90,94 % Antimongehalt reducirt. Oehme röstet

[1]) The Mineral Industry 1902. S. 36.

das Schwefelantimon zum Zwecke der Gewinnung von Farbstoff bei beschränktem Luftzutritt unter Zuführung von Wasserdampf. Es soll hierbei unter Bildung von Schwefelwasserstoff ein reines, in weissen Nadeln sublimirendes Antimonoxyd entstehen. Der Wasserdampf wird durch Einträufeln von Wasser in die Röstmuffel erzeugt. Die Luft lässt man durch eine kleine Oeffnung am vorderen Ende der Muffel eintreten.

Die Einrichtung des Apparates ist aus den Figuren 421 und 422 ersichtlich. M ist die Muffel. L ist die Luftzuführungsöffnung. w ist

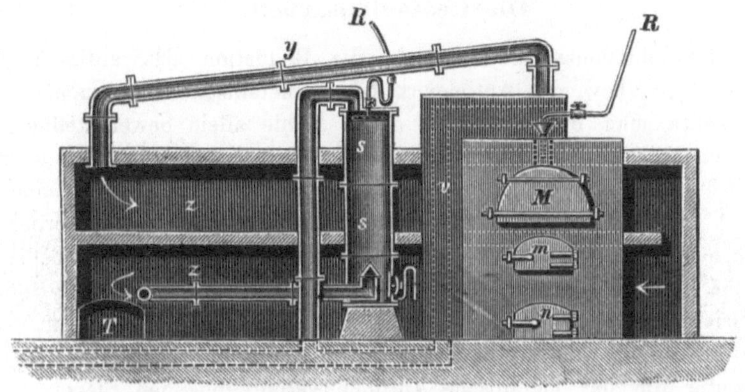

Fig. 421.

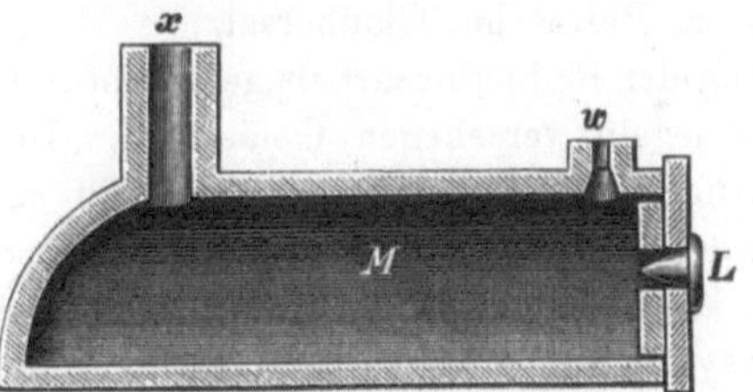

Fig. 422.

die Oeffnung zum Einträufeln von Wasser in die Muffel. Dasselbe fliesst durch das mit einem Hahn versehene Rohr R zu. Die Gase und Dämpfe treten durch das Rohr x aus der Muffel in das Rohr y, gelangen aus demselben in die Flugstaubkammern z und treten dann durch ein horizontales Rohr in einen mit Wasser berieselten eisernen Scrubber s, in welchem die letzten Theile von Antimonoxyd aufgefangen werden. Die nicht verdichteten Gase treten aus dem Scrubber in den Essencanal v. m ist die Thüre zur Feuerung, n die Thüre zum Aschenfall. Die Feuergase treten, nachdem sie die Muffel umspült haben, in den Essencanal v. T ist eine Oeffnung zum Reinigen der Flugstaubcanäle.

Der Zufluss des Wassers muss so regulirt werden, dass die Dämpfe des Antimonoxyds sowohl wie das sublimirte Antimonoxyd nicht feucht werden, indem andernfalls durch den Schwefelwasserstoff Schwefelantimon gebildet wird. Bei zu starkem Luftzutritte entsteht Schweflige Säure und antimonsaures Antimonoxyd, welches letztere in der Muffel zurückbleibt. Als beste Temperatur für den guten Verlauf des Prozesses wird dunkle Rothglut angegeben.

Ueber die Betriebsergebnisse dieses Verfahrens ist dem Verfasser nichts bekannt geworden.

Die Reductionsarbeit.

Die Reductionsarbeit bezweckt die Reduction des antimonsauren Antimonoxyds (bzw. des Antimonoxyds) zu metallischem Antimon.

Wollte man die Reduction durch Kohle allein bewerkstelligen, so würde ein grosser Theil des Antimons als Antimonoxyd verflüchtigt werden. Auch würde aus dem noch im Röstgute vorhandenen Schwefelantimon das Antimon nicht abgeschieden werden. Man schlägt daher noch Körper zu, welche einerseits in Folge ihrer Leichtflüssigkeit das Röstgut bedecken und eine Verflüchtigung des Antimons verhindern, andererseits zur Bildung einer leichtflüssigen Schlacke beitragen und aus dem Schwefelantimon das Metall abscheiden. Am vortheilhaftesten sind solche Zuschläge, welche gleichzeitig die das metallische Antimon verunreinigenden Elemente entfernen und daher auch als Raffinirmittel wirken. Hierhin gehören alkalische Salze wie Soda, Pottasche, Glaubersalz.

Die Ausführung der Reductionsarbeit geschieht in Flammöfen, Schachtöfen und in mit Tiegeln versehenen Gefässöfen. Der Flammofenbetrieb verläuft zwar glatt und übersichtlich, ist aber mit erheblichen Verlusten an Antimon verbunden und desshalb nur bei reichen Erzen und billigem rohen Brennstoffe anzuwenden. Das durch verflüchtigende Röstung gewonnene Antimonoxyd wird in Tiegeln zu Antimon reducirt.

Der Schachtofenbetrieb ist mit geringeren Antimonverlusten verbunden als der Flammofenbetrieb und erfordert geringere Kosten als der letztere, bietet aber technische Schwierigkeiten wegen der Bildung einer hinreichend leicht- und dünnflüssigen, das ausgeschiedene Antimon vor Verflüchtigung und vor dem oxydirenden Einflusse des Gebläsewindes schützenden Schlacke. Er ist noch bei Erzen anwendbar, welche sich wegen geringen Antimongehaltes nicht mehr für den Flammofenprozess eignen.

Die Gewinnung des Antimons durch Schmelzen des Röstgutes in Tiegeln in Gefässöfen erfordert einen hohen Brennstoffaufwand und hohe Arbeitslöhne und kommt für Erze, welche der normalen Röstung unterworfen worden sind, nur selten zur Anwendung. Dagegen unterwirft man das durch verflüchtigende Röstung gewonnene Antimonoxyd der Reduction in Tiegeln.

Die Reductionsarbeit in Flammöfen.

Die Metallverluste bei dieser Arbeit sind hoch und betragen mindestens 12 %. Nach Helmhacker sollen dieselben auf 30 bis 40 % steigen können.

Flammöfen standen bzw. stehen noch in Anwendung zu Bouc und Septèmes in Frankreich, zu Siena in Toscana, in Oberungarn und zu New-Brunswick in Canada.

Zu Bouc und Septèmes (Rhône) wurde das geröstete Erz zusammen mit oxydischen Erzen aus der Provinz Constantine in Algier und mit antimonhaltigem Flugstaub in Flammöfen mit eiförmigem Heerde von 2,4 m Länge, 1,6 m Breite in der Mitte und 1 m Breite an der Feuerbrücke verarbeitet[1]). Der stark concave, aus feuerfesten Steinen hergestellte

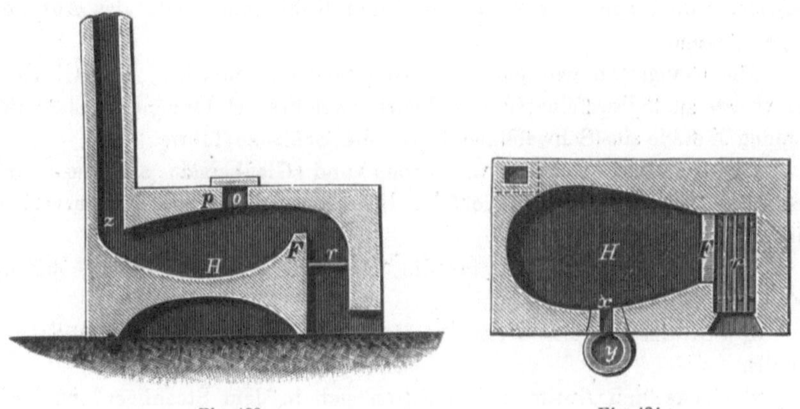

Fig. 423. Fig. 424.

Heerd des Ofens war nach der einen langen Seite desselben hin geneigt und durch einen Stichcanal mit dem vor dem Ofen in der Hüttensohle angebrachten Stechheerd verbunden. Die Heerdsohle war in der Mitte 1 m vom Gewölbe entfernt.

Die Einrichtung des Ofens ist aus den Figuren 423 und 424 ersichtlich. H ist der Heerd, O die (0,4 m weite) Oeffnung zum Eintragen der Zuschläge. x ist die Arbeitsöffnung, y der Stechheerd, F die mit ihrer oberen Fläche 0,4 m über dem Roste r und 0,3 m unter dem Gewölbe p belegene Feuerbrücke. z ist der (0,2 m weite) Fuchs. Derselbe steht mit einem (120 m langen) Condensationscanal zum Niederschlagen des antimonhaltigen Flugstaubes in Verbindung, welcher seinerseits in die Hauptesse mündet. Der in diesem Condensationscanal abgelagerte Flugstaub enthielt bis 50 % Antimon.

Der Einsatz des Ofens bestand aus 180 bis 250 kg Röstgut, oxydischem Erz und Flugstaub, aus 40 bis 50 kg aus Kochsalz und geringen

[1]) Simonin. Bull. de la société de l'industrie. Tome III. livre 4. p. 577.

Mengen von Soda und auch manchmal aus geringen Mengen von Glaubersalz bestehenden Zuschlägen, aus 30 bis 35 kg Holzkohlenklein und 100 bis 150 kg Schlacken von der Verarbeitung des letzten Einsatzes. Diese Schlacken bestanden hauptsächlich aus Kochsalz. Zuerst wurden die Zuschläge in den Ofen eingelassen und eingeschmolzen. Wenn dieselben in gutem Flusse waren (gegen 1 Stunde nach dem Einsetzen), wurde mit dem Eintragen der übrigen Bestandtheile der Beschickung begonnen. Dieselben wurden in Portionen von je 20 kg in Zeiträumen von je 15 Minuten durch die Arbeitsthüre eingetragen und in die geschmolzenen Massen eingerührt. Der nach dem Einrühren einer Portion gebildete Schaum wurde durch die Arbeitsthüre ausgezogen. Nach dem Einrühren der letzten Portion wurde stark gefeuert und dann abgestochen. Der ganze Prozess dauerte 4 bis 6 Stunden. Bei demselben wurde aus den Oxyden und Schwefelverbindungen des Antimons durch Kohle und Soda das Antimon ausgeschieden.

Die Gangarten wurden durch die Soda verschlackt. Das Glaubersalz wurde zu Schwefelnatrium reducirt, welches letztere einen Theil der fremden Metalle als Schwefelmetalle in die Schlacke führte.

Das Kochsalz, welches wie Soda und Glaubersalz als Fluss- und Deckmittel wirkte, führte gleichfalls die fremden Metalle als Chlorverbindungen in die Schlacke.

Der Brennstoffverbrauch für die Verarbeitung eines Einsatzes betrug 250 bis 300 kg.

Der Antimonverlust betrug 14 bis 15 % des in den Erzen enthaltenen Metalls.

Schlacke und Antimon sammelten sich in dem Stechheerde an und wurden aus demselben nach dem Erstarren als ein Ganzes ausgehoben. Der Antimonkönig wurde darauf von den Schlacken befreit und in Stücke zerschlagen.

In Siena[1]) in Toscana wird ähnlich verfahren wie früher zu Bouc und Septèmes.

Zur Verarbeitung von 830 Einsätzen waren daselbst erforderlich[2]):

167 236	kg	Röstgut,
121 931	-	Seesalz,
5 732	-	Soda,
40 185	-	Glaubersalz,
17 323	-	Schlacken von der Verarbeitung der vorhergehenden Einsätze,
1 998	-	Eisenschlacken.

Man erhielt hieraus 51 495 kg Antimon.

Der Verlust an diesem Metall ist nicht angegeben.

---

[1]) Bidou. L'antimoine en Toscane. Génie civil 1882.

[2]) Knab. Métallurgie. p. 528.

Zu New-Brunswick in Canada hat der Flammofen 2,60 m Durchmesser und einen aus feuerfestem Thon hergestellten concaven Heerd, welcher in der Mitte 45 cm tief ist. Man lässt daselbst im unmittelbaren Anschlusse an die Reduction des Metalles das Raffiniren desselben folgen. Auf dem rothglühenden Heerde wird zuerst das geröstete Erz im Gewichte von 250 kg ausgebreitet und dann mit 50 kg Glaubersalz und 37,5 kg harter, grobgepulverter Holzkohle bedeckt. Nach 4 Stunden ist die Masse geschmolzen und wallt unter Entweichen von Kohlenoxyd, welches die Schlackendecke durchdringt und verbrennt, heftig auf. Die Masse wird jetzt so lange durchgerührt, bis sie sich in ruhigem Flusse befindet, worauf man das Metall sich ($^1/_2$ Stunde lang) absetzen lässt. Das Feuer lässt man dann bei halb geöffneten Thüren niedergehen, um das Bad abzukühlen. Sobald die Schlacke bei schwacher Rothglut eine breiartige Consistenz zeigt, wird sie aus dem Ofen gezogen, worauf das Material zur Bildung der Raffinirschlacke, bestehend aus 12,5 kg Glaubersalz und 5 kg Holzkohle, eingetragen und stark gefeuert wird. Es bilden sich von Neuem Schwefelnatrium und Soda, welche Körper die Verunreinigungen des Antimons verschlacken. Nach $1^1/_2$ Stunden befinden sich Metall und Schlacke in ruhigem Flusse, und man schreitet zum Ausschöpfen der geschmolzenen Massen in eiserne Gefässe. Das Ausschöpfen geschieht mit Hülfe eiserner Kellen in der Art, dass in den Formen eine mindestens 1,5 cm hohe Schlackendecke auf dem Metall steht. Hierdurch wird es bewirkt, dass der Antimonkönig erst dann erstarrt, wenn die Form gefüllt ist. Sobald das Antimon erstarrt ist, wird die Schlackendecke von demselben entfernt. Dieselbe besteht im Wesentlichen aus einem Sulfosalze des Antimons und aus Natriumcarbonat und enthält 15 % Antimon. Aus derselben wird das Antimon durch Verschmelzen mit $^1/_5$ ihres Gewichtes an Eisen wiedergewonnen.

Die Metallverluste sind nicht angegeben.

In Ungarn soll man auf einigen Werken gleichfalls das Raffiniren unmittelbar an die Reductionsarbeit angeschlossen haben. Man soll daselbst 250 kg Röstgut mit 10 % Kohlenklein und 3 bis 6 % Glaubersalz im Flammofen in 20 Stunden geschmolzen haben[1]). Alsdann soll man die Schlacke entfernt und 10 bis 12,5 kg Schlacke vom Raffiniren des Antimons (Sternschlacke) zugesetzt haben. Nach dem Einschmelzen derselben wurde zum Ausschöpfen des Metalles geschritten.

Die Reductionsarbeit in Schachtöfen.

Die Reduction des gerösteten Antimonglanzes in Schachtöfen fand früher neben der Flammofenarbeit zeitweise zu Bouc und Septèmes in Frankreich sowie auch zu Oakland in Californien statt. Gegenwärtig steht sie zu Banya in Ungarn in Anwendung.

---

[1]) B.- u. H. Ztg. 1862. S. 408.

Zu Bouc und Septèmes[1]) wurden Erze mit 30 bis 40% Antimongehalt zuerst in Flammöfen geröstet und dann in 3-förmigen Schachtöfen, welche als Spuröfen mit verdecktem Auge zugestellt waren, verschmolzen. Die Oefen waren 3,3 m hoch, 0,8 bis 0,9 m tief und 0,6 m breit. Ueber die Zusammensetzung der Beschickung sind Angaben nicht gemacht. In 24 Stunden wurden 2000 bis 2500 kg Erz durchgesetzt. Der Brennstoffverbrauch betrug 50% an Koks vom Gewichte des Röstgutes. Man erhielt hierbei ein unreines Metall von 92 bis 95% Antimongehalt, welches noch der Raffination bedurfte.

Zu Oakland in Californien wurden 1882 oxydische Erze in einem Rundschacht-Ofen mit Wassermantel verarbeitet. Auf 80 G.-Th. oxydisches Erz setzte man 100 G.-Th. Schlacke und 30 G.-Th. Koks. Der Ofen hatte keine genügenden Condensationsvorrichtungen. Das Ausbringen an Antimon betrug desshalb nur $77\frac{2}{3}$% des probemässigen Gehaltes der Erze.

Zu Banya in Ungarn[2]) werden geröstete Erze (48 bis 49% Antimon) mit rohen oxydischen Erzen (46% Antimon), mit rohen (21,4% Sb) und gerösteten (23% Sb) Saigerrückständen von der Herstellung des Antimonium crudum sowie mit Flugstaub (56% Sb) und Raffinirschlacke (25%Sb) in Schachtöfen verschmolzen. Dieselben sind 6 m hoch, besitzen an der Gicht 1,4 m, in der Formebene 1 m Durchmesser und sind mit 5 Wasserformen versehen. Sie sind als Tiegelöfen zugestellt. In der Minute werden 85 cbm Wind von 30 cm Wassersäule Pressung in den Ofen eingeblasen.

Die Ofen-Campagnen dauern 3 Wochen.

Es werden 2 Sorten Beschickung hergestellt, welche so mit einander abwechseln, dass man auf je 2 Sätze der einen Sorte (I) 1 Satz der anderen Sorte (II) folgen lässt. Diese beiden Sorten sind zusammengesetzt wie folgt:

	I	II
	kg	kg
Geröstetes Erz	550	600
Geröstete Saigerrückstände	750	600
In Kalk eingebundenes Erz	200	—
In Kalk eingebundener Flugstaub	100	—
Rohes Erz	—	100
Oxydisches Erz	—	100
Rohe Saigerrückstände	—	100
Kalkstein	600	800
Unreine Schlacken von derselben Arbeit	400	400
Raffinirschlacken	—	200
Unreines Antimon (No. III)	—	100

[1]) Simonin l. c.

[2]) Stahl u. Eisen, vol. VI. 1886. p. 62.

Das Einbinden des Erzpulvers und des Flugstaubs in Kalk geschieht nur zu Anfang der Ofen-Campagne während 8 bis 10 Tagen, da nach Ablauf dieser Zeit die gedachten Körper ohne Beeinträchtigung des Betriebes in Pulverform aufgegeben werden können. Der Kalkzusatz zum Erzpulver beträgt 10 % vom Gewichte desselben, zum Flugstaub 7 % vom Gewichte desselben.

In 24 Stunden werden 30 metr. Centner Beschickung durchgesetzt.

Man erhält 3 Sorten Rohantimon von der nachstehenden Zusammensetzung:

	I	II	III
Sb	90,02	73,80	65,04
Fe	6,23	16,66	23,80
S	2,85	8,42	10,46

Von I fallen 82,5 %, von II 9 % und von III 8,5 % der gesammten Antimon-Erzeugung.

Die Sorten I und II werden raffinirt, während III zum Schachtofen zurückgeht.

Die Schlacke zeigte die nachstehende Zusammensetzung:

	I	II
$Si\,O_2$	46,9	45,9
$Ca\,O$	34,6	31,4
$Fe\,O$	15,1	19,9
Sb	0,5	0,9

Die unreine, grössere Mengen von Antimon enthaltende Schlacke wird beim Erzschmelzen zugesetzt.

Hering[1]) schlägt für die Zugutemachung der Saigerrückstände von der S. 579 angegebenen Zusammensetzung einen Rundschacht-Ofen von 6 m Höhe und 1 m Durchmesser in der Formebene mit 3 Formen vor, durch welche letzteren in der Minute 15 cbm Wind von 20 cm Wassersäule Pressung eingeblasen werden sollen. In einem derartigen Ofen soll man in 24 Stunden 7 t Saigerrückstände bei Zuschlag von 150 % Puddelschlacken, 40 % Kalkstein und 5 % Gyps oder Glaubersalz und bei einem Brennstoffaufwand von 14 % Koks vom Gewichte der Rückstände verarbeiten können.

Die Reductionsarbeit in Gefässöfen.

Die Reduction des gerösteten Erzes in Tiegeln bzw. in Gefässöfen kann wegen ihrer hohen Kosten nur bei sehr reichen Erzen oder bei Antimonium crudum oder bei durch verflüchtigende Röstung gewonnenem Antimonoxyd zur Anwendung kommen.

---

[1]) Dingler. Bd. 230. S. 253.

Man schmilzt das Röstgut mit rohem Weinstein ($^1/_{10}$ vom Gewichte des Röstgutes) oder mit Holzkohle oder Anthracit und Soda oder Pottasche in Tiegeln aus Thon in Windöfen oder Galeerenöfen und giesst das Metall in mit Talg oder Lehmwasser ausgestrichene eiserne Formen.

Nach Knab[1]) setzt man in je einen Tiegel 12 kg Röstgut mit 10 % Holzkohle und 7 bis 15 % Kochsalz oder Soda ein. Die Tiegel stehen zu 10 bis 12 in Wind- oder Galeeren-Oefen. In 24 Stunden werden 4 bis 5 Einsätze verarbeitet. Zur Verarbeitung von 1 t Röstgut sollen 700 bis 800 kg Kohlen verbraucht werden. Ein Tiegel soll die Verarbeitung von 7 bis 8 Einsätzen aushalten.

Die Niederschlagsarbeit.

Die Niederschlagsarbeit ist nur für reiche Erze und für Antimonium crudum anwendbar.

Bei dieser Arbeit wird das Antimon aus dem Schwefelantimon durch metallisches Eisen abgeschieden, welches letztere schon bei verhältnissmässig niedriger Temperatur den Schwefel des Schwefelantimons bindet. Das entstandene Schwefeleisen lässt sich in Folge seines hohen specifischen Gewichtes nur unvollständig vom Schwefelantimon trennen. Man schlägt desshalb Natriumsulfat und Kohle zu, um Schwefelnatrium zu bilden, welches letztere mit dem Schwefeleisen eine specifisch leichte und leichtflüssige, sich gut vom Antimon trennende Schlacke bildet. In England schlägt man anstatt Natriumsulfat und Kohle Kochsalz zu. Das Eisen verwendet man am besten in der Form von Dreh- oder Hobelspähnen oder von Weissblechabfällen. Die in den letzteren enthaltene geringe Menge von Zinn schadet dem Antimon nichts. Die Menge desselben darf bei Schwefelblei und Schwefelarsen enthaltenden Erzen nicht zu hoch bemessen werden, weil in diesem Falle nicht nur das Antimon eisenhaltig ausfällt, sondern auch Blei und Arsen aus den gedachten Schwefelverbindungen unter Bildung von Schwefeleisen ausgeschieden und in das Antimon übergeführt werden. Dabei ist andererseits zu berücksichtigen, dass bei dem Zuschlag von Glaubersalz und Kohle ein Theil Eisen zur Zersetzung des Natriumsulfats verbraucht wird. Erfahrungsmässig soll man bei einem Zuschlage von 10 % Glaubersalz und 2 bis 3 % Kohle auf 100 Th. Schwefelantimon nach Karsten 44 Th., nach Liebig 42 Th. Eisen nehmen. Hering schlägt für 100 Th. Schwefelantimon 40 Th. Eisen vor. Berthier empfiehlt auf 100 Th. Schwefelantimon 60 Th. Eisenhammerschlag, 45 bis 50 Th. Soda und 10 Th. Kohlenpulver. Das Eisen scheidet sich als Einfach-Schwefeleisen (FeS) oder als Fe_8S_7 aus (Schweder).

In England setzt man bei Erzen, welche frei von Blei und Arsen sind, grundsätzlich einen Ueberschuss von Eisen zu, um alles in den Erzen

[1]) Métallurgie. S. 524. Paris 1891.

enthaltene Antimon auszubringen. Aus dem hierbei erhaltenen eisenhaltigen Antimon entfernt man das Eisen durch Schmelzen mit Schwefelantimon.

Bei der Niederschlagsarbeit treten Verluste an Antimon sowohl durch Verflüchtigung von Schwefelantimon als auch durch Uebergang von Schwefelantimon in die Schlacke ein. Man erhält aus 100 Th. Schwefelantimon bei der Ausführung des Prozesses in Tiegeln anstatt des theoretischen Ausbringens von 71,5 Th. Antimon nach Karsten 64 Th., nach Berthier 65 bis 67 Th. Antimon.

Die Ausführung der Niederschlagsarbeit geschieht grundsätzlich in Gefässöfen. Auch Flammöfen sind trotz der mit dem Betrieb derselben verbundenen Antimonverluste benutzt worden. Schachtöfen sind bis jetzt nur versuchsweise zur Anwendung gekommen. Oefen mit Tiegeln wendet man beispielsweise in England und Ungarn an.

Auf den englischen Werken[1]) (Cookson & Co. zu Newcastle on Tyne; Hallet & Fry; Johnson & Matthey; Pontifex & Wood; sämmtlich zu London) verarbeitet man Erze mit 50 bis 55 % Antimongehalt. Dieselben werden in Graphittiegeln zuerst mit einem Ueberschuss von Schmiedeeisen auf ein eisenhaltiges Antimon verschmolzen, wobei das gesammte Antimon aus den Erzen ausgebracht wird. Das eisenhaltige Antimon wird zur Befreiung von Eisen in Graphittiegeln mit Schwefelantimon verschmolzen. Das hierbei erhaltene eisenfreie Antimon wird in Graphittiegeln mit geeigneten Zuschlägen raffinirt. Die gedachten 3 Operationen werden in dem nämlichen Ofen ausgeführt.

Das Erz wird bis auf Haselnussgrösse zerkleinert und dann mit Schmiedeeisen- und Weissblechabfällen, Salz und Schlacken von der nämlichen Arbeit oder Gekrätz von der folgenden Arbeit in Graphittiegeln geschmolzen.

Der Einsatz in einen Tiegel besteht aus 21 kg zerkleinertem Erz (bei 50 % Antimongehalt), 8 kg Eisen, 2 kg Salz und $\frac{1}{2}$ kg Schlacke oder Gekrätz. Das Eisen besteht gewöhnlich aus $6\frac{1}{2}$ kg Weissblechabfällen, welche zu einem Klumpen zusammengeschlagen werden, und aus $1\frac{1}{2}$ kg Dreh- und Bohrspähnen. Erz, Salz, Schlacke bzw. Gekrätz und Eisenspähne werden zusammengemengt, während der Weissblechklumpen nach dem Eintragen des Gemenges in den Tiegel als Deckel über dasselbe gelegt wird.

Die Oefen auf den grösseren Werken fassen je 42 Tiegel. Die Feuerung ist Rostfeuerung. Sie besitzen an jeder kurzen Seite einen Rost. Die Feuergase ziehen bis zur Mitte des Ofens und treten daselbst durch einen gemeinschaftlichen Canal aus. Der Heerd des Ofens ist (mit Einschluss der beiden Feuerungen) 16,459 m lang und 2,235 m breit. Er hat ein niedriges Gewölbe, welches 42 durch Deckel verschliessbare Oeff-

[1]) Journ. of the Society of Chem. Industr. Jan. 30. 1892. Eng. and Min. Journ. March 12. 1892. — The Mineral Industry 1892. pag. 23.

nungen (21 an jeder langen Seite) zum Einbringen und Herausnehmen der Tiegel hat. Die Seiten und das Gewölbe des Ofens sind mit Gusseisenplatten bedeckt. Die Oeffnungen zum Einbringen der Tiegel haben einen Durchmesser von je 0,355 m. An den beiden kurzen Seiten hat das Gewölbe noch je 2 Oeffnungen von je 0,101 m Durchmesser zur Entfernung der auf den Rosten entstandenen Schlacke.

Die zunächst den Feuerungen aufgestellten Tiegel (je 2 an jeder Feuerung) werden mit dem zu raffinirenden Antimon besetzt.

Das Verschmelzen der Erze auf eisenhaltiges Antimon dauert etwas weniger als 3 Stunden. In einem Tiegel werden in 12 Stunden 4 Schmelzungen ausgeführt. Nach Beendigung des Schmelzens giesst man den Tiegelinhalt in kegelförmige Formen aus Gusseisen und trennt nach dem Erkalten desselben den Stein von dem Antimon durch Abschlagen mit einem Hammer. Unmittelbar nach dem Entleeren werden die Tiegel mit neuer Beschickung versehen und wieder in den Ofen eingesetzt.

Der von dem Antimon getrennte Stein und die Schlacke werden abgesetzt.

Das eisenhaltige Antimon, „Singles" genannt, enthält 91,63% Antimon, 7,23% Eisen, 0,82% Schwefel und 0,32% unlösliche Körper.

Das eisenhaltige Antimon wird zur Entfernung des Eisens einem Verschmelzen in Graphittiegeln mit reinem Schwefelantimon unterworfen. Das Eisen wird hierbei durch den Schwefel des Schwefelantimons gebunden und als Stein ausgeschieden, während eine äquivalente Menge Antimon frei wird. Um das Eisen soviel als möglich zu entfernen, wendet man einen Ueberschuss von Schwefelantimon an. Als Flussmittel setzt man Salz zu. Oefters ersetzt man dasselbe durch Sodasalz. Der Einsatz für einen Tiegel besteht aus 42 kg zerschlagenen Antimonkönigen, $3^1/_2$ bis 4 kg aus den Erzen ausgesaigertem Schwefelantimon und 2 kg Salz. Der Schmelzofen ist der nämliche wie zum Schmelzen der Erze. Die Masse wird zeitweise mit Hülfe eines Eisenstabes umgerührt. Das Schmelzen dauert gegen $1^1/_2$ Stunden. Nach Beendigung desselben werden Schlacke und Stein mit Hülfe eines eisernen Löffels abgeschöpft, worauf das Antimon in die gedachten conischen Formen aus Gusseisen gegossen wird. Der Stein und die Krätzen werden beim Erzschmelzen zugesetzt. Das Antimon, „star bowls" genannt, enthält 99,53% Antimon, 0,18% Eisen und 0,16% Schwefel. Den Schwefel, welcher von dem Ueberschuss des bei der Schmelzung zugesetzten Schwefelantimons herrührt, erkennt man an dem Vorhandensein kleiner, glänzender Flecken auf den krystallinischen Figuren, welche sich auf der Oberfläche des Gussstückes bilden.

Dieses Antimon bedarf zur Entfernung des Schwefels und zur Erzeugung des sog. Sterns auf den Gussstücken noch des Raffinirens. Dieser Prozess wird unter Zusatz eines geschmolzenen Gemenges von Pottasche und Schwefelantimon zu dem Metall gleichfalls in Graphittiegeln und in dem nämlichen Ofen ausgeführt wie das Verschmelzen der Erze und die

Herstellung des eisenfreien Antimons. Der Einsatz beträgt 42 kg Antimon und eine entsprechende Menge (4 kg) des gedachten Zuschlages. Derselbe wird erst nach dem Einschmelzen des Antimons zugesetzt. Die Tiegel werden an den heissesten Stellen des Ofens unmittelbar neben den Feuerungen desselben aufgestellt. Nach dem Einschmelzen des Antimons und des Zuschlages wird die geschmolzene Masse einmal mit einer Eisenstange umgerührt und dann ausgegossen.

Der Brennstoffverbrauch eines Ofens der gedachten Art beträgt 22 t Steinkohlen pro Woche oder in der 12 stündigen Schicht $1^1/_2$ t. Der Tiegelverbrauch beträgt 11 Stück, auf die t raffinirten Antimons berechnet. In 24 Stunden beträgt die Bedienung des Ofens 35 Mann, nämlich 1 Heizer an jeder Feuerung (2) in 12 Stunden (4 in 24 Stunden); 4 Ofenarbeiter an jeder Seite des Ofens in der 12 stünd. Schicht (d. i. 16 in 24 St.); 2 Mann in der 12 stünd. Schicht zur Reinigung des Metalls (4 in 24 St.); 2 Mann in der 12 stünd. Schicht zum Zerbrechen des Metalls (4 in 24 St.); 1 Mann in der 12 stünd. Schicht zur Herstellung der Beschickung (2 in 24 St.). Hierzu kommen noch in der Tagschicht 3 Hülfsarbeiter, 1 Schmied und 1 Kessel- und Maschinenwärter.

Der Antimonverlust bei dem gedachten Betriebe beträgt 10 % von dem im Erze enthaltenen Metall. Der grössere Theil desselben wird durch die Verflüchtigung von Antimon während des Schmelzens verursacht. Ein grosser Theil des verflüchtigten Antimons wird in den mit dem Ofen verbundenen Flugstaubcanälen aufgefangen. Der aufgefangene Flugstaub zeigt eine weisse Farbe und enthält 70 bis 72 % metallisches Antimon. Derselbe wird mit Kohle gemengt beim Erzschmelzen zugesetzt. Die Flugstaubcanäle werden vierteljährlich gereinigt.

Zu Magurka in Ungarn ist früher gleichfalls die Niederschlagsarbeit in Gefässöfen mit Tiegeln ausgeführt worden. Es wurden daselbst Einsätze von 9 bis 10 kg Schwefelantimon mit Eisen, Pottasche und Pfannenstein zweimal in Graphittiegeln geschmolzen.

Flammöfen sollen zu Linz, Schleiz und Alais (Frankreich) zur Anwendung gekommen sein. In diesen Oefen sind sehr erhebliche Antimonverluste durch Verflüchtigung nicht zu vermeiden. Sie müssen desshalb mit ausgedehnten Condensationsvorrichtungen zum Auffangen der metallischen Dämpfe verbunden sein. Auch müssen sie eine sehr dichte Heerdsohle besitzen, um ein Durchsickern des dünnflüssigen Antimons zu verhüten. Sie sind am tiefsten Punkte mit einem Stich zum Abstechen der geschmolzenen Massen zu versehen. Betriebsergebnisse derartiger Oefen sind dem Verfasser nicht bekannt geworden. Jedenfalls arbeiten dieselben mit erheblich grösseren Antimonverlusten als die Gefässöfen.

Thomas C. Sanderson[1]) hält ein Bad von Schwefeleisen auf dem Heerde des Flammofens und führt in dieses die Erze ein. Nachdem die

[1]) United States Patent No. 714 040 Nov. 18. 1902.

letzteren sorgfältig in das Schwefeleisen eingerührt sind, wird das Eisen zur Zersetzung des Schwefelantimons zugesetzt. Dann wird die Temperatur des Ofens bei geschlossenen Thüren gesteigert, worauf die Massen wieder durchgerührt werden. Wenn die Zersetzung des Schwefelantimons erfolgt ist, wird das Antimon abgestochen. Sobald beim Abstechen Schwefeleisen erscheint, wird der Stichcanal verschlossen. Die Schlacke wird durch die Arbeitsthüre ausgezogen. Das Schwefeleisen wird nur soweit entfernt, dass das ursprüngliche Bad wiederhergestellt wird. Alsdann wird eine neue Charge eingesetzt.

Dieses Verfahren soll sich gut bewährt haben und bereits über ein Jahr in definitiver Anwendung stehen[1]).

Schachtöfen sind bei der Niederschlagsarbeit versuchsweise von Hering zur Verarbeitung der Saigerrückstände von der Herstellung des Antimonium crudum angewendet worden.

Hering ist, obwohl seine Versuche nicht bis zur Erreichung eines sicheren Ergebnisses fortgesetzt worden sind, trotz der ungünstigen Ergebnisse der von Anderen angestellten Versuche der Ansicht, dass sich die Niederschlagsarbeit in Schachtöfen ausführen lässt und um so günstiger ausfällt, je antimonreicher die Schmelzbeschickung ist.

Erzeugnisse von der Herstellung des Rohantimons.

Die Erzeugnisse von der Herstellung des Rohantimons sind Rohantimon und Schlacken.

Das Rohantimon ist noch nicht rein, sondern enthält noch eine Reihe von fremden Elementen, besonders Arsen, Eisen, Kupfer und Schwefel.

Die Zusammensetzung einiger Sorten von Rohantimon ist aus den nachstehenden Analysen ersichtlich:

	1.	2.	3.	4.	5.
Sb	94,5	84	97,2	95	90,77
S	2	5	0,2	0,75	2
Fe	3	10	2,5	4	—
Co, Ni	—	—	—	—	1,50
Cu	—	—	—	—	5,73
As	0,25	1	0,1	0,25	—
Au	Spuren	—	—	—	—

1. und 2. ist in Flammöfen nach der Niederschlagsarbeit erzeugt. Nach Helmhacker. 3. und 4. ist in Schachtöfen durch Reduction oxydischer Erze hergestellt. 5. ist auf der Stefanshütte in Oberungarn aus durch Amalgamation entsilberter Fahlerzspeise hergestellt.

Das Rohantimon wird der Raffination unterworfen.

[1]) The Min. Ind. 1903. p. 43.

Die Schlacken von der Gewinnung des Rohantimons durch die Röst- und Reductionsarbeit bestehen hauptsächlich aus Silicaten, die der Niederschlagsarbeit aus Silicaten und Schwefelmetallen. Sie werden theils abgesetzt, theils als Zuschlag bei dem Verschmelzen der Antimonerze gegeben.

Gewinnung des Antimons aus antimonhaltigen Hüttenerzeugnissen.

Die bei der Gewinnung des Antimons fallenden antimonhaltigen Erzeugnisse sind Saigerrückstände, Stein, Schlacken, Raffinirschlacken und Flugstaub. Dieselben werden bei hinreichendem Antimongehalte bei den Schmelzarbeiten — die Saigerrückstände in manchen Fällen nach vorgängiger Röstung, der Flugstaub wohl nach vorgängigem Einbinden in Kalk — zugeschlagen. Die Saigerrückstände werden auch wohl für sich in Schachtöfen verschmolzen.

Auf Stefanshütte in Oberungarn wurde aus durch Amalgamation entsilberter Speise (vom Verschmelzen von Fahlerzen) durch Verschmelzen mit Kiesen in Schachtöfen Antimon gewonnen. Durch den Schwefelgehalt der Kiese wurde das Kupfer gebunden. Das erhaltene Rohantimon wurde der Raffination unterworfen.

Das Raffiniren des Antimons.

Das Rohantimon ist, wie dargelegt, gewöhnlich durch Schwefel, Arsen, Eisen, Kupfer und manchmal auch durch Blei verunreinigt.

Diese Verunreinigungen lassen sich bis auf das Blei theils durch Oxydations- und Verschlackungsmittel, theils durch Schwefelungsmittel, theils durch Chlorationsmittel entfernen.

Der Schwefel lässt sich durch Schmelzen mit Soda bzw. Pottasche sowie durch Schmelzen mit Antimonglas (Antimonoxysulfuret) entfernen.

Das Arsen lässt sich durch Soda bzw. Pottasche in arsensaures Natrium bzw. Kalium verwandeln und in dieser Gestalt entfernen. Kupfer und Eisen lassen sich durch Schwefelantimon, am besten unter gleichzeitigem Zusatz von Soda oder Pottasche oder durch Glaubersalz und Kohle in Schwefelmetalle verwandeln, welche mit Schwefelnatrium (aus dem Glaubersalz durch Kohle reducirt) und mit dem Natron der zugesetzten Soda bzw. dem Kali der zugesetzten Pottasche zu einer Schlacke zusammenschmelzen. Eisen lässt sich auch gut durch Antimonglas (Antimonoxysulfuret) entfernen.

Durch Chlornatrium, Carnallit oder Chlormagnesium lassen sich die fremden Metalle zum Theil als Chloride verflüchtigen bzw. verschlacken. Hierbei wird aber eine grosse Menge Antimon verflüchtigt, so dass dieses Verfahren im Grossen mit bedeutenden Metallverlusten verbunden ist.

Durch die gedachten Oxydations- und Schwefelungsmittel ist es nicht möglich, das Blei aus dem Antimon zu entfernen, weil aus Bleioxyd und Schwefelblei das Blei durch Antimon wieder ausgeschieden wird. Auch durch Chlorationsmittel lässt sich das Blei aus dem Antimon nur unter grossen Antimonverlusten und immer nur höchst unvollkommen abscheiden.

Mitscherlich machte den Vorschlag, das Blei vor der Abscheidung des Antimons aus dem Schwefelantimon zu entfernen. Zu diesem Zwecke sollten 100 Th. des letzteren mit 4 Th. Eisen zusammengeschmolzen werden. Hierdurch sollte neben einem verhältnissmässig geringen Theile Antimon das gesammte Blei niedergeschlagen werden.

Am besten ist es hiernach, zur Antimongewinnung möglichst bleifreie Erze zu verwenden.

Wie schon erwähnt, wünscht man im Handel nur solches Antimon, welches auf der oberen Fläche des Gussstückes den sog. „Stern“ in Gestalt von farrenkrautähnlichen Zeichnungen aufweist. Der Stern bildet sich nicht bei unreinem Antimon. Bei reinem Antimon erscheint er nicht, wenn einzelne Theile des in die Formen gegossenen Antimons nicht mit Schlacke bedeckt sind, wenn die Schlacke früher erstarrt als das Antimon und wenn unzersetzte Soda oder Pottasche selbst in geringer Menge in unmittelbare Berührung mit der Oberfläche des Antimons kommen. Gussstücke, welche den Stern nicht zeigen, müssen, falls sie unrein sind, nochmals raffinirt, andernfalls aber umgeschmolzen und unter Beobachtung der erforderlichen Vorsichtsmaassregeln ausgegossen und erkalten gelassen werden.

Kleine Gussstücke zeigen nur einen einzigen grossen Stern, während grössere Gussstücke mehrere Sterne aufweisen und auch an den Seiten farrenkrautähnliche Zeichnungen besitzen.

Das Raffiniren wird entweder in Gefässöfen (Tiegeln) oder in Flammöfen ausgeführt. Gefässöfen erfordern verhältnissmässig viel Brennstoff. Für die Herstellung grösserer Mengen von raffinirtem Antimon wendet man Flammöfen an. Die Antimonverluste in den letzteren betragen 20 bis 30 %. Auf manchen Werken (England) schliesst sich das Raffiniren unmittelbar an die Herstellung des Rohantimons an.

Das Raffiniren in Gefässöfen.

Derartige Oefen standen bzw. stehen in Anwendung zu Septèmes in Frankreich, in England und zu Oakland in Californien.

Zu Septèmes standen 30 Tiegel in einem Flammofen mit ebener Sohle von der Gestalt einer der Länge nach durchgeschnittenen Tonne. Der Ofen war 2,1 m lang und an den beiden kurzen Seiten je 1,2 m, in der Mitte 1,5 m breit. Die Sohle lag 0,15 m unter der Feuerbrücke. Das Gewölbe des Heerdes befand sich 0,2 m über der Feuerbrücke, 0,5 m über der Mitte der Heerdsohle und 0,25 m über der Heerdsohle an der

Fuchsseite. Der Rost war 1,5 m lang, 0,5 m breit und lag 0,4 m unter dem Gewölbe. Die Arbeitsöffnung lag an der vorderen langen Seite des Heerdes und war 0,5 m breit. Die aus feuerfestem Thon angefertigten Tiegel hielten 5 bis 6 Schmelzungen aus und erhielten einen Einsatz von je 22 kg Rohantimon. Als Zuschlag gab man 6 bis 8 kg eines Gemenges von Natriumsulfat und Natriumcarbonat, welchem etwas Kochsalz und reines oxydirtes Antimonerz zugesetzt war. Das Schmelzen dauerte bei schwacher Rothglut des Ofens 6 Stunden, in welcher Zeit 200 bis 250 kg Steinkohlen verbraucht wurden.

In England geschieht das Raffiniren in Graphittiegeln in der oben (Seite 594) beschriebenen Art. Der Zuschlag zu dem zu reinigenden Antimon wird durch Zusammenschmelzen von 3 Th. Pottasche und 2 Th. Antimonium crudum in einem Tiegel hergestellt. Auf 84 kg Antimon, welches von anhängender Schlacke und anhängendem Stein sorgfältig gereinigt sein muss, setzt man gegen 4 kg dieses Zuschlages. Nach dem Schmelzen werden Metall und Flussmittel in conische Formen ausgegossen. Beim Erkalten trennt sich das Flussmittel von dem Metall. Dasselbe wird mit einer kleinen Menge Pottasche von Neuem beim Raffiniren zugesetzt. Der Stern auf dem Metall erscheint nur, wenn die ganze Oberfläche desselben mit dem Flussmittel (0,0063 m hoch) bedeckt war. Das letztere wird von den Gussstücken durch Waschen derselben mit Wasser und Sand entfernt.

Das Raffiniren in Flammöfen.

Flammöfen standen bzw. stehen in Anwendung zu Milleschau in Böhmen, Banya in Ungarn, Siena, Oakland in Californien.

Ein Haupterforderniss der Flammöfen ist eine dichte Heerdsohle, welche von den schmelzendeu Alkalien nicht zerfressen wird und das Antimon nicht durchdringen lässt. Am besten wird dieselbe in Blöcken von natürlichen feuerfesten Gesteinen, z. B. in Granit[1]), ausgehöhlt. Indessen dürfen nicht ganz frische Gesteine verwendet werden, sondern halb verwitterte mildere Gesteine. Stehen derartige Gesteine nicht zur Verfügung, so wendet man Heerde aus Schamottemehl und Thon an, welche in einen Eisenkasten eingestampft werden müssen.

Die Einrichtung des von Hering angegebenen, zu Milleschau in Böhmen mit Erfolg angewendeten Flammofens, welcher von Helmhacker[2]) besonders empfohlen wird, ist aus den Figuren 425, 426 und 427 ersichtlich.

Der Heerd ist in einem Granitblock g ausgehöhlt. Derselbe ruht, um ihn leicht in den Ofen herein- und aus demselben herausschieben zu können, auf 3 eisernen Walzen c, welche ihrerseits auf Flachschienen f

[1]) B.- u. H. Ztg. 1883. S. 1, 44, 145 u. 172.

[2]) B.- u. H. Ztg. 1883. S. 1, 44, 145 u. 172.

aufliegen. Er stösst nur an der Arbeitsseite unmittelbar an die Ofenwand. In der Heerdsohle befindet sich eine Vertiefung (Tümpel) d, in welcher sich das Antimon ansammelt und ausgeschöpft wird. b ist die der Feuerbrücke gegenüberliegende Arbeitsöffnung. Da bei nur einer Arbeitsöffnung die Arbeiter zu sehr belästigt werden, so hat man dieselbe in der neuesten

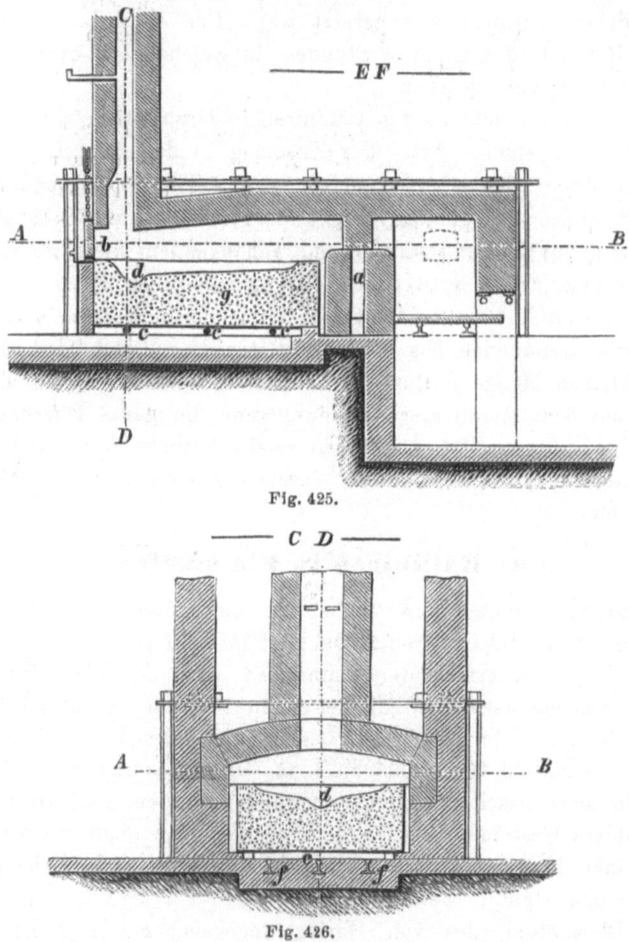

Fig. 425.

Fig. 426.

Zeit durch 2 an den langen Seiten des Ofens in der Nähe des Fuchses sich gegenüberliegende Arbeitsöffnungen ersetzt. Durch die eine derselben wird die Schlacke abgezogen, während durch die andere das Rohantimon eingesetzt und das raffinirte Antimon ausgeschöpft wird. Die Feuerbrücke ist mit senkrechten Canälen a versehen, in welchen sich die durch einen horizontalen, mit Regulirungsschiebern versehenen Canal am Fusse derselben eintretende Luft zur vollständigen Verbrennung der auf dem Roste entwickelten Gase vorwärmt. C ist die mit einem Register versehene Esse.

Der Einsatz in einen solchen Ofen beträgt 600 bis 700 kg Rohantimon ohne Zuschläge.

Der Ofen zu Banya in Ungarn hat einen Heerd aus feuerfestem Thon von 0,28 m Stärke, welcher in einen Eisenkasten eingestampft ist. Der Eisenkasten ist 4 m lang und 2,5 m breit. Der Einsatz beträgt 500 kg Rohantimon.

In dem gedachten Ofen zu Milleschau raffinirt man Antimon mit grösseren Mengen von Verunreinigungen zuerst mit Soda und dann mit Antimonglas, während bei reineren Sorten Antimonglas allein verwendet wird. Das Antimonglas stellt man durch Zusammenschmelzen von antimonsaurem Antimonoxyd mit ausgesaigertem Schwefelantimon (Antimonium

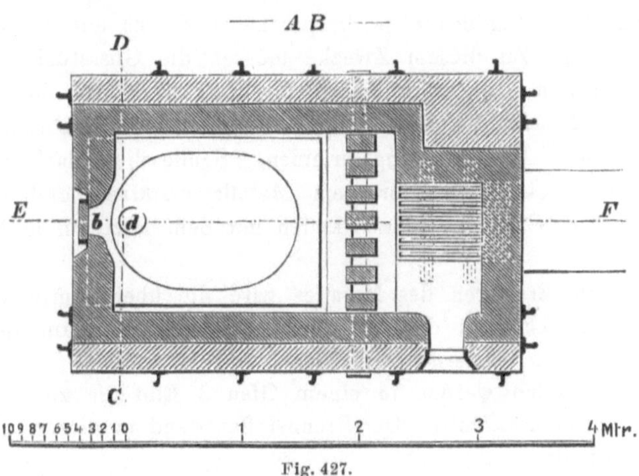

Fig. 427.

crudum) her. Das antimonsaure Antimonoxyd setzt sich an den heissesten Stellen der Esse in Krusten an und kann in dieser Gestalt zur Herstellung des Antimonglases verwendet werden.

Bei dem Raffiniren des unreinen Rohantimons verfährt man daselbst nach Helmhacker[1]) wie folgt.

Der Einsatz von 600 bis 700 kg wird rasch in den rothglühenden Ofen eingetragen und innerhalb einer Stunde eingeschmolzen. Sowohl während des Eintragens als auch während des Einschmelzens entweichen Dämpfe von Antimonoxyd und von Arseniger Säure. Zu dem noch rauchenden geschmolzenen Rohmetall werden je nach der Reinheit desselben 3 bis 7 % Soda (wohl mit Koksstaub oder Holzkohlenlösche) gesetzt, worauf zur Verflüssigung der Soda die Hitze bis zur Rothglut gesteigert wird.

Die Schlacke nimmt allmählich eine dickflüssige Beschaffenheit an. Nach Ablauf mehrerer (bis 3) Stunden, wenn die zuerst zahlreich auf-

[1]) l. c.

tretenden Blasen nur noch sehr langsam aus der Masse emporsteigen, wird die Schlacke vorsichtig durch die Arbeitsöffnung abgezogen. Zur Entfernung der noch in dem Metalle vorhandenen geringen Mengen von Eisen und Schwefel setzt man nun die Materialien zur Bildung des Antimonglases, Schwefelantimon und antimonsaures Antimonoxyd, zu. Auf je 100 kg Metall setzt man 3 kg gesaigertes Schwefelantimon und 1,5 kg antimonsaures Antimonoxyd. Nachdem diese Körper zusammengeschmolzen sind, fügt man noch 4,5 kg Pottasche oder Kaliumnatriumcarbonat zu. Die zusammengeschmolzenen Zuschläge müssen das Metallbad vollständig bedecken. Nach Ablauf einer Viertelstunde ist das Metall gereinigt und es kann nun zum Ausschöpfen desselben geschritten werden. Das Ausschöpfen geschieht mit Hülfe von eisernen Löffeln und erfordert besondere Vorsicht zur Erzielung des oben besprochenen Sterns auf der Oberfläche des Gussstückes. Zu diesem Zwecke müssen die Gussstücke mit einer mindestens 5 mm starken Schicht von Raffinirschlacke bedeckt sein. Auch dürfen die in die Formen gegossenen Massen während des Erstarrens keinerlei Erschütterung erleiden. Schliesslich darf, wie schon erwähnt, die Decke nicht vor dem Metalle erstarren und es dürfen nicht unzersetzte Carbonate der Alkalien mit dem letzteren in Berührung kommen.

Nach dem Erstarren des Metalles wird die über demselben befindliche Schlackendecke mit dem Hammer zerschlagen, worauf der Metallblock aus der Form entfernt wird.

In 24 Stunden werden in einem Ofen 3 Einsätze zu je 600 bis 700 kg Rohantimon raffinirt. Der Brennstoffaufwand in dieser Zeit beträgt 600 kg Steinkohle.

Die zuletzt erhaltene Schlacke, die sog. Sternschlacke, welche hauptsächlich aus Antimonglas besteht und 20 bis 60 % Antimon enthält, wird gewöhnlich noch einmal beim Raffiniren verwendet. Hat sie zu grosse Mengen von Verunreinigungen aufgenommen (Schwefelverbindungen von Eisen, Nickel, Oxyde des Eisens, Kieselerde), so wird sie, ebenso wie die zuerst gefallene Raffinirschlacke, beim Verschmezen der Erze auf Antimon zugesetzt.

Der Antimonverlust beim Raffiniren wird sowohl durch Flugstaubbildung als auch durch Verschlackung hervorgerufen. Derselbe beträgt 20 bis 30 %. Der Flugstaub besteht hauptsächlich aus Antimonoxyd und antimonsaurem Antimonoxyd.

Die Kosten des Raffinirens für 100 kg Rohantimon werden auf 2 ½ bis 3 Mark angegeben.

In Banya in Ungarn besteht der Einsatz für den besprochenen Ofen aus 450 kg reinerem (90 % Sb) und aus 50 kg unreinerem (74 % Sb) Rohantimon. Man schlägt zuerst 42 kg Natriumsulfat, 5 kg Holzkohlenpulver und 150 kg ungeröstetes Erz zu. Nach 10 Stunden ist die Schlacke abgezogen, und man schlägt nun noch zur Bildung der Sternschlacke 1 kg ungeröstetes und 6 kg geröstetes Antimonium crudum, sowie 3,40 kg Pottasche und 2,60 kg Soda zu.

Das so erhaltene raffinirte, mit einem Sterne versehene Antimon enthält an Verunreinigungen:

As	0,330 %
Fe	0,052 -
Ag	0,006 -
S	0,720 -

In Siena, wo das dargestellte Rohantimon verhältnissmässig rein war, behandelte man 260 Einsätze im Gesammtgewichte von 52 258 kg Rohantimon mit 12 346 kg Kochsalz, 348 kg geröstetem Erz, 5690 kg Raffinirschlacken und erhielt 48 831 kg raffinirtes Antimon. Das Ausbringen an raffinirtem Metall betrug 93,5 %.

Erzeugnisse des Raffinirens.

Die Erzeugnisse vom Raffiniren des Antimons sind raffinirtes Antimon und Raffinirschlacke. Die zur Bildung des Sterns erzeugte Schlacke führt den Namen „Sternschlacke".

Die Zusammensetzung verschiedener Sorten von raffinirtem Antimon ist aus den nachstehenden Analysen ersichtlich.

No. 1 von Lipto Szt Miklos in Ungarn nach Hirzel. 2 und 3 aus Californien nach Booth, Garrett und Blair. 4, 5 und 6 von Submissionsproben für die Kaiserliche Werft in Wilhelmshaven nach Himly.

	1	2	3	4	5	6
Antimon	98,27	98,34	99,081	98,98	98,81	98,87
Kupfer	0,54	0,021	0,052	0,01	0,02	0,02
Eisen	0,63	0,144	0,039	0,35	0,34	0,16
Blei	—	0,410	0,538	0,34	0,34	0,73
Arsen	—	1,008	0,036	0,09	0,36	0,09
Wismuth	0,36	—	—	—	—	—
Schwefel	—	0,064	0,254	0,23	0,12	0,11
Kobalt } Nickel }	beide eingerechnet	0,013	Spuren	—	—	—

Die Raffinirschlacke, welche 20 bis 60% Antimon enthält, besteht aus Natron, Schwefelnatrium, Schwefelantimon, Antimonoxyd, antimonsaurem Antimonoxyd, Eisenoxydul, Schwefeleisen, Arsensäure und verhältnissmässig geringen Mengen von Kieselsäure und Thonerde. Sie wird zur Ausgewinnung des Antimongehaltes beim Erzschmelzen zugeschlagen.

Die Sternschlacke, welche hauptsächlich aus Antimonglas besteht, wird beim Raffiniren zugesetzt und, wenn sie zu unrein geworden ist, beim Erzschmelzen zugeschlagen.

2. Die Vorschläge für die Gewinnung des Antimons auf nassem Wege.

Für die Gewinnung des Antimons aus armen Erzen und Saigerrückständen von der Herstellung des Antimonium crudum sind mehrere Vorschläge gemacht worden, welche indess bis jetzt keine definitive Anwendung gefunden haben.

Als Lösungsmittel sind Salzsäure, Eisenchlorid, Alkalisulfide und Sulfide der Metalle der alkalischen Erden vorgeschlagen worden.

Hargreaves[1]) sowohl als auch Smith schlagen vor, die feingepulverten Erze in der Wärme mit Salzsäure zu behandeln und das Antimon aus der Lösung (nach vorgängiger Neutralisation derselben durch Kalk) durch Zink oder Eisen auszufällen. Der Niederschlag soll nach dem Auswaschen mit Chlorantimon, Salzsäure und Wasser in Tiegeln mit Pottasche eingeschmolzen werden.

Hering[2]) hat für Saigerrückstände gleichfalls Salzsäure als Lösungsmittel in Vorschlag gebracht. Das Antimon soll aus der Lösung entweder durch Wasser als basisches Chlorantimon oder durch den bei der Digestion der Saigerrückstände mit Salzsäure entwickelten Schwefelwasserstoff als Schwefelantimon niedergeschlagen werden. Die gewonnenen Antimonverbindungen sollen als solche in den Handel gebracht werden.

Rud. Koepp & Co. (D.R.P. No. 66 547, 12. 4. 1892) schlagen Eisenchlorid vor, welches das Schwefelantimon nach der Gleichung

$$6\,Fe\,Cl_3 + Sb_2\,S_3 = 6\,Fe\,Cl_2 + 2\,Sb\,Cl_3 + S_3$$

zerlegen und das Antimon in Lösung bringen soll. Die Reaction soll sehr gut verlaufen, wenn Salzsäure oder ein Halogensalz zugesetzt wird.

E. W. Parnell und J. Simpson[3]) haben Alkalisulfide als Lösungsmittel vorgeschlagen.

Edwards[4]) schlägt vor, gold- und silberhaltige Antimonerze mit einer kalten 7procentigen Calciumsulfidlösung zu behandeln, wodurch das Antimon gelöst wird, während Gold und Silber im Rückstande verbleiben. Durch Behandeln der Schwefelcalcium-Schwefelantimonlösung mit Kohlensäure in geschlossenen Gefässen soll zuerst das Calcium als Carbonat und dann Antimonsulfid ausgefällt werden. Der hierbei entwickelte Schwefelwasserstoff soll zum Zwecke der Regeneration des Calciumsulfids durch Kalkmilch geleitet werden.

Es ist auch vorgeschlagen worden, kalkfreie, silberhaltige Antimonfahlerze mit Natriumsulfat und Kohle zu glühen, um das Antimon in

---

[1]) Dingler. Bd. 203. S. 153.

[2]) Dingler. Bd. 230. S. 253.

[3]) Engl. Patent 11 828 vom 1. Sept. 1884. Chem.-Ztg. 1885. S. 412.

[4]) Engl. Patent 15 791 vom 2. Juli 1897.

Schwefelnatrium-Schwefelantimon überzuführen, dieses Sulfosalz aus der geglühten Masse mit heissem Wasser auszulaugen und die Lauge mit Schwefliger Säure zu behandeln, wodurch das Antimon als Sulfid niedergeschlagen und gleichzeitig Natriumthiosulfat erhalten wird. Das Antimonsulfid soll in bekannter Weise auf Antimon verarbeitet werden. Der Silber- und auch der Kupfergehalt der Antimonfahlerze verbleiben in dem Rückstande vom Auslaugen der geglühten Masse.

3. Die Vorschläge für die Gewinnung des Antimons auf elektrometallurgischem Wege.

Obwohl Luckow bereits 1880, Classen und Ludwig 1885 eine Methode zur analytischen Bestimmung des Antimons mit Hülfe der Elektrolyse angegeben haben[1]), so hat eine betriebsmässige Gewinnung des Metalles auf elektrometallurgischem Wege bisher noch nicht stattgefunden. Auch ist es fraglich, ob sich — die Ueberwindung aller technischen Schwierigkeiten vorausgesetzt — Antimon mit Vortheil auf diesem Wege gewinnen lassen wird.

Für die Gewinnung des Antimons aus Erzen hat Borchers[2]) auf Grund von ihm ausgeführter Versuche ein Verfahren mit Anwendung unlöslicher Anoden vorgeschlagen.

Derselbe wendet als Lösungsmittel Natriumsulfid an, welches das Schwefelantimon leicht in Lösung bringt, und scheidet durch den Strom aus der erhaltenen Lösung das Antimon aus. Die Zersetzung soll am besten verlaufen, wenn auf je 1 Atom Schwefel 1 Atom Natrium kommt, d. i. auf jedes Molecül Antimontrisulfid ($Sb_2 S_3$) drei Molecüle Natriumsulfid ($Na_2 S$). Ein grösserer Schwefelgehalt bzw. ein geringerer Gehalt an Natrium veranlasst die Ausscheidung von Schwefel und ruft dadurch eine Störung des Prozesses hervor, während ein geringerer Gehalt an Schwefel bzw. ein grösserer Gehalt an Natrium eine Erhöhung des elektrischen Leitungswiderstandes herbeiführt.

Zu der Lösung des Schwefelantimons in Schwefelnatrium, deren Dichte kalt 12° Bé. und heiss 9 bis 10° Bé. nicht übersteigen soll, werden 3 % Kochsalz gesetzt, welches die Abscheidung von gelöstem Schwefeleisen befördert und den Leitungswiderstand der Flüssigkeit vermindert.

Als Zersetzungszellen sollen Gefässe aus Eisen angewendet werden. Dieselben sollen als Kathoden dienen. Sind die Gefässe viereckig, so werden zur Vergrösserung der Kathodenfläche Eisenplatten in dieselben eingehängt. Als Anoden dienen Bleiplatten. (Das Blei löst sich bei

---

[1]) Ber. d. d. chem. Ges. Bd. 18. S. 1104. Classen. Quant. chem. Analyse durch Elektrolyse. Stuttgart 1886.

[2]) Elektrometallurgie S. 148. Braunschweig 1891. 2. Aufl. 1903. S. 332 u. 484.

Gegenwart der Schwefelverbindungen im Elektrolyten nicht auf, auch wird dadurch die Entstehung grösserer Mengen von Bleisuperoxyd an der Anode verhindert, da dasselbe im Entstehungsmomente reducirt wird.)

Die zur Zersetzung erforderliche Stromspannung für jede Zelle soll 2 bis $2^1/_2$ Volt bei einer Stromdichte von 40 bis 50 Ampère pro qm betragen.

Borchers[1]) fand bei seinen Versuchen, dass bei gleichem Stromaufwande sowohl aus Sulfantimoniat- als auch aus Sulfantimoniitlösungen trotz der verschiedenen Werthigkeit des Antimons in beiden Lösungen die gleiche Menge von Antimon ausgeschieden wurde. Es würde daher unzweckmässig sein, das Antimon als Natriumsulfantimoniat in Lösung zu bringen, da in diesem Falle beim Laugen Schwefel und während der Elektrolyse Schwefelnatrium oder Natriumhydroxyd zugesetzt werden müssen. An der Kathode wird neben Antimon freier Wasserstoff ausgeschieden, während an der Anode Oxydationsproducte des Natriumsulfids, freier Sauerstoff freier Schwefel und Antimonsulfide nachgewiesen worden sind. Die Vorgänge bei der Elektrolyse sind trotz der Untersuchungen von Durkee[2]), Scheurer-Kestner[3]), Ost und Klapproth[4]) noch nicht hinreichend aufgeklärt.

Das Antimon wird je nach der Stromdichte als Pulver oder in der Gestalt glänzender Schuppen ausgeschieden. Es haftet theils an den Eisenplatten an, theils fällt es auf den Boden der Zersetzungszellen. Das an den Eisenplatten anhaftende Metall lässt sich mit Hülfe von Stahlbürsten entfernen.

Das erhaltene Antimon wird gewaschen, getrocknet und dann unter einer Decke von Antimonoxysulfurureten oder Sulfantimoniiten mit basischen Zuschlägen (Soda, Pottasche) geschmolzen. Man erhält auf diese Weise ein sehr reines Metall.

Die von dem Antimon befreite Lösung soll auf Natriumhyposulfit verarbeitet werden.

Wie erwähnt, hat dieses Verfahren, welches auf der Anwendung unlöslicher Anoden beruht, eine practische Anwendung bis jetzt noch nicht erfahren.

Für die Lösung des Antimons und für die Elektrolyse hat Borchers (Elektrometallurgie 1896 S. 337; 1903 S. 487) Apparate vorgeschlagen (Fig. 428 bis 431). Die Lösung des Antimontrisulfids geschieht in den kegelförmigen Gefässen a (Fig. 428 u. 429). Zuerst wird die Schwefelnatriumlösung durch directen Dampf, welcher durch das Rohr b einströmt, zum Kochen gebracht und dann das im Zustande feiner Zerkleinerung befindliche Erz in die Flüssigkeit eingeführt. Nach erfolgter Lösung des

---

[1]) Elektrometallurgie 1903. S. 485 und 486.

[2]) Zeitschr. f. Elektrochemie 1896. 3. 153.

[3]) Zeitschr. f. Elektrochemie 1897. 4. 215.

[4]) Zeitschr. f. Elektrochemie 1900. 7. 376.

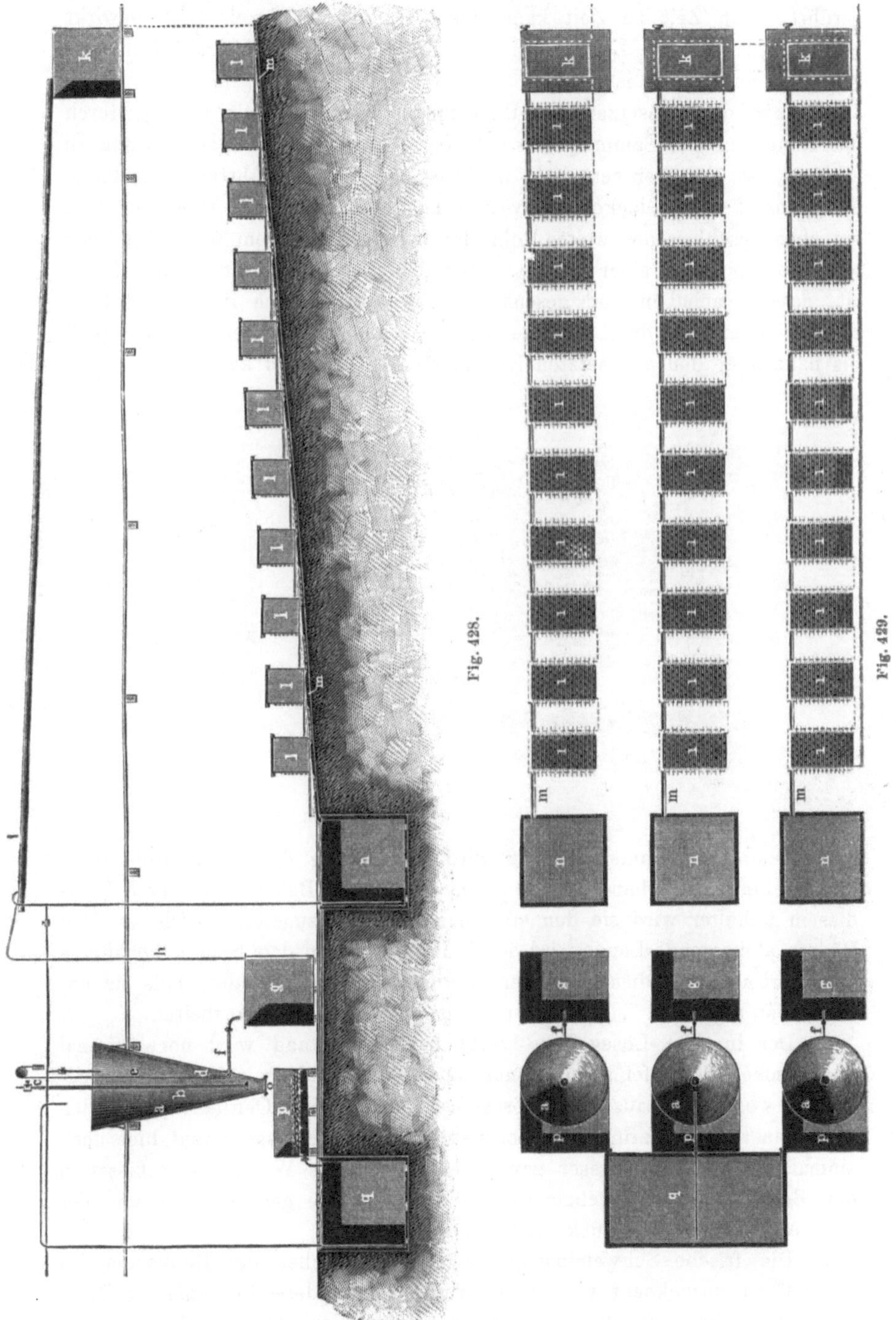

Fig. 428.

Fig. 429.

Antimons wird die Masse noch eine Zeit lang durch directen Dampf umgerührt. Von Zeit zu Zeit kann das Rühren auch durch Luft bewirkt werden, zu welchem Zwecke an dem Rohr b das Dampfstrahl-Luftrührgebläse c angebracht ist.

Nach dem Absetzen des Rückstandes lässt man die Lösung durch das Rohr f in das Sammelgefäss g laufen. Um stets eine klare Lösung zu erhalten, ist über der senkrecht im Lösegefäss emporgeführten Fortsetzung des Rohrs f eine Glockenhebervorrichtung d vorhanden. Dieselbe stellt ein oben geschlossenes weites Rohr dar, welches an einem über eine Rolle laufenden Seil oder einer Kette so über dem Ende des Rohres f aufgehängt ist, dass es gehoben und gesenkt werden kann; durch das Heben bzw. Senken ist man in der Lage, die Glocke so zu stellen, dass die Flüssigkeit bis nahe über den abgesetzten Rückstand klar ablaufen kann.

Fig. 430.

Aus dem Sammelgefässe g wird die Lösung durch das Rohr h in das Gerinne i gehoben, aus welchem es in den Behälter k fliesst. Aus diesem Behälter wird sie den einzelnen Bädern l zugeführt. Die aus den Bädern abfliessende Lauge wird durch das Gerinne m dem Sammelbehälter n zugeführt und aus diesem wieder in die Bäder geleitet oder, falls sie unbrauchbar geworden ist, auf Hyposulfit bzw. Schwefel verarbeitet.

Der in dem Lösegefässe verbliebene Rückstand wird noch einmal mit frischer Schwefelnatriumlösung und dann wiederholt mit Wasser gekocht, worauf er aus dem Lösegefässe durch eine Oeffnung im Boden desselben auf ein darunter angeordnetes Filter p abgelassen und hier noch einmal mit heissem Wasser gewaschen wird. Das Waschwasser fliesst in den Behälter q, aus welchem es in die Lösegefässe geführt wird, um hier zum Auswaschen der Rückstände zu dienen.

Die frische Schwefelnatriumlauge, mit welcher der Rückstand im Lösegefässe ausgekocht worden ist, wird in ein anderes Lösegefäss geführt, um zum Lösen neuer Mengen von Erz benutzt zu werden. Das Waschwasser aus den Lösegefässen wird in den Behältern g angesammelt und zu weiteren Auswaschungen der Rückstände in den Lösegefässen benutzt.

Die Figuren 428 und 429 entsprechen $^{1}/_{200}$ der natürlichen Grösse der Anlage. Borchers ist der Ansicht, dass eine derartige Anlage im Stande ist, bei 12 stündigem Betriebe 300 bis 400 kg Antimon aus Erzen mit weniger als 10 % Antimon zu gewinnen.

Die Einrichtung der Elektrolysirgefässe ist aus den in einem grösseren Maassstabe dargestellten Figuren 430 und 431 ersichtlich. A sind die in die eisernen Bäder eingehängten Anoden, K die Kathoden. Die letzteren sind Eisenbleche und durch Schrauben an Querschienen T befestigt. Sie

Fig. 431.

ruhen unmittelbar auf dem oberen Rand des Elektrolysirgefässes, so dass das letztere ebenfalls eine Kathode ist. Die aus Bleiplatten bestehenden Anoden sind an Eisenschienen aufgehängt, welche auf den die positiven Leitungen bildenden Kupfer- oder Eisenblechstreifen liegen. Diese Leitungen ruhen ihrerseits auf Holzbalken J, so dass die Anoden isolirt sind.

Die Zuleitung des Elektrolyten zu den Bädern muss am Boden derselben erfolgen, weil der Elektrolyt durch die Ausscheidung des Antimons specifisch leichter wird. Die Zuleitung wird mit Hülfe des unter dem Boden des Bades angebrachten Dreiwegehahns D bewirkt. Mit Hülfe dieser Vorrichtung kann auch die Lauge durch den Rohrstutzen X abgelassen werden. Der Elektrolyt steigt in dem Bade aufwärts und tritt am oberen Ende desselben in das Gerinne G aus und gelangt aus diesem durch eine besondere Leitung, welche grösstentheils aus Gummischläuchen S besteht, in das nächste Bad. Die Gummischläuche werden angewendet, weil die Rohre zum Ueberführen der Flüssigkeit aus einem Bad in das andere bei Hintereinanderschaltung der Bäder nicht leitend sein dürfen. Zur Erreichung einer guten Vertheilung des Elektrolyten ist am Boden des Bades ein geneigtes Blech V und an der entsprechenden Seitenwand desselben ein zweites Blech U angebracht. Das Blech U greift so über das Blech V über, dass zwischen beiden der ganzen Elektrodenreihe des Bades entlang ein Spalt gebildet wird, durch welchen der Elektrolyt zufliesst. Das Blech V verhindert auch das Mitreissen von auf dem Boden des Bades liegendem Antimon beim Ablassen der Flüssigkeit.

Koepp will Schwefelantimon durch Eisenchlorid zersetzen, wobei das Antimon unter Bildung von Eisenchlorür und Ausscheidung von Schwefel in Lösung gehen soll nach der Gleichung:

$$6\,Fe\,Cl_3 + Sb_2\,S_3 = 6\,Fe\,Cl_2 + 2\,Sb\,Cl_3 + 3\,S.$$

Die Lösung soll bei 50^0 zwischen Bleiplatten elektrolysirt werden, wobei das Antimon an der Kathode ausgefällt wird, während sich an der Anode Eisenchlorid bildet. Die Stromdichte soll 40 Ampère/qm betragen. Ueber die Spannung am Bade sind Angaben nicht gemacht. Hierzu ist zu bemerken, dass bei Anwendung von Chloriden als Elektrolyten niemals ein technisch brauchbares Metall erhalten wird.

Siemens & Halske (D.R.P. No. 67973 v. 29. Juni 1892) bringen Schwefelantimon durch Behandlung mit Alkalisulfiden, Alkalisulfhydraten oder Polysulfureten der Alkalimetalle in Lösung und unterwerfen dieselbe der Elektrolyse.

Das fein gemahlene Erz wird mit der Lösung eines Alkalisulfhydrates, z. B. Natriumsulfhydrat (Na HS), ausgelaugt. Das in demselben enthaltene Schwefelantimon wird hierdurch unter Bildung eines Doppelsalzes nach der Gleichung:

$$Sb_2\,S_3 + 6\,Na\,HS = (Sb_2\,S_3\,.\,3\,Na_2\,S) + 3\,H_2\,S$$

in Lösung gebracht.

Die Lauge wird nun in die Kathodenabtheilungen eines Bades geführt, welches durch Diaphragmen in eine Reihe von Kathoden- und Anodenabtheilungen getrennt ist. Die Kathodenabtheilungen sind offen und enthalten Platten von Kupfer oder Antimon, während die Anodenabtheilungen gasdicht geschlossen sind und unlösliche Anoden aus Kohle oder Platin enthalten.

An den Kathoden wird das Doppelsalz des Antimon- und Natriumsulfids nach der Gleichung:

$$(Sb_2\,S_3\,.\,3\,Na_2\,S) + 6\,H = 2\,Sb + 6\,Na\,HS$$

zerlegt. Man erhält hier also neben dem ausgeschiedenen Antimon eine Lauge, welche von Neuem als Lösungsmittel für Antimon benutzt werden kann. In den Anodenabtheilungen wird die Lösung eines Alkalichlorids (Na Cl, K Cl oder NH_4 Cl) zerlegt. Das hierbei ausgeschiedene Chlor soll, falls in den ausgelaugten Erzrückständen Gold, Silber, Kupfer, Quecksilber, Wismuth, Zink, Kobalt oder Nickel enthalten ist, diese Metalle als

Chlorverbindungen in Lösung bringen. Aus der letzteren sollen diese Metalle durch den bei der Lösung des Schwefelantimons entwickelten Schwefelwasserstoff ausgefällt werden. Ist keins der gedachten Metalle im Erzrückstande vorhanden, so kann das entwickelte Chlor anderweitig verwendet werden, z. B. für Bleichzwecke.

Dieses Verfahren ist nicht zur Anwendung gelangt.

Nach einem anderen Siemens'schen Verfahren[1]) sollen Antimonsulfide durch Behandlung mit den Sulfhydraten von Calcium, Baryum, Strontium oder Magnesium in lösliche Doppelsulfide verwandelt werden. Die letzteren sollen ohne Anwendung eines Diaphragmas der Elektrolyse unterworfen werden. Hierbei soll der an den Kathoden ausgeschiedene Wasserstoff sich mit dem Schwefel des Antimonsulfids unter gleichzeitiger Ausscheidung des Antimons verbinden und Sulfhydrate von Calcium bzw. Baryum, Strontium, Magnesium bilden. Diese Sulfhydrate sollen durch den entwickelten Sauerstoff in Bisulfide verwandelt werden. Die letzteren sollen mit Kohlensäure behandelt werden, wodurch, unter Entwickelung von Schwefelwasserstoff, Calciumcarbonat bzw. Baryum-, Strontium-, Magnesiumcarbonat und Schwefel ausgeschieden werden.

Das Gemenge von Schwefel und Carbonaten soll unter Luftabschluss erhitzt werden, um Schwefel, Kohlensäure und kaustische alkalische Erden zu gewinnen. Die Kohlensäure soll zur Zerlegung der Bisulfidlauge benutzt werden, während der kaustische Kalk bzw. Baryt, Strontian, die kaustische Magnesia und der Schwefelwasserstoff zur Herstellung neuer Mengen der gedachten Sulfhydrate dienen sollen.

Auch dieses Verfahren ist nicht zur Anwendung gelangt.

Nach Izart[2]) sind zu Cassagnes in Frankreich Versuche mit dem nachstehenden Verfahren gemacht worden. Das Schwefelantimon der Erze wird durch Schwefelnatrium in Lösung gebracht. Die Elektrolyse geschieht in mit Diaphragmen versehenen Gefässen. Die Antimonlösung wird in die Kathodenabtheilung geführt, während die Anodenabtheilung eine 17 procentige Lösung von Natronlauge enthält, zu welcher so viel Ammoniumchlorid zugesetzt ist, dass die Flüssigkeit das spec. Gewicht der Antimonlösung hat. Bei einer Stromdichte von 0,8 Amp. pro Quadratdecimeter und bei einer Spannung von 1,8 Volt betrug die Stromausbeute 76 %. Pro Kilowatt-Stunde wurden anfangs 0,55 kg Antimon, später 0,621 kg Antimon erhalten.

Die Verarbeitung von goldhaltigem Rohantimon auf Antimon und Gold hat kurze Zeit zu Lixa bei Oporto in Portugal in Anwendung gestanden, ist aber wegen zu hoher Kosten wieder aufgegeben worden[3]).

---

[1]) Engl. Patent 7123 vom 1. April 1896.

[2]) L'Electricien 1902, XXII, I, p. 307 u. II, p. 33; Journal of the Society of Chemical Industry XXI, p. 1237, Oct. 15, 1902.

[3]) J. H. Vogel. Zeitschr. für angew. Chemie 1891. S. 327.

Bei diesem Verfahren (Sanderson, Trennung von Antimon und Gold, D.R.P. No. 54219 vom 26. Februar 1890) dienen Platten des goldhaltigen Antimons als Anoden, während als Elektrolyt eine Antimonchloridlösung (erhalten durch Lösung von Antimonbutter (Antimonchlorür) in einer mit Salzsäure angesäuerten, stark concentrirten Lauge von Kochsalz, Chlorkalium oder Chlorammonium) benutzt wird. Beim Durchleiten des Stromes durch die Anodenplatten werden dieselben allmählich aufgelöst. Das Antimon wird an den Kathoden (das Material derselben ist nicht angegeben) ausgeschieden, während das Gold sich in Pulverform auf dem Boden der Zersetzungszellen niederschlägt.

Trotz der Anwendung löslicher Anoden hat sich das Verfahren als zu theuer herausgestellt.

Arsen.

Physikalische Eigenschaften.

Das Arsen besitzt eine stahlgraue Farbe und zeigt auf dem frischen Bruch einen starken Glanz. Es ist sowohl im krystallinischen als auch im amorphen Zustande bekannt. Es krystallisirt im hexagonalen System und ist mit Tellur und Antimon isomorph. Die amorphe Modification bildet ein dunkelgraues Pulver, welches beim Erhitzen auf 370^0 in die krystallinische Modification übergeht. Die krystallinische Modification erhält man, wenn Arsendämpfe in einer Vorlage aufgefangen werden, deren Temperatur nur wenig von der Temperatur dieser Dämpfe abweicht. Die amorphe Modification erhält man beim Ueberführen von Arsendämpfen in eine gekühlte Vorlage, deren Temperatur erheblich niedriger ist als die Temperatur der Dämpfe, oder bei der Sublimation von Arsendämpfen, welche mit anderen Gasen (Wasserstoff, Kohlensäure, Kohlenoxyd) gemengt sind. Das krystallinische Arsen ist spröde und wenig hart. Geschmolzenes Arsen lässt sich vor dem Zerspringen unter dem Hammer etwas ausglätten.

Das specifische Gewicht des krystallinischen Arsens ist bei 14^0 = 5,727, seine specifische Wärme 0,083 (nach Wüllner und Bettendorf), während das specifische Gewicht der amorphen Modification 4,710 ist.

Unter hohem Druck lässt sich das Arsen in einer zugeschmolzenen Glasröhre bei Dunkelrothglut verflüssigen[1]).

Bei 449 bis 450^0 (Conechy) verwandelt sich das Arsen in einen citronengelben Dampf, welcher starken Knoblauchgeruch besitzt. Es ist noch fraglich, ob dieser Geruch von dem Arsen oder von einer niedrigeren Oxydationsstufe desselben herrührt. Die Dämpfe des Arsens lassen sich sowohl in krystallinischer Form als auch, wie schon dargelegt, als Pulver verdichten.

---

[1]) Landolt und Mallet. Dingler, Bd. 205, S. 575.

Die chemischen Eigenschaften des Arsens und der für den Hüttenmann wichtigen Verbindungen desselben.

Das Arsen verändert sich bei gewöhnlicher Temperatur in trockener Luft nicht; in feuchter Luft dagegen verliert es Glanz und Farbe und verwandelt sich allmählich in Arsenige Säure. An der Luft erhitzt, verbrennt es unter Ausstossen eines weissen Rauches mit bläulich-weisser Flamme zu Arseniger Säure.

Von Salpetersäure wird das Arsen zu Arseniger Säure oxydirt.

Königswasser löst es leicht unter Bildung von Arseniger Säure und von Arsensäure.

Heisse concentrirte Schwefelsäure löst es unter Entbindung von Schwefliger Säure, während es von verdünnter Schwefelsäure nicht angegriffen wird.

Salzsäure greift das Arsen bei Ausschluss der Luft nicht an, während es bei Zutritt derselben unter Bildung einer entsprechenden Menge von Arsenchlorid nur schwach angegriffen wird.

Mit Chlor verbindet es sich schon in der Kälte lebhaft zu Chlorarsen.

Mit Schwefel verbindet es sich in der Hitze zu Schwefelarsen.

Wird Arsen mit Salpeter oder mit Kaliumchlorat zusammengeschmolzen, so tritt eine lebhafte Oxydation des Metalles ein und es entsteht Kaliumarseniat.

Verbindungen des Arsens mit Sauerstoff.

Mit Sauerstoff bildet das Arsen zwei Verbindungen, die Arsenige Säure und die Arsensäure, welche beide die Eigenschaften der Säuren besitzen. Sie sind von bei Weitem grösserer technischer Bedeutung als das Arsen selbst.

Die Arsenige Säure

oder das Arsenigsäureanhydrid (As_2O_3 oder As_4O_6) besitzt eine weisse Farbe und tritt sowohl krystallinisch als auch amorph auf.

Die krystallinische Modification ist dimorph, indem die Krystalle derselben theils dem regulären, theils dem rhombischen System angehören. Beim Erkalten einer heissen wässrigen oder noch besser einer salzsauren Lösung scheidet sie sich in Octaëdern aus, während sie aus mit Arseniger Säure gesättigter Kalilauge in rhombischen Prismen auskrystallisirt. In dieser letzteren Form erhält man sie auch durch Erhitzen von Arseniger Säure in geschlossenen Gefässen auf 300°. Sie bildet sich ferner aus der amorphen Modification bei längerem Liegen derselben.

Die amorphe Modification, das sog. amorphe Arsenglas, erhält man durch Sublimiren der krystallinischen Modification bei höherer Temperatur.

Dieselbe stellt eine weisse durchscheinende Masse dar, welche bei längerem Liegen in die krystallinische Modification übergeht, wobei sie ihre Durchsichtigkeit verliert und ein porzellanartiges Aussehen annimmt.

Erhitzt man in einem senkrechten geschlossenen Rohre Arsenige Säure, so erhält man in dem unteren Theile des Rohres, welcher einer Temperatur von 400° ausgesetzt gewesen ist, amorphe Arsenige Säure, in dem mittleren Theile in rhombischen Prismen krystallisirte Arsenige Säure und in dem oberen Theile, welcher einer Temperatur von ungefähr 200° ausgesetzt war, in Octaëdern krystallisirte Arsenige Säure.

Die amorphe Modification löst sich leicht in Wasser und Alkohol, während die krystallinische Modification in diesen Flüssigkeiten schwerlöslich ist.

Die amorphe Modification schmilzt beim Erhitzen ohne Anwendung von Druck; die krystallinische Modification dagegen lässt sich beim Erhitzen nur bei Anwendung von Druck verflüssigen und geht hierbei in die amorphe Modification über.

Die Arsenige Säure verflüchtigt sich beim Erhitzen. Die Verdampfungstemperatur liegt nach Würtz bei 200°, nach Watt bei 218°, nach Wormley bei 190°. Die Verflüchtigung soll schon zwischen 100 und 150° eintreten, wenn mit der Säure auch das Lösungsmittel derselben verdampft.

Mit Kohlen erhitzt, wird die Arsenige Säure zu Arsen reducirt, welches letztere verdampft und als schwarzes glänzendes Sublimationsproduct erhalten wird.

Die Arsenige Säure ist ein kräftiges Reductionsmittel und wird als solches in ausgedehntem Maasse zum Entfärben bei der Glasfabrikation, zur Herstellung von Kupferfarben und zur Fabrikation des gelben Arsenglases benutzt.

Die Arsenige Säure verbindet sich nicht unmittelbar mit Sauerstoff wohl aber wird sie durch kräftige Oxydationsmittel, wie Königswasser, Chlor, Salpetersäure, Salpeter, in die höhere Oxydationsstufe des Arsens, Arsensäureanhydrid, verwandelt.

Die Arsenige Säure findet ihre Hauptanwendung zur Herstellung der Arsensäure, welche letztere bei der Herstellung der Anilinfarben benutzt wird.

Die Arsensäure.

Die Arsensäure tritt sowohl als Anhydrid, As_2O_5, als auch in Verbindung mit Wasser und zwar als Arsensäure, H_3AsO_4, als Pyroarsensäure, $H_4As_2O_7$, und als Metarsensäure, $HAsO_3$, auf.

Das Arsensäure-Anhydrid ist eine weisse Masse, welche sich nur sehr wenig in Wasser löst, mit der Zeit aber sich mit demselben verbindet und dadurch löslich wird. Es schmilzt in der Rothglut und zerfällt in der Weissglut in Arsenige Säure und Sauerstoff.

Die Arsensäure des Handels (H_3AsO_4) stellt eine dickflüssige Masse dar. Dieselbe verwandelt sich beim Erhitzen auf 180° unter Abgabe von Wasser in harte glänzende Krystalle von Pyroarsensäure ($H_4 As_2 O_7$). Die letztere verwandelt sich beim Erhitzen auf 200° in eine weisse, perlmutterglänzende Masse, welche aus Metarsensäure ($H As O_3$) besteht.

Die gedachten Verbindungen besitzen eine analoge Zusammensetzung wie die betreffenden Verbindungen des Phosphors, welche auch isomorph mit den arsensauren Salzen sind. Die Pyroarsensäure und Metarsensäure sind in wässriger Lösung nicht beständig, wie es bei den entsprechenden Säuren des Phosphors der Fall ist, sondern verwandeln sich im Wasser in gewöhnliche Arsensäure.

Verbindungen des Arsens mit Schwefel.

Mit Schwefel bildet das Arsen das Zweifach-Schwefelarsen ($As_2 S_2$), das Dreifach-Schwefelarsen ($As_2 S_3$) und das Fünffach-Schwefelarsen ($As_2 S_5$).

Das Zweifach-Schwefelarsen oder Arsendisulfid ($As_2 S_2$) findet sich in der Natur als Realgar. Eine Verbindung von annähernder Zusammensetzung ist das auf Hüttenwerken hergestellte rothe Arsenglas. Dasselbe wird zur Herstellung des sogenannten indischen Weissfeuers und in Verbindung mit Kalk in der Gerberei (zur Entfernung der Haare von den Thierhäuten) angewendet. Als Malerfarbe wird es gegenwärtig nur wenig mehr benutzt, während es früher als solche vielfache Verwendung fand.

Das Dreifach-Schwefelarsen oder Arsentrisulfid ($As_2 S_3$) findet sich in der Natur als Auripigment oder Rauschgelb. Dasselbe erhält man künstlich durch Einleiten von Schwefelwasserstoff in eine saure Lösung von Arseniger Säure. Bei Luftabschluss erhitzt, schmilzt es zu einer gelbrothen Flüssigkeit und verflüchtigt sich bei 700° unzersetzt. An der Luft erhitzt, verbrennt es zu Arseniger Säure und Schwefliger Säure. In starker Salzsäure ist es unlöslich, während Schwefelantimon und Schwefelzinn sich in derselben auflösen. Es ist löslich in Alkalien und Carbonaten der Alkalimetalle, wobei arsenigsaures und sulfarsenigsaures Alkali entsteht. ($2 As_2 S_3 + 4 K O H = K As O_2 + 3 K As S_2 + 2 H_2 O$.) Durch Säuren wird das Dreifach-Schwefelarsen aus diesen Lösungen wieder ausgeschieden.

Das Dreifach-Schwefelarsen bildete früher eine geschätzte Malerfarbe, ist aber gegenwärtig als solche durch Chromgelb und Pikrinsäure verdrängt. Es findet noch in ähnlicher Weise Verwendung wie der Realgar.

Das Fünffach-Schwefelarsen oder Arsenpentasulfid ($As_2 S_5$) lässt sich durch Zusammenschmelzen von Dreifach-Schwefelarsen mit Schwefel sowie durch Behandlung von Natriumsulfarseniat ($Na_3 As S_4$) mit Säuren herstellen. Das Natriumsulfarseniat gewinnt man durch Behandlung von Dreifach-Schwefelarsen mit Natriumpolysulfid.

Verbindungen des Arsens mit Wasserstoff.

Mit Wasserstoff bildet das Arsen zwei Verbindungen, nämlich gasförmigen Arsenwasserstoff von der Formel $As H_3$ und festen Arsenwasserstoff von der Formel $As_4 H_2$.

Der gasförmige Arsenwasserstoff entsteht bei der Entwickelung von Wasserstoff aus arsenhaltigen Flüssigkeiten und ist ein sehr starkes Gift.

Der feste Arsenwasserstoff stellt eine braune Masse dar. Man stellt denselben durch Zersetzung von reinem Natriumarsenid mit Wasser dar.

Arsen und Chlor.

Das Arsenchlorid ($As Cl_3$) erhält man durch Verbrennen von gepulvertem Arsen in Chlorgas, sowie als Destillat beim Erhitzen von Arseniger Säure mit Salzsäure. Dasselbe stellt eine ölartige farblose Flüssigkeit dar, welche an der Luft in der Form von weissen, sehr giftigen Dämpfen verdunstet.

Die Verbindungen des Arsens mit anderen Metallen.

Das Arsen verbindet sich mit einer Reihe von Metallen zu sog. Speisen. Diese Verbindungen besitzen nur geringe Aehnlichkeit mit den Legirungen; sie gleichen mehr den Verbindungen der Metalle mit einem nichtmetallischen Elemente (siehe Speisen: Allgem. Hüttenkunde, S. 10).

Die Arsenerze.

Das Arsen und die technisch wichtigen Verbindungen desselben werden sowohl aus eigentlichen Arsenerzen als auch aus Kobalt- und Nickelerzen gewonnen.

Von den eigentlichen Arsenerzen sind das gediegene Arsen, der Arsenkies und der Arsenikalkies zu nennen. Die übrigen Arsenmineralien, Arsenikblüthe, Realgar und Auripigment, bilden wegen ihres beschränkten Vorkommens nicht den Gegenstand der selbstständigen Verarbeitung auf sog. Arsenikalien, sondern werden mit den eigentlichen Arsenerzen zusammen verhüttet.

Das gediegene Arsen, auch Scherbenkobalt, Fliegenstein oder Näpfchenkobalt genannt, enthält meistens geringe Mengen von Eisen, Kobalt, Nickel, Antimon, Silber und manchmal auch von Gold. Dasselbe kommt gewöhnlich mit Silber-, Blei-, Kobalt- und Nickelerzen zusammen vor und findet sich im Erzgebirge (Freiberg, Annaberg, Marienberg, Schneeberg), im Harz (St. Andreasberg), in Ungarn (Kapnik, Orawitza), Norwegen (Kongsberg), Frankreich (St. Marie aux Mines und Allemont), Italien (Mte. Corna bei Darden, Valtellina), England (Cornwall), Sibirien (Zmeoff), Chile (Chanarcillo), Mexico (San Augustin, Hidalgo), Neu-Seeland (Kapanga-Mine).

Der Arsenkies, auch Mispickel, Arsenikkies oder Arsenopyrit genannt, hat die Formel $Fe S_2 + Fe As_2$ und enthält 46,1 % Arsen, 19,6 % Schwefel und 34,3 % Eisen. Von dem letzteren Metalle ist öfters ein Theil (6 bis 9 %) durch Kobalt ersetzt, in welchem Falle er als Kobalterz gilt. Zuweilen enthält er auch geringe Mengen von Silber und Gold. Er ist das am häufigsten vorkommende Arsenerz und findet sich im Erzgebirge, in Schlesien (Reichenstein), Ungarn, Steiermark, England (Cornwall und Devon), Schweden, Frankreich (Puy-de-Dôme und Haute-Loire), Portugal (Oliveira im District Aveiro), Spanien (Bustar viejo, Corunna, Ferrol), Türkei (Jeniköi, Provinz Aidin, Kleinasien), Canada (Deloro, Hastings County, Ontario), Vereinigte Staaten von Nordamerika (Seattle, Washington), Australien. Er tritt häufig als Begleiter von Silber-, Nickel-, Kobalt-, Zinn-, Blei- und Kupfererzen sowie von Pyrit auf.

Der Arsenikalkies oder das Arseneisen kommt derb als Löllingit und krystallisiert als Leukopyrit vor.

Der Löllingit hat die Formel $Fe_2 As_3$ und enthält 66,8 % Arsen, während der Leukopyrit die Formel $Fe As_2$ hat und 72,84 % Arsen enthält. Er enthält manchmal geringe Mengen von Gold, wie zu Ribas in Spanien und zu Reichenstein in Schlesien. In dem Reichensteiner Arsenikalkies waren nach Güttler 0,0022 bis 0,0024 % Gold enthalten.

Er findet sich seltener und in beschränkteren Mengen als der Arsenikkies z. B. in Schlesien (Reichenstein), Böhmen, Steiermark (Schladming), Kärnthen (Lölling bei Hüstenberg). Wie der Arsenikkies, so ist auch der Arsenikalkies häufig der Begleiter von Silber-, Kobalt-, Nickel-, Zinn-, Blei- und Kupfererzen sowie von Pyrit.

Die selten und stets in geringen Mengen vorkommenden Arsenmineralien: Arsenblüthe, Arsenit oder Arsenolyth ($As_2 O_3$), Realgar ($As_2 S_2$, Macedonien, Aserbeidschan, Persien) und Auripigment, Operment oder Rauschgelb ($As_2 S_3$, Allkhar bei Rozdan, Macedonien) spielen bei der Gewinnung der Arsenikalien keine Rolle.

Von arsenhaltigen Kobalt- und Nickelerzen sind zu erwähnen: Glanzkobalt, Speisskobalt, Kobaltarsenkies, Weissnickelkies und Rothnickelkies.

Ausser aus den eigentlichen Arsenerzen und aus arsenhaltigen Kobalt- und Nickelerzen wird ein erheblicher Theil der Arsenikalien als Neben-Erzeugniss bei der Verarbeitung von Arsenikkies und Arsenikalkies enthaltenden Zinn-, Silber-, Blei- und Kupfererzen gewonnen.

Die hüttenmännische Gewinnung des Arsens und der Verbindungen desselben.

Auf den Hüttenwerken wird nicht nur metallisches Arsen gewonnen, sondern man stellt auf denselben auch Arsenige Säure und Schwefelarsen sowie Gemenge von Schwefelarsen mit Arseniger Säure her. Diese sämmtlichen Erzeugnisse, von welchen das Arsen eine verhältnissmässig geringe technische Bedeutung hat, werden mit dem Namen „Arsenikalien“ bezeichnet.

Die Verarbeitung der Erze und Hütten-Erzeugnisse auf Arsenikalien geschieht auf trockenem Wege. Der nasse Weg ist nur für die Gewinnung von Arsenverbindungen aus Rückständen der Theerfarbenindustrie in Vorschlag gebracht worden. Der elektrometallurgische Weg ist für die Gewinnung des Arsens aus Schwefelarsen vorgeschlagen worden, aber bis jetzt nicht zur Einführung gelangt.

Wir haben hiernach zu unterscheiden:

I. Die Gewinnung der Arsenikalien aus Erzen nnd Hüttenerzeugnissen.

II. Die Vorschläge zur Gewinnung von Arsenverbindungen aus den Rückständen der Theerfarbenindustrie.

I. Die Gewinnung der Arsenikalien aus Erzen und Hütten-Erzeugnissen.

Wir haben hier zu unterscheiden:

1. Die Gewinnung des Arsens.
2. Die Gewinnung der Arsenigen Säure.
3. Die Gewinnung des rothen Arsenglases oder Rothglases.
4. Die Gewinnung des gelben Arsenglases oder Gelbglases.

1. Die Gewinnung des Arsens.

A. Die Gewinnung des Arsens auf trockenem Wege.

Die Gewinnung des Arsens auf trockenem Wege geschieht gegenwärtig fast nur noch durch Erhitzen von Arsenkies und Arsenikalkies bei Luftabschluss. Früher wurde es auch durch Reduction von Arseniger Säure mit Hülfe von Kohle hergestellt. Diese Darstellungsweise ist aber aufgegeben worden, weil hierbei das Arsen zu einem sehr erheblichen Theile in der nicht erwünschten amorphen Modification erfolgte.

Wird Arsenkies ($Fe\,As_2 + Fe\,S_2$) bei Luftabschluss erhitzt, so verflüchtigt sich ein Theil Arsen aus demselben und kann aufgefangen werden. Theoretisch ist der chemische Vorgang der nachstehende:

$$2\,Fe\,As_2 + 2\,Fe\,S_2 = As_4 + 4\,Fe\,S.$$

In Wirklichkeit bleibt aber ein sehr erheblicher Theil (bis zur Hälfte) Arsen im Rückstande.

Bei dem Erhitzen von Arsenikalkies ($Fe\,As_2$) unter Luftabschluss verflüchtigt sich gleichfalls Arsen unter Hinterlassung einer arsenärmeren Verbindung. Für den Vorgang bei der Zersetzung wird die Gleichung:

$$16\,Fe\,As_2 = 7\,As_4 + 4\,Fe_4\,As$$

angegeben. In Wirklichkeit bleiben aber auch hier grössere Mengen von Arsen im Rückstande.

Um das bei der Sublimation der gedachten Erze in den Rückständen verbliebene Arsen nicht zu verlieren, werden die Rückstände wohl noch einer oxydirenden Röstung in Flammöfen unterworfen, um das Arsen in Arsenige Säure zu verwandeln und als solche aufzufangen.

Da man das Arsen nur in der krystallinischen Modification zu gewinnen wünscht, so erfordert die Sublimation und besonders die Erhaltung der richtigen Temperatur der Vorlagen grosse Sorgfalt. Es ist indess nicht zu vermeiden, dass ein Theil des Arsens in der amorphen pulverförmigen Modification erhalten wird. Dieses Arsen wird bei der Herstellung der Arsenikalien zugesetzt.

Die Ausführung des Sublimationsprozesses geschieht in Gefässöfen. Die Gefässe sind aus feuerfestem Thon hergestellt und besitzen die Gestalt von Röhren oder Krügen, welche zu zwei Reihen, und zwar an jeder langen Seite des Rostes eine Reihe, in dem Ofen (Galeerenofen) liegen. Es lassen sich auch mehrere dieser Reihen von Krügen übereinander anbringen. An dem vorderen Ende der Krüge werden aus Thon hergestellte Vorlagen von cylindrischer Gestalt angebracht. Dieselben besitzen wohl an der Stirnseite Thüren aus Eisenblech zur Beobachtung des Ganges der Sublimation gegen Ende des Prozesses. Die Verbindungsstellen zwischen Sublimirgefässen und Vorlagen werden gut lutirt. Auch die Thüren der Vorlagen werden gut mit Thon gedichtet. Die Röhren erhalten zur Verhütung von Arsenverlusten durch Verdampfung äusserlich eine Glasur. Sie besitzen einen Durchmesser von 0,13 bis 0,18 m und bis 0,71 m Länge. Der Einsatz in eine Röhre beträgt einige Kilogramm Arsenkies. Um die Bildung von krystallinischem Arsen zu begünstigen, wird ein spiralförmig zusammengerolltes Eisenblech so in die Röhre gesteckt, dass es 10 cm in die Röhre und gleichfalls 10 cm in die an dieselbe angesetzte Vorlage hineinragt. Das sich in dieser Röhre ansetzende Arsen hat die Form von glänzenden Krystallschuppen und zeigt eine graue Farbe.

Nachdem die Röhren oder Krüge gefüllt sind, wird das spiralförmig gebogene Eisenblech in dieselben hineingesteckt und mit Feuern begonnen.

Die Vorlagen werden erst angesteckt, wenn sich Arsendämpfe zu zeigen beginnen. Sobald sich beim Oeffnen der Vorlagenthüren keine Arsendämpfe mehr zeigen, ist der Prozess beendigt. Wird Mispickel zur Herstellung des Arsens verwendet, so geht zu Anfang der Sublimation auch Schwefelarsen über, welches gleichfalls in der Vorlage aufgefangen wird (Freiberg). Durch Zusatz von Pottasche oder gebranntem Kalk zu dem Arsenkies lässt sich die Sublimation von Schwefelarsen verhindern.

Die Dauer des Prozesses beträgt (bei Einsätzen von einigen kg pro Röhre) je nach dem Arsengehalte des Materials 8 bis 12 Stunden.

Nach Beendigung des Prozesses wird die Vorlage abgenommen, worauf die Rückstände aus den Sublimirgefässen entfernt werden.

Das in die Vorlage hineinragende spiralförmige Eisenblech enthält das krystallinische Arsen, während sich an den kälteren Theilen der Vorlage vorwiegend die amorphe Modification des Arsens findet. Das gedachte Blech wird vorsichtig auseinandergerollt, um die an demselben abgesetzten Arsenlamellen, welche einen besonders lebhaften Glanz besitzen und direct in den Handel gehen, zu gewinnen. Diese Lamellen verlieren nach verhältnissmässig kurzer Zeit in Folge der Bildung eines schwachen Ueberzuges von Arsensuboxyd auf denselben ihren Glanz. Durch eine kochende Lösung von Kaliumbichromat, welcher eine geringe Menge Schwefelsäure beigefügt wird, lässt sich nach Boettger dieser Ueberzug leicht entfernen.

In Freiberg[1]) werden Erze mit 76 % Arsenkies bzw. 35 % Arsen in Galeerenöfen mit 26 Röhren, welche in 2 Reihen (7 unten an jeder Seite, 6 oben an jeder Seite) übereinander liegen, auf Arsen verarbeitet. Der Einsatz in die sämmtlichen Röhren eines Ofens beträgt 350 kg Erz mit 35 % Arsen. Der Prozess dauert 10 bis 12 Stunden. Man erhält 75 kg Fliegenstein an dem gedachten aufgerollten Eisenblech und 12 kg Schwefelarsen in den Vorlagen. Die silberhaltigen Rückstände halten 3 % Arsen zurück. Sie werden beim Schmelzen auf silberhaltiges Blei zugeschlagen, um ihren Silbergehalt zu gewinnen.

Das in den Vorlagen aufgefangene Schwefelarsen wird zur Herstellung von Rothglas benutzt.

Zu Reichenstein in Schlesien[2]) wird aus Arsenikalkies Arsen gewonnen. Der Ofen enthielt früher 26 glasirte Röhren von 0,68 bis 0,73 m Länge und 0,13 m Weite. Der ganze Ofen wurde mit 250 kg Arsenikalkies in Schlichform besetzt. Von dem ausgebrachten Arsen waren 90 % im krystallinischen und 10 % im amorphen Zustande. Die Rückstände, welche noch $^1/_3$ des Arsengehaltes der Erze enthielten, wurden auf Arsenige Säure verarbeitet.

Zu Ribas in Spanien hat früher eine Gewinnung von Arsen stattgefunden[3]). Der Ofen hatte daselbst 22 Röhren von je 0,71 m Länge und

---

[1]) Preuss. Zeitschr. Bd. 18. S. 189.

[2]) Kerl. Metallhüttenk. S. 506.

[3]) B.- u. H. Ztg. 1853. S. 764.

0,18 m Weite. Der Gesammteinsatz desselben betrug 400 bis 475 kg Erz. Der Prozess dauerte 9 Stunden. Der Brennstoffverbrauch während dieser Zeit betrug 200 Stück Torf und 2,08 bis 3 hl Steinkohlen. Das Arsen verwendet man zur Herstellung von Schrot.

In der neuesten Zeit ist versucht worden, Arsenik durch Erhitzen von Mispickel in einer Stickstoff-Atmosphäre in einem elektrischen Ofen zu gewinnen[1]). Hierbei soll sich das Arsen verflüchtigen, während das Schwefeleisen (Fe S) schmilzt und als Stein aus dem Ofen entfernt wird. Stickstoff und Arsendämpfe werden mit Hülfe eines kleinen Ventilators aus dem Ofen in Condensationsvorrichtungen geführt, in welchen die Arsendämpfe sich zu einem Pulver verdichten, während der Stickstoff nach dem Ofen zurückgelangt.

Um eine zu starke Erhitzung der Condensationsvorrichtungen zu verhüten, sind 2 Systeme davon vorhanden, in welche Gase und Dämpfe abwechselnd geführt werden.

Näheres über dieses Verfahren ist nicht angegeben. Ueber die definitive Einführung desselben ist nichts bekannt geworden.

B. Die Gewinnung des Arsens auf elektrometallurgischem Wege.

Die Gewinnung des Arsens auf elektrometallurgischem Wege ist durch Siemens & Halske für Erze und Hüttenerzeugnisse vorgeschlagen worden, welche das Metall als Sulfid enthalten (D. R. P. No. 67 973 vom 29. Juni 1892).

Das Sulfid soll durch Behandlung mit Alkalisulfiden, Sulfhydraten oder Polysulfureten der Alkalimetalle als Doppelsalz in Lösung gebracht werden, welche letztere der Elektrolyse unterworfen wird.

Die Lösung erfolgt durch Natriumsulfhydrat nach der Gleichung:

$$As_2 S_3 + 6 Na HS = (As_2 S_3, 3 Na_2 S) + 3 H_2 S,$$

durch Kaliumsulfhydrat nach der Gleichung:

$$As_2 S_3 + 6 K HS = (As_2 S_3, 3 K_2 S) + 3 H_2 S,$$

durch Ammoniumsulfhydrat nach der Gleichung:

$$As_2 S_3 + 6 NH_4 SH = [As_2 S_3, 3 (NH_4)_2 S] + 3 H_2 S.$$

Aus diesen Laugen wird das Arsen in der nämlichen Weise abgeschieden, wie es bei dem Antimon Seite 610 dargelegt ist. Die Ausfällung durch den Strom erfolgt nach den Gleichungen:

$$(As_2 S_3, 3 Na_2 S) + 6 H = As_2 + 6 Na HS$$

beziehungsweise

$$(As_2 S_3, 3 K_2 S) + 6 H = As_2 + 6 K HS$$

$$[As_2 S_3, 3 (NH_4)_2 S] + 6 H = As_2 + 6 NH_4 HS.$$

[1]) The Mineral Industry 1902. S. 42.

In den Anodenabtheilungen werden Alkalichloride zersetzt, deren Chlor in den Erzrückständen enthaltene Metalle als Chlorverbindungen in Lösung bringen oder, falls derartige Metalle nicht vorhanden sind, zu Bleichzwecken benutzt werden soll.

Eine Anwendung hat dieses Verfahren bisher nicht gefunden. Die Aussicht auf Einführung desselben ist auch gering, da die eigentlichen Arsenerze Arseneisen und Arsen-Schwefeleisen sind, aus welchen sich das Arsen nicht ohne Weiteres als Schwefelverbindung ausziehen lässt.

Nach einem anderen Verfahren von A. Siemens[1]) soll das Sulfid durch die Sulfhydrate von Calcium, Baryum, Strontium oder Magnesium als Doppelsalz in Lösung gebracht werden. Die letztere soll ohne Anwendung eines Diaphragmas der Elektrolyse unterworfen werden. Hierbei soll der an den Kathoden ausgeschiedene Wasserstoff sich mit dem Schwefel des Arsensulfids verbinden und Sulfhydrate von Calcium bzw. Baryum, Strontium, Magnesium bilden. Diese Sulfhydrate sollen durch den ausgeschiedenen Sauerstoff in Bisulfide verwandelt werden. Die Bisulfide sollen mit Kohlensäure behandelt werden, wodurch unter Entbindung von Schwefelwasserstoff Calciumcarbonat bzw. Baryum-, Strontium-, Magnesiumcarbonat und Schwefel ausgeschieden werden. Das Gemenge von Schwefel und Carbonaten soll bei Luftabschluss erhitzt werden, um kaustische alkalische Erden, Schwefel und Kohlensäure zu gewinnen. Die Kohlensäure soll zur Zerlegung der Bisulfidlauge benutzt werden, während die kaustischen alkalischen Erden und der Schwefelwasserstoff zur Herstellung neuer Mengen der gedachten Sulfhydrate dienen sollen.

Dieses Verfahren ist ebensowenig zur Anwendung gelangt, wie das erstgedachte.

2. Die Gewinnung der Arsenigen Säure.

Die Arsenige Säure wird durch die oxydirende Röstung von eigentlichen Arsenerzen sowohl als auch von arsenhaltigen Gold-, Silber-, Nickel-, Kobalt-, Blei-, Kupfer- und Zinnerzen gewonnen.

Die eigentlichen Arsenerze sind Mispickel, Arsenikalkies und Scherbenkobalt. Die übrigen Erze, besonders Zinn-, Kupfer- und Golderze, enthalten gewöhnlich grössere Mengen von diesen Arsenverbindungen, besonders von Mispickel.

Die bei Weitem grösste Menge der Arsenigen Säure wird zur Zeit in Cornwall und Devonshire in England aus Mispickel sowie aus mit Mispickel gemengten Kupfer- und Zinnerzen gewonnen. In Cornwall sind besonders die Gruben von Botallack, Levant, East Pool, South Crofty, Tincroft, Wheal Agar, Callington United, Danescombe und Drakewalls, in Devonshire Devon Great Consols und Gawton zu nennen.

---

[1]) Engl. Patent 7123 vom 1. April 1896.

Der Gang der Gewinnung der Arsenigen Säure ist der, dass durch oxydirende Röstung der arsenhaltigen Erze das Arsen in Arsenige Säure übergeführt und die letztere als Flugstaub in Kammern und Canälen aufgefangen wird.

Der Flugstaub enthält in den meisten Fällen ausser Arseniger Säure noch fremde Körper und bedarf dann einer Reinigung durch Umsublimiren.

Die Arsenige Säure wird beim Umsublimiren in Krystallen oder als weisses Pulver erhalten und kommt zum grössten Theil als weisses Pulver (welches aus den Krystallen durch Mahlen derselben hergestellt wird) in den Handel.

Ein anderer kleinerer Theil derselben wird in geschmolzenen Massen als sog. „weisses Arsenglas“ oder „Weissglas“ in den Handel gebracht. Dasselbe wird aus der gereinigten Arsenigen Säure durch einen weiteren Sublimationsprozess bei höherer Temperatur hergestellt.

Wir haben hiernach zu unterscheiden:

A. Die Gewinnung der rohen Arsenigen Säure.

B. Die Reinigung der rohen Arsenigen Säure.

C. Die Herstellung des weissen Arsenglases.

A. Die Gewinnung der rohen Arsenigen Säure.

Die chemischen Vorgänge bei der oxydirenden Röstung der Körper, welche entweder selbstständig oder im Gemenge mit anderen Erzen das eigentliche Material für die Gewinnung der Arsenigen Säure liefern (Arsenikalkies, Arsenikkies, Scherbenkobalt), sind die nachstehenden.

Arsenikalkies ($Fe As_2$) entwickelt zuerst (bei Dunkelrothglut) Arsendämpfe und dann bei steigender Temperatur Dämpfe von Arseniger Säure, während das Eisen theils in Eisenoxyd, theils in arsensaures Eisenoxyd übergeführt wird. Das letztere bildet sich in verhältnissmässig geringer Menge.

Arsenikkies oder Mispickel ($Fe S_2 + Fe As_2$) entwickelt vor dem Glühen Dämpfe von Schwefelarsen; in der Glühhitze wird er unter Entbindung von Schwefliger Säure und Arseniger Säure in ein Gemenge von Eisenoxyd, Eisensulfat und Eisen-Arseniat übergeführt.

Scherbenkobalt wird in Arsenige Säure verwandelt.

Die Ausführung der Röstung geschieht in Muffelöfen oder Flammöfen. In den ersteren ist der Brennstoffaufwand ein hoher, indess wird die Arsenige Säure weder durch Theile der Erzbeschickung noch durch Kohlentheilchen und Russ verunreinigt, welche letzteren Körper die Arsenige Säure beim Umsublimiren in metallisches Arsen verwandeln. Flammöfen heizt man zur Vermeidung dieser letzteren Uebelstände am besten mit Gas. Die Oefen müssen mit zweckmässig eingerichteten Flugstaubcanälen und Kammern zum Auffangen der Arsenigen Säure verbunden sein (Giftfänge). Die Canäle bzw. Kammern ordnet man im Interesse des bequemen Ausräumens in einer Ebene an. Bei Anwendung von Muffelöfen bedürfen die Canäle einer hinreichenden Kühlung, um den Zug in denselben aufrecht zu erhalten und die Bildung grösserer Krystalle von Arseniger Säure zu verhindern. Am besten stellt man die Canäle aus Bleiblech her, welches erforderlichen Falles durch Wasser berieselt werden kann. Die sog. Giftthürme, welche thurmförmige Gebäude mit übereinander angeordneten Canälen darstellten, werden wegen zu lebhaften Zuges und wegen der Schwierigkeit der Entleerung derselben gegenwärtig nicht mehr angewendet.

Die Einrichtung eines Muffelofens, wie er früher zu Reichenstein in Schlesien in Anwendung stand, ist aus der Figur 432 ersichtlich.

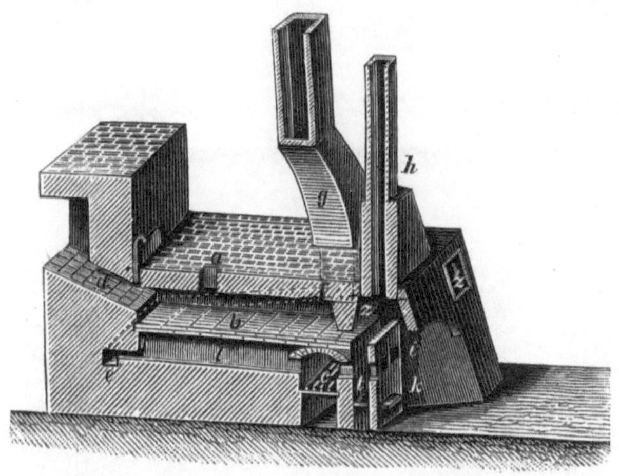

Fig. 432.

b ist die Muffel, deren Sohle 3,45 m lang und 2,2 m breit ist. c ist der Rost. Die Feuergase ziehen in 5 unter der Sohle der Muffel befindlichen Canälen l nach dem hinteren Theile des Ofens, fallen dann in den Quercanal e und ziehen aus demselben an den beiden langen Seiten der Muffel hin durch die Canäle f in die Gabelesse g. Die in der Muffel entwickelte Arsenige Säure tritt durch den Canal d in ein System von Flugstaubcanälen. Die Oxydationsluft tritt durch die Oeffnungen i ein. Die Esse h dient zur Ableitung der an der Arbeitsöffnung z der Muffel austretenden Dämpfe. Die Rückstände von der Röstung werden nach Oeffnung des Schiebers k in den Canal t gezogen. Die Erze werden durch die Oeffnung a auf den Heerd aufgegeben.

Zu St. Andreasberg im Harz wurden früher 2,3 m lange, 0,5 m breite und 35 cm hohe Muffeln aus Gusseisen angewendet.

In Freiberg wendet man zur Röstung Flammöfen mit einer Sohle und je 2 Arbeitsöffnungen an jeder Seite des Heerdes an. Dieselben werden durch Generatorgas, welches aus Gaskoks hergestellt wird, geheizt. Der Heerd ist 4,6 m lang und 3,3 m breit.

In Cornwall und Devonshire, welche Länder zur Zeit die grösste Production an Arseniger Säure auf der Erde haben, röstet man die Erze

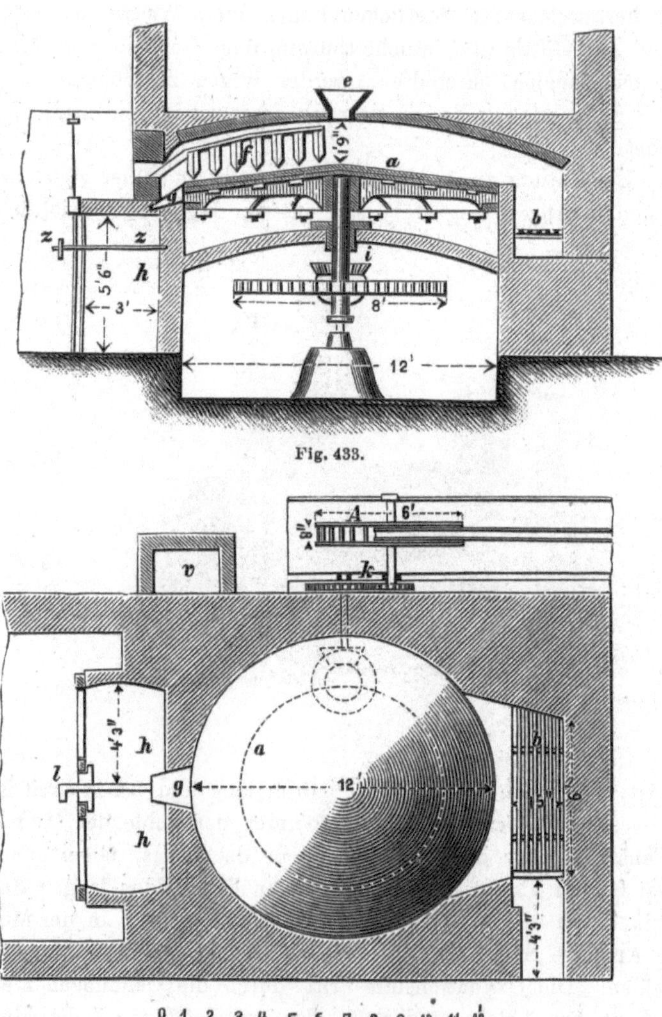

Fig. 433.

Fig. 434.

(reinen Arsenkies sowie Zinn- und Kupfererze enthaltenden Arsenkies) theils in als Fortschaufelungsöfen eingerichteten Flammöfen, theils in Flammöfen mit rotierendem Heerde von Brunton, theils in Flammöfen mit rotierendem Cylinder von Oxland ab.

Die Fortschaufelungsöfen besitzen nur an der einen langen Seite Arbeitsöffnungen. Mit der anderen langen Seite sind sie zu je zweien zusammengekuppelt. Ein derartiger Doppelofen ist äusserlich 7,315 m lang und 4,876 m breit. Die Längsscheidewand zwischen beiden Oefen ist 0,457 m stark. Die lichte Breite des einzelnen Ofens beträgt 1,9 m, die lichte Länge 6,096 m, die grösste Höhe des Gewölbes über dem Heerde beträgt 0,406 m. Die Rostfeuerung für jeden Ofen ist 1,219 m lang und 0,609 m breit. Die obere Fläche der Feuerbrücke liegt 0,228 m über der Heerdsohle. Die Zahl der Arbeitsöffnungen jedes Ofens beträgt 5 bis 6. Das Erz wird durch einen Trichter an dem der Feuerbrücke gegenüberliegenden Ende des Ofens eingeführt und an der Feuerbrücke ausgezogen.

Die Einrichtung des Brunton-Ofens ist aus den Figuren 433 und 434 ersichtlich. a ist der auf einer stehenden Welle befestigte Heerd; b ist der Rost; e ist ein Fülltrichter zum Eintragen der Erze in die Erhitzungskammer; f ist ein feststehender Krähl, welcher bei der Drehung des Heerdes das Erz durchkrählt und allmählich von der Mitte des Heerdes nach der Austrageöffnung g schiebt, durch welche es je nach der Stellung der Klappe z in einen der beiden Kühlräume h fällt. Das Fuchsloch, welches mit der Esse v in Verbindung steht, ist in den Figuren nicht sichtbar.

Der Durchmesser des Heerdes beträgt bei den gegenwärtig betriebenen Oefen dieser Art 4,57 bis 4,87 m. In der Stunde macht der Heerd je nach der Art der Erze 5 bis 10 Umdrehungen.

Die Einrichtung des Oxland-Ofens ist aus den Figuren 435 u. 436 ersichtlich. Der aus Kesselblech hergestellte und mit einem Futter aus feuerfesten Steinen versehene rotirende Cylinder ist 7,2 bis 9,14 m lang und hat einen Durchmesser von 1,2 bis 1,8 m. Zum Emporheben des Erzes sind in dem Futter des Cylinders 4 hervorstehende Längsrippen aus feuerfesten Steinen angebracht. Der Cylinder ist mit 3 Laufkränzen versehen, welche ihrerseits auf Gleiträdern c ruhen. Die Bewegung des Cylinders erfolgt durch Eingreifen des conischen Rades Z in den Zahnkranz D. H ist die Rostfeuerung. Die für die Oxydation erforderliche Luft tritt durch den im Gewölbe A der Rostfeuerung angebrachten Canal i vorgewärmt in den Cylinder. Das Erz wird mit Hülfe einer automatischen Aufgebevorrichtung durch den Trichter h am oberen Ende des Cylinders aufgegeben. Bei der Drehung des letzteren wird es durch die hervorstehenden Längsrippen gehoben und fällt, sobald es seinen natürlichen Löschungswinkel erreicht hat, herab. An dem unteren Ende des geneigten Cylinders angekommen, gelangt es durch den Schlitz e in die gewölbte Kammer F, aus welcher es durch die Thüre f herausgezogen wird. Der Cylinder macht je nach der Natur der Erze in der Minute 3 bis 8 Umdrehungen. Die heissen Gase und Dämpfe treten am oberen Ende des Cylinders in ein System von Flugstaubkammern k, l, n, o, p u. s. f. zum Niederschlagen der Arsenigen Säure und dann in die Esse. Der niedergeschlagene Flugstaub wird durch die während des Betriebes geschlossenen Oeffnungen m ausgezogen.

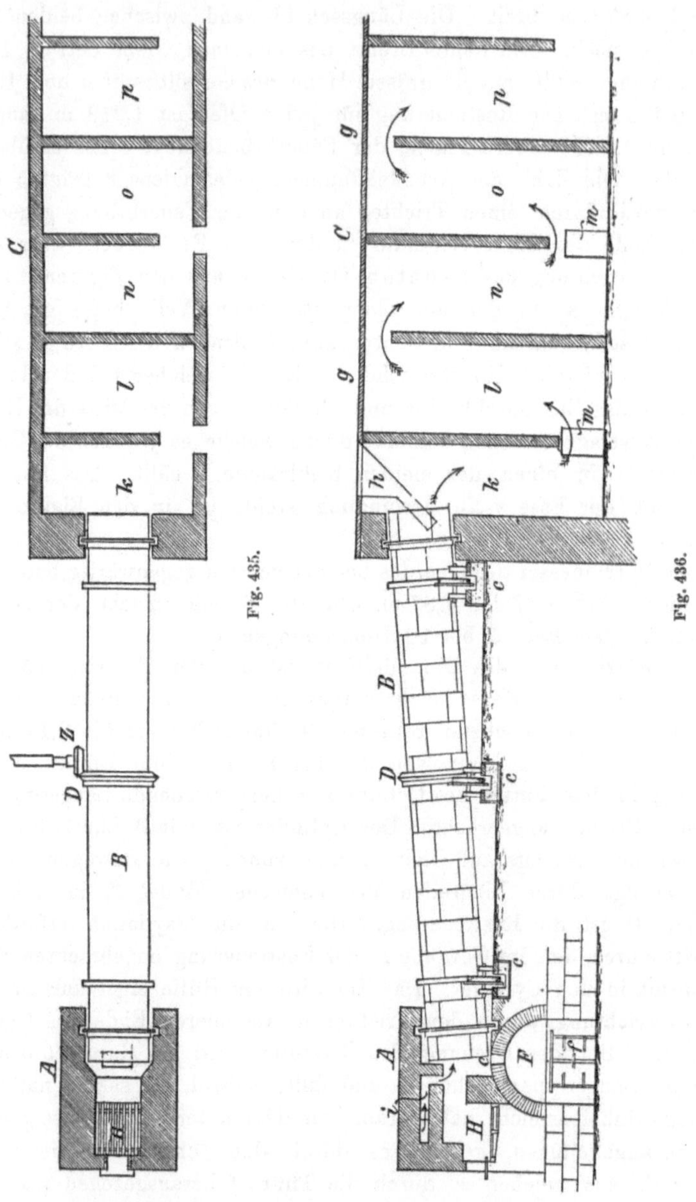

Fig. 435.

Fig. 436.

Zum Betriebe des Ofens sind 2 bis 3 Pferdekraft erforderlich. Dieser Ofen erfordert weniger Brennstoff und Bedienung als der Fortschaufelungsofen und der Brunton-Ofen, dagegen sind die Reparaturkosten grösser.

Auch ist es schwieriger, eine gleichmässige Temperatur und einen gleichmässigen Zug in demselben zu unterhalten. In Folge des starken Zuges werden leicht feine Erztheilchen durch denselben fortgeführt und mit der Arsenigen Säure in den Flugstaubcanälen abgelagert.

Zu Deloro in Canada[1]) wurden goldhaltige Mispickel mit 42 % Arsen und 20 % Schwefel in zwei untereinander liegenden rotirenden Cylindern geröstet und die hierbei gebildete Arsenige Säure in Flugstaubkammern aufgefangen. Die Oefen waren nach dem Oxland-Typus gebaut, jedoch besassen sie anstatt der hervorstehenden Rippen 4 Diaphragmen, welche bis zur Axe des Ofens durchgingen und denselben dadurch in 4 Abtheilungen schieden. In der oberen Hälfte des Ofens besassen die Scheidewände keinerlei Oeffnungen, so dass das Erz auf seinem Wege bis zur Mitte des Ofens in den einzelnen Abtheilungen verbleiben musste; in der unteren Hälfte dagegen hatten die Scheidewände Schlitze, so dass das Erz aus einer Abtheilung in die andere gelangen konnte und hierbei mit der Luft in innige Berührung kam. Die Luft wurde durch einen in der Nähe des Schornsteins aufgestellten Exhaustor angesaugt.

Der obere Cylinder hatte 9 m Länge und 1,67 m Durchmesser. Er war durch ein Rohr mit dem unteren Cylinder, welcher 18 m Länge und 1,98 m Durchmesser besass, verbunden. Derselbe arbeitete nur mit Essenzug. Er hatte vom unteren Ende ab bis auf eine Entfernung von 1,21 m vom oberen Ende desselben die nämlichen Scheidewände wie der obere Cylinder; vom Ende dieser Scheidewände ab bis zu seinem oberen Ende waren Rippen vorhanden, welche indess nicht gerade verliefen, wie bei den sonstigen Oefen dieser Art, sondern spiralförmig. Die Hauptmenge des Arsens wurde in dem oberen Ofen entfernt.

Die in den Flugstaubkammern erhaltene Arsenige Säure wurde in Flammöfen umsublimirt.

Gegenwärtig[2]) werden die Mispickel zuerst durch Amalgamation und dann durch den Bromcyanid-Prozess entgoldet, um dann auf Arsenige Säure verarbeitet zu werden. Die entgoldeten Erze enthalten 30 % Arsen und 16 % Schwefel. Die Röstung geschieht in der nämlichen Weise wie dargelegt. Die aus dem oberen Ofen ausgezogenen Rückstände enthalten nur noch 0,36 % Arsen, daneben 43,23 % Kieselsäure, 44,66 % Eisenoxyd, 5,06 % Schwefel. Die die Arsenige Säure enthaltenden Dämpfe gelangen zuerst in eine 100 Fuss lange Flugstaubkammer, in welcher sich mitgerissene Theile der Beschickung niederschlagen und in den Röstofen zurückgelangen, und dann in 12 Fuss weite Zickzackcanäle, in welchen sich die Arsenige Säure absetzt. Die letztere enthält 85 % Arsenige Säure und 2 bis 4 % Schwefel. Sie wird in Flammöfen umsublimirt.

Mit den sämmtlichen Röstöfen sind Canäle bzw. Kammern ver-

---

[1]) Mineral Industry 1893. S. 34.

[2]) The Mineral Industry 1903. S. 47.

bunden, in welchen die verflüchtigte Arsenige Säure als Flugstaub aufgefangen wird. Das Material dieser Vorrichtungen besteht aus Mauerwerk oder aus Bleiblech. Für reine Erze sind auch Kammern, deren Wände und Decke aus gegen das Rosten geschütztem Eisenblech hergestellt sind, vorgeschlagen worden[1]).

In diesen Kammern soll sich bei der Röstung reiner Erze reine Arsenige Säure in der Form des feinsten Pulvers niederschlagen.

Aus Figur 437 ist der Grundriss eines Canals zum Auffangen der Arsenigen Säure ersichtlich. v ist der Röstofen; k ist der zickzackförmige Canal, welcher in die Flugstaubkammer z mündet. Aus der letzteren gelangen die Gase in die Kammer y und dann in die Esse E. Die grösste

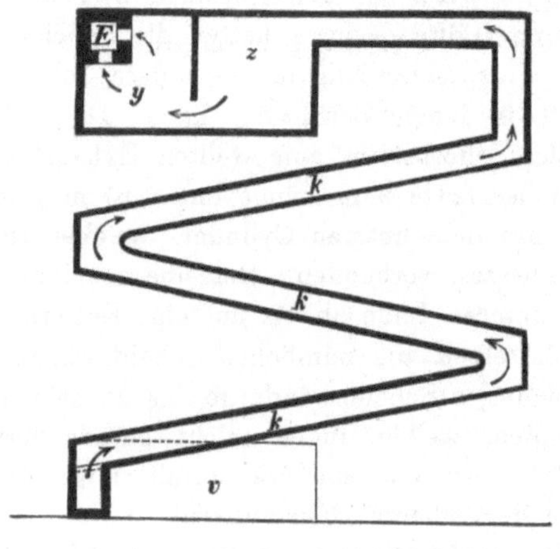

Fig. 437.

Menge der Arsenigen Säure lagert sich in den Ecken des Canals ab. Die Wände des Canals stellt man in der Nähe des Ofens aus Mauerwerk, in einiger Entfernung vom Ofen aber am besten aus Bleiblech her.

Die Einrichtung des früher angewendeten Giftthurmes ist aus der Figur 438 ersichtlich. Derselbe besteht aus einer Reihe über- und nebeneinander liegender Kammern, welche der Rauchstrom von der untersten Kammerreihe an nacheinander durchstreicht, wobei er an den Enden der einzelnen Kammern gebrochen wird und schliesslich aus der letzten Kammer in eine über derselben liegende Esse z tritt. Diese Vorrichtung ist nur bei genügender Abkühlung des Rauches wirksam, kostspielig in der Herstellung und lässt sich nur schwierig reinigen, was bei der Giftigkeit der Arsenigen Säure schwer in das Gewicht fällt. Sie wird desshalb gegenwärtig nicht mehr angewendet.

---

[1]) The Mineral Industry 1893. S. 35.

In Cornwall und Devonshire findet das Niederschlagen der Arsenigen Säure in mit den Oefen durch 30 bis 60 m lange gerade Canäle verbundenen Zickzackcanälen aus Mauerwerk statt. Dieselben sind 1,5 bis 1,7 m hoch, 0,91 bis 1,21 m weit und in einigen Fällen über 300 m lang. Aus denselben werden die nicht condensirten Gase und Dämpfe durch einige 60 m lange Canäle in Essen von 18 bis 36 m Höhe geführt. In Gawton beträgt die Gesammtlänge der Canäle zwischen Ofen und Essen nahezu eine englische Meile.

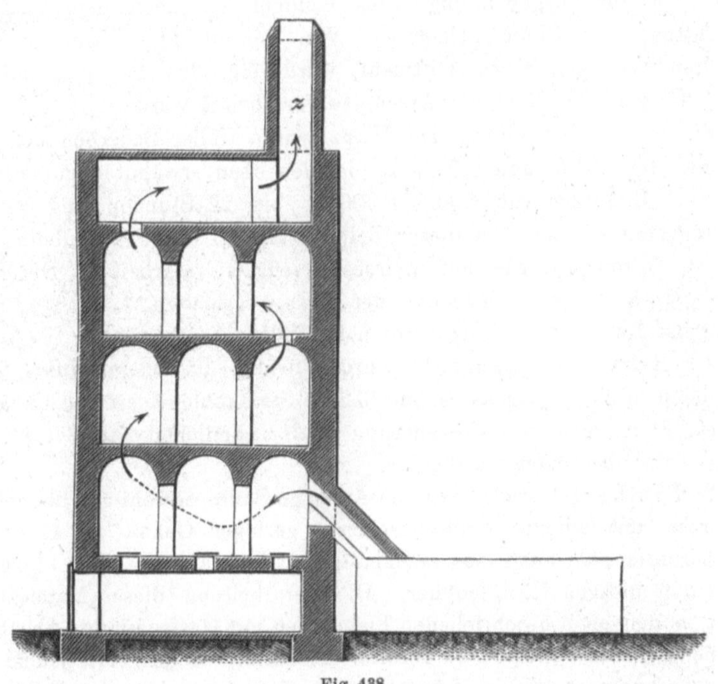

Fig. 438.

Beim Betriebe der verschiedenen Oefen ist darauf zu achten, dass weder Erzstaub noch kohlige Theile die Arsenige Säure verunreinigen. Man schliesst daher beim periodischen Beschicken und Entleeren der Oefen sowohl wie beim Durchkrählen der Röstmassen die Condensationsvorrichtungen (Giftfänge) von dem Ofen ab und setzt den letzteren für die Zeit der Abschliessung mit einer Nebenesse in Verbindung. Durch kohlige Theile würde ein Theil der Arsenigen Säure beim Umsublimiren zu Arsen reducirt werden.

Die Temperatur soll so gehalten werden, dass sich nur die Arsenige Säure verflüchtigt. Die Röstpost wird bei den Krählöfen zeitweise vorsichtig durchgekrählt. Der Prozess ist beendigt, wenn das Flammen der Röstpost aufgehört hat. Das Ausräumen der Rückstände geschieht an der Feuerbrücke, nach welcher hin die Röstpost allmählich vorgeschoben wird.

Die Dauer der Röstung hängt von dem Gehalte der Erze an Arsen, Schwefel und Eisen ab.

Die Arsenige Säure wird periodisch aus den Giftfängen entfernt.

In dem oben beschriebenen Muffelofen zu Reichenstein in Schlesien wurden 400 bis 500 kg Arsenikalkies in Schlichform eingesetzt und in bis 105 mm hoher Schicht geröstet. Der Prozess dauerte 12 Stunden. Der Brennstoffverbrauch betrug 7 % Steinkohlen vom Gewichte der rohen Erze. Die Rückstände von der Röstung enthielten noch 3 bis 5 % Arsen und wurden zur Ausgewinnung ihres Goldgehaltes nach dem Verfahren von Plattner mit Chlor behandelt. Von der in den Giftfängen angesammelten Arsenigen Säure (Giftmehl) wurde ein Theil in den Handel gebracht, während der Rest auf Arsenglas verarbeitet wurde.

Zu St. Andreasberg im Harz wurde früher Scherbenkobalt mit 65 % As, 4½ % Pb und 0,5 % Ag in den oben erwähnten gusseisernen Muffeln in Einsätzen von 200 bis 300 kg bis 22 Stunden lang geröstet. Der Brennstoffverbrauch in dieser Zeit betrug 1,1 cbm Buchenholz. Das erhaltene Giftmehl wurde auf weisses Arsenglas verarbeitet. Die Rückstände (50—52 % vom Gewichte der Erze) enthielten 1 bis 2 % Silber und 12 bis 16 % Arsen. Sie wurden auf Silber vearbeitet.

Zu Ribas in Spanien[1]) wurden früher in einem Muffelofen in 24 Stunden 1000 kg Arsenkies mit 6,2 hl Steinkohlen geröstet, während in einem Flammofen mit Gasfeuerung in der nämlichen Zeit 3 t Erz mit 200 kg Koks abgeröstet wurden.

In Freiberg[2]) stellt man die Arsenige Säure sowohl aus bleihaltigen Arsenerzen mit einem verhältnissmässig geringen Gehalt an Arsen (bis 12 % herunter) als auch aus arsenhaltigem Flugstaub aus den Flugstaubcanälen der übrigen Röstöfen her. Die Verarbeitung dieses Materials geschieht in den oben beschriebenen Flammöfen mit Gasfeuerung. Als Brennstoff dienen Koks, welche eine russfreie Flamme erzeugen. Mit jedem Ofen steht ein Canal von 250 m Länge zum Auffangen der Arsenigen Säure in Verbindung. Die Arsenerze werden in Einsätzen von 600 bis 1100 kg je nach ihrem Arsengehalte 5 bis 8 Stunden lang geröstet. Die Rückstände, welche nur noch 1,5 bis 2 % Arsen enthalten, gehen zur Bleiarbeit.

Das dem Ofen zunächst abgelagerte graue Giftmehl wird durch Umsublimiren gereinigt. Das übrige Giftmehl wird theils in den Handel gebracht, theils auf weisses Arsenglas verarbeitet.

In Cornwall und Devonshire werden in einem der oben (S. 627) beschriebenen doppelten Fortschaufelungsöfen in 24 Stunden 8 bis 10 t Erz bei einem Steinkohlenverbrauch von 150 kg auf die t geröstetes Erz verarbeitet. Die Belegschaft eines Doppelofens besteht aus 6 Mann, welche 8 stündige Schichten verfahren.

---

1) B.- u. H. Ztg. 1853. S. 767.

2) Pr. Zeitschr. Bd. 18. S. 189.

In einem der oben (S. 627) beschriebenen Brunton-Oefen werden bei 5 bis 10 Umdrehungen des Heerdes in der Stunde in 24 Stunden 4 bis 5 t Erz bei einem Verbrauche von 75 bis 100 kg Steinkohlen auf die t Erz abgeröstet. Der Ofen erfordert 1 Mann Bedienung in der 12stündigen Schicht.

In dem oben angeführten Oxland-Ofen werden in 24 Stunden 20 bis 25 t Erz mit 15 % Arsengehalt bei einem Steinkohlenverbrauch von 50 kg Kohle auf 1 t Erz abgeröstet. Zur Bedienung erfordert der Ofen in der 8stündigen Schicht 1 Mann und 1 Jungen.

Zu Bovisa in der Provinz Milano in Italien[1]) werden arsenhaltige Pyrite von der Canigrube in der Nähe des Monte Rosa mit 34 % Schwefel, 10—12 % Arsen, sowie mit 0,6—0,7 Unzen Gold und 2,5 Unzen Silber in der t auf Schwefelsäure, Arsenige Säure und Gold verarbeitet. Zu diesem Zwecke werden sie in Malétra-Oefen (ohne Zufuhr von Brennstoff) geröstet, welche durch ein ausgedehntes System von Bleicanälen mit den Bleikammern für die Schwefelsäuregewinnung verbunden sind. In den Bleicanälen setzt sich die bei der Röstung gebildete Arsenige Säure ab, während die Schweflige Säure durch dieselben in die Bleikammern zieht. Die von Zeit zu Zeit aus den Bleicanälen herausgeholte Arsenige Säure bildet einen röthlich-weissen Schlamm und ist noch durch freie Schwefelsäure und Eisenoxyd verunreinigt. Wie durch Versuche nachgewiesen wurde, konnte durch Sublimiren nur dann eine reine Arsenige Säure gewonnen werden, wenn der Schlamm vorher von der freien Schwefelsäure befreit war. Der Schlamm wird daher auf einem Quarzfilter durch Auswaschen mit Wasser von der freien Schwefelsäure befreit. Das Quarzfilter ruht auf dem falschen Boden eines rechteckigen Kastens aus Ziegelmauerwerk und ist zur besseren Vertheilung des Wassers mit durchlöcherten Bleiplatten bedeckt. Das Waschwasser wird in die Bleikammern geführt. Der ausgewaschene Schlamm wird getrocknet und dann der Sublimation in einem Muffelofen unterworfen. Man erhält durch diese Sublimation ein Erzeugniss mit 98 bis 99 % reiner Arseniger Säure.

Die Pyritabbrände enthalten noch 1,5 bis 2 % Schwefel und gegen ½ % Arsen. Sie werden in mit Rostfeuerung versehenen Etagenöfen tot geröstet und dann mit Hülfe der Chloration auf Gold verarbeitet.

B. Die Reinigung der rohen Arsenigen Säure.

Nur bei der Röstung reiner Erze erhält man eine reine Arsenige Säure, welche Handelswaare ist. In den meisten Fällen ist die Arsenige Säure durch fremde Körper (Erztheilchen, flüchtige Bestandtheile der Erze, Flugasche, Kohle) verunreinigt und bedarf daher einer Reinigung durch Umsublimiren.

---

[1]) The Mineral Ind. 1897. S. 40.

Das Umsublimiren geschieht in Flammöfen mit Gas- oder Rostfeuerung. Die Gasfeuerung ist der Rostfeuerung vorzuziehen, weil die Arsenige Säure bei Anwendung derselben nicht durch Russ-, Asche- und Kohletheilchen verunreinigt wird. An die Flammöfen schliessen sich Flugstaubcanäle oder Kammern zum Auffangen der verflüchtigten Arsenigen Säure an.

In Freiberg, wo man verhältnissmässig unreinen Flugstaub verarbeitet, dient zur Herstellung der reinen Arsenigen Säure der oben beschriebene Flammofen mit Gasfeuerung. Der Flugstaub wird in Einsätzen von 600 kg 8 Stunden lang erhitzt, wodurch man 85 % von dem Arsengehalt desselben als Arsenige Säure in die Flugstaubcanäle treibt. Die Rückstände kommen zur Bleiarbeit. In 24 Stunden werden 500 bis 600 kg Koks verbraucht.

In Cornwall und Devonshire, wo die rohe Arsenige Säure aus den Flugstaubkammern gegen 70 % reines Arsenigsäure-Anhydrid enthält, wird das Umsublimiren in Flammöfen mit Rostfeuerung von der Einrichtung der oben angegebenen Flammöfen zum Rösten der Erze vorgenommen. Je zwei Oefen sind mit der einen langen Seite zu einem Doppelofen zusammengekuppelt. Die äussere Länge und Breite eines solchen Doppelofens beträgt 4,87 m. Die grösste Höhe des Gewölbes über dem Heerd beträgt 0,45 m; die Zahl der Arbeitsöffnungen an jeder langen Seite des Doppelofens beträgt 3. Als Brennstoff dient ein Gemenge aus gleichen Theilen von Koks und Anthracit. Die aus dem Ofen austretenden Gase und Dämpfe gelangen durch einen gegen 30 m langen Canal in 12 Zickzackkammern von je 2,13 m Höhe, 4,26 m Länge und 1,219 m Weite. In denselben machen sie einen Weg von 51 m. Aus der letzten Kammer treten die Dämpfe und Gase in die Esse. In dem zu den Zickzackkammern führenden Canal lagern sich die mitgerissenen fremden Körper ab, während in den Kammern selbst reine Arsenige Säure in Krystallen niedergeschlagen wird. Dieselbe wird in Mühlen, von der Einrichtung der Mehlmühlen, gemahlen und dann in hölzerne Fässer verpackt.

Zu Deloro in Canada[1]) wird die rohe Arsenige Säure (mit 85 % As_2O_3 und 2 bis 4 % S) in einheerdigen Flammöfen umsublimirt, welche je 1600 lb rohe Arsenige Säure aufnehmen und in 24 Stunden 3 Einsätze verarbeiten. Die Dämpfe treten zuerst durch einen heissen Canal in eine heisse Kammer, in welcher eine so hohe Temperatur herrscht, dass die Arsenige Säure dampfförmig bleibt, während mechanisch mitgerissene feste Körper (SiO_2) niedergeschlagen werden. Dann werden sie in Kühlkammern geführt, in welchen sich die Arsenige Säure niederschlägt. Sie enthält 99,6 bis 100 % Arsenige Säure. Die einzige Verunreinigung ist Kieselsäure des Mauerwerks der Kammern. Die gereinigte Arsenige Säure wird alle 2 Wochen aus den Kammern ausgezogen, fein gemahlen und dann in den Handel gebracht.

---

[1]) The Mineral Industry 1903. S. 48.

C. Die Herstellung des weissen Arsenglases.

Die Herstellung des „weissen Arsenglases“ oder „Weissglases“ ist ein Verdampfungsprozess, bei welchem die verflüchtigte Arsenige Säure sich bei einer so hohen Temperatur niederschlägt, dass dieselbe zusammenschmilzt.

Der Prozess wird in mit cylindrischen Aufsätzen versehenen Kesseln aus Gusseisen ausgeführt.

Ist die in Weissglas zu verwandelnde Arsenige Säure rein, so wird sie direct auf Weissglas verarbeitet (Glasmachen), andernfalls wird sie vorher in dem nämlichen Apparate auf gereinigte Arsenige Säure verarbeitet (Gröbemachen).

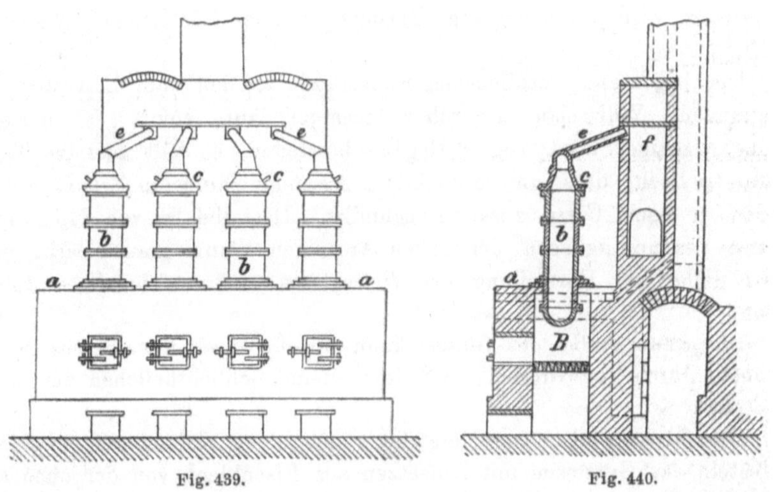

Fig. 439. Fig. 440.

Der Apparat ist ein durch Rostfeuerung erhitzter, mit cylindrischen Aufsätzen aus Gusseisen oder Eisenblech versehener Gusseisen-Kessel. Derselbe muss aus möglichst graphitfreiem Roheisen hergestellt werden, weil durch Graphit die Arsenige Säure zu Arsensuboxyd reducirt wird, welches dem Weissglas eine graue Farbe verleiht.

Die in dem Kessel verflüchtigte Arsenige Säure setzt sich an den Innenwänden der Aufsätze an. Der oberste Aufsatz trägt eine Blechhaube, welche durch ein Blechrohr mit einer Flugstaubkammer zum Auffangen der nicht verdichteten Arsenigen Säure verbunden ist.

Die Einrichtung des Apparates ist aus Figur 439 u. 440 ersichtlich. B ist der Heizraum mit dem 0,89 m weiten Roste. a ist der in den Heizraum eingehängte gusseiserne Sublimirkessel, welcher 125 kg Giftmehl fasst. Derselbe ist 0,73 m tief und 0,58 m weit. Auf den Kessel sind die mit Handhaben versehenen Cylinder b aus Eisenblech aufgesetzt. Die Verbindungsstellen derselben werden mit einem Gemenge von Lehm, Haaren und Blut lutirt. Auf den obersten Cylinder wird der Bleihut c gesetzt, welcher durch Blechrohre e mit den Flugstaubkammern f verbunden wird.

Im Falle der Verwendung unreiner Arseniger Säure geht dem Glasmachen ein Raffiniren derselben in dem nämlichen Apparate (Gröbemachen) voraus. Hierbei muss die Temperatur so gehalten werden, dass keine Sinterung der Arsenigen Säure im Kessel eintritt, da gesinterte Arsenige Säure nicht mehr übersublimirt. Man erhält bei Anwendung der richtigen Temperatur den grössten Theil der Arsenigen Säure an den Wänden der Aufsätze als ein lockeres zartes Sublimat. Der Rest derselben gelangt in der Flugstaubkammer zur Verdichtung. Die Sublimation ist beendigt, wenn sich ein durch eine verschliessbare Oeffnung der Haube in die letztere eingesteckter Eisendraht nicht mehr weiss beschlägt. In diesem Falle lässt man den Ofen erkalten und räumt das Sublimat aus. Das letztere wird durch das sog. Glasmachen oder Läutern auf Weissglas verarbeitet.

Die im Kessel verbliebenen Rückstände werden zum Erzrösten zurückgegeben. Will man aus roher Arseniger Säure sofort geschmolzene unreine Arsenige Säure, sog. Rohglas herstellen, so hält man die Temperatur so hoch, dass die verflüchtigte Arsenige Säure an den Cylinderwänden zu einem Glase zusammenschmilzt. Dasselbe ist von den mitgerissenen Verunreinigungen der rohen Arsenigen Säure grau gefärbt und bedarf daher zur Herstellung des Weissglases einer nochmaligen Sublimation.

Die graue Farbe des Glases kann sowohl durch metallisches Arsen als auch durch im Giftmehl enthaltene feine Schlichtheilchen hervorgerufen sein.

Das Glasmachen (die Herstellung des reinen Weissglases) geschieht in Kesseln aus Gusseisen mit Aufsätzen aus Eisenblech von der oben angegebenen Einrichtung. Die Temperatur wird hierbei so hoch gehalten, dass die Wände der Cylinder aus Eisenblech heiss werden, so dass die verflüchtigte Arsenige Säure an denselben zu einem Glase zusammenschmilzt. Ist die Temperatur zu hoch, so geht zu viel Arsenige Säure in die Flugstaubkammern über; ist sie zu niedrig, so bildet sich zu viel pulverförmige Arsenige Säure an den Wänden der Cylinder und macht das Glas unansehnlich. Die richtige Temperatur erkennt man daran, dass mit Hülfe eines Besens gegen die Cylinder gespritzte Wassertropfen am zweiten Cylinder unten zischen, am dritten Cylinder aber allmählich verdampfen.

Der Prozess ist auch hier beendigt, wenn ein in den Hut eingesteckter Eisendraht sich nicht mehr weiss beschlägt. Seine Dauer beträgt bei Einsätzen von 125 bis 150 kg 8 bis 12 Stunden.

Nach Beendigung desselben lässt man den Ofen erkalten (14 bis 16 Stunden) und entfernt dann das Weissglas, welches sich an den Wänden der Aufsätze als eine 26 bis 52 mm dicke Rinde angesetzt hat.

Dasselbe stellt die amorphe Modification der Arsenigen Säure dar und ist in frischem Zustande durchsichtig und glasglänzend mit muschligem Bruch. Bei längerem Liegen geht es in die krystallinische Modification der Arsenigen Säure über, indem es porzellanartig wird und Wachsglanz annimmt.

In St. Andreasberg im Oberharz[1]) wurde früher unreines Giftmehl (rohe Arsenige Säure) in Einsätzen von 125 kg auf Rohglas verarbeitet, welches letztere in Einsätzen von 175 kg in Weissglas verwandelt wurde. Jeder Sublimationsprozess dauerte 8 bis 12 Stunden. Aus 100 G.-Th. Giftmehl erhielt man 89 Th. Arsenglas und 7 Th. Rückstände (mit 40 bis 60% Arseniger Säure). Die noch fehlenden 4 Th. Giftmehl waren theils Verlust, theils pulverförmige Arsenige Säure. Zur Herstellung von 100 G.-Th. Arsenglas waren (bei beiden Prozessen) 1,19 cbm Holz erforderlich.

Zu Ribas in Spanien wurden 200 kg raffinirtes Giftmehl in 7 Stunden bei einem Brennstoffverbrauch von 67 kg Holz und 33 kg Steinkohlen in Weissglas verwandelt. Das Ausbringen an Weissglas betrug 96%.

In Freiberg werden 125 bis 150 kg Giftmehl in 8 bis 12 Stunden bei einem Brennstoffaufwand von $^1/_2$ bis $^3/_4$ hl Steinkohlen in Arsenglas verwandelt. Das Ausbringen an Arsenglas beträgt daselbst 87,5%. Die dortigen Kessel besitzen 54 cm Durchmesser und 47 cm Tiefe. Auf dieselben sind 3 Cylinder von 56 cm Durchmesser mit einer Gesammthöhe von 94 cm aufgesetzt. Der auf den obersten Cylinder aufgesetzte Hut zieht sich an seinem oberen Ende auf 14 cm Durchmesser zusammen und mündet mit dieser Weite in das Rohr, welches die Dämpfe in die Flugstaubkammer führt. In einem Kessel können bis 150 Einsätze verarbeitet werden.

Die Herstellung des rothen Arsenglases oder Rothglases.

Das Rothglas, auch Rubinschwefel, Arsenrubin, Rauschroth, Sandarach, Realgar genannt, stellt eine Verbindung von Schwefel mit Arsen dar, welche sich in der Zusammensetzung dem Realgar nähert. Dasselbe ist eine amorphe Masse von morgenrother bis hyacinthrother Farbe und pomeranzengelbem Strich.

Man stellt es durch Sublimiren eines Gemenges von Arsenkies und Schwefelkies oder von Arsenkies und Schwefel dar. In beiden Fällen entsteht es durch die Verbindung von Arsen und Schwefel, welche Körper bei der Sublimation ausgetrieben werden und sich im dampfförmigen Zustande vereinigen. Durch Zusammenschmelzen von Schwefel und Arsen erhält man Verbindungen, welchen die gewünschte schöne Farbe abgeht. Auch durch Zusammenschmelzen von Arseniger Säure und Schwefel lässt sich kein Rothglas von der gewünschten Beschaffenheit herstellen.

---

[1]) Kerl. Metallhüttenk. S. 513.

Für die Herstellung eines guten Rothglases ist die Zusammensetzung der Beschickung nach den stöchiometrischen Verhältnissen zwischen Schwefel und Arsen nicht maassgebend. Es ist vielmehr durch besondere Versuche die beste Zusammensetzung der Beschickung für Rothglas von einer bestimmten Farbe zu ermitteln.

Der Prozess der Rothglasgewinnung wird in zwei getrennten Operationen ausgeführt. Man erhält nämlich durch die Sublimation ein ungleichartiges Erzeugniss (Rohglas), welchem der gewünschte Farbenton durch Zusammenschmelzen desselben mit Schwefel bzw. Arsen gegeben werden muss (Läutern).

Wir haben hiernach zu unterscheiden:

A. Die Darstellung des Rohglases.

B. Die Verwandlung des Rohglases in Rothglas oder das Läutern des Rohglases.

A. Die Darstellung des Rohglases.

Dieselbe besteht in einem Sublimationsprozess in mit Röhren versehenen Gefässöfen.

Das Material für die Sublimation bildet, wie erwähnt, ein Gemenge von Schwefelkies und Arsenkies oder von Schwefel und Arsenkies. Gewöhnlich verwendet man gleiche Theile von Schwefelkies und Arsenkies. In Freiberg geht ein Gemenge beider Körper von der gewünschten Zusammensetzung aus der Aufbereitung hervor, während es an anderen Orten besonders hergestellt werden muss.

Der Freiberger Sublimirofen enthält in drei Reihen zwölf Röhren aus Thon von je 1,4 m Länge, 12 cm Weite und 1,7 cm Wandstärke. Dieselben sind gegen die Stichflamme der beiden Feuerungen des Ofens durch unter ihnen angebrachte leere Röhren, sog. Protecteurs, geschützt. Der Einsatz wird an dem hinteren Ende der Röhren eingebracht. Dieselben werden daselbst durch eine Thonplatte verschlossen. Das vordere Ende der Röhren zieht sich nach der an dasselbe angesetzten Vorlage hin zusammen. Die letztere ist ein Kasten aus Eisenblech, welcher mit einer Oeffnung für den Austritt der bei der Sublimation entwickelten Wasserdämpfe sowie zur Beobachtung des Ganges der Sublimation versehen ist.

Das Gemenge von Schwefelkies und Arsenkies, welches in Freiberg der Sublimation unterworfen wird, enthält 10 bis 15% Arsen und 30 bis 35% Schwefel. Es führt geringe Mengen von Silber, welches aus den Sublimationsrückständen gewonnen wird. Der Einsatz eines Rohres, welches nur zu $^2/_3$ besetzt wird, beträgt 30 kg Beschickung. Die Beschickung wird auf Rothglut erhitzt. Der Prozess dauert 8 bis 12 Stunden. Nach Ablauf desselben werden die Rückstände ausgezogen. Dieselben enthalten noch $^1/_2$% Arsen und 23—24% Schwefel. Sie werden geröstet und dann bei der Herstellung von silberhaltigem Blei zugesetzt. Die Vorlagen werden erst nach der Verarbeitung von drei Einsätzen entleert. Der Inhalt derselben besteht aus compactem und aus pulverförmigem Rohglas. Das erstere wird dem Läuterprozesse übergeben, während das letztere beim Sublimiren zugesetzt wird. In 24 Stunden werden in einem Ofen 600 bis 700 kg Erz bei einem Brennstoffverbrauch von 400 bis 500 kg Steinkohlen verarbeitet. Zur Bedienung von 6 Oefen sind in der 8 stündigen Schicht insgesammt 4 Arbeiter erforderlich.

In Reichenstein wurden früher 250 kg Arsenikalkies und 39 kg Rohschwefel in glasirten Thonröhren, wie sie für die Herstellung des Arsens dienten, 6 bis 7 Stunden lang erhitzt. Man erhielt 75 kg Rohglas[1]).

Zu Ribas in Spanien[2]) wurde früher ein Gemenge gleicher Theile von Arsen- und Schwefelkies in Thonröhren 6 bis 7 Stunden lang der Sublimation unterworfen. Aus 400 kg Beschickung erhielt man bei einem Brennstoffaufwande von 100 kg Holz und 150 kg Steinkohlen 75 kg Rohglas.

B. Das Läutern des Rohglases.

Die Sublimation wird in der Regel derartig geführt, dass das Rohglas verhältnissmässig reich an Arsen und ärmer an Schwefel ausfällt. Es muss demselben daher zur Erzielung des richtigen Farbentones gewöhnlich noch Schwefel zugesetzt werden. Nur ausnahmsweise macht man das Rohglas ärmer an Arsen, so dass beim Läutern noch Arsen zugesetzt werden muss. Das Läutern geschieht in Pfannen oder Kesseln aus Gusseisen, welche am Boden mit einem Abflussrohr versehen sind. Das Rohglas wird in denselben bei schnell zur Rothglut gesteigerter Hitze eingeschmolzen und dann umgerührt. Die sich an der Oberfläche der geschmolzenen Massen ausscheidenden Verunreinigungen, die sog. Läuterschlacken, werden abgezogen, worauf mit einem eisernen Stabe die erforderlichen Mengen von Schwefel bzw. Arsen eingerührt werden. Sobald die Schmelze von einem Eisenstabe dünn abfliesst und nach dem Erkalten die erforderliche Farbe sowie eine hinreichende Dichtigkeit zeigt, wird die neugebildete Schlacke abgezogen und dann das geläuterte Glas in luftdicht verschliessbare, conische Formen aus Eisenblech abgestochen, nach dem Erkalten in Stücke zerschlagen und schliesslich fein gemahlen.

Die Läuterschlacke wird auf Arsenige Säure verarbeitet.

In Freiberg werden gusseiserne Kessel von 418 mm Durchmesser und 575 mm Tiefe angewendet. Der Einsatz in dieselben beträgt 150 kg Rohglas und 18 bis 27 kg Schwefel. Der Prozess dauert 1 bis 2 Stunden. Das erhaltene Rothglas enthält 75 % Arsen und 25 % Schwefel. Das Mahlen desselben geschieht in Kugelmühlen.

---

[1]) Fresenius. Zeitschr. 1871. S. 308.

[2]) Berg- u. H. Ztg. 1853. S. 774.

Zu Reichenstein in Schlesien[1]) wurden früher 200 kg Rohglas mit 30 % Schwefel in Pfannen geschmolzen. Man erhielt hierbei 214 kg Rothglas.

Zu Ribas in Spanien[2]) wurden in 2 Stunden 200 kg Rothglas in eisernen Pfannen geläutert. Der Schwefelzusatz betrug 20 bis 25 kg.

Die Darstellung des gelben Arsenglases oder Gelbglases.

Das gelbe Arsenglas oder Gelbglas, auch Rauschgelb, Auripigment oder Operment genannt, stellt eine durch Schwefelarsen gelbgefärbte Arsenige Säure dar. Dasselbe ist hiernach in der Zusammensetzung wesentlich von dem natürlich vorkommenden Auripigment (As_2S_3) verschieden.

Man stellt dasselbe durch Sublimiren von Arseniger Säure und Schwefel dar. Der Schwefel wird hierbei in der für den gewüuschten Farbenton erforderlichen Menge zugesetzt.

Die Sublimation erfolgt in den nämlichen (oben beschriebenen) Apparaten, in welchen die Herstellung des Weissglases geschieht. Die Temperatur wird in denselben so hoch gehalten, dass das Sublimat an den Innenwänden der cylindrischen Aufsätze zusammenschmilzt.

In Freiberg bringt man auf den Boden des Sublimirkessels 2 bis 4 kg Schwefel und breitet darüber 125 kg Arsenige Säure aus. Man erhitzt die Masse so lange, bis ein in den Hut eingesteckter Eisendraht keinen Beschlag mehr zeigt. Bei der Sublimation wird ein Theil der Arsenigen Säure durch den Schwefel unter Bildung von Schwefliger Säure zu Arsen reducirt, welches letztere sich mit einem weiteren Theile Schwefel zu Schwefelarsen verbindet. Ein geringer Theil Schwefel geht unverbunden in das Gelbglas über. Das Gelbglas findet sich an den Wänden des untersten Aufsatzes des Apparates als eine geschmolzene Masse von citronenbis pomeranzengelber Farbe. In dem nächstoberen Aufsatze erhält man ein ungleichartiges (streifiges) Erzeugniss, welches umgeschmolzen wird. Ausserdem erhält man einen Theil des Sublimats in Gestalt eines gelben Pulvers, welches bei der Herstellung des Gelbglases in dem Sublimirkessel zugesetzt wird.

Aus 125 kg Arseniger Säure und 2 bis 4 kg Schwefel erhält man $^7/_8$ des Gesammtgewichtes dieser Körper an Gelbglas (Glas und Pulver).

In Reichenstein in Schlesien wurde früher zur Herstellung des Gelbglases Arsenige Säure mit einem Zusatze von 5 % Schwefel sublimirt.

Nach Buchner[3]) enthielten verschiedene Sorten von Gelbglas die nachstehenden Schwefelmengen: 1 (sehr durchscheinend und gestreift) 2,5 % S, entsprechend 6,4 % As_2S_3; 2 (doppeltraffinirt, intensiv gefärbt)

---

[1]) Fresenius l. c.

[2]) l. c.

[3]) B.- u. H. Zg. 1871. S. 245.

1,05 % S, entsprechend 2,68 % As_2S_3; 3 (minder intensiv gelb gefärbt) 1,34 % S, entsprechend 3,43 % As_2S_3. In diesen Gläsern war nicht der gesammte Schwefelgehalt chemisch gebunden, indem ein geringer Theil desselben bei der Behandlung mit Ammoniak zurückblieb.

Bei der Reinigung der arsenhaltigen Schwefelsäure mit Schwefelwasserstoff erhält man ein der Zusammensetzung des natürlichen Auripigments entsprechendes Schwefelarsen. Dasselbe ist indess zur Herstellung von gefärbten Arsengläsern wenig geeignet. (Man erhielt nach dem Aussüssen und Zusammenschmelzen desselben in eisernen Retorten unter Gasdruck durch Sublimiren der geschmolzenen Masse ein unansehnliches, durch organische Körper dunkelgefärbtes Glas.) In Freiberg wird es nach dem Trocknen bei der Röstung der Erze in Kilns zugesetzt, um den Schwefel als Schweflige Säure für die Schwefelsäurefabrikation, das Arsen als Arsenige Säure zu gewinnen.

II. Die Gewinnung von Arsenverbindungen aus den Rückständen der Theerfarbenindustrie.

Es sind eine Reihe von Vorschlägen gemacht worden, das Arsen aus den Rückständen und Laugen von der Herstellung des Anilins, in welchen es sich hauptsächlich als arsensaurer und arsenigsaurer Kalk befindet, in dem Verbindungszustande der Arsenigen Säure oder der Arsensäure zu gewinnen. Die meisten Vorschläge laufen darauf hinaus, die Säuren des Arsens durch Glühen mit kohlehaltigen Körpern zu Metall zu reduciren und die Dämpfe des letzteren bei Luftzutritt zu Arseniger Säure zu verbrennen.

Winkler[1]) schlägt vor, die Fuchsinmutterlaugen zur Bildung von arsensaurem Natrium mit Soda zu übersättigen und dann in Pfannen abzudampfen, bis eine Krystallhaut auf der Oberfläche der Flüssigkeit erscheint. Die Lauge wird nun in Kästen mit gepulvertem Kalkstein und Steinkohlenpulver bis zur Bildung einer festen Masse zusammengerührt. Auf 100 kg Natriumarsenat setzt man 30 kg Kalkstein und 25 kg Steinkohlenpulver zu. Diese Körper sollen das Natriumarsenat bei dem nun folgenden Reductionsprozess zersetzen, da Kohle allein das Natriumarsenat nicht zerlegt. Das Gemenge wird in einem Muffelofen mit zwei Sohlen erhitzt. Auf der oberen Sohle findet eine Entwässerung desselben statt, während es auf der unteren Sohle in Rothglut gebracht wird und unter Bildung von Natriumcarbonat und Kalk Arsendämpfe entlässt. Die letzteren werden in Condensationsräume geleitet, in welchen sie durch zugeführte

[1]) Verh. d. Vereins zur Beförderung des Gewerbfl. 1876, Heft 3, S. 211 Deutsche Industrie-Ztg. 1876. S. 333.

Luft zu Arseniger Säure verbrannt werden. Die Arsenige Säure wird in den Condensationsräumen aufgefangen.

Aus den Rückständen wird das Natriumcarbonat ausgelaugt und zum Uebersättigen der Laugen verwendet. Auch der Kalk kann wieder benutzt werden.

Nach anderen Vorschlägen (Rando & Co., Tabourin und Lemaire) sollen die Anilinrückstände nach vorgängigem Waschen und Trocknen mit Koks geglüht werden; das hierbei reducirte Arsen soll zu Arseniger Säure verbrannt werden, welche letztere in Condensationsräumen aufgefangen wird.

Bolley schlägt vor, zur Bildung von Chlorarsen die Rückstände mit concentrirter Salzsäure oder mit Kochsalz und Schwefelsäure zu erhitzen. Das sich verflüchtigende Chlorarsen soll mit Wasser verdünnt werden, um den grössten Theil des Arsens als Arsenige Säure auszuscheiden.

Stopp schlägt die Gewinnung des Arsens aus den Anilinrückständen als Arsensäure vor. Zu diesem Zwecke sollen dieselben mit Salzsäure digerirt werden, um das Arsen in Lösung zu bringen. Die letztere soll mit Soda gesättigt werden, worauf das Arsen durch Kalk ausgefällt wird. Der Niederschlag soll mit Schwefelsäure und Salpetersäure behandelt werden, wobei der Kalk als Gyps niedergeschlagen wird, während die Arsensäure in der Flüssigkeit bleibt.

Dem Verfasser ist es nicht bekannt geworden, inwieweit die gedachten Verfahren zur practischen Ausführung gelangt sind.

Nickel.

Physikalische Eigenschaften.

Das Nickel besitzt eine nahezu silberweisse Farbe mit einem Stich in das Stahlgraue sowie einen starken Glanz.

Das specifische Gewicht des Nickels im gegossenen Zustande wird zu 8,35, im gewalzten Zustande zwischen 8,6 und 8,9 angegeben.

Bei grosser Härte und Politurfähigkeit ist es sehr dehnbar, so dass es sich leicht hämmern, walzen und zu Draht ziehen lässt. Man kann aus demselben Bleche von 0,02 mm Dicke und Draht von 0,01 mm Durchmesser herstellen.

Die Festigkeit des Nickels übertrifft diejenige des Eisens. Nach Deville riss ein Nickeldraht (mit 0,3% Si und 0,1 % Cu) bei einer Belastung von 90 kg, während ein Eisendraht von gleicher Stärke schon bei 60 kg Belastung zerriss. Kollmann fand, dass die absolute Festigkeit und auch die Ausdehnung von Nickel mit $^1/_{20}$ % Magnesium aus der Fabrik von Fleitmann in Iserlohn ebenso gross war, wie die des Bessemer-Stahls von mittlerer Härte. Die Bruchbelastung ergab pro Quadratmillimeter 55 bis 65 kg bei 15 bis 21 % Verlängerung, während die Elasticitätsgrenze bei 38 kg lag.

Das Nickel wird vom Magnet angezogen und wird dann selbst magnetisch. Diese Eigenschaft soll es beim Erhitzen auf 350° verlieren.

Es ist in der Weissglut nicht nur für sich schweissbar, sondern lässt sich auch mit Eisen und gewissen Legirungen zusammenschweissen. Fleitmann in Iserlohn, welchem auf Grund dieser Eigenschaft die Herstellung der nickelplattirten Waaren zu verdanken ist, schweisst mit reinem oder eisenhaltigem Nickel Eisen und Stahl zusammen und vereinigt das Nickel auch mit Legirungen von Kupfer und Nickel durch Schweissen mit Hülfe von Hämmern oder Walzen. Die Hauptbedingung für das Gelingen des Schweissens in diesen Fällen ist der vollständige Abschluss der Luft von den zusammenzuschweissenden Flächen, welchen Fleitmann mit den verschiedensten Mitteln erreicht.

Die Ausdehnung des Nickels durch die Wärme von 0 bis 100° beträgt nach Fizeau 0,001 286.

Seine specifische Wärme ist = 0,1108.

Das Nickel ist strengflüssig. Es schmilzt nach älteren Angaben bei 1600°, nach den neueren Untersuchungen von Schertel dagegen zwischen 1392 und 1420°. Nach Knut Styffe (Oesterr. Zeitschr. 1894. S. 340) liegt sein Schmelzpunkt bei 1450° C.

Die Schwerschmelzigkeit des Metalles wird durch einen Gehalt desselben an Kohlenstoff vermindert.

Das geschmolzene Nickel hat die Eigenschaft, Kohlenoxyd zu absorbiren und dasselbe beim Erkalten wieder abzugeben. Auch die Legirungen des Nickels mit Kupfer besitzen diese Eigenschaft und zwar in um so höherem Maasse, je grösser der Gehalt derselben an Nickel und je höher die Temperatur beim Schmelzen ist. Das Kohlenoxyd kann auch beim Vorhandensein gewisser Körper in dem geschmolzenen Nickel (Kohlenstoff und Oxyde) durch Einwirkung derselben auf einander bei gewissen Temperaturen entwickelt werden. Das eingeschlossene Gas macht das Nickel porös und dadurch ungeeignet für das Walzen und Hämmern. Blasenfreies Nickel lässt sich nur unter Beobachtung besonderer weiter unten besprochener Vorsichtsmaassregeln erzeugen.

Das Nickel des Handels ist häufig durch fremde Körper verunreinigt, von welchen ein Theil schon in geringer Menge nachtheilig auf die gedachten guten Eigenschaften desselben einwirkt. Die schädlichsten Verunreinigungen sind Arsen, Schwefel, Nickeloxydul und Chlor.

Arsen in Mengen von 0,1 % macht das Nickel brüchig, so dass es nicht gewalzt werden kann.

Schwefel in Mengen von 0,1 % macht das Nickel ungeeignet zum Walzen. In Legirungen, z. B. im Argentan, ist nach den Erfahrungen auf der Berndorfer Nickelhütte bei Wien ein Nickelgehalt von dieser Höhe unschädlich.

Eisen soll die Walzbarkeit des Argentans verringern und sogar aufheben, wenn das zur Herstellung desselben verwendete Nickel 1 % Eisen enthielt.

Eisenreiche Nickellegirungen zeichnen sich, wie im Jahre 1890 entdeckt wurde, durch besondere Zähigkeit und Festigkeit aus. Das Nickel erhöht, wenn es dem Eisen in gewissen Mengen zugegeben wird, die Elasticitätsgrenze und die Festigkeit desselben. Diese Legirungen finden Anwendung zur Herstellung von Panzerplatten, Wellen, Krummzapfen, Kurbelstangen.

Kupfer giebt dem Nickel eine gelbe bis braunrothe Farbe, übt aber keinen schädlichen Einfluss auf die Eigenschaften desselben aus, so lange es nicht über das $1\frac{1}{2}$fache des Nickelgehaltes geht.

Kobalt erhöht die weisse Farbe des Nickels und wirkt bis zu einem Gehalte von 6 % nicht nachtheilig auf die Festigkeitseigenschaften desselben ein.

Ein höherer Gehalt soll das Nickel brüchig machen.

Kohlenstoff wird von geschmolzenem Nickel aufgenommen und

scheint seine guten Eigenschaften, falls nicht gleichzeitig Oxyde vorhanden sind, nicht zu beeinflussen. Er macht das Nickel leichter schmelzbar, aber auch unter Umständen spröde. Eine Ausscheidung des Kohlenstoffs aus dem geschmolzenen Nickel in der Form von Graphit tritt nach Jungk[1]) besonders dann ein, wenn dasselbe Kobalt in grösserer Menge enthält. Durch Silicium wird der Kohlenstoff aus dem Nickel in der nämlichen Weise ausgeschieden wie aus dem Eisen. Nach Gard kann das gewöhnliche Nickel den grössten Theil seines Kohlenstoffgehaltes in der Form von Graphitblättchen ausgeschieden enthalten. Ein von demselben hergestelltes Nickel mit 2,1 % Kohlenstoff (wovon 2,03 % als Graphit vorhanden waren) erwies sich als stark magnetisch, weich und ziemlich dehnbar. Beim Ueberleiten von Sumpfgas über Nickel brachte er den Kohlenstoffgehalt in demselben, welcher wahrscheinlich chemisch gebunden war, auf 12 %. Boussingault erhielt bei höherer Temperatur im Cementationsofen ein Nickel, welches den Kohlenstoffgehalt von sehr hartem Stahl besass, aber die Eigenschaften des ursprünglichen Metalles im Wesentlichen beibehalten hatte. Hiernach scheint das Nickel nicht, wie das Eisen, durch Vermehrung seines Kohlenstoffgehaltes härtbar gemacht werden zu können. Wohl aber können nickelreiche Eisenlegirungen durch Vermehrung ihres Kohlenstoffgehaltes härtbar gemacht werden (Nickelstahl).

Nach Fleitmann nimmt das Nickel Cyan auf, welcher Körper das Metall brüchig machen soll.

Nach Ledebur nimmt das Nickel Nickeloxydul auf, welcher Körper die Festigkeit und Geschmeidigkeit des Metalles in der nämlichen Weise beeinträchtigt, wie das Kupferoxydul die des Kupfers. Nach demselben betrug der (vom Nickeloxydul herrührende) Sauerstoffgehalt des spröden, undehnbaren Gussnickels 0,304 %, während der des dehnbaren Nickels 0,084 % und der des gegossenen Neusilbers 0,061 % betrug.

Ein Gehalt des Nickels an Nickeloxydul verwandelt nach Ledebur den im Nickel vorhandenen Kohlenstoff in der Schmelzhitze in Kohlenoxyd, welches letztere, wie schon erwähnt, die Güsse undicht macht.

Das Nickel nimmt auch unter ähnlichen Umständen wie das Eisen (wenn es bei Gegenwart von Kieselsäure aus dem Oxyd durch Kohle bei sehr hoher Temperatur reducirt wird) Silicium auf. So fand Gard in einem derartigen Nickel neben 9,5 % Kohlenstoff 6,19 % Silicium. Das Silicium scheidet, wie beim Eisen, den Kohlenstoff des Nickels in der Gestalt von Graphit aus.

Das Silicium enthaltende Nickel hat die physikalischen Eigenschaften des grauen Roheisens.

Phosphor übt, wenn er unter drei Tausendtheilen im Nickel bleibt, keinen nachtheiligen Einfluss auf die Eigenschaften desselben aus. Darüber hinaus macht er es härter und vermindert seine Hämmerbarkeit.

[1]) Dingler. Bd. 222. p. 94; 236. p. 480.

Chlor, welches sich in dem auf nassem Wege dargestellten Nickel bis 0,18% findet, macht dasselbe zur Herstellung von walzbarem Neusilber ungeeignet.

Chemische Eigenschaften.

Das bei verhältnissmässig niedriger Temperatur durch Wasserstoff aus seinen Oxyden reducirte Nickel ist pyrophorisch. Das auf andere Weise hergestellte Nickel ändert sich bei gewöhnlicher Temperatur weder in trockener noch in feuchter Luft. Auch der Kohlensäuregehalt der letzteren hat keinen Einfluss auf dasselbe. Beim Erhitzen an der Luft dagegen läuft es zuerst, ähnlich dem Stahl, in bunten Farben an und überzieht sich bei Rothglut mit einer grünlich-grauen Schicht von Nickeloxydul, welche bei fortgesetztem Erhitzen in dunkelgrünes Oxyduloxyd (Hammerschlag) übergeht. Im Sauerstoff verbrennt es wie das Eisen zu Nickeloxydul.

Den Wasserdampf zersetzt das Nickel in der Glühhitze sehr langsam, indem es durch den frei gewordenen Sauerstoff desselben in krystallisirtes olivengrünes Nickeloxydul verwandelt wird.

Durch kalte Salzsäure und Schwefelsäure wird es nur sehr wenig angegriffen.

Verdünnte Salpetersäure sowie Königswasser lösen es leicht auf; concentrirte Salpetersäure dagegen macht es, ähnlich wie das Eisen, passiv. Als Ursache dieses letzteren Umstandes nimmt man die Bildung einer Schicht von Nickeloxyduloxyd an.

Schmelzende Alkalien greifen das Nickel nur sehr wenig an. Man wendet es daher wohl zur Herstellung von Schmelztiegeln für Laboratorien an.

Die für die Gewinnung des Nickels wichtigen chemischen Reactionen der Verbindungen dieses Metalles.

Die Oxyde des Nickels.

Es sind zwei Oxyde des Nickels, sowie die entsprechenden Hydrate derselben bekannt, nämlich das Nickeloxydul (NiO) und das Nickeloxyd (Ni_2O_3).

Das Nickeloxydul, NiO,

besitzt eine grüne Farbe. Es bildet sich beim Erhitzen von Nickel in Sauerstoff, in Luft uud in Wasserdampf sowie beim oxydirenden Rösten von Schwefelnickel und Arsennickel, ferner beim Glühen des Hydroxyduls $Ni(OH)_2$ und des Nickelsulfats.

Durch Kohle sowohl wie durch Kohlenoxydgas wird das Nickeloxydul in Rothglut zu Metall reducirt, ohne dass letzteres schmilzt.

Bei der Reduction durch Kohle wird hauptsächlich Kohlensäure, bei der Reduction durch Kohlenoxyd ausschliesslich Kohlensäure entwickelt. Boudouard[1]) fand, dass bei der Reduction von Nickeloxydul durch Holzkohle die Gase bei 550° 98,3 Vol. Proc. Kohlensäure und 1,7 Vol. Proc. Kohlenoxyd, bei 800° 98,9 Vol. Proc. Kohlensäure und 1,1 % Kohlenoxyd enthielten.

Durch Wasserstoff wird pulverförmiges Nickeloxydul schon bei verhältnissmässig niedriger Temperatur (230°) zu Metall reducirt, welches, wie erwähnt, pyrophorisch ist.

Aus Gemengen von Nickeloxydul und Eisenoxyd wird das Nickel durch Kohle und Kohlenoxyd vor dem Eisen zu Metall reducirt.

Mit Kieselsäure verbindet es sich zu Silicaten.

Während beim Erhitzen von Kupferoxydul mit Schwefelkupfer in entsprechendem Verhältnisse das gesammte Kupfer unter Entwickelung von Schwefliger Säure ausgeschieden wird, tritt beim Erhitzen von Nickeloxydul mit Schwefelnickel keinerlei Reaction ein.

Wird Nickeloxydul mit Arseneisen oder Schwefeleisen erhitzt, so entsteht Eisenoxydul und Arsennickel bzw. Schwefelnickel. Das Eisenoxydul bildet bei Anwesenheit von Kieselsäure mit der letzteren ein Eisensilicat.

Nickeloxydul und Schwefelkupfer wirken nicht aufeinander ein.

In Säuren löst sich das Nickeloxydul auf. Durch Schwefelsäure wird es in Nickelsulfat, durch Salzsäure in Nickelchlorür verwandelt.

Das Nickelhydroxydul $Ni(OH)_2$

erhält man durch Fällen von Nickelsalzlösungen mit löslichen Oxyden der Alkali- und Erdalkalimetalle. Dasselbe stellt ein hellgrünes Pulver dar, welches beim Glühen in Nickeloxydul übergeht.

Die sämmtlichen Nickelsalze leiten sich vom Oxydul ab.

Das Nickeloxyd, Ni_2O_3,

besitzt eine schwarze Farbe. Dasselbe erhält man durch schwaches Erhitzen des kohlensauren oder salpetersauren Nickeloxyduls. Dasselbe lässt sich ebenso wie das Nickeloxydul zu Nickel reduciren. Auf Schwefelnickel wirkt es ebenso wenig ein wie das Nickeloxydul. Es sind keine dem Nickeloxyd entsprechenden Salze bekannt.

In Schwefelsäure und Salpetersäure löst es sich (unter Bildung der betreffenden Oxydulsalze) unter Abgabe von Sauerstoff, in Salzsäure unter Freiwerden von Chlor (als Nickelchlorür) und in Ammoniak unter Entwickelung von Stickstoff auf.

Das Hydrat des Nickeloxyds erhält man durch Behandlung von in Wasser suspendirtem Nickeloxydulhydrat mit Chlor.

---

[1]) Recherches sur les équilibres chimiques. Annales de chimie et de physique. Bd. 24. S. 77. Paris 1901.

Einfach-Schwefelnickel, NiS,

findet sich in der Natur als Millerit oder Haarkies. Man erhält dasselbe als eine spröde Masse von speisgelber Farbe durch Erhitzen von Nickel mit Schwefel. Als Pulver erhält man es mit metallischem Nickel gemengt durch Glühen von Nickelsulfat mit Kohle, Kohlenoxyd oder Wasserstoff. Im wasserhaltigen Zustande entsteht es als braunschwarzer Niederschlag beim Zusatz von Schwefelalkalien zu Nickelsalzen. Derselbe ist in verdünnter Salzsäure schwer löslich. Im Ueberschusse von Schwefelalkalien löst er sich in geringem Maasse mit brauner Farbe auf.

Das Schwefelnickel wird nach Mourlot[1]) durch einen Strom von 35 Ampère Stärke und 35 Volt Spannung in Nickelsulfür (Ni_2S) verwandelt. Durch einen Strom von 900 Ampère und 50 Volt wird der Schwefel bis auf einen geringen Rest entfernt.

Das Schwefelnickel wird durch Kupfer unter Abscheidung von metallischem Nickel zerlegt nach den Gleichungen:

$$NiS + 2\,Cu = Cu_2S + Ni,$$
$$2\,NiS + 2\,Cu = Cu_2S + NiS + Ni.$$

Wird Schwefelnickel an der Luft oxydirend geröstet, so entweicht ein Theil des Schwefels als Schweflige Säure, während das Nickel oxydirt wird. Ein anderer Theil der entwickelten Schwefligen Säure verwandelt sich in Schwefelsäure und bildet Nickelsulfat. Durch starkes Erhitzen wird das letztere in Nickeloxydul und Schwefelsäure bzw. Schweflige Säure und Sauerstoff zerlegt. Bei hinreichend lange fortgesetzter Röstung und Anwendung der erforderlichen Temperatur erhält man Nickeloxydul, andernfalls Gemenge von Nickeloxydul, Nickelsulfat und unzersetztem Schwefelnickel.

Unterwirft man Verbindungen oder Gemenge von Schwefelnickel und Schwefeleisen der oxydirenden Röstung, so erhält man bei geeigneter Röstung ein Gemenge von Nickeloxydul und Eisenoxyd. Bei Anwesenheit hinreichender Mengen von Schwefel kann die Röstung bei der grossen Beständigkeit des Nickelsulfats auch so geleitet werden, dass der grössere Theil des Nickels als Nickelsulfat, des Eisens als Eisenoxyd erhalten wird. Unterbricht man die Röstung vor der Entfernung des Schwefels, so erhält man ein Gemenge von Oxyden, Sulfaten und Schwefelverbindungen des Nickels und Eisens.

Unterwirft man Verbindungen oder Gemenge von Schwefelnickel und Schwefelkupfer der oxydirenden Röstung, so erhält man bei geeigneter Leitung der Röstung ein Gemenge von Nickeloxydul und Kupferoxyd. Unterbricht man die Röstung vor der Entfernung des Schwefels, so erhält man ein Gemenge von Oxyden, Sulfaten und Schwefelverbindungen des Nickels und Kupfers. Da das Nickelsulfat sich bei höherer Temperatur

---

[1]) Compt. rend. 1897. 124, I, 768.

zersetzt als das Kupfersulfat, so kann, wenn eine hinreichende Menge von Schwefel zur Bildung von Sulfaten vorhanden ist, die Röstung auch so geleitet werden, dass ein grosser Theil des Nickels in Sulfat, das Kupfer zum grösseren Theile in Oxyd übergeführt wird.

Röstet man Verbindungen oder Gemenge von Schwefelnickel, Schwefeleisen und Schwefelkupfer oxydirend, so erhält man bei hinreichend lange fortgesetzter Röstung und bei Anwendung der erforderlichen Temperatur ein Gemenge von Nickeloxydul, Kupferoxyd und Eisenoxyd. Unterbricht man die Röstung vor der Entfernung des Schwefels, so erhält man ein Gemenge von Oxyden, Sulfaten und Schwefelverbindungen des Nickels, Eisens und Kupfers.

Wenn hinreichend Schwefel zur Bildung von Sulfaten vorhanden ist, so kann die Röstung auch so geführt werden, dass Eisen und Kupfer zum grösseren Theil in Oxyde übergeführt werden, während sich der grössere Theil des Nickels als Sulfat im Röstgute vorfindet.

Erhitzt man Gemenge von Oxyden und Schwefelverbindungen des Nickels und Eisens, welche noch hinreichend Schwefel enthalten, um das Nickel als Schwefelnickel zu binden, mit Kohle und Kieselsäure, so wird das Nickel an Schwefel, das Eisen aber als Oxydul an Kieselsäure gebunden. Ist mehr Schwefel vorhanden, als zur Bindung des Nickels erforderlich ist, so bleibt derselbe beim Eisen und es bildet sich Schwefelnickel, Schwefeleisen oder Nickelstein.

Erhitzt man Gemenge von Oxyden und Schwefelverbindungen des Nickels, Kupfers und Eisens, welche noch hinreichend Schwefel enthalten, um Kupfer und Nickel als Schwefelmetalle zu binden, mit Kohle und Kieselsäure, so werden Kupfer und Nickel an den Schwefel gebunden, während das Eisen als Oxydul an die Kieselsäure geht. Ist mehr Schwefel vorhanden, als zur Bindung von Kupfer und Nickel erforderlich ist, so bleibt derselbe beim Eisen und es bildet sich eine Schwefelkupfer-Schwefelnickel-Schwefeleisen-Verbindung, der sog. Nickelkupferstein.

Leitet man durch eine Schwefelnickel - Schwefeleisen - Verbindung (Nickelstein) bei Anwesenheit von Kieselsäure einen Strom gepresster Luft, so wird das Schwefeleisen unter Entbindung von Schwefliger Säure in Silicat verwandelt, während das Schwefelnickel unverändert bleibt.

Leitet man durch das verbliebene geschmolzene Schwefelnickel Luft, so tritt eine Oxydation des Nickels ein, welches bei Anwesenheit von Kieselsäure als Nickeloxydul verschlackt wird. Es ist daher nicht möglich, aus dem geschmolzenen Schwefelnickel das Metall durch Einblasen von Luft in das erstere auszuscheiden, wie es beim Kupfer der Fall ist.

Das Schwefelnickel findet sich in den Nickelsteinen stets als Einfach-Schwefelnickel (Ni S). Die Verbindung Halbschwefelnickel ($Ni_2 S$) ist in den Steinen bisher noch nicht nachgewiesen worden. Reicht daher in einem Nickelsteine der Schwefel zur Bindung des Nickels als Einfach-Schwefelnickel nicht aus, so findet sich das überschiessende Nickel in metallischem Zustande in demselben. Geschmolzenes Schwefelnickel hat die Eigenschaft, metallisches Nickel aufzulösen und beim Erkalten wieder auszuscheiden.

Schwefelnickel wirkt in der Hitze nicht auf die Oxyde des Nickels ein. Eine Gewinnung des Nickels durch die Reaction von Oxyden und Schwefelmetallen desselben auf einander, wie sie beim Kupfer stattfindet, ist daher ausgeschlossen.

Schwefelnickel und die Oxyde des Eisens reagiren gleichfalls nicht aufeinander.

Schwefelnickel und Kupferoxyd zersetzen sich nach Schweder[1]) je nach den Mengenverhältnissen beider Körper nach den nachstehenden Gleichungen:

$$4\,CuO + 4\,NiS = 2\,Cu_2S + (NiS + Ni) + 2\,NiO + SO_2$$
$$4\,CuO + 2\,NiS = Cu_2S + 2\,Cu + 2\,NiO + SO_2$$
$$4\,CuO + (2\,NiS + 2\,Ni) = Cu_2S + 2\,(Cu\,Ni) + 2\,NiO + SO_2.$$

Durch Wasserdampf wird das Schwefelnickel in der Glühhitze nur sehr langsam und unvollkommen oxydirt.

Kohle und Wasserstoff zersetzen das Schwefelnickel in der Hitze sehr langsam unter Bildung von Schwefelkohlenstoff bzw. Schwefelwasserstoff. Kohlenoxyd wirkt auf glühendes Schwefelnickel nicht merklich ein.

Wird Schwefelnickel mit saurem Eisensilicat zusammengeschmolzen[2]), so geht nur ein sehr kleiner Theil des Nickels in die Schlacke. Von etwa vorhandenem Schwefelkobalt geht ein erheblich grösserer Theil in die Schlacke.

Schmilzt man Verbindungen oder Gemenge von Schwefelnickel, Schwefeleisen und Schwefelkupfer mit Natriumsulfat und Kohle oder mit Schwefelnatrium, so bilden das Schwefelkupfer und Schwefeleisen mit dem Schwefelnatrium einen Stein, in welchen nur ein verhältnissmässig geringer Theil Schwefelnickel hineingeht. Der bei Weitem grössere Theil des Nickels geht mit einem geringen Theile Schwefeleisen und Schwefelkupfer in einen Nickelstein über. Der Kupfer-Eisen-Natrium-Nickelstein ist leichtschmelziger und specifisch leichter als der Nickelstein und sammelt sich über demselben an, so dass beide Arten von Stein leicht von einander getrennt werden können. Durch wiederholte Behandlung des Nickelsteins in der gedachten Weise lassen sich Kupfer und Eisen nahezu vollständig von demselben trennen, so dass man schliesslich Schwefelnickel erhält.

Werden Verbindungen oder Gemenge von Schwefelnickel, Schwefelkupfer und Schwefeleisen mit Kochsalz gemengt und geröstet, so wird das Kupfer in Chlorkupfer übergeführt, während Eisen und Nickel oxydirt

---

[1]) B.- u. H. Ztg. 1878. S. 377; 1879. S. 17.

[2]) Badoureau. Ann. des mines 1877. p. 237. Berg- und H. Ztg. 1878. p. 185, 205, 228, 244 u. 259.

werden. Durch Auslaugen des Chlorkupfers (des Kupferchlorids mit Wasser, des Kupferchlorürs mit Chloralkalien oder verdünnter Salzsäure) kann das Kupfer aus dem Oxydgemenge entfernt werden.

Nickel und Arsen.

Das Nickel hat eine sehr grosse Verwandtschaft zum Arsen und verbindet sich mit demselben in den verschiedensten Verhältnissen. Man nennt die Verbindungen des Arsens mit dem Nickel „Nickelspeisen".

Wird Arsen-Nickel einer oxydirenden Röstung unterworfen, so wird das Arsen zu Arseniger Säure oxydirt, während das Nickel in Oxyd verwandelt wird. Die Arsenige Säure entweicht zum Theil unverändert, zum Theil wird sie zu Arsensäure (As_2O_5) oxydirt, welche letztere sich mit dem Nickeloxydul zu einem Arseniat verbindet. Nickel-Arseniate lassen sich durch Hitze allein nicht zersetzen. Man erhält daher als Ergebniss der Röstung ein basisches Nickel-Arseniat.

Durch Reduction mit Kohle lässt sich das Nickel-Arseniat zu Arsennickel reduciren, welches letztere weniger Arsen enthält als das der Röstung unterworfene Arsennickel. Eine derartige Reduction lässt sich in einem gewissen Maasse schon während der Röstung durch Einmengen von Kohlenpulver oder von kohlehaltigen Körpern (Sägemehl, Tannennadeln) unter die Röstmasse erreichen. Durch Wiederholung der Röstung wird wieder ein Theil Arsen entfernt, und durch reducirendes Schmelzen des Röstgutes lässt sich wieder ein arsenärmeres Arsennickel herstellen. Durch geeignete Wiederholung von Rösten und Schmelzen ist man in der Lage, das Arsen bis auf geringe Mengen vom Nickel abscheiden zu können. Die letzten Antheile von Arsen lassen sich durch Schmelzen des Arsennickels mit Salpeter und Soda entfernen. Hierbei wird das Arsen in arsensaures Natrium übergeführt, welches letztere sich durch Auslaugen vom Nickeloxydul trennen lässt.

Die Nickelspeisen enthalten gewöhnlich ausser Nickel noch Eisen, Kobalt und Kupfer. Durch die oxydirende Röstung derartiger Speisen erhält man ein Gemenge von Oxyden, Arseniaten und unzersetzten Arsenverbindungen der gedachten Metalle.

Arsensaures Eisen lässt sich durch Einmengen von kohlehaltigen Körpern unter die Röstmasse zum grösseren Theile in Eisenoxyd verwandeln, indem die Arsensäure durch die Kohle unter Bildung von Kohlensäure in Arsenige Säure und Arsensuboxyd verwandelt wird.

Sind mit den gedachten Arsenmetallen Schwefelmetalle gemengt oder verbunden, so werden bei der Röstung auch noch Sulfate gebildet.

Abgesehen von den aus den Schwefelmetallen entstandenen Sulfaten werden auch Arsenmetalle durch die bei der Röstung gebildete dampfförmige Schwefelsäure in Sulfate verwandelt.

Von den Metallen Nickel, Kobalt, Eisen hat das Nickel die grösste Verwandtschaft zum Arsen, dann folgt das Kobalt und dann das Eisen.

Erhitzt man Gemenge von Oxyden, Arsenmetallen und Arseniaten des Nickels und Eisens, welche noch hinreichend Arsen enthalten, um das gesammte Nickel als Arsenmetall ($Ni_2 As$) zu binden, mit Kohle und Kieselsäure, so wird das gesammte Nickel an Arsen, das Eisen aber als Oxydul an Kieselsäure gebunden. Ist mehr Arsen vorhanden, als zur Bindung des Nickels erforderlich ist, so bleibt dasselbe beim Eisen und es bildet sich eine eisenhaltige Nickelspeise.

Erhitzt man Gemenge von Oxyden, Arsenmetallen und Arseniaten des Nickels, Kobalts und Eisens, welche noch hinreichend Arsen enthalten, um das Nickel und Kobalt als $Ni_2 As$ bzw. $Co_2 As$ zu binden, mit Kohle und Kieselsäure, so werden Nickel und Kobalt an Arsen gebunden, während das Eisen als Oxydul durch die Kieselsäure verschlackt wird. Ist weniger Arsen vorhanden, als zur Bindung des gesammten Nickel- und Kobaltgehaltes erforderlich ist, so wird ein entsprechender Theil Kobalt verschlackt. Mit dem Kobalt geht auch eine geringe Menge Nickel in die Schlacke. Ist mehr Arsen vorhanden, als zur Bindung von Nickel und Kobalt erforderlich ist, so geht dasselbe an das Eisen und man erhält eine eisenhaltige Kobalt- und Nickelspeise.

Kupfer geht, wenn hinreichend Arsen vorhanden ist, bei Anwesenheit von Kieselsäure und Eisenoxyd vor dem Eisen in die Speise, andernfalls wird es entweder metallisch ausgeschieden oder zu Oxydul reducirt und verschlackt.

Ist gleichzeitig mit dem Kupfer Schwefel in dem Gemenge von Oxyden, Arsenmetallen und Arseniaten vorhanden, so geht das Kupfer, auch wenn eine hinreichende Menge Arsen zur Bindung desselben anwesend ist, an den Schwefel. Sind Kupfer und Schwefel in grösserer Menge vorhanden, so scheidet sich die Schwefelverbindung als Stein aus.

Werden Nickeloxydul, Kobaltoxydul und Kupferoxyd mit Kieselsäure und Arseneisen geschmolzen, so bildet sich beim Vorhandensein einer hinreichenden Menge von Arsen eine Nickel-Kobalt-Kupferspeise, während das Eisen in Eisenoxydul verwandelt und durch die Kieselsäure verschlackt wird.

Nach Badoureau[1]) soll beim Zusammenschmelzen von Nickeloxydul und Kobaltoxydul mit Arsen oder Arsenkies das Nickel fast ganz in die Speise gehen, Kobalt aber nur theilweise.

Wird eine Nickel-Eisenspeise geschmolzen und Luft auf dieselbe geleitet, so wird zuerst das Eisen oxydirt und bei Zusatz von Kieselsäure verschlackt. Erst nach der Entfernung des Eisens wird das Nickel oxydirt. Der Prozess lässt sich so leiten, dass nur das Eisen entfernt wird, während das Nickel an Arsen gebunden bleibt.

---

[1]) l. c.

Enthält die Speise Kobalt, so wird dasselbe nach dez Entfernung des Eisens, also vor dem Nickel, oxydirt und verschlackt. Man erkennt den Uebergang von Kobalt in die Schlacke an der blauen Farbe derselben. Will man daher das Kobalt in der Speise behalten, so muss man den Oxydationsprozess unterbrechen, sobald die Schlacke die beginnende blaue Färbung zeigt. Da sich mit dem Kobalt auch immer gewisse Mengen von Nickel verschlacken, so zeigt auch die blaue Farbe der Schlacke den Uebergang von Nickel in die letztere an.

Schlägt man bei dem oxydirenden Schmelzen ausser Quarz auch Schwerspath zu, so lässt sich das Eisen vollständig entfernen, da Schwerspath und Arseneisen so aufeinander einwirken, dass Eisenarseniat und Schwefelbaryum entstehen und von der Schlacke aufgenommen werden. Etwa vorhandenes Kupfer wird durch das Schwefelbaryum in Schwefelkupfer verwandelt und scheidet sich, wenn es in erheblicher Menge vorhanden ist, als Stein aus.

Nickelsulfat.

$NiSO_4 + 7 H_2O$.

Das Nickelsulfat ist in Wasser löslich. In hoher Temperatur wird es in Nickeloxydul und Schwefelsäure bzw. Schweflige Säure und Sauerstoff zerlegt. Es ist in der Hitze beständiger als die Sulfate des Eisens und Kupfers. Ein Gemenge der Sulfate von Eisen, Kupfer und Nickel kann so erhitzt werden, dass die Sulfate von Eisen und Kupfer in Oxyde und Schwefelsäure bzw. Schweflige Säure und Sauerstoff zerfallen, während das Nickelsulfat zum grössten Theile unzersetzt bleibt. Aus dem Gemenge von Oxyden und Nickelsulfat kann das letztere durch Auslaugen mit Wasser bzw. (das basische Sulfat) mit verdünnten Säuren gewonnen werden.

Wird Nickelsulfat mit Kohle geglüht, so wird dasselbe unter Bildung von Kohlensäure zu Schwefelnickel reducirt. Hierbei wird auch stets unter Bildung von Kohlensäure und Schwefliger Säure ein Theil des Sulfats zu metallischem Nickel reducirt, welches dem Schwefelnickel beigemengt ist.

Kohlenoxyd und Wasserstoff reduciren das Nickelsulfat in der Glühhitze gleichfalls zu Schwefelnickel.

Aus den Lösungen des Nickelsulfats lässt sich das Nickel durch Schwefelalkalien als Schwefelnickel, durch Kaliumhydroxyd, Natriumhydroxyd, Kalkmilch und Magnesiamilch als Oxydulhydrat, durch Sodalösung als basisches Carbonat ausfällen.

Durch den elektrischen Strom lässt sich aus dem Nickelsulfat das Nickel an der Kathode ausscheiden, während das Säureradical an die Anode geht.

Mit Ammoniumsulfat bildet es ein Doppelsalz, $NiSO_4(NH_4)_2SO_4$, welches zur galvanischen Vernickelung benutzt wird.

Nickelchlorür.

Das Nickelchlorür ist in Wasser löslich. Dasselbe zeigt gegenüber Schwefelalkalien, Alkalien, alkalischen Erden und Sodalösung ein ähnliches Verhalten wie das Nickelsulfat.

Durch den elektrischen Strom lässt sich aus Nickelchlorürlösungen das Nickel an der Kathode ausscheiden, während das Chlor an die Anode geht.

Nickelsilicate.

Aus Nickelsilicaten lässt sich durch Kohle Nickel reduciren, wenn die Kieselsäure durch geeignete Basen verschlackt wird. Das Nickel nimmt hierbei, ähnlich dem Eisen, Kohlenstoff und Silicium auf. Schmilzt man eisenhaltige Nickelsilicate mit Kohle und Flussmitteln, so wird auch ein Theil Eisen reducirt und man erhält ein Kohle und Silicium enthaltendes Eisen-Nickel.

Durch Verschmelzen von Nickelsilicaten mit Schwefelkies, Kupferkies sowie mit Schwefelmetallen der Alkalien und alkalischen Erden lässt sich das Nickel in einen Stein oder in ein Gemenge von Stein und Metall überführen.

Durch Verschmelzen von Nickelsilicaten mit Arsen oder Arsenkies lässt sich das Nickel nur sehr unvollkommen in eine Speise überführen.

Durch Säuren (Schwefelsäure, Salzsäure) lässt sich aus gewissen Nickelsilicaten (Garnierit, ein Nickel-Magnesia-Silicat) das Nickel in Lösung bringen.

Nickelcarbonyl.

$Ni(CO)_4$.

Das Nickelcarbonyl ist eine Verbindung des Nickels mit Kohlenoxyd, welche beim Ueberleiten von Kohlenoxyd über Nickel entsteht. Es hat die Formel $Ni(CO)_4$.

Es bildet sich nach Mittasch[1]), wenn reines Kohlenoxyd bei Zimmertemperatur auf fein vertheiltes Nickel einwirkt. Am leichtesten erfolgt seine Bildung bei 30°. Dasselbe stellt eine nach Mond bei 43°, nach Berthelot bei 46° siedende Flüssigkeit von 1,3 spec. Gew. bei 17° dar, welche bei — 25° erstarrt. Schon bei 36° fängt es nach Mond und Nasini an, sich in Nickel und Kohlenoxyd zu zersetzen. Bei 180° soll die Zersetzung vollständig sein. Das Nickelcarbonyl ist in Wasser unlöslich, dagegen leicht löslich in Alkohol, Chloroform, Kohlenwasserstoffen und in ammoniakalischer Kupferlösung. Es brennt mit hell leuchtender Flamme. Das Nickelcarbonyl ist sehr giftig. Auf der Herstellung und der Zersetzung von Nickelcarbonyl beruht das Mond'sche Verfahren der Nickelgewinnung.

---

[1]) Annalen der Physik 1902. Bd. VII. No. 1.

Nickel-Legirungen.

Das Nickel legirt sich mit vielen Metallen. Es findet seine Hauptverwendung zur Herstellung von Legirungen. Hierhin gehören besonders die Legirungen von Kupfer, Zink und Nickel, welche als Neusilber, Weisskupfer, Argentan, Alpaka bekannt sind, sowie Legirungen von Nickel und Eisen bzw. Kohlenstoff-Eisen, ferner Legirungen von Nickel und Aluminium, von Nickel und Chrom bzw. Wolfram. Versilbertes Argentan ist als Chinasilber und Christoflemetall bekannt. Das Neusilber besteht gewöhnlich aus 5 Th. Kupfer, 2 Th. Nickel und 2 Th. Zink. Die Scheidemünzen einer Reihe von Ländern werden aus Nickellegirungen angefertigt. So bestehen die Nickelscheidemünzen des Deutschen Reiches, der Vereinigten Staaten von Nord-Amerika (seit 1866), der Staaten Belgien (seit 1860), Brasilien (seit 1872), Venezuela (seit 1877) aus 75 Th. Kupfer und 25 Th. Nickel. Die Scheidemünzen von Chile bestehen seit 1873 aus 70 Th. Kupfer, 20 Th. Nickel und 10 Th. Zink.

Mit Eisen legirt sich das Nickel in allen Verhältnissen. Es hat die erst in der neuesten Zeit von Ingenieuren in Creusot entdeckte Eigenschaft, die Elasticitätsgrenze und Festigkeit des Eisens bedeutend zu erhöhen, wenn es demselben in einem bestimmten Maasse beigemischt ist.

Eisen mit 0,3 bis 0,5 % Kohlenstoff zeigt bei 3 % Nickelgehalt die höchste Proportionalitätsgrenze, während es bei 60 % Nickelgehalt die höchste Zugfestigkeit besitzt. Bei 30 % Nickelgehalt tritt ein Zerfallen desselben beim Schmieden ein. Die Zähigkeit vermindert sich mit der Zunahme des Nickelgehaltes über eine bestimmte Grenze hinaus und ist bei 16 % Nickelgehalt = 0. Dann nimmt sie wieder zu, bis sie bei 60 % Nickelgehalt den höchsten Betrag erreicht, und nimmt dann allmählich wieder ab.

Durch Zusatz von 2 bis 5 % Nickel zu einem Eisen von 0,3 bis 0,5 % Kohlenstoffgehalt erzielt man eine Erhöhung der Festigkeit desselben, ohne dass seine Zähigkeit vermindert wird. Man verwendet derartiges nickelhaltiges Eisen (Nickelstahl) zur Herstellung von Panzerplatten (3 bis 4½ % Nickel), Panzerthürmen, Geschützschildern, Wellen und Krummzapfen (2 bis 2½ %), Kolbenstangen, Kurbelzapfen, Kesselröhren, Widerstandsdraht, Gewehren, Geschütztheilen u. s. f.

Man stellt gegenwärtig Ferro-Nickel mit 25 %, 35 %, 50 % und 75 % Nickel (welches ausserdem 1 % C, 0,3 % Si, 0,02 % S und 0,03 % P enthält) in grösseren Mengen dar und verwendet es bei der Stahlgewinnung.

Chromnickel, welches gewöhnlich 73 % Cr, 23 % Ni, 2,5 % Fe, 1 % C und 0,5 % Si enthält, wird gleichfalls zum Zwecke der Verwendung bei der Stahlgewinnung hergestellt.

Zu dem gleichen Zwecke wird Wolframnickel mit gegen 23 % Ni, 73 % W, 2,5 % Fe, 1 % C und 0,5 % S hergestellt.

Zur Herstellung von Nickelstahl bzw. Nickeleisen setzt man das Nickel beim Martin-Prozess dem Eiseneinsatz zu, und zwar entweder in der Form von metallischem Nickel oder in der Form von Nickeloxydul. Kleinere Mengen von Nickeloxydul werden durch den Kohlenstoff des Eisens zu Metall reducirt, während bei Verwendung grösserer Mengen desselben Reductionskohle zugesetzt werden muss.

Die Carnegie-Gesellschaft zu Homestead[1]) soll ein Patent ihrer Ingenieure angekauft haben, nach welchem mehr oder weniger eisenreiches Nickeloxydul, mit Kohle und bindenden organischen Substanzen zu Ziegeln geformt, in den Martin-Ofen eingesetzt wird.

In den Vereinigten Staaten von Nord-Amerika werden die Platten von Nickeleisen nach dem Verfahren von Harvey auf der einen Seite durch Cementiren in Stahlplatten verwandelt und dann durch Härten und Anlassen wie verbundene Stahl- und Eisenplatten (Compound-Platten) behandelt. Die nach diesem Verfahren erzeugten Platten besitzen auf der einen Seite die Natur des Eisens, auf der andern Seite die Natur des Stahls und bewähren sich deshalb vorzüglich. Einer ausgedehnten Verwendung des Nickels zur Herstellung von Eisen-Nickel-Legirungen steht die beschränkte Erzeugung dieses Metalles (6000 — 7000 t jährlich) entgegen.

Von den Metallen, welche leichter oxydirbar sind als das Nickel, kann dasselbe durch ein oxydirendes Schmelzen der betreffenden Legirungen (ähnlich wie das Kupfer) geschieden werden.

Die Nickelerze.

Das Nickel findet sich in der Natur nur in Verbindung mit anderen Körpern. In diesen Verbindungen tritt es entweder als vorwaltender Bestandtheil oder in geringer Menge neben anderen Metallen auf.

Für die Nickelgewinnung sind sowohl die eigentlichen Nickelerze als auch diejenigen Mineralien, welche das Nickel in verhältnissmässig geringer Menge als Nebenbestandtheil oder mit anderen Elementen verbunden als Beimengung enthalten, von Bedeutung.

Die grössten Mengen des Nickels werden gegenwärtig aus Silicaten desselben (Garnierit) sowie aus nickelhaltigen Magnetkiesen gewonnen.

Von den eigentlichen Nickelerzen sind die nachstehenden anzuführen.

Kupfernickel, Rothnickelkies oder Nickelin, $NiAs$, mit 43,5% Nickel. Das Nickel ist in diesem Erz öfters in geringem Maasse durch Kobalt und Eisen, das Arsen bis 28% durch Antimon und in geringem Maasse durch Schwefel vertreten. Dieses Erz findet sich bzw. fand

[1]) v. Ehrenwerth. Das Berg- und Hüttenwesen auf der Weltausstellung in Chicago. Wien 1895.

sich in Deutschland (Riechelsdorf, Olpe, Sangerhausen, Kamsdorf, Schneeberg, Annaberg, Harzgerode, Wittichen), Oesterreich-Ungarn (Schladming, Leogang, Dobschau), Frankreich (Allemont in der Dauphiné und Balen in den Basses Pyrénées), England (Pengelly, Fowey Consols und St. Austell Consols in Cornwall) und Schottland (Bathgate Silver Mine).

Weissnickelkies oder Chloantit, Ni As_2, enthält 28,2% Nickel und 71,8% Arsen. Das Nickel wird öfters in geringem Maasse durch Kobalt und Eisen ersetzt.

Dieses Mineral kommt an den nämlichen Fundstätten wie der Rothnickelkies vor.

Der Breithauptit oder das Antimonnickel, Ni Sb, mit 31,5% Ni (St. Andreasberg im Harz), der Ullmannit oder Nickelantimonglanz (Ni Sb_2 + Ni As_2) mit 26,1% Ni (Siegen), der Gersdorffit, Nickelglanz oder Nickelarsenglanz, Ni As_2 + Ni S_2, mit durchschnittlich 35% Ni (Siegen, Schladming, Harzgerode, Helsingland), der Annabergit, die Nickelblüthe oder der Nickelocker ($Ni_3 As_2 O_8 + 8 H_2O$) mit 29,5% Nickel (in den oberen Teufen der Nickelerzlagerstätten vorkommend), der Moresonit oder Nickelvitriol ($Ni SO_4 + 7 H_2O$) (in den oberen Teufen der Nickelerzlagerstätten vorkommend) finden sich nicht in solchen Mengen, dass sie selbstständig auf Nickel verarbeitet werden können.

Der Millerit oder Haarkies, Ni S, mit 64,5% Nickel, findet sich selten in grösseren selbstständigen Massen, dagegen öfters als innige Beimengung von Pyrit und Kupferkies (Nanzenbach bei Dillenburg, Gapgrube in Pennsylvanien, Sudbury in Canada, Arkansas). Derartige Milleritbaltige Pyrite und Kupferkiese bilden ein geschätztes Material für die Nickelgewinnung.

Eisennickelkies oder Necopyrit (2 FeS + NiS) mit 18 bis 21% Nickel findet sich zu Lillehammer im südlichen Norwegen.

Garnierit oder Numeait ist ein wasserhaltiges Nickel-Magnesia-Silicat, welches im Jahre 1863 durch Garnier auf der Insel Neu-Caledonien entdeckt wurde. Derselbe bildet die Ausfüllung von Klüften und Höhlungen eines durch Metamorphose aus Enstatit, einem Magnesiasilicate, entstandenen Serpentins und ist ausser von verschiedenen Magnesiasilicaten, von Chrysopras, Magnetit, Chromit und anderen Mineralien begleitet. Dasselbe bildet in Folge seines ausgedehnten Vorkommens daselbst neben den nickelhaltigen Magnet- und Kupferkiesen von Sudbury in Canada (Ontario) das Hauptmaterial für die Nickelgewinnung. Der Garnierit enthält gewöhnlich

9 — 17%	Nickeloxydul
41 — 46 -	Kieselsäure
5 — 14 -	Eisenoxyd
1 — 7 -	Thonerde
6 — 9 -	Magnesia
8 — 16 -	Wasser.

Der durchschnittliche Nickelgehalt der Erze kann zu 10 % angenommen werden. Die Menge des in denselben enthaltenen Eisens, welches stets mechanisch beigemengt ist, übersteigt oft den Nickelgehalt.

Im reinen Zustande hat der Garnierit entweder eine grüne oder eine schokoladenbraune Farbe. Der grüne Garnierit enthält 45 bis 48 % Nickeloxydul, der braune 43 bis 46 % Nickeloxydul. Je dunkler grün oder braun der Garnierit ist, um so grösser ist sein Nickelgehalt. Das braune Erz wird in grösserer Menge gewonnen als das grüne Erz. Das Erz enthält auch eine geringe Menge Kobalt, indess geht der Gehalt an Kobaltoxydul selten über 0,6 % hinaus[1]).

Die Zusammensetzung des Garnierits wechselt in Folge der Beimengung verschiedener Magnesiasilicate. Auf Grund der Analysen von Garnier und Thiollier ist für denselben die Formel $(NiMg)SiO_3 + nH_2O$ aufgestellt worden. T. Moore in Numea giebt dem Mineral die Formel: $7NiO . 6SiO_2 + H_2O$.

Ein ähnliches Nickel-Magnesiasilicat wie der Garnierit, welches im unreinen Zustande 8,96 % Nickel enthält, ist 1876 von Meissonnier in der Provinz Malaga in Spanien aufgefunden worden. Das Vorkommen ist indess ein untergeordnetes. In der neuesten Zeit ist auch in der Nähe der Station Riddle in Oregon ein Nickel-Magnesiumsilicat mit durchschnittlich 5 % Nickel entdeckt worden.

Nickelverbindungen von ähnlicher Zusammensetzung sind ferner der Rewdanskit von Rewdansk bei Jekaterinenburg im Ural und der Genthit, welcher in Texas und Pennsylvanien vorkommt. Diese Mineralien finden sich indess gleichfalls nur in geringen Mengen, so dass sie nicht den Gegenstand einer selbstständigen Verhüttung auf Nickel ausmachen.

In Silicaten kommt das Nickel ferner in Schlesien vor[2]). Dieselben finden sich dort nördlich von Frankenstein (Kosemütz, Züsendorf, Gläsendorf) im Serpentin. Im Durschnitte enthält es 60 bis 65 % SiO_2, 8,5 bis 12 % MgO, 6 bis 8 % $Fe_2O_3 + Al_2O_3$, 2,3 bis 3,5 % Ni, 8 bis 15 % Glühverlust. Gelegentlich ist das Erz talkiger Natur und enthält dann 4 bis 18 % Nickel.

Das Erz bildet den Gegenstand der hüttenmännischen Gewinnung des Nickels.

Von den Erzen, welche das Nickel nicht als Hauptbestandtheil enthalten, sind besonders gewisse Pyrite, Magnetkiese und Kupferkiese anzuführen. Auch manche Arsenkiese enthalten Nickel.

Nickelhaltige Pyrite und Kupferkiese finden bzw. fanden sich in der Nähe von Dillenburg (Nanzenbach), von Gladenbach, sowie von St. Blasien und Totmoos im Schwarzwald. Der Gehalt der Dillenburger Erze betrug durchschnittlich 5 % Ni und 5 % Cu, der der Erze von St. Blasien 2 bis $2\frac{1}{2}$ % Ni und $\frac{3}{4}$ % Cu.

---

[1]) The Miner. Ind. 1902. S. 488.

[2]) Zeitschr. für Berg-, Hütten- u. Salinenwesen 1902. S. 816.

Nickelhaltige Magnetkiese finden bzw. fanden sich zu Sohland in der Lausitz (Sachsen), in Schweden (Klefva und Smaland, Hudigswall, Gegend von Gefle, von Fahlun und von Sagmyrna), in Norwegen (Fjord von Langesund, Ringeriges Nickelwerk bei Nakkerud, Krageröe, Moss, Snarum, Christiansand), in Piemont (Varallo), in Pennsylvanien (Lancaster Gap-Mine), Massachusetts (Dracut), Oregon und in ausgedehntem Maasse bei Sudbury in Canada. Es beträgt der Nickelgehalt derartiger Erze von Sohland 4 bis 5 %, (neben 2 % Kupfer), Klefva $1^1/_2$ %, Sagmyrna 0,5 bis 0,8 %, Krageröe $1^3/_4$ %, Varallo 1,20 — 1,44 %, der Gap-Grube in Pennsylvannien $1^3/_4$ % (neben 1 % Cu und 0,1 % Co). Der Kupferkies von Ringeriges Nickelwerk in Norwegen enthielt 33,24 % Cu, 0,42—1,75 % Ni und 0,01 % Co. Die Magnetkiese (Pyrrhotite von Sudbury, Ontario), welche sich in grossen linsenförmigen Ausscheidungen in Grünsteinzügen zwischen dem Laurentischen und Huronischen System finden, enthalten $1^1/_2$ bis 9% Ni und sind mit Kupferkies gemengt. Im Durchschnitte enthalten sie 3 % Nickel und etwas über 3% Kupfer. Mit zunehmender Tiefe der Lagerstätten scheint der Kupfergehalt derselben abzunehmen und der Nickelgehalt zuzunehmen. Beispielsweise betrug auf den oberen Sohlen der Copper Cliff Mine der Kupfergehalt der Erze 4 %, der Nickelgehalt 4,5%, während zur Zeit auf der tiefsten Sohle der Kupfergehalt der Erze auf 0,5 % gesunken, der Nickelgehalt aber auf 8 bis 10% gestiegen ist.

Die Erze von Sudbury liefern neben dem Garnierit gegenwärtig das Hauptmaterial für die Nickelgewinnung.

Nickelhaltige Arsenkiese von Dobschau in Ungarn hatten einen Nickelgehalt von $^1/_4$ bis 17 %; derartige Erze von Schladming in Steiermark ergaben einen Gehalt von 11% Ni und 1% Cu.

Zur Zeit kommen für die Nickelerzeugung hauptsächlich der Garnierit aus Neu-Caledonien und die nickelhaltigeu Magnetkiese von Sudbury in Canada in Betracht, da aus diesen Erzen der bei Weitem grösste Theil der Nickelerzeugung herrührt.

Nickelhaltige Hütten-Erzeugnisse als Material für die Nickelgewinnung.

Als nickelhaltige Hütten-Erzeugnisse, welche neben den Erzen das Material für die Nickelgewinnung bilden, kommen besonders die Speisen in Betracht. In denselben sammelt sich das in geringen Mengen in Blei-, Kupfer-, Kobalt- und Silbererzen enthaltene Nickel bei der Verhüttung der gedachten Erze an. Ist kein Arsen in derartigen Erzen vorhanden, so geht das Nickel in anderweite Zwischen-Erzeugnisse wie Steine, Rohkupfer, Garkupfer, Laugen und in Abfallproducte wie Schlacken und Eisensauen über, aus welchen Körpern gleichfalls Nickel gewonnen wird.

Die Gewinnung des Nickels.

Die Gewinnung des Nickels lässt sich

1. auf trockenem Wege,
2. unter Zuhülfenahme des nassen Weges,
3. unter Zuhülfenahme des elektrometallurgischen Weges

bewirken.

Den trockenen Weg wird man grundsätzlich bei Erzen und Hütten-Erzeugnissen anwenden, wenn sich aus denselben ohne Zuhülfenahme des nassen oder elektrometallurgischen Weges reines Metall (oder Nickeloxydul) herstellen lässt, oder wenn die Herstellung von reinem Metall nicht beabsichtigt ist.

Da sich der Nickelgehalt der armen Erze leicht in Zwischenerzeugnissen (Steinen oder Speisen) concentriren lässt, so wird man ihn auch bei armen Erzen anwenden, wenn sich aus diesen Zwischenerzeugnissen ohne Zuhülfenahme des nassen oder elektrometallurgischen Weges reines Metall herstellen lässt oder wenn die Herstellung von reinem Metall nicht beabsichtigt ist.

Der nasse Weg würde bei Erzen nur dann zur Anwendung kommen können, wenn dieselben arm an Nickel wären und wenn die Concentration des Nickelgehaltes derselben auf trockenem Wege (in Steinen oder Speisen) aus wirthschaftlichen Gründen nicht thunlich wäre.

Bei Hütten-Erzeugnissen wird man ihn entweder dann anwenden, wenn es sich um die Herstellung von kupferfreiem Nickeloxydul oder Nickel aus kupferhaltigen Nickelverbindungen handelt oder dann, wenn die Verarbeitung der ersteren auf nassem Wege (sei es auf Metall, Legirungen, Vitriole) vortheilhafter ist als auf trockenem Wege.

Der elektrometallurgische Weg hat erst in der neuesten Zeit befriedigende Ergebnisse bei der Verarbeitung von Hüttenerzeugnissen (Legirungen) geliefert.

Auf Erze ist er nicht mit Vortheil anwendbar. Man benutzt ihn bis jetzt zur Herstellung von kupferfreiem Nickel aus kupferhaltigen Hüttenerzeugnissen sowie zur Herstellung von Nickelsalzen aus kupferhaltigen Hüttenerzeugnissen.

Das metallische Nickel enthält häufig noch fremde Elemente, Nickeloxydul und mechanisch eingeschlossene Gase, welche die technische Verwendung desselben beeinträchtigen. Es bedarf daher in solchen Fällen einer Reinigung von denselben durch besondere Raffinir-Prozesse. Dieselben werden auf trockenem Wege ausgeführt.

Viele Hüttenwerke befassen sich nur mit der Herstellung von nickelhaltigen Zwischenproducten (Stein, Speise). Die weitere Verarbeitung derselben wird in vielen Fällen geheim gehalten. Seit der Verwendung des Nickels zur Herstellung von Nickelstahl werden auch grosse Mengen von Nickeloxydul hergestellt, welches letztere bei der Herstellung des Stahls entweder allein oder mit reducirenden Körpern gemengt zugesetzt werden kann. Falls es allein zugesetzt wird, erfolgt die Reduction desselben zu Nickel durch den Kohlenstoff des Eisens. Auch zur Herstellung von Farben wird Nickeloxydul verwendet.

I. Die Gewinnung des Nickels auf trockenem Wege.

A. Die Gewinnung des Nickels aus Erzen.

Die wichtigsten Nickelerze sind gegenwärtig die Schwefelverbindungen und die Silicate des Nickels. In zweiter Linie stehen die Arsenverbindungen dieses Metalles.

Die Silicate des Nickels werden mit schwefelhaltigen Zuschlägen auf Nickelstein verschmolzen, welcher in der nämlichen Weise weiter verarbeitet wird, wie der bei der Verarbeitung geschwefelter Nickelerze erhaltene Stein.

1. Die Nickelgewinnung aus Schwefelverbindungen des Nickels.

Die als Erze in Betracht kommenden Schwefelverbindungen des Nickels sind nickelhaltige Magnetkiese und Pyrite, welchen in den weitaus meisten Fällen Kupferkies beigemengt ist, also Körper, welche im Wesentlichen aus Schwefel und Eisen sowie aus verhältnissmässig geringen Mengen von Nickel bzw. Kupfer zusammengesetzt sind. Der Nickelgehalt derselben schwankt im Grossen und Ganzen zwischen 1 und 5 %. Das reine Schwefelnickel, der Haarkies oder Millerit, tritt nicht in solcher Menge auf, dass er für sich auf Nickel verarbeitet werden kann, wohl aber ist er den gedachten Erzen öfters in geringeren oder grösseren Mengen beigesellt und kommt daher gleichzeitig mit denselben zur Verhüttung.

Wir haben es nun bei der Verhüttung der geschwefelten Nickelerze auf trockenem Wege ausser mit der Entfernung der Gangarten hauptsächlich mit der Trennung des Nickels von Schwefel, Eisen und Kupfer zu thun.

Handelt es sich, wie es nur selten der Fall ist, um die Verarbeitung von kupferfreien geschwefelten Erzen oder um die Verarbeitung von kupferfreien Steinen, welche aus Silicat-Erzen des Nickels hergestellt worden sind, so gestaltet sich die Gewinnung des Nickels verhältnissmässig einfach. Die Verarbeitung kupferhaltiger Erze dagegen ist wegen der Nothwendigkeit der Trennung des Nickels vom Kupfer schwieriger und verwickelter. In beiden Fällen wird zuerst auf gleiche Weise ein möglichst nickelreicher Stein hergestellt, welcher auf verschiedene Weise weiter verarbeitet wird.

Die Nickelgewinnung aus kupferfreien Erzen bzw. Steinen beruht hauptsächlich darauf, dass die chemische Verwandtschaft des Eisens zum Sauerstoff grösser ist, als die des Nickels und des Schwefels. Infolgedessen ist es möglich, das Eisen aus den gedachten Erzen in Oxyd überzuführen und zu verschlacken, das Nickel aber zum grössten Theil als Schwefelnickel auszuscheiden. Das Schwefelnickel lässt sich bei hinreichend hoher Temperatur durch den Sauerstoff der Luft in Nickeloxydul überführen. Das Nickeloxydul lässt sich durch Kohle zu Nickel reduciren.

Die Herstellung des Schwefelnickels aus den Erzen geschieht durch Röst- und Schmelzoperationen, die Verwandlung des Schwefelnickels in Nickeloxydul durch oxydirendes Rösten, die Reduction des Nickeloxyduls zu Metall durch ein reducirendes Brennen oder Schmelzen.

Bei dem geringen Nickelgehalte der meisten Erze (1—5 %) ist es nicht möglich, aus denselben durch ein einmaliges Rösten und Schmelzen das Schwefelnickel zu gewinnen. Man stellt vielmehr, ganz ähnlich wie bei der Gewinnung des Kupfers aus geschwefelten eisenhaltigen Kupfererzen, durch ein oxydirendes Rösten uud darauf folgendes reducirendes Schmelzen der Erze zuerst eine Schwefeleisen-Schwefelnickelverbindung, einen eisenhaltigen Nickelstein, her und verwandelt denselben bei hinreichendem Nickelgehalte durch ein oxydirendes Schmelzen in einen eisenfreien Nickelstein. Ist der eisenhaltige Nickelstein noch zu arm an Nickel, so gehen dem oxydirenden Schmelzen Concentrationsarbeiten, welche in einem oxydirenden Rösten und darauf folgendem reducirenden Schmelzen bestehen, voraus.

Der so gewonnene eisenfreie Nickelstein wird durch eine Totröstung, welche gewöhnlich aus zwei Röstoperationen besteht, in Nickeloxydul übergeführt, welches, wie erwähnt, durch einen Brenn- oder Schmelzprozess zu Nickel reducirt wird.

Die erste Operation, welcher die Erze unterworfen werden, das oxydirende Rösten, führt die in denselben enthaltenen Schwefelmetalle in ein Gemenge von Oxyden, Sulfaten und unzersetzten Schwefelmetallen über.

Durch das hierauf folgende Schmelzen des Röstgutes mit Kohle und Kieselsäure oder kieselsäurehaltigen Körpern in Schachtöfen wird der grössere Theil des Eisens verschlackt, während der beim Rösten und Schmelzen unzersetzt gebliebene Theil des Schwefeleisens mit dem Nickelgehalte der Erze einen Stein, den sog. Nickelstein bildet.

Da das Nickel, wie erwähnt, in den Erzen nur in verhältnissmässig geringer Menge (1—5 %) vorhanden ist, so lässt man, um die Verschlackung von Nickel zu vermeiden, bei der Röstung erheblich mehr Schwefel in dem Röstgute, als zur Bindung des Nickels erforderlich ist. Man erhält daher bei der Schmelzung einen Nickelstein, welcher noch erhebliche Mengen von Schwefeleisen enthält.

Aus diesem Stein, dem Nickelstein, entfernt man das Eisen mit einem entsprechenden Theile Schwefel durch ein oxydirendes Schmelzen desselben in Flammöfen, Heerdöfen oder Convertern. Ist der Nickelstein arm an Nickel und sehr reich an Eisen, so concentrirt man seinen Nickelgehalt durch eine oxydirende Röstung und ein darauffolgendes Schmelzen des Röstgutes mit Kohle und Kieselsäure oder kieselsäurehaltigen Körpern in Schachtöfen oder ohne Kohlenzusatz in Flammöfen.

Beim Rösten des Nickelsteins und beim Verschmelzen des gerösteten Steins in Schachtöfen mit Kohle und kieselsäurehaltigen Körpern sind die chemischen Vorgänge, abgesehen davon, dass Gangarten nicht mehr zu verschlacken sind, die nämlichen wie beim Rösten und Schmelzen der Erze.

Beim Verschmelzen des gerösteten Steins in Flammöfen wird das in demselben enthaltene Eisenoxyd durch den Schwefel des Schwefeleisens in Eisenoxydul verwandelt und durch Kieselsäure verschlackt, indem der Schwefel in Gegenwart von Kieselsäure dem Eisenoxyd soviel Sauerstoff entzieht, dass er zu Schwefliger Säure oxydirt und das Eisenoxyd zu Eisenoxydul reducirt wird, z. B. nach der Gleichung:

$$FeS + 3\ Fe_2O_3 + x\,SiO_2 = 7\ FeO,\ x\,SiO_2 + SO_2.$$

Das im gerösteten Steine vorhandene Nickeloxydul und ein äquivalenter Theil Schwefeleisen setzen sich in Schwefelnickel und Eisenoxydul um, welches letztere verschlackt wird. Eine Einwirkung des Nickeloxyduls auf Schwefelnickel findet nicht statt. Als Ergebniss des Flammofenschmelzens erhält man Schwefelnickel mit grösseren oder geringeren Mengen Schwefeleisen (je nach dem Eisengehalt des Steins) und ein Eisenoxydulsilicat.

Wird der Nickelstein ohne vorgängige Röstung einem oxydirenden Schmelzen in Flammöfen bei Anwesenheit von Kieselsäure unterworfen, so wird das Eisen in Oxydul verwandelt und verschlackt, während das Schwefelnickel unverändert bleibt. Etwa oxydirtes Nickel setzt sich mit Schwefeleisen in Eisenoxydul und Schwefelnickel um. Auch hier findet eine Einwirkung des Nickeloxyduls auf Schwefelnickel nicht statt. Als Ergebniss des Schmelzprozesses erhält man auch hier Schwefelnickel mit grösseren oder geringeren Mengen von Schwefeleisen und Eisenoxydulsilicat.

Beim Flammofenschmelzen wirkt ein Zuschlag von Schwerspath und Kohle oder von Glaubersalz und Kohle günstig, indem diese Körper durch die Kohle zu Schwefelbaryum bzw. Schwefelnatrium reducirt werden und oxydirtes Nickel in Schwefelnickel verwandeln, während die entstandene Baryterde bzw. das entstandene Natron mit Kieselsäure eine leichtflüssige Schlacke bilden.

Wird Nickelstein unter Zuführung gepresster Luft einem oxydirenden Schmelzen in Heerdöfen unterworfen, so wird das Eisen in Oxydul verwandelt und durch die Kieselsäure des Heerdfutters verschlackt, während das Schwefelnickel unzersetzt bleibt. Es bleiben, wenn die Oxydation hinreichend lange fortgesetzt wird, nur sehr geringe Mengen von Schwefeleisen beim Schwefelnickel zurück. Mit der vollständigen Entfernung des Eisens ist indess immer ein erheblicher Nickelverlust durch Verschlackung verbunden.

Die Entfernung des Eisens aus dem Nickelstein im Bessemer-Converter verläuft sehr rasch und gelingt vollkommen. Ausser dem Eisen werden auch etwa im Stein vorhandenes Arsen und Antimon vollständig entfernt. Durch den in den geschmolzenen Stein eingeblasenen Luftstrom wird das Eisen in Oxydul verwandelt und durch die im Converter-Futter enthaltene Kieselsäure sowie durch zugeschlagenen Quarz verschlackt. Etwa oxydirtes Nickel setzt sich mit noch unzersetztem Schwefeleisen in Schwefelnickel und Eisenoxydul um, welches letztere gleichfalls verschlackt wird. Man erhält am Ende des Prozesses Schwefelnickel und ein Eisensilicat, welches stets gewisse Mengen von Nickel enthält.

Es ist nicht möglich, im Converter durch Fortsetzung des Blasens das Nickel als Metall auszuscheiden, wie beim Kupfer-Bessemer-Prozess das Kupfer aus Schwefelkupfer. Der Grund hiervon liegt hauptsächlich darin, dass Nickeloxydul und Schwefelnickel sich nicht in Nickel und Schweflige Säure umsetzen (wie sich Kupferoxydul und Schwefelkupfer in Kupfer und Schweflige Säure umsetzen), und dass es bei den Temperaturen, welche der Prozess erfordert, nicht möglich ist, allen Schwefel zu oxydiren, ohne dass zugleich auch Nickel oxydirt wird. Schliesslich reicht die bei der Oxydation des Schwefelnickels entwickelte Wärme zum Schmelzen bzw. Flüssighalten des Nickels nicht aus. Da Schwefelnickel metallisches Nickel auflöst, so lässt sich im Converter eine hohe Concentration des Steins an Nickel erzielen. Man kann als Endprodukt ein Gemenge von Schwefelnickel und Nickel gewinnen.

Aus dem auf die gedachte Weise angereicherten und vom Eisen befreiten Nickelstein nun gewinnt man das Nickel durch Totrösten desselben und durch die Reduction des hierbei erhaltenen Nickeloxyduls mit Hülfe von kohlenstoffhaltigen Körpern.

Das Totrösten geschieht in Flammöfen. Die Reduction des Nickeloxyduls geschieht in Tiegeln, wenn man geschmolzenes Nickel erhalten will, in Tiegeln, Röhren oder Muffeln, wenn man schwammförmiges Nickel erhalten will.

Wir haben hiernach für die Verarbeitung der kupferfreien Erze auf Nickel zu unterscheiden:

1. die Verarbeitung der Erze auf Nickelstein,
2. die Verarbeitung des Nickelsteins auf eisenfreien Nickelstein.
3. die Verarbeitung des eisenfreien Nickelsteins auf Rohnickel.

Ist der bei der Verarbeitung der Erze erhaltene Nickelstein noch sehr arm an Nickel, so gehen der Verarbeitung desselben auf eisenfreien Nickelstein noch Concentrationsarbeiten (d. i. Rösten und Schmelzen des Röstgutes in Schachtöfen), bei welchen unter Abscheidung eines Theiles Eisen ein an Nickel angereicherter Stein erhalten wird, voraus.

Sind die Nickelerze kupferhaltig, wie es die Regel ist, so verbleibt das Kupfer in Folge seiner grossen Verwandtschaft zum Schwefel im Stein und man erhält durch oxydirendes Rösten derselben und darauf folgendes reducirendes Schmelzen des Röstgutes einen Schwefeleisen, Schwefelkupfer und Schwefelnickel enthaltenden Stein. (Ist der Stein noch sehr arm an Nickel, so wird er durch Rösten und Verschmelzen des Röstgutes unter gleichzeitiger Entfernung eines Theiles Eisen an Nickel [und Kupfer] angereichert). Aus diesem Stein, welchen wir zum Unterschiede vom kupferfreien Nickelstein Nickelkupferstein (bzw. concentrirten Nickelkupferstein) nennen wollen, entfernt man das Eisen oder wenigstens den grössten Theil davon in gleicher Weise wie aus dem Nickelstein. Die am meisten angewendete Art der Entfernung des Eisens ist der Converter-Prozess.

Für die Verarbeitung des eisenfreien oder eisenarmen Nickelkupfersteins auf metallisches Nickel auf trockenem Wege bestehen verschiedene in ihrer Ausführung geheim gehaltene Verfahren. Das eine dieser Verfahren (Orford-Verfahren) besteht in der Entfernung des Kupfers aus dem Stein durch wiederholtes Schmelzen des letzteren mit Glaubersalz und Kohle, wodurch Kupfer und das noch vorhandene Eisen in Gestalt einer Schwefelkupfer-Schwefeleisen-Schwefelnatrium-Verbindung ausgeschieden werden, während ein nur aus Schwefelnickel bestehender Stein zurückbleibt. Der letztere wird totgeröstet. Das Röstgut wird zu Nickel reducirt. Das andere, bis jetzt nur auf einem Werke in England ausgeführte Verfahren (Mond-Verfahren) besteht in der Totröstung des eisenfreien oder eisenarmen Nickelkupfersteins, in dem Ausziehen eines Theiles Kupfer aus dem Röstgute durch Schwefelsäure, in der Ueberführung des im Röstgute enthaltenen Nickeloxyds in Nickel durch Behandlung des ersteren mit reducirenden Gasen in höherer Temperatur, in der Verwandlung des metallischen Nickels in gasförmiges Nickelcarbonyl durch Behandlung des Metalles mit Kohlenoxyd bei einer bestimmten Temperatur und in der Zerlegung des Gases in Nickel und Kohlenoxyd bei höherer Temperatur unter Wiederbenutzung des Kohlenoxyds zur Herstellung neuer Mengen von Nickel-Carbonyl.

Andere für die Verarbeitung des eisenfreien oder eisenarmen Nickelkupfersteins vorgeschlagene Verfahren, wie die chlorirende Röstung des Steins, das Auslaugen des Chlorkupfers aus dem Röstgute und die Reduction des Rückstandes zu Metall, sind nicht zur definitiven Anwendung gelangt.

In der neusten Zeit ist für die Verarbeitung des Steins der elektrometallurgische Weg mit Vortheil zur Anwendung gelangt. Der Stein wird totgeröstet und auf eine Kupfernickel-Legirung verschmolzen, welche ihrerseits der Elektrolyse unterworfen wird. Auch für eisenfreien Nickelkupferstein ist die Elektrolyse zur Anwendung gelangt.

Auch auf nassem Wege lässt sich der Stein verarbeiten, indem man ihn totröstet, durch Säuren Nickel, Kupfer und Eisen in Lösung bringt und aus der letzteren Kupfer, Eisen und Nickel getrennt niederschlägt. Das Nickel wird als Nickeloxydulhydrat erhalten, aus welchem nach der Entfernung des Wassers das Nickel durch Kohle reducirt wird.

Handelt es sich lediglich um die Gewinnung einer Kupfer-Nickel-Legirung aus dem eisenfreien Nickelkupferstein, so wird der letztere totgeröstet, worauf das aus Nickeloxydul und Kupferoxyd bestehende Röstgut durch Kohle zu geschmolzenem Kupfer-Nickel reducirt wird.

Wir haben hiernach bei der Verarbeitung der kupferhaltigen Nickelerze auf Nickel auf trockenem Wege zu unterscheiden:

1. Die Verarbeitung der Erze auf Nickelkupferstein.
2. Die Verarbeitung des Nickelkupfersteins auf eisenfreien (bzw. eisenarmen) Nickelkupferstein.
3. Die Verarbeitung des eisenfreien (bzw. eisenarmen) Nickelkupfersteins auf Rohnickel.

Ist der bei der Verarbeitung der Erze erhaltene Nickelkupferstein noch sehr arm an Nickel bzw. Kupfer, so gehen der Verarbeitung desselben auf eisenfreien Nickelkupferstein noch Concentrationsarbeiten (Rösten des Steins und Schmelzen des Röstgutes in Schachtöfen) voraus, bei welchen unter Abscheidung eines Theiles Eisen ein an Nickel und Kupfer angereicherter Stein erhalten wird.

Hierzu gesellt sich noch, falls es sich lediglich um die Herstellung einer Kupfer-Nickel-Legirung handelt:

4. Die Verarbeitung des eisenfreien Nickelkupfersteins auf eine Kupfer-Nickel-Legirung.

Nun sind die Verfahren und Apparate für die Verarbeitung von kupferfreien Erzen auf eisenfreien Nickelstein die gleichen wie für die Verarbeitung der kupferhaltigen Erze auf eisenfreien Nickelkupferstein. Es empfiehlt sich daher, die Nickelgewinnung aus Schwefelverbindungen des Metalles unter den nachstehenden Abtheilungen darzulegen:

1. Die Verarbeitung der Erze auf Nickelstein bzw. Nickelkupferstein.
2. Die Verarbeitung des Nickelsteins und des Nickelkupfersteins auf eisenfreien Nickelstein bzw. Nickelkupferstein.
3. Die Verarbeitung des eisenfreien Nickelsteins auf Rohnickel.
4. Die Verarbeitung des eisenfreien Nickelkupfersteins auf Rohnickel.

Hieran ist anzuschliessen:

5. Die Verarbeitung des eisenfreien Nickelkupfersteins auf Kupfer-Nickel-Legirungen.

1. Die Verarbeitung der Erze auf Nickelstein bzw. Nickelkupferstein.

Die Verarbeitung der geschwefelten Nickelerze auf Nickelstein bzw. Nickelkupferstein besteht in einem oxydirenden Rösten derselben und einem darauf folgenden reducirenden Schmelzen des Röstgutes in Schachtöfen. Nur in ausnahmsweisen Fällen, in welchen die Erze mit grossen Mengen von erdigen Gangarten gemengt sind, lässt man die Röstung ganz wegfallen und verschmilzt die ungerösteten Erze zur Verschlackung der Gangarten auf einen Stein.

Das Rösten der Erze.

Die der Röstung zu unterwerfenden Erze, nickelhaltiger Magnetkies und Pyrit, sind gewöhnlich mit Kupferkies und häufig mit Arsen- und Antimonverbindungen, sowie mit Silicaten, Quarz und Erden gemengt.

Durch die Röstung bezweckt man eine Entfernung des Schwefels aus den Erzen bis zu dem Grade, dass noch Schwefel genug vorhanden bleibt, um bei dem der Röstung folgenden reducirenden Schmelzen das gesammte Nickel und Kupfer sowie noch einen Theil Eisen an Schwefel zu binden. Ist Kobalt vorhanden, so soll dieses Metall vollständig an Schwefel gebunden werden. Arsen und Antimon sollen durch die Röstung nach Möglichkeit aus den Erzen entfernt werden.

Da der Nickelgehalt der Erze ein verhältnissmässig geringer ist (1—4%, selten über 5%), so darf die Röstung nicht so weit getrieben werden, dass alles Schwefeleisen zersetzt wird, weil sonst bei dem Schmelzen mit dem Eisen auch ein grosser Theil Nickel und Kupfer verschlackt, sowie bei der in diesem Falle unvermeidlichen Bildung von Eisensauen mit dem Eisen reducirt werden und in die Sauen gehen würde. Es hängt von dem Nickel-, Kobalt-, Schwefel- und Eisengehalte der Erze ab, wie weit die Entschwefelung getrieben werden darf. Wenn möglich, soll dieselbe bei Erzen von 2 bis 5% Nickelgehalt und mehr soweit getrieben werden, dass man beim Verschmelzen ohne erhebliche Nickelverluste einen Stein von 15 bis 25% Nickelgehalt erhält. Beim Verschmelzen nickelarmer Erze (1 bis 2% Nickel) arbeitet man auf Steine von nur 5 bis 10% Nickelgehalt, weil hier Nickelverluste (durch Verschlackung und Bildung von Eisensauen) viel mehr in das Gewicht fallen als bei Erzen von höherem Nickelgehalte. Die Röstung darf ferner umsoweniger weit getrieben werden, je mehr Kobalt in den Erzen vorhanden ist, weil Kobalt eine geringere Verwandtschaft zum Schwefel besitzt als Nickel und sich beim Verschmelzen vor dem letzteren verschlackt. Es muss daher bei einer gewinnbaren Kobaltmenge in den Erzen ein Ueberschuss von Schwefel in dem Röstgute vorhanden sein.

Beim Rösten der Nickelerze entweicht der Schwefel theils als Schweflige Säure, theils wird er in Schwefelsäure umgewandelt. Das Eisen, das Nickel und das Kupfer, welche ihres Schwefels beraubt sind, werden in Oxyde verwandelt. Die durch die Oxydation der Schwefligen Säure in Folge der Berührung der letzteren mit glühenden Theilen der Erzmasse und mit den glühenden Ofenwänden gebildete Schwefelsäure verbindet sich mit einem Theile dieser Oxyde zu Eisensulfat bzw. Nickelsulfat und Kupfersulfat. Durch Erhöhung der Temperatur beim Rösten lassen sich diese Sulfate in Oxyde und Schwefelsäure bzw. Schweflige Säure und Sauerstoff zerlegen. Zuerst zersetzt sich das Eisensulfat, bei höherer Temperatur das Kupfersulfat und bei noch höherer Temperatur das Nickelsulfat.

Wenn man die Röstung lange genug bei der erforderlichen Temperatur fortsetzt, so erhält man ein Gemenge von Eisenoxyd, Nickeloxydul und Kupferoxyd. Unterbricht man aber nach der Entfernung eines gewissen Theiles Schwefel aus den Erzen die Röstung, wie es für den vorliegenden Fall der Herstellung von Nickelstein bzw. Nickelkupferstein erforderlich ist, so erhält man als Erzeugniss derselben ein Gemenge von Oxyden, Sulfaten und unzersetzten Schwefelverbindungen des Eisens, Nickels und Kupfers. Vorwiegend sind in dem Röstgute Eisenoxyd, Schwefeleisen und basische Eisensalze enthalten. War Zinkblende in den Erzen vorhanden, so sind in dem Röstgute auch noch Schwefelzink, Zinkoxyd, neutrales und basisches Zinksulfat vorhanden. Bei Anwesenheit von Arsen und Antimon in den Erzen sind arsensaure und antimonsaure Salze, sowie unzersetzte Antimon- und Arsenmetalle in dem Röstproducte vorhanden. Bei Anwesenheit von Bleiglanz treten noch Schwefelblei, Bleioxyd und Bleisulfat hinzu. Quarz, Schwerspath und Silicate bleiben bei der Röstung unverändert. Calciumcarbonat wird in Calciumsulfat verwandelt.

Ausführung der Röstung.

Die Röstung der geschwefelten Nickelerze lässt sich in Haufen, Stadeln, Schachtöfen, Flammöfen und Gefässöfen ausführen.

Die Auswahl der Röstvorrichtungen hängt von der Nothwendigkeit der Unschädlichmachung der Röstgase, von der Möglichkeit der Verwendung der Röstgase zur Herstellung von verwerthbaren Erzeugnissen (besonders Schwefelsäure), von den Preisen der Brennstoffe und der Höhe der Arbeitslöhne ab.

Die Haufenröstung der Stückerze erfordert lange Zeit, ist bei manchen Erzsorten unvollkommen in ihren Ergebnissen, gestattet keine Unschädlichmachung bzw. Verwerthung der Röstgase und ist, falls sie nicht in Rösthallen ausgeführt wird, mit Metallverlusten durch Auslaugen von Nickel- bzw. Kupfersulfat verbunden, dagegen erfordert sie geringe Anlagekosten, geringe Arbeitslöhne und, da die Erze meistens schwefelreich sind, auch einen niedrigen Aufwand an Brennstoff.

Das Röstklein lässt sich, falls es nicht zu Stücken zusammengebacken werden soll, nur als Decke und Sohle der Rösthaufen für Stückerze verwenden. Das Zusammenbacken des Kleins ist mit einem hohen

Aufwande an Arbeitslöhnen verbunden, während die Röstung des Kleins bis zu dem gewünschten Grade ein bestimmtes Verhältniss desselben zu den Stückerzen erforderlich macht. Im Uebrigen hat die Röstung des Kleins in Haufen die sämmtlichen Nachtheile der Stückerz-Röstung in Haufen.

Die Haufenröstung findet desshalb Anwendung, wenn eine Verwerthung der Röstgase zur Schwefelsäurefabrikation oder zur Herstellung sonstiger verwerthbarer Erzeugnisse wegen des mangelnden Absatzes derselben oder wegen nicht geeigneter Beschaffenheit der Erze ausgeschlossen ist und wenn gleichzeitig der Grund und Boden einen so geringen Werth hat, dass die Beschädigung desselben durch die Röstgase nicht schwer in das Gewicht fällt, während andererseits die Preise der Brennstoffe und die Arbeitslöhne hoch sind.

Diese Verhältnisse treffen für den Hauptsitz der Röstung geschwefelter Nickelerze, die Gegend von Sudbury, Prov. Ontario in Canada, sowie auch zum Theil für Schweden und Norwegen zu.

Die canadischen Erze sind Magnetkiese mit einigen Procenten (3) Nickel und 3 bis 4 % Kupfer. Ein Absatz für Schwefelsäure ist in Sudbury nicht vorhanden. Dabei lassen sich die Erze wegen ihrer Dichtigkeit und ihres verhältnissmässig geringen Schwefelgehaltes nicht gut in Schachtöfen (Kilns, Kiesbrennern, Maletra-Oefen), wie sie für die Schwefelsäurefabrikation in Anwendung stehen, abrösten. Um für die Schwefelsäurefabrikation verwerthbare Röstgase zu erhalten, würde man sie mit anderen Erzen mischen oder in Gefässöfen rösten müssen. Die beste Art der Verwerthung ist daher zur Zeit die Verarbeitung derselben auf Nickelstein an Ort und Stelle ohne Berücksichtigung der Verwerthung oder Unschädlichmachung der Röstgase. Die Röstung der Erze wird desshalb in Sudbury grundsätzlich in Haufen ausgeführt. Erst in der letzten Zeit hat man Sudbury-Erze nach Sault Ste. Marie geführt, um sie mit Pyriten von Michipicoten in Herreshoff-Oefen, welche mit Generatorgas geheizt werden, zu rösten und die Röstgase zur Herstellung von Sulfitzellulose sowie zur Herstellung von flüssiger Schwefliger Säure zu benutzen (The Mineral Ind. 1902. S. 492). Es hat sich im Jahre 1902 hierbei herausgestellt, dass die Röstung von Sudbury-Erzen mit weniger als 25 % Schwefel in Herreshoff-Oefen zum Zwecke der Herstellung von Calciumbisulfit und flüssiger Schwefliger Säure aus den Röstgasen unvortheilhaft ist. Der Gehalt der Röstgase an Schwefliger Säure ist zu niedrig und die Kosten der Heizung des Herreshoff-Ofens mit Hülfe von fremdem Brennstoff sind zu hoch, um einen Wettbewerb mit der Haufenröstung zu gestatten. (The Mineral Industry 1903. S. 490.)

In Schweden (Klefva, Sagmyrna) und Norwegen (Ringerickes Nickelwerk, Kragerö), in welchen Ländern die Nickelhütten zur Zeit grösstentheils ausser Betrieb stehen, liegen ähnliche Verhältnisse vor. Die Erze sind arm an Nickel, ein Markt für Schwefelsäure ist nicht vorhanden und der Grund und Boden ist nicht theuer. In diesen Ländern war desshalb auch die Haufenröstung üblich.

Die Röstung in Stadeln erfordert, ebenso wie die Haufenröstung, einen erheblichen Aufwand an Zeit, verlangt aber ein grösseres Anlagekapital und höhere Arbeitslöhne als die Haufenröstung und belästigt die Gesundheit der Arbeiter beim Entleeren der Stadeln. Sie schliesst eine Verwerthung der Röstgase zur Herstellung von Schwefelsäure aus, gestattet aber die theilweise Unschädlichmachung derselben durch ihre Ueberführung in hohe Essen. Bei richtiger Leitung des Zuges gestattet sie eine gleichmässigere Röstung und eine kürzere Röstzeit als die Haufenröstung. Bei schwefelreichen Erzen ist der Brennstoffaufwand ebenso gering wie bei der Haufenröstung. Das Erzklein lässt sich nur als Sohle und Decke verwenden oder es muss zusammengebacken werden.

Sie ist desshalb dort angebracht, wo eine Verwerthung der Röstgase nicht möglich ist, die nachtheiligen Einwirkungen derselben auf die Vegetation aber durch Einleiten derselben in hohe Essen nach Möglichkeit beschränkt werden müssen.

Man hat sie früher in Dillenburg (Isabellenhütte) und auf Sesiahütte bei Varallo in Piemont angewendet.

Schachtöfen sind in erster Linie für schwefelreiche Erze und zwar sowohl für Stückerze als auch für Erzklein dann anzuwenden, wenn die Röstgase auf Schwefelsäure verarbeitet werden sollen. Hierbei ist die Voraussetzung ein solcher Schwefelgehalt und eine solche Beschaffenheit der Erze, dass die Rösttemperatur durch die bei der Oxydation des Schwefels entbundene Wärme unterhalten wird und dass die Erze gehörig durchbrennen. Auch dürfen die Erze weder leicht sintern noch schmelzen, noch dürfen die Stückerze bei der Rösttemperatur decrepitiren.

In zweiter Linie werden Schachtöfen angewendet, ohne dass eine Verwerthung oder Unschädlichmachung der Röstgase beabsichtigt wird, wenn die Brennstoffe hoch und die Arbeitslöhne niedrig im Preise sind (wobei die Röstgase direct in die Atmosphäre entbunden oder durch Einleiten in hohe Essen theilweise unschädlich gemacht werden können), oder wenn die Erze schnell geröstet werden sollen. In solchen Fällen lassen sich Stückerze in Kilns, pulverförmige Erze in Gerstenhöfer- oder Maletra-Oefen rösten. Schwefelarme Stückerze werden in diesen Fällen mit Brennstoffen geschichtet, während bei pulverförmigen Erzen Flammenfeuerung zu Hülfe genommen werden kann.

Eine Benutzung von Schachtöfen zum Zwecke der Verwerthung der Röstgase der Nickelerze für die Schwefelsäurefabrikation ist dem Verfasser nicht bekannt geworden.

In Dillenburg standen früher Schachtöfen für die Röstung der Nickelerze in Anwendung. Da die Erze (nickelhaltige Pyrite) stark mit Gangarten durchsetzt waren, musste die Rösttemperatur durch eingeschichteten Brennstoff aufrecht erhalten werden.

Die Röstung in Flammöfen schliesst die Verwerthung der Röstgase für die Schwefelsäurefabrikation aus, erfordert die vorgängige Zerkleinerung der Erze und einen erheblichen Aufwand an Brennstoff und Löhnen; dagegen verläuft sie rasch und lässt sich genau dem gewünschten Grade der Entschwefelung anpassen.

Bei dem verhältnissmässig geringen Nickelgehalte der geschwefelten Nickelerze hat die Flammofenröstung wegen der hohen Kosten derselben bis jetzt noch keine Anwendung zur Röstung der ersteren gefunden. Sie würde am Platze sein bei einem hohen Nickelgehalte der Erze und bei beabsichtigter rascher Production, wenn eine Verwerthung der Röstgase nicht beabsichtigt wird oder wegen der Beschaffenheit der Erze nicht thunlich ist, in welchen Fällen die Röstgase durch Einleiten in hohe Essen nach Möglichkeit unschädlich zu machen sind.

Die Gefässöfen erfordern einen erheblichen Aufwand an Brennstoff und Arbeitslohn, lassen aber die Unschädlichmachung und Verwerthung der Röstgase, sowie einen genauen Grad der Abröstung zu. Sie erfordern, wie die Flammöfen, eine vorgängige Zerkleinerung der Stückerze.

Bis jetzt haben sie wegen der hohen Kosten der Röstung noch keine Anwendung zum Rösten geschwefelter Nickelerze gefunden.

Sie sind am Platze bei beabsichtigter Schwefelsäurefabrikation aus Erzen, welche wegen zu geringen Schwefelgehaltes oder wegen Sinterns, Schmelzens oder Decrepitirens zur Röstung in Schachtöfen nicht geeignet sind.

Die Röstung in Haufen.

Dieselbe wird in der nämlichen Weise geführt wie die normale Haufenröstung der kupferkieshaltigen Pyrite oder Magnetkiese (s. Bd. I. S. 32).

Zu Sudbury in Canada werden die Erze, Nickel und Kupfer enthaltenden Magnetkiese mit durchschnittlich 3 % Nickel und etwas über 3 % Kupfer in Steinbrechern zu Stücken von 101 mm, 45 mm und 19 mm Seite zerkleinert und dann auf einer Holzunterlage zu Haufen von 1,5 bis 4,5 m Höhe, bis 25 m Länge und bis 12 m Breite vereinigt. Ein Haufen enthält 600 bis 3000 und mehr t Erz. In der Mitte erhalten sie eine kleine Esse zur Unterhaltung des Luftzuges und zum Abführen der Röstgase. Auf je 20 t Erz legt man 1 cord (3,568 cbm) Röstholz. Das Röstbett legt man auf eine 0,15 bis 0,25 m starke Lage von Erzklein, welches dann bis zu einer bestimmten Tiefe (gewöhnlich auf die Hälfte der Stücke) mitgeröstet wird. Auf das Röstbett legt man die gröbsten Stücke, lässt dann die Stücke von mittlerer Grösse und schliesslich das Erzklein folgen. Den ganzen Haufen umgiebt man mit einer 0,15 bis 0,20 m starken Decke von Schlich. Die Dauer der Röstung schwankt je nach der Grösse der Haufen zwischen 6 und 20 Wochen. Die Röstzeit eines Haufens von 1000 t Inhalt beträgt 60 bis 80 Tage.

Durch die (einmalige) Röstung wird der Schwefelgehalt der Erze von 30 bis 40 % auf 4 bis 7 % heruntergebracht[1]).

[1]) The Mineral Industry 1894. S. 459.

Auf dem gegenwärtig ausser Betrieb gesetzten Werke bei Klefva in Smaland (Schweden) wurden nickelhaltige Magnetkiese mit 1,08 bis 2,03% Nickel und 0,38 bis 1,03% Kupfer in Haufen mit Holzbett von 5000 schwedischen Centnern (à 42 kg) Inhalt einer einmaligen Röstung unterworfen. Zu Sagmyrna in Schweden (ebenfalls eingestellt) wurden Magnetkiese mit 0,6% Nickel und 0,7% Kupfer dreimal geröstet. Die Haufen hatten einen Inhalt von 300 bis 400 t Erz. Ein Haufen brannte 3 bis 4 Wochen.

In Norwegen wurden auf Ringeriges Nickelwerk (ebenfalls eingestellt) Magnetkiese mit 0,42 bis 1,75% Nickel gleichfalls in Haufen der letztgedachten Grösse mit Holz geröstet. Die Röstung dauerte 1 bis 3 Monate. Die Erze wurden nach dem Rösten sortirt. Die schlecht gerösteten Erze wurden beim Rösten frischer Erze zugesetzt.

Röstung in Stadeln.

Eine Röstung geschwefelter Nickelerze in Stadeln fand früher auf Isabellenhütte bei Dillenburg und auf Sesiahütte bei Varallo in Piemont statt. Auf Isabellenhütte wurden die Stadeln später durch Schachtöfen ersetzt.

Auf der Sesiahütte bei Varallo[1]) in Piemont wurden nickelhaltige Pyrite mit 1,20 bis 1,44% Nickel in Stadeln von 4 m Länge, 3 m Breite und 3 m Höhe in 2 Feuern geröstet. Der Einsatz in einen Stadel betrug 60 bis 80 t Erz. Zum Rösten desselben wurden 2 t Holz verbraucht.

Röstung in Schachtöfen.

Auf der schon seit längerer Zeit eingestellten Isabellenhütte bei Dillenburg wurden nickelhaltige Pyrite mit durchschnittlich 3% Nickel und 5% Kupfer in Kilns von 2 m Höhe, $1^1/_3$ m Weite und Tiefe am oberen Ende und $^2/_3$ m Weite und Tiefe am unteren Ende unter Einschichtung von Braunkohlen zur Unterhaltung der Rösttemperatur geröstet. Die Röstgase wurden in eine 30 m hohe Esse geleitet. In 24 Stunden wurden 2 bis 3 t Erz geröstet.

Auch auf der Gap Mine in Pennsylvanien (gegenwärtig erschöpft) wurden Magnetkiese mit $1^3/_4$% Nickel, 0,1% Kobalt und 1% Kupfer in Kilns geröstet[2]).

Das Verschmelzen der gerösteten Erze auf Nickelstein bzw. Nickel-Kupferstein.

Nur bei schwefelarmen Erzen findet ein directes Verschmelzen derselben auf Nickelrohstein statt, wie es früher zu Kragerö in Norwegen bei fein in das Gestein eingesprengten Magnetkiesen mit 1,25% Nickel der Fall war. Die Regel ist die Verschmelzung gerösteter Erze.

[1]) Berg- u. H. Ztg. 1878. S. 185.

[2]) Berg- u. H. Ztg. 1874. S. 142. 1875. S. 58.

Die gerösteten Nickelerze stellen ein Gemenge von Oxyden, Sulfaten und unzersetzten Schwefelmetallen des Nickels, Kupfers und Eisens dar, in welchem der grösste Theil des Nickels und des Kupfers noch an Schwefel gebunden ist. In der Regel gesellen sich hierzu noch Arsen- und Antimonmetalle, arsensaure und antimonsaure Salze, sowie Quarz, Silicate und Calciumsulfat. In manchen Fällen sind auch geringe Mengen von Kobalt in der Form von Schwefelmetall, Oxyd und Sulfat im Röstgute enthalten.

Durch das Verschmelzen der Erze mit Kohle und Zuschlägen soll das Eisen nach Möglichkeit verschlackt, das gesammte Nickel, Kobalt und Kupfer dagegen in einem Steine angesammelt werden. Die Verschlackung des Eisens geschieht durch Reduction des Eisenoxyds zu Eisenoxydul und dessen Bindung an Kieselsäure, sowie durch Zerlegung eines Theiles des Schwefeleisens durch Nickeloxydul und, wenn vorhanden, durch die Oxyde des Kupfers in Gegenwart von Kieselsäure und Kohle. Die Oxyde des Nickels und Kupfers werden hierbei durch das Schwefeleisen in Schwefelnickel bzw. Schwefelkupfer verwandelt, während eine entsprechende Menge Eisen in Silicat umgesetzt wird. Auch Nickelsilicat (welches durch Verschlackung von Nickel in einem gewissen Maasse gebildet wird), sowie in der nämlichen Weise entstandenes Kupfersilicat werden durch das Schwefeleisen unter Entstehung von Eisensilicat in Schwefelnickel bzw. Schwefelkupfer verwandelt. Kobaltsilicat lässt sich dagegen durch Schwefeleisen nicht in Schwefelkobalt überführen. Ein Theil der Oxyde des Nickels und Kupfers wird durch Kohlenoxyd und Kohle zu metallischem Nickel bzw. Kupfer reducirt. Das Nickel wird von dem vorhandenen Schwefelnickel aufgelöst. Das Kupfer verwandelt sich auf Kosten des Schwefels eines Theiles des Schwefeleisens in Schwefelkupfer. Das Eisen wird hierbei metallisch ausgeschieden, falls nicht das Schwefeleisen auf die bis jetzt noch nicht nachgewiesene Schwefelungsstufe des Halbschwefeleisens (Fe_2S) gebracht wird. Bis zum Nachweise der Existenz dieser Verbindung nimmt man daher am besten an, dass das Eisen als Metall ausgeschieden wird. Das letztere wird vom Einfachschwefeleisen ebenso aufgelöst wie das Nickel vom Einfachschwefelnickel. Auch kann etwa noch vorhandenes Eisenoxyd durch das metallische Eisen zu Oxydul reducirt und verschlackt werden. Ein weiterer Theil des Kupferoxyds wirkt, wie beim englischen Kupfergewinnungsprozesse, auf Schwefelkupfer ein. Das hierbei frei gewordene Kupfer schwefelt sich auf Kosten des Schwefeleisens. Das Nickelsulfat wird, soweit es nicht durch die Hitze in Nickeloxydul und Schwefelsäure bzw. Schweflige Säure und Sauerstoff zerlegt wird, zu Schwefelnickel reducirt.

Das Kupfersulfat wird, soweit es nicht in Oxyd und Schwefelsäure bzw. Schweflige Säure und Sauerstoff zersetzt wird, zu Schwefelkupfer reducirt. Die Sulfate des Eisens werden in der Hitze theils direct in Eisenoxyd und Schwefelsäure bzw. Schweflige Säure und Sauerstoff zerlegt, theils werden sie durch Kohlenoxyd in Eisenoxydul und Schweflige Säure verwandelt, während das Kohlenoxyd zu Kohlensäure oxydirt wird.

Das gesammte Schwefelnickel und Schwefelkupfer sowie etwa vorhandenes Schwefelkobalt bilden mit dem unzersetzt gebliebenen Schwefeleisen sowie mit dem in den gerösteten Erzen vorhanden gewesenen Schwefelnickel und Schwefelkupfer bzw. Schwefelkobalt den Nickelstein bzw. Nickelkupferstein. So lange eine hinreichende Menge von Schwefeleisen vorhanden ist, kann nur ein kleiner Theil Nickel als Silicat in der Schlacke bleiben, weil sich das Nickeleisen mit Schwefeleisen zum grössten Theile in Schwefelnickel und Eisensilicat umsetzt. Ebenso wird verschlacktes Kupfer durch Schwefeleisen in Schwefelkupfer verwandelt. Das verschlackte Kobalt dagegen verbleibt in der Schlacke.

Die antimonsauren und arsensauren Salze werden theils zu Antimon- bzw. Arsenmetallen reducirt, theils wird ein Theil Antimon bzw. Arsen aus denselben verflüchtigt. Bei Anwesenheit von unzersetztem Pyrit wird ein Theil des Arsens aus den Arsenmetallen als Schwefelarsen verflüchtigt. Die zurückbleibenden Arsen- und Antimonmetalle gehen, wenn sie nur in geringen Mengen vorhanden sind, in den Stein über, anderenfalls scheiden sie sich als Speise aus. Etwa vorhandener Gyps wird zu Schwefelcalcium reducirt, welches ähnlich wie das Schwefeleisen auf die Oxyde des Nickels und Kupfers einwirkt.

Quarz und Silicate werden verschlackt. Zur Schlackenbildung setzt man ausser nickelhaltigen Schlacken von der eigenen Arbeit und vom Converter-Prozess oder den Steinarbeiten, falls die in dem Röstgute vorhandenen Oxyde des Eisens zur Bindung des Quarzes und der Silicate nicht genügen, basische Erze zu, während bei basischer Beschaffenheit der Erze quarzige und thonige Erze oder saure Schlacken zugeschlagen werden. Sind die Erze zu stark geröstet (so dass eine Verschlackung von Nickel zu befürchten steht), so fügt man ungeröstete Erze zu, während man zu Erzen, welche zu schwach geröstet sind (und in Folge dessen eine grosse Menge nickelarmen Stein liefern), nickelhaltige Schlacken zusetzt.

Wenn möglich, setzt man die Beschickung so zusammen, dass ein Stein von 15 bis 25 % Nickelgehalt erfolgt. Bei sehr armen Erzen muss man auf einen Stein von geringerem Nickelgehalte hinarbeiten.

Die Schlacke darf weder zu reich noch zu arm an Kieselsäure sein. Ein zu hoher Kieselsäuregehalt der Schlacke macht dieselbe strengflüssig, so dass sie bei zäher Beschaffenheit leicht Steintheile mechanisch einschliesst, führt einen hohen Brennstoffverbrauch herbei und veranlasst bei ihrer hohen Schmelztemperatur die Reduction von Eisen aus der Beschickung. In der nämlichen Weise, wie bei der Gewinnung des Eisens im Hochofen das Eisen aus Oxyden und sogar aus Silicaten desselben reducirt wird, kann auch hier aus einer durch den hohen Gehalt an Kieselsäure zu schwerschmelzig gewordenen Beschickung das Eisen und mit ihm ein Theil des Nickels ausgeschieden werden. Dasselbe setzt sich dann gewöhnlich als sog. „Sau“ auf dem Boden des Schachtofens fest und ruft durch das Anwachsen der letzteren sehr bald das Einfrieren des Ofens hervor. Man geht daher erfahrungsmässig nicht gerne über 42 % Kieselsäuregehalt der Schlacke hinaus.

Ein zu niedriger Kieselsäuregehalt bzw. ein zu hoher Eisengehalt der Schlacken macht dieselben specifisch schwer, so dass sie sich schwer vom Stein trennen und Theile desselben mechanisch einschliessen. Auch greifen sie, falls der Schachtofen aus Mauerwerk besteht, das letztere an, indem sie in Folge ihrer basischen Beschaffenheit die Kieselsäure und die sauren Silicate desselben auflösen. Ferner wird aus diesen Schlacken in Folge ihres hohen Eisengehaltes leicht Eisen reducirt, welches sich gleichfalls als Sau auf dem Boden des Ofens absetzt und dadurch die Schmelzcampagnen abkürzt. Wenn nun auch ein zu niedriger Kieselsäuregehalt der Schlacken nicht so nachtheilig ist, wie ein zu hoher Gehalt derselben, so lässt man denselben doch erfahrungsmässig nicht gerne unter 24 % herabsinken und nimmt als untere Grenze desselben 18 % an.

Der zweckmässigste Kieselsäuregehalt der Schlacken liegt erfahrungsmässig zwischen 24 und 36 %.

Hinsichtlich der Silicirungsstufe liegen derartige Schlacken, welche als Base hauptsächlich Eisenoxydul enthalten müssen, zwischen dem Singulo- und Bisilicate. In manchen Fällen stellen sie auch Gemenge von Sub- und Singulosilicaten sowie Singulosilicate dar.

Als Basen können bis zu einem bestimmten Grade ausser dem Eisenoxydul auch Kalk, Magnesia und Thonerde vorhanden sein. Indessen machen Magnesia und Thonerde die Schlacken schon bei verhältnissmässig geringen Mengen schwerschmelzig, während Kalk in grösserer Menge in denselben vorhanden sein kann.

Das Verschmelzen der Erze geschieht in Schachtöfen. In der neuesten Zeit richtet man dieselben so ein wie die neueren Schachtöfen zum Verschmelzen gerösteter eisenhaltiger Kupfererze mit kreisrundem, elliptischem oder rechteckigem Horizontalquerschnitt. Bei Anwendung derselben hat man die nämlichen Vortheile erzielt (grosses Durchsetzquantum und geringen Brennstoffverbrauch) wie beim Verschmelzen der Kupfererze in denselben. Oefen dieser Art sind daher grundsätzlich für das Verschmelzen gerösteter, geschwefelter Nickelerze anzuwenden. Auf den Werken der Canadian Copper Company bei Sudbury setzt man in einem Herreshof-Ofen mit Wassermantel von 2,7 m Höhe, 1,9 m langer Seite und 0,99 m kurzer Seite des Ofenquerschnitts im Formniveau in 24 Stunden 125 t Erz durch. Auf den Werken der Ludwig Mond Co. zu Victoria bei Sudbury setzt man in einem mit Wassermantel versehenen Ofen von 5,6 m Höhe (von der Hüttensohle bis zum Beschickungsboden) und 3,048 × 0,914 m Fläche der Formebene in 24 Stunden bis 200 t Erz durch[1]).

[1]) The Min. Ind. 1902. S. 494.

Die Höhe der Oefen hängt von dem Eisengehalte der Beschickung und der Art des Brennstoffs ab. Je höher die Oefen, um so leichter tritt in denselben eine Reduction von Eisen ein. Für eisenreiche Beschickungen sind daher niedrigere Oefen anzuwenden als für eisenärmere Beschickungen. Bei Anwendung von Holzkohlen sind unter sonst gleichen Verhältnissen höhere Oefen anzuwenden als bei Anwendung von Koks, weil sich die Verbrennung bei Holzkohlen stark in die Höhe zieht und daher bei niedrigen Oefen ein Theil derselben an der Gicht unnütz verbrennen würde.

Im Allgemeinen schwankt die Höhe zwischen 2 und 6 m. Bei Anwendung von Koks geht man selten über 5 m (vom Sohlstein bis zur

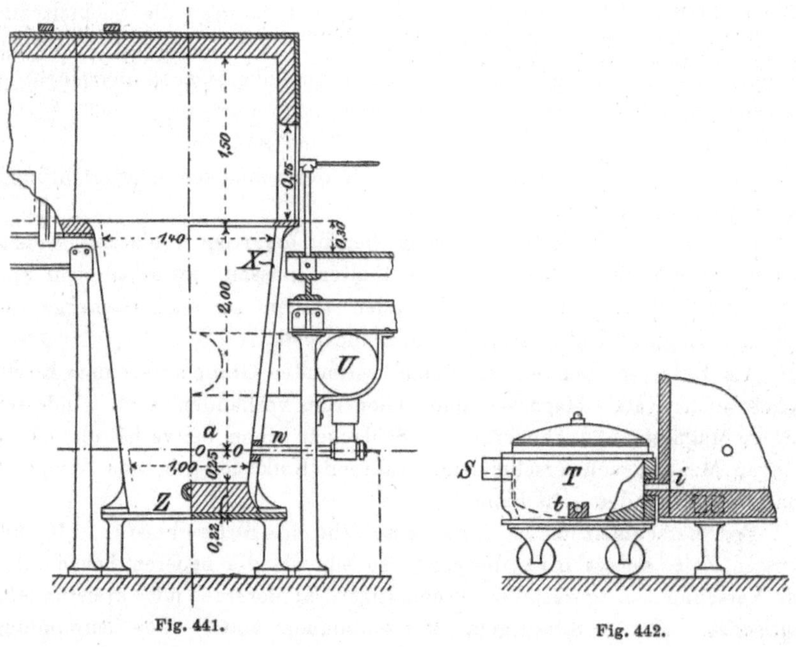

Fig. 441. Fig. 442.

Gicht) hinaus, während die Höhe bei Anwendung von Holzkohlen bis 6 m beträgt. Die Höhe von den Formen bis zur Gicht beträgt bei Koks 2 bis 4 m, bei Holzkohlen 4 bis 5 m. Zu Sudbury in Canada beträgt die Höhe von der Formebene bis zur Gicht bei Herreshof-Oefen 2 bis 3 m, zu Victoria bei einem Ofen mit Wassermantel 3,91 m.

Der Horizontalquerschnitt der Oefen ist am besten kreisförmig, rechteckig oder oval. Die Windpressung schwankt, von besonderen Fällen abgesehen, zwischen 15 und 50 mm Quecksilbersäule. Den Durchmesser der Oefen bzw. die kurze Seite des Rechtecks macht man, je nachdem die Erze leicht- oder schwerschmelzig sind und bzw. je nachdem die Pressung niedrig oder hoch sein muss, in der Formebene von $^3/_4$ bis $1^1/_3$ m und lässt ihn sich nach der Gichtöffnung hin etwas vergrössern. (Für den

Bau und die Abmessungen der Oefen gilt das Bd. I. S. 119 ff. über die Schachtöfen für das Verschmelzen der Kupfererze Gesagte.)

Die Formen sind möglichst symmetrisch an dem Umfange der Formscheibe zu vertheilen. (Bei den älteren Oefen befanden sich die Formen in der Hinterwand des Ofens.)

Die Erzeugung des Windes geschieht gegenwärtig grundsätzlich durch Kapselgebläse, sog. Blower.

Eine Erhitzung des Gebläsewindes findet nur selten statt (Victoria bei Sudbury), weil dadurch die Reduction von Eisen befördert wird.

Als Zustellungsart wendet man bei einem hohen Eisengehalte der Beschickung die Spurofenzustellung an, da bei längerem Verweilen der geschmolzenen Massen im Ofen eine Ausscheidung von Eisen aus denselben und die Bildung von Sauen auf der Ofensohle zu befürchten ist. Die Behälter zum Sammeln des Nickelsteins (Spurtiegel) füttert man mit Ziegelsteinen oder Gestübbe. Mit Eisen gefütterte Behälter wendet man nicht an, da das Eisen durch den Nickelstein leicht zerstört wird.

In Schweden (Klefva, Sagmyrna) hat man früher die Sumpfofenzustellung angewendet.

Die Einrichtung eines zu Sudbury in Canada angewendeten Wassermantelofens ist aus den Figuren 441 u. 442 ersichtlich. Die eingeschriebenen Maasse sind metrische.

X ist der aus stählernen Kesselblechen hergestellte Wassermantel. Der Wasserraum w zwischen denselben ist 0,0508 m weit. U ist das Windleitungsrohr. Der Ofen ist als Spurofen zugestellt. Die geschmolzenen Massen fliessen aus demselben durch das gekühlte Rohr i in das auf Rädern ruhende Sammelgefäss T. Das Rohr ist doppelwandig und besteht aus Bronce. Die Kühlung desselben geschieht durch Wasser. Das Sammelgefäss ist seitlich mit einem Wassermantel umgeben, hat einen abhebbaren Deckel und einen aus feuerfester Masse hergestellten Boden. Der Abfluss der Schlacke erfolgt durch die hoch liegende Schlackenrinne S, während das Abstechen des Steins durch das mit einem doppelwandigen Kühlrohr aus Bronce versehene Stichloch t geschieht. In dem Kühlrohr circulirt Wasser. Der Boden des Ofens wird durch eine tellerförmige Platte gebildet, auf welcher sich eine schwache Sandlage und dann eine Reihe feuerfester Ziegel befindet. Auf der Ziegellage lässt man sich eine bis zum unteren Rande des Auges reichende Lage von erstarrten geschmolzenen Massen festsetzen, auf welchen die flüssigen Massen durch das Auge in den Vorheerd fliessen. Während des Betriebes stehen die flüssigen Massen stets über dem oberen Rande des Auges, so dass ein Durchblasen des Windes nicht möglich ist. Während des Abstechens wird die Schlackenöffnung im Vorheerde durch Thon verstopft, so dass auch hier der Wind nicht durchblasen kann.

Bei anderen Oefen dieser Art hat der Horizontalquerschnitt die Gestalt eines Rechtecks mit abgerundeten Ecken. Die langen Seiten desselben messen im Formniveau 1,828 m, die kurzen Seiten 0,914 m. Die Zahl der Düsen beträgt 12, 5 an jeder langen Seite und 1 an der Rückseite. Die Höhe des Ofens vom Formniveau bis zur Gicht beträgt gegen 2 m.

Die Oefen der Mond-Gesellschaft zu Victoria bei Sudbury[1]) besitzen rechteckige Gestalt. Jeder Ofen hat einen 2,438 m hohen Wassermantel aus Stahlblech. Das innere Stahlblech ist 0,00952 m stark, das äussere 0,00694 m stark; der Zwischenraum zwischen beiden Blechen beträgt 0,153 m. Ueber dem Wassermantel befinden sich senkrechte 1,6002 m hohe und 0,228 m dicke Ziegelwände. In der Formebene beträgt die Fläche des Ofens 3,048 × 0,914 m, am oberen Ende des Wassermantels 3,048 × 1,727 m. Die Höhe des Ofens von der Hüttensohle bis zum Beschickungsboden beträgt 5,6 m. Die Formebene liegt 1,727 m über der Hüttensohle. Die Zahl der Formen beträgt 8 an jeder langen Seite des Ofens. Die Oefen sind Spuröfen. Die Sohle des Ofens bildet eine mit feuerfestem Material bedeckte Platte aus Gusseisen, welche auf 12 gusseisernen Säulen von je 0,939 m Höhe ruht. Die Entfernung von der Grundplatte bis zum Wassermantel beträgt 0,558 m. Schlacke und Stein sammeln sich in einem fahrbaren, aus Stahlblech hergestellten und mit einem Futter aus feuerfester Masse versehenen Vorheerd von 2,74 m Durchmesser und 1,066 m Höhe an, in welchem sie sich nach ihren spec. Gewichten trennen. Die Schlacke fliesst in einem bestimmten Niveau durch eine kupferne Rinne ab, während der Stein periodisch durch ein Stichloch entfernt wird. Die Ofengase durchziehen eine Flugstaubkammer. Der durch Blower gelieferte Wind wird in einem über der Flugstaubkammer befindlichen und von derselben durch Stahlplatten getrennten Raum vorgewärmt.

Der Betrieb beim Verschmelzen der gerösteten Nickelerze wird ähnlich geführt wie der Betrieb beim Verschmelzen der gerösteten Kupfererze.

Als Erzeugnisse desselben erhält man Nickelstein bzw. Nickelkupferstein und Schlacke. Bei hohem Eisengehalte der Beschickung können „Eisensauen“ entstehen, welche einen erheblichen Theil Nickel enthalten.

Der Nickelstein bzw. Nickelkupferstein, wie er gegenwärtig erzeugt wird, enthält 15 bis 25 % Nickel. Früher erzeugte man aus ärmeren Erzen mit 0,42 bis 2 % Nickel Steine von 3,25 bis 10 % Nickelgehalt, welche durch Concentrationsarbeiten an Nickel angereichert werden mussten. Derartige Steine wurden in Schweden, Norwegen und in Piemont erzeugt.

Den geringsten Nickelgehalt von 3,25 % enthielt der früher zu Kragerö in Norwegen aus Erzen, welche Magnetkies fein eingesprengt enthielten (mit 1,25 % Nickelgehalt) und welche desshalb ungeröstet verschmolzen wurden, hergestellte Rohstein[2]).

---

[1]) The Miner. Ind. 1902. S. 494.

[2]) Balling. Metallhüttenkunde S. 570.

Zu Klefva in Schweden[1]) wurde aus Erzen von der nachstehenden Zusammensetzung

	I. Qualität	II. Qualität
Ni	2,03	1,08
Co	0,10	0,07
Fe	57,68	43,24
Mn	0,12	0,20
Cu	0,38	1,03
S	33,52	24,45
$Si O_2$	0,40	14,75
$Al_2 O_3$	0,20	4,32
Ca O	0,12	2,73
Mg O	0,09	2,04

ein Nickelrohstein hergestellt, welcher enthielt:

Ni	4,70
Cu	2,30
S	31,05
Fe	61,95

Der aus ähnlichen Erzen hergestellte Rohstein von Sagmyrna in Schweden enthielt 5 % Nickel.

Der auf Ringeriges Nickelwerk[2]) in Norwegen aus Magnetkiesen mit 0,42 bis 1,75 % Nickel hergestellte Rohstein enthielt 5 bis 6 % Nickel und 3,6 bis 3,8 % Kupfer. Die Zusammensetzung desselben war nach Schweder (B.- u. H. Ztg. 1878. S. 423)

	I	II
S	26,5	28,30
Fe	59,62	55,30
Ni	5,7	6,01
Cu	3,65	3,80
Rückstand	3,88	5,92

Der auf Sesia-Hütte bei Varallo in Piemont aus Kiesen mit 2,2 % Nickel hergestellte Rohstein hatte 7 % Nickel. Steine mit derartig geringem Nickelgehalte werden gegenwärtig nur noch in Ausnahmefällen hergestellt.

Auf Isabellenhütte bei Dillenburg stellte man früher aus Erzen mit 3 % Nickel und 5 % Kupfergehalt, welche aus nickelhaltigem Pyrit, Kupferkies und Serpentin bestanden, Rohstein von der nachstehenden Zusammensetzung dar[3]):

---

[1]) Balling. l. c. S. 568.

[2]) Schweder. B.- u. H. Ztg. 1879. S. 18, 79, 106, 122.

[3]) Schnabel. Preuss. Zeitschr. 1866. S. 108.

	Ni	Cu	Fe	S
I	19,44	22,30	35,20	22,00
II	14,30	14,92	44,90	26,04
III	18,11	13,39	42,46	26,04
IV	13,03	16,55	42,80	27,82

Der gegenwärtig zu Sudbury in Canada hergestellte Stein hat 15 bis 25 % Nickelgehalt.

Auf der Ausstellung in Chicago vorhandene Proben dieses Steins enthielten[1]):

Ni	18 bis 25 %
Cu	20 - 25 -
Fe	25 - 35 -
S	20 - 30 -

Ahn[2]) giebt die Zusammensetzung dieses Rohsteins von Sudbury an wie folgt:

Ni	15,5
Cu	27
Fe	30
S	26
Co, Pt, Ag, Au	1,5

Im Jahre 1902 enthielt der auf den Werken der Canadian Copper Co. zu Sudbury hergestellte Nickelkupferstein durchschnittlich 13,2 % Cu, 17,8 % Ni, 0,45 % Co, 42 % Fe und 21,4 % S. Ausserdem enthielt er in der t: 1,90 Unzen Ag, 0,35 Unzen Pt und 0,35 Unzen Palladium[3]).

Der Schwefel des Nickelrohsteins ist mit Kupfer und Silber zu Halbschwefelmetallen (Cu_2S und Ag_2S), mit Nickel und Eisen zu einfachen Sulfureten (Ni S und Fe S) verbunden. Reicht er, wie es gewöhnlich der Fall ist, zur Bildung der einfachen Schwefelungsstufen von Nickel und Eisen nicht aus, so ist der Ueberschuss der gedachten Metalle, wie die Versuche von Schweder[4]) dargelegt haben, in den einfachen Schwefelungsstufen derselben im geschmolzenen Zustande aufgelöst. Beim Erkalten scheidet er sich aus. Die Existenz von Subsulfureten des Nickels und Eisens ist nach den Versuchen von Schweder zweifelhaft.

Die Schlacken stehen, wie schon erwähnt, zwischen Singulo- und Bisilicaten, gehen aber auch wohl zur Silicirungsstufe eines Gemenges von Sub- und Singulosilicaten herunter. Bei gutem Betriebe sollen dieselben so geringe Mengen von Nickel enthalten, dass sie abgesetzt werden können.

---

1) v. Ehrenwerth. Das Berg- und Hüttenwesen auf der Weltausstellung in Chicago. Wien 1895.

2) v. Ehrenwerth. l. c.

3) The Min. Ind. 1902. S. 493.

4) Schweder. B.- u. H. Ztg. 1878. S. 409.

Dem Verfasser standen nur sehr wenige vollständige Schlacken-Analysen zu Gebote.

Eine Schlacke, wie sie früher auf Isabellenhütte bei Dillenburg erzeugt wurde[1]), war zusammengesetzt wie folgt:

Kieselsäure	38,56
Thonerde	7,16
Eisenoxydul	35,64
Kalkerde	13,55
Magnesia	4,79

Der Nickelgehalt ist nicht angegeben, soll sehr gering gewesen sein und nur von mechanisch eingeschlossenem Stein hergerührt haben.

Die Schlacke von Ringeriges Nickelwerk in Norwegen enthielt nach Schweder[2]) 0,108 % Nickel und 0,080 % Kupfer.

Die Schlacke von Sudbury soll hinsichtlich ihrer Silicirungsstufe zwischen Singulo- und Sesquisilicat liegen. Eine Schlacke von Sudbury enthielt 38 % SiO_2, 43 % FeO, 4,5 % CaO, 10 % Al_2O_3, 2 % S, 0,45 % Ni, 0,40 % Cu und 2,5 % MgO. Der Kieselsäuregehalt der Schlacke von Sudbury schwankt zwischen 27 und 38 %, der Gehalt an Eisenoxydul zwischen 43 und 46 %. Der durchschnittliche Gehalt an Kupfer wird zu 0,3 bis 0,4 %, an Nickel zu 0,3 bis 0,4 % angegeben[3]).

Die Schlacken vom Erzschmelzen werden theils bei der nämlichen Arbeit und bei den Concentrationsarbeiten des Nickelsteins zugeschlagen, theils abgesetzt.

Die Eisensauen bestehen hauptsächlich aus metallischem Eisen, welchem Nickel und Kupfer sowie Schwefel-Kohlenstoff-, Silicium-, Arsen- und Antimonverbindungen beigemengt sind. Eisen und Nickel entstehen sowohl durch die Reduction ihrer Oxyde als auch durch Abscheidung aus dem geschmolzenen Rohstein, welcher häufig mit diesen Metallen übersättigt ist.

Eine Eisensau von Dillenburg enthielt:

Ni	4,85
Cu	1,40
Fe	88,17
Co	0,05
S	4,05
SiO_2	2,11

Eine Eisensau von Ringeriges Nickelwerk in Norwegen enthielt nach Schweder (l. c.)

[1]) Kerl. Metallhüttenkunde S. 542.

[2]) l. c.

[3]) The Min. Ind. 1902. S. 493.

S	10,34
Ni	18,11
Cu	2,7
Fe	68,85

Die Sauen werden, falls sich die Gewinnung ihres Nickelgehaltes lohnt, auf Heerden verblasen oder in Flammöfen mit Schwefelmetallen verschmolzen oder auf nassem Wege zu Gute gemacht.

Beispiele für das Verschmelzen der gerösteten Erze auf Nickelstein bzw. Nickel-Kupfer-Stein.

Zuerst soll das nur noch historisches Interesse beanspruchende Verschmelzen der Nickelerze, wie es früher in kleinen Oefen in Dillenburg, in Schweden, Norwegen und Piemont gehandhabt wurde, kurz dargelegt werden, dann soll das gegenwärtig im Vordergrund des Interesses stehende Verschmelzen der canadischen Nickelerze in den heute angewendeten grossen Oefen, wie es in der Gegend von Sudbury in Canada ausgeführt wird, betrachtet werden.

Auf Isabellenhütte bei Dillenburg[1]) wurden früher die in Kilns gerösteten Erze, welche im rohen Zustande 3 % Nickel und 5 % Kupfer enthielten und als Gangarten Kalkspath und Diorit führten, in Krummöfen von 1,5 m Höhe, 0,7 m Weite und 0,7 m Tiefe, welche als Spuröfen mit Brillenheerdvorrichtung zugestellt waren, mit einer Form in der Hinterwand bliesen und mit Nase schmolzen, dem Schmelzen auf Rohstein unterworfen. Die Windpressung betrug 15 bis 16 mm Quecksilbersäule. Die Beschickung bestand aus 100 G.-Th. geröstetem Erz und 63 G.-Th. Schlacke vom Erzschmelzen. In 24 Stunden wurden 2,2 t geröstetes Erz durchgesetzt. Der Koksverbrauch betrug 70 Th. auf 100 Th. Nickelstein. Aus 100 G.-Th. Erz erhielt man 30 G.-Th. Nickelstein mit 13 bis 19 % Nickel. Die Zusammensetzung der Schlacke ist oben angegeben.

Zu Klefva in Schweden[2]) wurden die oben angeführten Erze mit 1,08 bis 2,3 % Nickelgehalt nach vorgängiger Haufenröstung in als Sumpföfen zugestellten fünfförmigen Schachtöfen, welche theils mit Koks, theils mit Holzkohle betrieben wurden, verschmolzen. Die Oefen hatten oblongen Horizontalquerschnitt bei 1,27 m Breite und 1 m Tiefe. Der Ofensumpf ragte bis 0,88 m über die Ofenbrust hinaus. Die Höhe der Koksöfen betrug 3,84 m, die der Holzkohlenöfen 5,92 m. Die Beschickung bestand aus geröstetem und etwas rohem Erz, unreinen Erzschlacken und Schlacken vom Concentriren des Rohsteins. In 24 Stunden wurden 34 t Beschickung durchgesetzt. Aus derselben erhielt man 6,3 t Nickelstein mit 4,7 % Nickelgehalt. Ueber den Brennstoffverbrauch sind Angaben nicht gemacht. Die

[1]) Schnabel l. c.

[2]) Balling. Metallhüttenkunde. S. 566.

Ofencampagnen dauerten bei Anwendung von Koks 2 Monate, bei Anwendung von Holzkohlen 6 Monate.

In Sagmyrna in Schweden[1]) wurden nach Badoureau Erze, welche im ungerösteten Zustande 0,6 % Ni und 0,7 % Cu enthielten, nach vorgängiger Haufenröstung in Oefen mit trapezoidalem Horizontalquerschnitt von 4,15 m Höhe (3,80 m Höhe zwischen Formebene und Gicht) und 0,96 m Entfernung zwischen Vorder- und Hinterwand verschmolzen. Die Zahl der Formen betrug 5 und zwar 3 an der Hinterwand, 1 an jeder Seitenwand. (Die übrigen Abmessungen, die Windpressung und die Art der Zustellung des Ofens sind in der Quelle nicht angegeben.) In 24 Stunden wurden 10 bis 12 t Erz durchgesetzt. (Der Koksverbrauch ist nicht angegeben.) Der erhaltene Stein enthielt durchschnittlich 4 % Ni und 4,5 % Cu.

Auf Ringeriges Nickelwerk in Norwegen[2]) wurden geröstete Erze, welche im rohen Zustande einen Durchschnittsgehalt von 1,73 % Nickel, 0,81 % Kupfer und 30 % Gangart besassen, nach vorgängiger Haufenröstung in Schachtöfen von 2 m Höhe, 1 m Tiefe und 1 m Breite, welche als Sumpföfen zugestellt waren und mit 3 Formen bliesen (1 an der Hinterwand, 1 an jeder Seitenwand) auf Stein mit 5 bis 6 % Nickel und 3,6 bis 3,8 % Kupfer verschmolzen. Die Beschickung bestand aus

100	G.-Th.	Röstgut
25	-	Schlacke
21	-	Koks.

Das Durchsetzquantum sowie die Windpressung sind in der Quelle nicht angegeben. Die Schmelzcampagnen dauerten nur 3 Wochen. Nach dieser Zeit waren die auf dem Boden des Ofens ausgeschiedenen Eisensauen so stark angewachsen, dass der Betrieb eingestellt werden musste und erst nach dem Ausbrechen der Sauen wieder aufgenommen werden konnte.

Zu Kragerö in Norwegen[3]) wurden Erze mit 1,25 % Ni ungeröstet in 2,4 m hohen Schachtöfen unter Zuschlag von Raffinirschlacken (Schlacken von der Concentration des Nickelsteins) auf einen Nickelstein mit nur 3½ % Nickel verschmolzen.

Auf Sesia-Hütte bei Varallo in Piemont[4]) wurden kiesige Erze mit 1,20 bis 1,44 % Ni in als Brillenöfen zugestellten Schachtöfen von 2 m Höhe, 50 cm Weite und 60 cm Tiefe mit einer Form in der Hinterwand von 5 cm Rüsselweite bei einer Windpressung von 44 mm Quecksilbersäule auf einen Stein mit 7 % Nickelgehalt verschmolzen. Die Beschickung bestand 1878 aus

---

[1]) B.- u. H. Ztg. 1878. S. 186.

[2]) Schweder l. c.

[3]) Dingler. Bd. 229. S. 376.

[4]) Badoureau. Annales des Mines 1877. S. 237. Berg- u. Hüttenm. Ztg. 1878. S. 186.

100 G.-Th. Röstgut
28 - Kalkstein
25 - Thon
37 - Schlacke vom Concentrationsschmelzen.

Auf 100 G.-Th. Beschickung wurden 15 G.-Th. Koks verbraucht. In 24 Stunden wurden 5,4 t Beschickung durchgesetzt.

Aus 100 G.-Th. Erz erhielt man 32 G.-Th. Stein und 150 G.-Th. Schlacke.

Die Erze von Sudbury in Canada[1]) mit einem Nickelgehalte von durchschnittlich 3 % werden nach vorgängiger einmaliger Haufenröstung in runden, rechteckigen oder elliptischen (Herreshof) Wassermantelöfen mit Spurofenzustellung und beweglichem, auf Rädern laufendem Vorheerd, welche von der Formebene bis zur Gichtöffnung eine Höhe von 2 bis 3,9 m besitzen, unter Zuschlag von nickelhaltigen Schlacken vom Verblasen des Steines im Bessemer-Converter auf einen Nickelkupferstein von 15 bis 25 % Nickelgehalt und 13 bis 27 % Kupfergehalt verschmolzen.

Der Wassermantel und die Art der Zustellung verhindern oder beschränken den Fall von Eisensauen.

Auf den Werken der Canadian Copper Company[2]) setzt man in Herreshoföfen von 2,75 m Höhe, mit 1,55 m Länge der grossen Axe und 0,98 m Länge der kleinen Axe der Ellipse des Horizontalquerschnitts des Ofens im Formniveau in 24 Stunden bis 125 t Erz bei einem Koksverbrauch von 15 % durch. Das geröstete Erz hat eine derartige Zusammensetzung, dass Zuschläge nicht erforderlich sind. Man erhält hieraus 15 t Stein mit 13 bis 27 % Kupfer, 15 bis 23 % Nickel, und 20 bis 30 % Schwefel. (Aus ausgesuchten reichen Nickelerzen erhält man öfters einen Stein mit bis 52 % Nickel.)

Auf den Werken der Canadian Copper Company stehen zur Zeit 9 Oefen im Betriebe, welche täglich gegen 900 t Erz verschmelzen[3]).

Auf den Werken der Ludwig Mond Company zu Victoria bei Sudbury[4]) wurden in einem rechteckigen Wassermantelofen von 3,9 m Höhe von der Formebene bis zur Gichtöffnung (die ganze Höhe beträgt 5,6 m), von $3{,}048 \times 0{,}914$ m Fläche der Formebene i. L., bei $3{,}048 \times 1{,}727$ m Fläche des Horizontalquerschnitts am oberen Ende des Wassermantels bei 3 Unzen Windpressung in 24 Stunden 125 t Erz durchgesetzt. Bei Vermehrung des Winddrucks lässt sich das Durchsetzquantum leicht ver-

---

[1]) Knut Styffe. Oesterr. Zeitschr. 1894. S. 309. Ehrenwerth l. c. S. 368.

[2]) The Mineral Industry 1894. S. 459. Transact. of the Americ. Inst. of Min. Eng. 1889. Levat. Mémoire sur les progrès de la Métallurgie du Nickel. Ann. des Min. 1892.

[3]) The Min. Ind. 1902. S. 492.

[4]) The Min. Ind. 1902. S. 494.

grössern und man glaubt auf 200 bis 250 t kommen zu können. Die Beschickung bestand aus 1500 bis 1800 lb geröstetem Erz und aus 400 bis 750 lb nickelarmem quarzigem Erz sowie aus 0 bis 600 lb Converter-Schlacke. Jeder Satz wog gegen 2500 lb und erforderte 300 lb Koks. Der Koksverbrauch betrug hiernach 12 % vom Erzgewicht.

2. Die Verarbeitung des Nickelsteins und des Nickelkupfersteins auf eisenfreien oder eisenarmen Nickelstein bzw. Nickelkupferstein.

Die Entfernung des Eisens aus dem Nickelstein und Nickelkupferstein unter gleichzeitiger Anreicherung des Nickel- und des Kupfergehaltes desselben kann durch Rösten der Steine und darauf folgendes Verschmelzen des Röstgutes in Schachtöfen oder Flammöfen sowie durch ein oxydirendes Schmelzen des ungerösteten Steins in Heerdöfen, in Flammöfen oder in Convertern geschehen. Eine vollständige Entfernung des Eisens wird indessen hierdurch nicht erreicht. Es bleiben stets geringe Mengen von Eisen, meistens unter 1 %, im Stein vorhanden. Man nennt ihn desshalb auch richtiger nicht eisenfreien, sondern eisenarmen Stein.

Bei nickelarmen Steinen, wie sie früher häufig erzeugt wurden, ist erst eine Anreicherung des Nickelgehaltes derselben unter gleichzeitiger Entfernung eines Theiles Eisen erforderlich, ehe sie der letzten Schmelzarbeit, welche einen eisenarmen Stein liefert, unterworfen werden können. Diese Anreicherungs- oder Concentrationsarbeiten bestehen in einem oxydirenden Rösten des Steins und in einem darauf folgenden Schmelzen des gerösteten Steins in Schachtöfen, seltener in Flammöfen oder in einem Schmelzen des ungerösteten Steins in Flammöfen (Röstschmelzen).

Wenn nun auch die Concentrationsarbeiten gegenwärtig nur noch in seltenen Fällen zur Anwendung kommen — der Stein vom Verschmelzen der Erze soll grundsätzlich so nickelreich hergestellt werden, dass er ohne Weiteres auf eisenarmen Stein verarbeitet werden kann — so lässt sich doch die Betrachtung der Concentrationsarbeiten nicht umgehen.

Wir haben daher zu betrachten:

a) die Vorbereitung der Steine durch Concentrationsarbeiten;

b) die Verarbeitung der Steine auf eisenarmen Stein.

a) Die Vorbereitung nickelarmer Steine durch Concentrationsarbeiten.

Das Concentriren des Steins besteht in einer oxydirenden Röstung desselben und in einem darauf folgenden Schmelzen des Röstgutes mit Kohle und kieselsäurehaltigen Körpern in Schachtöfen oder mit kieselsäurehaltigen Körpern in Flammöfen, oder schliesslich in einem Röstschmelzen des Steins (ohne vorgängige Röstung desselben) in Flammöfen. Die oxydirende Röstung soll so weit getrieben werden, dass bei dem darauf folgenden reducirenden Schmelzen der grössere Theil des Eisens verschlackt, das gesammte Nickel und Kupfer aber mit einem Theile des Eisens in einem Stein angesammelt werden. Der Nickel- und Kupfergehalt des Steins sollen soweit angereichert werden, als es ohne Verschlackung erheblicher Mengen von Nickel erreichbar ist. Nur ausnahmsweise stellt man durch eine Wiederholung der Concentrationsarbeiten eisenarmen Nickelstein dar.

Die Röstung des Steins.

Die Röstung kann in Haufen, Stadeln, Schachtöfen, Flammöfen und Gefässöfen ausgeführt werden.

Die chemischen Vorgänge bei der Röstung des Steins sind die nämlichen wie bei der Röstung der Erze. Als Product der Röstung erhält man ein Gemenge von Nickeloxydul, Kupferoxyd, Eisenoxyd, Eisenoxyduloxyd, von unzersetzten Schwefelmetallen und geringen Mengen von Sulfaten.

Die Haufenröstung hat die schon bei der Röstung der Erze in Haufen erwähnten Nachtheile. Sie entbindet die Röstgase in die Luft und veranlasst bei der Nothwendigkeit einer öfteren Wiederholung das Brachliegen eines werthvollen Kapitals. Sie hat den Vortheil, dass das Röstgut in Stückform in die Schachtöfen gelangt. Am besten wird sie in mit einem Dache versehenen Hallen ausgeführt, um das Auslaugen von Nickel- und Kupfersulfat durch Regen zu verhüten. Sie wird ähnlich ausgeführt wie die Erzröstung, nur sind die Haufen bei dem geringeren Schwefelgehalte des Steins und bei der kleineren Menge der zur Verfügung stehenden Steinbestände kleiner als die Erzhaufen (50 bis 200 t). Für eine hinreichende Entschwefelung des Steins sind gewöhnlich mehrere (3 bis 5) Feuer erforderlich. In den letzten Feuern werden zur Unterhaltung der Rösttemperatur erforderlichen Falles Brennstoffe (Holz und Holzkohlen) in den Haufen eingeschichtet. Nach jedem Feuer werden die gut gerösteten Theile des Haufens ausgehalten, die Decke und die schlecht gerösteten Theile dagegen nach vorgängigem Zerschlagen der Stücke mit den schlecht gerösteten Stücken anderer Haufen zu einem neuen Haufen vereinigt. Das Bett der Haufen besteht aus Reisigholz und Steinkohlen oder aus Scheitholz. Der Haufen brennt, je nach der Grösse desselben und dem Schwefelgehalte des Steines, mehrere Wochen bis mehrere Monate.

Die Haufenröstung lässt sich nur in solchen Gegenden ausführen, in welchen die Röstgase in das Freie entbunden werden dürfen und in welchen die Schwefelsäure keinen Werth hat.

Sie stand in Anwendung in Schweden und Norwegen.

Die Röstung in Stadeln ist nicht billiger als die Haufenröstung und belästigt die Gesundheit der Arbeiter beim Entleeren der Stadeln. Dagegen verläuft sie bei richtiger Leitung des Luftzuges rascher als die Haufenröstung und gewährt den Vortheil, die schädliche Einwirkung der Röstgase durch Einleiten derselben in hohe Essen zu beschränken oder ganz aufzuheben. Auch hier kommen die Steine in Stückform in die Schachtöfen. Auch bei der Stadelröstung sind im Interesse einer hinreichenden Entschwefelung des Steins mehrere Feuer erforderlich.

Sie stand in Anwendung in Schweden, Norwegen und in Piemont. In Klefva[1]) fasste ein Stadel 50 t. Die Röstung dauerte 5 bis 6 Wochen. In Sagmyrna (Schweden) fasste ein Stadel 25 t Stein. Der letztere erhielt 4 bis 5 Feuer.

In der Sesiahütte bei Varallo in Piemont[2]) röstete man den Stein 4 Mal in Stadeln bei Einsätzen von 20 t. Die Dauer einer Röstung betrug 5 bis 8 Tage. Bei der letzten Röstung schichtete man Koks ein. Zur Röstung von 20 t Stein wurde 1 t Holz verbraucht.

Auf der Scopellohütte in Piemont[3]) standen Wellner'sche Stadeln für die Steinröstung in Anwendung. Es sind das Stadeln ohne Rostbett mit geneigter Sohle, welche an einer der schmalen Seiten Rostfeuerungen besitzen. Die Länge eines Stadels betrug bei 4 Rostfeuerungen 2,5 bis 3 m i. L., die Weite 3 bis 3,5 m. Sie fassten bis 25 t Stein. Der Stein auf Scopellohütte erhielt 2 bis 4 Feuer. Die Röstung eines Einsatzes dauerte 15 Stunden.

Die Röstung in Schachtöfen lässt sich anwenden, wenn die Röstgase unschädlich gemacht bzw. auf Schwefelsäure verarbeitet werden sollen. Bedingung für diese Art der Röstung ist ein nicht leicht sinternder Stein. In diesem Falle wird sich die Röstung des Steins in Kilns in der nämlichen Weise ausführen lassen, wie die Röstung des Kupfersteins und Bleisteins.

Bis jetzt ist diese Art der Röstung noch nicht angewendet worden.

Die Röstung in Flammöfen ist die beste Art der Röstung für den Fall, dass eine Unschädlichmachung bzw. Verwerthung der Röstgase nicht erfolgen soll. Sie gestattet die Röstung des Steins in der kürzesten Zeit und eine genaue Abröstung desselben bis zu dem gewünschten Grade. Sie hat allerdings ausser einem vergleichsweise hohen Brennstoffverbrauch den Nachtheil, dass der Stein Pulverform erfordert und in dieser Gestalt in die Schmelzschachtöfen gelangt. Die Röstgase lassen sich durch Einleiten in hohe Essen theilweise unschädlich machen.

Für die Röstung empfehlen sich die nämlichen Flammöfen wie die in Band I beschriebenen Flammöfen für die Röstung des Kupfersteins.

Eine Röstung des Rohsteins in Flammöfen stand früher auf Isabellenhütte bei Dillenburg in Anwendung[4]).

Man röstete daselbst den 13 bis 20 % Ni, 16 bis 23 % Cu und 22 bis 27 % S enthaltenden Rohstein in Krählöfen von der Gestalt und den Abmessungen des unteren Ofens der älteren Mansfelder Doppelöfen in Ein-

---

1) Balling l. c.

2) Badoureau. B.- u. H. Ztg. 1878. S. 186.

3) Badoureau l. c. S. 186.

4) Schnabel l. c.

sätzen von $^1/_2$ t in 10 Stunden ab. Auf $^1/_2$ t Stein wurde $^1/_5$ t Steinkohle verbraucht. Von dem Schwefelgehalte wurden 71 % durch die Röstung entfernt.

Die Röstung lässt sich vortheilhafter in Fortschaufelungsöfen und mechanischen Röstöfen ausführen als in den Oefen der gedachten Art.

Die Gefässöfen gestatten die Verwendung der Röstgase für die Schwefelsäurefabrikation, erfordern aber, wie die Flammöfen, die vorgängige Zerkleinerung des Steins und einen verhältnissmässig hohen Brennstoffaufwand. Sie sind bis jetzt bei der Röstung des Nickelrohsteins noch nicht zur Anwendung gelangt. Sie würden am Platze sein, wenn die Röstgase von leicht sinterndem Stein, welcher sich zur Röstung in Schachtöfen nicht eignet, zur Schwefelsäurefabrikation benutzt werden sollen.

Das Verschmelzen des gerösteten Steins auf concentrirten Nickelstein.

Das Verschmelzen des aus Oxyden, Sulfaten und unzersetzten Schwefelmetallen bestehenden gerösteten Steins geschieht in Schachtöfen oder in Flammöfen. Die letzteren werden in England angewendet, während in Skandinavien und auf dem Continente Schachtöfen benutzt wurden.

Die Flammöfen haben den Vorzug vor den Schachtöfen, dass in ihnen eine Bildung von Eisensauen nicht eintritt.

Das Verschmelzen des gerösteten Steins in Schachtöfen.

Als Schachtöfen wendet man die nämlichen Oefen wie bei der Verarbeitung der Erze an. Dieselben dürfen nicht zu hoch sein, weil sonst das Kohlenoxydgas seine reducirende Wirkung zu sehr geltend macht, so dass man Eisensauen erhält. Zur Beschränkung der Bildung dieser Sauen stellt man die Oefen als Spuröfen und häufig als Spuröfen mit 2 Augen, sogen. „Brillenöfen“ zu. Die Zustellung als Sumpf- und Tiegelöfen hat den Nachtheil, dass sich Eisensauen im Ofen ausscheiden.

Zur Verschlackung des Eisens schlägt man saure Schlacken von der Erzarbeit oder quarzige Erze oder mit sauren Silicaten gemengte Erze in solcher Menge zu, dass eine Singulosilicatschlacke entsteht. Die Windpressung beträgt 15 bis 30 mm Quecksilbersäule.

Die chemischen Vorgänge sind die nämlichen wie beim Verschmelzen der gerösteten Erze, mit dem Unterschiede, dass Erden nicht zu verschlacken sind.

Als Erzeugnisse erhält man concentrirten Nickelstein und Schlacke, häufig auch Eisensauen. War der concentrirte Stein noch arm an Nickel, wie es früher auf einigen Werken in Skandinavien der Fall war, so musste die Concentration desselben durch Rösten und Schmelzen wiederholt werden. Auch hatte man früher wohl durch Wiederholung der Concentration das Eisen bis auf Bruchtheile eines Procents aus dem Stein entfernt und den letzteren tot geröstet und dann zu Kupfernickel reducirt.

Der früher auf der Isabellenhütte bei Dillenburg aus Stein von 13 bis 19% Nickelgehalt, 14 bis 22% Kupfergehalt und 35 bis 44% Eisengehalt hergestellte concentrirte Stein hatte die nachstehende Zusammensetzung[1]):

	I.	II.	III.
Cu	34,49	35,68	49,66
Ni	28,69	32,93	30,19
Fe	15,58	13,03	9,24
S	21,15	18,17	10,91

Gegenwärtig verarbeitet man Steine mit 13 bis 19% Nickel und 14 bis 22% Kupfer direct auf eisenfreie Steine.

Der concentrirte Stein von Klefva in Schweden enthielt 52 bis 57% Nickel und 22 bis 28% Kupfer, der von Sagmyrna in Schweden 25 bis 26% Ni, 25 bis 30% Cu, 26% Fe und 25 bis 30% S, der von Kragerö in Norwegen 30% Nickel und 15% Kupfer, der von Sesiahütte bei Varallo 28 bis 32% Nickel, 48 bis 52% Eisen und 20% Schwefel, der von St. Blasien 24 bis 26% Ni.

Nickel und Eisen sind im Concentrationsstein theils als einfache Schwefelmetalle, theils als in den letzteren aufgelöste Metalle vorhanden. Beim Erkalten des geschmolzenen Steins scheiden sich häufig die gedachten Metalle in grösseren Krystallen aus.

Ein sehr armer Concentrationsstein wurde nach Schweder (l. c.) auf Ringeriges Nickelwerk in Norwegen aus Stein mit 5 bis 6% Ni erzeugt. Derselbe enthielt nur 10 bis 12% Ni und 7 bis 10% Cu, wahrscheinlich in Folge einer sehr unvollkommenen Röstung des ursprünglichen Steins.

Die Zusammensetzung der Concentrationsschlacke von Aurorahütte bei Gladenbach zeigte nach Ebermayer die nachstehende Zusammensetzung[2]):

Kieselsäure	39,368
Thonerde	9,696
Eisenoxydul	36,859
Kupferoxyd	0,521
Nickeloxydul	1,137
Magnesia	6,871
Kalk	5,865
Kali	0,207
Natron	0,994

Eine Concentrationsschlacke von Klefva in Schweden war zusammengesetzt wie folgt[3]):

---

[1]) Schnabel l. c.

[2]) Schnabel l. c.

[3]) Kerl. Metallhüttenk. S. 543.

Kieselsäure	28,09
Thonerde	3,50
Eisenoxydul	60,52
Kobaltoxydul, Nickeloxydul, Manganoxydul	1,44
Schwefel	0,58

Die Concentrationsschlacke wurde zur Ausgewinnung ihres Nickelgehaltes beim Erzschmelzen zugesetzt.

Die Eisensäue sind ähnlich zusammengesetzt wie die beim Erzschmelzen fallenden Säue.

Eine Sau von Ringeriges Nickelwerk in Norwegen enthielt 20 % Nickel und 1,5 % Kupfer.

Die Sauen wurden beim Erzschmelzen zugesetzt oder auf Verblaseheerden verarbeitet.

In Klefva in Schweden[1]) wurde der in Stadeln geröstete Stein, welcher im ungerösteten Zustande 3 bis 4 % Ni enthielt, in 1,48 m hohen Schachtöfen mit einer Form in der Hinterwand unter Zuschlag von Quarz auf einen Concentrationsstein von 45 bis 57 % Ni bei einem Verbrauch von 1 G.-Th. Koks auf 4 G.-Th. gerösteten Stein verschmolzen.

Auf Ringeriges Nickelwerk in Norwegen wurde der geröstete Stein, welcher im rohen Zustande 5 bis 6 % Nickel enthielt, in 2 m hohen Schachtöfen auf einen Concentrationsstein von nur 10 bis 12 % Nickel und 7 bis 10 % Kupfer verschmolzen.

Diese Beschickung bestand aus:

100	G.-Th.	geröstetem Rohstein,
25	-	Schlacken,
6—7	-	Sand,
5	-	Kalk,
22	-	Koks.

Die Campagnen dauerten in Folge des Falles nickelreicher Eisensauen (von 19 bis 20 % Nickelgehalt) nur 8 bis 10 Tage.

Zu Kragerö in Norwegen[2]) wurde gerösteter Stein, welcher ungeröstet 3 bis 4 % Nickel enthielt, in 1,3 m hohen, 95 cm breiten und 63 cm tiefen Schachtöfen auf einen concentrirten Stein mit 30 % Nickel und 15 % Kupfer verschmolzen. Dieser Stein wurde geröstet und dann in dem nämlichen Ofen auf einen Stein mit 60 % Nickel, 30 % Kupfer und 10 % Schwefel verschmolzen. Der letztere wurde totgeröstet und auf Kupfernickel verschmolzen.

---

[1]) Balling l. c.

[2]) Dingler. Bd. 229. S. 376.

Auf Sesiahütte[1]) bei Varallo wurde der geröstete Stein, welcher ungeröstet 7 % Nickel und Kobalt enthielt, in Schachtöfen unter Zuschlag von 42 % Quarz auf einen Concentrationsstein von 28 bis 32 % Nickel, 48 bis 52 % Eisen und 20 % Schwefel verschmolzen. Das tägliche Durchsetzquantum betrug 8,5 t. Aus 100 Th. Stein erhielt man 22 Th. Concentrationsstein. Zur Herstellung von 100 G.-Th. Concentrationsstein wurden 17,5 G.-Th. Koks verbraucht. (Die Abmessungen des Ofens sind in der Quelle nicht angegeben.)

Auf Isabellenhütte bei Dillenburg wurde der in Flammöfen geröstete Stein, welcher ungeröstet 13 bis 19 % Nickel enthielt, in Schachtöfen auf concentrirten Stein von 28 bis 30 % Ni und 34 bis 49 % Cu verschmolzen. Die Oefen waren Krummöfen mit einer Form in der Hinterwand von 1,5 m Höhe, 0,7 m Weite und 0,7 m Tiefe, welche als Spuröfen mit Brillenheerd zugestellt waren. Die Windpressung betrug 15 mm Quecksilbersäule. Die Campagnen dauerten 14 Tage bis 3 Wochen. Aus 100 G.-Th. Stein erhielt man 32 G.-Th. concentrirten Stein. In 24 Stunden wurden 1,25 t gerösteten Steins durchgesetzt. Der Koksverbrauch betrug 55 G.-Th. auf 100 G.-Th. Stein, war also ein sehr hoher und durch die niedrigen Oefen bedingt.

Das Verschmelzen des gerösteten Steins in Flammöfen.

Die Flammöfen für das Verschmelzen des gerösteten Rohsteins sind ebenso eingerichtet wie die Flammöfen für das Concentriren der Kupfersteine nach dem englischen Verfahren.

Dem gerösteten Steine setzt man zur Verschlackung des Eisens noch eine gewisse Menge Quarz oder Glas zu. Zum Theil wird das Eisen durch das Quarzfutter des Heerdes verschlackt.

Die schon oben berührten chemischen Vorgänge beim Verschmelzen des gerösteten Rohsteins bestehen darin, dass das Eisenoxyd durch das im Stein vorhandene unzersetzte Schwefeleisen unter Bildung von Schwefliger Säure zu Eisenoxydul reducirt und verschlackt wird, dass ein weiterer Theil des Schwefeleisens durch Nickeloxydul und die Oxyde des Kupfers in Eisenoxydul verwandelt und verschlackt wird, während die Oxyde des Nickels und Kupfers gleichzeitig in Schwefelmetalle verwandelt werden, dass die Oxyde des Kupfers sich mit unzersetztem Schwefelkupfer in Kupfer und Schweflige Säure zerlegen. Das Kupfer verwandelt sich auf Kosten des Schwefels eines Theils des Schwefeleisens in Schwefelkupfer. Das ausgeschiedene Eisen wird theils vom Stein aufgenommen, theils verwandelt es einen entsprechenden Theil Eisenoxyd in Eisenoxydul, welches letztere wieder verschlackt wird. Eine Einwirkung des Nickeloxyduls auf Schwefelnickel findet nicht statt.

---

[1]) Badoureau l. c.

Die verschiedenen Schwefelmetalle vereinigen sich zu concentrirtem Stein.

Diese Art der Concentration stand früher zu Sagmyrna in Schweden in Anwendung, wo Nickelstein von 13 bis 14% Nickelgehalt, welcher zur Entfernung eines Theiles des Eisens vorher mit verdünnter Schwefelsäure behandelt worden war, geröstet und dann unter Zuschlag von Quarz im Flammofen auf einen Stein von 35% Nickelgehalt und 40% Kupfergehalt und 0,4% Eisengehalt verarbeitet wurde.

Das Röstschmelzen des Nickelrohsteins in Flammöfen.

Dasselbe geschieht in der nämlichen Art wie das Röstschmelzen des Kupfersteins in England. Der Stein wird in den mit einem Quarzheerd versehenen Flammofen ungeröstet eingesetzt und nach vorgängiger theilweiser Röstung, wodurch ein Theil Schwefel entfernt und das Eisen oxydirt wird, bei gesteigerter Hitze unter Zusatz von Quarzsand geschmolzen. Das Eisen wird verschlackt, während das Nickel und das vorhandene Kupfer in einen Stein übergehen. Der Prozess ist beendigt, wenn die aus dem Ofen genommenen Proben die Entfernung des grössten Theiles des Eisens anzeigen. Derselbe dauert gegen 8 Stunden. In England wurden in einem Ofen täglich 2 t Stein bei einem Aufwand von 2 t Steinkohlen verarbeitet. Man erhielt Steine, welche nur noch $2\frac{1}{2}$ bis 3% Eisen enthielten. Die Schlacke enthielt noch 2 bis $2\frac{1}{2}$% Nickel. Sie wurde beim ersten Schmelzen zugesetzt. Durch Wiederholung des Röstschmelzens wurde der Eisengehalt auf 0,50 bis 0,75% heruntergebracht[1]), so dass er als eisenarmer Stein anzusehen war.

b. Die Verarbeitung des Nickelsteins und Nickelkupfersteins auf eisenarmen Stein.

Die Verarbeitung des Steins auf eisenarmen Stein, auch das Raffiniren des Steins genannt, lässt sich, wie schon erwähnt, durch ein oxydirendes Rösten des Steins und ein darauf folgendes reducirendes Schmelzen des Röstgutes oder durch ein oxydirendes Schmelzen des Steins bewirken.

In beiden Fällen wird das Eisen in Oxydul übergeführt und verschlackt.

Das Rösten des Steins und das darauf folgende reducirende Schmelzen ist, von besonderen Fällen abgesehen, theurer und langwieriger und liefert auch einen weniger reinen Stein als das oxydirende Schmelzen. Die am häufigsten angewendete Art der Entfernung des Eisens aus dem Stein ist das oxydirende Schmelzen im Converter.

Je geringer die Menge des aus dem Steine zu entfernenden Eisens ist, um so schneller und weniger verlustreich verläuft das oxydirende

[1]) Levat. Ann. des Mines 1892. Livre 2. p. 141—244.

Schmelzen. Steine unter 13 % Nickelgehalt unterwirft man nur ausnahmsweise dem oxydirenden Schmelzen und erhält, wenn nicht grosse Verluste an Nickel durch Verschlackung eintreten sollen, einen Stein, welcher immer noch gewisse Mengen von Eisen enthält.

Das Rösten des Steins mit nachfolgendem Schmelzen des Röstgutes in Schachtöfen wird auf den Werken der Orford Copper Co. zu Copper Cliff ausgeführt[1]). Der Nickelkupferstein wird auf den Werken der Canadian Copper Co. bei Sudbury hergestellt und dann nach Copper Cliff geführt.

Die Röstung des Steins geschieht in Brown'schen Röstöfen, wie sie für das Rösten der Kupfererze in Anwendung stehen (Band I, S. 83), das Verschmelzen des Röstgutes in Orford-Schachtöfen, wie sie auf den Orford-Werken für das Verschmelzen der Kupfererze angewendet werden (Band I, S. 138).

Ein Orford-Ofen soll in 24 Stunden 100 t gerösteten Stein durchsetzen und einen Stein mit 80 % Ni + Cu erzeugen.

Auch durch Rösten des Steins und Schmelzen des Röstgutes in Flammöfen lässt sich das Eisen entfernen. Aber auch diese Art der Reinigung und Anreicherung ist theurer als das oxydirende Schmelzen des ungerösteten Steins.

Die Apparate für das oxydirende Schmelzen sind Heerde, Converter oder Flammöfen.

In den Heerden können nur kleine Mengen von Stein verarbeitet werden. Auch ist der Betrieb derselben mit einem hohen Brennstoff- und Arbeitsaufwande verbunden. Sie wurden früher in Skandinavien und auf dem Continente angewendet, sind aber wegen der gedachten Nachtheile zur Zeit ausser Gebrauch gekommen.

Die Flammöfen gestatten einen billigeren Betrieb als die Heerdöfen und erfordern rohe Brennstoffe. Dabei sind die aus denselben austretenden Gase verhältnissmässig arm an Schwefliger Säure und lassen sich durch Einleiten in hohe Essen zum Theil unschädlich machen. Sie sind an solchen Orten am Platze, an welchen die Converter wegen der Schwierigkeit der Unschädlichmachung der Schwefligen Säure oder wegen zu kleiner Production nicht angewendet werden können und wo die Steinkohlen sehr billig sind. Sie stehen besonders in England in Anwendung.

Die Converter gestatten die Verarbeitung grosser Mengen Stein in der kürzesten Zeit, bedürfen nur sehr geringer Mengen von Brennstoff (zum Einschmelzen des Steins, falls derselbe nicht unmittelbar aus den Oefen, in welchen er erzeugt ist, in die Converter eingelassen wird) und lassen eine vollständigere Entfernung des Arsens und Antimons zu als Heerde und Flammöfen. Dagegen erfordern sie einen erheblichen Auf-

[1]) The Miner. Ind. 1902. S. 496.

wand an Kraft zum Betriebe des Gebläses, bedürfen grosser Mengen von feuerfestem Materiale zur Ausfütterung und zu Reparaturen des Futters und entbinden während des Betriebes grosse Mengen von Schwefliger Säure, welche sich nur schwierig unschädlich machen lassen.

Trotz dieser Nachtheile verdienen sie den Vorzug vor den Flammöfen bei billiger Betriebskraft, unreinen Steinen, hohen Brennstoffpreisen und niedrigen Preisen der feuerfesten Materialien. Sie stehen mit gutem Erfolge zu Sudbury in Canada und auf dem Continente in Anwendung.

Die chemischen Vorgänge sind bei den verschiedenen Arten des oxydirenden Schmelzens die gleichen, nur verlaufen dieselben in den Convertern schneller als in Heerden und Flammöfen.

Durch den Sauerstoff der Luft wird das Eisen in Oxydul verwandelt und durch die Kieselsäure des Ofenfutters oder durch zugeschlagene kieselsäurehaltige Körper verschlackt. Ausser dem Eisen werden auch Nickel und Kupfer in einem gewissen Maasse zu Kupferoxydul bzw. Nickeloxydul oxydirt. Das Nickeloxydul setzt sich mit noch unzersetztem Schwefeleisen in Eisenoxydul und Schwefelnickel um. Das Kupferoxydul zerlegt sich mit Schwefelkupfer in Kupfer und Schweflige Säure, mit Schwefeleisen in Schwefelkupfer, Eisen, Eisenoxydul und Schweflige Säure. Das ausgeschiedene Kupfer entzieht dem noch unzersetzt gebliebenen Schwefeleisen so viel Schwefel, als zur Bildung von Schwefelkupfer erforderlich ist, während ein entsprechender Theil Eisen ausgeschieden wird. Das letztere geht in den Stein über.

Schliesslich erhält man einen aus Schwefelkupfer und Schwefelnickel bestehenden Stein, welcher nur noch Bruchtheile eines Procentes des Eisens enthält.

Das oxydirende Schmelzen des Steins im Heerde.

Dieses Verfahren wurde früher zu Dillenburg und Gladenbach, in Schweden und in Norwegen ausgeführt. Wenn es gegenwärtig auch nur noch historischen Werth hat, so dürfte eine Betrachtung desselben immerhin Interesse bieten.

Der Heerd ist ebenso eingerichtet wie der kleine Garheerd zum Garmachen des Kupfers (Bd. I. S. 249). Er stellt eine in Quarz- oder Sandsteinpulver eingeschnittene, der Gestalt der Halbkugel sich nähernde Vertiefung dar, über welcher sich ein Rauchfang befindet. Er fasst je nach seiner Grösse 80 bis 260 kg Stein. Vor dem Heerde befindet sich gewöhnlich ein kleiner Schlackenheerd, in welchem sich die aus ersterem ablaufende Schlacke ansammelt. Der Nickelkupferstein wird entweder durch ein im tiefsten Theile des Heerdes befindliches Stichloch in eine vor dem Heerde befindliche Vertiefung abgelassen oder aus dem Heerde nach dem Erstarren ausgehoben. Der in der Hinterwand des Heerdes befindlichen Form giebt man ein Stechen von 22 bis 32^{0}.

Auf Isabellenhütte bei Dillenburg[1]) hatte der aus gepulvertem Sandstein hergestellte Heerd 36 cm Durchmesser und 21 cm Tiefe. Der Einsatz in denselben betrug 85 kg Stein. Der Wind wurde durch eine kupferne Form von 22° Stechen auf den Heerd geleitet. Die Pressung des Windes betrug 30 mm Quecksilbersäule.

Nachdem der Heerd durch Holzkohlen gehörig abgewärmt war, wurde der concentrirte Stein über Koks eingeschmolzen. Nach Ablauf von $1^3/_4$ Stunden war das Einschmelzen beendet. Es wurde nun der Brennstoff vom Heerde entfernt, die auf der Oberfläche des Steins schwimmende Schlacke kalt geblasen und abgehoben. Alsdann wurde wieder Brennstoff aufgedeckt und so lange verblasen, bis sich wieder eine gewisse Menge Schlacke gebildet hatte, welche in der nämlichen Weise entfernt wurde. Das Zeichen der Entfernung des Eisens aus dem Stein war das Eintreten eines emailartigen Glanzes der erstarrten Schlacke, welcher gewöhnlich $^3/_4$ Stunden nach beendigtem Einschmelzen erschien. Die Verarbeitung eines Einsatzes dauerte $2^1/_2$ Stunden. Der Nickelkupferstein wurde nach dem Abstellen des Windes in eine in der Hüttensohle befindliche, mit Gestübbe ausgeschlagene Vertiefung abgestochen, wodurch er die Gestalt einer 1,3 m langen, 0,3 breiten und 5 cm dicken Platte erhielt. In 24 Stunden wurden im Durchschnitt 675 kg Stein verblasen. Aus 100 G.-Th. concentrirtem Stein (von 28 bis 32 % Nickelgehalt und 34 bis 49 % Kupfergehalt) erhielt man 62 G.-Th. Nickelkupferstein mit 39 bis 42 % Nickel und 40 bis 42 % Kupfer. Zur Herstellung von 100 G.-Th. Nickelkupferstein verbrauchte man 72 G.-Th. Koks. Der Heerd erforderte 2 Mann Bedienung. Die nähere Zusammensetzung des erhaltenen eisenarmen Steins ist aus den nachstehenden Analysen von Fresenius ersichtlich[2]).

	I.	II.	III.
Cu	42,81	44,70	40,72
Ni	40,97	39,68	42,38
Co	0,26	0,64	0,78
Fe	0,23	0,20	0,48
Sb	0,04	0,90	1,22
As	0,16	0,07	0,04
S	15,19	13,55	13,95
Rückstand	0,04	0,02	0,14

Dieser Stein stellt ein Gemenge von Schwefelmetallen und Metallen (nebst Arsen- und Antimonmetallen) dar.

Wie ersichtlich, ist das Eisen bis auf Bruchtheile eines Procentes aus dem Stein entfernt.

---

[1]) Schnabel l. c.

[2]) Schnabel l. c.

Diese letzten Antheile von Eisen aus dem Stein zu entfernen, ist nicht rathsam, weil sich dabei Nickel in erheblichem Maasse verschlacken würde.

Auch Antimon und Arsen sind in erheblicher Menge im Nickelkupferstein zurückgeblieben.

Die Verblaseschlacke enthält Nickel theils chemisch gebunden, theils wegen ihres hohen spec. Gewichtes mechanisch beigemengt.

Die Zusammensetzung einer derartigen Schlacke von Aurorahütte bei Gladenbach, wo das Verblasen in der nämlichen Weise ausgeführt wurde wie in Dillenburg, ergiebt sich aus der nachstehenden Analyse von Ebermayer.

SiO_2	36,291
Al_2O_3	10,710
FeO	48,690
CuO	1,074
NiO	2,142
CoO	0,262
MgO	0,309
CaO	0,680
Alkalien	Spuren.

Der Metallverlust beim Verblasen betrug auf Isaballenhütte 19 % Cu und 4,9 % Ni. Die gedachten Metalle fanden sich zum grössten Theil in der Schlacke wieder, welche letztere beim Erzschmelzen zugesetzt wurde.

Zu Klefva in Schweden[1]) wurden in den aus Quarzsand hergestellten Heerd gegen 250 kg Stein eingetragen. Die Form hatte ein Stechen von 32°. Zur Verschlackung des Eisens wurde zeitweise Quarzsand auf das Metallbad gestreut. Als Brennstoff wurden Holzkohlen benutzt. Der verblasene Stein, Garstein genannt, hatte die nachstehende Zusammensetzung:

Ni	61,06
Cu	30,73
S	7,79
Fe	0,42

Auf Ringeriges Nickelwerk[2]) in Norwegen wurde ein armer Stein von nur 10—12 % Nickel- und 7 bis 10 % Kupfergehalt dem Verblasen unterworfen. Man erhielt hierbei einen Stein, welcher noch soviel Eisen enthielt, dass er einer weiteren Reinigung, welche in Flammöfen ausgeführt wurde, unterworfen werden musste. Der im Heerde verblasene Stein enthielt:

Ni	40	bis	50 %
Cu	20	-	30 -
Fe	6	-	10 -
S	20	-	22

[1]) Balling l. c.

[2]) Schweder l. c.

Das oxydirende Schmelzen des Steins im Flammofen.

Die Flammöfen für das oxydirende Schmelzen des Steins sind ähnlich eingerichtet wie die englischen Flammöfen zum Concentriren der Kupfersteine. Der Heerd besteht aus Quarz.

Man setzt zur Verschlackung des Eisens Quarz zu. Auch wird wohl noch Schwerspath zugesetzt.

Nach Schweder (l. c.) soll die Kieselsäure aus dem Baryumsulfat unter Bildung von Baryumsilicat Schwefelsäure austreiben, welche in Schweflige Säure und Sauerstoff zerfällt. Der so entbundene Sauerstoff soll besonders kräftig oxydirend auf das Schwefeleisen einwirken. Da die Oxydation im Flammofen weniger kräftig ist als im Heerdofen und Converter, so erhält man häufig einen raffinirten Stein, welcher noch 2,5 bis 3 % Eisen enthält, in welchem Falle der Prozess wiederholt wird. Auch lassen sich Arsen und Antimon nicht so gut entfernen wie beim Verblasen in Heerden und besonders im Converter.

Der Prozess wird gewöhnlich so geführt, dass man zuerst, ähnlich wie beim Röstschmelzen des Kupfersteins, eine niedrige Temperatur giebt, so dass eine Art Röstung des Steins eintritt, und dann unter Zusatz von Quarzsand die Temperatur erhöht.

Der Prozess steht in England und auf dem Continent in Anwendung.

In England[1]) wird der Prozess in zwei Operationen ausgeführt, von welchen die erste schon bei der Concentration des Nickelrohsteins besprochen worden ist und einen cencentrirten Stein mit 2,5 bis 3 % Eisen liefert. Die zweite Operation wird genau wie die erste (nach den Grundsätzen des Röstschmelzens der Kupfersteine) ausgeführt und liefert einen Stein mit 0,50 bis 0,75 % Eisen. Der Schwefelgehalt dieses raffinirten Steins muss mindestens 16 % betragen, damit er noch die für die Totröstung desselben erforderliche Zerkleinerung erfahren kann. Die Dauer jeder Operation beträgt 8 Stunden. Täglich werden in einem Ofen 2 t Stein mit 2 t Kohlen verarbeitet.

Die Schlacke, welche noch 2 bis 2½ % Nickel enthält, wird beim ersten Schmelzen zugesetzt.

Auf Ringeriges Nickelwerk in Norwegen wurde früher verblasener Stein mit 40 bis 50% Nickel, 20 bis 30% Kupfer und 6 bis 10% Eisen in Flammöfen raffinirt. Auf 100 G.-Th. verblasenen Steins (Garstein) schlug man 45 bis 60 G.-Th. Schwerspath und 20 bis 30 Th. Sand zu. Das Feuern wurde so lange fortgesetzt, bis die Entwickelung von Blasen (von Schwefliger Säure herrührend) aufgehört hatte. Alsdann wurde die Schlacke abgezogen und der raffinirte Stein abgestochen.

Nach Wagner soll man durch Schmelzen von verblasenem Stein mit einem Gemenge von Salpeter und Soda (in Tiegeln oder Flammöfen) einen nahezu eisenfreien Stein erhalten. Ein Stein mit 25,32 % Ni,

---

[1]) Levat. Ann. des Mines 1892. Livre 2. p. 141—224.

37,65 % Cu, 10,58 % Fe und 26,45 % S lieferte beim Zusammenschmelzen mit 15 % eines Gemenges von Salpeter und Soda einen Stein mit 40,93 % Nickel, 58,64 % Kupfer, 0,25 % Eisen und 0,18 % Schwefel. Dieses Verfahren scheint indess aus wirthschaftlichen Gründen keine Anwendung gefunden zu haben.

Das oxydirende Schmelzen des Steins im Converter.

Die Converter sind ebenso eingerichtet wie die Converter für das Verblasen des Kupfersteins (Bd. I. S. 225) und wie diese mit einem Quarzfutter versehen. Es stehen sowohl nach Art der Bessemer-Converter construirte Apparate (Bd. I. S. 224) als auch Converter von der Gestalt drehbarer Cylinder (Bd. I. S. 226) in Anwendung. Die Windeinströmungsöffnungen müssen seitlich in einem bestimmten Abstand vom Boden liegen. Wollte man den Wind durch den Boden des Converters einleiten, so würde der hier angesammelte Stein bald zum Erstarren kommen. Der Stein wird entweder direct aus den Oefen, in welchen er erzeugt wird, in den Converter abgelassen oder vorher in einem Cupolofen umgeschmolzen. Der Einsatz in den Converter beträgt 1 bis 6 t Stein. Die Windpressung beträgt bis 0,8 Atm. Während des Blasens setzt man wohl zur Verschlackung des Eisens und zur Schonung des Futters Quarzsand zu. Die Dauer des Blasens hängt vom Eisengehalte des Steins ab und beträgt 25 Minuten bis 1½ Stunden.

Auf einigen Werken verbläst man mehrere Einsätze hintereinander, so dass vom Einführen des ersten Einsatzes bis zum Ausgiessen von 2 oder 3 verblasenen Einsätzen 3 bis 4 Stunden vergehen können.

Bei Stein von 36 % Eisengehalt beträgt die Blasezeit (auf dem Werke bei Havre) 1 Stunde und 20 Minuten. Wenn der Eisengehalt des Steins bis auf 0,5 % heruntergegangen ist, wird das Blasen eingestellt und der Stein ausgegossen. Die bei diesem Prozess entstehende Schlacke ist dickflüssig und enthält 2 bis 15 % Nickel sowie gegen 2 % Kupfer, theils an Kieselsäure gebunden, theils mechanisch eingeschlossen. Sie wird beim Erzschmelzen zugesetzt.

Der zu Sudbury in Canada dem Converterprozesse unterworfene Rohstein enthält 16 bis 25 % Ni, 20 bis 27 % Cu und 25 bis 35 % Eisen. Der Stein soll noch eine gewisse Menge (16 %) Schwefel enthalten, damit er sich für die nachfolgende Röstung leicht pulvern lässt.

Die Versuche, durch weiteres Verblasen des eisenfreien Steins das Nickel metallisch auszuscheiden, sind missglückt, weil sich das Nickel bis zu einem gewissen Grade noch leichter oxydirt, als der Schwefel und weil die durch die Oxydation des Schwefels entwickelte Temperatur zur Verflüssigung und Flüssigerhaltung des schwerschmelzbaren Nickels nicht ausreicht.

Als Beispiel für das Bessemer-Verfahren seien die Werke der Canadian Copper Company bei Sudbury, die Werke der Ludwig

Mond Co. bei Victoria (Sudbury) und das Werk von Havre (Frankreich) angeführt[1]). Eine Converter-Anlage zu Sudbury besteht aus 4 Convertern, von welchen stets einer im Betriebe steht, während der andere ein neues Futter erhält, der dritte abkühlt und der vierte für die Inbetriebsetzung bereit steht. In 24 Stunden werden in einer Anlage dieser Art 25 t Stein verarbeitet und liefern gegen 15 t eisenarmen Stein. Das Eisen wird hierbei fast vollständig entfernt, während der Nickelgehalt auf 40% und der Kupfergehalt auf 45 % erhöht wird. Der Schwefelgehalt wird bis auf 5 bis 15 % entfernt. Der raffinirte Stein wird aus dem Converter in quadratische Platten von 0,076 m Dicke und 0,914 m Seite gegossen.

Bei einer Birne, welche zu Anfang 1,5 t Stein und später nach dem theilweisen Ausfressen des Futters 3 t Stein fasst, beginnt man das Verblasen bei einer Windpressung von $^1/_2$ Atm. Unmittelbar nach der Einführung des Windes beginnt ein lebhaftes Funkensprühen, welches 6 bis 10 Minuten anhält und so stark werden kann, dass die Pressung auf 0,25 Atmosph. herabgesetzt werden muss. Steigt die Temperatur zu hoch, so wird kalter Stein zugesetzt. Nach dem Funkensprühen erscheint eine Flamme und es steigt weisser Rauch auf. Die Windpressung wird nun bis auf 0,8 Atm. erhöht. Bei steigender Temperatur geht die Farbe der zuerst rothen Flamme in blau und grün über. Der Prozess ist zu Ende, wenn der Rauch verschwindet und die Flamme hell wird. Man stellt nun den Wind ab, kippt, nachdem Stein und Schlacke sich getrennt haben, den Converter und giesst Stein und Schlacke getrennt von einander aus.

Die Schlacke enthält bei normalem Betriebe nicht über 2 % Kupfer und 3,5 % Nickel. Die durchschnittliche Zusammensetzung des verblasenen Steins ist:

Kupfer	43,36 %
Nickel	39,96 -
Eisen	0,3 -
Schwefel	13,76 -

Dabei enthält er in der t 7 Unzen Silber, 0,1 bis 0,2 Unzen Gold, 0,5 Unzen Platin.

Die Schlacke enthält:

FeO	67 %
SiO_2	28 -
Cu	1 -
Ni	1,7 -
S	0,5 -

Auf den Werken der Ludwig Mond Co. zu Victoria bei Sudbury[2]) sind Converter vorhanden, welche je 6 t Stein fassen. Sie besitzen die

[1]) T. Ulke. The Mineral Industry 1894. p. 460.

[2]) The Min. Ind. 1902. S. 495.

Gestalt drehbarer Cylinder von je 2,133 m Länge und 2,032 m Durchmesser. Der Windkasten ist 1,828 m lang und 0,3048 m hoch. Die Zahl der Windformen beträgt 11. Der Stein, welcher 30 bis 50% Ni + Cu enthält, wird aus dem Vorheerde der Schachtöfen in den Converter eingeführt. Während des ersten Verblasens, welches 35 bis 40 Minuten dauert, werden die Formen zeitweise durch Einführen einer Eisenstange in dieselben gereinigt. Nach Ablauf dieser Zeit wird der Converter gekippt und die erste Schlacke wird abgegossen. Nach der Entfernung der Schlacke wird der Converter wieder in seine ursprüngliche Lage gebracht, worauf das zweite Verblasen beginnt, welches gegen 40 Minuten dauert. Nachdem die zweite Schlacke aus dem Converter entfernt ist, wird der Stein in einen an einem Laufkrahn befestigten Giesslöffel und aus dem letzteren in die Form von Platten gegossen. Ist die Menge des verblasenen Steins gering, so verbleibt er in dem Converter und wird mit einem neuen Einsatz von Stein verblasen. In manchen Fällen wird zu dem neu erhaltenen verblasenen Stein auch noch ein dritter Einsatz zugefügt und verblasen, worauf der gesammte verblasene Stein ausgegossen wird. In diesen Fällen dauert der ganze Verblaseprozess 3 bis 4 Stunden. Das Gewicht einer Platte beträgt 500 lb. Nach der Verarbeitung von 4 bis 8 Einsätzen muss der Converter mit einem neuen Futter versehen werden.

Die durchschnittliche Zusammensetzung des verblasenen Steins ist die nachstehende:

Ni	37,78 %
Cu	41,4 -
Fe	0,65 -
S	18,37 -
SiO_2	0,19 -

Die Schlacke enthält im Durchschnitt 1,5 bis 2 % Nickel und 1,5% Kupfer. Sie wird beim Erzschmelzen zugesetzt.

Die zu Ende des Prozesses erfolgende Schlacke war nach Paris[1]) zusammengesetzt wie folgt:

SiO_2	49 %
Cu	4 -
Ni	18,6 -
Fe	16,9 -

Auf dem Werke zu Havre in Frankreich[2]) fassen die Converter je 1 t Stein. Der Winddruck beträgt 400 mm Quecksilbersäule. Zur Verschlackung des Eisens setzt man, sobald die Temperatur die nöthige Höhe erreicht hat, Quarzsand zu. Steigt der Eisengehalt des Steins nicht über 36 %, so ist der Prozess nach 80 Minuten beendigt.

---

[1]) The Min. Ind. 1902. S. 495.

[2]) The Mineral Industry 1894. p. 466.

Bei einem grösseren Eisengehalte ist es erforderlich, nach 25 Minuten die gebildete Eisenschlacke zum ersten Male abzulassen und dann das Blasen unter Zusatz neuer Mengen von Quarzsand fortzusetzen. Sobald die Oxydation des Nickels beginnt, wird der Prozess unterbrochen. Der raffinirte Stein enthält 0,5 % Eisen. Die Schlacke ist zähflüssig und enthält 14 bis 15 % Nickel, zum grössten Theil in der Form von mechanisch eingeschlossenen Steintheilen. Ein Theil des letzteren lässt sich in der Form eines Königs auf dem Boden der Schlackentöpfe erhalten. Die Schlacke wird beim Erzschmelzen zugesetzt.

Von Pierre Manhés sind Converter mit basischem Futter vorgeschlagen worden (D.R.P. 80467). Ueber eine Anwendung dieser Converter ist nichts bekannt geworden.

3. Die Verarbeitung des eisenfreien Nickelsteins auf Rohnickel.

Die Verarbeitung des eisenfreien Nickelsteins auf Rohnickel geschieht durch Totröstung des Steins zur Verwandlung des Schwefelnickels in Nickeloxydul und durch eine darauffolgende Reduction des Nickeloxyduls zu Nickel.

Die Totröstung des Steins.

Die Totröstung des Steins geschieht in Flammöfen. Die Röstung wird in zwei Operationen ausgeführt. Durch die erste Röstung wird der Schwefel bis auf einen Rückhalt von gegen 1 % entfernt, während er durch die zweite Röstung vollständig oder wenigstens nahezu vollständig beseitigt werden soll.

Nach Levat[1]) wird die erste Röstung in einem Fortschaufelungsofen von 10 m Länge und 2,5 m Breite mit 4 Arbeitsöffnungen an der einen langen Seite ausgeführt. Der durch Walzen zerkleinerte Stein wird in Einsätzen von je 800 kg in den Ofen gebracht und 5 cm hoch auf der Sohle desselben ausgebreitet. Die Temperatur wird anfangs auf Dunkelrothglut gehalten, um Sinterungen vorzubeugen, und allmählich gesteigert, bis sie gegen Ende der Röstung helle Rothglut erreicht. Das Röstgut wird an der Feuerbrücke ausgezogen. Die Dauer der Röstung beträgt gegen 8 Stunden. In 24 Stunden werden 1800 kg Stein bei einem Brennstoffaufwand von 2000 kg Steinkohlen abgeröstet. Die Bedienung des Ofens besteht aus 3 Mann täglich.

Das Röstgut enthält in Folge des Gehaltes an unzersetzten Schwefelmetallen und basischen Salzen noch gegen 1 % Schwefel. Es wird durch Walzen auf das Feinste zerkleinert, gesiebt und dann einer zweiten Röstung in einem Ofen unterworfen, welcher ebenso breit wie der beschriebene Fortschaufelungsofen, aber viel kürzer als derselbe ist. Der Einsatz beträgt 500 kg Röstgut, welches bei Hellrothglut in 6 Stunden tot geröstet wird.

---

[1]) Ann. des Mines 1892, Livre 2, p. 141—244.

Der Kohlenverbrauch in 24 Stunden beträgt 3 t. Die Bedienung besteht aus 2 Mann täglich.

Das Nickeloxydul zeigt eine grünlich-graue Farbe und soll nicht über 0,004% Schwefel enthalten.

Die Reduction des Nickeloxyduls zu Nickel.

Das Nickeloxydul wird bei starker Rothglut zu Nickel reducirt, bei welcher Temperatur es noch nicht schmilzt. Man kann das Nickel desshalb sowohl in Schwammform (in Würfeln oder als Pulver), als auch im geschmolzenen Zustande herstellen.

Will man das Nickel in Schwammform erhalten, so wird die Reduction des Nickeloxyduls in Tiegeln, Röhren oder Muffeln ausgeführt. Das Nickeloxydul wird, wenn das Metall in Würfelform erhalten werden soll, mit kohlenstoffhaltigen Klebmitteln (Mehl, Syrup, Rohzucker) unter Zusatz von Wasser zu einem steifen Teig angerührt, aus welchem man flache Kuchen formt. Die letzteren werden getrocknet und dann in kleine Würfel zerschnitten, welche mit Holzkohle zu Metall reducirt werden. Will man das Metall in Pulverform erhalten, so wird das Nickeloxydul mit Holzkohle gemengt. Als Tiegel wendet man Graphittiegel an.

Die Reduction des Nickeloxyduls in Röhren aus feuerfestem Thon ist von Künzel[1]) angegeben und zu Val Benoit bei Lüttich ausgeführt worden. Die Röhren sind an beiden Enden offen und besitzen eine Weite von 20 cm. Sie werden stehend zu 6 Stück in einen Ofen von ähnlicher Einrichtung wie der französische Antimonsaigerofen von Malbosc eingesetzt. Das Einsetzen geschieht durch Oeffnungen im Gewölbe des Ofens, welchen gleiche Oeffnungen in der Sohle desselben entsprechen. Unter diesen letzteren Oeffnungen befinden sich, die Verlängerung der Thonröhren bildend, 1,5 m lange stehende Röhren aus Eisenblech, auf welchen die Thonröhren aufruhen. Die Eisenblechröhren dienen zur Abkühlung der in der Thonröhre gebildeten Nickelwürfel und ruhen ihrerseits (mit $^3/_4$ ihrer Peripherie) auf einer Eisenplatte. Die Röhren werden zu Anfang des Betriebes bis zu einer gewissen Höhe mit Kohlenklein gefüllt, auf welches die Würfel von Nickeloxydul aufgesetzt werden. Durch einen Ausschnitt im unteren Theile der Kühlröhren wird von Zeit zu Zeit ein Theil des Inhalts derselben ausgezogen. Die Würfel rutschen auf diese Weise in den erhitzten Thonröhren herab und werden schliesslich als Metall aus den Kühlröhren herausgezogen. Das Ausziehen der Würfel geschieht in Zeiträumen von $^3/_4$ Stunde bis 1 Stunde. In Val Benoit bei Lüttich werden in 24 Stunden in einem Ofen mit 6 Röhren 500 bis 600 kg Nickel bei einem Verbrauch von 900 bis 1000 kg Kohlen hergestellt.

Auf den Werken der Gewerkschaft Schlesische Nickelwerke bei

[1]) Kerl. Metallhüttenk. S. 553.

Frankenstein in Schlesien[1]) besitzen die Röhren 200 mm Durchmesser und 750 mm Höhe. Sie stehen in 2 Reihen von je 10 Stück in einem durch Gas geheizten, mit Wärmespeichern versehenen Ofen von 4 m Länge und 10 m Breite. Die Reduction dauert 3 Stunden.

Man wendet auch nach Knut Styffe[2]) zur Herstellung von schwammförmigem Nickel Oefen mit Muffeln an. Ein Ofen dieser Art enthielt 12 Muffeln, welche in 2 Reihen übereinander angebracht waren und durch eine gemeinsame Feuerung erhitzt wurden. Der Ofen besass für jede dieser Reihen Arbeitsöffnungen auf den entgegengesetzten Seiten. Die Reduction dauerte 4 Stunden. Die Temperatur wurde bis 1200° gesteigert, wobei das reducirte Nickel zu Stücken von hinreichender Verbindung zusammensinterte.

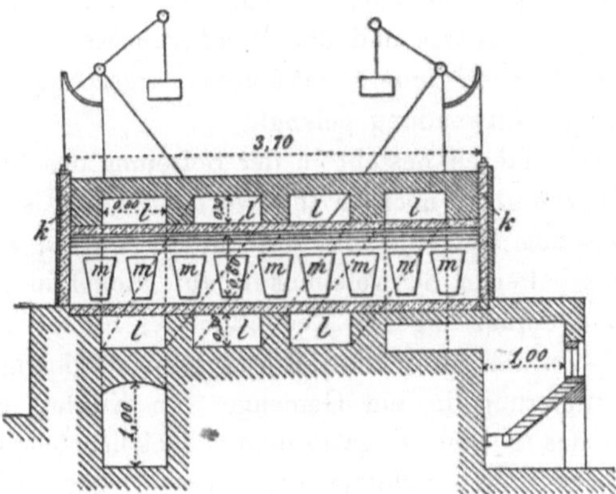

Fig. 443.

Levat[3]) teilt die in Figur 443 dargestellte Einrichtung eines Ofens mit einer einzigen Muffel mit. Der Ofen ist 3,50 m lang und 1,80 m breit. Die Muffel ist an den kurzen Seiten offen und wird daselbst während des Betriebes durch mit Gegengewichten versehene und mit einem feuerfesten Futter ausgekleidete Thüren k verschlossen. Die Feuerung ist Gasfeuerung. l sind die Feuerzüge, durch welche die Flamme um die Muffel zieht. Die zu reducirenden Oxyde werden in eiserne Reductionskästen m gefüllt, welche an der dem Generator entgegengesetzten Seite in den Ofen eingesetzt und allmählich vorgeschoben werden, um schliesslich am heissesten Theile desselben ausgezogen zu werden. Jeder Kasten verbleibt 24 Stunden im Ofen.

Um das Nickel zum Zusammensintern zu bringen, muss es noch mindestens 4 Stunden lang bei einer Temperatur von 1100° bis 1200° in Tiegeln erhitzt werden.

---

1) Zeitschr. f. Berg-, Hütten- u. Salinenwesen im Preuss. Staate 1902. S. 816.
2) Oesterr. Zeitschr. 1894. S. 324.
3) l. c.

Will man das Metall im geschmolzenen Zustande erhalten, so wird das Nickeloxydul mit kohlenstoffhaltigen Körpern unter Zuschlag einer geringen Menge von Flussmitteln bei einer den Schmelzpunkt des Metalles übersteigenden Temperatur reducirt. Das geschmolzene Nickel lässt sich dann in jede beliebige Form bringen.

Die Herstellung des geschmolzenen Nickels aus Nickeloxydul auf den Werken der Orford Co. ist weiter unten (S. 706) angegeben.

4. Die Verarbeitung des eisenfreien (bzw. eisenarmen) Nickelkupfersteins auf Rohnickel.

Bis jetzt stehen zwei Verfahren auf trockenem Wege zur Gewinnung von Nickel aus eisenfreiem oder eisenarmem Nickelkupferstein in Anwendung, der Orford-Prozess und der Mond-Prozess.

Es sind auch noch andere Verfahren vorgeschlagen worden, aber nicht zur definitiven Anwendung gelangt.

Das Orford-Verfahren besteht in der Befreiung des Nickelkupfersteins von Kupfer und von dem noch in ihm vorhandenen Eisen durch wiederholtes Schmelzen mit Natriumsulfat und Kohle und in der Verarbeitung des schliesslich erhaltenen Schwefelnickels auf Nickel in bekannter Weise durch Rösten und darauf folgende Reduction des Röstgutes zu Metall.

Das Mond-Verfahren führt den Stein nach vorgängiger Röstung und theilweiser Entkupferung in ein Gemenge von Kupfer und Nickel über und verwandelt das Nickel in gasförmiges Nickelcarbonyl, aus welchem letzteren das Nickel durch Erhitzen des Gases ausgeschieden wird.

Beide Verfahren werden geheim gehalten. Auch entziehen sich die wirthschaftlichen Ergebnisse derselben der Beurtheilung.

Der Orford-Prozess.

Dieses Verfahren steht auf den Werken der Orford Copper Company bei Constable Hook (New-Jersey) in der Nähe von New York in Anwendung. Das Verfahren ist durch den Director dieser Gesellschaft, John L. Thomsen, und durch Charles Bartlett angegeben und practisch ausgeführt worden[1]). Da es geheim gehalten wird, so sind nur unvollständige Nachrichten darüber in die Oeffentlichkeit gekommen. Hiernach wird der Stein, welcher auch Eisen in einer gewissen Menge enthalten darf, mit Natriumsulfat und Kohle in Schachtöfen verschmolzen, wobei das Natriumsulfat zu Schwefelnatrium reducirt wird. Das Schwefelnatrium vereinigt sich mit der Hauptmenge des Schwefelkupfers und Schwefeleisens und verwandelt das im Steine metallisch ausgeschiedene Kupfer und Eisen gleichfalls in Sulfide, wobei kaustisches Natron entsteht. Die Schwefel-

---

[1]) The Mineral Industry 1892. p. 357. John L. Thomsen. American Patent No. 489 882. 10. Jan. 1893. D.R.P. 91 288.

verbindungen des Kupfers und Eisens bilden mit Schwefelnatrium und kaustischem Natron eine leichtflüssige Schmelze, in welche auch ein Theil Schwefelnickel hineingeht. Der grössere Theil des Schwefelnickels dagegen geht nicht in diese Masse hinein, sondern scheidet sich mit einem geringen Theile von Schwefelkupfer und Schwefeleisen aus und setzt sich in Folge seines höheren spezifischen Gewichtes zu Boden. Die geschmolzenen Massen werden in einen Behälter abgestochen und der Abkühlung überlassen. Sie trennen sich hier in 2 Schichten, die sogen. Deckschichten oder Köpfe (tops) und die Bodenschichten oder Böden (bottoms), welche nach dem Erstarren leicht für sich abgehoben werden können. Die Deckschichten bestehen aus Schwefelnatrium, kaustischem Natron, aus Schwefelkupfer, Schwefeleisen und nur wenig Schwefelnickel. Die Bodenschichten enthalten hauptsächlich Schwefelnickel, ausserdem noch geringe Mengen von Schwefelkupfer, Schwefeleisen, Schwefelnatrium und Natron.

Die Deckschichten werden unter öfterem Begiessen mit Lauge (Kupferchloridlauge vom Auslaugen der chlorirend gerösteten concentrirten Deckschichten) der Verwitterung ausgesetzt und dann mit den gleichfalls der Verwitterung überlassenen Deckschichten vom Verschmelzen der Bodenschichten auf concentrirte Bodenschichten sowie mit frischem Nickelkupferstein geschmolzen, wobei man concentrirte Deckschichten und Bodenschichten erhält.

Die beim ersten Schmelzen erhaltenen Bodenschichten werden mit den Bodenschichten vom Verschmelzen der Deckschichten auf concentrirte Deckschichten mit Natriumsulfat und Koks verschmolzen, wobei man Deckschichten, welche nur noch wenig Nickel enthalten, und concentrirte Bodenschichten, welche reich an Nickel und arm an Kupfer sind, erhält. Die Deckschichten werden (wegen ihres Kupfergehaltes), wie schon erwähnt, mit den beim ersten Schmelzen erhaltenen Deckschichten verarbeitet.

Die concentrirten Deckschichten werden zuerst einer Laugerei mit Wasser unterworfen, um die Natriumverbindungen in Lösung zu bringen, worauf der hauptsächlich aus Schwefelkupfer bestehende Rückstand der Kupferarbeit übergeben wird. Die die Natriumverbindungen enthaltende Lauge wird eingedampft. Die hierbei enthaltenen Natriumverbindungen werden beim Verschmelzen des Steins zugeschlagen.

Die concentrirten Bodenschichten stellen einen nur noch sehr geringe Mengen von Kupfer enthaltenden Nickelstein dar.

Die Verarbeitung des Nickelsteins auf Nickel geschieht in der nämlichen Weise, wie oben (Seite 701) angegeben. Sie besteht in der Totröstung des Nickelsteins und in der Reduction des hierbei erhaltenen Nickeloxyduls.

In manchen Fällen wird auch das Nickeloxydul, welches bei der Herstellung von Nickelstahl Verwendung findet, in den Handel gebracht.

Der nach dem Orford-Verfahren erhaltene Nickelstein wird einer chlorirenden Röstung unterworfen, um die noch in demselben enthaltenen geringen Antheile von Kupfer in Chlorid zu verwandeln, welches letztere durch Auslaugen aus dem Röstgute entfernt wird. Auch etwa im Stein vorhandene Platinmetalle werden hierbei chlorirt und gehen in die Lauge über. Man erhält Nickeloxydul.

Die Kupferchloridlösung wird theils den der Verwitterung zu überlassenden Deckschichten zugesetzt, theils zur Ausfällung des Kupfers mit Eisen behandelt.

Die Zusammensetzung von aus canadischem Nickelstein hergestelltem Nickeloxydul erhellt aus den nachstehenden Analysen:

	Gewöhnliches Nickeloxydul	Besseres Nickeloxydul
Ni O (+ Co O)	97,5 %	98,74 %
Cu O	0,4 -	0,30 -
$Fe_2 O_3$	1,5 -	0,70 -
As	0,3 -	0,04 -
S	0,03 -	0,02 -
$Si O_2$	0,3 -	0,20 -

Die Verarbeitung des Nickeloxyduls auf geschmolzenes Nickel wird auf den Werken der Orford Copper Co. zu Bergen Point am Hafen von New York ausgeführt.

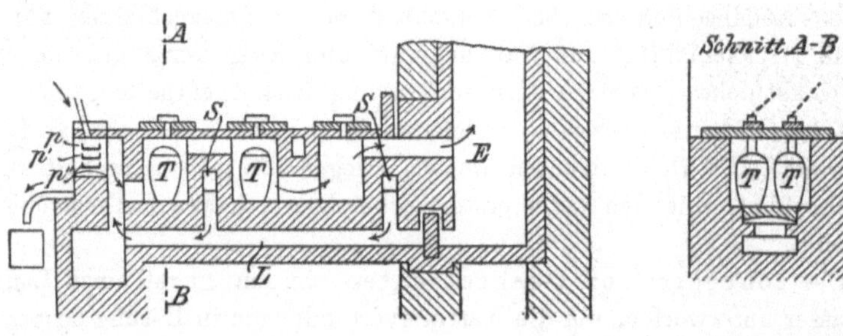

Fig. 444. Fig. 445.

Nach v. Ehrenwerth[1]) benutzt man daselbst für die Reduction und Schmelzung Graphittiegel von 45 cm Höhe und 35 cm Weite, in welche 34 kg Nickeloxydul eingesetzt werden. Als Reductionsmittel dient Holzkohle (16 % vom Gewichte des Nickeloxyduls). Zum Heizen der Oefen dient Petroleum. Die Einrichtung eines Ofens ist aus den Figuren 444 und 445 ersichtlich. Der Ofen hat 3 Kammern für je 2 Tiegel, von welchen jedoch die hinterste Kammer stets leer steht. Die mittlere Kammer dient zur Vorwärmung der besetzten Tiegel, während die der Feuerung zunächst liegende Kammer zur Schmelzung des reducirten Nickels dient. Die Flamme

[1]) Das Berg- und Hüttenwesen auf der Weltausstellung in Chicago. Wien 1895.

des Petroleums durchzieht die verschiedenen Kammern auf dem durch die Pfeile angedeuteten Wege und gelangt dann in die Esse E.

Das Petroleum gelangt zuerst auf die oberste von drei über die ganze Breite des Ofens sich erstreckenden, unter einander angebrachten Pfannen p. Wenn dieselbe gefüllt ist, fliesst es in die nächst untere Pfanne p′ und wenn auch diese gefüllt ist, in die unterste derselben p″. Das aus der untersten Pfanne abfliessende Petroleum gelangt aus derselben in ein ausserhalb des Ofens befindliches Gefäss. Die Verbrennungsluft tritt durch die Canäle S ein und gelangt dann in der durch die Pfeile angedeuteten Richtung durch einen unter dem Ofen sich hinziehenden Canal, in welchem sie vorgewärmt wird, in den Verbrennungsraum.

In 12 Stunden macht ein derartiger Ofen 3 Schmelzungen und erzeugt in dieser Zeit 1088 kg Nickel bei einem Brennstoffaufwand von 477 l Petroleum. Das flüssige Nickel wird in Formen aus Eisen gegossen, in welchen es die Gestalt von Stangen erhält.

Das der Reduction unterworfene Material soll 90 % Nickeloxydul und das hieraus dargestellte Metall 96 bis 98 % Nickel und 0,5 % Eisen enthalten.

Eine Probe von canadischem Handelsnickel zeigte die nachstehende Zusammensetzung:

Ni	98,74 %
Ca O	0,30 -
Fe_2O_3	0,70 -
As	0,04 -
S	0,02 -
SiO_2	0,20 -

Der Mond-Prozess.

Das Verfahren der Nickelgewinnung von Mond[1]), welches im Jahre 1889 von Dr. Ludwig Mond unter Beihülfe von Dr. Carl Langer erfunden wurde, besteht in der Ueberführung des in Erzen und Hüttenerzeugnissen enthaltenen Nickeloxyduls in fein vertheiltes Nickel durch Behandlung der gedachten Körper mit Wasserstoff, Wassergas oder Generatorgas in höherer Temperatur (300°), in der Verwandlung des metallischen Nickels in gasförmiges Nickelkohlenoxyd oder Nickelcarbonyl durch Behandlung der nickelhaltigen Masse mit Kohlenoxyd bei einer 100° nicht übersteigenden Temperatur und in der Zerlegung des Nickelkohlenoxyds in Nickel und Kohlenoxyd bei 180° unter Wiederbenutzung des Kohlenoxyds zur Herstellung neuer Mengen von Nickel-Kohlenoxyd. Enthalten die Erze und Hüttenerzeugnisse das Nickel als Schwefelverbindung, so ist die letztere

[1]) D. R. P. 57320, 95417, 98643. The Engin. and Min. Journal vom 31. Decbr. 1898. p. 784. The Min. Industry 1899. p. 526. Chem. News, 78, 260. Revue générale de Chimie pure et appliquée. Tome II. No. 4.

einer oxydirenden Röstung zu unterwerfen, um das Nickel in Nickeloxydul überzuführen.

Bis jetzt ist das Verfahren nur zur Gewinnung des Nickels aus eisenarmem Nickelkupferstein angewendet worden.

Es steht zu Smethwick in der Nähe von Birmingham in Anwendung.

Das Ausgangsmaterial ist der im Converter von dem grössten Theile des Eisens befreite Nickelkupferstein von Sudbury in Canada.

Dieser Stein wird zuerst tot geröstet, um die Schwefelmetalle in Oxyde überzuführen, dann mit verdünnter Schwefelsäure behandelt, um den grösseren Theil des Kupfers auszulaugen, dann in einem Reductionsthurme mit Wassergas behandelt, wodurch Nickel und Kupfer reducirt werden, und darauf in einem zweiten Thurm, dem sog. Verflüchtigungsthurm, mit Kohlenoxyd behandelt, um das Nickel als Nickelkohlenoxyd zu verflüchtigen. Das verflüchtigte Nickelkohlenoxyd wird mit Hülfe eines Ventilators in einen dritten Thurm, den sog. Zersetzungsthurm, geführt und hier durch Erhitzen in Nickel und Kohlenoxyd zerlegt, welches letztere wieder in den Betrieb eingeführt wird. Da die Reduction sowohl als auch die Verflüchtigung des Nickels in einer einmaligen Operation keineswegs vollständig bewirkt werden können, so müssen sie öfters wiederholt werden, so dass der Stein aus dem Verflüchtigungsthurm wiederholt in den Reductionsthurm zurückgegeben werden muss, um dann wieder in den Verflüchtigungsthurm zu gelangen u. s. f. Aber auch durch Wiederholung der Operationen ist es nicht möglich, den Stein vollständig an Nickel zu erschöpfen.

Nachdem $^2/_3$ des Nickelgehaltes aus ihm entfernt worden sind, verlaufen die Reduction und Verflüchtigung in Folge des Vorhandenseins von unzersetzten Schwefelmetallen in dem Stein derart langsam, dass sie unterbrochen werden müssen. Der Stein wird daher nochmals geröstet und mit Schwefelsäure behandelt, worauf er wieder in den Reductionsthurm und dann in den Verflüchtigungsthurm geführt wird.

Die Totröstung des Steins wird in gewöhnlicher Weise in rotirenden Flammöfen ausgeführt.

Der tot geröstete Stein in Smethwick enthält nach Roberts-Austen[1]) 25,27 % Nickel, 41,87 % Kupfer und ungefähr 2,13 % Eisen. Dieser Stein wird in Kugelmühlen zerkleinert, durch ein Sieb mit 60 Maschen auf dem Längszoll geschickt und dann in mit Bleiblech gefütterten und mit einem Rührwerk versehenen Bottichen mit verdünnter Schwefelsäure behandelt. Der Einsatz beträgt 150 kg Stein. Die Laugeflüssigkeit hierfür besteht aus 90 kg roher Schwefelsäure und 560 l Mutterlaugen von dem Auskrystallisiren des Kupfervitriols aus den Laugen. Die Temperatur wird beim Laugen durch Einblasen von Wasserdampf auf 85° C. gehalten. Durch

[1]) Paper read before the Institution of Civil Engineers (London) November 8. 1898. The Miner. Ind. 1899. p. 526.

die Schwefelsäure wird hauptsächlich Kupfer gelöst. Nickel und Eisen gehen nur in geringen Mengen in Lösung, reichern sich aber bei wiederholter Benutzung der Mutterlaugen in den letzteren an. Nach halbstündigem Laugen wird die entstandene Kupfersulfatlösung von dem verbliebenen Rückstande abgezogen. Der letztere besteht nach dem Trocknen aus 52,5 % Nickel, 20,6 % Kupfer und 2,6 % Eisen. Die Kupfersulfatlösung wird in Krystallisirkästen gehoben, in welchen während 8 bis 10 Tagen Kupfervitriol auskrystallisirt. Der Kupfervitriol enthält 0,05 % Eisen und eine gleiche Menge Nickel. Er geht, nachdem er auf Centrifugen getrocknet ist, in den Handel. Die Mutterlauge dient zum Verdünnen der Schwefelsäure beim Auslaugen des tot gerösteten Steins.

Haben sich Nickel und Eisen in ihr bis zu einem gewissen Grade angereichert, so wird sie zur Trockene eingedampft. Das so gewonnene Gemenge von Sulfaten des Eisens, Kupfers und Nickels wird durch Erhitzen in ein Gemenge von Oxyden verwandelt, welches letztere mit dem gelaugten Kupferstein der Reduction unterworfen wird.

Die Reduction des Nickeloxyduls im gerösteten Stein und mit ihm die des Kupferoxyds wird bei einer Temperatur von 250° bis 300° im Reductionsthurm ausgeführt. Das bei dieser Temperatur und darunter reducirte Nickel wird vom Kohlenoxyd sehr leicht bei einer Temperatur von 50° bis 60° aufgenommen. Bei höherer Temperatur (400° und darüber) reducirtes Nickel ist nicht mehr so fein vertheilt. Die Aufnahme desselben durch das Kohlenoxyd geschieht deshalb langsamer, so dass die Verflüchtigung eine sehr unvollständige ist.

Die Reduction des Nickeloxyduls zu Metall und die Abkühlung der Masse auf die für die Behandlung mit Kohlenoxyd geeignete Temperatur (50° bis 60°) findet in dem sog. Reductionsthurm statt. Dieser Apparat muss so eingerichtet sein, dass in allen Theilen desselben die Temperatur des in der Behandlung befindlichen Materials nach Bedarf geregelt werden kann. Er stellt deshalb einen aus einzelnen kurzen Cylindern zusammengesetzten Thurm dar, deren jeder für sich allein von aussen erhitzt oder abgekühlt werden kann. Die Einrichtung der einzelnen Cylinder ist aus der Figuren 446 bis 449 ersichtlich[1]). Jeder Cylinder hat einen hohlen Boden H (Figur 446), in welchen nach Bedarf Heizgase, kalte Luft oder Kühlwasser eingeführt werden können. Der Hohlraum des Bodens ist durch eine Scheidewand (Figur 447) so getheilt, dass die durch die Oeffnung O_1 eintretenden Heiz- bzw. Kühlmittel (Generatorgas, kaltes Wasser) in der durch die Pfeile angedeuteten Richtung circuliren müssen und durch die Oeffnung O austreten.

Die Oeffnung O_1 eines jeden Cylinders ist durch ein mit Schieber oder Ventilverschluss versehenes Rohr mit der Leitung für die Heizgase bzw. das Kühlmittel verbunden, während die Oeffnung O mit den ent-

---

1) D.R.P. 95417.

sprechenden Abzugscanälen oder Ableitungen verbunden ist. Die einzelnen Cylinder sind so aufeinander gesetzt, dass der Boden des einen Cylinders den Deckel des darunter befindlichen bildet. Das zu behandelnde Material wird mit Hülfe von Rührwerken über die Böden der einzelnen Cylinder geführt. Zu diesem Zwecke ist im oberen Theile jedes Cylinders eine Platte P (Figur 448) angebracht, welche an die senkrechte Welle N zwar anschliesst, deren freie Bewegung jedoch nicht hindert. Die Platte hat

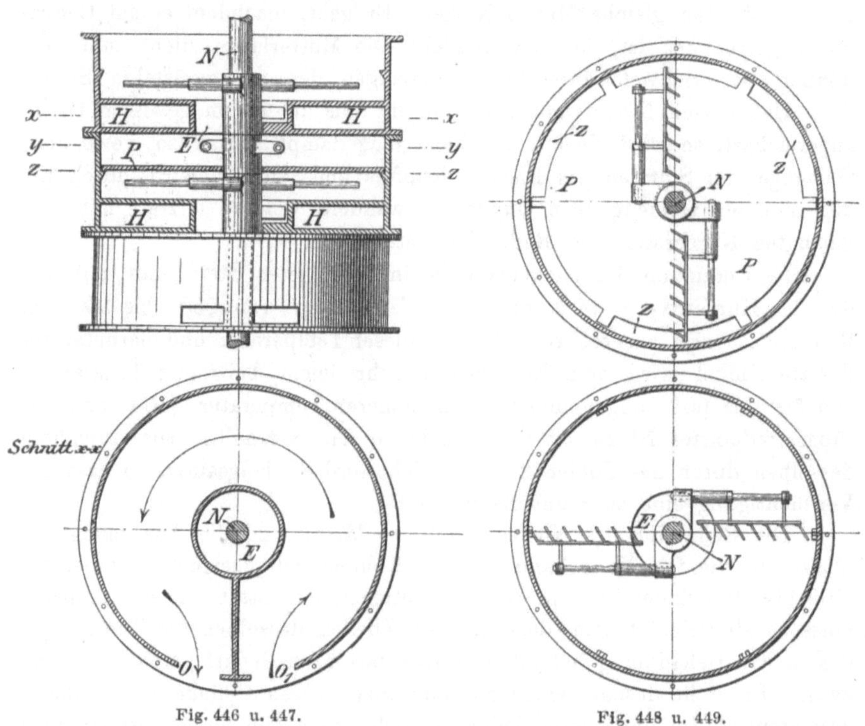

Fig. 446 u. 447. Fig. 448 u. 449.

einen kleineren Durchmesser als der Cylinder, so dass ein Zwischenraum z (Figur 448) zwischen ihrem äusseren Rande und dem Umfange des Cylinders frei bleibt. An der durch den Thurm hindurchgehenden stehenden Welle N sind Rührarme mit Rechen angebracht. Die Zinken der über den Platten P befindlichen Rechen sind so gestellt, dass sie das Material vom Centrum nach der Peripherie führen (Figur 446), wo es durch den Schlitz z auf den Boden des Cylinders fällt. Hier wird es durch ein zweites Rührwerk erfasst, dessen Rechenzinken so gestellt sind, dass sie das Material von der Peripherie nach dem Centrum führen (Figur 449), wo es durch die vom Heizraume H abgeschlossene Oeffnung E auf die im nächst unteren Cylinder befindliche Platte P fällt (Figur 446, 447, 448). In dieser Weise wandert das Material durch die sämmtlichen

Cylinder des Reductionsthurmes. In umgekehrter Richtung steigt Wassergas, welches die Reduction bewirkt, durch den Thurm.

Der Reductionsthurm in Smethwick ist 7,62 m hoch und aus 14 Cylindern mit den entsprechenden hohlen Böden zusammengesetzt. Die 7 oberen Böden werden durch Generatorgas auf 250^0 geheizt; die fünf untersten Böden werden durch in ihnen circulirendes kaltes Wasser abgekühlt.

Bei einem Eisengehalte des Steins muss die Temperatur möglichst niedrig gehalten werden, um die Reduction des Eisenoxyds zu Eisen und damit Bildung von Eisencarbonyl in dem Verflüchtigungsthurm zu vermeiden, weil sich andernfalls bei der Zersetzung mit dem Nickel Eisen niederschlägt. Das Nickel, welches aus einem Stein mit 6 bis 10 % Eisen gewonnen wird, soll nicht über 0,5 % Eisen enthalten. Bei einem Stein mit höherem Eisengehalt würde bei der zur Vermeidung der Reduction von Eisen innezuhaltenden niedrigen Temperatur die Reduction des Nickels nur sehr unvollständig von Statten gehen. Ein Stein mit über 10 % Eisengehalt muss daher erst durch einen Schmelzprozess von dem grösseren Theile seines Eisens befreit werden, ehe er dem Mond-Verfahren unterworfen werden kann.

Das als Reductionsmittel dienende Wassergas wird in Generatoren durch Einführen von Wasserdampf in Anthracit hergestellt und in einem Gasometer angesammelt. Das aus dem Reductionsthurme abziehende Gas enthält noch 5 bis 10 Vol.-Procente Wasserstoff. Ein Theil davon wird zur Herstellung des für die Bildung von Nickelcarbonyl erforderlichen Kohlenoxyds benutzt, indem man aus ihm durch einen feinen Wasserregen zuerst den Wasserdampf entfernt und es dann durch in einer Retorte erhitzte glühende Holzkohle leitet, um die Kohlensäure zu Kohlenoxyd zu reduciren. Man erhält so ein Gas mit 80 % Kohlenoxyd, welches in einem Gasometer aufgefangen wird.

Die Verwandlung des Nickels in Nickelkohlenoxyd findet in einem Thurme, dem sog. Verflüchtigungsthurme (Volatiliser) bei einer unter 100^0 liegenden Temperatur statt. Die beste Temperatur für die Bildung des Nickelkohlenoxyds ist 50^0, weil bei derselben die dem Nickel beigemengten Verunreinigungen und selbst auch das Kobalt nicht angegriffen werden. Der Verflüchtigungsthurm ist ähnlich eingerichtet wie der Reductionsthurm mit dem Unterschiede, dass die Böden der einzelnen Cylinder nicht hohl sind. Eine besondere Erhitzung ist hier nicht erforderlich, da die Hitze des aus dem Reductionsthurme kommenden nickelhaltigen Materials und des Kohlenoxyds zur Aufrechterhaltung der für die Verflüchtigung erforderlichen Temperatur (50^0) genügen. Das nickelhaltige Material wird durch Rührvorrichtungen in der nämlichen Weise von oben nach unten durch den Thurm geführt, wie der geröstete und gelaugte Nickelkupferstein durch den Reductionsthurm. Das Kohlenoxyd macht den umgekehrten Weg wie das nickelhaltige Material. Das Kohlenoxyd stammt theils aus dem Zersetzungsthurm (von der Zersetzung des Nickelkohlenoxyds in Nickel und Kohlenoxyd), theils ist es, wie dargelegt, aus den aus dem Reductionsthurme entweichenden Gasen hergestellt. (Nach früheren Nachrichten wurde das Kohlenoxyd durch Durchleiten von Kohlensäure durch glühende Koks gewonnen. Die Kohlensäure wurde durch Kochen einer Lösung von Kaliumbicarbonat hergestellt. Die letztere wurde durch Einleiten der Feuergase einer Kesselfeuerung in eine Lösung von Pottasche hergestellt.)

Das durch die Einwirkung des Nickels auf das Kohlenoxyd entstandene gasförmige Nickel-Kohlenoxyd wird, nachdem es ein Filter passirt hat, durch einen Ventilator (Blower) nach dem Zersetzungsthurme geleitet. Sobald das Nickel einige Zeit auf das Kohlenoxyd eingewirkt hat, lässt die Bildung des Nickel-Kohlenoxyds nach. Der nickelhaltige Rückstand wird dann in den Reductionsthurm zurückgegeben und von Neuem der Einwirkung des Wassergases ausgesetzt. Darauf wird es wieder im Verflüchtigungsthurm mit Kohlenoxyd behandelt. In dieser Weise wird das nickelhaltige Material so lange abwechselnd im Reductions- und Verflüchtigungsthurm behandelt, bis 60 % des ursprünglichen Nickelgehaltes des Steins als Nickelcarbonyl verflüchtigt sind. Hierzu ist ein Zeitraum von 7 bis 15 Tagen erforderlich. Der verbliebene Rückstand macht dann ungefähr ein Drittel des ursprünglichen Steins aus und enthält 35,48 % Nickel, 38,36 % Kupfer und 4,58 % Eisen hauptsächlich als unzersetzte Schwefelmetalle. Er geht zur Röstung zurück und wird wie der ursprüngliche Stein behandelt. Durch diese weitere Behandlung des Rückstandes wird das Nickel bis auf 80 % des ursprünglichen Nickelgehaltes des Steins entfernt. Der nun verbliebene Rückstand beträgt ungefähr 10 % des Gewichtes des ursprünglichen Steins und enthält 35,83 % Nickel, 35,36 % Kupfer und 7,82 % Eisen. Ueber die weitere Behandlung dieses zweiten Rückstandes ist in den Quellen nichts angegeben. Vermuthlich wird er dem frischen Stein zugeschlagen.

Das Nickel-Kohlenoxyd wird durch ein Filter gesaugt, in welchem mitgerissener Flugstaub zurückgehalten wird, und gelangt dann in den Zersetzungsthurm, in welchem das Gas durch Erhitzen auf 180° in Nickel und in Kohlenoxyd zerlegt wird. Früher geschah die Zersetzung in leeren Kammern. In diesen wurde das Nickel in lockerer, schwammiger Form ausgeschieden und liess sich nur schwierig weiter verarbeiten. Gegenwärtig wird das Nickel in kugeligen, compacten Massen ausgeschieden, indem man das Nickel-Kohlenoxyd über metallisches Nickel leitet, welches in Gestalt von kleinem Schrot in granulirtem Zustande angewendet wird.

Die Einrichtung des Zersetzungsthurmes ist aus der Figur 450 ersichtlich. Dieser stellt einen mit einem Mantel umgebenen Cylinder mit trichterförmigem Boden dar, in welchen das Nickel-Kohlenoxyd durch ein centrales, bis nahe an den Boden reichendes Rohr eingeführt wird. A ist der Thurm, welcher zum Theil mit Nickelgranalien gefüllt ist. B ist das

Rohr, durch welches das Nickelcarbonyl eingeführt wird. Um das Ansetzen von Nickel in diesem Rohre zu verhindern, circulirt in einem zweiten kleineren Rohr kaltes Wasser. In dem Mantel sind Heizkammern H angebracht, in welchen heisse Luft circulirt und die Erhitzung des Inhaltes des Thurms auf die Zersetzungstemperatur des Nickel-Kohlenoxyds (200°) bewirkt. Das Nickel-Kohlenoxyd nun wird durch Oeffnungen in dem Rohre B in den Thurm geführt, gelangt in die Zwischenräume zwischen den Granalien und schlägt sich auf den letzteren nieder, welche dadurch an Grösse zunehmen. Um eine Verstopfung der Zwischenräume und ein Zusammenbacken der Granalien durch das ausgeschiedene Nickel zu verhindern, werden die Granalien mit dem auf ihnen ausgeschiedenen Nickel durch die von einem Siebe N umgebene Schnecke U in beständiger langsamer Abwärtsbewegung gehalten. Die kleinen Nickelkörner, welche noch nicht die gewünschte Grösse besitzen, fallen durch die Sieblöcher in einen Elevator, welcher sie in den Thurm zurückführt. Die grösseren Nickelkörner, welche die Sieblöcher nicht passiren können, gelangen in den Raum G, aus welchem sie zeitweise in untergestellte Wagen abgelassen werden. Diese grösseren Körner sind zum technischen Gebrauche geeignet. Das vom Nickel befreite Kohlenoxydgas wird durch das Rohr M abgesaugt und durch einen Blower in den Verflüchtigungsthurm geführt.

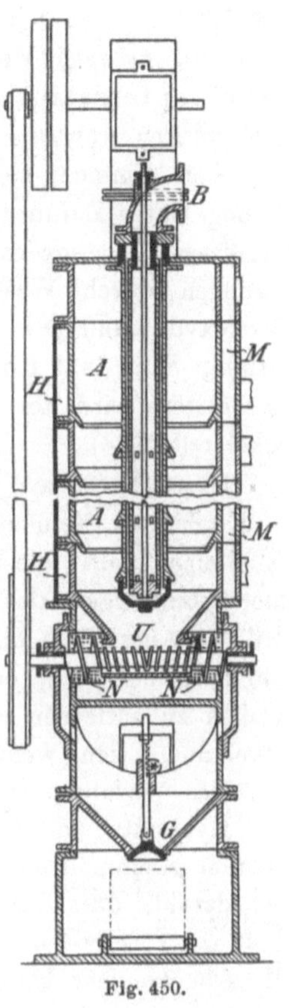

Fig. 450.

Zwei Proben von nach dem Mond-Verfahren hergestelltem Nickel zeigten die nachstehende Zusammensetzung:

	I	II
Ni	99,82 %	99,43 %
Fe	0,10 -	0,43 -
S	0,0068 -	0,0099 -
C	0,07 -	0,087 -
Unlösl. Rückstand	—	0,026 -

Ueber die wirthschaftlichen Ergebnisse des Mond-Verfahrens ist nichts bekannt geworden.

Die schwachen Seiten desselben sind die Nothwendigkeit, erhebliche Mengen von nickelhaltigem Material in Circulation zu erhalten, Explosionsgefahr, Verluste an Nickel und Vergiftungen der Arbeiter durch Kohlenoxyd beim Undichtwerden der Apparate. Im Jahre 1902 sollen bei einer Beschädigung der Apparate über 20 Fälle von Vergiftungserscheinungen bei den Arbeitern vorgekommen sein. (The Mineral Industry 1903. S. 487.)

Anderweite Verfahren zur Verarbeitung des eisenarmen Nickelkupfersteins sind von Emmens, sowie von Hybinette und Ledoux vorgeschlagen worden.

Nach Emmens soll man das Kupfer des Steins durch eine chlorirende Röstung unter Zuführung von Wasserdampf in Kupferchlorid überführen und dieses Salz sowie die übrigen bei der Röstung gebildeten Chlorverbindungen durch Wasser auslaugen und den Rückstand, welcher aus Nickeloxydul und gewissen Mengen von Eisenoxyd besteht, mit Schwefelnatrium, Sand und Holzkohle auf einen reinen Nickelstein verschmelzen. Der letztere wird tot geröstet. Das so erhaltene Nickeloxydul wird zu Nickel reducirt[1]).

Dieses Verfahren kann nur beim Vorhandensein sehr geringer Mengen von Kupfer im Stein ausgeführt werden, weil bei grösserem Kupfergehalte des Steins nicht alles Kupfer chlorirt wird. Auch bilden sich hierbei Chlorverbindungen des Nickels und Eisens, welche gleichfalls ausgelaugt werden. Ausserdem bildet sich auch Kupferchlorür, welches durch Wasser nicht aufgelöst wird, sondern durch Salzsäure oder Lösungen von Chlormetallen zu entfernen ist. Schliesslich entstehen auch Sulfate von Kupfer, Nickel und Eisen, welche sämmtlich durch Wasser ausgelaugt werden.

Das Verfahren ist in den Vereinigten Staaten angewendet worden.

Hybinette und Ledoux[2]) wollen mit Hülfe von Mangan das Nickel aus dem geschmolzenen Nickelkupferstein ausscheiden. Das Verfahren beruht darauf, dass das Mangan und das Kupfer eine grössere Verwandtschaft zum Schwefel besitzen als das Nickel. Bei der ersten Operation soll man weniger Mangan zusetzen, als erforderlich ist, das gesammte Nickel auszuscheiden. Es setzt sich dann ein Gemenge von Nickel und Nickelsulfid zu Boden, während die Sulfide des Kupfers und Mangans sich darüber ansammeln. Die die Decke bildenden Sulfide sollen entfernt werden, worauf das Nickelsulfid von Neuem mit Mangan behandelt werden soll. Durch diese zweite Behandlung soll das Nickel ausgeschieden werden. Aus den Decken sollen Kupfer und Mangan gewonnen werden. Das Mangan soll in der Form von Superoxyd angewendet werden, woraus durch Kohle das Metall ausgeschieden werden soll.

Dieses Verfahren soll auf den Balbach-Werken in Newark versucht worden sein[3]). Von einer definitiven Anwendung ist nichts bekannt geworden.

---

[1]) The Mineral Industry 1894. S. 463.

[2]) United States Patent No. 579 111 vom 16. März 1897.

[3]) The Min. Ind. 1896. S. 430.

Es ist auch vorgeschlagen worden, das Kupfer aus eisen- und kupferhaltigem Nickelstein durch Verblasen des letzteren in Convertern mit basischem Futter oder Koksfutter zu entfernen[1]). Hierbei soll zuerst das Eisen und dann das Nickel verschlackt werden, während das Kupfer zum Schluss als Metall ausgeschieden wird. Die Nickelschlacke soll getrennt von der Eisenschlacke aus dem Converter abgelassen und für sich auf trockenem oder auf nassem Wege auf Nickel verarbeitet werden. Der Prozess soll unter Zuschlag von Flussmitteln und Verschlackungsmitteln in 2 Perioden ausgeführt werden. In der ersten Periode soll das Eisen verschlackt und ein eisenfreier Kupfer-Nickelstein hergestellt werden. In der zweiten Periode soll das Nickel verschlackt und das Kupfer als Metall ausgeschieden werden. Ueber die Ausführung dieses Vorschlages ist nichts bekannt geworden.

5. Die Verarbeitung des eisenfreien Nickelkupfersteins auf Kupfer-Nickel-Legirungen.

Die Verarbeitung des Nickelkupfersteins auf Kupfer-Nickel-Legirungen besteht in einer oxydirenden Röstung desselben zur Verwandlung des Nickels und Kupfers in Oxyde und in einer darauf folgenden Reduction des Oxydgemenges durch Schmelzen oder Brennen zu einer Legirung von Kupfer und Nickel.

Die Röstung des Nickelkupfersteins.

Der Nickelkupferstein muss totgeröstet werden. Er wird zu diesem Zwecke möglichst fein gepulvert und dann einer zweimaligen Flammofenröstung unterworfen. Bei der zweiten Röstung setzt man häufig Oxydationsmittel (Salpeter) zu.

Als Röstöfen verwendet man sowohl Fortschaufelungsöfen als auch Krählöfen.

Zu Klefva in Schweden[2]) stand ein Fortschaufelungsofen mit geneigtem Heerd in Anwendung, welcher 4 Röstposten zu je 126 kg fasste.

Zu Gladenbach[3]) (Hessen-Nassau) stand ein Ofen mit einem rechteckigen Heerd von 4,2 qm Fläche mit einer einzigen Arbeitsöffnung und mit 2 Füchsen in Anwendung. Der höchste Abstand des Heerdgewölbes von der Heerdsohle betrug 0,36 m. Der Einsatz in den Ofen betrug 200 kg.

Durch die erste Röstung wird der Schwefel bis auf 1 % entfernt. Der geröstete Stein wird gepulvert und dann nochmals bis zur totalen Entfernung des Schwefels geröstet.

---

[1]) v. Ehrenwerth. Das Berg- und Hüttenwesen auf der Weltausstellung in Chicago. Wien 1895.

[2]) Balling l. c.

[3]) Schnabel l. c.

Die erste Röstung dauert 6 bis 12 Stunden, die zweite Röstung 6 bis 8 Stunden.

Der Brennstoffaufwand beträgt nach Levat (l. c.) für die t raffinirten Steins bei der ersten Röstung $^5/_6$ t Steinkohlen, bei der zweiten Röstung $1^1/_2$ t.

Als Erzeugniss der Röstung erhält man ein Gemenge von Kupferoxyd und Nickeloxydul, welches je nach dem Kupfergehalt eine dunkelgraue bis schwarze Farbe besitzt.

Auf Aurorahütte bei Gladenbach[1]) wurden 200 kg Steinmehl auf dem Heerde $2^1/_2$ bis 3 cm hoch ausgebreitet und unter fortwährendem Durchkrählen und zeitweiligem Wenden der Röstpost 12 Stunden lang geröstet. Um eine Sinterung der Röstmasse zu verhüten, wurde die Temperatur zu Anfang der Röstung niedrig gehalten und nicht über Dunkelrothglut gesteigert, während sie zu Ende der Röstung auf helle Rothglut gebracht wurde. Der Schwefel wurde durch diese erste Röstung bis auf $^3/_4$ % entfernt.

Das Röstgut wurde gepulvert und dann unter Zusatz von Salpeter und Soda einer zweiten achtstündigen Röstung in dem nämlichen Ofen unterworfen. Die Temperatur war im Anfange der Röstung helle Rothglut, wurde aber im letzten Theile derselben zur Weissglut gesteigert, um eine vollständige Zerlegung der gebildeten Sulfate herbeizuführen. Bei dieser zweiten Röstung wurden durch den Einfluss von Salpeter und Soda Antimon und Arsen in antimonsaure bzw. arsensaure Salze verwandelt, welche letzteren aus dem Röstgute vor der weiteren Verarbeitung desselben durch Wasser ausgelaugt wurden.

In Klefva[2]) in Schweden geschah die Röstung in einem Fortschaufelungsofen mit geneigter Heerdsohle, in welchen 4 Röstposten zu je 126 kg eingesetzt wurden. Als Brennstoff diente Holz. Bei der ersten Röstung wurde in Zeiträumen von je 4 Stunden 1 Post (126 kg) ausgezogen, bei der zweiten Röstung in Zeiträumen von je 8 Stunden.

Auf Ringeriges Nickelwerk in Norwegen[3]) wurde der Schwefel durch die erste Röstung auf 2—4 % entfernt.

Bei der zweiten Röstung setzte man 10 % calcinirte Soda und 5 % Salpeter vom Gewichte des einmal gerösteten Steins zu. Die hierdurch gebildeten Salze wurden aus dem fertigen Röstgut durch Wasser ausgelaugt.

Nach Levat[4]) wird der raffinirte Stein auf den neueren Werken in England und auf dem Continent in zwei Operationen totgeröstet. Durch die erste Operation wird der Schwefel bis auf 1 % entfernt, während er nach der zweiten Operation höchstens noch 0,004 % beträgt.

---

[1]) Schnabel. Preuss. Ministerialzeitschrift 1866. S. 137.

[2]) Balling l. c.

[3]) Schweder l. c.

[4]) l. c.

Die erste Operation wird in einem Fortschaufelungsofen von 10 m Länge und 2,5 m Breite mit 4 Arbeitsöffnungen an der einen langen Seite desselben ausgeführt. Der durch Walzen zerkleinerte Stein wird in Einsätzen von 800 kg in den Ofen gebracht und 5 cm hoch auf der Sohle desselben ausgebreitet. Die Temperatur ist Anfangs Dunkelrothglut, um Sinterungen vorzubeugen, und wird am Schluss der Röstung auf Hellrothglut gesteigert. Das Röstgut wird an der Feuerbrücke ausgezogen. Die Dauer der Röstung beträgt bei kupfer- und nickelhaltigem Stein 6 Stunden, bei kupferfreien Steinen dagegen 8 Stunden, weil sich das Nickelsulfür schwieriger zerlegt als das Kupfersulfür. Das Durchsetzquantum in 24 Stunden beträgt hiernach 2400 bzw. 1800 kg Stein bei einem Brennstoffaufwand von 2000 kg Flammkohlen. Die Bedienung des Ofens besteht aus 3 Mann täglich.

Das Röstgut, welches in Folge des Gehaltes an unzersetzten Sulfüren und basischen Salzen noch 1 % Schwefel enthält, wird durch Walzen auf das Feinste zerkleinert, gesiebt und dann einer zweiten Röstung in einem Ofen unterworfen, welcher ebenso breit wie der beschriebene Fortschaufelungsofen, aber viel kürzer als derselbe ist. Der Einsatz beträgt 500 kg Röstgut, welches bei Hellrothglut in 6 Stunden totgeröstet wird. Der Kohlenverbrauch in 24 Stunden beträgt 3 t. Die Bedienung besteht aus 2 Mann täglich.

Das Oxyd darf nicht über 0,004 % Schwefel enthalten. Dasselbe zeigt, wenn es kupferhaltig ist, eine schwarze Farbe. Bei Abwesenheit von Kupfer ist dieselbe grünlich-grau.

Die Reduction des totgerösteten Nickelkupfersteins zu Kupfer-Nickel-Legirungen.

Das durch die Röstung gebildete Gemenge von Kupferoxyd und Nickeloxydul wird zu Kupfernickel reducirt.

Die Reduction kann entweder so geführt werden, dass man durch einen Brennprozess (ohne Schmelzen) Legirung in Pulver-, Staub- oder Würfelform herstellt, oder so, dass man die Legirung im geschmolzenen Zustande erhält.

Das Nickeloxydul wird schon bei starker Rothglut reducirt, bei welcher Temperatur es noch nicht schmilzt. Das Kupferoxyd wird bei noch niedrigerer Temperatur reducirt.

Die Herstellung des Pulvers und der Würfel geschieht in Gefässöfen in Tiegeln oder Röhren, während die Herstellung der geschmolzenen Legirung in Schachtöfen erfolgt.

Zur Herstellung des Pulvers stampft man das Oxydgemenge mit Holzkohlenpulver gemengt in Graphittiegel ein; zur Herstellung der Würfel mengt man die Oxyde mit kohlenstoffhaltigen Klebmitteln (Mehl, Rohzucker, Syrup) unter Wasserzusatz zu einem steifen Teig an, formt denselben zu flachen Kuchen, trocknet die letzteren und zerschneidet sie dann in kleine Würfel von 10 bis 15 mm Seite. Die letzteren werden mit Holz kohlenpulver in Tiegeln oder Röhren geglüht.

Zur Herstellung von geschmolzener Legirung schmilzt man die Oxyde mit Holzkohlen in einem kleinen Schachtofen.

Zu Klefva in Schweden[1]) wurde das Oxydgemenge in Einsätzen von je 8,5 kg in Graphittiegeln zu Pulver reducirt. Die Graphittiegel wurden in einem Windofen, welcher 8 bis 12 Tiegel fasste, 12 Stunden lang erhitzt. Die erhaltene pulverförmige Legirung hatte die nachstehende Zusammensetzung:

	I	II
Ni	60,25	66,46
Cu	38,85	32,33
Fe	0,64	0,70
S	—	0,08

Die Legirung war Handelsproduct.

Auf Ringeriges Nickelwerk in Norwegen wurde das feuchte Oxydgemenge mit Rohzucker gemengt, zu Würfeln geformt, getrocknet, dann mit Holzkohlenpulver geschichtet in Tiegel eingesetzt und 5 Stunden lang bis zur Weissglut erhitzt. Die erhaltenen Würfel wurden in einen Eisenkasten entleert, in welchem man sie erkalten liess, dann durch Sieben von der Kohle getrennt und schliesslich in einer rotirenden Trommel mit Wasser polirt.

Auf Victoriahütte in Schlesien[2]) wurde das Oxydgemenge mit Weizenmehl zu einem Teig angerührt, welcher auf einem Kupferbleche ausgebreitet, in Würfel zerschnitten und getrocknet wurde. Die Würfel wurden mit Holzkohle geschichtet in Graphittiegeln, welche in einen Windofen eingesetzt waren, reducirt. In dem Ofen standen die Tiegel zwischen den glühenden Koks. Auf 1 Tiegel, welcher 5 kg Legirung lieferte, wurden 6—7 kg Koks verbraucht.

(Reduction von Nickeloxydul in Muffeln s. S. 703.)

Die Reduction der Oxyde in Schachtöfen wurde früher auf der Aurorahütte bei Gladenbach (Hessen-Nassau) und auch zeitweise in Klefva in Schweden ausgeführt. Auf der Aurorahütte bei Gladenbach[3]) war der als Tiegelofen zugestellte Schachtofen 0,6 m hoch, 0,4 m tief und 0,45 m weit. Der Heerd bestand aus leichtem Gestübbe (4—5 Raumth. Holzkohle und 1 Raumth. Lehm). Derselbe blies mit einer Form in der Hinterwand, welche durchschnittlich 45° Neigung hatte. Der Wind hatte eine Pressung von 32 mm Quecksilbersäule. Als Brenn- bzw. Reductionsstoff diente Holzkohle. Sobald ein Satz in der Höhe von 80 bis 100 kg Oxyden durchgeschmolzen war, wurden Legirung und Schlacke in einen

---

[1]) Balling l. c.

[2]) B.- u. H. Ztg. 1877. S. 300; 1878. S. 245.

[3]) Schnabel l. c.

kleinen Stechheerd abgestochen. Nach dem Abheben der erstarrten Schlacke von der Legirung riss man die letztere in Scheiben und zerschlug sie, noch im glühenden Zustande, in Stücke. Aus 100 kg Oxyden erhielt man 35—38 kg Legirung.

Aus dem Lehm des Gestübbes und dem Material der Ofenwände bildete sich mit einem Theil der Oxyde eine leichtflüssige Schlacke, welche die Legirung vor dem oxydirenden Einflusse des Gebläsewindes schützte. Die Schlacke enthielt erhebliche Mengen von Kupfer und Nickel. Sie sollte für sich auf Kupfernickel verarbeitet werden. Der Metallverlust betrug 1,35 % Ni und 8,22 % Cu.

Aus einem raffinirten Stein, welcher im ungerösteten Zustande die nachstehende Zusammensetzung hatte:

Ni	32,59
Cu	52,00
Fe	0,41
S	17,71
As + Sb	0,11

erhielt man eine Legirung, welche enthielt:

Cu	59,5
Ni	39,95
Fe	0,64

Aus einem Stein, welcher im ungerösteten Zustande zusammengesetzt war wie folgt:

Ni + Co	37,5 %
Cu	48,5 -
As + Sb	Spur
S	13,3 %

erhielt man eine Legirung bestehend aus:

Ni	45,06 %
Cu	53,44 -

Der totgeröstete Nickelkupferstein aus Canada wird mit Holzkohle oder Gas reducirt. Man gewinnt aus ihm eine Legirung mit 50 % Cu, 49 % Ni und geringen Mengen von Fe, Si, C, welche an die Neusilberwerke geht. Nur für Patronenhülsen wird eine besondere Legirung mit 80 % Cu und 20 % Ni hergestellt.

2. Die Nickelgewinnung aus Silicaten des Nickels.

Der in Neu-Caledonien vorkommende Garnierit ist ein wasserhaltiges Silicat von schwankender Zusammensetzung, dessen Bestandtheile sich gewöhnlich in den nachstehenden Grenzen bewegen:

NiO	9	bis	17 %
SiO_2	41	-	46 -
Fe_2O_3	5	-	14 -
Al_2O_3	1	-	7 -
MgO	6	-	9 -
H_2O	8	-	16 -

Der Nickelgehalt des zur Verhüttung gelangten Garnierits hat in der letzten Zeit zwischen 7 und 8 % geschwankt.

Der Garnierit wird gegenwärtig ausschliesslich in Europa (Glasgow, Birmingham, Havre, Iserlohn) zu Gute gemacht.

Die erste Art der Zugutemachung desselben, welche in der Nähe von Numea in Neu-Caledonien ausgeführt wurde, bestand in dem Verschmelzen desselben in Hochöfen mit Koks und Zuschlägen auf Eisennickel, welches man in Europa durch oxydirende Schmelzprozesse in reines Nickel zu verwandeln suchte.

Zu Numea wurde das zerkleinerte Erz mit Flussspath, Kryolith, Soda, Manganerzen und Kohlenpulver gemengt, mit Hülfe von Theer zu Ziegeln geformt und dann mit Koks und Kalkstein (zur Bindung des Schwefelgehaltes der Koks) in Oefen von 8 m Höhe bei Anwendung erhitzten Windes (von 400°) und bei einer Pressung desselben von 12 cm Quecksilbersäule auf Eisennickel verschmolzen. Der Kalksteinzuschlag zur Bindung des Schwefelgehaltes der Koks und Steinkohlen betrug $^1/_2$ t auf die t Erz. Enthielten die Erze zu geringe Mengen von Eisen, so wurden reiche Eisenerze zugeschlagen. Im Durchschnitte erhielt man aus 1000 G.-Th. Erz bei einem Verbrauch von 400 G.-Th. Koks 112 G.-Th. Eisennickel.

Die Zusammensetzung des erhaltenen Eisennickels ist aus den nachstehenden Analysen ersichtlich:

	I	II
Kohlenstoff	1,70	3,40
Silicium	2,40	0,85
Schwefel	0,55	1,50
Eisen	23,30	32,35
Nickel	75,50	60,90

Hiernach enthält das Eisennickel trotz des Kalksteinzuschlags noch erhebliche Mengen von Schwefel.

Das Eisennickel wurde nach Europa gebracht, wo man es durch oxydirende Schmelzprozesse von Silicium, Schwefel und Eisen zu reinigen suchte. So wurde es beispielsweise zu Septèmes in der Nähe von Marseille in einem Siemens-Martin-Ofen auf einem Heerde von Nickeloxydul eingeschmolzen, wobei man zum Schlusse zur Beseitigung eines Sauerstoffgehaltes manganhaltiges Rohnickel zusetzte. Zur Entfernung des Siliciums und Schwefels wurde auch ein Heerdfutter aus Kalk angewendet.

Dieses Verfahren führte aber ebensowenig zum Ziele wie die verschiedensten anderweitigen Versuche, indem es nicht gelingen wollte, das Nickel frei von Eisen und Schwefel zu erhalten. In Folge dessen ist die Herstellung des Eisennickels gänzlich aufgegeben worden.

Gegenwärtig wird das sämmtliche in Neu-Caledonien gewonnene Erz exportirt. Die grösste Menge desselben wird nach Europa geführt und daselbst mit schwefelhaltigen Zuschlägen in Schachtöfen auf einen Stein verschmolzen, welcher letztere in Flammöfen, Convertern oder durch Rösten und Schmelzen in Schachtöfen raffinirt und dann durch Röstung auf Nickeloxydul oder durch Röstung und darauffolgende Reduction auf Nickel verarbeitet wird. Die gedachten Prozesse werden hauptsächlich in Glasgow, Birmingham, Havre, Iserlohn (auf den Werken der französischen Gesellschaft Le Nickel) ausgeführt.

Die Erze werden in Schachtöfen, welche entweder auf ihre ganze Höhe oder nur im unteren Theile 1 m hoch mit einem Wassermantel versehen sind, mit Koks und schwefelhaltigen Zuschlägen auf Nickelstein verschmolzen. Als derartige Zuschläge dienen die hauptsächlich aus Schwefelcalcium bestehenden Rückstände von der Sodafabrikation nach dem Leblanc-Verfahren oder, falls dieselben nicht zu erhalten sind, Gyps.

Mit Hülfe dieser Zuschläge wird das gesammte Nickel und ein Theil des Eisens in einen Stein übergeführt. Das Schwefelcalcium der Sodarückstände setzt sich mit dem Nickelsilicat des Garnierits in Schwefelnickel und Calciumsilicat um. Der Gyps wird im Ofen durch die Koks zu Schwefelcalcium reducirt, welches letztere auf das Nickelsilicat ebenso einwirkt wie das Schwefelcalcium der Sodarückstände. Das Erz wird mit Gyps und Kohle gemahlen. Das gemahlene Gemenge wird zu Ziegeln gepresst. Das Durchsetzquantum an Erz in einem der gedachten Oefen beträgt in 24 Stunden 25 bis 30 t. Der Koksverbrauch beträgt nach Levat (l. c.) 30 % vom Erzgewicht. Der Nickelstein enthält 50 bis 55 % Nickel, 25 bis 30 % Eisen und 16 bis 18 % Schwefel. Er ist frei von Arsen und Kupfer.

Er wird in der nämlichen Weise, wie es oben von dem Nickelstein dargelegt ist, in Flammöfen oder Convertern von Eisen und einem äquivalenten Theile Schwefel befreit. Man erhält hierdurch einen Stein mit durchschnittlich 75 % Nickel, 24 % Schwefel, 0,5 % Eisen und 0,5 % sonstigen Verunreinigungen Derselbe wird in der nämlichen Weise, wie es von dem aus geschwefelten Nickelerzen gewonnenen Stein dargelegt ist, totgeröstet und dann zu Nickel reducirt.

Die beim Erzschmelzen erhaltene Schlacke wird abgesetzt. Erfolgt das Befreien des Steins vom Eisen durch Rösten in Flammöfen und darauf folgendes Schmelzen unter Zuschlag von Sand, so wendet man für das Schmelzen die nämlichen mit Wassermantel versehenen Schachtöfen an wie beim Erzschmelzeu.

Die beim Befreien des Steins vom Eisen fallende Schlacke enthält grössere Mengen von Nickel. Dieselbe wird mit Sand, Gyps und Kohle zusammengemahlen, zu Ziegeln gepresst und dann in Schachtöfen mit Wassermantel auf einen Stein verschmolzen. Derselbe wird einem Concentrationsschmelzen unterworfen und dann in der nämlichen Weise behandelt wie der beim Erzschmelzen erhaltene Stein.

In der Nähe von Frankenstein in Schlesien[1]) finden sich Nickelsilicate als Schuchhardtit (4 bis 23 % Ni), Pimelith (5 bis 7 % Ni) und Garnierit (15 bis 18 % Ni) im Serpentin in linsenförmigen Körpern bei Gläsendorf, Kosemitz, Zülzendorf, Baumgarten, Grochau.

Gegenwärtig kommen die Erze der Marthagrube und der Bennogrube bei Gläsendorf und Kosemitz, auf der bei der Marthagrube belegenen Marthahütte zur Verarbeitung auf Nickel.

Die durchschnittliche Zusammensetzung der Erze ist die nachstehende:

SiO_2	60 bis 65,4 %
MgO	8,5 - 12 -
Fe_2O_3, Al_2O_3	6 - 8 -
Ni	2,3 - 3,5 -
Glühverlust (hauptsächlich Wasser)	8 - 15 -

Die Erze sind nahezu kupferfrei, da ihr Kupfergehalt höchstens bis 0,0032 % geht.

Die Erze werden unter Zusatz von Schwefelungsmitteln zuerst in Schachtöfen auf Nickelstein (Rohstein) verschmolzen. Der letztere wird in Flammöfen geröstet und dann in einem Schachtofen auf concentrirten Nickelstein verabeitet. Der concentrirte Nickelstein wird in Convertern auf eisenarmen Stein, sog. Feinstein verblasen. Der letztere wird totgeröstet. Der totgeröstete Feinstein (Nickeloxydul) wird zu Nickel reducirt.

Als Schwefelungsmittel für die Erze dienen Gyps oder Anhydrit, als Verschlackungsmittel Kalkstein oder Scheideschlamm aus Zuckerfabriken. 100 kg Erz werden mit 10 kg Gyps oder 7 kg Anhydrit, sowie mit 22 kg Kalkstein oder 30 bis 33 kg Scheideschlamm beschickt. Die Beschickung wird durch Steinbrecher und Walzen auf 12 mm Korngrösse gebracht und dann ohne Bindemittel zu Briketts gepresst. Die Briketts werden getrocknet und dann mit Koks auf Nickelstein verschmolzen. Das Verschmelzen geschieht in Schachtöfen von 5 m Höhe und 1,75 qm Querschnitt der Formebene.

Auf 180 kg Erz werden 50 kg Koks gesetzt. Jeder der beiden auf Marthahütte betriebenen Schachtöfen setzt in 24 Stunden 25 t Erz durch.

---

[1]) Illner. Zeitschr. für Berg-, Hütten- und Salinenwesen im Preuss. Staate. 1902. S. 816.

Aus 100 kg Erz erhält man durchschnittlich 7 kg Nickelstein (Rohstein). Derselbe enthält:

31,40 % Ni
49,71 - Fe
14,5 - S.

Die beim Erzschmelzen fallende, sehr zähflüssige Schlacke enthält 62 bis 71 % Kieselsäure und 0,3 % Nickel. Sie dient zur Herstellung von Schlackensteinen.

Der Nickelstein (Rohstein) wird auf Steinbrechern und Kugelmühlen zerkleinert und dann einer oxydirenden Röstung in Fortschaufelungsflammöfen mit 2 übereinanderliegenden Heerden von je 6,13 m Länge und 2,2 m Breite unterworfen. In 8 Stunden werden 300 kg Erze in einem Ofen geröstet. Der geröstete Stein enthält:

15 bis 25 % Ni
33 - 45 - Fe
3 - 8 - S.

Derselbe wird in einem Cupolofen von 2,25 m Höhe und 0,8 m Durchmesser mit Koks unter Zuschlag von Sandstein auf concentrirten Nickelstein mit 65 % Ni, 15 % Fe und 20 % S verschmolzen. Die hierbei fallende Schlacke enthält 2 bis 3 % Nickel, 52 % Eisen und 42 % Kieselsäure. Sie wird beim Verschmelzen der Erze zugeschlagen.

Der concentrirte Stein wird aus dem Cupolofen in einen Converter übergeführt, in welchem er auf eisenarmen Stein, sog. Feinstein, verblasen wird.

Der Converter nimmt 300 kg Stein auf. Während des Verblasens wird Sand zugeschlagen. Die Dauer des Verblasens beträgt 45 Minuten.

Der Feinstein wird in Formen gegossen. Er enthält 77,84 % Ni, 0,26 % Fe, 21,31 % S und bis 0,19 % Cu. Er wird auf Nickel verarbeitet.

Die Schlacke vom Verblasen enthält bis 10 % Nickel.

Sie wird beim Verschmelzen des gerösteten Nickelsteins zugeschlagen.

Der Feinstein wird nach vorgängiger Zerkleinerung durch Steinbrecher und Kugelmühlen in Fortschaufelungsflammöfen auf 1 % Schwefel abgeröstet; das Röstgut wird wieder zerkleinert und dann durch Totröstung in einem Flammofen in Nickeloxydul verwandelt. Dasselbe enthält 77,65 % Nickel, 0,10 % Eisen und 0,0088 % Schwefel.

Das Nickeloxydul wird nach vorgängigem Feinmahlen in einer Steinmühle mit $^{1}/_{2}$ % Mehl zu einem Teig angemengt, zu Würfeln von 10 mm Kantenhöhe oder zu Plättchen geformt, getrocknet und dann unter Zusatz von 25 % Holzkohle in stehenden Röhren von je 750 mm Höhe und 200 mm Durchmesser, welche oben durch Schamottedeckel verschlossen werden, zu metallischem Nickel reducirt. Die Röhren stehen in zwei

Reihen von je 10 Stück in einem Ofen mit Gasfeuerung und Wärmespeicher von 4 m Länge und 2 m Breite. Die Reduction des Nickeloxyduls ist in 3 Stunden beendigt. Die Entleerung der Röhren erfolgt am Boden derselben, welcher durch herausziehbare Schamotteplatten gebildet wird.

Das in der Gestalt von Würfeln und Platten erhaltene Nickel enthielt:

99 % Ni
0,3 - Fe
0,2 - Cu
0,5 - unlöslichen Rückstand.

Das Ausbringen an Nickel aus den Erzen wird zu 1,9 % angegeben.

Die bei der Röstung entweichende Schweflige Säure bzw. Schwefelsäure wird durch Kalk unschädlich gemacht. Man erhält hierbei Calciumsulfit bzw. Calciumsulfat. Das Gemenge dieser Salze geht an der Luft in Calciumsulfat über, welches beim Verschmelzen der Erze zugesetzt wird.

3. Die Nickelgewinnung aus arsenhaltigen Nickelerzen.

Die arsenhaltigen Nickelerze sind Rothnickelkies, Weissnickelkies und Nickelglanz. Aus denselben wird wegen ihres beschränkten Vorkommens nur eine verhältnissmässig geringe Menge Nickel gewonnen.

Die nickelhaltigen Erze der gedachten Art enthalten ausser den Gangarten gewöhnlich grössere Mengen von Eisen sowie auch öfters Schwefel.

Ihre Verhüttung besteht daher ausser in der Entfernung der Gangarten in der Trennung des Nickels von Eisen und Arsen bzw. von Schwefel.

Die Trennung des Nickels vom Eisen beruht darauf, dass die chemische Verwandtschaft des Eisens zum Sauerstoff grösser ist als die des Nickels, während andererseits die chemische Verwandtschaft des Arsens zum Nickel grösser ist als zum Eisen. Es ist daher möglich, das Eisen der gedachten Erze zu oxydiren und zu verschlacken, das Nickel aber als Arsenmetall auszuscheiden.

Das Arsennickel lässt sich bei hinreichend hoher Temperatur durch den Sauerstoff der atmosphärischen Luft in ein Gemenge von Nickeloxydul und Nickelarseniat überführen. Das letztere Salz lässt sich durch Glühen mit Kohle und darauf folgendes Glühen bei Luftzutritt zum grössten Theil in Nickeloxydul verwandeln. Auch lässt sich das Arsen aus dem Arsennickel durch Glühen des letzteren mit Salpeter und Soda in arsensaures Alkali überführen, während das Nickel in Nickeloxydul verwandelt wird. Durch Auslaugen mit Wasser lässt sich das arsensaure Alkali vom Nickeloxydul trennen.

Das Nickeloxydul lässt sich in der oben beschriebenen Weise zu Nickel reduciren.

Die Herstellung des reinen Arsennickels, der reinen Nickelspeise, aus den Erzen geschieht durch Röst- und Schmelzoperationen.

Enthalten die Erze Schwefel oder mehr Arsen, als zur Bildung der Verbindung Ni_2As erforderlich ist, so werden sie zur Entfernung des Schwefels und des Ueberschusses von Arsen einer oxydirenden Röstung unterworfen, welcher ein reducirendes Schmelzen in Schachtöfen folgt. Enthalten die Erze dagegen keinerlei Schwefelmetalle und keinen Ueberschuss an Arsen, sondern nur Gangarten, so werden sie in Schachtöfen einem verschlackenden Schmelzen unterworfen.

Man erhält durch die gedachten Schmelzoperationen, da in den Erzen gewöhnlich Arseneisen in grösserer Menge enthalten ist, nur ausnahmsweise eine nur aus Arsennickel bestehende Speise, sondern in der Regel eine eisenhaltige Speise, die sog. „Rohspeise“. Die letztere wird zur Entfernung des Eisens und einer äquivalenten Menge von Arsen entweder oxydierend geröstet und dann in Schachtöfen oder Flammöfen geschmolzen, oder in Heerdöfen oder Flammöfen oxydirend geschmolzen. Ist die Speise arm an Nickel und reich an Arsen und Eisen, so müssen die gedachten Operationen wiederholt werden.

Die schliesslich erhaltene eisenfreie Nickelspeise, die sog. „raffinirte Nickelspeise“, wird in Flammöfen totgeröstet, wobei man zur Beförderung der Entfernung des Arsens zeitweise kohlehaltige Körper, sowie am Schlusse des Prozesses Salpeter und Soda in die Röstmasse einmengt.

Das hierdurch gebildete Nickeloxydul wird in der oben dargelegten Weise zu Metall reducirt.

Wir haben hiernach zu unterscheiden

1. Die Verarbeitung der Erze auf Rohspeise.
2. Die Verarbeitung der Rohspeise auf raffinirte Nickelspeise.
3. Die Verarbeitung der raffinirten Nickelspeise auf Rohnickel.

1. Die Verarbeitung der Erze auf Rohspeise.

Die Verarbeitung der Erze auf Rohspeise besteht bei Erzen, welche Schwefel oder Arseneisen oder einen über die Verbindung Ni_2As hinausgehenden Ueberschuss von Arsen enthalten, in einem oxydirenden Rösten derselben und in einem darauf folgenden reducirenden Schmelzen des Röstgutes in Schachtöfen, bei Erzen, welche frei von Schwefel, Arseneisen und von einem Ueberschusse von Arsen sind, in einem verschlackenden Schmelzen in Schachtöfen oder Flammöfen.

Das Rösten der Erze.

Durch die Röstung bezweckt man bei schwefelfreien Erzen eine Entfernung des Arsens aus denselben bis zu dem Grade, dass noch Arsen genug vorhanden bleibt, um bei dem der Röstung folgenden reducirenden Schmelzen das gesammte Nickel an Arsen (als Ni_2As) zu binden. Wird die Röstung so weit getrieben, dass sich die Verbindung Ni_2As wegen mangelnden Arsens nicht mehr bilden kann, so wird Nickel verschlackt. Ist Schwefel in den Erzen vorhanden, so soll derselbe, falls nicht gleichzeitig Kupfer in gewinnbarer Menge vorhanden ist, nach Möglichkeit entfernt werden. Ist aber neben dem Schwefel Kupfer in gewinnbarer Menge anwesend, so soll noch eine hinreichende Menge von Schwefel in den Erzen belassen werden, um bei dem Schmelzprozess das Kupfer zu binden und einen sich von der Speise trennenden Stein (Kupferstein) zu bilden.

Bei der oxydirenden Röstung der Nickelerze entweicht das Arsen theils als Arsenige Säure, theils wird es in Arsensäure verwandelt. Das Eisen und das Nickel, welche ihres Arsengehaltes beraubt sind, werden in Oxyde verwandelt. Die durch die Oxydation der Arsenigen Säure in Folge der Berührung der letzteren mit glühenden Theilen der Erzmasse und mit den glühenden Ofenwänden gebildete Arsensäure verbindet sich zum Theil mit den Oxyden des Eisens und Nickels (und wenn vorhanden, auch mit Kobaltoxyd und Silber), zum Theil wird sie durch die Berührung mit unveränderten Arsenmetallen (und wenn vorhanden, mit Metalloxyden, welche auf einer niedrigen Oxydationsstufe stehen) zu Arseniger Säure reducirt. Das Eisen nimmt wegen der geringen Neigung des Eisenoxyds zur Bildung von Arseniaten in viel geringerem Maasse an der Bildung von Arseniaten Theil als das Nickel. Die Arseniate sind in der Hitze ziemlich beständig, sie lassen sich daher durch Hitze allein nur unvollkommen zersetzen. Will man das Arsen aus den Arseniaten entfernen, so mengt man Kohlenpulver oder kohlehaltige Körper unter diese Salze. Arsensaures Eisen wird hierdurch ziemlich leicht in Eisenoxyd verwandelt, indem die Arsensäure durch die Kohle unter Bildung von Kohlensäure in Arsenige Säure und Arsensuboxyd verwandelt wird. Die Arseniate von Kobalt und Nickel werden zu Arsenmetallen reducirt, welche sich bei Luftzutritt unter Entlassung eines Theiles Arsen in der Form von Arseniger Säure in Oxyde und basische Arseniate verwandeln. Durch wiederholte Behandlung der Röstmasse mit Kohle und darauf folgende Oxydation der entstandenen Arsenmetalle lässt sich der grösste Theil des Arsens entfernen.

Als Ergebniss der Röstung erhält man ein Gemenge von unzersetzten Arsenmetallen, von Metalloxyden und von basischen Arseniaten.

Sind Schwefelmetalle in den Erzen vorhanden, so bilden sich auch Sulfate. Die aus der Schwefligen Säure durch Contactwirkung gebildete oder bei der Zerlegung von Sulfaten entstandene dampfförmige Schwefelsäure wirkt oxydirend auf die Arsenmetalle ein, indem sie dieselben zum Theil in Sulfate verwandelt. In den Erzen vorhandener Arsenikkies (Schwefeleisen + Arseneisen) entwickelt vor dem Glühen Dämpfe von Schwefelarsen; in der Glühhitze wird er unter Entbindung von Schwefliger Säure und Arseniger Säure in ein Gemenge von Eisenoxyd, Eisensulfat und Eisenarseniat übergeführt.

Die Carbonate von Eisen und Calcium, welche häufig in den Nickelerzen vorhanden sind, werden in Arseniate und beim Vorhandensein von Schwefelmetallen in ein Gemenge von Arseniaten und Sulfaten der gedachten Metalle verwandelt.

Die Hitze darf bei der Röstung nicht so weit getrieben werden, dass etwa vorhandene Kieselsäure mit dem Nickeloxydul Nickelsilicat bildet, weil bei dem folgenden Schmelzen ans dem Nickelsilicat das Nickel durch Arsen nur sehr unvollkommen (als Arsennickel) ausgeschieden wird.

Als Ergebniss der Röstung erhält man beim Vorhandensein von Schwefelmetallen in den Erzen ein Gemenge von unzersetzten Schwefel- und Arsenmetallen, von Metalloxyden, von Sulfaten und Arseniaten.

Die Röstung lässt sich in Haufen, Stadeln, Schachtöfen, Flammöfen und Gefässöfen ausführen.

Da es auf eine vollständige Abröstung des Arsens nicht ankommt, so werden die Erze auf den meisten Werken in Stadeln abgeröstet, welche auch ein Auffangen der Arsenigen Säure in mit denselben verbundenen Kammern gestatten.

Die besten Apparate für die Röstung sind Flammöfen und Gefässöfen. In denselben lässt sich die Röstung genau dem gewünschten Grade anpassen. Ist es auf eine vollständige Unschädlichmachung bzw. auf ein Auffangen der gesammten bei der Röstung entbundenen Arsenigen Säure abgesehen, so sind Gefässöfen anzuwenden.

Stadeln standen bzw. stehen in Anwendung zu Schladming in Steiermark, Dobschau in Ungarn, Leogang im Salzburgischen.

In Schladming[1]) wurden Erze mit 11 % Ni und 1 % Co in sog. böhmischen Röststadeln von 5 m Länge, 4,5 m Breite und 1,2 m Höhe, welche mit Flugstaubkammern zum Auffangen von Schwefelarsen und Arseniger Säure verbunden waren, geröstet. Auf der gemauerten Sohle der Stadeln wurde ein Bett aus 3 cbm Holz und 1,5 hl Holzkohle ausgebreitet und auf dasselbe 18 bis 20 t Erz von 2 bis 3 cm Dicke gestürzt. In der Längsaxe der Stadeln wurden zur Beförderung des Zuges zwei quadratische Holzlutten aufgestellt, welche ihrerseits mit im Erze ausgesparten Sohlencanälen in Verbindung standen.

Vor dem Anzünden des Stadels wurde auf das Erz eine Lage Schlich gebracht und der Stadel dann vermauert. Das Anzünden geschah durch in die Holzlutten eingeschüttete glühende Kohlen. Die Röstung dauerte 5 bis 8 Tage.

Auf der Georgshütte bei Dobschau in Ungarn wurden Erze mit 4,5 % Ni und 1,5 % Co in überwölbten Stadeln von 3 m Höhe, 5 m Länge und 4 m Weite, welche mit Flugstaubkammern verbunden waren, geröstet. Der Einsatz in einen Stadel betrug 40 t Erz. Zu dem Röstbette des

[1]) Badoureau. B.- u. H. Ztg. 1878. S. 205.

letzteren wurden 6—7 cbm Holz verwendet. Die Röstung dauerte 2 bis 3 Tage.

Zu Losonezhütte in Ungarn[1]) wurden Erze mit 14 bis 20 % Ni und Co und $^1/_2$ % Cu in Flammöfen von 3 × 3 m Sohlenfläche bei Einsätzen von 800 kg bis 1 t geröstet. Als Brennstoff diente Holz.

Ein für die Röstung von Erzen und Speisen von Flechner[2]) angegebener Flammofen mit Gasfeueuerung, welcher zu Schladming in Steiermark sowie für directe Feuerung in Westfalen in Anwendung stehen soll, ist aus den Figuren 451, 452 u. 453 ersichtlich. Durch den Canal a tritt das Gas in die Mitte des Ofens. Die zur Verbrennung desselben erforderliche Luft wird durch das Rohr f zugeführt. Die Feuergase treten durch

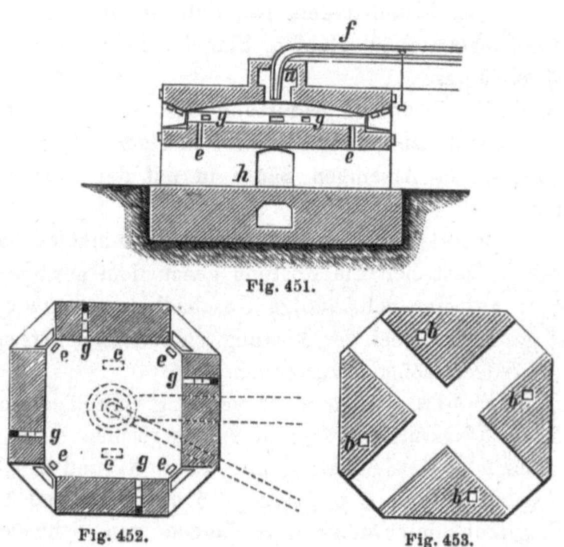

Fig. 451.

Fig. 452.

Fig. 453.

die 4 in den Seitenwänden des Ofens angebrachten Oeffnungen (Füchse) g in die senkrechten Canäle b und aus den letzteren in den Essencanal. Das Erz wird durch zwei im Heerdgewölbe angebrachte Oeffnungen c in den Ofen eingeführt. Die Arbeitsöffnungen befinden sich an den 4 Ecken des Ofens. Vor jeder derselben befindet sich ein senkrechter Canal e, welcher mit den sich kreuzenden Gewölben h in Verbindung steht. In dieselben werden Wagen eingeschoben, um das durch die Canäle e zu entleerende Röstgut aufzunehmen.

Das Verschmelzen der Nickelerze auf Rohspeise.

Sind von dem Arsennickel nur Gangarten abzuscheiden, so werden die betreffenden Erze unter Zuschlag von Fluss- und Verschlackungsmitteln

[1]) B.- u. H. Ztg. 1878. S. 206.

[2]) B.- u. H. Ztg. 1879. S. 211.

in Schachtöfen oder Flammöfen geschmolzen. Abgesehen von der Verschlackung der Gangarten werden chemische Veränderungen durch diesen Prozess nicht beabsichtigt.

Sind die Erze aber durch eine vorgängige Röstung in ein Gemenge von Oxyden, Arseniaten und unzersetzten Arsenmetallen bzw. von Sulfaten und unzersetzten Schwefelmetallen verwandelt worden, so soll der gesamte Nickelgehalt des Röstgutes in einer Speise angesammelt werden; die Gangarten sollen vollständig und das Eisen nach Möglichkeit verschlackt werden. Ein etwaiger gewinnbarer Kupfergehalt soll in einem Steine angesammelt werden.

Diese Art des Schmelzens wird gewöhnlich in Schachtöfen ausgeführt, kann aber auch in Flammöfen bewirkt werden.

Bei der Ausführung des Schmelzens in Schachtöfen, wie es auf dem Continente die Regel bildet, wird das Eisenoxyd zu Eisenoxydul reducirt und durch Kieselsäure verschlackt. Das Nickeloxydul wird theils zu Metall reducirt, theils setzt es sich mit Arseneisen in Arsennickel und Eisenoxydul um, welches letztere durch die Kieselsäure verschlackt wird. Das metallische Nickel wird theils von den höheren Arsenicirungsstufen des Nickels bis zur Bildung von Ni_2As aufgenommen, theils entzieht es dem Arseneisen ein Theil Arsen. Das Arseneisen wird dadurch entweder auf eine niedrigere Arsenicirungsstufe gebracht oder es wird, falls dies nicht möglich ist, Eisen aus demselben ausgeschieden. Das letztere wird entweder von der Speise aufgenommen oder es bildet mit einem entsprechenden Theile Eisenoxyd Eisenoxydul, welches letztere verschlackt wird.

Das arsensaure Nickel wird zu Arsennickel reducirt. Das Eisenarseniat verliert im oberen Theile des Ofens den grösseren Theil des Arsens, indem die Arsensäure durch die Einwirkung des Kohlenoxyds zu Arseniger Säure reducirt wird, welche sich verflüchtigt, während sich Kohlensäure bildet und Eisenoxyd zurückbleibt. Das letztere wird zu Eisenoxydul reducirt und verschlackt.

Sind Schwefelmetalle und Sulfate des Kupfers und Eisens anwesend, so treten die nämlichen Reactionen ein, wie sie oben beim Verschmelzen der gerösteten geschwefelten Nickelerze dargelegt sind. Das Schwefelkupfer vereinigt sich mit den noch verbliebenen Schwefelmetallen zu einem Stein.

Das Arsennickel vereinigt sich mit dem noch verbliebenen Arseneisen sowie mit den sonstigen noch etwa vorhandenen Arsenmetallen zu einer Speise. Findet anwesendes Kupfer keinen Schwefel zur Bindung desselben, so geht es in die Speise.

Der Stein wird, wenn er in sehr geringer Menge vorhanden ist, von der Schlacke und der Speise aufgenommen. Andernfalls scheidet er sich über der Speise aus.

Die anwesenden Erden sowie der grösste Theil des Eisens werden verschlackt. Ist nicht hinreichend Arsen zur Bindung des Nickels an wesend, so geht ein entsprechender Theil desselben in die Schlacke. Etwa vorhandenes Nickelsilicat, welches sich in Folge einer zu hohen Temperatur bei der Röstung gebildet hat, geht zum grössten Theil in die Schlacke. Da sich Nickelsilicat und Arseneisen nur sehr unvollkommen zerlegen, so ist es nicht möglich, das gesammte verschlakte Nickel durch diese Reaction in die Speise zu führen.

Die Schmelzbeschickung wird so zusammengesetzt, dass eine Singulosilicatschlacke mit mindestens 30% Eisenoxydulgehalt entsteht. Eine saure Schlacke wirkt auf die Verschlackung von Nickel hin. (Nach Badoureau gehen beim Zusammenschmelzen von Nickel- und Kobaltarsenür mit einer 30% Eisenoxydul enthaltenden Schlacke Nickel und Kobalt fast gar nicht in die Schlacke.) Im Uebrigen gelten für die Schlackenbildung die nämlichen Grundsätze, wie sie oben für das Verschmelzen der geschwefelten Nickelerze in Schachtöfen dargelegt sind.

Auch für die Einrichtung und den Betrieb der Schachtöfen gilt das bei der Verhüttung der geschwefelten Nickelerze Gesagte. Die Zustellung der Oefen ist meistens die als Sumpföfen oder Tiegelöfen.

Ohne vorgängige Röstung wurde zu Sangerhausen[1]) früher schwerspathhaltiger Kupfernickel verschmolzen. Die Schachtöfen waren 1,9 m hoch und 0,32 m weit und als Sumpföfen zugestellt. Auf 100 G.-Th. Erz schlug man 1 Th. Flussspath, 2 Th. Thon und 4 Th. Quarz, sowie eine angemessene Menge Schlacke von der nämlichen Arbeit zu. Auf 100 G.-Th. Erz wurden 4,4 hl Kohle verbraucht. Die erhaltene Speise hatte bis 40% Ni.

Geröstete Erze wurden beispielsweise zu Schladming in Steiermark, Dobschau in Ungarn, Leogang im Salzburgischen verschmolzen.

Zu Schladming[2]) wurden die in Stadeln gerösteten Erze mit 11% Ni und 1% Co in Schachtöfen mit Tiegelofenzustellung von 2 m Höhe mit 1 Form in der Hinterwand verschmolzen. Diese Oefen besassen trapezförmigen Horizontalquerschnitt mit 0,48 m Weite an der Formwand und 0,55 m Weite an der Vorderwand und 0,63 m Tiefe. Die Form lag 1,70 m unter der Gichtebene und 0,25 m über der Ofensohle. Der Tiegel hatte 2 Stichlöcher. Jedem derselben entsprach ein vor dem Ofen liegender Stechheerd, welcher aus mit Kalkmilch zu einem Brei angerührter Schlacke vom Erzschmelzen hergestellt war. Die Beschickung bestand aus 89 Th. geröstetem Erz und 19 Th. Quarz. In 24 Stunden setzte man 5 t Erz mit 900 kg Holzkohlen durch. Die Speise, welche alle 2 Stunden abgestochen wurde, enthielt:

---

[1]) B.- u. H. Ztg. 1864. S. 59.
[2]) B.- u. H. Ztg. 1878. S. 205.

45	bis	47	%	Ni
4	-	6	-	Co
8	-	10	-	Fe
1	-	1,5	-	Cu
33	-	36	-	As
1	-	2	-	S
1	-	2	-	Kohle

Auf Georgshütte bei Dobschau in Ungarn[1]) wurden 1876 in Stadeln geröstete Erze mit $4^1/_2$ % Ni und $1^1/_2$ % Co in zweiförmigen 5 m hohen Schachtöfen mit kreisförmigem Horizontalquerschnitt verschmolzen. Der Durchmesser betrug in der Formebene 1 m, in der Gichtebene 1,20 m. Die Rüsselweite der Formen betrug je 7 cm, die Windpressung 60 mm Quecksilbersäule. Die Beschickung bestand aus 100 Th. Erz, 3—4 Th. Quarz, 8 bis 12 Th. Kalkstein, 5 bis 10 Th. reicher Schlacke. In 24 Stunden wurden 7 bis 10 t Erz durchgesetzt. Auf 1 t Erz verbrauchte man 0,2 t Holzkohle. Die gewonnene Speise enthielt 16 bis 26 Th. Nickel und Kobalt.

Zu Leogang im Salzburgischen[2]) wurden in Stadeln geröstete kalkige Erze mit 2 bis 3 % Nickel und Kobalt in 1,20 m hohen und $0{,}75 \times 0{,}75$ m weiten Schachtöfen unter Zuschlag von Quarz verschmolzen. Die hierbei erhaltene Schlacke war kobalthaltig.

Das Verschmelzen der Erze in Flammöfen soll nur in England gebräuchlich sein. Hierbei setzt sich durch die Röstung gebildetes Nickeloxydul und Nickelarseniat mit Arseneisen in Eisenoxydul und Arsennickel um. Das Eisen wird verschlackt. Beispiele von dieser Art des Schmelzens sind dem Verfasser nicht bekannt geworden.

2. Die Verarbeitung der Rohspeise auf raffinirte Nickelspeise.

Die Verarbeitung der Rohspeise auf raffinirte Speise, durch welche die Entfernung des Eisens mit einem entsprechenden Theile Arsen beabsichtigt wird, besteht entweder darin, dass man die Rohspeise röstet und in Schachtöfen verschmilzt und nöthigenfalls die erhaltene Speise nochmals in der nämlichen Weise behandelt, oder darin, dass man die Rohspeise röstet und in Flammöfen verschmilzt und diese Operationen bei noch nicht hinreichender Reinheit der erhaltenen Speise wiederholt, oder darin, dass man die geröstete Rohspeise in Tiegeln verschmilzt, oder darin, dass man die aus der Rohspeise durch Rösten und Schmelzen derselben in Schachtöfen oder Flammöfen erhaltene Speise ohne vorgängige Röstung einem oxydirenden Schmelzen in Flammöfen unterwirft.

---

[1]) B.- u. H. Ztg. 1878. S. 206.

[2]) B.- u. H. Ztg. 1878. S. 206.

Die chemischen Vorgänge bei der Röstung der Speise sind die nämlichen wie bei der Röstung der Erze.

Die chemischen Vorgänge beim Verschmelzen der gerösteten Speise in Schachtöfen sind, abgesehen von der Verschlackung der Erden, die nämlichen wie beim Verschmelzen der gerösteten Erze in Schachtöfen.

Die chemischen Vorgänge beim Verschmelzen der gerösteten Speisen in Flammöfen bestehen hauptsächlich darin, dass das Arseneisen sich mit den Oxyden und Arseniaten von Nickel in Eisenoxydul und Arsennickel umsetzt. Das Eisenoxydul wird durch zugeschlagene oder im Heerde befindliche Kieselsäure sowie durch Zuschläge von Pottasche und Natron verschlackt, während das Nickel in die Speise geführt wird.

Das Verschmelzen der gerösteten Speise in Tiegeln verläuft ebenso wie das Verschmelzen derselben in Flammöfen.

Beim oxydirenden Schmelzen von ungerösteter Speise in Heerden oder Flammöfen wird zuerst das Eisen oxydirt bzw. in Eisenarseniat verwandelt (wie bei der Plattner'schen Nickelprobe) und lässt sich durch Aufstreuen von Sand, Glas, Quarz auf das Metallbad verschlacken. Nach dem Eisen folgt das Kobalt und erst nach dem Kobalt das Nickel. Der Oxydationsprozess lässt sich daher bei wiederholtem Abziehen der Schlacke und bei wiederholtem Aufstreuen von Sand oder armen quarzigen Erzen auf die geschmolzenen Massen so einrichten, dass das Nickel an Arsen gebunden bleibt, während das Eisen verschlackt wird.

Das Rösten der Speise geschieht in Stadeln oder Flammöfen. Auch hier sind Flugstaubkammern für die Unschädlichmachung bzw. Gewinnung der Arsenigen Säure anzuwenden. Als Flammofen hat sich besonders der oben (Seite 728) beschriebene Flechner'sche Ofen sowohl bei Anwendung von Gas als auch bei Anwendung directer Feuerung bewährt.

Die Schmelzschachtöfen sind ebenso eingerichtet wie die Schmelzschachtöfen für die Erze.

Von Flammöfen zum Verschmelzen bzw. Verblasen der Speise sind zu erwähnen der ungarische Flammofen und der Flammofen mit Gasfeuerung von Flechner.

Die Einrichtung des ungarischen Flammofens ist aus den Figuren 454 und 455 ersichtlich[1]). Die Sohle s des Ofens, welche 2,40 m Länge und eiue grösste Breite von 1,90 m besitzt, besteht aus übereinanderliegenden Schichten von Schlacke, Thon, Sand und Mergel. Der Schmelzheerd ist in die Mergelschicht eingeschnitten. c ist das an seiner höchsten Stelle 0,80 m über der Heerdsohle befindliche Gewölbe. f sind die Windeinströmungsöffnungen von 6 cm Rüsselweite. Durch dieselben wird Wind von 26 cm Wassersäule Pressung in den Heerdraum geblasen. Der Feuerungsraum ist 1,25 m lang und 0,80 m breit. Derselbe enthält 2 übereinanderliegende Roste R und r, von welchen der obere R aus Schlackenziegeln,

---

[1]) B.- u. H. Ztg. 1878. S. 206. Kerl. Metallhüttenkunde. S. 538.

der unter r aus Eisenstäben besteht. Auf dem oberen Rost wird Holz verbrannt. Die verkohlten Stücke desselben fallen durch die Fugen des Rostes auf den Eisenrost, auf welchem sie vollständig verbrennen.

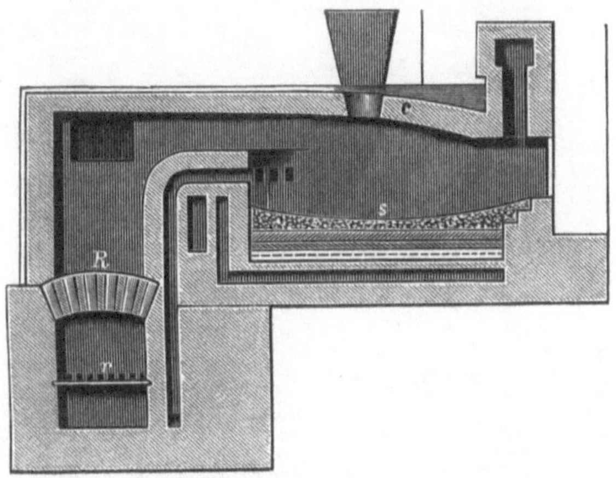

Fig. 454.

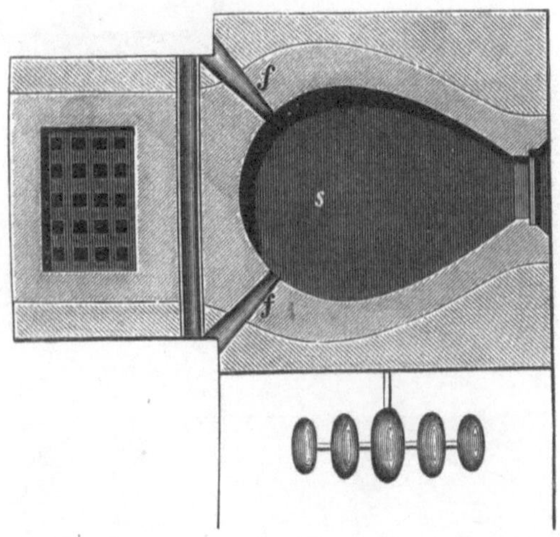

Fig. 455.

Die Einrichtung des Flechner'schen Flammofens mit Gasfeuerung ist aus den Figuren 456 bis 461 ersichtlich. A ist der Gasgenerator, B der Erhitzungsraum, C der Essencanal. Die Luft zur Verbrennung des Gases tritt bei D ein, steigt durch die Canäle f, welche sich zwischen den Abzugscanälen d der Feuergase befinden, aufwärts, wird in dem sich unter dem Heerdraum des Ofens hinziehenden Canal g vorgewärmt und gelangt durch den Schlitz c in den Raum b, wo sie sich mit den aus dem Generator durch die Canäle a zuströmenden Gasen mischt. Die brennenden Gase

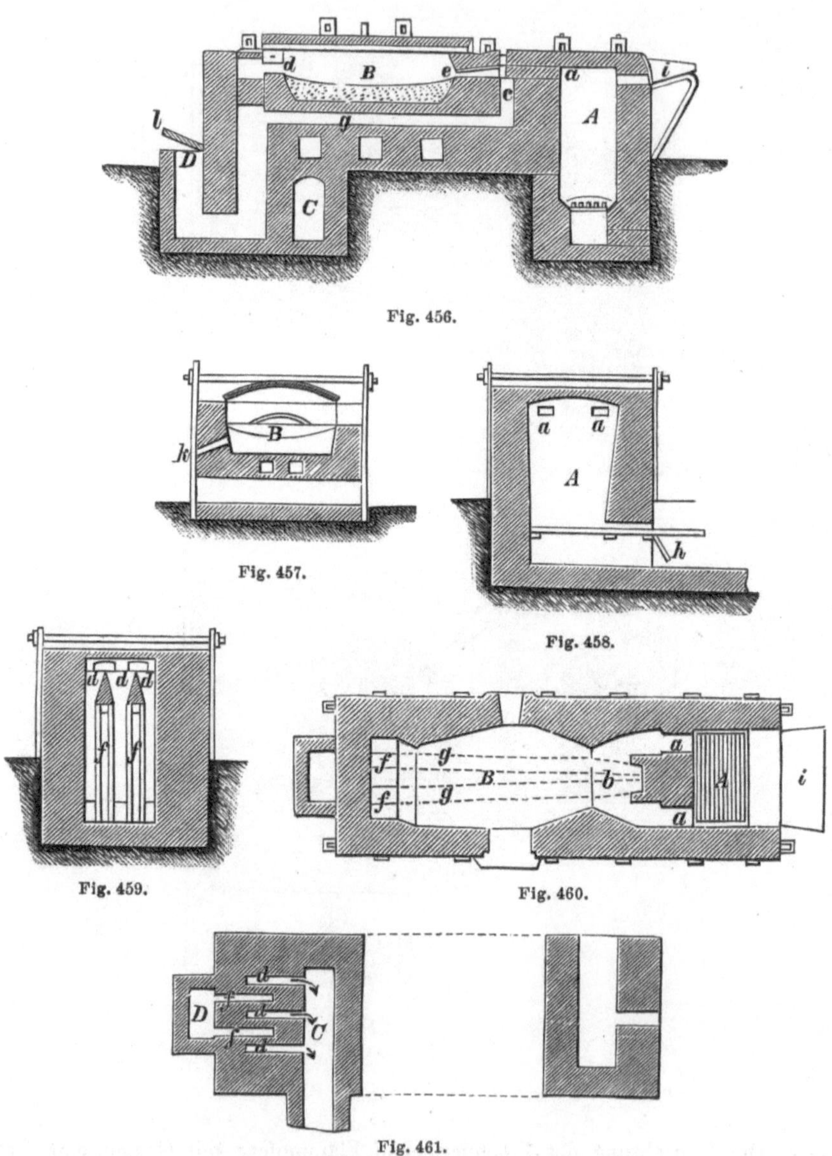

Fig. 456.

Fig. 457.

Fig. 458.

Fig. 459.

Fig. 460.

Fig. 461.

treten durch den Schlitz e in den Erhitzungsraum und aus dem letzteren durch die Füchse d in den Essencanal C. Durch das Füllblech i wird der Brennstoff in den Generator geführt. Das Gewölbe des Ofens ist in

Scharnieren beweglich. Der Zutritt der Verbrennungsluft zu den Gasen wird durch die Klappthüre l regulirt.

Auf Georgshütte bei Dobschau[1]) wurde Rohspeise mit 16 bis 26% Ni und Co in 3 bis 5 Feuern in Stadeln geröstet und dann in dem nämlichen Schachtofen wie die Erze (Seite 731) auf eine concentrirte Speise verschmolzen. In 24 Stunden wurden 11 t Speise mit 23 % Quarz und 26,5 % Holzkohlen durchgesetzt. Die concentrirte Speise enthielt:

Ni, Co	31,9 %
Cu	1,9 -
Fe	26,4 -
As	36,3 -
S	3,1 -

Diese Speise wurde 3 bis 4 Male in Stadeln geröstet und dann in dem oben beschriebenen ungarischen Flammofen auf eine zweimal concentrirte Speise verschmolzen. Der Einsatz in denselben betrug 1,8 bis 2 t geröstete Speise. Erst nach dem Einschmelzen des Röstgutes, wozu 10 Stunden erforderlich waren, gab man Wind und schlug zeitweise Glas, Quarz und Soda zu. Um eine Verschlackung von Kobalt in erheblichem Maasse zu vermeiden, entfernte man nicht alles Eisen, sondern hörte mit Verblasen auf (nach 12 bis 14 Stunden), wenn der Eisengehalt bis auf 8 bis 10 % entfernt war. Auf 100 G.-Th. geröstete concentrirte Speise verbrauchte man 2 Th. Glas, 4 Th. Quarz und 1 Th. Soda. Die zweimal concentrirte Speise hatte die nachstehende Zusammensetzung:

Ni, Co	50 bis 52 %
Cu	1 - 2 -
Fe	8 - 10 -
As	38 - 40 -
S	1 - 2 -

Die Schlacke enthielt 1 bis 2 % Ni und Co und wurde beim Erzschmelzen zugesetzt.

Die zweimal concentrirte Speise wurde auf Kobalt und Nickel verarbeitet.

Auf der Hütte zu Maudling[2]) in Oesterreich wurde die Rohspeise von Schladming in Steiermark mit 45 bis 47 % Ni und 4 bis 6 % Co zuerst in Flammöfen mit achteckiger Sohle und in der Mitte des Ofens unter der Ofensohle liegender Feuerung sowie mit 8 Arbeitsthüren geröstet und dann in Graphittiegeln mit Pottasche und Quarz verschmolzen. In jeden Graphittiegel, deren 8 in einem Windofen standen, wurden 16 bis 20 kg geröstete Rohspeise mit 30 % Pottasche und 12 % Quarz eingesetzt. Das Anheizen des Ofens erforderte 3 Stunden; nach weiteren 6 Stunden war

[1]) B.- u. H. Ztg. 1878. S. 206.

[2]) B.- u. H. Ztg. 1878. S. 206.

das Einschmelzen bewirkt; die Tiegel blieben nun noch 17 Stunden im Feuer und wurden dann ausgehoben und entleert. In 24 Stunden wurden 55 hl Holzkohlen verbraucht. Aus 100 G.-Th. gerösteter Rohspeise erhielt man 55 G.-Th. raffinirte Speise mit 67 % Ni Co und Cu, 2 % Fe und 31 % As. Die Schlacke war ein Gemenge von Arseniaten und Silicaten des Co und Fe.

Zu Leogang[1]) im Salzburgischen wurde die Rohspeise in Stadeln 3 bis 5 Male geröstet und dann mit Quarz und Schlacken vom ersten Schmelzen in Schachtöfen auf concentrirte Speise verschmolzen. Die letztere wurde in einem ungarischen Flammofen mit Quarzsohle verblasen. Man blies so lange unter wiederholtem Abziehen der Schlacke und unter Zusatz von Sand, bis alles Eisen verschlackt war. Die zuletzt gebildete Schlacke war kobalthaltig und wurde mit Quarz und Arsen auf Kobaltspeise verschmolzen.

3. Die Verarbeitung der raffinirten Nickelspeise auf Rohnickel.

Die Verarbeitung der raffinirten Nickelspeise auf Rohnickel geschieht durch ein Totrösten derselben und durch die Reduction der totgerösteten Speise zu Nickel.

Das Totrösten der raffinirten Nickelspeise.

Das Totrösten der raffinirten Nickelspeise bezweckt die Ueberführung des Arsennickels in Nickeloxydul. Man erreicht diesen Zweck durch eine wiederholte oxydirende Röstung in Verbindung mit der Zersetzung der entstandenen Arseniate durch Einmengen von Kohle enthaltenden Körpern in die Röstpost oder mit der Verwandlung eines Theiles des Arsens in arsensaures Alkali durch Zusatz von Salpeter und Soda zu der Röstpost, oder durch Verbindung des Einmengens von Kohle und zuletzt von Salpeter oder Salpeter und Soda in die Röstpost mit der oxydirenden Röstung der Speise.

Durch die oxydirende Röstung wird das Arsennickel unter Entweichen von Arseniger Säure in Nickeloxydul und Nickelarseniat verwandelt. Das letztere Salz wird durch Erhöhung der Temperatur unter Bildung eines basischen Arseniates nur theilweise von seinem Arsengehalte befreit. Durch Kohle wird das Nickelarseniat zu Arsennickel reducirt, welches bei der nun folgenden Oxydation unter Abgabe eines Theiles Arsen in dem Verbindungszustande der Arsenigen Säure wieder in Oxyd und eine kleinere Menge basisches Arseniat verwandelt wird. Durch Einmengen von Kohle in die Röstpost wird das letztere wieder zu Arsennickel reducirt, welches durch die wieder folgende Oxydation wieder einen Theil Arsen verliert u. s. f. Es lässt sich auf diese Weise durch fortgesetzte Oxydation und Reduction das Arsen ziemlich vollständig entfernen.

---

[1]) B.- u. H. Ztg. 1878. S. 206.

Auch lässt sich das Arsen durch Einmengen von Salpeter in die Röstpost in ein leicht durch Wasser aus dem Röstgute auszulaugendes alkalisches Arseniat verwandeln.

Man entfernt mit Hülfe dieser Reaction die letzten Theile von Arsen und Schwefel (welcher letztere Alkalisulfat bildet) aus der Röstpost. Dem Salpeter setzt man auch wohl häufig Soda oder Soda und Chlornatrium zu. Durch das Chornatrium wird ein Theil des Arsen als Chlorarsen und etwa vorhandenes Antimon als Chlorantimon verflüchtigt.

(Abgesehen von der Röstung lässt sich das Arsen auch durch Schmelzen der Speise mit Salpeter und Soda sowie durch Schmelzen derselben mit Soda und Schwefel und Auslaugen der gebildeten Salze, sowie in der Form von Schwefelarsen durch Erhitzen der Speise mit Schwefel bei Luftabschluss entfernen.)

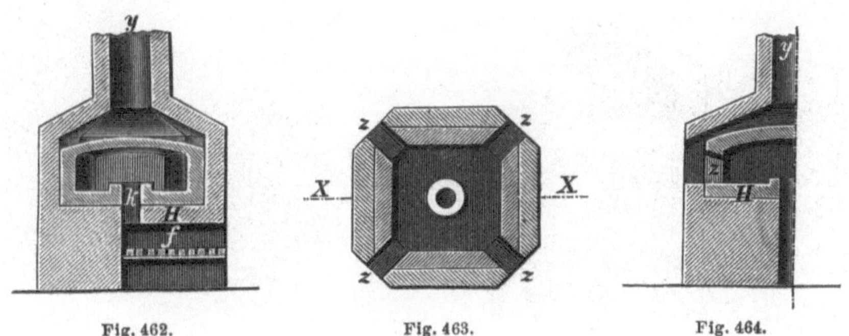

Fig. 462. Fig. 463. Fig. 464.

Zu Schladming in Steiermark[2]) wurde die raffinirte Speise in Oefen, deren Einrichtung aus den Figuren 462, 463 und 464[2]) ersichtlich ist, totgeröstet.

Die Feuerung 7 liegt unter der Heerdsohle H. Der Heerd hat eine Fläche von 2 m im Quadrat. Die Feuergase steigen durch den in der Mitte des Heerdes mündenden senkrechten Canal k in den Erhitzungsraum. Aus dem letzteren treten sie durch 4 in den Ecken desselben befindliche Oeffnungen z, welche gleichzeitig als Arbeitsöffnungen dienen, in vor demselben angebrachte Rauchfänge und ziehen über das Ofengewölbe in die Esse y.

Der Einsatz in den Ofen betrug 200 kg Speise, welche in 24 Stunden bei Holzfeuerung totgeröstet wurde. Nach Ablauf von 20 Stunden wurden 20 kg eines Gemenges von gleichen Theilen Salpeter und Soda zugesetzt, welches das noch vorhandene Arsen in arsensaures Alkali überführte. Das

---

[1]) B.- u. H. Ztg. 1878. S. 228.

[2]) Kerl. Metallhüttenk. S. 548.

letztere wurde nach beendigter Röstung in einem Bottich mit Wasser aus gelaugt. Der ausgelaugte Rückstand bestand aus Nickeloxydul.

Auf Georgshütte bei Dobschau[1]) in Ungarn wurde (1867) die raffinirte Speise in einem Flammofen mit doppelter Sohle geröstet. Gegen Ende der ersten Röstung wurden in Zeiträumen von je $^1/_2$ Stunde Tannenspähne oder Holzkohlenstaub in die Röstpost eingemengt. Das Röstgut wurde gesiebt und gemahlen und dann mit 10% seines Gewichtes Soda, 5% Salpeter und 10% Seesalz einer zweiten (4 stündigen) Röstung unterworfen, wobei Arsen und Antimon theils als Chlormetalle verflüchtigt, theils in arsensaure und antimonsaure Alkalien übergeführt wurden. Das Röstgut blieb hierbei 2 Stunden breiartig.

Nach beendeter Röstung wurden die arsensauren und antimonsauren Alkalien durch wiederholtes Behandeln des Röstgutes mit heissem Wasser entfernt.

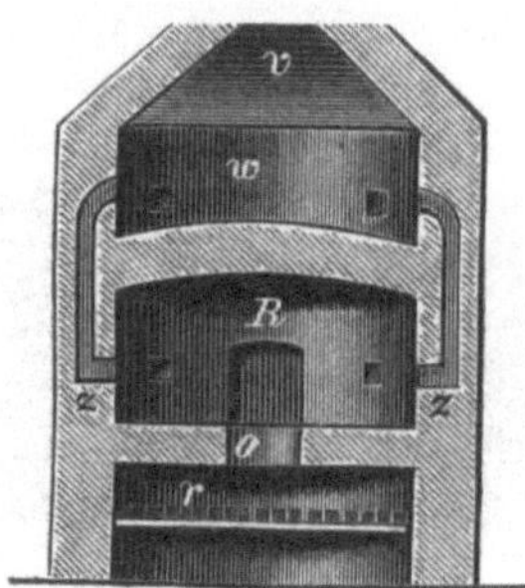

Fig. 465.

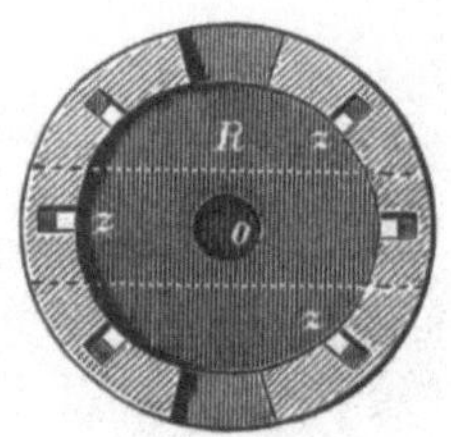

Fig. 466.

Die Reduction der totgerösteten Speise zu Rohnickel geschieht in der nämlichen Weise wie die oben beschriebene Reduction des totgerösteten Nickelsteins zu Rohnickel (s. Seite 702). Ist dieselbe kupferhaltig, so erhält man kupferhaltiges Rohnickel. Zu Schladming in Steiermark[1]) wurde (1860 bis 1867) die totgeröstete und darauf gemahlene Speise mit 4% Syrup gemengt, auf einer Weissblechplatte zu 1,7 kg schweren Kuchen von 0,15 m Breite, 0,25 m Länge und 0,008 m Dicke geformt, getrocknet und in Würfel zerschnitten. Die Würfel wurden (an der Sonne oder im Backofen) getrocknet und in Tiegeln aus feuerfestem Thon zu Metall reducirt. In einen Tiegel setzte man 12 bis 13 kg Würfel (Nickeloxydul) mit 1,3 kg Kohlenstaub ein. Es wurden 40 Tiegel in einen runden Ofen eingesetzt, dessen Einrichtung aus den Figuren 465 und 466 ersichtlich ist. R ist der Raum zur Aufnahme der Tiegel (Erhitzungsraum). Die Feuerung befindet sich unter der Sohle desselben. Die auf dem Roste r erzeugten Feuergase treten durch die in der Mitte des Ofens befindliche

[1]) B.- u. H. Ztg. 1878. S. 244.

Oeffnung o in den Erhitzungsraum und aus diesem durch die 6 Füchse z in einen über dem Ofengewölbe befindlichen Raum w, aus welchem sie in die Esse v steigen.

Die Erhitzung der Tiegel, welche durch Holz bewirkt wird, dauert 48 Stunden. Man erhält in einer Operation 350 kg Rohnickel.

B. Die Gewinnung des Nickels aus Hütten-Erzeugnissen.

Als nickelhaltige Hütten-Erzeugnisse, aus welchen auf trockenem Wege Nickel oder Nickel-Legirungen gewonnen werden, kommen besonders nickelhaltige Speisen, welche sich bei der Verhüttung von Kupfer-, Blei- und Silbererzen bilden und den oft sehr geringen Nickelgehalt dieser Erze in sich aufnehmen, ferner nickelhaltiges Rohkupfer oder Garkupfer, in welchen Erzeugnissen sich bei mangelndem Arsengehalt der Kupfererze der gewöhnlich sehr geringe Nickelgehalt derselben ansammelt, ferner nickelhaltige Schlacken und nickelhaltige Eisensauen in Betracht.

Die Speisen werden in der nämlichen Weise wie die bei der Gewinnung arsenhaltiger Nickelerze fallenden Rohspeisen verarbeitet. Enthalten sie grössere Mengen von Blei, Kupfer und Silber, so sucht man Blei und Silber als Silberblei (Werkblei) und das Kupfer nach Möglichkeit als Kupferstein aus denselben auszuscheiden. Das Blei lässt sich durch Rösten und reducirendes Schmelzen der Speise entfernen und nimmt, falls Silber vorhanden ist, eine grössere Menge desselben auf. Das Silber lässt sich zum grossen Theile durch Verschmelzen der Speise mit bleiischen Vorschlägen in Werkblei überführen. Das Kupfer bindet man durch Verschmelzen der Speise mit Schwerspath (oder wenn nicht vorhanden, mit Pyrit) an Schwefel. Es bleibt bei diesen Operationen schliesslich eine an Nickel angereicherte, von dem grösseren Theile der gedachten Metalle befreite Speise zurück, welche in der oben beschriebenen Weise verarbeitet wird.

So wurden beispielsweise zu Freiberg kupfer-, blei- und silberhaltige Speisen, welche bei der Kupfer-, Blei- und Silbergewinnung fielen, unter Zuschlag von Schwerspath, bleiischen Vorschlägen und Schlacken wiederholt in Schachtöfen auf Werkblei, Kupferstein und kupfer-, blei- und silberärmere Speisen verschmolzen. Wenn die Speisen durch diese Arbeiten auf 15 bis 18% Nickel und Kobalt angereichert waren, wurden sie ohne vorgängige Röstung in Flammöfen unter Zuschlag von 50 bis 60% Schwerspath und 20 bis 25% Quarz auf bleihaltigen Kupferstein und eisenfreie Speisen mit 40 bis 44% Nickel und 8% Kupfer verschmolzen.

Nickelhaltiges Rohkupfer wird verblasen, wobei man nickelhaltige Krätzen und nickelfreies Kupfer erhält. Die Krätzen verschmilzt man in Schachtöfen auf nickelhaltiges Rohkupfer oder, falls sie grössere Mengen von Arsen und Antimon enthalten, auf Speisen. Das aus den

Krätzen erhaltene Rohkupfer, das sog. Krätzkupfer, giebt beim Verblasen bzw. Garmachen wieder Krätzen, in welchen sich der Nickel- und Kobaltgehalt anreichert. Beim Verschmelzen dieser Krätzen in Schachtöfen erhält man ein an Nickel noch weiter angereichertes Kupfer. Durch Wiederholung der Schmelz- und Verblaseprozesse erhält man schliesslich eine Nickelkupferlegirung, welche an Nickelwerke abgegeben wird.

Die Krätzen lassen sich auch unter Zuschlag von Schwefelkies auf einen nickelhaltigen Stein oder unter Zuschlag von Schwerspath und Arsenikkies auf Speise und Kupferstein verschmelzen. Auch hat man aus nickelhaltigem Rohkupfer das Nickel auf nassem Wege gewonnen.

Aus nickelhaltigen Schlacken gewinnt man das Nickel, falls dieselben kupferfrei sind, durch Verschmelzen derselben in Schachtöfen mit Schwerspath oder Pyrit, wodurch das Nickel in einen Stein übergeführt wird, oder durch Verschmelzen mit Arsenkies, wodurch das Nickel in eine Speise übergeführt wird. Enthalten die Schlacken auch gleichzeitig Kupfer in gewinnbarer Menge, so verschmilzt man sie in Schachtöfen mit Schwerspath oder Pyrit und Arsenkies, wodurch das Nickel in eine Speise, das Kupfer zum grössten Theile in einen Stein übergeführt wird. Eine gute Trennung von Kupfer und Nickel ist hierdurch indess nicht zu erreichen. Es ist daher, falls Kupfer und Nickel nur einigermaassen getrennt werden sollen, erforderlich, die erhaltene kupferhaltige Speise und den erhaltenen nickelhaltigen Stein wiederholt mit Schwerspath und Arsenkies zu verschmelzen.

Beispielsweise wurde in Altenau die nickel- und kupferhaltige Schlacke vom Verblasen des Krätzkupfers in Schachtöfen unter Zuschlag von Pyrit und Arsenkies auf Speise und Stein von der nachstehenden Zusammensetzung verschmolzen:

	Speise	Stein
Ni(Co)	26,77	6,10
Cu	19,85	37,24
Fe	15,82	20,84
Pb	12,14	16,10
As	12,15	Spur
Sb	10,01	0,47
S	4,57	19,25

Die Speise wurde in Haufen 3 Male geröstet und dann mit 5 % Arsenkies, 12,5 % Baryt, 50 % Krätzkupferschlacken und 50 % Bleisteinschlacken im Schachtofen auf eine zweite Speise und einen zweiten Stein von der nachstehenden Zusammensetzung verschmolzen.

	Speise	Stein
Ni	35,13	4,37
Cu	17,18	37,45
Fe	8,41	12,68
Pb	6,59	22,81
As	18,65	Spur
Sb	10,82	Spur
S	2,16	24,48
Co	10,7	—

Die Speise wurde an Kobaltwerke verkauft.

Aus nickelhaltigen Eisensauen sucht man das Nickel dadurch zu gewinnen, dass man dieselben in kleinen Garheerden verbläst und das hierbei gebildete Eisenoxydul durch Quarz verschlackt, so dass man schliesslich kupfer- und nickelreiche Legirungen erhält (früher in Klefva in Schweden üblich) oder dadurch, dass man sie im kleinen Heerd verbläst und durch Aufstreuen von Rohstein oder Erz das Nickel in einen Stein überführt (früher auf Ringeriges Nickelwerk in Norwegen üblich).

Auf einer sächsischen Hütte hat man[1]) nickel-, kobalt- und molybdänhaltige Eisensauen (mit 80% Fe, 2,5% Cu, 2% Ni, 1,5% Co, 6% Mo, 8% S) nach vorgängigem Granuliren im Flammofen geröstet und dann unter Quarzzuschlag im Flammofen oxydirend geschmolzen, wodurch man unter Verschlackung des grössten Theiles des Eisens einen an Molybdän, Nickel und Kobalt reichen König erhielt. Der letztere wurde im Flammofen mit Salpeter und Soda geglüht, wodurch molybdänsaures Alkali gebildet wurde. Durch Auslaugen der geglühten Masse mit Wasser wurde das alkalische Molybdat entfernt, sodass man einen Rückstand erhielt welcher grösstentheils aus einem Gemenge der Oxyde von Nickel, Kobalt und Kupfer bestand. Derselbe wurde mit Arsenkies auf eine Speise verschmolzen.

II. Die Gewinnung des Nickels unter Zuhülfenahme des nassen Weges.

Der nasse Weg der Nickelgewinnung findet wohl Anwendung, wenn es sich darum handelt, aus kupfer- (und kobalt-) haltigen Steinen und Speisen reines Nickeloxydul oder Nickel zu gewinnen. Unmittelbar auf Erze findet er nur ausnahmsweise Anwendung, da es in der Regel vortheilhafter ist, den Nickelgehalt derselben auf trockenem Wege in einem Stein oder in einer Speise zu concentriren. Besonders gilt dies von den geschwefelten und arsenhaltigen Nickelerzen. Für den nassen Weg der

[1]) B.- u. H. Ztg. 1878. S. 213.

Gewinnung des Nickels aus Erzen, welche dasselbe als Silicat führen (Garnierit), sind zwar in der letzten Zeit Vorschläge der verschiedensten Art gemacht worden, indess scheint keiner derselben zur definitiven Anwendung gelangt zu sein. Zur Zeit erscheint es vortheilhafter, den Nickelgehalt dieser Erze, auch wenn er nicht hoch ist, auf trockenem Wege in einen Stein überzuführen.

Wir haben hiernach zu unterscheiden:

1. Die Gewinnung des Nickels unmittelbar aus den Erzen;
2. die Gewinnung des Nickels aus Hüttenerzeugnissen.

1. Die Gewinnung des Nickels unmittelbar aus den Erzen.

Sind die Erze arsen- oder schwefelhaltig, so bedürfen sie vor der Behandlung mit Lösungsmitteln einer Röstung. (Auch hat man wohl schwefelhaltige Erze durch Schmelzen mit kohlensaurem Kalium und Schwefel für den nassen Weg geeignet gemacht. Gap Mine, Pennsylvanien[1].) Die als Erze vorkommenden Silicate des Nickels (Garnierit etc.) lassen sich dagegen direct mit Lösungsmitteln behandeln. Als Lösungsmittel verwendet man grundsätzlich Salzsäure. Verdünnte Schwefelsäure ist zuweilen angewendet worden. Dieselbe veranlasst aber bei der später folgenden Behandlung der Lösung mit Calciumcarbonat und Kalkmilch die Bildung von Gypsniederschlägen.

Von Emmens[2]) ist für die geschwefelten Nickelerze von Canada Ferrisulfat als Lösungsmittel vorgeschlagen worden. (Gossan-Prozess.) Nach demselben wird das Nickel aus dem Pyrrhotit von Canada durch Ferrisulfat in Lösung gebracht, selbst aus dem ungerösteten Erze.

Die Lösung des Nickels aus dem gerösteten Erze soll aber bei Weitem schneller vor sich gehen. Emmens schlägt deshalb vor, die Erze in Oefen zu rösten oder verwittern zu lassen und dieselben dann in Holzbottichen mit Ferrisulfat zu behandeln. Aus der Lauge soll das Nickel als Hydroxydul ausgefällt werden. Eine Anwendung hat dieses Verfahren bis jetzt noch nicht gefunden.

Der Gossan-Prozess ist von der Canadian Copper Company versuchsweise angewendet worden, aber nicht zur definitiven Anwendung gelangt. Im günstigsten Falle liessen sich durch Ferrisulfat nur $^1/_3$ des Nickelgehaltes und $^2/_3$ des Kupfergehaltes der Erze in Lösung bringen[3]).

Macfarlane schlägt vor, das Nickel der geschwefelten Erze von Canada durch Röstung derselben mit Kochsalz in Chlormetall zu verwandeln und das letztere mit Wasser aus dem Röstgute auszulaugen. Das Eisen soll aus der Lauge durch Zusatz einer geringen Menge von kaustischem

---

1) B.- u. H. Ztg. 1877. S. 300.

2) Mineral Industry 1892. S. 355.

3) The Mineral Industry 1894. S. 463.

Natron und dann etwa vorhandenes Kupfer durch Schwefelnatrium ausgefällt werden. Schliesslich soll das Nickel als Hydroxydul durch kaustisches Natron ausgefällt werden. Auch über die Ausführung dieses Prozesses ist bis jetzt nichts bekannt geworden.

Ricketts (Amerikan. Patente v. 3. Oct. 1803 u. 6. Febr. 1894) bringt Nickel und Kupfer als Sulfate in Lösung und will aus derselben das Nickel durch Alkalien und Alkalisulfate als basisches Sulfat niederschlagen. Dasselbe soll durch starkes Erhitzen in Nickeloxydul verwandelt werden. Das in Lösung verbliebene Kupfer soll elektrolytisch ausgefällt werden.

Richardson (Amerikan. Patent v. 10. April 1894) führt Nickel und Kupfer in Chloride über und trennt beide Salze durch fractionirte Destillation in einer Atmosphäre von Chlorwasserstoffsäure.

Die Behandlung der Lösung ist gewöhnlich die nachstehende:

Zuerst wird dieselbe mit Schwefelwasserstoff oder Schwefelalkali behandelt, um Kupfer, Wismuth, Blei, Arsen und die sonstigen durch die gedachten Mittel ausfällbaren Metalle niederzuschlagen.

Darauf wird die Lösung mit Chlorkalk behandelt, um das Eisen in Oxyd überzuführen. Alsdann wird das Eisen durch Calciumcarbonat ausgefällt. Gleichzeitig mit dem Eisen wird etwa noch vorhandene Arsensäure als Eisenarseniat ausgefällt.

Darauf folgt die Abscheidung von Kobalt durch Chlorkalk als Sesquioxyd.

Schliesslich wird das Nickel durch Kalkmilch oder Soda als Nickeloxydulhydrat ausgefällt. Das letztere wird durch Glühen in Oxydul übergeführt, fein gemahlen und dann zur Entfernung von überschüssigem Kalk und Gyps mit verdünnten Säuren behandelt.

Soll das Kupfer beim Nickel bleiben, also schliesslich eine Kupfer-Nickellegirung hergestellt werden, und sind abgesehen von Arsen sonstige durch Schwefelwasserstoff aus saurer Lösung auszufällende Metalle in der Lösung nicht vorhanden, so behandelt man die letztere nach vorgängiger Oxydation des Eisens direct mit Calciumcarbonat, um Eisen und Arsen zu fällen.

Durch die Natur der Erze sind hier und da Modificationen der gedachten Behandlungsweise geboten. Auch sind in der neuesten Zeit die verschiedensten Vorschläge zur Behandlung der Silicate des Nickels, speciell des Garnierits, gemacht worden, von welchen die wenigsten zur practischen Ausführung gelangt sind. Dieselben sollen deshalb nur kurz erwähnt werden.

Grosse-Bohle (D. R.-P. 97114) schlägt vor, aus den Chlorid- oder Sulfatlösungen von Nickel und Kobalt diese Metalle bei einer der Siedehitze nahe kommenden Temperatur durch Zink auszufällen. Vorher soll das in der Lösung enthaltene Kupfer durch Eisen ausgefällt werden. Ein Eisengehalt der Lösung soll keinerlei Hinderniss für die Ausfällung von Nickel und Kobalt bieten.

Arsenhaltige Nickelerze sind früher in Ungarn und Böhmen auf nassem Wege zu Gute gemacht worden. Gegenwärtig findet der nasse Weg auf derartige Erze keine Anwendung mehr.

In Ungarn[1]) wurden derartige Erze (Louyet's Verfahren) nach vorgängiger Röstung mit Salzsäure behandelt. Die Lösung wurde zuerst mit Wasser verdünnt, um das Wismuth als basisches Chlormetall auszufällen. Alsdann wurde zur Oxydation des Eisenoxyduls und der Arsenigen Säure Chlorkalk zugesetzt, worauf durch Zusatz von Kalkmilch das Eisen als Hydroxyd und das Arsen als Eisenarseniat niedergeschlagen wurde. Es folgte nun die Ausfällung des Kupfers durch Schwefelwasserstoff oder Schwefelbaryum, alsdann die Ausfällung des Kobalts als Sesquioxyd durch Chlorkalk und schliesslich die Ausfällung des Nickels als Oxydulhydrat durch Kalkmilch.

Zu Joachimsthal[2]) in Böhmen wurden früher nickel- und kobalthaltige Silbererze mit 5 bis 10 % Nickel und Kobalt unter Zuleitung von Wasserdampf geröstet, wobei sich das Silber metallisch ausschied und Arseniate von Kobalt und Nickel entstanden. Das Röstgut wurde zuerst mit verdünnter Schwefelsäure und dann mit heisser Salpetersäure behandelt. Durch die Schwefelsäure wurden die Arseniate von Nickel und Kobalt, durch die Salpetersäure das Silber und der Rest von Nickel und Kobalt in Lösung gebracht. Nachdem aus der salpetersauren Lösung das Silber durch Kochsalz als Chlorsilber ausgefällt war, wurde dieselbe mit der schwefelsauren Lösung vereinigt. Die Gesammtlösung wurde im Interesse der Fällung von Arsensäure als Eisenarseniat mit Eisenchloridlösung behandelt, worauf Eisen und Arsen durch gepulverten Kalkstein ausgefällt wurden. Darauf wurde das Kobalt durch Chlorkalk und das Nickel durch Kalkmilch ausgefällt.

Die für die Gewinnung des Nickels aus Silicaten desselben (Garnierit und Rewdanskit) vorgeschlagenen Verfahren sind die nachstehenden.

Hermann[3]) erhitzt Rewdanskit mit Schwefelsäure in Steingutgefässen bis zum beginnenden Verdampfen derselben, laugt die Masse aus, oxydirt das Eisen durch Zusatz von Kochsalz und Salpeter, fällt dasselbe darauf durch Kreide und schlägt dann das Nickel durch Schwefelnatrium als Schwefelmetall nieder. Das Schwefelnickel wird totgeröstet und dann das erhaltene Nickeloxydul reducirt.

Laroche[4]) behandelt Garnierit mit einer gleichen Gewichtsmenge Schwefelsäure von 56 bis 60° B., laugt die fest gewordene Masse mit heissem Wasser aus, setzt eine dem vorhandenen Nickelsulfat äquivalente

[1]) B.- u. H. Ztg. 1849. S. 800.

[2]) Kerl. Metallhüttenkunde S. 554.

[3]) B.- u. H. Ztg. 1876. S. 308.

[4]) Wagner. Jahresber. 1879. S. 235.

Menge Ammoniumsulfat zu und scheidet aus der Lösung durch Abdampfen und darauf folgendes Abkühlenlassen Nickelammoniumsulfat in Krystallen aus. Die letzteren werden, in siedendem Wasser gelöst, mit Sodalösung behandelt, wodurch das Nickel als Carbonat ausgefällt wird. Anstatt mit Ammoniumsulfat kann man die Lösung auch mit einer dem vorhandenen Nickel äquivalenten Menge von Alkalioxalat behandeln, wodurch das Nickel als oxalsaures Nickeloxydul ausgefällt wird. Der Niederschlag wird bei Siedehitze mit Sodalösung behandelt, wodurch (bei 110°) das oxalsaure Nickeloxydul unter gleichzeitiger Regeneration des oxalsauren Alkalis in kohlensaures Nickeloxydul verwandelt wird, welches letztere man zu Metall reducirt. Das Natriumoxalat geht wieder in die Arbeit zurück.

Rousseau[1]) löst in Salzsäure, oxydirt das Eisen durch Chlorkalk und fällt dasselbe dann durch Calciumcarbonat. Darauf schlägt er das Nickel durch Magnesiamilch nieder. Die verbliebene Lösung von Chlormagnesium und Chlorcalcium dampft er ein und will aus dem erhaltenen festen Salz durch Erhitzen desselben in einem Strome von Wasserdampf Salzsäure und Magnesia regeneriren.

Kamienski[2]) schliesst mit verdünnter Salzsäure auf, oxydirt das Eisen durch einen Chlorstrom und fällt es darauf durch Magnesiumcarbonat, decantirt und fällt darauf aus der warmen Lösung den grössten Theil des Nickels durch Soda als Carbonat. Die Lösung wird darauf kalt mit Soda behandelt, wodurch die Magnesia und der Rest des Nickels ausgefällt werden. Die Natrium- und Magnesiumchlorür enthaltende Lösung wird abgedampft, wodurch das Chlornatrium ausfällt. Aus der Restlauge scheidet man durch Eindampfen Chlormagnesium aus, aus welchem Salz man durch Erhitzen auf 150° und Ueberleiten von Wasserdampf Salzsäure gewinnen soll.

Araud[3]) mengt das Erz mit Salzsäure zu einem Brei an und erhitzt den letzteren in feuerfesten Retorten bis zur Verflüchtigung der entstandenen Chlorüre. Die letzteren werden aufgefangen und in Wasser gelöst. Aus der Lösung wird zuerst das Eisen durch Calciumcarbonat und dann das Nickel durch Kalkmilch ausgefällt.

Sebillot[4]) hat 2 Verfahren vorgeschlagen.

Das eine besteht darin, das Erz mit Schwefelsäure und Ammoniumsulfat aufzuschliessen, Wasser zuzusetzen und aus der Lösung das Nickel als Sulfat auskrystallisiren zu lassen. Die Krystalle löst man auf und fällt aus der Lösung das Nickel auf bekannte Weise.

Das zweite Verfahren besteht darin, das Erz mit Schwefelsäure im Flammofen zu erhitzen, die erhaltene feste Masse mit Wasser auszulaugen,

---

[1]) B.- u. H. Ztg. 1878. S. 260.

[2]) B.- u. H. Ztg. 1878. S. 260.

[3]) l. c. S. 260.

[4]) l. c. S. 260.

aus der Lauge das Eisen nach vorgängiger Oxydation desselben durch Chlorkalk mit Calciumcarbonat und dann die Magnesia mit Natriumphosphat auszufällen und schliesslich aus der Lauge Nickelvitriol auskrystallisiren zu lassen.

Dixon[1]) verschmilzt das Erz auf Speise und behandelt dieselbe in der weiter unten beschriebenen Weise.

Allen behandelt das gepulverte Erz unter Zusatz von etwas Natronsalpeter in der Kälte mit gepulverter Schwefelsäure, erhitzt darauf die Masse bis zur Rothglut, laugt dieselbe mit Wasser aus und fällt aus der Lauge zuerst Eisen- und Chromoxyd durch gebrannte Magnesia, dann das Nickel durch Schwefelwasserstoff als Schwefelnickel, welches letztere totgeröstet und dann reducirt wird.

Von Christofle[2]) sind mehrere Verfahren der Behandlung des Garnierits auf nassem Wege angegeben worden. Dieselben scheinen aber sämmtlich verlassen und zunächst durch das Verschmelzen der Erze auf Stein und die weiter unten dargelegte Behandlung desselben auf nassem Wege ersetzt worden zu sein.

Die Verfahren der directen Behandlung der Erze auf nassem Wege waren die nachstehenden.

1. Auswaschen der zerkleinerten Erze mit verdünnter und darauf folgende Behandlung derselben mit concentrirter Salzsäure; Fällen des Eisens aus der durch die concentrirte Salzsäure erhaltenen Lösung durch Aetzkalk oder Kreide und dann des Nickels durch Kalkmilch.

2. Das Erzpulver wird mit concentrirter Oxalsäurelösung gekocht, welche das Nickel im Rückstande lässt. Der verbliebene Nickelrückstand wird reducirt. Zur Rückgewinnung der Oxalsäure wird die Lauge mit Kalkmilch behandelt, welche oxalsauren Kalk niederschlägt. Aus dem letzteren wird die Oxalsäure durch Schwefelsäure ausgeschieden.

3. Behandeln des Erzes mit erhitzter concentrirter Salzsäure; Zusatz von Chlorkalk zu der überschüssige Säure enthaltenden Lösung zur Oxydation des Eisens; Ausfällen des Nickels als Oxalat durch Oxalsäure; Waschen und Erhitzen des Niederschlages.

4. Behandeln des Erzes mit erhitzter concentrirter Salzsäure; Zusatz von Chlorkalk zu der sauren Lösung, Fällen des Eisens und der Thonerde durch Calciumcarbonat; Fällen des Nickels als Sesquioxyd durch Kalkwasser und Chlorkalk.

5. Behandeln des Erzes mit erhitzter concentrirter Salzsäure, Ausfällen von Eisen und Thonerde wie bei 4; Zusetzen von Chlormagnesium (falls dasselbe nicht schon in hinreichender Menge vorhanden ist); Ausfällen des Nickels nebst einer geringen Menge Magnesia durch Aetzkalk;

---

[1]) l. c. 1879. S. 395.

[2]) B.- u. H. Ztg. 1878. S. 259; 1879. S. 138. Wagner, Jahresber. 1878. S. 233.

Auswaschen und Trocknen des Niederschlags, Mengen desselben mit Kohle und Glühen des Gemenges bei sehr hoher Temperatur, wobei der Schwefel von der Magnesia aufgenommen wird.

Das Nickel wird hierbei in Körnerform erhalten und aus der geglühten Masse ausgewaschen.

Nach einem Verfahren von Herrenschmidt[1]), welches auf den Werken der Malétra Chem. Comp. zu Petit Quérilly bei Rouen in Frankreich in Anwendung stehen soll, werden neucaledonische Erze (mit 18 % Mangansuperoxyd, 3 % Kobaltoxydul, 1,25 % Nickeloxydul, 30 % Eisenoxyd, 5 % Thonerde, 2 % Kalkerde und Magnesia, 8 % Kieselsäure) mit concentrirter Eisenvitriollösung behandelt, wodurch Mangan, Kobalt und Nickel als Sulfate gelöst werden sollen, während das Eisen als Oxyd im Rückstande verbleibt.

Aus der vom Rückstande getrennten und geklärten Flüssigkeit fällt man durch Schwefelnatrium Kobalt, Nickel und eine kleine Menge Mangan als Sulfide. Durch Behandlung des Niederschlages mit Eisenchloridlösung soll das Mangan aus demselben entfernt werden. Die hierdurch erhaltene Manganlösung soll durch Behandlung mit Kalkmilch im Ueberschuss und Einblasen von Luft in Calciummanganit verwandelt werden. Das Calciummanganit benutzt man zur Herstellung von Chlor für die Chlorkalkfabrikation (Weldon-Verfahren).

Der vom Mangan befreite Niederschlag, welcher jetzt nur noch die Sulfide von Nickel und Kobalt enthält, soll durch eine sulfatisirende Röstung im Flammofen in ein Gemenge von Kobalt- und Nickelsulfat übergeführt werden. Die Sulfate werden in heissem Wasser gelöst und dann durch Zusatz von Chlorcalcium zu der Lösung in Chlorverbindungen verwandelt. Die Lösung derselben wird zur Scheidung von Kobalt und Nickel in zwei Theile getheilt. Aus dem ersten Theil schlägt man Nickel und Kobalt durch Kalkmilch als Oxydulhydrate nieder, trennt den Niederschlag von der Flüssigkeit, bringt ihn nach vorgängigem Auswaschen in Wasser und verwandelt durch Einleiten von Chlor und Einblasen von Luft in die Flüssigkeit Kobalt und Nickel in Sesquioxyde. Zu dem Sesquioxyd-Niederschlag setzt man nun den zweiten Theil der Chlorürlösung in einzelnen Portionen und leitet eine Zeit lang Wasserdampf durch die Flüssigkeit. Hierbei bleibt das Kobaltsesquioxyd ungelöst, während das Nickeloxyd als Chlorür in Lösung geht und aus der letzteren eine äquivalente Menge Kobalt als Sesquioxyd ausfällt. Nachdem auf diese Weise das gesammte Kobalt aus der Lösung ausgefällt bzw. das Nickel aus dem Niederschlage gelöst ist, trennt man die nur noch Nickel enthaltende Flüssigkeit von dem Niederschlage und schlägt aus derselben das Nickel in bekannter Weise durch Kalkmilch nieder.

---

[1]) Pelleton. Le Génie civil 1891. Vol. XVIII. p. 373. Engin. and Min. Journ. 1891. Vol. 52. No. 13.

Ueber die wirthschaftlichen Ergebnisse dieses Verfahrens, welches ziemlich verwickelt erscheint und wohl nur auf Leblanc-Sodafabriken, auf welchen gleichzeitig Chlorkalk hergestellt wird, mit Vortheil anwendbar sein dürfte, ist nichts bekannt geworden.

Nach dem im Deutschen Reiche patentirten Verfahren (D. R. P. No. 68 559) fällt Herrenschmidt aus der Eisen, Kupfer, Kobalt und Nickel enthaltenden Sulfat- oder Chloridlösung das Eisen durch Kupfercarbonat und nach der Trennung der Flüssigkeit von dem Niederschlage das Kupfer durch Nickeloxydulhydrat oder Nickelcarbonat. Aus der wiederum vom Niederschlage getrennten Flüssigkeit werden Kobalt und Nickel in der angegebenen Weise gewonnen.

Storer (D. R. P. 100 142) schlägt vor, den Garnierit in fein gepulvertem Zustande in einem geschlossenen Gefässe bei 187° mit Eisenchloridlösung zu behandeln. Es soll bei fünf- bis achtstündigem Erhitzen das Nickel als Chlorid in Lösung gehen und das Eisen als Oxyd ausgefällt werden. Das Eisenoxyd soll als Farbstoff verwerthet werden, während die Nickellösung auf Nickel verarbeitet werden soll.

2. Die Gewinnung des Nickels aus Hütten-Erzeugnissen.

Die hier in Betracht kommenden Hütten-Erzeugnisse sind in erster Linie Steine und Speisen, in zweiter Linie Schlacken.

Die Gewinnung des Nickels aus Steinen.

Die Steine lassen sich sowohl ungeröstet als auch nach vorgängiger Totröstung mit Säuren behandeln.

Bei der Behandlung der ungerösteten Steine mit Säuren bleibt das Schwefelkupfer im Rückstande, während Eisen, Nickel und Kobalt grösstentheils gelöst werden. Es ist indessen nicht möglich, das gesammte Kobalt und Nickel aus dem Rückstande zu entfernen, so dass der letztere noch einer besonderen Behandlung zur Gewinnung des Nickels und Kobalts bedarf.

Die Behandlung der ungerösteten Steine mit Säuren ist daher nicht zu empfehlen; dieselbe ist auch nur ausnahmsweise angewendet worden.

Die Regel ist die Totröstung der Steine vor der Behandlung derselben mit Säuren.

Da sich geglühtes Eisenoxyd in verdünnten Säuren nur sehr wenig löst, so muss, um das Eisen nach Möglichkeit im Rückstande zu behalten, am Schlusse der Röstung eine möglichst hohe Temperatur angewendet werden.

Als Lösungsmittel wendet man Salzsäure oder Schwefelsäure an, am besten Salzsäure. Eisenoxyd löst sich, sobald das Röstgut hinreichend stark geglüht worden ist, so gut wie gar nicht in diesen Säuren. Ein Arsengehalt bleibt in der Gestalt von arsensaurem Eisenoxyd oder Kupferoxyd zurück.

Der gewöhnliche Gang der Behandlung der Lösung, welcher indess häufig Abweichungen erleidet, ist der nachstehende. Dieselbe wird zuerst mit Schwefelwasserstoff oder Schwefelalkali behandelt, um Kupfer, Blei etc. auszufällen. Darauf wird das Eisen durch Chlor oder Chlorkalk oxydirt und durch Calciumcarbonat ausgefällt. Die Fällung muss in der Kälte geschehen, weil bei einer 40^0 übersteigenden Temperatur auch gewisse Mengen von Kobalt niedergeschlagen werden. Ist das Kupfer nicht durch Schwefelwasserstoff ausgefällt worden, so wird auch ein Theil dieses Metalles als Carbonat gefällt. Ist noch Arsensäure vorhanden, so schlägt sich dieselbe mit dem Eisen nieder.

Das Kobalt wird darauf aus der Lösung durch Chlorkalk als Sesquioxyd abgeschieden. Ueberschüssiger Chlorkalk fällt auch das Nickel aus. Salpetrigsaures Kali[1]), welches das Kobalt aus einer mit Kalilauge neutralisirten und mit Essigsäure angesäuerten Lösung als salpetrigsaures Kobaltoxydkali ausfällt, während Nickel in der Lösung bleibt, lässt sich bei Gegenwart von Kalk (und anderen alkalischen Erden) nicht zur Abscheidung des Kobalts anwenden, weil sonst mit dem Kobalt auch das Nickel als Calciumnickelnitrit $(K_2 Ca) Ni (NO_2)_6$ niedergeschlagen wird.

Sind grössere Mengen von Kobalt in der Lösung vorhanden und kommt es nicht auf grosse Reinheit der Metalle an, so lässt sich auch Ammoniumsulfat zur Trennung von Kobalt und Nickel anwenden. Das Ammoniumsulfat bildet nämlich mit Nickelsulfat ein schwer lösliches Doppelsalz, mit Kobaltsulfat dagegen ein leicht lösliches Doppelsalz. Beim Abdampfen der Lösung bis zu einem gewissen Grade scheidet sich das Nickelammoniumsulfat aus, während Kobaltammoniumsulfat in Lösung bleibt. Das Nickelammoniumsulfat wird durch Erhitzen in Nickeloxydul übergeführt, mit Soda und Salpeter geglüht und ausgewaschen. Beim Erhitzen des Nickelammoniumsulfats soll man auch das Ammoniumsulfat wiedergewinnen können. Aus der beim Abdampfen verbliebenen Lösung des Kobaltammoniumsulfats wird das Kobalt durch Schwefelammonium niedergeschlagen. Das Schwefelkobalt wird geröstet, mit Salpeter und Soda geglüht und als Kobaltoxyd in den Handel gebracht.

Aus der Lösung, aus welcher das Kobalt durch Chlorkalk als Sesquioxyd ausgefällt worden ist, schlägt man das Nickel durch Kalkmilch oder Soda als Hydroxydul bzw. als Carbonat nieder. Der Niederschlag wird durch Filtration auf leinenen Spitzbeuteln von der Flüssigkeit getrennt und, falls Gyps in demselben vorhanden ist, mit Soda geglüht, wodurch sich Calciumcarbonat und Natriumsulfat bilden. Aus der geglühten Masse wird das Natriumsulfat durch Wasser, das Calciumcarbonat durch ver-

---

[1]) Poggend. Ann. 74. 115; 110, 411. Annal. d. Chem. u. Pharm. 96, 218.

dünnte Salzsäure ausgezogen. Die Umsetzung zwischen Calciumsulfat und Soda lässt sich auch dadurch bewirken, dass man den Niederschlag mit Sodalösung kocht, wobei Soda im Ueberschusse vorhanden sein muss, und dann das entstandene Calciumcarbonat durch salzsäurehaltiges Wasser auszieht. War Salzsäure als Lösungsmittel für das Nickel angewendet worden, so wird der in dem geglühten Nickeloxydul vorhandene Kalk durch verdünnte Salzsäure ausgezogen.

Das so erhaltene Nickeloxydul wird in bekannter Weise zu Nickel reducirt.

de Coppet (D. R. P. 64 916) schlägt vor, eisenfreien oder auf trockenem Wege von seinem Eisengehalte befreiten Nickelkupferstein zu rösten und dann durch Behandeln des Röstguts mit einer gewissen Menge von Schwefelsäure eine Kupfersulfatlösung, welche auch einen Theil Nickel und Kobalt enthält, herzustellen. Der aus Oxyden von Nickel, Kobalt und Kupfer bestehende Rückstand wird durch Kohle zu einem Gemisch dieser Metalle reducirt. Dieses Gemisch wird zuerst in der Kälte mit einem Theile der gedachten Kupfersulfatlösung behandelt. Hierbei geht das Kobalt als Sulfat in Lösung, während ein äquivalenter Theil Kupfer niedergeschlagen wird. Nachdem die Kobaltlösung von dem nun aus Nickel und Kupfer bestehenden Rückstande getrennt worden ist, wird der letztere mit einem anderen Theile der Kupfersulfatlösung in der Hitze behandelt.

Hierbei geht das Nickel in Lösung, während ein entsprechender Theil Kupfer niedergeschlagen wird. Man erhält so Cementkupfer und eine Nickelsulfatlösung, welche in bekannter Weise auf Nickel verarbeitet werden kann.

Ueber die Anwendung dieses Verfahrens ist nichts bekannt geworden.

Eine unmittelbare Behandlung von Steinen mit Säure fand früher auf der Scopellohütte in Piemont statt[1]). Der Nickelstein mit 24 % Ni, 6 % Co, 12 % Cu, 23 % Fe und 35 % S wurde in Steingutgefässen, welche in theilweise mit Wasser gefüllten Holztonnen standen, mit Salzsäure, welche 33 % Chlorwasserstoff enthielt, behandelt. Der durch ein im Deckel des Gefässes angebrachtes Rohr entweichende Schwefelwasserstoff wurde angezündet.

Nach dreimaliger Behandlung des Steins mit Säure wurde die Lösung vom Rückstande abgehebert. Der Rückstand enthielt das Schwefelkupfer des Steins, aber auch noch erhebliche Mengen von Schwefelnickel und Schwefelkobalt. Er wurde beim Verschmelzen von Steinen oder Erzen in Schachtöfen zugesetzt. Die Lösung, welche die Chlorverbindungen von Eisen, Nickel und Kobalt enthielt, wurde nach vorgängiger Klärung in einer gusseisernen Pfanne mit Oberfeuerung zur Trockne eingedampft. Die eingedampfte Masse, ein staubförmiges Gemenge von Eisen-, Nickel- und Kobaltchlorür, wurde unter stetigem Umrühren in einem Flammofen

[1]) B.- u. H. Ztg. 1878. S. 229.

3 bis 4 Stunden lang erhitzt, wobei das Eisen theils als Chlorid verflüchtigt wurde, theils als Oxyd zurückblieb. Die so behandelte Masse wurde mit Wasser in einen Bottich gebracht, in welchem die höhere Oxydation des Eisens durch Chlorkalk und dann die Fällung desselben durch zerkleinerten Marmor bewirkt wurde. Aus der geklärten Lösung wurde das Kobalt durch Chlorkalk, das Nickel durch Kalkmilch gefällt. Die so erhaltenen Niederschläge von Kobaltsesquioxyd und Nickelhydroxydul wurden in wolleneu Säcken so lange ausgewaschen, bis oxalsaures Ammoniak in der ablaufenden Flüssigkeit keine Trübung mehr bewirkte. Darauf wurden sie in Flammöfen 12 Stunden lang erhitzt und dann mit angesäuertem Wasser gewaschen.

Die Behandlung gerösteter Steine mit Säuren wurde ausgeführt auf der Isabellenhütte bei Dillenburg, auf Victoriahütte in Schlesien, zu Schneeberg in Sachsen, auf den Werken von Christofle in St. Denis.

Auf Isabellenhütte bei Dillenburg wurde von 1848 bis 1857 Nickel auf nassem Wege dargestellt; von 1857 bis 1860 wurden unter Zuhilfenahme dieses Weges Nickel und Kupfernickel hergestellt. Beide Verfahren sind nachstehend kurz dargelegt[1]).

a) Nach dem älteren Verfahren wurde der concentrirte Stein glühend in Wasser geleitet, hierdurch spröde gemacht, pulverisirt und gesiebt. Das Pulver wurde in Mengen von 150 kg zur Entfernung des Schwefels und zur Ueberführung des Eisens in Eisenoxyd einer Röstung in Flammöfen unterworfen.

Das Röstgut wurde in Fässern mit Schwefelsäure von 60° B. zu einem dicken Brei angerührt und dann 2 Stunden lang im Flammofen abgetrocknet, wobei sich etwa vorhandener Eisenvitriol in Ferrisulfat umänderte und die überschüssige freie Säure entfernt wurde. Die abgetrocknete Masse wurde zur Lösung der Vitriole mit Wasser behandelt. Die Lösung enthielt Eisen, Kupfer und Nickel. Man schritt zuerst zur Ausfällung von Eisen und Kupfer durch Calciumcarbonat. Sie wurde zu diesem Zwecke in einem kupfernen Kessel zum Kochen gebracht, worauf man fein pulverisirtes Calciumcarbonat in dieselbe löffelweise eintrug. Durch das Calciumcarbonat wurden Eisen und Kupfer als basische Carbonate gefällt, wobei auch gleichzeitig Gyps niedergeschlagen wurde. Da das Eisen vor dem Kupfer ausgefällt wird, so setzte man zuerst nur so lange Calciumcarbonat zu, bis kein Eisen mehr in der Lösung war, und trennte dann den erhaltenen eisen- und kupferhaltigen Niederschlag von der Lösung. Da sich mit dem Kupfer auch immer eine gewisse Menge Nickel niederschlägt, so wurde hierdurch vermieden, dass dieser erste Niederschlag nickelhaltig ausfiel. Derselbe bestand aus basischen Carbonaten des Eisens und Kupfers sowie aus Gyps und wurde auf Kupferstein bzw. Kupfer verarbeitet. Die von dem gedachten Niederschlage abfiltrirte Lösung wurde

[1]) Schnabel. Preuss. Zeitschr. 1865. S. 109.

mit einer neuen Menge von Calciumcarbonat gekocht, wodurch das noch vorhandene Kupfer gleichzeitig mit einer geringen Menge Nickel niedergeschlagen wurde. Dieser Niederschlag wurde beim Concentriren des Nickelsteins zugesetzt. Aus der von dem Niederschlage getrennten Lösung wurde das Nickel durch Kalkmilch als Hydroxydul ausgefällt. Zur Entfernung des Gypses aus dem Niederschlag wurde derselbe getrocknet und dann in feuerfesten Tiegeln mit Soda geglüht, wodurch Calciumcarbonat und Natriumsulfat gebildet wurden. Aus der geglühten Masse wurde das Natriumsulfat durch Wasser, das Calciumcarbonat durch Salzsäure entfernt. Das Nickeloxydul wurde in bekannter Weise zu Nickelwürfeln von der Zusammensetzung:

Ni	98,29
Cu	0,24
Fe	0,81

reducirt.

Nach dem neueren Verfahren wurde aus einem Rohstein von der durchschnittlichen Zusammensetzung:

Ni	13
Cu	19
Fe	35
S	33

ein concentrirter Stein von der durchschnittlichen Zusammensetzung:

Ni	24
Cu	39
Fe	12
S	25

und aus diesem durch Verblasen im Heerde ein Stein von der Zusammensetzung:

Ni	35
Cu	43
Fe	2
S	20

hergestellt. Derselbe wurde totgeröstet, dann mit Salzsäure und schliesslich mit Schwefelsäure behandelt.

Durch die Salzsäure wurde der grössere Theil des Kupfers und Nickels, nicht aber das als Oxyd vorhandene Eisen in Lösung gebracht und zwar auf 7 Theile Kupfer 1 Theil Nickel. Aus der Lösung wurden Kupfer und Nickel durch Kalkmilch gefällt. Der Niederschlag wurde gepresst, getrocknet und nach der Entfernung des Gypses zu Kupfernickel reducirt.

Der nach der Behandlung mit Salzsäure verbliebene Rückstand (gegen 40 % vom Gewichte des totgerösteten Steins) wurde zwei Mal in der oben angegebenen Weise mit Schwefelsäure behandelt, wodurch der grösste Theil des noch vorhandenen Kupfers und Nickels sowie ein Theil Eisen in Lösung übergingen. Der hierbei verbliebene Rückstand ging zur Röstung zurück. Aus der Lösung wurde nun bei 55° durch Calciumcarbonat das Eisen und dann bei 70° durch das nämliche Fällungsmittel das Kupfer als basisches Carbonat ausgefällt. Mit dem Kupfer wurde auch eine gewisse Menge Nickel niedergeschlagen und zwar um so mehr, je grösser der Kupfergehalt der Lösung war. Um möglichst wenig Nickel mit dem Kupfer niederzuschlagen, suchte man daher bei der Behandlung des Steins mit Salzsäure soviel Kupfer als möglich in Lösung zu bringen.

Der aus basischen Carbonaten von Kupfer, Nickel und Eisen bestehende Niederschlag wurde in Salzsäure aufgelöst. Aus der Lösung wurden Kupfer und Nickel durch Kalkmilch gefällt. Der erhaltene Niederschlag wurde nach vorgängiger Reinigung zu Kupfernickel reducirt.

Aus der Lösung hingegen, welche neben Nickelsulfat nur eine geringe Menge von Kupfersulfat enthielt, wurde das Nickel durch Kalkmilch als Hydroxydul gefällt, abfiltrirt, verdichtet und dann getrocknet.

Die Entfernung des Gypses aus den Oxyden, von welchen das kupferhaltige Oxyd 8 %, das reine Nickeloxydul dagegen 15 % Calciumsulfat enthielt, geschah durch Auswaschen der stark geglühten Oxyde mit verdünnter Salzsäure. Die letztere nahm den Gyps auf, während sie, sobald beim Glühen die richtige Temperatur angewendet worden war, das Nickeloxydul gar nicht, das Kupferoxyd dagegen sehr schwach angriff.

Aus der zum Auswaschen verwendeten Salzsäure wurden die geringen Mengen aufgelöster Metalle durch Kalkmilch ausgefällt. Der erhaltene Niederschlag wurde zum Neutralisiren saurer Lösungen, welche mit Calciumcarbonat behandelt werden sollten, verwendet.

Die Oxyde wurden in der oben angegebenen Weise zu Metallen reducirt. Die Reduction des Nickeloxyduls erforderte drei Stunden Zeit und starke Weissglut, während die des nickeloxydulhaltigen Kupferoxyds bei geringerer Hitze in $1^1/_2$ Stunden beendet war.

Das Nickelmetall kam in der Gestalt von Würfeln in den Handel; die Kupfernickelwürfel wurden im Garheerde eingeschmolzen, worauf die Masse in Scheiben gerissen und in dieser Gestalt an die Argentanfabrikanten verkauft wurde. Später erfolgte die Reduction des Kupferoxyd-Nickeloxyduls in einem Garheerd mit 2 Formen, wodurch man eine Kupfernickel-Legirung mit 73 % Nickelgehalt erhielt.

Das auf die beschriebene Art hergestellte Nickelmetall hatte die nachstehende Zusammensetzung:

	I	II
Ni	96,29	96,17
Cu	0,41	2,17
Fe	0,98	0,45

Das aus den kupferhaltigen Rückständen (von der Auflösung der Niederschläge in Salzsäure) hergestellte Garkupfer hatte die nachstehende Zusammensetzung:

	Ni	Fe	Cu
Mittlere Scheibe des Heerdes	0,99	0,99	98,82
Untere Scheibe des Heerdes	0,44	0,50	99,06

Genth machte die Beobachtung, dass die kleinen schwarzen Krystalle, welche sich beim Garmachen auf den oberen Scheiben des Heerdes bilden, Nickeloxydul sind.

Auf der Victoria-Hütte in Schlesien[1]) zog man aus dem totgegerösteten concentrirten Nickelstein einen Theil des Kupferoxyds mit warmer verdünnter Schwefelsäure aus und reducirte den ausgewaschenen, getrockneten, feingemahlenen und gerösteten Rückstand zu einer Kupfernickellegirung mit 80% Nickelgehalt. Aus der Lösung wurde in dieselbe übergegangenes Nickel durch Kupferoxyd niedergeschlagen, worauf dieselbe auf Kupfervitriol verarbeitet wurde.

In Schneeberg in Sachsen wurde anstatt Schwefelsäure zum Ausziehen des Kupferoxyds und der Sulfate aus dem totgerösteten Stein Salzsäure angewendet. Die Verarbeitung des Rückstandes geschah in der nämlichen Weise wie auf Victoria-Hütte.

Auf den Werken von Christofle in St. Denis[2]) wurde der durch Verschmelzen von Garnierit mit Gyps hergestellte Stein gemahlen, wiederholt in 10 m langen Fortschaufelungsöfen geröstet und dann in Thongefässen von je 100 l Inhalt, welche in einem Wasserbade standen, mit Salzsäure behandelt. Zur Beförderung der Einwirkung der letzteren auf den Stein wurde das Wasserbad durch Dampf geheizt. Die Lösung wurde in Holzgefässe übergeführt. In denselben wurde das Eisen nach vorgängiger höherer Oxydation desselben durch Calciumcarbonat niedergeschlagen. Zur Beförderung der Ausfällung wurde in die Masse Luft eingeleitet, welche gleichzeitig ein Umrühren derselben bewirkte. Die Masse wurde in grosse Holzgefässe geleitet, in welchen sich der Niederschlag absetzte. Die klare Flüssigkeit wurde in Holzgefässe abgezogen, in welchen das Nickel durch Kalkmilch ausgefällt wurde. Das Nickelhydroxydul wurde getrocknet, ausgewaschen, nochmals getrocknet und dann zu Metall reducirt.

Die Gewinnung des Nickels aus Speisen.

Die Speisen werden totgeröstet und dann in der nämlichen Weise behandelt wie die totgerösteten Steine. Bei der Totröstung sucht man die Entfernung des Arsens durch Einmengen von kohlehaltigen Körpern in die Röstmasse zu befördern.

---

[1]) B.- u. H. Ztg. 1877. S. 300. 1878. S. 245.

[2]) Knab. Métallurgie. p. 560.

Auf der Georgshütte bei Dobschau in Ungarn[1]) wurde Speise von der Zusammensetzung:

Ni	37 %
Co	13 -
Cu	2 -
Fe	9 -
As	38 -
S	1 -

gepocht und dann in Mengen von 300 kg in Flammöfen bei Holzfeuerung totgeröstet. Die Röstzeit betrug 12 bis 14 Stunden. Am Ende derselben wurden 30 bis 40 kg Sägespähne oder Kohlenstaub in das Röstgut gemengt, um die gebildete Arsensäure zu Arseniger Säure und zu Arsen zu reduciren. Das Arsen verbrannte wieder zu Arseniger Säure. Das Röstgut wurde mit Schwefelsäure behandelt. Aus der erhaltenen Lösung wurden Eisen und ein Theil Kupfer durch Kochen mit Calciumcarbonat gefällt. Dann wurde Kobalt durch Chlorkalk als Sesquioxyd und das Nickel durch Kalkmilch als Hydroxydul gefällt. Die Oxyde wurden getrocknet, mit saurem Wasser gewaschen, gemahlen und dann an die sächsischen Hüttenwerke verkauft.

Zu Saint-Benoit bei Lüttich[2]) wurde Speise mit 45 % Nickel bei 80° mit concentrirter Salzsäure behandelt. Aus der Lösung wurde das Eisen (nach vorgängiger Oxydation durch Chlorkalk) durch Calciumcarbonat, dann das Kupfer durch Schwefelcalcium niedergeschlagen. Dann wurde Kobalt durch Chlorkalk und schliesslich Nickel durch Kalkmilch ausgefällt.

Dixon[3]), dessen Verfahren wohl nicht zur definitiven Anwendung gelangt ist, verschmilzt Garnierit mit arsenhaltigen Zuschlägen auf Speise, röstet dieselbe tot und behandelt sie dann mit Salzsäure. In die erhaltene Lösung leitet er zur höheren Oxydation des Eisens Chlorgas, fällt das Eisen durch vorsichtigen Zusatz von Nickeloxydul, darauf unter Einleitung von Chlor in die Flüssigkeit durch weiteren Zusatz von Nickeloxydul das Kobalt als Sesquioxyd. Die das Nickel als Chlorverbindung enthaltende Flüssigkeit wird eingedampft. Die hierbei erhaltene feste Masse soll durch Glühen im Dampfstrome in Nickeloxydul oder im Wasserstoffstrome in metallisches Nickel verwandelt werden. Mit dem Kobaltsesquioxyd etwa niedergeschlagenes Nickel soll durch Behandeln des Niederschlages mit verdünnter Salzsäure aus demselben ausgezogen werden.

Auf den Werken bei Birmingham[4]) in England wird die totgeröstete

[1]) B.- u. H. Ztg. 1878. S. 229.

[2]) B.- u. H. Ztg. 1878. S. 229.

[3]) B.- u. H. Ztg. 1879. S. 395.

[4]) Phillips. Elements of Metallurgy. p. 415.

Speise mit Salzsäure behandelt. Das Eisen wird nach vorgängiger Oxydation mit dem Arsen durch Neutralisiren und Kochen der Flüssigkeit niedergeschlagen. Die Art und Weise der Oxydation und Neutralisation ist in der Quelle nicht angegeben. Das Kupfer wird darauf durch Schwefelwasserstoff niedergeschlagen. Alsdann wird Kobalt durch Chlorkalk als Sesquioxyd und schliesslich das Nickel durch Kalkmilch als Hydroxydul niedergeschlagen.

Die Gewinnung des Nickels aus Schlacken.

Die nickelhaltigen Schlacken schlägt man bei der Gewinnung des Nickels auf trockenem Wege beim Verschmelzen der Erze und Steine zu.

Fallen dieselben als Nebenerzeugnisse bei der Gewinnung des Kupfers, so lassen sich dieselben sowohl direct auf nassem Wege behandeln, als auch auf eine Kupfernickellegirung verschmelzen, welche der Verarbeitung auf nassem Wege unterworfen werden kann. Die Behandlung der Schlacken auf nassem Wege kann in ähnlicher Weise geschehen, wie es oben von den Nickel-Magnesia-Silicaten dargelegt ist.

In Mansfeld[1]) wurde nickelhaltige Schlacke vom Garmachen des Kupfers in Schachtöfen auf Schwarzkupfer verschmolzen. Das letztere wurde verblasen, granulirt und dann bei Luftzutritt mit verdünnter Schwefelsäure behandelt. Die Lösung wurde einer fractionirten Krystallisation unterworfen. Hierbei schied sich aus derselben zuerst Kupfervitriol und dann nach weiterem Eindampfen derselben bis zu einem gewissen Grade gemischter Kupfer- und Eisenvitriol und schliesslich nach noch weiterem Eindampfen gemischter Kupfer- und Nickelvitriol aus. (Nach v. Hauer krystallisirt bei einem Ueberschusse von Kupfervitriol in der Lösung zuerst reiner Kupfervitriol und dann ein Kupfer-Nickel-Kobalt-Vitriol von der Formel: $Cu\,SO_4 + (Co\,Ni)\,SO_4 + 21\,H_2O$ aus. Bei einem Ueberschusse von Nickel- oder Kobaltvitriol oder von beiden krystallisirt sofort die gedachte Verbindung aus, während die überschiessenden Mengen von Nickel- und Kobaltsulfat in der Mutterlauge bleiben.)

Der Kupfer-Nickelvitriol wurde, wenn er eisenfrei war, in einem Röstofen zur Austreibung der Schwefelsäure erhitzt. Der aus Oxyden bestehende Rückstand wurde nach vorgängigem Auslaugen mit Wasser und Trocknen in einem Sefström'schen Ofen zu einer Kupfernickel-Legirung mit 40 bis 68 % Cu, 30 bis 59 % Ni, 1,1 bis 1,8 % Co, 0,5 bis 1,3 % Fe und 0,07 bis 0,34 % S reducirt. Dieselbe wurde in einem zweiförmigen, mit Graphit ausgestrichenen Garheerde eingeschmolzen und in Scheiben gerissen.

---

[1]) B.- u. H. Ztg. 1859. S. 371; 1860. S. 501; 1861. S. 67; 1862. S. 160; 1864. S. 58; 1865. S. 146, 386.

Herter[1]) schlug vor, den eisenhaltigen Kupfer-Nickelvitriol im Flammofen zu erhitzen und das so erhaltene Oxydgemenge mit verdünnter Schwefelsäure zu behandeln, welche Nickel und Kupfer auflösen, das Eisen aber im Rückstande lassen sollte. Aus der Lösung sollten durch Soda Kupfer und Nickel ausgefällt, die niedergeschlagenen basischen Carbonate erhitzt und die erhaltenen Oxyde reducirt werden.

III. Die Gewinnung des Nickels unter Zuhülfenahme des elektrometallurgischen Weges.

Für die Gewinnung des Nickels unter Zuhülfenahme des elektrometallurgischen Weges hat es an wissenschaftlichen und technischen Versuchen sowie an Vorschlägen der verschiedensten Art nicht gefehlt.

Die Gewinnung des Nickels direct aus den Erzen ist nicht zur Anwendung gelangt und dürfte auch keinerlei Aussicht auf Erfolg haben. Die Nickelerze sind zu unrein und zu arm, um als Anoden Verwendung finden oder auf andere Art im Stromkreise gelöst werden zu können. Die Herstellung der Nickellösungen aus den Erzen ausserhalb des Stromkreises ist bei Silicaten schwierig, bei Schwefel- und Arsenverbindungen des Nickels wegen der Unreinheit und des verhältnissmässig geringen Nickelgehaltes der betreffenden Erze kostspielig. Dabei enthalten die geschwefelten Nickelerze stets einen Theil des Nickels als schwer aufschliessbare Silicate. Erst wenn die Nickelerze auf Steine oder Legirungen verarbeitet sind, lässt sich der elektrometallurgische Weg anwenden.

Bis jetzt hat der elektrometallurgische Weg auf Nickelkupfersteine und auf Kupfer-Nickellegirungen Anwendung gefunden. Bei der Umständlichkeit der Scheidung von Kupfer und Nickel auf trockenem Wege ist er hier am meisten angebracht. Am vortheilhaftesten stellt er sich für die Gewinnung des Nickels aus Kupfer-Nickellegirungen, da die Ueberführung von Nickelkupferstein in Legirungen nicht mit hohen Kosten verbunden ist und andererseits der Nickelkupferstein für die Elektrolyse einer Concentration bzw. einer Reinigung von Eisen bedarf. Ueber die Ausführung der betreffenden Verfahren sind bisher nur spärliche Nachrichten in die Oeffentlichkeit gelangt.

Um das Nickel aus seinen Lösungen niederzuschlagen, sind hohe Spannungen erforderlich, bei welchen auch die meisten anderen Metalle niedergeschlagen werden. Der Zersetzungswerth für Nickelsulfat beträgt nach Le Blanc 2,09 Volt, für Nickelchlorid ($Ni\,Cl_2$) 1,85 Volt. Dabei ist es schwierig, das Nickel in dickeren Platten zu erhalten. Zur Erzielung dichter Niederschläge müssen heisse Elektrolyten angewendet werden. Die

[1]) Berggeist 1865. No. 20.

Stromdichten zur Erzielung dichter Niederschläge von Nickel werden in den Anweisungen für Analyse und Galvanoplastik je nach der Natur des Bades zwischen 40 und 90 Ampère per Quadratmeter bei Spannungen von 3 bis 6 Volt angegeben. Nach Borchers[1]) waren bei Verwendung kresolsulfonsaurer Salze (und unlöslichen Anoden) 60 Ampère per Quadratmeter und 2 bis $2^1/_2$ Volt nöthig.

Nach Brand[2]) war zur Fällung des Nickels aus einer gesättigten ammoniakalischen Nickelsulfatlösung bei Anwendung von Kohlenanoden eine Spannung von 2,4 Volt erforderlich. Die nämliche Spannung war nöthig, wenn die Kohlenanoden durch Eisenanoden ersetzt wurden. Ein Strom von 1 Ampère scheidet in der Stunde 1,093 g Nickel ab. Zur Abscheidung von 1 kg Nickel in der Stunde sind daher 914,9 Ampère erforderlich. Die hierzu erforderliche Kraft beträgt demnach

$$24 . 914{,}9 \text{ Watt} = \frac{2195{,}8}{75 . 9{,}81} = \frac{2195{,}8}{735} = 2{,}99 \text{ HP}$$

oder bei Annahme eines Kraftverlustes von 12 % durch Umsetzen der mechanischen Arbeit in Elektricität und von 25 % Stromverlust (durch Umsetzung in Wärme, Nebenschlüsse u. s. f.)

$$= \frac{2{,}99}{0{,}88 \times 0{,}75} = 4{,}48 \text{ HP}.$$

Bei Annahme eines Verbrauchs von 2 kg Kohlen auf die Pferdestärke und Stunde würden zur Ausfällung von 1 kg Nickel aus der gedachten Flüssigkeit 9 kg Kohlen erforderlich sein.

Bei Anwendung der neuesten Maschinen stellt sich der Kraftbedarf erheblich niedriger. Den Kohlenverbrauch pro Stundenpferdekraft kann man bei den neueren Dampfmaschinen zu 1,5 kg annehmen.

Wenn das Nickel aus Nickelkupferstein oder aus Legirungen mit Kupfer gewonnen werden soll, so scheidet man das Kupfer, welches bei niedrigeren Stromdichten als das Nickel niedergeschlagen wird, bei sauer gehaltenem Elektrolyten an der Kathode metallisch ab, während das Nickel in den Elektrolyten geht. Nach der Reinigung des letzteren von Kupfer und Eisen schlägt man das Nickel bei Anwendung unlöslicher Anoden aus dem Elektrolyten nieder.

Dr. Böttger hat im Jahre 1843 als Elektrolyt das Doppelsalz Nickeloxydul-Ammonsulfat empfohlen und durch eine Reihe von Versuchen[3]) die Bedingungen ermittelt, unter welchen sich das Nickel als glänzendes und weisses Metall abscheiden lässt. Bei Anwendung dieses Elektrolyten lassen sich Metalle mit einer gut an demselben anhaftenden Schicht von Nickel

---

[1]) Elektrometallurgie S. 103.

[2]) Dammer. Chem. Technologie Bd. 2. S. 27.

[3]) Journ. f. pract. Chemie Bd. XXX. S. 267.

überziehen; es gelang aber nicht, das Nickel in dickeren Schichten niederzuschlagen. Er erhielt, sobald das Nickel zu dickeren Schichten anwuchs, ein sprödes, zerbröckelndes Metall.

Bischoff und Tiemann erhielten das zur Bestimmung des Atomgewichts des Nickels von Cl. Winkler benutzte reine Nickel mit Hülfe des Stromes wie folgt[1]). Zuerst stellten sie eine Lösung von Nickelsulfat her, welche 32,8400 g Nickel im Liter enthielt. Der aus dieser Lösung bereitete Elektrolyt enthielt 200 ccm Nickelsulfatlösung, 30 g Ammoniumsulfat, 50 g Ammoniak von 0,905 spec. Gewicht und 250 ccm Wasser. Als Kathode diente ein polirtes Nickelblech von 9,7 cm Länge und 7,9 cm Breite, als Anode ein Platinblech von gleichen Abmessungen. Die Spannung betrug 2,8 Volt bei 0,8 Ampère Stromstärke. Sobald der Nickelniederschlag auf der Kathode eine gewisse Stärke erreicht hatte, löste er sich von selbst in dünnen mehr oder weniger gerollten Blättern von seiner Unterlage ab. Er war weiss und glänzend mit einem Stich in das Gelbe. Bei wiederholtem Erhitzen in einem Strome trockenen Wasserstoffs erlitt er keinerlei Gewichtsveränderung, so dass also das Nickel eine rein metallische Beschaffenheit hatte.

Nach den Untersuchungen von Förster[2]) ist es möglich, bei Anwendung löslicher Anoden von Rohnickel ein dichtes Nickel in beliebig starken Schichten zu erhalten, wenn man den Elektrolyten auf 50 bis 90° erwärmt. (Schon früher hatte Classen bei der quantitativen Bestimmung des Nickels mit Hülfe der Elektrolyse[3]) die Ausfällung des Nickels aus einer heissen Sulfatlösung des Metalles, in welcher die Schwefelsäure mit Ammoniak- oder Kalilauge neutralisirt und welche dann mit Ammoniumoxalat versetzt war, vorgeschrieben.) Wie schon Böttger angegeben, gelingt auch nach den Untersuchungen von Förster die Elektrolyse am besten bei Anwendung von Sulfatlösungen.

Bei den Versuchen von Förster[4]) wurde zuerst Nickelsulfatlösung mit 145 g Nickelsulfat = 30 g Nickel in 1 Liter als Elektrolyt verwendet. Als Anoden dienten starke Nickelbleche, die zur Zurückhaltung des Anodenschlammes mit Pergamentpapier umgeben waren. Sie enthielten noch 0,4 % Kohlenstoff, 0,02 % Silicium, 0,10 % Kupfer, 0,43 % Eisen, 0,14 % Kobalt und 0,02 % Mangan. Als Kathoden dienten dünne Nickelbleche, von welchen sich die Niederschläge leicht entfernen liessen. Während der Elektrolyse wurde der Elektrolyt durch einen Strom von Kohlensäure oder von Luft umgerührt. Bei Stromdichten von 50 bis 250 Ampère pro qm und bei Temperaturen von 50 bis 90° erhielt man gut zusammenhängende hellgraue bis zinnweisse Niederschläge von Nickel. Sie

---

1) Zeitschr. f. anorgan. Chemie 1895. 8.
2) Zeitschr. f. Elektrochemie 1897/98. Heft 6.
3) Classen. Quantitative Analyse auf elektrolytischem Wege. Aachen 1882.
4) Zeitschr. f. Elektrochemie 1897/98. Heft 6.

waren um so heller und glatter, je höher die Stromdichte war. Unebenheiten an den Niederschlägen, die sich bei weiterem Verlauf der Elektrolyse zu knolligen Auswüchsen gestalteten, waren durch lange Zeit an derselben Stelle haftende Wasserstoffbläschen und die dadurch bedingte ungleichmässige Vertheilung der Stromdichte hervorgerufen. Sie liessen sich vermeiden, wenn der Elektrolyt so bewegt wurde, dass die Wasserstoffbläschen nicht lange an den Kathoden haften bleiben konnten. Bei den Hauptversuchen wurde ein Elektrolyt mit 100 g Nickel im Liter, eine Temperatur von 60° und eine Stromdichte von 150 bis 200 Ampère pro qm angewendet. Die Elektrodenentfernung betrug 4 cm, die Badspannung 1 bis 1,3 Volt. Man erhielt hierbei ein zusammenhängendes, durch grosse Zähigkeit ausgezeichnetes Metall. Kohlenstoff, Silicium, Kupfer und Mangan wurden durch die Elektrolyse vollständig entfernt, dagegen waren $^3/_4$ von dem Eisen- und Kobaltgehalte der Anoden in das Kathodennickel übergegangen. Durch Wiederholung der Versuche wurde hieran nichts geändert, so dass Eisen und Kobalt elektronegativer sein müssen als Nickel. Hiermit steht in Einklang, dass das Elektrolytnickel gewöhnlich einen geringen Eisengehalt aufweist. Geringe Mengen von Kobalt und Eisen (0,48 bis 1,32 %) stören die Dichte und das Aussehen der Nickelniederschläge nicht. Erst bei grösserem Eisengehalt löst sich das Nickel in grossen, sich aufrollenden Blättern von den Kathoden ab.

Bei Anwendung von Nickelchloridlösungen schied sich aus neutralen Lösungen bei gewöhnlicher Temperatur blättriges Nickel ab. Bei Erhöhung der Temperatur schied sich sehr bald ein grünes Pulver von basischen Nickelchloriden ab.

Die Entstehung der basischen Salze liess sich dadurch verhindern, dass man den Elektrolyt schwach sauer hielt. Hierzu waren 2,5 g Salzsäure im Liter erforderlich, so dass für jedes Gramm ausgefällten Nickels ein regelmässiger Zulauf von 0,05 bis 0,1 g Salzsäure unterhalten werden musste. In diesem Falle erhielt man bei Temperaturen von 50 bis 90°, bei Stromdichten von 70 bis 300 Ampère pro qm und bei Elektrolyten mit 5 bis 12 g Nickel in 100 ccm das Nickel in mattgrauen bis silberweissen Blechen, die um so heller und zäher waren, je höher die Temperatur und die Concentration der Lösung waren. Die Wasserstoffbläschen bildeten sich bei der angesäuerten Chloridlösung in viel höherem Maasse als bei der neutralen Sulfatlösung, so dass das Nickel auch eine viel grössere Neigung zur Zackenbildung zeigte als bei der Elektrolyse der Sulfatlösung.

Bei Anwendung von Kohlenanoden lieferte die Elektrolyse der Chloridlösungen nach den Versuchen von Förster ungünstige Ergebnisse. Er benutzte einen Elektrolyten mit 100 g Nickel im Liter und erhielt bei 80° und einer Stromdichte von 200 Amp./qm, bei einer Elektrodenentfernung von 2,2 cm und einer Spannung von 1,8 bis 1,9 Volt zuerst einen hellen, festen Niederschlag. In Folge der lösenden Wirkung des bei der

Elektrolyse entbundenen Chlors auf das ausgeschiedene Nickel betrug die Stromausbeute nur 66 bis 70 % und sank bald auf 1/3 bis 1/4 der theoretischen Ausbeute herab. Dabei erschienen dunkle, kohlige Massen an der Kathode und das niedergeschlagene Nickel enthielt zuletzt 0,18 % Kohlenstoff und wurde spröde. Nach Förster sind diese Erscheinungen durch den Uebergang von organischen Verbindungen aus den Anodenkohlen in den Elektrolyten verursacht.

Ueber die Scheidung von Kupfer und Nickel in Kupfer-Nickel-Legirungen mit Hülfe des Stroms hat Wohlwill in der neuesten Zeit Versuche gemacht[1]). Bei der Elektrolyse dient die Legirung als Anode, eine Lösung von Nickel- und Kupfersulfat als Elektrolyt. Die Scheidung beruht darauf, dass bei Anwendung einer gewissen Spannung und Stromdichte Kupfer und Nickel in Lösung übergeführt werden, dass aber nur das Kupfer an der Kathode niedergeschlagen wird. Nun erfolgt nach den Versuchen von Wohlwill die Abnahme des Kupfers im Elektrolyten unter gleichzeitiger Zunahme seines Nickelgehaltes derartig schnell, dass nach einiger Zeit an der Kathode anstatt des Kupfers ein Gemisch von Kupfer und Wasserstoff ausgeschieden wird. Es ist nämlich die Menge des an der Kathode niedergeschlagenen Kupfers der Summe der an der Anode gelösten Mengen von Kupfer und Nickel äquivalent. Es wird daher aus dem Elektrolyten mehr Kupfer niedergeschlagen, als an der Anode in Lösung geht. (Für 1 kg an der Anode gelösten Nickels werden 1,08 kg Kupfer aus dem Elektrolyten an der Kathode ausgeschieden.) Um daher einen zusammenhängenden Kupferniederschlag zu erhalten, muss eine dem gelösten Nickel äquivalente Menge von Kupfer in der Gestalt von Kupfervitriol dauernd oder in kurzen Zwischenräumen in den Elektrolyten eingeführt werden. Die Zufuhr von Kupfervitriol ist erst einzustellen, wenn die Anreicherung des Elektrolyten an Nickelsulfat den gewünschten Grad erreicht hat. Man geht hierbei nicht über 200 kg Nickelvitriol im Kubikmeter hinaus, weil bei stärkerer Anreicherung leicht Theile der Lösung vom Kathodenniederschlage eingeschlossen werden. Die Zerlegung des Kupfersulfats erfordert im vorliegenden Falle bei Anwendung von Kupfer-Nickel-Legirungen als Anode einen bedeutend geringeren Aufwand an Energie als die Zerlegung einer unvermischten Kupfersulfatlösung bei Ausführung der Elektrolyse mit unlöslichen Anoden.

Will man nun aus der Lösung das Nickel als Nickelvitriol gewinnen, so setzt man, sobald nach Erreichung des gewünschten Nickelgehaltes der Elektrolyt zu kupferarm geworden ist, um noch einen zusammenhängenden Kupferniederschlag zu liefern, an Stelle der alten Kathoden neue Kathoden aus Kupfer oder Blei in das Bad, an welchen sich nun das Kupfer in nicht compacter Form und weniger rein niederschlägt. Schliesslich ersetzt man die löslichen Anoden durch unlösliche. Als unlösliche Anoden lassen

---

[1]) Borchers Elektrometallurgie. III. Auflage. 1902. S. 284.

sich Bleiplatten benutzen, wenn durch die Beschaffenheit des Elektrolyten die Bildung von Bleisuperoxyd ausgeschlossen ist. Nach den Beobachtungen von Borchers liegt dieser Fall vor, wenn in der Kupfer-Nickel-Legirung geringe Mengen von Eisen vorhanden sind und der Elektrolyt in Folge dessen geringe Mengen von Eisenvitriol enthält. Ist der Elektrolyt frei von Eisen, so tritt — falls nicht von Chloriden völlig freies Wasser benutzt wird — sehr bald eine Zerstörung der Bleianode ein. Nachdem auf diese Weise der grösste Theil des Kupfers aus dem Elektrolyten entfernt ist, stellt man aus diesem durch Eindampfen und Krystallisieren gemischten Vitriol her, aus welchem nach vorgängiger Lösung Kupfer und Eisen auf chemischem Wege ausgeschieden werden. Die Lösung wird dann durch wiederholte Krystallisation auf reinen Nickelvitriol oder nach Zusatz von Ammoniumsulfat auf Nickelammoniumsulfat verarbeitet.

Günther, dessen Versuche weiter unten erwähnt sind, fand, dass der Kupferniederschlag bei der Elektrolyse so lange gut ausfiel, als der Kupfergehalt des Elektrolyten nicht unter 1 % herunterging. Auch fand er, dass das Doppelsalz Nickelammoniumsulfat wegen seines geringen Nickelgehaltes (1 % bei Zimmertemperatur) zur Elektrolyse wenig geeignet ist.

Borchers [1]) hat auf Grund von Versuchen ein Verfahren der elektrolytischen Verarbeitung von Nickel-Eisen-Kupferlegirungen, welche aus eisenhaltigem Nickelkupferstein hergestellt wurden, vorgeschlagen. In diesen Legirungen war das Verhältniss von Eisen, Kupfer und Nickel wie 1 : 1 : 2. Die Legirung wurde als Anode benutzt; als Elektrolyt diente eine saure Kupfersulfatlösung. Der grösste Theil des Kupfers wurde an der Kathode niedergeschlagen, während Nickel und Eisen mit einem Theile Kupfer als Sulfate im Elektrolyten verblieben. Sobald der Elektrolyt mit Eisen- und Nickelsulfat gesättigt war, wurde er aus dem Bade entfernt. Das Kupfer wurde mit Eisenabfällen niedergeschlagen, worauf zur Trennung von Eisen und Nickel nach einem von Borchers angegebenen Verfahren geschritten wurde. Dasselbe besteht darin, eine dem Nickelsulfat äquivalente Menge von Ammoniumsulfat in die Lösung einzuführen und aus der letzteren dann Nickelammoniumsulfat unterhalb der Krystallisationsdichte des Eisensulfats auskrystallisiren zu lassen. Das Nickelammoniumsulfat krystallisirt aus kochend heisser Lösung bei einer Dichte derselben von 18° Bé. aus, Eisenvitriol bzw. Eisenoxydulammoniumsulfat dagegen erst bei einer Dichte von 31° Bé. Bleibt man nun mit der Concentration mindestens 5° Bé. unter der Krystallisationsdichte des Eisensulfats bzw. Eisenammoniumsulfats, so erhält man Krystalle von Nickelammoniumsulfat, welche von noch darin enthaltenem Eisen durch weitere Krystallisationen getrennt werden können. Soll das Nickelammoniumsulfat als Elektrolyt benutzt

---

[1]) Jahrbuch der Elektrochemie 1897. 4. 305. Elektrometallurgie 1903. S. 189.

werden, was sich aber nach den Untersuchungen von Günther wegen des zu geringen Nickelgehaltes dieses Salzes nicht empfiehlt, so werden die Krystalle gewaschen und dann nochmals gelöst. Aus der Lösung wird das Eisen durch Chromate oder Persulfate ausgefällt.

Borchers führt das Nickelammoniumsulfat in Nickelsulfat über und benutzt eine Lösung dieses letzteren Salzes als Elektrolyt. Zu diesem Zwecke setzt er die Nickelammoniumsulfatlösung mit Nickelcarbonat in Ammoniumcarbonat und Nickelsulfat um. Das Nickelcarbonat gewinnt er durch Behandlung des an Nickel verarmten Elektrolyten mit Soda. Die hierbei beim Grossbetrieb anzuwendenden Apparate sollen die nämlichen sein, wie sie bei der Herstellung des Ammoniumcarbonats aus Ammoniumsulfat und Soda benutzt werden.

Da hierbei geringe Mengen von Eisen aufgenommen werden, so ist die Nickelsulfatlösung vor der Verwendung als Elektrolyt in der oben angegebenen Weise (durch Chromate oder Persulfate) von Eisen zu reinigen.

Günther hat bei seinen Versuchen der Gewinnung von Kupfer und Nickel aus kupfer- und nickelhaltigen Magnetkiesen das Nickel aus der schliesslich erhaltenen Nickelsalzlösung unter Benutzung von unlöslichen sowohl wie von löslichen Anoden metallisch niederzuschlagen versucht[1]).

Als unlösliche Anoden dienten Bleiplatten. Der Elektrolyt bestand aus einer Lösung von Nickelammoniumsulfat mit 1 % Nickelgehalt und 0,3 % freier Essigsäure. Als Kathoden wurden Nickelbleche verwendet. Die Temperatur des Elektrolyten wurde auf 70° erhalten. Die Elektrodenentfernung war 6 bis 7 cm. Die Stromdichte betrug 200 Amp./qm. Die Badspannung betrug zu Anfang der Elektrolyse 3,5 Volt. Das Nickel schlug sich glatt und dicht nieder, bedeckte sich aber nach einiger Zeit mit einer dunkelbraunen, fest anhaftenden Schicht und die Spannung stieg in Folge des höheren specifischen Leitungswiderstandes derselben nach 8 bis 10 Stunden auf 5 bis 6 Volt. Nach Entfernung der braunen Schicht ging sie wieder auf 3,5 Volt herunter. Die Stromausbeute kam nicht über 35 % der theoretischen Ausbeute.

Die braune Kruste ist durch Ueberführung eines Theiles der Anodensubstanz in Bleisuperoxyd sowohl wie in Bleisulfat entstanden. Das gut leitende Bleisuperoxyd hat hierbei Theile des schlecht leitenden Bleisulfats eingeschlossen und so eine Schicht von hohem specifischen Leitungswiderstande gebildet.

Die schlechte Stromausbeute dürfte ihren Hauptgrund in der verhältnissmässig geringen Concentration des Elektrolyten haben, da aus Nickelsulfatlaugen mit 3,5 % Nickel eine Ausbeute bis 70 % der theoretischen erzielt wurde. Da indess in Nickelammoniumsulfatlösungen der

---

[1]) Auszug aus einer Inaugural-Dissertation für die Technische Hochschule Aachen in der Zeitschr. des Vereins deutscher Ingenieure vom 18. April 1903. S. 574.

Nickelgehalt bei Zimmertemperatur nicht über 1 % gesteigert werden kann und da beim Sinken der Temperatur das Salz zum Auskrystallisiren geneigt ist, so erscheint Nickelammoniumsulfat als Elektrolyt für den Grossbetrieb wenig geeignet. Bei den Versuchen mit löslichen Anoden wurde desshalb Nickeloxydulsulfat als Elektrolyt verwendet.

Als lösliche Anoden wurden bei den Versuchen Blei, Zink und Kupfer benutzt.

Hierbei wurde das Princip befolgt, unter Anwendung von Diaphragmen die zu zersetzende Nickellösung, eine Nickeloxydulsulfatlösung mit 3,5 % Nickel, die Kathodenabtheilungen durchfliessen zu lassen, in die Anodenabtheilungen aber ein Lösungsgemisch zweier Salze zu bringen, von denen das Anion des ersten Salzes mit der Anode eine lösliche Verbindung bildet, während das Anion des anderen Salzes aus dieser löslichen Verbindung unter Rückbildung des ersten Salzes das Metall der Anode in Gestalt einer unlöslichen Verbindung ausfällt.

Da hierbei ein stetiger Verbrauch von Metall stattfindet, so wurden die Versuche darauf gerichtet, das Metall in der unlöslichen Verbindung in Gestalt eines verwerthbaren Farbstoffs zu erhalten.

Bei den Versuchen mit Blei-Anoden wurde als Salz mit lösendem Anion oder kurz als lösendes Salz Natriumchlorat benutzt; als fällende Salze wurden Natriumsulfat, Natriumchromat und Natriumcarbonat angewendet.

Die Natriumchloratlösung enthielt 1,2 % Natriumchlorat.

Bei der Elektrolyse mit Natriumsulfat als fällendem Salz sollte unter Ausscheidung von Nickel an der Kathode das Blei als chlorsaures Blei in Lösung gebracht, aus dieser Lösung aber durch das Anion des Natriumsulfats unter Rückbildung von Natriumchlorat als Bleisulfat ausgefällt werden. Das Natriumsulfat sollte aus äquivalenten Mengen der Zersetzungsproducte des Nickelsulfats in der Kathodenabtheilung und des Natriumchlorats in der Anodenabtheilung gleichfalls zurückgebildet werden. Man erhielt bei den Versuchen an den Kathoden Nickel von sehr guter Beschaffenheit bei einer Stromausbeute von 95,4 % der theoretischen. Es trat aber keine vollständige Rückbildung des Natriumsulfats ein, so dass beständig Natriumsulfat zugesetzt werden musste. Auch musste, um dauernd Nickel von guter Beschaffenheit zu erhalten, an der Kathode fortdauernd Säure zugesetzt werden. Es wurde desshalb mit Gehalten des Elektrolyten von 0,02 bis 0,4 % freier Schwefelsäure elektrolysirt. Der Verbrauch an Schwefelsäure belief sich auf 0,35 g für 1 Amp./Stunde. Am besten verlief die Elektrolyse bei 0,03 bis 0,06 % Gehalt des Elektrolyten an freier Schwefelsäure.

Bei der Elektrolyse mit Natriumchromat als fällendem Salz erhielt man als unlösliches Salz ein Gemisch von Bleichromat und Bleisulfat. Das Nickel fiel gut aus. Die Stromausbeute belief sich auf 90 % der theoretischen. Die Badspannung war 2,5 bis 4,2 Volt, die Stromdichte 175 bis 300 Amp./qm.

Bei den Versuchen mit Natriumcarbonat als fällendem Salz erhielt man als unlösliches Salz ein Gemisch von Bleicarbonat und Bleisulfat. Das ausgefällte Nickel war von guter Beschaffenheit. Die Stromausbeute betrug 95 % der theoretischen. Die Badspannung war 1,5 Volt, die Stromdichte 120 Amp./qm.

Bei der Verwendung von Kupferanoden wurde als lösendes Salz Natriumsulfat, als fällendes Salz Natriumbicarbonat benutzt. Man erhielt ein brauchbares Nickel und ein aus Carbonat und Oxydul bestehendes unlösliches Kupfersalz.

Bei den Versuchen mit Zinkanoden wurden Platten aus Handelszink benutzt. Als lösendes Salz wurde Natriumsulfat oder auch Natriumchlorid, als fällendes Salz Natriumcarbonat benutzt. Man erhielt ein missfarbiges Zinkcarbonat. Das Nickel dagegen war tadellos. Die Stromausbeute betrug 90 bis 93 % der theoretischen. Die Spannung war 2,3 bis 2,6 Volt, die Stromdichte 340 bis 400 Amp./qm.

Obwohl bei den Versuchen mit löslichen Anoden das Nickel in guter Beschaffenheit ausfiel, so erschienen die in den Kathodenabtheilungen erhaltenen Niederschläge als Farbstoffe nicht verwerthbar. Es wurde desshalb versucht, die betreffenden Farbstoffe ausserhalb des Bades bei gewöhnlicher Temperatur herzustellen. Zu diesem Zwecke wurde nur das lösende Salz in die Anodenabtheilung gebracht. Die hier gebildete metallische Lösung wurde in Gefässe ausserhalb des Bades geleitet und in diesen mit dem fällenden Salz behandelt. Die Ausfällung ausserhalb des Bades konnte aber nur dann einen Zweck haben, wenn die in der Anodenabtheilung gebildete metallische Lösung nicht in die Kathodenabtheilung diffundirte, weil sonst das gelöste Metall mit dem Nickel niedergeschlagen worden wäre. Das Bleisalz (chlorsaures Blei) war in der Kathodenflüssigkeit nicht nachzuweisen. Das Nickel war von guter Beschaffenheit. Das Bleichlorat wurde ausserhalb des Bades unter Rückbildung von Natriumchlorat in als Farbstoff verwerthbares Bleichromat verwandelt.

Das Zinksalz (Zinksulfat und Zinkchlorid) wurde zwar in geringer Menge im Kathodenelektrolyten nachgewiesen, nicht aber im Nickelniederschlage. Die Zinklauge lässt sich auf Zinkweiss oder Lithopone verarbeiten.

Das Kupfersalz (Sulfat oder Chlorkupfer) diffundirte in die Kathodenabtheilung. Das Kupfer wurde mit dem Nickel niedergeschlagen und machte den Niederschlag schwammig.

Borchers (Elektrometallurgie 1903. S. 292) hat einen für die gedachten Versuche geeigneten Apparat angegeben. Als Diaphragmen dienen Thonzellen von 525 mm Länge, 525 mm Höhe und 140 mm Breite, wie sie von der Königl. Porzellanmanufactur in Berlin geliefert werden können. Im Uebrigen weicht die Einrichtung nicht von der der Apparate für Kupferelektrolyse ab.

Die Frage, ob sich die Verbindung der Nickelgewinnung mit der

Herstellung von Bleifarben vom wirthschaftlichen Standpunkte aus empfiehlt, muss noch als eine offene betrachtet werden. Für die Herstellung von Zinkfarben dürfte sie zu verneinen sein, da die Herstellung von Zink vitriol durch Auflösen von Zink gegenüber den übrigen Methoden der Herstellung von Zinkvitriol zu theuer ist.

Nachstehend sollen nun die bis jetzt weiter bekannt gewordenen Vorschläge und Verfahren der Nickelgewinnung mit Hülfe der Elektrolyse, soweit sie Interesse bieten, dargelegt werden.

Die Gewinnung des Nickels aus Erzen ist auf Editha-Blaufarbenwerk in Schlesien versucht worden. Das Nickel wurde daselbst aus der ammoniakalischen mit etwas Aetznatron versetzten Lösung durch den Strom ausgeschieden. Das Verfahren ist nicht zur Anwendung gelangt.

Die Gewinnung von Nickel aus Hütten-Erzeugnissen wurde 1877 von André (D. R. P. 6048 v. 1. Novbr. 1877) vorgeschlagen. Die nickelhaltigen Körper, Steine, Speisen, Legirungen, sollen zu Anodenplatten gegossen und die letzteren in verdünnte Schwefelsäure eingehängt werden. Als Kathoden sollen Kupfer- oder Kohlenplatten dienen. Die Stromdichte soll so gewählt werden, dass sich nur das in den gedachten Körpern enthaltene Kupfer an den Kathoden ausscheidet, während das Nickel in Lösung geht und im Elektrolyten bleibt. Um aus dem Elektrolyten die letzten Antheile von Kupfer zu entfernen, soll nach der Zersetzung der ursprünglichen Anode eine Kohlenanode angewendet werden. Es scheiden sich dann die letzten Spuren von Kupfer aus der sauer gehaltenen Flüssigkeit aus, so dass dieselbe ausser etwas Eisensulfat nur Nickelsulfat enthält.

Die Lösung soll zur Entfernung des Eisens ammoniakalisch gemacht und unter Einleiten von Luft in dieselbe in Bleipfannen eingedampft werden, wobei sich das Eisen als Hydroxyd abscheiden soll. Die von dem Eisenniederschlag abfiltrirte, lediglich aus Nickelsulfat bestehende Flüssigkeit lässt sich auf krystallisirten Nickelvitriol oder auf Nickeloxydul oder auf metallisches Nickel verarbeiten. Die Verarbeitung derselben auf metallisches Nickel lässt sich sowohl durch Ausfällen des Nickels als Hydroxydul oder Carbonat und Reduction der Niederschläge zu Metall (wie es bei der Darlegung des nassen Weges beschrieben ist), als auch durch den elektrischen Strom bewirken. Im letzteren Falle wird die Flüssigkeit ammoniakalisch gemacht. Als Kathoden sollen Kohlenplatten oder Nickelplatten oder mit Graphit überzogene Kupferplatten verwendet werden. Als Anoden sollen zur Vermeidung der Polarisation Platten von Eisen oder Zink dienen.

Hierzu ist zu bemerken, dass Eisen- oder Zinkplatten als Anoden bei Nickelammoniumsulfatlösungen nicht geeignet sind, da die Lösungen von Zink und Eisen in ihrem elektrochemischen Verhalten nur wenig von dem der Nickellösungen abweichen.

Stahl[1]) schlägt ein ähnliches Verfahren für die Gewinnung des Nickels aus nickelhaltigem Rohkupfer vor. Das letztere soll zur Entfernung von Eisen und Arsen auf dem basischen Heerde eines Flammofens so lange oxydirend geschmolzen werden, bis Nickel sich zu verschlacken beginnt. Alsdann soll es gepolt und darauf in Anodenplatten gegossen werden. Die letzteren werden zur Abscheidung des Kupfers der Elektrolyse unterworfen, wobei Schwefelsäure als Elektrolyt und Kupferbleche als Kathoden dienen. Die Stromdichte wird so bemessen, dass aus der sauer zu erhaltenden Flüssigkeit nur das in dieselbe übergegangene Kupfer an der Kathode niedergeschlagen wird, während Nickel, Eisen und geringe Mengen von Arsen von der Lösung aufgenommen werden und in derselben verbleiben, dagegen Silber, Blei, Antimonsäure, Antimonoxyd, Arsensäure und Kupfersulfür als Schlamm abgeschieden werden und sich auf dem Boden des Bades ansammeln. Die Entfernung der letzten Antheile von Kupfer aus der Flüssigkeit geschieht wie bei dem Verfahren von André bei Anwendung von Kohlenanoden. Auch setzt man zweckmäßig neue Kathoden ein, um das nun ausfallende, durch gleichzeitig niedergeschlagenes Arsen verunreinigte Kupfer für sich aufzufangen.

Zu der Eisen und Nickel enthaltenden Flüssigkeit setzt man unter Erwärmen Chlorkalk, um das Ferrosulfat in Ferrisulfat überzuführen, führt dann in die saure Flüssigkeit etwas mehr Soda ein, als zur Neutralisirung derselben erforderlich ist, und erhitzt dieselbe dann so lange, bis das gesammte Eisen als basisches Ferrisulfat niedergeschlagen ist. Nach Trennung des Niederschlages von der Flüssigkeit mit Hülfe von Filterpressen wird die letztere auf Nickelvitriol, Nickeloxydul oder metallisches Nickel verarbeitet. Soll das Nickel durch den Strom aus derselben ausgefällt werden, so wird sie ammoniakalisch gemacht. Als Anode für den Strom dient dichte Kohle, als Kathode Nickelblech oder mit Graphit überzogenes Kupferblech.

Soll aus Kupfernickellegirungen Nickeloxydul hergestellt werden, so schlägt man in der angegebenen Weise mit Hülfe des elektrischen Stromes das Kupfer metallisch nieder, während das Nickel in Lösung geht. Aus der letzteren gewinnt man Nickeloxydul in der bei den Verfahren der Nickelgewinnung auf nassem Wege dargelegten Weise.

Hoepfner (Engl. Patent No. 13 336 von 1893) schlägt vor, aus dem nickelhaltigen Material nach den oben bei der Gewinnung des Nickels auf nassem Wege angeführten Methoden zuerst eine gereinigte neutrale Lösung des Nickels zu gewinnen, dieselbe mit einer schwachen, schlecht leitenden Sauerstoffsäure (Citronensäure, Phosphorsäure etc.) sauer zu machen und dann mit unlöslichen Anoden zu elektrolysiren. Die Anoden tauchen in Zellen ein, welche mit Chloridlösungen elektropositiver Metalle gefüllt sind. Als Kathoden sollen rotirende oder oscillirende, vertical angeordnete

[1]) B.- u. H. Ztg. 1891. S. 270.

Metallscheiben benutzt werden. Das Ansetzen schwammiger Massen soll durch bewegliche Bürsten oder Reibkissen verhindert werden. Der Elektrolyt soll durch Pumpen in steter Bewegung erhalten werden.

Anstatt der unlöslichen Anoden können auch ganz oder teilweise lösliche Anoden Anwendung finden. Als lösliche Bestandtheile der Anoden können nur Metalle in Betracht kommen, welche elektropositiver als das Nickel sind (Zink) und nicht mit dem Nickel niedergeschlagen werden.

(Auch zur Gewinnung von Kobalt, Zink, Blei, Zinn und Kupfer wird diese Arbeitsweise vorgeschlagen.)

Hoepfner hat in einem späteren Patente[1]) vorgeschlagen, Nickel- und Kobalterze mit Kupfererzen auf einen Stein zu verschmelzen und diesen der Elektrolyse nach seinem für die elektrolytische Gewinnung des Kupfers aus Kupfererzen vorgeschlagenen Verfahren zu unterwerfen. Die absichtliche Herstellung eines Nickelkupfersteins durch Verschmelzen von kupferfreien Nickelerzen mit Kupfererzen steht in Widerspruch mit den Grundsätzen der Gewinnung des Kupfers und des Nickels und schließt sich daher von selbst aus. Das Verfahren kann nur bei aus kupferhaltigen Nickelerzen gewonnenem Nickelkupferstein in Frage kommen. Das Verfahren besteht in der Behandlung des zerkleinerten Steins mit einer Mischung von Kupferchlorid- und Chlorcalciumlösung außerhalb des Stromkreises, wodurch Kupfer und Nickel als Chlorverbindungen (Chlorüre) in Lösung gebracht werden, in der Reinigung der erhaltenen Lösung von Eisen, in dem Ausfällen des Kupfers durch den Strom, in der Befreiung der nahezu entkupferten Lauge von Kupfer, Eisen und sonstigen Verunreinigungen und in dem nun folgenden Ausfällen des Nickels bzw. Kobalts durch den Strom.

Durch die Kupferchloridlösung werden Schwefelkupfer und Schwefelnickel unter Ausscheidung von Schwefel in Kupferchlorür bzw. Nickelchlorür übergeführt, indem ein äquivalenter Theil des Kupferchlorids in Kupferchlorür übergeht. Das Nickelchlorür ist in Wasser löslich, nicht aber das Kupferchlorür. Die Lösung des letzteren geschieht durch die der Kupferchloridlösung beigemischte Chlorcalciumlösung.

Die Reinigung der Laugen von Eisen soll durch Alkalihydrate oder Alkalicarbonate unter Einblasen von Luft geschehen[2]). Nachdem das Kupfer durch den Strom zum grössten Theile aus der Lauge entfernt ist, wird etwa noch in ihnen vorhandenes Eisenchlorür durch Chlorkalk in Chlorid übergeführt und dann durch Kalk niedergeschlagen. Blei und Kupfer lassen sich sowohl elektrolytisch in besonderen Reinigungsbädern als auch durch Schwefelwasserstoff entfernen. Nach dieser zweiten Reinigung wird das Nickel elektrolytisch ausgeschieden.

Bei der Elektrolyse des Kupferchlorürs wird Chlor an den Anoden

---

1) Engl. Patent 11 307 von 1894.

2) Engl. Patent 22 030 von 1891.

ausgeschieden. An den Anoden lässt man hier eine Kupferchlorürlösung vorbeifliessen, welche das ausgeschiedene Chlor aufnimmt und dadurch in Kupferchlorid verwandelt wird.

Bei der Elektrolyse des Nickelchlorürs wird gleichfalls Chlor an der Anode ausgeschieden. Wollte man auch hier in einer durch ein Diaphragma von der Kathodenabtheilung getrennten Anodenabtheilung Kupferchlorürlösung vorbeifliessen lassen, so würde Kupferlösung in die Kathodenabtheilung diffundiren und das Ausscheiden von Kupfer an der Kathode veranlassen. Man leitet daher das Chlor aus der Anodenabtheilung in eine Kupferchlorürlösung, welche sich ausserhalb des Bades befindet.

Das bei der Elektrolyse des Kupferchlorürs sowohl als bei der Elektrolyse des Nickelchlorürs gewonnene Kupferchlorid wird zur Lösung des Kupfers und Nickels aus dem Stein benutzt.

Das Verfahren soll mit gewissen Modificationen für Nickel-Kupfersteine zu Papenburg in Ostfriesland in Anwendung stehen.

Ein von der Firma Basse & Selve in Altena vorgeschlagenes Verfahren (D. R. P. No. 64251 vom 22. December 1891) besteht darin, den neutralen oder schwach sauren Nickel, Kobalt, Eisen und Zink enthaltenden Lösungen zuerst solche organische Verbindungen zuzusetzen, welche die Fällung des Nickeloxyduls, Kobaltoxyduls, Eisenoxyduls und Eisenoxyds sowie des Zinkoxyds durch Alkalien verhindern, wie Weinsäure, Citronensäure, Glycerin und Dextrose, die Lösungen darauf durch Natron- oder Kalilauge alkalisch zu machen und dann der Elektrolyse zu unterwerfen. Hierbei werden Eisen, Kobalt und Zink an der Kathode abgeschieden, während das Nickel je nach der Concentration der alkalischen Lösung entweder vollständig gelöst bleibt oder sich theilweise als Hydroxydul abscheidet. Die Ausscheidung als Hydroxydul tritt bei längerer Einwirkung des Stroms ein. Zu der von den gedachten Metallen befreiten, nur noch Nickel enthaltenden Lösung fügt man Ammoniumcarbonat in solcher Menge, dass alles freie Alkali in Carbonat übergeführt wird, und unterwirft sie dann der Elektrolyse. Das Nickel wird hierbei als glänzendes Metall an der Kathode niedergeschlagen.

Ueber die betriebsmässige Einführung dieses Verfahrens ist nichts bekannt geworden.

Rickets[1]) schlägt vor, Nickel und Kupfer dadurch zu trennen, dass die Lösungen beider Salze nach Zusatz von Alkalisulfaten der Elektrolyse unterworfen werden. Hierbei soll das Kupfer an der Kathode niedergeschlagen werden, während sich Nickel mit zunehmendem Säuregehalte des Elektrolyten in der Gestalt von schwerlöslichen Alkali-Nickel-Sulfaten ausscheiden und auf dem Boden des Bades ansammeln soll. Dieses Verfahren bietet keinerlei Aussichten auf Erfolg und ist auch niemals zur Anwendung gelangt.

---

[1]) U. S. A. P. No. 514276 vom 6. Februar 1894.

Le Verrier (D. R. P. 112 890) will die Trennung von Eisen und Nickel bei Verwendung von eisenhaltigem Nickel als Anode bewirken wie folgt. Als Elektrolyt soll eine verdünnte Lösung von Nickelammoniumchlorid, welcher eine kleine Menge Chlornatrium zugemischt ist, oder Nickelammoniumsulfat dienen. Das sich gleichzeitig mit dem Nickel lösende Eisen soll bei Aufrechterhaltung einer schwach basischen Reaction des Elektrolyten durch Alkali- oder Erdalkali-Hypochlorit in Oxyd verwandelt und als Hydroxyd im Bade niedergeschlagen werden. Hierdurch soll verhindert werden, dass sich Eisen mit dem Nickel an der Kathode niederschlägt. Die Oxydation des Eisens kann auch durch Chlorkalk und bei geringen Mengen von Eisen durch Einblasen von Luft bewirkt werden. Wird Nickelammoniumsulfat als Elektrolyt benutzt, so dürfen Kalksalze als Oxydationsmittel nicht benutzt werden, weil sie unlösliches Sulfat bilden. In diesem Falle soll Natriumhypochlorit als Oxydationsmittel angewendet werden.

Kugel (D. R. P. 117 054) schlägt vor, zur Erzielung von zähem, walzfähigem Nickel unter Benutzung von Anoden aus Nickelstein oder von unlöslichen Anoden heisse, mit Ueberchlorsäure, Ueberbromsäure oder Schwefelsäure angesäuerte Nickelsalzlösungen zu elektrolysiren, welchen zur Aufrechterhaltung der (in erster Linie von der Stromdichte abhängigen) Acidität eine hochconcentrirte Lösung eines die betreffende Säure enthaltenden Magnesiumsalzes beigemischt ist. Bei Nickelsulfatlösungen wird Magnesiumsulfat zugemischt. Bei einer Temperatur von 90^{0} kann der Elektrolyt auf 1 Liter Wasser 800 g Nickelsulfat und 800 g Magnesiumsulfat enthalten.

Ein Verfahren von Frasch[1]) zur Verarbeitung von Nickelkupferstein soll auf den Werken der Nickel-Copper-Company in Ontario versuchsweise ausgeführt worden sein. Hiernach wird der grob zerkleinerte Stein in Gefässe eingeführt, deren Boden mit Kupferplatten als Anoden des Stromkreises bedeckt ist. Auf die die Kupferplatte bedeckende Steinschicht wird als Diaphragma eine dünne Sandschicht gebreitet. Bis zur Höhe des Diaphragmas führt man eine concentrirte Chlornatriumlösung in das Gefäss und dann darüber in die so gebildete Kathodenabtheilung eine schwache Lösung von Aetznatron (es kann auch nur Wasser eingeführt werden, da sich durch die Elektrolyse Aetznatron bildet). In die Aetznatronlösung taucht die Kathode ein. Beim Schliessen des Stromkreises verbindet sich das Chlor des Chlornatriums mit den Metallen des in der Anodenabtheilung vorhandenen Steins zu Chloriden, während sich in der Kathodenabtheilung Aetznatron bildet. Aus der Lösung der Metallchloride soll man Kupfer und Nickel durch Elektrolyse oder auf chemischem Wege gewinnen. Auch kann man einen Theil des Kupfers aus der Lösung elektrolytisch ausfällen und dann die den Rest des Kupfers als Kupferchlorid enthaltende

[1]) Engin. and Min. Journ. 1900. 70. 272.

Lösung zum Auslaugen des Steins (wie beim Hoepfner-Verfahren) benutzen. Das Verfahren soll nicht zur definitiven Anwendung gelangt sein[1]).

Die direkte Verarbeitung von eisenarmem Nickel-Kupferstein hat Ulke vorgeschlagen[2]). Der für das Verfahren zur Verfügung stehende Stein enthält im Durchschnitt: 43,4 % Cu, 40 % Ni, 0,3 % Fe, 13,8 % S sowie in der t 210 g Ag, 3 bis 6 g Au und 15 g Pt. Der Stein wird in Anodenform gegossen und bildet die Anoden der Bäder. Als Kathoden dienen Kupferbleche. Die Bäder sind mit Luftcirculation (wie beim Raffiniren des Zuckers) versehen. Der Elektrolyt soll aus Nickelsulfat bestehen. Man soll ihn durch Auflösen von granulirtem Stein in verdünnter Schwefelsäure herstellen und der erhaltenen Lösung 8 % freie Schwefelsäure zufügen. Zur Verhütung des Ausfällens von Arsen durch den Strom soll man dem Elektrolyten $^1/_2$ % Ammoniumsulfat und zum Zurückhalten des Silbers im Anodenschlamm eine gewisse Menge Salzsäure zufügen. Stärke und Spannung des Stromes sollen derartig bemessen werden, dass das Kupfer an den Kathoden niedergeschlagen, das Nickel aber gelöst wird und im Elektrolyten verbleibt, während die Edelmetalle in den Anodenschlamm gehen. Nachdem das gesammte Kupfer aus dem Steine und der grösste Theil desselben aus dem Elektrolyten beseitigt ist, wird der letztere aus den Bädern entfernt, von dem noch in ihm vorhandenen Kupfer durch Zusatz von Schwefelnatrium oder dadurch, dass man ihn über ein Filter von Nickelstein laufen lässt, befreit, worauf das noch in der Lösung vorhandene Eisen nach vorgängiger Ueberführung in Oxyd nach Cabell Whitehead's Methode durch frisch gefälltes Nickelhydrat als Eisenhydrat ausgefällt wird. Die von dem Niederschlag getrennte Nickelsulfatlösung kann entweder mit Soda behandelt werden, um Nickelcarbonat und daraus Nickeloxydul zu erhalten, oder man kann sie concentriren und Nickelvitriol aus ihr auskrystallisiren lassen, oder man kann sie zur Gewinnung von Nickelmetall der Elektrolyse unterwerfen. Im letzteren Falle wird sie neutral oder schwach ammoniakalisch gemacht. Die Elektrolyse wird, wenn man kupferfreies Nickel erhalten will, unter Anwendung von Anoden aus Kohle oder Blei und Kathoden von Nickelblech ausgeführt. Kommt es auf einen geringen Kupfergehalt des Nickels nicht an, so können die Anoden aus Rohnickel, wie es auf den Orfordwerken hergestellt wird (mit 95 % Nickel), bestehen. Bei Anwendung unlöslicher Anoden wird der neutrale Elektrolyt mit der Zeit immer saurer, während er bei Anwendung löslicher Anoden, wenn man nicht zeitweise freie Säure zusetzt, immer alkalischer wird. Fontaine schlägt daher die Verwendung von löslichen Anoden von Rohnickel und von unlöslichen Anoden aus Kohle in demselben Bade vor, um durch ihre vereinigte Wirkung den Elektrolyten neutral zu erhalten.

---

[1]) The Mineral Industry 1903. S. 232.

[2]) Engin. and Min. Journ. 1897. 63. 113. Zeitschr. für Elektrochemie 3. 519.

Der die Edelmetalle enthaltende Anodenschlamm soll, nachdem die Verunreinigungen aus ihm durch Kochen mit verdünnter Schwefelsäure entfernt sind, geschmolzen, in Anodenplatten gegossen und der Elektrolyse nach dem Moebius-Verfahren (Band I. Seite 1159) unterworfen werden. Hierbei wird das Silber an der Kathode niedergeschlagen, während Gold und Platin im Anodenschlamm verbleiben. Dieser wird mit Königswasser behandelt, wodurch Gold und Platin gelöst werden, während das Silber in unlösliches Chlorsilber verwandelt wird. Aus der Lösung wird zuerst das Gold durch Ferrosulfat und darauf das Platin durch Chlorammonium als Platinsalmiak niedergeschlagen.

Das Verfahren soll auf der Anlage der Canadian-Copper-Company in Cleveland, Ohio, versuchsweise ausgeführt worden sein. Ueber die Ergebnisse ist nichts bekannt geworden. Es ist möglich, dass an die Stelle

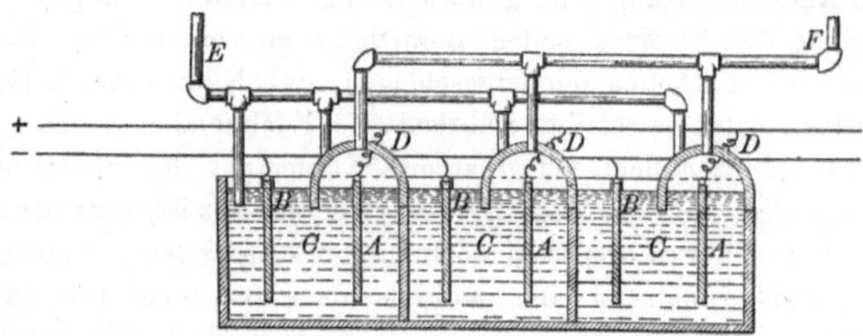

Fig. 467.

dieses Verfahrens die Elektrolyse der aus canadischen Erzen gewonnenen Kupfernickellegirung getreten ist.

Die elektrolytische Gewinnung von Nickel aus Nickelkupferlegirungen, welche aus canadischen Erzen gewonnen sind, soll gegenwärtig in Nord-Amerika in grossem Maassstabe betrieben werden.

Nach dem Verfahren von Browne[1]), welches zu Cleveland, Ohio, in Anwendung stehen soll[2]), werden Kupfer und Nickel in Chloridlösungen übergeführt. Die in Plattenform gegossene Legirung bildet die Anoden des Stromkreises, während die Kathoden zuerst (bei der Ausfällung des Kupfers) Kupferplatten sind. Als Elektrolyt dient eine Lösung von Kupferchlorid und Nickelchlorid. Der Verarmung des Elektrolyten während der Kupferfällung wird dadurch vorgebeugt, dass er beständig durch einen Thurm fliesst, in welchem er mit Nickelkupferstein oder mit Legirung sowie mit Chlor und Chlornatriumlösung in Berührung gebracht wird. Das in diesen Thurm geleitete Chlor wird bei der Elektrolyse der Nickelchloridlösung entbunden. Im ersten Theil der Elektrolyse wird das Kupfer an den Kathoden ausgeschieden, während das Nickel gelöst bleibt. Wenn das Nickel sich im Elektrolyten bis zu einem bestimmten Grade ange-

[1]) Canadisches Patent 74 401 vom 14. Januar 1902.

[2]) The Mineral Industry 1902. S. 497.

reichert hat, wird dieser aus dem Betriebe herausgezogen und nach der Ausfällung des Kupfers (durch Schwefelwasserstoff) und des Eisens (das Fällungsmittel ist nicht angegeben) zwischen Anoden von Kohle und Kathoden von Nickelblech elektrolysirt. Das Nickel wird an den Kathoden ausgeschieden. Das an den Anoden ausgeschiedene Chlor wird in den oben erwähnten, mit Nickelkupferstein und Legirung besetzten Thurm geleitet. Zum Auffangen des Chlors sind, wie Fig. 467 ersehen lässt, über den Anoden durch den Elektrolyten abgeschlossene Räume D vorhanden. A sind die Anoden, B die Kathoden, C ist das mit dem Elektrolyten gefüllte Bad. F ist das Rohr zum Ableiten des Chlors aus den Anodenabtheilungen D. E ist ein Rohr zum Einführen von Ammoniak in das Bad.

Näheres über das Verfahren und die bei seiner Ausführung angewendeten Apparate ist nicht bekannt geworden. Auch über die Ergebnisse desselben ist bisher nichts in die Oeffentlichkeit gedrungen.

Ulke[1]) benutzt als Anoden Kupfer-Nickel-Legirungen, welche nicht über 20 % Nickel und nicht unter 80 % Kupfer enthalten sollen. Die Kathoden sind beim Niederschlagen des Kupfers Kupferbleche. Der Elektrolyt ist beim Niederschlagen des Kupfers eine heisse, mit Schwefelsäure angesäuerte Lösung von Kupfersulfat und Nickelsulfat. Da er schnell an Kupfer verarmt, so werden in kurzen Zwischenräumen kleinere Mengen davon aus den Bädern herausgezogen und durch ein gleiches Volumen angesäuerter Kupfersulfatlösung ersetzt. Der aus den Bädern herausgezogene Elektrolyt wird durch Schwefelwasserstoff entkupfert. Das hierbei erhaltene Schwefelkupfer soll durch heisse Schwefelsäure unter Entwickelung von Schwefelwasserstoff als Kupfersulfat in Lösung gebracht werden. Der Schwefelwasserstoff soll zum Ausfällen neuer Mengen von Kupfer aus dem aus den Bädern herausgezogenen Elektrolyten benutzt werden. Die Kupfersulfatlösung bildet einen Theil des an Stelle des herausgezogenen Elektrolyten in die Bäder einzuführenden Kupfersulfats.

Die vom Kupfer befreite Nickelsulfatlösung wird ammoniakalisch gemacht und dann heiss der Elektrolyse unterworfen. Als Anoden dienen Bleibleche, als Kathoden Nickelbleche. Um eine Verarmung des Elektrolyten an Nickel zu vermeiden, werden auch hier periodisch gewisse Mengen davon aus den Bädern entfernt und durch neue Nickelsulfatlösung ersetzt. Aus dem aus den Bädern herausgezogenen Elektrolyten gewinnt man Ammoniak zu neuer Verwendung bei dem Prozesse und Nickelsulfat, welches in die Bäder eingeführt wird, um im Elektrolyten den erforderlichen Nickelgehalt aufrecht zu erhalten.

Durch das periodische Herausziehen von Theilen der Elektrolyten aus den Bädern und den Ersatz derselben in solcher Weise, dass beim Niederschlagen des Kupfers stets der erforderliche Kupfergehalt und beim Niederschlagen des Nickels stets der erforderliche Nickelgehalt in den

---

[1]) The Mineral Industry 1902. S. 497.

Bädern vorhanden ist, gestaltet sich der Prozess der elektrolytischen Kupfer- und Nickelgewinnung continuirlich. Durch diesen Prozess soll man mit wirthschaftlichem Erfolge Nickel von sehr guter Beschaffenheit gewinnen. Auch hier fehlen alle näheren Angaben.

Für die Lake Superior Co. soll demnächst das nachstehend dargelegte Verfahren zur Anwendung kommen[1]). Durch gemeinschaftliche Verarbeitung von canadischem Nickelkupferstein und Kupferstein oder von canadischem Nickelkupferstein und silberhaltigen, aufbereiteten Kupfererzen (copper concentrates) werden Anoden von nickelhaltigem Kupfer mit 80 bis 90 % Kupfer, 8 bis 9 % Nickel (und einigen Unzen Silber, Gold, Platin und Palladium per t) hergestellt. Diese Anoden werden in der nämlichen Weise der Elektrolyse unterworfen wie die Rohkupferanoden beim Raffiniren des Kupfers.

Nur wird zeitweise ein Theil des Elektrolyten aus den Bädern herausgezogen und durch nickelfreies Kupfersulfat ersetzt, um eine zu starke Anreicherung des Nickels in den ersteren zu verhindern. Der herausgezogene Theil des Elektrolyten wird von Kupfer und Eisen gereinigt (die Art der Reinigung ist nicht angegeben). Schliesslich soll man Nickelsulfat erhalten und das letztere in ein Gemenge von Nickel und Nickeloxydul verwandeln. Dieses Gemenge soll, in einen Rahmen gefasst, als Anode bei der nun folgenden Elektrolyse dienen. Als Elektrolyt soll eine heisse Lösung von Nickelsulfat dienen. Durch die Anwendung löslicher Anoden soll sich das Verfahren vortheilhafter gestalten als die Elektrolyse des Nickelsulfats bei Anwendung unlöslicher Anoden.

Die Raffination von aus canadischen Erzen hergestelltem Rohnickel mit Hülfe der Elektrolyse ist eine Zeit lang auf den Werken der Balbach Smelting and Refining Company zu Newark bei New-York mit gutem Erfolge betrieben worden[2]). Der Betrieb wurde 1894 eröffnet und ist eingestellt worden, weil die Werke, welche das Rohnickel lieferten, selbst die Herstellung von Nickel in die Hand genommen haben. Das Verfahren wurde geheim gehalten. Nach Ulke[3]) hat der Betrieb bis 1900 gedauert. Es sind im Ganzen gegen 1000 t Elektrolytnickel hergestellt worden. Als Elektrolyt diente heisses Nickelsulfit. Mit je einer elektrischen Pferdekraft (d. i. durchschnittlich zwischen 1,7 und 1,8 Volt und 15 Ampère pro Quadratfuss) wurden pro Jahr 2 bis 4 t Nickel hergestellt. Die Nickelanoden enthielten 94 bis 97 % Nickel. Das aus denselben gewonnene Nickel enthielt nicht über 0,25 % Eisen. Als Hauptnachtheil des Verfahrens wird die grosse Menge von Abfall angegeben, welchen die unvollkommen geschmolzenen und sehr spröden Anoden in Folge leichten

---

[1]) The Min. Ind. 1903. p. 491.

[2]) Engin. and Min. Journal 1897. 63. 113. Zeitschr. für Elektrochemie 3. 519.

[3]) Electrochemical Industry 1903. Vol. I. p. 208.

Zerfallens lieferten. Dieser Nachtheil liess sich beschränken, wenn man anstatt gegossener Anoden einen Anodenrahmen anwendete, welcher das Nickel in der Gestalt von metallischen oder von unvollkommen reducirten Granalien oder von Pulver oder Anodenabfällen enthielt, oder wenn man Platten von Rohnickel als Elektroden hintereinander schaltete, wobei das an der Kathodenseite der Platten niedergeschlagene Elektrolytnickel die Platten an der Anodenseite vor dem Zerfallen schützte.

Das auf den Orfordwerken zu Constable Hook N. J. hergestellte Rohnickel enthielt 95 bis 96 % Ni, 0,2 bis 0,6 % Cu, 0,75 % Fe, 0,25 % Si, 0,45 % C und 3 % S. Der Schwefel war zur Erleichterung des Giessens des Rohnickels in die Form von Anodenplatten absichtlich zugesetzt. Das an den Kathoden niedergeschlagene Nickelmetall enthielt 99,5 bis 99,7% Ni, 0,1 bis 0,2 % Cu, 0,03 % As, 0,02 % S, 0,1 % Fe und Spuren von Platin.

IV. Das Raffiniren des Rohnickels.

Während das Rohnickel früher nur 60 bis 90 % reines Nickel enthielt, stellt man gegenwärtig aus den verschiedensten Erzen ein Metall mit 98 bis 99 % reinem Nickel dar, welches nur noch sehr geringe Mengen fremder Körper (Kobalt, Kupfer, Eisen, Zink, Schwefel, Arsen, Silicium, Kohlenstoff, Magnesium) enthält.

Die Zusammensetzung einiger älteren Sorten von Rohnickel ergiebt sich aus den nachstehenden Analysen:

	Joachimsthal	Klefva	Schladming
Ni	86,5—71,4 %	83 —90 %	86,7—88 %
Cu	Spur—18,9 -	1,3— 2 -	1,8— 1,9 -
Fe	0,2— 1,3 -	0,2— 0,4 -	1,8— 1,9 -
Co	0,9—12 -	5,5—11,2 -	6,8— 7,4 -
As	0 — 0,6 -	—	0,7— 0,8 -
Na	—	0,9— 2 -	—
S	Spur— 0,1 -	0,7— 1,4 -	—
SiO_2	0 — 3,5 -	0,7— 0,9 -	0 — 1 -
Rückstand	0,6— 1,6 -	—	0 — 0,8 -

Einige neuere Sorten von Rohnickel waren zusammengesetzt wie folgt:

	Iserlohn	Neu-Caledonien
Ni	99,6	98
Cu	0,2	—
Fe	0,2	—
C	0,3	0,13
Si	—	0,50
Mn	—	1,63

Das Raffiniren des Rohnickels geschieht entweder mit Hülfe der Elektrolyse oder auf trockenem Wege. Die Bedingungen für die Gewinnung von reinem Nickel mit Hülfe der Elektrolyse sind bereits im vorigen Kapitel angegeben worden. Man sucht die Entfernung der fremden Körper schon während des Darstellungsprozesses des Rohnickels durch Herstellung eines möglichst reinen Nickeloxyduls zu bewirken. Eine spätere Entfernung dieser Körper durch oxydirendes Schmelzen des Rohnickels ist nur dann ausführbar, wenn dieselben eine grössere Verwandtschaft zum Sauerstoff der Luft haben als das Nickel selbst (Silicium, Kohlenstoff, Eisen). So hat man den Kohlenstoff und das Silicium nach dem Vorgange von Wharton in Philadelphia und von Bischoff in Pfannenstiel durch eine Art Puddelprozess zu entfernen gesucht. Auf der Berndorfer Metallwaarenfabrik bei Wien werden die bei mässiger Hitze reducirten Nickelwürfel zur Entfernung des Kohlenstoffs mit einer 4 %igen Lösung von mangansaurem oder übermangansaurem Alkali getränkt und dann bei starker Hitze eingeschmolzen (D. R. P. 28989). Man erhielt hierdurch ein schmied- und walzbares Metall. Garnier[1]) entfernte das Eisen aus grössere Mengen von dieses Metall enthaltendem Rohnickel, welches durch directes reducirendes Schmelzen des Garnierits hergestellt war, durch oxydirendes Schmelzen desselben in einem Siemens-Ofen unter Zuschlag von Quarz. Auch hat er[2]) einen Flammofen mit einer Sohle aus Kalksteinpulver vorgeschlagen. Bei Anwendung desselben sollte die entweichende Kohlensäure als Rührmittel dienen und der Schwefel sollte durch einen Ueberschuss von Kalk und Kohle aus dem Nickel entfernt werden. Seit der Verarbeitung der neucaledonischen Erze auf eine Schwefelverbindung des Nickels (Stein) haben diese Methoden, welche nicht über das Versuchsstadium hinausgekommen sein dürften, ihren Werth verloren.

Das durch die beschriebenen Prozesse gewonnene Rohnickel wird auf trockenem Wege dadurch in ein compactes, geschmeidiges Metall verwandelt, dass man es in Tiegeln zusammenschmilzt und Nickeloxydul, Kohlenoxyd und Cyannickel durch angemessene Zuschläge aus der geschmolzenen Masse entfernt.

Das Nickeloxydul löst sich in geschmolzenem Nickel auf, ähnlich wie Kupferoxydul in geschmolzenem Kupfer und Eisenoxydul in geschmolzenem Eisen. Es hat die Eigenschaft, das Nickel spröde zu machen.

Das Kohlenoxyd wird begierig vom geschmolzenen Nickel absorbirt und macht das Metall blasig.

Cyannickel, welches sich nach Fleitmann im geschmolzenen Metalle bilden soll, macht das Metall spröde.

Von den weiter unten besprochenen Mitteln zur Entfernung der gedachten schädlichen Körper hat sich das von Fleitmann eingeführte Magnesium als das wirksamste erwiesen.

---

[1]) B.- und H. Zeitung 1878. S. 245. 1879. S. 137.

[2]) Stahl und Eisen 1883. S. 518.

Durch den Zusatz desselben zu dem geschmolzenen Nickel werden Nickeloxydul und Kohlenoxyd zu Nickel bzw. Kohlenstoff reducirt. Aus dem Cyannickel wird durch das Magnesium das Nickel unter Entstehung von sich verflüchtigendem Cyanmagnesium ausgeschieden.

Das Einschmelzen des zu raffinirenden Nickels geschieht in inwendig mit eingebrannter Chamottemasse überzogenen Tiegeln aus Graphit, welche zwischen 15 und 40 kg Nickel aufnehmen. Auch da, wo reines Nickeloxydul reducirt und zu reinem Nickelmetall geschmolzen wird, wendet man derartige Tiegel an. So stehen, wie oben dargelegt, auf den Orford-Werken Graphittiegel von 45 cm Höhe und 35 cm Weite (oben) in Anwendung, welche 35 kg Nickeloxydul nebst 16 % Reductionskohle fassen.

Flussmittel werden beim Schmelzen des Nickels nicht gerne angewendet, da dieselben die Tiegel stark angreifen.

Auf westfälischen Werken[1]) werden die Tiegel, nachdem sie mit Rohnickel besetzt sind, zuerst in einem mit Koks geheizten Zugofen vorgewärmt und dann in durch Gebläsewind betriebene, nach dem Sefström'schen Princip eingerichtete Oefen eingesetzt. Jeder der letzteren Oefen nimmt nur einen Tiegel auf.

Nach dem Einschmelzen des Nickels, wozu $1^1/_2$ Stunden erforderlich sein sollen, setzt man eine geringe Menge Magnesium zu und giesst dann das Metall aus. Das Magnesium wird mit Hülfe einer Stange von reinem Nickel oder feuerfestem Thon niedergedrückt und wirkt in der angegebenen Weise auf die Entfernung von Kohlenoxyd, Nickeloxydul und Cyannickel.

Fleitmann, der Entdecker der reinigenden Wirkung des Magnesiums, setzte zur Herstellung dehnbarer Gussstücke zuerst $^1/_8$ % Magnesium zu (D. R. P. No. 6365; 7569; 9405; 13304; 14172; 23500; 28460; 28924) verminderte aber später diesen Zusatz durch Verwendung von Magnesiumlegirungen an Stelle des Magnesiums, besonders von Magnesium-Nickel. Am geringsten war der Magnesiumzusatz bei einem Zinkgehalte des zu reinigenden Nickels von 4 bis 5 %. Derartiges Nickel lässt sich durch Reduction der innig miteinander gemengten Oxyde des Nickels und Zinks herstellen. Bei diesem zinkhaltigen Nickel genügt ein Zusatz von $^1/_{20}$ % Magnesium, um dasselbe sehr dehnbar zu machen und ihm die Eigenschaft der Schweissbarkeit sowohl als auch der Zusammenschweissbarkeit mit Eisen und Stahl zu verleihen. (In Folge der letzteren Eigenschaft lassen sich mit Hülfe desselben nickelplattirte Bleche von 0,1 mm Dicke herstellen.)

Der Magnesiumzusatz soll sich noch weiter vermindern lassen, wenn vor der Einführung desselben in das Metallbad reducirende Gase (Kohlenwasserstoffe, Wasserstoff, Kohlenoxyd) in dasselbe eingeleitet werden.

Die Bestandtheile von drei Nickelsorten vor und nach dem Zusatz von Magnesium, welche auf der Fabrik von Basse und Selve in Altena

---

[1]) Oesterr. Zeitschr. 1894. S. 326.

in Mengen von je 30 kg in mit Chamotte gefütterten Graphittiegeln geschmolzen wurden und dann einen Zusatz von je 42 g Magnesium erhielten, sind aus den nachstehenden Analysen von v. Knorre und Pufahl ersichtlich. Das erhaltene Gussnickel war schmiedbar.

Zusammensetzung der ursprünglichen Proben.

	I	II	III
Nickel	97,87	97,90	98,21
Kobalt	1,45	1,25	1,19
Eisen	0,45	0,50	0,28
Kupfer	0,10	0,07	0,07
Silicium	0,19	—	—
Kieselsäure	—	0,19	0,24
Kohlenstoff	Spur	Spur	Spur
Schwefel	0,05	—	Spur
	100,11	99,91	99,86

Zusammensetzung nach dem Zusatz von Magnesium.

	I	II	III
Nickel	98,24	97,76	98,38
Kobalt	1,09	1,33	1,04
Eisen	0,36	0,60	0,32
Kupfer	0.10	0,09	0,07
Silicium	0,06	0,10	0,07
Magnesium	0,11	0,11	0,12
	99,96	99,9	100,00

Anstatt des Magnesiums sind auch andere Körper für die Entfernung der gedachten schädlichen Bestandtheile aus dem Nickel empfohlen worden, welche indess sämmtlich hinsichtlich der reinigenden Wirkung durch das Magnesium übertroffen zu werden scheinen. Hierhin gehören schwarzer Fluss und Kohle, Aluminium, Calcium, Calciumzink, Mangan, Phosphor, Ferrocyankalium und Eisencyanür.

Auf der Berndorfer Fabrik soll zeitweise schwarzer Fluss und Kohle angewendet worden sein. Es sollen hierbei Kaliumdämpfe entwickelt werden und reducirend wirken.

Aluminium soll nicht so energisch wirken wie Magnesium.

Calcium und Calciumzink dürften energisch wirken, sind aber theurer als Magnesium.

Mangan, welches Metall 1876 von Garnier als Reinigungsmittel vorgeschlagen wurde, soll sich auf der Fabrik von H. Wiggin & Co. in Birmingham, wo es in Mengen von $1^1/_2$ bis 3 % dem Metalle vor dem Ausfliessen zugesetzt wurde, gut bewährt haben. Dagegen soll ein über 5 %

vom Gewichte des Nickels hinausgehender Zusatz von Mangan das Metall hart machen. Das Mangan kann auch dem zu Metall zu reducirenden Nickeloxydul in der Gestalt von Superoxyd zugesetzt werden. Auf dem Nickelwerk von Basse und Selve bei Altena in Westfalen soll man in das Nickeloxydul, ehe man dasselbe in die Gestalt von Würfeln bringt, $2^1/_2$ bis 3 % Mangansuperoxyd (D. R. P. No. 25798) einmengen. Dasselbe wird bei der nun folgenden Reduction des Nickeloxyduls zu Metall reduzirt. Das letztere nimmt den Sauerstoff auf und wird als Schlacke ausgeschieden.

Fleitmann (D. R. P. No. 73243 vom 20. Juli 1892) wendet Mangan zur Reinigung des Nickels von Schwefel an. Das Rohnickel oder Nickeloxydul wird mit Kohle in einem Cupolofen geschmolzen, worauf das flüssige Metall in eine Bessemer-Birne abgelassen wird. Man setzt nun Mangan oder eine Mangan-Nickellegirung zu, wodurch der Schwefel in eine Manganschlacke übergeführt wird. Nachdem dieselbe von der Oberfläche der geschmolzenen Massen abgezogen ist, bläst man Luft durch die Massen, um Kohlenstoff, Mangan und Eisen zu oxydiren. Nach dem Verbrennen des Kohlenstoffs bläst man mit einem Gemenge von Luft und Sauerstoff oder mit reinem Sauerstoff, um die Temperatur des Metallbades bis zur vollständigen Verbrennung des Eisens zu steigern.

Schliesslich soll man den in das Metallbad gelangten überschüssigen Sauerstoff durch einen neuen Zusatz von Mangannickel oder durch Holzkohlenpulver, oder durch gasförmige Reductionsmittel (Kohlenoxyd, Kohlenwasserstoff, Wasserstoff) entfernen.

Das auf diese Weise erhaltene Nickel soll sich sehr gut walzen und schmieden lassen.

Phosphor ist schon 1855 von Ruolz und Fontenay empfohlen worden. Derselbe vermag bei gleichem Gewichte mehr Sauerstoff zu binden als die anderen vorgeschlagenen Reinigungsmittel. Derselbe hat indess nach Garnier den Nachtheil, die Härte des Nickels auf Kosten seiner Hämmerbarkeit zu vermehren, wenn dasselbe über drei Tausendtheile davon enthält. Garnier hat desshalb Phosphornickel mit etwa 6 % Phosphor empfohlen. Er stellt diese Verbindung durch Schmelzen eines Gemenges von Calciumphosphat, Kieselsäure, Kohle und Nickel her.

Nach Manhès (D. R. P. No. 77427 vom 21. Januar 1894) soll man den Schwefel aus dem Rohnickel durch Schmelzen des letzteren in Flammöfen (mit Siemens'schen Wärmespeichern) mit einem Gemenge von Kalk und Calciumchlorid oder Chlorkalk auf einem Heerde mit basischem Futter entfernen. Dieses Gemenge soll man in ziemlich dicker Schicht auf den Heerd des Ofens legen und darüber das zu reinigende Metall in Granalienform, gleichfalls mit Kalk und Chlorcalcium bzw. Chlorkalk gemengt ausbreiten. Bei hinreichend hoher Temperatur soll ein Theil des Schwefels als Schweflige Säure ausgeschieden werden, während der Rest desselben als basisches Sulfid in die Schlacke geht.

Nach Wedding soll man nur bei Zusatz von Magnesium ein dichtes und geschmeidiges Metall erhalten.

Dichtes Metall lässt sich auch dadurch herstellen, dass man Nickeloxydul mit Holzkohlenpulver mischt und in Graphittiegeln bis zur Reduction erhitzt und dann einschmilzt.

Das geschmolzene Nickel wird in angewärmte Roheisencoquillen ausgegossen. Soll es zur Herstellung von Legirungen verwendet werden, so wird es durch Ausgiessen in Wasser granulirt.

Kobalt.

Physikalische Eigenschaften.

Das Kobalt besitzt eine röthlich graue Farbe und einen lebhaften Glanz. In der Glühhitze ist es dehnbar, in der Kälte dagegen hart und spröde. Die Härte desselben ist so gross, dass es sich zur Herstellung von Schneide-Instrumenten eignet. Der Bruch des Kobalts ist körnig. Das spec. Gew. des Kobalts wird zu 8,5 bis 8,9 angegeben. Nach Rammelsberg ist das spec. Gew. des durch Wasserstoffgas reducirten Metalles 8,957. Es ist magnetisch, schmilzt zwischen 1600 und 2000^0 und lässt sich nicht verflüchtigen. Seine spec. Wärme ist nach Regnault 0,10696.

Die chemischen Eigenschaften des Kobalts und der wichtigsten Verbindungen desselben.

Das dichte Kobalt ändert sich weder in trockener noch in feuchter Luft. Dagegen ist das Kobalt, welches bei möglichst niedriger Temperatur durch Wasserstoff reducirt worden ist, sowie das aus dem Oxalate bei niedriger Temperatur reducirte Metall pyrophorisch. In der Hitze verbindet sich das Kobalt mit Sauerstoff und verbrennt in der Weissglut mit rothem Licht zu Kobaltoxyd. In der Glühhitze zersetzt es das Wasser.

Von Schwefelsäure und Salzsäure wird es langsam unter Entwicklung von Wasserstoff aufgelöst. Von heisser Salpetersäure wird es, auch wenn sich dieselbe im verdünnten Zustande befindet, leicht gelöst. Die Lösungen der angeführten Säuren enthalten das Kobalt als Oxydulsalz. Beim Erhitzen mit Kohle nimmt es Kohlenstoff auf. Es verbindet sich direct mit Schwefel, Salzbildnern, Phosphor, Arsen, Antimon und Silicium.

Durch den elektrischen Strom wird es aus seinen Lösungen niedergeschlagen.

Die chemischen Eigenschaften des Kobalts sind im Uebrigen nur wenig von denen des Nickels verschieden.

Mit Sauerstoff bildet es 3 Oxydationsstufen:

das Kobaltoxydul, CoO,
das Kobaltoxyduloxyd, Co_3O_4 und
das Kobaltoxyd, Co_2O_3.

Diese Oxyde besitzen sämmtlich eine schwarze Farbe und werden durch Kohlenstoff und Wasserstoff bei hoher Temperatur zu Metall reducirt.

Das Oxyd bildet mit Wasser ein Hydroxyd, $Co(HO)_6$, welches ein dunkelbraunes Pulver vorstellt. Dasselbe geht beim Erhitzen in Oxyd (Co_2O_3), dann in Oxyduloxyd (Co_3O_4) und dann in Oxydul (CoO) über.

Die Salze des Kobalts leiten sich zum grössten Theile vom Oxydul ab.

Das Kobaltsulfür, CoS, entsteht als schwarzbrauner Niederschlag durch Behandlung von Kobaltsalzlösungen mit Schwefelalkalien. Dasselbe ist in Wasser und verdünnter Salzsäure unlöslich, beim Erhitzen durch den elektrischen Strom verhält es sich ähnlich wie Schwefelnickel.

Das Kobaltsulfat, $CoSO_4 + 7H_2O$, bildet mit Ammonsulfat ein Doppelsalz, welches in ähnlicher Weise wie das Nickelsalz als Elektrolyt bei der Herstellung galvanischer Ueberzüge von Kobalt dient.

Das Kalium-Kobaltoxydnitrit, $Co_2(NO_2)_6KNO$, fällt als gelbes Pulver beim Zusatz von Kaliumnitrit zu Oxydulsalzlösungen des Kobalts.

Die sog. Kobaltaminverbindungen sind Doppelsalze des Kobaltchlorids mit wechselnden Mengen von Ammoniak. Sie bilden sich bei der Oxydation ammoniakalischer Lösungen des Kobaltchlorürs. Derartige Verbindungen sind Roseokobaltchlorid, $CO_2Cl_6 . 10NH_3 + 2H_2O$, Purpureokobaltchlorid, $Co_2Cl_6 . 10NH_3$, Luteokobaltchlorid, $Co_2Cl_6 . 12NH_3$. Beim Glühen hinterlassen diese Verbindungen reines Kobaltmetall. Man hat sie als Material für die Darstellung von reinem Kobaltmetall vorgeschlagen.

Kobalterze.

Diejenigen Kobalterze, welche für die Gewinnung von Kobaltoxyd bzw. Smalte in Betracht kommen, sind der Speisskobalt, der Glanzkobalt, der Kobaltkies und der Erdkobalt. Die übrigen Kobaltvorkommnisse besitzen mehr mineralogischen als metallurgischen Werth.

Speisskobalt oder Smaltin, $CoAs_2$, mit 28,2 % Kobalt im reinen Zustande, findet sich in Sachsen (Freiberg, Schneeberg, Annaberg), Preussen (Riechelsdorf), in Böhmen (Joachimsthal), Ungarn (Dobschau), Schweden (Tunaberg), Frankreich (Allemont), England (Cornwall), in den Vereinigten Staaten von Nord-Amerika (Missouri).

Glanzkobalt, Kobaltglanz oder Kobaltin, $CoAsS$, enthält 35,5 % Kobalt im reinen Zustand (gewöhnlich ist ein Theil des Kobalts durch Nickel oder Eisen ersetzt). Derselbe findet sich in Schweden (Tunaberg, Riddar-hyttan, Gladhammar, Vena bei Ammeberg), Norwegen (Skutterud), England (Botallack in Cornwall), Deutschland (Querbach in Schlesien, Siegen in Westfalen), Russland (Daschkesan im Kaukasus, hier nickelfrei im Felsitporphyr).

Erdkobalt, Kobaltschwärze, Kobaltmanganerz, Asbolan, ist ein Gemenge von Kobaltoxydul mit Mangansuperoxyd und Eisenhydroxyd, welches wechselnde Mengen von Kobalt enthält. Der Kobaltgehalt schwankt zwischen 2 und 20 %. Derselbe findet sich in geringer Menge am Ausgehenden von Kobalterz-Lagerstätten. In grösserer Menge ist er in der neueren Zeit in Neu-Caledonien gefunden worden, wo Erze mit 3 bis 8% Gehalt an Kobaltoxydul gewonnen werden. Auch zu Port Macquarie in Neu-Süd-Wales sind ähnliche Kobalterz-Lagerstätten wie in Neu-Caledonien entdeckt worden[1]). In Spanien (Asturien) findet sich Erdkobalt mit 15% Kobalt.

Von den übrigen Kobalt-Mineralien, welche wegen ihres beschränkten Vorkommens nicht selbständig verarbeitet werden, sind zu nennen: der Kobaltkies oder Linneit, CO_3S_4, enthält oft mehr Nickel als Kobalt (Kobaltnickelkies) (Schweden, Müsen bei Siegen, Mine La Motte in Missouri), die Kobaltblüthe oder Erythrin, $Co_3As_2O_8 + 8\,H_2O$, welche sich am Ausgehenden von Kobalterzlagerstätten gewöhnlich als Ueberzug von arsenhaltigen Kobalterzen findet (Schneeberg, Saalfeld, Riechelsdorf, Siegen, Cornwall, Cumberland), der Kobaltvitriol oder Bieberit, $CoSO_4 + 7\,H_2O$ (Bieber in Hessen).

Die Kobalterze kommen gewöhnlich mit Nickelerzen zusammen vor. Auch in den Meteoriten findet sich Kobalt neben Nickel und Eisen vor.

Kobalthaltige Hüttenerzeugnisse als Material für die Gewinnung von Kobaltoxyd und Speise.

Als derartige Hüttenerzeugnisse sind besonders Speisen und Steine, sowie auch kobalthaltige Schlacken zu nennen. In den Steinen und Speisen sammelt sich das in geringer Menge in Erzen der verschiedensten Art, besonders in Nickelerzen enthaltene Kobalt bei ihrer Verhüttung an und wird aus diesen Hüttenerzeugnissen auch bei einem geringen Gehalte derselben an Kobalt gewonnen. Kobalthaltige Schlacken erhält man bei der Verarbeitung kobalt- und nickelhaltiger Speisen durch oxydirendes Schmelzen derselben.

---

[1]) The Miner. Ind. 1902. S. 492.

Die Gewinnung von Kobalt und von Kobalt-Verbindungen.

Das metallische Kobalt wird wegen seiner beschränkten technischen Verwendung bis jetzt nur in unbedeutenden Mengen hergestellt und zwar in der nämlichen Weise wie Nickel durch Reduction von Kobaltoxydul (CoO) oder Kobaltoxyd (CO_2O_3). In grossem Maassstabe dagegen finden die Kobalterze Anwendung zur Herstellung der „Smalte", eines kieselsauren Kobaltoxydul-Alkalis, welches durch seinen Gehalt an kieselsaurem Kobaltoxydul eine intensiv blaue Farbe besitzt und als Farbstoff Verwendung findet. (Das kieselsaure Kobaltoxydul besitzt ein ausserordentlich starkes, nur vom Golde übertroffenes Färbevermögen; schon ein Gehalt von 0,1 % färbt das Glas intensiv blau.) In geringerem Maasse werden andere Kobaltverbindungen, welche gleichfalls als Farbstoffe dienen, wie Kobaltphosphat und Kobaltarseniat (rothes Kobaltoxyd), Kobaltbronce (ein Kobaltammoniumphosphat), Kobalt-Ultramarin, Thénard'sches Blau (ein sehr inniges moleculares Gemenge von Thonerde mit verschiedenen Oxyden des Kobalts), Rinmann's Grün etc. hergestellt.

Das metallische Kobalt wird bis jetzt aus den Erzen und Hütten-Erzeugnissen nur unter Zuhülfenahme des nassen Weges hergestellt, indem man den Kobaltgehalt derselben in Lösung bringt und aus den Lösungen Kobaltsesquioxyd (Co_2O_3) gewinnt, welches letztere durch Kohle zu Metall reducirt wird. Eine Herstellung des Kobalts lediglich auf trockenem Wege hat sich wegen der Unreinheit der Erze bzw. Hütten-Erzeugnisse bis jetzt noch nicht bewerkstelligen lassen. Für die Gewinnung des Kobalts auf elektrometallurgischem Wege sind einige Vorschläge gemacht worden, scheinen aber nicht zur betriebsmässigen Ausführung gekommen zu sein. Wohl aber hat man mit Hülfe des elektrischen Stromes galvanische Ueberzüge von Kobalt auf Metallen und Legirungen hergestellt. Es gilt auch hier das über die Gewinnung des Nickels auf elektrometallurgischem Wege Gesagte.

Die Gewinnung des Metalles erfolgt aus den angeführten Gründen weniger auf Hüttenwerken als in Fabriken und wird ebenso wie die Gewinnung des Nickels geheim gehalten.

Eine directe Verarbeitung kobaltreicher Erze auf trockenem Wege findet Statt zur Herstellung der Smalte, sowie in geringem Maasse zur Herstellung von Kobaltarseniat. Die übrigen Kobaltverbindungen werden aus unter Zuhülfenahme des nassen Weges hergestelltem Kobaltoxyd oder aus Salzen des Kobalts auf Fabriken dargestellt.

Wir haben hiernach zu unterscheiden:

1. Die Gewinnung von Kobaltoxyd und metallischem Kobalt.
2. Die Herstellung der Smalte.

1. Die Gewinnung von Kobaltoxyd und metallischem Kobalt.

Das Kobaltoxyd ist der Ausgangspunkt für die Gewinnung von reinem Metall sowohl als auch der verschiedenen Kobaltverbindungen.

a) Die Gewinnung von Kobaltoxyd.

Ohne Zuhülfenahme des nassen Weges hat man reines Kobaltoxyd bis jetzt noch nicht in grösserem Maassstabe aus Erzen oder kobalthaltigen Hütten-Erzeugnissen dargestellt. Das durch Röstung von Arsen-, Schwefelarsen- oder Schwefelverbindungen (Erze, Speisen, Steine) des Kobalts hergestellte Oxyd fiel stets zu unrein aus und musste zur Trennung von den fremden Bestandtheilen in Lösung gebracht und aus der Lösung in reinem Zustande hergestellt werden. Auch der Vorschlag[1]), aus geschwefelten Erzen einen Stein herzustellen, welcher frei von Eisen ist und ausser Schwefel und Kobalt nur Nickel enthält, denselben zur Ueberführung des Kobalts in Kobaltsilicat auf einem aus Quarz und Wasserglas hergestellten Heerde zu verblasen, das Kobaltsilicat mit Soda und Salpeter zu schmelzen und auf Kobaltoxyd zu verarbeiten, scheint nicht zur definitiven Anwendung gekommen zu sein.

Das gewöhnliche Verfahren der Verarbeitung der Kobalterze, welche mit wenigen Ausnahmen Nickel, Eisen und häufig auch Kupfer enthalten, auf Kobaltoxyd ist bereits bei der Gewinnung des Nickels auf nassem Wege dargelegt, da der nasse Weg der Nickelgewinnung in den meisten Fällen eine vorgängige Trennung des Kobalts vom Nickel im Verbindungszustand des Sesquioxyds voraussetzt. Es darf daher hier auf die Gewinnung des Nickels auf nassem Wege verwiesen werden.

Dasselbe besteht darin, die Erze, soweit sie als Arsen-, Schwefel- oder Schwefel-Arsen-Verbindungen vorhanden sind, zuerst einer Totröstung zu unterwerfen, um Arsen und Schwefel zu entfernen und die schweren Metalle in Oxyde überzuführen.

Der Zweck der Röstung lässt sich auch durch das kostspieligere Verfahren des Verschmelzens der ungerösteten Erze mit Soda und Salpeter oder mit Schwefel und calcinirter Soda oder Pottasche erreichen. Es bilden sich in diesem Falle Arseniate bzw. Sulfarseniate und Sulfate der Alkalimetalle, welche durch Auslaugen mit Wasser von den gleichzeitig entstandenen Metalloxyden getrennt werden.

Die so erhaltenen Oxyde sowie die Erze, welche bereits Kobaltoxyd enthalten, werden mit Salzsäure oder Schwefelsäure behandelt, wodurch

[1]) Muspratt-Kerl. Handbuch der techn. Chemie. 3. Aufl. 3. 1938. Graham-Otto's Chemie 1889. S. 915.

das Kobalt sowie Nickel, Eisen, Kupfer und sonstige lösliche Oxyde in Lösung gebracht werden. Aus den erhaltenen Laugen fällt man Kupfer, Blei, Wismuth durch Schwefelwasserstoff oder Schwefelalkali. (Das Wismuth lässt sich auch durch Verdünnen der salzsauren Lösung mit Wasser als basisches Chlorwismuth ausfällen.) Darauf wird die vom Niederschlage getrennte Lösung mit der gerade erforderlichen Menge von Chlorkalk behandelt, um das Eisenoxydul in Eisenoxyd überzuführen, und dann das Eisen durch gepulvertes Calciumcarbonat ausgefällt. Es folgt nun die Ausfällung des Kobalts aus der neutralen und erwärmten Flüssigkeit durch Chlorkalk als Sesquioxyd. Der Chlorkalk muss vorsichtig zugesetzt werden, weil ein Ueberschuss davon auch das Nickel ausfällt. Aus der verbliebenen Flüssigkeit wird das Nickel in der oben beschriebenen Weise ausgefällt.

Das Kobalt kann auch nach dem Nickel ausgeschieden werden. In diesem Falle setzt man zur siedenden Lösung Soda, wodurch das Nickeloxydul mit wenig Kobaltoxydul ausfällt, während das Kobalt mit einer sehr geringen Menge Nickel in Lösung bleibt. Aus dieser Lösung wird das Kobalt durch weiteren Zusatz von Soda oder durch Chlorkalk als Sesquioxyd gefällt.

Eine andere Art der Trennung von Kobalt und Nickel besteht in der Behandlung der concentrirten, mit Kalilauge neutralisirten und darauf mit Essigsäure schwach übersättigten Flüssigkeit mit salpetrigsaurem Kali, wodurch das Kobalt als salpetrigsaures Kobaltoxyd-Kali ausgefällt wird, während das Nickel in der Lösung bleibt. Durch Glühen des Niederschlages wird derselbe in Kobaltoxyd übergeführt. Bei Gegenwart von Kalk in der Lösung lässt sich das salpetrigsaure Kali nicht mehr als Trennungsmittel anwenden, da nach Erdmann in diesem Falle mit dem Kobalt auch ein Nickel-Kalksalz ($K_2CaNi(NO_2)_6$) niedergeschlagen wird. Auch Alkalisalze sind als Trennungsmittel vorgeschlagen worden.

Von Patera wurde schon früher saures Kaliumsulfat empfohlen, welches das Nickel als schwerlösliches Doppelsalz mit einer geringen Menge Kobaltsalz ausscheidet, während eine nickelfreie Kobaltlösung zurückbleibt.

Nach Künzel ist das Ammoniumsulfat besser geeignet als das Kaliumsulfat.

Dasselbe scheidet das Nickel bei hinreichender Concentration der Lösung als schwerlösliches Doppelsalz aus, während das entsprechende Kobaltsalz in der Lösung verbleibt. Aus der letzteren wird das Kobalt durch Schwefelammonium als Schwefelmetall ausgeschieden und durch Röstung in Kobaltoxyd übergeführt.

Als Beispiele für die Gewinnung von Kobaltoxyd aus nickel- und kobalthaltigen Hüttenerzeugnissen seien das bereits bei der Gewinnung des Nickels auf nassem Wege beschriebene Verfahren auf Scopellohütte (Seite 750) und auf Georgshütte bei Dobschau (Seite 755) sowie das Verfahren auf

Editha-Blaufarbenwerk in Pr.-Schlesien und auf dem Blaufarbenwerk zu Oberschlema in Sachsen angeführt.

Auf dem Editha-Blaufarbenwerk behandelt man nach Lundborg[1]) Erdkobalt enthaltende Erze in Thongefässen unter Zuleitung von Wasserdampf mit concentrirter Salzsäure. Aus der Lösung schlägt man zuerst das Eisen in mässiger Wärme durch in einzelnen kleinen Portionen zugesetzten Marmor nieder. Sobald auch Nickel auszufallen beginnt, ist die Ausscheidung des Eisens beendet.

Aus der vom Niederschlage getrennten Lösung fällt man durch Soda das Nickel aus. Sobald auch Kobalt auszufallen beginnt, trennt man die Flüssigkeit vom Niederschlage und schlägt nun bis zum vollständigen Ausfallen des Nickels ein Gemenge von Kobalt- und Nickeloxydul nieder. Aus der abermals vom Niederschlage getrennten Flüssigkeit fällt man reines Kobaltoxydul. Der Niederschlag, welcher das Gemenge von Nickel und Kobaltoxydul enthält, wird, sobald grössere Mengen desselben angesammelt sind, wieder gelöst, worauf die Flüssigkeit einer fractionirten Fällung in der gedachten Weise unterworfen wird.

In ähnlicher Weise soll man zu Oberschlema in Sachsen Leche von Sesia-Hütte mit 16 % Nickel, 14 % Kobalt, 50 % Kupfer und 20 % Schwefel behandeln. Die zerkleinerten Steine werden in Flammöfen geröstet und dann mit verdünnter Schwefelsäure behandelt. Zuerst wird das in der Lösung enthaltene Kupfer durch Eisen ausgefällt, worauf sie in der angegebenen Weise behandelt werden.

Das Ausziehen des Kobalts aus den gerösteten Erzen und Hüttenerzeugnissen bzw. aus den oxydischen Erzen mit Mineralsäuren setzt voraus, dass dieselben nicht zu viele anderweite in Säuren lösliche Körper enthalten, besonders dass in den Erzen nicht zu grosse Mengen von löslichen Gangarten enthalten sind, weil sonst, besonders bei einem geringen Kobaltgehalte der betreffenden Materialien, zu unreine und zu kobaltarme Laugen erfolgen, welche sich nur schwierig und mit geringem oder gar keinem Vortheile auf Kobaltoxyd verarbeiten lassen. Für die Verarbeitung derartiger Geschicke sind Verfahren von Herrenschmidt und Stahl vorgeschlagen worden, welche nachstehend kurz erwähnt werden sollen.

Das bei der Gewinnung des Nickels auf nassem Wege bereits erwähnte Verfahren von Herrenschmidt[2]), welches auf den Werken der Malétra-Gesellschaft zu Petit-Quérilly bei Rouen in Anwendung steht, hat die Verarbeitung oxydischer Kobalterze und speciell eines nickel-, mangan- und eisenhaltigen, mit Thon gemengten Asbolans aus Neu-Caledonien zum Gegenstande, dessen durchschnittliche Zusammensetzung die nachstehende ist[3]):

---

[1]) Jern. Cont. Annaler 1876. Heft 2. B.- u. H. Ztg. 1877. S. 35.

[2]) Génie civil 1891. 18. 373; Monit. scientif. Bd. VI. Mai 1892. B.- u. H. Ztg. 1892. S. 464; 1893. S. 1.

[3]) B.- u. H. Ztg. 1892. S. 464.

Manganoxyd	18
Kobaltoxydul	3
Nickeloxydul	1,25
Kieselsäure	8
Eisenoxyd	30
Thonerde	5
Kalkerde	1
Magnesia	1
Glühverlust	32,75

Das fein gemahlene Erz wird in grossen Bottichen mit Eisenvitriollösung behandelt, welche unter Ausscheidung von Eisenoxyd Kobalt, Nickel und Mangan als Sulfate in Lösung bringen soll. Zur Beförderung der Lösung sollen die Massen durch einen Dampfstrahl aufgerührt werden. (Die Eisenvitriollösung wird auf der gedachten Fabrik durch Einwirkenlassen einer Natriumbisulfatlösung auf Eisenabfälle und durch Trennung des gebildeten Eisensulfats von dem Natriumsulfat durch Krystallisation hergestellt.)

Die die Sulfate des Mangans, Nickels und Kobalts enthaltende Lösung wird mit Hülfe von Filterpressen von dem Rückstande getrennt und in cementirten Gefässen mit Schwefelnatrium behandelt, wodurch das gesammte Kobalt und Nickel und der kleinere Theil des in der Lösung enthaltenen Mangans als Schwefelmetalle niedergeschlagen werden.

(Das Schwefelnatrium stellt man auf der Fabrik durch Behandlung der schwarzen Rückstände von der Sodagewinnung nach dem Leblanc-Verfahren mit Natriumsulfat und Wasser in der Hitze dar, wodurch sich in Folge doppelter Umsetzung Calciumsulfat und eine Lösung von Schwefelnatrium bilden sollen.)

Den Schwefelmetall-Niederschlag trennt man in einer Filterpresse von der anhaftenden Flüssigkeit und behandelt ihn dann mit Eisenchloridlösung, welche das Schwefelmangan zerlegt und löst, während Schwefelkobalt und Schwefelnickel nicht angegriffen werden. Man erhält hierbei einen verhältnissmässig reinen Rückstand von Schwefelkobalt und Schwefelnickel und eine Mangansulfat und Manganchlorür sowie Ferrisulfat, Ferrosulfat, Eisenchlorid und Eisenchlorür enthaltende Flüssigkeit. Die letztere wird nach der Trennung vom Rückstande mit Kalk im Ueberschuss und Luft behandelt, wodurch man einen Calciummanganit enthaltenden Niederschlag erhält, welcher mit den Schlämmen vom Weldon-Prozess auf Chlor verarbeitet wird.

Der vom Mangan befreite Schwefelnickel-Schwefelkobalt-Niederschlag wird getrocknet und dann einer vorsichtigen oxydirenden Röstung unterworfen, um die Sulfide in Sulfate überzuführen. Die letzteren werden durch heißes Wasser ausgelaugt und dann mit Chlorcalcium behandelt, wodurch sie unter Ausfallen von Calciumsulfat in Chlorverbindungen umgewandelt werden. Aus der vom Gyps getrennten Lösung entfernt man die geringen, noch in derselben vorhandenen Eisenmengen durch Kupferoxyd und darauf das in Lösung gegangene Kupfer durch Nickeloxydul. Darauf theilt man die Flüssigkeit in zwei Theile. Aus dem einen Theil fällt man Kobalt und Nickel durch Kalk als Hydroxydul, trägt den Niederschlag nach vorgängigem sorgfältigen Auswaschen in Wasser ein und behandelt ihn mit Chlorgas und Luft, wodurch die Hydroxydule von Nickel und Kobalt in Sesquioxyde verwandelt werden. Das in dem Niederschlage enthaltene Nickelsesquioxyd benutzt man nun zum Ausfällen des Kobalts aus dem anderen Theile der Lösung. Zu diesem Zwecke bringt man den Sesquioxyd-Niederschlag in den anderen Theil der die Chlorüre von Nickel und Kobalt enthaltenden Flüssigkeit und rührt denselben mit Hülfe eines Dampfstrahls in dieselbe ein. Hierbei wird das im Niederschlage enthaltene Nickelsesquioxyd zu Oxydul reducirt und in Lösung gebracht, während eine äquivalente Menge Kobalt als Sesquioxyd ausgefällt wird. Das im ursprünglichen Niederschlage enthaltene Kobaltsesquioxyd bleibt ungelöst.

Man hat daher nach einiger Zeit das gesammte Kobalt als Sesquioxyd im Niederschlage, das gesammte Nickel als Nickelchlorür in der Lösung. Aus der vom Kobaltsesquioxyd getrennten Flüssigkeit wird das Nickel durch Kalkmilch als Oxydul ausgefällt.

Das Kobaltsesquioxyd wird gewaschen, ausgepresst, getrocknet und geglüht.

Das beim Ausfällen des Nickels aus der Nickelchlorürlösung durch Kalkmilch entstandene Chlorcalcium wird in den Prozess zurückgeführt, um die beim Rösten des Sulfidniederschlages erhaltenen Sulfate in Chlorverbindungen zu verwandeln.

Ueber die ökonomischen Ergebnisse dieses Verfahrens ist bis jetzt nichts bekannt geworden. Dasselbe scheint am meisten geeignet zur Ausführung auf Leblanc-Sodafabriken, mit welchen eine Gewinnung von Chlor nach dem Weldon-Verfahren verbunden ist.

Das von Stahl vorgeschlagene Verfahren[1]) beruht auf der chlorirenden Röstung kobaltarmer Erze mit Abfallsalzen und Pyrit behufs Ueberführung des Kobalts in Chlorkobalt, in dem Auslaugen der löslichen Salze aus dem Röstgut, dem Niederschlagen des Kobalts aus der Lauge als Sulfid und der Verwandlung des letzteren in Kobaltoxyd. Durch die chlorirende Röstung werden nach den Versuchen von Stahl Kobalt, Nickel und Kupfer fast ganz und Mangan zum grösseren Theile in Chlorverbindungen übergeführt, während das Eisen in Oxyd verwandelt wird. (Bei Anwendung schwach saurer Extractionslaugen lässt es sich indessen nicht vermeiden, dass geringe Eisenmengen in dieselben gelangen.) In den Erzen enthaltene lösliche alkalische Erden werden bei der Röstung in

[1]) B.- u. H. Ztg. 1893. S. 2. D. R. P. 58 417.

Sulfate übergeführt. Von denselben gelangen beim Auslaugen des Röstgutes die Sulfate des Calciums und Magnesiums mit den Chlorverbindungen des Kobalts, Nickels, Kupfers und Mangans sowie mit den bei der Röstung aus den Alkalichloriden entstandenen Alkalisulfaten und den unzersetzten Alkalichloriden in die Laugen. (Das Calciumsulfat lässt sich durch Eindampfen der Laugen bis zu einem bestimmten Grade zum grösseren Theile aus denselben niederschlagen.)

Stahl behandelte die Laugen wie folgt. Zuerst wurde das Kupfer durch Schwefelwasserstoff als Schwefelmetall ausgeschieden und von der Flüssigkeit getrennt. Die letztere wurde durch Soda neutralisirt und dann mit Schwefelnatrium behandelt, welches Kobalt und Nickel sowie Eisen, etwa noch vorhandenes Kupfer sowie Mangan als Schwefelmetalle niederschlug. Da Kobalt, Nickel, Kupfer und Eisen vor dem Mangan ausfallen, so liess sich ein grosser Theil des Mangans in der Flüssigkeit zurückhalten, wenn man die Fällung nach Zusatz einer bestimmten Menge des Fällungsmittels unterbrach.

Zur Entfernung der in dem Sulfidniederschlage enthaltenen Beimengungen des Schwefelkobalts behandelte Stahl (Zusatzpatent No. 66 265) denselben mit einem Gemenge von Essigsäure und Schwefliger Säure bis zur sauren Reaction. (Die Schweflige Säure sollte den entstandenen Schwefelwasserstoff zersetzen und dadurch unschädlich machen.) Der mit Hülfe einer Filterpresse von der Flüssigkeit getrennte Rückstand wurde zur Ueberführung der Schwefelmetalle in Oxyde geröstet und dann zur Zersetzung von noch in demselben verbliebenen Sulfaten mit erhitzter reiner Sodalauge behandelt. Schliesslich wurde er gewaschen, getrocknet und geglüht.

Stahl unterwarf diesem Verfahren zuerst Erze von der nachstehenden Zusammensetzung:

Co	1,02 %
Ni	Spur
As	2,46 -
Cu, Fe, S_2	0,53 -
Fe_2O_3	5,56 -
Al_2O_3, P_2O_5	1,06 -
CaO, MgO	0,81 -
Unlöslicher Rückstand	88,36 -

Die auf 1,5 mm Korngrösse zerkleinerten Erze wurden in einem Fortschaufelungsofen abwechselnd oxydirend und (durch Einmengen von Sägemehl) reducirend geröstet, um das Arsen zu entfernen. Das arsenfreie Röstgut wurde nun der chlorirenden Röstung in einem besonderen Ofen (wahrscheinlich Muffelofen) unterworfen. Zu diesem Zwecke wurde es mit 15 % seines Gewichtes von Abraumsalz, welches 95 % Chloralkali enthielt, sowie mit 10% seines Gewichtes an zink- und nickelfreiem Pyrit gemengt und dann bei Rothglut bis zur vollständigen Chlorirung des Kobalts geröstet. Die chemischen Vorgänge bei dieser chlorirenden Röstung sind nach Stahl die nachstehenden:

1. $8FeS_2 + 22O_2 = 4Fe_2O_3 + 16SO_2$.

2. $12NaCl + 6SO_2 + 3O_2 + 6H_2O = 6Na_2SO_4 + 12HCl$;
$2Co_3O_4 + 12HCl = 6CoCl_2 + 6H_2O + O_2$.

3. $Co_3O_4 + 6NaCl + 3SO_2 + O_2 = 3CoCl_2 + 3Na_2SO_4$.

4. $6SO_2 + 3O_2 = 6SO_3$;
$2Co_3O_4 + 12NaCl + 6SO_3 = 6CoCl + 6Na_2SO_4 + O_2$ u. s. f.

Das Röstgut wurde in mit Strohfiltern versehenen Laugegefässen 4mal mit schwach saurem Wasser ausgelaugt und dann mit reinem Wasser ausgewaschen. Das saure Wasser erhielt man dadurch, dass man die Röstgase in Condensationsthürme leitete, in welchen die Säuren durch Wasser absorbirt wurden. Die Laugen enthielten im Liter 4,12 g Co + Ni, 0,75 g Cu, Spuren von Eisen und Mangan, sowie geringe Mengen von Chlornatrium, Calciumsulfat, Magnesiumsulfat und beträchtliche Mengen von Alkalisulfaten. In dem ausgelaugten Rückstande verblieben 0,04 % Kobalt und Nickel. Ein in gleicher Weise behandeltes Erz von ähnlicher Zusammensetzung mit 1,08 % Kobalt lieferte Laugen, welche im Liter 4,29 g Co, 0,06 g Eisen, 0,31 g Mangan und 0,04 g Kupfer, geringe Mengen von Chlornatrium, Calciumsulfat und Magnesiumsulfat, sowie beträchtliche Mengen von Alkalisulfaten enthielten. Der ausgelaugte Rückstand enthielt 0,07 % Kobalt.

Ein auf gleiche Weise behandeltes Erz von der Zusammensetzung

Co	1,49 %
Ni	0,02 -
As	4,09 -
Cu, Fe, S_2	Spur
FeS_2	1,35 -
Fe_2O_3	14,02 -
Al_2O_3, P_2O_5	2,52 -
Mn_2O_3	0,44 -
CaO, MgO	0,36 -
Alkalien	Spuren
Unlöslicher Rückstand	74,96 %

lieferte Laugen mit 6,43 g Co + Ni, 0,57 g Fe und 2,96 g Mn im Liter. Der ausgelaugte Rückstand enthielt 0,09 % Co + Ni, 0,21 % As, 21,10 % Fe_2O_3 und 0,42 % Mn_3O_4.

Erze mit 2,81 % Co, 0,04 % Ni und 7,29 % As wurden in gleicher Weise behandelt und hinterliessen nach dem Auslaugen einen Rückstand mit 0,11 % Co + Ni und 0,27 % As.

Bei der Behandlung der Laugen in der oben gedachten Weise erhielt Stahl ein oxydisches Product mit 92 % Kobaltoxyd.

Dem Verfasser ist über die definitive Einführung dieses Verfahrens nichts bekannt geworden. Es erscheint indess möglich, dass bei billigen Preisen der Reagentien ärmere Kobalterze mit gegen 1 % Kobalt nach demselben mit Vortheil verarbeitet werden können.

Nach einem anderen Verfahren[1]) sollen die totgerösteten Erze mit Chlorverbindungen des Eisens geröstet werden, wobei das Kobalt unter Entstehung von Eisenoxyd und Eisenoxyduloxyd in Chlorkobalt übergeführt werden soll:

$$(Co_3O_4 + 3FeCl_2 = 3CoCl_2 + Fe_3O_4;$$
$$2Co_3O_4 + 2Fe_2Cl_6 = 6CoCl_2 + Fe_2O_3 + O_2).$$

Ob sich durch dieses Verfahren eine vollständige Ueberführung des Kobalts in Chlorkobalt ermöglichen lässt, ist, soweit dem Verfasser bekannt, noch nicht durch Versuche in grösserem Maassstabe dargelegt worden.

Sack hat auf Grund von ihm ausgeführter Versuche Bleisuperoxyd bzw. Bleisuperoxydhydrat zur Trennung des Kobalts von Mangan, Eisen und Thonerde vorgeschlagen (D. R. P., Kl. 40, No. 72 579 vom 5. August 1892). Er fand, dass eine Lauge mit 3,08 g Kobalt und 4,516 % Mangan im Liter nach der Behandlung mit 39,5 g Bleisuperoxyd in der Kälte im Liter 3,638 g Kobalt und 0,0076 g Mangan enthielt. Mangan und Kobalt waren in der Lauge als Sulfate vorhanden. Ebenso fand er, dass auch Thonerde durch Mangansuperoxyd ausgefällt wird. Eisen wurde nach seinen Beobachtungen als basisches Salz niedergeschlagen.

Die Laugen, am besten Sulfatlaugen, werden zuerst von ihrem Kupfergehalte befreit und dann mit der berechneten Menge Bleisuperoxyd in der Kälte durchgerührt. Grössere Mengen von Eisen soll man vor dem Zusatz des Bleisuperoxyds durch Zusatz eines Alkali- oder Erdalkalicarbonates ausfällen, während man sehr grosse Mengen von Mangan vorher durch fractionirte Fällung mit einem löslichen Alkali- oder Erdalkalisulfid entfernen soll.

Aus dem durch Bleisuperoxyd entstandenen Niederschlage, welcher aus Mangansuperoxydhydrat, Thonerde, basischem Ferrisulfat und Bleisulfat besteht, soll man Mangan, Thonerde und Eisen durch Schwefel-

---

[1]) Schöneis. B.- u. H. Ztg. 1890. S. 453. Chemiker-Ztg. 1890. S. 1475. Zeitschr. f. angew. Chemie 1890. S. 337.

oder Salzsäure in Lösung bringen und das als Rückstand verbliebene Bleisulfat wieder auf Bleisuperoxyd verarbeiten.

Dieses Verfahren scheint bis jetzt keine Anwendung im Grossen gefunden zu haben.

Vortmann (D. R. P. No. 78236 vom 10. Mai 1894) will Kobaltoxyd bzw. Oxydhydrat aus Kobalt und Nickel enthaltenden Lösungen auf elektrometallurgischem Wege gewinnen. Leitet man den Strom durch derartige Lösungen, welche frei von Alkalisulfaten und anderen neutralen Salzen der Alkalien sind, so sollen sich Kobalthydroxydul und Nickelhydroxydul oder basische Kobalt- und Nickelsalze an der Kathode abscheiden. Kehrt man die Richtung des Stromes um, so soll sich das Nickelhydroxydul (bzw. die basischen Nickelsalze) auflösen, während das Kobalthydroxydul unlöslich bleiben und zu Kobalthydroxyd oxydirt werden soll. Giebt man dem Strome seine ursprüngliche Richtung wieder, so soll wieder Nickelhydroxydul mit einer neuen Menge Kobalt ausfallen. Durch Umkehrung der Stromrichtung soll das Nickel wieder in Lösung gebracht werden. Durch angemessene Wiederholung des Wechsels in der Stromrichtung soll es gelingen, das gesammte Kobalt als Hydroxyd auszufällen, während das Nickel in der Lösung verbleibt. Enthält die Flüssigkeit eine geringe Menge eines Chlorides (etwa 1 % Kochsalz), so soll das Kobalthydroxydul durch die geringe Menge des in der Flüssigkeit vertheilten Chlors bzw. der unterchlorigen Säure sehr rasch höher oxydirt werden. In diesem Falle soll daher ein häufiger Wechsel der Stromrichtung nicht erforderlich sein.

Durch mässiges Erwärmen der Flüssigkeit soll die Abscheidung des Kobalts befördert werden. Nach beendigter Abscheidung des Kobalts stellt man den Strom ab und erwärmt die Flüssigkeit auf 60 bis 70°, wodurch die im Kobalthydroxyd noch vorhandenen geringen Mengen von Nickelhydroxyd wieder gelöst werden sollen. Die vom Kobalthydroxyd abfiltrirte Nickellösung soll frei von Kobalt sein.

Die Annahme Vortmanns, dass Kobalt- und Nickelsalze durch den elektrischen Strom in der angegebenen Weise zersetzt werden, ist nicht unter allen Umständen zutreffend. Das Verfahren dürfte nicht zur Ausführung gelangt sein.

Coehn und Salomon (D. R. P. 102370 vom 4. März 1898) wollen die Elektrolyse von Kobalt- und Nickelsalzen so ausführen, dass Kobaltsuperoxyd an der Anode ausgeschieden wird. Um die Abscheidung von metallischem Kobalt und Nickel an der Kathode zu verhindern, setzt man dem Elektrolyten die Lösung eines Kupfersalzes zu. Es wird in diesem Falle an der Kathode Kupfer abgeschieden, während an der Anode Kobaltsuperoxyd niedergeschlagen wird und das Nickel in der Lösung bleibt. Ueber die Ausführung dieses Verfahrens ist nichts bekannt geworden.

Nach einem späteren Vorschlag von Coehn und Salomon (D. R. P. 110615) soll man das Kobalt aus der Lösung nicht elektrolytisch, sondern durch Persulfate (z. B. Ammoniumpersulfat) ausfällen. Die Persulfate sollen mit Hülfe der Elektrolyse hergestellt werden.

Bischoff und Tiemann stellten das von Cl. Winkler zur Bestimmung des Atomgewichtes des Kobalts benutzte metallische Kobalt mit Hülfe der Elektrolyse dar wie folgt[1]). Als Kobaltsalz diente eine Kobaltsulfatlösung mit 11,6400 g Kobalt im Liter. Der Elektrolyt bestand bei den zuerst ausgeführten 7 Versuchen aus 100 ccm Kobaltsulfatlösung, 30 g Ammoniumsulfat, 30 g Ammoniak vom specifischen Gewicht 0,905 und 100 ccm Wasser. Die Kathode bildete ein Platinblech. Als Anode wurde gleichfalls ein Platinblech benutzt. Die Stromstärke betrug 0,7 Ampère, die Spannung 3 Volt, die Stromdichte $D_{100} = 0,6$ Ampère. Bei der Erhitzung in reinem Wasserstoff erfuhr das niedergeschlagene Metall eine Gewichtsabnahme von 0,23 %. Hiernach mussten 0,32 % des Niederschlages aus Kobaltoxyd ($Co_2O_3 + 2H_2O$) bestanden haben. Bei den weiteren Versuchen bestand der Elektrolyt aus 250 ccm Kobaltsulfatlösung, 30 g Ammoniumsulfat, 50 g Ammoniak vom specifischen Gewicht 0,905 und 250 ccm Wasser. Die Kathode war ein polirtes Nickelblech, die Anode ein Platinblech. Die Stromstärke betrug 0,8 Ampère, die Spannung 3 Volt, die Stromdichte $D_{100} = 0,6$ Ampère. Bei der Erhitzung in reinem Wasserstoff erfuhr das Metall eine Gewichtsverminderung von 0,15 %, wonach 0,21 % der gesammten Kobaltmenge als Oxyd bestanden haben mussten. Das Metall zeigte nach der Erhitzung eine blauweisse Farbe.

b) Die Gewinnung von metallischem Kobalt

geschieht durch Reduction des Kobaltoxyds vermittelst kohlenstoffhaltiger Körper und wird ganz in der nämlichen Weise ausgeführt wie die Gewinnung des Nickels durch Reduction des Nickeloxyduls. Es braucht daher hier nur auf die Reduction des Nickeloxyduls Bezug genommen zu werden.

Das geschmolzene kohlenstofffreie Kobalt lässt sich zu Platten giessen, welche sich in der Hitze auswalzen lassen. Bei Zusatz einer geringen Menge Magnesium ($^1/_{10}$%) gelingt die Herstellung eines dichten und zähen Gusses besser.

Nach einem Patente der Berndorfer Metallwaarenfabrik in Niederösterreich (D. R. P. No. 28989) wird zur Herstellung von schmied- und walzbarem Kobalt das Oxyd zu pulverförmigem Metall reducirt, das letztere mit einer 4procentigen Lösung von Alkalipermanganat angemengt, getrocknet und im Gebläseofen geschmolzen. Man erhält so Kobalt, welches eine geringe Menge Mangan enthält. Das Mangan soll die kohlenstoffhaltigen Gase unschädlich machen, wobei es zum Theil reducirt wird und in das Kobalt übergeht. (Kohlenstoff, welcher in Mengen bis 4% vom Kobalt aufgenommen wird, macht das Metall hart und spröde.)

---

[1]) Zeitschr. für anorganische Chemie Bd. VIII. 1895.

2. Die Herstellung der Smalte.

Die Smalte oder das Blaufarbenglas ist ein hochsilicirtes, durch Kobaltoxydul blau gefärbtes Kaliglas, von welchem je nach der Farbenschattirung und der Feinheit des Korns verschiedene Sorten in den Handel kommen. Dieselbe enthält stets auch eine gewisse Menge Wasserglas. Auch enthält sie noch geringe Mengen von Arsensäure oder Arseniger Säure. Nach Ludwig[1]) wird die Farbe der Smalte durch die Anwesenheit gewisser Metalloxyde in derselben hinsichtlich der Reinheit und Stärke beeinträchtigt. Nach den Untersuchungen desselben erhöht Baryt die Farbe etwas, giebt ihr aber einen indigblauen Ton. Natron, Kalk und Magnesia drücken die Farbe merklich herab und verleihen ihr einen röthlichen Ton. Thonerde beeinträchtigt zwar nicht die Reinheit des Tons, wohl aber die Stärke desselben. Nickeloxydul färbt das Glas, wenn es in geringer Menge anwesend ist, röthlich, wenn es in grösserer Menge vorhanden ist, violett bräunlich, Eisenoxydul bräunlich bis grünlich. Manganoxyd stimmt den Farbenton in das Violette, Kupferoxyd in das Grünliche, Kupferoxydul in das Röthliche. Eisenoxyd, Manganoxydul, Bleioxyd und Wismuthoxyd sind, wenn sie in nicht zu grossen Mengen vorhanden sind, unschädlich. Der Kobaltgehalt der Smalte beträgt, je nach dem Farbenton derselben, 1,95 bis 18 %.

Die Smalte wird durch Zusammenschmelzen eines Gemenges von Kobaltoxyd, Quarz und Pottasche in angemessenen Verhältnissen hergestellt.

Das Kobaltoxyd stellt man, soweit es nicht unter Zuhülfenahme des nassen Weges gewonnen worden ist, direct aus den Erzen durch Rösten derselben her. Wenn die zu röstenden Erze Arsen- oder Arsenschwefelverbindungen des Kobalts darstellen, so werden die Röstöfen (Flammöfen oder Muffelöfen) mit Flugstaubkanälen zum Auffangen der bei der Röstung entwickelten Arsenigen Säure verbunden.

Die Röstung ist so zu führen, dass das in den Erzen enthaltene Kobalt in Oxyd übergeführt wird. Enthalten die Erze erhebliche Mengen von Eisen oder Nickel, so lässt man eine gewisse Menge der Arsenmetalle unzersetzt, um die gedachten Metalle beim Schmelzprozess als Speise auszuscheiden. Wird indess die Röstung zu früh unterbrochen, so bleibt auch Kobalt an Arsen gebunden und geht beim Schmelzprozess gleichfalls in die Speise. Ein geringer Kobaltgehalt der Speise ist indess ohne erheblichen Nachtheil, weil in diesem Falle die Gewissheit vorliegt, dass die Smalte nickelfrei ist. Bei einem Eisengehalt der Erze ist auch ein Rückhalt von Arseniger Säure im Röstgut von Vortheil, weil dieselbe beim Schmelzprozess das Eisenoxydul in das weniger schädliche Eisenoxyd überführt.

[1]) Erdmann's Journal für pract. Chem. Bd. 51. S. 129.

Die Kieselsäure wird in der Gestalt von reinem Quarzmehl angewendet. Zur Herstellung desselben werden die Quarzstücke gebrannt, in Wasser abgeschreckt, um sie für die Zerkleinerung geeignet zu machen, und dann gepocht. Der gepochte Quarz wird schliesslich durch Verwaschen von fremden Bestandtheilen befreit.

Fig. 468 u. 469.

Die Pottasche muss rein und calcinirt sein. Sie darf weder Erden noch Natron enthalten, weil diese Körper die Farbe des Kobaltglases beeinträchtigen.

Das Erz, der Quarz und die Pottasche werden in einem bestimmten, durch die Erfahrung festgestellten oder durch vorgängige Proben ermittelten Verhältnisse auf das Innigste gemengt und dann in die Schmelztiegel des Blaufarbenofens eingetragen. Ist in den Erzen nicht hinreichend Arsenige Säure zur Oxydation des Eisenoxyduls vorhanden, so wird dieselbe der Beschickung zugeschlagen.

Die Schmelztiegel oder Häfen sind aus feuerfestem Thon hergestellt und besitzen auf den verschiedenen Werken verschiedene Grösse.

Auf den sächsischen Blaufarbenwerken fasst ein Hafen 50 kg Beschickung und ein Ofen fasst je 8 dieser Häfen.

Die Einrichtung eines Ofens mit 6 Tiegeln oder Häfen ist aus den Figuren 468 und 469 ersichtlich.

Auf der Sohle des kuppelförmigen Heizraums T sind die Häfen t t auf Ziegelsteinen um eine Oeffnung z aufgestellt, aus welcher die Flamme des auf den beiden Rosten E E verbrennenden Brennstoffs emporsteigt.

Dieselbe tritt, nachdem sie die Häfen umspült hat, durch die Oeffnungen m, welche gleichzeitig auch Arbeitsöffnungen sind, aus dem Heizraume heraus. Durch die Oeffnungen v, welche während des Betriebes durch Mauerwerk verschlossen sind, werden die Häfen in den Heizraum eingesetzt bzw. aus demselben herausgeholt. N ist der Aschenfall, H die Hüttensohle.

Beim Schmelzen der Beschickung vereinigen sich Kobaltoxyd, Kieselsäure und das in der Pottasche enthaltene Kali zu einem Glase, der Smalte, während Nickel, Eisen und Kupfer sich mit dem Arsen zu einer Speise vereinigen. Sind die Erze wismuthhaltig, so scheidet sich das Wismuth mit der Speise ab. Ist das Kupfer als Oxyd vorhanden, so giebt es seinen Sauerstoff an die leicht oxydirbaren Metalle ab und geht in die Speise über.

Beim Schmelzen setzt sich die Speise sowie etwa vorhandenes Wismuth auf dem Boden des Hafens ab; darüber befindet sich das Kobaltglas. Während des Schmelzens rührt man die Massen zeitweise um. Am Schlusse lässt man die geschmolzenen Massen eine Zeit lang ruhig stehen, damit die Speise und das Wismuth Gelegenheit haben, sich auf dem Boden des Tiegels abzusetzen. Alsdann wird das Glas mit einer Kelle ausgeschöpft und in kaltes Wasser gegossen, um es geeignet für die Zerkleinerung zu machen.

Die Dauer der Schmelzung beträgt je nach der Grösse der Einsätze und der Beschaffenheit der darzustellenden Glassorten 8 bis 16 Stunden.

Die Speise ist wegen ihrer Reinheit ein sehr geeignetes Material für die Nickelgewinnung. Waren die Erze wismuthhaltig, so sind derselben grössere Mengen von Wismuth beigemengt. Zur Gewinnung dieses Metalles wird sie vor der Verarbeitung auf Nickel einer Saigerung unterworfen.

Das in Wasser ausgegossene Glas wird gepocht, gesiebt, dann auf Setzmaschinen gesetzt, um mechanisch von demselben eingeschlossene Speisetheilchen zu entfernen, und darauf auf Mühlen nass gemahlen. Die Trübe wird durch eine Reihe von Waschbottichen geleitet, in welchen sich das Glaspulver nach seiner Korngrösse bzw. Feinheit absetzt. In dem ersten Fass setzt sich das gröbere Pulver, das sogen. Streublau ab. (Dasselbe setzt man beim Vermahlen des Glases von derselben Farbenhöhe zu.) Nach dem Absetzen des Streublaus lässt man die Trübe in ein zweites Waschfass ab, in welchem sich die eigentliche Farbe absetzt. Aus diesem Fass lässt man die Flüssigkeit mit den noch in ihr suspendirten Glastheilchen in ein drittes Fass ab, in welchem sie bis zur Klärung stehen bleibt. In diesem dritten Fass setzt sich das feinste Mehl, die sog. „Eschel“ ab.

Die Farben und Eschel werden einem nochmaligen Verwaschen unterworfen. Die Waschwasser werden in Sümpfe geleitet, in welchen sich die noch in denselben suspendirten festen Theile als sog. „Sumpfeschel“ absetzen.

Die gewaschenen Farben werden in geheizten Räumen, sog. Trockenstuben, oder an freier Luft in den sog. Trockenhäusern getrocknet.

Erst das gewaschene und getrocknete Glas wird mit dem Namen „Smalte“ bezeichnet.

Während der Aufbereitungsarbeiten wird der Smalte ein Theil ihrer löslichen Bestandtheile entzogen, indessen hält sie immer noch 0,75 bis 1,25 % Wasserglas zurück. Bei hohem Gehalte an Wasserglas erhält sie ein trübes Aussehen.

Mit Wasser angemengt, bildet die Smalte eine knetbare Masse. Bleibt sie längere Zeit hindurch mit Wasser in Berührung, so büsst sie ihre Farbe ein und wird graublau bis schmutziggrün.

Die Smalte wird sowohl nach ihrer Korngrösse als auch nach ihrem Kobaltgehalte bezeichnet. Der Kobaltgehalt wird durch die Buchstaben F, M und O, die Korngrösse durch die Buchstaben

C (Couleur, Farbe),
E (Eschel),
B (böhmisch, d. i. ein mittleres Korn von 0,5 bis 1 mm Durchmesser),
H (hoch, d. i. die grobkörnigste Sorte)

angegeben.

S bedeutet ungesiebtes Glas und
G gesiebtes Glas.

So bezeichnet:

F C	feine Couleur,
F C B	feine böhmische Couleur,
F E	feine Eschel,
M C	mittelfeine Couleur,
M E	mittelfeine Eschel,
O C	ordinäre Couleur,
O C B	ordinäre böhmische Couleur,
O E	ordinäre Eschel.

Dunklere, d. h. kobaltreichere Smalten als F bezeichnet man mit mehreren F. Kobaltärmere Sorten als O C erhalten Zahlen als Exponenten hinter O C, z. B. O C^2, O C^4. Hierdurch wird angedeutet, dass in O C^2 der Kobaltgehalt halb so gross, in O C^4 $^1/_4$ so gross ist wie in O C.

Die Zusammensetzung einiger Smaltesorten ergiebt sich aus den nachstehenden Analysen von Ludwig: 1. ist eine höhere Couleursorte von Modum, 2. ist eine deutsche hohe Eschel, 3. ist eine deutsche grobe blasse Couleur.

	1.	2.	3.
SiO_2	70,86	66,20	72,12
Al_2O_3	0,43	8,64	1,80
FeO	0,24	1,36	1,40
CaO	—	—	1,92
CoO	6,49	6,75	1,95
K_2O	21,41	16,31	20,04
Ni	—	—	Spur
As_2O_3	Spur	—	0,078
CO_2	—	0,25	0,46
H_2O	0,57	0,67	Spur

Unter Zaffer oder Safflor versteht man ein Gemenge von geröstetem Kobalterz und Quarzmehl, welches beim Zusammenschmelzen mit Pottasche blaues Glas liefert. Dasselbe wird als solches in den Handel gebracht.

3. Die Darstellung sonstiger Kobaltverbindungen.

Von sonstigen Kobaltverbindungen sind anzuführen:

Das Kobaltphosphat und Kobaltarseniat, welche unter dem Namen rothes Kobaltoxyd im Handel bekannt sind, die Kobaltbronce, ein Kobaltammoniumphosphat, welches Flitter von metallähnlichem Aussehen darstellt, das Kobaltultramarin oder Thenard'sche Blau, welches ein molekulares Gemenge von verschiedenen Oxyden des Kobalts mit Thonerde darstellt, und das Zinkgrün oder Rinmann'sche Grün oder der grüne Zinnober, eine Zinkoxyd-Kobaltoxydulverbindung.

Das Kobaltultramarin stellt man dar durch Behandlung einer Lösung, welche 3 Theile Thonerde auf 1 Theil Kobaltoxydul enthält, mit Alkalicarbonat, oder durch Glühen eines Gemenges von Alaun und Kobaltsulfat bis zur gänzlichen Entfernung der Schwefelsäure. Auch gewinnt man dasselbe durch Behandlung einer Kobaltnitratlösung mit Kaliumphosphat, Mengen des erhaltenen Niederschlags mit dem dreifachen Volumen frisch niedergeschlagenen Thonerdehydrats (erhalten durch Behandlung einer Alaunlösung mit Natriumcarbonat) und Trocknen und Erhitzen des Gemenges.

Das Rinmann'sche Grün lässt sich herstellen durch Behandeln einer Lösung, welche 1 Theil Kobaltchlorür und 5 Theile Zinkchlorid enthält, mit Kaliumcarbonat, Auswaschen des erhaltenen Niederschlags und Trocknen nnd Glühen desselben. Eine andere Art der Darstellung besteht im Glühen eines Gemenges von Purpureo-Kobaltchlorid mit Zinkweiss, bis kein dampfförmiges Chlorzink mehr entweicht. Ein ferneres Verfahren besteht in der Behandlung einer Lösung von Zink- und Kobaltsulfat mit Natriumcarbonat, im Auswaschen und Glühen des erhaltenen Niederschlags. Eine weitere Art der Darstellung besteht im Eindampfen einer Lösung der Nitrate von Kobalt und Zink und im Glühen des beim Eindampfen erhaltenen Rückstandes. Auch kann man eine Kobaltnitratlösung mit Zinkoxyd mengen, das Gemenge zur Trockne dampfen und dann glühen.

In allen Fällen darf die Temperatur beim Glühen nicht zu hoch steigen, weil sonst die Masse eine graue Farbe erhält.

Platin.

Physikalische Eigenschaften.

Das Platin hat eine nahezu silberweisse Farbe und hakigen Bruch. Es ist in hohem Maasse streckbar und dehnbar. Seine Weichheit kommt der des Kupfers gleich; seine Festigkeit liegt zwischen der des Goldes und Kupfers.

Das specifische Gewicht des Platins beträgt (nach Deville und Debray) bei 17,6° 21,48 bis 21,50 und kann bei einem gewissen Gehalte an Iridium bis 21,8 gehen.

Es krystallisirt in Formen des regulären Systems.

In der Weissgluth ist es schweissbar.

Es schmilzt vor dem Knallgasgebläse bei 1775° (Violle), nach älteren Angaben bei 2000°. Mit Kohlenstoff oder Silicium verbunden soll es bei niedrigeren Temperaturen schmelzen.

Die Frage der Flüchtigkeit des Platins in höheren Temperaturen ist noch nicht mit Sicherheit entschieden. Es steht fest, dass es im reinen Zustande vor dem Knallgasgebläse weit über seinen Schmelzpunkt hinaus erhitzt werden kann, ohne dass Verluste durch Verflüchtigung eintreten. Dagegen ist seine Flüchtigkeit nachgewiesen, wenn es mit Silicium oder Kohlenstoff verbunden ist. Ferner ist es flüchtig in Gegenwart von Chlor und Osmium.

Bei schnellem Erkalten soll das geschmolzene Platin in ähnlicher Weise wie das Silber die Eigenschaft des Spratzens zeigen. Nach Heraeus soll das Spratzen nur dann eintreten, wenn Sauerstoff in das geschmolzene Metall eingepresst wird. Nach Aubel liegt die Ursache des Spratzens darin, dass die Oberfläche des geschmolzenen Metalles bei rascher Erkaltung derselben eine Contraction erleidet, wodurch die unter derselben vorhandenen flüssigen Theile unter Sprengung der Decke ausgetrieben werden.

In höherer Temperatur ist das Platin durchlässig für Wasserstoff. Dagegen lässt es Sauerstoff, Chlor, Chlorwasserstoff, Kohlenoxyd, Kohlensäure und Wasserdampf nicht durchdringen. Für Stickstoff ist es nur in geringem Maasse und nur bei Gegenwart von Wasserstoff durchlässig. Das rothglühende Metall hat die Eigenschaft, erhebliche Mengen von Wasserstoff zu absorbiren und dieselben auch nach dem Erkalten zurückzuhalten. Durch Glühen des Metalles im luftleeren Raum lässt sich der Wasserstoff aus demselben entfernen.

Das fein vertheilte Platin (Platinschwamm, Platinmohr) hat die Eigenschaft, Gase (besonders Sauerstoff) auf seiner Oberfläche zu verdichten.

Den Einfluss fremder Beimengungen auf die physikalischen Eigenschaften des Platins anlangend, so wird die Ductilität desselben durch geringe Mengen anderer Platinmetalle (welche die Begleiter des natürlich vorkommenden Platins sind), wie Iridium, Osmium, Palladium, Rhodium, Ruthenium in erheblichem Maasse vermindert. Das Iridium macht andererseits das Platin härter und widerstandsfähiger gegen chemische Agentien. Silicium macht das Platin schon in sehr geringen Mengen ($^1/_{3000}$) spröde und hart.

Die für die Gewinnung des Platins wichtigen chemischen Eigenschaften desselben und der Verbindungen dieses Metalles.

Das Platin ist bei jeder Temperatur an der Luft unveränderlich.

Im reinen Zustande wird es weder in der Kälte noch in der Hitze von Schwefelsäure, Salpetersäure oder Salzsäure angegriffen. Ist es dagegen unrein oder mit anderen Metallen legirt, so wird es von Säuren mehr oder weniger angegriffen. Beispielsweise löst es Salpetersäure aus Legirungen mit Silber, Kupfer, Blei, Wismuth und Zink zu Platinnitrat auf. Nach Roessler[1]) ist das in Silberlegirungen enthaltene Platin beim Vorhandensein des Silbers in grösserer Menge in Salpetersäure zum Theil löslich. Der bei der Behandlung solcher Legirungen mit Salpetersäure verbleibende Rückstand ist nicht metallisches Platin, sondern eine Verbindung des Metalles mit Sauerstoff, welche in Salzsäure löslich ist. Das Platin und Theile des Goldes, welche in den Anodenschlämmen von der elektrolytischen Gold- und Silberscheidung nach dem Moebins-Verfahren (Metallhüttenkunde Bd. I. S. 1159) enthalten sind, werden gleichfalls durch Salzsäure gelöst und befinden sich in chemischen Verbindungen, welche Sauerstoff und Stickstoff enthalten. Von Königswasser wird das Platin langsam zu Platinchlorid aufgelöst, bei Anwendung von Druck dagegen erheblich schneller.

Wasserfreies Chlor greift das Platin bei gewöhnlicher Temperatur nicht an, wohl aber bei höherer Temperatur, Platinschwamm wird schon bei 250° in Chlorür verwandelt.

Wässriges Chlor löst das Platin ebenso wie das Königswasser bei

[1]) Chemikerzeitung vom 29. August 1900.

gewöhnlichem Druck langsam, unter erhöhtem Druck dagegen schneller auf. Auch Eisenchlorid soll Platin auflösen.

Mit Chlor bildet das Platin 2 Verbindungen, Platinchlorür, $Pt\,Cl_2$, und Platinchlorid, $Pt\,Cl_4$.

Brom greift das Platin nicht an, wohl aber ein Gemisch von Brom oder Bromwasserstoffsäure und Salpetersäure.

Bei Luftzutritt wird es durch schmelzende Alkalien oxydirt, ebenso durch Glühen mit Alkalinitraten.

Mit dem Sauerstoff bildet das Platin zwei Oxyde, nämlich $Pt\,O$ und $Pt\,O_2$.

Schwefel verbindet sich mit fein vertheiltem Platin leicht zu Platinmonosulfid ($Pt\,S$) beim Erhitzen beider Körper in einer luftleeren Glasröhre. Beim Glühen an der Luft zersetzt sich diese Verbindung unter Ausscheidung von Platin. Eine andere Schwefelverbindung des Platins, das Platindisulfid ($Pt\,S_2$), erhält man beim Schmelzen von Platin mit Schwefel und Alkalien oder beim Schmelzen von Platinsalmiak mit Schwefel. Diese Verbindung löst sich in den Sulfiden der Alkalimetalle.

Silicium verbindet sich mit Platin, wenn man das Metall mit kieselsäurehaltiger Kohle oder auch nur mit Kohle in einem Thontiegel erhitzt. Durch Schmelzen von Platin mit Silicium stellte Winkler die Verbindungen $Pt\,Si_3$ und $Pt_2\,Si$ her. In sehr hoher Temperatur verflüchtigt sich das Silicium aus dem Platin. Die Verbindungen des Siliciums mit Platin sind spröde und hart.

Mit Phosphor verbindet sich das Platin in der Glühhitze.

Aus sämmtlichen Platinsalzen wird das Platin durch Glühen derselben metallisch ausgeschieden. Wird eine Lösung von Platinchlorid mit organischen Stoffen (Alkohol) oder mit Magnesium, Zink, Eisen etc. behandelt, so wird das Platin in der Form eines schwarzen Pulvers (Platinschwarz, Platinmohr) ausgeschieden.

Chlorkalium und Chlorammonium geben mit Lösungen von Platinchlorid gelbe Niederschläge von Kaliumplatinchlorid bzw. Ammoniumplatinchlorid. Durch Glühen derselben wird das Platin als Metall in schwammförmiger Gestalt ausgeschieden. Beim Glühen von Kaliumplatinchlorid bleibt ausser dem Platin noch Chlorkalium zurück.

Das Platin legirt sich mit einer grossen Reihe von Metallen, z. B. mit Iridium, Osmium, Palladium, Ruthenium, Rhodium, Gold, Silber, Kupfer, Eisen, Blei.

Mit Quecksilber legirt sich das dichte Platin in der Kälte nicht. Beim Erhitzen bildet sich nur ein dünner Ueberzug von Quecksilber, welcher sich leicht abwischen lässt. Dagegen legirt sich der Platinschwamm mit dem Quecksilber beim Zusammenreiben beider Körper in der Wärme und beim Zusatz von schwach angesäuertem Wasser.

Da das in der Natur vorkommende Platin stets dicht ist, so lässt sich aus einem Gemenge von Gold und Platin das Gold durch Quecksilber entfernen.

Schmilzt man Platin mit Blei zusammen, so erhält man eine spröde Legirung, aus welcher das Blei durch Abtreiben entfernt werden kann. Wird die Legirung pulverisirt und feuchter kohlensäurehaltiger Luft ausgesetzt, so bildet sich bei einem Ueberschuss von Blei über die Verbindung Pt + Pb hinaus so lange Bleiweiss, bis die gedachte Verbindung zurückbleibt. Die letztere wird durch Kochen mit Mineralsäuren leicht zersetzt. Hiernach ist es möglich, Platin durch Schmelzen mit Blei in dem letzteren Metalle anzusammeln und durch Abtreiben das Blei von dem Platin zu scheiden.

Die Platinerze.

Das Platin findet sich in der Natur im gediegenen Zustande und an Arsen gebunden als sog. „Sperrylit". Für die Platingewinnung kommt bis jetzt nur das gediegene Platin in Betracht.

Das gediegene Platin ist gewöhnlich mit sog. Platinmetallen (Iridium, Palladium, Rhodium, Osmium, Ruthenium) sowie auch mit Eisen und etwas Kupfer legirt. Von Iridium hat man bis 27,8 % und von Eisen bis 19 % im Platin gefunden.

Das Platin findet sich hauptsächlich in Geröll- und Sandablagerungen, welche aus der Zerstörung der ursprünglichen Lagerstätten dieses Metalles hervorgegangen sind. Auf diesen secundären Lagerstätten, den sog. Seifen, findet es sich, ähnlich wie das Gold, in der Gestalt von Körnern und Blättchen, seltener von grossen Stücken. Als Beimengungen sind besonders Serpentin, Quarz, Zirkon, Spinell, Korund, Titan-, Chrom- und Magneteisenstein, Gold und Osmiridium anzuführen. Der grösste bis jetzt in den Seifen des Urals gefundene Platinklumpen, welcher im Demidoff-Museum in St. Petersburg aufbewahrt wird, besitzt ein Gewicht von 9,62 kg.

Als wichtigster Fundort für gediegenes Platin ist Russland anzuführen, welches die weitaus grösste Platinerzeugung von allen Ländern der Erde hat. Das Platin findet sich in diesem Lande im mittleren Ural zwischen dem $57\frac{1}{2}$ bis $59\frac{1}{2}$ Grad nördlicher Breite auf eine Länge von 80 englischen Meilen im Gouvernement Perm und im Bezirke der Bergverwaltuug von Jekaterinburg. Die wichtigsten Platindistricte sind die von Goroblagodat und von Nischni-Tagilsk. Die Lagerstätten sind Seifen, welche sich grösstentheils in kleinen Flussthälern und an den Hügelabhängen befinden. Die Seifen des Districts von Goroblagodat liegen ausschliesslich auf der asiatischen Seite des Ural in dem Flussbette des zum System des Turaflusses gehörigen Iss und seiner Nebenflüsse und Bäche. Sie gehören dem Grafen Schuwaloff und einer Anzahl von Gesellschaften. Die Seifen des Districts von Nischni-Tagilsk liegen zum grössten Theile auf der europäischen Seite des Ural in dem Gebiete der Flüsse Vissim und Martian. Sie gehören ausschliesslich der Familie Demidoff.

Die durchschnittliche Mächtigkeit der eigentlichen Seifen beträgt

1,066 m, während die über ihnen liegende Decke im Durchschnitt 4,87 m dick ist. Auch hier sind die Seifen häufig mit einer Torfschicht bedeckt. Die Geschiebe der Seifen bestehen aus Diorit, Gabbro, Diallag, Olivin, Dioritporphyr, Pyroxenporphyr, Serpentin, Quarzit. Das Platin stammt aus basischen Gesteinen, welche reich an Magnesia sind. So wurde es im Jahre 1892 von Innostranzeff in Serpentinfels gefunden. Platin ohne Gold findet sich nur auf 3 Lagerstätten im Gebiete des Turaflusses. Die sämmtlichen übrigen Lagerstätten im Ural enthalten neben dem Platin auch Gold. Auf den Demidoff'schen Seifen ist das Verhältniss zwischen Platin und Gold wie $6^1/_2$ zu 1, auf der Schuwaloff'schen Biser-Besitzung wie 31 zu 1. Der Platingehalt der Lagerstätten hat in der neueren Zeit stark abgenommen. Die Verarmung hat ihren Grund in dem Umstande, dass man früher bei niedrigen Platinpreisen die reicheren Seifen in dem Oberlaufe der kleineren Flüsse ausbeutete, während man zur Zeit bei hohen Platinpreisen auf die Seifen in den breiteren Thälern und auf die Abgänge vom Verwaschen der reicheren Seifen angewiesen ist. Im Bezirke von Goroblagodat enthielten im Jahre 1870 die reicheren Sande noch 31,103 g Platin in der t, in dem Zeitraume von 1870 bis 1880 durchschnittlich 15,55 g. Im Jahre 1887 schwankte der Platingehalt aller bearbeiteten Seifen zwischen 3 und 19 g per t und betrug im Durchschnitte 3,5 g. In den Jahren 1894 und 1895 liess sich aus Seifen mit 3 g Platin das Metall noch mit Vortheil gewinnen. Bei dem gegenwärtigen hohen Preise des Platins werden die Gewinnungskosten des Metalles noch bei einem Platingehalte der Seifen von $^5/_6$ g per t gedeckt[1]).

Weitere Fundorte für Platin sind: Spanien, Irland (Wicklow), Norwegen (Arendal), Südamerika (Provinzen Choco und Barbacoas der Republik Neu-Granada, Minas Geraes und Matto Grosso in Brasilien), Nordamerika (Britisch-Columbia, in Californien, besonders Trinity und Shasta County, Oregon, Nordcarolina, Canada, Mexico, San Domingo, Haiti), Borneo, Ostindien, Lappland, Australien (Fifield in Neu-Süd-Wales), Neu-Seeland. Im Rheinsande wurden nach Hopff und Doebereiner 0,0004 % Platin gefunden.

Das platinhaltige Seifengebirge bzw. der platinhaltige Sand wird verwaschen und dann von einem etwaigen Goldgehalte durch Behandlung mit Quecksilber befreit. In diesem Zustande gelangt er zur weiteren Verarbeitung an die Platinfabriken.

Die Zusammensetzung derartig behandelter Platinerze, des sog. Rohplatins, ist aus den nachstehenden Analysen ersichtlich.

---

[1]) The Min. Ind. 1898. S. 541. Mining and Scientific Press vom 10. Septbr. 1898.

Russisches Platin aus dem Ural nach Kern[1]).

Bezirk von Nischni-Tagilsk

	I	II	III
Pt	80,87	71,20	89,05
Rh	4,44	1,50	4,60
Ir	0,06	2,40	Spur
Os	Spur	0,05	Spur
Pd	1,30	1,95	2,35
Fe	10,82	13,40	3,40
Cu	2,30	6,70	0,59
Osm.-Ir	0,11	2,65	Spur

Bezirk von Goroblagodat

	I	II	III
Pt	87,50	84,50	80,05
Rh	1,20	2,90	1,05
Ir	0,05	0,90	2,50
Os	0,01	0,06	Spur
Pd	1,05	0,05	2,03
Fe	8,60	7,55	11,04
Cu	0,65	0,60	1,02
Osm.-Ir.	1,50	2,80	2,51

Platinerz von Britisch-Columbia nach Hoffmann

	I	II
Pt	78,43	68,19
Ir	1,04	1,21
Os	—	—
Pd	0,09	0,26
Rh	1,70	—
Fe	9,78	7,87
Cu	3,89	3,09
Osm.-Ir	3,77	14,62
Chromit	1,27	1,95

Platinerz von

	Californien nach Deville	Brasilien nach Svanberg	Choco nach Deville und Debray	Borneo von Blekerode
Pt	79,85	55,44	86,20	70,21
Ir	4,20	27,79	0,85	6,13
Os	0,05	—	—	1,15

[1]) Chem. Centralblatt. 1877. p. 287.

	Platinerz von Californien nach Deville	Brasilien nach Svanberg	Choco nach Deville und Debray	Bornea von Blekerode
Pd	1,95	0,94	0,50	1,41
Ru	—	—	1,40	—
Rh	0,65	6,86	—	0,50
Fe	4,45	4,14	7,80	5,80
Cu	0,75	3,30	0,60	0,34
Au	0,55	—	0,95	3,97
Osm.-Ir Sand	4,95	—	0,95	8,86

Der Sperrylit (Pt As_2) findet sich auf den Kupfer- und Nickelerze führenden Magnetkieslagerstätten von Sudbury in Canada (Vermillion Mine). In der neuesten Zeit ist er auch in den Kupfererzen der Rambler Mine, Albany County, Wyoming gefunden worden[1]). Er kommt hier mit Covellit vor. In einer ausgesuchten Probe von Covellit betrug der Platingehalt 12 Unzen per t.

Eine grössere Durchschnittsprobe der Erze ergab[2]):

Au	0,16 — 0,19	Unzen per t
Ag	3,8 - 4,72	- - -
Pt	0,69 - 0,74	- - -
Pd	1,8 - 1,9	- - -

Der aus den Erzen hergestellte Kupferstein enthielt:

Au	0,40 - 0,45	Unzen per t
Ag	7,40 - 7,46	- - -
Pt	0,99 - 1,05	- - -
Pd	3,15 - 3,25	- - -

Auch soll Sperrylit in den Sanden von Cower Creek, Macon County, N. C. gefunden worden sein.

Ausser im gediegenen Zustande bzw. dem Zustande der Legirung und der Arsenverbindung findet sich das Platin in sehr geringen Mengen in Fahlerzen, Zinkblenden, Blei- und Silbererzen, in Uranverbindungen und in verschiedenen Gebirgsarten. So fand es Roessler in Mengen von 0,0058% im Blicksilber von Commern und Mechernich.

---

1) The Min. Ind. 1901. S. 536.

2) The Min. Ind. 1903. S. 527.

Die Gewinnung des Platins.

Der hüttenmännischen Gewinnung des Platins geht eine Anreicherung desselben in den Erzen durch Verwaschen voraus. Sind die Erze goldhaltig, so wird das Gold bei dem Verwaschen gleichzeitig mit dem Platin angereichert. Aus dem goldhaltigen Waschgute scheidet man das Gold mit Hülfe von Quecksilber aus, welches letztere das Gold amalgamirt, das Platin aber nicht angreift.

In Russland geschieht das Verwaschen des platinhaltigen Haufwerks im Sommer. Beim Vorhandensein hinreichender Wassermengen werden Gerinne (sluices) von ähnlicher Einrichtung wie die bei der hydraulischen Goldgewinnung in Californien benutzten Gerinne, nur von viel kleineren Abmessungen, angewendet. Das Verwaschen geschieht dann lediglich durch Handarbeit. Andernfalls geschieht das Verwaschen mit Hülfe von Maschinen.

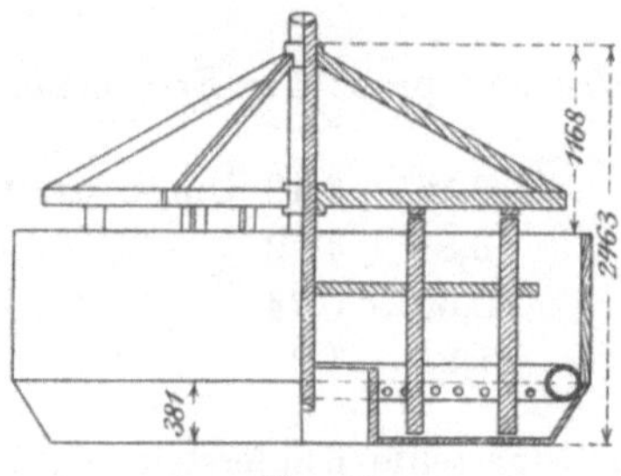

Fig. 470.

Bei thonigen Geschicken wendet man wohl mit Rührwerken versehene stehende Waschmaschinen an, deren Einrichtung aus der Figur 470 ersichtlich ist.

Sie besteht aus einem gusseisernen, kegelförmigen Untertheil und einem sich daranschliessenden, aus Holzdauben hergestellten, cylindrischen Obertheil von 0,914 m Höhe. Der Boden des Untertheils ist durchlöchert. Die Löcher besitzen 0,0158 m Durchmesser.

Durch ein am oberen Ende des Untertheils angebrachtes, mit Löchern versehenes kreisförmiges Rohr aus Gusseisen wird Wasser in einer Reihe von Strahlen eingeführt. Die Rührvorrichtung besteht aus einer stehenden Welle mit 6 Armen, an welchen senkrechte, bis auf den Boden des Apparates herabgehende Rührstangen aus Eisen angebracht sind. Die Welle macht 25 Umdrehungen in der Minute. Von dem in den Apparat eingeführten Haufwerk bleiben die gröberen Stücke auf dem Boden liegen, während die Sande mit dem Wasser durch die Löcher des Bodens hindurchgehen und in ein Waschgerinne von der nämlichen Einrichtung wie in Fig. 471 gelangen und hier weiter verwaschen werden. Die auf dem Boden des Apparates angesammelten Stücke werden zeitweise durch eine in demselben angebrachte Oeffnung in darunter gefahrene Wagen abgelassen. In einem derartigen Apparat werden in 24 Stunden 200 t Haufwerk verarbeitet. Der Betrieb geschieht durch eine Dampfmaschine von 10 bis 15 PS.

Die am meisten in Russland angewendete Waschmaschine ist aus der Figur 471 ersichtlich. Sie besteht aus Separationstrommeln und Waschgerinnen. AA′ sind die beiden gegen 3 m langen, geneigt liegenden Separationstrommeln mit Löchern von je 0,0127 m Durchmesser. An ihrem oberen Ende wird ein Wasserstrahl eingeführt. Sand, Thon und Wasser gehen durch die Löcher der Trommeln hindurch, während die gröberen Stücke an ihrem unteren Ende in Wagen fallen und weggefahren werden. Sand, Thon und Wasser fallen in den Kasten B. Dieser besitzt

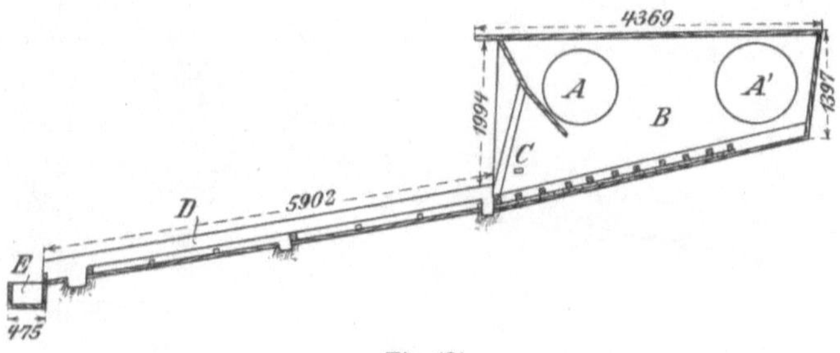

Fig. 471.

einen mit 15° geneigten Boden und ist der Länge nach durch eine Bretterwand in 2 Theile getheilt. Vorne ist der Kasten durch einen Holzrost C verschlossen. Der Boden und die Seiten sind mit Eisenblech ausgekleidet. Der Boden ist mit Strohmatten belegt, welche durch darauf befestigte Holzschwellen in ihrer Lage gehalten werden. Ausserhalb des Kastens schliesst sich an den Boden ein Gerinne D von 5,18 m Länge und geringerer Neigung als der erstere an. Dieses Gerinne hat auf dem Boden Holzschwellen (Querschwellen) und einige Tröge. Am unteren Ende befindet sich ein Gerinne E zur Abführung der tauben Massen. Zwischen den Querschwellen auf dem Boden des verschlossenen Kastens wird der grösste Theil des Platins zurückgehalten. Besonders sammeln sich hier auch grössere Körner des Metalles an. Der Verschluss des Kastens hat lediglich den Zweck, das Wegstehlen des Platins zu verhindern. In dem Gerinne ausserhalb des Kastens sammelt sich nur wenig Platin in feineren Partikelchen an. Die Menge des in die wilde Fluth gehenden Platins wird nicht ermittelt. In 12 Stunden werden 100 t Haufwerk verarbeitet. An Wasser soll das 5- bis 10-fache Volumen von dem des Haufwerks erforderlich sein. Alle 12 Stunden wird der gewonnene Platinsand nach Entfernung der Querschwellen und nach der Oeffnung des Gitters aus dem Apparate herausgenommen und aus den Matten ausgewaschen. Die weitere Concentration des Sandes geschieht in einem Gerinne, dessen Einrichtung aus den Figuren 472 und 473 ersichtlich ist. Der obere Theil des Gerinnes B ist mit Eisenblech ausgefüttert. Das Wasser wird am Kopfe des Gerinnes durch ein Rohr zugeführt. Es fliesst erst abwärts und steigt dann aufwärts, um über ein Ueberfallbrett wieder auf den Boden des Gerinnes zu gelangen. Der Sand wird in den oberen Theil des Gerinnes geworfen und hier mit einer Kist bearbeitet. Es setzt sich hier die Hauptmenge des Platins ab. Der Rest gelangt mit den tauben Massen und dem Wasserstrom in den 4,572 m langen unteren Theil C des Gerinnes. Der Boden desselben ist mit Stücken von gewaschenem Torf belegt, welche durch Querschwellen festgehalten werden. Zwischen den Querschwellen auf dem Torfe setzt sich noch ein Theil platinhaltiger Sand ab. Von Zeit zu Zeit wird der letztere nach Aufhebung der Querschwellen

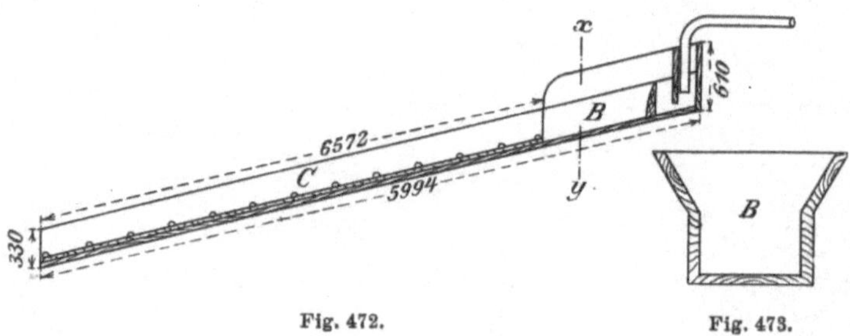

Fig. 472. Fig. 473.

von den Torfstücken durch Ausheben, Schlagen und Waschen derselben entfernt und dann noch ein bis zwei Male in dem nämlichen Gerinne in gleicher Weise verwaschen.

Zum Schluss werden die auf die gedachte Weise erhaltenen reichen Sande, welche aus Platin, Chromit und einigen schwereren Mineralien bestehen, noch einmal auf einem kleinen Waschheerde mit der Kist bearbeitet. Derselbe besteht, wie Figur 475 darlegt, aus zwei untereinander liegenden geneigten Gerinnen von je 0,914 m Breite. Die Sande werden am Kopfe des Heerdes aufgegeben und unter Wasserzufluss zuerst auf dem oberen und dann auf dem unteren Theile des Heerdes mit der Kist, welche in Figur 474 abgebildet ist, bearbeitet. Dann werden sie vom Heerde entfernt und nach vorgängigem Ausziehen des Goldes aus ihnen als Rohplatin in den Handel gebracht.

Das Ausziehen des Goldes aus dem Platin geschieht in Schalen von Holz, Eisen oder Porzellan. Der Sand wird mit dem Quecksilber $^1/_2$ Stunde lang zusammengerieben. Nachdem das gebildete Amalgam abgegossen ist, wird das Zusammenreiben mit Quecksilber in gleicher Weise so oft wiederholt, bis das gesammte Gold ausgezogen ist. Das russische Rohplatin enthält durchschnittlich 75 bis 85% reines Platin, ferner Chromit, eine kleine mit dem Platin legirte Menge von Eisen, Osmium und Iridium in Mengen bis zu 5% und andere Platinmetalle, wie Palladium und Ruthenium. Die bei Weitem grösste Menge des russischen Rohplatins geht in das Ausland, besonders an die Firmen Johnson, Matthey & Co. in London, Desmontis, Lemaire & Cie in Paris und Heraeus & Co. in Hanau. Das in Russland verbleibende Rohplatin wird durch Kolbe & Lindfors und durch die Tenteleff'sche chemische Fabrik, beide in St. Petersburg, raffinirt.

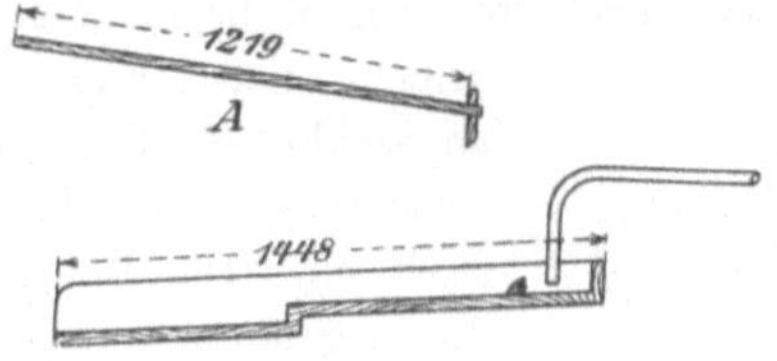

Fig. 474 u. 475.

Die hüttenmännische Gewinnung des Platins aus den Erzen kann sowohl auf trockenem Wege als auch unter Zuhülfenahme des nassen Weges bewirkt werden. Der trockene Weg liefert indess kein reines Platin, sondern nur Legirungen dieses Metalles mit Iridium und Rhodium. Die Herstellung von reinem Platin lässt sich nur unter Zuhülfenahme des nassen Weges ausführen. Der elektrometallurgische Weg wird zur Ausscheidung der Platinmetalle aus Legirungen derselben mit Gold angewendet.

Grundsätzlich gewinnt man das Platin bis jetzt unter Zuhülfenahme des nassen Weges.

1. Die Gewinnung des Platins auf trockenem Wege.

Zur Gewinnung des Platins auf trockenem Wege sind zwei Methoden von Deville und Debray angegeben worden[1]). Die eine Methode besteht im Schmelzen der Erze in einem aus Kalk hergestellten Gefässe und in einem wiederholten Umschmelzen des hierbei erhaltenen Königs. Die andere Methode besteht im Schmelzen der Erze mit Bleiglanz und Glätte in einem Flammofen, in dem Abtreiben des hierbei erhaltenen platinhaltigen Bleis und in einem oxydirenden Schmelzen des beim Abtreiben erhaltenen bleihaltigen Platins in einem aus Kalk hergestellten Gefässe.

Das Verschmelzen der Erze in dem Kalkgefässe, dem sog. Deville-schen Ofen, geschieht mit Hülfe der Leuchtgasflamme unter Anwendung eines Sauerstoffgebläses.

---

[1]) Dingler. Bd. 153, S. 38; Bd. 154, S. 130, 199, 287, 383; Bd. 165, S. 198, 205.

Die Einrichtung dieser Schmelzvorrichtung ist aus der Figur 476 ersichtlich. Dieselbe stellt einen aus zwei Hälften bestehenden ausgehöhlten cylindrischen Block von gebranntem Kalk dar. In die Höhlung b wird das Erz durch eine Oeffnung in der oberen Hälfte des Blockes (welche in der Figur nicht sichtbar ist) eingetragen. Diese Oeffnung wird während des Schmelzens durch einen Kalkpfropfen verschlossen. Eine zweite conische Oeffnung q dient zur Einführung des Gasstroms. Der letztere gelangt in diese Oeffnung durch ein Platinrohr m, welches an seinem unteren Ende einen durchlöcherten Knopf besitzt. Dieses Rohr ist mit seinem oberen Ende an ein Kupferrohr c angeschlossen. Durch das Rohr h tritt das Leuchtgas, durch das Rohr o der Sauerstoff ein. Durch die Oeffnung d treten die Verbrennungsgase aus. Dieselbe dient gleichzeitig als Ausgussöffnung für die geschmolzenen Massen. Man hat es durch geeignete Stellung der Hähne an dem das Leuchtgas und an dem den Sauerstoff zuführenden Rohr in der Hand, die Flamme oxydirend oder reducirend zu machen.

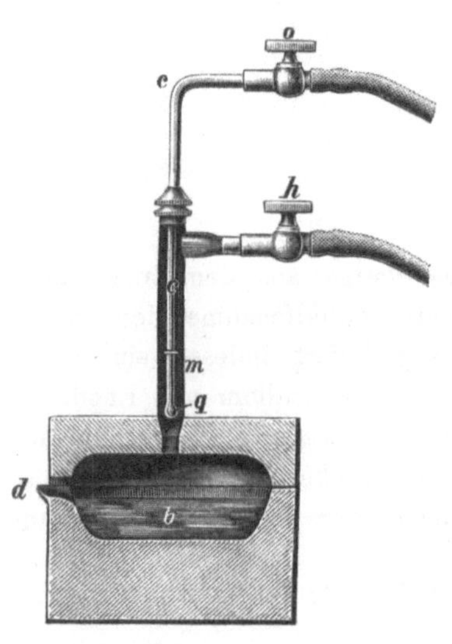

Fig. 476.

Nachdem durch die gedachte Oeffnung eine kleine Portion des vorgewärmten, mit etwas Kalk gemengten Erzes in das Gefäss eingeführt ist, schmilzt man dasselbe mit oxydirender Flamme ein. Die unedlen Metalle werden hierbei oxydirt und bilden mit den beigemengten Gangarten und dem Kalk eine Schlacke, welche durch das Kalkfutter des Gefässes aufgesogen wird. Die entstehenden flüchtigen Verbindungen sowie staubförmige Körper ziehen mit den Verbrennungsgasen durch die Oeffnung d ab.

Zu den geschmolzenen Massen setzt man dann so lange neues Erz in kleinen Portionen zu, bis der untere Theil des Gefässes mit geschmolzenem Metall angefüllt ist. Alsdann giesst man es aus und schmilzt es in einem zweiten Deville'schen Ofen nochmals bei oxydirender Flamme ein, wobei wiederum ein Theil der unedlen Metalle oxydirt und von dem Kalk aufgenommen wird. Das Umschmelzen wird unter jedesmaliger Anwendung eines neuen Ofens so lange fortgesetzt, bis der Kalk keine Schlacke mehr aufnimmt. Die jedesmalige Anwendung eines neuen Ofens ist durch die beschränkte Aufnahmefähigkeit des Kalks für die Schlacke bedingt. Man erhält schliesslich nicht reines Platin, sondern eine Legirung desselben mit Iridium und Rhodium, welche unter Zuhülfenahme des nassen Weges auf Platin verarbeitet wird.

Die zweite Methode der Platingewinnung von Deville und Debray scheidet aus dem Erze das Platin mit Hülfe von Blei aus, welches Metall sich mit dem Platin legirt, nicht aber mit dem Osmirid.

Zu diesem Zwecke werden gegen 100 kg Platinerz mit einer gleichen Menge Bleiglanz in einem kleinen Flammofen, dessen Heerd aus Mergel oder aus Calciumphosphat besteht und 1 m Länge, 0,15 m mittlere Tiefe und 50 cm Breite besitzt, bei reducirender Flamme eingeschmolzen. Hierbei wird der Bleiglanz durch das in den Erzen enthaltene Eisen unter Bildung von Bleistein und Ausscheidung von Blei zersetzt, welches letztere

Fig. 477. Fig. 478.

sich mit dem Platin legirt. Zur Zerlegung des Bleisteins setzt man bei gesteigerter Hitze unter einer Decke eines leicht schmelzbaren Glases 200 kg Bleiglätte zu, wodurch unter Bildung von Schwefliger Säure aus dem Bleistein Blei ausgeschieden wird, welches gleichfalls in die Platin-Bleilegirung übergeht. Das Osmium-Iridium, welches sich mit dem Blei nicht legirt, setzt sich auf dem Boden des Heerdes ab. Nachdem man die bleihaltige Schlacke abgestochen hat, schöpft man die Platinbleilegirung mit Hülfe eines gusseisernen Löffels aus. Den unteren Theil des Bades, welcher das Osmium-Iridium enthält, setzt man bei der Verarbeitung neuer Mengen Erz zu, um ihn anzureichern. Schliesslich giesst man diesen untersten Theil auf eine schwach geneigte Ebene, auf welcher das platinhaltige Blei abfliesst, während das Osmium-Iridium zurückbleibt.

Die Platin-Bleilegirung wird in einem mit einem Gebläse versehenen Treibofen abgetrieben. In dem Maasse, wie das Blei aus derselben entfernt wird, muss die Temperatur gesteigert werden. Es gelingt indess nicht, sie bis zur Entfernung des gesammten Bleis flüssig zu erhalten. Sie erstarrt, wenn sie noch bleihaltig ist.

Dieselbe wird nun in dem beschriebenen Deville'schen Ofen geschmolzen, wobei das Blei sowie die sonstigen in ihr enthaltenen flüchtigen Elemente verdampft werden, während die nicht flüchtigen unedlen Metalle oxydirt und verschlackt werden. Rhodium und Iridium bleiben beim Platin zurück. Das Platin wird in mit Platinblech ausgefütterte Formen ausgegossen.

Zum Schmelzen grösserer Mengen von Platin (mehr als 4 kg) dient das in Figur 477 und 478 abgebildete Gefäss. Dasselbe stellt einen mit Kalk gefütterten Cylinder aus Eisenblech dar, auf welchen der in Figur 478 abgebildete Deckel gesetzt wird. Durch die in dem letzteren angebrachte Oeffnung v wird der Gasstrom eingeführt. Das Gefäss lässt sich zum Zwecke des Ausgiessens des Platins kippen. In demselben verschmolzen Deville und Debray in 42 Minuten 11,5 kg russische Platinmünzen bei einem Verbrauch von 1200 l Sauerstoff.

Der elektrische Schmelzofen von Siemens, auf welchen für das Schmelzen von Platin grosse Hoffnungen gesetzt wurden, hat sich nicht bewährt, weil das Platin stets Kohlenstoff aus dem Kohlenpol dieses Ofens aufnahm und dadurch die meisten seiner für die technische Verwendung erforderlichen guten Eigenschaften verlor.

Bis jetzt hat der trockene Weg der Platingewinnung nur ausnahmsweise Anwendung gefunden.

2. Die Gewinnung des Platins unter Zuhülfenahme des nassen Weges.

Die Gewinnung des Platins unter Zuhülfenahme des nassen Weges besteht im Wesentlichen darin, das Metall durch Königswasser in Lösung zu bringen, aus der letzteren durch Chlorammonium und Ammoniak das Platin als Ammoniumplatinchlorid auszufällen und durch Glühen dieser Verbindung das Metall auszuscheiden, welches dann noch umgeschmolzen wird.

Dieses von Wollaston angegebene Verfahren wurde mit geringen Abweichungen früher im Laboratorium des Bergcorps zu St. Petersburg ausgeführt. Die Erze wurden daselbst 8 bis 10 Stunden lang in offenen Schaalen auf einem geheizten Sandbade mit dem 10 bis 15fachen Gewichte Königswasser (hergestellt aus 3 Th. Salzsäure von 25° B. und 1 Th. Salpetersäure von 40° B.) behandelt. Hierdurch wurde das Platin nebst einem Theile der Platinmetelle und den unedlen Metallen in Lösung gebracht, während ausser den sandigen Bestandtheilen hauptsächlich Osmium-Iridium, Rhodium und Ruthenium, sowie geringe Mengen von Iridium und Palladium im Rückstande verblieben. Die Lösung, welche ausser Platin noch Iridium, Rhodium, Palladium, Kupfer, Eisen, sowie geringe Mengen von

Osmium und Ruthenium enthielt, wurde in Gläsern mit Salmiaklösung behandelt, um das Platin als Platinsalmiak niederzuschlagen. Es war hierbei erforderlich, dass die Lösung einen Ueberschuss von Säure enthielt, um die gleichzeitige Ausfällung des in derselben enthaltenen Iridiums zu verhindern. Der Platinsalmiakniederschlag wurde ausgewaschen, getrocknet und in Platinschaalen geglüht, wodurch er in Platinschwamm verwandelt wurde. Der Platinschwamm wurde zerrieben, gesiebt, in einer Schraubenpresse mit stählernem Stempel zusammengepresst und dann $1^1/_2$ Tage lang in einem Porzellanofen stark geglüht. Das geglühte Platin wurde zu Barren geschmiedet oder zu Blechen ausgewalzt.

Der erste Theil des Waschwassers, welches man beim Auswaschen des Platinsalmiakniederschlages erhielt, wurde auf $^1/_{12}$ des ursprünglichen Volumens eingedampft, wobei ein platinhaltiger Iridiumsalmiak ausfiel, welcher beim Glühen Platin-Iridium-Legierungen lieferte. Der zweite Theil des Waschwassers wurde vollständig zur Trockne gedampft, geglüht und dann beim Behandeln neuer Mengen Erz mit Königswasser zugesetzt.

Da das bei diesem Verfahren erhaltene Platin nicht frei von Iridium war, so suchte man nach dem Verfahren von Doebereiner iridiumfreies Platin zu erhalten. Nach demselben sollten durch Behandlung der auf 35^0 B. verdünnten Königswasserlösung mit Kalkwasser bis zur schwach sauren Reaction bei Ausschluss des Lichtes nur die Platinmetalle, nicht aber das Platin selbst ausgefällt werden[1]). Dieses Verfahren ergab aber weder einen von Platin freien Niederschlag der Platinmetalle, noch ein iridiumfreies Platin.

Schneider[2]) will die gleichzeitige Fällung des Iridiums mit dem Platin dadurch vermeiden, dass er das Platinerz mit Königswasser und einem Ueberschusse von Salzsäure behandelt und die erhaltene Lösung bis nahe zur Trockne eindampft. Die letztere soll darauf mit Wasser verdünnt, mit Natron bis zur schwach alkalischen Reaction versetzt und unter Zuführen von Alkohol gekocht werden. Der hierbei entstehende Niederschlag soll in Salzsäure gelöst werden. Aus der erhaltenen Lösung soll durch Salmiak das Platin als reiner Platinsalmiak niedergeschlagen werden. Bei diesem Verfahren sollen Iridium und Rhodium in Sesquichloride übergeführt werden, welche durch Salmiak nicht gefällt werden.

Nach Louis[3]) wird zur Zeit in Russland das Rohplatin in Porzellanschüsseln, welche auf einem Sandbade stehen, mit Königswasser behandelt. Die erhaltene Lösung wird zur Trockne gedampft; der Rückstand wird mit Salzsäure behandelt; die erhaltene Lösung wird wieder eingedampft, der Rückstand wieder mit Salzsäure behandelt, die Lösung wieder eingedampft und diese Behandlung wird so lange fortgesetzt, bis man eine von Salpetersäure vollständig freie Lösung erhält. Die letztere wird nun von dem aus Sand, Chromit, verschiedenen Platinmetallen u. s. w. be-

---

[1]) Liebig's Annalen. Bd. 14. 10. 251.

[2]) Dingl. 190. 118.

[3]) The Mineral Industry 1898. S. 551.

stehenden Rückstande abfiltrirt. Dieser Rückstand wird an deutsche chemische Fabriken verkauft, welche ihn auf Platinmetalle verarbeiten. Aus der Lösung wird das Platin in Glasgefässen durch Chlorammonium als Platinsalmiak ausgefällt. Der Niederschlag wird nach dem Abdecantiren der Flüssigkeit auf ein schüsselförmiges Filter gebracht und ausgewaschen, wobei zur Beschleunigung des Filtrirens eine Filterpumpe angewendet wird. Man erhält so den Platinsalmiak in der Gestalt eines ziemlich festen Kuchens von 0,381 m Durchmesser und 0,076 m Dicke. Dieser Kuchen wird langsam getrocknet und dann in einer Muffel auf einem Platinblech zur Rothglut erhitzt. Hierbei werden Chlorammonium und Chlor ausgetrieben und es bleibt ein grauer Kuchen von schwammförmigem Platin zurück. Der Platinschwamm wird zerkleinert, in einem Mörser durch einen stählernen Stempel zusammengepresst und dann mit Hülfe des Knallgasgebläses in einem Devilleschen Ofen (Figur 476) zusammengeschmolzen. Der Ofen wird aus gesägten Blöcken von Kalktuff hergestellt, welche durch Eisenreifen zusammengehalten werden. Ein kleiner Ofen, welcher 3 bis $4^1/_2$ kg Platin aufnimmt, wird aus einem Blocke von $0{,}203 \times 0{,}203$ m Horizontalquerschnitt und 0,252 m Höhe hergestellt und erhält nur eine Gasflamme. Die grösseren Oefen nehmen 15 bis 18 kg Platin auf und erhalten 2 oder 3 Gasflammen. Der Ofen ruht auf einer Eisenplatte und kann so gekippt werden, dass das geschmolzene Metall in Formen gegossen werden kann. Die letzteren bestehen aus dem nämlichen Material wie der Ofen. Die Barren erhalten eine Stärke bis 0,050 m. Jeder Ofen hält nur eine Schmelzung aus. Die von dem Ammoniumplatinchlorid-Niederschlag abfiltrirte Lösung hält noch Platin zurück. Das letztere wird aus der Lösung durch Eisen ausgefällt. Man erhält hierbei ein unreines Platin, welches in gleicher Weise wie das Rohplatin behandelt wird.

Die Platinbarren werden zur Rothglut erhitzt und dann zu Platten von 0,012 m Dicke ausgeschmiedet.

Heraeus in Hanau[1]) behandelt das Platinerz zur Beschleunigung der Lösung in Glasretorten mit einem Gemisch von 1 Theil Königswasser und 2 Theilen Wasser unter einem Druck von 30 cm Wassersäule, dampft die erhaltene Lösung ein und erhitzt den verbliebenen Rückstand auf 125^0, wodurch die Chloride von Palladium und Iridium zu Sesquichloriden reducirt werden. Alsdann wird derselbe durch Salzsäure gelöst. Aus der Lösung wird durch Salmiak reiner Platinsalmiak niedergeschlagen. Der Platinsalmiak wird durch Glühen in Platinschwamm übergeführt, welcher letztere in einem Kalktiegel zusammengeschmolzen wird. Aus der vom Platinsalmiak abfiltrirten Flüssigkeit schlägt sich beim Eindampfen bis zu einem gewissen Grade Iridiumsalmiak nieder. Aus der verbliebenen Flüssigkeit fällt man durch Eisendrehspähne die übrigen Metalle. Aus dem

---

[1]) Amtl. Bericht über die Wiener Weltausst. i. J. 1873. Bd. III. 999. Dingl. Bd. 220. S. 95.

Niederschlage zieht man das überschüssige Eisen durch Salzsäure aus und behandelt denselben dann mit Königswasser, um aus der Lösung durch Chlorammonium neue Mengen von Platin- und Iridiumsalmiak zu fällen.

Aus den Rückständen vom Lösen der Erze und aus den Mutterlaugen gewinnt man Palladium, Rhodium, Ruthenium, Osmium und Iridium.

G. Matthey[1]) stellt aus dem käuflichen rohen Platin dadurch reines Platin her, dass er das erstere mit der sechsfachen Menge Blei zusammenschmilzt und die erhaltene Legirung nach vorgängigem Granuliren derselben mit verdünnter Salpetersäure behandelt, welche letztere Eisen, Blei, Palladium und Rhodium löst, während das Platin mit Iridium und geringen Mengen von Blei, Rhodium und anderen Platinmetallen zurückbleibt. Der Rückstand wird mit Königswasser gekocht, wodurch Platin und Blei gelöst werden, während Iridium im Rückstande verbleibt. Aus der Lösung fällt man das Blei durch Schwefelsäure aus. Die vom Bleisulfat getrennte Flüssigkeit wird zur Ausfällung des Platins als Platinsalmiak mit überschüssigem Salmiak und Kochsalz behandelt. War Rhodium in der Flüssigkeit vorhanden, so ist der Niederschlag nicht rein gelb, sondern rosafarben. Der Niederschlag wird mit Kaliumbisulfat geglüht, wodurch das Rhodium in Rhodium-Kaliumsulfat verwandelt wird, während das Platin metallisch ausgeschieden wird. Das Rhodiumsalz bringt man durch Kochen der Schmelze mit Wasser in Lösung.

Zur Beschleunigung der Ausscheidung des Platins und zur Verminderung des Verbrauchs an Königswasser ist von Hess[2]) und Dullo[3]) vorgeschlagen worden, das Rohplatin mit dem 4 bis 5fachen Gewichte Zink zu schmelzen und die erhaltene Legirung mit Schwefelsäure und dann mit Königswasser zu behandeln.

Wyott[4]) hat ein Verfahren zur Gewinnung von Platinmetallen aus den Rückständen von der Verarbeitung der Platinerze und aus der vom Platinsalmiak abfiltrirten Flüssigkeit angegeben. Bei der Behandlung der Platinerze mit Königswasser werden Platin, Palladium und Rhodium aufgelöst. Aus der Lösung fällt man das Platin durch Chlorammonium als Platinsalmiak. Das in der Lösung verbleibende Palladium schlägt man aus der vom Niederschlage abfiltrirten Flüssigkeit nach vorgängiger Neutralisirung derselben durch Soda mit Cyanquecksilber als Palladiumcyanür ($Pd\,Cy_2$) nieder. In der Lösung bleibt das Rhodium zurück.

Den beim Behandeln der Erze mit Königswasser erhaltenen Rückstand erhitzt man im Luftstrome, wodurch das Osmium als Ueberosmiumsäure ($Os\,O_4$) verflüchtigt wird und das Rhodium sich im heisseren Theile des Zugrohres als Rhodiumoxyd absetzt. Der beim Erhitzen verbliebene

[1]) Chem. News 1879. XXXIX. No. 1013. S. 175. B.- u. H. Ztg. 1880. S. 28.

[2]) Erdm. Journ. Bd. 40. S. 498.

[3]) Erdm. Journ. Bd. 78. S. 369.

[4]) Engin. and Min. Journ. 44. S. 273.

Rückstand wird mit Kochsalz gemengt und in einem Chlorstrome erhitzt. Es bildet sich hierbei Natriumiridiumchlorid, welches durch Behandlung der geglühten Masse mit kochendem Wasser in Lösung gebracht wird.

Bei dem Ausfällen von Gold aus der Lösung desselben in Königswasser durch Eisenchlorürlösung, welches Verfahren bei der Goldscheidung angewendet wird (s. Bd. I. S. 1145 und 1146), verbleibt eine aus Eisenchlorid bestehende Flüssigkeit, welche neben fein vertheiltem Golde in manchen Fällen auch Platin, Palladium und Chlorsilber in feiner Zertheilung sowie Iridium, Ruthenium, Rhodium, Selen und verschiedene unedle Metalle gelöst enthält.

Aus dieser Flüssigkeit werden auf der Gold- und Silberscheideanstalt zu Frankfurt a. M. Platin und Platinmetalle nach dem nachstehenden Verfahren gewonnen[1]).

Um das Eisenchlorid in Eisenchlorür überzuführen und dasselbe dadurch von Neuem als Fällungsmittel für Gold geeignet zu machen, wird in die Flüssigkeit Eisen in der Gestalt von Knopfblech eingelegt. Das Eisen fällt gleichzeitig die gedachten Metalle und das Selen in Gestalt eines schwarzen Schlammes, welcher zeitweise aus den Reductionsgefässen (grossen thönernen Töpfen) herausgenommen wird. Nachdem man die gröberen Eisentheile aus dem Schlamme ausgesiebt hat, wird derselbe zur Entfernung von Eisen und Kupfer mit Eisenchlorid digerirt und dann wiederholt mit verdünnter Salzsäure ausgewaschen. Darauf wird er getrocknet und mit Soda und Kohle geschmolzen. Es bildet sich hierbei ein Metallkönig und eine das Selen enthaltende Schlacke, welche letztere gesammelt und auf Selen verarbeitet wird. Der Metallkönig wird nach vorgängigem Umschmelzen und Granuliren in Glaskolben mit überschüssige Salzsäure enthaltendem Königswasser digerirt, um den grössten Theil des noch in demselben vorhandenen Kupfers zu entfernen. Hierbei ist es erforderlich, nur eine beschränkte Menge des gedachten Lösungsmittels anzuwenden, weil sonst das Kupfer und die gesammten Edelmetalle aufgelöst werden würden und das Kupfer die Ausfällung des Platins und Palladiums erschweren würde. Die in Lösung gegangenen Edelmetalle werden durch das noch in den Granalien befindliche metallische Kupfer oder durch zugesetzte Kupferdrähte wieder ausgeschieden. Die Lösung enthält schliesslich neben etwas Kupferchlorid hauptsächlich Kupferchlorür, welches von der überschüssigen Salzsäure in Lösung erhalten wird. Nachdem durch diese nöthigenfalls zu wiederholende Operation der Metallschwamm vom grössten Theile seines Kupfers befreit worden ist, wird er mit Königswasser gekocht, wodurch die Metalle in Lösung gebracht werden. Durch Verdünnen der Lösung mit Wasser wird das Antimon aus derselben als Oxychlorid ausgeschieden. Nachdem die verdünnte Lösung durch Abdampfen eines Theiles Wasser wieder auf ihre frühere Concentration ge-

[1]) Dingl. Journ. 224. S. 414.

bracht worden ist, wird das Gold aus derselben durch den elektrischen Strom ausgeschieden. (Eine Ausfällung des Goldes durch Eisenchlorür würde wieder Eisen in die Lösung bringen.) Alsdann wird das Platin durch Chlorammonium als Platinsalmiak ausgefällt, welcher durch Glühen in Platinschwamm mit nur 0,005 % Verunreinigungen verwandelt wird. Die vom Platinsalmiak abfiltrirte Flüssigkeit wird wegen ihres Gehaltes an Chlorammonium zum Ausfällen weiterer Mengen von Platinsalmiak benutzt, wobei sich Iridium und Palladium in der Flüssigkeit anreichern. Die letztere wird bei hinreichendem Gehalte an diesen Metallen bis zum Auskrystallisiren von Iridiumsalmiak eingedampft, worauf aus der verbliebenen Mutterlauge das Palladium durch Ammoniak und Salzsäure als Palladiumsalmiak ausgefällt wird.

Die Zusammensetzung des Platins ergiebt sich aus den nachstehenden Analysen[1]):

	I	II	III
Pt	99,29	99,9	99,9
Ir	0,32	—	—
Rd	0,13	0,01	—
Pd	—	—	—
Ru	0,04	—	—
Fe	0,06	—	0,001
Cu	0,07	—	—
As	—	0,01	—

Der Ursprung von I ist unbekannt; II stammt aus der Fabrik von Johnson, Matthey & Co. in London und III aus der Fabrik von Heraeus in Hanau.

3. Die Gewinnung des Platins auf elektrometallurgischem Wege.

Die Gewinnung des Platins aus Erzen ist wohl vorgeschlagen worden, aber niemals zur Ausführung gelangt. Dagegen scheidet man auf elektrometallurgischem Wege Platin und Platinmetalle aus Legirungen dieser Metalle mit Gold ab. Auch lässt sich Platin von Iridium und Rhodium mit Hülfe des Stromes bei Anwendung einer verhältnissmässig geringen Stromdichte unter Benutzung von saurer Platinchloridlösung als Elektrolyt trennen. Im Uebrigen lässt sich das Platin aus den meisten seiner Verbindungen leicht durch blosses Erhitzen ausscheiden, so dass der elektrometallurgische Weg in diesen Fällen zwecklos erscheint. Die Scheidung von Gold- und Platinmetallen wird auf der norddeutschen Affinerie in

[1]) The Mineral Industry 1892. S. 384.

Hamburg und auf der deutschen Gold- und Silber-Scheide-Anstalt in Frankfurt a./M. in grösserem Maassstabe ausgeführt.

Bei dieser Art der Scheidung werden die Anoden durch das in die Form von Blechen gebrachte unreine Gold, welches Platin, Platinmetalle, Silber, Kupfer und andere Metalle enthält, gebildet. Die Kathoden sind Goldbleche; der Elektrolyt ist eine Goldchloridlösung, welche mit einem Ueberschusse von Salzsäure (oder von Chlornatrium oder von anderen mit Goldchlorid zu Doppelsalzen zusammentretenden Chloriden) versetzt und auf diesem Ueberschusse erhalten und durch zeitweiligen Zusatz von Goldchlorid auf gleichem Goldgehalte gehalten wird[1]).

Bei der Elektrolyse gehen mit dem Golde die meisten übrigen Bestandtheile der Anode in Lösung, während bei der niedrigen Spannung, welche zur Fällung des Goldes erforderlich ist, nur dieses letztere an der Kathode ausgeschieden wird. Platin, welches für sich nicht gelöst werden würde, geht, wenn es mit Gold legirt ist, in Lösung. Aus der letzteren wird es aber nicht mit dem Golde niedergeschlagen. Man ist daher in der Lage, das Platin im Elektrolyten anreichern zu können. Ebenso wie das Platin verhält sich das Palladium. Die übrigen Platinmetalle gehen nicht in Lösung und fallen mit einem Theile des Anodengoldes zu Boden. Das Silber wird an der Oberfläche der Anode als Chlorsilber abgeschieden und fällt gleichfalls zu Boden. Obwohl das Chlorsilber in sehr geringer Menge in Salzsäure löslich ist, so geht doch kein Silber in das an der Kathode niedergeschlagene Gold über. Die Reinheit des letzteren beträgt nur ausnahmsweise weniger als 999,8.

Bei Anwendung einer wässerigen Lösung von säurefreiem Goldtrichlorid ($Au\,Cl_3$) als Elektrolyt greift das an der Anode ausgeschiedene Chlor das Anodengold nicht an, sondern entweicht gasförmig ohne jede Einwirkung auf dasselbe. Werden dagegen Goldtrichloridlösungen mit Salzsäure versetzt und während der Elektrolyse auf einem gewissen Salzsäuregehalte erhalten, so wird das Anodengold und mit ihm das Platin aufgelöst[2]). Die Ursache liegt nach Wohlwill darin, dass das Anodengold nur dann in die chloridhaltige Lösung übergeht, wenn die Bedingungen für die Entstehung von $Au\,Cl_4$ Ionen gegeben sind. Die Stromdichte beträgt 1000 Amp. pro qm bei einer Badspannung von 1 Volt.

Aus dem Elektrolyten wird das Platin nach den oben angegebenen Methoden des nassen Weges gewonnen.

---

[1]) D. R. P. 90 276 vom 16. April 1896. Zusatzpatent 90 511 vom 9. Juni 1896.

[2]) Zeitschr. f. Elektrochemie Heft 16. S. 379, Heft 17. S. 402, Heft 18. S. 421.

Aluminium.

Physikalische Eigenschaften.

Das Aluminium besitzt eine zinnweisse Farbe und einen starken Glanz. Bei der Bearbeitung sowie bei einem geringen Gehalte an Silicium erhält die Farbe einen bläulichen Schein. Grössere Mengen von Silicium lassen die Farbe grau erscheinen.

Der Bruch des gegossenen Aluminiums ist grobfaserig und unregelmässig körnig, während er bei dem geschmiedeten und gewalzten Metalle sehnig oder feinkörnig ist und einen lebhaften Seidenglanz zeigt.

Nach Deville krystallisirt das Aluminium bei langsamem Erkalten in regulären Octaëdern. Nach Rose sollen die Krystalle nicht dem regulären Systeme angehören.

Das spec. Gew. des Aluminiums ist bei Weitem geringer als das aller übrigen im Verkehr eine Rolle spielenden Metalle. Dasselbe beträgt beim chemisch reinen Metalle 2,58, bei dem in der Technik verwendeten Metalle je nach der Behandlung, welcher es unterworfen wurde, 2,60 bis 2,74.

Das reine Aluminium sowie das Aluminium des Handels mit 98,5 Aluminium lässt sich in der Kälte schmieden, ziehen und walzen. Seine grösste Geschmeidigkeit hat es bei 200°. Durch die Bearbeitung in der Kälte verliert das Aluminium an Ductilität, welche indess durch Anlassen wiederhergestellt werden kann. Bei 97 % Aluminium und 3 % schweren Metallen und Silicium erfordert das Schmieden und Walzen in der Kälte ein wiederholtes Anlassen des Metalles. Bei 5 % Verunreinigungen mit Einschluss des Siliciums lässt es sich nur noch in der Hitze bearbeiten. Die Temperatur beim Anlassen und Bearbeiten in der Hitze soll unter 350° bis 400° bleiben. Das Schmieden und Walzen geschieht am besten bei 200°. Bei 500° lässt es sich am besten pressen. Bei 550° geht es in einen breiartigen Zustand über und zerfällt beim Hämmern in einzelne Theile.

Durch die Verarbeitung des Aluminiums in der Kälte werden seine Härte und seine Festigkeit erhöht, während, wie erwähnt, die Geschmeidigkeit abnimmt. Mit zunehmender Temperatur nimmt die Festigkeit ab.

Die Zugfestigkeit des gegossenen Aluminiums beträgt 12 kg auf den qmm bei 3 % Dehnung. Durch kaltes Walzen, kaltes Pressen und Hämmern wird sie bedeutend erhöht. So kann sie bei einer mässigen Verminderung des Querschnitts auf 18 kg per qmm, bei einer Verminderung des Querschnitts von 20 : 1 auf 23,5 kg per qmm bei 4,3 % Dehnung, von 80 : 1 auf 27,5 kg bei 4,2 % Dehnung per qmm gebracht werden.

Aluminiumdraht von 2,5 mm Durchmesser hatte, gewärmt, 25 kg Zugfestigkeit pro qmm.

Die Leitfähigkeit des Aluminiums für den elektrischen Strom ist, wenn die des reinen Kupfers 100 beträgt, nach den neuesten Untersuchungen von Richards[1])

bei	98,5 %	Al-Gehalt	=	55
-	99 -	-	=	59
-	99,5 -	-	=	61
-	99,75-	-	=	63—64
-	100 -	-	wahrscheinlich	66—67

Die Wärmeleitungsfähigkeit des Aluminiums ist = 31,33, wenn die des Silbers = 100 gesetzt wird.

Der lineare Ausdehnungscoefficient ist für 100° C. = 0,0023 oder $^1/_{435}$.

Seine spec. Wärme beträgt bei 0° = 0,2220, zwischen 0° und 100° im Mittel 0,2270, beim Schmelzpunkt = 0,275.

Sein Schmelzpunkt liegt in der Rothglut zwischen 600° und 700°, nach Le Chatelier bei 625°. Die Schmelzwärme beträgt 100 Kal. In hoher Temperatur verdampft es. Die Temperatur, bei welcher es sich verflüchtigt, ist noch nicht genau ermittelt. In Folge seiner hohen spec. Wärme erfordert es zur Verflüssigung eine grosse Menge von Wärme und Zeit; aus dem nämlichen Grunde sowie wegen seiner hohen latenten Schmelzwärme bedarf es längerer Zeit zur Abkühlung und zum Erstarren. So sind nach Deville mehrere Stunden erforderlich, bis das in kleine Barren gegossene Metall sich soweit abgekühlt hat, dass man es in die Hand nehmen kann. Beim Uebergang aus dem flüssigen in den festen Zustand tritt eine Verminderung des Volumens des Metalles ein. Das Schwindmaass beträgt 1,7 % des ursprünglichen Volumens.

Das Aluminium zeichnet sich durch einen hellen Klang aus.

---

1) Franklin Journal 1897. 143.

Die für die Gewinnung des Aluminiums wichtigen chemischen Eigenschaften desselben und der Verbindungen dieses Metalles.

Bei gewöhnlicher Temperatur oxydirt sich das compacte Aluminium weder an trockener noch an feuchter Luft. Beim Schmelzen oxydirt es sich nur sehr wenig. Es überzieht sich in diesem Falle mit einer sehr dünnen Haut von Thonerde, welche eine weitere Oxydation verhindert. Im Zustande sehr feiner Vertheilung und in Blattform dagegen ist das Aluminium leicht oxydirbar und verbrennt, über einer Gasflamme erhitzt, mit blendender Flamme zu Thonerde. Bei dunkler Rothglut lässt es sich mit Salpeter schmelzen, ohne oxydirt zu werden, bei stärkerer Hitze bildet sich Kaliumaluminat. Bei starker Weissglut verbrennt es oberflächlich zu Thonerde, aber auch hier wird die Verbrennung bald durch die Bildung einer dichten Schicht von Thonerde beschränkt.

Im geschmolzenen Zustande zerlegt es die meisten Oxyde, z. B. die des Eisens, Bleis, Kupfers, Kohlenstoffs, Siliciums, Bors unter Bildung von Thonerde. Das im Ueberschusse verbleibende Aluminium verbindet sich mit den ausgeschiedenen Elementen. Da die Thonerde in Metallen unlöslich ist und ein etwaiger Ueberschuss an Aluminium denselben nicht schadet, so ist das Aluminium ein gutes Raffinirmittel für Oxyde enthaltende Metalle.

Durch Wasser wird das Aluminium weder bei gewöhnlicher Temperatur noch in der Kochhitze angegriffen. Von Wasserdampf wird es in der Rothglut fast gar nicht und in der Weissglut nur sehr schwach angegriffen.

Bei Einwirkung von lufthaltigem Wasser auf Aluminium sollen sich nach J. Mylius und F. Rose kleine Mengen von Wasserstoffsuperoxyd bilden, welche durch Oxydation des Metalles wieder verschwinden. (Zeitschrift f. Instrum. 1893. S. 77.)

Mit Schwefel verbindet es sich erst in hoher Temperatur zu Schwefelaluminium ($Al_2 S_3$), während Schwefelwasserstoff ohne Einwirkung auf dasselbe ist. Hierdurch unterscheidet sich das Aluminium vortheilhaft von dem Silber, welches durch Schwefelwasserstoff unter Bildung von Schwefelsilber geschwärzt wird.

Chlor, Brom, Jod, Bor und Silicium verbinden sich leicht mit dem Aluminium.

Durch verdünnte Schwefelsäure wird das Aluminium fast gar nicht angegriffen, während es von erhitzter concentrirter Schwefelsäure langsam aufgelöst wird.

Salpetersäure wirkt auf das Aluminium wenig ein.

Salzsäure löst das Aluminium schnell und um so leichter auf, je concentrirter sie ist. Sie bildet daher das beste Lösungsmittel für das Metall.

Kali- und Natronlauge lösen das Metall unter Entwicklung von Wasserstoff energisch auf, wobei sich Kalium- bzw. Natriumaluminat bildet. Schmelzende Alkalien, welche nicht über 1 Aequivalent Wasser enthalten, greifen das Aluminium nicht an.

Wässriges Ammoniak greift das Metall nur schwach an, verdünntes gasförmiges Ammoniak gar nicht.

Organische Säuren greifen das Aluminium in der Kälte gar nicht, beim Erwärmen nur sehr langsam an.

In einem Strome von Chlorgas verbindet sich Aluminium in fein vertheiltem Zustande unter Feuererscheinung mit dem Chlor zu Chloraluminium.

Kohlenoxyd wirkt nach den Untersuchungen von Guntz und Masson (Pariser Akademie der Wissenschaften) bei hoher Temperatur und bei Gegenwart von wenig Jodid oder Chlorid des Aluminiums derartig auf das Metall ein, dass Thonerde und Aluminiumcarbid gebildet werden.

Eine Lösung von Aluminiumchlorid wirkt energisch auf das Metall ein unter Bildung von basischen Chloriden desselben. Eine mit Kochsalzlösung versetzte Alaunlösung löst das Metall unter Entwicklung von Wasserstoff und gleichzeitiger Bildung von basischen Chloriden des Aluminiums auf.

Das Aluminium scheidet die meisten Metalle aus den Lösungen der Salze derselben aus.

Aus alkalischen Lösungen der Metalle scheidet das Aluminium Silber, Blei und Zink aus.

Von den bei Schmelzverfahren angewendeten Flussmitteln wirken Carbonate und Sulfate der Alkalien sowie Silicate und Borate besonders schädlich auf das Aluminium ein. Die Carbonate und Sulfate der Alkalien oxydiren das Aluminium sofort. Aus den Silicaten und Boraten wird durch das Aluminium Silicium bzw. Bor ausgeschieden. Das Silicium verbindet sich in allen Verhältnissen mit dem Aluminium und wird daher, falls ein Ueberschuss davon vorhanden ist, von demselben aufgenommen. Bei der Herstellung des Aluminiums dürfen daher Silicate und Borate nicht anwesend sein. Auch die Halogenverbindungen des Aluminiums greifen das letztere an. Die am wenigsten schädlichen Flussmittel sind Kochsalz und Fluorcalcium.

Am besten ist es daher, das Aluminium ohne Flussmittel umzuschmelzen.

A l u m i n i u m o x y d oder Thonerde, Al_2O_3, findet sich in der Natur als Korund, Saphir und Smirgel. Künstlich erhält man die Thonerde durch Erhitzen von Thonerdehydrat in Gestalt eines amorphen, weissen Pulvers, welches in Wasser unlöslich, in Säuren schwerlöslich ist. Auch durch Glühen von Thonerdesulfat und Ammoniakalaun erhält man sie in dieser Form. Sie schmilzt in sehr hoher Temperatur zu einer wasserhellen Flüssigkeit. Durch den elektrischen Strom wird dieselbe in Aluminium und Sauerstoff zerlegt. Durch Kohlenstoff wird sie in sehr hoher (durch den elektrischen Strom erzeugter) Temperatur zu Aluminium reducirt. Manchen Basen (Alkalien und Erdalkalien) gegenüber spielt die Thonerde die Rolle einer Säure und bildet mit denselben die sog. Aluminate. Das bekannteste Aluminat ist das Natriumaluminat, $Al_2(ONa)_6$.

Mit Wasser bildet die Thonerde verschiedene Hydroxyde von der Zusammensetzung $Al_2O_2(HO)_2$ bis $Al_2(HO)_6$.

Diese Hydroxyde finden sich in der Natur als Diaspor, Bauxit, Hydrargillit. Künstlich erhält man Aluminiumhydroxyd durch Ausfällen desselben aus Alkalialuminaten mit Kohlensäure. Aus dem Natriumaluminat erhält man es nach der Gleichung:

$$Al_2(ONa)_6 + 3\,H_2O + 3\,CO_2 = Al_2(OH)_6 + 3\,Na_2CO_3.$$

Dasselbe stellt ein lockeres, weisses, in Säuren lösliches Pulver dar. Gegenüber den Oxyden der Alkali- und Erdalkalimetalle spielt es die Rolle einer Säure.

Aluminiumchlorid, Al_2Cl_6, erhält man durch Verbrennen von Aluminium in einer Chloratmosphäre. Nach dem Verfahren von Oerstedt erhält man es durch Glühen eines innigen Gemenges von Thonerde und Kohle im Chlorstrome ($Al_2O_3 + 3\,C + 3\,Cl_2 = Al_2Cl_6 + 3\,CO$). Durch Auflösen von Thonerdehydrat in Salzsäure und Eindampfen der erhaltenen Lösung lässt sich das wasserfreie Chloraluminium nicht herstellen, da dasselbe hierbei in Thonerde und Salzsäure zerfällt. Das Chloraluminium ist farblos, stösst an der Luft Dämpfe aus und zieht Feuchtigkeit aus derselben an. In höherer Temperatur (unter der Schmelzhitze desselben) lässt es sich leicht verflüchtigen. Lässt man Dämpfe von Chloraluminium in einer Sauerstoffatmosphäre auf zur Rothglut erhitztes Aluminium einwirken, so bildet sich Aluminiumoxychlorid. Lässt man Dämpfe von Aluminiumchlorid bei Ausschluss der Luft in einer auf 1300^0 erhitzten Röhre auf Aluminium einwirken, so schlagen sich an den kälteren Stellen derselben kleine Tropfen von Metall nieder (Troost und Hautefeuille). Die Ursache hiervon findet man in der Bildung eines flüchtigen Subchlorürs des Aluminiums und in der nachfolgenden Zersetzung dieses Salzes.

Durch den elektrischen Strom lässt sich aus dem Chloraluminium wegen seiner Flüchtigkeit vor dem Schmelzen nicht gut Aluminium ausscheiden. Wohl aber gelingt die Zerlegung des Chloraluminiums durch den Strom, wenn es mit Natriumchlorid zu dem leichtschmelzbaren Doppelchlorid: Aluminiumnatriumchlorid verbunden ist. Dieses Doppelsalz diente früher zur Herstellung des Aluminiums.

Aluminiumfluorid erhält man nach Grabau durch Umsetzung von Kryolith ($Al_2F_6 \cdot 6\,NaF$) mit Aluminiumsulfatlösungen, wobei sich gleichzeitig Natriumsulfat bildet. Dasselbe stellt ein weisses, in Wasser unlösliches Pulver dar.

Dasselbe wird in der Rothglut durch Natrium derartig zersetzt, dass das Aluminium unter Bildung von Fluornatrium-Fluoraluminium (künstlichem Kryolith) metallisch ausgeschieden wird. Auf diesen Reactionen beruht ein Verfahren von Grabau zur Gewinnung des Aluminiums.

Schwefelaluminium (Al_2S_3) lässt sich durch Einwirkenlassen von Schwefeldämpfen auf ein zur Weissglut erhitztes Gemenge von Thonerde und Kohle oder auch durch Einwirkenlassen von Schwefel auf Aluminium in hoher Temperatur herstellen. Durch den elektrischen Strom wird das geschmolzene Schwefel-Aluminium in Aluminium und Schwefel zerlegt. Durch Hitze allein (auch durch die Hitze des elektrischen Stromes) wird das Schwefel-Aluminium nach den Untersuchungen von Mourlot[1]) nicht zerlegt.

Kohlenstoffaluminium. Man war früher der Ansicht, dass Kohlenstoff vom Aluminium nicht aufgenommen würde.

Moissan[2]) ist es in der neuesten Zeit gelungen, ein Aluminiumcarbid von der Zusammensetzung C_3Al_4 durch Erhitzen von Aluminium und Kohle mit Hülfe des elektrischen Stromes in einer Wasserstoffatmosphäre in der Gestalt von gelben durchscheinenden Krystallen herzustellen Nach Borchers[3]) erhält man beim Erhitzen von Thonerde und Kohle mit Hülfe des elektrischen Stromes eine graue, zusammengesinterte, spröde, leicht zerbröckelnde Masse, welche aus Aluminium, Aluminiumcarbiden, Kohlenstoff und verschiedenen durch die Reductionskohle eingeführten Verunreinigungen besteht.

Die Salze, in welchen die Thonerde als Base enthalten ist, leiten sich von dem Aluminiumoxyd, Al_2O_3, ab.

Aus den wässrigen Lösungen derselben lässt sich das Aluminium durch andere Metalle nicht ausscheiden. Auch durch den elektrischen Strom ist die Ausscheidung desselben in greifbaren Mengen bis jetzt noch nicht gelungen.

Siliciumaluminium erhält man durch Schmelzen von Aluminium und Silicaten. Man kann auf diese Weise Verbindungen beider Elemente gewinnen, welche bis 70 % Silicium enthalten. Ein Theil des Siliciums ist in dem Aluminium aufgelöst, während ein anderer Theil desselben dem Metall mechanisch beigemengt ist, wie Graphit dem Roheisen. Gewöhnlich ist das Siliciumaluminium eisenhaltig. Beim Behandeln von Siliciumaluminium mit Salzsäure verflüchtigt sich ein Theil des Siliciums als Siliciumwasserstoff; ein anderer Theil desselben geht als Kieselsäure in Lösung und ein dritter Theil bleibt als schwarzes Pulver zurück.

---

1) Mourlot. Compt. rend. 1897. 124 I. 768.

2) Zeitschr. für Elektrotechnik und Elektrochemie 1894. Heft 6. — Comptes rend. t. CXIX 1894. fasc. 1. pag. 16.

3) Elektrometallurgie S. 97.

Legirungen des Aluminiums.

Das Aluminium legirt sich mit den meisten Metallen.

Mit Kalium und Natrium geht es sehr leicht Verbindungen ein. Schon bei einem Gehalte von 2 % Natrium zersetzt die Legirung das Wasser.

Aluminium legirt sich leicht mit Magnesium.

Aluminium-Magnesium-Legirungen mit 10 bis 12 % Magnesium lassen sich in jeder Art bearbeiten. Hierhin gehört das Magnalium von Mach[1]). Höhere Gehalte des Aluminiums an Magnesium (über 15 %) machen die Legirung spröde. So zerbröckelt eine Legirung mit 50 % Magnesium unter den Fingern und lässt sich pulverisiren[2]).

Antimon soll sich nach D. A. Roche mit Aluminium leicht und in allen Verhältnissen legiren[3]). Legirungen mit weniger als 5 % Antimon sollen härter, zäher und schmiedbarer als das reine Aluminium sein. Mit wachsendem Antimongehalt werden die Legirungen härter, aber spröde. Der Schmelzpunkt der Legirungen wird durch das Antimon in die Höhe gerückt. Nach den Untersuchungen von E. van Aubels schmilzt eine Legirung von der Formel Al Sb bei 1078—1080° [4]).

Mach erhöht den Schmelzpunkt des Magnaliums durch Zusatz von Antimon bis zu 30 % [5]).

Nickel, welches sich leicht mit dem Aluminium legirt, macht dasselbe hart und leicht bearbeitbar. Legirungen mit 3 % Nickel lassen sich leicht zu Platten formen[6]). Nach Margot[7]) sind Legirungen mit 18 % Aluminium und 82 % Nickel so hart wie Stahl, sehr gut polirbar und lassen sich hämmern.

Kobalt-Aluminium-Legirungen mit 6 % Kobalt sollen sich leicht zu Platten walzen lassen. Eine von Margot[8]) hergestellte Aluminium-Kobalt-Legirung mit 20 bis 25 % Aluminium und 75 bis 80 % Kobalt zeigte die Härte von gehärtetem Stahl, bröckelte bei der Bearbeitung mit dem Hammer ab und zerfiel wenige Tage nach der Herstellung zu Staub.

Zink legirt sich leicht mit dem Aluminium und macht dasselbe hart. Bei einem Zinkgehalte der Legirung von mehr als 3 % wird dieselbe spröde.

Cadmium-Aluminium ist ziemlich dehnbar und dient als Löthmetall.

---

[1]) D. R. P. 105 502. D. R. P. 113 935.

[2]) Minet. Die Gewinnung des Aluminiums. Halle a. S. 1902. S. 94.

[3]) Minet. l. c. S. 99.

[4]) L'Electrochimie. 1901. S. 136.

[5]) D. R. P. 107 868 (Zusatzpatent zu 105 502).

[6]) Minet. l. c. S. 97.

[7]) Minet. S. 92.

[8]) Minet. S. 92.

Wismuth-Aluminium ist schon bei 1 % Wismuthgehalt spröde und zerbrechlich.

Blei verbindet sich nur sehr unvollkommen mit dem Aluminium.

Silber-Aluminium soll bei 5 % Silbergehalt ebenso schmiedbar sein wie das reine Aluminium. Legirungen, welche aus $^2/_3$ Aluminium und $^1/_3$ Silber bestehen, sollen sich leichter prägen lassen als Kupfer-Silber-Legirungen.

Mit Gold lässt sich Aluminium bis zu 10 % legiren, ohne dass es spröde wird (Tissier). Eine von Roberts-Austin hergestellte Legirung mit 22 % Aluminium und 78 % Gold ist purpurfarben und hat einen rubinartigen Glanz.

Quecksilber und Aluminium vereinigen sich bei 100° nur sehr langsam, dagegen sehr lebhaft beim Siedepunkte des Quecksilbers. Nach Baille und Ferry (Minet S. 101) soll sich bei der Behandlung von Aluminium mit Quecksilber ein Amalgam von der Formel Al_2Hg_3 bilden.

Zinn-Aluminium-Legirungen besitzen eine geringere Dehnbarkeit und Bruchfestigkeit als das reine Aluminium. Eine Legirung mit 10 % Zinn soll sich ebenso leicht löthen wie Messing.

Ferro-Silicium-Aluminium-Legirungen erhält man nach Minet (S. 92) durch Reduction von weissem oder rothem Bauxit oder einer Mischung beider Körper im elektrischen Ofen. Es sind Legirungen dieser Art mit 90 % Al, 7 % Fe, 3 % Si, mit 85 % Al, 10 % Fe, 5 % Si, mit 80 % Al, 14 % Fe, 6 % Si bekannt.

Mit Kupfer legirt sich das Aluminium in allen Verhältnissen. Die Legirungen des Kupfers mit dem Aluminium bis zu einem Gehalte von 10 % Aluminium zeichnen sich durch grosse Härte, Festigkeit und Zähigkeit aus und finden unter dem Namen „Aluminiumbronce" die mannigfaltigste technische Verwendung (Herstellung von optischen Instrumenten, Schmucksachen, Schiffsschrauben, Panzerplatten). Uebersteigt der Aluminiumgehalt der Legirung 10 %, so wird sie spröde. Von 10 % Aluminiumgehalt abwärts nimmt die Zähigkeit schnell zu. Broncen von über 10 % Aluminiumgehalt werden in der Praxis nicht hergestellt. Die am häufigsten hergestellten Broncen enthalten 2,5 %, 5 %, 7,5 %, 9 % und 10 % Aluminium. Broncen mit 9,62 % Aluminium entsprechen der Formel Cu_2Al, mit 5,05 % Al der Formel Cu_8Al und mit 2,59 % Al der Formel $Cu_{16}Al$.

Die Farbe der Bronce ist bei mehr als 20 % Aluminiumgehalt bläulich weiss, von 20 bis 15 % rein weiss; bei niedrigerem Gehalt an Aluminium geht sie in das Gelbe über; bei 5 % Aluminium erscheint sie goldgelb; bei 3 % ist sie die des rothen Goldes. Der Schmelzpunkt der Bronce mit 10 % Aluminium, welche vortreffliche Güsse liefert, liegt bei 950°.

Durch einen nicht über 6 % gehenden Gehalt an Kupfer wird die Festigkeit des Aluminiums erhöht. So zeigte nach Versuchen von Charpentier-Page bei 3 % Kupfer (Minet S. 97) geglühter Draht von 2 mm

Durchmesser eine Bruchfestigkeit von 20,38 bis 20,76 kg pro qmm Querschnitt bei 21,3 bis 21,7 % Ausdehnung, harter Draht (2 mm D.) von 34,7 bis 35,3 kg pro qmm Querschnitt bei 3,6 bis 4,5 % Ausdehnung, bei 6 % Kupfer geglühter Draht (2 mm D.) eine Bruchfestigkeit von 22,4 bis 24,8 kg bei 16,2 bis 20 % Ausdehnung, harter Draht (2 mm D.) eine Bruchfestigkeit von 42,9 bis 45,2 kg bei 2,3 bis 2,8 % Ausdehnung. Es wird desshalb Kupfer-Aluminium vielfach dem reinen Aluminium vorgezogen.

Auch mit Platin, Palladium, Mangan, Chrom, Wolfram, Titan lässt sich das Aluminium legiren.

Näheres über die Legirungen des Aluminiums mit einem und mehreren Metallen und über die Eigenschaften dieser Legirungen ist in den Werken von Joseph W. Richards, „Aluminium", London 1896 und von Adolphe Minet, „Die Gewinnung des Aluminiums" (ins Deutsche übertragen von Dr. Emil Abel), Halle a. S. 1902, enthalten.

Das Material für die Gewinnung des Aluminiums.

Obwohl das Aluminium nach dem Sauerstoff und Silicium das am meisten verbreitete Element auf der Erde ist, so sind es bis jetzt doch nur wenige Mineralien, welche für die Gewinnung desselben geeignet sind. Als solche kommen in erster Linie Bauxit und Kryolith in Betracht. Ausserdem sind auch Aluminiumsulfat enthaltende Gesteine, Kaolin und Pfeifenthon vorgeschlagen worden.

Hydrargillit und Diaspor [$Al_2(OH)_6$] werden wegen der Seltenheit ihres Vorkommens nicht zur Herstellung von Aluminium benutzt.

Der Bauxit ist ein Gemenge von Thonerdehydrat und Eisenoxydhydrat und wurde zuerst in der Gemeinde Baux bei Arles in der Provence gefunden. Später fand man ihn auch an anderen Orten im südlichen Frankreich. Derselbe findet sich in den Departements Var und Bouches du Rhône in einer Länge von 150 km in Lagern, deren Mächtigkeit stellenweise 20 bis 30 m beträgt[1]). Ausserdem hat man Lager desselben in Krain, Hessen-Nassau, Irland, Italien (Lecchi, Calabrien), am Senegal, in Georgia, Alabama, Arkansas, Californien, Florida und Neu-Süd-Wales aufgefunden.

Man unterscheidet wohl kieselsäurearmen (rothen) und kieselsäurereichen (weissen) Bauxit. Für die Aluminiumgewinnung verwendet man vorzugsweise den kieselsäurearmen Bauxit.

Die Zusammensetzung verschiedener Arten von französischem Bauxit ist aus den nachstehenden Analysen ersichtlich[2]). No. I stammt aus Ville-

---

1) Revue univers. des mines. 1863. XIV. 387.

2) Knab. Métallurgie. p. 581.

veyrac (Hérault), II aus Nas de Gilles bei Baux, III aus Paradou bei Baux; IV ist ein kieseliger Bauxit von Villeveyrac, V ein kieseliger Bauxit von Baux.

	I	II	III	IV	V
Thonerde	78,10	57,6	—	43,20	58,1
Thonerde mit Titansäure	—	—	18	—	—
Eisenoxyd	1,02	25,3	60	7,25	3,8
Kieselsäure	5,78	5,9	4	34,40	24,9
Wasser	15,10	—	—	15,15	14,2
Wasser und Calciumcarbonat	—	11,2	18	—	—

Ein deutscher Bauxit von Mühlbach bei Hadamar in Hessen-Nassau zeigte die nachstehende Zusammensetzung:

Thonerde	55,610
Eisenoxyd	7,170
Kieselsäure	4,417
Kalk	0,386
Magnesia	Spur
Wasser und Glühverlust	32,330

3 Sorten des Minerals von Feistritz in Krain (Wocheinit genannt) waren nach G. Schnitzer zusammengesetzt wie folgt:

	brauner Wocheinit	gelber Wocheinit	weisser Wocheinit
Thonerde	44,4	54,1	64,6
Eisenoxyd	30,3	10,4	2,0
Kieselsäure	25,0	12,0	7,5
Wasser und Glühverlust	9,7	21,9	24,7

Bauxit aus Italien (Lecchi né Marsi) enthielt[1]) 47,44 bis 57 % Thonerde, 25,98 bis 36,77 % Eisenoxyd, 2,33 bis 4,06 % Kieselsäure und 1,17 bis 2,86 % Titansäure, im Uebrigen Wasser und flüchtige Bestandtheile.

Bauxit aus Neu-Süd-Wales (Red ore von Emmaville) enthielt[2]) 42,20 % Thonerde, 23,45 % Wasser, 28,91 % Eisenoxyd, 0,16 % Kieselsäure, 0,28 % Kalk, 0,37 % Magnesia, 0,17 % Kalium- und Natriumcarbonat, 0,26 % Phosphorsäure, 4,75 % Titansäure.

Die grössten Mengen Bauxit werden gegenwärtig von Frankreich, Irland und den Vereinigten Staaten von Nord-Amerika (Alabama und Georgia) geliefert.

Der Bauxit wird zuerst auf Thonerde verarbeitet, welche das eigentliche Material für die Gewinnung des Aluminiums bildet.

---

[1]) The Miner. Ind. 1902. S. 14.

[2]) The Min. Ind. 1902. S. 14.

Kryolith, eine Verbindung von Fluornatrium mit Fluoraluminium von der Formel $Al_2F_6 + 6 NaF$, findet sich zu Ivitut an der Arsukbucht in Südgrönland, wo er ein ausgedehntes Lager bildet. An der Oberfläche desselben ist er weiss, bei 3,14 m Tiefe blaugrau und bei 4,7 m Tiefe schwarz und an den Kanten durchscheinend. Beim Glühen werden die dunklen Arten weiss.

Der reine Kryolith ist zusammengesetzt wie folgt:

Aluminium	13,07 %
Natrium	33,35 -
Fluor	53,58 -

Der Kryolith kann sowohl direct auf Aluminium verarbeitet als auch erst in Thonerde verwandelt werden.

Aus Aluminiumsulfat enthaltenden Gesteinen und Mineralien lässt sich Aluminiumsulfat gewinnen, welches seinerseits zur Herstellung von Thonerde, dem eigentlichen Material für die Aluminiumgewinnung, benutzt werden kann.

Hierhin gehören die Alaunerde, der Alaunschiefer, der Alaunstein oder Alunit, das Haarsalz oder Alunogen und der Aluminit. Auch aus Pfeifenthon oder Kaolin lässt sich mit Hülfe von Schwefelsäure Aluminiumsulfat bzw. Thonerde gewinnen.

Der Korund, welcher bekanntlich in seinen reineren Arten den Rubin und Saphir bildet, könnte nur in seiner unter dem Namen „Smirgel" bekannten unreinen Art als Aluminiumerz in Frage kommen. Hierzu ist aber gegenwärtig keinerlei Aussicht vorhanden. Er findet sich auf Naxos in Griechenland, bei Chester im Staate Massachusetts und in der neueren Zeit in grösserer Menge in den Staaten Nord-Carolina und Georgia in Nord-Amerika. Bisher ist er als Edelstein und als Schleifmittel benutzt worden und wird gegenwärtig auch künstlich aus Bauxit hergestellt[1]).

Die Gewinnung des Aluminiums.

Das Aluminium kann sowohl auf trockenem Wege als auch auf elektrometallurgischem Wege aus gewissen Verbindungen desselben abgeschieden werden. Die Ausfällung des Metalles aus seinen wässerigen Lösungen, also die Gewinnung des Aluminiums auf nassem Wege, hat sich als unausführbar erwiesen, da keine für die Ausfällung geeigneten Metalle existiren. Auch mit Hülfe des elektrischen Stromes lässt es sich aus wässrigen Lösungen in greifbarer Menge nicht abscheiden.

[1]) The Min. Ind. 1902. S. 16.

Gegenwärtig wird es ausschliesslich durch die Elektrolyse geschmolzener wasserfreier Aluminiumverbindungen gewonnen.

Bei der Betrachtung der verschiedenen Verfahren und Vorschläge zur Gewinnung des Aluminiums haben wir hiernach zu unterscheiden:

1. Die Gewinnung des Aluminiums auf trockenem Wege;
2. Die Gewinnung des Aluminiums auf elektrometallurgischem Wege.

1. Die Gewinnung des Aluminiums auf trockenem Wege.

Die wichtigsten für die Gewinnung des Aluminiums auf trockenem Wege vorgeschlagenen Verfahren beruhen 1. auf der Ausfällung des Aluminiums aus geschmolzenen Halogenverbindungen desselben durch Natrium oder Magnesium, 2. auf der Reduction der Thonerde durch Kohlenstoff.

Zahlreiche Vorschläge zu anderen Arten der Aluminiumgewinnung auf trockenem Wege sind theils gar nicht versucht worden, weil sie von vornherein unausführbar erschienen, theils haben sie das Versuchsstadium nicht zu überwinden vermocht, so dass sie hier übergangen werden können.

A. Die Gewinnung des Aluminiums durch Ausfällen des Metalles aus geschmolzenen Halogenverbindungen desselben mit Hülfe von Natrium oder Magnesium.

Obwohl die Gewinnung des Aluminiums auf diesem Wege zur Zeit nicht mehr in Anwendung steht, so ist es doch erforderlich, die betreffenden Prozesse, welche in der Geschichte der Aluminiumgewinnung eine so wichtige Rolle spielen und lange Zeit hindurch die Grundlage der Aluminium-Industrie bildeten, kurz hier anzuführen. Dieselben gründen sich, wie erwähnt, auf die Zerlegung geschmolzener Halogen-Verbindungen des Aluminiums durch Natrium bzw. Magnesium. Das älteste Verfahren, welches auf der Ausscheidung des Aluminiums aus dem Doppelchlorid des Aluminiums und Natriums durch Natrium beruht, ist von Deville eingeführt und von Kastner verbessert worden.

An die Stelle des Doppelchlorides von Natrium und Aluminium hat man auf einigen Werken Kryolith gesetzt, wie bei dem Verfahren von Netto, und schliesslich ist von Grabau Aluminiumfluorid als Material für die Aluminiumgewinnung in Vorschlag gebracht worden.

Das Verfahren von Deville.

Dieses Verfahren gründet sich auf die Versuche von Wöhler, welcher im Jahre 1827 Aluminium durch Zerlegung von Aluminiumchlorid mit Hülfe von Kalium herstellte. An die Stelle des Aluminiumchlorids setzte

Deville 1854 das viel besser geeignete Aluminium-Natriumchlorid, an die Stelle des Kaliums das billigere Natrium und ermöglichte dadurch die Gewinnung des Aluminiums in grösserem Maassstabe.

Das Deville'sche Verfahren besteht nun darin, das Doppelchlorid von Natrium und Aluminium unter Anwendung von Kryolith als Flussmittel mit Natrium in einem Flammofen bei allmählich gesteigerter Temperatur zu erhitzen, wobei das Aluminium unter Bildung von Chlornatrium ausgeschieden wurde.

Als aluminiumhaltiges Rohmaterial zur Herstellung des Aluminium-Natriumchlorides diente auf dem Werke zu Salindres (Gard), der grössten Aluminiumfabrik in Frankreich, der Bauxit. Derselbe musste zuerst in reines Thonerdehydrat verwandelt werden, welches letztere zuerst auf 150^0 erhitzt und dann durch Glühen mit Kochsalz und Kohle in einem Strome von Chlorgas in Aluminium-Natriumchlorid übergeführt wurde.

Die Verwandlung des Bauxits in reines Thonerdehydrat geschah durch Schmelzen desselben mit Soda zur Bildung von Natriumaluminat, durch Auslaugen des letzteren mit Wasser und durch Behandlung desselben mit Kohlensäure, welche die Thonerde als Hydrat niederschlug.

Der Bauxit wurde zu diesem Zwecke gepulvert und innig mit Soda gemengt, worauf das Gemenge in Flammöfen von der Einrichtung der Leblanc-Soda-Oefen geschmolzen wurde. (Zur Verarbeitung eines Einsatzes von 480 kg Bauxit und 300 kg Soda waren 5 bis 6 Stunden erforderlich.) Hierbei wurde die Thonerde in Natriumaluminat verwandelt, während das Eisenoxyd nicht angegriffen wurde.

Das Natriumaluminat wurde in cylindrischen Gefässen aus Eisenblech mit doppeltem Boden und Leinwandfilter aus der Schmelze durch Wasser ausgelaugt. Die Lauge wurde in besondere Gefässe von 1200 l Inhalt übergeführt und in denselben mit einem Strome von Kohlensäure behandelt, welche letztere aus Kalkstein und Salzsäure hergestellt wurde.

Die Kohlensäure verband sich mit dem Natron zu Natriumcarbonat, welches in Lösung blieb, während die Thonerde als Hydrat ausgefällt wurde.

Die Gefässe waren mit einem Rührwerk versehen und besassen einen doppelten Boden, in welchen während der 5 bis 6 Stunden dauernden Fällung Wasserdampf eingeleitet wurde. Die Temperatur wurde hierdurch während der Fällung auf 70^0 erhalten.

Das Thonerdehydrat und die Natriumcarbonatlösung wurden in ein besonderes Gefäss gebracht, in welchem sich das Thonerdehydrat absetzte, worauf die Lösung abgezogen wurde. Nach wiederholtem Auswaschen war das Thonerdehydrat zur Herstellung des Doppelchlorids geeignet. Dasselbe enthielt 47,5 % Aluminium, 50 % Wasser und 2,5 % Natriumcarbonat.

Die von dem Thonerdehydrat getrennte Natriumcarbonatlösung wurde eingedampft und dann zur Verwandlung neuer Bauxitmengen in Natriumaluminat verwendet.

Das Thonerdehydrat wurde mit Chlornatrium und fein gepulverter Holzkohle gemengt, worauf das Gemenge unter Zusatz einer gewissen Menge von Wasser zu Kugeln von Faustgrösse geformt und bei 150^0 getrocknet wurde.

Die getrockneten Kugeln wurden in einer stehenden Retorte aus feuerfestem Thon unter Einleitung von Chlor in dieselbe bis zur Weissglut erhitzt. Hierbei bildete sich das flüchtige Doppelchlorid von Natrium und Aluminium und wurde in einer an die Retorte angeschlossenen Verdichtungskammer aufgefangen, während das gleichzeitig entstandene Kohlenoxyd und das überschüssige Chlor in eine Esse abzogen.

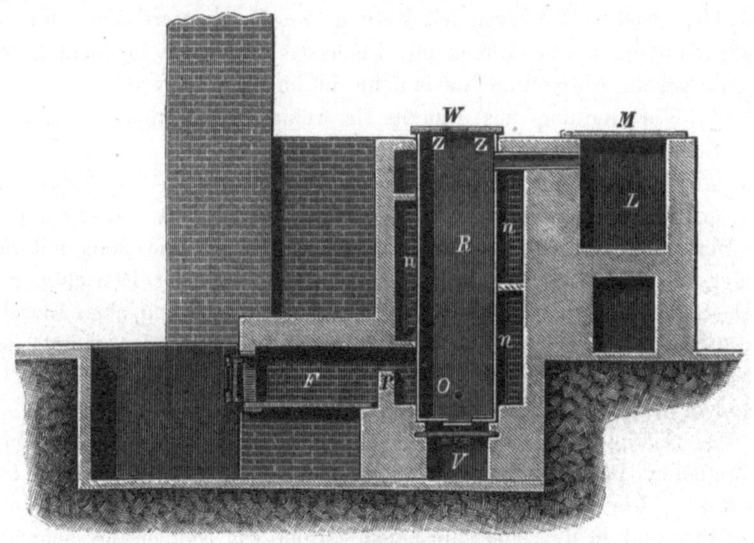

Fig. 479.

Die Einrichtung des Apparates ist aus der Figur 479 ersichtlich. R ist die Retorte, F die Rostfeuerung, P die Feuerbrücke; n sind die Feuerzüge. O ist die Eintrittsöffnung für das Chlorgas, welches durch ein Porzellanrohr in die Retorte gelangt. L ist die mit einem abhebbaren Deckel M versehene Verdichtungskammer für das Aluminiumnatriumchlorid. An Stelle derselben hat man auch grosse irdene Töpfe, deren Deckel gut auflutirt war, angewendet. Die nicht condensirten Dämpfe wurden durch ein im Deckel angebrachtes Rohr in Essencanäle geleitet. Die Kugeln werden durch die mit einem Deckel verschliessbare Oeffnung Z in die Retorte eingeführt. Die bei der Erhitzung verbliebenen Rückstände lassen sich durch eine Oeffnung V im Boden der Retorte, welche durch einen vermittelst einer Druckschraube von aussen angepressten Stein verschlossen wird, entfernen.

Nach dem Einfüllen der Kugeln in die Retorte trieb man zuerst aus dem Thonerdehydrat das Wasser aus; nach der Entfernung desselben liess man das Chlor eintreten und steigerte die Hitze allmählich bis zur Weissglut. Das Chlor wurde während der Dauer der Operation absorbirt und das Chloraluminium-Chlornatrium setzte sich als krystallinische Masse von gelber Farbe (welche von Eisenchlorid und Eisenchlorür herrührte) in der Verdichtungskammer an. Die Reaction verlief nach der Gleichung: $Al_2O_3 + NaCl + 3C + 3Cl = 3CO + Al_2Cl_3, NaCl$. Eine Destillation dauerte 12 Stunden. Gegen das Ende derselben wurde das Chlor nur noch unregelmässig absorbirt.

Die Ausscheidung des Aluminiums aus dem Doppelchlorid geschah unter Anwendung von Kryolith als Flussmittel. Das letztere war erforderlich, um die Vereinigung der ausgeschiedenen Metalltheilchen zu einem Ganzen herbeizuführen. Die Beschickung bestand aus 100 kg Doppelchlorid, 45 kg Kryolith und 35 kg Natrium. Das Doppelchlorid und der Kryolith hatten Pulverform, während das Natrium in Stücken von 1 bis 2 ccm Grösse angewendet wurde. Man setzte die Masse in vier Portionen in einen auf schwache Rothglut erhitzten Flammofen mit geneigter Sohle und Sumpf ein. Bei allmählich gesteigerter Hitze war die Ausscheidung des Aluminiums nach 3 Stunden beendigt und man schritt nun zum Abstechen.

Zuerst wurden die Schlacken in Wagen aus Eisen, dann das Aluminium in geheizte Kessel aus Gusseisen und schliesslich ein Gemenge von Chlornatrium und Kryolith, welches noch kleine Theile von Aluminium enthielt, in gusseiserne Kessel abgestochen. Das Aluminium wurde aus den Kesseln in kleine Formen aus Gusseisen geschöpft, in welchen es die Gestalt von Barren erhielt. Aus dem Gemenge von Chlornatrium und Kryolith sonderten sich auch Körner von Aluminium ab.

Die Herstellung des Natriums geschah durch Erhitzen eines Gemenges von Natriumcarbonat, Kohle und Calciumcarbonat in eisernen Röhren.

Der Herstellungspreis des Aluminiums nach diesem Verfahren belief sich noch im Jahre 1882 auf 80 frs. per kg[1]). Der Verkaufspreis pro kg Aluminium betrug im Jahre 1885 in Berlin noch 130 M. Gegenwärtig wird dasselbe durch die elektrolytischen Verfahren zu weniger als 2 Mk. per kg hergestellt.

Das Verfahren von Deville-J. Castner.

Dieses Verfahren stellt ein durch Castner verbessertes Deville-Verfahren dar. Die Verbesserungen bestehen in einer billigeren Herstellung der Thonerde und des Natriums, in der Herstellung des Chlors nach dem Weldon-Verfahren, in der Befreiung des Doppelchlorides von Eisen und

[1]) Würz, W. J. 1882. 122.

in der Anwendung grösserer Apparate bei der Herstellung des Doppelchlorides und der Reduction desselben. Dieses Verfahren, welches zu Oldham bei Birmingham ausgeführt wurde, verminderte die Herstellungskosten des Aluminiums auf 44 sh. per kg. Dasselbe hat indess gleichfalls den elektrolytischen Verfahren weichen müssen und steht zur Zeit ausser Anwendung.

Die Thonerde wurde nach dem Verfahren von Webster[1]) aus Alaun hergestellt. Derselbe wurde mit Theer gemengt und geglüht. Die geglühte Masse wurde zur Zersetzung des entstandenen Sulfids mit Salzsäure behandelt, dann mit Holzkohlenpulver gemengt und unter Zuleitung von Dampf und Luft in Retorten geglüht. Beim Auslaugen der geglühten Masse mit Wasser ging Kaliumsulfat in Lösung, während Thonerde zurückblieb.

Das Doppelchlorid wurde in Thonretorten von je 3,048 m Länge, deren je 5 in einem durch Gas geheizten und mit Wärmespeicher versehenen Flammofen lagen, in ähnlicher Art wie beim Deville'schen Verfahren hergestellt. Das Chlor wurde auf einem benachbarten Werke nach dem Weldon-Verfahren gewonnen und durch irdene Leitungen in Gasometer geführt, aus welchen es unter constantem Druck in die Retorten gelangte. Aus dem Doppelchlorid wurde das an Chlor gebundene Eisen, welches dem ersteren je nach seiner Menge eine lichtgelbe bis dunkelrothe Farbe verlieh und bis 5 % Eisen in das metallische Aluminium überführte, durch ein von Castner angegebenes geheim gehaltenes Verfahren bis auf 0,01 % entfernt.

Das Natrium wurde nach dem Verfahren von Castner (D. R. P. 40415) aus Aetznatron und Eisencarbid hergestellt, welches letztere durch Erhitzen von Eisenoxyd und Pech (auf 70 Th. Eisen 30 Th. Kohlenstoff) erhalten wurde. Nach Roscoe sollte das Eisen des Eisencarbids bei dem Prozesse keine Rolle spielen, sondern die Reaction sollte nach der Gleichung:

$$3\,NaOH + C = Na_2CO_3 + H_3 + Na$$

verlaufen. Der Hauptvortheil dieses Verfahrens der Natriumgewinnung bestand darin, dass das Aetznatron sich bei der Reaction im flüssigen Zustande befand, was bei der Gewinnung des Natriums aus Soda nicht der Fall war. Man musste daher zur Erzielung der zur Reduction erforderlichen Temperatur bei Anwendung von Soda Gefässe von sehr kleinem Durchmesser verwenden. Bei dem Verfahren von Castner wendete man zur Zersetzung eiförmige Gefässe aus Stahl von 0,61 m Höhe und 0,46 m grösstem Durchmesser an, welche 36 kg Beschickung aufnahmen. Die Deckel derselben waren unbeweglich, während die eigentlichen Gefässe, welche auf einer den Ofenboden schliessenden beweglichen Platte standen, durch hydraulischen Druck luftdicht an die Deckel angeschlossen werden

[1]) Wagner's Jahresbericht. 1883. S. 153.

konnten. Aus dem Deckel jedes Gefässes führte ein Eisenrohr die Natriumdämpfe in einen besonderen geneigten cylindrischen Condensator von 1 m Länge und 0,12 m Durchmesser. Durch eine in $^3/_4$ der Länge des Cylinders befindliche Oeffnung floss das condensirte Natrium in ein auf eine gewisse Höhe mit Petroleum gefülltes Gefäss, in welchem es fest wurde. Die nicht condensirten Gase entwichen durch eine am Ende des Cylinders angebrachte Oeffnung. Die Destillation dauerte 1 bis 2 Stunden. In der Vorlage sammelten sich in dieser Zeit gegen 3 kg Natrium an. Aus 250 kg Aetznatron erhielt man 30 kg Natrium und 240 kg Natriumcarbonat, welches mit Hülfe von Kalk wieder in Aetznatron verwandelt wurde.

Die Zerlegung des Aluminium-Natriumchlorids durch Natrium geschah in Flammöfen mit Gasfeuerung und geneigtem quadratischen Heerde von 1,8 m Seite.

Auf 100 G.-Th. Doppelchlorid setzte man 50 G.-Th. Kryolith. Das Natrium wurde mit Hülfe von Maschinen in kleine Scheiben geschnitten, welche letzteren in Trommeln mit dem zerkleinerten Doppelchlorid und Kryolith zusammengemengt wurden. Der Einsatz bestand aus 544 kg Doppelchlorid, 272 kg Kryolith und 159 kg Natrium. Man erhielt hieraus gegen 54 kg Metall mit 99 % Aluminium und einigen Zehntel Procenten Silicium und Eisen.

Das Verfahren von Netto.

Netto stellte das Aluminium durch Zersetzung von Kryolith mit Hülfe von Natrium her und gewann das Natrium durch Reduction von Aetznatron mit Hülfe von Kohle. Auch dieses Verfahren, welches zu Wallsend on Tyne bei Newcastle in Anwendung stand, ist aufgegeben worden.

Zu Wallsend wurden 90 kg Kryolith und 45 kg Chlornatrium in einem Flammofen innerhalb $1^1/_2$ Stunden eingeschmolzen, worauf die geschmolzene Masse in einen vorgewärmten Converter eingeführt wurde. Alsdann wurden durch 2 Arbeiter mit Hülfe eines Tauchers Natriumstücke im Gewichte von je $2^1/_2$ kg so lange auf den Boden des Converters gedrückt, bis die Menge des eingeführten Natriums 20 kg betrug. Das Natrium zersetzte beim Aufsteigen den Kryolith unter Ausscheidung von Aluminium und Bildung von Fluornatrium, welches letztere zum grössten Theile in die Schlacke ging, zu einem geringen Theile aber auch in der Gestalt von weissen Dämpfen entwich. Bei der Reaction wurden die geschmolzenen Massen, welche bis dahin eine syrupartige Consistenz besassen, dünnflüssig, und das Aluminium sammelte sich auf dem Boden des Converters an.

Obwohl das spec. Gewicht des Kryoliths im festen Zustande = 3, das des Aluminiums im festen Zustande = 2,7 ist, so sinkt doch das geschmolzene Aluminium im geschmolzenen Kryolith unter, weil sich der

Kryolith beim Schmelzen ganz bedeutend ausdehnt und daher leichter wird, während das Aluminium sich beim Schmelzen nur sehr wenig ausdehnt.

Die Schlacke liess man in einen besonderen Behälter aus Eisen fliessen und goss dann das Aluminium in einen zweiten Behälter aus Eisen, in welchem es erstarrte. Auf 18 kg Natrium erhielt man 4,5 kg Aluminium. Die Schlacken enthielten 40 % Fluornatrium, 43 % Chlornatrium, 15 % Kryolith, 0,75 % metallisches Aluminium und eine geringe Menge Thonerde. Wollte man ein von Eisen und Silicium freies Metall herstellen, so setzte man nur $^1/_3$ der zur Zerlegung des Kryoliths erforderlichen Natriummenge zu. Hierdurch wurde neben dem Aluminium auch Eisen und Silicium reducirt und von dem Aluminium aufgenommen. Die geschmolzenen Massen wurden darauf von dem ausgeschiedenen Metalle durch Eingiessen derselben in einen zweiten Converter getrennt, in welchem man durch weiteren Zusatz von Natrium ein Metall von 98 bis 99 % Aluminiumgehalt erhielt.

Aus der noch 0,75 % metallisches Aluminium enthaltenden Schlacke zog man das Aluminium durch Kupfer aus und erhielt so Aluminiumbronze.

Alsdann verarbeitete man die Schlacke auf Kryolith und Glaubersalz, indem man dieselbe mit Aluminiumsulfat erhitzte. Die hierbei eintretende Reaction war die nachstehende:

$$12\,NaF + Al_2\,3\,SO_4 = Al_2\,F_6, 6\,NaF + 3\,Na_2\,SO_4.$$

Aus der geschmolzenen Masse laugte man das Glaubersalz aus und erhielt den Kryolith als Rückstand.

Zur Herstellung des Natriums liess Netto geschmolzenes Aetznatron in eine Schicht glühender Koks einträpfeln, welche sich auf dem Boden einer mit einem Thonmantel umkleideten stehenden cylindrischen Retorte aus Gusseisen oder Gussstahl befand. Hierbei wurde unter Bildung von Natriumcarbonat ein Theil des Natriums in Dampfform ausgeschieden. Die Natriumdämpfe wurden in einer mit dem oberen Theil der Retorte verbundenen Vorlage condensirt und in einem Behälter mit Oelfüllung angesammelt. Das Natriumcarbonat sammelte sich in geschmolzenem Zustande auf dem Boden der Retorte an und wurde zeitweise abgestochen. Zur Herstellung von 1 kg Natrium und 9 kg Sodaschlacke mit 60 % Natriumcarbonat waren 6 kg Aetznatron, 12 kg Koks, 1,5 kg Holzkohle und an Retortenmaterial 1,2 kg Gusseisen erforderlich.

Das beschriebene gut ausgedachte Verfahren von Netto vermochte nicht mit der Gewinnung des Aluminiums durch Elektrolyse zu concurriren.

Das Verfahren von Grabau.

Das Verfahren von Grabau (D. R. P. 47031, 48535, 51898) beruht auf der Zersetzung von Aluminiumfluorid (Al_2F_6) durch Natrium nach der Gleichung:

$$2\,Al_2\,F_6 + 6\,Na = 2\,Al + Al_2\,F_6,\ 6\,Na\,F.$$

Man erhält bei demselben ausser Aluminium künstlichen Kryolith ($Al_2\,F_6$, 6 Na F), welcher zur Herstellung des Aluminiumfluorids verwendet wird. Das Aluminiumchlorid gewinnt man durch Erhitzen von Aluminiumsulfat und Kryolith nach der Gleichung:

$$Al_2\,(SO_4)_3 + Al_2\,F_6\,.\,6\,Na\,F = 2\,Al_2\,F_6 + 3\,Na_2\,SO_4.$$

Das Natriumsulfat laugt man nach dem Trocknen und Glühen der Masse aus und behält dann Aluminiumfluorid als Rückstand.

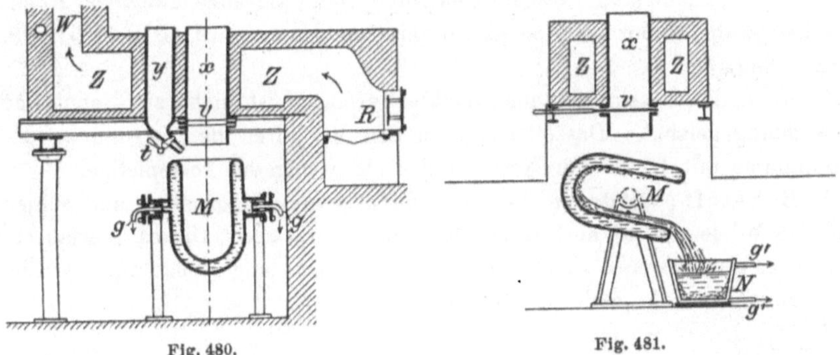

Fig. 480. Fig. 481.

Die Vorrichtungen zur Ausführung des Verfahrens sind aus den Figuren 480 und 481[1]) ersichtlich. x und y sind die aus Gusseisen hergestellten und mit Schamott umkleideten Gefässe zum Erhitzen der in Reaction tretenden Körper. In x wird das Fluoraluminium vorgewärmt, während in y das Natrium geschmolzen wird. x hat an seinem unteren Ende einen Schieberverschluss v, y einen Hahnenverschluss t. R ist der Rost der Feuerung; Z sind die Feuerzüge; W ist der untere Theil der Esse. M ist das in Zapfen aufgehängte Reductionsgefäss. Dasselbe besteht aus hohlen Eisenwänden, welche durch Wasser gekühlt werden. Das letztere fliesst durch die Röhre g ein bzw. aus. N ist das gleichfalls aus hohlen Eisenwänden bestehende Gefäss zur Aufnahme der geschmolzenen Massen nach erfolgter Reaction. Dasselbe wird gleichfalls durch Wasser, welches durch die Rohre g^1 ein- bzw. ausströmt, gekühlt.

---

[1]) Dammer. Chem. Technologie. Bd. II (Metallurgie). S. 217

Behufs Ausführung des Verfahrens wird das Gefäss x mit Fluoraluminium (bzw. zu Anfang des Betriebes mit Kryolith) und das Gefäss y mit Natrium besetzt. Sobald das Fluoraluminium rothglühend geworden ist (was an dem Entweichen weisser Dämpfe erkannt wird), lässt man das unterdessen geschmolzene Natrium nach Drehung des Hahnes t in das Reductionsgefäss M einfliessen. Dann lässt man durch Ausziehen des Schiebers v das pulverförmige Aluminiumfluorid gleichfalls in das Gefäss M fallen, wo es sich auf dem geschmolzenen Natrium ansammelt und dasselbe bedeckt. In Folge der sofort eintretenden Reaction wird eine so grosse Menge von Wärme entbunden, dass das Fluoraluminium zu einer dünnflüssigen Masse schmilzt. Die Dauer der Reaction beträgt nur einige Secunden. Das Aluminium sammelt sich auf dem Boden des Reductionsgefässes an. Durch Umkippen desselben wird sein flüssiger Inhalt in das Sammelgefäss N entleert.

Bei diesem Prozesse sollen über 90 % des Natriums ausgenutzt werden.

Das Natrium stellt Grabau elektrolytisch durch Zersetzung von Kochsalz her, wobei Chlor als Nebenerzeugniss gewonnen wird (D.R.P. 51 898, 8. X. 1889).

Auch dieses sehr gut ausgedachte Verfahren ist nicht zur definitiven Anwendung gelangt. Dasselbe ist von den Verfahren der Gewinnung des Aluminiums mit Hülfe von Natrium das am wenigsten kostspielige.

Beketoff[1]) setzte an die Stelle des Natriums Magnesium und schied mit Hülfe desselben aus Kryolith Aluminium ab. Dieses Verfahren, welches beispielsweise in Hemelingen eine Zeit lang ausgeführt wurde, steht zur Zeit nicht mehr in Anwendung.

B. Die Gewinnung des Aluminiums durch Reduction von Thonerde.

Die Thonerde wird durch Kohlenstoff zu Metall reducirt. Die Temperatur für die Reduction liegt aber so hoch, dass sie durch den elektrischen Strom hervorgerufen werden muss. Die Anwendung des elektrischen Stromes zur Reduction von Thonerde durch Kohlenstoff ist 1862 durch Moukton vorgeschlagen worden (Engl. Patent No. 264 von 1862) zu einer Zeit, in welcher die Dynamomaschine noch nicht erfunden und daher elektrische Energie noch nicht wohlfeil zu erhalten war. Die Reducirbarkeit der Thonerde durch Kohlenstoff ist wiederholt auf Zweifel gestossen. Borchers[2]) hat indess den Nachweis der Reducirbarkeit der Thonerde durch elektrisch erhitzten Kohlenstoff durch den nachstehenden mit den Worten des Experimentators mitgetheilten Versuch erbracht.

---

[1]) Jahresbericht der Chemie 1865.

[2]) Elektrometallurgie. Leipzig 1902. S. 102.

„„Man befestige zwischen zwei kräftigen Kohlenstäben K (Fig. 482) von etwa 25 bis 30 mm Durchmesser einen dünnen Kohlenstift W von etwa 3 mm Durchmesser und 45 mm Länge. Dieser Kohlenstift durchdringt in seiner Längsrichtung eine kleine, mit einer innigen Mischung M von Thonerde und Kohle (erhalten durch wiederholtes Mengen und Glühen von Thonerdehydrat mit Theer) gefüllte cylindrische Papierhülse P von etwa 40 mm Länge. Zwei kleine Korkplatten dienen zum Verschluss der Patrone. Nachdem nun die Patrone mit grobem Holzkohlenpulver gut überschichtet ist, schaltet man diese ganze Vorrichtung in einen Stromkreis ein, in welchem ein Strom von 35 bis 40 Ampère circulirt, und unterbricht die Leitung nach etwa 2 bis 3 Minuten. Man lässt die so erhitzte Patrone genügend abkühlen und wird nach Entfernung der übergeschichteten Holzkohle den Kohlestift mitsammt einer zusammengesinterten Masse vorfinden, welche letztere sich als stark kohlenstoffhaltiges Aluminium er-

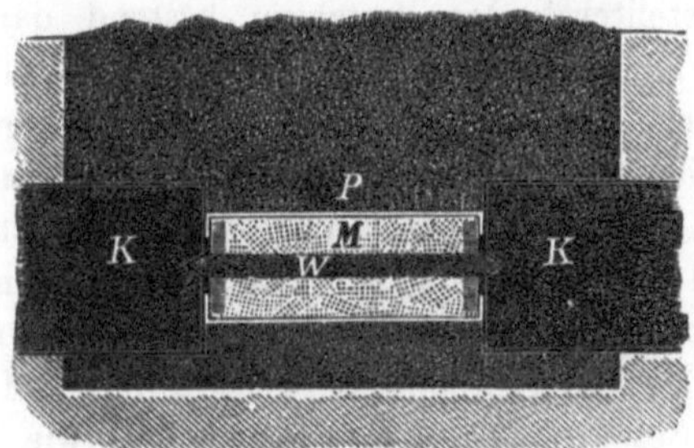

Fig. 482.

weisen wird. Die absolute Unmöglichkeit der Bildung eines Lichtbogens liegt in diesem Falle wohl klar genug auf der Hand, und kann, so lange innerhalb der Mischung keine Unterbrechung des Stromleiters stattfand, auch von einer elektrolytischen Zersetzung nicht die Rede sein. Dass bei Zumischung von Kupfer oder Kupferoxyd zu obiger Mischung Aluminiumbronze entsteht, bedarf wohl kaum noch einer Erwähnung. Mit einer derartigen einfachen Vorrichtung ist es in der That eine leichte Aufgabe, zu beweisen, dass jedes Metalloxyd durch Kohle bei genügend hoher Temperatur reducirbar ist.““

Um die zur Reduction der Thonerde erforderliche Temperatur hervorzurufen, hatte Borchers einen Strom von 35 bis 40 Ampère Stärke durch den 3 mm starken Kohlenstift geschickt, d. i. eine Stromdichte von 5 bis 6 Ampère auf 1 qmm Querschnitt angewendet. Eine Stromdichte von 10 Ampère auf 1 qmm Querschnitt soll nach Borchers auch für die ungünstigsten Fälle genügen. Die elektromotorische Kraft, welche erforderlich ist, um einen Strom von 1 Ampère-Stärke durch einen Kohlenstift von 1 mm Länge bei Stromdichten von 6 bis 10 Ampère pro qmm Querschnitt hindurchzuschicken, beträgt nach Borchers 0,3 bis 0,4 Volt.

Nun ist es aber nicht möglich, durch Reduction der Thonerde mit Hülfe von Kohlenstoff ein technisch brauchbares Aluminium herzustellen. Man erhält bei der Reduction nicht reines Aluminium, sondern Verbindungen des Metalles mit Kohlenstoff, sog. Aluminium-Carbide, welche nicht die guten Eigenschaften des Aluminiums besitzen.

(Moissan hat durch Reduction der Thonerde mit Hülfe von Kohle ein Aluminiumcarbid von der Formel $C_3 Al_4$ hergestellt.)

Es hat daher trotz vieler Versuche die Herstellung des Aluminiums auf die gedachte Weise keine practische Anwendung erlangt. Wohl aber hat man die Reducirbarkeit der Thonerde durch Kohlenstoff zur Herstellung von Legirungen des Aluminiums benutzt.

Die Gebrüder Cowles waren die ersten, welche, nachdem die Versuche zur Herstellung von Aluminium missglückt waren, im Jahre 1884 in von ihnen angegebenen elektrischen Oefen Legirungen des Aluminiums betriebsmässig herstellten. Das Verfahren bestand darin, ein Gemenge von Thonerde und Holzkohle mit dem Oxyde des Metalles oder dem Metalle selbst, an welches das Aluminium gebunden werden sollte, der Einwirkung des elektrischen Stromes zwischen Kohlenelektroden auszusetzen. Hierbei wurde die Thonerde durch den elektrisch erhitzten Kohlenstoff zu Metall reducirt und das Aluminium verband sich mit dem Metalle zu einer Legirung. War das Metall als Oxyd zugesetzt worden, so wurde das letztere gleichfalls zu Metall reducirt, welches in die Legirung überging.

Die nähere Beschreibung des Verfahrens sowie der Cowles'schen elektrischen Oefen findet man weiter unten in dem Kapitel „Die Gewinnung von Aluminiumlegirungen“.

2. Die Gewinnung des Aluminiums auf elektrometallurgischem (elektrolytischem) Wege.

Die Herstellung des Aluminiums durch die Elektrolyse wässriger Lösungen desselben hat sich bisher unausführbar erwiesen, da es nicht gelungen ist, greifbare Mengen von Metall auf diesem Wege zu erhalten. Es hat daher auch keiner der zahlreichen Vorschläge zur Ausscheidung des Aluminiums aus wässrigen Lösungen desselben, welche in Borchers' Elektrometallurgie 1902, S. 104 aufgeführt sind, zur Anwendung gelangen können.

Bei dem gegenwärtigen Standpunkte der Wissenschaft und Technik ist die Gewinnung des Aluminiums auf elektrometallurgischem Wege nur durch die Elektrolyse geschmolzener wasserfreier Verbindungen des Metalles möglich. Als solche Verbindungen sind bis jetzt Thonerde, Halogenverbindungen des Aluminiums und Aluminiumsulfid in Betracht gekommen. Eine definitive Anwendung hat bis jetzt nur die Herstellung des Aluminiums aus Lösungen der Thonerde in geschmolzenen Haloidsalzen der Alkalimetalle, der Erdalkalimetalle und des Aluminiums selbst gefunden, wobei die Schmelzwärme und die Wärme zum Flüssigerhalten der geschmolzenen Verbindungen durch den elektrischen Strom geliefert werden. Die Herstellungskosten des Aluminiums sind durch dieses Verfahren derartig verringert worden, dass die Gewinnung des Aluminiums durch Zerlegung der geschmolzenen Halogenverbindungen des Metalles mit Natrium bzw. Magnesium den Wettbewerb mit demselben nicht auszuhalten vermochte und ausser Anwendung gekommen ist.

Die ersten Versuche zur Herstellung des Aluminiums aus geschmolzenen Verbindungen desselben wurden 1854 von Bunsen und Deville angestellt.

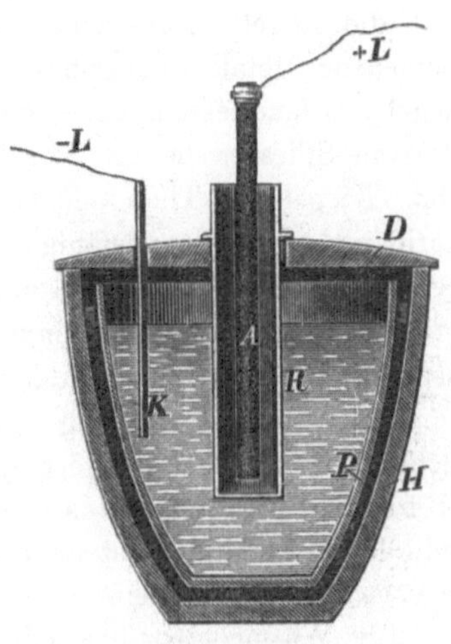

Fig. 483.

Bunsen zersetzte das bei 200° schmelzende Aluminium-Natriumchlorid in einem Porzellantiegel. Derselbe war durch eine nahe bis zum Boden reichende Scheidewand aus Porzellan in zwei Ab theilungen getheilt, von welchen jede eine Kohlenelektrode enthielt. Die Kohlenplatte, welche die Anode bildete, war gerade, während die die Kathode bildende Platte concav war und waagerechte sägeförmige Einschnitte enthielt, in welchen sich das geschmolzene Metall ansammelte. Bei niedriger Temperatur schied sich das Aluminium pulverförmig aus. Zur Vermeidung dieses Uebelstandes steigerte man die Temperatur unter Eintragen von Kochsalz in den Tiegel bis zum Schmelzpunkte des Silbers. Man erhielt so das Aluminium in den gedachten Einschnitten in der Gestalt von Kugeln. Dieselben wurden in hoch erhitztes geschmolzenes Kochsalz eingetragen, worin sie sich zu einem Regulus vereinigten.

Deville zersetzte gleichfalls Chloraluminium-Chlornatrium, benutzte aber anstatt der Kohlenkathode eine solche aus Platin. Die Einrichtung seines Apparates zeigt die Figur 483[1]).

H ist ein hessischer Tiegel, in welchen ein Porzellantiegel P eingesetzt ist. D ist der Deckel, durch welchen der als Kathode dienende Platinstreifen K und eine poröse Thonzelle R hindurchgeführt sind. In die letztere ist die aus Retortenkohle hergestellte Anode A eingehäugt.

Der Tiegel und die Thonzelle wurden bis zu dem nämlichen Niveau mit geschmolzenem Aluminium-Natriumchlorid gefüllt, worauf der Strom durchgeleitet wurde. Das Aluminium schlug sich als mit Salz gemischter

---

[1]) Borchers. Elektro-Metallurgie. S. 110.

Ueberzug an der Kathode nieder und wurde in diesem Zustande zeitweise von dem aus dem Tiegel herausgehobenen Platinstreifen entfernt. Die aus einem Gemenge von Metall und Salz bestehende Masse wurde wiederholt geschmolzen, bis man schliesslich einen Regulus erhielt.

Die Versuche der fabrikmässigen Gewinnung des Aluminiums in der gedachten Weise stiessen aber auf unüberwindbare Hindernisse. Es war kein geeignetes Material zur Herstellung der Schmelz- und Elektrolysirgefässe aufzufinden, indem die sämmtlichen in Anwendung gebrachten Materialien bei der Erhitzung der gedachten Gefässe von aussen durch die zu elektrolysirenden Haloidsalze des Aluminiums und das ausgeschiedene Metall angegriffen wurden und das letztere verunreinigten. (Tiegel aus feuerfestem Thon, Graphit, Porzellan führen in Folge ihres Gehaltes an Silicaten bei der Berührung mit dem Aluminium Silicium in dasselbe. Tiegel aus Thon und Graphit sind gegen das Natrium-Aluminiumchlorid nicht widerstandsfähig. Tiegel aus gepresster Kohle können wegen ihrer Porösität ohne dichte Umhüllung nicht von aussen erhitzt werden. Metalle sind nicht feuerbeständig genug, werden durch die geschmolzenen Massen angegriffen und legiren sich mit dem Aluminium.)

Erst durch Erzeugung der zum Schmelzen und Flüssigerhalten der geschmolzenen Aluminiumverbindungen erforderlichen Wärme im Innern der betreffenden Gefässe mit Hülfe des elektrischen Stromes ist die fabrikmässige Darstellung des Aluminiums auf elektrometallurgischem Wege ermöglicht worden.

Die Wärmeerzeugung mit Hülfe des elektrischen Stromes lässt sich sowohl durch Bildung eines elektrischen Lichtbogens in den Schmelz- bzw. Elektrolysirgefässen als auch durch Einschalten der zu schmelzenden und zu zersetzenden Massen (des Elektrolyten) als Widerstand in den Stromkreis bewirken.

Die letztere Art der Wärmeerzeugung hat sich bei Weitem vortheilhafter erwiesen als die Wärmeerzeugung mit Hülfe des Lichtbogens. Der Lichtbogen hat, auch wenn er schwach ist, eine bei Weitem höhere Temperatur, als sie für das Schmelzen der Aluminiumverbindungen und das Flüssigerhalten derselben erforderlich ist, dabei ist seine Wärme auf einen sehr kleinen Raum concentrirt. Es geht daher bei seiner Anwendung nicht nur ein sehr grosser Theil Wärme verloren, sondern es ist auch eine gleichmässige Erwärmung der zu erhitzenden Körper nicht zu ermöglichen.

Diese Uebelstände treten bei der Erzeugung der Wärme durch den Leitungswiderstand der zu elektrolysirenden Aluminiumverbindungen nicht ein. Der Leitungswiderstand derselben im geschmolzenen Zustande ist gross genug, um beim Durchleiten der geeigneten Strommenge auch schwer schmelzbare Stoffe durch die erzeugte Wärme zu schmelzen und im geschmolzenen Zustande zu erhalten. Dabei wird, auch wenn die in die flüssige Masse eintauchenden Elektroden einen geringeren Flächeninhalt besitzen als der Querschnitt des Bades, der Elektrolyt gleichmässig erhitzt.

Man wendet daher gegenwärtig grundsätzlich diese letztere Art der Erhitzung an.

Die Erhitzung der Aluminiumverbindungen durch die Stromwärme im Schmelzgefässe selbst unter Benutzung der zu erhitzenden Körper als Widerstand des Stroms ist zuerst 1883 von Bradley in einer dem amerikanischen Patentamte vorgelegten Anmeldung vorgeschlagen worden[1]).

Zur betriebsmässigen Anwendung gebracht ist sie zuerst bei der Herstellung von Legirungen des Aluminiums und zwar 1884 durch die Gebrüder Cowles und 1886 durch Héroult.

Die Gebrüder Cowles führten den Strom durch ein Gemenge von Thonerde und Kohle, während Héroult die Thonerde (ohne Kohlenzusatz) durch den Strom schmolz und elektrolysirte. In beiden Fällen wurde Aluminium abgeschieden und mit Kupfer legirt.

Bei dem Verfahren der Gebrüder Cowles war die Wirkung des Stromes lediglich eine elektrothermische (wie bereits dargelegt), bei dem Verfahren von Héroult dagegen zuerst eine elektrothermische und dann eine elektrolytische.

Der ursprüngliche Ofen von Héroult, wie er zur betriebsmässigen Herstellung von Aluminiumlegirungen zu Neuhausen in der Schweiz angewendet wurde, ist auch für die Herstellung des Aluminiums maassgebend geworden. Die Einrichtung desselben ist aus den Figuren 484 und 485 ersichtlich[2]).

Derselbe ist ein Kasten aus Gusseisen a, welcher inwendig mit einem starken Futter A aus Kohlenplatten versehen ist. Die Kohlenplatten sind unter sich durch einen Kitt aus Theer, Zuckersyrup oder Fruchtzucker verbunden. Um das Kohlenfutter mit dem Kasten in möglichst gute Berührung zu bringen, giesst man den letzteren um das erstere herum. Beim Erkalten schliesst sich dann das Metall dicht an das Kohlenfutter an. Das Leitungskabel für den negativen Strom wird durch Stifte a_1 aus Kupfer mit dem Kasten in leitende Verbindung gesetzt. Die positive Elektrode B besteht aus einer Anzahl von Kohlenplatten b, b_1, b_2 u. s. f., welche in das Schmelz- und Zersetzungsgefäss eintauchen. Die Kohlenplatten sind entweder dicht zusammengelegt oder es sind Zwischenräume zwischen denselben gelassen, welche mit leitenden Körpern (Kupfer oder weicher Kohle) ausgefüllt sind. Am oberen Ende sind die Kohlenplatten durch das Rahmenstück g, in der Mitte durch das Rahmenstück h zusammengehalten. Das Rahmenstück g besitzt eine Oese e, in welcher eine Kette befestigt werden kann. Durch die letztere wird die Elektrode eingestellt und kann nach Bedarf in die Höhe gezogen oder herabgelassen werden. An dem Rahmenstück h wird das Leitungskabel für den positiven Strom befestigt.

---

[1]) U. S. A. P. No. 464933, ertheilt am 8. Dec. 1891.

[2]) Schweizer Bauzeitung 1888. 28.

Der Kasten wird an seinem oberen Ende durch Graphitplatten geschlossen, welche die erforderlichen Oeffnungen zum Durchführen des die Anode darstellenden Kohlenbündels, zum Einführen des zur Herstellung der gewünschten Legirung erforderlichen Materials und zum Ablassen der bei dem Prozesse entwickelten Gase besitzen. i ist die Aussparung zum Einführen der Anode. n und m sind die Oeffnungen zum Einführen des gedachten Materials und zum Ablassen der Gase. o und o_1 sind die mit

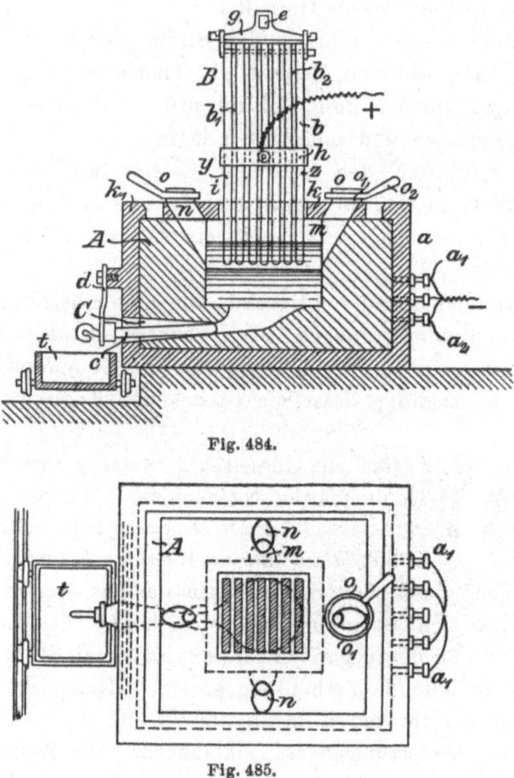

Fig. 484.

Fig. 485.

Handgriffen versehenen Platten zum Verschluss der letztgedachten Oeffnungen. Der Zwischenraum zwischen dem oberen Rande des Kastens und der den ersteren bedeckenden Graphitplatte ist mit Holzkohlenpulver ausgefüllt. An der tiefsten Stelle des Bodens mündet in den Kasten ein Canal C zum Abstechen der Aluminiumlegirung in die mit Kohle gefütterte Form t, in welcher die Legirung die Gestalt eines Blocks erhält. Als Verschluss des Kanals C dient. ein am Bügel d befestigter Kohlenstab c.

Bei der Herstellung von Legirungen legte man zerkleinertes Kupfer auf den Boden des Gefässes, senkte das Kohlenbündel, schloss den

Stromkreis und brachte das Kupfer mit Hülfe des elektrischen Lichtbogens zum Schmelzen. Auf das geschmolzene Kupfer, welches nun die Kathode bildete, setzte man Thonerde. Dieselbe schmolz, wurde als geschmolzene Masse leitend und in Folge dessen durch den durch dieselbe hindurchgehenden Strom in Aluminium und Sauerstoff zersetzt. Das Aluminium ging zum Kupfer und bildete mit demselben Aluminiumbronze, während der Sauerstoff zur Anode ging und mit dem Kohlenstoff derselben Kohlenoxydgas bildete. Das letztere entwich durch die oben erwähnten Oeffnungen. Die Legirung wurde von Zeit zu Zeit unter Herausnehmen der Anode aus dem Bade abgestochen, während Thonerde und Kupfer nach Bedarf nachgefüllt wurde. Die Anode wurde dem Widerstande entsprechend höher oder tiefer gestellt.

Die zur Anwendung gebrachte Stromstärke betrug 13000 Ampère bei einer Spannung von 12 bis 15 Volt.

Für die Herstellung des Reinaluminiums aus Lösungen der Thonerde wendet man gegenwärtig durch Winkeleisen versteifte Kasten aus Schmiedeeisen an. Die Wände des Kastens lässt man sich mit einer Schicht des erstarrten Elektrolyten bedecken. Diese Kruste, welche also die eigentlichen Wandungen des Kastens bildet, schützt das Eisen gegen die corrodirenden Wirkungen des geschmolzenen Elektrolyten. Eine derartige Auskleidung der Wände des Kastens ist der Auskleidung mit Kohle vorzuziehen, weil die letztere durch Eindringen geschmolzener Theile der Badschmelze in die feinsten Haarrisse derselben verhältnissmässig rasch zerstört wird. Der Boden des Kastens wird mit Kohlenplatten bedeckt, welche die Kathode des Bades bildet. Sobald die Kohlenplatten des Bodens mit ausgeschiedenem Aluminium bedeckt sind, spielt dieses Metall die Rolle der Kathode. Die Anoden bestehen aus Kohle. Wenn auch noch häufig ganz mit Kohle ausgekleidete Bäder angewendet werden, so empfiehlt es sich doch, die Kohlebekleidung im Grossbetriebe nur an solchen Stellen derselben anzuwenden, an welchen sie unbedingt nothwendig ist, d. i. am Boden des Bades als Kathode.

Als Kathoden hat man auch durch Wasser gekühlte Metallkörper benutzt. Hiervon ist man indess beim Grossbetriebe zurückgekommen, da die Metallkörper bei der Elektrolyse angegriffen werden und das Bad verunreinigen. Auch leiten die als Kathoden verwendeten Kohlenkörper die Wärme so gut, dass die unter dem Boden des Kastens circulirende Luft zur Kühlung genügt. Dabei beträgt die Temperatur des geschmolzenen Elektrolyten nicht über 750°.

Da die Kohlenelektroden keinen grösseren Gehalt an mineralischen Verunreinigungen besitzen dürfen, weil anderenfalls der Elektrolyt und das Aluminium verunreinigt werden würden, so stellt man sie entweder aus Retortengraphit, dessen Aschengehalt höchstens bis 1 % geht, oder aus Petroleumkoks, deren Aschengehalt 0,5 % beträgt, her.

Die Petroleumkoks stellen den Rückstand von der Destillation des

Rohpetroleums her. Diese Materialien werden zerkleinert, mit Russ, Pech oder Theer oder mit Gemengen dieser Körper zu einer plastischen Masse angemengt, in Formen gepresst und dann bis zur Zersetzung und Abdestillation der Kohlenwasserstoffe gebrannt. Zur Verhinderung eines zu schnellen Abbrennens der Elektrode wird beim Mengen der Petroleumkoks oder des Retortengraphits mit Bindemitteln eine geringe Menge von Thonerde zugesetzt. Winteler[1]) giebt als Zusammensetzung der Mischung an:

80 Theile Retortengraphit oder Petroleumkoks
8 - Theer
4 - Pech
3 - Russ
5 - Thonerde.

Die Fabrikation der Elektrodenkohlen geschieht meistens auf den Aluminiumwerken selbst.

Der Verschleiss an Elektrodenkohlen beträgt durchschnittlich 1 kg pro kg gewonnenen Aluminiums.

Die geschmolzenen Massen, welche aus dem Ofen entfernt werden sollen, werden entweder am Boden des Ofens abgestochen oder mit Hülfe eines Löffels aus dem Kasten ausgeschöpft.

Der Horizontalquerschnitt des Schmelzraumes beträgt 750 × 1500 mm. Nach Winteler[2]) giebt man dem Kasten für eine Stromstärke von 3200 Ampère am besten 1050 mm Länge, 550 mm Breite und 300 mm Höhe.

Die Einrichtung eines Aluminiumbades, wie es gegenwärtig im Grossbetriebe angewendet wird, ist aus den Figuren 486 bis 489 ersichtlich.[3]) d ist der Kasten aus Schmiedeeisen von 1050 mm Länge, 550 mm Breite und 300 mm Höhe; g sind Versteifungen des Kastens; i sind die Kohlenplatten auf dem Boden bzw. die Kathoden; c sind die Anoden, b die gusseisernen Anodenhalter; a sind Kupferstangen, welche ihrerseits durch Klemmen l mit den den Strom zuführenden Kupferschienen m verschraubt sind. Diese Kupferschienen ruhen auf isolirten Trägern. Die Stromleitungsschienen für die Kathoden sind direkt mit dem eisernen Kasten verschraubt. Der Kasten ruht auf isolirten Trägern k. In dem Raum unter dem Boden des Kastens circulirt Luft zur Kühlung des Bodens. Die Seitenwände des Kastens werden gleichfalls durch die sie bestreichende Luft gekühlt, so dass sich an ihrer inneren Seite die Kruste e von erstarrter Schmelze bildet welche das Eisen gegen die Einwirkung des geschmolzenen Elektrolyten schützt. f ist der geschmolzene Elektrolyt, i die Aluminiumschicht über dem Kohlenboden. Die Anoden werden in einer Entfernung von 6 cm von der Kathode gehalten. Diese Entfernung

---

[1]) Die Alluminium-Industrie. Braunschweig 1903. S. 56.

[2]) l. c. S. 69.

[3]) Winteler l. c. S. 68.

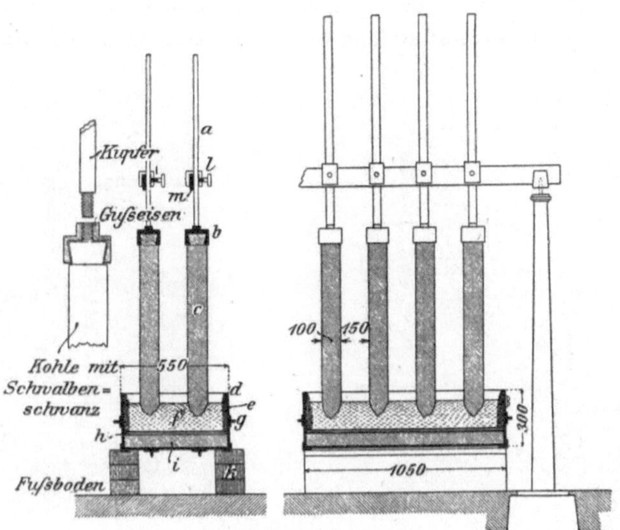

Fig. 486 bis 488.

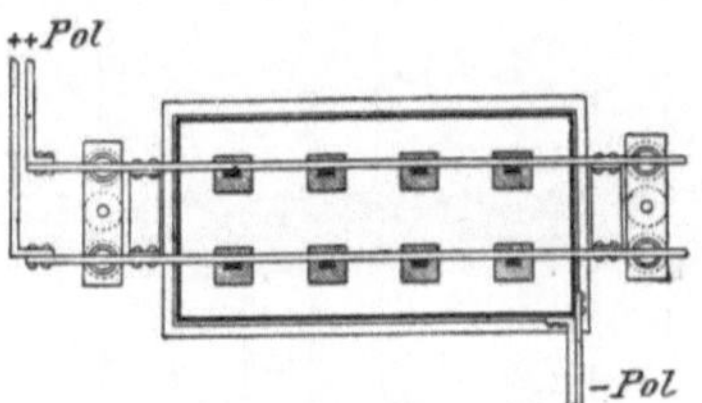

Fig. 489.

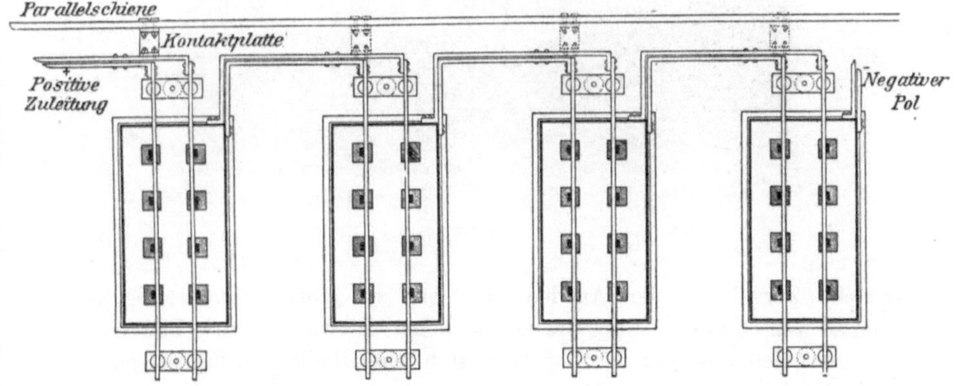

Fig. 490.

wird bei normalem Betriebe alle 2 Stunden regulirt. Die Anoden stehen 15 cm von einander ab. Bei geringerer Entfernung tritt in Folge der Wärmeleitung und Wärmestrahlung aus dem Bade eine verhältnissmässig

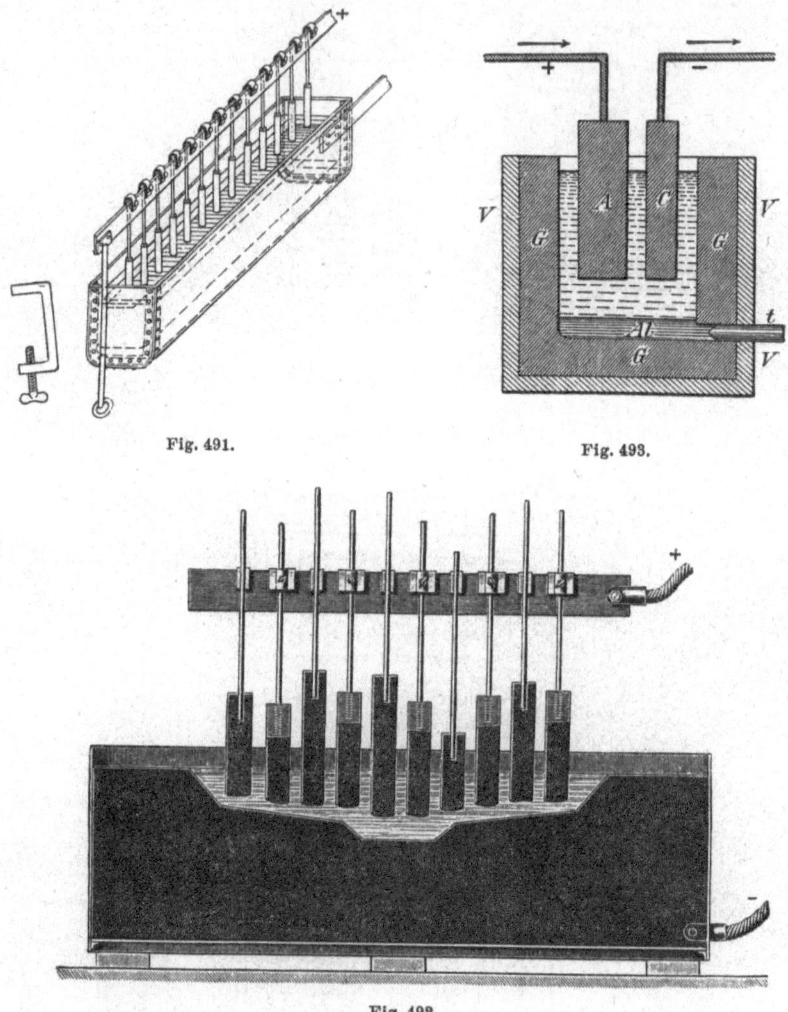

Fig. 491. Fig. 493.

Fig. 492.

schnelle Zerstörung der Anoden ein; bei zu grosser Entfernung der Anoden von einander liegt die Gefahr eines Einfrierens des Bades vor.

Auf den grösseren Werken wird stets eine Reihe von Bädern gleichzeitig betrieben.

Die Bäder werden dann hinter einander geschaltet. Da wegen Ausführung von Reparaturen, sowie bei unbrauchbar gewordenen Elektrolyten häufig Bäder ausser Betrieb gesetzt werden müssen, so ist zur Aufrechterhaltung eines gleichmässigen Betriebes die Einschaltung von Reservebädern erforderlich. Die Stromschaltung muss desshalb so eingerichtet sein, dass die Ein- und Ausschaltung von Bädern unter Aufrechterhaltung des Betriebes erfolgen kann. Eine derartige Anordnung der Stromschaltung ist aus Figur 490 ersichtlich.

Das Aluminium wird alle 2 Tage mit einem eisernen Löffel aus den Bädern ausgeschöpft.

Der auf den Werken der Pittsburg Reduction Co. benutzte, von Hall angegebene Ofen, welcher in Figur 491 abgebildet ist, stellt einen eisernen, inwendig mit Kohle ausgefütterten Trog dar. Die Kohle bildet die Kathode; die Anoden sind in das Bad eingetauchte, an einer gemeinschaftlichen Kupferstange befestigte Kohlenstäbe, welche von Zeit zu Zeit tiefer in das Bad gesenkt werden müssen.

Der Apparat der Pittsburg Reduction Co., wie er von Richards[1]) abgebildet ist, ist aus Figur 492 ersichtlich.

Ein Apparat von Minet ist aus der Figur 493 ersichtlich.[2]) Derselbe stellt einen mit Kohle ausgekleideten, metallenen Tiegel dar. Der Metallkörper V des Tiegels ist hohl, so dass Luft oder Wasser in demselben circuliren kann. A ist die Anode, C die Kathode, t der Stichcanal. Bei hinreichender Stärke des Futters und bei guter Kühlung soll die Temperatur der Tiegelwände bis unter 500° abgekühlt werden können, so dass es möglich ist, den Tiegel aus Aluminium herzustellen. Ueber die definitive Anwendung dieses Apparates ist nichts bekannt geworden.

Ein Ofen, dessen Kathode aus Metall besteht und welcher früher zu Neuhausen und zu Froges benutzt worden sein soll, ist aus der Figur 494 ersichtlich. Derselbe hat cylindrische Gestalt und ist mit einem Futter aus Holzkohle versehen. Die Anode ist ein aus Platten zusammengesetzter Kohlenstab. Die Kathode ist ein durch das Ofenfutter hindurchgeführter Metallkörper.

Ein im Jahre 1891[3]) Kiliani (dem früheren Director der Aluminium-Industrie-Aktiengesellschaft) patentirter Apparat mit drehbarer Anode, über dessen Auskleidung und Kathode indess die Angaben fehlen, ist aus der Figur 495 ersichtlich. b ist das von den Säulen a getragene Schmelz- bzw. Elektrolysirgefäss, e ist die mit der Spindel f verbundene Anode. Die Spindel ist mit ringförmigen Zähnen versehen, in welche das Zahnrad g eingreift. Dasselbe kann vermittelst des Handrades h^2 und der Schnecke h h^1 bewegt werden, so dass die Anode höher oder tiefer gestellt werden kann. Die Drehung der Anode erfolgt vermittelst der Schnecke i und des auf die Spindel aufgekeilten Schneckenrades k. Der

[1]) Aluminium. By Joseph W. Richards. Third Edition. London 1896.

[2]) Adolphe Minet. Die Gewinnung des Aluminiums. Ins Deutsche übertragen von E. Abel. S. 63. Halle 1902.

[3]) D. R. P. 62851 von 1891.

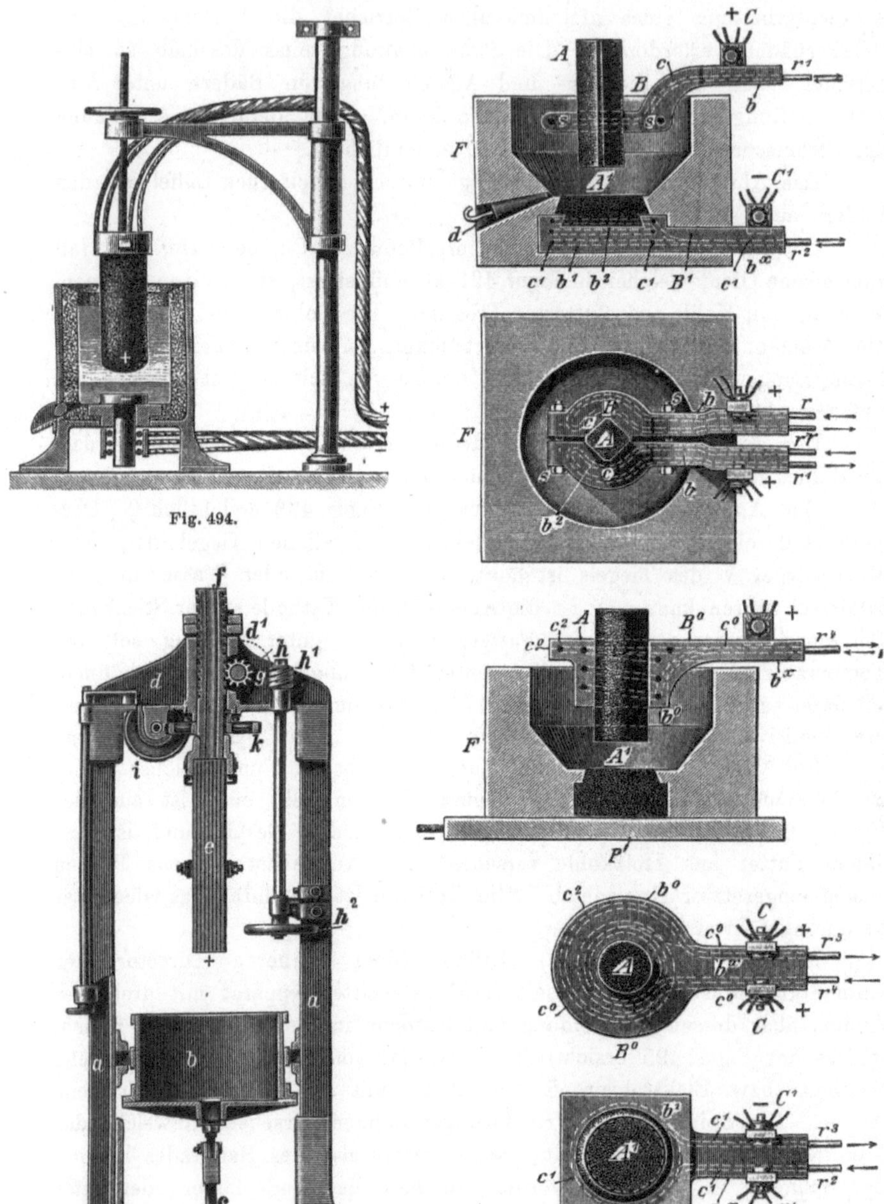

Fig. 494.

Fig. 495.

Fig. 496 bis 500.

positive Strom wird durch Bürsten in die Spindel und dann an die Anode geleitet, während der negative Strom durch die Stange c geführt wird. Während der Elektrolyse wird die in den Elektrolyten eintauchende Anode e in fortwährender Drehung gehalten. Ueber das Futter des Gefässes und den als Kathode dienenden Metallpol sind Angaben nicht gemacht.

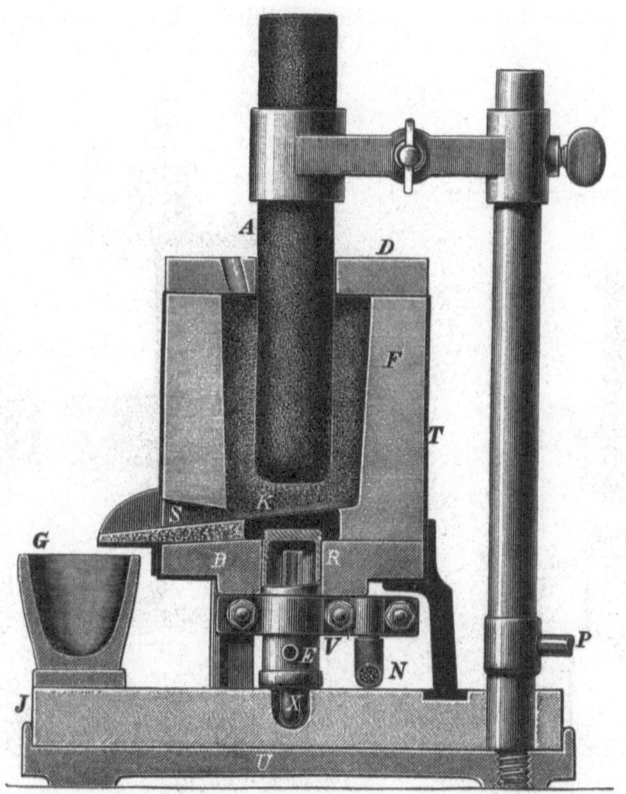

Fig. 501.

Ein Ofen mit kühlbaren Anoden und Kathoden ist dem Nachfolger Kilianis, Schindler, 1896 patentirt worden.[1]) Die Einrichtung desselben ist aus den Figuren 496, 497, 498, 499, 500 ersichtlich.[2]) A sind die Anoden. Dieselben werden von metallenen Haltern B^1 umfasst, in welchen Wasser circulirt. A^1 sind die Kathoden aus Kohle, B^1 die gekühlten Halter für dieselben. Der Strom wird den Elektroden durch die Halter zugeführt. Falls die Kathoden nicht gekühlt werden sollen, wird ihnen der Strom durch die Platten P^1 zugeführt.

[1]) U. S. A. No. 573 041 vom 15. Decbr. 1896.

[2]) Borchers. Elektrometallurgie. 1902. S. 148.

Ein von Borchers für Versuchszwecke angegebener Apparat, mit welchem er befriedigende Resultate erzielt hat, ist aus der Figur 501 ersichtlich[1]). T ist das cylindrische Schmelz- und Zersetzungsgefäss. Dasselbe besteht im Mantel aus Eisen, im Boden aus Schamott. F ist das aus Thonerde oder einer sonstigen schwer schmelzbaren Aluminiumverbindung hergestellte Futter des Gefässes. In das Futter des Bodens ist als Kathode die Stahlplatte K eingelegt. Dieselbe wird durch das eingeschraubte, aus Kupfer hergestellte Kühlrohr R, in welchem Wasser

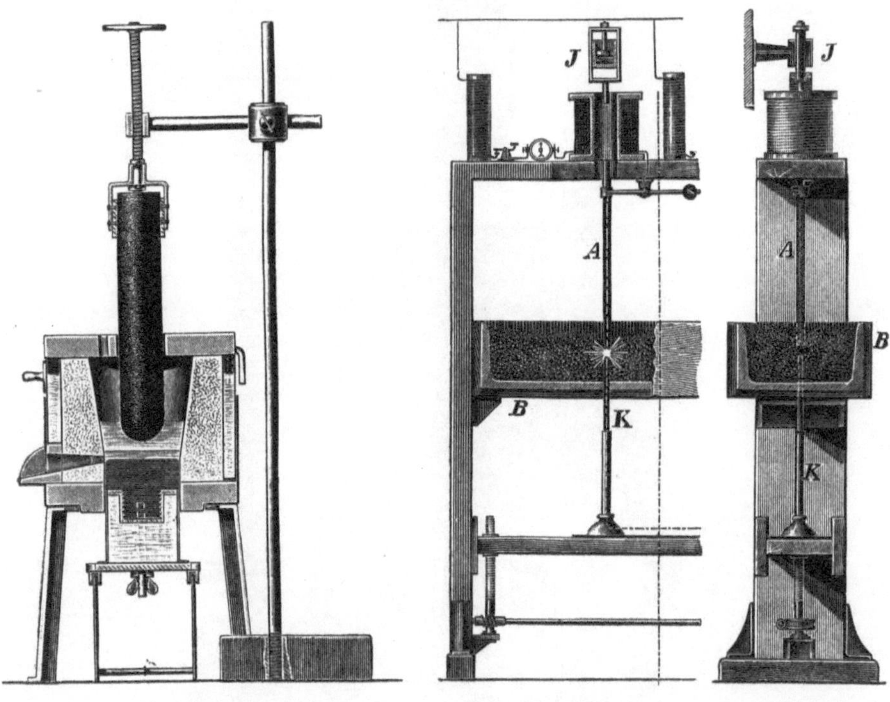

Fig. 502. Fig. 503. Fig. 504.

circulirt, vor dem Schmelzen geschützt. Das kalte Wasser tritt durch das Rohr E in R ein, steigt in die Höhe, gelangt in das Rohr X und fliesst in erwärmtem Zustande durch dasselbe ab. Das negative Kabel N ist durch die Klammer V mit dem Rohre R verbunden, welches letztere mit der Stahlplatte K in leitender Verbindung steht. A ist die aus Kohle bestehende Anode. Dieselbe ist durch eine Klammer aus Eisen mit einer Eisenstange, welche in der Eisenplatte U festgeschraubt ist, verbunden. Die Zuführung des Stroms geschieht durch die Kupferstange P, welche durch eine Muffe aus Kupfer mit der gedachten Eisenstange verbunden ist.

[1]) Borchers. Elektrometallurgie. S. 143. Fig. 92.

Von derselben ist das Gefäss durch die Schamottplatte J isolirt. Das ausgeschiedene Aluminium wird zeitweise durch das Stichloch S in die Gussform G abgelassen, während die bei dem Prozesse gebildeten Gase durch im Deckel D angebrachte Oeffnungen entweichen.

Das Futter des Apparates soll in Folge der Abkühlung der Gefässwände durch die Luft nicht angegriffen werden. Bei dauerndem Betriebe mit hohen Stromdichten soll Wasserkühlung mit Hülfe von um das Gefäss gelegten oder in das Futter eingelassenen Kühlkörpern angewendet werden.

Bei der Inbetriebsetzung des Apparates legt man zuerst eine kleine Menge Aluminium auf den Boden desselben und schmilzt dasselbe durch Annäherung der Anode an die Kathode. Das Aluminium bildet nun die Kathode. Alsdann führt man den Elektrolyten ein. Derselbe schmilzt und bildet eine die Anode von der Kathode trennende flüssige Schicht, welche durch den Strom in Aluminium und Sauerstoff zerlegt wird. In dem Maasse, wie der Elektrolyt verbraucht wird, setzt man Thonerde mit entsprechenden Mengen des Lösungsmittels nach.

Ein von Borchers angegebener Versuchsofen für stärkere Ströme mit Kühlung der Kathode und des Seitenfutters ist aus der Figur 502 ersichtlich[1]). Die Kathode besteht aus Kohle und wird gekühlt. Das Futter besteht aus Kryolith und ist mit einem Kühlmantel aus Kupferblech umgeben.

Schliesslich sei noch ein Ofen mit Erhitzung durch den Lichtbogen, welcher von Kleiner-Fiertz (D. R. P. 42022) angegeben ist, erwähnt. Derselbe war für die Elektrolyse von Thonerde, welche in Doppelfluoriden des Aluminiums aufgelöst wurde, bestimmt.

Die Einrichtung desselben ist aus den Figuren 503 und 504 ersichtlich[2]).

B ist das mit geschmolzenem Kryolith gefüllte und mit Bauxit oder Thon ausgefütterte Schmelz- und Zersetzungsgefäss. A ist die Anode, K die Kathode. Beide Elektroden sind verstellbar. Die Bewegung der Anode wird durch einen belasteten Hebel und ein Solenoid geregelt, welches letztere mit einem seine Bewegungen begrenzenden, in eine Flüssigkeit eintauchenden Kolben verbunden ist. Durch den Strom wird das Aluminium an der negativen Elektrode abgeschieden. Der Elektrolyt erneuert sich durch Aufnahme von Thonerde aus dem Futter des Gefässes.

Der Lichtbogen ist, wie erwähnt, theuer und in seiner Wirkung nur auf einen kleinen Raum beschränkt. Die geschmolzenen Massen bilden leicht mit dem kalten Materiale Krusten, so dass ein regelmässiger Betrieb nur sehr schwierig durchzuführen ist.

Der Ofen scheint desshalb eine definitive Anwendung nicht gefunden zu haben.

---

[1]) Borchers. Elektrometallurgie. 1902. S. 144.

[2]) Borchers. 1902. S. 124.

Wir haben nun zu unterscheiden:

a) Die Gewinnung des Aluminiums durch Elektrolyse von Thonerde.

b) Die Gewinnung des Aluminiums durch Elektrolyse von Aluminiumfluorid.

c) Die Gewinnung des Aluminiums durch Elektrolyse von Aluminiumsulfid.

Zu bemerken ist hierbei, dass die fabrikmässige Herstellung des Aluminiums hinsichtlich der näheren Ausführung und der wirthschaftlichen Ergebnisse geheim gehalten wird. Bei der Darlegung der gedachten Verfahren hat sich der Verfasser daher auf die in der Litteratur und in den betreffenden Patentschriften enthaltenen Angaben beschränken müssen.

a) Gewinnung des Aluminiums durch Elektrolyse der Thonerde.

Diese Art der Gewinnung des Aluminiums ist, soweit bekannt, bis jetzt die einzige im Grossbetrieb angewendete. Sie besteht in der Elektrolyse der in einem Bade von geschmolzenem Kryolith gelösten Thonerde, wobei Fluorverluste zweckmässig durch Zuschlag von Aluminiumfluorid ausgeglichen werden. Anstatt des Kryoliths sind auch Haloidsalze der Alkalimetalle und Erdalkalimetalle vorgeschlagen worden.

Bei der Anwendung von Kryolith als Lösungsmittel wird die Thonerde durch die Stromwärme geschmolzen und löst sich in dem geschmolzenen Kryolith auf. Sie wird im geschmolzenen Zustande leitend und nach der gegenwärtig am meisten vertretenen Ansicht durch den Strom in Aluminium und Sauerstoff zerlegt. Das Aluminium scheidet sich an der Kathode ab, während der Sauerstoff zur Anode wandert und den Kohlenstoff derselben angreift (indem Kohlenoxydgas gebildet wird). Der Vorgang wird durch die Gleichung

$$Al_{2/6}\, O_{1/2} = Al_{2/6} + O_{1/2}$$

ausgedrückt. In dem Maasse, wie Aluminium ausgeschieden wird, setzt man frische Thonerde nach. Héroult, welcher die Gewinnung des Aluminiums aus in einem Kryolithbade gelöster Thonerde (mit Unterstützung von Kiliani) für den Grossbetrieb zuerst ausführbar gemacht und in Neuhausen in der Schweiz eingeführt hat[1]), erbrachte den Nachweis, dass Thonerde durch den Strom in der angegebenen Weise zersetzt wird[2]).

Nach einer anderen Ansicht, welcher Minet beipflichtet, wird die in der Kryolithschmelze gelöste Thonerde nicht durch den Strom zersetzt. Das an der Kathode ausgeschiedene Aluminium rührt ausschliesslich von der Zersetzung von Fluoraluminium durch den Strom her. Zuerst wird

---

[1]) Minet l. c. S. 68.

[2]) Minet l. c. S. 68.

das Fluoraluminium des Kryoliths in Fluor und Aluminium zersetzt. Das Fluor verwandelt die zugesetzte Thonerde unter Entbindung von Sauerstoff aus derselben in Fluoraluminium nach der Gleichung:

$$Al_{2/6}\,O_{1/2} + F = Al_{2/6}\,F + O_{1/2}.$$

Es findet also nur eine Zersetzung des Fluoraluminiums unter Ersetzung des ausgeschiedenen Aluminiums durch Thonerde statt.

Um aus Thonerde ein reines Metall zu erhalten, muss dieselbe frei von Verunreinigungen sein. Ebenso muss der als Lösungsmittel für die Thonerde verwendete Kryolith rein sein.

Der Ersatz des Fluors bei der Elektrolyse lässt sich am besten durch Zusatz von Fluoraluminium zu dem Bade bewirken.

Das Material für die Herstellung der reinen Thonerde ist gegenwärtig der Bauxit. Auch lässt sich Thonerde durch Behandlung von weissem (stark kieselsäurehaltigem) Bauxit oder von Pfeifenthon oder Kaolin mit Schwefelsäure und durch Glühen des hierbei erhaltenen Aluminiumsulfats bis zur vollständigen Entfernung der Schwefelsäure herstellen.

Auch ist vorgeschlagen worden, kieselsäurearmen Bauxit durch Glühen mit Natriumsulfat und Kohle bei Weissglühhitze in Natriumaluminat zu verwandeln und aus diesem in bekannter Weise Thonerde zu gewinnen.

Der Bauxit, ein besonders durch Eisen und Kieselsäure verunreinigtes Thonerdehydrat, wird zuerst in Natriumaluminat übergeführt, aus welchem reines Thonerdehydrat ausgeschieden und durch Glühen in Thonerde verwandelt wird.

Nach dem älteren Verfahren wird der Bauxit in Flammöfen mit Soda bis zum Sintern der Masse geglüht, wodurch unter Ueberführung des Eisens in Oxyd Natriumaluminat gebildet wird. Das letztere wird durch Wasser ausgelaugt und dadurch von dem das Eisenoxyd, die Kieselsäure und sonstige Verunreinigungen enthaltenden Rückstande getrennt. Durch Einleiten von Kohlensäure in die Lauge wird die Thonerde als Hydrat niedergeschlagen, während gleichzeitig die Soda neugebildet wird und wieder zur Verwendung gelangt. Das Aluminiumhydroxyd wird nach dem Filtriren, Auswaschen und Trocknen durch Erhitzen in Thonerde übergeführt.

Nach einem neueren Verfahren von Bayer wird das Natriumaluminat durch Behandlung des Bauxits mit Natronlauge unter Druck hergestellt und aus dem Aluminat der grösste Theil des Thonerdehydrats durch Zusammenrühren mit reinem Thonerdehydrat ausgeschieden.

Dieses letztere Verfahren erfordert geringere Ausgaben für Brennmaterial, Arbeitslöhne und Reparaturen als das ältere Verfahren und ist von einer Reihe von Fabriken eingeführt worden.

Nach dem älteren Verfahren, dem sog. Schmelzverfahren, wird der Bauxit zuerst mit Hülfe von Kugelmühlen oder Desintegratoren fein zerkleinert; das Bauxitpulver wird mit calcinirter Soda gemischt und dann in einem Flammofen, wie er bei der Herstellung der Leblanc-Soda benutzt wird, 2 bis 3 Stunden lang bei heller Rothglut erhitzt. Die Beschickung besteht nach Winteler[1]) aus 75 % Bauxit und 25 % calcinirter Soda. Bei dem Erhitzen tritt kein eigentliches Schmelzen ein, sondern es entsteht eine krümelige, weiche Masse. Der Prozess ist beendigt, sobald eine aus dem Ofen genommene Probe mit Säuren nicht mehr aufbraust. Die geglühte Masse wird mit warmem Wasser ausgelaugt, um das Natriumaluminat in Lösung zu bringen. Das Auslaugen geschieht in der nämlichen Weise wie das Auslaugen der Leblanc-Rohsoda in Kästen von Eisenblech nach dem Verfahren von Buff-Dunlop. Die erhaltene Lauge von 12° Bé. wird entweder nach dem älteren Verfahren mit Kohlensäure be-

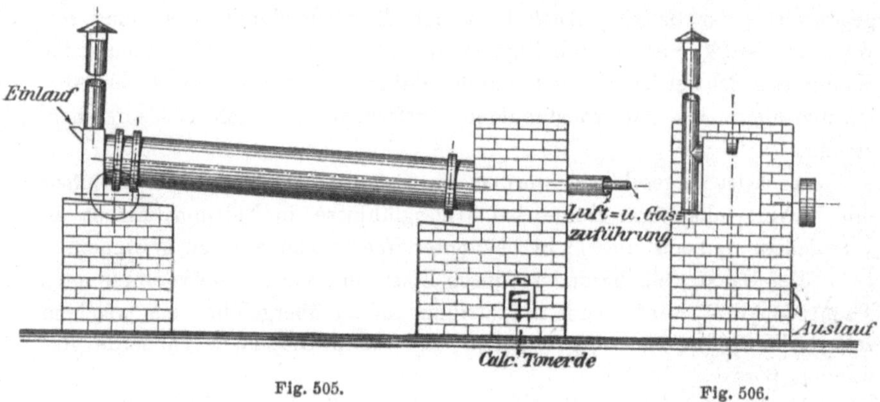

Fig. 505. Fig. 506.

handelt oder sie kann auch nach dem Bayer'schen Verfahren mit Thonerdehydrat verrührt werden.

Das Ausfällen des Thonerdehydrats durch Kohlensäure geschieht in Gefässen aus Eisenblech, welche je 1200 Liter Lauge enthalten bei 70°. Die Kohlensäure wird entweder den Abgasen der Flammöfen entnommen oder sie wird durch Brennen von Kalkstein hergestellt. Sie wird vor der Verwendung in einem Waschapparat gereinigt. Die beim Fällen entstandene Natriumcarbonatlauge wird im Fällbottich von dem Thonerdehydrat-Niederschlag abgelaugt, welcher letztere dann mit reinem Wasser ausgewaschen wird. Die Natriumcarbonatlösung wird eingedampft. Das Natriumcarbonat dient wieder zur Bildung neuer Mengen von Natrium aluminat.

Das Thonerdehydrat wird durch Erhitzen in Muffelöfen oder Flamm öfen in Thonerde verwandelt.

Am meisten geeignet hierzu sind die Flammöfen von der Gestalt geneigter rotirender Cylinder. Ein derartiger Ofen, wie er von der Firma

[1]) Dr. F. Winteler. Die Aluminium-Industrie. S. 25. Braunschweig 1903.

Fellner und Ziegler in Frankfurt gebaut wird, ist aus den Figuren 505 und 506 ersichtlich. Das Thonerdehydrat wird am oberen Ende des mit einem Futter aus feuerfesten Steinen versehenen Eisenblech-Cylinders aufgegeben und fällt am unteren Ende des Cylinders als Thonerde aus. Sie wird durch eine Oeffnung im Mauerwerk am unteren Ende des Ofens ausgezogen. Als Brennstoff dient Generatorgas, welches durch ein Rohr am unteren Ende des Ofens in diesen eingeführt wird. Die zur Verbrennung erforderliche Luft tritt gleichfalls am unteren Ende des Ofens durch ein das Gasrohr umgebendes Rohr in den Ofen. Die Feuergase durchziehen den Ofen und treten an seinem oberen Ende mit dem aus dem Thonerdehydrat entbundenen Wasserdampf durch einen Fuchscanal in den Schornstein.

Ueber die Ergebnisse des Betriebes sind von Winteler die nachstehenden Angaben gemacht[1]).

Aus einer Mischung von 75 % Bauxit und 25 % calcinirter Soda erhielt man einen Aufschluss mit 28,17 % Al_2O_3 und 0,24 % SiO_2. Der unlösliche Rückstand enthielt:

2,64 %	SiO_2
3,73 -	Al_2O_3
23,12 -	Fe_2O_3
1,74 -	CaO
0,7 -	MgO

Aus 175 kg Thonerdehydrat erhielt man durch Erhitzen 100 kg Thonerde.

Das Verfahren von Bayer

beruht auf der Thatsache, dass der Bauxit durch wässerige concentrirte Alkalilösungen unter Druck aufgeschlossen wird.

Dieses Verfahren steht z. B. zu Larne Harbor in Irland in Anwendung, wo Bauxit aus der Grafschaft Antrim mit durchschnittlich 56 % Thonerde, 3 % Eisenoxyd, 12 % Kieselsäure, 3 % Titansäure und 26 % Wasser verarbeitet wird. Es wird dort ausgeführt wie folgt[2]).

Der Bauxit wird durch Desintegratoren so weit zerkleinert, dass er durch ein Sieb von 6 mm Maschenweite hindurchfällt und dann zur Zerstörung organischer Substanzen und zur Ueberführung des Eisens in Oxyd in Flammöfen von der Gestalt geneigt liegender rotirender Cylinder bei so niedriger Temperatur erhitzt, dass die Löslichkeit der Thonerde nicht leidet. Aus dem rotirenden Cylinder, welcher 10 m Länge und 1 m Durchmesser besitzt und eine Neigung von 1 : 25 hat, gelangt der Bauxit zur Abkühlung in einen rotirenden Kühlcylinder von 9 m Länge, 0,75 m Durchmesser und einer Neigung von 1 : 25, welcher von kalter Luft durchströmt

---

[1]) Winteler l. c. S. 28.

[2]) Engineering. 1896. 62, 291. Borchers. Elektrometallurgie. 1902. S. 152. Dr. F. Winteler. Die Aluminium-Industrie. Braunschweig 1903. S. 28.

wird. Die Einrichtung des rotirenden Cylinders (Calcinirrohr) in Verbindung mit dem rotirenden Kühlcylinder (Kühlrohr) ist aus Figur 507 ersichtlich und ohne weitere Erläuterung verständlich. Das aus dem Cylinder herausfallende gekühlte Material wird durch eine Transportschnecke einem Desintegrator zugeführt, nochmals zerkleinert, durch ein Sieb von 144 Maschen per qcm geführt und dann in mit Rührwerken versehenen Druckgefässen aus Eisen von 1,5 m Durchmesser, 3,5 m Länge und 15 mm Wandstärke bei einem Dampfdruck von 5 Atmosphären mit Natronlauge von 1,45 spec. Gewicht behandelt. Durch den Dampf, welcher zuerst in einen Hohlmantel des Kessels und dann in das Innere desselben tritt, werden Lauge und Bauxitpulver erwärmt. Die Einrichtung des Druckgefässes ist aus den Figuren 508 und 509 ersichtlich. Nachdem der Einsatz (3 t) 2 bis 3 Stunden lang unter Druck umgerührt worden ist, wird

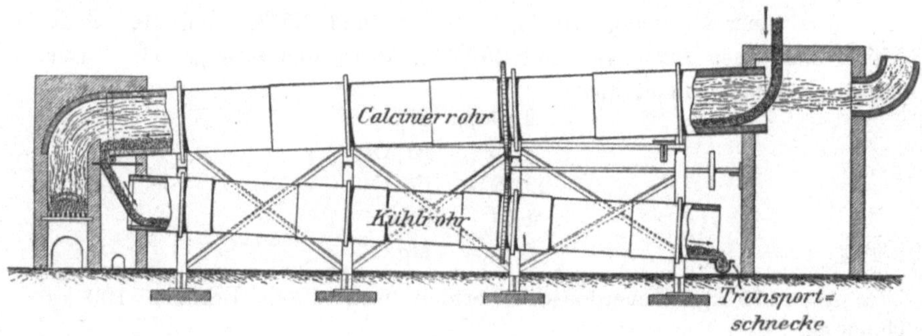

Fig. 507.

er durch eigenen Dampfdruck in hochstehende Behälter gedrückt, in welchen er auf 1,23 spec. Gewicht verdünnt wird, um dann in Filterpressen geführt zu werden. Die aus den Filterpressen abfliessende Natriumaluminatlauge wird behufs vollständiger Klärung noch einer weiteren Filtration unterworfen. Als Filtermaterial dient Cellulose, welche, nachdem sie durch Kochen mit Wasser in einen dünnen Brei verwandelt ist, auf 2 Sieben mit 3 mm weiten Löchern ausgebreitet wird. Die Siebe werden in mit Blei ausgelegten Holzkästen aufeinander gesetzt.

Die geklärte Lauge wird nun in mit Rührwerken versehenen stehenden cylindrischen Gefässen aus Eisenblech von 6 m Höhe und 4 m Durchmesser 36 Stunden lang mit Thonerdehydrat zusammengerührt. Die Einrichtung dieser Gefässe ist aus Figur 510 ersichtlich. Durch das Verrühren werden 70 % der in der Lauge gelösten Thonerde als Hydrat ausgeschieden. Nachdem sich das Thonerdehydrat abgesetzt hat, lässt man die klare Lauge von demselben abfliessen, führt den Hydratschlamm mit einem Druck von 5 Atmosphären in Filterpressen und entfernt nach dem Auspressen der Lauge und dem Auswaschen der Kuchen das noch verbliebene Wasser durch Druckluft. Die Kuchen von Thonerdehydrat werden nun in einem mit Mischgas geheizten Flammofen, welcher einen mit Magnesiasteinen ausgefütterten, geneigt liegenden rotirenden Cylinder darstellt, durch Erhitzen in Thonerde verwandelt.

Obwohl das Hydratwasser der Thonerde schon bei verhältnissmässig niedriger Temperatur entfernt wird, ist es doch erforderlich, helle Rothglut

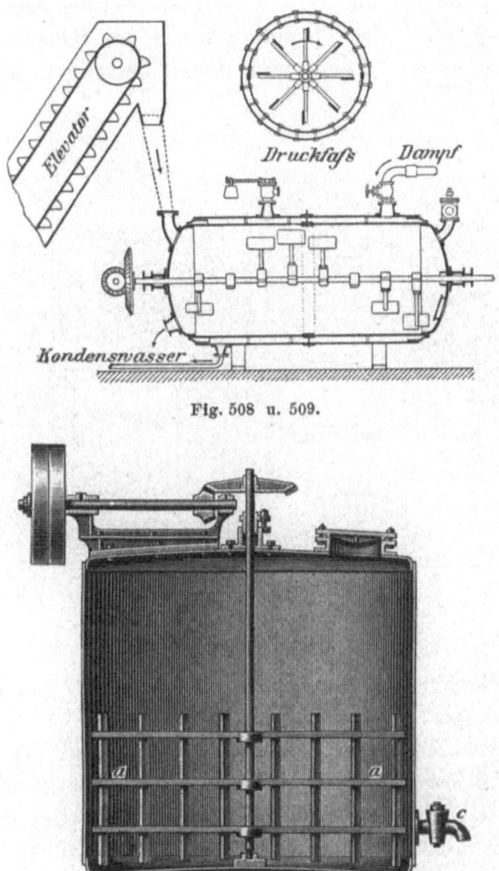

Fig. 508 u. 509.

Fig. 510.

(1100°) anzuwenden, weil andernfalls die Thonerde beim Lagern wieder Wasser anzieht.

Die vom Thonerdehydrat getrennten verdünnten Laugen werden in Vacuumapparaten auf ein spec. Gewicht von 1,45 eingedampft und dann wieder in den Kreislauf des Prozesses eingeführt. Das Waschwasser aus den Filterpressen dient zum Verdünnen des Natriumaluminatbreies und zum Lösen von Aetznatron.

Der Grundriss der Anlage zu Lane Harbor ist aus der Figur 511 ersichtlich.

Aus fein gepulvertem Bauxit mit geringen Megen Kieselsäure wird die Thonerde bis auf eine geringe Menge gelöst, welche mit etwa gelöster Kieselsäure und einer äquivalenten Menge von Natron die unlösliche Verbindung $Na_2O, Al_2O_3, SiO_2 + 9 H_2O$ bildet. Aus dem rothen französischen Bauxit mit 61 % Thonerde und 3 % Kieselsäure werden nach Bayer 59 % der Thonerde gleich 95 % des Thonerdegehaltes des Bauxits gelöst, wenn die Mengenverhältnisse von Lauge und Bauxit derartig bemessen werden,

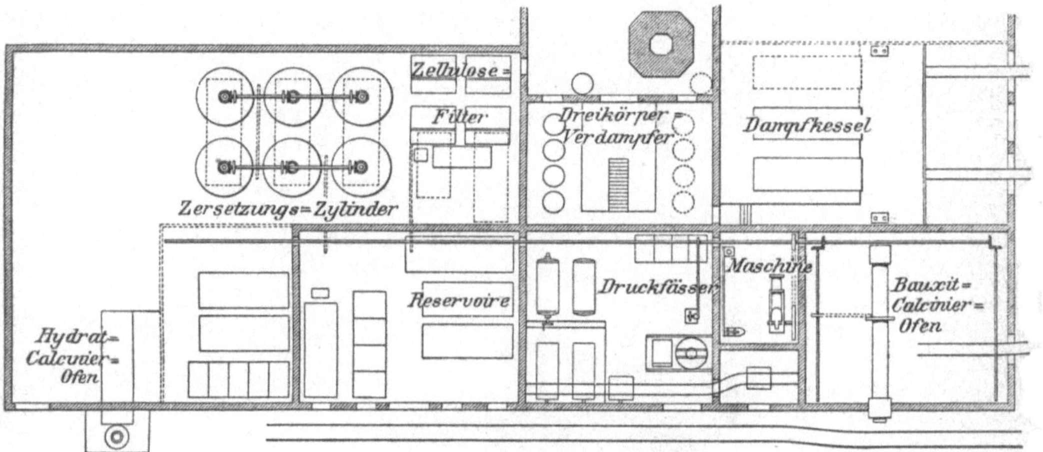

Fig. 511.

dass in der erhaltenen Lösung das molekulare Verhältniss von $Al_2O_3 : Na_2O = 1 : 1{,}75$ bis 1,85 ist.

Bei dem Verrühren der Natriumaluminatlösung mit Thonerdehydrat, wodurch, wie schon erwähnt, in Lane Harbor 70 % der gelösten Thonerde ausgefällt werden, ist die Zersetzung gewöhnlich derartig, dass das Verhältniss der in Lösung verbliebenen Al_2O_3 zum Na_2O wie 1 : 6 bis 1 : 8 ist.

Nach Bayer wurden 4000 Liter Natriumaluminatlösung, welche im Liter 61,95 g Al_2O_3 und 70,68 g Na_2O enthielten, mit Thonerdehydrat verrührt. Nach 12 stündigem Verrühren waren im Liter noch 49,42 g Al_2O_3, nach 24 Stunden 39,78 g Al_2O_3, nach 36 Stunden 33,97, nach 48 = 29,01, nach 72 = 23,68, nach 84 Stunden 17,80 g Al_2O_3. Nach dieser Zeit war das Verhältniss der noch in der Lösung befindlichen Molecüle $Al_2O_3 : Na_2O = 1 : 5{,}87$.

Es ist auch vorgeschlagen worden, aus dem Bauxit zuerst Aluminiumsulfat herzustellen und dieses Salz durch Glühen in Thonerde zu verwandeln. Der Bauxit soll in Flammöfen von der Gestalt rotirender Cylinder entwässert und dann der Einwirkung von Schwefelsäure ausgesetzt werden

Die hierbei erhaltene Aluminiumsulfatlösung soll von Eisen gereinigt und dann in Flammöfen eingedampft werden. Der verbliebene Rückstand soll so weit erhitzt werden, dass die Schwefelsäure entweicht und Thonerde zurückbleibt[1]).

Anstatt des Bauxits kann auch Pfeifenthon oder Kaolin benutzt werden. Das mit Schwefelsäure zu behandelnde Material muss möglichst frei von Eisen, Kalk oder Magnesia sein.

Zu St. Helens[2]) dienen als Lösegefässe mit Blei ausgekleidete Behälter, in welche je 1350 Liter Schwefelsäure vom spec. Gew. 1,72 eingeführt und durch directen Dampf bis nahe zum Sieden erhitzt werden (wobei das spec. Gew. der Säure durch Condensation von Wasserdampf auf 1,450 bis 1,475 sinkt). In die heisse Flüssigkeit werden 1420 kg fein gepulverter, weisser Bauxit eingetragen. Die Masse bläht sich nach dem Eintragen von 400 bis 500 kg Bauxit sehr stark (auf das 6 bis 8 fache ihres ursprünglichen Volumens) auf. Man fügt dann den weiteren Bauxit nur sehr langsam zu oder sucht durch Zusatz von kaltem Wasser das Aufblähen zu verhindern. Wird das Ende der Reaction durch das Zusammensintern der Masse angezeigt, so lässt man noch $^1/_2$ Stunde lang Dampf einströmen und verdünnt dann die Mischung durch Zusatz von heissem und später von kaltem Wasser auf 1,2 spec. Gewicht.

Das Eisen kann aus der Aluminiumsulfatlösung durch Ferrocyankalium (nach vorgängiger Ueberführung des Ferrosulfats in Ferrisulfat durch Chlorkalk) oder durch Calciumsulfid ausgefällt werden. Auch kann das Eisen durch Behandlung des thonerdehaltigen Materials mit Oxalsäurelösung vor dem Aufschliessen mit Schwefelsäure entfernt werden. Das Eisenoxyd wird in diesem Falle durch die Oxalsäure in Lösung gebracht. Aus der Lösung wird die Oxalsäure durch Kalk ausgefällt. Der oxalsaure Kalk wird zur Regeneration der Oxalsäure mit Schwefelsäure behandelt.

Die vom Eisen befreite Aluminiumsulfatlösung wird zuerst in Vakuumverdampfapparaten auf 50° Bé. concentrirt und dann in Flammöfen mit Mischgasheizung oder in Muffelöfen eingedampft. Das feste Aluminiumsulfat wird durch Glühen in Thonerde verwandelt. Man erhält hierbei unter Entweichen von Schwefliger Säure und von Schwefelsäure eine lockere, weisse Thonerde, welche nicht hygroskopisch ist und direkt der Elektrolyse unterworfen werden kann.

Rothberg[3]) hat vorgeschlagen, das durch Behandlung von Thon mit Schwefelsäure erhaltene Aluminiumsulfat mit Chlorkalk zu behandeln, um Aluminiumchlorid zu erhalten nach der Gleichung:

$$Al_2\,(SO_4)_3 + 3\,Ca\,(OCl)_2 = 3\,Ca\,SO_4 + Al_2\,Cl_6 + 3\,O_2.$$

Aus der Aluminiumchloridlösung soll durch Kalk Thonerdehydrat

---

[1]) Moissonnier. L'Aluminium. p. 65. Paris 1903.

[2]) Winteler l. c. S. 34.

[3]) United States Patent No. 657 453 aus dem Jahre 1900.

niedergeschlagen werden, welches in bekannter Weise in Thonerde zu verwandeln ist.

Ueber die Einführung dieses Verfahrens ist nichts bekannt geworden.

Eine gute Thonerde für die Elektrolyse soll die nachstehende Zusammensetzung haben:

Al_2O_3	im Minimum	98	%
SiO_2	- Maximum	0,3	-
Fe_2O_3	- -	0,1	-
H_2O	- -	1	-

Ist der Kryolith in reinen Stücken vorhanden, welche aus dem Kryolith-Haufwerk ausgesucht werden müssen, so wird er bei der Elektrolyse direct als Lösungsmittel verwendet. Andernfalls werden nach dem Einschmelzen desselben die Verunreinigungen durch Elektrolyse abgeschieden.

Der Kryolith lässt sich auch künstlich herstellen, indem man durch Sättigen von Flusssäure mit Soda saures Natriumfluorid (Na F, H F) herstellt und zu diesem die entsprechende Menge von Thonerde setzt, oder indem man zu saurem Aluminiumfluorid so viel Chlornatrium fügt, dass auf 1 Mol. Thonerde 3 Mol. Chlornatrium kommen, oder indem man ein Gemenge von Thonerdehydrat und Chlornatrium mit der zur Ausfällung von Kryolith erforderlichen Menge von Flusssäure behandelt.

Fluoraluminium wird zweckmässig zum Ersatz der Fluorverluste bei der Elektrolyse verwendet. Bei dem Ersatz dieser Verluste durch Kryolith tritt eine Anreicherung des Bades an Natrium ein.

Das für die Elektrolyse geeignete Salz ist basisches Aluminiumfluorid Al OF. Man stellt es her durch Sättigen von Flusssäure mit der entsprechenden Menge von Thonerdehydrat unter beständigem Umrühren der Masse in verbleiten Holzgefässen und darauf folgendes Trocknen und schwaches Glühen des erhaltenen Salzes in Calcinirschalen. Weitere Darstellungsarten sind weiter unten bei dem Verfahren von Grabau angeführt.

Bei der betriebsmässigen Gewinnung des Aluminiums[1]) wird nach Borchers zuerst das Kryolithbad hergestellt, indem man zuerst nur soviel Kryolith in den Schmelzraum einführt und durch Annäherung der Anode an die Kathode unter Bildung eines Lichtbogens einschmilzt, dass der Boden desselben bedeckt ist. Alsdann füllt man unter allmählicher Aufwärtsbewegung der Anode Kryolith nach. Ist die Anode, welche nun in die Schmelze eintaucht, einige Centimeter von der Kathode entfernt, so führt man in dem Maasse, wie Aluminium ausgeschieden wird, Thonerde in das Bad ein. Das Aluminium wird zeitweise durch Abstechen aus dem Schmelzraum entfernt. Der Kryolith, welcher im festen Zustande schwerer als das Aluminium ist — nach Richards (Aluminium, Its History pp.) ist

[1]) Borchers. Elektrometallurgie 1902. S. 155. 144.

sein spec. Gewicht = 3, während das des festen Aluminiums = 2,7, das des geschmolzenen Aluminiums = 2,54 ist — hat im geschmolzenen Zustande nach Richards ein spec. Gewicht von 2,08, mit Thonerde gesättigt von 2,35, mit Aluminiumfluorid in dem Verhältnisse $Al_2 F_6 . 6 Na F + 2 Al_2 F$ zusammengeschmolzen von 1,97. Das bei der Elektrolyse ausgeschiedene flüssige Aluminium, welches ein grösseres spec. Gew. als der geschmolzene Kryolith besitzt, kann sich daher auf dem Boden des Schmelzofens ausscheiden.

Die Zersetzungsspannung der Thonerde berechnet sich nach der Formel

$$E = \frac{W}{n . 0{,}24 . 96\,537}$$

zu 2,8 Volt.

Die Temperatur des Bades beträgt nach Borchers gegen 750°.

Früher wendete man an Thonerde sehr reiche Bäder an, welche eine wesentlich höhere Temperatur hatten, und bedurfte für dieselben bei einer Badspannung von 9 bis 10 Volt einer Stromdichte von 23 000 bis 25 000 $\frac{A}{qm}$. Gegenwärtig wendet man nach Borchers bei der Temperatur von 750° und bei einem Horizontalquerschnitt des Schmelzraums von 750 . 1500 mm eine Stromdichte von 7000 A pro qm Horizontalquerschnitt des Bades an[1]). Die durchschnittliche Badspannung lässt sich zu 7,5 Volt annehmen. Bei einer Stromausbeute von 0,90 würde unter diesen Umständen pro 1 t in 24 Stunden herzustellenden Aluminiums ein Kraftverbrauch von mindestens 1400 elektrischen PS. erforderlich sein (Borchers). Der Kraftaufwand beträgt nach anderen Angaben 1400 bis 1600 PS. für 1 t Aluminium in 24 Stunden.

Nach Winteler[2]) soll das Einschmelzen des Elektrolyten durch Widerstandserhitzung unter Benutzung kurzer, runder, durch den Strom auf Weissglut erhitzter Kohlenstäbe geschehen. Diese Koklenstäbe sollen bei einer Stromstärke von 400 bis 500 Ampère für die einzelne Kohlenanode einen Durchmesser von 3 cm bei einer Länge von 8 cm erhalten. Die Stromspannung soll 10 Volt betragen. Die Kohlenstäbe werden so auf den Boden des Bades gestellt, dass jeder einzelne Stab einer Kohlenanode entspricht. Lässt man nun die Anoden auf die Kohlenstäbe herab, so schmilzt beim Schliessen des Stromkreises das um die Elektroden angehäufte Gemisch von Kryolith und Thonerde ein. 100 kg dieses Gemisches werden bei Anwendung von 3200 Ampère und 10 Volt in 5—6 Stunden verflüssigt. Ist das Bad halb mit Schmelze gefüllt, so werden die Anoden gehoben und die Kohlenstäbe werden mit eisernen Zangen aus dem Bade entfernt. Alsdann werden die Anoden so weit herabgelassen, dass ihr

---

[1]) Borchers. Elektrometallurgie. S. 154. Wallace. Journ. of the Soc. of Chemic. Ind. 1898. 308.

[2]) l. c. S. 74.

Abstand vom Boden 6 cm beträgt. Während der nun beginnenden Elektrolyse muss der Abstand zwischen Anoden und Kathode durch Reguliren constant erhalten werden. An die Stelle der Kohle tritt das ausgeschiedene Aluminium als Kathode, sobald der Boden des Bades damit bedeckt ist. Die Zusammensetzung des Elektrolyten muss durch zeitweiliges Einführen der erforderlichen Mengen von Thonerde, Kryolith und Aluminiumfluorid gleich erhalten werden. Als beste Zusammensetzung des ursprünglichen Elektrolyten giebt Winteler ein Gemisch von Kryolith mit 10 % Thonerde an, welches bei 940° schmilzt. Soll der Schmelzpunkt noch weiter herabgesetzt werden, so wird etwas Kochsalz zugeschlagen. Die bei der Elektrolyse eintretenden Fluorverluste müssen durch zeitweilige Einführung von Aluminiumflorid in das Bad ersetzt werden. Kryolith eignet sich nicht zum Ersatze des Fluors, weil das Bad sich durch fortgesetzten Zuschlag davon zu stark an Natriumfluorid anreichern und dadurch unbrauchbar werden würde. Der Elektrolyt soll Kirschrothglut zeigen und dünnflüssig sein. Die Oberfläche desselben soll mit einer 2 cm starken Kruste bedeckt sein, welche beim Einführen von Zuschlägen in das Bad, bei der Regulirung der Elektroden und beim Ausschöpfen des Aluminiums durchstossen wird. Das Ausschöpfen des Aluminiums geschieht am besten alle 2 Tage mit eisernen Löffeln, welche indess nicht zu heiss werden dürfen, weil das Aluminium sonst etwas Eisen aufnimmt. Das Aluminium wird in eiserne Formen gegossen und dann noch einmal umgeschmolzen.

Die Höhe des Elektrolyten im normalen Bade (bei 30 cm Höhe desselben) soll 15 cm betragen. Bei grösserer Höhe verlieren die Elektroden Kohle.

Die Spannung soll 7 bis 8 Volt betragen, die Stromdichte 300 bis 500 Ampère pro dm^2 Elektrodenquerschnitt.

Winteler[1]) führt als Betriebsresultate die Ergebnisse eines Versuches an, welcher in einem Bade, wie es im Grossbetriebe angewendet wird, ausgeführt wurde. Dasselbe verbrauchte durchschnittlich 3160 Ampère bei 8,5 Volt Spannung.

Der ursprüngliche Einsatz, welcher aus 100 kg Kryolith und 10 kg Thonerde bestand, wurde mit Hülfe von Widerstandserhitzung in 5 Stunden bei einem Aufwand von 203 Kilowattstunden eingeschmolzen. Nach Entfernung der Widerstände nahm die Elektrolyse ihren Anfang. Während derselben wurden innerhalb der ersten 24 Stunden in das Bad eingeführt: 40 kg Kryolith, 34 kg Thonerde, innerhalb der folgenden 24 Stunden: 40 kg Kryolith, 34 kg Thonerde, innerhalb der weiter folgenden 24 Stunden: 20 kg Kryolith, 22 kg Thonerde, im ganzen innerhalb der ersten 72 Stunden 100 kg Kryolith und 90 kg Thonerde. In 10 Tagen und 10 Stunden wurden in das Bad eingeführt: 290 kg Kryolith, 268 kg

[1]) l. c. S. 84.

Thonerde und 64 kg Aluminiumfluorid. Nach 62 Stunden wurden 26 kg Aluminium ausgeschöpft, nach 86 Stunden weitere 32 kg u. s. f. In 10 Tagen und 10 Stunden wurden im Ganzen 143 kg Aluminium ausgeschöpft. Dabei befand sich am Boden des Bades noch eine 2 cm starke Schicht von geschmolzenem Aluminium. Mit Einschluss dieser Schicht betrug die Gesammtmenge des ausgeschiedenen Metalles 189,8 kg. Im Ganzen waren bei dem Versuche 6716 Kilowattstunden verbraucht worden. Nach der Theorie würden hiermit 276,7 kg Aluminium ausgeschieden worden sein. Es wurde also in Wirklichkeit 68,6 % der theoretischen Ausbeute erhalten.

Das gewonnene Aluminium enthielt:

98,4 % Aluminium
0,9 % Eisen
0,3 % Silicium.

Das in verschiedenen Zeiten gewonnene und in eiserne Formen gegossene Aluminium ist nicht von gleicher Reinheit. Da sich auch beim directen Schöpfen des Metalles in die Formen demselben etwas Badschmelze beimengt, so ist ein Umschmelzen erforderlich. Die verschiedenen Blöcke werden für das Umschmelzen derartig vereinigt, dass dabei ein Metall von Durchschnittsqualität erfolgt. Das Umschmelzen geschieht in Graphittiegeln. Der Graphit muss möglichst frei von Eisen und Silicium sein, weil das Aluminium andernfalls gewisse Mengen von diesen Elementen aufnimmt. Die Temperatur beim Umschmelzen darf den Schmelzpunkt des Aluminiums nicht erheblich übersteigen, weil bei einer Ueberhitzung des Metalles eine Oxydation des Metalles eintritt und das Oxyd sich mit dem Aluminium zu einer breiartigen Masse mengt. Beim Innehalten der richtigen Temperatur betragen die Schmelzverluste nicht über 3 %. Das Schwinden beim Erstarren des Metalles beträgt 1,8 %. Es werden daher beim Giessen sog. „verlorene Giessköpfe“ angebracht[1].)

Winteler[2]) giebt bei Anwendung von billiger Wasserkraft die täglichen Ausgaben und Einnahmen einer Anlage von 2000 Kilowatt Bäderstrom bei 24 stündigem Betrieb und einer Production von 1330 kg Aluminium in dieser Zeit an wie folgt:

Ausgaben:

Reine Thonerde 3000 kg, 100 kg à 38 M.	1140 M.
Kryolith 300 kg, 100 kg à 55 M.	165 -
Fluoraluminium 300 kg, 100 kg à 40 M.	120 -
Elektrodenkohle 1500 kg, 100 kg à 40 M.	450 -
Uebertrag	1875 M.

[1]) Winteler l. c. S. 88.

[2]) l. c. S. 90.

	Uebertrag	1875 M.
Bäderstrom; jährliche Kosten pro Kilowatt 50 M.		274 -
Beamte und Arbeiter		150 -
Heizung und Beleuchtung		10 -
Reparaturen und Erneuerungen		50 -
Verzinsung des Anlage- und Betriebscapitals		50 -
Generalunkosten		40 -
Steuern und Versicherungen		20 -
Amortisation		50 -
		2519 M.

Einnahmen:

1330 kg Aluminium, 1 kg à 2,20 M.	2926 M.

Tägliche Ausgaben	2519 M.
- Einnahmen	2926 -

Selbstkosten pro 100 kg Aluminium = 188 M.

Das Verfahren von Héroult (Auflösung der Thonerde in einem Kryolithbade) steht in Anwendung auf den durch Wasserkraft betriebenen Werken der Aluminium-Industrie-Aktiengesellschaft zu Neuhausen in der Schweiz (4500 PS), zu Rheinfelden in Baden (5040 PS) und zu Lend bei Gastein in Oesterreich (7500 PS), auf welchen ein Theil der zur Verfügung stehenden Kraft (Wasserkraft) auch zur Fabrication anderer Producte benutzt wird, auf den durch Wasserkraft betriebenen Werken der Société Electro-Metallurgique Française zu Froges (Isère) und La Praz (Savoyen), und auf den durch Wasserkraft betriebenen Werken der British Aluminium Company zu Foyers in Schottland[1]).

Charles Hall wendet als Flussmittel für die Thonerde Kryolith, gemischt mit wechselnden Mengen von Salzen der Alkalien und alkalischen Erden, an. Durch diese Beimengungen soll die Schmelzbarkeit des Elektrolyten erhöht werden. Der Inhalt der betreffenden Patentvorschriften (Amerikan. Patent No. 400 766 u. No. 400 664 v. 2. April 1889. No. 400 665, No. 400 666, No. 400 667) ist von Borchers[2]) einer eingehenden Kritik unterworfen worden. Das Verfahren wird auf den Werken der Pittsburgh Reduction Company an den Niagara-Fällen, sowie in Saint Michel de Maurienne (Frankreich) ausgeführt[3]). Anstatt der ursprünglich vorgeschlagenen Elektrolysirgefässe mit äusserer Heizung werden jetzt die oben beschriebenen Gefässe mit Erhitzung durch den elektrischen Strom angewendet[4]). Um in der Stunde 1 kg Aluminium darzustellen,

---

1) Borchers. Elektrometallurgie. 1902. S. 157. Minet l. c. S. 69.

2) Elektrometallurgie S. 131.

3) Minet l. c. S. 71.

4) Le Génie civil 1898. S. 81.

sind zur Auflösung der hierzu nöthigen Menge von Thonerde 62 Liter Flussmittel erforderlich. Die Badspannung soll zwischen 5 und 10 Volt schwanken.

Joseph B. Hall[1]) stellt die Anode aus einem Gemenge von Thonerde und Kohle her und benutzt ein aus Chloraluminium, Chlornatrium und Chlorlithium bestehendes Bad. Die Thonerde der Anode soll sich beim Durchleiten des Stromes durch den Stromkreis gleichmässig im Bade vertheilen und zerlegt werden. Die Zersetzungszelle stellt ein aus Kohle oder aus einem Gemenge von Kohle und Thonerde bestehendes, mit einer Hülle von Eisen umgebenes Gefäss dar, auf dessen Boden sich das ausgeschiedene Metall ansammelt und von wo es durch ein Stichloch zeitweise abgelassen werden kann.

Der Ersatz des ausgeschiedenen Aluminiums durch Anoden aus Thonerde und Kohle ist bereits von Deville vorgeschlagen worden[2]), hat hat sich aber als practisch unausführbar erwiesen.

Das Verfahren ist daher auch nicht zur betriebsmässigen Einführung gelangt.

Minet[3]) wendet einen Elektrolyten von der Formel $12\,NaCl + Al_2F_6 . 6\,NaF$, welcher bei 675° schmilzt, bei 829° eine Dichte von 1,76 hat, bei 1056° sich zu verflüchtigen beginnt und bei 800° hinreichend flüssig für die Elektrolyse ist, an. Bei der Elektrolyse wird das Fluoraluminium zerlegt und Aluminium ausgeschieden. Der Ersatz des ausgeschiedenen Aluminiums soll durch Einführung von Aluminiumfluorid oder von Thonerde in das Bad geschehen. Minet ist, wie schon früher erwähnt, der Ansicht, dass das Aluminiumfluorid der eigentliche Elektrolyt ist und dass das bei der Zersetzung desselben entbundene Fluor mit der Thonerde unter Entbindung von Sauerstoff neues Fluoraluminium bildet und so das Bad unverändert erhält. Durch Zusatz einer Mischung von Kochsalz und Aluminium-Natrium-Doppelfluorid in dem der angegebenen Formel entsprechenden Verhältnisse sollen die durch Verdampfung entstehenden Verluste ersetzt werden. Die zuerst benutzten Apparate wurden von aussen erhitzt. Bei einem später vorgeschlagenen Apparat wurde die Wärme ausschliesslich durch den elektrischen Strom geliefert. (Siehe Abbildung Seite 851.) Eine Kritik des Verfahrens, wie es in der ersten Anmeldung des englischen Patentes vom Juli 1887[4]) und in der Patentschrift vom Januar 1888 beschrieben ist, findet sich in Borcher's Elektrometallurgie 1902 S. 137. Das Verfahren wurde 1887 in Paris, impasse du Moulin-Joli, und 1888 in Creil (Dep. Oise) ausgeführt. 1891 wurde die Anlage nach Saint-Michel de Maurienne

---

[1]) The Engin. and Min. Journal 1895. S. 581.

[2]) St. Claire-Deville. De l'aluminium. Paris. Gauthier-Villars & fils. 1855. 95.

[3]) Minet l. c. S. 48.

[4]) Engl. Patent No. 10057 von 1887.

verlegt, wo bis zum Jahre 1894 mit einer Wasserkraft von 500 Pferden gearbeitet wurde[1]). Gegenwärtig steht das Verfahren nicht mehr in Anwendung.

b) Gewinnung des Aluminiums durch Elektrolyse von Aluminiumfluorid.

Hierhin gehört das Verfahren von Minet, bei welchem die Mischung $12\,NaCl + Al_2F_6 . 6NaF$ elektrolysirt und das Bad durch Aluminiumfluorid regenerirt wird.

Aus dem Aluminium-Natrium-Fluorid wird durch den Strom das Aluminium ausgeschieden nach der Gleichung

$$Al_{2/6}F . NaF = Al_{2/6} + F + NaF.$$

Würde man nun das aus dem Elektrolyten ausgeschiedene Aluminium durch Einführung von Kryolith in das Bad ersetzen, so würde sich das letztere zu stark an Natrium anreichern und es würde sehr bald anstatt des Aluminiums Natrium ausgeschieden werden. Es wird deshalb Aluminiumfluorid in das Bad eingeführt, welches sich mit dem Natriumfluorid zu Natrium-Aluminiumfluorid vereinigt nach der Gleichung:

$$Al_{2/6}F + NaF = Al_{2/6}F . NaF.$$

Die Zersetzungsspannung für Aluminiumfluorid ($Al_{2/6}F$) berechnet Minet[2]) zu 3,04 Volt (Bildungswärme = 70 Cal), für Natriumchlorid (NaCl) zu 4,23 Volt (Bildungswärme = 97,3 Cal), für Natriumfluorid (NaF) zu 4,82 Volt (Bildungswärme = 110,8 Cal). Die Apparate sind die nämlichen wie beim Minet'schen Verfahren mit Thonerde.

Das Verfahren hat an den beim Minet'schen Verfahren mit Thonerde genannten Orten versuchsweise in Anwendung gestanden.

Grabau[3]) unterwirft ein geschmolzenes Gemisch von Fluoraluminium (oder Aluminiumoxyfluorid) und Soda oder Pottasche der Elektrolyse und gewinnt hierbei ausser dem Aluminium Alkalifluoride oder Kryolith. Das Schmelzen und Zersetzen des Gemisches soll mit Hülfe des elektrischen Lichtbogens bewirkt werden. In dem Schmelz- und Zersetzungsbehälter wird zuerst Kryolith eingeschmolzen und dann eine Mischung von Fluoraluminium und Soda in das Bad eingetragen. Die Anode besteht aus Kohle, die Kathode aus Metall, am besten aus Aluminium. Bei der Elektrolyse scheidet sich an der Kathode Aluminium ab, während sich an der Anode Kohlensäure entwickelt. Dieselbe rührt zum Theil von der Oxydation der Anode durch die geschmolzenen Massen, zum Theil von der

---

[1]) Minet l. c. S. 47.

[2]) Minet l. c. S. 49.

[3]) D. R. P. No. 62 851 von 1891.

Einwirkung des Fluoraluminiums auf die Soda her. Anstatt Fluoraluminium lässt sich auch das leicht herstellbare Aluminiumoxyfluorid verwenden.

Die Mischungsverhältnisse zwischen Fluoraluminium bzw. Aluminiumoxyfluorid einerseits und den Carbonaten der Alkalien andererseits hängen davon ab, ob man Fluoraluminium oder Kryolith als Nebenerzeugnisse gewinnen will.

Bei Anwendung von Fluoraluminium lässt sich der chemische Vorgang, falls man Fluornatrium als Nebenerzeugniss gewinnen will, durch die Gleichung

$$2\,Al_2F_6 + 6\,Na_2CO_3 + \underset{\text{(Anode)}}{3\,C} = 4\,Al + 12\,NaF + 9\,CO_2$$

veranschaulichen; falls man Kryolith als Nebenerzeugniss gewinnen will, dagegen durch die Gleichung:

$$4\,Al_2F_6 + 6\,Na_2CO_3 + \underset{\text{(Anode)}}{3\,C} = 4\,Al + 2\,(Al_2F_6 \,.\, 6\,NaF) + 9\,CO_2.$$

Bei Anwendung von Aluminiumoxyfluorid (Al_2OF_4) gestaltet sich der chemische Vorgang, falls man Fluornatrium als Nebenerzeugniss gewinnen will, in der nachstehenden Weise:

$$2\,Al_2OF_4 + 4\,Na_2CO_3 + \underset{\text{(Anode)}}{3\,C} = 4\,Al + 8\,NaF + 7\,CO_2;$$

während er, wenn man Kryolith als Nebenerzeugniss gewinnen will, wie folgt verläuft:

$$3\,Al_2OF_4 + 3\,Na_2CO_3 + \underset{\text{(Anode)}}{3\,C} = 4\,Al + Al_2F_6 \,.\, 6\,NaF + 6\,CO_2.$$

Borchers[1]) stellt es als wahrscheinlich hin, dass die lebhafte Entwickelung von Kohlensäure, welche beim Schmelzen eines Gemisches von Fluoriden des Aluminiums und Alkalicarbonaten eintritt, durch die nachstehende Reaction herbeigeführt wird:

$$Al_2F_6 + 3\,Na_2CO_3 = Al_2O_3 + 6\,NaF + 3\,CO_2.$$

Hiernach würde der Elektrolyt eine Lösung von Aluminiumoxyd in Alkalifluoriden darstellen.

Als Vortheile dieses Verfahrens werden die Reinheit des gewonnenen Aluminiums bei Verwendung von leicht herzustellendem eisen- und siliciumfreien Materiale und die Gewinnung von Kryolith als Nebenerzeugniss hervorgehoben.

Ueber die Anwendung des Verfahrens ist nichts bekannt geworden.

Zur Herstellung von reinem Fluoraluminium, welches für die Gewinnung von reinem Aluminium unumgänglich nothwendig ist, sowie zur Herstellung von eisenfreiem Fluoraluminium sind von Grabau Verfahren angegeben worden.

---

[1]) l. c. S. 148.

Zur Herstellung von reinem Fluoraluminium (D.R.P. No. 69791) wird möglichst eisenarmer, gepulverter, calcinirter Thon in mässigem Ueberschusse mit Flusssäure von 12 % Gehalt oder mit entsprechend starker Kieselfluorwasserstoffsäure behandelt. Bei Anwendung von Flusssäure muss die Temperatur durch Abkühlung auf 95° gehalten werden, während bei Anwendung von Kieselfluorwasserstoffsäure die Reaction durch Erwärmen befördert werden muss.

Sobald die Masse neutral geworden ist, was nach wenigen Minuten der Fall ist, wird die jetzt aus Fluoraluminium bestehende Flüssigkeit bei mittlerer Temperatur von dem verbliebenen Rückstande (welcher aus hydratischer Kieselsäure und zersetztem Thon besteht) abfiltrirt. Durch Auswaschen des Rückstandes mit heissem Wasser gewinnt man noch die in demselben verbliebene Fluoraluminiumlösung. Nach diesem Verfahren soll man 95 % der angewendeten Flusssäure zur Bildung von Fluoraluminium ausnutzen[1]).

Zur Herstellung von eisenfreiem Fluoraluminium (D.R.P. No. 70155) wird eisenhaltige Fluoraluminiumlösung zuerst mit Schwefelwasserstoff behandelt, um Blei, Arsen und sonstige durch Schwefelwasserstoff fällbare Metalle auszuscheiden und vorhandenes Eisenoxyd zu Oxydul zu reduciren. (Die Reduction des Eisenoxyds zu Oxydul ist erforderlich, weil andernfalls Eisenfluorid in die zu gewinnenden Krystalle von Fluoraluminium übergehen würde.)

Die von dem Rückstande abfiltrirte Lösung wird angesäuert (um das Niederfallen von Spuren von Schwefeleisen bei der folgenden Abkühlung zu verhindern) und dann in Gefässen aus Aluminiumblech abgekühlt. Hierbei scheidet sich aus derselben wasserhaltiges krystallinisches Fluoraluminium ($Al_2 F_6$, $18 H_2 O$) aus. Die Krystallisation ist beendigt, wenn die mit Beginn derselben steigende Temperatur durch fortgesetzte Kühlung auf 0° gesunken ist. Die Masse wird nun in Nutschen oder Schleudern in Mutterlauge und Krystalle geschieden, welche letzteren durch Decken mit eiskaltem Wasser gewaschen werden.

c) Die Gewinnung des Aluminiums durch Elektrolyse von Aluminiumsulfid.

Die Herstellung des Aluminiums aus Aluminiumsulfid ist von Bucherer in Cleveland und andererseits von der Aluminium-Industrie-Actien-Gesellschaft in Neuhausen vorgeschlagen worden.

Bucherer in Cleveland (Ohio, U. S. A.) (D.R.P. No. 63995 vom 18. November 1890) wendet das Schwefelaluminium in der Form von Doppelsulfiden desselben mit den Alkalien oder alkalischen Erden an.

[1]) Zeitschr. f. angew. Chemie 1893. S. 462.

Dieselben werden in einem Bade von geschmolzenen Chloriden oder Fluoriden der Alkalien bzw. alkalischen Erden oder von Mischungen derselben gelöst der Elektrolyse unterworfen. Als beste Lösungsmittel werden Chlornatrium oder Chlorkalium oder eine Mischung dieser Salze empfohlen. Die gedachten Doppelsulfide sollen sich leichter und billiger darstellen lassen als das Schwefelaluminium und ein sehr reines Aluminium liefern. Bei der Elektrolyse, welche einen Strom von verhältnissmässig geringer Spannung erfordert, scheidet sich das Aluminium an der Kathode ab.

Die Herstellung der Doppelsulfide des Aluminiums geschieht nach Bucherer durch Erhitzung von Aluminiumoxyd oder Aluminiumhydroxyd mit Sulfiden oder Polysulfiden der Alkalien oder alkalischen Erden und einem Ueberschusse von Schwefel und Kohle. Die Reaction soll verlaufen wie folgt:

$$3\,Na_2\,S + Al_2\,O_3 + 3\,C + 3\,S = Na_6\,Al_2\,S_6 + 3\,CO.$$

Reines Schwefelaluminium will Bucherer durch längeres Einwirkenlassen von Schwefeldämpfen auf ein in einer Thonretorte zur Weissglut erhitztes Gemenge von Aluminiumoxyd und Kohle herstellen. Der chemische Vorgang soll nach der Gleichung

$$Al_2\,O_3 + 3\,C + 3\,S = 3\,CO + Al_2\,S_3$$

vor sich gehen.

Das Verfahren der Aluminiumindustrie-Gesellschaft in Neuhausen (D.R.P. No. 68909) besteht darin, Aluminiumsulfid ($Al_2\,S_3$) für sich allein oder in einem Bade von Chloriden oder Fluoriden der Alkalien oder alkalischen Erden zu elektrolysiren. Der Elektrolyt kann sowohl mit Hülfe äusserer Wärme als auch durch die Stromwärme geschmolzen und im flüssigen Zustande erhalten werden. Wird das in Chlornatrium oder Chlorkalium gelöste Schwefelaluminium in einem von aussen geheizten Gefässe geschmolzen und während der Elektrolyse flüssig erhalten, so soll ein Strom, dessen Spannung im Bade $2^1/_2$ bis 3 Volt beträgt, zur Zerlegung des Schwefelaluminiums genügen, während beim Schmelzen des Elektrolyten und Flüssigerhalten desselben durch die Stromwärme eine Spannung von 5 Volt erforderlich sein soll.

Der Prozess soll am besten in einem Kasten aus Gusseisen oder Schmiedeeisen ausgeführt werden, welcher innen mit Kohle ausgefüttert ist. Das Aluminium scheidet sich an der Kathode, der Schwefel an der Anode aus. Das Bad soll zwar an sich schon die Oxydation des Sulfides verhüten; will man indess ganz sicher gehen, so sollen reducirend wirkende Gase über die geschmolzenen Massen geleitet werden.

Bei diesem Verfahren sollen weder das Futter noch die in die geschmolzenen Massen eintauchenden Kohlenelektroden angegriffen werden, weil die Temperatur des Bades nicht so hoch ist, dass sich der ausgeschiedene Schwefel mit dem Kohlenstoff verbinden könnte. In Folge dieses Umstandes fällt das Aluminium sehr rein aus.

Als weitere Vorzüge des Verfahrens werden hervorgehoben die zur Zersetzung des Aluminiumsulfides erforderliche verhältnissmässig geringe Spannung; die Vermeidung von Kurzschlüssen, weil das Aluminium specifisch schwerer ist als der Elektrolyt und in Folge dessen schnell zu Boden sinkt; die Möglichkeit, die an der Anode entbundenen Schwefeldämpfe aufzufangen und nutzbar zu machen.

Die Herstellung des Aluminiumsulfids ist nach den zur Zeit bestehenden Methoden sehr kostspielig, indem nach denselben hierzu reine Thonerde erfordert wird, aus welcher das Aluminium schon direct durch Elektrolyse abgeschieden werden kann. Ausserdem erfordert die Herstellung

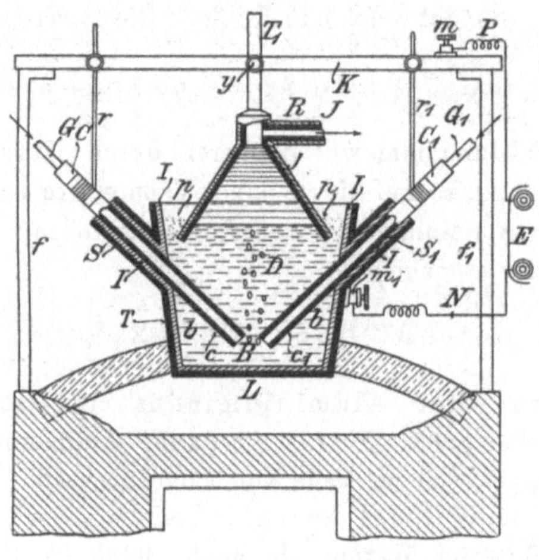

Fig. 512.

des Schwefelaluminiums durch Erhitzen von Thonerde, Kohle und Schwefel einen sehr hohen Wärmeverbrauch.

An eine Anwendung des Verfahrens kann daher vorläufig nicht gedacht werden. Dasselbe kann nur dann in Betracht kommen, wenn es gelingt, Aluminiumsulfid auf billige Weise herzustellen.

Gooch stellt das Aluminiumsulfid im Bade selbst her, indem er in einer Mischung von Fluoraluminium und Aluminiumchlorid das durch den Strom ausgeschiedene Aluminium durch Einführung von Thonerde ersetzt und einen Strom von Schwefelkohlenstoff in die Schmelze leitet. Durch den Schwefelkohlenstoff wird die Thonerde in Aluminiumsulfid verwandelt, aus welchem das Aluminium durch den Strom ausgeschieden wird.

Der Apparat ist aus Figur 512 ersichtlich. T ist das mit einem Futter aus Kohle versehene Elektrolysirgefäss. c c′ sind die Anoden. Dieselben sind in den mit Thonerde ausgefütterten Rohren s s′ verschiebbar. Der Strom wird den Anoden durch die Stifte r r′ zugeführt, welche ihrerseits durch die Metallstange K mit dem Kabel P in leitender Verbindung stehen. Das Kohlenfutter des Elektrolysirgefässes bildet die Kathode, welche durch die Wand desselben mit dem Kabel N verbunden ist. Durch die Rohransätze G G′ wird der Schwefelkohlenstoff in die hohlen Anoden und aus diesen in das Bad geführt. Durch den mit Kohle ausgefütterten eisernen Helm J gelangen die aus der Schmelze aufsteigenden Dämpfe in das Abzugsrohr R. Der ausserhalb des Helms frei bleibende Theil der Oberfläche des Bades wird während der Elektrolyse mit einer Kohlenschicht p bedeckt gehalten. Das ausgeschiedene Aluminium sammelt sich am Boden des Gefässes an. Eine Anwendung hat dieser Apparat noch nicht gefunden.

Die Gewinnung von Aluminium-Legirungen.

Für die directe Herstellung von Legirungen des Aluminiums standen das Verfahren der Gebrüder Cowles und das Verfahren von Héroult in Anwendung. Seitdem es indess gelungen ist, Aluminium auf elektrometallurgischem Wege in grossem Maassstabe herzustellen, sind diese Verfahren ausser Anwendung gekommen, da es vortheilhafter ist, die gedachten Legirungen durch Zusammenschmelzen des Aluminiums mit den betreffenden Metallen herzustellen.

Das Verfahren der Gebrüder Cowles in Cleveland, Ohio, U. S. A. (U. S. A. Patent No. 319 795) wurde 1884 bekannt. Dasselbe besteht darin, aus einem Gemenge von Thonerde und Kohle mit Hülfe des elektrischen Stromes Aluminium zu reduciren und dasselbe im Moment seiner Entstehung mit einem anderen Metalle zu legiren. Die Erzeugung der für die Reduction des Aluminiums erforderlichen Temperatur geschieht hier durch den Strom in Folge des Leitungswiderstandes des Gemenges von Kohle und Thonerde.

Die Einrichtung eines Cowles'schen Apparates ist aus den Figuren 513 und 514[1]) ersichtlich. Figur 513 ist ein Längsschnitt und Figur 514 ein Querschnitt desselben. Der Ofen stellt einen Kasten von rechteckigem Querschnitt dar, dessen Wände und Sohle aus Schamott bestehen. E E sind die Elektroden. Dieselben sind Bündel von (je 9) Kohlenstäben (von je 30 mm Stärke), welche in cylindrischen um sie herumgegossenen Metallhülsen M stecken. Die letzteren bestehen aus Eisen, wenn die Herstellung von Ferroaluminium beabsichtigt wird, aus Kupfer, wenn Aluminiumbronze hergestellt werden soll. In die Kopfstücke der Hülsen sind Kupferstäbe K eingelassen, durch welche die Elektroden in leitende Verbindung mit den Stromleitungskabeln L gesetzt sind. Zu diesem Zwecke sind aus Kupfer hergestellte Verbindungsstücke V vorhanden, in welche einerseits die conisch zugespitzten Enden der Kupferstäbe eingesteckt und andererseits

[1]) Borchers. l. c. S. 102. Industries, vol. CXV. 1888. S. 237.

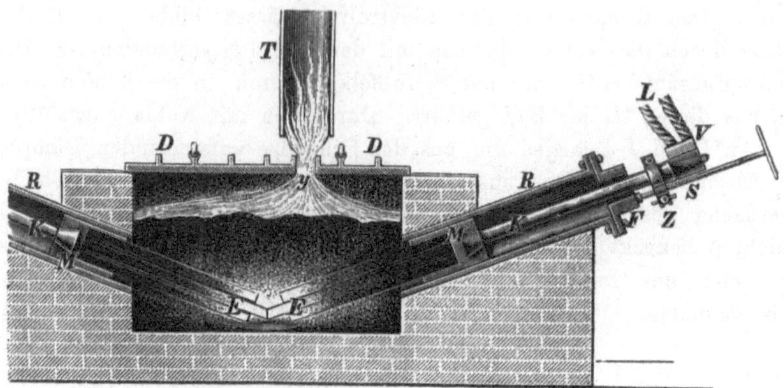

Fig. 513.

Fig. 514.

Fig. 515.

die Enden der Kupferdrahtkabel L eingeklammert sind. R sind geneigt liegende Rohre aus Gusseisen, in welchen die Elektroden mit Hülfe der Schraube S vorwärts und rückwärts bewegt werden können. Die Kohlenstäbe stellen eigentlich nur Widerstände des Stromkreises dar, indem sie beim Schliessen desselben in Folge ihres Leitungswiderstandes zuerst glühend werden und ihre Wärme auf das sie umgebende Gemenge von Kohle, Thonerde und Metall übertragen. D ist der aus Gusseisen hergestellte Deckel des Apparates. Durch eine in demselben angebrachte Oeffnung y entweicht das durch die Oxydation der Kohle gebildete Kohlenoxydgas in das Rohr T, welches mit einer Flugstaubkammer zum Auffangen von mitgerissener Thonerde in Verbindung steht. o ist die Stichöffnung zum Ablassen der geschmolzenen Legirung in den Stichtiegel x.

Ein Ofen ist gegen 1,50 m lang.

Die einzelnen Oefen werden neben einander gelegt und zu einem Blocke vereinigt, wie die Fig. 515[1]) darlegt. Dieselbe stellt einen Theil der schon seit längerer Zeit ausser Betrieb gesetzten Anlage der „Cowles Syndicate Company" dar. Der daselbst durch eine (400 pferdige) Crompton'sche Dynamomaschine erzeugte Strom hatte eine Spannung von 60 Volt und eine Stromstärke von 6000 Ampère. Die Leitung des Stromes erfolgte durch mit Kabeln aus Kupferdraht verbundene Kupferstangen k und k^1, welche an der Vorder- bzw. Rückseite der Oefen entlang liefen. Die Verbindung der Kabel mit den Stangen wurde durch kupferne Klammern z bewirkt. Das obere Ende derselben war mit Rollen versehen, welche auf den gedachten Kupferstangen liefen. Durch das untere Ende derselben waren die Kupferdrahtkabel w eingeführt und in ihnen eingeklemmt. Die Kabel wurden an ihren unteren Enden gleichfalls durch Klammern zusammengehalten, welche ihrerseits durch Kupferstäbe in der oben gedachten Art mit den Elektroden verbunden wurden.

Es stand immer nur ein Ofen im Betriebe; die übrigen Oefen wurden in dieser Zeit abgekühlt bzw. besetzt oder entleert.

Der Betrieb wurde geführt wie folgt. Auf der Sohle des Ofens wurde zuerst eine handhohe Schicht von Holzkohle ausgebreitet. Dieselbe war zur Verhütung des Zusammenbackens mit Kalkmilch getränkt und dann getrocknet worden. Darauf wurden die Elektroden eingeführt. Man setzte nun einen Rahmen aus Eisenblech in den Ofen und füllte den Raum innerhalb desselben mit einem Gemenge von Thonerde (Bauxit, Korund, Smirgel), Holzkohle und dem Metalle, an welches das Aluminium gebunden werden sollte, aus. Die gedachten Körper wurden in zerkleinertem Zustande angewendet. (Man hat auch das Metall anstatt in zerkleinertem Zustande in der Form von Stäben angewendet, welche in den Ofen kreuzweise oder senkrecht zur Längenaxe desselben eingesteckt wurden.) Der Raum zwischen dem Eisenrahmen und den Seitenwänden des Ofens wurde

[1]) Industries, vol. CXV. 1888. S. 237. Borchers. l. c. S. 100.

mit Holzkohlenfutter ausgefüllt und dann der Rahmen aus dem Ofen entfernt. Nachdem man zur Herstellung einer Brücke für den Strom noch Stücke von Retortenkohle in den Ofen eingeführt und den noch verbliebenen leeren Raum mit Holzkohle ausgefüllt hatte, setzte man den Deckel auf und führte den Strom ein. Der Eintritt der Reduction der Thonerde wurde durch die Entwickelung eines weissen Rauches angezeigt. Das ausgeschiedene Aluminium vereinigte sich mit dem geschmolzenen Metalle, an welches es gebunden werden sollte, zu einer Legirung. Dieselbe sammelte sich auf dem Boden des Ofens an und wurde nach Verarbeitung eines Einsatzes abgestochen. Ausser der Legirung bildete sich eine Art Schlacke, welche aus einem innigen Gemenge von Legirung und Kohle bestand. Dieselbe wurde zerkleinert und verwaschen, wodurch man die metallhaltigen Theile derselben gewann, welche ihrerseits der Beschickung zugetheilt wurden. Der Sauerstoff der Thonerde bildete mit der Kohle Kohlenoxyd. Das letztere entwich durch die Oeffnung im Deckel und wurde durch Flugstaubkammern geleitet, um die mitgerissene Thonerde in denselben abzusetzen.

Das Ende des Prozesses wurde durch das Aufhören der Entwickelung des weissen Rauches angekündigt. Die Dauer der Reduction betrug 1 Stunde. Der Ofen wurde nun aus dem Stromkreise ausgeschaltet, während an Stelle desselben sofort ein anderer Ofen eingeschaltet wurde. Der Aluminiumgehalt der Legirungen betrug 15 bis 35 %. Dieselben wurden durch Zusammenschmelzen mit den betreffenden Metallen auf den gewünschten Gehalt an Aluminium bzw. den übrigen Metallen gebracht. So wurde z. B. Aluminiumbronze durch Zusammenschmelzen mit Kupfer auf den erforderlichen Aluminiumgehalt (1,25 bzw. 2,5, 5, 7,5, 10 %) gebracht.

Auf dem Werke der „Cowles Syndicate Company" wurden mit Hülfe der gedachten Crompton'schen Dynamomaschine von 400 Pferdekraft, welche einen Strom von 60 Volt und 5000 bis 6000 Ampère lieferte, täglich 750 bis 1000 kg Ferroaluminium bzw. Aluminiumbronze mit 15 bis 17 % Aluminium hergestellt. Der für die Herstellung von 1 kg Aluminium erforderliche Kraftaufwand soll durchschnittlich 50 Stundenpferdekräfte betragen haben[1]). Durchschnittlich[2]) wurde der Kraftaufwand, welcher in den Grenzen von 53,5 und 25 Pferdekraftstunden schwankte, zu 40 Stundenpferdekraft angenommen. Der theoretische Kraftverbrauch für 1 kg Aluminium (in der Bronze) berechnete sich nur zu 8,87 Pferdekräften. Die Ausnutzung der Kraft war daher eine sehr unvollkommene. Die Ursache hiervon sollte in der Rückbildung von Thonerde liegen. Auch der bei dem Prozesse entstehende weisse Rauch sollte zurückgebildete Thonerde sein, welche durch die Einwirkung von Aluminiumdämpfen auf Kohlenoxydgas in den kälteren Theilen des Ofens entstanden sein sollte.

---

[1]) Borchers. l. c. S. 101.

[2]) Dammer. Chem. Techn. Bd. II. S. 222.

Auf dem Werke der Gebrüder Cowles zu Lockport im Staate New-York, wo Wasserkraft im Betrage von 1200 HP. zur Verfügung stand, sollte man täglich 2 bis 3 t Aluminiumbronze erzeugen können. Die Wände der Zersetzungsgefässe waren mit Holzkohle ausgelegt, welche mit Kalk gemengt war, weil andernfalls die Kohle unter dem Einflusse des Stromes in Graphit verwandelt würde, welcher Körper ein guter Wärme- und Elektricitätsleiter ist[1]).

Das Verfahren von Héroult.

Das Verfahren von Héroult bestand darin, Thonerde durch den elektrischen Strom nicht nur zu schmelzen, sondern auch zu zerlegen und das ausgeschiedene Aluminium im Moment der Entstehung an das mit demselben zu legirende Metall zu binden. Das letztere bildete im geschmolzenen Zustande die Kathode, während die Anode aus einem Bündel von Kohlenstäben bestand. Der Elektrolyt wurde durch die mit Hülfe des Stromes geschmolzene Thonerde gebildet.

Das Verfahren und die bei demselben angewendeten Apparate sind bereits S. 845 des Näheren dargelegt worden.

Dasselbe stand auf den Werken der Aluminiumindustrie-Actiengesellschaft zu Neuhausen in der Schweiz in Anwendung, wo die zum Betrieb der Dynamomaschinen erforderliche Kraft dem Rheinfall entnommen wurde.

---

[1]) Dr. Charles v. Hahn. Zeitschr. für Elektrotechnik 1895. S. 479.

Nachtrag.

Zink.

Zu Seite 70 Zeile 7 von oben.

Von weiteren Oefen sind zu erwähnen der Ofen von Cappeau (United States Patent No. 691112 Jan. 14. 1902), eine Abänderung des Ropp'schen Ofens (Metallhüttenkunde Band I Seite 91), der Ofen von Hall (Benjamin Hall, United States Patent No. 677510 July 2. 1901), eine Abänderung des Wethey'schen Ofens (Metallhüttenkunde Band I S. 93), der Ofen von Zellweger, welcher mit Naturgas geheizt wird (Ingalls, The Metallurgy of Zinc and Cadmium S. 112).

Zu Seite 71 Zeile 10 von unten.

Hierhin gehören noch der Ofen von Argall (Philip Argall, United States Patent No. 653202 July 10. 1900), der Ofen von Blake (Ingalls, The Metallurgy of Zinc and Cadmium p. 116) und der Ofen von Godfrey (Josef Godfrey and Henry J. Hayes, United States Patent No. 637864).

Zu Seite 94 Zeile 20 von oben.

Ein nach dem Princip der Brown'schen Flammöfen gebauter Muffelofen steht auf den Werken von v. Giesche's Erben zu Rosdzin in Oberschlesien mit Erfolg in Anwendung.

Der Ofen von Falding steht auf den Werken der Mineral Point Zinc Co. zu Mineral Point, Wis. in den Vereinigten Staaten in Anwendung. Die Einrichtung dieses Ofens ist aus den Figuren 516, 517 und 518 ersichtlich[1]).

Der Ofen ist ein Doppelofen mit 3 übereinander liegenden Heerden in jeder Hälfte. Fig. 516 stellt einen Querschnitt durch die Heerde dar. Die linke Hälfte zeigt die Mauerbogen, welche die Heerdziegel tragen, die rechte Hälfte zeigt die stehenden Wellen, an welchen die Krählearme befestigt sind. Fig. 517 stellt einen Längsschnitt durch die Mitte des Ofens dar. Fig. 518 ist ein Längsschnitt durch die Feuerung. Jeder Heerd ist 15,24 m lang und 3,048 m breit. In jeder Ofenhälfte sind

[1]) Ingalls. The Metallurgy of Zinc and Cadmium. p. 139. London und New-York 1903.

7 stehende hohle Wellen angeordnet, an welchen Krählarme für die betreffenden Heerde befestigt sind. Sie erhalten ihre Bewegung von einer horizontalen Welle aus, welche sich in einem Gewölbe unter dem Heerdraum befindet. Das an dem einen Ende des obersten Heerdes aufgegebene Erz wird von den Krählen der ersten Welle so fortbewegt, daß es in den Bereich der Krähle der zweiten Welle gelangt, und von dieser dem Bereich der Krähle der dritten Welle zugeführt u. s. f., bis es durch einen Schlitz am entgegengesetzten Ende des Heerdes auf den nächst unteren Heerd fällt, über welchen es in entgegengesetzter Richtung fortbewegt wird, um

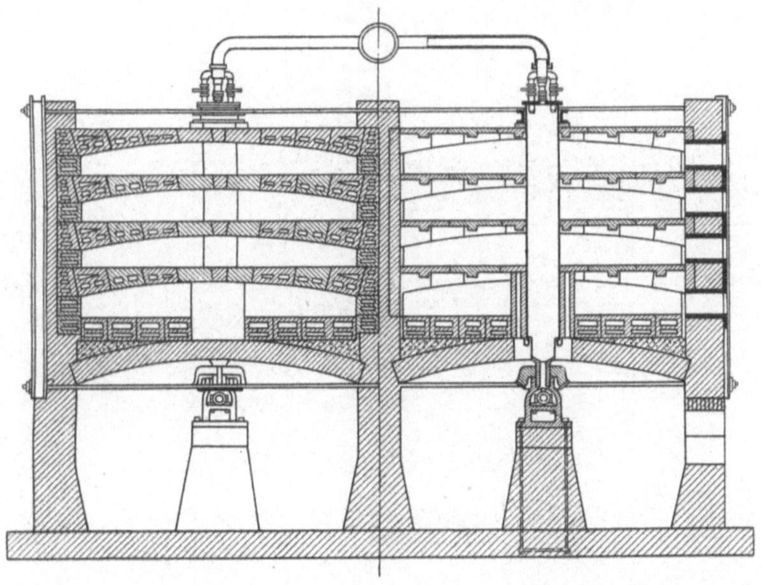

Fig. 516.

am Ende desselben durch einen daselbst angebrachten Schlitz auf den untersten Heerd zu fallen. Nachdem es diesen wieder in entgegengesetzter Richtung durchwandert hat, wird es am Ende desselben ausgetragen. Die Krählarme der verschiedenen stehenden Wellen stehen derartig gegeneinander, daß bei ihrer Drehung keinerlei Störung eintreten kann. Sie sind hohl und werden durch Luft gekühlt, welche durch die hohlen Wellen eintritt.

Die Oxydationsluft wird durch einen Ventilator in den Ofen eingeführt. In den Seitenwänden des Heerdes sind (für gewöhnlich verschlossene) Thüren vorhanden, welche die Entfernung unbrauchbar gewordener Krählarme und deren Ersatz gestatten. Je zwei benachbarte Krählarme bewegen sich in entgegengesetzten Richtungen, sodass das Erz in Schlangenwindungen fortbewegt wird. Die Heerde bestehen aus dünnen Ziegeln, welche auf Bogen aus hohlen Ziegeln ruhen (Fig. 516). Der Ofen hat 4 Rostfeuerungen. Ueber die wirthschaftlichen Ergebnisse der Röstung mit diesem Ofen ist bisher nichts bekannt geworden.

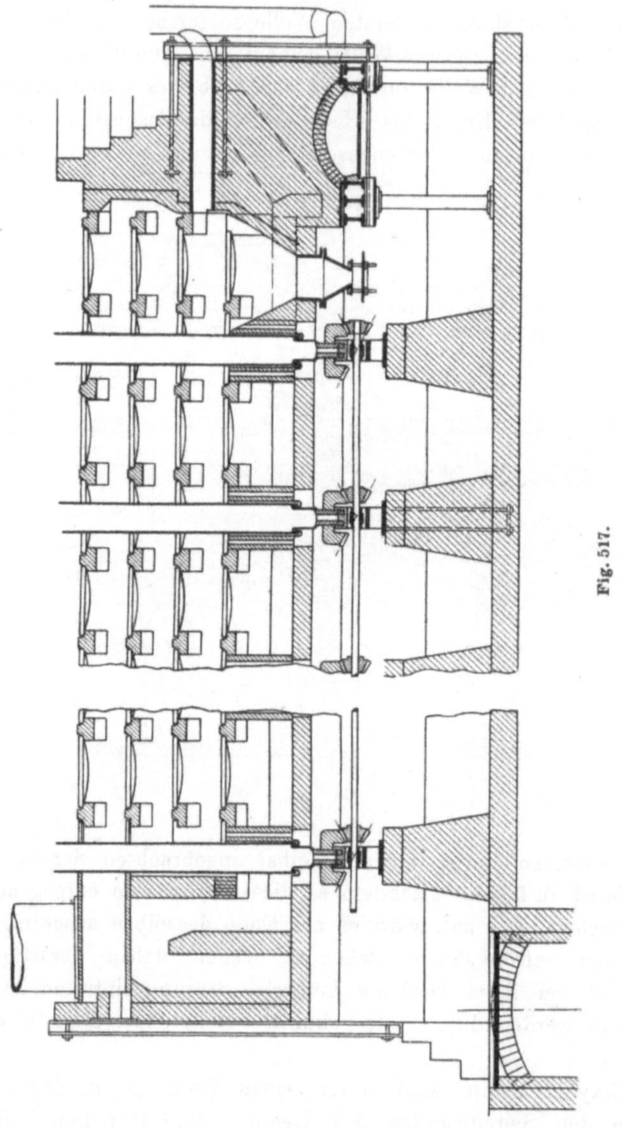

Fig. 517.

Ein anderer neuerer Muffelofen mit einem wandernden Krähl wie beim Wethey-Ofen (Metallhüttenkunde Band I Seite 93) ist der Ofen von Wetherill (John Price Wetherill, United States Patent No. 678078 July 9. 1901).

Zu Seite 162 Zeile 21 von oben.

Der Ofen von Convers und De Saulles (United States Patent No. 712502 Nov. 4. 1902) ist ein Ofen mit Wärme-Recuperator für die Vorheizung der Luft. Die Einrichtung desselben ist aus den Figuren 519, 520, 521, 522 und 523 ersichtlich. Figur 519 ist ein Verticalschnitt nach der Linie I I der Figuren 521 und 523; Figur 520 ist ein Längsschnitt durch den Recuperator nach der Linie V V der Figur 522. Figur 521 ist ein Horizontalschnitt nach der Linie H H der Figur 519; Figur 522

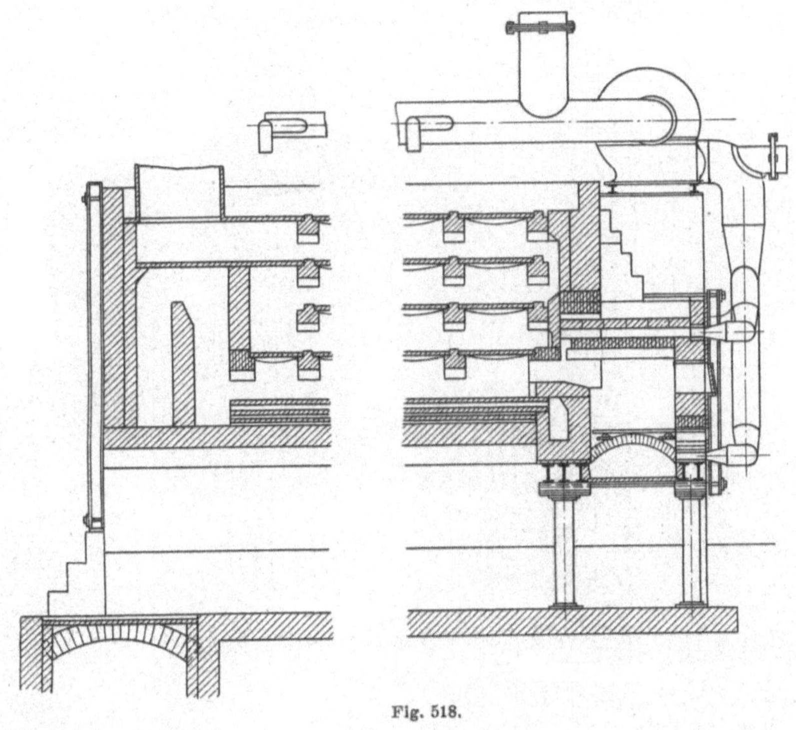

Fig. 518.

ist ein Verticalschnitt nach der Linie III III der Figur 521; Figur 523 ist ein Verticalschnitt nach der Linie IV IV der Figuren 521 und 522. Die Figuren 521 bis 523 sind in einem nahezu halb so grossen Maassstabe gezeichnet wie die Figuren 520 und 522. Das Generatorgas tritt aus den Generatoren in den Canal H und gelangt aus diesem durch den senkrechten Canal I in die Canäle J J (Figur 522), aus welchen es durch die Canäle d (Fig. 522) in den Ofenraum tritt. Die Verbrennungsluft tritt durch den Canal E in die darunter befindlichen Canäle D und aus diesen in die senkrechten Canäle der Recuperatoren, in welchen sie durch die aus dem Ofen abziehenden verbrannten Gase vorgewärmt wird. Aus diesen Canälen tritt sie in den oberen Theil der Recuperator-Kammern F F und dann durch die Canäle G und daran angeschlossene geneigte Canäle zu den Oeffnungen C, durch welche sie in den Ofenraum gelangt. Die Oeffnungen C wechseln mit den Oeffnungen für den Einlass des Generatorgases (Figur 520) ab.

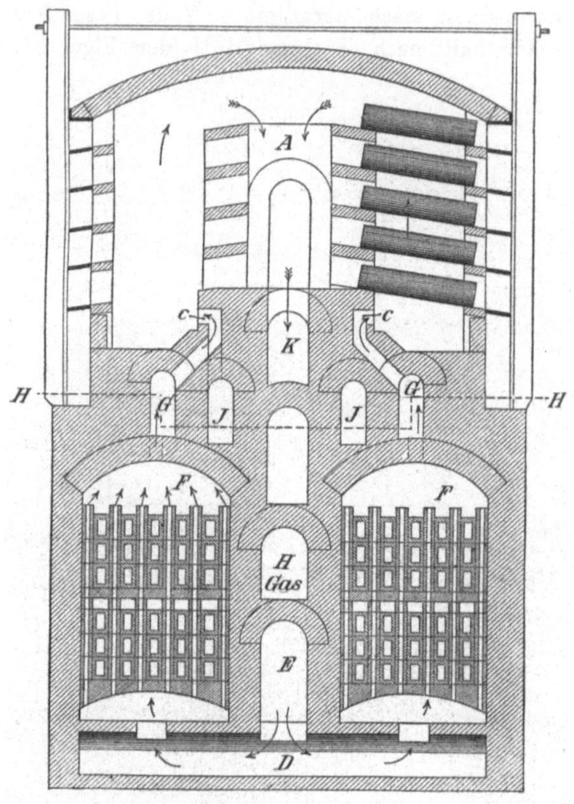

Fig. 519.

Die Verbrennungserzeugnisse ziehen aus dem Ofen durch die Oeffnung A in den Canal K und gelangen durch den Canal L in die horizontalen Canäle der beiden Recuperatorkammern F F, welche sie in der in Figur 520 durch Pfeile angegebenen Richtung durchziehen, um schliesslich in den Essencanal M und aus diesem in die Esse zu gelangen. Das Gas erfährt in den Canälen J J, deren Wände beim Betriebe rothglühend sind, eine starke Vorwärmung.

Diese Oefen sollen mit gutem Erfolge arbeiten[1]).

---

[1]) Ingalls l. c. p. 472.

Zu Seite 163 Zeile 3 von oben.

Die Einrichtung der neuesten mit Naturgas geheizten Oefen des Jola-Districtes Kansas ist aus den Figuren 524 und 525 ersichtlich[1]). Figur 524 stellt einen Verticalschnitt durch den Ofen dar. Die linke Hälfte zeigt einen Schnitt durch die Ofenpfeiler nebst Gas- und Luftzuführung; die rechte Hälfte zeigt einen Schnitt durch die Ofenmitte zwischen je zwei Pfeilern. Figur 525 ist eine Vorderansicht des Ofens (ohne Retorten). Das Gas wird unter Druck durch Rohre aus Schmiedeeisen zugeführt und tritt durch horizontale Rohre a, welche den beiden Ofenhälften entlang

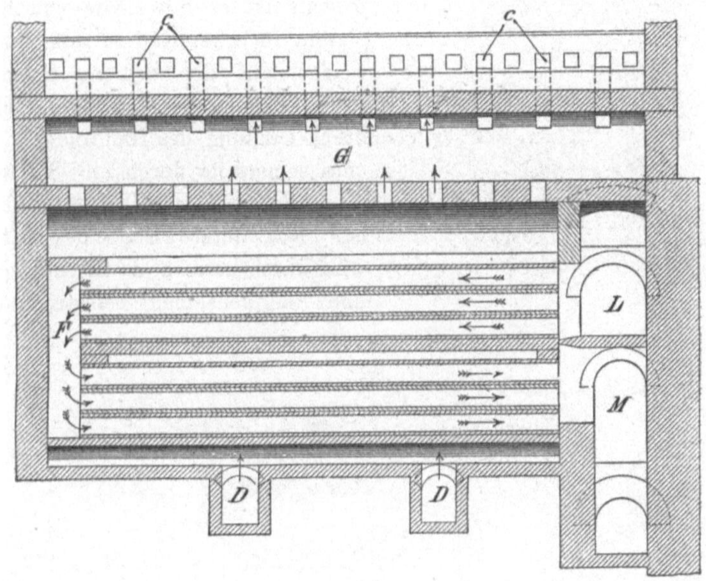

Fig. 520.

laufen und mit den senkrechten von den Regulatoren kommenden Rohren z (Figur 525) verbunden sind, in die senkrechten Rohre b, aus welchen es durch horizontale Rohre g in den Ofen gelangt. Die durch Ventilatoren zugeführte Luft gelangt aus dem Rohre h durch die Abzweigungen i und k in den Ofen. w sind senkrechte Canäle, durch welche die Retortenrückstände in ein unter dem Ofen befindliches Gewölbe gestürzt werden.

Zu Seite 163 Zeile 10 von oben.

Zur Erleichterung der Entfernung des Zinks aus den Vorlagen und des Ausziehens der Retortenrückstände sind vor den Arbeitsseiten der Oefen bewegliche Schilde angeordnet. Die Einrichtung des in dem Jola-

[1]) Ingalls. The Metallurgy of Zinc and Cadmium. p. 481.

District angewendeten Schildes von Chapman ist aus den Figuren 526 bis 529 ersichtlich. Figur 526 zeigt die Vorderansicht, Figur 527 die Seitenansicht des Schildes. Der Schild besteht aus zwei senkrechten Platten D D[1] von Stahl oder Eisenblech, zwischen welchen ein in Zapfen aufgehängter beweglicher Löffel mit 2 Schnauzen zur Aufnahme des flüssigen Zinks an einer Kette auf- und abbewegt werden kann. Der Schild lässt sich der entsprechenden Ofenwand entlang bewegen. Zu diesem Zwecke ist er mit Hülfe von Eisenplatten an zwei Rädern aufgehangen, welche auf der Schiene B laufen. Die Bewegung des Schildes geschieht durch Drehung des Handrades J, welches seinerseits durch eine Kette mit einem der erwähnten Räder verbunden ist. Das untere Ende des Schildes wird durch horizontale Eisenstangen F und an denselben befestigte unter

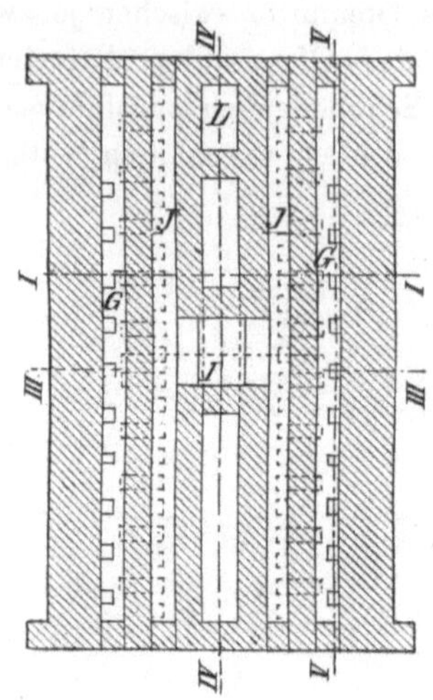

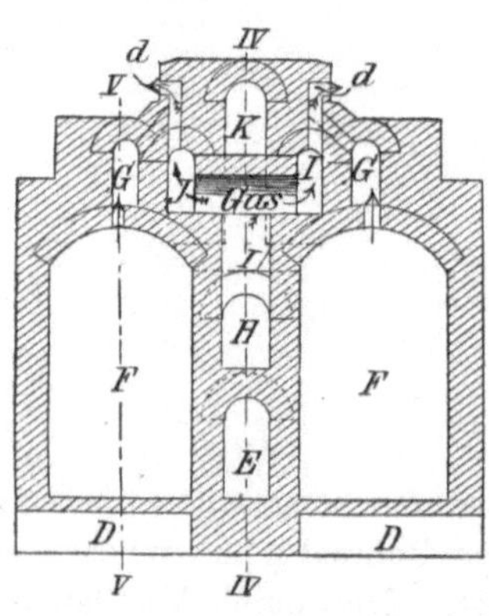

Fig. 521 u. 522.

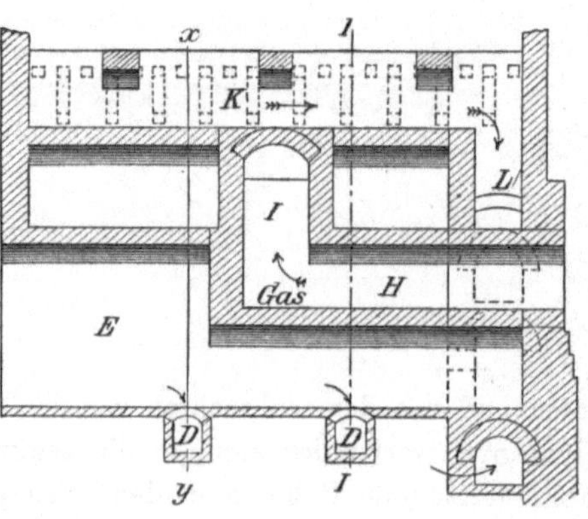

Fig. 523.

einer horizontalen Führungsschiene F laufende Rollen in der geeigneten Entfernung vom Ofen gehalten. Die Vorrichtung zum Heben und Senken des Löffels vermittels Kette, Rollen, Winde und Handrad ergiebt sich aus Figur 526. Zur Führung des Löffels bei der Auf- und Abwärtsbewegung sind am Ende des Hebels M Rollen angebracht, welche in entsprechenden Vertiefungen der Platten laufen. Durch Niederdrücken des Hebels beim Heben und Senken des Löffels wird der letztere soweit zurückgeschoben, dass er ausser Berührung mit den Enden der Vorlagen bleibt (Figur 528). Beim Ausziehen des Zinks aus den Vorlagen ist der Löffel in der aus Figur 529 ersichtlichen Lage. Ist der Löffel mit Zink gefüllt, so kann er mit Hülfe eines Zahnrades und einer Zahnstange durch Drehen eines Handrades gekippt werden. Beim Ausglühen der Rückstände aus den Retorten kann der Löffel von dem Schild abgenommen werden.

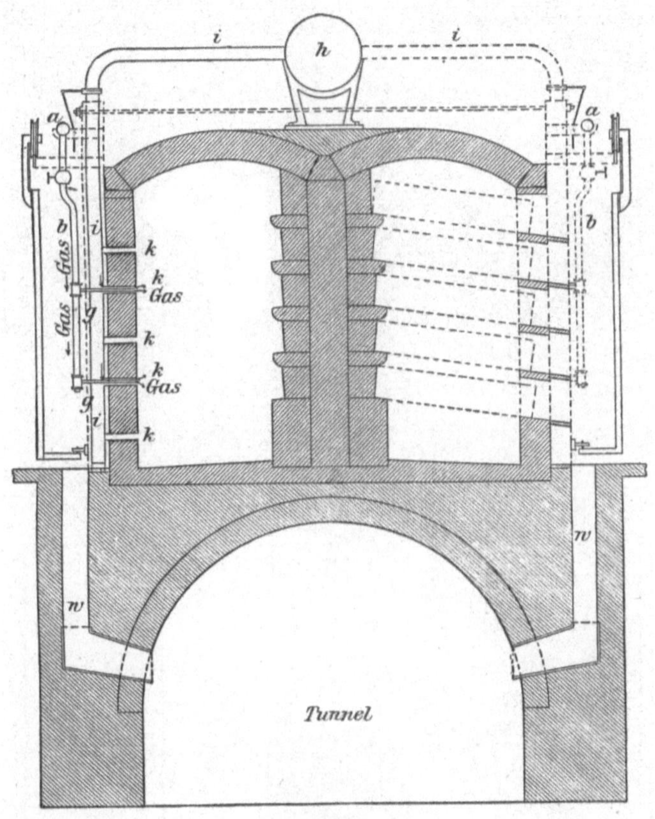

Fig. 524.

Ein anderer Schild ist von Lanyon angegeben worden (William and Josiah Lanyon, United States Patent No. 621577 March 21. 1899).

Zu Seite 211 Zeile 10 von unten.

Nach Firket beträgt der mittlere Gehalt der Destillationsrückstände der Retorten der Oefen in Belgien aus dem Jahre 1898 4,10 % Zink, 5,55 % Blei und 0,0209 % Silber. Das Gewicht der Rückstände beträgt zwischen 65 und 70 % der eingesetzten Erze und sonstigen zinkhaltigen Materialien. Auf einem belgischen Werke erhielt man aus 1000 kg Erzbeschickung mit 40 bis 50 % Zink 6 bis 7 % Blei, 0,004 bis 0,005 % Silber, 15 bis 18 % Eisen und 1 bis 1,5 % Schwefel, welche aus 460 kg

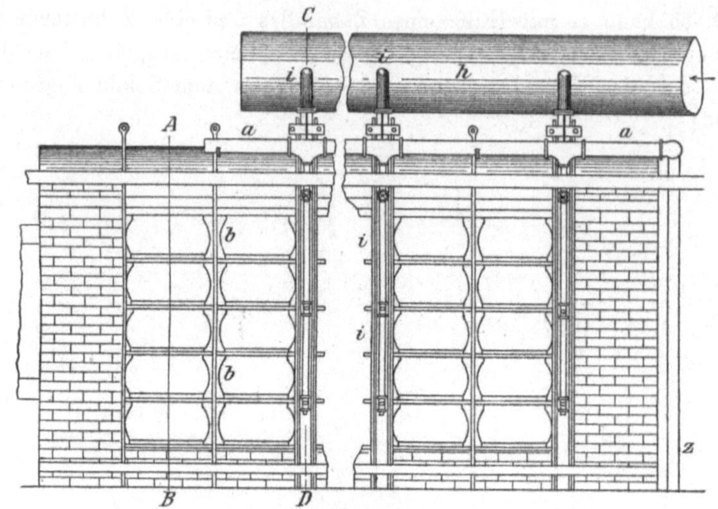

Fig. 525.

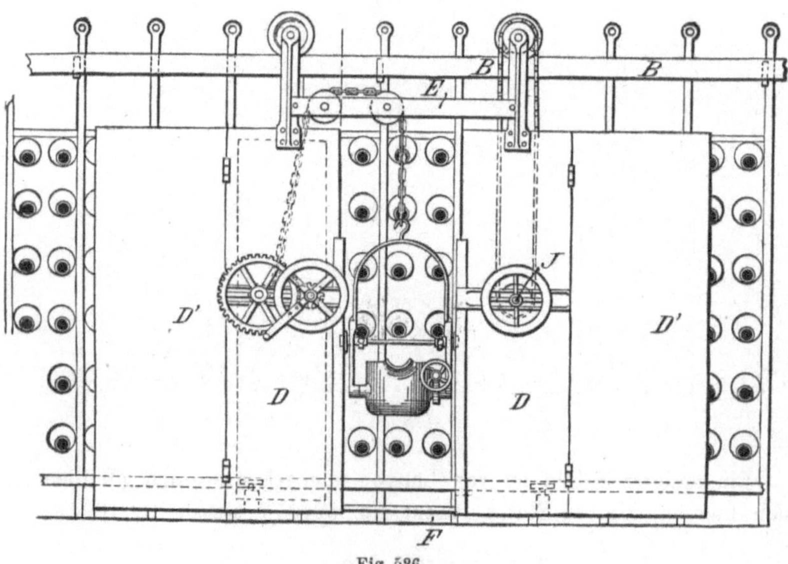

Fig. 526.

gerösteter Blende, 410 kg calcinirtem Galmei und 130 kg zinkhaltigen Abfällen bestand, welcher 400 kg Reductionskohle (mit 9 % Asche, 8,5 % flüchtigen Bestandtheilen und 82,5 % festem Kohlenstoff) beigemischt wurden, 680 kg Destillationsrückstand. Der letztere enthielt 4 % Schwefelzink, 0,09 % Zinksulfat, 3,10 % metallisches Blei, 0,006 % Silber, 1,91 % Bleioxyd, Spuren von Schwefelblei, 5,69 % metallisches Eisen, 2,48 % Schwefeleisen, 15,57 % Eisenoxyduloxyd und Eisenoxyd und 18,07 % Kohlenstoff neben Kieselsäure, Thonerde, Kalk und Magnesia. Die Oxyde von Eisen und Blei sowie Kalk, Magnesia und Thonerde waren an Kieselsäure gebunden. Besonders zu bemerken ist, dass Zinkoxyd in den Rückständen nicht vorhanden war.

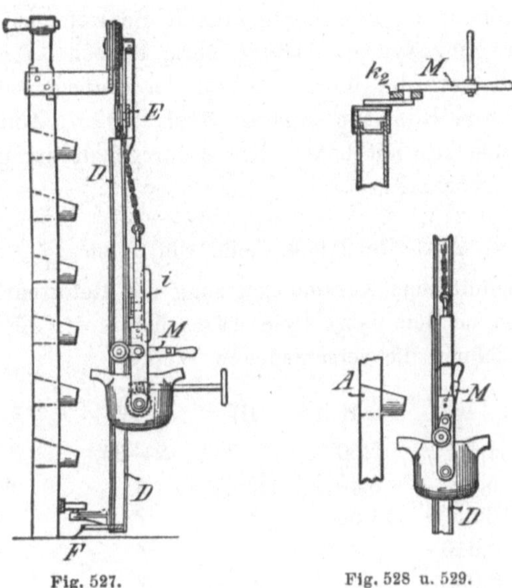

Fig. 527. Fig. 528 u. 529.

In den Vereinigten Staaten von Nord-Amerika[1]), wo die in die Retorten eingesetzten Erze 60 bis 70 % Zink enthalten, beträgt der Zinkgehalt der Rückstände nur auf wenigen Werken unter 7 %. Nach Ingalls betrug er vor Einführung der Gasfeuerung 10 bis 12 %.

In den in den Retorten aus der Asche der Reductionskohle und den Gangarten der Erze sich bildenden Schlacken geht nur ein geringer Theil des Zinks als Oxyd verloren. Von dem Zinkgehalte der Schlacken dürfte ein Theil an Schwefel gebunden sein. Ingalls[2]) führt die nachstehende von Rissmann mitgetheilte Analyse einer Retortenschlacke eines bei Pittsburg belegenen Werkes an, auf welchem ein Gemenge von Zinkblende und Kieselzinkerz verhüttet wurde.

---

1) Ingalls l. c. p. 538.

2) l. c. p. 538.

SiO_2	64,92 %
FeO	9,03 -
Al_2O_3	10,08 -
CaO	6,17 -
MgO	1,84 -
Zn	2,40 -
S	0,91 -
Na_2O	3,44 -

Rissmann nimmt an, dass der gesammte Schwefel an Zink gebunden ist, so dass für Zinkoxyd nur 0,68 % übrig bleiben. Der Natrongehalt der Schlacke soll von der inneren Glasur der Retortenwände herrühren. Andere Analysen von Rissmann ergaben 3 bis 7,42 % Zinkgehalt. Hiernach scheinen Schlacken mit hohem Kieselsäuregehalt nur geringe Mengen von Zinkoxyd aufzunehmen.

Zu Seite 216 4. Zeile von unten.

Die durchschnittliche Zusammensetzung der Retortenrückstände von belgischen Werken aus dem Jahre 1898 ist nach Firket[1]) die nachstehende: (Die Zahlen bezeichnen die verschiedenen Werke).

	I	II	III	IV	V	VI
Zink	4,00 %	2,50 %	3—7 %	2—3 %	? %	? %
Blei	5,00 -	8,50 -	1,26 -	9 -	11,50 -	9—12 -
Eisen	16,55 -	14,50 -	? -	? -	? -	15,65 -
Silber	0,016 -	? -	? -	? -	? -	0,017 -
Kupfer	0,05 -	? -	? -	? -	? -	? -
Cadmium	— -	? -	? -	? -	? -	? -
Arsen	— -	? -	? -	? -	? -	? -
Antimon	— -	? -	? -	? -	? -	? -
Schwefel	? -	4,00 -	? -	? -	? -	? -
Kalk	2,50 -	2,50 -	? -	? -	? -	7,10 -
Magnesia	0,45 -	1,50 -	? -	? -	? -	1,20 -
Kieselsäure, Kohlenstoff, Thonerde	50,00 -	60,00 -	? -	? -	? -	41,60 -

	VII	VII	VIII	IX	IX
Zink	2,60 %	3,94 %	4 %	3,40 %	4,20 %
Blei	2,13 -	11,60 -	10,00 -	8,10 -	9,50 -
Eisen	15,72 -	11,19 -	? -	? -	? -
Silber	— -	0,035 -	0,01 -	0,05 -	0,085 -
Kupfer	— -	0,19 -	— -	? -	? -

[1]) Annales des Mines de Belgique 1901. VI (1 und 11).

	VII	VII	VIII	IX	IX
Cadmium	— %	— %	— %	? %	? %
Arsen	— -	— -	— -	? -	? -
Antimon	— -	— -	— -	? -	? -
Schwefel	0,62 -	1,72 -	? -	2,10 -	3,50 -
Kalk	4,00 -	1,33 -	8,00 -	? -	? -
Magnesia	2,16 -	0,73 -	? -	? -	? -
Kieselsäure	34,30 -	32,23 -	17,50 -	? -	? -
Kohlenstoff	30,02 -	30,40 -	? -	? -	? -
Thonerde	2,60 -	1,10 -	? -	? -	? -

Zu Seite 229 Zeile 15 von oben.

Der Apparat von Herter dient zum directen Raffiniren des aus den Retorten abgestochenen oder ausgezogenen Zinks, so dass das Umschmelzen des Metalles wegfällt. Er besteht aus einem fahrbaren oder an einem Krahn aufgehängten kippbaren Gefässe zur Aufnahme des aus den Retorten abgestochenen Zinks. Das Gefäss (Pfanne oder Löffel) ist mit einem feuerfesten Futter versehen und mit einem Mantel umgeben. Durch eine innerhalb des Mantels angebrachte Rostfeuerung wird das Gefäss geheizt. Durch eine Oeffnung am Boden desselben können die in ihm enthaltenen Metalle, getrennt von einander, entfernt werden. In dem Gefässe setzt sich das in dem Zink enthaltene Blei zu Boden. Das Blei kann für sich abgelassen werden. Das raffinirte Zink kann entweder durch Kippen des Löffels ausgegossen oder nach Entfernung des bleihaltigen Zinks gleichfalls am Boden abgelassen werden. Der Apparat ist in Oberschlesien zur Anwendung gelangt.

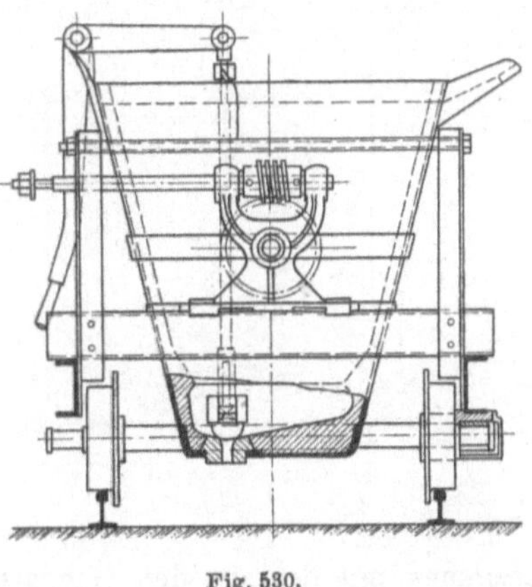
Fig. 530.

Eine Giesspfanne mit Wagen ist aus Figur 530 ersichtlich. Eine an einem Laufkrahn befestigte Pfanne ist aus den Figuren 531 und 532 ersichtlich. Eine Hebevorrichtuug der Pfanne ergiebt sich aus den Figuren 533 und 534.

Zu Seite 238 Zeile 7 von oben.

Armstrong[1]) schlägt einen mit Rast versehenen Gebläseschachtofen mit kreisförmigem Horizontalquerschnitt vor, in welchem sich ein zweiter, von der Gicht bis zur Rast herabreichender cylindrischer Schacht befindet. In diesen inneren Schacht wird die Beschickung eingeführt, während der

[1]) British Patent No. 3462. Febr. 21. 1900.

ringförmige Raum zwischen dem inneren und äusseren Schacht mit Brennstoff besetzt wird. Erz und Brennstoff vereinigen sich in der Rast des Ofens. Die Zinkdämpfe und die flüchtigen Verbrennungserzeugnisse werden an dem unteren Ende des ringförmigen Raumes durch Oeffnungen in der Aussenseite desselben abgesaugt und in ein Bad von geschmolzenem Zink geleitet, in welchem die Zinkdämpfe zurückbleiben, während die Verbrennungsgase durch dasselbe hindurchgehen. Das geschmolzene Zink befindet sich in einem den Ofen umgebenden Trog, aus welchem periodisch ein Theil Zink abgestochen wird. Die nicht flüchtigen Metalle gelangen

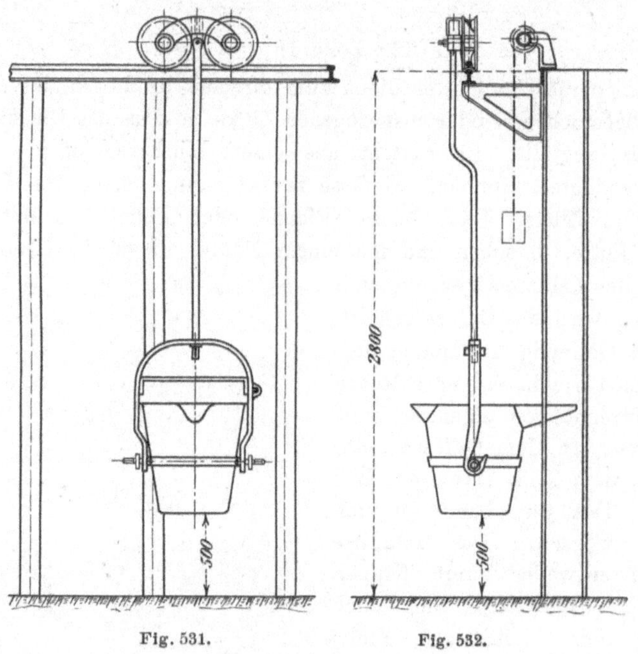

Fig. 531. Fig. 532.

zusammen mit der aus den Gangarten der Erze und der Asche des Brennstoffs gebildeten Schlacke in den Tiegel des Ofens und werden zeitweise abgestochen.

Ueber die Anwendung dieses Ofens ist nichts bekannt geworden.

Ein anderer Vorschlag von Armstrong[1]) bezweckt die Gewinnung von Zink in staubförmigem Zustande in einer Atmosphäre von Kohlenoxyd. Zinkdämpfe und Kohlenoxyd sollen aus dem Ofen durch eine Schicht von glühenden Koks geleitet und dann durch gekühlte Rohre in einen Condensator geführt werden. Die Gase treten aus demselben durch eine mit Oel oder einer anderen geeigneten Flüssigkeit verschlossene Oeffnung aus, während der Zinkstaub in demselben zurückgehalten wird. Der Zinkstaub

---

[1]) British Patent No. 11 339. June 3. 1901.

soll gepresst, mit Kohle gemengt und dann der Destillation unterworfen werden.

Nagel[1]) will das mit Kohle gemengte Erz in einem Schachtofen, in welchen durch einen Blower erhitztes Wassergas eingeblasen wird, reduciren. Die Reduction des Zinkoxyds soll durch das Wassergas erfolgen,

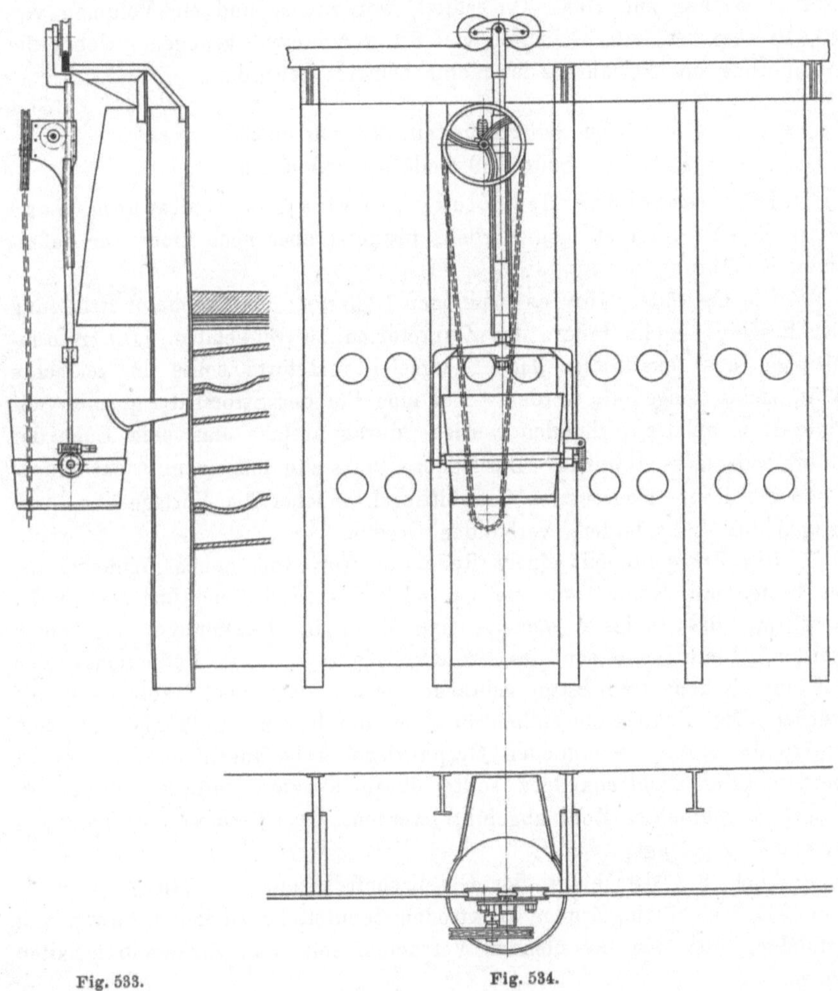

Fig. 533. Fig. 534.

während die den Erzen beigemengte Kohle die bei der Reduction des Zinkoxyds gebildeten Gase (Kohlensäure und Wasserdampf) reduciren soll. Der Schachtofen soll ähnlich eingerichtet sein wie die Schachtöfen zum Verschmelzen der Bleierze. Das Wassergas soll durch Formen, welche

[1]) United States Patent No. 699 969. May 13. 1902.

in $^1/_3$ der Ofenhöhe liegen, eingeführt werden. Die Zinkdämpfe sollen am oberen Ende des mit einem Gichtverschluss versehenen Ofens abgeführt und in einen Condensator geleitet werden. Die mit den Zinkdämpfen gemischten Gase (Kohlenoxyd und Wasserstoff) sollen zur Erhitzung des Wassergases in einem Winderhitzungsapparat benutzt werden. In der Praxis sollen 1,5 t Wassergas (mit 1,4 t Kohlenoxyd und 0,1 t Wasserstoff), welches auf 1000° C. erhitzt worden ist und ein Volumen von 10,415 cbm hat, zur Reduction von 8,1 t Zinkoxyd genügen. Ueber die Ausführung des Verfahrens ist nichts bekannt geworden.

Zu Seite 245 Zeile 27 von oben.
Zu Seite 289 Zeile 12 von unten.

Die Gewinnung des Zinks auf elektrothermischem Wege ist wiederholt vorgeschlagen worden, bis jetzt aber noch nicht zur definitiven Einführung gelangt.

Die Gebrüder Cowles[1]) schlugen 1885 vor, den Strom zur Erhitzung der Beschickung im Innern der Zinnretorten zu verwenden. Die röhrenförmige, aus feuerfestem Thon hergestellte Retorte sollte in schlechte Wärmeleiter eingehüllt werden. Der eine Pol der Stromleitung sollte mit einer Kohlenplatte verbunden werden, durch welche das eine Ende der Röhre verschlossen wurde. Der andere Pol sollte mit einem in das andere Ende der Röhre eingesetzten Graphittiegel, welcher die Vorlage zum Auffangen des Zinks bildete, verbunden werden.

Das Erz sollte mit einem Reductionsstoff von hohem Widerstande, am besten mit Kohle, wie sie zur elektrischen Beleuchtung verwendet wird, auf das Innigste gemengt und dann in die Vorlage eingetragen werden. Beim Schliessen des Stromkreises sollten die Reductionskohlen auf eine so hohe Temperatur gebracht werden, dass das Zinkoxyd reducirt wurde. Die Zinkdämpfe sollten in dem durch eine Oeffnung mit dem Innern der Röhre verbundenen Graphittiegel aufgefangen und condensirt werden. Das Kohlenoxydgas sollte durch ein am vorderen Ende des Tiegels angebrachtes Rohr abgeführt werden. Das Verfahren ist nicht zur Anwendung gelangt.

Auch die Vorschläge der Gesellschaft Siemens & Halske (D. R. P. 100 921), welche ringförmige Elektroden benutzt, haben keine Anwendung gefunden. Bei den betreffenden Versuchen soll man Zinkstaub erhalten haben.

Die Vorschläge von Casaretti und Bertani[2]) scheinen gleichfalls nicht zur definitiven Anwendung gelangt zu sein. Eine Beschreibung des Ofens und seiner Betriebsweise ist in der Elektrochemischen Zeitschrift, December 1902, enthalten.

---

[1]) D. R. P. 34 730.

[2]) The Miner. Ind. 1902. p. 266. 1903. p. 235.

M. A. Salguès[1]) erhielt bei seinen Versuchen der Herstellung von metallischem Zink im elektrischen Ofen auf dem Werke zu Crampagua (Ariège) nur Poussière, dagegen gelang es ihm, aus Zinkerzen Zinkweiss zu gewinnen. Die Herstellung von Zinkweiss im elektrischen Ofen ist zu Crampagua definitiv eingeführt worden.

Edelmann und Wallin schlagen ein Verfahren vor, bei welchem die Erhitzung der Beschickung im Lichtbogen eines elektrischen Ofens unter Luftabschluss geschieht. Der Luftabschluss wird durch die zu verarbeitende Beschickung selbst hergestellt. Die Zinkdämpfe werden bei einer solchen Temperatur abgeleitet, dass sie sich zu flüssigem Zink condensiren. Die Gangarten werden verschlackt. Die Schlacke und das reducirte Blei fliessen continuirlich in einen Sammelbehälter, aus welchem sie getrennt von einander entfernt werden können. Der Ofen besitzt eine obere glockenförmige und eine untere ringförmige Elektrode. Der Betrieb ist ein continuirlicher. Weiteres über dieses gut ausgedachte Verfahren ist bisher nicht bekannt geworden. Bis jetzt ist es noch nicht zur definitiven Einführung gelangt.

Die Verbindung der Herstellung von Zink mit der Herstellung von Siliciumcarbid aus kieselsäurereichen Zinkerzen im elektrischen Ofen ist von Dorsemagen[2]) vorgeschlagen worden. Die Versuche in kleinem Maassstabe haben ein günstiges Ergebniss geliefert. Die Abbildung des Versuchsofens, eines geschlossenen Tiegels mit Kohlenelektroden und einer seitlich oben angebrachten Vorlage zum Auffangen des Zinks findet sich in Borchers' Elektrometallurgie. 1903. S. 386.

In dem nämlichen Ofen ist auch mit Erfolg die Herstellung von Zink und Ferrosilicium aus zinkhaltigen Kiesabbränden gelungen[3]). Die Erze sollen, falls der Gehalt an Kieselsäure und eisenhaltigen Zuschlägen nicht ausreicht, mit Sand bzw. eisenhaltigen Zuschlägen in dem Verhältnisse gattirt werden, dass ein 25 % iges Ferrosilicium erfolgt.

Zu Seite 274 Zeile 11 von oben.

Rontschewsky[4]) hat versucht, bei Anwendung von Bleianoden mit der Fällung des Zinks die Gewinnung von Bleisuperoxyd an der Anode zu verbinden, indem er in den Elektrolyten Anionen einführte, welche mit Blei lösliche Salze bilden. Die Anionen wurden in solcher Menge zu-

---

[1]) Mémoires et Compte rendu des Travaux de la Société des Ingénieurs Civils de France. Bulletin de Juillet. 1903. p. 64 pp.

[2]) D. R. P. 128 535.

[3]) Denkschrift der K. t. Hochschule zu Aachen aus Anlass der Industrie-, Gewerbe- und Kunstausstellung zu Düsseldorf im Jahre 1902. Aachen 1902. 48. — Borchers. Das neue Institut für Metallhüttenwesen und Elektrometallurgie an der K. t. Hochschule zu Aachen. Halle a. S. 1903. 13.

[4]) Zeitschr. für Elektrochemie 1900. 7. 21 und 29. Borchers. Elektrometallurgie. 1903. S. 418.

gesetzt, dass bei der angewendeten Stromdichte nur verhältnissmässig geringe Mengen von Blei in Lösung gingen.

Von den zugesetzten Salzen bewährten sich am besten die Chlorate. Das in Lösung gegangene Blei wurde in unmittelbarer Nähe der Anode als Bleisuperoxyd niedergeschlagen. Durch die Chlorate wurde das Festhaften des Bleisuperoxyds an der Anode verhindert. Auch wurde das Zink in dichtem Zustande an der Kathode niedergeschlagen. Bei Benutzung von Zinksulfatlösungen als Elektrolyt wurde die beste Stromausbeute bei einer Concentration von 7,5 % $Zn SO_4$ und bei einem Chloratgehalt der Lösung von 0,75 % $Na Cl O_3$ erzielt. Als beste Temperatur erwies sich Zimmertemperatur. Die Stromdichte betrug 100 Amp/qm. Die elektromotorische Kraft betrug bei 7,5 % $Zn SO_4$ 3,7 Volt, bei 15 % $Zn SO_4$ 3,4 Volt. Mit zunehmendem Gehalte des Elektrolyten an Zinksulfat fiel die Ausbeute an Bleisuperoxyd, während bei abnehmendem Gehalte an Zinksulfat die Ausbeute an Zink herabging.

Da bei einer aufsteigenden Geschwindigkeit des Elektrolyten von 50 mm in der Minute das an der Anode entstehende Bleisuperoxyd noch vollständig zu Boden fiel, so waren Diaphragmen nicht erforderlich.

Borchers[1]) schlägt die Verarbeitung des Bleisuperoxyds auf Mennige, Bleiorange und ähnliche sauerstoffreiche Bleifarben vor.

Zu Seite 284 Zeile 5 von oben.

Verzinkereiabfälle, welche aus Zink, Hartzink, Zinkoxyd, Salmiak und mechanischen Verunreinigungen bestehen, soll man nach Borchers[2]) in mit Blei ausgelegten Holzbottichen mit Salzsäure behandeln, um das Zink in Lösung zu bringen. Nach der Neutralisation der Lösung durch Soda oder Kalkstein wird das Eisen durch Chlorkalk oxydirt und ausgefällt. Bei einem sehr geringen Eisengehalte der Lösung soll die Fällung am schnellsten durch eine Chromatlösung unter Zusatz geringer Mengen von Soda, Zinkoxyd oder Zinkcarbonat verlaufen.

Die gereinigte Lauge kann der Elektrolyse unterworfen oder auch auf festes Zinkchlorid eingedampft werden, welches letztere nach dem Verfahren von Kügelgen auf Zinklegirungen verarbeitet werden kann. Das Eindampfen geschieht nach Borchers[3]) bei dünnen Lösungen in übereinanderliegenden, flachen Bleipfannen, wie sie zum Concentriren der Kammersäure auf 60° Bé. benutzt werden. Dann folgt das Trockendampfen in mit Blei ausgelegten, halbkugelförmigen Kesseln aus Gusseisen von 800 bis 1000 mm Durchmesser und 400 bis 500 mm Tiefe. Die Concentration wird so weit getrieben, dass der Siedepunkt der Masse auf 230 bis 240° steigt. Eine höhere Concentration lässt sich wegen des

---

[1]) l. c. S. 419.

[2]) l. c. S. 445.

[3]) l. c. S. 447.

niedrigen Schmelzpunktes des Bleis (es schmilzt bei 300° und wird schon bei 250° weich) nicht erreichen.

Das von Kügelgen[1]) vorgeschlagene Verfahren besteht darin, das trockene Zinkchlorid mit Oxyden anderer Metalle und Calciumcarbid auf Legirungen des Zinks zu verschmelzen, z. B. mit Kupferoxyd und Calciumcarbid auf Messing. (Einwendungen dagegen s. Neumann in der Chemikerzeitung 1902. XXVI. S. 716 bis 719.)

Zu Seite 289 Zeile 12 von unten.

Auch lässt sich das trockene Zinkchlorid nach den oben dargelegten Vorschlägen von Kügelgen[2]) mit Oxyden der Metalle und Calciumcarbid auf Zinklegirungen verarbeiten.

Den Versuchsapparat für das Verfahren von Dorsemagen, sowie einen von Borchers vorgeschlagenen Apparat für die Chloration siehe Borcher's. Elektrometallurgie 1903. S. 391.

Zu Seite 294 Zeile 7 von unten.

Picard u. Sulman (United States Patent 665 744. January 8. 1901) mengen das geröstete Erz mit einem geeigneten, leicht kokenden kohlenstoffhaltigen Material, brikettiren das Gemenge unter Anwendung eines Bindemittels und unterwerfen die Briketts dem Zinkdestillationsprozess in solcher Art, dass sie zuerst in zusammenhängende Koks verwandelt werden und dass dann das Zink reducirt und verflüchtigt, das Blei gleichfalls reducirt und mit dem Silber in den Koks zurückgehalten wird. Die Zinkdämpfe werden condensirt. Der Destillationsrückstand soll in Schachtöfen auf silberhaltiges Blei verschmolzen werden. Das Verfahren soll auf den Emu Works in Wales, wo 4000 t Broken-Hill-Erze verarbeitet wurden, zuerst versuchsweise ausgeführt und dann in Cockle-Creek in Neu-Süd-Wales definitiv angewendet worden sein.

Nach den Mittheilungen von Picard u. Sulman („dry Process for the treatment of Complex Sulphide Ores“ read before the Institute of Mining and Metallurgy. June 19. 1902) enthielt das Erz, mit welchem die Versuche gemacht wurden, 25% Zink und 24% Blei. Dasselbe wurde nach der Röstung mit 20% gepulverter Kokskohle und 5% Pech gemengt. Die Briketts wurden (auf den Emu Works) in belgischen Oefen mit 144 Röhren der Destillation unterworfen. Die Briketts wurden in Koks verwandelt. Die letzteren bildeten nach dem Abdestilliren des Zinks einen Rückstand, welcher das reducirte Blei, den gebildeten Stein und die entstandene Schlacke in feinen Partikelchen zurückhielt und dadurch die Einwirkung des Steins und der Schlacke auf die Wände der Retorten verhinderte. Eine Retorte nahm 15 Briketts auf. Ein Ofen mit 144 Retorten enthielt nach dem Besetzen der Retorten 7 t Briketts.

[1]) Zeitschr. für Elektrochemie. 1901. 7. 541. 551. 573.

[2]) Zeitschr. für Elektrochemie. 1901. 7. 541. 551. 573.

Die Rückstände enthielten 5 bis 8% Zink. Eine Retorte hielt 35 bis 42 Tage. Der Verlust an Blei während der Destillation wird als unbedeutend angegeben. Das ausgebrachte Zink enthielt 99% Zink und 0,5% Blei. Nähere Angaben über die Ausführung des Verfahrens sind nicht gemacht.

Nach Schulte[1]) sollen Zinkerze mit Kohle und geringen Mengen von Theer, Asphalt oder irgend welchen anderen flüssigen oder leicht zu verflüssigenden Kohlenwasserstoffen gemengt der Destillation unterworfen werden. Beim Erhitzen der Beschickung soll sich aus den Kohlenwasserstoffen vor Erreichung der Reductionstemperatur des Zinkoxyds Kohlenstoff in fein vertheiltem Zustande ausscheiden und die einzelnen Erztheilchen umhüllen.

Hierdurch soll nicht nur eine bessere Reduction des Zinkoxyds bewirkt, sondern die schlackenbildenden Körper sollen auch verhindert werden, zusammenzuschmelzen und die Retortenwände anzugreifen. Die Menge der Reductionskohle kann erheblich geringer genommen werden, wie bei der Destillation ohne Theerzusatz. So soll bei Zusatz von 3% Theer und von 25% Reductionskohle die Reduction ebenso vollständig sein wie bei Zusatz von 50% Reductionskohle ohne Theer. Der Zusatz der verhältnissmässig geringen Menge von Reductionskohle bei dem Verfahren von Picard u. Sulman dürfte gleichfalls durch die Beimischung von Theer verursacht sein[2]).

Zu Seite 305 Zeile 1 von unten.

Die Gewinnung von Zinkweiss auf elektrothermischem Wege ist auf dem Werke zu Crampagua (Ariège) in Frankreich eingeführt[3]).

Das im elektrischen Ofen durch die Reduction von Zinkerzen (calcinirtem Galmei oder gerösteter Zinkblende) erhaltene, mit Kohlenoxydgas gemischte dampfförmige Zink wird unter Zuleitung von Luft verbrannt. Das Kohlenoxyd verbrennt hierbei zu Kohlensäure, welche ihrerseits gleichfalls oxydirend auf das Zink wirkt. Die vollständige Verbrennung der Zinkdämpfe geschieht in einer Kammer, in welche das Gemenge von Zinkoxyd, Gasen und Dämpfen eingeführt wird. Aus dieser Kammer tritt der Strom von Zinkoxyd und Gasen durch Eisenblechrohre in Kühlkammern, in welchen sich der grösste Theil des Zinkoxyds niederschlägt. Aus den Kühlkammern werden die Gase und das noch in denselben enthaltene Zinkoxyd durch einen Ventilator abgesaugt und in Filtersäcke gedrückt, in welchen das Zinkoxyd hängen bleibt, während die Gase durch die Poren derselben hindurchgehen.

---

[1]) Französ. Patent 318265 vom 31. Januar 1902; United States Patent 718222 Jan. 13. 1903.

[2]) Berg- und Hüttenm. Zeitung vom 19. Sept. 1902. 482.

[3]) Mémoires et Compte rendu des Travaux de la Société des Ingénieurs Civils de France. Bulletin de Juillet 1903. p. 82pp.

Das auf diese Weise erhaltene Zinkweiss soll eine grosse Deckkraft besitzen. Die aus Kieselsäure, Thonerde, Kalk- und Bleioxyd bestehenden Verunreinigungen sollen gegen 5 % betragen. Der Gehalt an Blei soll nicht über 1 % hinausgehen.

Nach Salguez soll man mit 500 bis 1000 Pferdekräften im Jahre 1000 bis 1500 t Zinkweiss gewinnen können.

Quecksilber.

Zu Seite 435 Zeile 23 von oben.

Lukasiewicz (Oesterreich. Patent No. 11 689) presst die Stupp ohne Zusatz fremder Körper im Vacuum unter gleichzeitiger Trocknung derselben bei einer Temperatur von 30 bis 90°. Durch die Anwendung eines luftverdünnten Raumes unter gleichzeitiger Erhöhung der Temperatur wird die Verflüchtigung des Wassers und der flüchtigen Oele, welche in der Stupp enthalten sind, bewirkt, ohne dass hierbei merkbare Mengen von Quecksilber mit übergehen. Gleichzeitig wird in Folge der Ausführung des Pressens unter Luftabschluss eine nachtheilige Einwirkung des Quecksilbers auf die Gesundheit der Arbeiter verhütet.

Der Apparat stellt einen mit Rührwerk versehenen, doppelwandigen gusseisernen Kessel dar, welcher durch ein Rohr mit einer Vorrichtung zur Herstellung des Vacuums in Verbindung steht. Der Kessel wird äusserlich durch Feuergase oder Dampf geheizt. In dem Hohlraum zwischen den Kesselwandungen circulirt Kühlwasser. Die Einführung der Stupp geschieht durch 2 Mannlöcher am oberen Ende des Kessels. Das Rührwerk ist verschiebbar an einer bis auf den Boden des Kessels reichenden stehenden Welle angeordnet.

In den Kessel werden 3000 bis 8000 kg Stupp eingesetzt. Mit dem lose auf der Rührwelle verschiebbaren, aus zwei geriffelten Rollen bestehenden Rührwerk wird die oberste Stuppschicht bearbeitet. Der in Folge des Ausscheidens von Queksilber aus derselben und des Verdampfens von Wasser und Oelen abnehmenden Stupphöhe folgen die Rollen in Folge ihres Eigengewichtes nach, bis die Ausscheidung des Quecksilbers beendigt ist. Das Quecksilber tritt durch 2 Oeffnungen im Boden des Kessels aus. Die Rührwelle, welche einen quadratischen Horizontalquerschnitt hat, macht 20 bis 30 Umdrehungen in der Minute.

Man soll mit Hülfe dieses Apparates bis 95 % Quecksilber aus der Stupp ausbringen.

Er soll in Kotterbach in der Zips (Ungarn) in Anwendung stehen und sehr günstige Ergebnisse liefern.

Sach-Register.